Handbuch der mikroskopischen Anatomie des Menschen

Begründet von Wilhelm von Möllendorff

Fortgeführt von Wolfgang Bargmann

Herausgegeben von A. Oksche und L. Vollrath

4. Band

Nervensystem

10. Teil

Neuroglia I

Herausgegeben von A. Oksche

Bearbeitet von
H. Leonhardt, K. Niessing, A. Oksche, E. Scharrer,
B. Scharrer, M. Weitzman, W. Wittkowski

Mit 278 Abbildungen in 607 Teilbildern

Springer-Verlag Berlin Heidelberg New York 1980

Professor Dr. A. Oksche

Zentrum für Anatomie und Cytobiologie, Justus-Liebig-Universität, Aulweg 123, 6300 Giessen

Professor Dr. L. Vollrath

Anatomisches Institut der Johannes-Gutenberg-Universität, Saarstr. 19/21, 6500 Mainz

CIP-Kurztitelaufnahme der Deutschen Bibliothek. Handbuch der mikroskopischen Anatomie des Menschen/begr. von W. v. Möllendorff. Fortgef. von W. Bargmann. Hrsg. von A. Oksche und L. Vollrath. – Berlin, Heidelberg, New York: Springer. Teilw. hrsg. von Wilhelm v. Möllendorff. Bd. 4, Nervensystem. NE: Möllendorff, Wilhelm von [Begr.]; Bargmann, Wolfgang [Hrsg.] Teil 10./Hrsg. von A. Oksche. Bearb. von H. Leonhardt u.a. – 1980.

ISBN-13:978-3-642-81359-7   e-ISBN-13:978-3-642-81358-0
DOI: 10.1007/978-3-642-81358-0

NE: Leonhardt, Helmut [Mitarb.]

Gesamtherstellung: Universitätsdruckerei H. Stürtz AG, Würzburg
2122/3020-543210

In memoriam

Wolfgang Bargmann

Herausgeber des Handbuches der
mikroskopischen Anatomie des Menschen
1945–1978

Vorwort

Die Geschichte des Abschnittes *Neuroglia* im *Handbuch der mikroskopischen Anatomie des Menschen* ist sehr wechselvoll. Das Thema wurde in den 30er Jahren durch WILHELM VON MÖLLENDORFF an HUGO SPATZ und JULIUS HALLERVORDEN vergeben. Die harmonische wissenschaftliche Arbeitsgemeinschaft von SPATZ und HALLERVORDEN sowie ihre profunde Kenntnis der normalen und pathologischen Hirnanatomie boten die besten Voraussetzungen für die Bewältigung dieser schwierigen Aufgabe. Ein ergänzender Aufsatz über die „Vergleichende Histologie der Glia" wurde ERNST SCHARRER und BERTA SCHARRER (Frankfurt a. Main, Neurologisches Institut) übertragen und 1936 abgeschlossen. Das starke Engagement von SPATZ und HALLERVORDEN auf anderen Gebieten der Hirnforschung und der Ausbruch des Zweiten Weltkrieges verhinderten jedoch die Vollendung des ganzen Projektes. Im Jahre 1937 waren ERNST und BERTA SCHARRER in die Vereinigten Staaten von Amerika übergesiedelt. Als nach dem Kriegsende WOLFGANG BARGMANN als Herausgeber des *Handbuches der mikroskopischen Anatomie des Menschen* die Nachfolge seines verstorbenen Lehrers WILHELM VON MÖLLENDORFF antrat, wurde die Bearbeitung der *Neuroglia* von PAUL GLEES übernommen. Infolge einer Verkettung von besonderen Umständen erschien die Monographie von GLEES 1955 in abgewandelter Form bei Blackwell in Oxford. Der Auftrag für den Handbuchbeitrag war inzwischen an KLAUS NIESSING, Marburg, ergangen. 1957 schloß NIESSING das Kapitel über die Problemgeschichte, 1959 den Abschnitt über die Materialquelle und Entwicklung der Neuroglia ab (beide Manuskripte wurden von SPATZ und HALLERVORDEN durchgesehen). Im gleichen Jahr (1959) ergänzte NIESSING – im Einvernehmen mit ERNST und BERTA SCHARRER – den vergleichenden Abschnitt. Infolge seines sich ständig verschlechternden Gesundheitszustandes konnten weitere Kapitel bis zu seinem Tode (1962) nicht mehr fertiggestellt werden. Da ich als früherer Mitarbeiter von NIESSING mit den Grundzügen seines Konzeptes vertraut war, bat mich BARGMANN, den unvollendeten Handbuchband weiterzuführen.

Um 1960 begann eine neue Ära der Gliaforschung, begünstigt durch die Entwicklung neuer elektronenmikroskopischer, mikrochemischer und biophysikalischer Untersuchungsmethoden, sowie durch neue, die engeren Grenzen der einzelnen Fachdisziplinen überwindende Konzepte der Neurobiologie. Schon die ersten fünf Jahre dieses Dezenniums brachten eine wesentliche Erweiterung unseres Wissens über die Neuroglia. Unter diesen Voraussetzungen und nach Sichtung des Nachlasses von NIESSING wurde es klar, daß einzelne Teilgebiete der Neuroglia in einer adäquaten Form nur noch von besonders ausgewiesenen Fachleuten bearbeitet werden können. Die Fülle des Materials machte eine

Gliederung des gesamten Stoffes in zwei Bände erforderlich. Die drei vor 1960 abgeschlossenen Kapitel enthielten so wichtige historische Informationen, daß ich mich entschloß, sie zu einem einheitlichen „Historischen Überblick" zusammenzufassen. Allerdings wurde aus dem vergleichenden Kapitel von ERNST und BERTA SCHARRER der Abschnitt über die Glia der Wirbellosen ausgeklammert und durch einen neuen, dem heutigen Stand der Forschung entsprechenden Beitrag von BERTA SCHARRER und MARY WEITZMAN ersetzt; das klassische Bild der Glia der Wirbellosen ließ sich nicht mehr mit den neueren Erkenntnissen in Einklang bringen. Professor BERTA SCHARRER hat den von NIESSING ergänzten, vom Herausgeber überarbeiteten Textabschnitt über die Glia der Wirbeltiere geprüft und zur Veröffentlichung freigegeben. Weiterhin wurde beschlossen, neue vergleichende Befunde bei den Chordaten in die Kapitel „Ependym", „Astrocyten", „Oligodendrocyten" und „Mikroglia" einzuarbeiten; für das Ependym ist es bereits durch LEONHARDT geschehen (in diesem Band). Mit einem abschließenden Kommentar zum Historischen Überblick habe ich versucht, eine Verbindung zum heutigen Stand der Forschung – und damit zu den nachfolgenden Kapiteln – herzustellen. Eine ausführliche Darstellung der Problemgeschichte und der Ergebnisse der klassischen Gliaforschung ist dringend erforderlich. Immer häufiger kommt es vor, daß bestimmte Gedankengänge oder Beobachtungen der älteren Gliaforschung, wenn auch mit beträchtlich verfeinerter Methodik, als „Neuentdeckung" präsentiert werden. Der Historische Überblick möge deshalb als Referenzquelle dienen, um solche Irrtümer zu verhüten.

Professor WOLFGANG BARGMANN, der als langjähriger Herausgeber des *Handbuches der mikroskopischen Anatomie des Menschen* das Ansehen dieser Monographienreihe gefestigt und gemehrt hat, nahm am Fortgang der Redaktionsarbeit an den Beiträgen über die *Neuroglia* regen Anteil. Es war eine glückliche Fügung, daß er noch alle für den ersten Band disponierten Texte sehen und mit großer Sachkenntnis und feinem Fingerspitzengefühl kommentieren konnte. Die durch seinen Tod am 20. Juni 1978 entstandene Lücke ist uns allen auf das schmerzlichste bewußt. Als Forscher, akademischer Lehrer und Herausgeber wird er unvergessen bleiben. Wir widmen diesen Band seinem Andenken.

Gleichzeitig gedenke ich in Dankbarkeit meiner wissenschaftlichen Lehrer KLAUS NIESSING (1904–1962) und ERNST SCHARRER (1905–1965), der frühen Bahnbrecher einer dynamischen und vergleichend orientierten Gliaforschung. Mein Gedenken gilt auch HUGO SPATZ und JULIUS HALLERVORDEN, den vielseitigen Kennern der Neuroglia, die ich während der Jahre ihrer Giessener Tätigkeit erleben konnte. Aus dem Gefühl einer tiefen, dankbaren Zuneigung würdige ich die Persönlichkeit und wissenschaftliche Leistung meines Fakultätskollegen und Freundes FRIEDRICH ERBSLÖH (1918–1974), dessen früher tragischer Tod mich eines kritischen Gesprächspartners beraubt hat. Als neuropathologisch engagierter Neurologe war ERBSLÖH an den Fortschritten der Gliaforschung besonders interessiert. Als Präsident der Vereinigung Deutscher Neuropathologen und Neuroanatomen machte er 1966 die Neuroglia zum Hauptthema der 12. Jahresversammlung dieser Gesellschaft in Berlin.

Für die äußerst sachkundige Mitarbeit beim Ordnen des wissenschaftlichen Nachlasses von K. NIESSING schulde ich Frau Dr. ALICE LIEBER, Marburg, aufrichtigen Dank. Als frühere, mit den Dispositionen von NIESSING vertraute Mitarbeiterin des Marburger Institutes half sie mir tatkräftig, seine Manuskripte zu überarbeiten und das Literaturverzeichnis zu erstellen. Frl. INGE LYNCKER, Giessen, hat mich in allen Phasen meiner Redaktionsarbeit sehr effektiv unterstützt, wofür ihr von Herzen gedankt sei. Weitere wertvolle Hilfe wurde mir durch Frau HILDEGARD DÜHRING, Giessen, zuteil. Für die zahlreichen graphischen Arbeiten, die sich aus der Notwendigkeit einer optimalen Reproduktion der historischen Gliadarstellungen ergaben, danke ich herzlich Frau DAGMAR FRIEDRICH-VAIHINGER, Giessen.

Giessen, im Januar 1980   A. Oksche

Inhaltsverzeichnis

D. Glia der Neurohypophyse

Von W. WITTKOWSKI 667

A. Die Neuroglia: Historischer Überblick

Von K. Niessing, E. Scharrer, B. Scharrer und A. Oksche

1. Entdeckung, Erforschung und Problemgeschichte der Neuroglia[1]

Von K. Niessing, Marburg a.d. Lahn[2]

Im Jahre 1856 gab Rudolf Virchow dem von ihm entdeckten spezifischen Zwischengewebe der nervösen Zentralorgane den Namen *Neuroglia* (Nervenkitt). Nach seiner eigenen Darstellung wurde er 1846 in Verbindung mit Untersuchungen über die „innere Haut" der Hirnventrikel auf die strukturellen Besonderheiten dieses *Interstitialgewebes* aufmerksam; er veröffentlichte seine neuen Ansichten noch im gleichen Jahr unter dem Titel „Über das granulirte Aussehen der Wandungen der Gehirnventrikel" (Virchow, 1846). Dieser Beitrag wurde 1856 in seine *Gesammelten Abhandlungen zur wissenschaftlichen Medizin* aufgenommen und durch eine Anmerkung ergänzt, in der in einer klassischen Formulierung die damals bekannten wesentlichen Eigenschaften der Neuroglia herausgestellt wurden. Virchow schreibt: „Nach meinen Untersuchungen besteht daher das Ependym nicht bloß aus einem Epithel, sondern wesentlich aus einer mit Epithel bekleideten Bindegewebsschicht. Diese Bindesubstanz bildet in dem Gehirn, dem Rückenmark und den höheren Sinnesnerven eine Art von Kitt (Neuroglia), in welche die nervösen Elemente eingesenkt sind. Gegen die Ventrikel hin verdichtet sich diese Substanz und tritt endlich als ein derberer Saum über die Oberfläche der Nervenfasern hervor. Namentlich im Umfange der Gefäße verdichtet sie sich gewöhnlich zuerst und hier werden dann auch die eingeschlossenen zelligen Elemente zuerst deutlich. Diese Auffassung ist seitdem durch kompetente Untersucher bestätigt worden, so daß ich mich der Hoffnung hingebe, es werde endlich diese wichtige Frage aufhören, ein Gegenstand unerquicklicher Streitigkeiten zu sein. Es ist jetzt unnötig, darüber zu diskutieren, ob das Ependym eine Fortsetzung der Arachnoidea oder der Pia mater sei; in Wirklichkeit ist es die Fortsetzung von keiner dieser Häute, sondern nur der freie Teil der Neuroglia."

Der „unerquickliche Streit", der letzten Endes zur Entdeckung der Neuroglia führte, war für Virchow als Pathologen deshalb von Bedeutung, weil die Auffassung, daß das Ependym eine „rein epitheliale Haut" sei, nicht mit der Lehre von der Entzündung in Einklang zu bringen war; einer „rein epithelialen Haut" kann man keine Entzündung zusprechen" (Virchow, 1871). Seine Beurtei-

1 Literatur bis 1960.
2 Bearbeitet von A. Oksche, Giessen.

lung des Ependyms stand im Gegensatz zu den Ansichten der „unbekümmerten Pathologen und Anatomen", eine Kontroverse, die vor allem mit HENLE (s. VIRCHOW, 1851) in schärfster Form diskutiert wurde.

VIRCHOW hat später in seiner *Cellularpathologie* (4. Aufl. 1871, vgl. 1. Aufl. 1858) seine Entdeckung der Neuroglia durch weitere Befunde fundiert und ausgebaut. Er spricht nunmehr von einem *Interstitialgewebe,* das dem ganzen Organ Festigkeit und Gestalt gibt. Seine ursprüngliche Bezeichnung der Neuroglia als „Bindegewebe" wird durch die Feststellung eingeschränkt, daß hier ein dem Bindegewebe analoges Gewebe existiere und daß der „Habitus" der Neuroglia

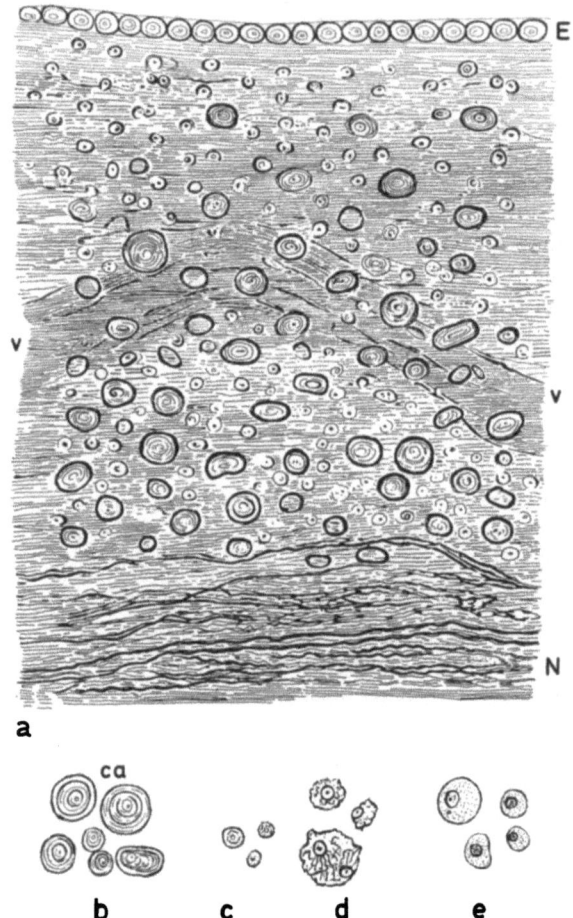

Abb. 1. a u. b Ventrikelependym und Neuroglia am Boden des IV. Ventrikels. *E* epitheliales Ependym, *N* Nervenfasern. Dazwischen der „freie Teil" der Neuroglia mit zahlreichen Zellen, Kernen und Corpora amylacea (vgl. *ca* in **b**). *v* Gefäß. **c–e** Elemente der Neuroglia aus der weißen Substanz der Großhirnhemisphäre des *Menschen*: **c** freie Kerne mit Kernkörperchen, **d** Kerne mit körnigen Resten des bei der Präparation zertrümmerten Parenchyms, **e** vollständige Zellen. (Nach VIRCHOW, 1858, 1871)*

---

* *N.B.* Die Vergrößerungsangaben zu den Abbildungen sind in der älteren Literatur so unterschiedlich (Aufzählung der verwendeten Optik), daß in den Kapiteln A. 1.–3. auf die Wiedergabe dieser Werte verzichtet wurde (s. hierzu die Originale).

sehr verschieden vom Bindegewebe sei. Das letztere ist „hart und zäh", die Neuroglia „weich und gebrechlich".

Enthielt schon die erste Beschreibung der Neuroglia einen Hinweis auf das Vorhandensein von Zellen, so sagt jetzt VIRCHOW ergänzend, „daß, wo Neuroglia vorkommt, diese stets eine gewisse Zahl von zelligen, ihr gehörenden Elementen enthält" (Abb. 1). Er bildet diese *Zellen* als rundliche, fortsatzfreie Elemente ab. Beachtenswert ist die Tatsache, daß VIRCHOW das „Ependyma ventriculorum" als eine bis in das Filum terminale reichende Oberflächenschicht der Neuroglia erkannte und in diesem „zentralen Ependymfaden" die bisher für Nervenzellen angesehenen Elemente als Neurogliazellen charakterisierte.

VIRCHOWS Vorstellung von der Bedeutung der Neuroglia geht dahin, daß die Erregungsausbreitung von Faser zu Faser nicht kontinuierlich erfolgen dürfe und daß deshalb eine „eingeschobene feinkörnige Masse" vorhanden sei, die „eine gewisse Schwierigkeit in der Übertragung der Erregung herstellt".

Die große Bedeutung der Entdeckung VIRCHOWS liegt in den folgenden Feststellungen:

1) Es wurde in den nervösen Zentralorganen ein Zwischengewebe erkannt und dieses vom eigentlichen Bindegewebe strukturell unterschieden. Deshalb erhielt es den Namen „Kitt" – Neuroglia.

2) In der Neuroglia wurden – 7 Jahre nach Begründung der Zellenlehre – Zellen nachgewiesen, deren Form aber noch als kugelig und fortsatzlos beschrieben. Daneben existieren Fasern, so daß das ganze Gewebe im feinsten Zustand „feinkörnig und gebrechlich", nach der Härtung aber als eine „feinfaserige Einrichtung" (VIRCHOW, 1871) erscheint.

3) In die Neuroglia ist das Nervengewebe eingebettet.

4) Das in sich zusammenhängende Gewebe verdichtet sich besonders an den Gefäßen und bildet als innere Oberflächenschicht das Ependym.

5) Die Neuroglia hat vermutlich die Aufgabe, eine isolierende Funktion im Nervengewebe zu übernehmen.

Damit hat VIRCHOW bei der Entdeckung der Glia ihren *cellulären Charakter*, ihren *Fasergehalt*, ihren *inneren Zusammenhang*, ihre *Oberflächen-* und *Gefäßbeziehungen* sicher erkannt und einen Hinweis auf ihre vermutliche *Funktion*, eine *isolierende* und eine *mechanische* form- und strukturerhaltende Aufgabe, gegeben.

Die Bedeutung der Entdeckung VIRCHOWS wird erst dann in das rechte Licht gerückt, wenn man die früheren Auffassungen von der feineren Struktur der nervösen Zentralorgane mit seinen neuen Erkenntnissen vergleicht.

Der erste, der der verbreiteten Vorstellung, die nervösen Zentralorgane beständen nur aus „nervöser", d.h. erregungsleitender Masse, entgegentrat, war KEUFFEL (1811). Er fand ein *fibröses Gewebe* in Rückenmarksstückchen, die er eine Woche lang mit hochprozentiger Kalilauge behandelt hatte. Da wir wissen, daß Kalilauge die Glia auflöst, dürfte er nach WEIGERT (1895) nur Gefäßnetze gesehen haben, allenfalls mit Resten der Faserglia. Trotzdem gesteht v. KOELLIKER (1867) KEUFFEL zu, daß er das Zwischengewebe „in auffallend richtiger Weise" beschrieben habe. Die Befunde KEUFFELS wurden nicht weiter beachtet.

1839 erscheint das grundlegende Werk von SCHWANN: *Mikroskopische Untersuchungen über die Übereinstimmung in der Struktur und dem Wachstum der*

Tiere und Pflanzen. Aus der Sicht seiner *Zellentheorie*, die auch die Erforschung der Neuroglia entscheidend beeinflußte, versucht er die Entstehung der Nervenfasern aus Zellen nachzuweisen. Schwann (1839, S. 175) schreibt, nachdem er das Vorkommen von Zellkernen an der Nervenfaser festgestellt hatte: „Es ist also jede Nervenfaser in ihrem ganzen Verlauf eine sekundäre Zelle, entstanden durch Verschmelzung primärer, mit einem Kern versehener Zellen." Seine Abbildungen sprechen dafür, daß er die „Schwannschen Zellen" gesehen hat, d.h. nach unserer heutigen Auffassung *periphere Glia*, die er für Nervenzellen und Bildner von Nervenfortsätzen hielt.

1844 beschreibt Hannover die Ausläufer der Ependymzellen; er hält sie aber der damaligen Anschauung entsprechend für Nervenzellfortsätze. Noch 1846 gliedert Stilling in seiner ausführlichen, für die Kenntnis der nervösen Zentralorgane grundlegenden Arbeit das Gewebe derselben in *Nervenkörper* und *Fasern*. Er unterscheidet „große und mittelgroße Spinalkörper" und als dritte Gattung eine *feinkörnige Masse*, die die „Ur- und Grundmasse der grauen Substanz" bildet. Die „Nervenkörper" der Substantia gelatinosa des Rückenmarks sind „kugelförmig ohne Fortsätze" (Stilling, 1843a, b, 1846). Außerdem besteht diese Substanz aus „grauen Nervenröhren", deren „longitudinale Anordnung" ihr das glänzende gallertartige Aussehen verleiht. Letzten Endes aber stellt Stilling fest, daß. alle Elemente der Zentralorgane einschließlich der Epithelzellen des Zentralkanals „nervös" seien.

In den folgenden Jahrzehnten wurde die Stillingsche Lehre erst allmählich durch die Entdeckung Virchows überwunden, insbesondere dadurch, daß verschiedene Forscher neue Beweise für das Vorhandensein einer *nicht erregungsleitenden Zwischensubstanz* im Zentralnervensystem erbrachten. Vor allem Bidder und seine Schüler widmeten sich dieser Aufgabe. Owsjannikow (1854) untersuchte das Rückenmark der *Fische*, Metzler (1855) das *Vogel*rückenmark; schließlich nahmen Bidder und v. Kupffer (1857) in einer gemeinsamen Untersuchung über das Rückenmark der *Säuger* zum Problem der „Zwischensubstanz" des Zentralnervensystems Stellung. Von diesen Autoren wurde die Neuroglia als eine „indifferente, *stützende* und *ausfüllende Substanz*" beschrieben, die neben den bindegewebigen Fortsätzen der Pia mater existiert; sie enthält Fasern, die nicht mit den Nervenfasern zusammenhängen, kleine *Zellen* mit wenigen Fortsätzen und eine *formlose Masse* „gleich einem Schwamm", in die die hüllenlosen Nervenfasern eingelagert sind. Von Koelliker hatte schon 1855 als erster im Gegensatz zu Virchow gefunden, daß die Zellen der Zwischensubstanz, die er als „sternförmige Bindegewebskörperchen" bezeichnete, *Fortsätze* besitzen (vgl. v. Koelliker, 1896, S. 147). Aus diesem Befund, der von Bidder und v. Kupffer bestätigt wurde, ergaben sich neue Fragestellungen, die sich auf die Unterschiede zwischen den Zellen des nervösen Gewebes und des „echten" Bindegewebes einerseits und den sternförmigen Zellen der Zwischensubstanz andererseits erstreckten, weiterhin auf die Beziehungen dieser Zellen zueinander und zu den schon von Virchow beschriebenen Fasern.

Wie schwierig mit der damaligen Methodik die Unterscheidung zwischen dem erregungsleitenden Gewebe und der Zwischensubstanz war, geht deutlich aus den Befunden Bidders und v. Kupffers (s.o.) hervor. Diese zählten im Rückenmark zur Neuroglia alle Zellen der Hinterhörner, die graue Commissur und alle Zellen der Substantia gelatinosa; außerdem wiesen sie das Vorkommen der Glia auch in der weißen Substanz „zwischen den Nervenröhren" nach. Die extrem gegensätzlichen Anschauungen von STILLING einerseits und von BIDDER und v. KUPFFER andererseits wurden von v. KOELLIKER, der nun den VIRCHOWschen Begriff Neuroglia aufgriff und einführte, korrigiert. Er konnte in seiner Gewebelehre 1867 berichtigend feststellen, daß im menschlichen Rükkenmark die graue Substanz der Hinterhörner „echte Nervenzellen" und die graue Commissur Nervenfasern enthält. Er wies 1867 weiterhin nach, daß die spezifische Zwischensubstanz in der „weißen Oberfläche" des verlängerten Markes und der Brücke vorkommt, ähnlich wie SCHULTZE (1859), der ihr Vorhandensein in der Rinde des Großhirns und in der Retina bestätigte. Bemerkenswert ist eine Feststellung v. KOELLIKERS (1867), daß neben dem dichten *Zellnetz der Stützsubstanz* des Zentralnervensystems das Vorhandensein einer *formlosen Zwischensubstanz* nicht geleugnet werden könne. Der bis dahin geführte Nachweis der Neuroglia gründete sich aber keineswegs auf eine weitere Analyse ihrer spezifischen Strukturen, vielmehr erfolgte er, wie es VIRCHOW schon gesagt hatte, „per exclusionem."

Im Laufe der Zeit wurde die Abgrenzung der Neuroglia dem erregungsleitenden Gewebe gegenüber zunehmend sicherer. Um so mehr stand die Frage, ob das „echte Bindegewebe" und die Neuroglia dasselbe sei, in den ersten Jahrzehnten nach der Entdeckung VIRCHOWs im Vordergrund. Wenn auch der Unterschied zwischen den Gliastrukturen und den bindegewebigen Fortsätzen der Pia schon betont worden war, so mußte zunächst das Gemeinsame, nämlich der Gehalt an ähnlichen Zellformen und Fasern in beiden Geweben imponieren. DEITERS (1865) unterschied in seiner damals richtunggebenden Untersuchung über das Gehirn und Rückenmark drei Bestandteile der Zwischensubstanz: 1) „echte" *Bindegewebsfasern*, 2) eine schwammig-poröse *Grundmasse*, 3) *Zellen*. Diese Gliederung lag schon bei VIRCHOW vor, der neben den Bindegewebsfasern und den Zellen von einer „eingeschobenen feinkörnigen Masse" spricht. DEITERS hält in Anlehnung an die von SCHULTZE (1859) gegebene Definition des Bindegewebes alle protoplasmaarmen Zellen für Bindegewebszellen und nennt Elemente, an denen wenig oder kein Protoplasma nachweisbar war, *Zelläquivalente*. Die Zellen, die später als *Deiterssche Zellen* bezeichnet wurden, sind strahlige Gebilde, die um den Kern herum nur spärliches Protoplasma enthalten, das sich in glatte, mitunter verästelte Ausläufer fortsetzt. In diesem Sinne rechnet DEITERS z.B. die „Körner" des Cerebellum und die „nackten Kerne" zu den Bindegewebszellen. Ein cytoplasmatischer Zusammenhang der Zellen existiert nicht. Die Fasern werden als feinste Ausläufer der Zellen angesehen.

Die schwammig-poröse *Grundmasse* von DEITERS ist eine von den Zellen unabhängige Zwischensubstanz, die weder bindegewebig noch nervös ist. Er definiert sie wie SCHULTZE (1859) als „modifizierte Zellsubstanzen, die sich von den Zelleibern emanzipieren und dann nicht mehr als unmittelbar damit zusammengehörig betrachtet werden können". Neu ist aber die Formanalyse der von DEITERS beobachteten Zellen, die eine Unterscheidung gegenüber dem nervösen Gewebe sichert. Während aber DEITERS die *Fasern* mit den *Zellfortsätzen* identifiziert, wurden von anderen Autoren *isolierte Fasern* festgestellt. CLARKE (1858) fand sie in der weißen Substanz des Rückenmarks und beschrieb vor allem ihren Übertritt aus der weißen in die graue Substanz. Frommann (1864, 1867) sah die Gliafasern – im Gegensatz zu den Fasern der Pia mater – als selbständige Strukturen an, die aus den Zellausläufern hervorgehen und deren Sammelpunkt die Zellen selbst sind. Popoff (1893) bestätigte später das Vorkommen freier Fasern; v. Gerlach (1872) hielt die Gliafasern für elastische Elemente, ein Irrtum, der von Weigert (1895) korrigiert wurde.

Die Auffassung von Deiters, so weit sie auch noch von der richtigen Beurteilung der Neuroglia entfernt war, hat die Arbeit der folgenden Jahrzehnte maßgeblich beeinflußt. Neue Bezeichnungen für die Gliazellen als *Spinnenzellen* (Jastrowitz, 1870, 1872) und *Pinselzellen* (Boll, 1874) kennzeichnen den Formunterschied gegenüber den Nervenzellen, die Beschäftigung mit der *körnigen Zwischensubstanz* und der *Struktur der Fasern* wird zu einem weiteren Schwerpunkt der Gliaforschung (Abb. 2). Boll (1874) nimmt zu dem Streit über die körnige oder netzartige Grundsubstanz Stellung. Sie wurde ihres reticulären Charakters wegen von den einen (Schultze, 1859; Deiters, 1865; Gerlach, 1872; Stieda, 1870; Jastrowitz, 1870, 1872; Frommann, 1864, 1867) für bindegewebig angesehen, von den anderen (Stephany, 1860; Rindfleisch, 1872) für nervös gehalten. Rindfleisch sieht in der intermediären körnig-faserigen Substanz das verbindende Glied in der Kette der zuführenden und ableitenden Erregungsbahnen und nennt sie „Zentralnervensubstanz" im Gegensatz zu Schultze, der dieses Material dem Bindegewebe zurechnet und die Ganglienzellen allein als „die Umlagerungsapparate" für die nervöse Erregung ansieht. Die Ansicht von Rindfleisch klingt an die spätere Neurencytium-Lehre von Held und Bauer an, wenngleich der letzteren ein strukturell viel differenzierteres Substrat zugrunde liegt.

Boll (1874) stellt eine um die Zellkerne liegende körnige Masse fest, die er nicht mehr als lebendes Protoplasma, sondern als eine eiweißartige Substanz anderer Natur ansieht. Es handelt sich hierbei aber nicht um Zellgranula. Boll kommt zu dem interessanten Schluß: aus der formativen Tätigkeit des Protoplasmas entstehen *Fibrillen*, der Rest ist *körnige Grundsubstanz*.

Ein anderer Befund von Boll führt über die enge Betrachtung der Glia hinaus und deckt erstmalig ihre *Beziehung zu den Gefäßen* auf. Er findet im Zentralnervensystem vom *Mensch, Rind* und *Schaf* die Blutgefäße „von einem Zug Deitersscher Zellen begleitet". Isolierte Hirngefäße haben ein rauhes Aussehen, sie sind mit „Zotten" bedeckt. Diese „Zotten" deutet Boll richtig als die Fortsätze der Spinnenzellen. In gleicher Weise findet er die Grenzmembran der Kleinhirnoberfläche von den Fortsätzen seiner „Pinselzellen" gebildet. An Flachschnitten läßt sich die ganze Zusammensetzung der Membran aus den flächenhaft ausgebreiteten Pinseln der Deitersschen Zellen „auf das Überzeugendste nachweisen". Das gleiche Strukturbild läßt sich an den Gefäßen beob-

Abb. 2. Isolierte fortsatzhaltige Gliazellen. **a–f** Sechs verschieden stark verzweigte Deiterssche Zellen aus dem Rückenmark (*Rind*), durch Maceration in verdünnter Chromsäure isoliert. Neben spinnenförmigen Elementen (**a–c**) pinselartige Formen (**d–f**). In **b** eine die Pinselzelle und mehrere „freie" Zellkerne umgebende körnige Masse („Grundsubstanz"). **g–l** Einzelne und kettenartig angeordnete Gliazellen aus der weißen Substanz (*Schaf*). **m–p** Verschiedenartige, z.T. Ketten bildende Gliazellen aus der weißen Substanz (*Kaninchen*). (Nach Boll, 1874)

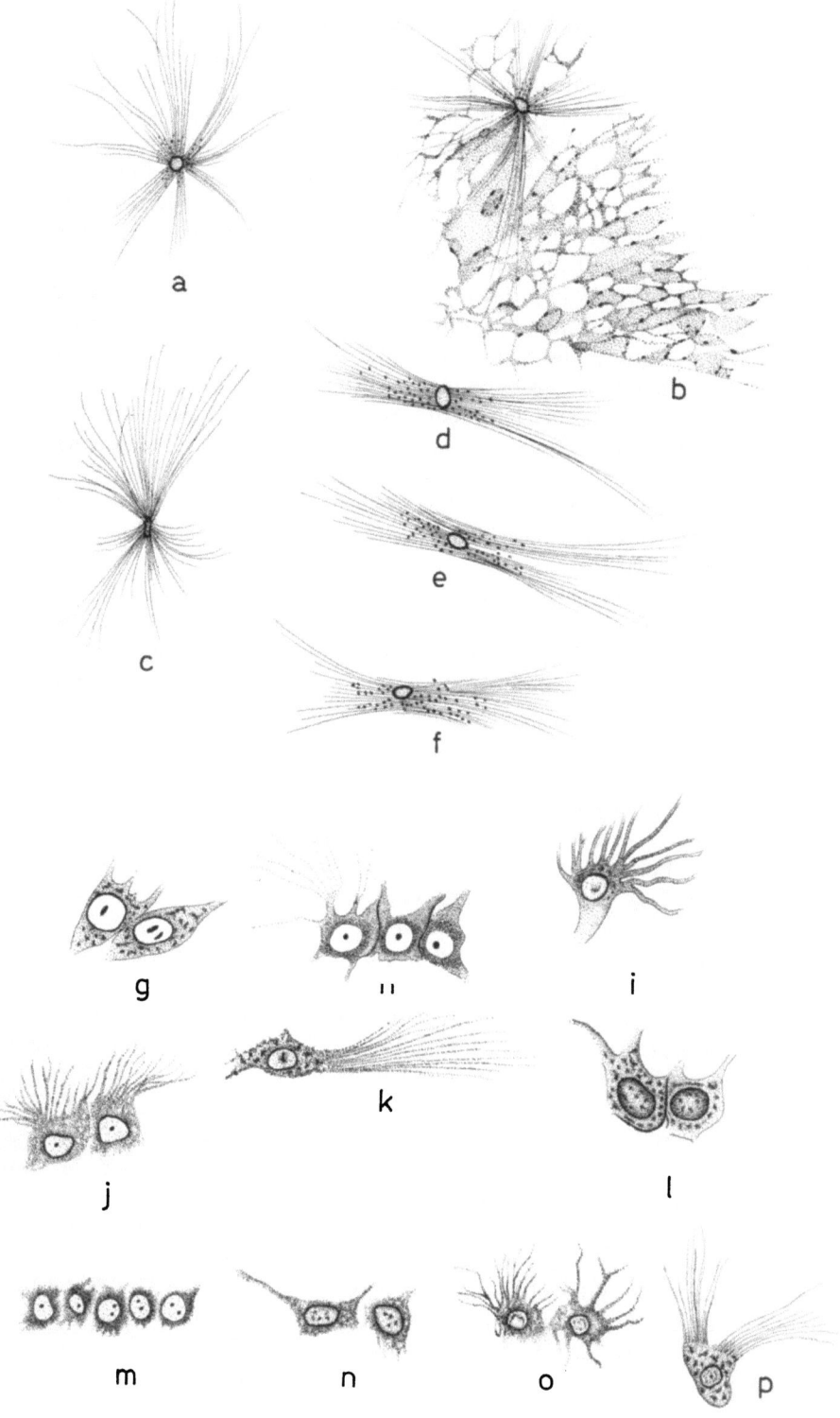

achten, so daß BOLL zu dem folgenden Schluß gelangt: „Es liegt ein und dasselbe große Strukturprinzip vor, von dem das Kleinhirn nur einen besonderen Fall darstellt." Seine Kritik an den von HIS und OBERSTEINER beschriebenen pericellulären und perivasculären Spalten entspricht unserer jetzigen Auffassung. Wenngleich BOLL in der Beurteilung der „Intercellularsubstanz" genauso hypothetisch bleibt wie die oben erwähnten Autoren, so gebührt ihm das Verdienst, erstmalig auf die grundlegend wichtigen Beziehungen der *Gliazellen* zur *Gefäßwand* und zur *oberflächlichen Grenzmembran* nicht nur hingewiesen, sondern, erstmalig über die reine Strukturanalyse hinausgehend, in der regelmäßigen Anordnung der Zellfortsätze ein Strukturprinzip der Glia erkannt zu haben.

Die *Zellen* der *Neuroglia* sind nach der Auffassung von BOLL *Zellindividuen.* Er lehnt gegenüber v. KOELLIKER ihren protoplasmatischen Zusammenhang entschieden ab. Seine Auffassung gründet sich dabei auf Befunde, die er bei der Entwicklung des *Hühnchens* erhoben hatte. BOLL stellt fest, daß am 4. Bebrütungstag neben den Nervenzellen nicht Zellen, sondern Kerne in eine granulierte Grundsubstanz eingebettet seien. „Die ganze granulierte Masse mit den eingestreuten Kernen stellt scheinbar eine völlige histologische Einheit dar." Trotzdem sind „virtuell und physiologisch getrennte Zellindividuen vorhanden". In der weiteren Entwicklung vergrößert sich der Abstand der Zellen und aus den Körnchen entstehen Reiser.

Das von BOLL entworfene Bild der Neuroglia zeigt zusammenhanglose Zellen, deren embryonal vorhandenes Plasma sich in eine *Grundsubstanz* verwandelt, so daß nur *Kerne* in ihr liegen. Daneben aber gibt es *Deiterssche Zellen* mit Fortsätzen, die die *Grenzmembran* aufbauen und an den *Gefäßen* inserieren. Der Körper oder das Zentrum der Deitersschen Zellen entspricht der „dreieckigen Anschwellung". In der weißen Substanz hat BOLL Körnchenzellen gefunden, die Myelin bilden sollen.

Die Lehre von BOLL bildet einen gewissen Abschluß der *ersten Erforschungsperiode der Neuroglia,* die, wenn man ihre Gesamtergebnisse überschaut, nicht weit über die von VIRCHOW erhobenen Befunde hinausreicht. Man hat allerdings erkannt, in Ergänzung der Darstellung VIRCHOWS, daß die Zellen Fortsätze besitzen, daß enge Verbindungen zwischen der Glia einerseits, den Gefäßen und der Grenzmembran andererseits bestehen, man hat die Unterschiede zum Nervengewebe herausgearbeitet und damit Vorkommen und Ausbreitung der Neuroglia definiert. Die Frage der Intercellularsubstanz bleibt noch ungeklärt. Diese „mystische Beschreibung" (MÜLLER, 1900) der Neuroglia wird nun durch die Anwendung neuer Methoden überwunden.

Die in der Frühphase der Gliaforschung verwendeten technischen Verfahren waren i.allg. mit den für die Darstellung des Nervengewebes eingesetzten Methoden identisch; ihre Brauchbarkeit für die letztgenannte Aufgabe wurde zum Maßstab für die Beurteilung der gliösen Strukturen. Wenn also eine Färbung des Cytoplasmas Nervenzellen ohne ihre Ausläufer zur Darstellung brachte und nur die Kerne der Gliazellen anfärbte, wurde geschlossen (BOLL u.a.), daß das Cytoplasma der Gliazellen fehle oder durch Umwandlung in eine Intercellularsubstanz verbraucht worden sei. Weder die bekannten Fixantien und Farbstoffe, unter denen das Carmin eine besondere Rolle spielte, noch die viel verwendeten Isolations- und Macerationsmethoden konnten weiterführen.

Die seit VIRCHOW gewonnenen Erkenntnisse waren das Ergebnis einer überaus sorgfältigen Beobachtung, während der Zwiespalt aus den sich widersprechenden Befunden in erster Linie als Folge einer mangelhaften und unvollständigen Technik entstand. So ist die Geschichte der Gliaforschung eng mit der Entwicklung der Methodik ihrer Darstellung verknüpft.

Etwa von den 70er Jahren des 19. Jahrhunderts an beginnt mit der *Neuentwicklung der Methodik* ein Aufschwung in der Erforschung der Neuroglia, der bis zur Jahrhundertwende andauert und *neue Problemstellungen* und *Erkenntnisse* bringt. Es wurde möglich, auf der Basis der beschreibenden Strukturanalyse die Frage nach der Materialquelle dieses Gewebes und seiner Entwicklung zu bearbeiten, wie auch das Gebiet der vergleichenden Histologie zu erschließen. Die neuen Erkenntnisse sind in erster Linie an die Namen folgender Forscher geknüpft: GOLGI, RANVIER, WEIGERT, CAJAL, V. KOELLIKER, HIS und V. LENHOSSÉK.

1871 erscheint die erste der zahlreichen Arbeiten von GOLGI, dessen *Imprägnationsmethode* vor allem die Darstellung des *Zellkörpers* und der *Zellfortsätze* sowohl der Nerven- als auch der Gliazellen ermöglichte (vgl. GOLGI, 1871/72). Wenn auch die Launenhaftigkeit der Methode und das Fehlen cytoplasmatischer Feinstrukturen an den schwarzen Silhouetten der Zellen eine Einschränkung der Verwendungsmöglichkeit des Verfahrens mit sich brachte, sind mit der Golgi-Methode grundlegende Befunde erhoben worden (s. Abb. 5, 6). Die Anwendung der Golgi-Versilberung brachte Licht vor allem in die *Entwicklung der Neuroglia* (vgl. Beitrag NIESSING, S. 54ff.; 70–72).

Durch RANVIER und später in differenzierterer Form durch WEIGERT gelang die Darstellung der *Gliafasern*, wodurch der „nichtcelluläre" Anteil der Glia besser aufgeklärt werden konnte. RANVIER (1883, 1888) verwendete seinen „alcohol à tiers" und als Farbstoff Pikrocarmin, außerdem Osmiumtetroxid, aber auch er untersuchte noch Zupfpräparate. RANVIER faßt die Gliafasern nicht mehr als Zellausläufer auf, sondern als eigene, selbständige Strukturen, die durch die Zellen hindurchlaufen oder sich ihren Fortsätzen anlegen. Der Zelleib ist ein von den Fasern morphologisch und chemisch unterscheidbares Gebilde. So liegen die Verhältnisse beim Erwachsenen; embryonal sind die Zellen noch rein protoplasmatisch. Die Fasern sind also deutlich vom Protoplasma zu unterscheiden. Dadurch betont RANVIER die *mechanisch-stützende Funktion* der Neuroglia. Seine Befunde wurden später von WEIGERT (1895), der die Trennung von Zellen und Fasern als „epochal" bezeichnet, bestätigt und erweitert.

Während nach der Einführung der Methoden von GOLGI und RANVIER das morphologische Bild der cellulären Elemente der Glia, besonders die Unterscheidung der *protoplasmatischen, embryonalen* und *faserführenden Gliazellen* eindeutiger wurde, ging der Streit um die nichtcellulären Bestandteile weiter.

GIERKE (1885, 1886) berichtet in zwei umfangreichen Arbeiten über Befunde, die mit Hilfe einer eigenen Technik erhoben wurden. Er benutzt ein Isolationsverfahren mit Chromsäure und fordert, daß – als Voraussetzung für die richtige Darstellung und Erfassung der Strukturen – das Material noch lebenswarm verwendet werden müsse und daß die Zupfpräparate durch dünne Rasiermesserschnitte zu ergänzen seien. Die Präparate wurden mit ammoniakalischem Carmin gefärbt.

Gierke unterscheidet 1) eine *Gliasubstanz*, d.h. eine ungeformte homogene Grundsubstanz, 2) *geformte Elemente,* die durch Gliazellen mit ihren Fortsätzen repräsentiert werden. Die Grundsubstanz ist nicht körnig, sondern strukturlos, glashell; sie ist kaum anfärbbar. Sie bildet mit den geformten Elementen die innere und äußere Umhüllung des zentralen Nervensystems. Das gemeinsame Merkmal aller Gliazellen sind ihre Fortsätze. Gierke trennt zwei Formen: 1) Zellen mit einem großen, fast nackten Kern und mit sehr zarten verzweigten Fortsätzen, die nicht verhornt sind. 2) Zellen ohne Kern oder mit Kernresten, die verzweigte Fortsätze führen und eine mehr oder minder starke Umwandlung in Keratin erkennen lassen.

Hier wird also erstmalig das von Ewald und Kühne (1877) beschriebene *Neurokeratin* in Beziehung zur Glia gebracht. Gierke bezeichnet die Umwandlung der Zellen und ihrer Fortsätze in Keratin „als einen der wichtigsten Vorgänge im zentralen Nervensystem". Dabei wird betont, daß die Grundsubstanz nicht verhornt. Während Ewald und Kühne nur von einer Keratinbildung an den Fasern sprechen, behauptet Gierke, daß ganze Zellen einschließlich ihrer Kerne dem Verhornungsprozeß unterliegen. Der Nachweis der Keratinbildung wird durch die Resistenz gegen Trypsin und Pepsin geführt. Der Verhornungsprozeß setzt nach der Geburt allmählich ein und läuft örtlich und zeitlich verschieden ab. Es ist bemerkenswert, daß später die Keratinbildung wieder hervorgehoben wird, so daß Bairati (1949a, b, c), Bairati et al. (1956) und Pannese (1956) in der subependymären Zone ein „Stratum corneum" abgrenzen können. Als erster aber stellt Gierke Übergänge von Zelle zu Zelle durch ihre Fortsätze fest, „so daß ein feines Netzwerk mit den Kernen in den Knotenpunkten" vorliegt.

Die Entstehung der *Grundsubstanz* untersucht Gierke an der Substantia gelatinosa centralis. Sie soll durch Umwandlung der Zellen entstehen. Die Zellen „verlieren ihre Zellnatur und verschmelzen zu einer gemeinsamen, keine Grenzen und Teile darbietenden Substanz". Diese Substanz bildet sich nach der Geburt als eine Abscheidung der Zellen vor deren Verhornung. Der Beweis für das Vorhandensein isolierter Fasern sei – im Gegensatz zu Ranvier – nicht zu erbringen. Die „Fasern" sieht Gierke als differenzierte, verhornte Plasmastreifen an. Seine Auffassung der Glia geht aus dem Folgenden hervor: „Nie und an keiner Stelle ... berühren sich nebeneinander liegende nervöse Teilchen", sie sind durch Grundsubstanz oder Gliazellen getrennt. Auch in der weißen Substanz gilt dieses Prinzip. Ausnahmslos um jede *Nervenfaser* weben die *Gliazellen* eine eigene *Scheide*. Niemals stehen die Nervenfasern in Kontakt mit der Grundsubstanz; ihre Gliascheide besteht aus Zellen mit ihren Fortsätzen.

Aus dieser Vorstellung der *inneren Kontinuität der Glia* mußte zwangsläufig eine Untersuchung ihrer *Grenzflächen* gegenüber den *Gefäßen* und den *Hirnhäuten* resultieren. Gierke stellt erstmalig den Begriff *Gliahülle* auf. Sie ist ohne Unterbrechung und ausnahmslos dort zu finden, wo die Pia mater die Hirnoberfläche bedeckt. Diese Gliahülle, die erst später von Held (1909a, b) bis ins einzelne analysiert wurde, hat bei Gierke die folgende Bedeutung: Die Gliahülle stellt die Verbindung mit der Pia her, ermöglicht die Bildung eines zwischen ihr und der Pia liegenden Lymphraumes und ist gleichzeitig als schützende Membran der „Hauptstützpunkt" (heute würden wir sie richtiger als die Tangentialschicht bezeichnen) des in ihr verknüpften und in das Innere abstrahlenden Gliaflechtwerkes.

Das Verdienst GIERKES besteht darin, erkannt zu haben, daß es einen inneren Zusammenhang der Glia gibt. „Jede Gliazelle ist mit jeder anderen Gliazelle des Zentralorgans verbunden." Zwischen der inneren Grenzschicht der Ventrikelwandung und der äußeren Gliahülle liegt das ganze Geflecht der Glia. GIERKE hat die von BOLL erhobenen Befunde, deren Interpretation er ablehnt, durch die Analyse der Beziehungen der Glia zu den Gefäßen und zur Pia mater ergänzt. Er ist der erste, der den Begriff *Pialtrichter* aufstellt als eine eingestülpte, die Gefäße begleitende Scheide der äußeren Gliahülle. Der Pialtrichter endet im Innern des Gehirns: er „verklebt mit der Gefäßwandung", so daß die Gefäße, mit Ausnahme der Capillaren, von perivasculären Räumen umgeben sind. GIERKE macht erstmalig den Versuch, den *systemartigen Charakter der Glia* darzustellen. Die Zellanordnung in der äußeren Gliahülle mit Fortsätzen, die oberflächenparallel oder senkrecht in die Tiefe gerichtet sind (die späteren Ureidecyten von RETZIUS), läßt auch hier genau wie an der Gefäßwand die Anfänge der Erfassung eines *architektonischen Prinzips* erkennen.

Mit GIERKE setzt die Erforschung der *Materialquelle* und der *Entwicklung der Neuroglia* ein. Er stellt ihre *ektodermale Herkunft* fest (vgl. S. 19). Im Anschluß an die Darlegung der Auffassungen von RANVIER und GIERKE mögen zunächst die Lehren von WEIGERT und GOLGI mit ihren gegensätzlichen Auffassungen geschildert werden. Der Gegensatz zwischen diesen beiden Autoren beruht auf der Spezifität ihrer Methoden, nämlich der Verwendung einer die Fasern elektiv hervorhebenden Färbung (WEIGERT) bzw. eines Imprägnationsverfahrens (GOLGI).

WEIGERT verwendet eine spezifische „Neurogliabeize", in der Kupferacetat, Chromalaun oder Fluorchrom und Essigsäure enthalten sind. Als Farbstoff benutzt er Methylviolett. Nach der Färbung erfolgt eine Differenzierung mit Anilin-Xylol. Die besonders für *menschliches* Material geeignete Methode stellt die *Gliafasern* prägnant dar, ebenso die Zellkerne. Das Cytoplasma wird nicht oder nur schwach angefärbt, das Nervengewebe bleibt ungefärbt oder zeigt einen gelblichen Ton. Mit diesem Hinweis ist die Einseitigkeit der Methode gekennzeichnet. Trotzdem hat WEIGERT mit ihr grundlegende Erkenntnisse über die „Intercellularsubstanz" gewonnen. 1890 (erstmalig; a, b) und 1895 (in einer breit angelegten Arbeit) stellt er eine *neue Lehre* vom *Aufbau der Neuroglia* auf.

Um der Lehre von WEIGERT gerecht zu werden, muß man betonen, daß er selbst die Mängel seiner Methode klar erkannt hat. So sagt er, daß seine Methode unfähig sei, die „Entwicklungsgeschichte der Neuroglia weit zurück zu verfolgen", da in der Entwicklung Fasern noch nicht oder nur in unreifer Form gebildet werden. Seine Methode ist für die pathologische Anatomie geschaffen worden. Doch bevor sie hierfür verwendet werden konnte, sollte sie Licht in die normale Histologie bringen. Als den eigentlichen Zweck seiner Untersuchung sieht WEIGERT die Beschreibung der *normalen Topographie* der Neuroglia an.

Schon bei seiner Definition des Begriffes Neuroglia stehen die *faserigen Strukturelemente* im Vordergrund (Abb. 3): Die Neuroglia besteht aus Zellen

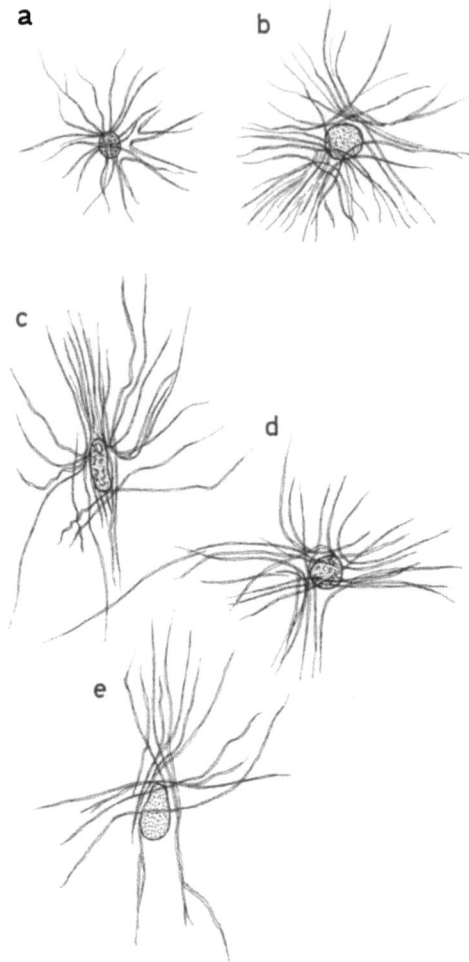

Abb. 3a–e. Astrocytenformen mit geschwungenen, scheinbar außerhalb der Zellen gelegenen Faser-
elementen. Methylviolett-Methode von Weigert. (Nach Weigert, 1895)

und Fasern „von denen die letzteren ... so überwiegen, daß man sie als den
wesentlicheren Bestandteil der Neuroglia ansehen muß". Die von Weigert dargestellten Fasern sind kein Novum, sondern identisch mit dem, was man früher
als Ausläufer der Deitersschen Zellen bezeichnet hat. Die Fasern werden von
Weigert als echte *Intercellularsubstanz* angesehen; sie mußten ihm so erscheinen,
da seine Methode das Plasma der Zellen nicht darstellt. Nach Weigert stehen
die Fasern allenfalls mit dem Plasma in Berührung, sind aber keine Zellfortsätze
„wie die Achsenzylinder". Er gibt die folgende klare Beschreibung der *Gliafasern:*

1) Sie sind verschieden von den kollagenen und elastischen Fasern des Bindegewebes.

2) Sie sind starr geschwungen, jedoch nicht geschlängelt oder hohl (wie z.B. LAVDOWSKY, 1891, angibt).

3) Sie sind glatt, d.h. ohne körnige Beschaffenheit, ohne Varikositäten, ohne „konische oder flaschenartige Erweiterungen", ohne moosartige Beschaffenheit.

4) Sie bilden keine Anastomosen; Faserteilungen werden nicht beobachtet.

5) Sie reagieren auch wie die Fasern der „Bindesubstanzen" bei pathologischen Prozessen (z.B. bei progressiver Paralyse) durch Verdickung.

Diese Beschreibung kennzeichnet die Gliafasern als ein eigenes selbständiges Strukturelement.

Welche Auffassung vertritt WEIGERT in der Frage des Vorhandenseins einer neben den Fasern existierenden „Grundsubstanz" (s.o. GIERKE u.a.)? Er sagt: „Wenn daher, was a priori durchaus nicht bestritten werden kann, Zwischensubstanzen im Zentralnervensystem existieren, welche solcher differenzierter Fasern entbehren, so entgehen diese bei Anwendung der (*Weigertschen*) Methode vollkommen der Kenntnisnahme". Es wird also die Existenz einer Grundsubstanz nicht bestritten, das Problem aber offengelassen, da diese Grundsubstanz methodisch nicht abgrenzbar ist.

In einem eigenen Kapitel behandelt WEIGERT das Verhältnis der Gliafasern zu den *Zellkernen*. Die Deitersschen Zellen sind für ihn „Kernzentren mit strahlenförmig an sie angelagerten Fasern", da seine Methode das Plasma nicht darstellt. Er greift also letzten Endes aus der gesamten Neuroglia nur das heraus, was wir heute als *Faserglia* bezeichnen würden. Auf diesem Sektor stimmt er dementsprechend mit RANVIER weitgehend überein. RANVIER hatte aber ganz richtig faserlose *protoplasmatische Gliazellen* in der embryonalen Entwicklung beobachtet.

Dieses von WEIGERT durch einseitige Hervorhebung der *Intercellularsubstanz* entwickelte Bild der Neuroglia mußte naturgemäß seine Auffassung von ihrer „physiologischen Bedeutung" bestimmen. Sie hat als „Zwischensubstanz" eine *raumausfüllende Aufgabe*, besonders deutlich erkennbar bei pathologischen Prozessen, wo sie im Sinne einer *Vakatwucherung* bei degenerativen Prozessen reagiert oder nach ischämischen Nekrosen *gliöse Narben* bildet. Eine ernährende und isolierende Funktion der Neuroglia wird abgelehnt. WEIGERT spricht von der unhaltbaren „Isolationshypothese". Die Hypothese von SCHLEICH (1894), der funktionelle Veränderungen der Neuroglia zum Schlaf in Beziehung setzt, wird als „Curiosum" und „Hirngespinst" bezeichnet. WEIGERT hebt eine Art Massenkorrelation zwischen der Neuroglia und dem erregungsleitenden Gewebe hervor. Dort, wo die Nervenzellen dicht gelagert sind, gibt es wenig Neuroglia (z.B. in der Großhirnrinde) und umgekehrt.

Die Gliaforschung verdankt WEIGERT eine sehr gründliche und exakte Analyse der Faserglia. Die von den meisten Gliaforschern – mit Ausnahme von RANVIER – vertretene Auffassung, daß Gliafaser = Zellfortsatz ist, wurde von WEIGERT abgelehnt. Seine Methode ermöglichte es, eine Topographie der Faserglia auf breiter Basis zu geben (s.S. 16). Außerdem hat er – unter Verwendung der Ergebnisse vorausgegangener Untersuchungen (GIERKE u.a.) – durch das Studium der Topographie der Faserglia Hinweise auf das Vorhandensein eines *architektonischen Prinzips* gegeben. Er sagt: „Es muß sich einem unwillkür-

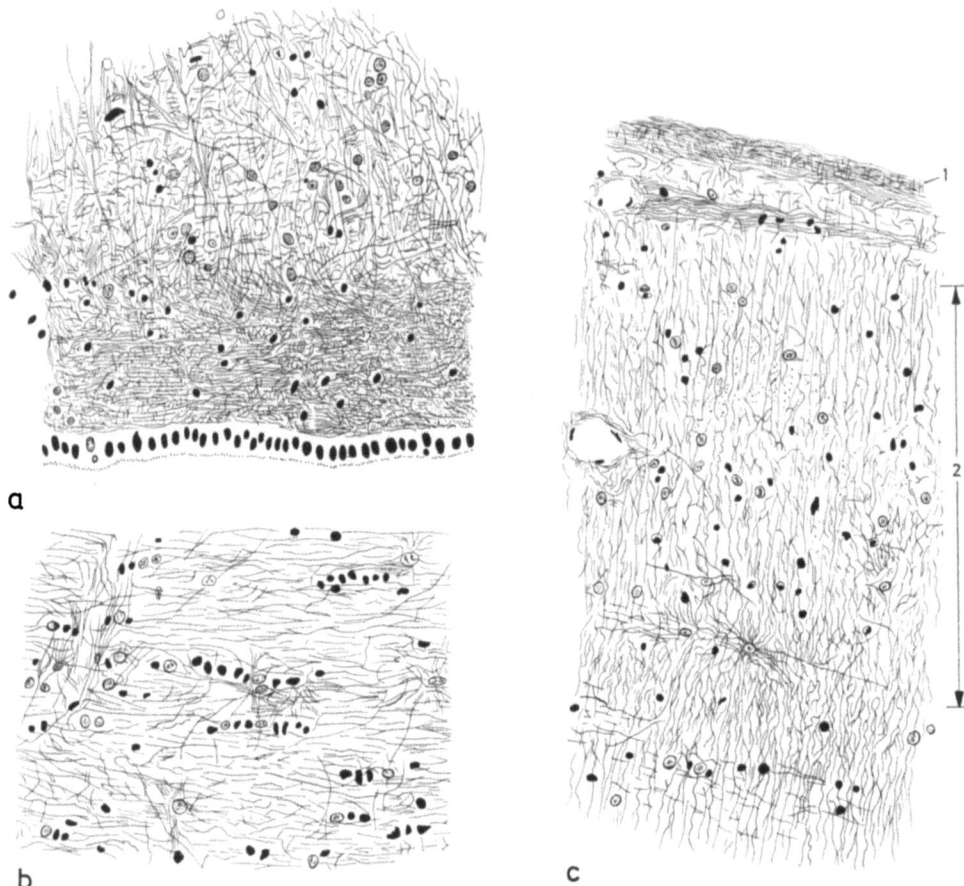

Abb. 4a u. b. Faserige Strukturelemente der Neuroglia an den Oberflächen und in den tiefen Schichten des Gehirns. **a** Ventrale (ependymäre) Oberfläche des Balkens. Methylviolett-Methode von Weigert. **b** Tiefe Markschicht des Balkens. **c** Dorsale Fläche des Balkens. *1* Rindenschicht, *2* dichte Markschicht. (Nach WEIGERT, 1895)

lich die Idee aufdrängen, daß die Raumausfüllung, die der Neuroglia obliegt, nicht in regelloser Weise vor sich geht. Es müssen auch hier statische Gesetze die Geflechtsformen beherrschen, besonders an den inneren und äußeren Oberflächen" (Abb. 4).

WEIGERTS umfangreiche, sorgfältige Studie löste eine lebhafte Diskussion aus, die zahlreiche Gegner auf den Plan rief. Diese Diskussion führte zur Erhebung weiterer Befunde und wirkte sich dadurch außerordentlich fruchtbar aus.

Von 1873 bis 1894 entwirft GOLGI (s. GOLGI, 1903) mit Hilfe seiner *Imprägnationsmethode* ein neues Bild der Gliazellen, da ihm die vollständige Darstellung ihrer Ausläufer und Fortsätze gelingt (Abb. 5). Seine eigenen Befunde, außerdem die auf der Basis seines Verfahrens von v. KOELLIKER (1896) und RETZIUS (1894a, b, c) gegebene Formbeschreibung der Zellen werfen neue Fragen auf. Diese berühren u.a. das Problem, ob Gliazellen ein *Netzwerk* bilden (,,ein Reticu-

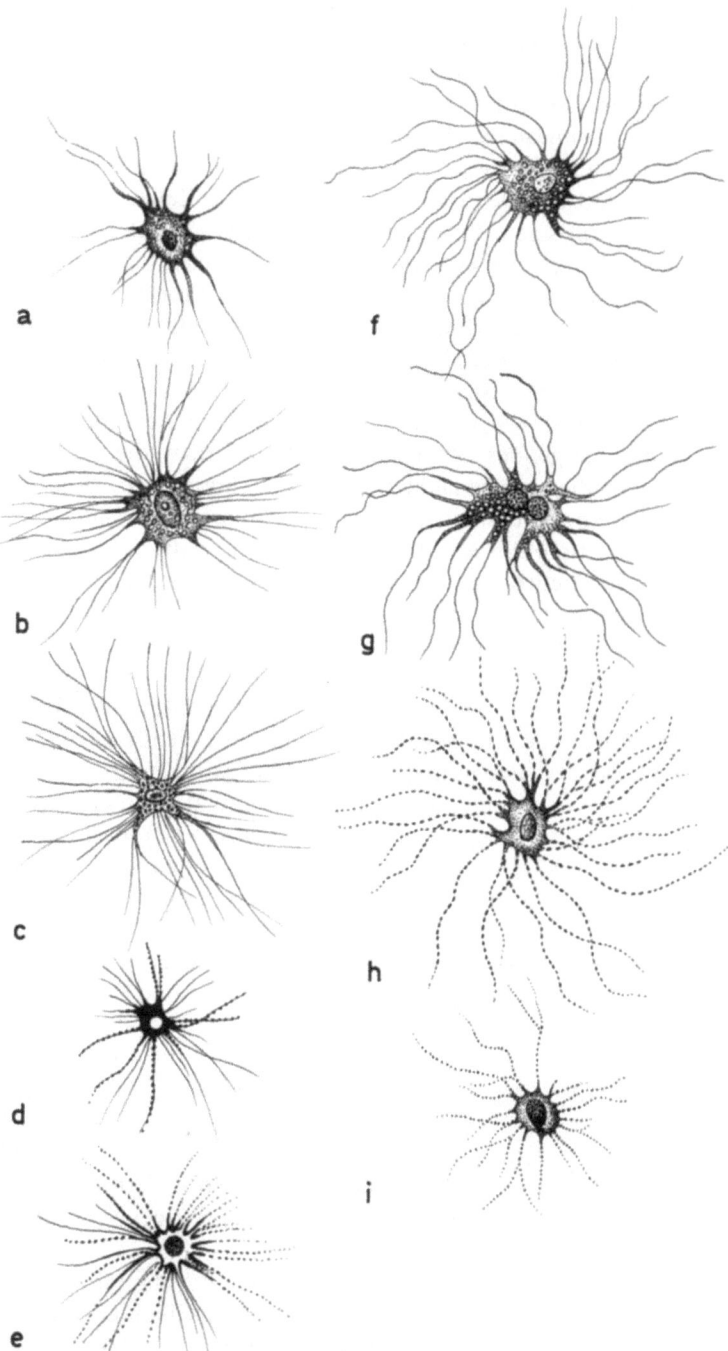

Abb. 5a–i. Neurogliazellen in der Großhirnrinde. Verschiedene Formen der Gliaelemente aus den oberflächlichen (**a, b, f, g**) und tiefen Schichten (**c, d, h**). Mitunter ist die Fortsatzzeichnung sehr zart (**e, i**). Golgi-Versilberung. (Nach GOLGI, 1894)

lum des Zentralnervensystems", v. KOELLIKER) oder als nicht verbundene Individuen aufzufassen sind. Weiterhin besteht die Frage nach der Beziehung der Gliazellen zu den *Gefäßen* und *Nervenzellen*. Schließlich führen neu dargestellte Zellformen zu einer Definition von *Zelltypen*, wobei schon die Möglichkeit eines *funktionellen Formwandels* diskutiert wird.

GOLGI bestätigt zunächst die von DEITERS gegebene Beschreibung der *Zellelemente*. Er betont, daß die Deitersschen Zellen „echte Zellen" und nicht „Zelläquivalente" (DEITERS) seien. Das ganze *Neurogliagerüst* ist nichts anderes als das Ausläufergeflecht der Zellen, wobei unter „Geflecht" nicht ein Netzwerk anastomosierender Ausläufer zu verstehen ist. Nach GOLGI bestehen zwischen den Ausläufern der mit seiner Methode dargestellten Zellen keine Verbindungen. VON KOELLIKER, anfangs anderer Meinung, schließt sich in diesem Punkt 1896 der Auffassung von GOLGI an. Dagegen vertritt PALADINO (1894, 1911) die Meinung, daß spinnwebenartige Neuroglianetze um die Nervenzellen existieren, d.h. ein zusammenhängendes Neurogliagerüst, bei dem die Zellfortsätze der Gliazellen direkt in die der benachbarten Zellen übergehen. Somit bleibt die Frage, ob die Glia ein *Syncytium* sei oder aus isolierten *Zellindividuen* bestehe, nach wie vor umstritten. Es ist aber verständlich, daß unter dem Eindruck des GOLGI-Bildes der Neuroglia, d.h. mit der Darstellung der feinsten Ausläufer ihrer Zellen, zwischen denen die Nervenzellen und Nervenfasern eingebettet sind, die Annahme ihrer isolierenden Funktion wieder in den Vordergrund tritt. Die *Isolationshypothese* wird insbesondere von CAJAL (vgl. S. 36 f.) vertreten; er greift damit die frühere Vorstellung von VIRCHOW (1846) auf. MÜLLER (1900) nennt das Golgi-Verfahren „eine ideale Isolationsmethode für die Gliaelemente", die aber keine „Gesamtvorstellung der Neuroglia" vermittelt.

Von seiner Grundvorstellung, daß „das ganze interstitielle Gewebe" im Grau und Weiß des Zentralnervensystems aus *Strahlenzellen* und ihren Fortsätzen besteht, geht GOLGI (1871/72, 1873, 1883a, b) nun dazu über, die Neuroglia in den verschiedenen „Provinzen des Centralnervensystems" zu untersuchen. Hierbei werden die *Unterschiede der Zellformen* zwischen *grauer* und *weißer Substanz* herausgearbeitet. GOLGIS Befunde und eigene Untersuchungen lassen v. KOELLIKER (1896) die Begriffe *Langstrahler* für die weiße Substanz und *Kurzstrahler* für die graue Substanz aufstellen, wobei neben der Kennzeichnung der Fortsatzlänge diese Termini bei den Kurzstrahlern die starke Aufzweigung, bei den Langstrahlern eine geringere Aufteilung, einschließen (Abb. 6). GOLGI bezeichnet den mit seiner Methode gefundenen Zelltyp als „cellule raggiate". Schließlich wird von v. KOELLIKER zu Ehren GOLGIS die Neurogliazelle *Golgi-Zelle* benannt oder als *Astrocyt* bezeichnet (wodurch der Terminus „Deitersche Zelle" abgelöst wird). VON KOELLIKER stellt bei der eigenen Analyse solcher Zellen 5–20 nicht anastomosierende Fortsätze fest.

Eine weitere *Formuntergliederung*, ganz im Sinne der damaligen Forschungsrichtung, die sich auf Zellunterschiede in den Rindenschichten und in den verschiedenen Regionen des Gehirns erstreckte, wird durch RETZIUS (1894a, b, c) gegeben. Dieser unterscheidet fünf verschiedene Formen, die beim Erwachsenen in allen Teilen des Gehirns vorkommen. Seine Einteilung erfolgt nach einem anderen Prinzip als die „Topographie der Neuroglia" von WEIGERT, die letztlich eine Topographie der Faserglia ist.

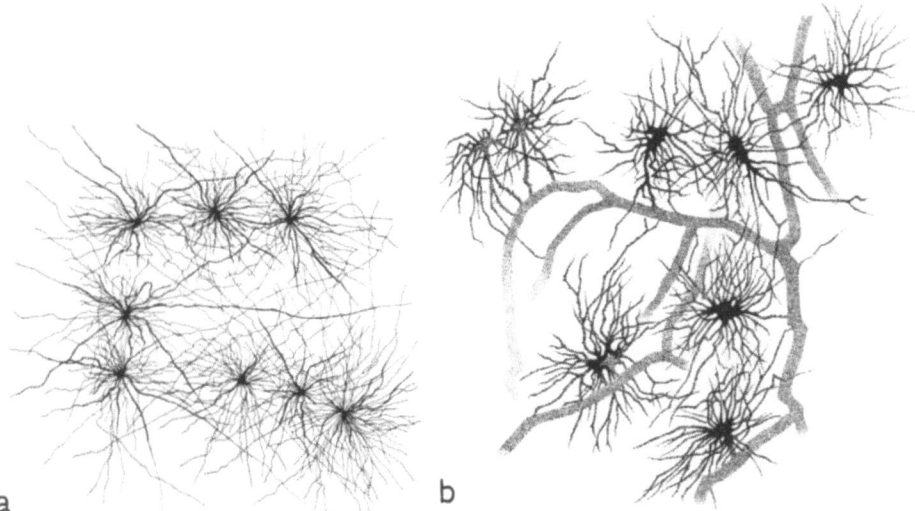

a   b

Abb. 6a u. b. Darstellung verschiedenartiger Gliazelltypen mit der Golgi-Versilberung. **a** Langstrahler aus der weißen Substanz der Hirnrinde des *Menschen*. **b** Kurzstrahler (mit Gefäßkontakten) aus der Endhirnhemisphäre des *Kaninchens*. (Nach v. KOELLIKER, 1896)

Die von RETZIUS beschriebenen Typen stehen in Formabhängigkeit vom Ort ihres Vorkommens, d.h. von der Windungsoberfläche, dem Seitenabhang und dem Tal der Furchen. Im ganzen gesehen, liegen an den Oberflächen der Rinde Zellkörper, die oberflächenparallele und senkrecht ins Innere abstrahlende Fortsätze besitzen, im Inneren der Rinde und der weißen Substanz „Sternstrahler" mit Fortsätzen in allen Richtungen des Raumes. Wenn auch die Einteilung von RETZIUS in fünf Zelltypen heute nur noch historisches Interesse hat, möge sie doch erwähnt sein, um die analytische Betrachtung und die Ergebnisse der Golgi-Methode zu kennzeichnen. RETZIUS unterscheidet:

1) *Sternstrahler* (asteroide Gliaecyten). Ihre Fortsätze gehen radienartig vom Zentrum der Zelle aus. Es handelt sich bei diesen um die bisher am häufigsten beschriebene Zellform der Astrocyten (Golgi-Zellen, Spinnenzellen etc.).

2) *Schwanzstrahler* (ureide Gliaecyten), Kometenzellen. Sie liegen vorwiegend an der Oberfläche und entsenden senkrecht zu ihr Fortsätze in die Tiefe der Rinde.

3) *Fußsternstrahler* (podasteroide Gliaecyten), etwas unter der Oberfläche gelegen, mit einem Zellfuß der Oberfläche oder einem Gefäß angelagert.

4) *Sanduhrförmige Doppelschwanzstrahler* (biureide Gliaecyten), deren Fortsätze nach zwei entgegengesetzten Richtungen strahlen.

5) *Flächenstrahler* (plakoide Gliaecyten) legen sich mit ihren Fortsätzen ebenen oder gekrümmten Flächen (Gefäße) an.

VON KOELLIKER sagt von dieser Einteilung, daß die Formen 2–5 „für den Hausgebrauch" zur Gruppe seiner Langstrahler gezählt werden können. Entscheidend ist jedoch die Tatsache, daß RETZIUS aufgrund dieser genauen Formbeschreibung als erster grundsätzlich zum Ausdruck bringt, daß die Gliazellen einem *Formwandel* unterliegen, „beweglich und umformbar" sind und daß sie „erst später großenteils erstarrt" erscheinen. Retzius lehnt im Gegensatz zu Gierke eine homogene Grundsubstanz ab. Meisterhaft sind seine schon 1875 mit Key begonnenen Untersuchungen der Retina, des Opticus, der Kleinhirnrinde und anderer Differenzierungen des Nervensystems.

Neben den genannten Autoren haben verschiedene andere Untersucher Einzelbeiträge zum Formbild der Gliazellen geliefert: Mondino (1887) stellte Sternzellen in der Fissura Sylvii und in der inneren und äußeren Kapsel fest. Magini (1888) beschrieb Varikositäten ihrer Fortsätze. Martinotti (1889) bestätigte die Sternzellen in der grauen und weißen Substanz. Cajal (1890a, b, 1891) untersuchte die Zellen der Kleinhirnrinde junger *Katzen*, Azoulay (1894) Ammonshorn, Rückenmark und Kleinhirn beim *Kind*, Berkley (1894) die Infundibularregion und den III. Ventrikel beim *Hund*.

Die Golgi-Methode rückt einen wichtigen, aber schon früher von Boll u.a. (s.o.) erhobenen Befund in den Vordergrund: die *Gefäßbeziehungen* der Neuroglia. Die Gefäßfüße der Gliazellen wurden von Golgi (1885) exakt dargestellt. Dadurch wurde von ihm die Bedeutung der Gefäßbeziehungen der Neuroglia herausgestellt.

Andriezen (1893a, b), der ebenfalls die Golgi-Methode benutzte, berichtet über ein perivasculäres System von Neurogliazellen beim *Menschen* und bei *Säugetieren*. Er beschreibt perivasculäre Astrocyten, die den Capillaren und Präcapillaren mit weit verzweigten Fortsätzen eng anliegen. Sie bilden mit ihren Fortsätzen an den Gefäßen und an der Oberfläche des Gehirns ein dichtes Netzwerk. Andriezen unterscheidet *protoplasmatische Zellen*, die sternförmig sind und dendritische, moosartige Ausläufer haben. In der grauen Substanz liegen ihre Fortsätze an den Adventitialscheiden der Gefäße. Diese Zellen sind „aktiv" und haben eine „lymphatische Funktion". Zur gleichen Gruppe gehören kleine, den Ganglienzellen anliegende Elemente (pericelluläre Elemente), die den heutigen Satellitenzellen vom Typ der Oligodendroglia entsprechen könnten. In eine zweite Gruppe ordnet Andriezen *Faserzellen* ein („fibre elements"), die nur eine mechanisch stützende und deshalb „passive" Funktion haben. Sie bilden an der Oberfläche ein tangentiales Faserwerk (Ureidecyten von Retzius) und lagern ihre Fasern den Gefäßen längs oder quer zu deren Verlauf an. Diese Zellen sollen ektodermaler Herkunft sein. Damit hat Andriezen die innige und untrennbare Verknüpfung der astrocytären Glia mit dem Gefäßsystem herausgestellt.

Die Golgi-Methode erbrachte somit schon in der ersten Zeit ihrer Anwendung eine Analyse des *Formenreichtums der astrocytären Glia* und dadurch neue grundlegende Erkenntnisse über ihre *Beziehungen zum Gefäßapparat*. Die Frage nach dem inneren Zusammenhang der Neuroglia konnte durch sie jedoch nicht gelöst werden. Golgi hat aber durch seine Methode – im Gegensatz zu den Möglichkeiten, die das Weigertsche Verfahren bot – einen Sektor der Neurogliaforschung erschlossen, der besonders im letzten Jahrzehnt des 19. Jahrhunderts reiche und grundlegende Erkenntnisse erbrachte, nämlich die Untersuchung der Materialquelle und Entwicklung der Neuroglia.

Die Erforschung der *Herkunft der Neuroglia* und ihrer *Entwicklung* hat schon durch Virchow (1846) einen richtunggebenden Hinweis erhalten, indem er ihre Beziehung zum *Ependym* kennzeichnete. Das Matrixependym bzw. Neuralepithel

bleibt somit die anerkannte *Materialquelle*. Die Problematik setzt bei zwei Fragestellungen ein:

1. Wie erfolgt die *Umwandlung* und *Differenzierung* der embryonalen Ependymzellen zu den bis dahin bekannten Gliazellformen?
2. Ist das Neuralepithel als *ektodermales* Material und gleichzeitig als „innere
   Oberfläche" des Zentralnervensystems die einzige Materialquelle der Neuroglia, oder beteiligen sich an ihrer Entstehung auch die Gewebsschichten der
   „äußeren Oberfläche", d.h. der Pia mater und ihrer ins Zentralnervensystem
   eindringenden Septen mit den Gefäßen? Im letzten Fall wäre das *Mesoderm*
   als zweite Materialquelle anzusehen.

Das Matrixependym (Neuralepithel = Neuroepithel) darf nicht begrifflich mit
der Ependymzellschicht eines ausdifferenzierten Gehirns verwechselt werden (s.
hierzu S. 55 und LEONHARDT, S. 177ff.).

Nach VIRCHOW (1846) hat GIERKE (1885) mit zureichender Methodik diese
Probleme in Angriff genommen. Er betont den ektodermalen Ursprung der
Neuroglia. Desgleichen hat VIGNAL (1884a, b, 1888, 1889) die ektodermale
Genese bestätigt.

Die Ableitung der Astrocyten aus ependymartigen Zellelementen führte zu
eingehenden Ependymstudien, die mit den klassischen Konzepten und Deutun-
gen von STUDNIČKA (1900) einen Höhepunkt erreichten. Die Entdeckung des
Ependyms geht auf die Gebrüder WENZEL (1812) zurück, die es für eine selbständige Membran hielten (vgl. Beitrag LEONHARDT, S. 177ff.). Ursprünglich wurde die
Substantia gelatinosa centralis (STILLING, 1859) mit dem Ependym gleichgesetzt.
Der epitheliale Charakter des Ependyms und das Vorhandensein eines Flimmer-
schlags wurden von PURKINJE (1836) festgestellt. Danach erfuhr der Begriff
„Ependym" eine Beschränkung auf das die Ventrikel auskleidende Epithel. Das
Vorkommen der Cilien wurde von HANNOVER (1844) auch bei *Salamander-*
und *Kaninchen*-Embryonen nachgewiesen, außerdem auch noch von VIRCHOW
und v. KOELLIKER (vgl. v. KOELLIKER, 1896, S. 144) bestätigt. MAUTHNER (1861)
beobachtete erstmalig am Rückenmark des *Hechtes* die Fortsätze der Ependymzellen, REISSNER (1864) sah sie beim *Frosch*, STIEDA (1870) und v. WALDEYER
(1876) beschrieben sie bei *menschlichen* Embryonen.

Bei der Erörterung des Begriffes *Ependym* verknüpfen sich ontogenetische
Probleme mit denen der vergleichenden Histologie der Neuroglia (vgl. S. 113ff.).
Ein Ependym bildet sich in der Regel dort aus, wo ein Nervensystem mit
inneren Hohlräumen existiert, also bei Chordaten. Das Matrixependym in weite-
stem Sinne des Begriffes umfaßt auch die Stammzellen der ektodermalen Neuroglia. Ihre zylindrische, d.h. polar differenzierte Form spricht dafür, daß sie
ebenso wie Zylinderzellen anderer resorbierender oder sezernierender Epithel-
membranen einen Stofftransport zu erfüllen haben. Die Breite der durch den
Stofftransport zu überbrückenden Schichten läßt, im Gegensatz zu anderen
resorbierenden oder sezernierenden „Membranen", Zellfortsätze entstehen, die
eine beträchtliche Länge haben können, um die innere und äußere Oberfläche
des Gehirns zu verbinden. Ihre Länge wird aber dadurch begrenzt, daß eine
stark verdickte Wand des Zentralnervensystems nicht mehr von den Fortsätzen
der Ependymzellen überbrückt werden kann. Das Eindringen des Gefäßapparates schafft neue morphologische Voraussetzungen. Die *Gefäße* bilden die

Brückenpfeiler zwischen innen und außen und damit die Verankerungsstellen für die ependymalen Brücken im Sinne des *Stofftransportes* und wohl auch im Sinne einer *mechanischen Halte- und Stützfunktion.*

Dadurch ist zum Ausdruck gebracht, daß in einem wenig differenzierten gehöhlten Nervensystem die Neuroglia in Form des Ependyms ihren funktionellen Aufgaben gerecht wird. Nach den Untersuchungen von Nansen (1887a, b, 1888), Rohde (1888), Müller (1900) u.a. ist das noch bei *Amphioxus* der Fall. Die ersten endoneuralen Gefäße treten nach E. u. B. Scharrer (s. S. 117) bei *Myxinoiden* auf, während sie nach Sterzi (1907) bei *Petromyzonten* nicht nachweisbar sind. Dementsprechend sind bei *Cyclostomen* die ersten *freien Gliazellen* gefunden worden (Nansen, 1887a; Retzius, 1891b; v. Lenhossék, 1895[3]; Eurich, 1898; Müller, 1900). Damit findet die oben erwähnte Glia-Gefäßverbindung (Golgi, 1885; Andriezen, 1893a, b) der adulten Formen ihre entwicklungsgeschichtliche Erklärung. Die Bestätigung, daß die Leitlinien der „phylogenetischen Differenzierung" der Glia sich auch in der Ontogenese manifestieren, wird alsbald durch zahlreiche Untersucher erbracht. Bei *menschlichen* Embryonen wird von Stieda (1870) und v. Waldeyer (1876) das Durchgangsstadium, in dem die Ependymfortsätze bis zur Pia mater reichen, beschrieben. Golgi (1885) zeigt dasselbe Bild beim *Hühnchen.* Weitere Bestätigung erfolgt durch Falzacapa (1888), Cajal (1890a, b), Magini (1888), v. Koelliker (1890) u.a.

His (1889, 1901) und v. Koelliker (1896) haben gefunden, daß, nachdem die primitive Anlage des Neuralrohres durch ventriculäre und ultraventriculäre Mitosen eine Seitenverdickung erfahren hat, eine *Innenplatte* und eine *Mantelschicht* (His) entsteht. Aus der Innenplatte entwickeln sich über *Spongioblasten* die Gliazellen, während aus der Mantelzone die Neuroblasten entstehen [s. genauere Darstellung und ergänzende Kritik durch v. Lenhossék (1895), Schaper (1897) u.a.; vgl. hierzu S.143].

Es lassen sich demnach durch Untersuchung der Entwicklung die folgenden Erkenntnisse gewinnen:

1) Als *Stammform der Gliazellen* sind die polar differenzierten Wandzellen der Hohlräume des Zentralnervensystems anzusehen.
2) Durch diese Zellen erfolgt eine Verbindung zwischen innerer und äußerer Oberfläche des Gehirns und Rückenmarks im Sinne eines *Stofftransportes* und einer *stützenden Funktion,* und zwar durch *ependymale Zellfortsätze* allein, solange die Wanddicke des Zentralnervensystems dies ermöglicht (bei niedersten Chordaten und vorübergehend embryonal bei höheren Formen).
3. Bei zunehmender Wanddicke entwickeln sich mit dem Eindringen des Gefäßapparates *freie Gliazellen,* die *Gefäßverbindungen* herstellen.
4. Die gleichzeitige *Entwicklung der Neuroglia* ist untrennbar verknüpft mit der Entwicklung der Nervenzellen; die ursprünglich gemeinsame *Matrix* untergliedert sich erst in der Folge der Differenzierung des Neuralrohres in gesonderte Materialquellen für beide Elemente.

Die zweite oben gestellte Frage, ob das Matrixependym als ektodermales Gewebe die einzige *Materialquelle der Glia* sei, berührt ein bis heute nicht

---

3 *Anmerkung von H. Spatz (1957):* von Lenhossék (1895) spricht bei dem primitiven Zustand (*Hühner*-Embryo) von „Ependymgerüst".

endgültig gelöstes Problem. Einige Autoren der damaligen Zeit nehmen einen ekto- oder mesodermalen Ursprung der Glia an (SCHWALBE, 1881)[4]. Mesodermalen Ursprungs sollen nach SCHWALBE vor allem diejenigen Zellen sein, die er mit den Wanderzellen vergleicht. Ektodermal ist neben den Epithelzellen des Zentralkanals die eigentliche Intercellularsubstanz, die er aus feinen eng verwebten Fasern bestehend als „granulierte Substanz" bezeichnet. Sie ist identisch mit der „Hornspongiosa" von EWALD und KÜHNE. HIS (1889, 1901), v. LENHOSSÉK (1895), v. KOELLIKER (1896) und SCHAPER (1897) vertreten – neben den oben erwähnten Autoren – den rein *ektodermalen* Ursprung der Glia. Vor allem v. KOELLIKER beantwortet die Frage, ob mesodermale Elemente noch beim Erwachsenen zu Gliazellen werden können, allerdings erst 1896, mit einem „entschiedenen Nein". Demgegenüber betont VALENTI (1891), daß bei *Selachiern* Bindegewebszellen sowohl embryonal als auch bei erwachsenen Tieren durch Einwanderung zu Gliazellen werden. Ebenso unterscheiden LACHI (1890, 1891) und CAPOBIANCO (1901) neben *ektodermalen* auch *mesenchymale* gliöse Zellen. Auch die erwähnten „aktiven protoplasmatischen Elemente" von ANDRIEZEN (1893a) werden von ihm als „mesoblastische" Zellen angesehen. Das Problem führt aber erst später zu heftigen Diskussionen, wenn der Ursprung der durch die spanische Schule entdeckten Oligodendrocyten und Hortega-Zellen zur Debatte steht (s. S. 38ff., 55ff., 94ff.). Der Hinweis der zitierten Autoren auf die mesodermale Genese mancher Gliazellen bezieht sich in erster Linie auf die Feststellung der vermuteten Einwanderungsrichtung. Im Gegensatz zu der oben erläuterten, nach außen gerichteten Zellablösung vom Ependym als der „inneren" Oberfläche, wird hier eine Zelleinwanderung von außen nach innen angenommen, einschließlich der Gefäßwandzellen. Zweierlei ist hierzu kritsch zu vermerken: 1) Es ist nachgewiesen, daß sich auch Ependymzellen bis zur äußeren Oberfläche verlagern können, der Richtung ihres Pia-Fußes folgend, um von dort – quasi rückläufig – in das Innere abzuwandern (STUDNIČKA, 1900). 2) Ein schlüssiger Beweis eines metabolischen Zusammenhangs zwischen mesodermalen Pia-Zellen und Astrocyten ist nirgends erbracht. Argumente für und gegen den ektodermalen Ursprung der Oligodendrocyten und Hortega-Zellen s. S. 38, 55 u. 94ff. Über den ektodermalen Ursprung der astrocytären Glia gibt es aber keinen Zweifel.

Die Jahrhundertwende bildet in mehrfacher Hinsicht einen Markstein in der Geschichte der Gliaforschung. In diese Zeit fällt die Entdeckung einer *neuen Zellform*, die für den Bereich des Normalen, besonders aber für die Histopathologie von entscheidender Bedeutung werden sollte. Im Jahre 1899 beschreibt NISSL bei der paralytischen Rindenerkrankung eine Zellform mit einem ovalen, hellen, chromatinarmen Kern. Er nennt diese Elemente wegen der länglichen Gestalt ihres Zellkerns *Stäbchenzellen* („rod cells" angloamerikanischer Autoren; Abb. 7). Ihr Cytoplasma ist „fadenartig" in der Längsrichtung des Zellkerns nach beiden Seiten ausgezogen und mit der Nissl-Methode nur schwach färbbar. NISSL hatte am pathologischen Material eine besondere Reaktionsform der später von HORTEGA analysierten Mikrogliazellen beobachtet; das Erscheinungsbild dieser Zellen hing wiederum von den färberischen Darstellungsmöglichkeiten

---

4 *Anmerkung von H. Spatz (1957):* NANSEN hat wohl als erster die ektodermale Herkunft der Glia erkannt.

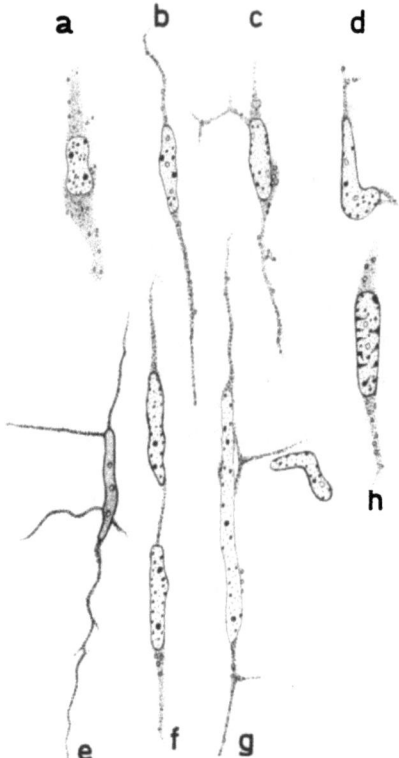

Abb. 7a–h. Verschiedene Formen der Stäbchenzellen bei der Paralyse. Die Gestalt des Zelleibes ist bei **a, c, e, g** zu erkennen. Toluidinblau. (Nach ALZHEIMER, 1904)

seiner Methode ab. Eine definitive Entscheidung über den Ursprung der Stäbchenzellen wird von NISSL nicht getroffen. Er nimmt zuerst eine „gliogene", d.h. im damaligen Sinne eine neuroektodermale Genese an; später hält er aber die Zellen der Meningen für eine mögliche Quelle der Stäbchenzellen (NISSL, 1904a, b). Der Grund dafür, daß die Entdeckung NISSLs im Bereich der normalen Histologie der Glia zunächst nicht die gebührende Beachtung fand, ist darin zu suchen, daß er die Stäbchenzellen am pathologischen Material beschrieb und ihre pathognostische Bedeutung insbesondere bei der Paralyse unterstrich (vgl. SPIELMEYER, 1922; Abb. 8).

Zur gleichen Zeit fand ROBERTSON (1899, 1900) bei *Mensch, Hund* und *Katze* auch im normalen Gehirn Zellen „unbestimmten Charakters", die er als „adendritische" Typen ektodermaler Herkunft ansah, soweit sie mit Methylenblau und der Golgi-Methode zur Darstellung gelangten. Erst mit seiner eigenen Platinmethode ließen sich die Fortsätze dieser Zellen erstmalig darstellen und erschienen nun als „dendritische" Typen. Die Abbildungen ROBERTSONs sprechen eindeutig dafür, daß es sich bei diesen Zellelementen um Mikrogliazellen handelt. Von ihm stammt der Name *Mesoglia*, da er diese astreichen Zellen als mesodermale Elemente ansah. Er kennzeichnet in klarer Weise den Unterschied der

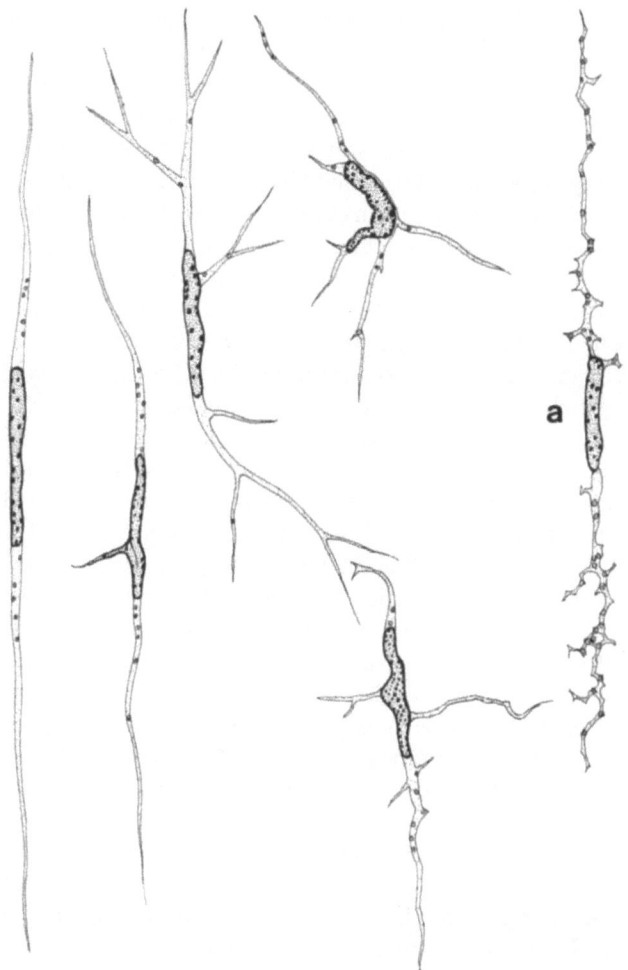

Abb. 8. Stäbchenzellen (Nissl) aus der paralytischen Hirnrinde. (Ausnahme: Zelle *a*, die von einem eigenartigen senilen Prozeß stammt.) Beachte die schmalen, schlanken Kerne und die zarten Aufzweigungen der polar abgehenden Fortsätze. Toluidinblau. (Nach SPIELMEYER, 1922)

„Mesoglia" zu den Astrocyten im Hinblick auf die Form des Zellkörpers, die Ausbildung von Ausläufern und das Fehlen von Gefäßbeziehungen. Ferner hat er bei hirntraumatischen Vorgängen die Umwandlung der dendritischen Formen in Körnchenzellen beobachtet. In gleicher Richtung liegen Befunde von HATAI (1902).

Erst im 2. Jahrzehnt des 20. Jahrhunderts werden diese Befunde, die das Bild der Zellmorphologie der Glia über den Begriff der Astrocyten hinaus wesentlich erweitern, durch die spanische Schule in ihrer Bedeutung voll gewürdigt und durch neue Ergebnisse endgültig auch in das Bild der normalen Neuroglia eingefügt. Die Neuropathologen, es seien hier nur WEIGERT, NISSL und ROBERTson genannt, haben damals einen wesentlichen Anteil an der Gliaforschung gehabt.

Es ist bemerkenswert, daß die Entdeckung des neuen Zelltyps erst durch die Anwendung einer neuen technischen Methode möglich wurde. Nur mit Hilfe der Platinmethode von Robertson ließen sich diese Zellformen in ihrer ganzen Ausdehnung darstellen. Anschließend versuchten verschiedene Forscher mit eigenen Färbe- und Imprägnationsmethoden die noch immer bestehenden Gegensätze und Widersprüche zwischen den Lehren von Weigert und Golgi aufzuklären und zu überbrücken. Verschiedene Modifikationen der bekannten Färbemethoden wurden angewandt, führten aber letzten Endes nur zu Teilergebnissen, ohne ein neues Bild der Glia zu vermitteln. So wurde z.B. von Müller (1900) mit Golgi-Fixierung und Eisenhämatoxylin-Färbung ein wertvoller Beitrag für die vergleichende Histologie der Neuroglia geliefert. Er stellte fest, daß alle Ependym- „Fasern" Zellausläufer sind. Das gleiche gilt für die Fasern der „echten" Glia. Die Ausläufer sind aber vom Zelleib morphologisch und physikalisch-chemisch verschieden. Auf der Basis seiner bei verschiedenen Chordaten (angefangen bei *Amphioxus*) erhobenen Befunde gelangte Müller zu der Vorstellung, daß die Neuroglia „das Skelet des Nervensystems" sei.

Aguerre (1900), ein entschiedener Anhänger der Lehre von Weigert, versucht durch eine Änderung des Weigertschen Verfahrens die mangelhafte Zelldarstellung desselben zu verbessern und findet neben den schon von Weigert (1895) beschriebenen „Monstre-Zellen" Gliazellformen mit „unregelmäßigen, polymorphen" Kernen. Aus deren Vielgestaltigkeit leitet er eine besondere „Aktivität" und eine Vermehrungstendenz ab. Diese funktionelle Aktivität läßt Aguerre zu dem Schluß kommen, daß der Neuroglia neben einer stützenden und isolierenden Funktion, wie sie vor allem von Sala y Pons (1894) vertreten wurde, eine *aktive Rolle* bei der Förderung der „*Lymphzirkulation*" im Gehirn und Rückenmark zukommt. Er bestätigt damit gleichartige Vorstellungen von Krause (1899; am *Affen*gehirn). In der Arbeit von Aguerre (1900) findet sich ein beachtenswerter Hinweis, dessen Richtigkeit durch die neuesten Untersuchungen immer wieder bestätigt wird: Allen Imprägnationsverfahren haftet der Nachteil an, daß die Zellbilder nichts über die „Chemie der Zelle" aussagen, die allein mit färberischen Verfahren (Reaktionen) untersucht werden kann. Dieser Hinweis kennzeichnet das ganze methodische Problem der Neuroglia: Es gibt wohl kaum ein anderes Gewebe, das zu seiner vollständigen Erforschung die Anwendung einer so großen Zahl differenter und sich ergänzender technischer Verfahren erfordert wie die Neuroglia. Die Überwertung von meist sehr einseitigen Teilergebnissen ist der Grund für die noch heute bestehenden Widersprüche und Rätsel.

Am Anfang des 20. Jahrhunderts stehen sich wieder neue Ergebnisse der *Färbung* und *Imprägnation* gegenüber. Sie sind an die Namen Held (1903), Eisath (1906), Alzheimer (1910) u.a. einerseits, und Ramón y Cajal (1913a, b), del Río Hortega (1920a, b, 1921a, b), Achúcarro (1911a, b, c) und weitere Vertreter der spanischen Schule andererseits geknüpft. Die Goldsublimatmethode Cajals und die Heldsche Gliafärbung sind die beiden wichtigsten Methoden dieser neuen Ära. In chronologischer Folge mögen zuerst die Ergebnisse der Färbemethoden behandelt werden. Das Problem, ob die Gliazelle eine morphologische und funktionelle Einheit sei oder in einem syncytialen Verband stehe, wird mit diesen Verfahren erneut in Angriff genommen.

Das Wiederaufgreifen dieses Problems ist nicht nur eine Folge der Anwendung neuer elektiver Methoden, sondern hat seine Ursache in der sich zu dieser Zeit anbahnenden neuen Auffassung der Zellenlehre. Die Überwindung der rein analytischen Betrachtungsweise des 19. Jahrhunderts führte dazu, die Zellen als Bausteine der Organe nicht mehr als voneinander unabhängige Einheiten anzusehen, sondern ihre gegenseitige Abhängigkeit zu untersuchen, wofür die Ergebnisse der Entwicklungsmechanik in reichem Maße Anlaß gaben. Die Betrachtung der abgrenzbaren Formeinheiten aus der Sicht ihrer funktionellen Bedeutung gab dem Begriff *Zellverband* und *Gewebe* einen neuen, nicht mehr allein auf der morphologischen Abgrenzbarkeit der Einheiten beruhenden Inhalt. In Anwendung auf das Nervengewebe mußte diese Betrachtungsweise zu einer Kritik des Begriffes „Neuron" in der von v. WALDEYER (1891) aufgestellten Form und damit auch der geltenden Neuronenlehre, deren Begründer und eifrigster Verfechter RAMÓN Y CAJAL (1904, 1911, 1935) war, führen. Den Anhängern der Neuronenlehre standen als Gegner vor allem BETHE (1900), NISSL (1903), und HELD (1905) gegenüber. Aus dem großen Fragenkomplex, den der Streit um die Neuronentheorie umfaßt, interessieren hier folgende Fragen:

1) Wie verhält sich die Neuroglia gegenüber einem neuronal gegliederten Nervensystem, in dem – im Sinne der Neuronenlehre – *anatomische, genetische* und *trophische Einheiten* angenommen werden?

2) Wie ist die Neuroglia einem Nervensystem zugeordnet, das im Sinne der Gegner der Neuronenlehre ein *Kontinuum* – vor allem im Bereich feinster Dimensionen – darstellt? Liegen in diesem Fall zwei gewissermaßen ineinandergesteckte „*Netze*" von *Zellverbänden* vor?

3) Bleiben die beiden geweblichen Anteile des *erregungsleitenden Nerven*- und des *ausfüllenden Gliagewebes* im Bereich ihrer feinsten Strukturen *getrennt* oder stehen sie in *Kontinuität?*

Diese letzte Frage wird später von HELD (1927) in einer grundlegenden Untersuchung analysiert. Aus der Zeit der Jahrhundertwende ist aber das sehr bemerkenswerte Konzept von NISSL (1903) hervorzuheben, dessen Einfluß bis in die gegenwärtige Forschung hineinreicht.

NISSL (1903) nimmt an, daß es vor allem in dem am höchsten differenzierten Gebiet des Nervensystems, in der Hirnrinde des *Menschen*, einen Bestandteil gäbe, der weder Zelle noch Zellausläufer ist. Er nennt diesen lückenausfüllenden Bestandteil, der – mit dem Lichtmikroskop nicht auflösbar – homogen erscheint, das „*Grau*". Diesem „*Grau*" (*Nissl-Grau* oder *Grundsubstanz* der späteren Bezeichnungsweise) mißt er eine überragende Bedeutung für die Höchstleistung des Gehirns bei mit der Begründung, daß es sowohl phylogenetisch als auch ontogenetisch dort am stärksten entwickelt sei, wo die differenziertesten Leistungen der Rinde angenommen werden können. Beim *Menschen* ist die Entfaltung dieses „*Grau*" besonders stark in der Rinde des Frontalhirns, im Gegensatz z.B. zu der relativ zellreicheren Sehrinde. In phylogenetischer Hinsicht führt der Vergleich zwischen primitiven und höheren Formen zu dem gleichen Ergebnis. Das grundlegend Neue dieser Konzeption liegt darin, daß die höchstentwickelte Funktion nicht auf Differenzierungen formhafter Einheiten bezogen wird, sondern auf ein strukturell nicht auflösbares Füllmaterial, das aber ganz im Sinne der Denkungsart NISSLS die formhaft nachweisbaren Glieder verbindet und überbrückt. Dazu gehören die feinsten Ausläufer der Dendriten, Neuriten und der Gliazellen. Das „Grau" ist aber eigentlich negativ definiert, als das, was übrig bleibt, wenn man die Möglichkeit hätte, die Nerven- und Gliazellen mit ihren feinsten Ausläufern zu entfernen. Eine Lösung dieses interessanten Problems hat erst die Anwendung der elektronenmikroskopischen Betrachtung mit entsprechend größerem Auflösungsvermögen gebracht (s. S. 54; Abb. 32). Es muß aber betont werden, daß das „Grau" nicht identisch ist mit der oben erwähnten „granulär-reticulären Masse" der älteren Autoren, die – als Produkt einer mangelhaften technischen Darstellung – dem feineren Ausläufernetzwerk entspricht. Neben dieser negativen Definition gibt NISSL aber auch einen positiven Hinweis. Er spricht die Vermutung aus, daß das „Grau" dem von v. APÁTHY (1897) bei Wirbeltieren und Wirbellosen beschriebenen *Neuropil* ähnele. Während aber v. APÁTHY nicht in diesem erregungsleitenden Neuropil, sondern in der Nervenzelle die maßgebliche Formeinheit sieht, verlegt NISSL die höchste Funktion in das extracelluläre „Grau".

Das Problem der zwischenzelligen Verbindungen, das hier im Rahmen der Neurogliaforschung interessiert, wird aber schon viel früher berührt. Der früheste Hinweis dürfte bei v. LEYDIG (1857) zu finden sein, der den Begriff der „*Punktsubstanz*" aufstellt. Er findet bei *Arthropoden*, manchen *Würmern* und *Mollusken* eine neben und in den „Ganglienkugeln" vorhandene schwach färbbare „Punktsubstanz" (strukturell geprägt durch quergetroffene Fibrillen?), die auch in den Nervenzentren, Nebennieren und sympathischen Ganglien der Wirbeltiere existiert. Sie soll den „Ganglienkugeln" eine „weiche Unterlage" geben. VON LEYDIG bezeichnet später diese „Punktsubstanz" als ein Netz und vergleicht sie mit der Neuroglia. HALLER (1887) äußert sich gegen die rein „bindegewebige" Natur derselben und hält sie für ein bindegewebiges und nervöses Substrat. NANSEN (1887b) faßt sie als eine die Nervenfibrillen isolierende Struktur auf. Am radikalsten wird von ROHDE (1895) die Frage der zwischenzelligen Strukturen beantwortet. Bei seinen Untersuchungen vor allem an *Crustaceen* findet er Neurogliakerne in Auflösung in den Ganglienzellen und schreibt der Neuroglia die Bildung des *Spongioplasmas* der Ganglienzelle zu. Er lehnt damit die Ganglienzelle als morphologische Einheit ab und unterstreicht den Übergang zwischen Nervengewebe und Glia in Form einer grobkörnig fibrillären Punktsubstanz. Den gleichen Befund erhebt er am Riechnerven und an den sympathischen Ganglien der Wirbeltiere. ROHDE (1895) – und vor ihm STRICKER und UNGER (1879) – sind die einzigen Autoren, die nicht nur einen strukturellen Übergang sondern eine Umwandlung gliöser Elemente in nervöse annehmen.

Im ganzen gesehen ist das Bild von der *Organisation der Glia* um die Jahrhundertwende trotz vieler neuer Ergebnisse durchaus verschwommen. Über die gewebliche Materialanalyse hinaus ist man noch nicht zu einem Ordnungsprinzip gelangt, das die Voraussetzung für eine Klarlegung der Beziehungen zum nervösen Gewebe und zum Bindegewebs-Gefäßapparat erfüllen würde.

Nachdem GIERKE (1885) auf den inneren Zusammenhang der Gliazellen hingewiesen hatte, wurde für das Bestehen eines gliösen Syncytiums durch HARDESTY (1902/03, 1904) ein neuer Beweis erbracht, und zwar durch die Ableitung

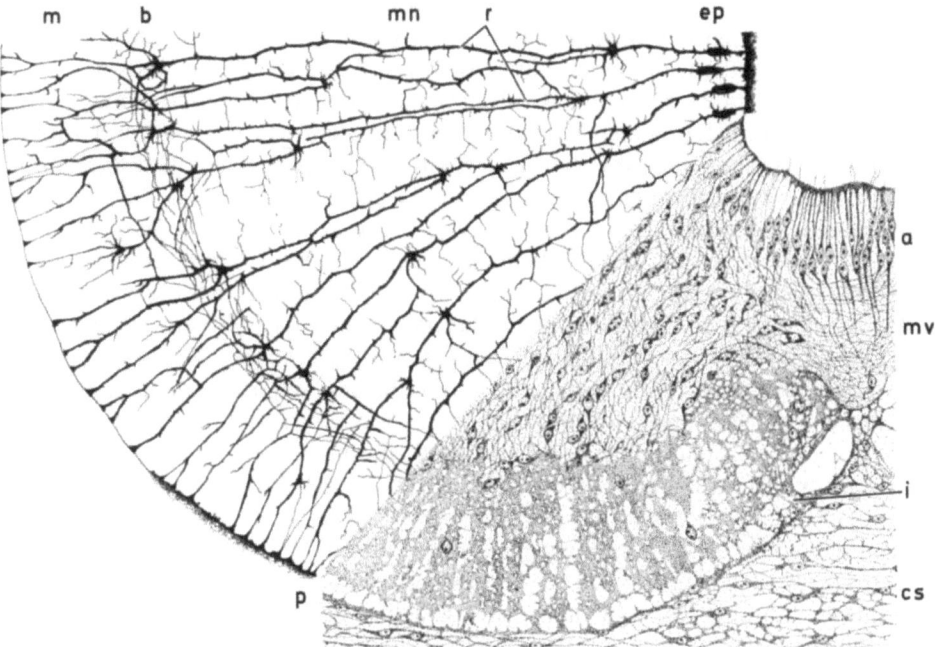

Abb. 9. Auftreten syncytialer Gliastrukturen während der Entwicklung des Rückenmarks (*Schwein,* 30 mm Länge, Querschnitt). Beachte das filamentäre Erscheinungsbild dieses Syncytiums, die Struktur der Mantelschicht (*m*), die von auswachsenden embryonalen Nervenfortsätzen geprägt wird, die Form des medioventralen Abschnittes der Mantelschicht (*mv*), die auf die Einwirkung der Wachstumskräfte zurückgeht, und das Einwachsen des mesodermalen Gewebes (*i*). Die Pia mater (*p*) hebt sich deutlich als Verdichtung von dem übrigen umhüllenden Bindegewebe (*cs*) ab. Gegenüberstellung von Färbung und Silberimprägnation. *a* Ventrikelwand, *ep* Ependymschicht, *r* radiäre Fasern, *mn* innere Kernschicht, *b* Grenze zwischen der Kern- und Mantelschicht, *i* einwachsende Pia mater. (Nach Hardesty, 1904)

der reifen Strukturen aus der Entwicklung. Er untersuchte die Glia am Rückenmark des *Elefanten* und verglich sie mit den Verhältnissen beim erwachsenen *Menschen.* Hardesty kommt dabei zur Feststellung, daß die Neurogliazellen Bestandteile eines *Syncytiums* sind und die Neurogliafasern durch die „Domäne" der Zellen hindurchziehen. In seiner zweiten Arbeit (1904) leitet er die Entstehung des Syncytiums aus der Entwicklung ab. Es ist bemerkenswert für die Fundierung seiner Befunde, daß er Färbungen und Silberimprägnationen kombiniert anwandte und die verschiedenen Bilder des gleichen Objekts in einer Reproduktion nebeneinanderstellte (Abb. 9). Die umfassende Studie bringt wichtige histologische Hinweise auf die Entstehung und das Bestehen eines cellulären gliösen Syncytiums. Hardesty verwendete für die Färbung Hämatoxylin und Kongorot, sowie die Methoden von Benda und Mallory nach Fixierung mit dem Gemisch von Carnoy oder Osmiumtetroxid. Zum Vergleich und zur Ergänzung benutzte er die schnelle Golgi-Methode und Silberimprägnation, so daß seine Befunde sich auf einer breiten methodischen Basis aufbauen. Außerdem wandte er Verdauungsmethoden an, um die Resistenz der Gliafasern zu prüfen. Die

Entwicklung des Syncytiums untersuchte Hardesty am Rückenmark von *Schweine*-Embryonen. Er verlegt die ersten Anfänge der Bildung eines Syncytiums in frühe Stadien, die einer Länge der Keimlinge von 7 mm entsprechen. Hier lassen sich unter der äußeren Grenzschicht der Rückenmarksanlage die ersten noch wenig deutlichen Verbindungen der Zellfortsätze auswandernder Gliazellen feststellen, die offenbar gleichzeitig ihre Zellgrenzen verlieren und eine „Fusion" des Protoplasmas zeigen, im Gegensatz zu den an der inneren Grenzschicht liegenden Ependymzellen. Die Entwicklung des „*gliösen Syncytiums*" wird ausschließlich am Rückenmark des *Schweines* bis zum erwachsenen Zustand stadienmäßig beschrieben. Dabei wird die Bildung der Gliafasern als ein Prozeß der Umwandlung der protoplasmatischen Ausläufer angesehen. Die fertig ausgebildeten Fasern sind – Hardesty pflichtet dabei Weigert (1895) bei – vom Plasma different. Sie sind „vom Plasma unterschieden, aber von ihm abgeleitet". Bei ihrer Bildung liegen sie „intrasyncytial", später „intra- oder extracellulär". Die Lehre von Hardesty stimmt, soweit sie das Syncytium betrifft, fast vollständig mit der Auffassung Helds (1903, 1904, 1909a, b) überein (s. S. 30). Es muß aber hier ein Befund von Hardesty (1904, 1905) erwähnt werden, der völlig in Vergessenheit geraten ist, und m.W. wohl allein von Penfield (1928, 1932) gewürdigt wurde: Hardesty beschreibt Zellen, die die zentrale Nervenfaser umscheiden, und nennt sie „seal-ring cells". Er vergleicht sie mit den Schwannschen Zellen der peripheren Nervenfaser und den ebenfalls an der peripheren Nervenfaser beschriebenen „half-moon cells" von Adamkiewicz (1885). Seine Abbildungen machen es wahrscheinlich, daß er als erster die *Oligo-dendroblasten* der zentralen Nervenfaser gesehen hat. Er bringt diese Zellen in Beziehung zur *Myelinbildung*, hält sie aber für Elemente *mesodermaler* Herkunft

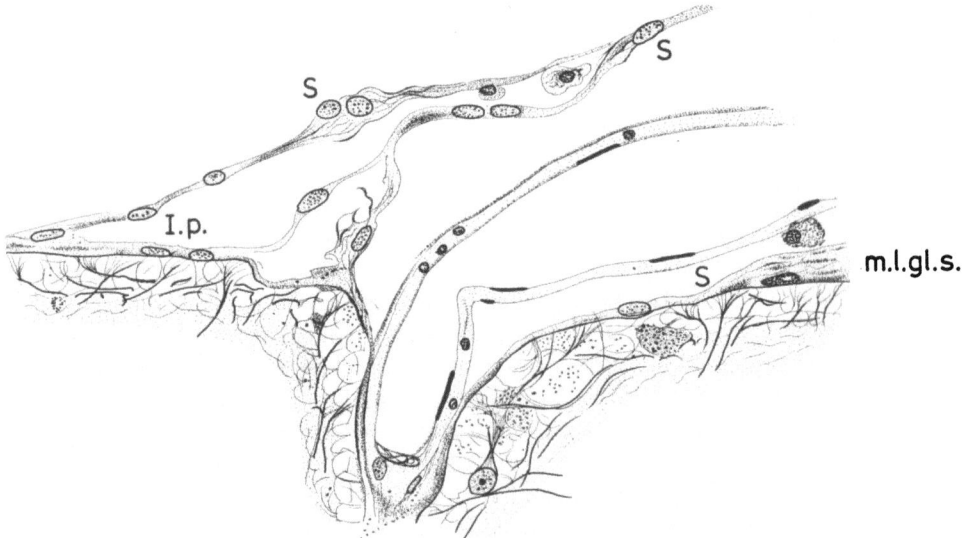

Abb. 10. Membrana limitans gliae superficialis (*m.l.gl.s.*) als gliöse Grenzstruktur. *I.p.* Intima piae, *S* Subarachnoidalraum. Eintritt einer Arterie in das Innere der Großhirnrinde. Molybdänhämatoxy-lin-Färbung. (Nach Held, 1909b)

Während HARDESTY verschiedene schon gebräuchliche Methoden anwendet, wird die oben geschilderte Fragestellung mit eigener Methodik sowohl von HELD als auch von EISATH bearbeitet (Abb. 10–13). HELD (1903, 1904, 1909 a, b) verwendet nur Material, das durch Injektion seines Fixierungsmittels behandelt wurde, und färbt mit seiner Spezialmethode, bei der das Molybdänhämatoxylin entscheidend ist. Seine Methode trennt Gliafasern von Bindegewebsfasern, die durch Gegenfärbung rot erscheinen. Daneben stellen sich die feinsten Cyto-

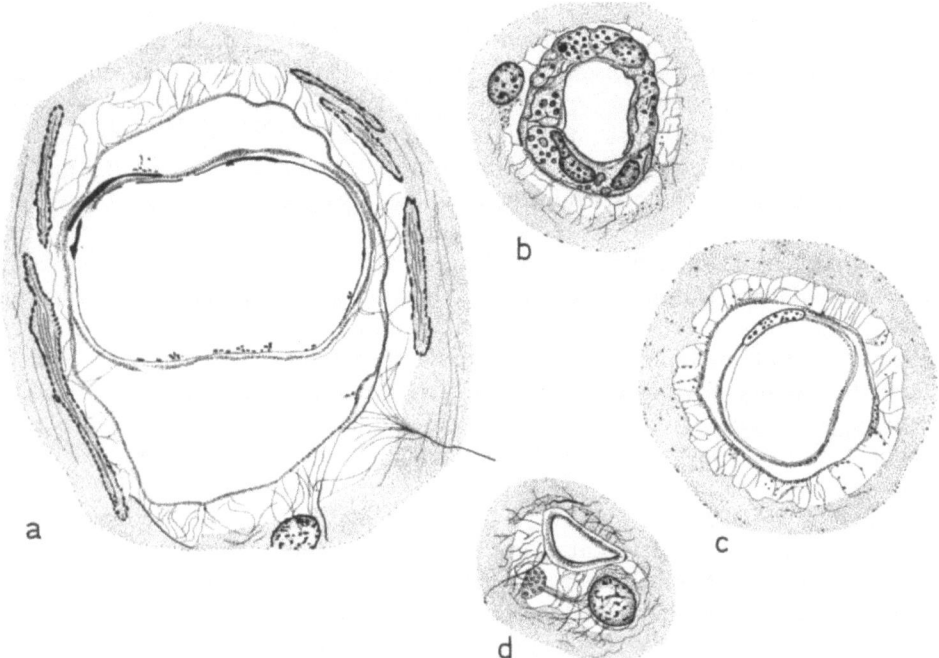

Abb. 11a–d. Perivasculäre Gliastrukturen. **a** Vene aus der weißen Substanz. **b** Gefäße aus der Tiefe der grauen Substanz; Schwellung und Körnelung der Zellen der Gefäßadventitia und der Intima piae perivascularis. **c** u. **d** Gefäße aus verschiedenen Tiefen der grauen Substanz. Molybdänhämatoxylin-Färbung. (Nach HELD, 1909 b)

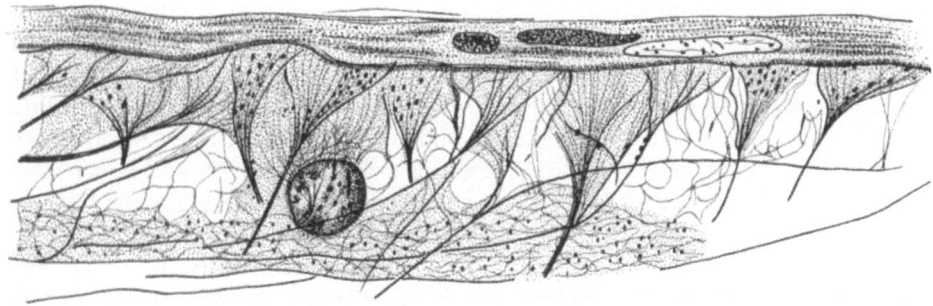

Abb. 12. Granulierte Gliafüße am Rande einer in die graue Substanz der Rinde eingedrungenen Vene. Beachte den Verlauf der Gliafasern. Molybdänhämatoxylin-Färbung. (Nach HELD, 1909 b)

plasmafortsätze, Kernstrukturen und Granula dar. EISATH (1906) verwendet die Achsenzylinderfärbung von Mallory in Verbindung mit einer Bleichung durch Gerbsäure.

HELD und EISATH untersuchen die *menschliche* Großhirnrinde; beide finden ein *dreidimensionales Glianetzwerk* (HELD). Nach EISATH sind die Fasern eingescheidet; sie stellen einen Bestandteil des Plasmas dar, sind aber von diesem stofflich verschieden. HELD leugnet nicht freie oder teilweise freie Gliafasern. In seiner klassischen Arbeit über die Neuroglia marginalis stellt HELD (1909 b) den Begriff der *Membrana limitans gliae superficialis* und *perivascularis* auf, als einer Grenzschicht an der äußeren Oberfläche des Gehirns bzw. am gefäßhaltigen Bindegewebe (Abb. 10–12). Sie ist „die wirkliche Grenze, die beide Gewebsarten in abschließender Weise trennt". In Verbindung damit werden die „*Gliakammern*" und die *perivasculären Räume* analysiert und die *Flüssigkeitsbewegung im Gehirn* untersucht. HELD stellt dabei einen Auswanderungsvorgang glöser Körnchenzellen durch die Grenzmembran in die extramarginalen Lymphräume des Gehirns fest. Er unterscheidet eine *Saftbewegung* und einen *Stofftransport durch Körnchenzellen*. Für die Herkunft dieser Körnchenzellen sieht HELD drei Möglichkeiten: 1) Blutzellen, 2) Gefäßwand- oder Pia-Zellen und 3) abgelöste Zellen des Gliareticulums, vor allem im Bereich der Gliakammern. In diesen ersten Gliaarbeiten vertritt HELD die Ansicht, daß es im Großhirn und Kleinhirn ebenso wie im Hirnstamm und Rückenmark ein celluläres faserführendes *Syncytium der astrocytären Glia* gibt, das durch besondere Grenzmembranen das erregungsleitende Gewebe gegenüber dem gefäßführenden Bindegewebe abschließt. Der Astrocyt ist nicht selbständig, er steht im Continuum eines Zellverbandes.

NISSL (1904a, b) und EISATH (1906) haben mit Hilfe ihrer Methoden eine weitere Klärung in der Beurteilung der bis dahin bekannten Gliazelltypen herbeigeführt. Um das Wesentliche der neuen Befunde richtig ermessen zu können, muß man ihre Einteilung jener gegenüberstellen, die z.B. RETZIUS (s.o.) allein auf der Basis der in Golgi-Bildern dargestellten äußeren Zellform gegeben hat. SPIELMEYER (1922) betont mit Recht, daß mit NISSL „die Beschäftigung mit der *protoplasmatischen Glia* beginnt". NISSL, EISATH, später CAJAL u.a. verstehen darunter in erster Linie „*faserfreie Astrocyten*". NISSL hat also weit vorausschauend schon 1899 unsere heutigen „protoplasmatischen Astrocyten" – und zwar am pathologischen Material (Paralyse) – als echte Gliazellen erkannt. Er nimmt an, daß sie unter pathologischen Bedingungen Fasern bilden können und empfiehlt, die Gliazellen am pathologischen Material zu studieren, da sie dort am deutlichsten ihre progressiven und regressiven Formveränderungen zeigen. Der Lehre von WEIGERT gegenüber, die betont, daß nur diejenigen Zellen als echte Gliazellen anzusehen sind, die Gliafasern bilden (vgl. STORCH, 1899; MARINESCO, 1900; HUBER, 1903), setzt sich die Erkenntnis von NISSL durch, daß rein protoplasmatische Elemente ebenfalls zur Glia zu rechnen sind. Sie bildet die Grundlage für eine neue von EISATH (1906) gegebene Gliederung. EISATH unterscheidet: 1) runde Gliazellen ohne Fortsätze; 2) Zellen mit verzweigten faserförmigen Fortsätzen. Die letzteren untergliedert er in faserfreie *protoplasmatische* Zellen, deren Cytoplasma viele Granula enthält, und solche, die Weigertsche *Gliafasern* führen, die randständig durch die Zellen laufen und Zellgrenzen bilden

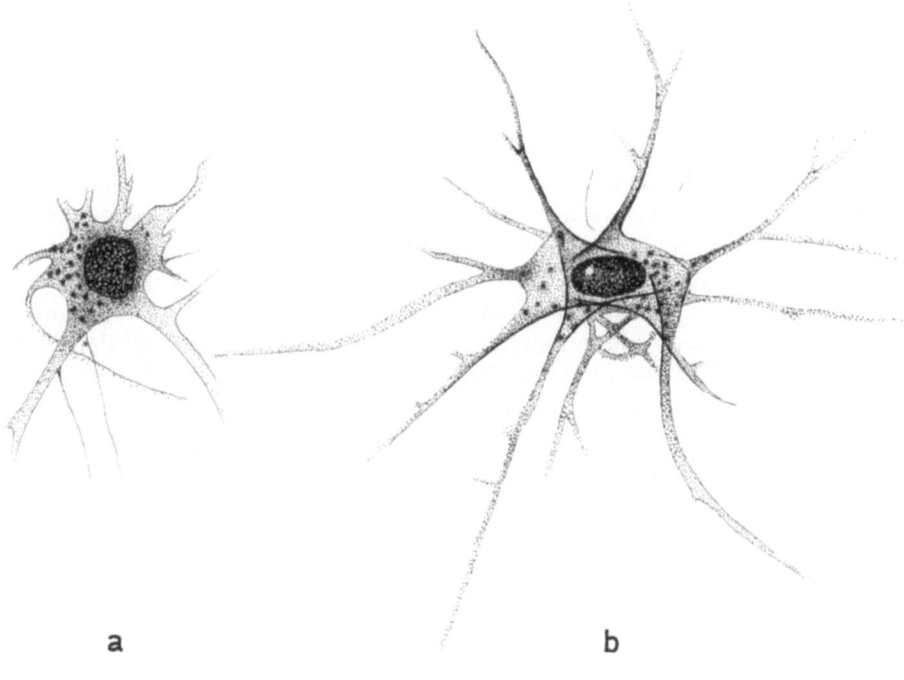

a   b

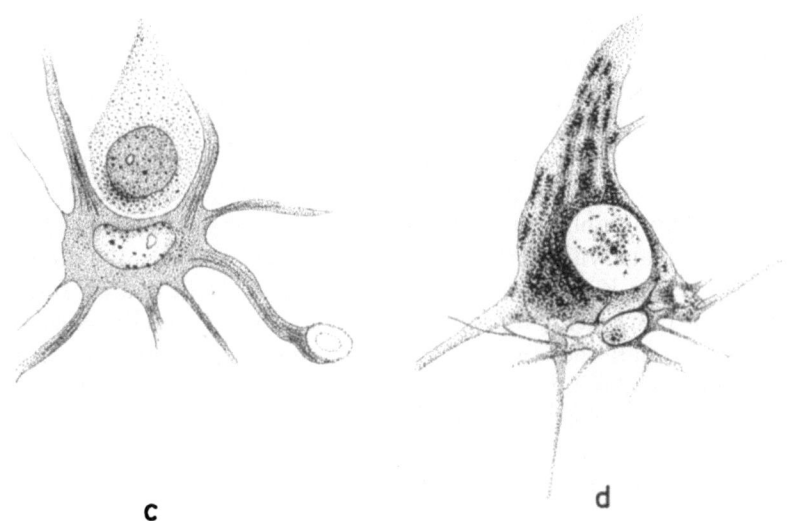

c   d

Abb. 13a–d. Gliazellen. **a** Faserfreie „protoplasmatische" Zelle, deren Cytoplasma viele Granula enthält. **b** Verzweigte Zelle mit fibrillären Einschlüssen. **c** u. **d** Gliöse „Trabantenzellen" in Verbindung mit großen Nervenzellen. Mallory-Färbung. (Nach EISATH, 1906)

(Abb. 13a, b). Im Einklang mit der Vorstellung eines dreidimensionalen Gliasyn-
cytiums stellt er fest, daß das faserige Gliageflecht die Meynertschen Schichten
kontinuierlich durchsetzt und in das Mark übergeht. In der Rinde herrschen
die protoplasmatischen Elemente vor und haben Verbindung mit den Gefäßen
und den Ganglienzellen. An den Pyramidenzellen findet EISATH kleine *Trabantenzellen* (Abb. 13c, d). Im Mark überwiegen die runden kleinen Gliazellen und
die faserführenden Astrocyten. Die „runden Gliazellen" sieht er auch aufgrund
ihres Gehaltes an *Körnchen* (seiner „Gliakörnchensubstanz") als Übergangsformen zu protoplasmatischen, mit Fortsätzen ausgestatteten Astrocyten an. EISATH
(1906) kommt zu dem Schluß: „Jetzt ist auf sachlicher Grundlage dargetan,
daß sowohl die Zellen mit Weigertschen Fasern, als auch jene mit protoplasmatischen Ausläufern sowie jene mit einfach rundem Zelleib zu einer und derselben
Gattung gehören, daß alle als Gliazellen aufzufassen sind." Durch die ausge-
zeichneten Beobachtungen dieses Forschers, die auf der Basis der Erkenntnisse
von HARDESTY, HELD und NISSL fußen, ist letztlich die Brücke zwischen den
beiden Gegnern WEIGERT und GOLGI geschlagen worden. Die Grunderkenntnisse
dieser Epoche haben bis heute Bestand.

Die mit den elektiven Färbemethoden der Glia gewonnenen Ergebnisse len-
ken die Richtung der Gliaforschung in zunehmendem Maße auf die faserfreien
Gliazellen, zunächst auf die in ihnen enthaltene körnige Substanz. Es setzt
eine Diskussion über die Bedeutung dieser *Granula* ein, die damit zu einer
neuen Klassifizierung ihrer Träger in funktioneller Hinsicht führt. Die Genese
der Granula führenden Zellen bleibt umstritten. NISSL (1904a, b) und HELD
(1909a) nehmen einen „gliogenen" und einen mesodermalen Ursprung an. HELD
(1909a) hatte drei verschiedene Quellen für sie angenommen, nämlich Gefäßwand-
und Pia-Zellen, ausgewanderte Blutzellen und Gliazellen. Während NISSL die
Bedeutung dieser Zellen für pathologische Vorgänge in den Vordergrund stellt,
untersucht HELD ihre Beteiligung am normalen Stofftransport des Gehirns, wobei wieder die herkunftsmäßige Beziehung zum Gefäßapparat betont wird.

Die bis dahin indifferenten Bezeichnungen der *granulären Strukturen* lassen
erkennen, daß ihre Natur problematisch ist. Sie werden teils als gespeichertes
Material angesehen, als Plasmosomen usw. Eine klare Definition wird erstmalig
von v. FIEANDT (1910, 1911) gegeben, der in einer sehr sorgfältigen und kritischen
Untersuchung mit einer eigenen Methode, bei der für die Fixierung (in Anlehnung an Heidenhain) Sublimattrichloressigsäure und für die Färbung Phosphorwolframsäure-Hämatoxylin (nach Mallory) mit nachfolgender Differenzierung
verwendet wurde, die Körnchensubstanz deutlich dargestellt hat. Er findet aufgrund der Anfärbung des Protoplasmas der Gliazellen in Übereinstimmung
mit HELD ein plasmatisches Gliareticulum mit eingescheideten, z.T. aber auch
nackten Gliafasern, das an der Gefäß-Bindegewebsgrenze Membranen bildet
(Abb. 14). In dieser Hinsicht bringt die Arbeit wenig Neues, allerdings eine
wegen ihrer kritischen Fundierung wertvolle Bestätigung der Lehre HELDS. Neu
ist aber der folgende Befund: In dem feinen, die graue Substanz durchsetzenden Gliasyncytium liegen „mit Sicherheit" körnige Bildungen besonderer
Art und von charakteristischer Anordnung, die als Differenzierungsprodukt
des Gliaprotoplasmas angesehen und somit gewissermaßen mit den Gliafasern
gleichgestellt werden müssen. Ihr Nachweis gelingt mit verschiedenen Fixie-

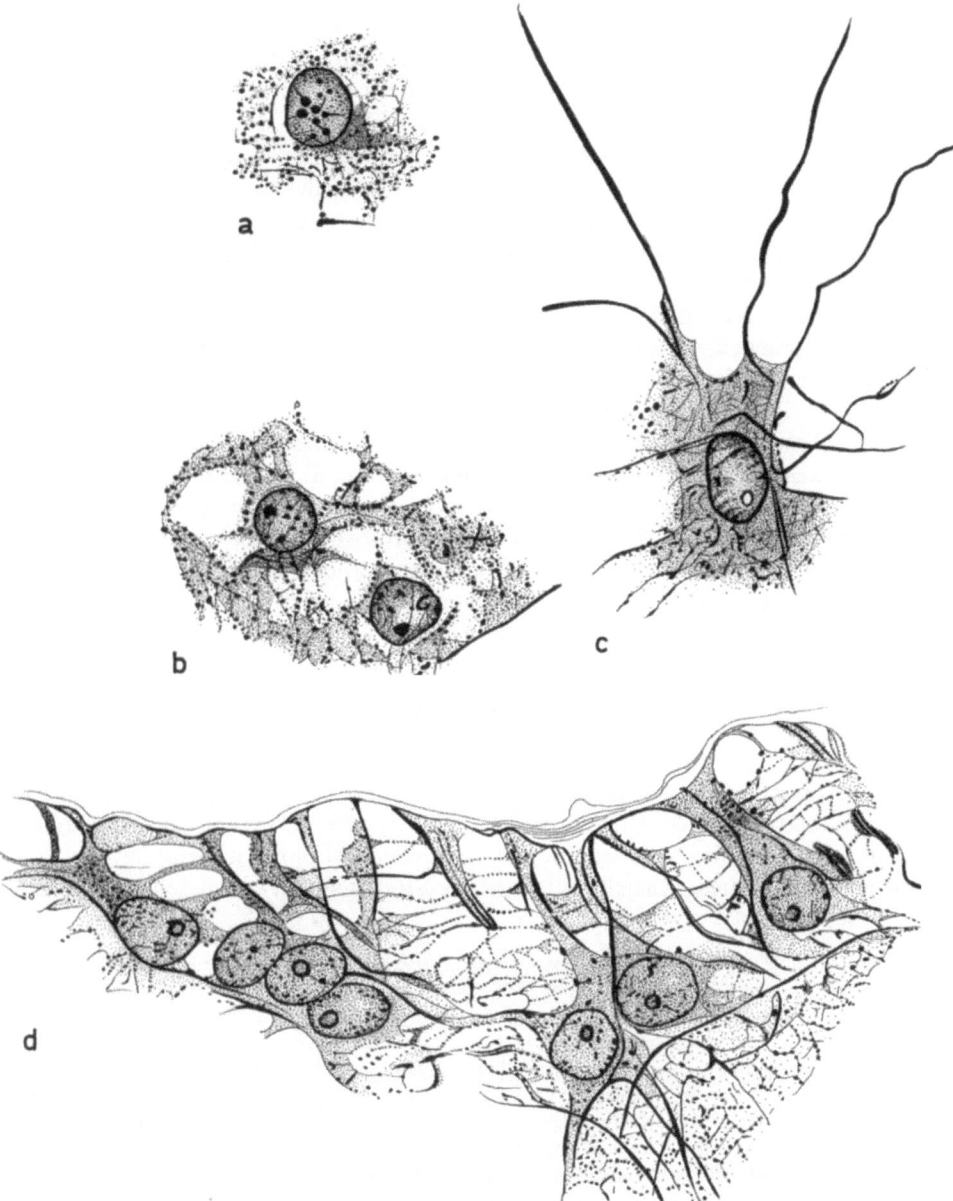

Abb. 14a–d. Differenzierungsprodukte des Gliaprotoplasmas. Plasmatisches Gliareticulum mit z.T. eingescheideten Gliafasern. **a** Neurogliazelle mit körnigem Gliareticulum (Schicht der großen Pyramidenzellen). **b** Zwei Neurogliazellen mit umgebendem Gliagewebe (Grenzschicht zwischen Mark und Rinde). **c** Großkernige Neurogliazelle mit umgebendem Gliafasernetzwerk (weiße Substanz). **d** Marginale, subpiale Neuroglia am Boden einer Hirnfurche. Phosphorwolframsäure-Hämatoxylin (Mallory-v. Fieandt). (Nach v. FIEANDT, 1910)

rungsmitteln; v. Fieandt nennt sie *Gliosomen*. Damit hat er die durch seine Färbung dargestellten Strukturen als ein Eigenprodukt des Cytoplasmas gekennzeichnet und ihre Beziehung zur Fibrillogenese für wahrscheinlich gehalten. Auch Spielmeyer (1907) findet körnige Strukturen bei Färbung mit Eisenhämatoxylin, die er als Vorläufer der Fibrillen ansieht. Von Fieandt gibt dem Terminus „Gliosomen" eine eindeutige Definition, die in der späteren Literatur leider verwischt und oft verfälscht wurde. Die Gliosomen stellen also eine der verschiedenen granulären Strukturformen dar. Nun werden durch eine Reihe von Autoren „Granula" anderer Bedeutung gesichtet und funktionell klassifiziert. Merzbacher (1909) findet Fettgranula in den Gliazellen bei menschlichen und tierischen Neugeborenen und bringt sie mit der Myelogenese in Zusammenhang.

Eine grundlegende Entdeckung wird von Alzheimer (1910) gemacht. Er beobachtet erstmalig bei pathologischen Vorgängen *amöboide Gliazellen*, die nach Art der Pseudopodien ein gelapptes Protoplasma und einen dunklen Kern zeigen; sie besitzen niemals Fasern, zeigen dafür aber als charakteristisches Merkmal *fuchsinophile Granula*. Alzheimer hat mit diesen granulierten Zellen einen neuen Typ klassifiziert, der vor allem bei pathologischen Abbauvorgängen eine bedeutende Rolle im Sinne des aktiven Abtransportes zerfallenen Materials spielt. Rosenthal (1913) nimmt an, daß diese amöboiden Zellen mit fuchsinophilen und auch lipoiden Granula bei der Verarbeitung der Zerfallsprodukte eine Rolle spielen, während ähnliche Zellen, deren Granula sich mit Methylblau färben, inaktive, absterbende Zellen sind. Wohlwill (1914) hat diese amöboide Glia weiter bei verschiedenen pathologischen Prozessen untersucht. Auf jeden Fall handelt es sich hier um *Körnchenzellen*, die von den bis dahin bekannten „mesodermalen" und „ektodermalen" Körnchenzellen verschieden sind.[5]

Ein besonders interessantes Konzept im Hinblick auf die granulären Strukturen hat Nageotte (1910). Er sieht sie als Zeichen einer *Sekretion* an und spricht als erster der Glia die Aufgabe einer interstitiellen endokrinen Drüse zu. Achúcarro (1913) hat diese Ansicht aufgegriffen und, nachdem er mit seiner Tannin-

---

5 *Anmerkung von H. Spatz (1957):* Zur Bezeichnung *Körnchenzelle*: Mit den Körnchen hat Virchow die Fetttropfen gemeint, welche den Leib der meist runden und aus dem Gewebsverband losgelösten Zellen erfüllen. Da diese Tropfen eine gitterige Struktur des Plasmas hervorrufen, die besonders nach Alkoholfixierung deutlich hervortritt, spricht Nissl von *Gitterzelle*. Nissl (1904b, S. 341) nennt die Gitterzellen „die phagocytären Elemente des Zentralnervensystem katexochen". Da Körnchen auch in anderen Gliazelltypen vorkommen, verdient die Bezeichnung „Gitterzelle" den Vorzug. Es gibt gliogene Gitterzellen und solche, die von mesodermalen Elementen, nämlich von Gefäßwandzellen (nicht von Blutzellen) abstammen. Wenn diese Phagocyten einmal aus dem Verband losgelöst sind, kann man ihnen ihre Abstammung nicht mehr ansehen. Bei der sekundären Degeneration dominieren die gliogenen Gitterzellen. Im Resorptionsstadium der Erweichung, wobei es oft zur Verflüssigung großer Gebiete kommt, stehen die Gitterzellen mesodermalen Ursprungs bei weitem im Vordergrund (Spatz, Z. Neurol. Psychiatr. **167**, S. 330 mit Abb. 15, 1939). Während die mesodermalen Gitterzellen von Gefäßwandzellen abstammen, leiten sich die gliogenen Gitterzellen von proliferierten Hortega-Zellen ab. Immer ist die Bildung von Gitterzellen der Ausdruck gesteigerter Lebenserscheinungen.

Die *amöboide Gliazelle* dagegen ist eine regressiv veränderte Form. Die Ansicht Alzheimers, daß diese Zelle auch etwas mit „Abräumung" zu tun habe, ist aufgegeben worden. Die herrschende Meinung, daß die amöboiden Gliazellen geschädigt sind und sich im Untergang befinden, ist wohl zuerst von Rosenthal begründet worden. Charakteristisch sind die nekrotischen Umwandlungen des Kerns und der Zerfall der Fortsätze („Klasmatodendrose" der spanischen Autoren).

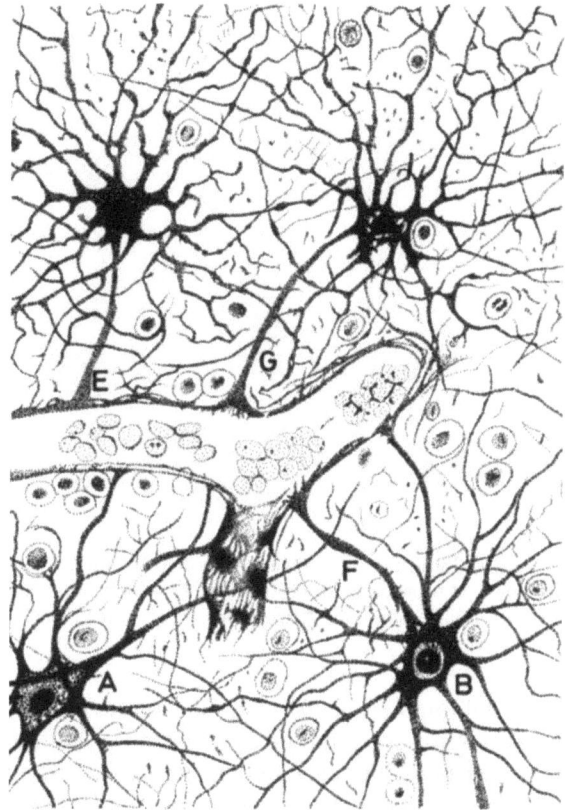

Abb. 15. Faserastrocyten (*A, B, E, G*) in der weißen Substanz des *menschlichen* Telencephalon. Darstellung mit der Goldsublimatmethode von Cajal. Nur in der Zelle *A* ist die intracytoplasmatische Fibrillenstruktur deutlich zu erkennen. Bei *E, F* und *G* deutliche Gefäßfüße. (Nach CAJAL, 1923)*

Silbermethode die „Gliosomen" bestätigen konnte, ebenfalls an eine sekretorische Leistung der gekörnten Gliazellen gedacht.

Diese mit Färbemethoden erarbeiteten Ergebnisse werden nun durch die spanische Schule, insbesondere durch RAMÓN Y CAJAL, in entscheidender Weise ergänzt; vor allem aber wird mit den zahlreichen neuen Imprägnationsverfahren von Cajal, Hortega, Achúcarro u.a. eine neue Ära der Gliaforschung eingeleitet. 1913 (a) veröffentlicht CAJAL sein neues Verfahren: die *Goldsublimatmethode*. Mit ihr erhebt er vor allem an der *astrocytären Glia* neue Befunde (Abb. 15, 16). Im gleichen Jahr stellt er durch diese Methode sein „*drittes Element*" der Glia dar. Die von CAJAL erarbeitete Goldsublimatmethode, daneben aber auch seine Uran-Formol- und Silberkarbonatmethoden erwiesen sich gegenüber dem Golgischen Imprägnationsverfahren und seinen Modifikationen als eine entscheidende Verbesserung und Vervollkommnung allein schon durch ihre viel größere

---

* Abb. 15, 17–19, 21, 22 vgl. auch KUHLENBECK (1970), s. S. 142, 151

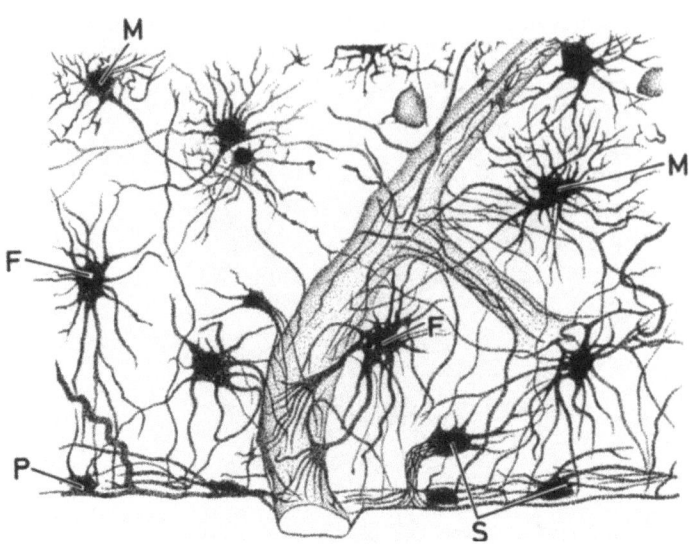

Abb. 16. Astrocyten in der Großhirnrinde des *Hundes.* Darstellung mit der Goldsublimatmethode nach Cajal. *F* Faserastrocyten, *M* protoplasmatisch-fibrilläre Mischformen. Beachte die Gefäßbeziehungen dieser Zellen. *S* subpiale marginale Astrocyten, *P* Pia mater. (Nach Penfield, 1932)

Sicherheit bei der Darstellung der Zellformen der astrocytären Glia. Die gleichmäßige Darstellung aller Astrocyten mit ihren feinsten Ausläufern, ihren mannigfachen Beziehungen zum Gefäßapparat und auch zu den nervösen Elementen ergänzte und vervollständigte das Bild der Neuroglia maßgeblich. Die Methoden von Cajal geben aber nicht nur ein Silhouettenbild der Zellen wie die Golgi-Methode, sondern stellen bei richtiger Anwendung Feinstrukturen, wie Fasern, Gliosomen u.ä. prägnant dar. Sie können lediglich als Imprägnationsverfahren nichts über die histochemische Beschaffenheit der Zellen (vgl. S. 52f.) aussagen.

Hatte Nissl die Bedeutung der protoplasmatischen Glia erkannt und die Aufmerksamkeit der Forscher auf sie gelenkt, so wird nun durch Cajal endgültig die alte Einteilung der Astrocytenformen nach Retzius (1894a, b, u.a.) abgelöst von der funktionell bedeutungsvolleren Einteilung in *protoplasmatische* und *fibrilläre Astrocyten*. Diese Klassifizierung berücksichtigt auch die Befunde an der Feinstruktur der Zellen, u.a. auch die Granula der protoplasmatischen Astrocyten. Ein Element trotzte in der Darstellung aber auch den Cajalschen Methoden; es war zweifellos von einer Reihe von Autoren gesehen, aber nicht genau interpretiert worden, da außer dem Zellkern allenfalls ein feinster Plasmasaum sichtbar war (s. Gierke, 1885 u.a.). Die alten Bezeichnungen „nackte Kerne", „indifferente Zellen" kennzeichnen die Situation. Diese auch mit der Goldsublimatmethode nicht erfaßbare Zellform nannte Cajal „*tercer elemento*". Das *erste Element* sind die Nervenzellen, das *zweite Element* die Astrocyten; das *dritte Element* seiner Einteilung umfaßt gewissermaßen den Rest der gliösen Zellen. Erst später wurden durch Hortega in diesem „dritten Element" zwei verschiedene Zellformen erkannt, nachdem er sie mit seinen Methoden erstmalig dargestellt hatte.

Die elektive Darstellung der Astrocyten deckte eine Formenmannigfaltigkeit auf, die der Erforschung der funktionellen Histologie der astrocytären Glia einen starken Anstoß gab, ebenso wie der Erforschung ihrer Architektonik. Die große Auswirkung dieser Befunde auf die pathologische Histologie der Neuroglia geht aus der Tatsache hervor, daß etwa seit 1920 eine Fülle wertvoller Arbeiten über die Pathologie der Glia erschienen ist.

Die Ergebnisse der Imprägnationsmethoden stellten das „*dritte Element*" CAJALS in den Mittelpunkt des Interesses. CAJAL (1913b) hatte es ursprünglich als „adendritisch" bezeichnet, da sich die Zellfortsätze der Darstellung entzogen. Es gelang nun HORTEGA (1919d, 1921a, b) mit einer eigenen Silberkarbonatmethode die vollständige Darstellung der Gestalt dieser „adendritischen" Zellen, die sich in zwei Formen nachweisen ließen (Abb. 17):

Die *erste Form* (Abb. 17d) zeigt einen kleinen runden Kern, der kleiner ist als der Astrocytenkern, umgeben von einem schmalen, wechselnd gestalteten Plasmasaum, von dem meist 3 oder 4 kurze spießartige Fortsätze ausgehen,

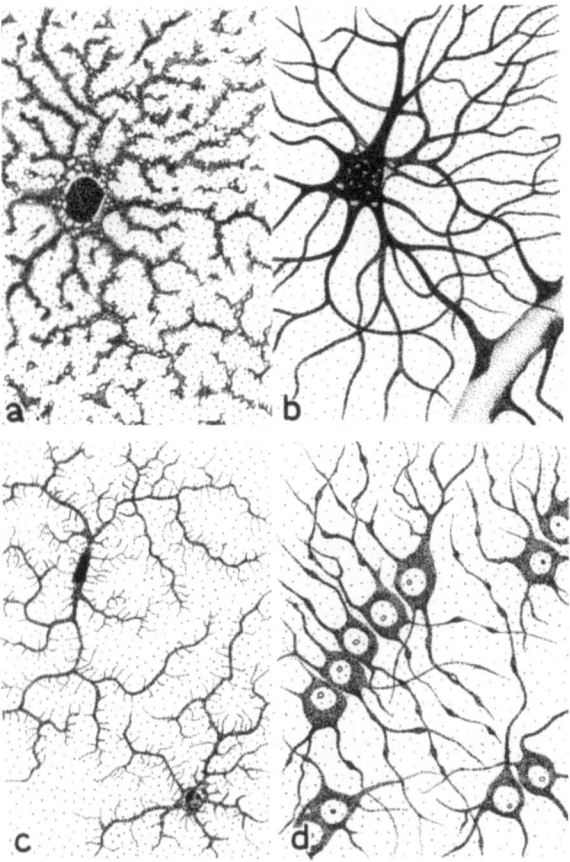

Abb. 17a–d. Konzept der vier Haupttypen der Neurogliazellen nach HORTEGA. **a** Protoplasmatischer Astrocyt, **b** Faserastrocyt, **c** Mikrogliazellen, **d** Oligodendrocyten. Versilberung nach Cajal (Goldsublimatmethode) oder Hortega (Silberkarbonatmethode). (Nach HORTEGA, 1920)

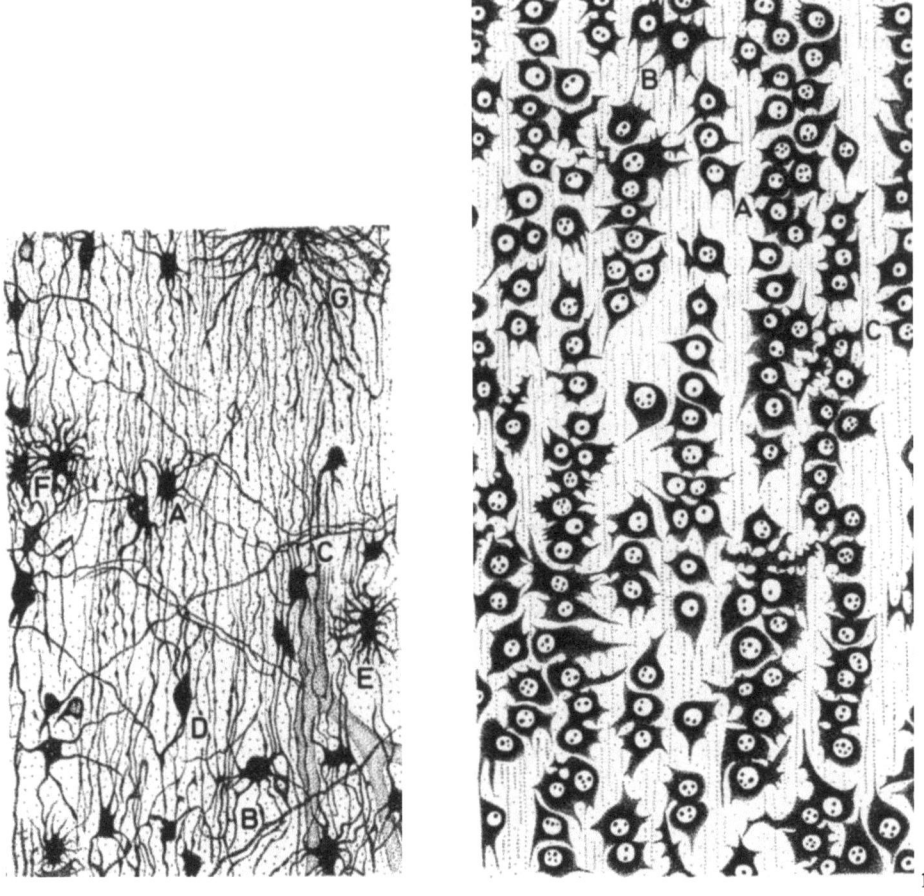

18   19

Abb. 18. Oligodendroglia-Zellen (*A, B, C, D*) in der weißen Substanz des Telencephalon (*Katze*).
Beachte die Beziehungen dieser Zellen (insbesondere *B*) zu longitudinal ausgerichteten markhaltigen
Nervenfasern. *E* und *F* kleine Astrocyten, *G* Faserastrocyt. Methode von Hortega. (Nach HORTEGA,
1956)

Abb. 19. Interfasciculäre, serienartige Anordnung von Oligodendrocyten im Rückenmark einer neugeborenen *Katze*. Silberkarbonatmethode von Hortega. *A* Oligodendrocyten, *B* Astrocyt, *C* Mikrogliazelle. Die Unterscheidung zwischen Astrocyten und Oligodendrocyten kann Schwierigkeiten berei-
ten. (Nach HORTEGA, 1956)

die geteilt sein können. Diese Zellen wurden von HORTEGA (1921 b) als *Oligodendrocyten* oder *Oligodendrogliazellen* bezeichnet. Nach HORTEGA sind sie *ektodermaler* Herkunft; sie fügen sich in das allgemeine Gliareticulum ein und zeigen
meist ein granuliertes Cytoplasma, was als Ausdruck *sekretorischer* Tätigkeit
angesehen wird. CAJAL hingegen schreibt diesen Zellen eine *trophische* Funktion
zu. Die Oligodendrocyten, die der zentralen Nervenfaser oft in Reihen anliegen
(Abb. 18, 19), werden als Elemente angesehen, die den periphere Nervenfasern

umscheidenden Schwannschen Zellen entsprechen; die letzteren werden seit dieser Feststellung auch als *periphere Glia* bezeichnet.

Die *zweite Zellform*, die, wie oben beschrieben, schon früher gesehen worden war, wird durch HORTEGA (1920, 1921a, 1930) genau analysiert (Abb. 17c). Es handelt sich um Zellen mit einem kleinen länglichen Kern, schmalem Cytoplasmasaum und Fortsätzen, die eine sehr reiche Verzweigung durch zahlreiche kleine Seitenäste zeigen; die letzteren gehen meist senkrecht oder im stumpfen Winkel von den Hauptfortsätzen ab. HORTEGA nennt diese Zellen *Mikroglia*, ein Name, der später deshalb Verwirrung gestiftet hat, weil manche Autoren auch die Oligodendrocyten zur „Mikroglia" zählten. METZ und SPATZ (1924) haben den geschilderten Zelltyp zu Ehren seines Entdeckers *Hortega-Zellen* genannt. Von der spanischen Schule, insbesondere von CAJAL, HORTEGA und ACHÚCARRO, wird diesen Zellen eine *mesodermale* Herkunft zugesprochen, die von anderen Autoren (METZ u. SPATZ, 1924) als nicht bewiesen angesehen wird.

Die Entdeckung der beiden oben beschriebenen Zellformen, die immer mit dem Namen DEL RÍO HORTEGA verknüpft sein wird, mußte zu einer neuen Einteilung führen. HORTEGA unterscheidet eine *Makroglia* von einer *Mikroglia* (Abb. 17a–d). Zur ersteren rechnet er die Astrocyten verschiedener Form, faserführende und protoplasmatische, und die Oligodendrocyten. Die *Makroglia* ist nach HORTEGA *ektodermaler* Herkunft. Zur *Mikroglia* gehören nur die Mikroglia-(= Hortega-)Zellen, nach seiner Auffassung *mesodermaler* Herkunft. Die Bezeichnungen „Ektoglia" und „Mesoglia" haben sich nicht eingebürgert. Andere Autoren, denen die Gliaforschung wertvolle, noch zu besprechende Ergebnisse verdankt, wie PENFIELD (1928) und KERSHMAN (1939), sind in der Einteilung noch entschiedener und rechnen zur „Neuroglia" nur die Astrocyten und Oligodendrocyten, nicht aber die Mikroglia wegen ihres vermeintlich mesodermalen Ursprungs.

Nachdem die vollständige Darstellung dieser Zellformen gelungen war, erhielt ein bis dahin nur wenig verwendeter Begriff einen neuen Inhalt. Die *Satelliten* lassen sich jetzt klassifizieren (s. HORTEGA und andere spanische Autoren) in solche, die 1) Nervenzellen, 2) Nervenzellfortsätzen und 3) Astrocyten zugeordnet sind. Zu den Satelliten gehören Elemente der beiden neu entdeckten Formen, zu denen sich aber auch astrocytäre Trabanten (mit gewisser Einschränkung) gesellen können. Diese von den Vertretern der spanischen Schule ausgehende Einteilung hat nicht nur beschreibenden Charakter, sondern auch funktionelle Bedeutung, wie bei der Besprechung der Cytodynamik der Glia (s.S. 43ff.) deutlich werden wird.

Mit den Arbeiten der spanischen Schule endet der wesentliche Abschnitt der lichtmikroskopischen formanalytischen Gliaforschung. Es wurde jetzt möglich, die Mannigfaltigkeit der Zellformen der Glia in die drei großen Gruppen der *Astrocyten* (im weitesten Sinne), der *Oligodendrocyten* und der *Hortega-Zellen*, einschließlich ihrer funktionell bedingten Varianten, einzuordnen.

Auf der Basis dieser bis heute geltenden *Typologisierung der Gliazellen* sucht die Forschung neue Wege, um ihre biologischen Reaktionsweisen, ihre gegenseitigen morphologischen und funktionellen Beziehungen und vor allem ihr Verhalten gegenüber dem erregungsleitenden Gewebe und dem Gefäß-Bindegewebsap-

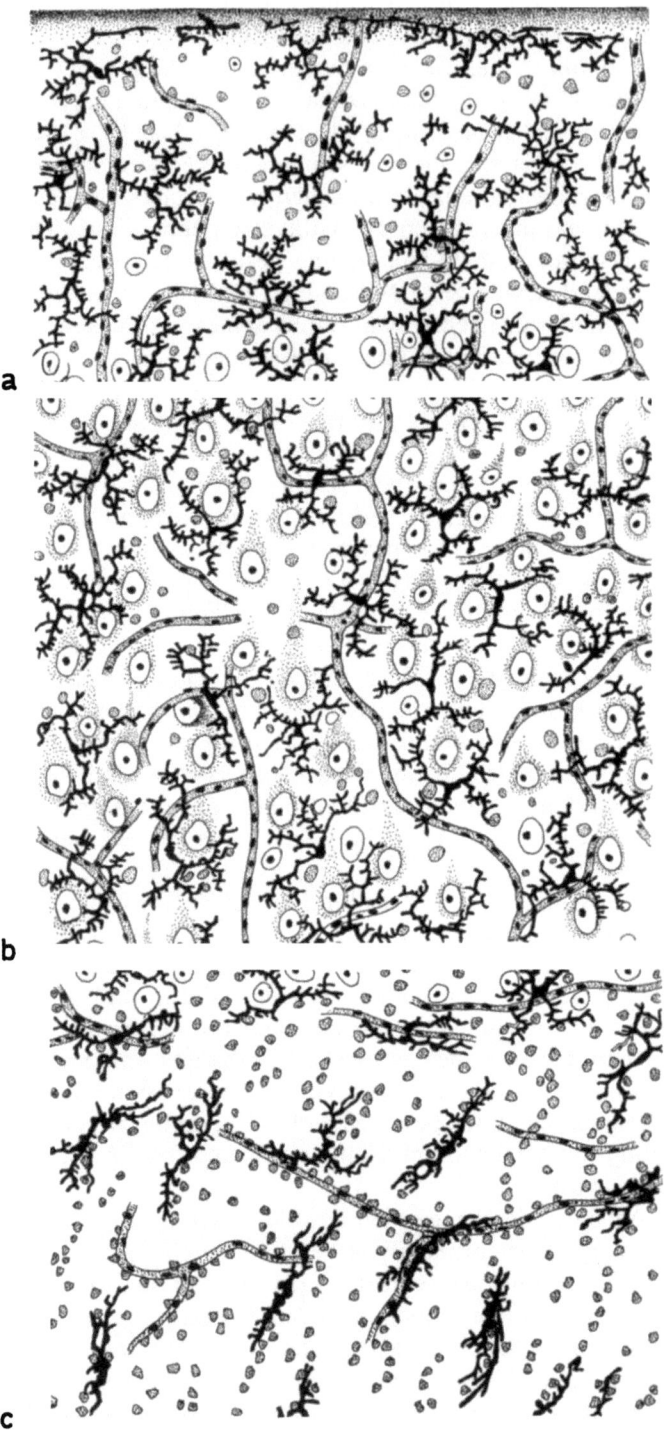

Abb. 20a–c. Mikrogliazellen in den Hirnwindungen eines adulten *Kaninchens.* **a** Molekularschicht, **b** Schicht der Pyramidenzellen, **c** weiße Substanz. Hortega-Methode. (Nach Hortega, 1932)

parat mit neuen Methoden klarzulegen. Hier liegen die Anfänge der modernen Gliaforschung. Es sei aber besonders hervorgehoben, daß wir auch heute noch allein auf der Basis der damals geschaffenen morphologischen Grundlagen unsere Kenntnisse über das *biologische Verhalten* der Gliazellen erweitern können. Die von ROBERTSON als Mesoglia, von NISSL als Stäbchenzellen, von HELD als protoplasmaärmste Glia gefundenen Formen wurden erst durch die Herausstellung des „dritten Elementes" durch CAJAL in ihrer Eigenart erkannt und von HORTEGA in ihrer Form korrekt beschrieben (Abb. 20, 21). Durch die Möglichkeit der Darstellung der Formvarianten wurde aber der Blick für die *Cytodynamik* der Glia geöffnet. Man versucht, die am fixierten Präparat beobachteten wechselvollen Formbilder als Standbilder aus einem formhaft faßbaren Reaktionsablauf der Zelle zu interpretieren (Abb. 22, 23). Durch diese Betrachtungsweise aus der Sicht einer *funktionellen Histologie* ergaben sich neue Fragestellungen. Man muß die damals erarbeitete Typologie der Zellen mit anderen

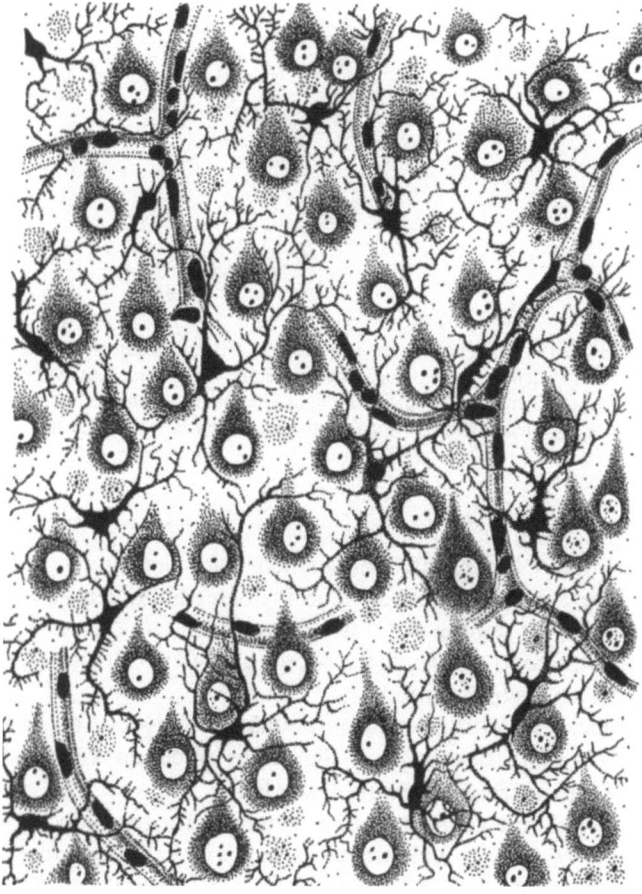

Abb. 21. Mikrogliazellen im Hippocampus (*Kaninchen*). Hortega-Methode. (Nach HORTEGA, 1920)

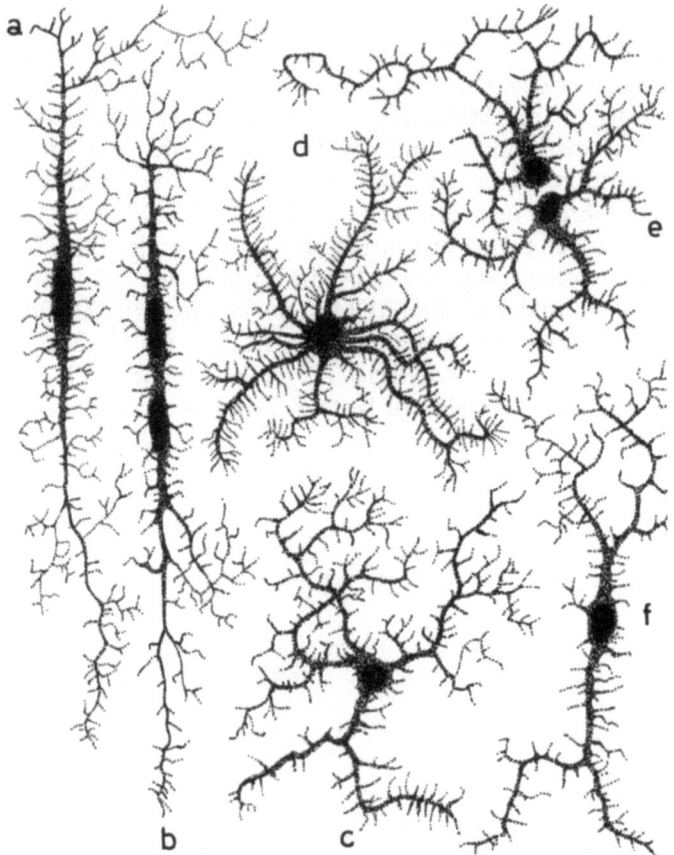

Abb. 22a–f. Zelltypen der Mikroglia (*Mensch, normales Zustandsbild*). **a** Bipolare Stäbchenzelle, **b** zweikernige vergrößerte Zelle, **c** multipolare Zelle mit stark verästelten Aufzweigungen, **d** multipolare Zelle mit dornartigen Fortsätzen, **e** spiegelbildliches Zellpaar, **f** bipolare Zelle mit sich gabelnden polaren Ausläufern. Hortega-Methode. (Nach Hortega, 1920)

Einteilungen früherer Jahrzehnte vergleichen, um nicht nur ihre Richtigkeit, sondern auch ihre Fruchtbarkeit für neue Problemstellungen zu erkennen. Hier sei nochmals auf die Einteilung der Astrocyten durch Retzius (s.S. 17, 84f.) hingewiesen, die trotz ihrer zeitweiligen Bedeutung der Forschung keine neuen Gesichtspunkte vermitteln konnte.

Die neu entdeckten Zellformen waren zunächst Gegenstand intensiver Bearbeitung. Aus der außerordentlichen Fülle dieser Arbeiten können hier nur wenige, die neue Wege aufzeigen, erwähnt werden.

Zunächst sei auf die grundlegenden Untersuchungen von Penfield (1924 bis 1932) über die *Oligodendroglia* hingewiesen. Es ist bezeichnend, daß Penfield, der seine ersten Arbeiten im Laboratorium von Hortega anfertigte, vor allem die biologischen Reaktionen der Oligodendroglia untersuchte und ihre Verände-

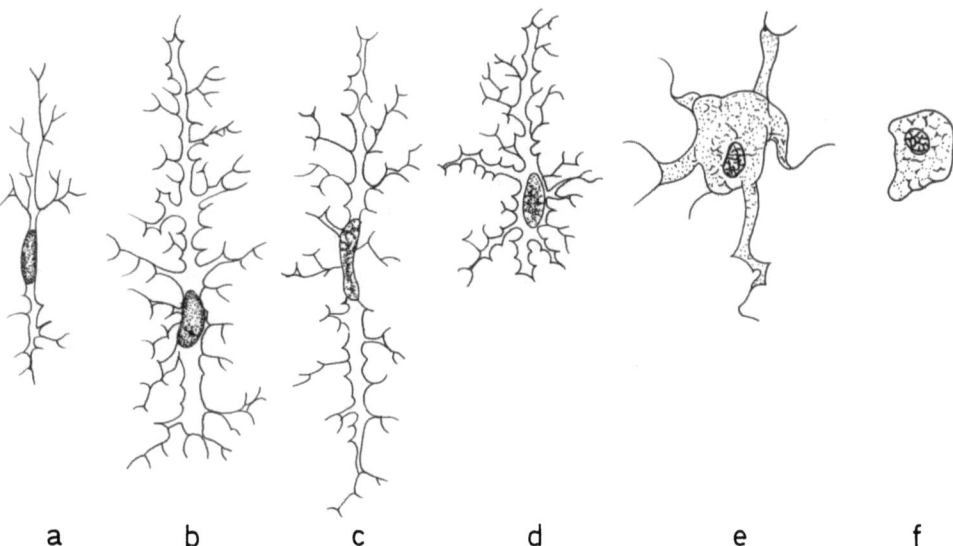

a   b   c   d   e   f

Abb. 23a–f. Konsekutive Umwandlung von stäbchenförmigen Mikrogliazellen (**a–c**) über plumpere verzweigte Formen (**d**) in Körnchenzellen (**e** u. **f**). (Nach Jacob, 1927)

rungen in *regressiver* und *progressiver* Hinsicht in klarer Weise am histologischen Schnitt analysierte. Zwei Methoden erwiesen sich auch auf die Glia angewendet als erfolgreich zur Erforschung ihres biologischen Verhaltens: 1) die *Vitalfärbung*, 2) die *Gewebezüchtung*.

Die ersten Arbeiten mit diesen beiden Methoden erscheinen zwischen 1920 und 1930. Der erste Hinweis auf Beobachtungen der *Glia in Zellkulturen* findet sich bei Maximow (1923), der bei der Untersuchung von Neuroblastenkulturen von 12 Tage alten *Ratten*-Embryonen feststellt: „spongioblasts transform themselves into neuroglial wandering cells." Weitere Hinweise finden sich bei Olivo (1927), der das Auswandern isolierter Zellen in Nervenkulturen beobachtet. Er beschreibt diese Zellen als länglich, rundlich oder abgeflacht, ohne zu einer sicheren Identifizierung derselben zu gelangen. Grigorieff (1929, 1931) gibt an Kulturen von *Hühner*-Embryonen zwischen 5. und 12. Bebrütungstag eine klarere Definition der von ihm als Neurogliazellen angesehenen Elemente: Sie besitzen viele, z.T. kurze, baumartig sich verästelnde Fortsätze, die ihren Körper bedecken, daneben einen besonders langen, am Ende auch baumartig verzweigten Fortsatz. Es geht schon aus diesen ersten Beobachtungen hervor, daß es schwierig ist, die Gliazellen in der Kultur eindeutig zu bestimmen, da ihre Cytodynamik schwer einzuordnende Zellformen entstehen läßt. Das gilt vor allem für die Hortega-Zellen, deren Verhalten in der Kultur alle Übergänge von der *verzweigten Form* bis zur *runden Fettkörnchenzelle* zeigt (vgl. Abb. 23). Die Eigenschaften gerade dieser Zellform treten in der Kultur so deutlich hervor, daß in zahlreichen Arbeiten im 3. und 4. Jahrzehnt des 20. Jahrhunderts immer wieder auf sie Bezug genommen wird. Costero (1930a, b, 1931) stellte an Explantaten von *Huhn, Ratte* und *Kaninchen* die amöboide Bewegung dieser

Zellen fest und sah amitotische Teilungen. Ihre phagocytären Eigenschaften trugen ihnen die Bezeichnung *Makrophagen* oder *Histiocyten* ein (Costero, 1931; v. Mihálik, 1935). Auch Verne (1930) leitet die Makrophagen des Gehirns von den Gliazellen ab. Er findet Zellen mit *undulierender Membran*, die Fett gespeichert haben und in reine Fettkörnchenzellen übergehen. Ihre *Makrophageneigenschaften* sind für eine Reihe von Autoren (Wells u. Carmichael, 1930; v. Mihálik, 1935, u.a.) ein ausreichender Grund, ihre *mesodermale* Herkunft anzunehmen. Andere Autoren (Metz u. Spatz, 1924; Lazarenko, 1931) betonen dagegen den *ektodermalen* Ursprung der Hortega-Zellen. In einer zusammenfassenden Darstellung behandelt Levi (1934) dieses Problem ausführlich. Er sieht in den „Makrophagen" keine Zellen eigener Art, sondern gleichartige Funktionszustände von Zellen verschiedener Herkunft.

Wenn man die mit der Methode der *Gewebezüchtung* gewonnenen Ergebnisse mit den Befunden am fixierten Präparat (Hortega, 1919a, b, c) vergleicht, so bringen sie kaum etwas grundsätzlich Neues über die Biologie der oben geschilderten Zellform. Hortega (1919c) hat das *Phagocytose-Problem* im Bereich des Gehirns eingehend diskutiert und die später in der Zellkultur bestätigten Leistungen der Mikroglia klar erkannt. Darüber hinaus brachten die Untersuchungen von Gliakulturen andere interessante Ergebnisse. Bauer (1932a, b)

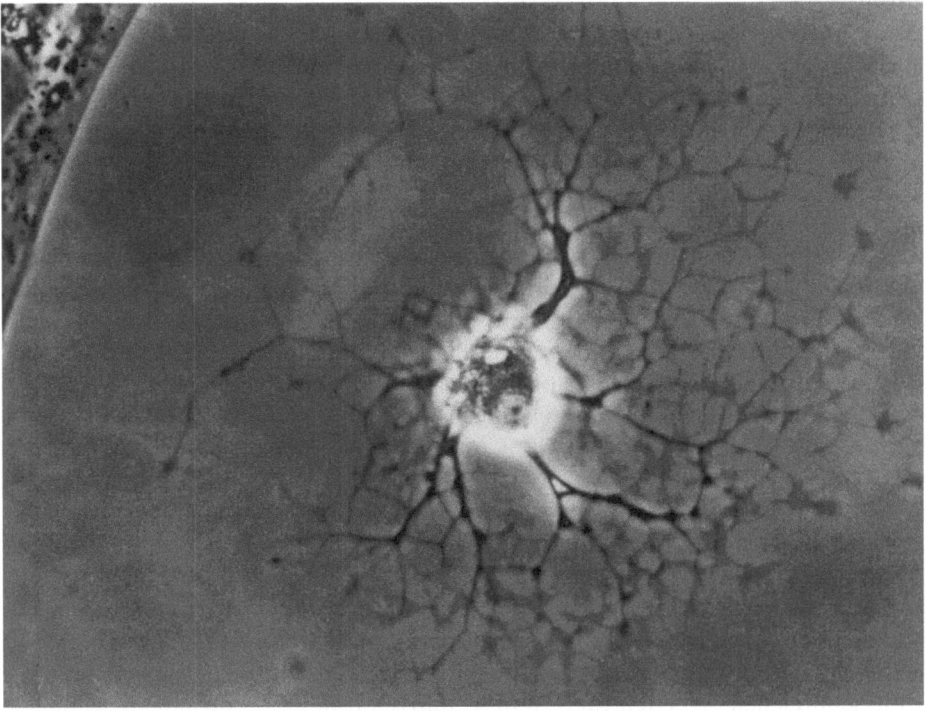

Abb. 24. Stark verzweigter Astrocyt aus dem Ammonshorn der *Maus* in der Gewebekultur. (Niessing, unveröffentlichte Aufnahme). ×680

verfolgte das Verhalten der Gliazellen zu den Nervenzellfortsätzen und sah eine reihenförmige Lagerung der Gliazellen entlang den vorwachsenden Fortsätzen der Neuroblasten und Netzbildung zwischen diesen. SEREBRIAKOW (1935) gibt aufgrund seiner Beobachtungen an Kulturen eine neue histogenetische Einteilung der Zellen und stellt diese Genese „in vitro" der normalen Histogenese „in vivo" gegenüber. PÉTERFI und WILLIAMS (1933, 1934a, b) sahen bei elektrischer Reizung der Kulturen mit Mikroelektroden eine schnelle Reizbeantwortung und ein „kathodotropes" Verhalten der Gliazellen.

Mit größerem Erfolg wurde die Gliazüchtung in erweiterter Form angewendet: 1) durch Kombination mit *Vitalfärbungen*, 2) durch *kinematographische Aufnahmen* der *Bewegungsabläufe* der Zellen, vor allem im Phasenkontrastbild. Gleichzeitig wurden Probleme des *Gliastoffwechsels* in Angriff genommen und erstmalig die erstaunliche *Cytodynamik* aller Gliazellen herausgestellt.

Während noch COSTERO (1930a, b) die in den Kulturen von Gliagewebe beobachteten *Migrationsphasen,* vor allem der Hortega-Zellen, in Reihenbildern durch Umrißzeichnungen darstellt, werden nach der Einbürgerung des Phasenkontrastverfahrens die cytodynamischen Erscheinungen im Film festgehalten. LUMSDEN und POMERAT (1951), HILD (1954) und NIESSING (1958) haben in ihren Filmen nicht nur frühere Beobachtungen am fixierten Material bestätigen, son-

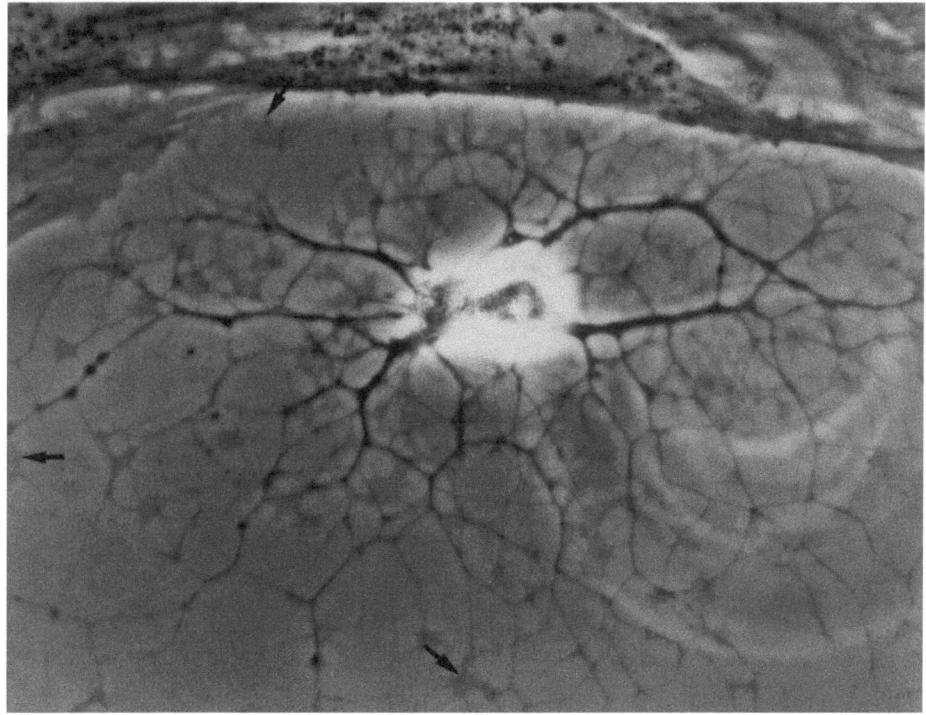

Abb. 25. Großer Astrocyt in der Gewebekultur. Beachte die stempelartigen und lamellären cytoplasmatischen Bildungen an den Fortsatzenden (*Pfeile*). (NIESSING, unveröffentlichte Aufnahme). × 680

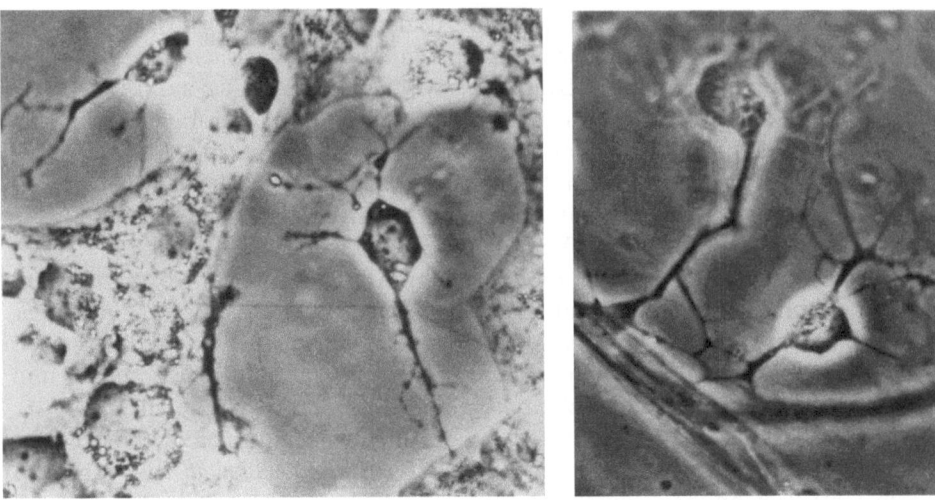

Abb. 26a u. b. Oligodendrocyten in der Gewebekultur. (NIESSING, unveröffentlichte Aufnahme). ×680

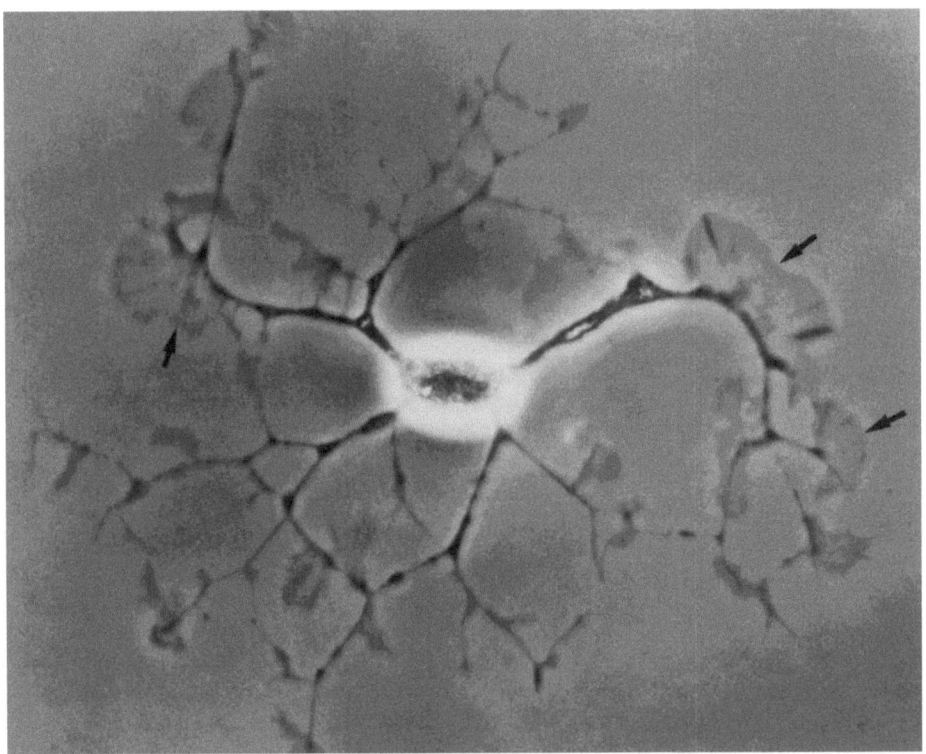

Abb. 27. Hortega-(Mikroglia-)Zelle aus dem Ammonshorn der *Maus* in der Gewebekultur. Beachte die undulierenden, schleierartigen Cytoplasmaprotrusionen an den Fortsatzenden (*Pfeile*). (NIESSING, unveröffentlichte Aufnahme). ×730

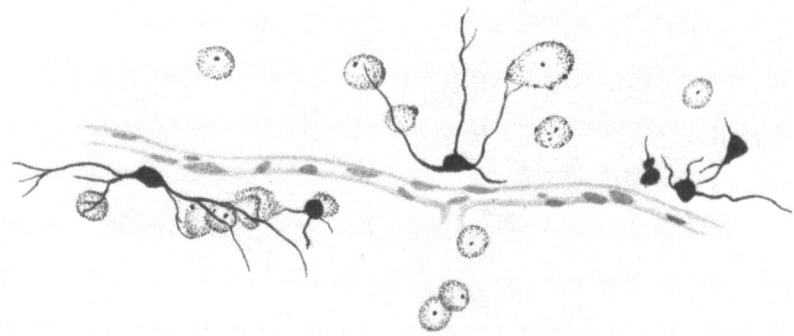

Abb, 28. Capillare mit anliegenden Mikrogliazellen. Ihre Fortsätze sind im Gegensatz zur Makroglia gefäßabgewandt und ziehen zu den Nervenzellen. (Aus Niessing, 1952a)

dern aus der „dynamic neurogliology" (Pomerat, 1952) neue Fragestellungen ableiten können (Abb. 24–27). Es wird eine *kontraktile* „muscle cell-like activity" festgestellt und ihre Bedeutung diskutiert. Neben der Rolle im zelleigenen Stoffwechsel, wofür z.B. die Beobachtungen deutlicher *Kernrotationen* sprechen, mißt man der *pulsatorischen Rhythmik*, z.B. der Oligodendroglia (Pomerat, 1951), Bedeutung für die Bewegung der intercellulären Flüssigkeit bei. Hild (1954) konnte feststellen, daß bei Züchtung von Explantaten aus dem Hinterlappen der Hypophyse die Gliazellen keine Neurohormonproduktion zeigen. Im ganzen gesehen, hat die Methode der Gewebezüchtung als wichtigsten Beitrag zur Erforschung der Neuroglia die Erkenntnis gefördert, daß die Gliazellen *dynamisch aktive Elemente* sind, wenngleich der in der Kultur nachweisbare *Formwandel* nur mit kritischer Einschränkung auf ihr Verhalten in situ übertragen werden darf (Abb. 28, 29). Außerdem hat sie ohne Zweifel Anstoß zur Untersuchung weiterer *Leistungsdifferenzierungen* der gliösen Zellen gegeben.

Andererseits führte die *Vitalfärbung* zur Lösung mancher offener Fragen über *Speicherfähigkeit* und Beteiligung der Glia am *Stofftransport* im Sinne ihrer Mittlerrolle zwischen erregungsleitendem Gewebe und Gefäßapparat.

Der erste Hinweis auf die Anwendung der *Vitalfärbung* dürfte von Ehrlich (1885) stammen, der fand, daß sich das Gehirn, insbesondere die graue Substanz, bei Anwendung von *basischen* Vitalfarbstoffen, z.B. Alizarinblau, anfärbt, während der Liquor ungefärbt bleibt. Im Gegensatz dazu hat Goldmann (1913a, b) in seiner klassischen Arbeit nachgewiesen, daß keine Anfärbung mit *sauren* Farbstoffen, z.B. Trypanblau, erfolgt (vgl. Behnsen, 1927). Dadurch wurde das Problem der Schrankenfunktion aktuell, das die Beteiligung der Neuroglia einschließt. Untersuchungen über Bau und Funktion der *Bluthirnschranke* sind in großer Zahl bis in unsere Zeit durchgeführt worden. Die *Glia* spielt bei der Schrankenfunktion neben dem *Endothel* und dem *Grundhäutchen der Capillaren* nur die Rolle eines der möglichen Faktoren. Friedemann und Elkeles (1931, 1932) wandten zahlreiche Vitalfarbstoffe zur Klärung der Schrankenfunk-

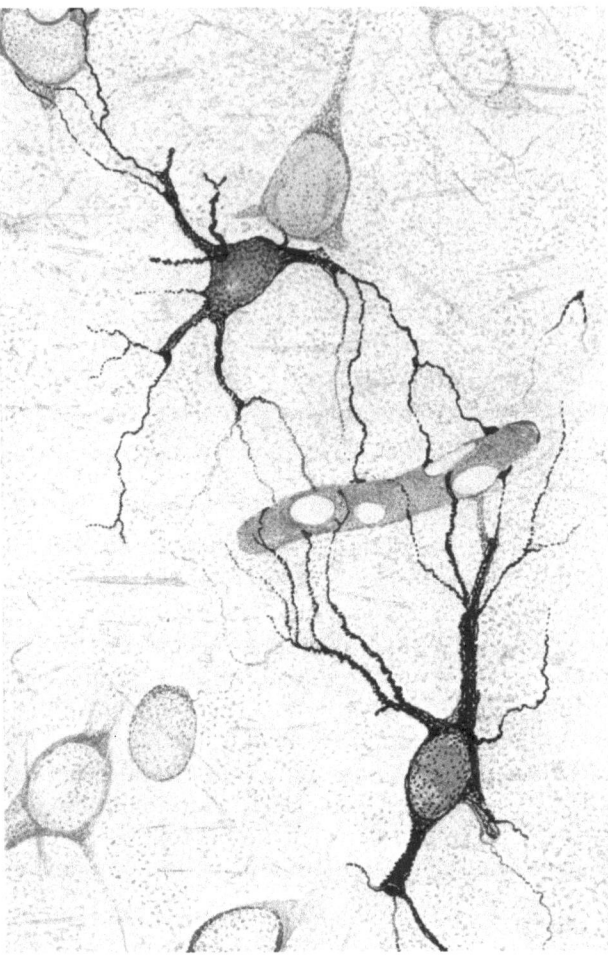

Abb. 29. Zwei Astrocyten aus der Ammonsformation der *Maus*. Typische Retraktionsstellung beim Hirnödem nach zweimaligem Cardiazolkrampf des Tieres. Beachte die Zahl und Zartheit der Fortsätze. Goldsublimatmethode von Cajal. (Aus NIESSING, 1951; gez. K. HERSCHEL)

tion an und schlossen, daß der Stoffaustausch zwischen Blut und Gehirn wahrscheinlich wie in anderen Organen reguliert wird. SPATZ (1934) hat in einer grundlegenden experimentellen Arbeit über die Bedeutung der vitalen Färbung für die Lehre vom Stoffaustausch zwischen Zentralnervensystem und dem übrigen Körper die bis dahin vorliegenden Befunde kritisch gesichtet und das morphologische Substrat der Schrankenfunktion nicht in dem „Gliaschirm", sondern im Endothel der Capillaren gesehen. Neben zahlreichen anderen Autoren haben BECKER und QUADBECK (1950) das Problem bei Anwendung neuer Vitalfarbstoffe durch Änderung des pH diesseits und jenseits der Schranke anzugehen versucht.

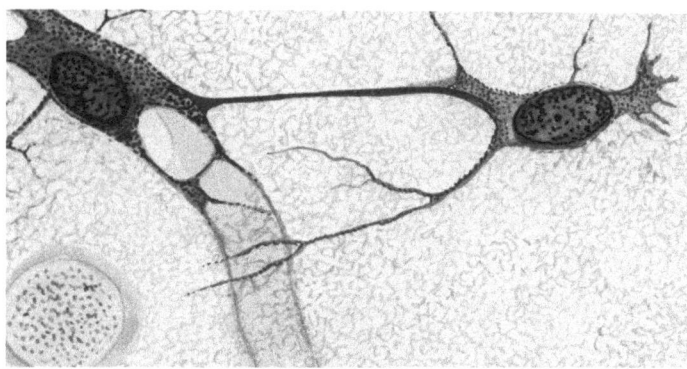

Abb. 30. Hirncapillare mit dem terminalen Ausläufer der Adventitialscheide. Der rechts liegende Astrocyt entsendet einen Fortsatz mit verbreitertem Fuß an die Adventitialscheide; mit der Capillare ist diese Zelle nur durch einen zarten Fortsatz verbunden. Daraus wurde geschlossen, daß die abgebildete Capillare nicht von einer geschlossenen Glialamelle umgeben ist. Telencephalon (*Mensch*). Goldsublimatmethode von Cajal. (Aus NIESSING, 1952b)

Sie widerlegen die frühere Ansicht, daß basische Farbstoffe die Schranke passieren, während sie für saure nicht durchgängig ist. Sie nehmen vielmehr an, daß das für die Schrankenfunktion maßgebliche Substrat lipoidhaltig sein muß. NIESSING (1952b) zeigte, daß im Bereich der Hirncapillaren eine geschlossene „Membrana limitans gliae" fehlt (Abb. 30). NIESSING und ROLLHÄUSER (1954) wiesen aufgrund des submikroskopischen Baues des *Grundhäutchens* der Capillaren (polarisationsmikroskopische Befunde) auf seine Bedeutung für die Bluthirnschranke hin (Abb. 31). Aus allen diesen Untersuchungen geht hervor, daß der Glia nur eine begrenzte Bedeutung für die Schrankenfunktion zukommen kann, die durch die pericytenähnliche Lagerung der Astrocyten und ihren Formwandel bestimmt wird (vgl. Abb. 29). Um so mehr verlagerte sich die Problemstellung auf die „freien" Gliazellen, d.h. diejenigen Zellelemente, die nicht als vasculäre Satelliten unmittelbar den Capillaren anliegen.

Die Untersuchung der Speicherfähigkeit der Gliazellen, insbesondere der Hortega-Zellen, setzte nach der Formanalyse der letzteren ein. Die Frage, wie weit die sog. „Gliosomen" hierfür in Betracht kommen, wurde bereits diskutiert (s.S. 32–34). Schon 1920 untersuchten MACKLIN und MACKLIN nach Anbringung von Stichwunden die Speicherung von Trypanblau. METZ und SPATZ (1924, 1926) verglichen das unterschiedliche Verhalten der drei Gliazellarten bei *Eisen-* und *Fettspeicherung* unter physiologischen und pathologischen Bedingungen. In der Zona rubra des Nucleus niger, im Pallidum und Striatum speichern Oligodendrocyten das Eisen zuerst; danach folgt die Eisenspeicherung durch Hortega-Zellen vor allem bei pathologischen Zuständen. Das sog. „Paralyseeisen" wird außer von Gefäßwandzellen nur von der Hortega-Glia aufgenommen, bei Blutungen andererseits lassen sich alle drei Gliazellarten als eisenspeichernde Zellen beim Abtransport an die Gefäße feststellen. STRUWE (1926) hob die

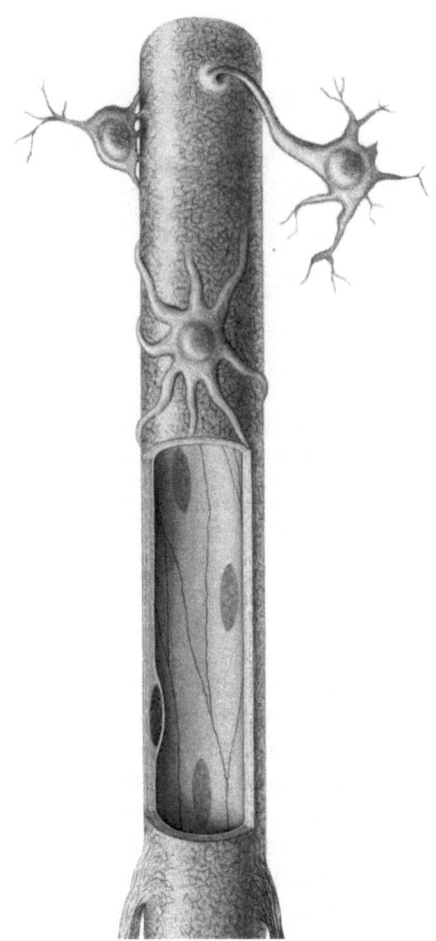

Abb. 31. Bauprinzip einer Hirncapillare. Schematische Darstellung nach lichtmikroskopischen (neurohistologischen und polarisationsoptischen) Befunden. *Unten:* Außenfläche des Grundhäutchens mit seinem feinsten Gitterfasernetz. *Oben:* Von den drei abgebildeten Astrocyten befindet sich der untere in einer pericytenartigen Stellung. Aus der Lagebeziehung der Astrocytenfortsätze zur Blutcapillare wurde gefolgert, daß Hirncapillaren keine geschlossene „Gliamembran" besitzen. (Aus Niessing u. Rollhäuser, 1954). Dieses Problem ließ sich definitiv erst durch elektronenmikroskopische Studien klären (vgl. Abb. 32)

Unterschiede in der Speicherungsform für Fett zwischen Hortega-Zellen (feinvacuolär) und Oligodendrocyten (großvacuolig) hervor.

Neben der Untersuchung der Speicherfähigkeit der freien Gliazellen im Zentralnervensystem bei normalen und pathologischen Zuständen beschäftigten sich zahlreiche Forscher mit dem Verhalten der freien Gliazellen gegenüber verschiedenen *Vitalfarbstoffen.* Nach den Studien von Ehrlich (1885) wurden Anfang des 20. Jahrhunderts von Cerletti (1907a, b) und Forster (1908, zit. nach Glees, 1955) schon Versuche mit Tusche angestellt. Neben den Makrophagen speichern die *Mikrogliazellen* die Partikel im Sinne einer ersten *Abwehr-reaktion*. Die mit Granula beladenen Gitterzellen werden als modifizierte Mikrogliazellen angesehen. Zu gleichen Ergebnissen kamen REZZA (1925), ASÚA (1927), RUSSELL (1929) und LEVI (1934) bei Anwendung von Trypanblau. REZZA und ASÚA rechnen die Mikroglia zum Reticuloendothel. Demgegenüber finden BRATIANU und GUERRIERO (1930), daß sich die Mikroglia durch Fettspeicherung in Gitterzellen umwandelt, aber keinen Vitalfarbstoff annimmt. Zahlreiche weitere Arbeiten unterstreichen die starke Speicherung von Vitalfarbstoffen durch die Mikroglia in der Umgebung experimentell gesetzter Verletzungen der Hirnsubstanz (MACKLIN u. MACKLIN, 1920; HORTEGA, 1919b, 1932; PENFIELD, 1927 u.a.).

BEHNSEN (1927) fand bei einer Untersuchung der Anfärbbarkeit des *Mäuse-hirns* in verschiedenen Altersstufen, daß an bestimmten Stellen mit elektiver Farbspeicherung (z.B. Hypothalamus) erst die Nervenzellen und danach die Gliazellen Trypanblau anhäufen. Zum gleichen Ergebnis kamen PÉTERFI und WILLIAMS (1933), die bei Einbringung von Methylenblaulösung in Neuroblastenkulturen feststellten, daß der Farbstoff sofort von den Neuroblasten stark gespeichert, dann aber wieder abgegeben wird, während die Gliazellen ihn in schwächer-granulärer Form aufnehmen, jedoch nicht mehr abgeben. Schließlich sei nochmals auf die Befunde von WELLS und CARMICHAEL (1930) hingewiesen, die bei *Ratten* nach intravenöser Injektion von Trypanblau den Farbstoff durch „vergröberte" Mikrogliazellen gespeichert fanden. Sie verglichen die Mikroglia mit den Histiocyten und Makrophagen des Reticuloendothels.

Unter dem Begriff „plasmatische Ableitung" beschreibt LEONHARDT (1951) den Vorgang des Abtransportes von Vitalfarbstoffen nach Injektion derselben in die Cisterna cerebello-medullaris bei *Kaninchen, Meerschweinchen* und *Katze*. Der Farbstoff wird von den Gliazellen aufgenommen und bis an die Intima piae transportiert. Diese soll sich öffnen, wodurch eine Zellauswanderung farbstoffbeladener Gliazellen erfolgt, so daß der Farbstoff über die Glia den Bindegewebszellen übergeben werden kann. BAUER und LEONHARDT (1955) untersuchten die Durchlässigkeitsänderung der Bluthirnschranke nach Cardiazolschock und verwendeten hierfür Trypanblau und Geigyblau. Sie fanden für diese Farbstoffe beim unbehandelten *Kaninchen* eine Schrankendurchlässigkeit geringeren Ausmaßes als im Zustand der Meningitis. Die Vitalfärbungsexperimente dieser Autoren führten sie zu dem Schluß, daß eine wesentliche Komponente der Bluthirnschranke in der gliösen „Grenzmembran" und in der Intima piae zu suchen ist. Die Bedeutung der gliösen Grenzmembran (vgl. NIESSING, 1936a, b, 1951) sehen sie in einer Trennung der Stofftransportwege im Binde- und im Hirngewebe. „Diese Trennung tritt als Bluthirnschranke in Erscheinung" (LEONHARDT, 1952a, b). Die Ergebnisse von SPATZ (1934), NIESSING und ROLLHÄUSER (1954) siehe S. 47–49.

Die wichtigsten Befunde, die mit der Methodik der Gewebezüchtung und Vitalfärbung an den Gliazellen erhoben wurden, sind: 1) der Nachweis ihrer *Cytodynamik* und 2) die Analyse ihrer Reaktionsweise bei *Stoffwechselvorgängen* und *Abwehrreaktionen*. Die Erforschung der Cytodynamik der Glia lenkt den Blick auf ihre wechselnden Beziehungen zum *erregungsleitenden Gewebe* und zum *Gefäßapparat*, sowie auf die sich daraus ergebenden Fragestellungen. Ein grundlegendes Problem, dessen Bearbeitung noch völlig im Fluß ist, liegt in der Frage, ob und wie die Erregungsleitung im zentralnervösen Gewebe und in den peripheren Leitungsbahnen von der Glia abhängt, d.h. durch sie nicht nur im alten Sinne isoliert, sondern gesteuert und reguliert wird. Diese Fragestellung gab den Anlaß, das *reaktive Verhalten* der Glia bei verschiedenen Erregungs- und Krampfzuständen des Gehirns einerseits, und bei künstlicher Erregungsherabsetzung durch Narkose sowie im natürlichen Winterschlaf andererseits, zu untersuchen. Es zeigte sich, daß die Glia bei Anwendung zentralerregender und -hemmender Substanzen formhaft faßbar durch Veränderung ihrer Cytodynamik reagiert. Ursprünglich stand die Frage der möglichen Schädigungen bei der Schockbehandlung im Vordergrund. Dreszer und Scholz (1939) fanden nach Cardiazolschock neben angiospastischen Zuständen eine starke gliöse Reaktion in Verbindung mit Markscheidenzerfall. Töbel (1948) beobachtete progressive Gliaveränderungen nach Insulin- und Histaminschock. Scholz (1951) faßt in seiner Monographie *Die Krampfschädigungen des Gehirns* die bekannten Gliareaktionen und die im Vordergrund stehenden Gefäßreaktionen zusammen (vgl. Scholz, 1939).

Von der Frage nach der Beteiligung der Glia am Erregungsablauf im Zentralnervensystem ausgehend, wurden ihre cytodynamischen Veränderungen bei *Narkose*, im *Winterschlaf* und – im Gegensatz dazu – nach Anwendung *zentralerregender Pharmaka* (Cardiazol, Coffein, Insulin, Cocain u.a.) von Niessing (1950, 1952a, b, 1953) untersucht (vgl. Abb. 29). Kulenkampff (1951/53a, b) und Kulenkampff und Wüstenfeld (1954/55) fanden Veränderungen in der Zahl der *Satelliten* an den Vordersäulenzellen der *Maus* nach gesteigerter Motorik. Eine Verminderung der Satellitenzahl beobachtet man im natürlichen Winterschlaf (Niessing, 1953). Schließlich spricht Kornmüller (1950) dem Hüllplasmodium, d.h. also der peripheren Glia, eine „sekretorische" Aufgabe zu. Er dehnt seine Hypothese auch auf die zentrale Glia aus und spricht von „neuen hormonalen Drüsen", deren „Sekret" in die Nervenzellen eindringt. Diese „Drüsen" sollen rhythmisch tätig sein. [„Das Elektroencephalogramm ist primär vorwiegend Ausdruck der Tätigkeit dieser drüsigen Elemente des Gehirns" (Kornmüller, 1950).] Hier wird der Versuch gemacht, die Beteiligung der Glia am Erregungsablauf im Rahmen einer Theorie darzustellen.

Waren die Ergebnisse der Gewebezüchtung eine wichtige Voraussetzung für die dynamische Betrachtung der Glia, so diente die Vitalfärbung als Ausgangspunkt für weitere histochemische Untersuchungen zur Frage der Beteiligung der Glia am Stoffwechsel des Zentralnervensystems. Diese sicherlich sehr frucht-

Abb. 32. Gefäßbeziehungen der Astrocyten und Feinstruktur der lichtmikroskopisch nicht mehr ▶ auflösbaren Strukturbereiche (Neuropil). Schematische Darstellung auf der Basis elektronenmikroskopischer Befunde. Beachte den von perivasculären Astrocytenfüßen gebildeten Ring. Bei einigen niederen Vertebraten wurden allerdings Hirncapillaren beobachtet, deren Wand nicht ausschließlich von astrocytären Strukturen besetzt war. Im Neuropil finden sich die feinsten Ausläufer von Nerven- und Gliazellen, die lediglich durch 15–20 nm weite Spalträume voneinander getrennt sind (vgl. Niessing u. Vogell, 1960, s. Lit.). Die um 1960 durchgeführten elektronenmikroskopischen Untersuchungen brachten eine Wende in den Anschauungen über die Grundsubstanz, den Extracellulärraum und die Bluthirnschranke (vgl. S. 143–144). (Unveröffentlichte Bildvorlage; Entwurf A. Oksche, gez. I. Völker für die 12. Jahrestagung der Vereinigung Deutscher Neuropathologen und Neuroanatomen, Berlin 1966)

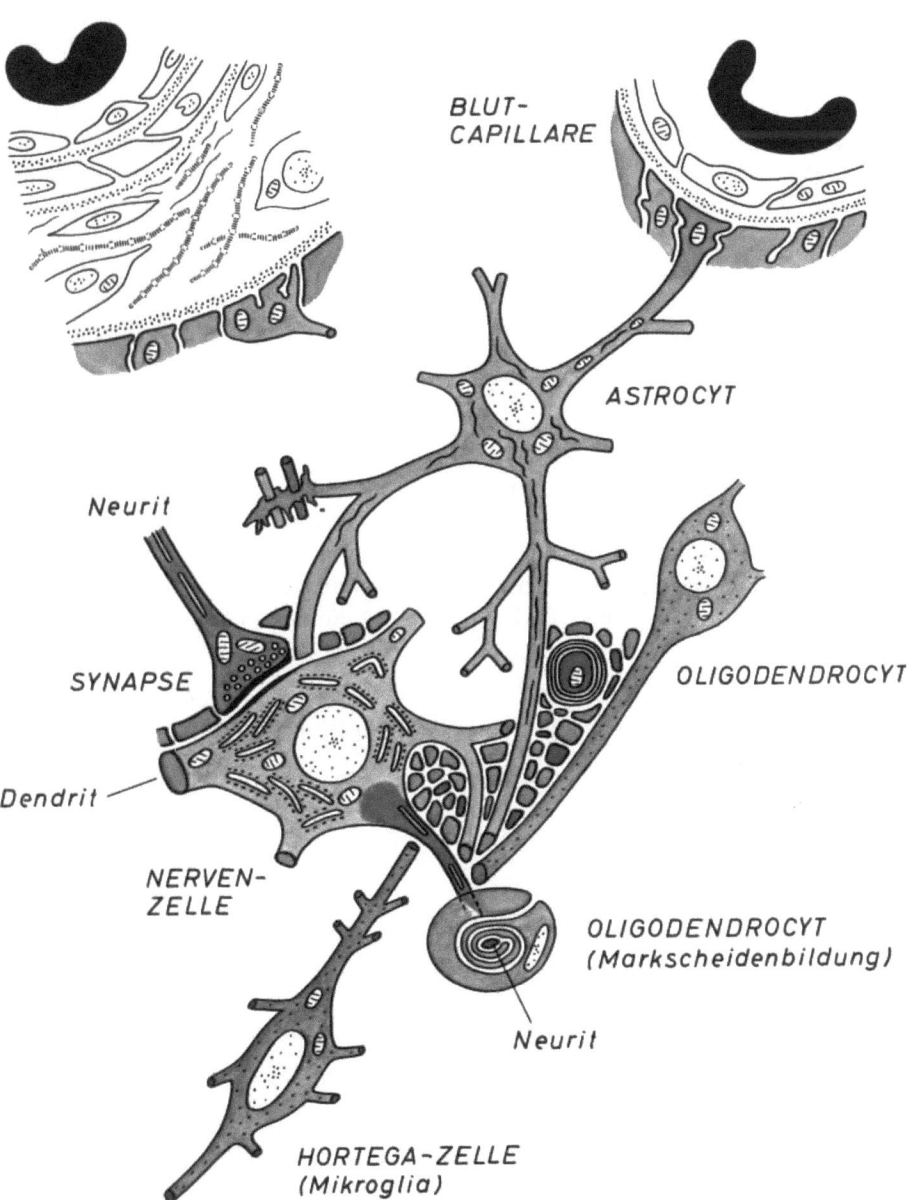

größeres BLUTGEFÄSS

BLUT-
CAPILLARE

ASTROCYT

Neurit

SYNAPSE

OLIGODENDROCYT

Dendrit

NERVEN-
ZELLE

OLIGODENDROCYT
(Markscheidenbildung)

Neurit

HORTEGA-ZELLE
(Mikroglia)

bare Forschungsrichtung wird neue Erkenntnisse über die Bedeutung der Glia für den Nervenzellstoffwechsel und damit für ihre Funktion liefern (vgl. HYDÉN, 1959, 1960)[6]. Die vorliegenden Ergebnisse sprechen dafür, daß das Problem der Beziehung der Glia zum Erregungsablauf auf methodisch neuen Wegen in Angriff genommen werden kann. Aus einigen histochemischen Befunden am Ependym (OKSCHE, 1957, 1958) scheint eine besondere Beteiligung der ependymo-astrocytären Gliazellen am Kohlenhydratstoffwechsel des Zentralnervensystems hervorzugehen (vgl. FRIEDE, 1954a, b, 1955, 1956)[7].

In diesem Zusammenhang wird der alte Streit um die zwischenzellige *Grundsubstanz* erneut aktiviert. Diese Substanz wird von einigen Autoren (vor allem HESS, 1953, 1955a, b, c) anerkannt und ihre Bedeutung für den zwischenzelligen Stoffwechsel und für die Bluthirnschranke diskutiert; von anderen Autoren (vgl. NIESSING u. VOGELL, 1960) wird aufgrund elektronenmikroskopischer Befunde ihre Existenz im Sinne der klassischen Vorstellung abgelehnt (Abb. 32).

Über eine Fülle von Einzelbefunden hinaus, die in diesem historischen Überblick nur gestreift werden konnten, scheint sich die moderne Problemstellung der Gliaforschung auf die Bedeutung ihrer *Cytodynamik* im weitesten Sinne und auf die Analyse ihrer *Stoffwechselfunktion* zu richten (vgl. FLEISCHHAUER, 1960). Dieses bedeutet letzten Endes, daß die seit einem Jahrhundert untersuchten Beziehungen der Glia zum Gefäßapparat und zum Nervengewebe mit neuer Methodik und aus neuer Sicht bearbeitet werden müssen. Diese neue Forschungsrichtung scheint erfolgversprechende Ansätze zu zeigen, weil sie sich zur Aufgabe gestellt hat, in der Neuroglia mehr als ein „Zwischengewebe" zu sehen. Nicht die Analyse allein wird hier weiterführen, sondern die Erforschung der zweifellos großen Bedeutung der Neuroglia für die *Gesamtleistung des Zentralorgans* sowohl in seiner *elementaren* als auch in seiner *integrierenden* Funktion.

Die Literatur der Kap. A. 1. + 2. wurde am Schluß des Kapitels 2. zusammengefaßt.

---

6 Siehe hierzu auch HYDÉN (1961, 1962a, b)
7 Siehe hierzu auch FRIEDE (1966)

2. Materialquelle, Entwicklung und Differenzierung der Neuroglia[1]

Von K. NIESSING, Marburg a.d. Lahn[2]

Das Vorkommen der Neuroglia ist untrennbar verknüpft mit dem erregungsleitenden Gewebe. Ohne Nervengewebe gibt es weder im Zentralorgan noch an den peripheren Leitungsbahnen Neuroglia. Diese Tatsache bedarf einer besonderen Betonung, da das Auftreten von „extracerebralen" Hortega-Zellen (z.B. im Bindegewebe der Zunge und des weichen Gaumens von 23 mm langen *mensch-*

---

1 Literatur bis 1960
2 Bearbeitet von A. OKSCHE, Giessen.

lichen Embryonen) behauptet worden ist (v. SÁNTHA, 1932). Ich habe diese Befunde nachgeprüft und kann sie weder bei Embryonen verschiedenen Alters, noch bei Erwachsenen bestätigen. Auch an tierischem Material (*Maus, Meerschweinchen, Katze*) ließen sich mit der Hortega-Methode keine Hortega-Zellen im Bindegewebe nachweisen.

Im ausgereiften Nervensystem läßt sich die enge und mannigfaltige funktionelle *Verknüpfung* der *Glia* mit dem *erregungsleitenden Gewebe* aus der gemeinsamen Entwicklung, d.h. einer gemeinsamen Materialquelle herleiten (vgl. BAUER, 1953; GLEES, 1955; WINDLE, 1958; FLEISCHHAUER, 1960). (Die Frage nach der bis heute umstrittenen Materialquelle der Hortega-Zellen s.S. 91, 94–100.) Die gemeinsame Entwicklung und Differenzierung, die etwa zur gleichen Zeit einsetzt, ist gekennzeichnet durch eine Formanpassung der Gliazellen anfangs an die Gesamtform der nervösen Zentralorgane, später an die Architektonik ihrer Zellelemente und schließlich vor allem an die Nervenzellen und ihre Fortsätze. Es entsteht neben der „Cytoarchitektonik" eine „Glioarchitektonik". Ebenso wie die „Kurzstrahler" der grauen Substanz und die „Langstrahler" der weißen Substanz den cellulären und fasciculären Einheiten angepaßt sind, unterscheiden sich die zentralen Oligodendrocyten mit ihren kurzen, spießartigen Fortsätzen von den schlauchartigen umhüllenden Gliazellen der peripheren Neuriten, die Schwannsche Zellen heißen, oder von dem Hüllplasmodium der Spinalganglienzellen.

Aus der *Entwicklung* und *Differenzierung* der *Neuroglia* ergeben sich zunächst Fragen, die sich auf eine Klärung der *Termini* beziehen. Das *Neuralepithel* („Matrixependym") wird als die wesentliche Materialquelle angesehen. Hierbei ist zu unterscheiden zwischen der noch nicht differenzierten Zellschicht, die die Wandung des Neuralrohres und der Hirnbläschen bildet, und den epithelartigen Zellen, die nach der Differenzierung der ursprünglichen Zellage in Neuroblasten und Spongioblasten das bleibende Saumepithel der Ventrikel und des Zentralkanals bilden. Für erstere wird in dieser Darstellung die Bezeichnung *Neuralepithel* vorbehalten, für letztere die Bezeichnung *Ependymzellen* bzw. *Ependym*. Ich gehe dabei auf die Definition von v. LENHOSSÉK (1891) zurück, der die Ependymzellen als „ die den Centralkanal epithelartig begrenzenden Elemente" kennzeichnet. Dieser Hinweis erscheint mir notwendig, da in der Literatur durch unterschiedlichen Gebrauch der Begriffe Unklarheiten entstanden sind. In diesem Zusammenhang ist noch die Frage zu beantworten, ob die ausgereiften Ependymzellen des erwachsenen Organismus als eine eigene Zellart anzusehen sind, oder ob sie zur Neuroglia gehören. Ergebnisse der funktionellen Histologie der Ependymzellen lassen es gerechtfertigt erscheinen, sie als eine spezifische Art von Gliazellen anzusehen (vgl. Beitrag LEONHARDT, S. 177ff.).

Eine weitere Klarstellung ist für die Anwendung der Bezeichnung *Mikroglia* und *Hortega-Zellen* notwendig. Beide Bezeichnungen werden von mir synonym verwendet. Ich bevorzuge jedoch die Bezeichnung „Hortega-Zellen", da sie unmißverständlich ist. Hinzu kommt, daß eine Reihe von Autoren die Mikro-„Glia" nicht zur Neuroglia rechnet. Der Grund hierfür liegt in der Annahme, daß die Mikroglia im Gegensatz zu der Astroglia und der Oligodendroglia ausschließlich mesodermalen Ursprungs sei. Bekanntlich hat schon HORTEGA (1921a, b) den mesodermalen Ursprung der Mikroglia betont und ihr daher eine Sonderstellung eingeräumt. Neben den Vertretern der spanischen Schule haben vor allem Penfield (1928–1932) und Kershman (1939) ihren mesodermalen Ursprung auf das entschiedenste verteidigt mit der oben erwähnten Konsequenz, daß die Mikroglia nicht zur Neuroglia zu rechnen sei. So beschreibt z.B. Penfield (1932) in seiner Abhandlung über die normale und pathologische Neuroglia nur die Astrocyten und Oligodendrocyten unter Weglassung der Mikroglia. Hierzu ist folgendes zu sagen: Erstens ist der mesodermale Ursprung der Mikroglia keineswegs allgemein anerkannt (vgl. S. 95), so daß die Einengung der Neuroglia auf die beiden Zelltypen der Astrocyten und Oligodendrocyten keine allgemeine Gültigkeit hat (Kershman, 1939). Zweitens erscheint mir eine Einteilung der Neuroglia nach funktionellen Gesichtspunkten, d.h. aufgrund ihrer biologischen Reaktionsweisen, richtiger als eine Klassifizierung nach embryogenetischen Gesichtspunkten. Auch die Hortega-Zellen oder Mikrogliazellen kommen in ihrer typischen Form nur in Verbindung mit dem erregungsleitenden Gewebe vor und reagieren im Einklang mit diesem. Ich rechne sie deshalb im Gegensatz zu Penfield (1928–1932) zur Neuroglia – in gleicher Weise wie die Astroglia, die Oligodendroglia und die Ependymzellen.

Diese Definition der Begriffe mußte vorausgeschickt werden, um in der folgenden Darstellung keine Mißverständnisse entstehen zu lassen.

2.1. Materialquelle und früheste Sonderung der Gliazellarten

Bei allen *Chordaten,* deren Zentralnervensystem sich durch Hohlraumbildung auszeichnet, ist das Neuralrohr mit Sicherheit die Bildungsstätte der *Ependymzellen,* der *Astrocyten* und der *Oligodendrocyten.* Diese sind damit ebenso wie die Neurocyten als *ektodermale Elemente* anzusehen. Die Materialquelle der *Hortega-Zellen* ist dagegen bis heute zumindest umstritten. Aus diesem Grunde wird in der folgenden Darstellung dem Problem der Genese der Hortega-Zellen ein besonderer Abschnitt gewidmet sein, während die früheste Entwicklung der drei erstgenannten Zellarten bis zum Beginn ihrer morphologischen Sonderung eine gemeinsame Darstellung erlaubt.

Mit dem Schluß des Neuralrohres vollzieht sich der Akt seiner Verselbständigung. Während des Ablaufs dieses von der Chorda und später von den Ursegmenten induktiv gesteuerten Gestaltungsvorganges finden sich im Neuralrohr keine oder nur ganz vereinzelte Mitosen. Das Primitivorgan „Neuralrohr" besteht unmittelbar nach dem Nahtschluß aus einer einzigen Zellage, dem *Neuralepithel,* das die *Materialquelle* der *Neurocyten* und *Gliocyten* im weitesten Sinne darstellt. Die gemeinsame Anlage ist somit die Voraussetzung für die vom Nervengewebe formabhängige Entwicklung und Differenzierung der Neuroglia, auf die oben hingewiesen wurde. Die daraus resultierende *Funktionsgemeinschaft* wird von manchen Autoren (Cajal, vgl. Hortega, 1942; Scheibel u. Scheibel, 1958), zumindest für die Oligodendroglia, geradezu als eine „Symbiose" gekennzeichnet.

Es fragt sich, ob das Neuralepithel die einzige *ektodermale Quelle* der Neuroglia ist. Zwei weitere ektodermale Bildungen sind hier in Betracht zu ziehen, da sie ebenfalls mit Sicherheit Bildungsstätten von Neurocyten sind: 1) die *Neuralleiste* bzw. im Kopfgebiet die *Kopfganglienleiste*, 2) die Gesamtheit der im Kopfgebiet angelegten *Plakoden*, d.h. der Ektodermverdickungen, die neben der Kopfganglienleiste entstehen und bei der Bildung der Kopfganglien beteiligt sind. Es besteht zunächst kein Grund gegen die Annahme, daß neben dem Neuralepithel die neurocytenbildende Neuralleiste und die Plakoden Bildungsstätten der Glia sein könnten

An dieser Stelle sei auch das sehr schwierige Problem der Genese der *Hüllzellen* in den *autonomen Ganglien* erwähnt. Die Meinung der Autoren, ob es sich bei den Hüll- und Begleitzellen der autonomen Ganglien überhaupt um gliöse Elemente handelt, ist geteilt; der Weg ihrer Genese ist schwer zu verfolgen. Bei einer Darstellung der Entwicklung und Differenzierung der Neuroglia muß die funktionell wichtige *periphere Glia* genauso berücksichtigt werden wie die viel gründlicher untersuchte *zentrale Glia*.

Im folgenden werden die ersten Differenzierungserscheinungen des Neuralepithels dargestellt. Dieser allgemeinen Übersicht schließt sich die Beschreibung der frühen Entwicklungsvorgänge der vier Gliazellarten an.

2.2. Die erste Bildung der Gliazellen als Teilerscheinung der Entwicklung des Neuralrohres

Da die Entwicklung der Glia in Abhängigkeit von der Entwicklung des erregungsleitenden Gewebes steht, konnten die ersten grundlegenden Erkenntnisse erst dann gewonnen werden, als über die Entstehung und Differenzierung der Nervenzellen Klarheit geschaffen worden war. Die Grundlage bildete die von HIS (1889) aufgestellte Neuroblastentheorie, die von VIGNAL (1889), CAJAL (1890a, b), v. LENHOSSÉK (1893, 1895) und besonders von v. KOELLIKER (1892) vertreten und vertieft wurde. Die Neuroblastentheorie von HIS löste die Lehre von der „Zellkettentheorie" der Nervenentstehung (BEARD, 1856; VAN WIJHE, 1883, u.a.) ab.

HIS (1889), der seine Untersuchungen in der Hauptsache an *Kaninchen*-Keimlingen und *menschlichen* Keimen durchführte, unterscheidet zwei Zellarten des Neuralepithels, die jeweils die Materialquelle der *Neuroblasten* und *Spongioblasten* darstellen. Er leitet die Spongioblasten von dem reinen „Epithel" ab, während die Neuroblasten aus rundlichen, meist in Mitose befindlichen Zellen hervorgehen sollen. Die letzteren nennt HIS „Keimzellen", die zwischen die „medullären Epithelzellen" ursprünglich eingestreut seien (Abb. 1).

Das Wesentliche der HISschen Lehre besteht also darin, daß er schon auf sehr früher Entwicklungsstufe zwei getrennte Zellstämme für die Entwicklung der Neuroblasten und der Gliazellen annimmt. SCHAPER (1897) bezeichnet diese Auffassung als „Heterogenie der Keim- und Epithelzellen". Die Vorstellungen von HIS haben in diesem Punkt scharfe Kritik erfahren und können heute als überholt gelten. Die Kritik richtete sich vor allem gegen die Selbständigkeit seiner „Keimzellen" (vgl. hierzu S. 58, 64, 143).

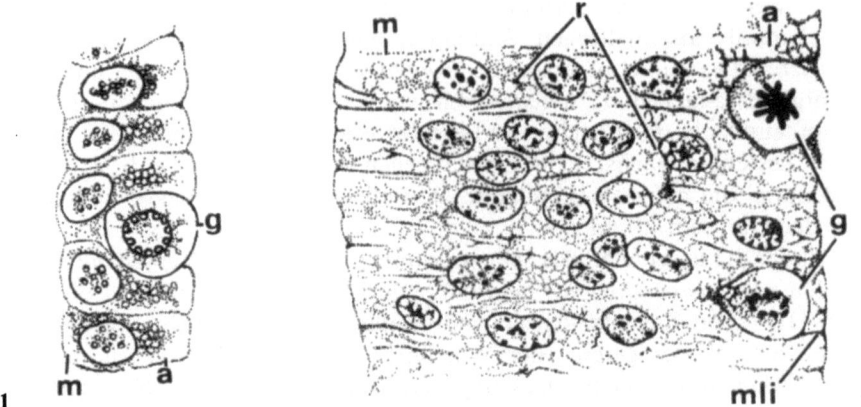

Abb. 1. „Medulläre Epithelzellen" (*a*), „Keimzelle" in Mitose (*g*), spätere Mantelzone (*m*). Aus der Neuralanlage eines *Kaninchen*-Keimlings kurz vor dem Neuralrohrschluß. (Nach HIS, 1889)

Abb. 2. Wand des Neuralrohres bei einem 5 mm langen *Schweine*-Embryo kurz nach Schluß des Rohres. Verschwinden der Zellgrenzen, Beginn der Bildung eines Syncytiums. *mli* Membrana limitans interna; *g* Mitosen in der ventriculären Schicht (*a*); *r* radiär angeordnete Zellreihen; *m* Mantelschicht. (Nach HARDESTY, 1904)

VIGNAL (1888), CAJAL (1890a, b), V. KOELLIKER (1892) und vor allem SCHA-PER (1897) waren die ersten, die die „Keimzellen" als „jugendliche und proliferie-rende Zellen" (SCHAPER) ansahen, die nichts anderes als Entwicklungsphasen und Abkömmlinge des Neuralepithels sind. Aus diesen gehen Zellen hervor, die SCHAPER als „indifferente Zellen" bezeichnet, da sich zur Zeit ihrer Bildung Nervenzellen und Gliazellen noch nicht aus der gemeinsamen Materialquelle differenziert haben.

Anlaß für die Kritik an der Lehre von HIS war die Ausdehnung der Untersuchungen auf geeignetere Objekte, vor allem auf die niederen *Chordaten* mit ihren einfacheren Verhältnissen. Im übrigen sind die Befunde von SCHAPER (1897) an *Forellen*-Keimlingen im Alter von 22–31 Tagen zu nennen. Weiterhin wurden Keimlinge von *Huhn* und *Schwein* (HARDESTY, 1904) besonders gründlich untersucht, während *menschliche* Keimlinge dieser frühen Entwicklungsstadien nur be-schränkt einbezogen werden konnten.

Infolge von mitotischen Teilungen des Neuralepithels ist eine zunehmende Wandverdickung des Neuralrohres zu beobachten, das aus dem Zustand der einfachen Zellage in das Stadium der Mehrschichtigkeit überführt wird. In die-sem Stadium läßt sich die innere, der Lichtung zugekehrte Schicht als *Ventrikel-* oder *Matrixependymschicht* gegen die übrige Wandformation abgrenzen, die aus *Kern-* oder *Mantelschicht* besteht (STREETER, 1911). Dabei ist hervorzuheben, daß nach SCHAPER (1897) die mitotischen Teilungen nicht kontinuierlich, sondern schubweise erfolgen, was HARDESTY (1904) für *Schweine*-Embryonen ebenfalls angibt. Es sind demnach in diesem Stadium zwei Materialquellen vorhanden: die innere, ventriculäre Matrixependymschicht und die breite, äußere Mantel-schicht (Abb. 2). Während die Ependymschicht die späteren reifen Ependymzel-len, die ortsbeständig bleiben, und durch Auswanderung Gliazellen liefert, gehen aus der Mantelschicht Nerven- und Gliazellen hervor. Diese Auffassung lehnt damit die „Heterogenie" der Keim- und Epithelzellen von His (1889) im Sinne von differenten Materialquellen ab.

Der nun folgende Prozeß der *Differenzierung* wird vom Dickenwachstum des Neuralrohres beeinflußt. Infolge der zunehmenden Entfernung der inneren von der äußeren Oberfläche, d.h. der späteren ventriculären und der meningealen Grenzfläche der Wandung, muß eine *Lage-* und *Formänderung* der späteren Gliazellen erfolgen, da sonst ihre ernährende und auch stützende Funktion nicht möglich wäre. Erreicht die Wandverdickung ein Ausmaß, bei dem flächenhaft angelagerte Meningen für die Ernährung nicht mehr ausreichen, so kommt es zur Vascularisierung. Mit den eingewanderten Gefäßen nimmt wiederum ein Teil der Glia Verbindung auf, wodurch schließlich das spätere *gliovasculäre System* entsteht. Daß in diesem allgemeinen Prozeß der Wandverdickung die Vermehrung der Neuroblasten und vor allem das Auswachsen ihrer Fortsätze weitere maßgebliche formbestimmende Faktoren für die Gliazellen darstellen, wurde oben hervorgehoben. Während dem gliovasculären System die späteren Astrocyten zugeordnet sind, nehmen die Oligodendrocyten Beziehung zu den Neuroblasten und ihren Fortsätzen auf.

Die Wandverdickung des Neuralrohres erfolgt bekanntlich nicht gleichmäßig. In seinem ventralen und dorsalen Bereich, der *Boden-* und *Schlußplatte*, bleibt die Wandung in den Frühstadien der Entwicklung dünn, so daß hier die am wenigsten differenzierten Gliaelemente liegen. Dieser Prozeß kommt in der Bildung des aus verlängerten Ependymzellen bestehenden *dorsalen Ependymseptums* (v. Koelliker, 1896; *hinteres Keilstück*, Retzius, 1891a) und der entsprechenden ventralen Bildung – *ventrales Ependymseptum, vorderes Keilstück* – zum Ausdruck. Diese Ependymsepten bestehen in der Entwicklung aus langen Ependymzellen, die die innere und äußere Oberfläche des Neuralrohres – im Gegensatz zu den seitlichen Partien – verbinden.

Diese *„ependymatische Neuroglia"* (Keibel, 1912) erhält sich nur ventral und dorsal in der späteren Entwicklung; sie bildet das Septum medianum dorsale und die Querbrücke, die sich zwischen dem Boden der Fissura mediana ventralis und dem Zentralkanal des reifen Rückenmarks erstreckt. Zumindest in dem gliösen Septum medianum dorsale bleiben also primitive Zustände bestehen, für die die Auffassung von His Gültigkeit behält. Bei den niederen Chordaten, z.B. *Amphioxus (Branchiostoma lanceolatum)* dominiert die „ependymatische Glia", deren Zellen mit ihren Fortsätzen von der ventriculären bis zur meningealen Fläche reichen, so daß die Mantelschicht nur aus Neuroblasten besteht (His, 1889). Mit fortschreitender phylogenetischer Entwicklung entsteht neben der ependymatischen Glia die *sekundäre Glia* (Schaper, 1897) durch Auswanderung von Ependymzellen und Vermehrung der Zellen der Mantelschicht. Es bildet sich also die sekundäre Glia in Relation zur Dickenzunahme der Neuralrohrwand; sie entsteht durch Prozesse der Vermehrung und Wanderung, die das Material zur Verfügung stellen, das sich später in Abhängigkeit von der Spezialisierung des erregungsleitenden Gewebes zu den verschiedenen Gliazellformen differenziert.

Man kann also sagen, daß in der phylogenetischen Entwicklung eine *relative Gliavermehrung* statthat. Friede (1954b) hat diesen Prozeß durch Aufstellung eines *Gliaindex* (= Zahl der Gliazellen pro Ganglienzelle) an Gehirnen von *Pferd,*

Rind, Schwein, Kaninchen, Maus, Huhn und *Frosch* zu erfassen versucht (vgl. hierzu Kryspin-Exner, 1952; Friede, 1954a, b; Brownson, 1955, 1956; Hawkins u. Olszewski, 1957; Brizzee u. Jacobs, 1959). Er stellt im Vergleich der Indexwerte der *niederen Formen* mit denen der *höheren Säuger* einen Sprung bei der Hirnrindenentwicklung fest. Die relative Gliavermehrung wird mit der zunehmenden Bedeutung der Glia für den Stoffwechsel des nervösen Parenchyms erklärt (Friede, 1953a). Der Prozeß der Vermehrung der Gliazellen erfolgt also in Abhängigkeit von der Ausbildung des erregungsleitenden Gewebes. Durch Kulenkampff und Kolb (1957) wurde der interessante Nachweis erbracht, daß im Ependym der erwachsenen *Maus* Mitosen vorkommen, ein Befund, der den Prozeß des Zellnachschubes für die Glia durch Vermehrung und Wanderung der Ependymzellen über die Entwicklungsphase hinaus kennzeichnet (Abb. 3).

Die Tatsache, daß ursprünglich die Fortsätze der Ependymzellen die ganze Wanddicke der Neuralanlage durchsetzen, gibt einen wichtigen Hinweis aus

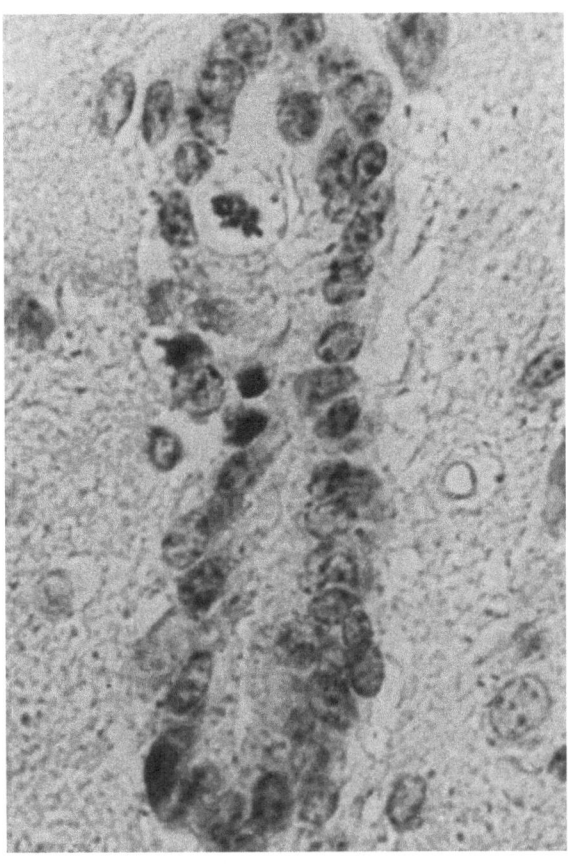

Abb. 3. Mitose im Ependym einer adulten weißen *Maus*. Sanfelice, Boraxcarmin.
(Nach Kulenkampff u. Kolb, 1957)

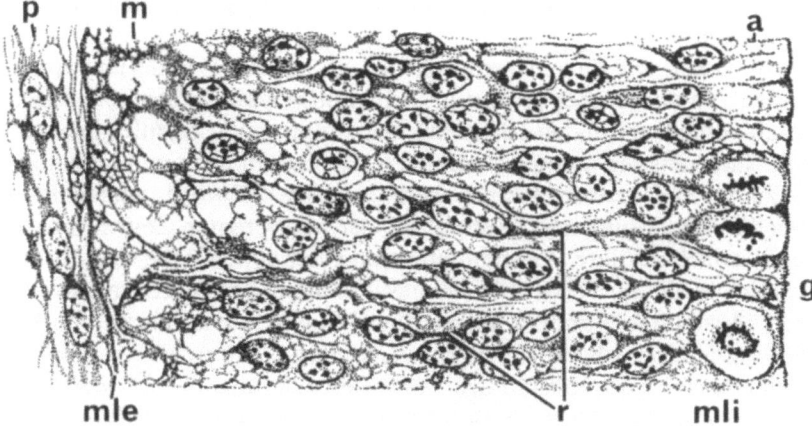

Abb. 4. Erste Anlage eines Syncytiums der Ependymzellausläufer in der Neuralrohrwand eines 10 mm langen *Schweine*-Embryos. *mle* Membrana limitans externa; *mli* Membrana limitans interna; *g* ventriculäre Mitosen; *a* Ependymzellen; *r* radienartige Fortsätze der Ependymzellen; *m* äußerste Mantelschicht. Anlage des Myelospongiums. *p* Pia mater. (Nach HARDESTY, 1904)

der Histogenese der Neuroglia auf ihr späteres Verhalten. Die radienartige Anordnung der Fortsätze der Ependymzellen und ihre Aufzweigung ist von v. KOELLIKER (1896) als ein „System der Ependymfasern" bezeichnet worden, womit wohl am deutlichsten der schon in früher Entwicklung vorhandene innere Zusammenhang der primitiven Gliazellen gekennzeichnet ist. Es ist hierbei hervorzuheben, daß mit „Ependymfasern" die Zellfortsätze dieser Zellen gemeint sind (Abb. 4). Dieses Strukturbild erweckt den Eindruck eines „Myelospongiums", in das die nervösen Elemente eingelagert sind. Bei *menschlichen* Keimen ist es nach HIS am deutlichsten im Alter von 2–4 Wochen ausgeprägt. Dieses Myelospongium (STREETER, 1911) wird als ein „syncytiales Gerüstwerk" angesehen, an dessen innerer ventriculärer und äußerer meningealer Grenzfläche sich die gliösen Grenzmembranen differenzieren. BONOME (1907) hat in einer ausführlichen Untersuchung, die die wichtigsten Vertreter der *Chordaten*reihe bis zum *Menschen* umfaßt, zur Histogenese der Neuroglia Stellung genommen. Darin lehnt er ebenfalls die dualistische Auffassung von HIS ab. Er sieht in der „Matrix" eine Schicht noch nicht differenzierter „epithelialer" Zellen. Aus diesem gemeinsamen Mutterboden entwickeln sich sowohl Neuroblasten als auch Spongioblasten. Die letzteren entstehen aus den Matrixzellen dadurch, daß sich Zellkörper und Kern strecken. Der Kern wird „stäbchenförmig", während die Zelle spindelförmig gestaltet ist. Sie kann zwei kurze, in der Längsachse der Zelle liegende Fortsätze zeigen und sich aus dem ependymalen Verband lösen. Solche Zellen liegen radiär angeordnet in mehreren Reihen um den Zentralkanal.

Nach BONOME bildet sich nun aus diesen Elementen eine neue Generation von Zellen mit rundem Kern und spärlichem Cytoplasma, deren dünne Ausläufer ein feines Netzwerk bilden. Er bezeichnet diese von den Matrixzellen unterscheidbare Schicht als *indifferente Zellen*. Den indifferenten Zellen ist eine ausgesprochene Migrationsfähigkeit zu eigen. Sie wandern nach außen und differenzieren sich erst in den äußeren Schichten der Medullaranlage zu Neuroblasten und Spongioblasten.

Bonome beschreibt einen eigentümlichen Prozeß der Wanderung von „Kernfragmenten". Während der Migration der indifferenten Zellen sollen sich diese amitotisch vermehren; dabei soll es zur Ausstoßung von Kernfragmenten kommen, die ihrerseits im cytoplasmatischen Reticulum gleiten und an anderen Stellen zu normal großen Kernen heranwachsen. Bonome versucht dadurch die schnelle Vermehrung und Ausbreitung der indifferenten Zellen, ihre Wanderung und schließlich ihre Ansammlung unter der Oberfläche des Hirnmantels zu erklären. Nicht alle Elemente der indifferenten Zellen reifen aus. Manche machen während der Wanderung eine morphologische und chemische Veränderung durch; sie gehen aber nicht zugrunde, sondern „liefern Material zur Bildung des Reticulums". Die vollständige Ausdifferenzierung der *Spongioblasten* zu *arachniformen Zellen* soll nach Bonome nur in der *weißen Substanz* erfolgen. In der *grauen Substanz* sollen sie sich dagegen mehr an der Bildung eines feinen Netzes beteiligen, das enge Beziehung zu den Nervenzellen hat.

Bonome (1901) unterscheidet drei Stadien der *Gliadifferenzierung* in der *weißen Substanz,* besonders in ihren Randzonen:

Im *ersten Stadium* sind die Gliazellen durch ihren relativ umfangreichen Plasmaleib, durch dicke, unregelmäßige Fortsätze und einen kleinen, exzentrisch liegenden Kern gekennzeichnet. Das wesentliche Merkmal dieses Stadiums sind aber feine Granula im Cytoplasma. Bonome nennt diese Zellen „gliogenetische Zellen". Sie sind Übergangsformen zwischen Spongioblasten und reifen „arachniformen" Zellen, was sich auch in der Variabilität ihrer Größe ausdrückt. Diese Zellen verdienen deshalb Beachtung, weil Bonome sie mit entsprechenden Zellformen vom „embryonalen Typ" identifiziert, die in Gliomen vorkommen.

Rubaschkin (1904) hat ähnliche unreife Zellen in der postembryonalen Entwicklung bei *Katzen* beobachtet. Er bestreitet allerdings, daß Bonome alle Übergangsformen zwischen den „indifferenten Zellen" und reifen Formen gesehen hat. Nach Rubaschkin sind die geschilderten unreifen Zellen um so zahlreicher, je jünger das Tier ist. Sie kommen aber auch noch bei ausgewachsenen Tieren vor, selten jedoch im Alter. Diese Zellformen stehen den Gliazellen des embryonalen Gehirns am nächsten; sie wurden bereits von Vignal (1884a, b, 1888) bei 27 cm langen *Schweine*-Embryonen beschrieben. Rubaschkin widmet den Übergangsformen dieser „gliogenetischen Zellen" besondere Aufmerksamkeit. Neugebildete Fortsätze dieses Zelltyps sehen „homogen und fibrillenartig" aus. Die Fibrillen erinnern in Gestalt und Farbe an Gliafasern (Rubaschkin verwendet eine eigene Färbemethode, die als eine modifizierte Weigert-Methode anzusehen ist). In bestimmten Fortsatzformen kann man eine zentrale körnige und eine periphere homogene oder fibrilläre Plasmazone unterscheiden. Schließlich zeigt die ganze Zelle nach Verlust ihrer körnigen Struktur ein homogenes Aussehen.

Auch Rubaschkin beschreibt „fortsatzlose Zellen", die „fast gar kein Protoplasma" führen. Es handelt sich um die „nackten Gliakerne" von Weigert und Bonome, denen sich die Gliafasern bogenförmig anlegen. Es besteht kein Zweifel, daß dieses Bild der „nackten Kerne" unvollständig ist und auf der Einseitigkeit der Weigertschen Färbung und ihrer Modifikationen beruht.

Im ganzen gesehen aber sind die von RUBASCHKIN dargestellten Übergangsformen nichts anderes als Umwandlungsstadien protoplasmatischer Astrocyten
in reife Faserglia. Dieses wird durch eine an der Hintersäule des Lendenmarks
von Katzen durchgeführte Zählung der Übergangsformen bestätigt (Tabelle 1).
Unter „Astrocyten des Endtypus" sind diejenigen Stadien zu verstehen, deren
Protoplasmafortsätze sich noch mit der modifizierten Weigert-Methode darstellen lassen.

Tabelle 1. Übergangsformen der Astrocyten nach RUBASCHKIN

	Katze							
	v. 1 Mon.		v. 5 Mon.		v. 1 Jahr		üb. 2 Jahre	
Zahl der gezählten Zellen	250	100%	250	100%	250	100%	250	100%
Gliogenetische Zellen	32	13%	10	4%	4	1,5%	3	1%
Junge Astrocyten	60	24%	38	15%	30	12%	20	8%
Astrocyten des Endtypus	72	29%	82	33%	87	35%	92	37%
Fortsatzlose Zellen	86	34%	120	48%	129	51%	135	54%

Nicht alle gliogenetischen Zellen machen den Differenzierungsprozeß durch.
Nach RUBASCHKIN können sie auch im erwachsenen Gehirn das Reservematerial
für den Zellnachschub, z.B. bei pathologischen Prozessen, darstellen. Nach ALZ-
HEIMER (1897, zit. nach RUBASCHKIN) sollen die fortsatzlosen Gliazellen (das
am weitesten differenzierte Stadium von RUBASCHKIN) die Fähigkeit zur Regeneration haben.

Das *zweite Differenzierungsstadium* der Gliazellen ist nach BONOME dadurch
gekennzeichnet, daß die Fortsätze dünner werden und an ihren Rändern Fibrillen
auftreten, die in das Reticulum übergehen. In diesem Stadium zeigen die Zellen
schon eine Spinnenform.

Im *dritten Stadium*, das bei *Säugern* bereits nach der Geburt vorliegt, zeigen
die Zellen durch Verlust ihrer Fortsätze schon Involutionserscheinungen. Sie
lassen nur Kerne mit einem zarten Plasmasaum erkennen. Diese Formen entsprechen den sog. „Gliakernen" von WEIGERT. Sie sollen auch den lamellären Formen
von PETRONE (1886) und POPOFF (1893) ähneln. BONOME sieht den Vorgang
der Fibrillenbildung als ein Zeichen der Zellinvolution an.

Neben den „Kernen und Zellelementen" tritt nach BONOME in der embryonalen Entwicklung der Glia noch eine netzartig geformte *Grundsubstanz* auf. Für
die frühesten Stadien ist auch er der Ansicht, daß die erste Anlage ein aus
den Ependymzellfortsätzen gebildetes Syncytium sei, das später von den Fortsätzen der „arachnoiden Zellen verstärkt wird". Gegen Ende des Embryonallebens
wird dieses Netz mit zunehmender Fibrillogenese und Zellinvolution zum „eigentlichen Stützapparat". BONOME unterscheidet demnach ein syncytiales, ein
spongioblastisches und ein definitives *Gliareticulum*. Letzteres nimmt enge Beziehungen zum Gefäßapparat auf und bildet die Membrana limitans externa und
interna mit ihren Gliafüßchen (RANKE, 1911).

Eine beachtenswerte Beobachtung über die Teilungsvorgänge in frühen Entwicklungsstadien des Neuralrohrs bei *Huhn* und *Schwein* teilte Sauer (1935) mit. Dieser Autor stellte zunächst fest, daß beim *Hühnchen* im Neuralplatten- und frühen Neuralrohrstadium die lichtungswärts liegende Fläche von Zylinderzellen gebildet wird, die durch Schlußleisten („terminal bars") aneinanderhaften; er fand jedoch keine innere Grenzmembran. Beim Schluß des Neuralrohres werden diese Epithelzellen länger und schlanker, ihre Kerne liegen in mehreren Schichten. Sauer beobachtete an dem lumenwärts liegenden Zellpol eine bisher nicht beschriebene feine, kaum erkennbare Membran. Diese befindet sich oberflächenparallel zwischen den Schlußleisten und dem weiter im Zellinneren gelagerten Diplosom. Die Feinstruktur der Membran war mit dem Lichtmikroskop nicht weiter analysierbar. Sauer vermutete in ihr feinste Fibrillen; er bezeichnete sie als „terminal web". In der Mitose schwindet diese Grenzschicht ebenso wie das Diplosom. Das Wesentliche der Beobachtungen Sauers liegt aber in der Feststellung, daß die Kerne während der Mitose wandern. Sie entfernen sich nach der Mitose vom Zentralkanal und reihen sich während der Mitose wieder in die Lage der Ependymzellen ein. Sauer widerlegt damit die Lehre von His und sieht in den beiden Zelltypen von His nur interphasische und mitotische Stadien derselben Zellart in naher (Mitose) und entfernter (Interphase) Lage vom Zentralkanal. Über die auslösenden Ursachen der Wanderung ließ sich aber nichts aussagen. Sauer stimmt also mit der Auffassung von v. Koelliker (1896), Schaper (1897) und Cajal (1908) überein. Die Migration wurde bei *Hühner-* und *Schweine*-Embryonen beschrieben. Mit der Dickenzunahme des Neuralrohres wird der Migrationsweg entsprechend länger. Auch die „langen Epithelzellen" (Spongioblasten von His) vollziehen nach lumenwärts gerichteter Wanderung ihre Mitose am Zentralkanal. Die in dieser Lagerung in Teilung befindlichen Zellen sind die „Germinalzellen" von His. Germinalzellen und Spongioblasten sind also nach Sauer Mitose- und Interphasestadien desselben Zelltyps. Er lehnt die von His vertretene frühe Zelldifferenzierung ab.

Man muß hervorheben, daß der von mehreren Autoren, insbesondere von Bonome und Sauer, beobachtete Lagewechsel der Zellkerne als ein Ausdruck der Wanderung dieser Zellkerne, nicht etwa der Zellen selbst aufgefaßt wird. Die Voraussetzung hierfür schien das oben erwähnte „Myelospongium", d.h. ein „Syncytium", zu schaffen, an dessen Grenzflächen sich die Membranae limitantes bilden. Durch das Dickenwachstum erhält dieses räumliche „Gliasyncytium" eine bevorzugte radiäre Ausrichtung von innen nach außen. Es geht allmählich über in das von v. Koelliker (1896) beschriebene „System der Ependymfasern". In diesem scheinbar syncytialen Verband ändern die Kerne ihre Position.

Nur wenn man aus dem Gesamtablauf stationäre Zustandsbilder herausgreift, kann man zu einer Typologie der Zellen kommen, wie sie Penfield (1928, 1932) zu geben versucht. Die Begriffe „unipolare und bipolare Zellen" z.B. lassen sich aus der randständigen oder mittelständigen Lage der Kerne ableiten. In deskriptivem Sinne wird eine solche detaillierte Typologie keine neuen Erkenntnisse vermitteln. Anders, wenn es gelingt, solchen Zelltypen Stadien der Differenzierung und Reifung zuzuordnen. Dies hätte nicht nur für

Tabelle 2. Schema der Entwicklung der Neuroglia in Anlehnung an PENFIELD (1932)

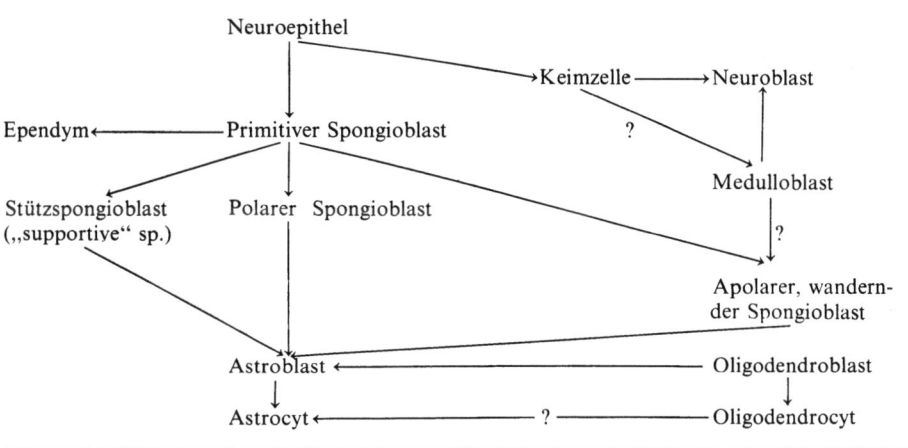

die Histogenese der Glia Bedeutung, sondern gäbe Anlaß zur Diskussion darüber, wie weit die in der normalen Histogenese gefundenen Zelltypen zu Zellformen gliomatöser Geschwülste (vgl. ZÜLCH, 1956a, b) in Beziehung gesetzt werden können. Dazu möge zunächst auf die von PENFIELD (1928, 1931, 1932)
gegebene Einteilung eingegangen werden. Zur Übersicht sei auf das in Tabelle 2
dargestellte Schema von PENFIELD (1932) verwiesen, das unter Weglassung der
schematischen Zellbilder (mit deutschen Bezeichnungen) vollständig wiederge-
ben wurde. PENFIELD geht bei der Darstellung der Zelldifferenzierung vom „Neuroepithel" (Neuralepithel) aus. Aus diesem entstehen „Keimzellen" und differenzierte Zellelemente oder Spongioblasten. PENFIELD bedient sich dabei der von
HIS (1889) verwendeten Terminologie. Die *Spongioblasten* senden schon früh
Fortsätze aus, von denen der eine mit einem Cytoplasmafuß die äußere Grenzmembran erreicht und mit dem entgegengesetzt auswachsenden Fortsatz die
innere Grenzmembran am Zentralkanal bildet. Diese die ganze Wand der Anlage
des Zentralnervensystems durchsetzenden Zellen sind die *Stützspongioblasten*
als eine Form der *ependymalen Glia* („ependymal glia", „supportive spongioblasts"). Sie bilden in dieser frühen Phase der Entwicklung das „Stützgerüst".
In der Folge lösen diese Zellen ihre Verbindung mit dem Zentralkanal; sie
gehören somit nicht mehr zur ependymalen Glia. Ihr Zellkörper verlagert sich
nach außen, wobei seine Fortsätze die Verbindung mit der äußeren Grenzmembran beibehalten. Diese Zellen bezeichnet PENFIELD als *polare Spongioblasten*.
Sie waren bereits von v. LENHOSSÉK (1895) untersucht und genau beschrieben
worden. Der Name *Astroblast*, der hier irreführend wirkt, sollte nur für diejenigen Formen vorbehalten werden, die in späterer Entwicklung einen Gefäßfuß
bilden. Schließlich entstehen nach PENFIELD aus den Spongioblasten als dritte
Form *apolare Spongioblasten* oder *Wanderzellen* („migratory spongioblasts").
Es handelt sich hierbei um rundliche (apolare) Zellen, die sich zur Zeit der

Myelinisation durch amitotische Teilungen sehr stark vermehren und in das Innere des Zentralnervensystems einwandern sollen. Bemerkenswert in der Darstellung von PENFIELD ist, daß er die Individualität der drei Zellformen („supportive", „polar" und „migratory spongioblast") unterstreicht, sie also getrennt aus den primitiven Spongioblasten entstehen läßt, obwohl sich doch Übergänge zwischen diesen drei Typen nachweisen lassen. Aber auch hier ist die Wanderungsfähigkeit die Voraussetzung für die Differenzierung. Diese drei Zelltypen (Stützspongioblasten, polare und apolare Spongioblasten) bilden nach PENFIELD die Quelle für die Astrocyten. Die *Stützspongioblasten* lösen ihre Verbindung zum Zentralkanal und werden zu *subpialen Astrocyten*. Die *polaren Spongioblasten* werden dadurch zu *Astroblasten* und *Astrocyten*, daß sie ihren äußeren Fortsatz lösen und ihn nun einem Gefäß anlegen; sie sollen sich durch direkte Teilung vermehren. Die *apolaren Spongioblasten* wandern zur Zeit der Markscheidenbildung aus; sie vermehren ihre Zahl auch durch Amitose und können durch Ausbildung eines Gefäßfußes zu *Astroblasten* und *Astrocyten* werden. Dieser letzte Zelltyp, der apolare oder „migratory" Spongioblast wird erstmalig von PENFIELD (1928) abgegrenzt und spielt in seiner Darstellung eine besondere Rolle, weil nur aus ihm *Astroblasten* und *Oligodendroblasten* hervorgehen sollen.

Man muß hier die verwirrenden Termini klar auseinanderhalten. Man darf nicht, wie es vielfach in der Literatur geschieht, die apolaren Wanderspongioblasten für identisch mit den ebenfalls in die Mantelschicht einwandernden „Keimzellen" halten. Die „wandering germinal cells" von PENFIELD sind identisch mit den „indifferenten Zellen" von SCHAPER und den „Medulloblasten" von BAILEY und CUSHING (1926). Aus diesem ersten Wanderungsprozeß entstehen nach SCHAPER (s.S. 68, 69) Neuroblasten und Astroblasten bzw. Astrocyten. Dagegen gehen die „migratory spongioblasts" (PENFIELD) allein aus den primitiven Spongioblasten hervor, die unmittelbar vom Neuroepithel abstammen. Die andere Möglichkeit, daß sich die „migratory spongioblasts" vom Neuroepithel über die „germinal cells" und „medulloblasts" entwickeln, wird von PENFIELD für unwahrscheinlich gehalten (s. Tabelle 2, rechts mit Fragezeichen versehen), da diese „preastrocyte cells" (PENFIELD) den Spongioblasten näher stehen und diesen ähnlicher sind als den „germinal cells". Demnach ist die Wanderung der „migratory spongioblasts" im Hinblick auf die Differenzierungsmöglichkeiten etwas anderes als die Wanderung der „Keimzellen". CAJAL (1908, zit. nach PENFIELD) meint ebenfalls, daß die Astrocyten sich von den Spongioblasten und nicht von den wandernden Keimzellen ableiten.

Aus den dargelegten Befunden ist bis zu einem gewissen Grad eine Deutung der Frühstruktur des Neuralrohres möglich. Das Stadium des Neuralrohrschlusses ist der Übergang vom einschichtigen Neuralepithel der Neuralplatte in ein mehrreihiges Epithel des nunmehr an Dicke zunehmenden Rohres. Die hierbei ablaufenden Mitosen, wahrscheinlich auch Amitosen, erfolgen nicht an der Peripherie, sondern am Zentralkanal, was von KULENKAMPFF und KOLB (1957) bezeichnenderweise auch bei der adulten *Maus* nachgewiesen wurde. Die hieraus entstehenden ersten Zellgenerationen, die SCHAPER (1897) deshalb als *indifferente Zellen* bezeichnet, weil Nervenzellbildner und Gliazellbildner noch nicht unterscheidbar sind, sind die Quelle aller späteren differenten Formen.

Der Übergang aus diesem Indifferenzstadium in das *Stadium der Differenzierung* ist durch den Vorgang der *Zellwanderung* gekennzeichnet, der von allen Autoren (s.o.) hervorgehoben, jedoch in seinem Ablauf verschieden dargestellt wird. Dieses ist verständlich, da die Bestimmung der Zellen, die sich in diesem Wanderungsprozeß befinden, an fixierten Zustandsbildern nur unsicher möglich ist. Als herausgeschnittene Zustandsbilder dieses Prozesses haben die drei Formen PENFIELDS zu gelten, die als ependymale Stützspongioblasten, polare Spongioblasten und apolare Spongioblasten bezeichnet wurden. Letztere wird man am besten als „freie" Wanderzellen bezeichnen, da sie ihren Kontakt mit den Membranae limitantes gelöst haben und im Zusammenhang mit der Dickenzunahme des Nervenrohres Gefäßbeziehungen aufnehmen (vgl. Tabelle 2).

Dieser frühe Entwicklungsprozeß der Glia muß in die Formgestaltung und Differenzierung des ganzen Nervenrohres hineinprojiziert werden. Soweit sich aus den spärlichen Literaturangaben entnehmen läßt, die sich in diesem Zusammenhang unmittelbar auf die Gliogenese beziehen, verläuft der beschriebene Prozeß prinzipiell gleichartig im prächordalen, archencephalen Abschnitt und im epichordalen, deuteroencephalen Gebiet. Ein von den Metamerie-Grenzen abhängiger Unterschied ist nicht erkennbar.

So wie die *Induktion* des Neuralrohres offenbar in zwei Schritten über die Bildung des Prosencephalon und Rhombencephalon und des Rückenmarks erfolgt, soll nach KÄLLÉN (1958) das Chorda-Mesoderm-Material auch einen mitosestimulierenden Einfluß auf das Nervenrohr im Stadium der Neuromeriebildung haben. Die *Zelldifferenzierung* im Neuralrohr wird nicht von der Peripherie her beeinflußt. Als Beweis dafür sieht KÄLLÉN (1958) seine Versuche bei *Hühnchen* an, denen in frühen Stadien isoliertes Neuralrohrepithel in das Coelom verpflanzt wurde. Es zeigte sich, daß das Neuralepithel seine Differenzierungsfähigkeit beibehält, d.h. frühzeitig determiniert ist. „Es scheint deshalb sicher zu sein, daß durch den Aktivierungsprozeß die Differenzierung in Neurone und Neuroglia gestartet wird" (KÄLLÉN, 1958). Diese Feststellung der frühen *Determination* dürfte für das Problem der Tumorgenese nicht ohne Bedeutung sein.

KÄLLÉN (1958) betont, daß die Zellen der Neuralanlage noch einen relativ geringen Differenzierungsgrad besitzen, solange sie im Verband stehen. In dieser Zeit sind Mitosen nachweisbar. Während und nach der anschließenden Wanderung und der Bildung der Auswanderungsschicht („migrated layer") erfolgt die Differenzierung der Zellen in Neurone und Glia über eine lange und ununterbrochene Differenzierungskette. Nach KÄLLÉN beginnt beim *Hühnchen* die Auswanderung nach $2^1/_2$ Bebrütungstagen. Die Teilungsfähigkeit hört auf, wenn die Zellen die Matrixschicht verlassen haben.

KÄLLÉN spricht von einer prämorphologischen, d.h. morphologisch nicht erkennbaren Differenzierung, die wahrscheinlich mit der Induktion beginnt. Eine Bestätigung dafür sieht er im Verhalten der Zellen in der Kultur. In Kulturen mit Neuralrohrepithelzellen früher Stadien wanderten wenig differenzierte Zellen aus, die sich bei einer ausreichend langen Kulturdauer in Neurone und Gliazellen trennen ließen. Diese Differenzierung erfolgte zu 100%, wenn die Kulturen von Zellen stammten, die bereits im Nervenrohr ausgewandert waren.

Bergquist und Källén (1954) stellten fest, daß der Prozeß der Auswanderung nicht kontinuierlich und einheitlich verläuft. Sie unterscheiden drei *Proliferationsschübe,* die in Verbindung mit der Bildung der Kerne im Inneren des Zentralnervensystems ablaufen. Die Auswanderung aus der Matrix führt zu Kernbildungen, die mit der Matrix im Zusammenhang bleiben (*Urodelen*) oder sich von ihr trennen und unterteilen können (*Säuger*). Die Proliferationsschübe stehen in Verbindung mit der Entstehung der Neuromerie (über schubweise ablaufende Mitosen s. Schaper, 1897). An diesem Prozeß, der von innen nach außen erfolgt, ist die Glia wesentlich beteiligt. Man kann von einem neurogliösen Zellstrom sprechen, der seine Quelle am Zentralkanal bzw. Ventrikel hat und dessen Zellelemente mit ihren Ausläufern schließlich die Peripherie erreichen. Im Zuge dieses Zellstroms erfolgt die Differenzierung der Glia, die Kernbildung und die Untergliederung der ausgewanderten Zellmassen. Der Prozeß führt zur Entstehung einer Mannigfaltigkeit von Gliazellen, die durch Ortsbedingungen zu selbständigen Formen und neuronalen, vasculären oder fasciculären Satelliten bestimmt werden. Dem geschilderten Zellstrom steht ein zweiter gegenüber, dessen Richtung umgekehrt, von außen nach innen verläuft; davon wird noch im Zusammenhang mit der Entstehung der Hortega-Zellen zu reden sein. Die Potenz und der Determinationszeitpunkt der Gliazellen sind die zentralen Probleme dieses ganzen Geschehens.

Die Fragestellung wäre also folgendermaßen zu präzisieren:

1) Findet nach Ablösung der ependymalen Zellen schrittweise – bei ihrer Wanderung von innen nach außen – eine endgültige *Potenzeinschränkung* statt? Auf der Basis des derzeit (1959) vorhandenen Wissens ist diese Frage nicht sicher zu beantworten, obwohl manches für die Richtigkeit einer solchen Anschauung zu sprechen scheint. Allerdings lassen sich andere Beispiele anführen, die für eine *Neuentfaltung von Potenzen* sprechen. Hierher gehört die Frage, ob sich die Astroblasten, die ja vermehrungsfähig sind, nur durch *äquivalente Teilungen* (Rolshoven, 1951) vermehren, bei denen jede Tochterzelle die gleiche prospektive Bedeutung hat, oder ob auch *bivalente Teilungen* (Rolshoven, 1951) vorkommen können. Bei bivalenten Teilungen sind die Tochterzellen, ohne von verschiedener Größe und Gestalt sein zu müssen (z.B. in der Oogenese die Eizelle und die Polzellen), verschieden determiniert . Das bedeutet, daß eine Tochterzelle an die Stelle der zugrunde gehenden Mutterzelle tritt, der physiologischen Regeneration dient und determiniert ist, während die andere Tochterzelle teilungsbereit, „totipotent" (Rolshoven) bleibt. Diese letztere bildet, wie Harms (1955) betont, die „substantielle Grundlage aller metaplasmatischen Reserven". „Bivalente Teilungen gewähren ein abgeschlossenes Wachstum und ermöglichen trotzdem einen Ersatz verbrauchter Zellen" (Harms, 1955). Nach Rolshoven (1951) ist die äquivalente Teilung der quantitative, die bivalente Teilung der qualitative Typ.

Rolshoven nimmt einen Regulationsfaktor der Mutterzelle an, der das unterschiedliche Schicksal der Tochterzellen bestimmt. Störungen dieses Faktors sollen sich im Sinne ungehemmter Weiterteilung auswirken können. Mag man zu diesen Hypothesen von Rolshoven (1951) und zu seiner Auffassung, daß „der maligne Tumor der atavistische Rückschlag der differenzierten Bivalenz der geordneten Metazoengewebe in die ungehemmte Teilungsbereitschaft der

Protisten" sei, noch so kritisch stehen, das Problem der bivalenten Teilungen ist nicht zu übersehen und hat im Zusammenhang mit dem Wachstum neuerdings wieder Beachtung gefunden (HARMS, 1955).

Über die von ROLSHOVEN aufgeführten Beispiele hinaus haben mich eigene Untersuchungen an der Glia, allerdings in Gehirnen von Erwachsenen, zur Annahme geführt, daß bivalente Teilungen der Astroblasten möglich sind, und zwar in dem Sinne, daß als Tochterzellen ein Astroblast und ein Oligodendroblast entstehen können. Die oben gestellte Frage dürfte bei der Diskussion der gliogenen Geschwülste Beachtung verdienen (vgl. S. 81).

2) Ist die Ablösung aus dem ependymalen Zellverband die Voraussetzung für die *Entfaltung verschiedener Potenzen?* Die Frage ist zu bejahen. Es sind meines Wissens keine Befunde bekannt, die auf die Möglichkeit eines Form- oder Funktionswandels der eigentlichen Matrixependymzellen schließen lassen, solange sie die Saumzellen der Ventrikel und des Zentralkanals bilden. Auf die ventriculären Mitosen folgt die Auswanderung der Zellen. Die ventriculären Mitosen waren bis 1959 noch nicht daraufhin untersucht worden, ob sie als bivalente Teilungen angesehen werden können. Nach SCHAPER (1897) gehen aus ihnen „indifferente Zellen" hervor, die Neuroblasten und Spongioblasten liefern.

3) Liegt eine *differenzierende Einwirkung* (ROUX) mit einer entsprechenden Reaktion auf die auswandernden Gliazellen dann vor, wenn sie zu Satelliten werden, d.h. Beziehungen zu Nervenzellen, Nervenfasern und Gefäßen aufnehmen? Auch diese Frage ist sicher zu bejahen. In diesem Zusammenhang ist die Differenzierung und Determinierung in Oligodendrocyten und Astrocyten mit Gefäßfuß zu sehen.

Demnach wären 1) das Auftreten ventriculärer Mitosen, 2) die Auswanderung der Ependymzellen und ihre Verselbständigung, d.h. die Ablösung von den Membranae limitantes, und 3) die endgültige Aufnahme von Verbindungen zu Nervenzellen, Nervenfasern und Gefäßen die hauptsächlichen, bestimmenden Faktoren in der *Differenzierung der Gliazellen.* Über den Zeitpunkt der Lösung der ependymalen Fortsätze von der Membrana limitans liegen Angaben für das *Hühnchen* und *menschliche* Keimlinge vor. Nach AGDUHR (1932) lösen sich die Fortsätze beim *Hühnchen* ab 15. Bebrütungstag, beim *menschlichen* Keimling ab 8. Monat von der Membran.

Bemerkenswert im Hinblick auf die Tumorgenese und damit für die Auseinandersetzung mit den Theorien von BAILEY und CUSHING (1926) und BAILEY (1932, 1936) ist eine Arbeit von KERSHMAN (1938), dessen Befunde an *menschlichen* Embryonen erhoben wurden (Abb. 5). Nach seiner Ansicht besteht die Zone des Ependyms ursprünglich aus mehreren Schichten „neuroektodermaler Zellen", von denen einige auf die Membrana limitans interna zuwandern und sich mitotisch teilen. Diese Zellen treten aus der Zone des Ependyms als *polare* und *apolare Spongioblasten* heraus und werden zu *Astrocyten* und *Oligodendrocyten.* Das endgültige *Ependym* als Auskleidung des Zentralkanals und der Ventrikel entsteht aus den *Primitivspongioblasten* und *Ependymoblasten,* d.h. aus Zellen, die in der Ependymzone verbleiben. Aus ihnen können ebenfalls Spongioblasten hervorgehen, die noch teilungsfähig sind und sich auch in multipolare Astrocyten und Oligodendrocyten umwandeln können. Der Terminus „Spongioblast" sollte

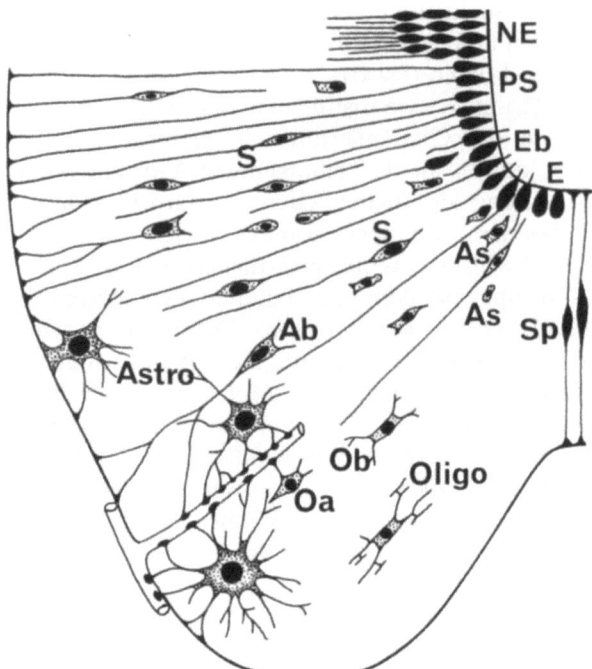

Abb. 5. Entwicklungsschema für die Makroglia nach Kershman (1938). *NE* Neuralepithel, *PS* Primitivspongioblasten, *Eb* Ependymoblasten, *E* Ependym, *S* polare Spongioblasten, *As* apolare Spongioblasten, *Sp* Stützspongioblasten, *Oa* und *Ob* Oligodendroblast, *Oligo* Oligodendrocyt, *Ab* Astroblast, *Astro* Astrocyt

also nach Kershman (1938) ausschließlich den Stammzellen („progenitors") der Neuroglia vorbehalten bleiben. (Kershman rechnet zur Neuroglia nicht die Hortega-Zellen!) Erwähnt seien ferner seine Befunde am Kleinhirn: In der äußeren Körnerschicht, die sich vom Dach des IV. Ventrikels ableitet, befinden sich undifferenzierte Zellen, die in diesem Zustand amöboid beweglich sind und sich später durch Mitose in Neuroblasten und Spongioblasten, demnach also im Sinne bivalenter Teilungen, verwandeln. Daneben hat Kershman Medulloblasten (Bailey u. Cushing, 1925) beobachtet, denen er ebenso wie Kuhlenbeck (1950) eine Bedeutung für die Bildung neuroektodermaler Tumoren zuschreibt, sofern sie als embryonale Zellen im ausgereiften Kleinhirn bestehen bleiben.

Die Histogenese der Hirnrinde wurde von Godina (1951) bei *Schaf*-Embryonen mit der Golgi-Methode untersucht. Seine Beobachtungen, die sich in erster Linie auf die Differenzierung der Neurone beziehen, berücksichtigen auch die Glia. Er stellte fest, daß die Stützsubstanz der embryonalen Hirnwand ausschließlich aus den Fortsätzen der Ependymzellen besteht. Bei Embryonen vom *Schaf* mit einer Länge von 250 mm beginnen sich diese Fortsätze zurückzubilden. Die Gliazellen erscheinen, bevor die Fortsätze der Ependymzellen verschwinden, in verschiedenen Höhen der Hirnwand. In der fetalen Rinde haben die Gliazellen

zahlreiche feine Fortsätze, wodurch sie sich von den reifen Gliazellen unterscheiden. Sie unterliegen nach GODINA einer „tiefen Umwandlung dergestalt, daß
ganz verschieden aussehende Fortsätze an Stelle der fetalen erscheinen". Vor
der Geburt ähneln diese Zellen stark den protoplasmatischen Astrocyten. GO-
DINA deutet die Umwandlungen als Ausdruck der amöboiden Tätigkeit der
Gliazellen. Nur ein Teil der Gliazellen soll von umgewandelten Ependymzellen
abstammen, die aus ihrer ursprünglichen Lage an die Oberfläche gerückt sind.
GODINA sagt abschließend: „Andere Gliazellen gehen aus Spongioblasten hervor,
d.h. aus Zellen, welche ihren Ursprung direkt aus der Keimschicht nehmen,
als scheinbar undifferenzierte Zellen durch die Hirnwand wandern und sich
später zu Gliazellen differenzieren" (SCHAPER, 1897; v. LENHOSSÉK, 1891; s. hierzu
Abb. 6, 7).

Zur Übersicht seien die wesentlichsten Termini der verschiedenen Autoren
für die Gliogenese mit kurzer Bedeutungsangabe zusammengestellt. Es folgen
dann die wichtigsten Schemata der Gliaentwicklung, um die dargelegten Auffassungen einander gegenüberzustellen.

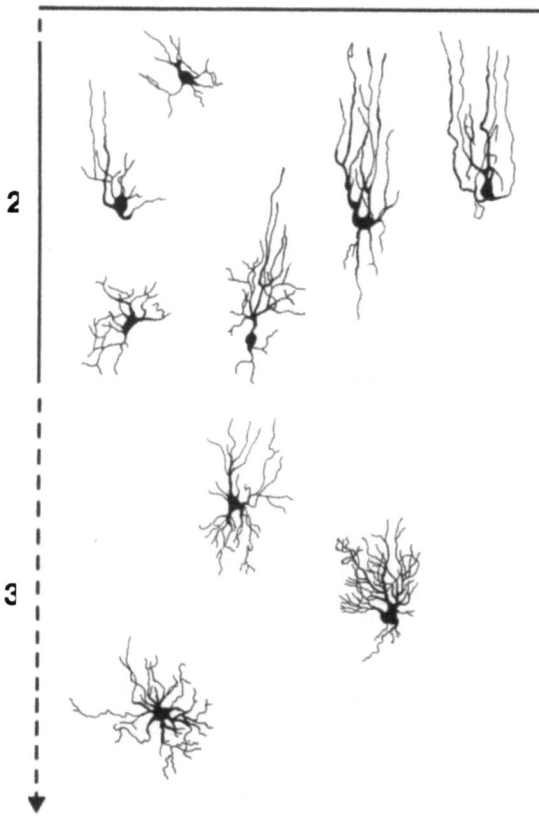

Abb. 6. Schnitt durch die Großhirnhemisphäre eines *Schaf*-Fetus von 100 mm Länge. Gliazellen
der Zona intermedia (*2*) und der Zona formativa (*3*). Golgi-Methode. (Nach GODINA, 1951)

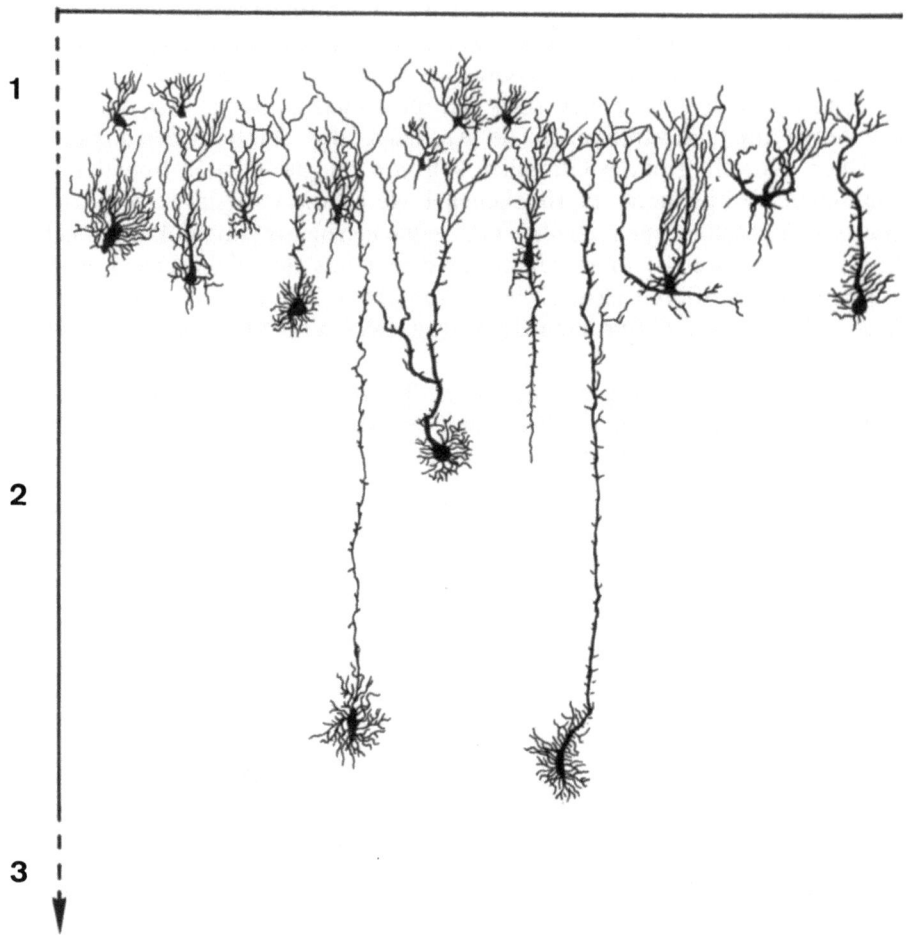

Abb. 7. Schnitt durch die Großhirnhemisphäre eines *Schaf*-Fetus von 215 mm Länge. Gliazellen verschiedener Größe und Form im Randschleier (*1*), in der Zona intermedia (*2*) und der Zona formativa (*3*; vgl. Abb. 6). Golgi-Methode. (Nach GODINA, 1951)

1) *Neuralepithel*=die nach Schluß des Neuralrohres den Zentralkanal und die Ventrikel umsäumende, noch undifferenzierte Zellschicht.

2) *Ependym*=die Gesamtheit der den Zentralkanal und die Ventrikel unmittelbar epithelartig auskleidenden Zellen während und nach Ausbildung des Rückenmarks und des Gehirns.

3) *Keimzellen, Germinalzellen* (HIS)=rundliche Zellen, häufig in Mitose, im Verband des embryonalen Ependyms, aus denen nach HIS ausschließlich Neuroblasten hervorgehen sollen.

4) *Spongioblasten* (HIS)=aus dem Ependym stammende Gliazellbildner.

5) *Indifferente Zellen* (SCHAPER und BONOME)=Zellen, die aus Zellteilungsphasen des Ependyms entstanden sind und die als Gliazellbildner oder Nervenzellbildner noch nicht unterscheidbar sind.

6) *Mantelschicht, Kernschicht* (STREETER) = aus dem Ependym nach außen ausgewanderte Zellschicht im frühembryonalen Rückenmark. Gegensatz: Ventrikel- oder Ependymschicht.

7) *Sekundäre Glia* = in die Mantelschicht ausgewanderte gliogenetische Zellen.

8) *System der Ependymfasern (v.* KOELLIKER) = lange cytoplasmatische Ausläufer der Ependymzellen. Sie bilden mit den feinsten Zweigen ihrer Zellfortsätze das frühembryonale Myelospongium, in das Neuro- und Glioblasten eingelagert sind.

9) *Matrix* (BONOME, RETZIUS) = Schicht nicht differenzierter epithelialer Zellen, Wandzellen der Hohlräume des Zentralnervensystems in früher Entwicklung [„Innenplatte" von HIS (1889)].

10) *Gliogenetische Zellen* (BONOME) = granulareiche Zwischenform zwischen Spongioblasten und reifen Gliazellen. Auch Zellen vom „embryonalen Typ" in Gliomen (BONOME).

11) *Medulloblasten* (BAILEY) = hypothetische (nach PENFIELD) bipotentielle Zellen, aus denen Gliazellen und Neuroblasten hervorgehen sollen.

12) *Undifferenzierter Spongioblast* (PENFIELD) = Spongioblast vor der Auswanderung aus der ependymalen Zellschicht.

13) *„Migratory spongioblast", apolarer Spongioblast* (PENFIELD) = fortsatzloser, in Wanderung begriffener Spongioblast.

14) *„Supportive spongioblasts"* (PENFIELD) = Spongioblasten, die frühembryonal die ganze Dicke der Nervenrohranlage durchsetzen, also vom Zentralkanal bis zur Membrana limitans externa reichen.

15) *Polare Spongioblasten* (PENFIELD) = Spongioblasten, die sich aus dem Verband des Ependyms gelöst haben und mit einem Fortsatz an der Membrana limitans externa hängen (*unipolar*) oder mit zwei radiär in entgegengesetzter Richtung angeordneten Fortsätzen (*bipolar*) in der Wand des Nervenrohres liegen. Wenn sie Gefäßbeziehungen durch ihre Fortsätze aufgenommen haben, heißen sie *Astroblasten*.

Die nachfolgenden *Entwicklungsschemata* sind so ausgewählt, daß sie sowohl einfachste als auch differenzierteste Auffassungen widerspiegeln, vor allem die Ansichten über die Zwischenphasen der Gliogenese. Andererseits wurde bei der Auswahl besonderer Wert auf die Ergebnisse der Tumorforschung gelegt.

Zunächst sei auf eine Beobachtung von BAUER (1932a) an Nervenzellkulturen hingewiesen: Er stellte fest, daß die Gliazellen den Nervenbahnen folgen. In älteren Kulturen fand er strang- oder membranartig wachsende Zellen, die mit den Nervennetzen der Kultur in Verbindung standen. Er nennt sie „pluripotente undifferenzierte epitheliale Zellen", die Potenzen zur Bildung von Glioblasten und Neuroblasten haben; sie entsprechen den Glioneurocyten von HELD.

Eine weitere Beobachtung in der Gewebekultur, soweit sie das Potenzproblem betrifft, liegt von SEREBRIAKOW (1935) vor (Tabelle 3). Er stellt ein Schema der normalen ontogenetischen Gliaentwicklung einem Schema der Gliadifferenzierung in vitro gegenüber. Auch vertritt er die heute überholte Lehre von HIS (1890), auf die seine Gliederung in „zylindrisches" und „sphärisches" Epithel zurückgeht. Das Schema der Gliogenese „in vivo" muß wegen seiner Primitivität abgelehnt werden. Das Schema über die Gliadifferenzierung „in vitro" baut auf ersterem auf. Als die maßgebliche Quelle der Zellstämme sieht SEREBRIAKOW

Tabelle 3. Schema der Gliogenese nach SEREBRIAKOW (1935). A. Gliogenese in vitro, insbesondere Auswachsen und Differenzierung des Ependyms nach Beobachtungen an Gliakulturen in Verbindung mit Neuroblastenkulturen. B. Schema der „normalen ontogenetischen" Gliaentwicklung, dem die Lehre von HIS zugrundeliegt

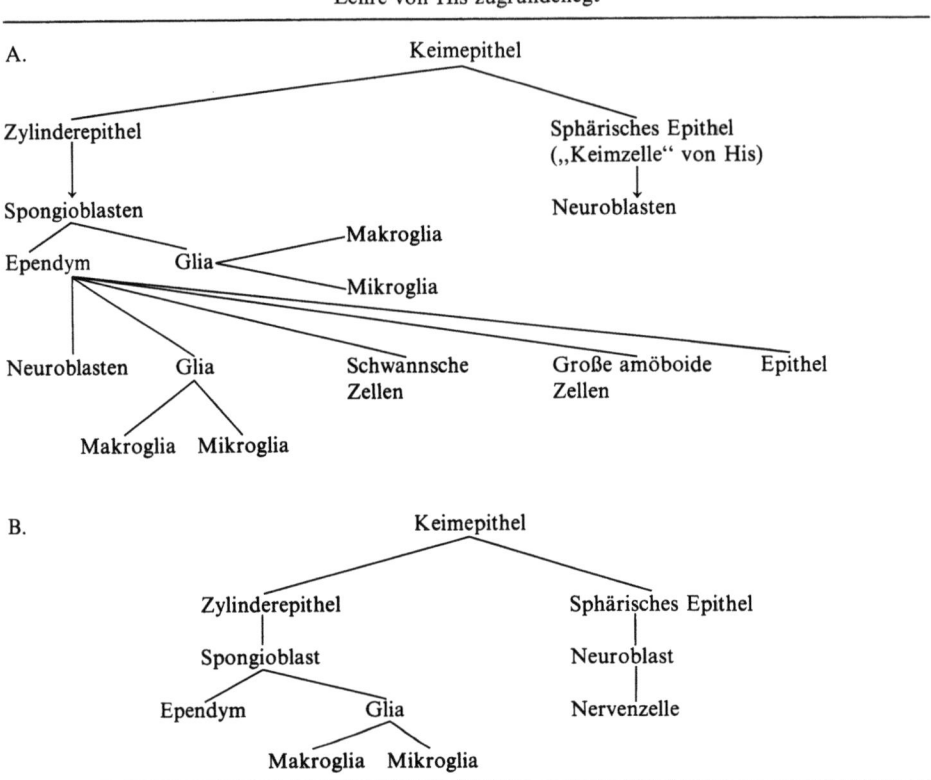

die Spongioblasten seiner Nomenklatur an, aus denen direkt und über das Ependym die Makro- und Mikroglia hervorgehen soll.

Als weitere Darstellung der Gliogenese sei ein Schema von SCHAFFER (1927) wiedergegeben (Tabelle 4). Bemerkenswert ist die Annahme einer Pluripotenz der Hisschen Keimzellen, die mit Schapers indifferenten Zellen gleichgesetzt werden, weiterhin die Ableitung der Oligodendroglia allein von den apolaren Spongioblasten und der Mikroglia von den polaren Spongioblasten.

Das nächste von BAILEY und CUSHING aufgestellte Schema (Tabelle 5) ähnelt in gewissem Sinne dem Schema von PENFIELD. Es ist die Grundlage für eine Reihe von Schlüssen, die von BAILEY und CUSHING u.a. für die Tumorgenese gezogen werden. Besondere Beachtung verdient die Ansicht, daß der hypothetische „Medulloblast" einen besonderen Zelltyp darstellt. Denkt man sich diesen Zelltyp aus dem Schema entfernt, dann fehlt die Stammzelle für die Oligodendroglia, während die apolaren Neuroblasten und die unipolaren Spongioblasten eine andere Quelle haben können. Auch von BAILEY wird der hypothetische Charakter des Medulloblasten betont.

Tabelle 4. Schema der Gliogenese nach SCHAFFER (1927). Beachte die Ableitung der Zellen aus der pluripotenten „Hisschen Keimzelle" und die in die Gliogenese eingereihten Oligodendrocyten und Mikrogliazellen (vgl. dazu Tabelle 2, S. 65)

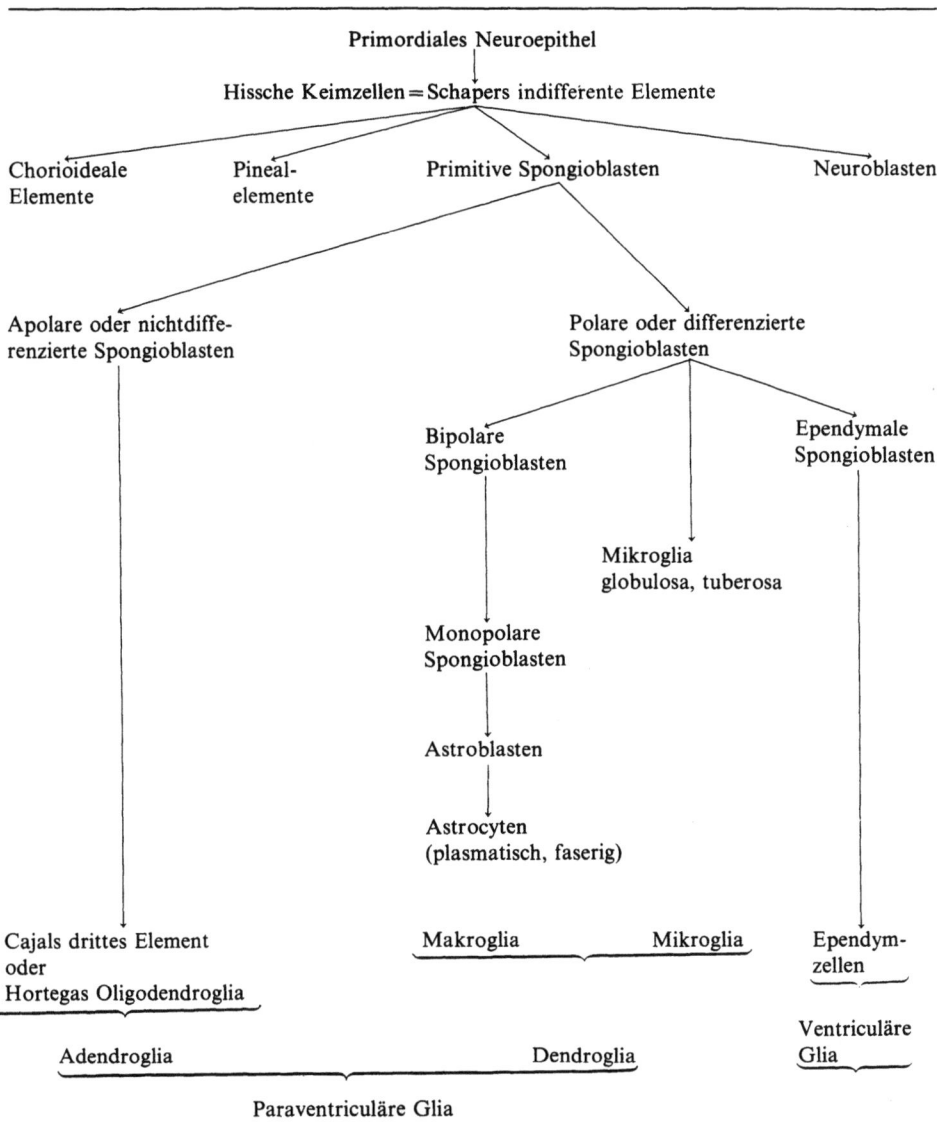

Schließlich sei auf das Schema verwiesen, das von HORTEGA (1944/45) insbesondere im Hinblick auf die Probleme der Tumorgenese aufgestellt wurde (Tabelle 6). Es hat zwei Zentren: 1) das Medullarepithel (ausgezogener Kreis) mit Glioblast, Pinealoblast, Neuroblast und Chorioidoblast; 2) den Glioblast (gestrichelter Kreis) mit Oligodendroblast, Astroblast, ependymärem Glioepithel und dem Medullarepithel. In Beziehung zum ersten Kreis stehen die Formen

Tabelle 5. Schema der Gliogenese nach BAILEY und CUSHING (1926). Beachte die Einführung des hypothetischen „Medulloblasten" und die Ableitung der Oligodendroglia

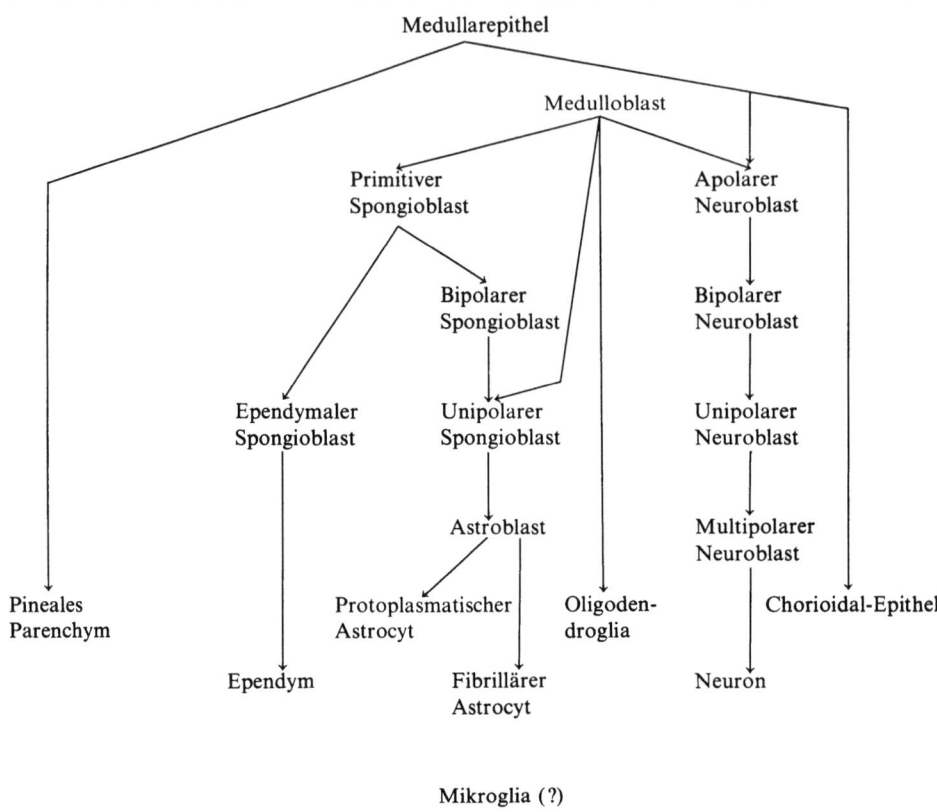

der „Paragliome", zum zweiten Kreis die Formen der Gliome seiner Terminologie. Beachte das Fehlen der Zwischenstufen von PENFIELD und BAILEY zwischen Medullarepithel und Glioblast und Glioblast und Astroblast. Die Mikroglia fehlt, da HORTEGA sie nicht zur Neuroglia rechnet.

Bei der Durcharbeitung dieser Schemata und der ihnen zugrundeliegenden Gedankengänge wird man sich des Eindrucks nicht erwehren können, daß die sichere Basis der Befunde weitgehend im Interesse einer Hypothesenbildung verlassen wurde. Man darf aber nicht verkennen, daß das Studium der Gliogenese nicht nur vom beschreibenden oder in sehr begrenztem Maße vom kausal-analytischen Standpunkt durchgeführt wurde, sondern daß man dadurch neue Erkenntnisse für die wichtigen Probleme der Tumorgenese zu erwerben hoffte. Es entstanden deshalb die komplizierten Schemata der Pathologen (PENFIELD, BAILEY, SCHAFFER u.a.). Das, was man aber immer wieder sucht und vermißt, ist die exakte morphologische Klassifizierung der aufgestellten Zelltypen. Wer sich mit der Gliogenese beschäftigt hat, weiß, wie außerordentlich unsicher und hypothetisch die allgemeine Kennzeichnung der Zelltypen und – noch mehr –

Tabelle 6. Schema der Histogenese der Neuralrohrzellen unter Berücksichtigung der Geschwülste (nach HORTEGA, 1944/45) [3]

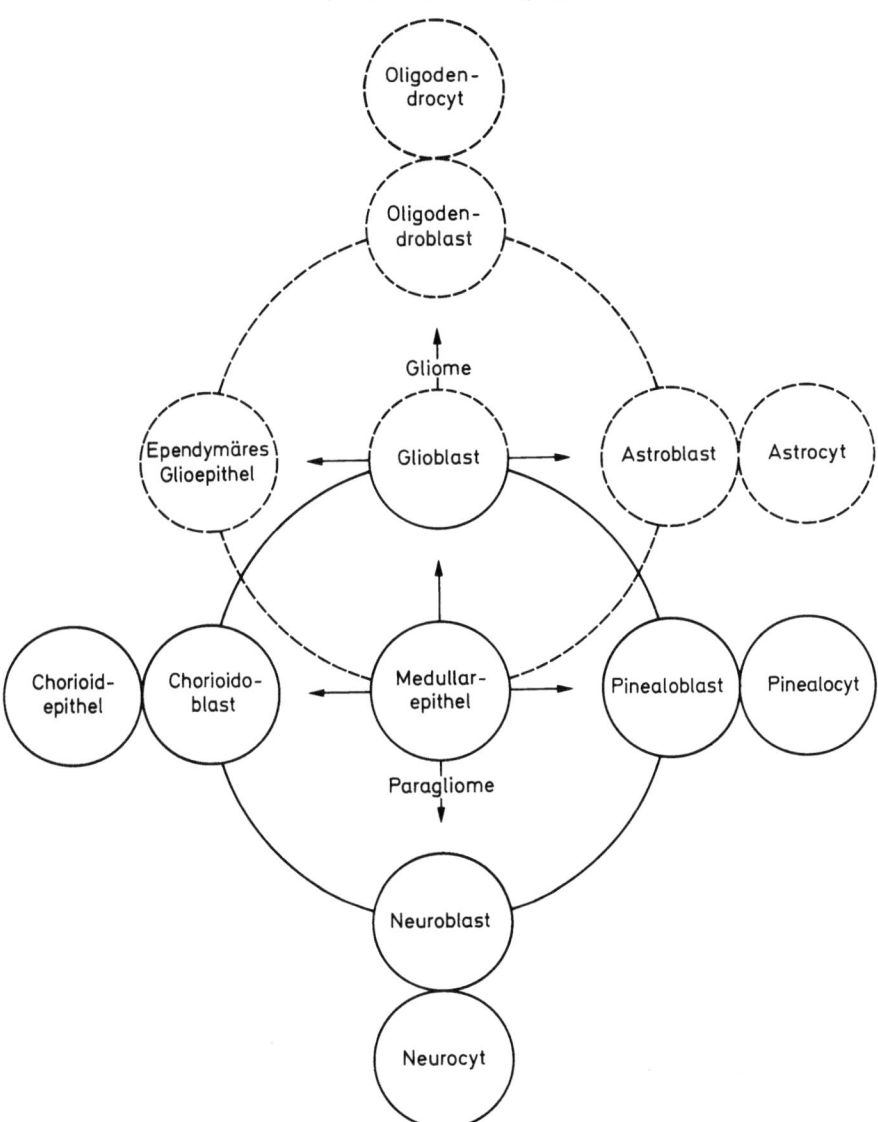

ihre Abgrenzung gegeneinander unter Berücksichtigung aller Übergangsformen ist. So gesehen, verlieren diese Schemata an Wert. Mit der getroffenen Auswahl wollte ich aber die Vielfalt der Meinungen und damit die vielseitige Problematik mit ihren speziellen Fragestellungen umreißen. Die Früchte dieser detaillierten Klassifizierung für die Probleme der Tumorgenese sind nach Ansicht namhafter Fachvertreter gering. Dem biologischen Geschehen wird man am wenigsten

---

3 *Beachte*: Pinealocyt = Pineocyt = pineale Parenchymzelle; Pinealoblast = Pineoblast (ältere Literatur, s. auch HORTEGA)

Gewalt antun, wenn man sich vor Augen hält, daß die aufgestellten Formen Zustandsbilder des gliogenetischen Prozesses sind und mehr oder minder passageren Charakter haben. Sie haben – außer für die Tumorgenese – nur Erkenntniswert, soweit sich aus ihnen das Formbild der reifen Glia erklären läßt, oder durch sie die Phasen des gliogenetischen Prozesses (z.B. Wanderung und Mitose) gekennzeichnet werden. Darüber hinaus wissen wir (1959) über die kausale Genese so gut wie nichts; es sind aber neue Ansätze zur Klärung dieser Fragen zu erkennen.

2.3. Klassifizierung und Genese der Hirngeschwülste in Beziehung zur normalen Entwicklung der Neuroglia

Wäre nicht durch die Monographie und die Handbuchartikel von Zülch (1956a, b) und Henschen (1955) dem Nichtspezialisten die Möglichkeit gegeben, einen Einblick in den Stand der Hirngeschwulstforschung zu erhalten, wäre es ein leichtfertiges Unterfangen, sich vom Standpunkt der normalen Histologie und Embryologie zu diesem Thema zu äußern. Im folgenden werden die Beiträge von Zülch und Henschen behandelt.

Es ist zu fragen, 1) ob in die Mannigfaltigkeit der Geschwulstformen des Gehirns, insbesondere der Glia, dadurch eine ordnende Einteilung gebracht werden kann, daß man sie auf die oben dargelegten Zellformen der Gliogenese bezieht, und 2) ob aus der Kenntnis der Geschwulstformen eine eigene Lehre der Gliogenese abgeleitet werden kann. Die Frage ist insofern berechtigt, als die morphologische Analyse der Geschwulstformen „zu einem gewissen ¡Abschluß" gekommen ist (Zülch, 1956a, b).

Der von Virchow (1863) aufgestellte Begriff *Gliom,* der zellreiche, fibröse und teleangiektatische Formen umfaßt, ist erweitert und differenziert worden. Nachdem um die Jahrhundertwende – entsprechend dem damaligen Stand der Gliaforschung – eine Gliederung der Hirngeschwülste in Übereinstimmung mit den Zellformen der normalen Histologie durchgeführt wurde (z.B. „Astrome"; v. Lenhossék, 1895), wandte sich ein Jahrzehnt später das Interesse der Frage zu, wie weit die Zellformen der Gliogenese für die Geschwulstbildung maßgeblich seien. Pick und Bielschowsky (1911, zit. nach Zülch, 1956a, b) sahen in den indifferenten Neurogliocyten von Held (1909a) multipotente Zellen, die sich zu Nerven-, Glia- und Schwannschen Zellen entwickeln können und durch ihre Pluripotenz als Ausgangsstadien für Geschwulstformen in Frage kämen. Die Potenzen dieser Zellen sollten nach Lösung aus dem Gewebsverband im Sinne der Cohnheimschen Lehre manifest werden. Vor allem hat Ribbert (1918) die Beziehung der Gliomentstehung zu entwicklungsgeschichtlichen Störungen betont und den Begriff des *Spongioblastoms* geprägt – eines Glioms, das „die Vorstufen der Gliazellen" enthält. „Die vielgestaltigen histologischen Verhältnisse ... sind am leichtesten verständlich, wenn man annimmt, daß die Tumoren an verschiedenen Punkten des langen Entwicklungsweges von der Neuralrinne bis zum erwachsenen Zustand entstanden sind" (Henschen, 1955). Auch bei Ribbert (1918, zit. nach Zülch) ist die Vorstellung vertreten, daß Gliageschwülste von Zellen abstammen, die auf dem Wege zu völliger Reife auf verschiedenen

Reifungsstufen stehengeblieben sind. Dieses findet in der Aufstellung der Begriffe „Spongioneuroblastom → Spongioblastom → Glioblastom" seinen Ausdruck. Ebenso greifen GLOBUS und STRAUSS (1925, zit. nach ZÜLCH) auf den Begriff *Spongioblastoma multiforme* zurück. Sie leiten in ihrem Schema der Gliogenese den Spongioblasten ebenfalls von „indifferenten Zellen" ab.

BAILEY und CUSHING (1926) haben eine Einteilung geschaffen, die sich weitgehend auf die Methoden der spanischen Schule stützt und die von HENSCHEN (1955) als „epochal" bezeichnet wird. Die Unterarten der Gliome werden auf die verschiedenen Zelltypen und Reifungsstufen der Gliogenese bezogen. So ließen sich 15 Geschwulstarten abgrenzen, die das Neuralepithel als Quelle haben sollten (vgl. dazu Tabellen 3–5). Die Bezeichnungen für diese Geschwulstformen in der Einteilung von BAILEY und CUSHING (1926) sind wie folgt: 1) Medulloepitheliom, 2) Medulloblastom, 3) Pinealoblastom[4], 4) Pinealom, 5) Ependymoblastom, 6) Ependymom, 7) Neuroepitheliom, 8) Spongioblastoma multiforme, 9) Spongioblastoma unipolare, 10) Astroblastom, 11) Astrocytom, 12) Oligodendrogliom, 13) Neuroblastom, 14) Ganglioneurom, 15) Papilloma chorioideum.

Diese 15 Arten einschließlich der nicht rein gliösen Geschwülste wurden von BAILEY (1932) im Handbuch von PENFIELD auf acht reduziert. Eine wertvolle Ergänzung für die Geschwulsteinteilung wurde durch den Begriff *Paragliom* durch HORTEGA (1931/32; 1944/45) geschaffen. Dieser Begriff wird sowohl von ZÜLCH (1956a, b) als auch von HENSCHEN (1955) verwendet. HORTEGA (1944/45) faßt damit die Ependymome, Plexuspapillome, Pinealome und Neurinome (Geschwülste der peripheren Glia) zusammen. ZÜLCH (1956a, b) verwendet außerdem den Begriff *Paraglia* (vgl. HORTEGA 1931/32; 1944/45). Er stellt die Paraglia der Neuroglia gegenüber, wobei die letztere nach seiner Auffassung „auf die zwei Arten der Astroglia und Oligodendroglia beschränkt ist".

Der Unterschied in der Gliederung der Geschwulstformen zwischen BAILEY und CUSHING einerseits und HORTEGA andererseits besteht darin, daß sich erstere an die histogenetischen Formen halten, letzterer aber eine rein histologische Gliederung bevorzugt. Um der *histogenetischen Einteilung*, die in diesem Zusammenhang besonders interessiert, wirklichen Erkenntniswert zusprechen zu können, müssen folgende Fragen diskutiert werden: Bestehen die entsprechenden Geschwulstformen, z.B. das Spongioblastom, wirklich aus embryonalen Zellen entsprechenden Reifungsgrades? Dies ist zweifellos nicht der Fall und wird z.B. auch von BAILEY und CUSHING nicht behauptet, wenn auch embryonale Zellanordnungen in Form von Rosetten und kugeligen Hohlräumen als Nachbildung des Zentralkanals, Ependymschläuche u.a. vorkommen. Es ist weiterhin zu fragen, ob es eine Erklärungsmöglichkeit für den komplexen Charakter der Geschwülste gibt. HENSCHEN (1955) weist darauf hin, daß das Problem beim Glioblastoma „multiforme" (sein Typ des unreifen Glioms) liegt, einem ursprünglich benignen Gewebetyp, der mehr oder minder in Malignität übergeht. Nach HENSCHEN (1955) wird „die histologische Stabilität schon erreichter Entwicklungsstadien" überschätzt und die Möglichkeit der Dedifferenzierung unterschätzt: „Einheitlich zusammengesetzte Gliome gibt es kaum." Auch ZÜLCH (1956a) weist auf regressive Veränderungen hin, die ein „polymorphes" Bild entstehen lassen. Andererseits zeigen die Befunde der Gewebezüchtung von Ge-

4 auch Pineoblastom, vgl. Fußnote 3, S. 77

Tabelle 7. Einteilung der Hirngeschwülste nach Zülch (1956a, b)

Reifegrad

Undifferenziert

I. *Medulloblastome*

Retinoblastom – Pineoblastom – Medulloblastoma cerebelli – Sympathoblastom

Differenziert

II. *Gliome*	III. *Paragliome*	IV. *Gangliocytome*
Spongioblastom	Ependymom	Gangliocytoma cerebri
Oligodendrogliom	Plexuspapillom	Gangliocytoma cerebelli
Astrocytom	Pinealom	(Gangliocytoma tr. sympathici)
	Neurinom	
Anaplastisch		
Glioblastom	?	?
	(anaplastische Ependymome, Pinealome)	

schwulstzellen die „biologisch-morphologische Parallelität" mit den Formen der Baileyschen Einteilung. Kernohan und Adson (1949; zit. nach Zülch) schließlich lehnen die Entstehung der Geschwulstarten aus histogenetischen Stufen ab und begründen die Formenmannigfaltigkeit mit der Annahme einer *Anaplasie* der Zellbildung. Damit wird die histogenetische Einteilung durch ein „Gradsystem der Malignität" ersetzt. Zülch (1956a) hat dementsprechend eine Einteilung nach dem Reifegrad gegeben, die hier aufgeführt sei (Tabelle 7).

Unsere Kenntnisse der Gliogenese sind noch zu unsicher, um die Theorie einer Tumorgenese auf ihnen aufbauen zu können. Da nicht bewiesen werden kann, daß eine Geschwulst des Gehirns aus „stehengebliebenen" Embryonalzellen besteht, ist jede histogenetische Erklärung zweifelhaft. Lediglich als Arbeitshypothese hat sie auch heute noch Bedeutung (Zülch, 1956a, b).

In unserem Zusammenhang interessiert besonders die Beantwortung der dritten Frage, ob aus den Befunden der Tumorgenese neue Erkenntnisse für die normale Gliogenese gewonnen werden konnten. Dabei sind die folgenden Tatsachen von Bedeutung: Es lassen sich gewisse Schlüsse im Hinblick auf die Determination der unreifen Gliazellen (und damit auf ihre Potenzeinschränkung bei Berücksichtigung des „Reifegrades") aus der Einteilung von Zülch (1956a, b) ziehen. Der neue Begriff „Medulloblast" (Bailey u. Cushing, 1925, 1926), der von der Tumorgenese her postuliert wurde, ist selbst nach Ansicht dieser Autoren hypothetisch, birgt also für die normale Gliogenese keinen sicheren Befund. Der von Hortega (1944/45) eingeführte Begriff „Paragliom" und damit „Paraglia" ist – wenn auch ohne neuen Erkenntniswert – doch für die Gliederung wertvoll. Die Ableitung eines Schemas der Gliogenese aufgrund der Tumorgenese müssen wir mit Zülch (1956a, b) ablehnen.

Andererseits ist zu fragen, ob aus den hier zitierten Arbeiten über die normale Gliogenese Hinweise für die Tumorgenese gegeben werden können. Hier liegen fruchtbare Ansätze vor (vgl. Kállén, 1958, u.a.), soweit man kausalanalytisch vorgeht und vor allem die *Potenz-* und *Determinationsprobleme* zum Gegenstand hat. Durch die Gewebezüchtung von normalem Neuroepithel dürften weitere Befunde zu erwarten sein. Mir scheint, daß das hochinteressante Problem der *bivalenten Teilungen*, das oben angeschnitten wurde, besondere Beachtung verdient. Daß bivalente Teilungen in der normalen Gliogenese vorkommen, dürfte sicher sein. Unter welchen Voraussetzungen sie erfolgen, ist bis jetzt unbekannt. Die Annahme, daß durch bivalente Teilungen oder durch Umschlag normaler bivalenter Teilungen in äquivalente, vor allem durch Massenvermehrung nach äquivalenten Teilungen, Geschwülste entstehen könnten, ist vorerst eine Hypothese. Als Arbeitshypothese gewinnt sie um so mehr an Bedeutung, wenn man die Ursachen des veränderten Teilungsgeschehens in Betracht zieht.

Es sei zum Abschluß dieses Abschnittes nochmals ausdrücklich betont, daß das Erörtern der Klassifizierung der Geschwülste allein auf die Beziehungen zur Gliogenese beschränkt werden mußte. Aus diesem Grund wurden Arbeiten nicht erörtert, die – ungeachtet ihrer klinischen Bedeutung – zu unserem Problem nicht unmittelbar beitragen (z.B. ROUSSY u. OBERLING, 1932, zit. nach ZÜLCH; OSTERTAG, 1936, 1949; PETERS, 1951; LIEBALDT, 1958, u.a.).

2.4. Bemerkungen zur spät- und postembryonalen Entwicklung der Neuroglia

Unsere Kenntnisse der Gliogenese dieser Entwicklungsperiode sind leider auf einige wenige Arbeiten beschränkt, so daß eine vollständige Darstellung nicht möglich ist.

RETZIUS (1894a, b, c) hat beim *Menschen* mit der Golgi-Methode die Entwicklungsvorgänge ab *4. Embryonalmonat* zu erfassen versucht. Er begann mit dem 4. Monat, da er früher mit der Golgi-Methode zu keinen Ergebnissen gelangte. Sein Ziel war die Darstellung der Gliaentwicklung in der zweiten Hälfte der Embryonalzeit bis zum erwachsenen Zustand. Man muß zunächst seine Terminologie erörtern, um Mißverständnisse zu vermeiden. Mit „Neuroglia" bezeichnet RETZIUS alle nichtependymalen, nichtneuronalen Elemente des Nervensystems; er stellt zu Beginn seiner umfassenden Abhandlung fest, daß die Gliazellen in der Entwicklung einen Formwandel durchmachen. „Sie sind beweglich und umformbar, erst später größtenteils erstarrt." RETZIUS lehnt im Gegensatz zu anderen Autoren seiner Zeit aufgrund seiner Erfahrungen mit der Golgi-Methode das Vorhandensein einer „Grundsubstanz" ab.

Der Wert der umfangreichen Untersuchungen von RETZIUS liegt nicht zuletzt in der Auseinandersetzung mit den Ergebnissen anderer Autoren. Besonders hervorzuheben sind aber seine Befunde an älteren Keimlingen und postnatalen Entwicklungsstadien sowie seine Kennzeichnung regionaler Besonderheiten.

Der folgenden Beschreibung nach RETZIUS (1894b) liegen ausschließlich Golgi-Präparate zugrunde: In den *Hemisphären* konnte er bei einem *28 cm langen menschlichen* Fetus erstmalig Gliazellen in der „äußersten Rindenschicht" nachweisen. Sie „imitieren in Form und Anordnung die Cajalschen Zellen"; diese sind spindelförmige Nervenzellen, die ihre Fortsätze vorwiegend horizontal ausbreiten. Die von RETZIUS beschriebenen Elemente sollen durch „ihre Gestalt, den kleinen Zellkörper und den Charakter ihrer Fortsätze" als Gliazellen gekennzeichnet sein. Unter der Bezeichnung „Retzius-Zellen" werden also Gliazellen verstanden, im Gegensatz zu den neuronalen Cajalschen Zellelementen. Retzius (1894b) schreibt aber selbst, daß es „zuweilen zweifelhaft sein kann, welche Art von Zellen vorliegt"; der Charakter mancher Formen ist bis heute strittig. Nach eigenen Beobachtungen mit der Goldsublimatmethode und der Nissl-Färbung möchte ich aber feststellen, daß es die Retzius-Zellen gibt; sie unterscheiden sich durch die Kernstruktur, den Mangel an Nissl-Schollen und die Art ihrer Fortsätze von den Cajal-Zellen.

Bei einem *6 ¹/₂ Monate alten* Feten zeigt die Rinde der Hemisphären das folgende Bild: Unter der Oberfläche liegen Gliazellen, die ihre oft moosartigen Fortsätze mehr oder minder horizontal und senkrecht zur Oberfläche aussenden und dort mit einem dicken „Knoten" enden, der oft größer ist als das Soma. Es handelt sich hierbei um die bekannten stempelartigen Fortsätze der Astrocyten am Gefäß oder an der Membrana limitans superficialis. Die „Knoten" erscheinen oft artefiziell vergröbert (Golgi-Methode); mit der Goldsublimatmethode sind sie kleiner (vgl. Abb. 8, 9). Zellform und Fortsatzverlauf dieser Retziusschen Zellen sind wechselnd, so daß Retzius darauf verzichtet, besondere Typen aufzustellen.

Die nächsttiefere Schicht zeigt ebenfalls einen großen Formenreichtum, aber andere Zelltypen (Abb. 8 u. 9). Man kann sie am leichtesten unter den alten Begriff „Sternstrahler" nach Retzius fassen. Oft ziehen die Fortsätze vorwiegend in eine – meist radiäre – Richtung und bilden damit Übergänge zu einer Form, die nach Retzius für diese Fetalperiode typisch ist. Es handelt sich bei ihr um Zellen, die ihre Fortsätze in radiärer Richtung weit in das Innere bis zu den Pyramidenzellen schicken und sich dort aufzweigen (links in Abb. 8). Retzius hat auch diese Zellform nicht besonders benannt; er sieht sie aber als kennzeichnend für dieses Alter an. Sehr deutlich treten in den unteren Rindenschichten die Gefäßbeziehungen der Gliazellen hervor, wie sie schon von Golgi (1894) und v. Koelliker (1896) beschrieben worden waren. Retzius betont, daß er niemals eine Verbindung der Fortsätze zweier Gliazellen („niemals eine Anastomosierung") gesehen habe. Es gibt keinen plausiblen Grund, diese klassische Beschreibung mit dem Hinweis auf etwaige Mängel der Golgi-Methode abzutun (vgl. S. 16, 18, 89). Ich glaube, daß die Selbständigkeit der Gliazellen ein Ausdruck des Entwicklungsgeschehens ist, im Sinne einer kontinuierlichen Anpassung an die Entwicklung des erregungsleitenden Gewebes, die eine grundsätzliche Selbständigkeit der Formelemente fordert.

Erst wenn in der Entwicklung der Großhirnrinde ein stationärer Zustand eingetreten ist, kommen die Anpassungsvorgänge der Glia zum Abschluß. Es bildet sich dann eine für die Lageerhaltung der Neurone funktionell bedeutungsvolle Architektonik der stützenden Elemente aus, bis dann fibrillenversteifte Fortsätze der Faserastrocyten in Erscheinung treten.

In diesem Zusammenhang ist es bemerkenswert, daß nach „Aufbrauch" der Matrix (Spatz, 1925; Kahle, 1951, 1956) und Bildung der „Schwärmschicht" (Kuhlenbeck u. v. Domarus, 1920) die Schichtenbildung der *Großhirnrinde* beim *Menschen* in den *6. Fetalmonat* verlegt wird. Es ist durchaus einleuchtend, daß in Anpassung an das Auseinanderweichen der lamellären Schichten die typischen Gliazellen mit langen radiären Fortsätzen entstanden sind, wie sie Retzius (s.o.) für dieses Stadium beschreibt. Dieser Anpassungsprozeß be-

Abb. 8. Vertikalschnitt durch die Hirnrinde eines *menschlichen* Fetus von $6^1/_2$ Monaten. Darstellung der Gliazellen mit der Golgi-Methode. (Nach RETZIUS, 1894a.)

ginnt möglicherweise früher als es RETZIUS für das Stadium eines *6 $^1/_2$ Monate alten* Fetus angibt. Im Stirnlappen eines *45 cm langen menschlichen* Fetus finden sich die oben beschriebenen Elemente, die in der äußersten Rindenschicht liegen; sie werden durch zahlreiche, ganz ähnlich gebaute Elemente ergänzt, die ebenfalls in der äußersten Schicht liegen (z.T. „die Pia berührend") und ihre horizontalen Fortsätze „durcheinanderweben". Radiäre Fortsätze gehen in das Innere und können die Schicht der kleinen Pyramiden erreichen. In den tieferen Schichten herrschen jetzt mehr sternförmige Zellen vor, zu denen RETZIUS auch die langfa-

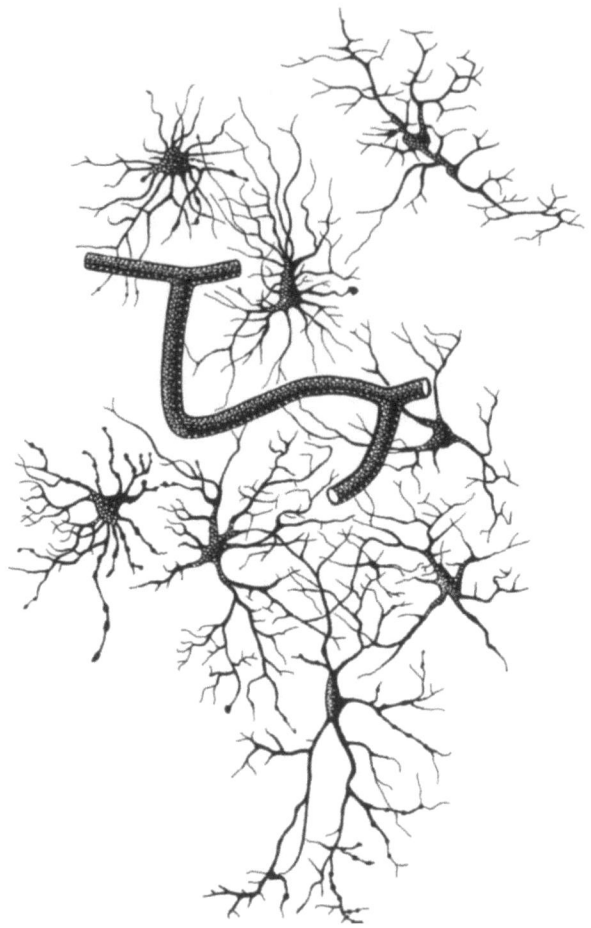

Abb. 9. Objekt wie Abb. 8. Tangentialschnitt aus einer etwas tieferen Schicht. Dargestellt sind die in diesem Stadium schon sehr deutlichen Gefäßbeziehungen der Gliazellen. (Nach Retzius, 1894a.)

serigen Zellen des vorigen Stadiums rechnet, da sie hier auch Aufzweigungen in andere Richtungen besitzen. Die Hemisphären des Neugeborenen zeigen noch etwa die gleichen Verhältnisse. Retzius betont, daß er nie Anastomosen zwischen den Fortsätzen gesehen habe. Die Zunahme der Gefäßbeziehungen wird betont.

In den ersten Monaten *nach der Geburt* nähert sich das Gesamtbild allmählich dem Zustand des Erwachsenen. Nach Retzius lassen sich jetzt folgende Zelltypen anführen: 1) Oberflächliche Zellen. 2) Zellen unter der Oberfläche mit Fortsätzen, die nach der Oberfläche divergieren. 3) Noch tiefer gelegene Zellen mit langen vertikal gestellten Fortsätzen, welche die für Golgi-Präparate typischen moosartigen Anhängsel zeigen. 4) Stammzellen der Rinde mit kurzen, verästelten, moosartigen Fortsätzen und solche der weißen Substanz, deren Fortsätze eine „feinfaserige, gestreckte Beschaffenheit" haben.

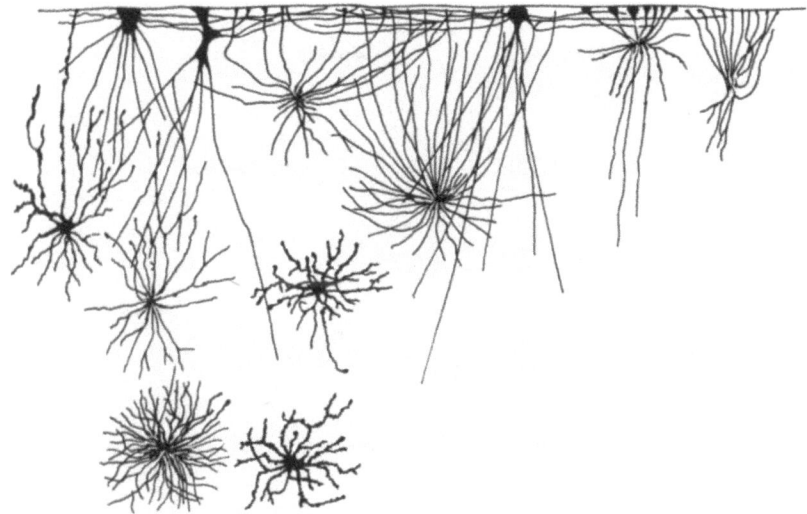

Abb. 10. Vertikalschnitt durch die Rinde einer Frontalwindung von einem 5 $^1/_2$ Jahre alten Kind. Das Bild zeigt die vier von RETZIUS für dieses Alter aufgestellten Zelltypen. Golgi-Methode. (Nach RETZIUS, 1894a.)

Diese vier Zelltypen sind ab Ende des *1. Lebensjahres* vorhanden. Sie sind in Abb. 10 nach RETZIUS bei einem *5 $^1/_2$jährigen* Kind wiedergegeben. Für diese *Zelltypen* des *endgültigen Stadiums* hat RETZIUS besondere Namen eingeführt, über die auf S. 17 bereits berichtet wurde. Er unterscheidet:

1) *Sternstrahler* (asteroide Gliaecyten).
   Diese werden nach v. KOELLIKER (1896) untergliedert in:
   a) Kurzsternstrahler (Krausstrahler nach RETZIUS, brachyasteroide Gliaecyten);
   b) Langsternstrahler (Schlichtstrahler nach RETZIUS, makroasteroide Gliaecyten).
   Die Sternstrahler, die mit einem Fuß entweder an der Oberfläche oder an einem Gefäß enden, nennt er „Fußsternstrahler" oder pedasteroide Gliaecyten.

2) *Schwanzstrahler* (ureide Gliaecyten).
   a) Kurzschwanzstrahler (brachyureide Gliaecyten);
   b) Langschwanzstrahler (makroureide Gliaecyten).
   Diese Formen entsprechen den „caudate glia cells" von ANDRIEZEN (1893a).
   Daneben gibt es „biureide Gliaecyten", die nach beiden Seiten Fortsätze entsenden, und „plakoide Gliaecyten", die sich nur in der Fläche ausbreiten.

Diese vier Typen lassen sich nach RETZIUS bis ins Greisenalter verfolgen. Er stellt sie in grundsätzlich gleicher Weise bei Individuen von *8, 17, 33, 42* und *70 Jahren* dar.

RETZIUS meint, die Zelltypen der Neuroglia im Großhirn auf diejenigen des *Rückenmarks* zurückführen zu können; er findet mit v. LENHOSSÉK (1893) eine „auffallende Übereinstimmung". Insbesondere sind die Langstrahler der

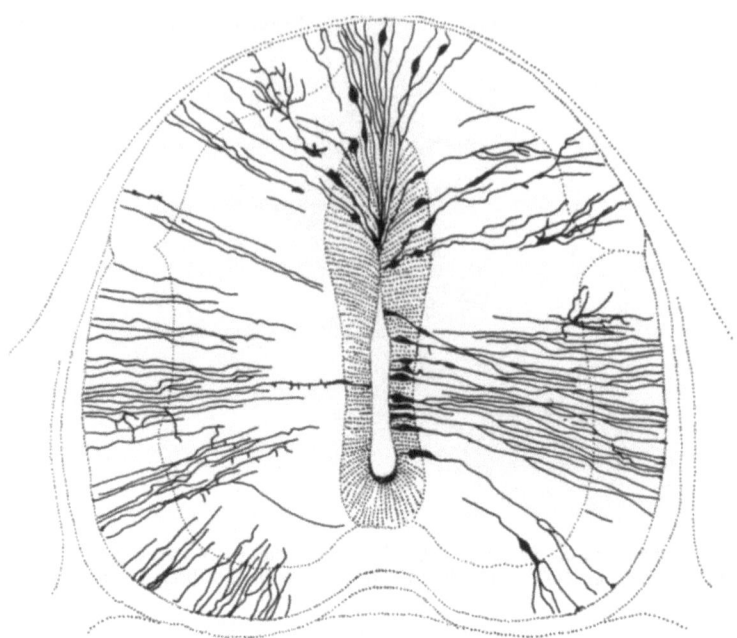

Abb. 11. Darstellung des Ependyms bei einem *Hühner*-Embryo von 7 Tagen. Golgi-Methode. (Nach
v. Koelliker, 1896.)

weißen Substanz von gleicher Form; aber auch die anderen drei Zelltypen sind
an entsprechender Stelle nachzuweisen.

VON KOELLIKER (1896) bestätigt i.allg. die Befunde von Retzius (1894a,
b, c) im Hinblick auf die Entwicklung des Rückenmarks und ergänzt sie mit
Bezug auf das *Ependym*. Bei siebentägigen *Hühner*-Embryonen bildet er radienartige „Ependymfasern" ab (Abb. 11).

Bei *menschlichen* Embryonen aus dem *4. Monat* beschreibt v. Koelliker
(1896) die Ependymfasern, die vorwiegend in der ventralen Hälfte des Rückenmarks liegen, aber auch zwischen den Hintersträngen ausgeprägt sind. Diese
beiden als vorderes und hinteres *Ependymseptum* (v. Koelliker, 1896) bezeichneten Bezirke behalten den primitiven Charakter bei; sie bestehen aus Zellfortsätzen der Ependymzellen, die die ganze Dicke der Rückenmarkswandung durchsetzen. VON KOELLIKER nennt diese Bildung (s.o.) das *System der Ependymfasern*.
Die bis dahin spindelförmigen Zellen des dorsalen Septums werden in Verbindung mit der Obliteration des Zentralkanals selbständig. Ihre Gestalt nähert
sich der Sternform; sie sind vor allem in der Vordersäule vertreten. VON KOELLI-
KER (1896) findet bei *5 Wochen alten menschlichen* Embryonen die erste Bildung
der eigentlichen *Astrocyten* (Deiterssche Zellen) in der weißen Substanz, die
mit ihren Fortsätzen in das Gitterwerk derselben ausstrahlen. Bei *6 Monate
alten menschlichen* Embryonen findet er halbmondförmige oder sichelförmige
Zellen, die mit ihrer Konvexität der grauen Substanz zugewandt sind. Bei älteren
Embryonen verkümmern die echten Ependym-„Fasern" mit Ausnahme des vorderen und hinteren Septums. Die durch ihre Herkunft verständliche Ähnlichkeit

der Gliazellen mit den Ependymzellen wird von v. KOELLIKER besonders betont. Die Frage schließlich, ob später mesodermale Elemente einwandern, verneint er entschieden.

Nachdem die Befunde von RETZIUS an der Glia des Rückenmarks durch v. LENHOSSÉK (1891, 1895) und v. KOELLIKER (s.o.) ergänzt worden waren, seien die Angaben des ersten Autors über die Gliaverhältnisse an anderen Orten des wachsenden Gehirns kurz dargestellt, wobei die Neuroglia des Kleinhirns besondere Beachtung verdient. RETZIUS untersuchte vor allem die Frage, ob die obengenannten vier Zelltypen mit ihren Varianten auch außerhalb der Hemisphären und des Rückenmarks vorkommen. Diese Frage ist zu bejahen für folgende Hirnteile: Lamina quadrigemina, Thalamus, Corpus striatum und Insula, wobei von RETZIUS weniger die Entwicklungsstufen als die Übereinstimmung mit den Verhältnissen der Großhirnhemisphären untersucht wurden. Auch die *Medulla oblongata* zeigt in der grauen Substanz *Kurzstrahler*, in der weißen *Langstrahler* und unter der Oberfläche *Schwanzstrahler*.

Die Neuroglia des *Kleinhirns* war von KEY und RETZIUS (1875, 1876), GOLGI (1885), CAJAL (1890a, b) und VAN GEHUCHTEN (1893, 1900) untersucht worden. Im Vordergrund der Betrachtung standen die von BERGMANN (1857) entdeckten *Faserzellen*. Über ihre Genese sagt RETZIUS (1894a) folgendes: Mit der Golgi-Methode darstellbar sind sie erst in der zweiten Hälfte des Fetallebens. Im *7.–8. Monat* haben die Zellkörper rundlich-ovale Gestalt, wobei gelegentlich ein in das Innere gerichteter Fortsatz darstellbar ist, während zur Oberfläche hin bereits typisch aufgezweigte Fortsätze büschelartig abgehen (Abb. 12). Diese

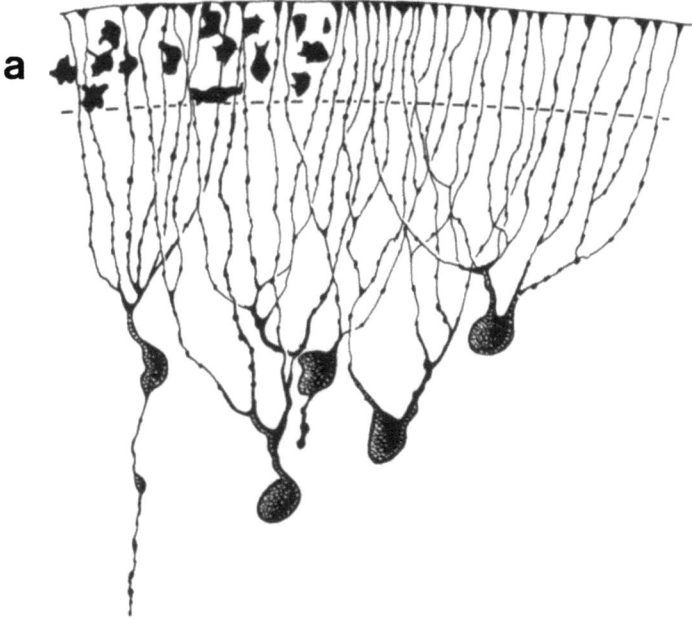

Abb. 12. Vertikalschnitt durch die Kleinhirnrinde eines 37 cm langen *menschlichen* Fetus. Dargestellt sind fünf Bergmannsche Zellen. Golgi-Methode. *a* Vignalsche Schicht. (Nach RETZIUS, 1894a.)

Zellelemente lassen schon ihre endgültige Gestalt erkennen, zeigen aber noch nicht die Länge und Streckung ihrer Fortsätze. Sie können tief in die Körnerzellenschicht eingelagert sein. Zwischen ihren Fortsätzen liegt die embryonale Körnerschicht = Vignalsche Schicht (vgl. *a* in Abb. 12). Bei einem *45 cm langen menschlichen* Fetus sind vor allem die nach innen gerichteten Fortsätze verlängert und vermehrt. Bei einem Kind im Alter von *3 Monaten* kommt es wieder zu einer ungeklärten Reduktion der inneren Fortsätze, während die nach außen gerichteten sich weiter strecken und parallelisieren. In dieser Zeit enden sie mit einem Füßchen an der Oberfläche. Schließlich sei zum Vergleich das Bild der ausgereiften Bergmannschen Faserzellen vom Kleinhirn eines *33jährigen*

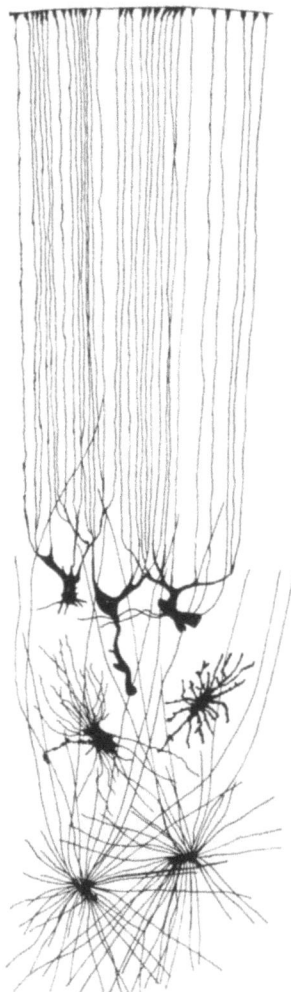

Abb. 13. Vertikalschnitt durch die Kleinhirnrinde eines 33jährigen Mannes. Dargestellt sind drei Bergmannsche Zellen, zwei Kurz- und zwei Langstrahler (vgl. die Bergmannschen Zellen in Abb. 12). Golgi-Methode. (Nach Retzius, 1894a)

Mannes wiedergegeben (Abb. 13). Die Vignalsche Schicht ist geschwunden. Die Korbzellenschicht (Bezeichnung von RETZIUS für die „Molekularschicht") ist dicker geworden, was durch die Längenzunahme der Fortsätze der Bergmannschen Zellen deutlich wird. Die Einordnung dieser auffallenden Zellen in sein Schema löst RETZIUS in der Weise, daß er sie zum Typ der Ureidecyten zählt, die im Vergleich zum Großhirn gewissermaßen auf dem Kopf stehen. Außerdem gibt es im Kleinhirn auch Sternstrahler (Abb. 13).

Die Darstellung der Gliaverhältnisse in verschiedenen Altersstufen mit der Golgi-Methode muß zwangsläufig einseitig erscheinen. Gerade die Wechselbeziehungen zwischen erregungsleitendem Gewebe und Gefäßapparat einerseits und Neuroglia andererseits können mit ihr in Entwicklungsstadien nur mangelhaft erfaßt werden. Man sprach deshalb allgemein von „den Gliazellen", da die Unterscheidung ihrer Typen der spanischen Schule vorbehalten blieb. Trotz der Unvollständigkeit einiger Befunde geht aber aus der Darstellung von RETZIUS deutlich hervor, wie eng sich die wachsende Glia der Entwicklung des erregungsleitenden Gewebes anpaßt. Außerdem scheint festzustehen, daß in den ersten Lebensmonaten aus dem Formwandel der sich entwickelnden Zellen ein stationärer Zustand hervorgeht, der weitgehend dem endgültigen entspricht und nur noch in den Proportionen der Schichten geringe Änderungen durchmacht.

Später wurde ein Gebiet der Gliaentwicklung von ROBACK und SCHERER (1935) näher untersucht – die *Gliogenese* und *Myelogenese* des *frühkindlichen Gehirns*. Den Autoren stand folgendes Material zur Verfügung: 24 Gehirne von Individuen, die *46 cm lang* und bis zu *2 Monaten postnatal* alt waren, ferner 14 Gehirne von Individuen im Alter von *2–13 Monaten nach der Geburt* und schließlich 12 Gehirne von Früchten, die *29–46 cm lang* waren. Das Material (50 Gehirne) war mit Alkohol fixiert, nach Nissl gefärbt und in Celloidin eingebettet.

Diese Autoren stellen am Gehirn des Neugeborenen im Vergleich zu dem des Erwachsenen zunächst eine „verwirrend mannigfaltige und vielgestaltige Zusammensetzung des Gliabildes" fest. Diese „chaotischen Zustände des Gliabildes" (ROBACK u. SCHERER) äußern sich in einer enormen Vermehrung der Gliazellen, die im reifen Hirn nicht mehr zu beobachten ist. In der Anfärbung des Cytoplasmas sehen die Autoren den Ausdruck einer *Proliferation*, d.h. einer „*Gliose*" im quantitativen und qualitativen Sinne. Diese Gliose wird als „absolut physiologisch" angesehen. Unter „Gliose" wird „ein Reichtum an Gliakernen" verstanden.

Bei der Beurteilung dieser Untersuchung muß betont werden, daß auch die Ergebnisse von ROBACK und SCHERER ausschließlich auf einer Methode beruhen. Die drei Gliazellformen werden zwar berücksichtigt, jedoch in erster Linie unter dem Aspekt der Beziehung zwischen Glia und Myelogenese. Es wurden vor allem Stammganglien und die innere Kapsel untersucht, „weil hier alle in Frage kommenden Strukturen übersichtlich nebeneinander darstellbar sind".

ROBACK und SCHERER finden im Gehirn des Neugeborenen „riesengroße nackte, helle Zellformen", die beim Erwachsenen fehlen. Sie werden als Vorstadien verschiedener Gliaelemente angesehen, die erst während der Myelinisation teils zu Makrogliazellen, teils zu Oligodendrocyten ausreifen.

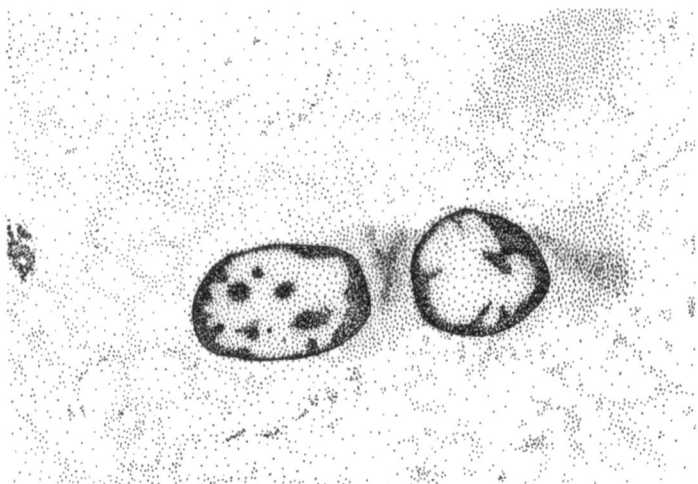

Abb. 14. Zwei typische Myelinisationsgliazellen. Großer Kern, einseitig angefärbtes Cytoplasma. Nissl-Färbung, Immersionsvergrößerung. (Nach Roback u. Scherer, 1935)

Bei *29 cm langen* Früchten liegt noch – in der Hauptsache in den Stammganglien und der inneren Kapsel – ein Stadium der Zellarmut im Hinblick auf die Neuroglia vor. Bei einem *33 cm langen* Keimling sind „gewaltige Veränderungen" eingetreten. Es ist jetzt ein Zellreichtum festzustellen; das vorherrschende Zellelement hat „helle, chromatinarme Kerne mit kaum sichtbarem Plasma". Dabei lassen sich stets örtliche Unterschiede nachweisen.

Im *7. Monat* setzt „ziemlich schlagartig" ein Gliose-Schub ein, noch intensiver erfolgt er zur Zeit der Geburt. Bei Früchten von *45 cm Länge* und in der letzten Zeit der Gravidität beherrschen in zunehmendem Maße Zellen das Bild, die exzentrisch gelegene, mäßig große, nicht sehr helle Kerne mit einseitig verdichtetem Cytoplasma besitzen. Sie sind in langen Zügen parallel zu den Faszikeln der Neuriten angeordnet. Zur Zeit der *Geburt* sollen sie beim Menschen „praktisch die einzige Zellform" der Neuroglia im Bereich der inneren Kapsel darstellen. Roback und Scherer nennen diese Zellform *Myelinisationsgliazellen* (Abb. 14).

Die Prozesse der *Myelogenese* und der *Gliadifferenzierung* sind gekoppelt, d.h. die Myelogenese geht unter dem Einfluß *unreifer* Gliazellen vor sich. Nach Roback und Scherer ist die Myelinisationsgliose der Ausdruck für die Myelinisation, da unreife *Oligodendroblasten* diese bewirken. Beginn, Höhepunkt und Abklingen der Gliose sind örtlich verschieden und wurden von den Autoren für bestimmte Gebiete in Tabelle 8 zusammengestellt. Die Myelinisationsgliazellen verwandeln sich nach der Geburt örtlich zu verschiedenen Zeiten in Elemente, die kleinere und dunklere Kerne führen. Letztere reifen zu *Oligodendrocyten* und „Makrogliazellen" (?) heran. Im Hemisphärenmark z.B. ist die Gliose im *2. Lebensjahr* beendet. Im Kleinhirnmark, in den Oliven und im Nervus VIII fehlt das charakteristische Vorstadium der Zellarmut.

Tabelle 8. Zeitpunkte der Myelinisationsgliose nach ROBACK und SCHERER (1935)

Gebiet	Beginn	Höhepunkt	Abklingen
Innere Kapsel	7. Schwangerschaftsmonat	10. Schwangerschafts- bis 3. Lebensmonat	4.–8. Lebensmonat
Pyramidenbahn im Hirnschenkel	9. Schwangerschaftsmonat	1.–3. Lebensmonat	4.–6. Lebensmonat
Pyramidenbahn in Olivenhöhe	7. Schwangerschaftsmonat	8. Schwangerschafts- bis 2. Lebensmonat	2.–4. Lebensmonat
Striae des Striatums	10. Schwangerschaftsmonat	4.–5. Lebensmonat	8.–10. Lebensmonat
Balken	2. Lebensmonat	4.–6. Lebensmonat	7.–10. Lebensmonat
Tractus opticus	7. Schwangerschaftsmonat	2.–3. Lebensmonat	4.–6. Lebensmonat
Kleinhirnmark, zentral	10. Schwangerschaftsmonat	Zeit der Geburt	3.–4. Lebensmonat
Kleinhirnmark, Lamellen	Zeit der Geburt	2. Lebensmonat	5.–8. Lebensmonat
Großhirnmark, subcortical, regionär sehr wechselnd!	Zentral: Zeit der Geburt Occipital: 2. Lebensmonat Frontal: 3. Lebensmonat	Durchschnittlich 5.–6. Lebensmonat	2. Lebenshalbjahr
N. VIII	6. Schwangerschaftsmonat?	8. Schwangerschafts- monat	?

2.5. Die Entwicklung der Hortega-Zellen

Es wurde bereits betont (s.S. 39ff., 55–56), daß die Entwicklung der Hortega-Zellen ein heiß umstrittenes Gebiet darstellt. Bis heute stehen sich zwei Auffassungen gegenüber, von denen die eine das Mesoderm als Quelle der Hortega-Zellen ansieht und dementsprechend die Hortega-Zellen nicht zur Neuroglia rechnet, während die andere Auffassung am ektodermalen Ursprung dieser Zellen festhält.

HORTEGA (1919a, b, c, d), der diese Zellen erstmalig aufgrund von Befunden beschreibt, die mit einer eigenen Imprägnationsmethode erhoben wurden, sieht das Mesoderm als sichere Materialquelle an. Besonders eindeutig ist seine Stellungnahme in PENFIELDS Handbuch (HORTEGA, 1932). Er denkt an die Möglichkeit, daß diese Zellen im Zentralnervensystem örtlich aus Fibrocyten oder Endothelien entstehen oder aus den Meningen einwandern. Ihre Migrationsfähigkeit soll die Ursache für ihre große Formvariabilität sein.

Die Formvariabilität und die Schwierigkeit, die Zellausläufer vollständig darzustellen, sind die Gründe für die Tatsache, daß die verschiedenen funktionellen Zustandsbilder lange nicht als Varianten einer Zellart erkannt werden konnten. Außerdem waren die angewandten Methoden [Nissl-Färbung, Golgi-Imprägnation, Platin-Imprägnation nach ROBERTSON (1899) u.a.] unvollständig und z.T. irreführend, so daß CAJAL (1913a) die damals noch nicht abgegliederten Hortega-Zellen und Oligodendrocyten als sog. Zellen ohne Ausläufer oder als *„drittes Element"* zusammenfaßte. Erst die von HORTEGA (1917, 1919a, b, c,

1919d, 1921a) geschaffenen Methoden erlaubten eine sichere Trennung der Elemente aufgrund einer vollständigen Darstellung ihrer Fortsätze.

Bis zur neuen Ära mußten alle Darstellungen dieser vor allem bei pathologischen Veränderungen beobachteten Zellen strittig und mehrdeutig sein. Das beste Beispiel hierfür ist die Beschreibung einer besonderen Zellform durch ROBERTSON (1900), bei der er aufgrund seiner eigenen Platinmethode (ROBERTSON, 1899) – entgegen der herrschenden Meinung – einen mesodermalen Ursprung glaubte annehmen zu müssen. Er nannte sie *„mesoglia cells"*. Den gleichen Ausdruck wendet HORTEGA für seine neuentdeckten Zellen an. Die eine – wohl allgemeinere – Auffassung geht dahin, daß die *Mesoglia-Zellen* von ROBERTSON und HORTEGA die gleichen Elemente seien, während z.B. PENFIELD (1928) zumindest bestimmte Formen der von ROBERTSON beschriebenen Zellen als Oligodendrocyten ansieht. PENFIELD unterscheidet eine Mesoglia nach HORTEGA und eine Mesoglia nach ROBERTSON: „Mesoglia of HORTEGA, however, must not be confused with the mesoglia of ROBERTSON" (PENFIELD, 1928). ROBERTSON (1900) hatte erst mit seiner Methode die „adendritischen" Zellen als „dendritische" erkannt und festgestellt, daß sie im Unterschied zur Makroglia keine Beziehungen zu den Gefäßen haben. Dieser Streit um die richtigen Termini hat für uns heute keine Bedeutung, zeigt aber, wie entscheidend wichtig die Methode bei der Beurteilung der Gliazellen war. Im übrigen bestehen meines Erachtens bei der Darstellung der Zellen mit der Platinmethode von Robertson keine Zweifel, daß diese „dendritischen Zellen" echte Hortega-Zellen sind (Abb. 15).

So sind die Befunde, die auf die Frage nach der Materialquelle der Hortega-Zellen bis 1919 Antwort zu geben versuchten, für uns von nicht entscheidender Bedeutung; sie sollen demnach nur kurz gestreift werden. Der erste Hinweis auf das Vorkommen freier mesodermaler Elemente im Zentralnervensystem dürfte sich bei BOLL (1874) finden, der bei *Hühner*-Embryonen vom 17. Bebrü-

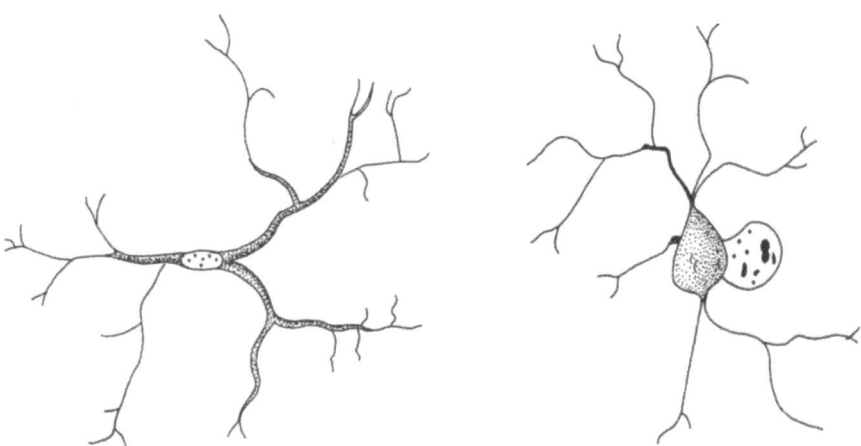

Abb. 15. Zwei „Mesogliazellen" nach ROBERTSON (1900), wiedergegeben nach GLEES (1966). Platin-Methode nach Robertson

tungstag im Zentralnervensystem *granulierte Wanderzellen* fand. Dieser Befund fügt sich gut in seine allgemeine Auffassung der Glia als „Bindegewebe" des Zentralnervensystems ein (s.S. 6ff.). Weiterhin berichtet EICHHORST (1875) über das Erscheinen von *extravasalen Zellen* im Rückenmark eines *4 Monate alten menschlichen* Embryos, die sich in *sternförmige Gliazellen* umwandeln. LACHI (1890, 1891) fand Zellelemente, die von der Gefäßwand in die graue und weiße Substanz einzuwandern schienen. HIS (1890) sah im Zentralnervensystem eines *2 Monate alten menschlichen* Embryos *mesodermale Elemente* mit Zellfortsätzen im Zustand amöboider Bewegung.

Die Autoren, die der allgemeinen Auffassung von dem „neuroektodermalen" Ursprung der Glia zuerst entgegentraten, waren BEVAN LEWIS (1889), ANDRIEZEN (1893a) sowie CAPOBIANCO und FRAGNITO (1898; zit. nach GLEES, 1955). Das Neuroektoderm wurde allerdings nicht als die einzige Quelle angesehen. BEVAN LEWIS (1889) nennt diese Zellen „scavenger cells". CAPOBIANCO (1901) stellt fest, daß zahlreiche *mesodermale Zellen*, die in frühen Entwicklungsstadien in den *Meningen* gebildet werden, über die *Blutgefäße* das Gehirn erreichen und sich in *Neurogliazellen* umwandeln.

HATAI (1902) untersuchte Gehirne von *Mäuse-* und *Ratten*-Embryonen und beschrieb Zellen, die ihren Ursprung von der Capillarwand nehmen, nach Verlassen der Capillare *amöboide Formen* zeigen und dann aufgrund ihrer Kernstruktur als Neurogliazellen identifiziert werden können. Er stellt also den Ursprung dieser Neurogliazellen vom *Mesoblast*, d.h. vom *Gefäßapparat* fest. Auch die von HUBER (1903) beschriebenen kleinen Kernformen der Gliazellen gehören vielleicht dazu. Schließlich sind insbesondere die *Stäbchenzellen* von NISSL (1904a, b) und ALZHEIMER (1904) zu erwähnen. Sie stellen zwar ohne Zweifel pathologische Formen dar, sind aber als besondere *Reaktionsformen* der normalen Hortega-Zellen anzusehen. NISSL (1904a, b) leitet diese schlanken Formen von der Pia mater ab, ALZHEIMER (1904) von den Gefäßen. Während NISSL (1904a, b) den *mesodermalen* Charakter dieser Stäbchenzellen – als pathologische Formen – betont, meint ALZHEIMER, daß das Zentralnervensystem frei von mesodermalen Elementen sei und normalerweise ein ektodermaler Gliaschirm um die Gefäße existiere. Es müsse ein Einbruch in diese Schranke unter pathologischen Bedingungen erfolgt sein, der das Eindringen dieser Stäbchenzellen, die außerdem Fett- und Pigmentspeicherung zeigen, ermöglicht hat.

Nach verstreuten Hinweisen auf diese fragliche Zellart – vor allem auf dem Gebiet der Pathologie – folgt nun 1919–1921 ihre eigentliche Entdeckung und detaillierte Beschreibung durch HORTEGA (1919a, b, c, 1920, 1921b). Er nannte diese Zellen, die sich als das „eigentliche" *dritte Element* aus den adendritischen Formen neben der Oligodendroglia abgrenzen ließen, „*Mikroglia*" und „*Mesoglia*"; heute werden als Synonyma für die normale Zellform Mesoglia, Mikroglia („el tercer elemento de los centros nerviosos") und Hortega-Glia (SPATZ, 1924) verwendet.

Im folgenden Abschnitt soll ausschließlich auf die Frage der Herkunft und der Entwicklung der Hortega-Zellen eingegangen werden. Erörterungen über die Leistung dieser Zellen als Bestätigung ihres mesodermalen Ursprungs werden in einem späteren Kapitel (Bd. IV/11) abgehandelt, in dem auch auf manches Faktum der Cytogenese zurückgegriffen werden muß. HORTEGA(1919–1921, s.o.)

selbst betonte entschieden den *mesodermalen* Ursprung der Mikrogliazellen. Er hatte seine Untersuchungen über die Entwicklung vorwiegend an Keimlingen von *Maus, Ratte, Kaninchen* und *Katze* durchgeführt. Über die grundlegenden Studien an menschlichen Keimen durch Kershman (1939) wird ausführlich auf S. 96ff. berichtet. Die Zahl der Arbeiten, die sich mit den Mikrogliazellen auf der Grundlage der Silbercarbonatmethode von Hortega (1919d) und ihrer zahlreichen Modifikationen befassen, ist überaus groß. Hier kann nur eine Zusammenfassung derjenigen Einzelergebnisse gegeben werden, die sich auf die Entwicklung der Mikroglia beziehen. Zunächst seien die wichtigsten Autoren aufgeführt, die mit Hortega den mesodermalen Ursprung der Hortega-Zellen als bewiesen ansehen: Collado (1919), Penfield (1924a, b, 1925a, b, 1928, 1931, 1932), Alberca (1926), Poldermann (1926), Gallego (1926, 1927), Asúa (1927), Testa (1928), Belloni (1928), Bazgan und Enachescu (1929), Ramirez Corria (1927), Russell (1929), Ionesco-Mihaesti und Tupa (1929), Bellavitis (1929), Bratianu und Llombart (1929), Gozzano (1929, 1930, 1931), Belezky (1932a, b), v. Sántha und Juba (1933), Bolsi (1936), Kershman (1939). Die Nennung der Autoren, die diesen Beweis auf anderer Basis, z.B. durch Gewebekultur und Experiment, gesucht haben, siehe S. 43f.

Aus den Befunden der zitierten Autoren, insbesondere aus den Untersuchungen von Hortega, geht hervor: Die Quelle der Mikroglia ist die *Pia mater*. Von hier wandern die Zellen in das Gehirn ein. Der Zeitpunkt der *Immigration* ist für die untersuchten Objekte nicht einheitlich. Er wird für die kleinen *Nager* unmittelbar vor und nach der Geburt angesetzt. Von Sántha und Juba (1933) wiesen darauf hin, daß die ersten Mikrogliazellen bei *Katzen-, Hunde-* und *Ratten*-Embryonen eher als unmittelbar vor der Geburt, nämlich zur Zeit des Eindringens der Blutgefäße, nachgewiesen werden können. Diese Autoren leiten die Zellen von den *Adventitialzellen* der Gefäße bzw. von den *Monocyten* des kreisenden Blutes ab. Hortega (1921a) selbst nimmt ihre Herkunft von den *Polyblasten* oder *Embryonalzellen* der Meningen an. Die Zellen wandern nach Hortega in das Gehirn ein und zeigen in dieser *ersten Periode* eine *Formanpassung* an ihre *amöboide Bewegung*. In der *zweiten Periode* wird ihre *Formanpassung* an die *Struktur des umgebenden Gewebes* beobachtet (vgl. S. 96–100). Die Wanderung erfolgt vorwiegend an der Leitstruktur der Gefäße, weshalb verständlicherweise der Ursprung aus der Gefäßwand angenommen wird. Die Orte des Einwanderns, die *Mikrogliaquellen*, sind genau untersucht. Sie liegen bei den oben genannten Untersuchungsobjekten dort, wo das Gehirn in unmittelbarem Kontakt mit Mesoderm, d.h. mit den Plexus chorioidei und den Meningen steht. Dieses gilt für folgende Orte und Grenzlinien: 1) Befestigungslinie der Plexus des I.–III. Ventrikels; 2) Befestigung der Pia mater an den Crura; 3) Pia mater des Kleinhirns, wo sie weiße Substanz berührt, besonders im bulbo-cerebellaren Feld; 4) die Falten der Pia mater in der bulbo-pontinen Region und am Rückenmark; 5) die Pia-Einstülpungen der Furchen des Großhirns und Kleinhirns sowie der Gefäße.

Die lymphocytenartigen Zellen (1. Periode) dringen mit Pseudopodien vor und gehen allmählich (2. Periode) in die bleibenden verzweigten Formen über. Penfield (1928) bestätigt die von Hortega (1919–1921, s.o.) postulierte Ableitung und die Orte der Mikrogliaquellen. Er nimmt an, daß nur dort die Einwanderung erfolgt, wo die Pia mater in unmittelbarem Kontakt mit der weißen Substanz steht. An diesen Stellen sollen von der Myelinisation chemotaktische Reize auf die Zellen der Pia mater ausgehen. GOZZANO (1930, 1931) hat in gründlichen Studien bei *Ratten*-Embryonen die Befunde von HORTEGA und PENFIELD bestätigt, ebenso BOLSI (1936). BELEZKY (1932a) leitet neben den Hortega-Zellen auch die Oligodendrocyten von mesodermalen Elementen („Histiocyten") ab, die aus den Meningen auswandern. Dem widersprechen viele Autoren, vor allem JUBA (1934a, b, c).

RYDBERG (1932) war der erste, der die Genese der Mikroglia an *menschlichen* Embryonen untersuchte. Im Gegensatz zu den bisher genannten Autoren leugnet er den mesodermalen Ursprung der Hortega-Zellen und leitet alle Neuroglia-Elemente vom Ependym ab. RYDBERG stellt auch bei *Ratten*-Embryonen und einem 1 Tag alten *Kätzchen* das Auswandern amöboider Zellen aus dem Ependym und der Matrix des Gehirns fest. Dabei findet er alle Übergänge dieser amöboiden Zellen in embryonale Gliazellen. Zu dieser Auffassung des *ektodermalen* Ursprungs der Hortega-Zellen, wie sie extrem von RYDBERG vertreten wird, stehen die folgenden Autoren: METZ und SPATZ (1924), URECHIA und ELEKES (1926), CREUTZFELDT und METZ (1924, 1926), BERGMANN (1927), SCHAFFER (1926), PRUIJS (1927), JAKOB (1927), TESTA (1928) [vgl. BIELSCHOWSKY (1935)].

Während der *Gefäßapparat* und die *Meningen* von den Vertretern des *mesodermalen* Ursprungs der *Mikroglia* als die beiden Hauptquellen angesehen werden, wobei vor allem JUBA (1934a, b, c) die Herkunft von den Gefäßen, HORTEGA (1921a) und PENFIELD (1925a, b) die aus den Meningen betonen, werden für den *ektodermalen* Ursprung zwei Möglichkeiten angenommen: 1) die Einwanderung aus dem *Ependym* und der ektodermalen *Matrix* der Hirnrinde, 2) die Umwandlung von ektodermalen *gliogenen Zellen* in Hortega-Zellen.

Einheitlich sind verschiedene Autoren (s.o.) der Auffassung, daß die Hortega-Zellen aus dem *Neuroektoderm* stammen; deshalb werden sie im Gegensatz zu KERSHMAN (1939) zur Neuroglia gerechnet. Im einzelnen aber differieren die Meinungen in mancher Hinsicht. METZ und SPATZ (1924) erkennen die angeführten Beweise für den mesodermalen Ursprung nicht an; sie sind der Ansicht, daß eine Einwanderung dieser Elemente nicht sicher beweisbar ist. Wie SCHAFFER (1926) halten sie die Hortega-Zellen für eine besondere Form der Gliazellen, die nach SCHAFFER nur freie Fortsätze besitzen und kein Syncytium bilden. Auch JUBA (1934a, b, c) pflichtet METZ und SPATZ (1924) bei, daß die *Gitterzellen* in der letzten Embryonalperiode nicht mehr als Quelle der Hortega-Zellen angesehen werden können. JUBA hält diese Gitterzellen, die er bei 25–27 cm langen *Schweine*-Embryonen untersucht hat, für Hortega-Zellen, die nach der Reife Lipoide gespeichert haben. Er bezweifelt aber, daß solche Zellen embryonalen Charakter annehmen und sich dann in Hortega-Zellen umwandeln können. JUBA hält die perivasculären, amöboiden, oft polygonalen Zellen im Gehirnparenchym für die primitivste Form der Hortega-Zellen. SPATZ bestreitet keineswegs, daß es auch Gitterzellen mesodermaler Herkunft gibt; unter bestimmten pathologischen Bedingungen (z.B. im Resorptionsstadium der Erweichung) können diese sogar in großen Mengen auftreten. Ektodermale Hortega-Zellen und Gefäßwandzellen, also mesodermale Elemente, haben die Fähigkeit gemein, Stoffe, wie z.B. Lipoide, zu speichern und sich dabei in Gitterzellen

(Körnchenzellen) umzuwandeln. Die reife, mehr oder weniger abgerundete und aus dem Gewebsverband losgelöste Gitterzelle entspricht einem Funktionszustand (vgl. Metz, 1926); die ektodermale oder mesodermale Herkunft ist bei ihr nicht mehr feststellbar.

Der besondere Charakter der Hortega-Zellen bei der *Eisenspeicherung* wird von Metz und Spatz (1926) nachdrücklich betont (s.S. 49–50). Andererseits sehen Creutzfeldt und Metz in der Tatsache, daß die Hortega-Zellen bei Angebot von *Vitalfarbstoffen* ungefärbt bleiben, einen Hinweis, daß sie nicht aus dem Mesoderm stammen. Russell (1929) widerspricht dieser Meinung, da sie bei experimentell gesetzten Hirnwunden in den Hortega-Zellen parenteral angebotenen Farbstoff fand. Pruijs (1927) gründet seine Auffassung auf Befunde, die er an *Ratten*-Embryonen erheben konnte. Er betont den neuroektodermalen Ursprung der Hortega-Zellen und der Oligodendrocyten. Bauer (1953) rechnet die Hortega-Zellen des *Menschen* – anders als beim *Kaninchen* – nicht „zum festen Bestand des normalen und gesunden Hirngewebes". Für ihre Vermehrung bei pathologischen Zuständen sieht er zwei Möglichkeiten: 1) Entweder wandern sie massenhaft bei veränderter Membrana limitans aus dem Gefäß-Bindegewebsapparat in das Gehirn ein, oder 2) sie entstehen durch Umwandlung aus anderen Neurogliazellen. Bauer (1953) gibt meines Erachtens einen wichtigen Hinweis: Nimmt man eine mesodermale Quelle an, so muß man den Gliaschirm – also die Grenzmembranen – als durchlässig ansehen, sowohl in der Entwicklung als auch bei pathologischen Zuständen. Schließlich betont Glees (1955), man sei der Entscheidung dadurch nähergekommen, daß man die *Mesektodermbildung* aus der Ganglienleiste (Holmdahl, 1928; Niessing, 1932; Raven, 1931, 1936 u.a.) nachgewiesen habe. Hier sei das Mesenchym der Meningen – aus ektodermaler Quelle kommend – möglicherweise auch die Materialquelle der Hortega-Zellen.

Es seien nun die Befunde über die Entwicklung der Hortega-Glia an *menschlichen* Embryonen von Kershman (1939) dargelegt, nachdem schon Rydberg (1932) und später Juba (1934a, b, c) auch menschliche Keime untersuchen konnten. Die Intention von Kershman war, die „microglia fountains" bei *menschlichen* Keimen nachzuweisen und damit die Einwanderung dieser Zellelemente aus dem Mesoderm zu sichern. Bei Keimlingen von *25 mm Scheitel-Steißlänge* fand er das erste Auftreten der Gefäße und damit auch das erste Erscheinen der Hortega-Zellen. Jedoch hat Kershman sie auch einmal schon bei einem Keimling von *5,8 mm Länge* beobachten können. Er unterscheidet zwei Formen: 1) die stark verzweigte und stabile Form, 2) die mit Pseudopodien versehene instabile, bewegliche Form. In den frühen Stadien ist die Gesamtzahl der Hortega-Zellen i.allg. gering. Sie zeigen bei *menschlichen* Embryonen die folgende regionale Verteilung:

Rückenmark. Hier finden sich Hortega-Zellen bei *25 mm langen (Scheitel-Steißlänge)* Embryonen vereinzelt im Ependym und in der Mantelzone. Amöboide Formen sieht man in der Nähe der Gefäße und unter den Meningen. Mit dem Wachstum der Anlage des Zentralnervensystems werden sie zahlreicher. Sie sind jetzt wie beim Erwachsenen im Grau häufiger als im Weiß. Im Zusammenhang damit betont Kershman besonders den getrennten Ursprung der Mikroglia und der Oligodendroblasten. Die letzteren stammen nach seiner Auffas-

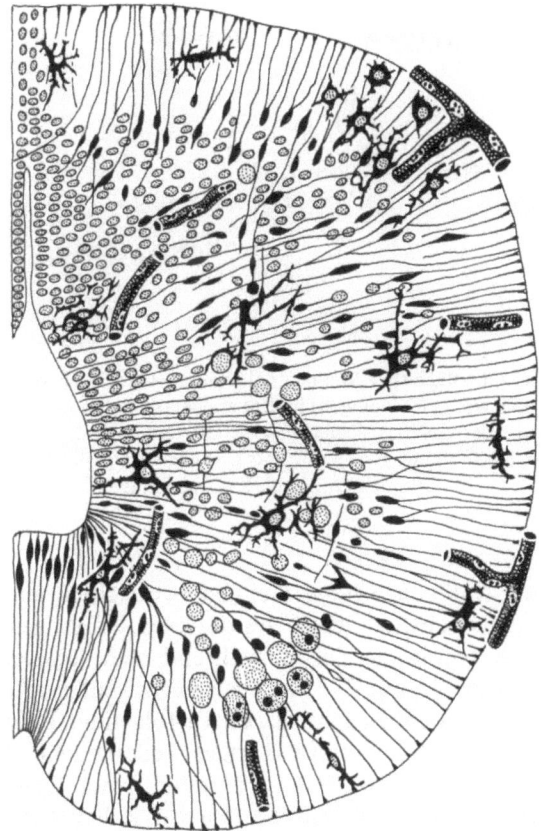

Abb. 16. Verteilung der Mikroglia im Rückenmarksquerschnitt eines *menschlichen* Embryos von 8 Wochen. Gefäße mit Nestern von amöboiden und Pseudopodien führenden Hortega-Zellen. Das Fachwerk der Spongioblasten ist schwach angedeutet. Hortega-Zellen schwarz imprägniert. Silbercarbonat-Imprägnation nach Hortega. Umzeichnung nach KERSHMAN (1939)

sung von den apolaren Spongioblasten, bzw. von den durch Mitose aus diesen hervorgegangenen polaren Spongioblasten ab. Die Endform der Hortega-Zellen soll sich aber allein von den eingewanderten amöboiden Formen ableiten (Abb. 16).

Hirnstamm. Hier liegen ähnliche Verhältnisse wie im Rückenmark vor. Als besondere Quelle der Hortega-Zellen ist bei *8 Wochen alten* Embryonen die äußere Lippenfurche [sie trennt vor dem Recessus lateralis den Wangenteil (Oberblatt) vom Lippenteil (Unterblatt)] des Rautenhirns anzusehen (JAKOB, 1928). Auch die Crura cerebelli bilden „Nester". Die Zellen, deren Fetteinschlüsse sich mit Scharlachrot färben, kommen in der Umgebung der Gefäße und in den Meningen vor (Abb. 17, 18).

Am Kleinhirn findet sich die Hauptquelle der Hortega-Zellen in der Marginalzone.

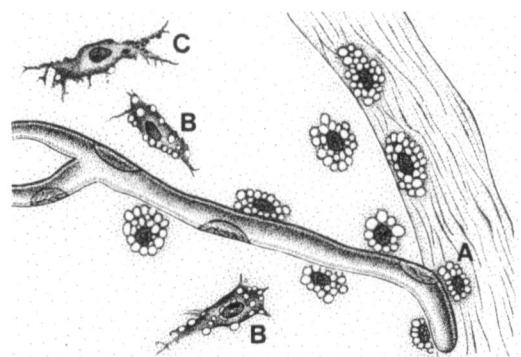

Abb. 17. Ausschnitt der Oberfläche der Medulla oblongata bei einem 12 Wochen alten *menschlichen* Fetus. *Rechts* liegt die Schicht der Meningen; in ihr befinden sich amöboide Zellen (*A*) und Fetttropfen. In der Umgebung eines Gefäßes sieht man gleichartige amöboide Zellen. In kurzem Abstand vom Gefäß Pseudopodien führende Formen *B* und *C*. Silbercarbonat-Imprägnation nach Hortega. Umzeichnung nach Kershman (1939)

Vorderhirn. Bei *11 Wochen alten* Keimen beobachtet man eine Einwanderungszone im kapillarreichsten Gebiet des dorsalen Umfanges der inneren Kapsel. Hier finden sich amöboide Zellen, während mehr gestreckte Formen zwischen den Kapselfasern liegen. Es sind auch perivasculäre Ansammlungen von Hortega-Zellen zu erkennen. Beachtenswert ist folgender Befund: An den Rändern der inneren Kapsel bilden einige Hortega-Zellen engen Kontakt mit Spongioblasten, die sie mit ihren Fortsätzen umgreifen. Nach Kershman (1939) liegt hier offenbar Phagocytose vor, zumal die Hortega-Zellen Fettgranula enthalten. Andere Quellen liegen besonders an der Vena terminalis und über dem Balken, am oberen Rand des Thalamus und des Nucleus caudatus (s. dazu Abb. 18).

Bei *14 Wochen alten* Keimen erscheinen amöboide Formen im Bereich der Crura cerebri und an den Tractus optici. Kleinere Zellgruppen liegen auch am Diencephalon unter den Meningen. Bei *16 Wochen alten* Keimen zeigen die Fissura rhinica und hippocampi besonders deutlich amöboide Formen in den Meningen. Bei *29 Wochen alten* Keimen sind die beschriebenen Quellen noch vorhanden. Es mehren sich aber die stabilen verzweigten Formen.

Für die Zeit von der *29. Graviditätswoche* bis zur *Geburt* verfügte Kershman (1939) nicht mehr über normales Material, so daß diese Befunde nicht maßgeblich sind.

Zusammenfassend lehnt Kershman (1939) den ektodermalen Ursprung der Hortega-Zellen ab. Er sieht in ihnen die *Histiocyten des Gehirns*. Ihre Ableitung von indifferenten Zellen des Mesenchyms setzt sie in Gegensatz zur ektodermalen Neuroglia (Kershman). Die Hortega-Zellen gehören zum *Mesenchym* und wandern mit den Gefäßen an den Kontaktstellen der Pia mater in das Gehirn ein.

Um die funktionelle Bedeutung der Hortega-Zellen ganz zu erkennen, sind weitere Untersuchungen erforderlich, die neben der Frage nach ihrer Herkunft auch ihr Verhalten bei pathologischen Prozessen, in der Gewebekultur und

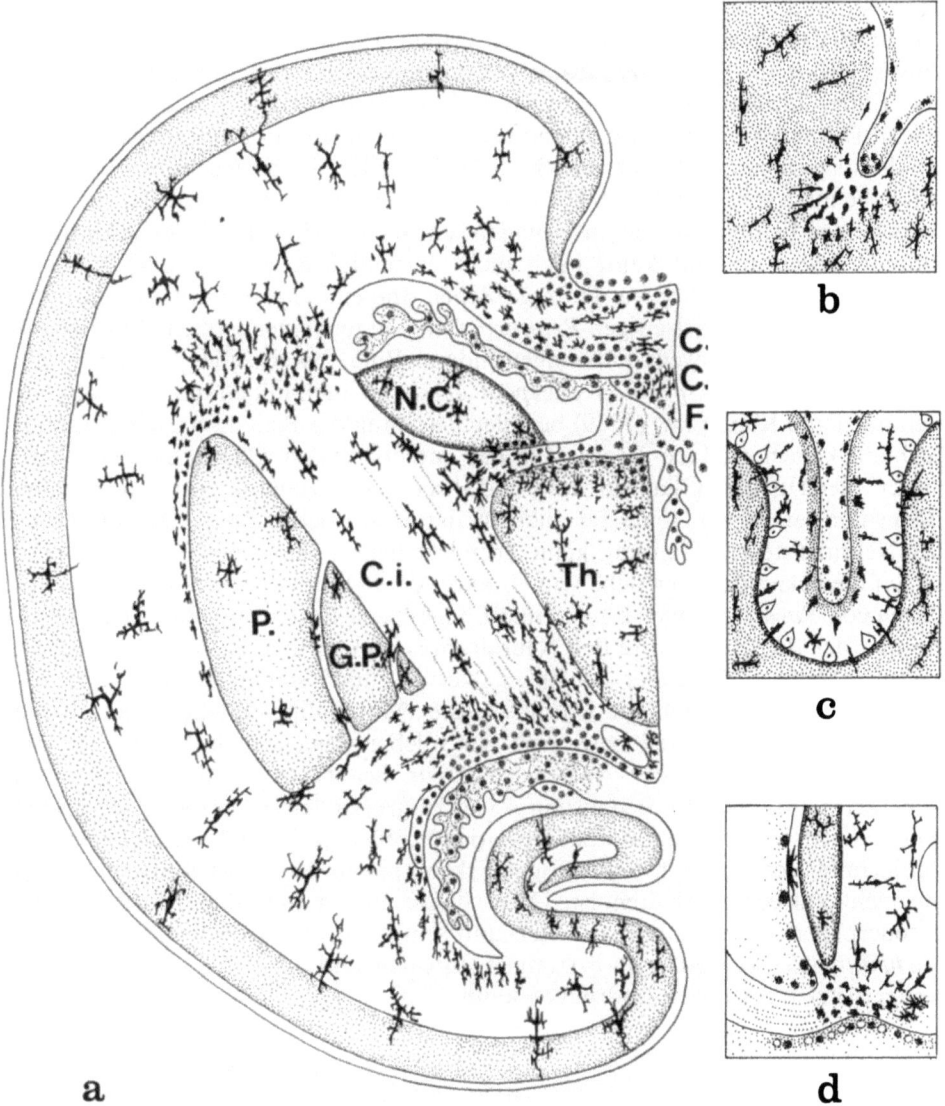

Abb. 18a–d. Schema zur Darstellung der Quellen der Hortega-Zellen während der Embryonalentwicklung.

a Halbseitenschnitt des Gehirns bei einem *menschlichen* Embryo von etwa 25 Wochen. *N.C.* Nucleus caudatus, *Th* Thalamus, *P* Putamen, *G.P.* Pallidum, *C.i.* Capsula interna, *C.C.* Corpus callosum, *F* Fornix. An der Grenze zwischen Nucleus caudatus und Thalamus liegt als besonders reiche Quelle die Vena terminalis. In der Nähe der Quellen sind die Hortega-Zellen amöboid, mit zunehmender Entfernung von der Quelle werden sie verzweigt. Ähnliche amöboide Zellen finden sich im Plexus chorioideus, über dem Balken und in der Fissura hippocampi.

b Bei acht Wochen altem Embryo: Falte zwischen Kleinhirn und Medulla oblongata = äußere Lippenfurche.

c Bei 8 Wochen altem Embryo: Oberfläche des Kleinhirns.

d Bei 8 Wochen altem Embryo: Fissura rhinica, amöboide Zellen in den Meningen.

(Nach KERSHMAN, 1939; umgezeichnet)

auf bestimmte Pharmaka berücksichtigen. Ihre Reaktionsweise läßt kaum Zweifel daran, daß sie sich ähnlich wie Histiocyten verhalten. Es sei an ihre *amöboide Beweglichkeit,* ihr *Speicherungsvermögen* und ihren außerordentlichen *Formwechsel* erinnert, der von reich verzweigten Elementen bis zur runden Gitterzelle reicht. Die verzweigten Formen sind nach meiner Kenntnis keineswegs „stabil", sondern sie stellen – ähnlich wie die Stäbchenzellen – eine Reaktionsform dar. Ich habe mich sehr bemüht, echte Hortega-Zellen im Bindegewebe darzustellen, jedoch ohne Erfolg. Aus diesen Gründen sehe ich die Hortega-Zellen als *hirnspezifische Zellen* an und kann mich nicht entschließen, sie aus dem Verband der Neuroglia auszugliedern. Hortega-Zellen sind eine *Sonderform der Gliazellen* mit einer besonders vielseitigen *Reaktionsfähigkeit* und einer großen *Formvariabilität.* Sie sind keineswegs nur eingewanderte Bindegewebszellen, sondern dem Zentralnervensystem *spezifisch angepaßt.* Ich kann auch in den morphologischen Befunden von Kershman (1939) bei aller Betonung der Bedeutung seiner Untersuchung keinen strikten Beweis für den mesodermalen Charakter der „Zellnester" der Hortega-Glia, nur aufgrund ihrer Lagebeziehung zu mesodermalen Elementen, erkennen. Ich sehe auch in der Heranziehung des Mesektoderms der Neuralleiste zur Deutung keine grundsätzliche Lösung des Problems. Hier sei auf die bekannten Versuche von Harrison (1904) hingewiesen, der bei Keimlingen von *Rana esculenta* (2,7–3,0 mm Länge) nach Entfernung der Ganglienleiste und der dorsalen Hälfte des Neuralrohres unmittelbar nach seinem Schluß zeigen konnte, daß außer sensiblen Nerven und Spinalganglien auch die Schwannschen Zellen fehlten. Damit war die „Materialquelle" dieses peripheren Gliazelltyps experimentell bewiesen. Ein solcher Beweis fehlt bislang für die Hortega-Glia. Ich bin der Ansicht, daß zur Beantwortung dieser Frage ein – im Verhältnis zu ihrer Bedeutung – viel zu großer Arbeitsaufwand eingesetzt wurde. Letzten Endes gehört auch sie in den Problemkreis der Leistungsspezifität der Keimblätter, die nach den heutigen Erkenntnissen der Entwicklungsphysiologie nicht aufrechtzuerhalten ist. (Man denke nur daran, daß Muskelgewebe ektodermaler und mesodermaler Herkunft sein kann.) Entscheidend ist vielmehr die *funktionelle Anpassung* an bestimmte *Aufgaben* und die *biologische Reaktionsweise,* die sich formhaft ausdrücken kann.

Literaturverzeichnis

Achúcarro, N.: Nuevo método para el estudio de la neuroglia y del tejido conjuntivo. Bol. Soc. esp. Biol. Madrid **1**, 139–141 (1911a)

Achúcarro, N.: Neuroglia y elementos patológicos del cerebro impregnados por el método de la reducción de la plata ó por sus modificaciones. Trab. Lab. Invest. Biol. Madrid **9**, 161–179 (1911b)

Achúcarro, N.: Algunos resultados histopatológicos obtenidos con el procedimiento del tanino y la plata amoniacal. Trab. Lab. Invest. Biol. Madrid **9**, 269–287 (1911c)

Achúcarro, N.: Notas sobre la estructura y funciones de la neuroglia y en particular de la neuroglia de la corteza cerebral humana. Trab. Lab. Invest. Biol. Madrid **11**, 187–217 (1913)

Adamkiewicz, A.: Die Nervenkörperchen. Ein neuer, bisher unbekannter morphologischer Bestandteil der peripherischen Nerven. S.-B. Akad. Wiss. Wien, math.-nat. Kl., Abt. III **91**, 274–284 (1885)

AGDUHR, E.: Choroid plexus and ependyma. In: Cytology and cellular pathology of the nervous system. PENFIELD, W. (ed.), Vol. II, pp. 536–573. New York: Hoeber 1932

AGUERRE, J.A.: Untersuchungen über die menschliche Neuroglia. Arch. mikr. Anat. **56**, 509–523 (1900)

ALBERCA, R.: Intervención precoz de la microglía en las heridas experimentales de la médula del conejo. Bol. Soc. esp. Biol. Madrid **11**, 81–88 (1926)

ALZHEIMER, A.: Beiträge zur pathologischen Anatomie der Hirnrinde und zur pathologischen Grundlage einiger Psychosen. Mschr. Psychiat. Neurol. **2**, 82–120 (1897)

ALZHEIMER, A.: Histologische Studien zur Differentialdiagnose der progressiven Paralyse. Nissl-Alzheimer Histol. Histopathol. Arb. **1**, 49–52 (1904)

ALZHEIMER, A.: Beiträge zur Kenntnis der pathologischen Neuroglia und ihrer Beziehungen zu den Abbauvorgängen im Nervengewebe. Nissl-Alzheimer Histol. Histopathol. Arb. **3**, 401–550 (1910)

ANDRIEZEN, W.L.: The neuroglia elements in the human brain. Brit. med. J. **2**, 227–230 (1893a)

ANDRIEZEN, W.L.: On a system of fibre-cells surrounding the blood-vessels of the brain of man and mammals and its physiological significance. Int. Mschr. f. Anat. u. Phys. **10**, 532–540 (1893b)

APÁTHY, ST. v.: Das leitende Element des Nervensystems und seine topographischen Beziehungen zu den Zellen. Mitt. Zool. Station Neapel **12**, 495–748 (1897)

ASÚA, J.F. DE: Die Mikroglia (Hortegasche Zellen) und das reticulo-endotheliale System. Z. Neurol. Psychiat. **109**, 354–379 (1927)

AZOULAY, L.: Structure de la corne d'Ammon chez l'enfant. C.R. Soc. Biol. (Paris) **46**, 212–214 (1894)

BAILEY, P.: Cellular types in primary tumors of the brain. In: Cytology and cellular pathology of the nervous system. PENFIELD, W. (ed.), Vol. II, pp. 905–951. New York: Hoeber 1932

BAILEY, P.: Die Hirngeschwülste. Stuttgart: Enke 1936

BAILEY, P., CUSHING, H.: Medulloblastoma cerebelli. Arch. Neurol. Psychiat. **14**, 192–224 (1925)

BAILEY, P., CUSHING, H.: A classification of the tumors of the glioma group on an histogenetic basis with a correlated study of prognosis. Philadelphia: Lippincott 1926

BAIRATI, A.: Osservazioni sulla minuta struttura delle lamine gliali sotto ependimali. Boll. Soc. ital. Biol. sper. **25**, 925–926 (1949a)

BAIRATI, A.: Ulteriori ricerche sui caratteri della birefrangenza delle fibre di nevroglia. Boll. Soc. ital. Biol. sper. **25**, 927–928 (1949b)

BAIRATI, A.: Prime indagini con il microscopio elettronico sulla struttura dei gliociti e dei loro prolungamenti. Boll. Soc. ital. Biol. sper. **25**, 1364–1366 (1949c)

BAIRATI, A., PERNIS, B., PANNESE, E.: Caratteri biofisici della glia fibrosa. Boll. Soc. comb. Sci. Med. e Biol. **11**, 61–66 (1956)

BAUER, K.: Beobachtungen über das Wachstum von Nervengewebe „in vitro". Z. mikr.-anat. Forsch. **28**, 47–80 (1932a)

BAUER, K.: Über die Bedeutung der Gewebezüchtung für die Histogenese. Z. mikr.-anat. Forsch. **28**, 519–528 (1932b)

BAUER, K.F.: Organisation des Nervengewebes und Neurencytiumtheorie. München, Berlin: Urban & Schwarzenberg 1953

BAUER, K.F., LEONHARDT, H.: Zur Kenntnis der Blut-Gehirnschranke. Cardiazolschock und Schrankenzusammenbruch. Arch. Psychiat. Nervenkr. **193**, 68–77 (1955)

BAZGAN, I., ENACHESCU, D.: Recherches expérimentales sur la microglie. Ann. anat. path.med.-chir. **6**, 43–56 (1929)

BEARD, J.: The histology of a transient nervous apparatus in certain Ichtyopsida. I. *Raja batis.* Zool. Jb. **9**, 319–426 (1856)

BECKER, H., QUADBECK, G.: Vitalversuche am Zentralnervensystem mit Triphenyl-tetrazoliumchlorid. Naturwissenschaften **37**, 565–567 (1950)

BEHNSEN, G.: Über die Farbstoffspeicherung im Zentralnervensystem der weißen Maus in verschiedenen Alterszuständen. Z. Zellforsch. **4**, 515–572 (1927)

BELEZKY, W.K.: Über die Histogenese der Mesoglia. Virchows Arch. **284**, 295–311 (1932a)

BELEZKY, W.K.: Über die Rolle der Mesoglia bei akuten, nicht eitrigen Infektionen des Zentralnervensystems. Virchows Arch. **285**, 494–506 (1932b)

Bellavitis, C.: Contributo allo studio della colorazione vitale nel sistema nervoso. Riv. Pat. nerv. ment. **34**, 348–363 (1929)

Belloni, G.B.: Contributo alla conoscenza del processo di disintegrazione nervosa: nevroglia, microglia e tessuto connettivo nelle ferite asettiche cerebrali. Rev. argent. Neurol. (Rosario) **34**, 196–230 (1928)

Bergmann, N.N.: Notiz über einige Strukturverhältnisse des Cerebellums und Rückenmarks. Z. rationelle Med. (N.F.) **8**, 360–363 (1857)

Bergmann, R.A.M.: Die Zellen von Hortega und ihre Färbung. Dissertation. Utrecht 1927

Bergquist, H., Källén, B.: Notes on the early histogenesis and morphogenesis of the central nervous system in vertebrates. J. Comp. Neurol. **100**, 627–660 (1954)

Berkley, H.J.: The neuroglia cells of the wall of the middle ventricle in the adult dog. Anat. Anz. **9**, 746–753 (1894)

Bethe, A.: Über die Neurofibrillen in den Ganglienzellen von Wirbeltieren und ihre Beziehungen zu den Golginetzen. Arch. mikr. Anat. **55**, 513–558 (1900)

Bidder, F., Kupffer, C. v.: Untersuchungen über die Textur des Rückenmarks und die Entwicklung seiner Formelemente. Leipzig: Breitkopf & Härtel 1857

Bielschowsky, M.: Allgemeine Histologie und Histopathologie des Nervensystems. In: Handbuch der Neurologie. Bumke, O., Foerster, O. (Hrsg.), Bd. I/1, S. 35–226. Berlin: Springer 1935

Boll, G.: Zur Histiologie und Histiogenese der nervösen Zentralorgane. Arch. Psychiat. **4**, 1–138 (1874)

Bolsi, D.: Il problema della origine della microglia. La penetrazione diffusa e continua d'istiociti meningei e perivasali nel sistema nervoso, durante le fasi di sviluppo e di vascolarizzazione, accertata con un nuovo metodo elettivo d'impregnazione argentica. Riv. Pat. nerv. ment. **48**, 1–128 (1936)

Bonome, A.: Bau und Histiogenese des pathologischen Neurogliagewebes. Virchows Arch. **163**, 441–497 (1901)

Bonome, A.: Istogenesi della nevroglia normale nei vertebrati. Arch. ital. Anat. Embriol. **6**, 157–345 (1907)

Bratianu, S., Guerriero, C.: Nouvelles recherches expérimentales sur les cellules à fonction colloidoplexique de l'encéphale et sur la microglia de del Rio Hortega. Arch. Anat. micr. Morph. exp. **26**, 335–372 (1930)

Bratianu, S., Llombart, A.: La mésoglie (microglie) dans la maladie de Borna. C.R. Soc. Biol. (Paris) **101**, 792–794 (1929 a)

Bratianu, S., Llombart, A.: Système réticulo-endothélial local de l'encéphale. Rôle de la pie-mère profonde et superficielle. Rôle de la mésoglie. C.R. Soc. Biol. (Paris) **101**, 905–907 (1929 b)

Brizzee, K.R., Jacobs, L.A.: The glia/neuron index in the submolecular layers of the motor cortex in the cat. Anat. Rec. **134**, 97–105 (1959)

Brownson, R.H.: Perineuronal satellite cells in the motor cortex of aging brains. J. Neuropath. exp. Neurol. **14**, 424–432 (1955)

Brownson, R.H.: Perineuronal satellite cells in the motor cortex of aging brains. J. Neuropath. exp. Neurol. **15**, 190–195 (1956)

Cajal, S. Ramón y: Sur l'origine et les ramifications des fibres nerveuses de la moëlle embryonnaire. Anat. Anz. **5**, 85–90, 111–119 (1890 a)

Cajal, S. Ramón y: A quelle époque apparaissent les expansions des cellules nerveuses de la moëlle épinière du poulet? Anat. Anz. **5**, 609–613, 631–639 (1890 b)

Cajal, S. Ramón y: Sur la structure de l'écorce cérébrale de quelques mammifères. Cellule **7**, 126–176 (1891)

Cajal, S. Ramón y: Textura del sistema nervioso del hombre y de los vertebrados. Madrid: Moya 1904

Cajal, S. Ramón y: Nouvelles observations sur l'évolution des neuroblastes avec quelques remarques sur l'hypothèse neurogénétique de Hensen-Held. Anat. Anz. **32**, 1–25, 65–87 (1908)

Cajal, S. Ramón y: Histologie du système nerveux de l'homme et des vertébrés. Tome 1, pp. 164–174, 209–214. Paris: Maloine 1911

Cajal, S. Ramón y: Sobre ún nuevo proceder de impregnación de la neuroglia. Trab. Lab. Invest. Biol. Madrid **11**, 219–237 (1913 a)

Cajal, S. Ramón y: Contribucion al conocimiento de la neuroglia del cerebro humano. Trab. Lab. Invest. Biol. Madrid **11**, 255–315 (1913 b)

CAJAL, S. RAMÓN Y: Recuerdos de mi vida, 3ed ed. Madrid: Pueyo 1923

CAJAL, S. RAMÓN Y: Die Neuronenlehre. In: Handbuch der Neurologie. BUMKE, O., FOERSTER, O. (Hrsg.), Bd I. Berlin: Springer 1935

CAPOBIANCO, F.: Della participazione mesodermica nella genesi della neuroglia cerebrale. Monit. zool. ital. **12**, 230–232 (1901)

CAPOBIANCO, F., FRAGNITO, O.: Nuove ricerche su la genesi ed i rapporti mutui degli elementi nervosi e nevroglici. Ann. Nevrol. **16**, 81–116 (1898)

CERLETTI, U.: Studi recenti sull'istogenesi della nevroglia. Ann. Ist. psichiat. della Univ. Roma **4**, (1907); Riv. sper. Freniat. **33**, 3–14 (1907a)

CERLETTI, U.: Sopra speciali corpuscoli perivasali nella sostanza cerebrale. Riv. sper. Freniat. **33**, 690–700 (1907b)

CLARKE, L.: Researches on the intimate structure of the brain, human and comparative. Philos. Trans. R. Soc. Lond. (Biol.) **148**, 231–259 (1858)

COLLADO, C.: Participación de la microglía en el substratum patológico de la rabia. Bol. Soc. esp. Biol. Madrid **9**, 175–191 (1919)

COSTERO, I.: Estudio del comportamiento de la microglía cultivado in vitro. Datos concernientes a su histogénesis. Mem. R. Soc. cep. Hist. nat. **14**, 125–182 (1930a)

COSTERO, I.: Studien an Mikrogliazellen (sogenannten Hortegazellen) in Gewebskulturen vom Gehirn. Arb. Staatsinst. exp. Ther. Frankfurt **23**, 27–37 (1930b)

COSTERO, I.: Experimenteller Nachweis der morphologischen und funktionellen Eigenschaften und des mesodermischen Charakters der Mikroglia. Zbl. ges. Neurol. Psychiat. **132**, 371–406 (1931)

CREUTZFELDT, H.G., METZ, A.: Die morphologische und funktionelle Differenzierung der Neuroglia. Zbl. ges. Neurol. Psychiat. **38**, 416–418 (1924)

CREUTZFELDT, H.G., METZ, A.: Über Gestalt und Tätigkeit der Hortegazellen bei pathologischen Vorgängen. Z. Neurol. **106**, 18–52 (1926)

DEITERS, O.: Untersuchungen über Gehirn und Rückenmark des Menschen und der Säugetiere. MAX SCHULTZE (Hrsg.). Braunschweig: Vieweg & Sohn 1865

DRESZER, R., SCHOLZ, W.: Experimentelle Untersuchungen zur Frage der Hirndurchblutungsstörungen beim generalisierten Krampf. Z. Neurol. **164**, 140 (1939)

EHRLICH, P.: Das Sauerstoffbedürfnis des Organismus. Eine farbenanalytische Studie. Berlin: Hirschwald 1885

EICHHORST, H.: Über die Entwicklung des menschlichen Rückenmarks und seine Formelemente. Virchows Arch. **64**, 425–475 (1875)

EISATH, G.: Über normale und pathologische Histologie der menschlichen Neuroglia. Mschr. Psychiat. Neurol. **20**, 1–87, 139–165, 240–265 (1906)

EURICH, F.W.: Contributions to the comparative anatomy of the neuroglia. Anat. Physiol. **32**, 688–708 (1898)

EWALD, A., KÜHNE, W.: Über einen neuen Bestandteil des Nervensystems. Verh. naturhist.-med. Ver. Heidelberg (N.F.) **1**, 457–464 (1877)

FALZACAPA, E.: Genesi della cellula specifica nervosa e intima struttura del sistema centrale nervoso degli uccelli. Boll. Soc. Naturalisti Napoli, Ser. I, Vol. II (1888)

FIEANDT, H. v.: Eine neue Methode zur Darstellung des Gliagewebes, nebst Beiträgen zur Kenntnis des Baues und der Anordnung der Neuroglia des Hundehirns. Arch. mikr. Anat. **76**, 125–209 (1910)

FIEANDT, H. v.: Weitere Beiträge zur Frage nach der feineren Struktur des Gliagewebes. Beitr. path. Anat. **51**, 247–261 (1911)

FLEISCHHAUER, K.: Neuroglia. Ergebnisse und Probleme. Dtsch. med. Wschr. **85**, 2031–2035 (1960)

FORSTER, E.: Experimentelle Beiträge zur Lehre der Phagozytose der Hirnrindenelemente. Nissl-Alzheimer Histol. Histopathol. Arb. **2**, 173–192 (1908)

FRIEDE, R.L.: Gliaindex und Hirnstoffwechsel. Wien. Z. Nervenheilk. **7**, 143–152 (1953a)

FRIEDE, R.L.: Über die trophische Funktion der Glia. Virchows Arch. **324**, 15–26 (1953b)

FRIEDE, R.L.: Die Bedeutung der Glia für den zentralen Kohlenhydratstoffwechsel. Zbl. allg. Path. path. Anat. **92**, 65–74 (1954a)

FRIEDE, R.L.: Der quantitative Anteil der Glia an der Cortexentwicklung. Acta anat. (Basel) **20**, 290–296 (1954b)

FRIEDE, R.L.: Der Kohlenhydratgehalt der Glia von *Hirudo* bei verschiedenen Funktionszuständen. Z. Zellforsch. **41**, 509–520 (1955)

FRIEDE, R.L.: Über Beziehungen zwischen histochemischen Glykogenbefunden und der Hirnwellen-frequenz im EEG an einem Material von menschlichen Biopsien. Arch. Psychiat. Nervenkr. **194**, 213–237 (1956)

FRIEDE, R.L.: Topographic brain chemistry. London, New York: Academic Press 1966

FRIEDEMANN, U., ELKELES, A.: Kann die Lehre von der Bluthirnschranke in ihrer heutigen Form aufrechterhalten werden? Dtsch. med. Wschr. **57**, 1934–1935 (1931)

FRIEDEMANN, U., ELKELES, A.: Untersuchungen über den Stoffaustausch zwischen Blut und Gehirn. Klin. Wschr. **11**, 2026–2028 (1932)

FROMMANN, C.: Untersuchungen über die normale und pathologische Anatomie des Rückenmarks. I. Teil. Jena: F. Frommann 1864

FROMMANN, C.: Untersuchungen über die normale und pathologische Anatomie des Rückenmarks. II. Teil. Jena: F. Frommann 1867

GALLEGO, A.: Beitrag zur Histopathologie der Nervenzentren in der Staupe des Hundes. I. Gefäßver-änderungen und Veränderungen der Mikroglia. Bol. Soc. esp. Biol. Madrid **12**, 33–42 (1926)

GALLEGO, A.: Beitrag zur Histopathologie der Nervenzentren bei der nervösen Staupe des Hundes. II. Veränderungen der Gliazellen und der Ganglienzellen. Bol. Soc. esp. Biol. Madrid **12**, 85–92 (1927)

GEHUCHTEN, A. VAN: Anatomie du système nerveux de l'homme, 1ère Éd. Louvain: Uystpruyst-Dieudonné 1893

GEHUCHTEN, A. VAN: Anatomie du système nerveux de l'homme, 3ième Éd. Louvain: Uystpruyst-Dieudonné 1900

Gerlach, J. v.: Von dem Rückenmark. In: Strickers Handbuch der Lehre von den Geweben. Bd. II, S. 665–693. Leipzig: Engelmann 1872

GIERKE, H.: Die Stützsubstanz des Zentralnervensystems. I. Teil. Arch. mikr. Anat. **25**, 441–554 (1885)

GIERKE, H.: Die Stützsubstanz des Zentralnervensystems. II. Teil. Arch. mikr. Anat. **26**, 129–228 (1886)

GLEES, P.: Neuroglia, morphology and function. Oxford: Blackwell 1955

GLOBUS, J.H., STRAUSS, J.: Spongioblastoma multiforme. A primary malignant form of brain neo-plasm; its clinical and anatomic features. Arch. Neurol. Psychiat. **14**, 139–191 (1925)

GODINA, G.: Istogenesi e differenziazione dei neuroni e degli elementi gliali della corteccia cerebrale. Z. Zellforsch. **36**, 401–435 (1951)

GOLDMANN, E.: Experimentelle Untersuchungen über die Funktion der Plexus chorioidei und der Hirnhäute. Arch. klin. Chir. **101**, 735–741 (1913a)

GOLDMANN, E.: Vitalfärbung am Zentralnervensystem. Beitrag zur Physio-Pathologie des Plexus chorioideus und der Hirnhäute. Abh. kgl. preuß. Akad. Wiss., physik.-med. Kl. **1**, 1–60 (1913b)

GOLGI, C.: Contributo alla fina anatomia degli organi centrali del sistema nervoso. Bologna 1871/72

GOLGI, C.: Sulla struttura della sostanza grigia del cervello. Gazz. med. ital. Lombardo **33**, 244–246 (1873)

GOLGI, C.: Recherches sur l'histologie des centres nerveux. Arch. ital. Biol. **3**, 285–317 (1883a); **4**, 92–123 (1883b)

GOLGI, C.: Sulla fina anatomia degli organi centrali. Milano: Reggio Emilia 1885

GOLGI, C.: Untersuchungen über den feineren Bau des zentralen und peripherischen Nervensystems. Jena: Fischer 1894

GOLGI, C.: Opera omnia I, II. Milano: Hoepli 1903

GOZZANO, M.: Osservazioni sulla microglia in alcune specie di vertebrati. Riv. Neurol. **2**, 322–327 (1929)

GOZZANO, M.: Quelques observations sur l'origine de la microglie. Rev. neurol. **1**, 1024–1027 (1930)

GOZZANO, M.: L'istogenesi della microglia. Riv. Neurol. **4**, 225–265, 373–412 (1931)

GRIGORIEFF, L.M.: Wachstum und Differenzierung des Nervengewebes und seine Beziehung zu anderen Geweben unter Bedingungen der Kultur in vitro. Anat. Anz. **68**, 129–137 (1929)

GRIGORIEFF, L.M.: Differenzierung des Nervengewebes außerhalb des Organismus. Arch. exp. Zell-forsch. **11**, 483–519 (1931)

HALLER, B.: Über die sogenannte Leydigsche Punktsubstanz im Zentralnervensystem. Morph. Jahrb. **12**, 325–332 (1887)

HANNOVER, A.: Recherches microscopiques sur le système nerveux. Kopenhagen, Paris, Leipzig: Philipsen, Brockhaus & Avenarius 1844

HARDESTY, I.: The neuroglia of the spinal cord of the elephant with some preliminary observations upon the development of neuroglia fibers. Am. J. Anat. **2**, 81–103 (1902/03)

HARDESTY, I.: On the development and nature of the neuroglia. Am. J. Anat. **3**, 229–268 (1904)

HARDESTY, I.: On the occurence of sheath cells and the nature of axon sheaths in the central nervous system. Am. J. Anat. **4**, 329–354 (1905)

HARMS, J.W.: Biologie des Wachstums. In: Handbuch der allgemeinen Pathologie. Bd. IV/1: Der Stoffwechsel I. ALTMANN, H.W., BUCHNER, F., COTTIER, H., GRUNDMANN, E., HOLLE, G., LETTE-RER, E., MASSHOFF, W., MEESSEN, H., ROULET, F., SEIFERT, G., SIEBERT, G. (Hrsg.), S. 139–179. Berlin, Göttingen, Heidelberg: Springer 1955

HARRISON, R.G.: Neue Versuche und Beobachtungen über die Entwicklung der peripheren Nerven der Wirbeltiere. S.-B. niederrh. Ges. f. Natur- u. Heilk. Bonn, S. 1 (1904)

HATAI, S.: On the origin of neuroglia tissue from the mesoblast. J. Comp. Neurol. **12**, 291–296 (1902)

HAWKINS, A., OLSZEWSKI, J.: Glia/nerve cell index for cortex of the whale. Science **126**, 76–77 (1957)

HELD, H.: Über den Bau der Neuroglia und über die Wand der Lymphgefäße in Haut und Schleimhaut. Abh. kgl. sächs. Ges. Wiss., math.-phys. Kl. **28**, 201–318 (1903)

HELD, H.: Zur weiteren Kenntnis der Nervenendfüße und zur Struktur der Sehzellen. Abh. kgl. sächs. Ges. Wiss., math.-phys. Kl. **29**, 145–185 (1904)

HELD, H.: Zur Kenntnis einer neurofibrillären Kontinuität im Zentralnervensystem der Wirbeltiere. Arch. Anat., Anat. Abt. **119**, 55–78 (1905)

HELD, H.: Entwicklung des Nervengewebes bei den Wirbeltieren. Leipzig: Barth 1909a

HELD, H.: Über die Neuroglia marginalis der menschlichen Großhirnrinde. Mschr. Psychol. Neurol. **26**, (Erg.-Heft), 360–416 (1909b)

HELD, H.: Das Grundnetz der grauen Hirnsubstanz. Mschr. Psychiat. Neurol. **65**, 68–86 (1927)

HENSCHEN, F.: Tumoren des Zentralnervensystems und seiner Hüllen. In: Handbuch der speziellen pathologischen Anatomie und Histologie. Bd. XIII/3: Erkrankungen des zentralen Nervensystems III. SCHOLZ, W. (Hrsg.), S.413–1040. Berlin, Göttingen, Heidelberg: Springer 1955

HESS, A.: The ground substance of the central nervous system revealed by histochemical staining. J. Comp. Neurol. **98**, 69–88 (1953)

HESS, A.: Blood-brain barrier and ground substance of central nervous system. Arch. Neurol. Psychiat. **73**, 380–386 (1955a)

HESS, A.: Blood-brain barrier and ground substance of central nervous system. Arch. Neurol. Psychiat. **74**, 149–156 (1955b)

HESS, A.: The ground substance of the developing central nervous system. J. Comp. Neurol. **102**, 65–73 (1955c)

HILD, W.: Das morphologische, kinetische und endokrinologische Verhalten von hypothalamischem und neurohypophysärem Gewebe in vitro. Z. Zellforsch. **40**, 257–312 (1954)

HIS, W.: Die Neuroblasten und deren Entstehung im embryonalen Mark. Arch. Anat. Physiol. **5**, 249–300 (1889)

HIS, W.: Histogenese und Zusammenhang der Nervenelemente. Arch. Anat. suppl. Bd., 95–117 (1890)

HIS, W.: Das Prinzip der organbildenden Keimbezirke und die Verwandtschaften der Gewebe. Arch. Anat. Entwickl.-Gesch. **30**, 307–337 (1901)

HOLMDAHL, D.E.: Die Entstehung und weitere Entwicklung der Neuralleiste (Ganglienleiste) bei Vögeln und Säugetieren. Z. mikr.-anat. Forsch. **14**, 99–298 (1928)

HORTEGA, P. DEL RÍO: Notas técnicas. Noticia de un nuevo y fácil método para coloración de la neuroglia y del tejido conjuntivo. Trab. Lab. Invest. Biol. Madrid **15**, 367–378 (1917)

HORTEGA, P. DEL RÍO: Sobre la verdadera significación de la células neuróglicas llamadas amiboides. Bol. Soc. esp. Biol. Madrid **8**, 229–243 (1919a)

HORTEGA, P. DEL RÍO: El „tercer elemento" de los centros nerviosos. I. La microglía en estado normal. II. Intervención de la microglía en los procesos patológicos. III. Naturaleza probable de la microglía. Bol. Soc. esp. Biol. Madrid **9**, 69–120 (1919b)

HORTEGA, P. DEL RÍO: El „tercer elemento" de los centros nerviosos. Poder fagocitario y movilidad de la microglía. Bol. Soc. esp. Biol. Madrid **9**, 154–166 (1919c)

Hortega, P. del Río: Coloración rápida de tejidos normales y patológicos con carbonato de plata amoniacal. Trab. Lab. Invest. Biol. Madrid **17**, 229–235 (1919d)

Hortega, P. del Río: La microglía y su transformación en células en bastoncito y cuerpos gránulo-adiposos. Trab. Lab. Invest. Biol. Madrid **18**, 37–82 (1920)

Hortega, P. del Río: El „tercer elemento" de los centros nerviosos: Histogénesis y evolución normal, éxodo y distribución regional de la microglía. Mem. Soc. esp. Hist. Nat. **11**, 213–268 (1921a)

Hortega, P. del Río: La glía de escasas radiaciones (oligodendroglía). Arch. Neurobiol. Madr. **2**, Nr. 1 (1921); Bol. Soc. esp. Hist. Nat. **21**, 63–92 (1921b)

Hortega, P. del Río: Concepts histogénique, morphologique, physiologique et physio-pathologique de la microglie. Rev. neurol. **1**, 956–986 (1930)

Hortega, P. del Río: Estructura y sistematización de los gliomas y paragliomas. Arch. esp. Oncol. **2**, 411–677 (1931/32)

Hortega, P. del Río: Microglia. In: Cytology and cellular pathology of the nervous system. Penfield, W. (Ed.), Vol. II, pp. 483–534. New York: Hoeber 1932

Hortega, P. del Río: La neuroglia normal. Arch. Histol. (B. Aires) **1**, 5–71 (1942)

Hortega, P. del Río: Ensayo de clasificación de las alteraciones celulares del tejido nervioso. II. Alteraciones de las células neuróglicas. Arch. Histol. (B. Aires) **2**, 5–100 (1944/45)

Hortega, P. del Río: Histogénesis y evolución normal; éxodo y distribución regional de la microglía. Arch. Histol. (B. Aires) **5**, 105–150 (1954)

Hortega, P. del Río: Variedades morfológicas de oligodendrocitos. Arch. Histol. (B. Aires) **6**, 239–291 (1956)

Huber, G.: Studies on the neuroglia in vertebrates. Am. J. Anat. **1**, 45–61 (1903)

Hydén, H.: A microchemical study of the relationship between glia and nerve cell. In: Structure and function of the cerebral cortex. Proceedings of the 2nd International Meeting of Neurobiologists. Tower, D.B., Schadé, J.P. (eds.), p. 348. Amsterdam: Elsevier 1959

Hydén, H.: The neuron. In: The cell. Brachet, J., Mirsky, A., (eds.), Vol. IV, Chap. 5. London, New York: Academic Press 1960

Hydén, H.: Satellite cells in the nervous system. Sci. Am. **205**, 62 (1961)

Hydén, H.: The neuron and its glia – a biochemical and functional unit. Endeavour **21**, 144 (1962a)

Hydén, H.: A molecular basis of neuron – glia interaction. In: Macromolecular specificity and biological memory. Schmitt, F.O. (ed.), p. 55. Cambridge, Mass.: M.I.T. press 1962b

Ionesco-Mihaesti, C., Tupa, A.: A propos de l'origine mésodermique de la microglie et de son rôle physiologique. C.R. Soc. Biol. (Paris) **100**, 1084–1085 (1929)

Jakob, A.: Normale und pathologische Anatomie und Histologie des Großhirns. In: Handbuch der Psychiatrie. Aschaffenburg, G. (Hrsg.), Allgemeiner Teil, Abt. 1, Teil 1, Bd. I. Wien: Deuticke 1927

Jakob, A.: Das Kleinhirn. In: Handbuch der mikroskopischen Anatomie des Menschen, 1. Aufl. Möllendorff, W. v. (Hrsg.), Bd. IV/1, S. 674–916. Berlin: Springer 1928

Jastrowitz, M.: Studien über die Encephalitis und Myelitis des ersten Kindesalters. Arch. Psychiat. Nervenkr. **2**, 389–414 (1870); **3**, 162–213 (1872)

Juba, A.: Untersuchungen über die Entwicklung der Hortegaschen Mikroglia des Menschen. Arch. Psychiat. Nervenkr. **101**, 577–592 (1934a)

Juba, A.: Das erste Erscheinen und die Urformen der Hortegaschen Mikroglia im Zentralnervensystem. Arch. Psychiat. Nervenkr. **102**, 225–232 (1934b)

Juba, A.: Über die Entwicklung der Mikroglia mit besonderer Berücksichtigung der Cytogenese. Z. Anat. Entwickl.-Gesch. **103**, 245–258 (1934c)

Källén, B.: Studies on the differentiation capacity of neural epithelium cells in chick embryos. Z. Zellforsch. **47**, 469–480 (1958)

Kahle, W.: Studien über die Matrixphasen und die örtlichen Reifungsunterschiede am embryonalen menschlichen Gehirn. I. Mitteilung: Die Matrixphasen im allgemeinen. Dtsch. Z. Nervenheilk. **166**, 273–302 (1951)

Kahle, W.: Zur Entwicklung des menschlichen Zwischenhirns. Studien über die Matrixphasen und die örtlichen Reifungsunterschiede im embryonalen menschlichen Gehirn. II. Mitteilung. Dtsch. Z. Nervenheilk. **175**, 259–318 (1956)

Keibel, F.: The development of the sense-organs. In: Manual of human embryology. Keibel, F., Mall, F.P. (eds.), Vol. 2, pp. 180–290. Philadelphia: Lippincott 1912

KERNOHAN, J.W., ADSON, A.: Simplified classification of gliomas. Proc. Mayo Clin. **24**, 71–75 (1949)

KERSHMAN, J.: The medulloblast and the medulloblastomas. Arch. Neurol. Psychiat. **40**, 937–967 (1938)

KERSHMAN, J.: Genesis of microglia in the human brain. Arch. Neurol. Psychiat. **41**, 24–50 (1939)

KEUFFEL, G.G.TH.: Über das Rückenmark. Reils Arch. Physiol. **10**, 123–202 (1811)

KEY, A., RETZIUS, R.: Studien in der Anatomie des Nervensystems und des Bindegewebes. 1. Hälfte. Stockholm: Samson & Wallin 1875; 2. Hälfte. Stockholm: Samson & Wallin 1876

KOELLIKER, A. v.: Handbuch der Gewebelehre des Menschen, 5. Aufl. Bd. II/1. Leipzig: Engelmann 1867

KOELLIKER, A. v.: Handbuch der Gewebelehre des Menschen. Bd. II. Leipzig: Engelmann 1886

KOELLIKER, A. v.: Zur feineren Anatomie des zentralen Nervensystems. I. Das Kleinhirn. Z. wiss. Zool. **49**, 663–689 (1890)

KOELLIKER, A. v.: Über die Entwicklung der Elemente des Nervensystems, contra Beard u. Dohrn. Verh. anat. Ges. **6**, 76–78 (1892)

KOELLIKER, A. v.: Handbuch der Gewebelehre des Menschen. Bd. II: Nervensystem des Menschen und der Tiere. Leipzig: Engelmann 1896

KORNMÜLLER, A.E.: Erregbarkeitssteuernde Elemente und Systeme des Nervensystems. Grundriß ihrer Morphologie, Physiologie und Klinik. Fortschr. Neurol. Psychiat. **18**, 437–467 (1950)

KRAUSE, R.: Untersuchungen über den Bau des Zentralnervensystems der Affen. Abh. Akad. Wiss. Berlin, Physik III, 1–49 (1899)

KRYSPIN-EXNER, W.: Über die Architektonik der Glia im Zentralnervensystem des Menschen und der Säugetiere. Proc. 1st Int. Congr. Neuropath., Rome **3**, 504–510 (1952)

KUHLENBECK, H.: The transitory superficial granular layer of the cerebellar cortex. J. Am. Med. Wom. Assoc. **5**, 347–351 (1950)

KUHLENBECK, E., DOMARUS, E. v.: Demonstration sechs mikroskopischer Präparate zur Darstellung des Aufbaus der Großhirnrinde. Verh. anat. Ges. **29**, 114–115 (1920)

KULENKAMPFF, H.: Das Verhalten der Vorderwurzelzellen der weißen Maus unter dem Reiz physiologischer Tätigkeit. Eine quantitativ-morphologische Untersuchung. Z. Anat. Entwickl.-Gesch. **116**, 143–156 (1951/53a)

KULENKAMPFF, H.: Das Verhalten der Neuroglia in den Vorderhörnern des Rückenmarks der weißen Maus unter dem Reiz physiologischer Tätigkeit. Z. Anat. Entwickl.-Gesch. **116**, 304–312 (1951/53b)

KULENKAMPFF, H., KOLB, W.: Mitosen im Ependym der erwachsenen weißen Maus. Naturwissenschaften **44**, 241 (1957)

KULENKAMPFF, H., WÜSTENFELD, E.: Funktionsbedingte Veränderungen der Kerngröße von Gliazellen im Grau des Rückenmarks der weißen Maus. Z. Anat. Entwickl.-Gesch. **118**, 97–101 (1954/55)

LACHI, P.: Contributo alla istogenesi della nevroglia nel midollo spinale del pollo. Mem. Soc. Toscana Scienze Natur. (Pisa) **11** (1890)

LACHI, P.: Contribution à l'histogenèse de la névroglie dans la moëlle épinière du poulet. Arch. ital. Biol. **15**, 160–161 (1891)

LAVDOWSKY, M.: Vom Aufbau des Rückenmarks. Histologisches über die Neuroglia und die Nervensubstanz. Arch. mikr. Anat. **38**, 264–301 (1891)

LAZARENKO, T.: Ein Beitrag zur Morphologie des Wachstums von embryonalem Nervengewebe in vitro. Arch. exp. Zellforsch. **11**, 555–590 (1931)

LENHOSSÉK, M. v.: Zur Kenntnis der Neuroglia des menschlichen Rückenmarks. Verh. anat. Ges. **5**, 193–221 (1891)

LENHOSSÉK, M. v.: Der feinere Bau der nervösen Zentralorgane. Berlin: Fischer 1893

LENHOSSÉK, M. v.: Der feinere Bau des Nervensystems im Lichte neuester Forschungen. Berlin: Fischer 1895

LEONHARDT, H.: Plasmatische Ableitung. Ein Modus der Farbstoffausscheidung aus dem Gehirn. (Zugleich ein Beitrag zur Physiologie des Neurencytiums). Z. Anat. Entwickl.-Gesch. **115**, 555–569 (1951)

LEONHARDT, H.: Intraplasmatischer Stofftransport und Blut-Gehirnschranke. Z. mikr.-anat. Forsch. **58**, 449–530 (1952a)

LEONHARDT, H.: Geigyblau 536 med., ein neuer Vitalfarbstoff zum Nachweis der Blut-Gehirnschranke. Z. Mikrosk. **61**, 137–141 (1952b)

Levi, G.: Explantation, besonders die Struktur und die biologischen Eigenschaften der in vitro gezüchteten Zellen und Gewebe. Ergebn. Anat. Entwickl.-Gesch. **31**, 125–702 (1934)

Lewis, B.W.: A text book of mental diseases, lst ed., p. 79. London: Griffin 1889

Leydig, F. v.: Lehrbuch der Histologie des Menschen und der Tiere. Frankfurt a.M.: Meidinger Sohn & Co. 1857

Liebaldt, G.: Ätiologie und Pathologie der Hirntumoren. Fortschr. Med. **76**, 195–198 (1958)

Lumsden, C.E., Pomerat, C.M.: Normal oligodendrocytes in tissue culture. Exp. Cell Res. **2**, 103–114 (1951)

Macklin, C.C., Macklin, M.T.: A study of brain repair in the rat by use of trypan blue, with special reference to the vital staining of macrophages. Arch. Neurol. Psychiat. **3**, 353–394 (1920)

Magini, G.: Nouvelles recherches histologiques sur le cerveau du foetus. Arch. ital. Biol. **10**, 384–387 (1888)

Marinesco, G.: Evolution de la névroglie à l'état normal et pathologique. C.R. Soc. Biol. (Paris) **52**, 688–690 (1900)

Martinotti, C.: Contributo allo studio della corteccia cerebrale e dell'origine centrale dei nervi. Boll. Soc. med.-chir. Pavia **2**, 36–38 (1889)

Mauthner, L.: Über die sogenannten Bindegewebskörperchen des zentralen Nervensystems. S.-B. Akad. Wiss. Wien, math.-nat. Kl., Abt. I **43**, 45–54 (1861)

Maximow, A.A.: In vitro cultures of mammalian embryos. Anat. Rec. **25**, 141–142 (1923)

Merzbacher, L.: Ein einfaches Verfahren zur Darstellung von Gliastrukturen. J. Psychol. Neurol. **12**, 1–8 (1909)

Metz, A.: Über die Bewegungsfähigkeit der Hortegazellen (Mikroglia). Zbl. Neurol. **43**, 8 (1926)

Metz, A., Spatz, H.: Die Hortegazellen (=das sogenannte dritte Element) und ihre funktionelle Bedeutung. Z. Neurol. **89**, 138–170 (1924)

Metz, A., Spatz, H.: Die drei Gliazellarten und der Eisenstoffwechsel. Z. ges. Neurol. Psychiat. **100**, 428–449 (1926)

Metzler, A.: De medullae spinalis avium textura. Dissertation. Dorpat: Schünmann und Mattiesen 1855

Mihálik, P. v.: Über die Nervengewebskulturen, mit besonderer Berücksichtigung der Neuronenlehre und der Mikrogliafrage. Arch. exp. Zellforsch. **17**, 119–176 (1935)

Mondino, C.: Ricerche macro e microscopiche sui centri nervosi. Torino: Unione Tip.-Edit. 1887

Müller, E.: Studien über Neuroglia. Arch. mikr. Anat. **55**, 11–62 (1900)

Nageotte, J.: Phénomènes de sécrétion dans le protoplasme des cellules névrogliques de la substance grise. C.R. Soc. Biol. (Paris) **68**, 1068–1069 (1910)

Nansen, F.: Anatomie und Histologie des Nervensystems der Myzostomen. Jena. Z. Med. Naturwiss. **21**, (N.F. **14**), 267–321 (1887a)

Nansen, F.: The structure and combination of the histological elements in the central nervous system. Bergens Mus. Aarsberetning for 1886, 29–214 (1887b)

Nansen, F.: Die Nervenelemente, ihre Struktur und Verbindung im Zentralnervensystem. Anat. Anz. **3**, 157–169 (1888)

Niessing, K.: Die Entwicklung der kranialen Ganglien bei Amphibien. Morph. Jb. **70**, 472–530 (1932)

Niessing, K.: Über systemartige Zusammenhänge der Neuroglia im Großhirn und ihre funktionelle Bedeutung. Morph. Jb. **78**, 537–584 (1936a)

Niessing, K.: Gliastrukturen der Großhirnrinde. Anat. Anz. **81**, 212–215 (1936b)

Niessing, K.: Zellreaktion der Makroglia bei Narkose. Z. mikr.-anat. Forsch. **56**, 173–189 (1950)

Niessing, K.: Zur funktionellen Histologie der Hirnkapillaren. Verh. anat. Ges. **48**, 42–60 (1951)

Niessing, K.: Zellformen und Zellreaktionen der Mikroglia des Mäusehirns. Morph. Jb. **92**, 102–122 (1952a)

Niessing, K.: Über den histologischen Aufbau der Bluthirnschranke. Dtsch. Z. Nervenheilk. **168**, 485–498 (1952b)

Niessing, K.: Zellreaktionen der Hortega-Glia bei Anwendung pharmakologischer und hormonaler Reize. Verh. anat. Ges. **51**, 266–271 (1953)

Niessing, K.: Gestalt und Formwandel der Gliazellen. Film B 751/1957, Inst. Wiss. Film, Göttingen 1958

Niessing, K., Rollhäuser, H.: Über den submikroskopischen Bau des Grundhäutchens der Hirnkapillaren. Z. Zellforsch. **39**, 431–446 (1954)

NIESSING, K., VOGELL, W.: Elektronenmikroskopische Untersuchungen über Strukturveränderungen in der Hirnrinde beim Oedem und ihre Bedeutung für das Problem der Grundsubstanz. Z. Zellforsch. **52**, 216–237 (1960)

NISSL, F.: Über einige Beziehungen zwischen Nervenzellerkrankungen und gliösen Erscheinungen bei verschiedenen Psychosen. Arch. Psychiat. Nervenkr. **32**, 656–676 (1899)

NISSL, F.: Die Neuronenlehre und ihre Anhänger. Jena: Fischer 1903

NISSL, F.: Zur Lehre von der Hirnlues. Neurol. Zbl. **23**, 42–45 (1904a)

NISSL, F.: Zur Histopathologie der paralytischen Rindenerkrankung. Nissl-Alzheimer Histol. Histopathol. Arb. **1**, 315–494 (1904b)

OKSCHE, A.: Die Bedeutung des Ependyms für den Stoffaustausch zwischen Liquor und Gehirn. Anat. Anz. **103** (Erg.-Heft.), 162–172 (1957)

OKSCHE, A.: Histologische Untersuchungen über die Bedeutung des Ependyms, der Glia und der Plexus chorioidei für den Kohlenhydratstoffwechsel des ZNS. Z. Zellforsch. **48**, 74–129 (1958)

OLIVO, O.M.: Migrazione di elementi nervosi coltivati in vitro. Arch. exp. Zellforsch. **4**, 43–63 (1927)

OSTERTAG, B.: Einteilung und Charakteristik der Hirngewächse. Jena: Fischer 1936

OSTERTAG, B.: Die Spongioblastome und spongioblastischen Glioblastome des Hirnstamms und Allocortex. Verh. dtsch. Ges. Path. **33**, 238–247 (1949)

OWSJANNIKOW, PH.: Disquisitiones microscopicae de medullae spinalis textura, imprimis in piscibus factitatae. Inauguraldissertation. Dorpati Livonorum 1854

PALADINO, G.: Sur les limites précises entre la névroglie et les éléments nerveux dans la moëlle épinière et sur quelques-unes des questions histo-physiologiques qui s'y rapportent. Arch. ital. Biol. **22**, 39–53 (1894)

PALADINO, G.: La dottrina della continuità nell'organizzazione del nevrasse nei vertebrati ed i mutui ed intimi rapporti tra neuroglia e cellule e fibre nervose. Rendic. R. Accad. Sc. fis. e mot. Napoli, Fasc. 7–9, p. 25. Ann. Neurolog. **4**, 139–152 (1911)

PANNESE, E.: L'organizzazione strutturale delle lamine gliali periventricolari dell'uomo in condizioni normali e patologiche. Z. Zellforsch. **45**, 137–151 (1956)

PENFIELD, W.: Microglie et son rapport avec la dégénération névrogliale dans un gliome. Trab. Lab. Invest. Biol. Madrid **22**, 277–293 (1924a)

PENFIELD, W.: Oligodendroglia and its relations to classical neuroglia. Brain **47**, 430–452 (1924b)

PENFIELD, W.: Phagocytic activity of microglia in the central nervous system. Proc. N.Y. path. Soc. (N.S.) **25**, 71–77 (1925a)

PENFIELD, W.: Microglia and the process of phagocytosis in gliomas. Am. J. Path. **1**, 77–89 (1925b)

PENFIELD, W.: The mechanism of cicatricial contraction in the brain. Brain **50**, 499–517 (1927)

PENFIELD, W.: A method of staining oligodendroglia and microglia (combined method). Am. J. Path. **4**, 153–157 (1928a)

PENFIELD, W.: Neuroglia and microglia. In: Special cytology. COWDRY, E.V. (ed.), Vol. II, Sect. XXX, pp. 1032–1068. New York: Hoeber 1928b

PENFIELD, W.: The classification of gliomas and neuroglia cell types. Arch. Neurol. Psychiat. **26**, 745–753 (1931)

PENFIELD, W. (ed.): Neuroglia: Normal and pathological. In: Cytology and cellular pathology of the central nervous system. Vol. II, p. 449. New York: Hoeber 1932

PENFIELD, W., BUCKLEY, R.C.: Punctures of the brain. The factors concerned in gliosis and in cicatricial contraction. Arch. Neurol. Psychiat. **20**, 1–13 (1928)

PENFIELD, W., CONE, W.: Acute swelling of oligodendroglia. A specific type of neuroglia change. Arch. Neurol. Psychiat. **16**, 131–153 (1926)

PENFIELD, W., CONE, W.: The acute regressive changes of neuroglia (amoeboid) glia and acute swelling of oligodendroglia. J. Psychol. Neurol. **34**, 204–220 (1927)

PENFIELD, W., CONE, W.: Neuroglia and microglia (the metallic methods). In: McClung's handbook of microscopical technique, pp. 359–388. New York: Hoeber 1928

PÉTERFI, T., WILLIAMS, S.C.: Elektrische Reizversuche an gezüchteten Gewebezellen. 1. Versuche an Nervenzellen. Arch. exp. Zellforsch. **14**, 210–254 (1933)

PÉTERFI, T., WILLIAMS, S.C.: Elektrische Reizversuche an gezüchteten Gewebezellen. 2. Versuche an verschiedenen Gewebekulturen. Arch. exp. Zellforsch. **16**, 230–240 (1934a)

PÉTERFI, T., WILLIAMS, S.C.: Elektrische Reizversuche an gezüchteten Gewebezellen. 3. Versuche an Mischkulturen. Arch. exp. Zellforsch. **16**, 241–254 (1934b)

Peters, G.: Spezielle Pathologie der Krankheiten des zentralen und peripheren Nervensystems. Stuttgart: Thieme 1951

Petrone, L.M.: Sulla struttura della nevroglia del cervello e del cerveletto. Gazz. med. ital. Lombardo (Ser. VIII) **7**, 376–377 (1886)

Pick, L., Bielschowsky, M.: Über das System der Neurome und Beobachtung an einem Ganglioneurom des Gehirns nebst Untersuchung über die Genese der Nervenfasern in „Neurinomen". Z. Neurol. **6**, 391–437 (1911)

Poldermann, H.: Die Entdeckung der Mikroglia und ihre Bedeutung für die Neurogliafrage. Ned. T. Geneesk. **70**, 537–549 (1926)

Pomerat, C.M.: Pulsatile activity of cells from the human brain in tissue culture. J. nerv. ment. Dis. **114**, 430–449 (1951)

Pomerat, C.M.: Dynamic neurogliology. Tex. Rep. Biol. Med. **10**, 885–913 (1952)

Popoff, M.N.: Über die Neuroglia in Medulla oblongata und Pons varoli bei Menschen (Russisch). Charkov 1893

Pruijs, W.M.: Über Mikroglia, ihre Herkunft, Funktion und ihr Verhältnis zu anderen Gliaelementen. Zbl. ges. Neurol. Psychiat. **108**, 298–331 (1927)

Purkinje, J.: Über Flimmerbewegungen im Gehirn. Müllers Arch. Anat. Physiol. 289–290 (1836)

Ramirez Corria, C.M.: Réaction de la microglie dans la méningoencéphalite tuberculeuse. C.R. Soc. Biol. (Paris) **96**, 902–903 (1927)

Ranke, O.: Über feinste gliöse (spongioplasmatische) Strukturen im foetalen und pathogen veränderten Zentralnervensystem und über eine Methode zu ihrer Darstellung. Z. Neurol. **7**, 355–374 (1911)

Ranvier, L.: De la névroglie. Arch. Physiol. (Paris) **1**, 177–185 (1883)

Ranvier, L.: Traité technique d'histologie. Paris: Savy 1880. Deutsche Ausgabe von Nicati W.-Wyss v. H.: Ranviers technisches Lehrbuch der Histologie. Leipzig: Vogel 1888

Raven, C.P.: Zur Entwicklung der Ganglienleiste. I. Die Kinematik der Ganglienleistenentwicklung bei den Urodelen. Wilhelm Roux' Archiv **125**, 210–292 (1931)

Raven, C.P.: Zur Entwicklung der Ganglienleiste. V. Über die Differenzierung des Rumpfganglienleistenmaterials. Wilhelm Roux' Archiv **134**, 122–146 (1936)

Reissner, E.: Der Bau des centralen Nervensystems der ungeschwänzten Batrachier. Dorpat: Karow 1864

Retzius, G.: Zur Kenntnis der Ependymzellen der Centralorgane. Verh. biol. Ver. Stockholm **7**, 103–116 (1891a)

Retzius, G.: Zur Kenntnis des zentralen Nervensystems von *Myxine glutinosa*. Biol. Unters. (Stockholm) N.F. **2**, 47–53 (1891b)

Retzius, G.: Die Neuroglia des Gehirns beim Menschen und bei Säugetieren. Biol. Unters. (Stockholm) N.F. **6**, 1–28 (1894a)

Retzius, G.: Weitere Beiträge zur Kenntnis der Cajal'schen Zellen der Großhirnrinde. Biol. Unters. (Stockholm) N.F. **6**, 29–36 (1894b)

Retzius, G.: Zur Kenntnis des Ependym im menschlichen Rückenmark. Biol. Unters. (Stockholm) N.F. **6**, 58–59 (1894c)

Rezza, A.: Le cellule di del Rio-Hortega. Rass. Studi psichiat. **14**, 307–355 (1925)

Ribbert, H.: Über das Spongioblastom und das Gliom. Virchows Arch. **225**, 195–213 (1918)

Rindfleisch, E.: Zur Kenntnis der Nervenendigung in der Hirnrinde. Arch. mikr. Anat. **8**, 453–454 (1872)

Roback, H.N., Scherer, H.J.: Über die feinere Morphologie des frühkindlichen Gehirns unter besonderer Berücksichtigung der Gliaentwicklung. Virchows Arch. **294**, 365–413 (1935)

Robertson, W.F.: On a new method of obtaining a black reaction in certain tissue elements of the central nervous system (platinum method). Scot. med. surg. J. **4**, 23 (1899)

Robertson, W.F.: A microscopic demonstration of the normal and pathological histology of the mesoglia cells. J. ment. Sci. **46**, 733–752 (1900)

Rohde, E.: Histologische Untersuchungen über das Nervensystem von *Amphioxus lanceolatus*. Zool. Beitr. (A. Schneider) **2**, 169–211 (1888)

Rohde, E.: Ganglienzelle, Achsenzylinder, Punktsubstanz und Neuroglia. Arch. mikr. Anat. **45**, 387–412 (1895)

Rolshoven, E.: Eine Kritik der Zellteilungslehre als Schlüssel zum Krebsproblem. Med. Welt **20**, 1567–1570 (1951)

ROSENTHAL, S.: Experimentelle Studien über amöboide Umwandlung der Neuroglia. Nissl-Alzheimer Histol. Histopathol. Arb. **6**, 89–160 (1913)

ROUSSY, G., OBERLING, C.: Histologic classification of tumors of the central nervous system. Arch. Neurol. Psychiat. **27**, 1281–1289 (1932)

RUBASCHKIN, W.: Studien über Neuroglia. Arch. mikr. Anat. **64**, 575–626 (1904)

RUSSELL, D.S.: Intravital staining of microglia with trypan blue. Am. J. Path. **5**, 451–457 (1929)

RYDBERG, E.: Cerebral injury in newborn children, consequent on birth trauma; with an inquiry into the normal and pathological anatomy of the neuroglia. Acta path. microbiol. scand. (Suppl.) **10**, 1–247 (1932)

SALA Y PONS, C.: La neuroglia de los vertebrados, pp. 1–44. Dissertation Madrid. Barcelona 1894

SÁNTHA, K. V.: Untersuchungen über die Entwicklung der Hortegaschen Mikroglia. Arch. Psychiat. Nervenkr. **96**, 36–67 (1932)

SÁNTHA, K. V., JUBA, A.: Weitere Untersuchungen über die Entwicklung der Hortegaschen Mikroglia. Arch. Psychiat. Nervenkr. **98**, 598–613 (1933)

SAUER, F.C.: Mitosis in the neural tube. J. Comp. Neurol. **62**, 377–405 (1935)

SCHAFFER, K.: Über die Hortegasche Mikroglia. Z. Anat. Entwickl.-Gesch. **81**, 715–720 (1926)

SCHAFFER, K.: Bemerkungen zur Histopathologie des Hirnglioms. Mschr. Psychiat. Neurol. **65**, 209–229 (1927)

SCHAPER, A.: Die frühesten Differenzierungsvorgänge im Centralnervensystem. Wilhelm Roux' Archiv **5**, 81–132 (1897)

SCHEIBEL, M.E., SCHEIBEL, A.B.: Neurons and neuroglia cells as seen with the light microscope. In: Biology of neuroglia. WINDLE, W.F. (ed.), pp. 5–23. Springfield, Ill.: Thomas 1958

SCHLEICH, K.L.: Schmerzlose Operationen. Örtliche Betäubung mit indifferenten Flüssigkeiten. Psychophysik des natürlichen und künstlichen Schlafes. Berlin: Springer 1894

SCHOLZ, W.: Histologische Untersuchungen über Form, Dynamik und pathologisch-anatomische Auswirkung funktioneller Durchblutungsstörungen des Hirngewebes. Z. Neurol. **167**, 424–439 (1939)

SCHOLZ, W.: Die Krampfschädigungen des Gehirns. Monogr. Gesamtgeb. Psychiat. (Berlin) **75**, 1–114 (1951)

SCHULTZE, M.: Observationes de retinae structura penitiori. Bonn: Marcus 1859

SCHWALBE, G.: Lehrbuch für Neurologie. Hoffmanns Lehrbuch der Anatomie des Menschen. Erlangen: Besold 1881

SCHWANN, TH.: Mikroskopische Untersuchungen über die Übereinstimmung in der Struktur und dem Wachstum der Tiere und Pflanzen. Berlin: Sander 1839

SEREBRIAKOW, P.: Untersuchungen über das Wachstum und die Differenzierung des Nervengewebes in vitro. Z. Zellforsch. **22**, 140–184 (1935)

SPATZ, H.: Untersuchungen über Stoffspeicherung und Stofftransport im Zentralnervensystem. Z. Neurol. **89**, 130–137 (1924)

SPATZ, H.: Über die Entwicklungsgeschichte der basalen Ganglien des menschlichen Großhirns. Verh. anat. Ges. **60**, 54–58 (1925)

SPATZ, H.: Die Bedeutung der vitalen Färbung für die Lehre vom Stoffaustausch zwischen dem Zentralnervensystem und dem übrigen Körper. Arch. Psychiat. Nervenkr. **101**, 267–358 (1934)

SPATZ, H.: Persönliche Mitteilungen (1957)

SPIELMEYER, W.: Von der protoplasmatischen und faserigen Stützsubstanz des Zentralnervensystems. Arch. Psychiat. Nervenkr. **42**, 303–326 (1907)

SPIELMEYER, W.: Histopathologie des Nervensystems. Berlin: Springer 1922

STEPHANY, E.: Beiträge zur Histologie der Rinde des großen Gehirns. Inauguraldissertation. Dorpat 1860

STERZI, G.: Il sistema nervoso centrale nei vertebrati; ricerche anatomiche ed embriologiche. Vol. I, pp. 731. Padova: Draghi 1907

STIEDA, L.: Studien über das centrale Nervensystem der Wirbeltiere. Z. wiss. Zool. **20**, 273–456 (1870)

STILLING, B.: Untersuchungen über den Bau des Nervensystems. 2. Heft: Untersuchungen über Textur und Funktion der Medulla oblongata. Leipzig: Wigand 1843a

STILLING, B.: Über die Textur und Funktion der Medulla oblongata. Erlangen: Enke 1843b

STILLING, B.: Untersuchungen über den Bau und die Verrichtungen des Gehirns. Jena: Mauke 1846

STILLING, B.: Neue Untersuchungen über den Bau des Rückenmarks. Kassel: Hotop 1859

STORCH, E.: Über die pathologisch-anatomischen Vorgänge am Stützgerüst des Zentralnervensystems. Virchows Arch. **157**, 127–171 (1899)

STREETER, G.L.: Die Entwicklung des Nervensystems. In: Handbuch der Entwicklungsgeschichte des Menschen. KEIBEL, FR., MALL, FR.P. (Hrsg.) Bd. II, S. 1–144. Leipzig: Hirzel 1910–11

STRICKER, S., UNGER, L.: Untersuchungen über den Bau der Großhirnrinde. Wiener S.-B. **80**, 137–157 (1879)

STRUWE, F.: Über die Fettspeicherung der drei Gliaarten. Zbl. ges. Neurol. Psychiat. **100**, 450–459 (1926)

STUDNIČKA, F.K.: Untersuchungen über den Bau des Ependyms der nervösen Zentralorgane. Anat. Hefte **15**, 303–430 (1900)

TESTA, M.: Le cellule di Gluge, le cellule bastoncello di Nissl e la mesoglia. Folia med. (Napoli) **14**, 727–734 (1928)

TÖBEL, M.: Hirnveränderungen nach Histaminschock und kombinierter Insulin-Histaminvergiftung bei Katzen. Arch. Psychiat. Nervenkr. **180**, 105–117 (1948)

URECHIA, C.J., ELEKES, N.: Contribution à l'étude de la microglie. Arch. int. Neurol. **45**/2, 81–96 (1926)

VALENTI, G.: Contribution à l'histogénèse de la cellule nerveuse et de la névroglie du cerveau de certains poissons chondrostéiques. Arch. ital. Biol. **16**, 247–252 (1891)

VERNE, J.: La névroglie dans les cultures de tissu nerveux. C.R. Ass. Anat. **25**, 302–313 (1930)

VIGNAL, W.: Sur le développement des éléments de la moëlle des mammifères. Arch. Physiol. (Paris) **16**/II, 177–237, 364–421 (1884a)

VIGNAL, W.: Formation et développement des cellules nerveuses de la moëlle épinière des mammifères. C.R. Acad. Sci. (Paris) **99**, 420–422 (1884b)

VIGNAL, W.: Sur le développement des éléments des couches corticales du cerveau et du cervelet chez l'homme et les mammifères. Arch. Physiol. (Paris) **20**, 228–254, 311–336 (1888)

VIGNAL, W.: Développement des éléments du système nerveux cérébrospinal. Nerfs périphériques. Moëlle. Couches corticales du cerveau et du cervelet. Paris: Masson 1889

VIRCHOW, R.: Über das granulirte Aussehen der Wandungen der Gehirnventrikel. Allg. Z. Psychiat. **3**, 242–250 (1846)

VIRCHOW, R.: Über Blut, Zellen und Fasern. Eine Antwort an Herrn Henle. Virchows Arch. **3**, 228–248 (1851)

VIRCHOW, R.: Gesammelte Abhandlungen zur wissenschaftlichen Medizin. Frankfurt a.M.: Meidinger Sohn & Comp. 1856

VIRCHOW, R.: Die Cellularpathologie in ihrer Begründung auf physiologische und pathologische Gewebelehre. Berlin: Hirschwald 1858

VIRCHOW, R.: Die krankhaften Geschwülste. In: Vorlesungen über Pathologie, Bd. II. Berlin: Hirschwald 1863

VIRCHOW, R.: Die Cellularpathologie in ihrer Begründung auf physiologische und pathologische Gewebelehre, 4. Aufl. Berlin: Hirschwald 1871

WALDEYER, W. v.: Über die Entwicklung des Zentralkanals im Rückenmark. Virchows Arch. **68**, 20–26 (1876)

WALDEYER, W. v.: Über einige neuere Forschungen im Gebiete der Anatomie des zentralen Nervensystems. Dtsch. med. Wschr. **17**, 1213–1218 (1891)

WEIGERT, C.: Zur pathologischen Histologie des Neurogliafasergerüstes. Zbl. allg. Path. path. Anat. **1**, 729–737 (1890a)

WEIGERT, C.: Bemerkungen über das Neurogliagerüst des menschlichen Zentralnervensystems. Anat. Anz. **5**, 543–556 (1890b)

WEIGERT, C.: Beiträge zur Kenntnis der normalen menschlichen Neuroglia. Abh. Senckenberg. naturforsch. Ges. **19**, 65–209 (1895)

Wells, A.Q., Carmichael, E.A.: Microglia: an experimental study by means of tissue culture and vital staining. Brain **53**, 1–10 (1930)

WENZEL, J., WENZEL, K.: De penitiori structura cerebri humani et brutorum. Tübingen: Cotta 1812

WIJHE, J.W. VAN: Über die Mesodermsegmente und die Entwicklung der Nerven des Selachierkopfes. Verh. Kon. Akad. Wetensch. Amsterdam **22**, E 1–50 (1883)

WINDLE, W.F. (ed.): Biology of neuroglia. Springfield, Ill.: Thomas 1958

WOHLWILL, F.: Über amöboide Glia. Virchows Arch. **216**, 468–500 (1914)

ZÜLCH, K.J.: Die Hirngeschwülste in biologischer und morphologischer Darstellung, 2. Aufl. Leipzig: Barth 1956a

ZÜLCH, K.J.: Biologie und Pathologie der Hirngeschwülste. In: Handbuch der Neurochirurgie. KRENKEL, W., OLIVECRONA, H., TÖNNIS, W. (Hrsg.), Bd. III, S. 1–702. Berlin, Göttingen, Heidelberg: Springer 1956b

3. Vergleichende Histologie der Glia

Von E. SCHARRER und B. SCHARRER, New York (früher Frankfurt a.Main),[1, 3] ergänzt durch K. NIESSING, Marburg a.d. Lahn[2, 3]

3.1. Wirbeltiere

Über die Glia der *niederen Wirbeltiere* liegen im älteren Schrifttum Arbeiten vor, die sich in erster Linie auf die Golgi-Methode stützen. Nun ist aber die Golgi-Methode, worauf schon WEIGERT (1895) hinwies, wenig geeignet für das Studium der feineren Struktur und der Topographie der Glia. Gerade bei den *niederen Wirbeltieren* haben wir aber die phylogenetisch früheren Stufen der Gliazellen der *höheren Wirbeltiere* zu suchen. Ein Vergleich der Neurogliatypen der *Vögel* und *Säuger* mit denen der *Fische, Amphibien* und *Reptilien* ist nur aufgrund von methodisch gleichartigen Untersuchungen möglich, z.B. unter Heranziehung der Imprägnationsmethoden der spanischen Schule (vgl. BAIRATI, 1948/49; CONTU, 1951).

Beim *Amphioxus* finden sich entsprechend dem übrigen primitiven Organisationsplan noch sehr einfache Gliaverhältnisse. Wie auf den frühesten embryonalen Entwicklungsstufen der höheren Wirbeltiere wird bei *Amphioxus* das Gliagewebe des Zentralnervensystems zeitlebens von *Ependymzellen* gebildet, deren Zellkörper den Zentralkanal auskleiden (NANSEN, 1887, S. 151, 1888; ROHDE, 1890; V. LENHOSSÉK, 1895, S. 238; HEYMANS U. VAN DER STRICHT, 1897/98; ACHÚCARRO, 1915) (Abb. 1–3). Sie sind von zweierlei Art: 1) eigentliche Ependymzellen, deren Fortsätze in Bündeln radiär bis zur Oberfläche des Rückenmarks ziehen, und 2) Elemente, die nach Art von Gliazellen mit ihrem Ausläufer die Nervenzellen umspinnen und in verschiedenen Richtungen zwischen den Nervenfasern verlaufen (MÜLLER, 1900). Schließlich gibt es im Bereich des dorsalen Septums nach SCHNEIDER (1908, S. 380) auch schon *freie Gliazellen*, die ihre Ausläufer nach allen Seiten entsenden.

OLSSON und WINGSTRAND (1954) fanden in den Zellen der freien Ventrikelfläche des sog. Infundibularorgans von *Amphioxus* "Gomori-positive" Granula,

---

1 Literatur bis 1936

2 Literatur bis 1959 (mit *N.* gekennzeichnete Abschnitte)

3 Bearbeitet von A. OKSCHE, Giessen (einzelne Literaturhinweise bis 1968)

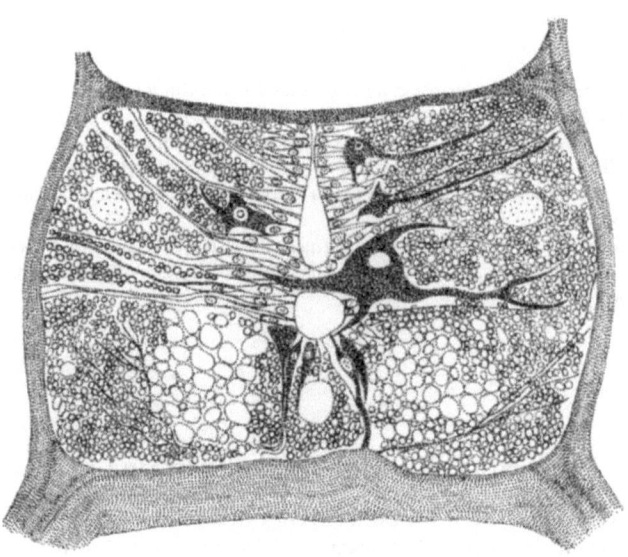

Abb. 1. *Amphioxus* (*Branchiostoma lanceolatum*). Auskleidung des Zentralkanals durch Ependymzellen, deren Ausläufer bis zur Oberfläche des Rückenmarks verfolgt werden können. Beachte die Beziehungen des Ependyms zu den Nervenzellen. (Nach NANSEN, 1887)

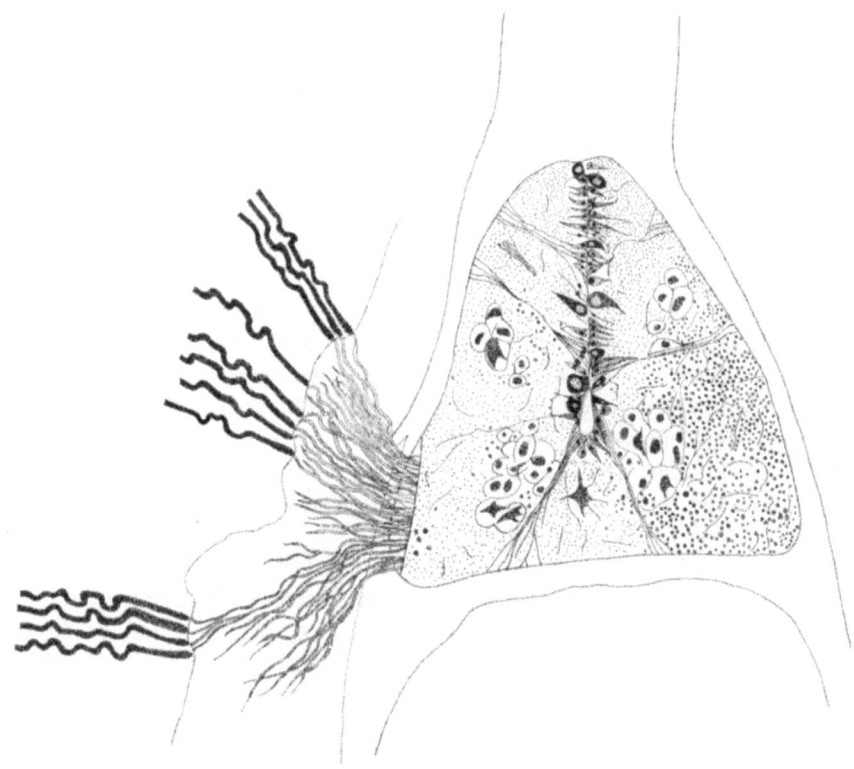

Abb. 2. *Amphioxus.* Beziehungen des Ependyms zur äußeren Oberfläche und zu den Nervenzellen. Querschnitt des Rückenmarks aus dem mittleren Körperbereich. Motorische Fasern verlassen das nervöse Zentralorgan. Sublimat-Fixierung. (Nach ROHDE, 1890)

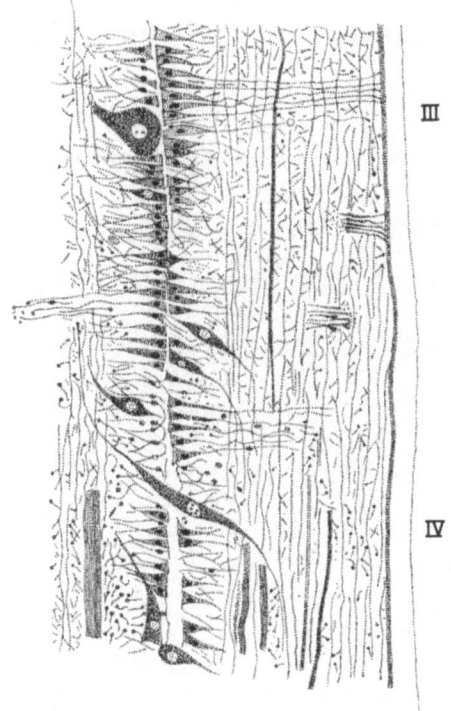

Abb. 3. *Amphioxus.* Ependymzellen im horizontalen Längsschnitt durch das Rückenmark (Anfang des caudalen Körperdrittels). Schnittführung geringfügig von dorsal nach ventral geneigt. Abschnitte *III* und *IV* enthalten das caudale Drittel des Zentralkanals; *IV* zeigt ventrale zylinderförmige Erweiterung. Osmium-Fixierung. (Nach ROHDE, 1890)

die als Sekretvorstufen aufgefaßt werden könnten. Von hier aus geht der Reissner-sche Faden ab, während er bei den anderen Chordaten vom Subcommissuralorgan entspringt (*N.*).

Zur deutlichen Differenzierung *freier Gliazellen* kommt es im übrigen bereits bei den *Cyclostomen* (Abb. 4–6). Das *Ependym*, das die Hohlräume des Zentralnervensystems auskleidet, schickt seine Ausläufer bis zur Oberfläche (Abb. 4), wo ihre verdickten Enden zusammen mit denen der Gliazellen eine endothelartige, geschlossene Grenzschicht bilden (BONNE, 1898). Dabei lassen die Ependymzellen der Hirnventrikel von *Petromyzon marinus* besonders deutlich "Intercellularbrücken" in Gestalt seitlicher plasmatischer Fortsätze erkennen. Bei *Petromyzon* bestehen ferner Übergänge zwischen den Ependymzellen und den Epithelzellen der membranösen Teile des Zentralnervensystems derart, daß die epithelialen Elemente mancher Gehirnmembranen einen kurzen peripheren Fortsatz entwickeln, der sich an der Membrana limitans anheftet (STUDNIČKA, 1899, 1900). Die freien Gliazellen treten in erster Linie in Gestalt von *Astrocyten* auf (Abb. 5). Sie wurden schon von NANSEN (1887, S. 160), RETZIUS (1891a, 1893), v. LENHOSSÉK (1895, S. 238) und EURICH (1898) beschrieben. Nach MÜLLER (1900) enden die Gliafortsätze mit kegelförmigen Füßen teils an der Peripherie des

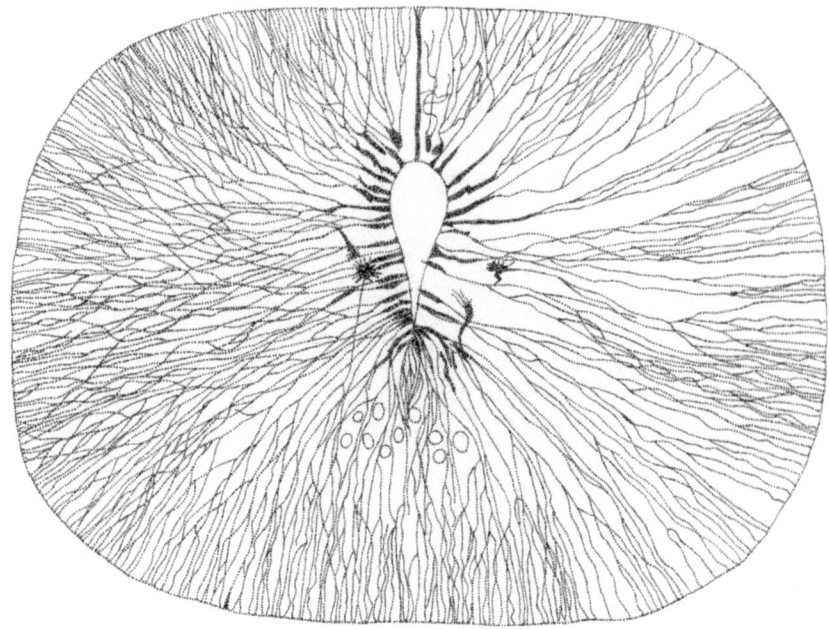

Abb. 4. *Petromyzon* (*Neunauge*). Querschnitt durch die Medulla oblongata. Ependymzellen und freie Neurogliazellen. Golgi-Versilberung. (Nach RETZIUS, 1893)

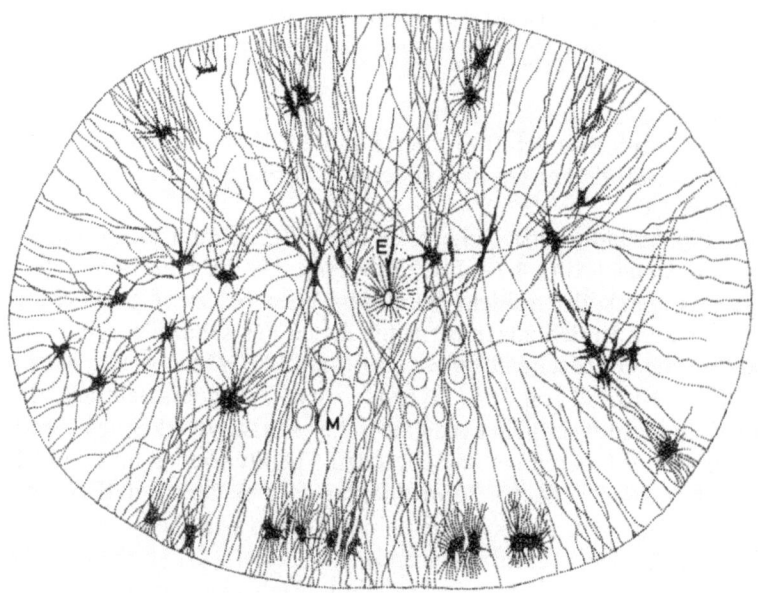

Abb. 5. *Petromyzon.* Querschnitt durch das Vorderende des Rückenmarks. Neben Ependymzellen (*E*) freie Gliazellen von unterschiedlicher Gestalt. *M* Querschnitte der Müllerschen Fasern. Golgi-Versilberung. (Nach RETZIUS, 1893)

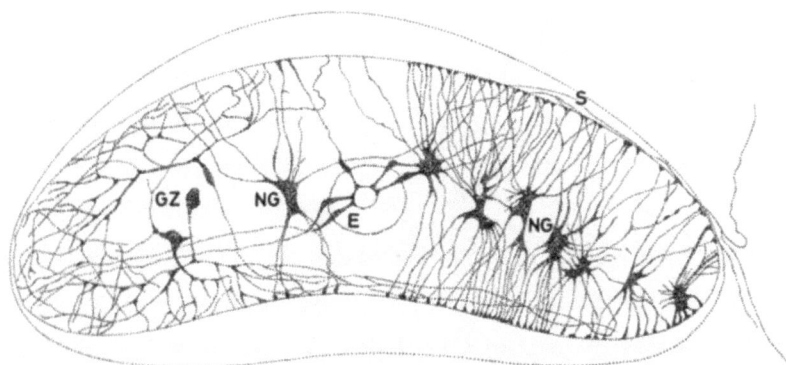

Abb. 6. *Petromyzon.* Ependym und Neuroglia im Rückenmark. Um den Zentralkanal: 5 Ependymzellen (*E*). Rechts vom Zentralkanal: 7 Neurogliazellen (*NG*); beachte die Fortsätze dieser Zellen, die an der äußeren Oberfläche mit einem kegelförmigen Endfuß endigen. Links vom Zentralkanal: Neuroglia- (*NG*) und Ganglienzellen (*GZ*). *S* Sensible Nervenwurzel. Golgi-Versilberung. (Nach RETZIUS, 1893)

Rückenmarks zusammen mit den Ependymausläufern, teils an den Gefäßen. Letzteres kann übrigens nur für das Rückenmark der *Myxinoiden* gelten, da nur diese unter den Cyclostomen endomedulläre *Gefäße* besitzen, während die *Petromyzonten* solche nicht aufweisen (STERZI, 1907). Das Fehlen von Blutgefäßen gilt also für das Rückenmark der Cyclostomen nicht so allgemein, wie es PENFIELD (1932) darstellt. Die *Oligodendrogliazellen* sind spärlich und bilden keine Gruppen oder Reihen; *Mikrogliazellen* sind reichlich ausgebildet (KAMIMURA, 1933).

Die *Ependymzellen* bieten bei den *Selachiern* keine bemerkenswerten Besonderheiten (RETZIUS, 1893; STUDNIČKA, 1900). Sie bilden die Auskleidung der Hirnhöhlen und des Zentralkanals. In der Regel erscheinen sie als kubische Epithelzellen; unter der Commissura posterior wird das Ependym von hohen, zylindrischen Zellen gebildet (Subcommissuralorgan). Die Ausläufer der Ependymzellen ziehen z.B. bei *Raja* (v. LENHOSSÉK, 1895, S. 241) als spärliche, zarte, ungeteilte Fasern zur Oberfläche. Die Neurogliazellen erscheinen im Golgi-Bild in erster Linie in Gestalt von *Astrocyten* als typische Langstrahler mit dem kleinen Zellkörper in der grauen Substanz und den langen, unverzweigten, nach allen Richtungen der weißen Substanz ausstrahlenden Ausläufern (Abb. 7). Die mehr in der Peripherie der grauen Substanz von Gehirn und Rückenmark liegenden Astrocyten senden ihre Fortsätze vorwiegend einseitig in die weiße Substanz; diese enden nach wiederholter Teilung an der Oberfläche des Markes (v. LENHOSSÉK, 1895, S. 240; RETZIUS, 1893; EURICH, 1898; SCHAPER, 1898; MÜLLER, 1900; HOUSER, 1901; Abb. 7). Daneben werden große, längliche Gliazellen mit langen Ausläufern an den beiden Polen und kurzen Fortsätzen an den Seiten des Zelleibes beobachtet (HOUSER, 1901).

Den Verhältnissen bei *Raja* stellt HORSTMANN (1954) das Gliabild bei *Scylliorhinus* gegenüber, das neben *Astrocyten* vorwiegend *gestrecktfaserige ependymale Glia* zeigt, deren Zellen er *Tanycyten* nennt. Die Tanycyten haben deutliche Gefäßkontakte (*N.*).

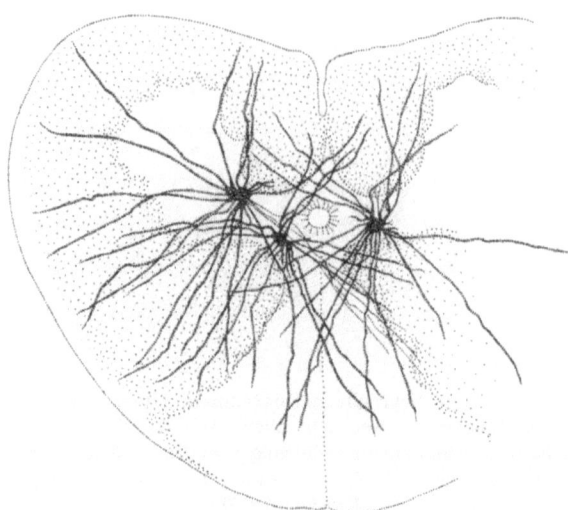

Abb. 7. Sternförmige Gliazellen (Astrocyten) im Rückenmark eines *Haifisches* (160 mm langer Embryo von *Acanthias*). Golgi-Versilberung. (Nach Lenhossék, 1895)

Bemerkenswert ist die Neigung der Glia, sehr enge Kontakte mit den Nervenzellen zu bilden. So findet z.B. Rohde (1893) in den Randpartien der Ganglienzellen des Lobus electricus von *Torpedo* Neurogliakerne. Auch bei den *Haien* kommen Ependymfasern scheinbar endocellulär zu liegen, indem sie die Ganglienzellen einbuchten (Mencl, 1903, 1906). Im Kleinhirn von *Mustelus* werden von Schaper (1898) und Houser (1901, S. 116) auch *Bergmannsche Fasern* beschrieben. Houser vergleicht die Lage des Zellkörpers der Bergmannschen Fasern bei *Mustelus* mit der von v. Koelliker (1896, S. 368) beim *neugeborenen Menschen* beschriebenen Situation: Beim *Neugeborenen* wie beim *Selachier* liegen die Bergmannschen Zellen an der Grenze von Körnerschicht und Molekularschicht. Beim *Selachier* bleiben sie dauernd an dieser Stelle, beim *Menschen* wandern sie in die Körnerschicht. Auch bleibt der große Fortsatz der Bergmannschen Zelle bei *Mustelus* bis zur Kleinhirnoberfläche, wo er mit einer konischen Verdickung endet, unverzweigt und weist nur feine und kurze Fortsätze auf, während sich der große Ausläufer der Zelle beim *Menschen* vielfältig aufzweigt. Wir finden hier also bei den *Selachiern* ein Verhalten dieser Gliaelemente, das den embryonalen Stadien der *höheren Wirbeltiere* entspricht. Im Hinblick auf die Frage der *mesodermalen* Herkunft der *Mikroglia* ist die Feststellung von Valenti (1891) von Interesse, wonach bei den *Selachiern* sehr früh Bindegewebselemente in das Nervensystem einwandern und wahrscheinlich zu Gliazellen werden. Auch bei erwachsenen Tieren sollen noch Piaelemente derart mesodermale Glia bilden. Bei jungen *Haifischen* fand Gozzano (1929) Stäbchenzellen in großer Anzahl.

Bairati (1956) findet mit der Hortega-Methode beim *Hai, Scyllium,* und beim *Teleostier, Trigla,* vier Zelltypen: 1) Zellen vom Ependymtyp, 2) bipolare Zellen von ependymartigem Charakter, 3) multipolare Gliazellen und 4) Zellen,

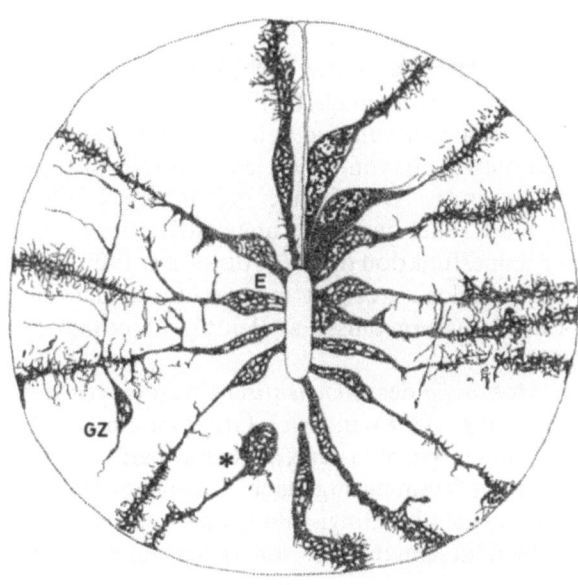

Abb. 8. Ependym und Neuroglia im Rückenmark (mittlerer Abschnitt) eines *Knochenfisches* (160 mm langer junger *Lachs*). *E* Ependymzellen mit zahlreichen kurzen, stachel- und bürstenförmigen Fortsätzen; * ependymale Gliazelle, die den Kontakt mit dem Zentralkanal verloren hat; *GZ* Ganglienzelle. Golgi-Versilberung. (Nach RETZIUS, 1893)

die nicht sicher klassifizierbar sind. Eine typische Gliaarchitektur soll im Rückenmark vorliegen (*N.*).

Das Ependym soll nach EURICH (1898) bei den *Teleostiern* rückgebildet sein. Dem entsprechen nicht die Befunde von RETZIUS (1891 a, 1893; Abb. 8) und KOLSTER (1898). Beim *Hecht* sind die Ausläufer der Ependymzellen im Vorderhirn von der Oberfläche bis zur Medianfläche zu verfolgen. Im Mittelhirndach von *Cyprinus* bilden die dicken, mehrfach verzweigten Fortsätze der Ependymzellen ein dichtes Geflecht, in das zahlreiche Blutgefäße eingelagert sind (*Forelle*, s. ROHON, 1884). Im Rückenmark erwachsener *Fische* konvergieren die Ependymfasern zu Bündeln und bilden Ependymsepten. Im übrigen stellt das Ependym, wie auch sonst bei den Wirbeltieren, in Gestalt einer einschichtigen Reihe flimmernder Zellen die Auskleidung der Hirnhöhlen dar. An mehreren Stellen werden *besondere Bildungen* beobachtet. So beschreibt KAPPERS (1921, S. 281) bei einigen *Knochenfischen* unterhalb der Grenze des dorsalen und ventralen Thalamus eine reich vascularisierte Wucherung des Ventrikelependyms, das hier keine Flimmerhaare aufweist. Unter der Commissura posterior besteht das Ependym aus hohen, zylindrischen Zellen, die das sog. Subcommissuralorgan ("Schaltstück") bilden. Von diesen Zellen nimmt der Reissnersche Faden seinen Ausgang. *Modifikationen des Ependyms* stellen weiterhin die Epithelien der Telae chorioideae des Vorderhirns, des III. und IV. Ventrikels und der von ihnen gebildeten Falten (Velum transversum, Zirbelpolster, Epiphysenstiel) sowie der Plexus chorioidei dar. Sie bestehen aus kubischem Epithel, das einer Membrana limitans aufsitzt und an seiner dem Ventrikel zugekehrten Oberfläche einen

Cuticularsaum ausbildet (STUDNIČKA, 1899, 1900). Das Wandepithel des Saccus vasculosus („Infundibulardrüse") der *Knochenfische* enthält außer schmalen Zellen mit dreieckigen Kernen noch bauchige Elemente mit runden Kernen, die auf ihrer dem Lumen zugewandten Seite ein rundliches Köpfchen mit einer Anzahl von Haaren aufweisen, von denen jedes an seinem Ende in einem feinen, kugeligen Knöpfchen endet. Das Ganze macht den Eindruck einer kleinen, der Zelle aufsitzenden Krone, und es ist ungeklärt, ob diese besondere Struktur einer Drüsen- oder Sinnesfunktion dient (STUDNIČKA, 1900, S. 415; DAMMERMAN, 1910). Den Saccus vasculosus rechnet man heute zu den circumventriculären Organen (neue Forschungsergebnisse s. Beitrag LEONHARDT, S. 367–373; vgl. hierzu DORN, 1955).

Die Zellen der *Makroglia* der *Knochenfische* werden von den älteren Autoren (EURICH, 1898; KOLSTER, 1898) in zwei Gruppen unterteilt: 1) *Astroblasten* und 2) *Astrocyten*. Unter Astroblasten („système perforant" von ACHÚCARRO, 1915) werden die durch Vermehrung nach außen abgerückten *Ependymzellen* verstanden. Sie weisen einen im Golgi-Bild behaart erscheinenden Hauptfortsatz auf, der sich zuweilen in einige Äste aufspaltet und bis zur Pia reicht, wo er mit konischen Füßchen endet. Vom Zellkörper gehen teils glatte, teils pelzartig mit kurzen Fortsätzen besetzte Ausläufer von geringerer Länge aus. *Fibrilläre Astrocyten* (Spinnenzellen: MIRTO, 1895; CATOIS, 1898) finden sich in erster Linie in der grauen Substanz. Es bestehen Übergänge zu den als Astroblasten bezeichneten Elementen. Bei *Cyprinus* fand ACHÚCARRO (1915) im Vorderhirn nur Ependymzellen, keine freien Astrocyten. Solche sind z.B. in der Valvula cerebelli vorhanden. Sie weisen in der Hauptsache nur einen dicken Fortsatz auf, der sich in zwei oder drei dünne Äste mit einigen Endverzweigungen aufspaltet. Diese Zellen stehen in engen Lagebeziehungen zu den Nervenzellen und auch zu den Gefäßen, indem sich die Ausläufer den Gefäßen der Länge nach anlegen, ohne daß es indessen zur Ausbildung von „Saugfüßen" kommt.

Die *Oligodendrogliazellen* sind klein; *Mikrogliazellen* werden in Massen angetroffen (KAMIMURA, 1933). Die *Schwannschen Zellen*, nach CAJAL und HORTEGA der Oligodendroglia homolog, sollen bei *Fischen* besonders kompliziert gebaut sein. Die Fortsätze von *Trabantenzellen* – in erster Linie Oligodendro- und Mikrogliazellen, aber auch Astrocyten – stülpen oft den Zelleib der Ganglienzellen ein, z.B. an den elektrischen Zellen von *Malapterurus* (FRITSCH, 1886, 1887).

MAZZI (1952a) untersuchte die Gehirne von *Anguilla anguilla, Crenilabrus pavo* und *Cristiceps argentatus* mit verschiedenen Färbungen und Imprägnierungen. Er beschreibt *Mikrogliazellen*, die sich von denen anderer Wirbeltiere unterscheiden sollen; vor allem betont er ihre Fähigkeit, sich in Makrophagen zu transformieren (*N*).

Das *Ependym* der *Amphibien* wurde von OYARZUN (1890), RETZIUS (1891b), SALA Y PONS (1894), RUBASCHKIN (1903), HERRICK (1924, 1931) u.a. beschrieben. Danach schicken die Ependymzellen reich verästelte Ausläufer gegen die Oberfläche, die meist aber frei enden; nur die längsten erreichen die Oberfläche und enden hier mit füßchenartigen Verbreiterungen (Abb. 9).

Das Subcommissuralorgan als besondere Differenzierung des Ependyms wurde von mehreren Autoren bei *Amphibien* untersucht. Insbesondere haben MAZZI (1952b, 1954b), OKSCHE (1955, 1956, 1958) und OLSSON (1958) die sekre-

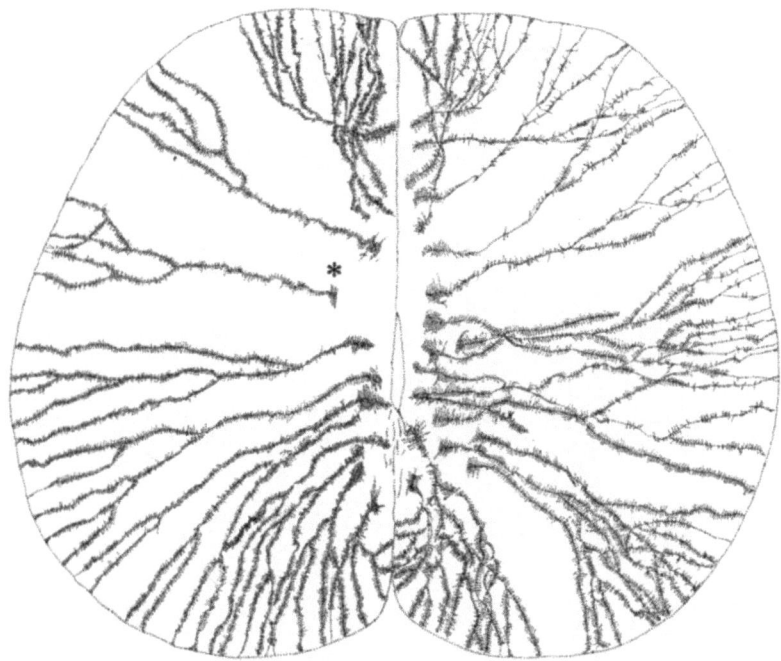

Abb. 9. Ependym und Neuroglia im Rückenmark eines jungen *Frosches*. Radiär um den Zentralwinkel angeordnete Ependymzellen und peripherwärts verlagerte ependymale Gliaelemente (∗). Zahlreiche feine, bürstenartige Ausläufer gehen vom Stammfortsatz dieser Zellen aus. Golgi-Versilberung. (Nach RETZIUS, 1893)

torische Leistung dieser Ependymzellen analysiert. OKSCHE (1956) findet bei *Rana temporaria*, daß das Sekret nicht nur in den Ventrikel, sondern auch basal in den ependymalen Zellfortsatz abgegeben wird. Bei dieser Art konnte er die Sekretion durch Dauerbelichtung, Halten der Tiere auf dunklem Untergrund und osmotische Belastung beeinflussen; zur Beeinflussung durch Hypophysektomie s. LEGAIT (1942, 1946, 1949). Gerade durch die Befunde an *Amphibien* sind wesentliche Einblicke in die sekretorischen Leistungen des Ependyms und seiner Differenzierungen gewonnen worden. OLSSON (1958) hat diese Sekretion in Beziehung zur Bildung des Reissnerschen Fadens untersucht, den er als einen Sekretfaden, entstanden durch Liquorströmung, auffaßt. Umfassende vergleichend-anatomische Literaturhinweise über das Subcommissuralorgan finden sich bei OKSCHE (1958) und OLSSON (1958). (*N.*) Weitere Angaben s. Beitrag LEONHARDT, S. 472–504.

Die Gliastruktur der *Amphibien* [über die Entwicklung der Glia vgl. BONOME (1907)] gleicht sehr dem Spongioblastennetzwerk der *Säuger*-Embryonen. *Freie Gliazellen* (sternförmige Elemente) wurden von einigen Autoren beschrieben (SILVER, 1942), von anderen geleugnet. Wie auch in der Struktur der nervösen Substanz erweist sich das Gehirn der *Amphibien* bezüglich der Differenzierung der Glia als primitiv. Nach HERRICK (1934) finden sich in der ganzen grauen Substanz Zellen, die offenbar Übergänge zwischen Ependym- bzw. Gliaelemen-

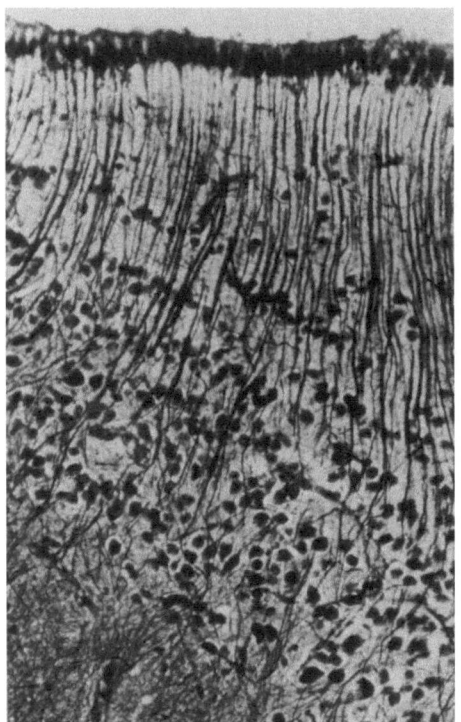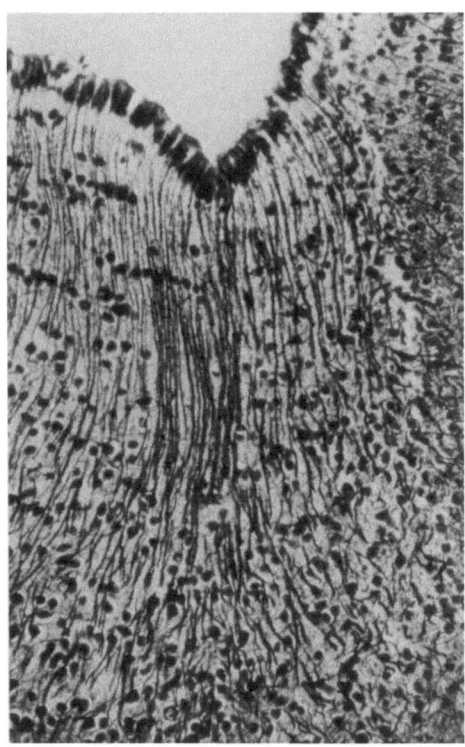

Abb. 10. Ependym- und Gliazellen im Mesencephalon eines adulten *Frosches* (*Rana temporaria*). Darstellung mit der Goldsublimatmethode von Cajal (Frontalschnitt). Ependymkeil des Sulcus medius mit Tanycyten, deren Fortsätze die periventriculäre Lage kleiner Nervenzellen durchsetzen. *Links* (ventral): Gliabild in der gefäßreichen Nachbarschaft des Nucl. reticularis (KUHLENBECK). Beachte dort Zwickel mit bipolaren und triangulären faserhaltigen Zellelementen, die das Muster der gebündelten Ependymfortsätze ablösen. Sternförmige Astrocyten wurden in diesem Material nicht beobachtet. (Nach PAUL, 1967; Ref. s.S. 153)

ten und Neuronen darstellen. So gibt es z.B. Zellen, deren Basis nach Art der Ependymzellen mit der inneren Grenzmembran der Ventrikelfläche in Verbindung steht, während der Kern nicht im Stratum ependymale, sondern zwischen den Neuronen liegt (Abb. 9). [Trotzdem kann die Annahme, daß es sich hier um wirkliche Übergänge von gliösen Elementen in neurale handelt, nicht als bewiesen gelten (*N.*).] Bipolare freie *Makrogliazellen* beobachtete KAMIMURA (1933). Die Gliakerne beschreibt HUBER (1901/02) beim *Frosch* als groß, rundoval, bläschenförmig oder polymorph. Im Gehirn und Rückenmark des *Frosches* lassen sich die *Gliafasern* innerhalb des Plasmas der Gliazellen beobachten (Abb. 10). Diese Zellen (Abb. 11) entsprechen den Elementen, die bei den *Fischen* als „Astroblasten" bezeichnet werden, eine ungünstige Benennung, da die hier phylogenetisch gemeinte Bezeichnung „Astroblast" nicht gleichbedeutend ist mit dem ontogenetischen Astroblastenbegriff. Diese Elemente gewinnen nun auch Beziehungen zu den *Blutgefäßen*, und zwar derart, daß sie sich Blutgefäßen, an denen sie vorüberziehen, mit Verbreiterung ihrer Ausläufer anlegen (ACHÚ-

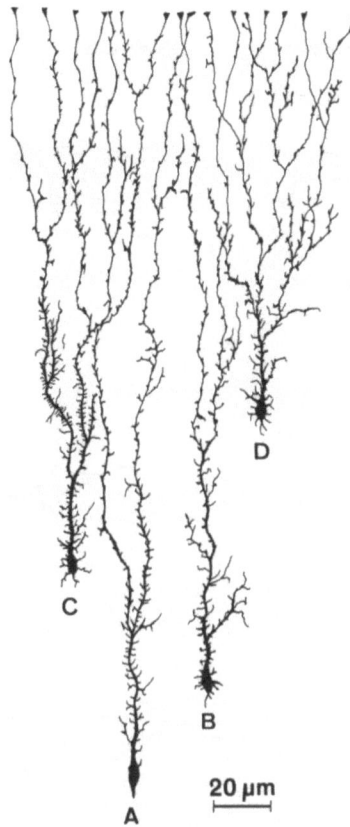

Abb. 11. Astrocytäre Gliazellen im Rückenmark adulter *Kröten* (*Bufo arenarum*). Das relativ glatt begrenzte Perikaryon *A* liegt in der Nähe der dorsalen Raphe. Die Perikaryen *C* und *D* befinden sich in der grauen Substanz; sie sind mit zahlreichen stachelförmigen Ausläufern besetzt (s. auch B). Echte sternförmige Astrocyten wurden in diesem Material nicht beobachtet. Versilberung nach Golgi-del Río Hortega. (Nach STENSAAS u. STENSAAS, 1968a; Ref. s.S. 155)

CARRO, 1915; s. Abb. 17), oder indem sie richtige Endfüßchen an den Gefäßen bilden (DE CASTRO, 1920a, b). *Oligodendrogliazellen* (Abb. 12) sind in der weißen und in der grauen Substanz vorhanden, wenn auch spärlicher als bei den höheren Wirbeltieren. Sie bilden auch nur selten Gruppen oder Reihen von 2–3 Zellen. Während die *Mikroglia* nach GOZZANO (1929) fehlen soll, beschreibt SERRA (1921) in der weißen Substanz beim *Frosch* Zellen, die er als Mesoglia (=Mikroglia, Hortega-Zellen) anspricht und die später genauer verifiziert werden konnten (Abb. 13).

MAZZI (1954a) berichtet von eigenartigen Zellen in der Medulla oblongata von *Triton cristatus*. Sie liegen in der weißen Substanz, besitzen spärliche Fortsätze und sind relativ selten. Das Cytoplasma besitzt zarte, mit Paraldehydfuchsin färbbare Granula. MAZZI diskutiert, ob es sich um Mastzellen, Hortega-Zellen oder Gliazellen mit besonderer Funktion handelt. Er hält das letztere für wahrscheinlich und findet eine Ähnlichkeit mit den von WISLOCKI und LEDUC

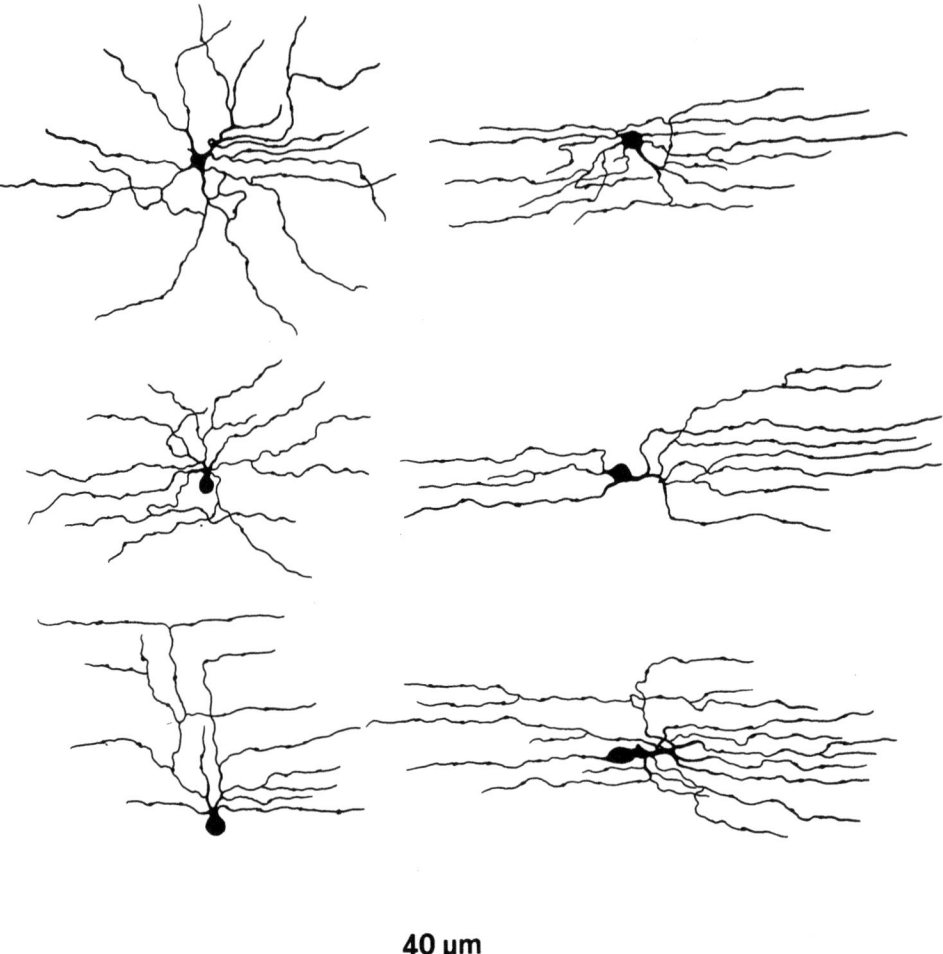

40 μm

Abb. 12. Oligodendrocyten der Typen I und II im Rückenmark adulter *Kröten* (*Bufo arenarum*). Das Astwerk dieser Zellen zeigt eine beträchtliche Variabilität. (Die in der Figur nicht dargestellten Typen III und IV sind stärker elongiert und schließen sich den Nervenfasern der weißen Substanz an.) Versilberung nach Golgi-del Río Hortega. (Nach Stensaas u. Stensaas, 1968a; Ref. s.S. 155)

(1954) im periventriculären Grau beschriebenen phagocytierenden Gliazellen. Weitere Angaben über die lichtmikroskopische Feinstruktur und Histochemie der Glia von *Amphibien* s. Bairati und Tripoli (1954). (*N.*)

Auch bei den *Reptilien* reichen die Ependymzellen noch vielfach mit ihren Ausläufern bis zur Oberfläche von Gehirn und Rückenmark. Wie bei den *Knochenfischen* fand Kappers (1921, S. 853) auch bei verschiedenen Vertretern der *Reptilien* auf dem Niveau der Commissura posterior im Ependym des ventralen Thalamus eine Stelle, wo die Ependymzellen zahlreicher und größer erscheinen. Die reiche Vascularisation dieses Ependymbezirkes, des Paraventri-

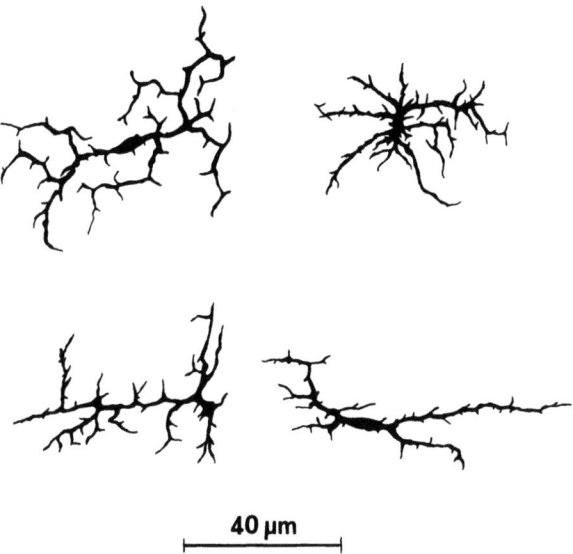

40 µm

Abb. 13. Mikrogliazellen („microgliacytes") im Rückenmark adulter *Kröten* (*Bufo arenarum*). Ihr Perikaryon entsendet in der Regel zwei Hauptfortsätze, die sich in zahlreiche sehr unterschiedlich ausgebildete Sekundärfortsätze aufzweigen. Kein wesentlicher Unterschied zwischen den Mikroglia-Formen in der weißen und der grauen Substanz des Rückenmarks. Versilberung nach Golgi-del Río Hortega. (Nach STENSASS u. STENSASS, 1968a; Ref. s.S. 155)

cularorgans (LEGAIT, 1942), spricht für seine funktionelle Sonderstellung (vgl. Beitrag LEONHARDT, S. 374).

Das gliöse Gewebe wird z.T. von nach der Peripherie verlagerten *Ependymzellen* (SALA Y PONS, 1894) gebildet, z.T. aber erscheinen auch echte *Astrocyten* mit Saugfüßchen wie bei den *Vögeln* und *Säugern* (vgl. CONTU, 1953). Bei den *Schildkröten* ist die Neuroglia nach HUBER (1901/02) mit der Bendaschen Methode leicht darstellbar. Die Kerne der Gliazellen sind i.allg. bläschenförmig mit einem runden oder ovalen, stark lichtbrechenden Körperchen im Inneren. Die Protoplasmafortsätze sind, wenn überhaupt sichtbar, zart und kurz. Die Gliafasern sind unterschiedlich dick und lassen sich vielfach durch das Plasma der Zellen verfolgen. Noch weniger differenziert sind nach KAMIMURA (1933) die bei den *Reptilien* in der grauen Substanz erstmals auftretenden *protoplasmatischen Astrocyten*. Nach ACHÚCARRO (1915) ist die Neuroglia der *Reptilien* als eine Vorstufe der Verhältnisse bei den *Vögeln* und *Säugern* anzusehen. Die Entwicklung der *Makrogliazellen* aus dem Ependym ist bei den *Reptilien* besonders deutlich zu beobachten.

In einer Arbeit über das Ependym des Zwischenhirns und Mittelhirns der *Landschildkröte* (*Testudo graeca*) erhebt FLEISCHHAUER (1957) folgende Befunde: Der Bau des *Ependyms* ist unterschiedlich; die Unterschiede liegen landkartenartig topographisch fest. Elektronenoptische Untersuchungen an den ependymalen *Tanycyten* zeigen Kinocilien und ventrikelwärts gerichtete Mikrovilli. Die Zellen besitzen einen großen Golgi-Apparat. An der Kernmembran sind Faltungen nachweisbar. Neben dem Golgi-Apparat befinden sich zahlreiche Mitochondrien, z.T. mit osmiophilen Einschlüssen. Im Innern der Tanycyten liegen Gliafilamente. Aus dem unterschiedlichen Bau des Ependyms wird auf Funktionsdifferenzen geschlossen (*N.*).

Über die *Oligodendroglia* der *Reptilien* stehen genauere Untersuchungen noch aus. Die *Mikrogliazellen* sollen nach Kamimura (1933) spärlich vorhanden sein, nach Gozzano (1929) überhaupt fehlen.

An der gleichen Stelle des ventralen Thalamus wie bei den *Fischen* und *Reptilien* fand Kappers (1921, S. 867) auch bei den *Vögeln* eine Ependymverdickung (das Paraventricularorgan; s. Leonhardt, S. 374). Im übrigen kleidet das Ependym in Gestalt eines niedrigen Epithels wie bei den *Säugetieren* die Hohlräume des Zentralnervensystems aus.

Die Neuroglia der *Vögel* unterscheidet sich nach Cattaneo (1922), der die Methoden nach Cajal, Hortega und Achúcarro anwandte, grundsätzlich nicht von der der *Säuger* und des *Menschen* (Abb. 14). Die drei Gliazellarten sind nur kleiner und zahlreicher als bei den Säugetieren, und ihre färberische Darstellung ist schwieriger, besonders was die *Oligodendroglia* anbelangt (Huber, 1901/02; Kamimura, 1933).

Bairati und Bartoli (1955) untersuchten mit Färbungen, Imprägnationen (Hortega) und histochemischen Methoden das Gehirn von *Huhn, Ente, Taube, Wachtel* und *Sperling*. Sie fanden wie bei anderen Vertebraten die bekannten Gliazelltypen. In der weißen Substanz sahen sie vor allem „fibröse Gliocyten mit langen Fortsätzen", Oligodendroglia, epitheloide Glia, Übergangsformen

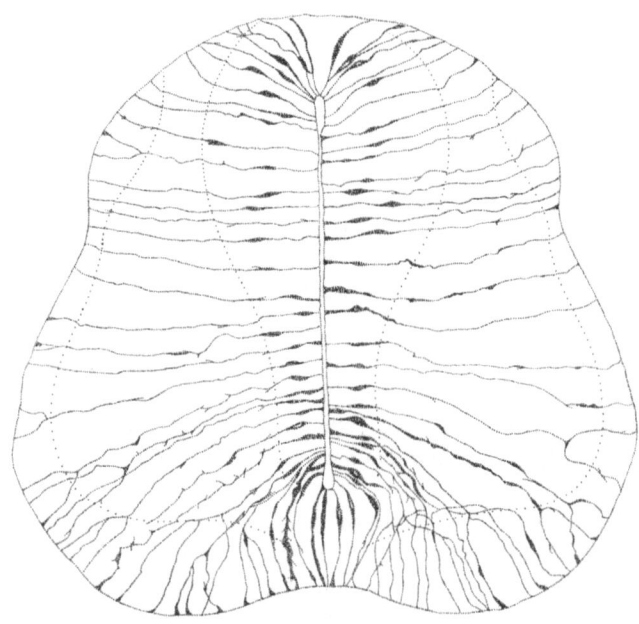

Abb. 14. Ependymzellen der *Vögel*. Querschnitt des lumbalen Rückenmarks bei einem 8 Tage alten *Hühner*-Embryo. Beachte den ventralen und dorsalen Ependymkeil. An der äußeren Oberfläche Bildung von stempelartigen Endfüßchen. Golgi-Versilberung. (Nach Retzius, 1893)

(?) und Ependym. Nach ihrer Meinung fehlen bei den *Vögeln* die protoplasmatischen Astrocyten. Die Gliaarchitektur soll der der *Säuger* ähnlich sein, mit Ausnahme des Tectum opticum. Die Gliaarchitektur des Endhirns der *Vögel* ist erwartungsgemäß anders aufgebaut als beim *Säuger* (*N.*).

Die Entwicklung der Glia wurde aus technischen Gründen besonders eingehend am *Hühnchen* studiert (BONOME, 1907 u.a.). Dabei wurde seit den Mitteilungen von LACCHI (1890), CAPOBIANCO (1901) usw. bis auf die neueren Beobachtungen von JUBA (1934b) u.a. darauf hingewiesen, daß zu den *ektodermalen*, ependymären Spongioblasten *mesenchymale* Elemente kommen, die aus den Meningen und Gefäßen einwandern. So wandern auch in der Gewebekultur des Nervengewebes von *Hühner*-Embryonen Makrophagen aus dem Explantat aus, die sich zu Monocyten umwandeln. Letztere sollen mit der *Mikroglia* identisch sein (v. MIHÁLIK, 1935). Auf den mesodermalen Charakter der Mikroglia schließen auch COSTERO (1930, 1931) und WELLS und CARMICHAEL (1930) aus dem Verhalten in der Gewebekultur. Beim *Huhn* werden während des ganzen Lebens an den Gehirngefäßen, besonders an den Verzweigungsstellen, Haufen von Mikrogliazellen beobachtet, und aus den Ersatzkolonien solcher mesodermaler, angeblich mit den Pericyten identischer Zellen sollen immer neue Mikrogliazellen abgegeben werden (VAZQUEZ-LOPEZ, 1936). Wieweit es sich dabei um die auch von WERTHAM (1931, 1932) beobachteten und als pathologisch gedeuteten Mikrogliaherdchen und -formen handelt, muß dahingestellt bleiben, obwohl VAZQUEZ-LOPEZ eine solche Auffassung ablehnt. Wir gehen im übrigen auf die Frage der Beteiligung des Mesoderms an der Gliabildung nicht ein, sondern verweisen auf die Ausführungen über die Rolle der sog. Mesoglia (Mikroglia, Hortega-Zellen s. S. 39ff., 91ff.).

Die allgemeinen Strukturverhältnisse des *Ependyms* wurden zum großen Teil am *Säugetier*-Material studiert; wir verweisen, um Wiederholungen zu vermeiden, auf den Beitrag LEONHARDT, S. 177ff. Bei Embryonen und jungen Tieren lassen sich die Ausläufer der Ependymzellen bis zur äußeren Oberfläche von Gehirn und Rückenmark wie bei adulten niederen Wirbeltieren verfolgen (RETZIUS, 1891b, 1893; Abb. 15, 16). Sie bilden an der Oberfläche – ebenso wie z.B. bei *Cyclostomen* und anderen *niederen Wirbeltieren* – mit ihren verdickten Enden zusammen mit den Endigungen von Gliafortsätzen eine Grenzschicht gegenüber der Pia (BONNE, 1898).

Die besondere Ependymbildung des *Subcommissuralorgans* existiert auch bei den *Säugern*. Es handelt sich um einen sekretorisch tätigen Ependymbezirk; s. dazu BARGMANN und SCHIEBLER (1952), ferner OKSCHE (1956, 1958) und OLSSON (1958); vgl. Beitrag LEONHARDT in diesem Band (S. 472ff.). Für ein anderes circumventriculäres Organ, das Organon vasculosum laminae terminalis (Crista supraoptica) von *Kaninchen, Goldhamster, Halbaffen* und *Affen* liegen neue, eingehende Untersuchungen der Glia von MERGNER (1959) vor (*N.*). Einzelheiten s. unter Circumventriculäre Organe, S. 374–391; vgl. dort auch das Subfornicalorgan, S. 391–410.

Was die *Makroglia* anbelangt, so zeigen *fibrilläre* und *protoplasmatische Astrocyten* bei den *Säugetieren* die gleichen strukturellen Einzelheiten wie beim *Menschen* und so wird, um nur einige zu nennen, auf die Arbeiten von HUBER (1901/02), HELD (1903) RUBASCHKIN (1905), FIEANDT (1910/11), ACHÚCARRO

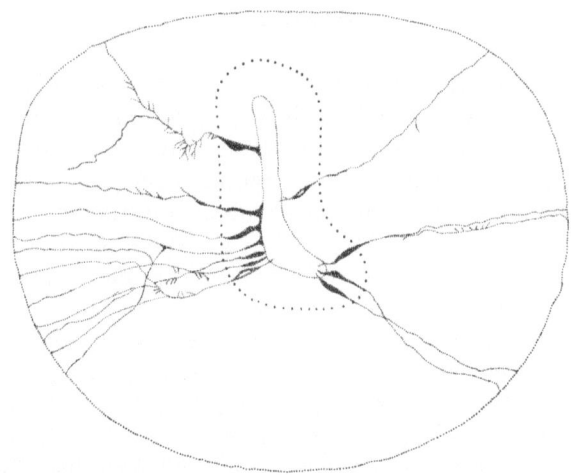

Abb. 15. Ependymzellen der *Säugetiere*. Querschnitt des caudalen Lendenmarks bei einem 120 mm langen *Hunde*-Embryo. Golgi-Versilberung. (Nach Retzius, 1893.)

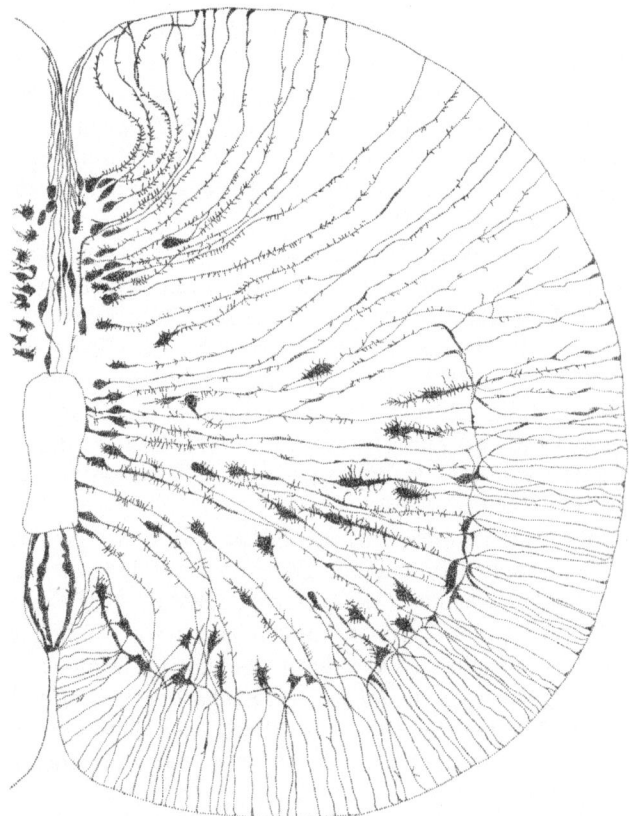

Abb. 16. Ependym und Neuroglia der *Säugetiere*. Querschnitt der Halsregion des Rückenmarks bei einem 120 mm langen *Hunde*-Embryo. In den dickeren Wandabschnitten Ependymzellen, die den ventrikelnahen Ependymverband bereits verlassen haben. Deutliche Formationen des ventralen und des dorsalen Ependymkeils. Golgi-Versilberung. (Nach Retzius, 1893.)

(1915), HORTEGA (1916), DE CASTRO (1920a, b), TAMURA (1927), CAJAL (1932) hingewiesen; vgl. auch die von NIESSING bearbeiteten Fragen der Makroglia (S. 16ff., 39) und BAIRATI (1958). Auch die Untersuchungen an schwerer zugänglichem Material, wie z.B. die von KRAUSE (1899) an *Affen* und von HARDESTY (1902/03) an *Elephanten*, erbrachten, zumal sie vor der Zeit der Methoden der spanischen Schule durchgeführt wurden, keine bemerkenswerten Besonderheiten.

DE GIROLAMO (1953) stellte bei *Myopotamus coypus* (*Nutria*) fest, daß hier die Gliaarchitektur dem Zustand bei den übrigen *Nagern* entspricht. Lediglich im Bereich der Oberfläche des Lobus piriformis besitzt diese Art eine besondere Gliocytenschicht. CONTU (1954) untersuchte ein großes *Säuger*-Material (*Waltiere, Edentaten, Nagetiere, Insektenfresser, Fledermäuse, Carnivoren, Huftiere* und *Primaten*). Auf die zahlreichen Einzelheiten der Darstellung (vgl. auch BAIRATI und CONTU, 1950) kann hier nicht eingegangen werden. Es zeigt sich, daß die Gliaarchitektur bei den einzelnen Säugern sehr variabel und wahrscheinlich funktionsabhängig ist (*N.*).

Auch für die *Oligodendroglia* gilt die Übereinstimmung zwischen *Mensch* und anderen *Säugern*. Hingewiesen sei auf den Befund mehrkerniger Oligodendrogliazellen im Bulbus olfactorius erwachsener *Katzen* und *Hunde* (RODRÍGUEZ-PÉREZ, 1932, 1933). Bemerkenswert erscheint auch der Nachweis von Oligodendrogliazellen in der Ganglienzellschicht der Retina bei einigen Säugern (MARCHESANI, 1926; BULAČ, 1931). Die Oligodendrogliazellen entwickeln sich wie die Makroglia im *Embryonalleben* der *Säuger* aus Glioblasten durch direkte Kernteilung und sollen sich auch im postfetalen Leben durch direkte Kernteilung vermehren (FURUSAWA, 1931). Bei *jugendlichen Säugern* ist im übrigen die Unterscheidung der einzelnen Gliatypen meist schwierig (TRONCONI, 1933; PENTA, 1933, 1934).

Das strittige Problem der Ableitung der *Mikroglia* (Hortega-Zellen) vom Ektoderm oder Mesoderm wurde in erster Linie an *Säugetieren* studiert. Auch diese Frage wird an anderer Stelle ausführlich erörtert (vgl. S. 39ff., 91ff.), und die Vielheit der Meinungen sei deshalb hier nur angedeutet. So wandern nach GOZZANO (1931a, b) die Mikrogliablasten, die schon bei *neugeborenen Säugern* Phagocytose zeigen, aus dem Bereich der Telae chorioideae und der Meningen in die nervöse Substanz ein, also entgegengesetzt den Neurogliaelementen (Astrocyten und Oligodendrocyten), die vom Ependym peripherwärts wandern. Nach KAMIMURA (1934) und CIVALLERI (1931) gehören die Mikrogliazellen zum reticulo-endothelialen System; nach DUNNING und FURTH (1935) sind sie mit den Histiocyten der inneren Organe identisch. Die Untersuchungen von v. SÁNTHA (1932), v. SÁNTHA und JUBA (1933) und JUBA (1934a) an *Schweinen, Ratten* und *Kaninchen* sowie die Ergebnisse der Studien von COSTERO (1930) an Gewebekulturen sollen auf die Abstammung der Mikrogliazellen von ausgewanderten Blutelementen hindeuten. Diesen als Beispiel genannten Untersuchungen an *Säuger*-Embryonen ist das Ergebnis gemeinsam, daß die Mikroglia vom Mesoderm abstammt (vgl. auch HATAI, 1902). Der HORTEGASchen Lehre der *mesodermalen* Abstammung der Mikroglia stehen aber bekanntlich eine Reihe von Beobachtungen gegenüber, die für ihre *ektodermale* Herkunft sprechen (BIANCHINI 1935).

KAMIMURA (1933) machte die bemerkenswerte Feststellung, daß die verschiedenen *Säuger*-Arten nach Größe und Gestalt verschiedene Formen von Mikrogliazellen aufweisen. So ist etwa die Gestalt des Kerns bei *Rindern* länglich-oval, bei *Nagern* rundlich, bei *Katzen* länglich-gekrümmt.

Als *Satelliten* der *Spinalganglienzellen* treten bei *Säugern* Mikro- und Oligodendrogliazellen in verschieden großen Anteilen auf (Bertrand u. Guillain, 1933).

Schließlich sei hier noch bemerkt, daß die Mikroglia von *Kaninchen* bei spontaner Coccidiose mannigfache pathologische Veränderungen in Gestalt von akuter Schwellung, Kernfragmentation u.a. zeigt. Diese Feststellung ist von Bedeutung für Untersuchungen über das Verhalten der Mikroglia unter experimentellen Bedingungen, da die Coccidiose ohne Untersuchung der Leber unbemerkt bleiben kann (Rodríguez-Pérez u. Luis Arteta, 1935).

3.2. Vergleich der Glia von Wirbellosen und Wirbeltieren[4]

Bei allen Lebewesen mit einem zentralisierten Nervensystem ist als wesentlicher Bestandteil des letzteren ein Gliagewebe ausgebildet. In der feineren Struktur der Gliazellen und bezüglich ihres Anteils am Gesamtgewebe des Zentralnervensystems bestehen Unterschiede zwischen den einzelnen Tiergruppen, die auf die besonderen Anforderungen an die Leistungen der Glia zurückzuführen sind. Dies gilt auch für die verschiedenen Teile des Zentralnervensystems bei ein und demselben Tier. Ganz allgemein jedoch weisen die Gliaelemente eine Reihe von Ähnlichkeiten im ganzen Tierreich von den *Würmern* bis zum *Menschen* auf. Das „Stützgewebe" des Zentralnervensystems wird also bei *Wirbellosen* und bei *Wirbeltieren* von Gliazellen gebildet.

Die Glia der *Wirbellosen* kann eingeteilt werden in die folgenden Gruppen: A) *Epitheliale Glia.* Sie bildet eine zusammenhängende oberflächliche Zellschicht mit nach innen gerichteten Ausläufern und stellt einen Rest der epithelialen Anlage des Zentralnervensystems dar. Bei ursprünglichen Tierformen (*Sigalion* und *Synapta*) liegen die Zellkörper der Glia noch an der Oberfläche des Epithels, oder wenn die Lage des Zentralnervensystems nicht mehr epithelial ist, senden die Gliazellen Fortsätze an die Epitheloberfläche (z.B. *Gordius*). Die *epitheliale Glia* der *Wirbellosen* entspricht den *Ependymzellen* der *Wirbeltiere*, und die Ableitung der Glia ist grundsätzlich die gleiche wie bei den Wirbeltieren. Ein eigentliches Ependym ist bei den Invertebraten nicht vorhanden, da die Zentralorgane keine Hohlräume enthalten.

B) *Eigentliche (genuine) Glia.* Bei fast allen Wirbellosen kann man zwei Typen unterscheiden, zwischen denen Übergänge bestehen:

1) *Protoplasmatische Glia.* Sie entspricht den *protoplasmatischen Astrocyten* der *Wirbeltiere* und spielt in erster Linie die Rolle von trophischen Hüllzellen der Neurone.

2) *Fibrilläre Glia.* Sie findet sich als echtes Stützelement schon bei den *Würmern* (*Aulastomum*, Hortega) und tritt in sehr verschiedener Gestalt und Größe auf. Diese Zellen entsprechen den *fibrillären Astrocyten* der *Wirbeltiere.*

---

4 Siehe hierzu Oksche (1968); vgl. Anmerkungen, S. 144f. Weitere Literatur (bis 1936) zur Glia der *Wirbellosen* s. Addendum, S. 138ff. – Neue Forschungsergebnisse bei *Wirbellosen* s. Beitrag Scharrer u. Weitzman, S. 157–175

Unter den *Chordaten* finden wir bei *Amphioxus* Ependymzellen als dominierende Repräsentanten der Neuroglia. Schon von den *Cyclostomen* an sind die den Wirbeltieren eigenen drei Gliatypen, Makroglia (Astrocyten), Oligodendroglia und Mikroglia, ausgebildet. Dabei lassen sich nur an der *Makroglia* Stufen der phylogenetischen Entwicklung feststellen, die denen der ontogenetischen Entwicklung entsprechen (Abb. 17). So stehen die Makrogliazellen der *niederen*

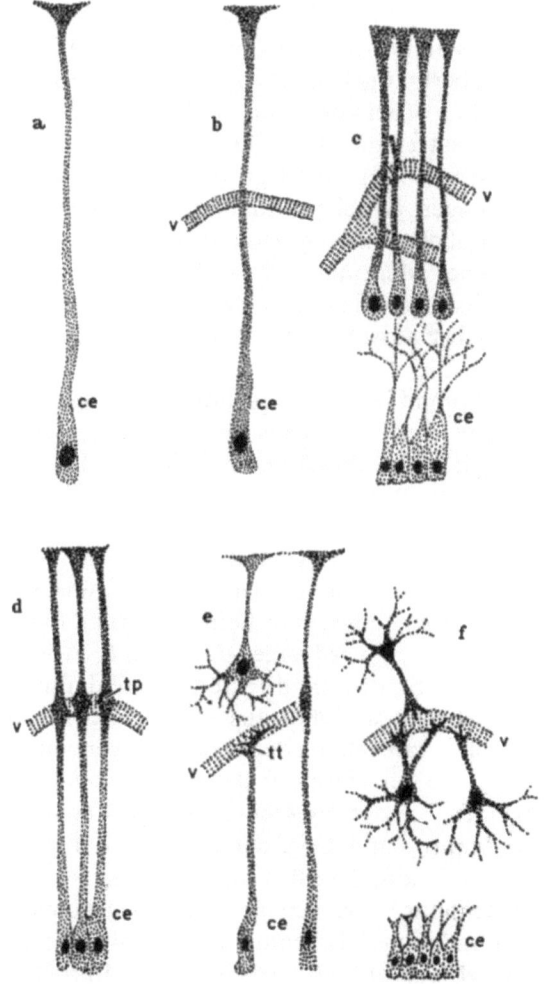

Abb. 17a–f. Schematische Darstellung der Haupttypen der ependymo-astrocytären Gliazellen und deren Gefäßbeziehungen in der Wirbeltierreihe. *ce* Ependymzellen; *v* Blutgefäße. **a** *Amphioxus* (*Branchiostoma lanceolatum*): Das Gliagewebe wird ausschließlich von ependymalen Elementen gebildet. **b** u. **c** *Knochenfische:* Außer den Ependymzellen sind freie Astrocyten vorhanden, die aber keine Gefäßfüßchen ausbilden. **d** *Amphibien (Anura):* Ependymale Gliazellen zeigen passagere Auftreibungen (*tp*) an den Blutgefäßen. **e** *Reptilien (Lacertilia):* Ependymzellen verlassen ihren Verband und bilden Endigungen (*tt*) an den Capillaren. Freie Astrocyten mit Gefäßfüßchen treten auf. **f** *Vögel* und *Säugetiere:* Die Astrocyten besetzen mit ihren Endfüßchen die Blutgefäße. (Nach ACHÚCARRO, 1915; vgl. hierzu aber HORSTMANN, 1954)

Wirbeltiere bis zu den *Reptilien* vielfach über Fortsätze mit dem Ependym in Verbindung bzw. senden einen Ausläufer an die Oberfläche des Zentralorgans. Dieser endet oft mit einer füßchenartigen Verbreiterung zwischen den ähnlich gestalteten Enden der Ependymausläufer und hilft eine Grenzschicht gegen die Pia zu bilden. So sehen wir bei *Cyclostomen, Amphibien* und *Reptilien* noch im ausgereiften Nervengewebe all die Formen als bleibende Stützelemente, die als verschiedene Phasen der Differenzierung der Makrogliazellen in der Embryonalentwicklung der *Vögel* und *Säuger* beobachtet werden.

Die Auffassung, daß sich eine phylogenetische Differenzierung der *Astrocyten* in der zunehmenden Ausbildung ihrer Gefäßverbindungen äußert (ACHÚCARRO, 1915), dürfte heute als überholt gelten. Die Annahme, daß sich die ersten Gefäßverbindungen bei den *Amphibien* vorfinden in Form von stempelartigen Verdickungen der Gliazellfortsätze, die den Gefäßen aufsitzen, ist vielmehr durch Befunde von HORSTMANN (1954) widerlegt, der am *Selachier*-Gehirn zwei Formen von Kontaktbildungen zwischen Gliafasern und Gefäßen fand: 1) durch Anlagerung, 2) durch Füßchenbildung. HORSTMANN (1954) lehnt die Ausbildung der Glia „als phyletisches Merkmal" ab, weil er bei *Scylliorhinus* vorwiegend ependymale gestreckt-faserige Glia („Tanycyten", HORSTMANN) vorfindet, dagegen bei *Raja radiata* „fast ausschließlich eine Astrocytenglia wie bei höheren Wirbeltieren" (*N.*).

Bei den *Reptilien* kommt es zur Ausbildung richtiger „Saugfüßchen" an den Gefäßen; erst damit wird der Typus des autonomen *Astrocyten* endgültig erreicht, der nicht mehr einen Ausläufer an die Oberfläche schickt, sondern sich an ein Gefäß anheftet. Wir finden entsprechende Bildungen von Saugfüßchen aber schon bei den *Würmern*, soweit sie intraganglionäre Gefäße besitzen. Auch die protoplasmatischen Astrocyten sind schon bei *Würmern* vorhanden, treten aber bei den *Wirbeltieren* erst von den *Reptilien* an in Erscheinung, stellen also innerhalb der Wirbeltiere eine späte Differenzierung dar.

Von den meisten Autoren wird eine *ektodermale* Abstammung der Glia der *Wirbellosen* angenommen, obwohl direkte Beweise dafür nicht erbracht worden sind. So schließt NUSBAUM (1908) aus seinen Regenerationsversuchen an *Nereis* auf die ektodermale Entstehung der Glia im Regenerat. Während BÜTSCHLI (1921, S. 474) die Frage der Herkunft der *Wirbellosen*-Glia offen läßt, leitet BAUER (1903, 1904) einen Teil der *Insekten*-Glia vom *Mesoderm* ab. Die *ektodermale* Herkunft von Makro- und Oligodendroglia gilt für die *Wirbeltiere* als gesichert. Was die Oligodendrogliazellen anbelangt, so kommen frühe Formen (Oligodendroglioblasten) nur bei jungen *niederen Wirbeltieren* vor (*Aal, Petromyzon*), dagegen findet man im Rückenmark der erwachsenen Tiere stets nur fertige Formen. Das gleiche gilt übrigens für die Mikroglia. Artunterschiede lassen sich bei der Oligodendroglia nicht feststellen. Bezüglich der Mikroglia herrscht bekanntlich keine endgültige Klarheit; aus der vergleichenden Betrachtung ergeben sich keine Beweisgründe für die eine oder die andere Anschauung. Die *mesodermale* Ableitung wird für *niedere Wirbeltiere* von einigen Autoren mit den gleichen Argumenten behauptet wie für die *Vögel* und *Säuger*. Die Mikrogliazellen sind besonders reichlich vorhanden bei *Cyclostomen, Knochenfischen, Vögeln* und *Säugern*, während sie bei *Amphibien* und *Reptilien* stark zurücktreten. Sie werden i.allg. (mit Ausnahme der *Cyclostomen* und *Fische*) in der grauen Substanz häufiger angetroffen als in der weißen. Die Mikrogliazellen sind nach Form und Größe bei den einzelnen Tierklassen, vielfach sogar bei den einzelnen Ordnungen verschieden. Sie vermehren sich durch amitotische Teilung.

Enge *räumliche Beziehungen* zwischen Glia- und Ganglienzellen werden bei *Wirbellosen* ebenso beobachtet wie bei *Wirbeltieren*.

Die Aufgabe der Glia besteht bei *Wirbellosen* wie bei *Wirbeltieren* in erster Linie in ihren Leistungen als Stütz- und Hüllgewebe. Die *Stützfunktion* kommt im besonderen den fibrillären, die *Hüllfunktion* den plasmatischen Elementen zu. Die *trophischen Aufgaben* finden ihren Ausdruck in den *Gefäßbeziehungen* bei *Wirbellosen* wie bei *Wirbeltieren*. Als eine Einrichtung für die Erfüllung trophischer Funktionen wird auch das bereits erwähnte „Eindringen" von Gliazellen in die Ganglienzellen gedeutet; in manchen Fällen dürfte es aber auch als pathologische Erscheinung zu werten sein (Neuronophagie). Das Phänomen einer generellen „Gliasekretion" ist umstritten (vgl. OKSCHE, 1961, 1962; LEONHARDT, S. 280f., 362ff., in diesem Band). Die epitheliale Glia in der Retina der *Insekten* soll außer ihrer Stützfunktion auch die Aufgabe haben, die zu den einzelnen Ommatidien führenden Nervenfasern voneinander zu isolieren (CAJAL, 1918).

Gewisse Beziehungen bestehen zwischen der *Ausbildung* der Glia und der *Lebensweise*, der *Größe* und dem *Alter* der Tiere. So weisen unter den *Egeln* die kleinen, trägen *Clesiniden* mit sitzender Lebensweise kein gut entwickeltes Gliagewebe auf, während große, bewegliche Arten mit starken Muskelkontraktionen reichliche Gliaformationen besitzen (JAKUBSKI, 1908). Bei dem *Wurm, Nereis,* wurde wenig Glia bei jungen, dagegen viel bei alten Tieren gefunden (HOLMGREN, 1916, S. 9). Dagegen konnte KAMIMURA (1933) bei $1^1/_2$ Jahre alten *Sandneunaugen* (*Petromyzon*: Cyclostomen) keine Oligodendrogliazellen nachweisen, während sie bei jüngeren Tieren in der grauen wie in der weißen Substanz, wenn auch spärlich, vorkommen. Bei *Säugern* ist das Rückenmark kleinerer Arten ärmer an Makro- und Oligodendrogliazellen als das größerer Arten (KAMIMURA, 1933). Die Abgrenzung der Glia vom mesodermalen Bindegewebe ist bei den *Wirbeltieren* stets klar, bei den *Wirbellosen* dagegen oft sehr schwierig.

Was die Neigung der Glia zu *pathologischen Neubildungen* betrifft, so soll die Gliahülle der *Mollusken* nach HALLER (1889, S. 284) in dieser Hinsicht nicht weniger stimulierbar sein als die des *Menschen* und der *Säuger*. Im übrigen ist über *gliomatöse Geschwülste* bei *Wirbellosen* wohl nur der Fall von BRUN (1925) bekannt, der einen kleinzelligen, vielleicht gliösen Hirntumor bei einer *Ameise* beschreibt. Bei *niederen Wirbeltieren* wurde kein Fall von Gliom bekannt und auch bei höheren sind nur ganz wenige einwandfreie Fälle beschrieben. So finden SLYE et al. (1931) unter 36 in der Literatur beschriebenen Fällen intrakranieller Tumoren von *Vögeln* und *Säugern* nur eine von MARCHAND, PETIT und PÉCARD einwandfrei als Gliom bei einem *Hund* beschriebene Neubildung. Dazu kommt noch ein von DAWES mitgeteiltes Ependymom (?) beim *Hund*. Schließlich beschreiben SCHLOTTHAUER und KERNOHAN (1935) außer einem Pinealom beim *Silberfuchs* ein echtes Glioblastoma multiforme beim *Hund*. Gliomatöse Neubildungen dürften bei den Tieren aber häufiger vorkommen, als es die Angaben in der Literatur erscheinen lassen.

Literaturverzeichnis

Achúcarro, N.: De l'évolution de la névroglie, et spécialement de ses relations avec l'appareil vasculaire. Trab. Lab. Invest. Biol. Madrid **13**, 169–212 (1915)

Bairati, A.: Osservazioni comparate sulla glioarchitettonica. Mem. Acad. Sci. Bologna Ser. **10**, 121–146 (1948/49)

Bairati, A.: Osservazioni preliminari sulla glia dei pesci. Monit. Zool. ital. **63**, 309–315 (1956)

Bairati, A.: Perivascular relationship of the neuroglia cells. In: Biology of neuroglia. Windle, W.F. (ed.), pp. 85–98. Springfield, Ill.: Thomas 1958

Bairati, A., Bartoli, E.: Ricerche morfologiche ed istochimiche sulla glia del nevrasse di vertebrati. II° Uccelli. Z. Zellforsch. **42**, 273–304 (1955)

Bairati, A., Contu, P.: Ricerche sulla glioarchitettonica dei vertebrati. III. Roditori e insettivori. IV. Carnivori. Monit. Zool. ital. **58** (Suppl. Atti Soc. ital. Anat.), 56–61 (1950)

Bairati, A., Tripoli, G.: Ricerche morfologiche ed istochimiche sulla glia del nevrasse di vertebrati: I° Anfibi. Z. Zellforsch. **39**, 392–413 (1954)

Bargmann, W., Schiebler, Th.H.: Histologische und cytochemische Untersuchungen am Subcommissuralorgan von Säugern. Z. Zellforsch. **37**, 583–596 (1952)

Bauer, V.: Zur inneren Metamorphose des Zentralnervensystems der Insekten (vorl. Mitt.). Zool. Anz. **26**, 655–656 (1903)

Bauer, V.: Zur inneren Metamorphose des Zentralnervensystems der Insekten. Zool. Jb. Abt. Anat. Ontog. **20**, 123–152 (1904)

Bertrand, I., Guillain, J.: La microglie et l'oligodendroglie ganglionaires. C.R. Soc. Biol. (Paris) **113**, 382–383 (1933)

Bianchini, F.: Microglia e reticolo diffuso pericellulare. Riv. Neurol. **8**, 40–44 (1935)

Bonne, C.: Les champs névrogliques endothéliformes chez les mammifères. Rev. neurol. **6**, 631–636 (1898)

Bonome, A.: Istogenesi della nevroglia normale nei vertebrati. Arch. ital. Anat. Embriol. **6**, 157–345 (1907)

Brun, R.: Ein Fall von Hirntumor bei der Ameise. Schweiz. Arch. Neurol. Psychiat. **16**, 96–99 (1925)

Bulač, C.O.: Zur Morphologie der Neuroglia im Nervus opticus und in der Retina nach Methoden der spanischen Schule (Ramón y Cajal). Z. Augenheilk. **74**, 248–267 (1931)

Bütschli, O.: Vorlesungen über vergleichende Anatomie, Bd. 1. Berlin: Springer 1921

Cajal, S., Ramón Y.: Observaciones sobre la estructura de los ocelos y vías nerviosas ocelares de algunos insectos. Trab. Lab. Invest. Biol. Madrid **16**, 109–139 (1918)

Cajal, S. Ramón, Y.: Etudes sur la névroglie (macroglie). Trab. Lab. Invest. Biol. Madrid **27**, 377–454 (1932)

Capobianco, F.: Della partecipazione mesodermica nella genesi della nevroglia cerebrale. Monit. Zool. ital. **12**, 230–232 (1901)

Castro, F. de: Estudios sobre la neuroglia de la corteza cerebral del hombre y de los animales. I. La arquitectonia neuróglica y vascular del bulbo olfativo. Trab. Lab. Invest. Biol. Madrid **18**, 1–35 (1920a)

Castro, F. de: Algunas observaciones sobre la histogénesis de la neuroglia en el bulbo olfativo. Trab. Lab. Invest. Biol. Madrid **18**, 83–108 (1920b)

Catois, M.: La névroglie de l'encéphale chez les poissons. C.R. Acad. Sci. (Paris) 1898 (Sep. Abdr. S. 1–3)

Cattaneo, D.: La nevroglia nei centri ottici degli uccelli. Arch. ital. Anat. Embriol. **19**, 435–463 (1922)

Civalleri, A.: Microglia e sistema reticulo-endoteliale. Giorn. Batt. Immun. **6**, 12–37 (1931)

Contu, P.: Ricerche sulla glioarchitettonica dei vertebrati. Monit. Zool. ital. **59** (Suppl. Atti Soc. ital. Anat.), 147–149 (1951)

Contu, P.: Ricerche sulla glioarchitettonica dei rettili (cheloni, sauri ed ofidi). Arch. ital. Anat. Embriol. **58**, 295–320 (1953)

Contu, P.: Ricerche sulla glioarchitettonica dei vertebrati: Mammiferi (cetacei, edentati, roditori, insettivori, chirotteri, carnivori, ungulati perissodattili, ungulati artiodattili, primati). Arch. ital. Anat. Embriol. **59**, 101–141 (1954)

COSTERO, I.: Studien an Mikrogliazellen (sogenannten Hortegazellen) in Gewebskulturen vom Gehirn. Arb. Staatsinst. exp. Ther. Frankfurt 23, 27–37 (1930)

COSTERO, I.: Experimenteller Nachweis der morphologischen und funktionellen Eigenschaften und des mesodermischen Charakters der Mikroglia. Z. Neurol. 132, 371–406 (1931)

DAMMERMAN, K.W.: Der Saccus vasculosus der Fische, ein Tieforgan. Z. wiss. Zool. 96, 654–726 (1910)

DEGIROLAMO, A.: Osservazioni sulla architetture gliali dell' encefalo di nutria, Myopotamus coypus. Monit. Zool. ital. 61 (Suppl. Atti Soc. ital. Anat.), 144–146 (1953)

DORN, E.: Der Saccus vasculosus, In: Handbuch der mikroskopischen Anatomie des Menschen. Bargmann, W. (Hrsg.), Bd. IV/2, S. 140–195. Berlin, Göttingen, Heidelberg: Springer 1955

DUNNING, H.S., FURTH, J.: Studies on the relation between microglia, histiocytes and monocytes. Am. J. Path. 11, 895–914 (1935)

EURICH, F.W.: Contributions to the comparative anatomy of the neuroglia. J. Anat. Physiol. 32, 688–708 (1898)

FIEANDT, H. v.: Eine neue Methode zur Darstellung des Gliagewebes, nebst Beiträgen zur Kenntnis des Baues und der Anordnung der Neuroglia des Hundehirns. Arch. mikr. Anat. 76, 125–209 (1910/11)

FLEISCHHAUER, K.: Untersuchungen am Ependym des Zwischen- und Mittelhirns der Landschildkröte (Testudo graeca). Z. Zellforsch. 46, 729–767 (1957)

FRITSCH, G.: Über einige bemerkenswerte Elemente des Zentralnervensystems von Lophius piscatorius. Arch. mikr. Anat. 27, 13–31 (1886)

FRITSCH, G.: Die elektrischen Fische. I. Malopterurus electricus. Leipzig: Veit & Co. 1887

FURUSAWA, Y.: Histologische Untersuchungen über die Oligodendroglia. Fukuoka Acta med. 24, 33 (1931)

GOZZANO, M.: Osservazioni sulla microglia in alcune specie di vertebrati. Riv. Neurol. 2, 322–327 (1929)

GOZZANO, M.: Sopra speciali corpi globosi osservati nel cervello di mammiferi neonati, e sui loro rapporti con i microglioblasti. Boll. Soc. ital. Biol. sper. 6, 12–14 (1931a)

GOZZANO, M.: L'istogenesi della microglia. Riv. Neurol. 4, 225–265, 373–412 (1931b)

HALLER, B.: Beiträge zur Kenntnis der Textur des Zentralnervensystems höherer Würmer. Arb. Zool. Inst. Univ. Wien 8, 175–312 (1889)

HARDESTY, I.: The neuroglia of the spinal cord of the elephant with some preliminary observations upon the development of neuroglia fibers. Am. J. Anat. 2, 81–103 (1902/03)

HATAI, S.: On the origin of neuroglia tissue from the mesoblast. J. Comp. Neurol. 12, 291–296 (1902)

HELD, H.: Über den Bau der Neuroglia und über die Wand der Lymphgefäße in Haut und Schleimhaut. Abh. kgl. sächs. Ges. Wiss., math.-phys. Kl. 28, 201–318 (1903)

HERRICK, C.J.: The amphibian forebrain. II. The olfactory bulb of Amblystoma. J. Comp. Neurol. 37, 373–396 (1924)

HERRICK, C.J.: The amphibian forebrain. V. The olfactory bulb of Necturus. J. Comp. Neurol. 53, 55–69 (1931)

HERRICK, C.J.: The amphibian forebrain. IX. Neuropil and other interstitial nervous tissue. J. Comp. Neurol. 59, 93–116 (1934)

HEYMANS, J.-F., VAN DER STRICHT, O.: Sur le système nerveux de l'Amphioxus et en particulier sur la constitution et la genèse des racines sensibles. Mémoires couronnés et mémoires des savants étrangers. Acad. roy. Belg. 56, 1–74 (1897/98)

HOLMGREN, N.: Zur vergleichenden Anatomie des Gehirns von Polychaeten, Onychophoren, Xiphosuren, Arachniden, Crustaceen, Myriapoden und Insekten. Vorstudien zu einer Phylogenie der Arthropoden. Svensk. Vetensk. akad. Handl. 56, 1–303 (1916)

HORSTMANN, E.: Die Faserglia des Selachiergehirns. Z. Zellforsch. 39, 588–617 (1954)

HORTEGA, P. del Río: Estructura fibrilar del protoplasma neuróglico y origen de las gliofibrillas. Trab. Lab. Invest. Biol. Madrid 14, 269–307 (1916)

HOUSER, G.L.: The neurons and supporting elements of the brain of a selachian. J. Comp. Neurol. 11, 65–175 (1901)

HUBER, G.C.: Studies on the neuroglia. Am. J. Anat. 1, 45–61 (1901/02)

JUBA, A.: Über die Entwicklung der Mikroglia mit besonderer Berücksichtigung der Cytogenese. Z. Anat. Entwickl.-Gesch. 103, 245–258 (1934a)

Juba, A.: Das erste Erscheinen und die Urformen der Hortegaschen Mikroglia im Zentralnerven-system. Arch. Psychiat. Nervenkr. **102**, 225–232 (1934b)

Kamimura, T.: Die Verteilung der Neuroglia im menschlichen und tierischen Rückenmark. Folia psychiat. neurol. jap. **1**, 86–99 (1933)

Kamimura, T.: Über die Entwicklung der Mikroglia sowie einiges zur Frage der sogenannten embryonalen Fettkörnchenzellen. Folia psychiat. neurol. jap. **1**, 263–290 (1934)

Kappers, C. U. Ariëns: Die vergleichende Anatomie des Nervensystems der Wirbeltiere und des Menschen, Bd. I. Haarlem: De Erven F. Bohn 1920; Bd. II, 1921

Koelliker, A. v.: Handbuch der Gewebelehre des Menschen. Bd. II: Nervensystem des Menschen und der Tiere. Leipzig 1896

Kolster, R.: Studien über das centrale Nervensystem. I. Über das Rückenmark einiger Teleostier. Berlin: 1898

Krause, R.: Untersuchungen über die Neuroglia des Affen. Anhang z. Abh. kgl. Akad. Wiss. Berlin: 1899

Lacchi, P.: Contribution à l'histogenèse de la névroglie dans la moëlle épinière du poulet. Mem. Soc. Toscana Scienze Natur. (Pisa) **11** (1890) [zit. nach Arch. ital. Biol. **15**, 160–161 (1891)]

Legait, E.: Les organes épendymaires du troisième ventricule. Thèse Méd. Nancy: Thomas 1942

Legait, E.: L'organe sous-commissural chez la grenouille normale et hypophysoprivée. C.R. Soc. Biol. (Paris) **140**, 543–545 (1946)

Legait, E.: Le rôle de l'épendyme dans les phénomènes endocrines du diencéphale. Bull. Soc. Sci. Nancy **1**, 1–12 (1949)

Lenhossék, M. v.: Der feinere Bau des Nervensystems im Lichte neuester Forschungen. Berlin: Fischer 1895

Marchesani, O.: Die Morphologie der Glia im Nervus opticus und in der Retina, dargestellt nach den neuesten Untersuchungsmethoden und Untersuchungsergebnissen. Albrecht v. Graefes Arch. klin. Ophthal. **117**, 575–605 (1926)

Mazzi, V.: Macrofagi e microglia nell'encefalo dei teleostei. Arch. ital. Anat. Embriol. **57**, 330–348 (1952a)

Mazzi, V.: Caratteri secretori nelle cellule dell'organo sottocommissurale dei vertebrati inferiori. Arch. Zool. ital. **37**, 445 (1952b)

Mazzi, V.: Sulla presenza di particolari cellule (gliali?) nella oblongata del tritone crestato. Atti Accad. naz. Lincei Ser. **8**, 138–140 (1954a)

Mazzi, V.: Alcune osservazioni intorno al sistema neurosecretorio ipotalamoipofisario e all'organo sottocommissurale nell'ontogenesi di *Rana agilis*. Monit. Zool. ital. **62**, 78 (1954b)

Mencl, E.: Kurze Bemerkungen über die Solgerschen intrazellulären Fibrillen in den Nervenzellen von *Scyllium*. S.-B. kgl. Böhm. Ges. Wiss., II. Kl. (Prag) **37**, 1–5 (1903)

Mencl, E.: Einige Beobachtungen über die Roncoronischen Fibrillen der Nervenzellkerne. Arch. mikr. Anat. **68**, 527–539 (1906)

Mergner, H.: Untersuchungen am Organon vasculosum laminae terminalis (Crista supraoptica) im Gehirn einiger Nagetiere. Zool. Jb. Anat. **77**, 289–356 (1959)

Mihálik, P. v.: Über die Nervengewebskulturen, mit besonderer Berücksichtigung der Neuronen-lehre und der Mikrogliafrage. Arch. exp. Zellforsch. **17**, 119–176 (1935)

Mirto, D.: Sulla fina anatomia del tetto ottico dei pesci teleostei e sull'origine reale del nervo ottico. Riv. sper. Freniat. **21**, 136–148 (1895)

Müller, E.: Studien über Neuroglia. Arch. mikr. Anat. **55**, 11–62 (1900)

Nansen, F.: The structure and combination of the histological elements of the central nervous system. Bergens Mus. Aarsberetning for 1886, 29–215 (1887)

Nansen, F.: Die Nervenelemente, ihre Struktur und Verbindung im Zentralnervensystem. Anat. Anz. **3**, 157–169 (1888)

Nusbaum, J.: Weitere Regenerationsstudien an Polychaeten. Über die Regeneration von *Nereis diversicolor* (O.F. Müller). Z. wiss. Zool. **89**, 109–163 (1908)

Oksche, A.: Über die Art und Bedeutung sekretorischer Zelltätigkeit in der Zirbel und im Subkom-missuralorgan. Verh. anat. Ges. (Münster 1954) **52**, 88–96 (1955)

Oksche, A.: Funktionelle histologische Untersuchungen über die Organe des Zwischenhirndaches der Chordaten. Anat. Anz. **102**, 404–419 (1956)

Oksche, A.: Histologische Untersuchungen über die Bedeutung des Ependyms, der Glia und der Plexus chorioidei für den Kohlenhydratstoffwechsel des ZNS. Z. Zellforsch. **48**, 74–129 (1958)

OKSCHE, A.: Vergleichende Untersuchungen über die sekretorische Aktivität des Subkommissuralorgans und den Gliacharakter seiner Zellen. Z. Zellforsch. **54**, 549–612 (1961)

OKSCHE, A.: Histologische, histochemische und experimentelle Studien am Subkommissuralorgan von Anuren (mit Hinweisen auf den Epiphysenkomplex). Z. Zellforsch. **57**, 240–326 (1962)

OKSCHE, A.: Die praenatale und vergleichende Entwicklungsgeschichte der Neuroglia. Acta Neuropathol. (Berlin), Suppl. IV, 1–19 (1968)

OLSSON, R.: Studies on the subcommissural organ. Acta Zool. (Stockh.) **39**, 71–102 (1958)

OLSSON, R., WINGSTRAND, K.G.: Reissner's fibre and the infundibular organ in *Amphioxus* – results obtained with Gomori's chrome alum haematoxylin. Univ. Bergen Årb. (Publ. Biol. Stat.) **14**, 1 (1954)

OYARZUN, A.: Über den feineren Bau des Vorderhirns der Amphibien. Arch. mikr. Anat. **35**, 380–388 (1890)

PENFIELD, W. (ed.): Neuroglia: normal and pathological. Cytology and cellular pathology of the nervous system. Vol. 2, p. 449. New York 1932

PENTA, P.: Sulla istogenesi della oligodendroglia. Boll. Soc. ital. Biol. sper. **8**, 1659–1662 (1933)

PENTA, P.: Forme cellulari gliali giovanili. Boll. Soc. ital. Biol. sper. **9**, 1218–1219 (1934)

RETZIUS, G.: Zur Kenntnis des zentralen Nervensystems von *Myxine glutinosa*. Biol. Unters. (Stockh.) N.F. **II**, 47–53 (1891 a)

RETZIUS, G.: Zur Kenntnis der Ependymzellen der Centralorgane. Verh. biol. Ver. Stockholm **3**, 103–116 (1891b)

RETZIUS, G.: Studien über Ependym und Neuroglia. Biol. Unters. (Stockh.) N.F. **V**, 9–26 (1893)

RODRÍGUEZ PÉREZ, A.P.: Distribution de la microglie et existence d'oligodendrocytes de Cajal et Robertson dans le bulbe olfactif. Trab. Lab. Invest. Biol. Madrid **28**, 103–122 (1932)

RODRÍGUEZ PÉREZ, A.P.: Neue Beiträge zur Kenntnis der multinuclearen Oligodendrocyten des Bulbus olfactorius. Die Teilung der Oligodendroglia (Spanisch). Archivos Neurobiol. (Madr.) **13**, 987–991 (1933)

RODRÍGUEZ PÉREZ, A.P., LUIS ARTETA, J.: Variétés morphologiques de la microglie dans la coccidiose hépato-intestinale spontanée du lapin. Trab. Lab. Invest. Biol. Madrid **30**, 363–378 (1935)

ROHDE, E.: Histologische Untersuchungen über das Nervensystem von *Amphioxus lanceolatus*. Zool. Beitr. (A. Schneider) **2**, 169–211 (1890)

ROHDE, E.: Ganglienzelle und Neuroglia. Arch. mikr. Anat. **42**, 423–442 (1893)

ROHON, V.: Zur Histogenese im Rückenmark der Forelle. S.-B. bayr. Akad. Wiss. math.-phys. Kl. **1884**, 39–56

RUBASCHKIN, W.: Zur Morphologie des Gehirns der Amphibien. Arch. mikr. Anat. **62**, 207–243 (1903)

RUBASCHKIN, W.: Studien über Neuroglia. Arch. mikr. Anat. **64**, 575–621 (1905)

SALA Y PONS, CL.: La neuroglia de los vertebrados. Diss. Madrid. Barcelona 1894

SÁNTHA, K. V.: Untersuchungen über die Entwicklung der Hortegaschen Mikroglia. Arch. Psychiat. Nervenkr. **96**, 36–67 (1932)

SÁNTHA, K. V., JUBA, A.: Weitere Untersuchungen über die Entwicklung der Hortegaschen Mikroglia. Arch. Psychiat. Nervenkr. **98**, 598–613 (1933)

SCHAPER, A.: The finer structure of the selachian cerebellum (*Mustelus vulgaris*) as shown by chrome-silver preparations. J. Comp. Neurol. **8**, 1–20 (1898)

SCHLOTTHAUER, C.F., KERNOHAN, J.W.: A glioma in a dog and a pinealoma in a silver fox (*Vulpes fulvus*). Am. J. Cancer **24**, 350–356 (1935)

SCHNEIDER, K.C.: Histologisches Praktikum der Tiere. Jena: Fischer 1908

SERRA, M.: Nota sobre las gliofibrillas de la neuroglia de la rana. Trab. Lab. Invest. Biol. Madrid **19**, 217–230 (1921)

SILVER, M.B.: Glial elements of frog. J. comp. Neurol. **77**, 41–47 (1942)

SLYE, M., HOLMES, H.F., WELLS, H.G.: Intracranial neoplasms in lower animals. Studies on the incidence and inheritability of spontaneous tumors in mice. Am. J. Cancer **15**, 1387–1400 (1931)

STERZI, G.: Il sistema nervoso centrale dei vertebrati. Vol. I: Ciclostomi. Padova: Draghi 1907

STUDNIČKA, F.K.: Über das Ependym des Centralnervensystems der Wirbeltiere. S.-B. Kgl. Böhm. Ges. Wiss., math.-nat. Kl. **45**, 1–7 (1899)

STUDNIČKA, F.K.: Untersuchungen über den Bau des Ependyms der nervösen Centralorgane. Anat. Hefte **15**, 303–431 (1900)

Tamura, T.: Studies on the neuroglia, carried out mainly in the normal dog brain. La Orienta Bulteno Neuro-Biologia 1, 57–79 (1927)

Tronconi, V.: Contributo allo studio del tessuto gliale in giovani animali. Riv. Pat. nerv. ment. 42, 587–596 (1933)

Valenti, G.: Contribution à l'histogenèse de la cellule nerveuse et de la névroglie du cerveau de certains poissons chondrostéiques. Arch. ital. Biol. 16, 247–252 (1891); Pisa Soc. Tosc. Atti Soc. Toscana Sci. naturali 12, 83–98 (1893)

Vazquez-Lopez, E.: Über die Beziehungen der Mikroglia zu den Gefäßen, Arch. Psychiat. Nervenkr. 104, 652–662 (1936)

Weigert, C.: Beiträge zur Kenntnis der normalen menschlichen Neuroglia. Festschr. z. 50jährig. Jub. d. ärztl. Ver. Frankfurt a.M. 1895. Abh. Senckenberg. naturforsch. Ges. Abh. 19, 65–215 (1896)

Wells, A.Q., Carmichael, E.A.: Microglia: an experimental study by means of tissue culture and vital staining. Brain 53, 1–10 (1930)

Wertham, F.: Zur Frage des Eisenbefundes bei der Dementia paralytica auf Grund vergleichend-histopathologischer Untersuchungen. Z. Neurol. 136, 62–75 (1931)

Wertham, F.: The nonspecificity of the histologic lesions of dementia paralytica. Arch. Neurol. Psychiat. 28, 1117–1138 (1932)

Wislocki, G.B., Leduc, E.H.: The cytology of the subcommissural organ, Reissner's fiber, periventricular glial cells and posterior collicular recess of the rat's brain. J. Comp. Neurol. 101, 283–310 (1954)

Addendum

Ältere Literatur über die Glia der Wirbellosen (bis 1936)

Apáthy, St.: Das leitende Element des Nervensystems und seine topographischen Beziehungen zu den Zellen. Mitt. Zool. Station Neapel 12, 495–748 (1897)

Ascoli, G.: Zur Neurologie der Hirudineen. Zool. Jb. Abt. Anat. Ontog. 31, 473–496 (1911)

Barendrecht, G.: Die Corpora pedunculata bei den Gattungen Bombus und Psithyrus. Acta Zool. 12, 153–204 (1931)

Bernert, J.: Untersuchungen über das Zentralnervensystem der Hermione hystrix (L.M.). Z. Morph. Oekol. Tiere 6, 743–810 (1926)

Białkowska, W., Kulikowska, Z.: Über den Golgi-Kopschschen Apparat der Nervenzellen bei den Hirudineen und Lumbricus. Anat. Anz. 38, 193–207 (1911)

Białkowska, W., Kulikowska, Z.: Über den feineren Bau der Nervenzellen bei verschiedenen Insekten. Bull. int. Acad. Cracovie, Sér. B 1912, 449–462

Bochenek, A.: L'anatomie fine de la cellule nerveuse de Helix pomatia Lin. C.R. Ass. Anat. Lyon, 3ᵉSess., 106–110 (1901a)

Bochenek, A.: Contribution à l'étude du système nerveux des gastéropodes (Helix pomatia Lin.). Anatomie fine des cellules nerveuses. Névraxe 3, 85–105 (1901b)

Bochenek, A.: Untersuchungen über das zentrale Nervensystem der Wirbellosen. Bull. int. Acad. Cracovie 1905, 205–220

Boule, L.: Recherches sur le système nerveux central normal du lombric. Névraxe 10, 13–59 (1908)

Bürger, O.: Nemertini (Schnurwürmer). H.G. Bronns Klassen und Ordnungen des Tierreichs 4, Suppl. (1897–1907)

Cajal, S. Ramón y: Neuroglia y neurofibrillas del Lumbricus. Trab. Lab. Invest. Biol. Madrid 3, 277–285 (1904)

Cajal, S. Ramón y: Contribución al conocimiento de la retina y centros ópticos de los cefalópodos. Trab. Lab. Invest. Biol. Madrid 15, 1–82 (1917)

Cajal, S. Ramón y, Sánchez, D.: Contribución al conocimiento de los centros nerviosos de los insectos. Trab. Lab. Invest. Biol. Madrid 13, 1–167 (1915)

Dehorne, A.: Sur le neuroplasme des fibres géantes des polychètes. C.R. Soc. Biol. (Paris) 119, 1253–1256 (1935a)

DEHORNE, A.: Sur le trophosponge des cellules nerveuses géantes de *Lanice conchylega*, Pallas. C.R. Soc. Biol. (Paris) **120**, 1188–1190 (1935b)

DEHORNE, A.: Analyse de quelques aspects des cellules, nerveuses de *Nephthys* et de *Nereis*. C.R. Soc. Biol. (Paris) **121**, 757–760 (1936a)

DEHORNE, A.: Remarques sur quelques aspects cytologiques des éléments nerveux de *Nereis diversicolor*. C.R. Soc. Biol. (Paris) **123**, 795–798 (1936b)

DREYER, TH.F.: Über das Blutgefäß- und Nervensystem der Aeolididae und Tritoniadae. Z. wiss. Zool. **96**, 373–418 (1910)

ELWYN, A.: Observations on the nervous system of *Bdelloura candida*. Bull. neurol. Inst. N.Y. **5**, 141–164 (1936)

ESPINÓS, G.D.: Beiträge zum Studium der Neuroglia bei Wirbellosen (Spanisch). Arch. Neurobiol. (Madr.) **10**, 238–244 (1930)

EURICH, F.W.: Studies on the neuroglia. Brain **20**, 114–124 (1897)

FEDOROW, B.: Über den Bau der Riesenganglienzellen der Lumbriconereinen. Z. mikr.-anat. Forsch. **12**, 347–370 (1928)

FORDHAM, M.G.C.: *Aphrodite aculeata*. Liverpool marine biol. comm. Mem. **27** (1925)

FREIDENFELT, T.: Das zentrale Nervensystem von Anodonta. Biol. Zbl. **17**, 808–815 (1897)

GARIAEFF, W.: Zur Histologie des zentralen Nervensystems der Cephalopoden. I. Subösophageal-ganglionmasse von *Octopus vulgaris*. Z. wiss. Zool. **92**, 149–186 (1909)

GOLDSCHMIDT, R.: Über die sog. radiärgestreiften Ganglienzellen von *Ascaris*. Biol. Zbl. **24**, 173–182 (1904)

GOLDSCHMIDT, R.: Das Nervensystem von *Ascaris lumbricoides* und *megalocephala*. III. Teil. Festschr. z. 60. Geb. Richard Hertwigs. **2**, 253–354 (1910)

HALLER, B.: Über die sogenannte Leydigsche Punktsubstanz im Zentralnervensystem. Morph. Jb. **12**, 325–332 (1887)

HALLER, B.: Über den allgemeinen Bauplan des Tracheatensyncerebrums. Arch. mikr. Anat. **65**, 181–279 (1905)

HALLER, B.: Über das Bauchmark. Jena. Z. Med. Naturw. **46**, 591–632 (1910)

HALLER, B.: Die Intelligenzsphaeren des Molluskengehirns. Ein Beitrag zur stufenweisen Entfaltung dieser bei den Achordaten. Arch. mikr. Anat. **81**, 233–322 (1913)

HAMAKER, J.I.: The nervous system of *Nereis virens* Sars. Bull. Mus. Comp. Zool. Harvard College **32**, 89–124 (1898)

HANSTRÖM, B.: Über die sogenannten Intelligenzsphären des Molluskengehirns und die Innervation des Tentakels von *Helix*. Acta zool. **6**, 183–215 (1925)

HANSTRÖM, B.: Über den feineren Bau des Nervensystems der tricladen Turbellarien auf Grund von Untersuchungen an *Bdelloura candida*. Acta zool. **7**, 101–115 (1926)

HANSTRÖM, B.: Vergleichende Anatomie des Nervensystems der wirbellosen Tiere. Berlin: Springer 1928

HANSTRÖM, B.: Neue Untersuchungen über Sinnesorgane und Nervensystem der Crustaceen. I. Z. Morph. Oekol. Tiere **23**, 80–236 (1931)

HAVET, J.: Note préliminaire sur le système nerveux des *Limax* (méthode de Golgi). Anat. Anz. **16**, 241–248 (1899)

HAVET, J.: Contribution à l'étude de la névroglie des invertébrés. Trab. Lab. Invest. Biol. Madrid **14**, 35–85 (1916)

HERMANN, E.: Das Zentralnervensystem von *Hirudo medicinalis*. München: Stahl 1875

HERTWECK, H.: Anatomie und Variabilität des Nervensystems und der Sinnesorgane von *Drosophila melanogaster* (Meigen). Z. wiss. Zool. **139**, 559–663 (1931)

HERTWIG, O., HERTWIG, R.: Das Nervensystem und die Sinnesorgane der Medusen. Leipzig: Vogel 1878

HILTON, W.A.: The central nervous system of a sipunculid. J. Ent. Zool. (Pomona College) **9**, 30–35 (1917)

HILTON, W.A.: Central nervous system of *Mytilus californianus*. J. Ent. Zool. (Pomona College) **12**, 27–29 (1920)

HOLMES, M.TH.: The connective-tissue structure of the ganglion of the earthworm, *Lumbricus terrestris*. J. Comp. Neurol. **51**, 393–408 (1930)

HUBRECHT, A.A.W.: Zur Anatomie und Physiologie des Nervensystems der Nemertinen. Verh. Kon. Akad. Wetensch. Amsterdam **20**, 1–47 (1880)

Ito, T.: Zur Zytologie der Gliazellen in der Bauchganglionkette des japanischen medizinischen Blutegels, *Hirudo nipponica*. Okajimas Folia anat. jap. **14**, 389–411 (1936)

Jakubski, A.W.: Untersuchungen über das Stützgewebe des Nervensystems bei den Hirudineen. Bull. int. Acad. Cracovie, Cl. Sci. math. nat. **1908a**, 86–91

Jakubski, A.W.: Untersuchungen über das Stützgewebe des Nervensystems im vorderen und im hinteren Körperende der Hirudineen nebst Bemerkungen über deren Neuromerie. Bull. int. Acad. Cracovie, Cl. Sci. math. nat. **1908b**, 854–893

Jakubski, A.W.: Zur Kenntnis des Gliagewebes im Nervensystem der Mollusken. Verh. 8. Int. Zool. Kongr. Graz 1910, S. 936–939. Jena: Fischer 1912

Jakubski, A.W.: Studien über das Gliagewebe der Mollusken. I. Teil: Lamellibranchiata u. Gastropoda. Z. wiss. Zool. **104**, 81–118 (1913)

Jakubski, A.W.: Studien über das Gliagewebe der Mollusken. II. Teil: Cephalopoda. Z. wiss. Zool. **112**, 48–69 (1915)

Jonescu, C.N.: Vergleichende Untersuchungen über das Gehirn der Honigbiene. Jena. Z. Med. Naturw. **45** (N.F. **38**), 1–67 (1909)

Joseph, H.: Zur Kenntnis der Neuroglia. Anat. Anz. **17**, 354–357 (1900)

Joseph, H.: Untersuchungen über die Stützsubstanzen des Nervensystems nebst Erörterungen über deren histogenetische und phylogenetische Deutung. Arb. Zool. Inst. Univ. Wien. **13**, 335–400 (1902)

Kopsch, F.: Mitteilungen über das Ganglion opticum der Cephalopoden. Int. Mschr. Anat. Physiol. **16**, 33–54 (1899)

Kükenthal, W.: Über das Nervensystem der Opheliaceen. Jena. Z. Med. Naturw. **20**, 511–580 (1887)

Lacroix, P.: Recherches cytologiques sur les centres nerveux chez les invertébrés. I. *Helix pomatia*. Cellule **44**, 1–42 (1935)

Lang, A.: Untersuchungen zur vergleichenden Anatomie und Histologie des Nervensystems der Plathelminthen. I–V. Mitt. Zool. Station Neapel **1**, 459–488 (1879); **2**, 28–52, 372–400 (1881); **3**, 53–76, 76–96 (1882)

Legendre, R.: Sur la névroglie des ganglions nerveux d'*Helix pomatia*. (Note préliminaire). Bibliographie anat. **16**, 236–238 (1907a)

Legendre, R.: La névroglie des ganglions nerveux d'*Helix pomatia*. C.R. Ass. Anat. Lille, 9ᵉ Réunion, 50–60 (1907b)

Lenhossék, M. v.: Histologische Untersuchungen am Sehlappen der Cephalopoden. Arch. mikr. Anat. **47**, 45–120 (1896)

Livanow, N.: Untersuchungen zur Morphologie der Hirudineen. II. Zool. Jb., Abt. Anat. Ontog. **20**, 153–226 (1904)

Livanow, N.: *Acanthobdella peledina* Grube, 1851. Zool. Jb., Abt. Anat. Ontog. **22**, 637–866 (1906)

Mack, H. v.: Das Zentralnervensystem von *Sipunculus nudus* L. (Bauchstrang). Mit besonderer Berücksichtigung des Stützgewebes. Arb. Zool. Inst. Univ. Wien **13**, 237–334 (1902)

McClure, C.F.W.: The finer structure of the nerve cells of invertebrates. I. Gastropoda. Zool. Jb., Abt. Anat. Ontog. **11**, 13–60 (1898)

Mencl, E.: Über die Histologie und Histogenese der sogenannten Punktsubstanz Leydigs in dem Bauchstrang der Hirudineen. Z. wiss. Zool. **89**, 371–416 (1908)

Merton, H.: Über den feineren Bau der Ganglienzellen aus dem Zentralnervensystem von *Tethys leporina* Cuv. Z. wiss. Zool. **88**, 327–357 (1907a)

Merton, H.: Über ein intrazelluläres Netzwerk der Ganglienzellen von *Tethys leporina*. Anat. Anz. **30**, 401–407 (1907b)

Merton, H.: Beiträge zur Anatomie und Histologie von Temnocephala. Abh. Senckenberg. naturforsch. Ges. **35**, 1–58 (1923)

Metalnikoff, S.: *Sipunculus nudus*. Z. wiss. Zool. **68**, 261–322 (1900)

Micoletzky, H.: Zur Kenntnis des Nerven- und Excretionssystems einiger Süßwassertricladen nebst anderen Beiträgen zur Anatomie von *Planaria alpina*. Z. wiss. Zool. **87**, 382–434 (1907)

Montgomery, Th.H.: The elements of the central nervous system of the nemerteans. J. Comp. Neurol. **8**, 206–209 (1898)

Nabias, B. de: Recherches histologiques et organologiques sur les centres nerveux des gastéropodes. Act. Soc. Linn. Bordeaux 1894

NANSEN, F.: Anatomie und Histologie des Nervensystems der Myzostomen. Jena. Z. Med. Naturw. **21**, (N.F. **14**), 267–321 (1887)

PÉREZ, CH., GENDRE, E.: Procédé de coloration de la névroglie chez les ichthyobdelles. C.R. Soc. Biol. (Paris) **58**, 675–676 (1905)

RÁDL, E.: Untersuchungen über den Bau des Tractus opticus von *Squilla mantis* und von anderen Arthropoden. Z. wiss. Zool. **67**, 551–598 (1900)

RAWITZ, B.: Das zentrale Nervensystem der Acephalen. Jena. Z. Med. Naturw. **20**, 384–460 (1887)

RETZIUS, G.: Zur Kenntnis des zentralen Nervensystems der Würmer. Biol. Untersuch. (Stockh.) N.F. **II**, 1–28 (1891)

ROHDE, E.: Histologische Untersuchungen über das Nervensystem der Hirudineen. Zool. Beitr. (A. Schneider) **3**, 1–68 (1892)

SÁNCHEZ, D.: El sistema nervioso de los hirudíneos I. Trab. Lab. Invest. Biol. Madrid **7**, 31–187 (1909)

SÁNCHEZ, D.: El sistema nervioso de los hirudíneos II. Trab. Lab. Invest. Biol. Madrid **10**, 1–143 (1912)

SÁNCHEZ Y SANCHEZ, D.: Contribution à l'étude de l'origine et de l'évolution de certains types de névroglie chez les insectes. Trab. Lab. Invest. Biol. Madrid **30**, 299–353 (1935)

SCHNEIDER, K.C.: Lehrbuch der vergleichenden Histologie der Tiere. Jena: Fischer 1902

SCHULTZE, H.: Die fibrilläre Struktur der Nervenelemente bei Wirbellosen. Arch. mikr. Anat. **16**, 57–111 (1879)

SMIDT, H.: Über die Darstellung der Begleit- und Gliazellen im Nervensystem von *Helix* mit der Golgimethode. Arch. mikr. Anat. **55**, 300–313 (1900)

SMIDT, H.: Weitere Untersuchungen über die Glia von *Helix*. Anat. Anz. **19**, 267–271 (1901)

TOWER, W.L.: The nervous system in the cestode *Moniezia expansa*. Zool. Jb., Abt. Anat. Ontog. **13**, 359–384 (1900)

TRINCHESE, S.: Aeolididae e famiglie affini del porto di Genova. Parte 1, Bologna: Gamberini Parmeggiani 1877–79; Parte 2, Rom: Salviucci 1881

VERATTI, E.: Ricerche sul sistema nervoso dei *Limax*. Mem. Ist. Lomb. Sci. Lett. Milano **18**, 163–179 (1900)

VIGNAL, W.: Recherches histologiques sur les centres nerveux de quelques invertébrés. Arch. Zool. expér. gén., 2ᵉ Série **1**, 267–412 (1883)

WALKER, R.: The central nervous system on *Oniscus* (Isopoda). J. Comp. Neurol. **62**, 197–238 (1935)

WAWRZIK, E.: Über das Stützgewebe des Nervensystems der Chaetopoden. Zool. Beitr. (A. Schneider) **3**, 107–127 (1892)

WILHELMI, J.: Tricladen. Fauna und Flora des Golfes von Neapel und der angrenzenden Meeresabschnitte. Hrsg. v.d. Zool. Station Neapel, 32. Monographie: Tricladen. 406 pp. Berlin: Friedländer & Sohn 1909

4. Anmerkungen zum Historischen Überblick

Von A. OKSCHE, Giessen

Der vorliegende *Historische Überblick* reflektiert die Probleme und Ergebnisse der Gliaforschung aus der Sicht des Wissensstandes um 1960 (vgl. Vorwort). Die Perspektiven der elektronenmikroskopischen und mikrochemischen Forschungsrichtung zeichneten sich bereits zu diesem Zeitpunkt ab; der entscheidende Durchbruch der neuen, auf Kenntnis der Ultrastruktur und Zellkinetik basierenden Konzepte erfolgte jedoch erst zwischen 1960 und 1970. Die Monographien von BAUER (1953), GLEES (1955) und WINDLE (1958) waren schon vor dem Abschluß der beiden referierenden Übersichten von NIESSING (S. 1–54; 54–100) erschienen. Interpretiert GLEES in erster Linie noch die Ergebnisse der klassischen – wenn auch funktionell ausgerichteten – Gliaforschung, so enthält das von WINDLE herausgegebene Buch schon Beiträge aus den neuen Forschungsrichtungen. Diese Fortschritte lassen sich anhand der von NAKAI (1963), DE ROBERTIS und CARREA (1965) und ERBSLÖH et al. (1968) edierten Bände weiter verfolgen. KUHLENBECK (1970), der ein herausragendes Kapitel über die Neuroglia für seine umfassende *Vergleichende Anatomie des Zentralnervensystems* schrieb, analysiert im Anschluß an historische Reflexionen die neueren methodologischen Entwicklungen (bis 1967). Dabei geht er ausführlich auf vergleichende Gesichtspunkte ein, die für das Ependym und die subependymale Glia kurz danach von FLEISCHHAUER (1972) erörtert werden. KUHLENBECK behandelt u.a. auch die Circumventriculären Organe, die er in ependymale und paraependymale Bildungen gliedert (vgl. hierzu Beitrag LEONHARDT, S. 362 ff.).

In seinem unvollendet gebliebenen wissenschaftlichen Werk überschreitet NIESSING wiederholt die Grenzen der klassischen morphologischen Gliaforschung. Seine Studien haben sowohl die Zellreaktionen der Neuroglia auf pharmakologische und hormonale Reize (NIESSING, 1950, 1952, 1953) als auch den Formwandel der Gliazellen in der Gewebekultur (NIESSING, 1958) und – mit elektronenmikroskopischer Methodik – das Problem der Intercellularräume und der „Grundsubstanz" (NIESSING u. VOGELL, 1960) zum Gegenstand. Der letztgenannte Beitrag enthält eine der ersten Beschreibungen der elektronenmikroskopischen Strukturveränderungen in der ödematisierten grauen Substanz der Hirnrinde. Diese bahnbrechende Arbeit ist bei der Fülle der nachfolgenden Studien über das Hirnödem (s. Literaturverzeichnis) unverdient in Vergessenheit geraten.

Die Entwicklungen der *modernen Gliaforschung* werden, in Analogie zur klassischen Periode dieser Forschungsrichtung (vgl. Beitrag NIESSING, S. 1–54), in hohem Maße von den *methodischen Fortschritten* geprägt. Es sei hier nur auf die folgenden Aspekte hingewiesen:

1) Verbesserung der elektronemikroskopischen Technik auf der Basis neuer Fixations- und Einbettungsmedien; 2) Einführung der Rasterelektronenmikroskopie und der Gefrierbruchtechnik (letztere ist zur Darstellung von Zellhaften und membrangebundenen Stoffaustauschprozessen unentbehrlich); 3) Verfeinerung der Methodik der Gewebekultur, u.a. auch die Erzeugung von Hybriden aus Glioma- und Neuroblastoma-Zellen; 4) mikropräparatorische und fermentchemische Isolierung von Nervenzell-Glia-Komplexen und einzelnen Gliazellen; 5) autoradiographische, mikrochemische, mikrospektralphotometrische und immuncytochemische Studien an einzelnen Gliazellen, Nervenzell-Glia-Komplexen und Nervenzell-Glia-Hybriden; 6) elektrophysiologische Untersuchungen an Gliazellen in der Gewebekultur; 7) Einführung von verschiedenartigen Tracern zur Darstellung der Stofftransportwege; 8) quantitative dreidimensionale Analyse von Gliastrukturen in situ sowohl mit etablierten Methoden der Morphometrie als auch mit neuen, weitgehend automatisierten Verfahren der Bildanalyse; 9) Erforschung der funktionellen Beziehungen der Glia zum Neuropil und den Synapsen, Darstellung des Extracellulärraumes unter normalen und pathologischen (z.B. Hirnödem) Bedingungen; 10) Arbeiten zur Klassifizierung von Hirntumoren auf der Basis der Zellanalyse in der Gewebekultur.

Jeder Versuch, diese neuen *Forschungsergebnisse* ausführlich zu referieren, würde den Rahmen des vorliegenden historischen Überblicks überschreiten.

Zuerst verdienen die modernen, von den klassischen Konzepten z.T. abweichenden Vorstellungen über die *Gliaentwicklung* (Herkunft der Neuroblasten und Glioblasten) besondere Beachtung (s. hierzu Bd. IV/11). Diese Erkenntnisse wurden mit autoradiographischer, mikrospektralphotometrischer und elektronenmikroskopischer Methodik gewonnen. Die Wand des gerade geschlossenen Neuralrohrs enthält nur einen einzigen Zelltyp – die Neuroepithelzellen; sie besteht nicht einerseits aus Germinalzellen, die Neuroblasten bilden, und andererseits aus zylindrischen Epithelzellen, von denen sich die Gliazellen herleiten. Neuroblasten differenzieren sich erst an der Peripherie, in der Nähe der äußeren Grenzfläche. Die Grundlage für die Bildung von Glioblasten ist in der Wechselwirkung zwischen den mesodermalen Oberflächen und den Teilungsvorgängen in der Ventricularschicht zu sehen. Neben der langen Radiärglia treten kurze Radiärzellen auf, die als Leitstrukturen für Glioblasten und Neurone nicht auf die marginale Oberfläche ausgerichtet sind, sondern in tieferen corticalen und subcorticalen Schichten enden. Die Sequenz ihres Einwachsens hängt von der ontogenetischen Entwicklung der Angioarchitektur ab. Die Radiärglia, die bereits die Charakteristika der Zellen des ependymo-astrocytären Formenkreises zeigt, hat eine auffällig enge Lagebeziehung zu den Radiärgefäßen. Diese Elemente geben gegen Ende der Proliferationsphase ihren Ventrikelkontakt auf und bilden als Kontaktzonen „gap junctions" aus. Die radiären Leitstrukturen lassen sich räumlich in rasterelektronenmikroskopischen Aufnahmen verfolgen; die verschiedenen Typen der Zellhaften und -kontakte können exakt in Gefrierbruchabdrücken identifiziert werden. Schlecht definierte „Übergangsformen" scheinen sowohl zwischen den Astrocyten und Oligodendrocyten als auch zwischen der Oligodendroglia und der Mesoglia zu existieren. Außer den Zweifeln an einer ausschließlich mesodermalen Abstammung der Mikroglia wurden auch Vermutungen geäußert, daß Oligodendrocyten von Mesenchymzellen abstammen könnten.

Noch problematischer wäre eine kurze Wiedergabe der zahlreichen *mikrochemischen, histochemischen* und *immuncytochemischen Forschungsergebnisse,* die seit 1960 die besondere stoffliche Leistung und funktionelle Rolle von Gliazellen gesichert haben. Diese Fortschritte wurden zum großen Teil erst nach Einführung der neuen mikropräparatorischen und enzymatischen Isolierungsverfahren möglich. Es steht jetzt fest, daß zwischen dem Neuron und seinen Gliasatelliten ein biochemisches und funktionelles Wechselspiel besteht. Immuncytochemisch wurden in Gliazellen kontraktile Proteine (Myosin, Actin) sowie das gliaspezifische (allerdings auch in Nervenzellen vorkommende) S-100-Protein nachgewiesen.

In engem Zusammenhang mit diesem Problemkreis stehen die Fragen nach der Verschiebung von *Wasser, Ionen* und *kleinmolekularen metabolisierbaren Stoffen.* Damit sind auch die Probleme des *aktiven Transportes,* der *intra*- und *extracellulären Transportwege* sowie der intravitalen Weite und des Inhalts der *intercellulären Spalträume* angesprochen. Diese zellbiologischen und feinstrukturellen Aspekte sind essentiell für neurophysiologische Fragestellungen. Andererseits lassen sich auf dieser Basis die Entstehungsmechanismen des *Hirn-*

ödems und Fragen der *Blut-Hirn-Schranke* (unter Beachtung der Wandstrukturen der Hirngefäße) verfolgen. Im Gegensatz zur Hirnrinde, in der die Ödemflüssigkeit weitgehend in geschwollenen Astrocytenfortsätzen lokalisiert ist, finden sich in der weißen Substanz des Markes auch stark erweiterte, flüssigkeitshaltige intercelluläre Spalträume. Die Gesamtheit der intercellulären Spalten, die lokal unterschiedlich dem Ventrikelsystem und dem Gefäßapparat gegenüber abgedichtet sind („gap junctions", „tight junctions"), repräsentiert den wahren *Extracellulärraum* (vgl. Beitrag LEONHARDT, S. 177ff.). Die Osmolarität des Fixierungsmediums beeinflußt die Weite der extracellulären Spalträume im elektronenmikroskopischen Bild. Eine während des Fixationsvorgangs auftretende Asphyxie kann den extracellulären Raum weitgehend reduzieren[1]. Hingegen ist in Präparaten, die gut mit Sauerstoff versorgt wurden, eine überraschende Weite der interaxonalen Spalträume zu beobachten. Die Interzellularspalten enthalten Glykoproteine, die nach elektronenmikroskopisch-autoradiographischen Befunden in Gliazellen (Astrocyten) gebildet werden. Das Vorliegen dieser Stoffe (Glycocalyx) ist offenbar der Grund für den diffus-positiven Ausfall der PAS-Reaktion; solche Präparate wurden früher als Beweis für das Vorhandensein einer „Grundsubstanz" gewertet (s. Beitrag NIESSING, S. 54). Die lichtmikroskopisch definierte „Grundsubstanz" der klassischen Hirnforschung umfaßt sowohl die feinsten, lichtmikroskopisch nicht mehr auflösbaren Fortsätze von Nerven- und Gliazellen (Neuropil) als auch das Kanalsystem der Intercellulärräume.

Die cytoplasmareichen Perikaryen und Ausläufer der *Astrocyten* stellen ein für die Funktion des Zentralnervensystems wesentliches *extraneuronales Kompartiment* dar. Die statische Bedeutung filamentreicher Astrocytenstrukturen steht hierzu nicht im Widerspruch, da die Filamentbündel auch bei extrem dichter Lagerung nicht den ganzen Querschnitt der Zellausläufer ausfüllen. Über zahlreiche „gap junctions" und einfache Adhäsionskontakte bilden die Astrocyten offenbar ein funktionell gekoppeltes „diffuses Zellsystem". Allerdings stellen die einzelnen durch ein Plasmalemm begrenzten Zellen dieses Systems in sich geschlossene Einheiten dar. Solche Gedankengänge bedeuten keinen Rückfall in überwundene Vorstellungen über „Gliasyncytien" oder gar eine syncytiale Organisation des gesamten Zentralnervensystems.

Astrocytenfortsätze sind auch eine quantitativ wesentliche Strukturkomponente des Neuropils. Die stereologische Analyse des *Neuropils* gehört zu den wichtigsten Aufgaben der modernen neuroanatomischen Forschung. Diese regional unterschiedlich ausgebildeten, synapsenreichen Strukturareale haben eine sehr große Bedeutung für die metabolische und nervöse Funktion des Zentralnervensystems.

Eine Schilderung der neueren Ansichten zur Herkunft, Struktur und Funktion der *Oligodendroglia* und der *Mikroglia* würde über den Rahmen dieses Ausblicks hinausgehen (s. Bd. IV/11; u.a. Markscheidenbildung, immunbiologische Aspekte).

Die *vergleichende Gliaforschung* erhielt neue Akzente dadurch, daß das Zentralnervensystem *niederer Wirbeltiere* mit großem Gewinn für experimentell-

---

1 Im Zustand der Anoxie schwellen primär die Astrocyten. Die Reaktionsweise der Astrocyten und der Neurone läßt beträchtliche regionale, artbedingte und altersabhängige Unterschiede erkennen

neurobiologische Modellstudien herangezogen wurde. Solche Untersuchungen setzen die genaue Kenntnis der Gliazelltypen voraus; sie führten – durch Kombination von licht- und elektronenmikroskopischen Verfahren – zu neuen Erkenntnissen über das Vorhandensein der verschiedenen *Gliazelltypen* im Zentralnervensystem der *niederen Vertebraten*. Es konnte definitiv gesichert werden, daß im Rückenmark von *Anuren* neben astrocytenähnlichen Gliazellen mehrere Typen von Oligodendrocyten und verschiedene Reaktionsformen der Mikrogliazellen vorkommen. Cytologisch sind diese Zellen hochdifferenziert und mit charakteristischen Organellen ausgestattet. Die physiologische Rolle der Neuroglia der *Amphibien* ist durch experimentelle Untersuchungen bei *Urodelen* gesichert. Weitere vergleichende Einzelheiten werden in die Kapitel über Astro-, Oligodendro- und Mikroglia (Bd. IV/11) eingegliedert, ähnlich wie es im vorliegenden Band für das Ependym geschehen ist (s. LEONHARDT, S. 177ff.). Aus den vergleichenden Studien an der Neuroglia der *Chordaten*, die vom allgemeinen Bauplan der nervösen Zentralorgane ausgehen, kann man schließen, daß die ontogenetischen Prozesse keine einfache Wiederholung phylogenetischer Entwicklungsvorgänge darstellen.

Elektronenmikroskopisch und histochemisch gelang es, wesentliche Parallelen in der *gliösen Organisation* des Zentralnervensystems von *Wirbellosen* und *Chordaten* aufzuzeigen. Tanycytenähnliche Gliazelltypen wurden auch im Zentralnervensystem von *Regenwurm* und *Seestern* beobachtet. Diese nervösen Zentralorgane besitzen aber keinen dem Ventrikelsystem der *Chordaten* vergleichbaren Binnenraum. Demnach gibt es einen vom Ventrikelraum unabhängigen Differenzierungsprozeß tanycytärer Gliaelemente. Die Formenreihe der ependymo-astrocytären Gliazellen zeichnet sich durch gemeinsame ultrastrukturelle (Filamente) und metabolische (Glykogenaufbau und -abbau) Merkmale aus.

Es entsteht der Eindruck, daß sich die *Gliaforschung* immer stärker auf *Grundfragen* der modernen *Neurobiologie* ausrichtet. Immer häufiger werden dabei morphologische, neurophysiologische und biochemische Methoden von einem Forscher oder einer Forschergruppe komplementär angewandt. Physiologische Fragestellungen erfordern präzise quantitative Angaben über die Neuroglia und ihre Strukturdifferenzierungen. Allerdings sind diesen Bemühungen Grenzen gesetzt (WOLFF u. EINS, 1978; Morphogenese der Hirnrinde): „Es ist wahrscheinlich unmöglich, die Morphogenese komplexer Zellsysteme als molekularbiologische Ursachen-Wirkungs-Ketten zu beschreiben, weil bereits auf relativ geringer Komplexitätsebene die Differenzierung von Zellen etc. eher in Form mehrdimensionaler Netzwerke als in Form von Ketten beschrieben werden muß". Es erscheint deshalb wichtig, „... eine möglichst genaue Zeit/Ort/Struktur-Bedingung aufzufinden, die das erste nachweisbare Auftreten von Differenzierungen begleitet".

Für das Bild der neueren Gliaforschung wichtige Einzelheiten können dem nachstehenden, nach *Sachgebieten* aufgeschlüsselten *Literaturverzeichnis* entnommen werden. Diese Literaturangaben haben einen exemplarischen Charakter und sind demzufolge unvollständig. Die Verfasser der Spezialkapitel werden sich mit den auf ihrem Gebiet vorliegenden neuen Forschungsergebnissen eingehend auseinandersetzen („Ependym und Circumventriculäre Organe", s. Beitrag LEONHARDT in diesem Band). Einer dieser Autoren (J.R. WOLFF, persönliche

Mitteilung) nimmt zu den *Fortschritten* und *Zielen* der *Gliaforschung* wie folgt Stellung:

„Das klassische Bild der Neuroglia ist in den letzten Jahrzehnten wesentlich vervollständigt worden. Dieses geschah – wie so oft in der Entwicklung der Wissenschaft – unter dem Einfluß neuer Untersuchungsmethoden. So hat die Elektronenmikroskopie feinste Fortsatzstrukturen und Kontaktbeziehungen aufgedeckt, deren Kenntnis sowohl für die Oligodendroglia (Myelin) als auch für die Astroglia ein neues Verständnis der intergliösen und glio-neuronalen Kontaktbeziehungen ermöglichte. Enzym- und Immunohistochemie sowie Autoradiographie erlaubten den chemischen Charakter und Wandel von Gliabestandteilen, Transporteigenschaften der Membranen und Stoffwechselleistungen von Gliazellen darzustellen. In Verbindung mit der experimentellen Neurobiologie und -pathologie, sowie der Gewebe- und Zellkultur ergab sich vor allem eine wesentlich dynamischere Vorstellung von der Rolle der Astrocyten im ausgereiften Nervengewebe; manche Zelltypen (z.B. protoplasmatische und fibrilläre Astrocyten) wurden unter bestimmten Milieubedingungen als adaptive Differenzierungs- oder Reaktionsformen erkannt. Einblicke in die Proliferationskinetik neuroektodermaler Zellen sowie in die zeitlich-räumlichen Beziehungen, die zwischen Angio-, Glio- und Neurogenese bestehen, weisen auf morphogenetische Beziehungen zwischen diesen Gewebsbestandteilen hin; solche Prozesse und Faktoren könnten einen tiefgreifenden Einfluß auf die unterschiedliche zelluläre Zusammensetzung der einzelnen Abschnitte eines Zentralnervensystems bzw. der Gehirne verschiedener Spezies haben. In diesem Zusammenhang scheint der Übergang von Ependymogliazellen zu ventrikelfernen Glioblasten, mit der anschließenden Bildung von Oligodendrocyten und Astrocyten, eine wichtige Voraussetzung für die variable Neuropilentwicklung darzustellen. Gliogene Faktoren, die die Differenzierung von Neuronen fördern, sowie neurogen ausgelöste Gliareaktionen lassen schließlich die neurobiologische Basis für den phylogenetischen Erfolg der Symbiose zwischen Neuronen und Gliazellen ahnen."

Literaturverzeichnis[2]

Aufschlüsselung der Literatur nach Sachgebieten:

[1] Monographien über die Glia, Übersichten, Arbeiten von K. Niessing
[2] Entwicklung, Differenzierung
[3] Gliazelltypen, Zellhybride
[4] Ultrastruktur
[5] Histochemie, Biochemie, Immuncytochemie
[6] Zellkinetik, Stoffwechsel, Elektrolythaushalt, Stofftransport
[7] Neurophysiologie, Hirnfunktion
[8] Extracellulärraum, Intercellularspalten, Zellkontakte
[9] Blut-Hirn-Schranke, Hirnödem
[10] Neuropil
[11] Quantitative Angaben, Morphometrie, Stereologie
[12] Vergleichende Aspekte (Wirbeltiere, Wirbellose)

[5] Althaus, H.H., Huttner, W.B., Neuhoff, V.: Neurochemical and morphological studies of bulk-isolated rat brain cells. I. A new approach to the preparation of cerebral neurones. Hoppe Seylers Z. Physiol. Chem. **358**, 1155–1159 (1977)

[5, 6] Althaus, H.H., Huttner, W.B., Gebicke, P., Neuhoff, V.: Oligodendrogliastoffwechsel und experimentelle Demyelinisation. In: Nervensystem und biologische Information. DFG, Sonderforschungsbereich 33, Bericht 1976–1978, S. 376–385. Göttingen 1978

[2] Altman, J.: Proliferation and migration of undifferentiated precursor cells in the rat during postnatal gliogenesis. Exp. Neurol. **16**, 263–278 (1966)

---

2 Literatur bis 1978

[2] ALTMAN, J.: Postnatal neurogenesis and the problem of neural plasticity. In: Developmental neurobiology. HIMWICH, W.A. (ed.), pp. 197–257. Springfield, Ill.: Thomas 1970

[3, 5] AMANO, T., HAMPRECHT, B., KEMPER, W.: High activity of choline acetyltransferase induced in neuroblastoma × glia hybrid cells. Exp. Cell Res. **85**, 399–408 (1974)

[5] ASH, J.F.: Purification and characterization of myosin from the clonal rat glial cell strain C-6. J. Biol. Chem. **250**, 3560–3566 (1975)

[11] BÄR, T., WOLFF, J.R.: Morphometry of interendothelial and glio-vascular contacts of rat brain capillaries during postnatal development. Bibl. Anat. **15**, 514–517 (1977)

[9] BAKAY, L., HAGUE, I.U.: Morphological and chemical studies in cerebral edema. I. Cold induced edema. J.Neuropathol. Exp. Neurol. **23**, 393–428 (1964)

[9] BAKAY, L., LEE, J.C.: Cerebral edema. Springfield, Ill.: Thomas 1965

[4, 9, 12] Bakay, L., Lee, J.C.: Ultrastructural changes in the edematous central nervous system: III. Edema in shark brain. Arch.Neurol. **14**, 644–660 (1966)

[3, 4, 12] BARGMANN, W., HARNACK, M.v., JACOB, K.: Über den Feinbau des Nervensystems des Seesternes (*Asterias rubens* L.). Z. Zellforsch. **56**, 573–594 (1962)

[1] BAUER, K.FR.: Organisation des Nervengewebes und Neurencytiumtheorie. München, Berlin: Urban & Schwarzenberg 1953

[2, 5] BIGNAMI, A., DAHL, D.: Differentiation of astrocytes in the cerebellar cortex and the pyramidal tracts of the newborn rat. An immunofluorescence study with antibodies to a protein specific to astrocytes. Brain Res. **49**, 393–402 (1973)

[2, 5] BIGNAMI, A., DAHL, D.: Astrocyte specific protein and neuroglial differentiation. An immunofluorescent study with antibodies to the glial fibrillary acidic protein. J. Comp. Neurol. **153**, 27–38 (1974)

[5] BOCK, E., JØRGENSEN, O.S., DITTMANN, L., ENG, L.F.: Determination of brain-specific antigens in short term cultivated rat astroglial cells and in rat synaptosomes. J.Neurochem. **25**, 867–870 (1975)

[9] BODENHEIMER, T.S., BRIGHTMAN, M.W.: A blood-brain barrier to peroxidase in capillaries surrounded by perivascular spaces. Am. J. Anat. **122**, 249–267 (1968)

[8] BONDAREFF, W.: The extracellular component of the cerebral cortex. Anat. Rec. **152**, 119–128 (1965)

[5, 8] BONDAREFF, W.: An intercellular substance in rat cerebral cortex: submicroscopic distribution of ruthenium red. Anat. Rec. **157**, 527–536 (1967)

[4] BRAAK, E.: On the fine structure of the external glial layer in the isocortex of man. Cell Tissue Res. **157**, 367–390 (1975)

[5] BRAAK, E., DRENCKHAHN, D., UNSICKER, K., GRÖSCHEL-STEWART, U., DAHL, D.: Distribution of myosin and the glial fibrillary acidic protein (GFA protein) in rat spinal cord and in the human frontal cortex as revealed by immunofluorescence microscopy. Cell Tissue Res. **191**, 493–499 (1978)

[4, 6, 8] BRIGHTMAN, M.W.: The distribution within the brain of ferritin injected into cerebrospinal fluid compartments. I. Ependymal distribution. J. Cell Biol. **26**, 99–123 (1965a)

[4, 6, 8] BRIGHTMAN, M.W.: The distribution within the brain of ferritin injected into cerebrospinal fluid compartments. II. Parenchymal distribution. Am. J. Anat. **117**, 193–220 (1965b)

[4, 6, 8] BRIGHTMAN, M.W.: The intracerebral movement of proteins injected into blood and cerebrospinal fluid of mice. In: Progress in brain research. Vol. XXIX: Brain barrier systems. LAJTHA, A., FORD, D.H. (eds.), pp. 19–37. Amsterdam, London, New York: Elsevier 1968

[4, 8] BRIGHTMAN, M.W., REESE, T.S.: Junctions between intimately apposed cell membranes in the vertebrate brain. J. Cell Biol. **40**, 648–677 (1969)

[4, 8] BRIGHTMAN, M.W., REESE, T.S.: Membrane specializations of ependymal cell and astrocytes. In: The nervous system. Vol. I: The basic neurosciences. BRADY, R.O. (ed.), pp. 267–277. New York: Raven Press 1975

[4, 6] BRIGHTMAN, M.W., REESE, T.S., FEDER, N.: Assessment with the electronmicroscope of the permeability to peroxidase of cerebral endothelium and epithelium in mice and sharks. In: Capillary permeability. CRONE, C., LASSEN, N.A. (eds.), pp. 468–476. Copenhagen: Munksgaard 1970a

[9] BRIGHTMAN, M.W., KLATZO, L., OLSSON, Y., REESE, T.S.: The blood-brain-barrier to proteins under normal and pathological conditions. J. Neurol. Sci. **10**, 215–239 (1970b)

[2] BRYANS, A.: Mitotic activity in the brain of the adult rat. Anat. Rec. **133**, 65–78 (1959)

[4] Bunge, M.B., Bunge, R.P., Ris, H.: Ultrastructural study of remyelination in adult cat spinal cord. J. biophys. biochem. Cytol. **10**, 67–94 (1961)

[4, 6] Bunge, R.P.: Structure and function of neuroglia: some recent observations. In: The neurosciences, 2nd study program. Schmitt, F.O. (ed.), pp. 782–797. New York: Rockefeller University Press 1970

[3] Cammermeyer, J.: The hypependymal microglia cell. Z. Anat. Entwickl.-Gesch. **124**, 543–561 (1965a)

[3] Cammermeyer, J.: I. Juxtavascular karyokinesis and microglia cell proliferation during retrograde reaction of the mouse facial nucleus. Ergeb. Anat. Entwickl.-Gesch. **38**, 1–22 (1965b)

[3] Cammermeyer, J.: VI. Histiocytes, juxtavascular mitotic cells and microglia cells during retrograde changes in the facial nucleus of rabbits of varying age. Ergeb. Anat. Entwickl.-Gesch. **38**, 195–229 (1965c)

[3] Cammermeyer, J.: Morphologic distinctions between oligodendrocytes and microglia cells in the rabbit cerebral cortex. Am. J. Anat. **118**, 227–248 (1966)

[4, 7] Clemente, C.D.: Regeneration in the vertebrate central nervous system. Int. Rev. Neurobiol. **6**, 257–301 (1964)

[5, 6] Cohen, M.W., Gerschenfeld, H.M., Kuffler, S.W.: Ionic environment of neurones and glial cells in the brain of an amphibian. J. Physiol. (Lond.) **197**, 363–380 (1968)

[6, 8, 9, 12] Cserr, H.F., Fenstermacher, J.D., Fencl, V. (eds.): Fluid environment of the brain. New York, San Francisco, London: Academic Press 1975

[5] Dahl, D.: Glial fibrillary acidic protein from bovine and rat brain. Degradation in tissues and homogenates. Biochim. Biophys. Acta **420**, 142–154 (1976)

[5] Dahl, D., Bignami, A.: Immunochemical and immunofluorescence studies of the glial fibrillary acidic protein in vertebrates. Brain Res. **61**, 279–293 (1973)

[5] Dahl, D., Bignami, A.: Immunogenic properties of the glial fibrillary acidic protein. Brain Res. **116**, 150–157 (1976)

[2] Dalton, M.M., Hommes, O.R., Leblond, C.P.: Correlation of glial proliferation with age in the mouse brain. J. Comp. Neurol. **134**, 397–400 (1968)

[3, 4] Daniels, M.P., Hamprecht, B.: The ultrastructure of neuroblastoma glioma somatic cell hybrids. Expression of neuronal characteristics stimulated by dibutyryl adenosine 3′, 5′ cyclic monophosphate. J. Cell Biol. **63**, 691–699 (1974)

[3] Das, G.D.: Resting and reactive macrophages in the developing cerebellum. Virchows Archiv (Cell Pathol.) **20**, 287–298 (1976)

[2] Das, G.D.: Gliogenesis during embryonic development in the rat. Experientia **33**, 1648–1649 (1977)

[2] Das, G.D., Lammert, G.L., Mc Allister, J.P.: Contact guidance and migratory cells in the developing cerebellum. Brain Res. **69**, 13–29 (1974)

[2, 4, 8] Decker, R.S., Friend, D.S.: Assembly of gap junctions during amphibian neurulation. J. Cell Biol. **62**, 32–47 (1974)

[4, 8] Dermietzel, R.: Junctions in the central nervous system of the cat. I. Membrane fusion in central myelin. Cell Tissue Res. **148**, 565–576 (1974a)

[4, 8] Dermietzel, R.: Junctions in the central nervous system of the cat. II. A contribution to the tertiary structure of the axonal-glial junctions in the paranodal region of the node of Ranvier. Cell Tissue Res. **148**, 577–586 (1974b)

[4, 8] Dermietzel, R.: Junctions in the central nervous system of the cat. III. Gap junctions and membrane-associated orthogonal particle complexes (MOPC) in astrocytic membranes. Cell Tissue Res. **149**, 121–135 (1974c)

[4, 8] Dermietzel, R.: Junctions in the central nervous system of the cat. Cell Tissue Res. **164**, 309–329 (1975)

[4, 8] Dermietzel, R., Leibstein, A.G.: The microvascular pattern and perivascular linings of the area postrema. A combined freeze-etching and ultrathin section study. Cell Tissue Res. **186**, 97–110 (1978)

[4, 8] Dermietzel, R., Schünke, D., Leibstein, A.: The oligodendrocytic junctional complex. Cell Tissue Res. **193**, 61–62 (1978)

[11] Eins, S., Wolff, J.R.: Analysis of the heterogeneous composition of central nervous tissue. In: Proc. 4th Int. Congr. of Stereology, Gaithersburg, USA, 1975. Underwood, E.E. (ed.), pp. 327–331. Washington: National Bureau of Standards 1976

[5] ENG, L.F., KOSEK, J.C.: An electron microscopic localization of the glial fibrillary acidic protein and S-100 protein by immunoenzymatic techniques. Trans. Am. Soc. Neurochem. **5**, 160 (1974)

[5] ENG, L.F., VANDERHAEGEN, J.J., BIGNAMI, A., GERSTL, B.: An acidic protein isolated from fibrous astrocytes. Brain Res. **28**, 351–354 (1971)

[1] ERBSLÖH, F., OKSCHE, A., SEITELBERGER, F.: Symposium über die Neuroglia (Berlin, 1966). Acta Neuropathol. (Berl.) Suppl. IV (1968)

[1] FLEISCHHAUER, K.: Neuroglia. Ergebnisse und Probleme. Dtsch. Med. Wochenschr. **85**, 2031–2035 (1960)

[1] FLEISCHHAUER, K.: Ependyma and subependymal layer. In: The structure and function of nervous tissue. Vol. VI, BOURNE, G.H. (ed.), pp. 1–46. New York, London: Academic Press 1972

[5] FRIEDE, R.L.: Topographic brain chemistry. New York: Academic Press 1966

[5, 6] FRIEDE, R.L.: Die Funktion der Glia im Lichte neuerer histochemischer Befunde (Abstract). Acta Neuropathol. (Berl.) Suppl. IV, 53–54 (1968)

[6, 7] FRIEDE, R.L.: Die Bedeutung der Glia-Saugfüßchen für das Elektrolytgleichgewicht im Gehirn. Triangel **9**, 165–173 (1971)

[4, 5, 12] FRIEDE, R.L., HU, K.H., JOHNSTONE, M.: Glial footplates in the bowfin. I. Fine structure and chemistry. J. Neuropathol. Exp. Neurol. **28**, 513–539 (1969a)

[4, 5, 6, 7, 12,] FRIEDE, R.L., HU, K.H., CECHNER, R.: Glial footplates in the bowfin. II. Effects of oubain and selective damage to footplates on electrolyte composition, glycogen content, fine structure and electrophysiology of bowfin brain incubated in vitro. J. Neuropathol. Exp. Neurol. **28**, 540–570 (1969b)

[2] FUJITA, H., FUJITA, S.: Electron microscopic studies on neuroblast differentiation in the central nervous system of domestic fowl. Z. Zellforsch. **60**, 463–478 (1963)

[2] FUJITA, S.: Kinetics of cellular proliferation. Exp. Cell Res. **28**, 52–60 (1962)

[2] FUJITA, S.: The matrix cell and cytogenesis in the developing central nervous system. J. Comp. Neurol. **120**, 37–42 (1963)

[2] FUJITA, S.: An autoradiographic study on the origin and fate of the sub-pial glioblasts in the embryonic chick spinal cord. J. Comp. Neurol. **124**, 51–60 (1965)

[2] FUJITA, S.: Applications of light and electron microscopic autoradiography to the study of cytogenesis of the forebrain. In: Evolution of the forebrain. HASSLER, R., STEPHAN, H. (eds.), pp. 180–196. New York: Plenum Press 1967

[2] FUJITA, S., FUJITA, H.: Electron microscopic studies on the differentiation of the ependymal cells and the glioblasts in the spinal cord of domestic fowl. Z. Zellforsch. **64**, 262–272 (1964)

[7, 9] GÄNSHIRT, H.: Die Sauerstoffversorgung des Gehirns und ihre Störung bei der Liquordrucksteigerung und beim Hirnoedem. Monogr. Gesamtgeb. Psychiatr. (Berlin) **81**, 1–99 (1957)

[6, 7] GALAMBOS, R.: Introductory discussion on glial function. Prog. Brain Res. **15**, 267–277 (1965)

[2] GILMORE, S.A.: Neuroglial population in the spinal white matter of neonatal and early postnatal rats. An autoradiographic study of numbers of neuroglia and changes in their proliferative activity. Anat. Rec. **171**, 283–292 (1971)

[1] GLEES, P.: Neuroglia, morphology and function. Oxford: Blackwell 1955

[5] GOLDMAN, J.E., SCHAUMBURG, H., NORTON, W.T.: Isolation and characterization of glial filaments from human brain. J. Cell Biol. **78**, 426–440 (1978)

[5, 6] GRÖSCHEL-STEWART, U., UNSICKER, K., LEONHARDT, H.: Immunohistochemical demonstration of contractile proteins in astrocytes, marginal glial and ependymal cells in rat diencephalon. Cell Tissue Res. **180**, 133–137 (1977)

[4] GÜLDNER, F.-H., WOLFF, J.R.: Multi-lamellar astroglial wrapping of neuronal elements in the hypothalamus of rat. Experientia **29**, 1355–1356 (1973)

[2] HAAS, R.J., WERNER, J., FLIEDNER, T.M.: Cytokinetics of neonatal brain cell development in rats as studied by the ‚complete ^{3}H-thymidine labelling' method. J. Anat. **107**, 421–437 (1970)

[3, 4] HAGER, H.: Pathologie der Makro- und Mikroglia im elektronenmikroskopischen Bild. Acta Neuropathol. (Berl.) Suppl. IV, 86–97 (1968a)

[3, 4] HAGER, H.: Allgemeine morphologische Pathologie des Nervengewebes. In: Handbuch der allgemeinen Pathologie. Bd. III/3: Die Organe. Redigiert von ROULET, F., p. 1–385. Berlin, Heidelberg, New York: Springer 1968b

[5] Haglid, K.G., Rönnbäck, L., Stavrou, D.: Purification of soluble glycoproteins from human nervous tissue and liver. J. Neurochem. **24**, 1053–1057 (1975)

[2] Hain, R.F., Riecke, D.W., Everett, H.B.: Evidence of mitosis in neuroglia as revealed by radioautography employing tritiated thymidine. J. Neuropathol. Exp. Neurol. **19**, 147–148 (1960)

[5, 6] Hamberger, A.: Amino acid uptake in neuronal and glial cell fractions from rabbit central cortex. Brain Res. **31**, 169–178 (1971)

[5, 7] Hamberger, A., Hydén, H., Lange, P.W.: Enzyme changes in neurons and glia during sleep. Science **151**, 1394–1395 (1966)

[3, 5] Hamprecht, B.: Cell cultures as model systems for studying the biochemistry of differentiated functions of nerve cells. In: Mosbacher Colloquium. Vol. XXV: Biochemistry of sensory functions. Jaenicke, L. (ed.), pp. 391–423. Berlin, Heidelberg, New York: Springer 1974

[4, 8] Harreveld, A.van, Crowell, J., Malhotra, S.K.: A study of extracellular space in the central nervous tissue by freeze substitution. J. Cell Biol. **25**, 117–137 (1965)

[4, 8] Harreveld, A.van, Malhotra, S.K.: Extracellular space in the cerebral cortex of the mouse. J. Anat. **101**, 197–207 (1967)

[11] Haug, H.: Die quantitativen Zellvolumenverhältnisse der Hirnrinde. In: Structure and function of the cerebral cortex. Tower, D.B., Schadé, J.P. (eds.), pp. 28–35. Amsterdam: Elsevier 1959

[2, 4] Haug, H.: Die postnatale Entwicklung der Gliadeckschicht der Sehrinde der Katze. Eine elektronenmikroskopische Studie über die Ausbildung von Lamellenstapeln. Z. Zellforsch. **123**, 544–565 (1972)

[11] Hempel, K.J., Treff, W.M.: Die Gliazelldichte bei klinisch Gesunden und Schizophrenen. J. Hirnforsch. **4**, 371–454 (1959)

[7] Henn, F.A.: Neurotransmission and glial cells: a functional relationship. J. Neurosci. Res. **2**, 271–282 (1976)

[6, 7, 8] Henn, F.A., Haljamäe, H., Hamberger, A.: Glial cell function. Active control of extracellular K$^+$ concentration. Brain Res. **43**, 437–443 (1972)

[3, 4] Herdorn, R.M.: The fine structure of the rat cerebellum. II. The stellate neurons, granule cells, and glia. J. Cell Biol. **23**, 277–293 (1964)

[6, 7] Hertz, L.: Possible role of neuroglia: A potassium-mediated neuronal-neuroglial-neuronal impulse transmission system. Nature **206**, 1091–1094 (1965)

[4, 5, 9] Herzog, I., Lewy, W.A., Scheinberg, L.C.: Biochemical and morphologic studies of cerebral edema associated with intracerebral tumors in rabbits. J. Neuropathol. Exp. Neurol. **24**, 244–255 (1965)

[2] Hicks, S.P., D'Amato, C.: Cell migrations to the isocortex in the rat. Anat. Rec. **160**, 619–634 (1968)

[2] Hillebrand, H.: Quantitative Untersuchungen über postnatale Veränderungen der Glia im Corpus callosum der Katze. Z. Zellforsch. **73**, 303–312 (1966)

[2] Hinds, J.W.: Autoradiographic study of histogenesis in the mouse olfactory bulb. I. Time of origin of neurons and neuroglia. J. Comp. Neurol. **134**, 287–304 (1968)

[2, 4] Hinds, J.W., Ruffett, T.L.: Cell proliferation in the neural tube: an electron microscopic and Golgi analysis in the mouse cerebral vesicle. Z. Zellforsch. **115**, 226–264 (1971)

[2] Hommes, O.R., Leblond, C.P.: Mitotic division of neuroglia in the normal adult rat. J. Comp. Neurol. **129**, 269–278 (1967)

[4, 8, 10] Horstmann, E., Meves, H.: Die Feinstruktur des molekularen Rindengraues und ihre physiologische Bedeutung. Z. Zellforsch. **49**, 569–604 (1959)

[3, 11] Hosokawa, H., Mannen, H.: General aspects of the histology of neuroglia. In: Morphology of neuroglia. Nakai, J. (ed.), pp. 1–52. Tokyo: Igaku Shoin 1963

[4, 10] Houten, M.van, Brawer, J.R.: Regional variations in glia and neuropil within the hypothalamic ventromedial nucleus. J. Comp. Neurol. **179**, 719–738 (1978)

[2] Hunt, R.K.: The cell cycle, cell lineage, and neuronal specificity. In: Cell cycle and cell differentiation. Rennert, H., Holtzer, H. (eds.), pp. 43–62. Berlin, Heidelberg, New York: Springer 1975

[5, 6] Hydén, H.: A microchemical study of the relationship between glia and nerve cell. In: Structure and function of the cerebral cortex. Tower, D.B., Schadé, J.P. (eds.), p. 348. Amsterdam: Elsevier 1959

[3, 5, 6] Hydén, H.: Satellite cells in the nervous system. Sci. Am. **205**, 62 (1961)

[3, 5, 6] HYDÉN, H.: The neuron and its glia – a biochemical and functional unit. Endeavour **21**, 144 (1962a)

[5, 6] HYDÉN, H.: A molecular basis of neuron-glia interaction. In: Macromolecular specificity and biological memory. SCHMITT, F.A. (ed.), p. 55. Cambridge, Mass.: M.I.T. Press 1962b

[5, 6] HYDÉN, H.: Biochemical and functional interplay between neuron and glia. In: Recent advances in biological psychiatry. WORTIS, J. (ed.), Vol. VII, pp. 31–54. New York: Plenum Press 1964

[5, 6] HYDÉN, H., LANGE, P.W.: Rhythmic enzyme changes in neurons and glia during sleep. Science **149**, 654–656 (1965)

[2] IMAMOTO, K., PATERSON, I.A., LEBLOND, C.P.: Radioautographic investigation of gliogenesis in the corpus callosum of young rats. I. Sequential changes in oligodendrocytes. J. Comp.Neurol. **18**, 115–138 (1978)

[5] IVERSEN, L.L., KELLY, J.S.: Uptake and metabolism of γ-aminobutyric acid by neurones and glial cells. Biochem. Pharmacol. **24**, 933–938 (1975)

[2] JOHNSTON, M.C.: A radioautographic study of the migration and fate of cranial neural crest cells in the chick embryo. Anat. Rec. **156**, 143–156 (1966)

[2, 4] KAPLAN, M.S., HINDS, J.W.: Neurogenesis in the adult rat: electron microscopic analysis of light autoradiographs. Science **197**, 1092–1094 (1977)

[3, 4, 6] KERNS, J.M., HINSMAN, J.H.: Neuroglial response to sciatic neurectomy. II. Electron microscopy. J. Comp. Neurol. **151**, 255–280 (1973)

[3, 4, 12] KLATZO, I.: Cellular morphology of the lemon shark brain. In: Sharks, skates and rays. GILBERT, P.W., MATHEWSON, R.F., RALL, D.P. (eds.), pp. 341–359. Baltimore: Johns Hopkins Press 1967a

[9] KLATZO, I.: Neuropathological aspects of brain edema. J. Neuropathol. Exp. Neurol. **26**, 1–14 (1967b)

[4, 8, 9] KLATZO, I., PIRAUX, A., LASKOWSKI, E.J.: The relationship between edema, blood brain barrier and tissue elements in a local brain injury. J. Neuropathol. Exp. Neurol. **17**, 548–564 (1958)

[2] KORR, H., SCHULTZE, B., MAURER, W.: Autoradiographic investigations of glial proliferation in the brain of adult mice. II. Cycle time and mode of proliferation of neuroglia and endothelial cells. J. Comp. Neurol. **160**, 447–490 (1975)

[2] KRAUSS-RUPPERT, R., LAISSUE, J., BÜRKI, H., ODARTCHEN, N.: Proliferation and turnover of glial cells in the forebrain of young adult mice as studied by repeated injections of ³H-thymidine over a prolonged period of time. J. Comp. Neurol. **148**, 211–216 (1963)

[3, 4] KRUGER, L., MAXWELL, D.S.: Electron microscopy of oligodendrocytes in normal rat cerebrum. Am. J. Anat. **118**, 411–436 (1966)

[4, 12] KRUGER, L., MAXWELL, D.S.: Comparative fine structure of vertebrate neuroglia: Teleosts and reptiles. J. Comp. Neurol. **149**, 115–141 (1967)

[11] KRYSPIN-EXNER, W.: Über die Architektonik der Glia im Zentralnervensystem des Menschen und der Säugetiere. In: Proc. 1st Int. Congr. Neuropathol., Roma, 1952. Vol. III, pp. 504–510. Torino: Rosenberg & Sellier 1952

[7, 12] KUFFLER, S.W., NICHOLLS, J.G.: The physiology of neuroglial cells. Ergeb. Physiol. **57**, 1–90 (1966)

[7, 12] KUFFLER, S.W., NICHOLLS, J.G., ORKAND, R.K.: Physiological properties of glial cells in the central nervous system of Amphibia. J. Neurophysiol. **29**, 768–787 (1966)

[1] KUHLENBECK, H.: The central nervous system of vertebrates. Vol. III/1: Structural elements: Biology of nervous tissue. Basel, München, New York: Karger 1970

[4, 6, 8, 9] LAJTHA, A., FORD, D.H. (eds.): Progress in brain research. Vol. XXIX: Brain barrier systems. Amsterdam, London, New York: Elsevier 1968

[9] LAMPERT, P.W., FOX, J.L., EARLE, K.M.: Cerebral edema after laser radiation. J. Neuropathol. Exp. Neurol. **25**, 531–539 (1966)

[2] LANGMAN, J.: Histogenesis of the central nervous system. In: The structure and function of nervous tissue. BOURNE, G.H. (ed.), Vol. I, pp. 33–66. New York: Academic Press 1968

[2] LANGMAN, J.: Medical embryology, 2nd ed. Baltimore: Williams & Wilkins 1969

[2] LANGMAN, J., GUERRANT, R.L., FREEMAN, B.G.: Behavior of neuroepithelial cells during closure of the neural tube. J. Comp. Neurol. **127**, 399–411 (1966)

[4, 8, 9] LEE, J.B., BAKAY, L.: Ultrastructural changes in the edematous central nervous system. II. Cold induced edema. Arch. Neurol. **14**, 36–49 (1966)

[3, 4] LING, E.A.: Electron-microscopic identification of amoeboid microglia in the spinal cord of newborn rats. Acta Anat. (Basel) **96**, 600–609 (1976)

[3] LING, E.A., PATERSON, J.A., PRIVAT, A., MORI, S., LEBLOND, C.P.: Investigation of glial cells in semithin sections. I. Identification of glial cells in the brain of young rats. J. Comp. Neurol. **149**, 43–72 (1973)

[4, 8] LIVINGSTON, R.B., PFENNIGER, L., MOOR, H., AKERT, K.: Specialized paranodal and internodal glial-axonal junctions in the peripheral and central nervous system: a freeze-etching study. Brain Res. **58**, 1–24 (1973)

[4, 8, 9] LONG, D.M., HARTMANN, J.F., FRENCH, L.A.: The ultrastructure of human cerebral edema. J. Neuropathol. Exp. Neurol. **25**, 373–395 (1966)

[4, 12] LONG, D.M., BODENHEIMER, T.S., HARTMANN, J.F., KLATZO, J.: Ultrastructural features of the shark brain. Am. J. Anat. **122**, 209–236 (1968)

[2] LYSER, K.M.: Early differentiation of motor neuroblasts in the chick embryo as studied by electron microscopy. I. General aspects. Dev. Biol. **10**, 433–466 (1964)

[2] LYSER, K.M.: Early differentiation of motor neuroblasts in the chick embryo as studied by electron microscopy. II. Microtubules and neurofilaments. Dev. Biol. **17**, 117–142 (1968)

[5] MASAI, H.: Comparative neurobiological studies on the glycogen distribution in the central nervous system of submammals. Yokohama Med. Bull. **12**, 239–260 (1961)

[3] MATTHEWS, M.A.: Microglia and reactive „M" cells of degenerating central nervous system: does similar morphology and function imply a common origin? Cell Tissue Res. **148**, 477–491 (1974)

[3, 4] MAXWELL, D.S., KRUGER, L.: The fine structure of astrocytes in the cerebral cortex and their response to focal injury produced by heavy ionizing particles. J. Cell Biol. **25**, 141–157 (1965 a)

[3, 4] MAXWELL, D.S., KRUGER, L.: Small blood vessels and the origin of phagocytes in the rat cerebral cortex following heavy particle irradiation. Exp. Neurol. **12**, 33–54 (1965 b)

[3, 4] MAXWELL, D.S., KRUGER, L.: The reactive oligodendrocyte. An electron microscopic study of cerebral cortex following alpha particle irradiation. Am. J. Anat. **118**, 437–460 (1966)

[3] MC MORRIS, F.A.: Expression and extinction of glial properties in glioma × neuroblastoma cell hybrids. Exp. Cell Res. **114**, 269–276 (1978)

[2, 4] MELLER, K., GLEES, P.: The differentiation of neuroglia-Müller-cells in the retina of chick. Z. Zellforsch. **66**, 321–332 (1965)

[2, 4] MELLER, K., TETZLAFF, W.: Neuronal migration during the early development of the cerebral cortex. A scanning electron microscopic study. Cell Tissue Res. **163**, 313–325 (1975)

[2, 4] MELLER, K., TETZLAFF, W.: Scanning electron microscopic studies on the development of the chick retina. Cell Tissue Res. **170**, 145–159 (1976)

[2] MELLER, K., WECHSLER, W.: Elektronenmikroskopische Befunde am Ependym des sich entwikkelnden Gehirns von Hühnerembryonen. Acta Neuropathol. (Berl.) **3**, 609–626 (1964)

[2, 4] MELLER, K., BREIPOHL, W., GLEES, P.: Early cytological differentiation in the cerebral hemisphere of mice. An electronmicroscopical study. Z. Zellforsch. **72**, 525–533 (1966)

[3, 4] MERKER, G.: Licht- und elektronenmikroskopische Studien über die Fasergliastruktur der Epiphysen-Subcommissuralregion der Primaten. Z. Zellforsch. **92**, 232–255 (1968)

[3, 4] MERKER, G.: Fasergliastruktur der dorsalen Wand des Aquaeductus cerebri bei einigen Primaten. Z. Zellforsch. **107**, 564–585 (1970)

[5, 6] MILLER, C., KNEHL, W.M.: Isolation and characterization of myosin from cloned rat glioma and mouse neuroblastoma cells. Brain Res. **108**, 115–124 (1976)

[4, 8] MORALES, R., DUNCAN, D.: Specialized contacts of astrocytes with astrocytes and with other cell types in the spinal cord of the cat. Anat. Rec. **182**, 255–266 (1975)

[3, 4] MORI, S., LEBLOND, C.P.: Identification of microglia in light and electron microscopy. J. Comp. Neurol. **135**, 57–80 (1969)

[4, 12] MUGNAINI, E., WALBERG, F.: The fine structure of the capillaries and their surroundings in the cerebral hemispheres of *Myxine glutinosa* L. Z. Zellforsch. **66**, 333–351 (1965)

[4, 8] NABESHIMA, S., REESE, T.S., LANDIS, D.M.D., BRIGHTMAN, M.W.: Junctions in the meninges and marginal glia. J. Comp. Neurol. **164**, 127–170 (1975)

[1] NAKAI, J. (ed.): Morphology of neuroglia. Tokyo: Igaku Shoin 1963

[1] NIESSING, K.: Zellreaktion der Makroglia bei Narkose. Z. Mikrosk.Anat. Forsch. **56**, 173–189 (1950)

[1] NIESSING, K.: Zellformen und Zellreaktionen des Mäusehirns. Morphol. Jb. **92**, 102–122 (1952)

[1] NIESSING, K.: Zellreaktionen der Hortega-Glia bei Anwendung pharmakologischer und hormonaler Reize. Verh. Anat. Ges. **51**, 266–271 (1953)

[1] NIESSING, K.: Gestalt und Formwandel der Gliazellen. Film B 751/1957, Inst. Wiss. Film, Göttingen 1958

[1] NIESSING, K., VOGELL, W.: Elektronenmikroskopische Untersuchungen über Strukturveränderungen in der Hirnrinde beim Oedem und ihre Bedeutung für das Problem der Grundsubstanz. Z. Zellforsch. **52**, 216–237 (1960)

[5, 12] OKSCHE, A.: Der histochemisch nachweisbare Glykogenaufbau und -abbau in den Astrocyten und Ependymzellen als Beispiel einer funktionsabhängigen Stoffwechselaktivität der Neuroglia. Z. Zellforsch. **54**, 307–361 (1961)

[3, 12] OKSCHE, A.: Die pränatale und vergleichende Entwicklungsgeschichte der Neuroglia. Acta Neuropathol. (Berl.) Suppl. IV, 4–19 (1968)

[11] OKSCHE, A., ZIMMERMANN, P., OEHMKE, H.-J.: Morphometric studies of tubero-eminential systems controlling reproductive functions. In: Brain-endocrine interaction. Median eminence: structure and function. KNIGGE, K.M., SCOTT, D.E., WEINDL, A. (eds.), pp. 142–153. Basel: Karger 1972

[7, 12] ORKAND, R.K., NICHOLLS, J.G., KUFFLER, S.W.: Effect of nerve impulses on the membrane potential of glial cells in the central nervous system of Amphibia. J. Neurophysiol. **29**, 788–806 (1966)

[9] PAPPAS, G.: Some morphological considerations of the blood-brain-barrier. J. Neurol. Sci. **10**, 241–246 (1970)

[2] PATERSON, J.A., PRIVAT, A., LING, E.A., LEBLOND, C.P.: Investigation of glial cells in semithin sections. III. Transformation of subependymal cells into glial cells as shown by radioautography after ^{3}H-thymidine injection into the lateral ventricle of the brain of young rats. J. Comp. Neurol. **149**, 83–102 (1973)

[3, 12] PAUL, E.: Über die Typen der Ependymzellen und ihre regionale Verteilung bei *Rana temporaria* L. Mit Bemerkungen über die Tanycytenglia. Z. Zellforsch. **80**, 461–487 (1967)

[3, 5, 12] PAUL, E.: Histochemische Studien an den Plexus chorioidei, an der Paraphyse und am Ependym von *Rana temporaria* L. Z. Zellforsch. **91**, 519–546 (1968)

[3, 4] PETERS, A.: The formation and structure of myelin sheaths in the central nervous system. J. biophys. biochem. Cytol. **8**, 431–446 (1960)

[4, 8] PETERS, A.: Plasma membrane contacts in the central nervous system. J. Anat. **96**, 237–248 (1962)

[4] PETERS, A., PALAY, S.L., WEBSTER, H.F.: The fine structure of the nervous system. New York: Harper & Row 1970

[3] POLAK, M.: Neuroglia central y periferica. Su estudio con el microscopio optico. Arch. Histol. (B. Aires) **9**, 3–39 (1965)

[6] POLLAY, M., KAPLAN, R.J.: Diffusion of non-electrolytes in brain tissue. Brain Res. **17**, 407–416 (1970)

[2, 3] PRIVAT, A.: Postnatal gliogenesis in the mammalian brain. Int. Rev. Cytol. **40**, 281–323 (1975)

[3, 4] RAINE, C.S., PODUSLO, S.E., NORTON, W.T.: The ultrastructure of purified preparations of neurons and glial cells. Brain Res. **27**, 11–24 (1971)

[2] RAKIC, P.: Mode of cell migration to the superficial layers of fetal monkey neocortex. J. Comp. Neurol. **145**, 61–84 (1972)

[3] RAMÓN-MOLINIER, E.: Neuroglia. Transitional forms. J. Comp. Neurol. **110** 157–171 (1958)

[4] RAMSEY, H.J.: Fine structure of the surface of the cerebral cortex of human brain. J. Cell Biol. **26**, 323–333 (1965)

[4, 9] REESE, T.S., KARNOVSKY, M.J.: Fine structural localisation of a blood-brain barrier to exogenous peroxidase. J. Cell Biol. **34**, 207–217 (1967)

[4, 5] REISERT, I., WAGNER, H.-J., PILGRIM, CH.: Incorporation of ^{3}H-fucose into nerve and glial cells: Assessment by electron microscopic autoradiography. J. Comp. Neurol. **176**, 453–466 (1977)

[6, 9] REULEN, H.J., STEUDE, U., BRENDEL, W., HILBER, C., PRUSINER, S.: Energetische Störung des Kationentransports als Ursache des intrazellulären Hirnödems. Acta Neurochir. (Wien) **27**, 129–166 (1970)

[2, 4, 8] Revel, J.P., Brown, S.S.: Cell junctions in development, with particulate reference to the neural tube. Cold Spring Harbor Symp. Quant. Biol. **40**, 443–455 (1976)

[2] Rickmann, M., Wolff, J.R.: On the earliest stages of glial differentiation in the neocortex of rat. Exp. Brain Res. Suppl. **1**, 239–244 (1976a)

[2, 3] Rickmann, M., Wolff, J.R.: Über die Entstehung von Astroblasten im Neocortex. Verh. Anat. Ges. **70**, 325–328 (1976b)

[2] Rickmann, M., Wolff, J.R.: Morphological constellation of the initial step of glial differentiation in the neocortex of the rat. (Proc. 19th Morphol. Congr., Prague, 1976). Folia Morphol. (Praha) **25**, 231–234 (1977a)

[2, 4] Rickmann, M., Wolff, J.R.: Cytological characteristics of early stages of glial differentiation in the neocortex. (Proc. 19th Morphol. Congr., Prague, 1976). Folia Morphol. (Praha) **25**, 235–237 (1977b)

[4, 7] Robertis, E.D.P. De: Some old and new concepts of brain structure. Neurology (Minneap.) **3**, 98–111 (1962)

[1] Robertis, E.D.P. De, Carrea, R. (eds.): Progress in brain research. Vol. XV: Biology of neuroglia. pp. 297. Amsterdam, London, New York: Elsevier 1965

[4, 7] Robertis, A.D.P. De, Gerschenfeld, H.M.: Submicroscopic morphology and function of glial cell. Int. Rev. Neurobiol. **3**, 1–65 (1961)

[8, 10] Robertson, J.D., Bodenheimer, T.S., Stage, D.E.: The ultrastructure of Mauthner cell synapses and nodes in goldfish brains. J. Cell Biol. **19**, 159–199 (1963)

[4, 8] Rosenbluth, J.: Glial membrane specializations in freeze-fracture replicas of frog brain. J. Cell Biol. **75**, 240a (1977)

[5] Rueger, D.C., Dahl, D., Bignami, A.: Comparison of bovine glial fibrillary acid protein with bovine brain tubulin. Brain Res. **153**, 188–193 (1978)

[2] Sauer, M.E., Chittenden, A.C.: Deoxyribonucleic acid content of cell nuclei in the neural tube of the chick embryo: evidence for intermitotic migration of nuclei. Exp. Cell Res. **16**, 1–6 (1959)

[5] Schachner, M., Hedley-Whyte, E.T., Hsu, D.W., Schoonmaker, G., Bignami, A.: Ultrastructural localization of glial fibrillary acidic protein in mouse cerebellum by immunoperoxidase labeling. J. Cell Biol. **75**, 67–73 (1977)

[2] Sidman, R.L.: Cell proliferation, migration, and interaction in the developing mammalian central nervous system. In: The neurosciences, 2nd study program, Schmitt, F.O. (ed.), pp. 100–107. New York: Rockefeller University Press 1970

[2] Sidman, R.L.: Cell-cell recognition in the developing central nervous system. In: The neurosciences, 3rd study program. Schmitt, F.O., Worden, F.G. (eds.), pp. 743–757. Cambridge: M.I.T. Press 1974a

[2] Sidman, R.L.: Contact interaction among developing mammalian brain cells. In: The cell surface in development. Moscona, A.A. (ed.), pp. 221–253. New York, London: Wiley & Sons 1974b

[2] Sidman, R.L., Rakic, P.: Neuronal migration, with special reference to developing human brain: A review. Brain Res. **62**, 1–25 (1973)

[2] Sidman, R.L., Miale, I.L., Feder, N.: Cell proliferation and migration in the primitive ependymal zone; an autoradiographic study of histogenesis in the nervous system. Exp. Neurol. **1**, 322–333 (1959)

[4] Sjöstrand, J.: Morphological changes in glial cells during nerve regeneration. Acta Physiol. Scand. **67** (Suppl. 270), 19–43 (1966)

[2] Smart, J., Leblond, C.P.: Evidence for division and transformations of neuroglia cells in the mouse brain, as derived from radioautography after injection of thymidine-H^3. J. Comp. Neurol. **116**, 349–367 (1961)

[5, 6] Somjen, G.G., Rosenthal, M., Cordingley, G., LaManna, J., Lothman, E.: Potassium, neuroglia, and oxidative metabolism in central gray matter. Fed. Proc. **35**, 1266–1271 (1976)

[5] Stavrou, D., Lübbe, I., Haglid, K.G.: Immunelektrophoretische Quantifizierung des hirnspezifischen S-100-Proteins. Acta Neuropathol. (Berl.) **29**, 275–280 (1974a)

[5] Stavrou, D., Haglid, K.G., Zankl, H., Zang, K.D.: Immunhistochemischer Nachweis des hirnspezifischen S-100-Proteins bei experimentellen Hirntumoren. Z. Krebsforsch. **82**, 75–82 (1974b)

[2, 4] Stensaas, L.J.: The development of hippocampal and dorsolateral pallial regions of the cerebral hemisphere in fetal rabbits. I. Fifteen millimeter stage, spongioblast morphology. J. Comp. Neurol. **129**, 59–70 (1967a)

[2, 4] Stensaas, L.J.: The development of hippocampal and dorsolateral pallial regions of the cerebral hemisphere in fetal rabbits. II. Twenty millimeter stage, neuroblast morphology. J. Comp. Neurol. **129**, 71–84 (1967b)

[3, 12] Stensaas, L.J., Stensaas, S.S.: Astrocytic neuroglial cells, oligodendrocytes and microgliacytes in the spinal cord of the toad. I. Light microscopy. Z. Zellforsch. **84**, 473–489 (1968a)

[3, 4, 12] Stensaas, L.J., Stensaas, S.S.: Astrocytic neuroglial cells, oligodendrocytes and microgliacytes in the spinal cord of the toad. II. Electron microscopy. Z. Zellforsch. **86**, 184–213 (1968b)

[2, 4] Stensaas, L.J., Stensaas, S.S.: An electron microscope study of cells in the matrix and intermediate laminae of the cerebral hemisphere of the 45 mm rabbit embryo. Z. Zellforsch. **91**, 341–365 (1968c)

[4, 8] Tani, E., Hagaki, T., Nakano, M.: Tight junctions in oligodendrocytes. Cell Tissue Res. **184**, 139–142 (1977)

[2, 3. 4] Tennyson, V.M., Pappas, G.D.: An electron microscope study of ependymal cells of the fetal, early postnatal and adult rabbit. Z. Zellforsch. **56**, 595–618 (1962)

[4, 8, 9] Torack, R.M., Terry, R.D., Zimmerman, H.M.: The fine structure of cerebral fluid accumulation. I. Swelling secondary to cold injury. Am. J. Pathol. **35**, 1135–1147 (1959)

[4, 8, 10] Torack, R.M., Duffy, M.L., Haynes, J.M.: The effect of anisotonic media upon cellular ultrastructure in fresh and fixed rat brain. Z. Zellforsch. **66**, 690–700 (1965)

[3, 4] Vaughn, J.E., Peters, A.: A third neuroglial cell type. An electron microscopic study. J. Comp. Neurol. **133**, 269–288 (1968)

[4, 5, 8] Wagner, H.-J., Pilgrim, Ch.: Zur Beteiligung der Glia am Glykoproteinstoffwechsel des ZNS. Verh. Anat. Ges. **70**, 377–383 (1976)

[4, 6, 8] Wagner, H.-J., Pilgrim, Ch., Brandl, J.: Penetration and removal of horseradish peroxidase injected into the cerebrospinal fluid: role of cerebral perivascular spaces, endothelium and microglia. Acta Neuropathol. (Berl.) **27**, 299–315 (1974)

[2, 3, 4] Walsh, R.J., Brawer, I.R., Lui, P.S.: Early postnatal development of ependyma in the third ventricle of male and female rats. Am. J. Anat. **151**, 377–4008 (1978)

[2, 3, 4] Wechsler, W.: Zur Feinstruktur normaler, embryonaler, reaktiver und blastomatöser Zellen des Nervensystems. Verh. Dtsch. Ges. Pathol. **48**, 129–134 (1964)

[2, 4] Wechsler, W.: Die Entwicklung der Gefäße und perivasculären Geweberäume im Zentralnervensystem von Hühnern (Elektronenmikroskopischer Beitrag zu Kenntnis der morphologischen Grundlagen der Bluthirnschranke während der Ontogenese). Z.Anat. Entwickl.-Gesch. **124**, 367–395 (1965)

[2, 3, 4] Wechsler, W.: Die Feinstruktur des Neuralrohres und der neuroektodermalen Matrixzellen am Zentralnervensystem von Hühnerembryonen. Z. Zellforsch. **70**, 240–268 (1966)

[6, 9] Westergaard, E., Brightman, M.W.: Transport of proteins across normal cerebral arterioles. J. Comp. Neurol. **152**, 17–44 (1973)

[4, 8] Williams, V.: Intercellular relationship in the external glial limiting membrane of the neocortex of the cat and rat. Am. J. Anat. **144**, 421–432 (1975)

[1] Windle, W.F.: Biology of neuroglia. Springfield, Ill.: Thomas 1958

[3, 4] Wolff, J.: Elektronenmikroskopische Untersuchungen über Struktur und Gestalt von Astrozytenfortsätzen. Z. Zellforsch. **66**, 811–828 (1965)

[3, 4] Wolff, J.: Die Astroglia im Gewebsverband des Gehirns. Acta Neuropathol. (Berl.) Suppl. IV, 33–39 (1968)

[4] Wolff, J.R.: The morphological organization of cortical neuroglia. In: Handbook of electroencephalography and clinical neurophysiology. Remond, A. (ed.), Vol. II/A2, pp. 26–42. Amsterdam: Elsevier 1976a

[11] Wolff, J.R.: Stereological analysis of the heterogeneous composition of central nervous tissue: Synapses of the cerebral cortex. In: Proc. 4th Int. Congr. of Stereology, Gaithersburg, USA, 1975. Underwood, E.E. (ed.), p. 331–335. Washington: National Bureau of Standards 1976b

[8, 10] Wolff, J.R.: Morphology of the extravascular space in brain in comparison to other tissues. Bibl. Anat. **15**, 210–212 (1977)

[4] Wolff, J.R., Bär, Th.: Development and adult variations of the pericapillary glial sheath in the cortex of rat. In: The cerebral vessel wall. Cervos-Navarro, J., Matakas, F. (eds.), pp. 7–13. New York: Raven Press 1976

[10, 11] Wolff, J.R., Eins, S.: Quantitative and 3-dimensionale Analyse der Neuropilstruktur und

ihrer Morphogenese. DFG, Sonderforschungsbereich 33, Schlußbericht. Neuhoff, V. (ed.). Göttingen 1978

[6] Wolff, J.R., Güldner, F.-H.: Perisynaptic astroglial reactions to neuronal activity. In: Dynamic properties of glial cells. Proc. Satellite Symp. VIth Int. Meeting Int. Soc. Neurochem., Liège, 1977 (in press, 1978)

[5] Wuerker, R.B.: Neurofilaments and glial filaments. Tissue Cell **2**, 1–9 (1970)

[3, 12] Zimmermann, P.: Fluoreszenzmikroskopische Studien über die Verteilung und Regeneration der Faserglia bei *Lumbricus terrestris* L. Mit Hinweisen auf die Struktur und Regeneration des neurosekretorischen Systems. Z. Zellforsch. **81**, 190–220 (1967)

[4, 8, 12] Zimmermann, P.: Struktur, Verteilung und Funktion der Kontaktzonen im Bauchmark von *Lumbricus terrestris* L. Licht- und elektronenmikroskopische Studien. Z. Zellforsch. **87**, 137–158 (1968)

[3, 12] Zimmermann, P.: Beziehungen verschiedenartiger Zellkomplexe des normalen und regenerierenden Nervensystems von *Lumbricus terrestris* L. zum Gefäßsystem. Z. Zellforsch. **106**, 423–438 (1970a)

[4, 6, 11] Zimmermann, P.: Die intracytoplasmatische Organellenverteilung als Indikator gerichteter Wechselbeziehungen zwischen Kapillarsystem und zentralnervösen Zellkomplexen. Morphometrische Studien am Oberschlundganglion von *Lumbricus terrestris* L. Z. Zellforsch. **110**, 268–283 (1970b)

[6, 9, 11, 12] Zimmermann, P.: Cytometrische und mikrospektrographische Studien über Wechselbeziehungen zwischen Endothel-, Glia- und Ganglienzellen. Habilitationsschrift. Justus Liebig-Universität Giessen 1974

B. Die Glia der wirbellosen Tiere [1]

Von B. Scharrer und M. Weitzman, New York [2]

Eine kurze Darstellung der *Wirbellosenglia* im Rahmen eines Handbuches der mikroskopischen Anatomie des Menschen scheint gerechtfertigt als Beitrag zur Erschließung allgemeiner *Bauprinzipien* auf der Basis der *Stammesgeschichte* dieses funktionell so vielseitigen Gewebselementes. Zahlreiche ältere und neuere Arbeiten, die sich in erster Linie auf den erregungsleitenden Anteil des Nervensystems verschiedener Invertebraten konzentrieren, enthalten auch mehr oder weniger aufschlußreiche, z.T. überholte Angaben über die Neuroglia. Tiefgreifende, sich ausschließlich damit befassende Studien sind jedoch selten und fallen meist in die *klassische Periode der Gliaforschung*. Die vorhandenen Literaturquellen sind daher lückenhaft, ungleichwertig und nicht vollständig erfaßbar, bieten aber immerhin genügend Anhaltspunkte für eine *vergleichende Übersicht* in dem hier vorgesehenen Rahmen.

Schon in mehreren, z.T. noch vor der Jahrhundertwende erschienenen Publikationen wurden vielfach sehr verschiedene Zellelemente ohne ausreichende Begründung zur Neuroglia gerechnet (Lit. s. Bullock u. Horridge, 1965). Beachtenswert sind aber erst Beschreibungen, die sich auf die erstmals von Hortega (1916) und Havet (1916) bei Wirbellosen angewandten klassischen Spezialmethoden von Cajal (Goldsublimatmethode) und Achúcarro (Tanninsilbermethode) stützen, da sie Vergleiche mit den Verhältnissen bei Wirbeltieren und beim Menschen zulassen. Später haben sich zur lichtmikroskopischen Analyse von Gliaelementen weitere Verfahren, z.B. die Orange-G-Fluorescenzmethode (Zimmermann, 1968) und verschiedene Enzymreaktionen (Teichmann u. Goslar, 1968), als sehr geeignet erwiesen. Es war aber vor allem die *Elektronenmikroskopie*, die auch hier eine neue Welt erschlossen hat.

Das Hauptergebnis dieser *neueren Forschungsperiode* ist, wie sich im folgenden herausstellen wird, eine gute Übereinstimmung in den die Glia im gesamten Tierreich charakterisierenden *fundamentalen Strukturprinzipien*. Diese sind, wie zu erwarten, ein Ausdruck derselben funktionellen *Partnerschaft mit den Neuronen*, die das Durchdringen des Nervengewebes durch weitreichende Gliaausläufer und die Entwicklung lamellärer Hüllen erfordert. Das Prinzip der weitgehenden räumlichen Anpassung der multipolaren Gliaelemente an die zwischen Ganglienzellen und anderen Gewebsbestandteilen bestehenden Spalträume erklärt die auch bei Invertebraten außerordentliche Vielfältigkeit der Zellformen.

Bei den einfachsten Metazoen, den *Coelenteraten*, können noch keine Neuro-

---

1 Literatur bis 1976. – Zur weiteren Information siehe die zusammenfassende Darstellung von T. Radojcic u. V.W. Pentreath: Invertebrate Glia. Progr. Neurobiol. **12**, 115–179 (1979).

2 Zum Teil mit Unterstützung durch Research Grants NB-00840 (U.S.P.H.S.) und BMS 74-12456 (N.S.F.).

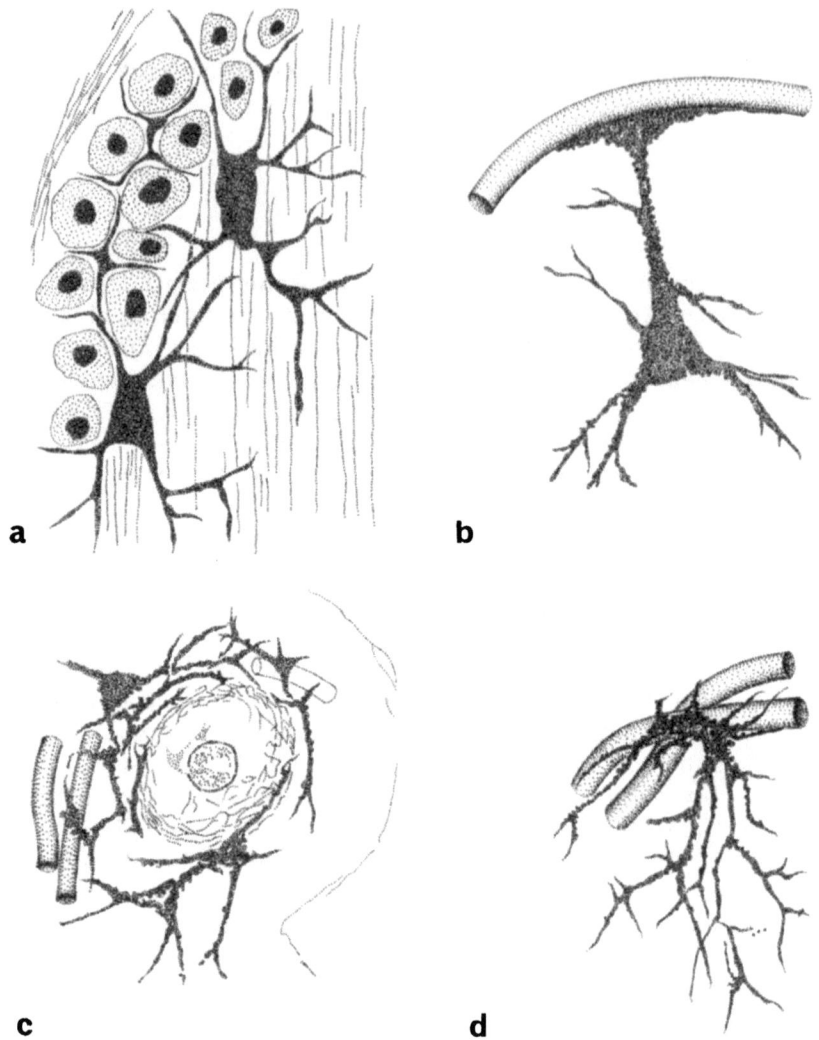

Abb. 1a–d. Gliaelemente im Zentralnervensystem des Regenwurms *Lumbricus*. **a** Zwei multipolare Gliazellen, deren Ausläufer sich zwischen Ganglienzellkörpern und im Neuropil verzweigen. **b** Glia-zelle in engem Kontakt mit Gefäßwand. **c** Mehrere das Perikaryon einer Ganglienzelle umgebende Gliazellen mit Fortsätzen zu Blutgefäßen. **d** Stark verzweigte protoplasmatische Neurogliazelle in naher Lagebeziehung zu zwei Blutgefäßen. (Aus Havet, 1916)

gliaelemente im eigentlichen Sinn nachgewiesen werden (Horridge et al., 1962). Über die Situation bei den *niederen Würmern* ist noch recht wenig bekannt. So sollen unter den Turbellarien, z.B. bei *Leptoplana* (Steopoe, 1934, zit. nach Bullock u. Horridge, 1965, S. 549) und *Dugesia* (Morita u. Best, 1966), bereits einfache Gliaelemente vorkommen, während das für *Procotyla* (Lentz, 1968) und *Polycelis* (Bocharova u. Sveshnikov, 1975) nicht zuzutreffen scheint.

Diese und eine Reihe weiterer, mehr oder weniger überzeugender Berichte über das Vorkommen von Gliazellen und -fasern bei Cestoden, Nemertinen, Nematoden, Nematomorphen und Sipunculiden erfordern Nachprüfung mit geeigneten Methoden. Als Resultat einer solchen neueren Untersuchung (RHODE, 1970) konnten z.B. bei *Multicotyle*, einem Vertreter der Trematoden, konzentrische Gliahüllen („lockeres Myelin") nachgewiesen werden.

Wesentlich genauere Kenntnisse sind über die Glia der *Anneliden* vorhanden. Mit Hilfe der schon genannten klassischen Spezialmethoden haben bereits HORTEGA (1916, S. 289) und HAVET (1916) bei Vertretern der Polychaeten und Oligochaeten zwei *multipolare*, denen der Wirbeltierastrocyten vergleichbare *Hauptzelltypen* der Neuroglia unterschieden: 1) *Protoplasmatische Glia*, gut darstellbar mit der Cajalschen Methode, und 2) *Faserglia* von verschiedener Größe und Form, besonders deutlich mit der Methode von ACHÚCARRO in Erscheinung tretend (s. auch OKSCHE, 1968). Beide zeigen eine enge Lagebeziehung sowohl zu *Neuronen* als auch zu *Blutcapillaren* (Abb. 1a–d), ein Hinweis auf die auch bei Invertebraten vermutete Vermittlerrolle der Glia im *Stoffaustausch* zwischen diesen beiden Gewebselementen. Weiterhin scheint auch die differenzielle Verteilung der Cytoplasmaeinschlüsse in verschiedenen Zonen der Ganglien auf eine Transportfunktion der Gliazellen hinzudeuten (LEVI et al., 1966).

Elektronenmikroskopisch erweisen sich die relativ kleinen Gliazellkerne oft als unregelmäßig konturiert und zeigen reichliches, peripher angehäuftes Chro-

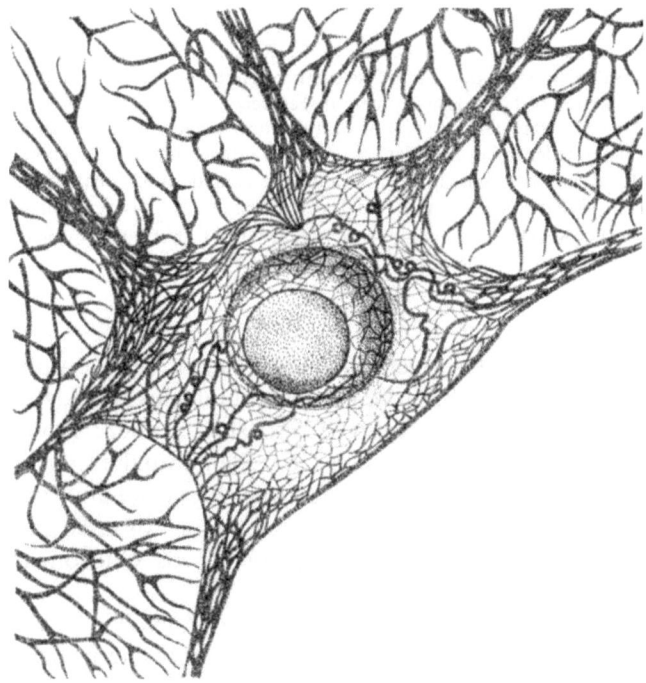

Abb. 2. Multipolare Riesengliazelle mit Fasernetzwerk im Nervensystem des Blutegels *Hirudo*. (Aus HORTEGA, 1916)

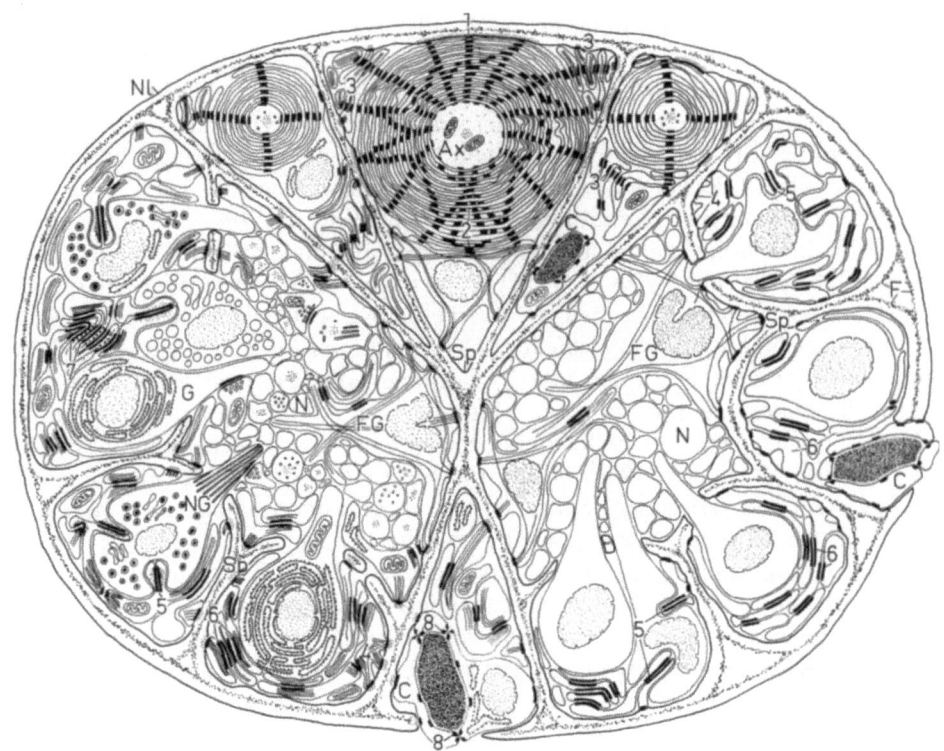

Abb. 3. Schematischer Querschnitt des Bauchmarks des Regenwurms *Lumbricus. 1* Hemidesmosomenbereich der dorsalen Riesenaxone (*Ax*). *2* Medianer Knotenpunkt der Zonulaketten. *3* Radiär ausgerichtete Zonulaketten. *4* Hemidesmosomen an gespreizten Endaufzweigungen von Gliazellen. *5* Einstülpungen der Nervenzell-Perikaryen mit Zonulae adhaerentes zwischen zwei Gliafortsätzen. *6* Faserkorb aus Glialamellen mit verbindenden Zonulae adhaerentes. *7* Zonulaketten im Bereich mehrerer aneinander grenzender Faserkörbe. *8* Granulierte Hemidesmosomen zwischen Endothelzellen der Capillaren (*C*). *F* Gitterfaserkomponente des Neurilemms, *FG* Fasergliazellen, *G* gewöhnliche Ganglienzelle, *NG* neurosekretorische Ganglienzelle, *N* Neuropil, *Nl* Neurilemmschlauch, *Sp* Neurilemmsepten. (Aus ZIMMERMANN, 1968)

matin. Im Cytoplasma der faserigen Gliazellen, das in der Kernumgebung sehr spärlich ist, fallen vor allem zahlreiche Filamentbündel ins Auge, während andere Organellen in den Hintergrund treten (COGGESHALL, 1965; LEVI et al., 1966; BASKIN, 1971a). Die protoplasmatischen Gliazellen enthalten vor allem Glykogen, Mitochondrien, relativ gut entwickelte Golgi-Elemente und sowohl granuläres als auch agranuläres endoplasmatisches Reticulum. Als Lysosomen zu klassifizierende cytoplasmatische Einschlüsse (früher oft als Gliosomen bezeichnet) kommen in beiden Zelltypen vor.

Die protoplasmatische Glia liefert die zahlreichen *Lamellen*, welche die Riesenaxone von verschiedenen Anneliden, z.B. von Regenwürmern (*Lumbricus, Eisenia*), in engen Spiraltouren umhüllen (Abb. 4) und die weniger auffallenden *Hüllen* um Gruppen kleiner nackter Nervenfasern und um Ganglienzellkörper bilden (HÁMA, 1959; LEVI et al., 1966; VAN HARREVELD et al., 1969; GÜNTHER,

1975). Ferner finden sich bereits bei den Polychaeten fingerartig ins Perikaryon eindringende gliöse Fortsätze, die dem erstmals von HOLMGREN (1899) bei Wirbeltieren beobachteten *Trophospongium* entsprechen (DEHORNE, 1935a, b, 1936a, b; LEVI et al., 1966).

Zu den „üblichen" Aufgaben der Glia kommt bei den Anneliden noch die des *Spannungsausgleiches* hinzu, bedingt durch die starken mechanischen Verformungen bei der Lokomotion dieser Tiere, denen schützende Skeletelemente (Chitin, Knorpel, Knochen) fehlen. Diese stabilisierende und dynamische Stützfunktion drückt sich in einer besonders straffen *Architektonik* und einem unterschiedlichen *Verteilungsmuster* gliöser Elemente aus, wie es bei *Lumbricus* (ZIMMERMANN, 1968) und *Nereis* (BASKIN, 1971a, b) schön gezeigt wurde.

Größere *protoplasmatische Gliazellen* sind hauptsächlich in nächster Umgebung der Ganglienzellen anzutreffen. Die durch starke spezifische Orange-G-Fluorescenz auffallenden *Fasergliafortsätze* umhüllen nicht nur einzelne Nervenzellkörper und -fasern, sondern auch Neuropilareale. Sie sind mit der kräftigen, die Ganglienkette umgebenden Bindegewebshülle („Neurilemmschlauch", „Neurallamelle") und, zum mindesten bei *Lumbricus*, auch mit deren ins zentrale Neuropil reichenden Septen zu einer funktionellen Einheit fest verankert und scheinen, z.B. bei *Nereis*, bis zur Epidermis vorzudringen (BASKIN, 1971b).

Eine wichtige Rolle für die *flexible Stabilisierung* des Nervengewebes spielen hier nicht nur die durch die *Filamentbündel* innerhalb der Gliazelle bewirkten Versteifungen, sondern vor allem auch verankernde *intercelluläre Kontaktzonen* (ZIMMERMANN, 1968; BASKIN, 1971a; s. auch HÁMA, 1959; FAWCETT, 1966, S. 373). *Zonulae adhaerentes* finden sich zwischen Gliafortsätzen; *Hemidesmosomen* verbinden letztere mit bindegewebigen Strukturen (Neurilemmschlauch, Septen, Basalmembran der ins Nervengewebe eindringenden Blutgefäße). Weiterhin charakteristisch sind auffallende *Zonulaketten* in radiärer Anordnung in den die Riesenaxone umhüllenden Glialamellen (Abb. 3) sowie zahlreiche *solitäre Zonulae adhaerentes* in den Gliafaserkörben der Ganglienzellenschicht. Ähnliche stabilisierende Haftstrukturen wurden auch bei *Krebsen* (HEUSER u. DOGGENWEILER, 1966), *Knochenfischen* (ROSENBLUTH u. PALAY, 1961) und *Ratten* (HARKIN, 1965) beobachtet.

Bei den *Hirudineen*, deren Ganglien im Gegensatz zu denen anderer Anneliden nicht vascularisiert sind, ist die *trophische* und *stabilisierende* Rolle der Neuroglia auf andere Weise gelöst. Der Blutegel besitzt sehr große, ziemlich kompliziert gebaute Zellen, auf deren Glianatur erstmals APÁTHY (1897) aufmerksam machte (Abb. 2). Er nannte sie *Paketsternzellen*, da innerhalb jedes Bauchganglions sechs Pakete von ungefähr 60 Ganglienzellkörpern und deren proximale Fortsätze von je einer dieser Gliazellen vollständig umhüllt sind. In entsprechender Weise sind alle, d.h. mehrere tausend, in je einem Konnektiv verlaufenden Axone in eine einzige, viele Millimeter lange Gliazelle eingebettet (GRAY u. GUILLERY, 1963; COGGESHALL u. FAWCETT, 1964; KUFFLER u. NICHOLLS, 1966). Wiederum dienen kräftige *Haftzonen* zur gegenseitigen Verankerung aller Teile des Zellgefüges einschließlich der bindegewebigen Kapsel.

Eine andere interessante Besonderheit dieser großen Gliazellen ist, daß ihr Cytoplasma von einem weit verzweigten System von *Divertikeln* durchsetzt ist, das in direkter Verbindung mit dem glykoproteinhaltigen Bindegewebsraum

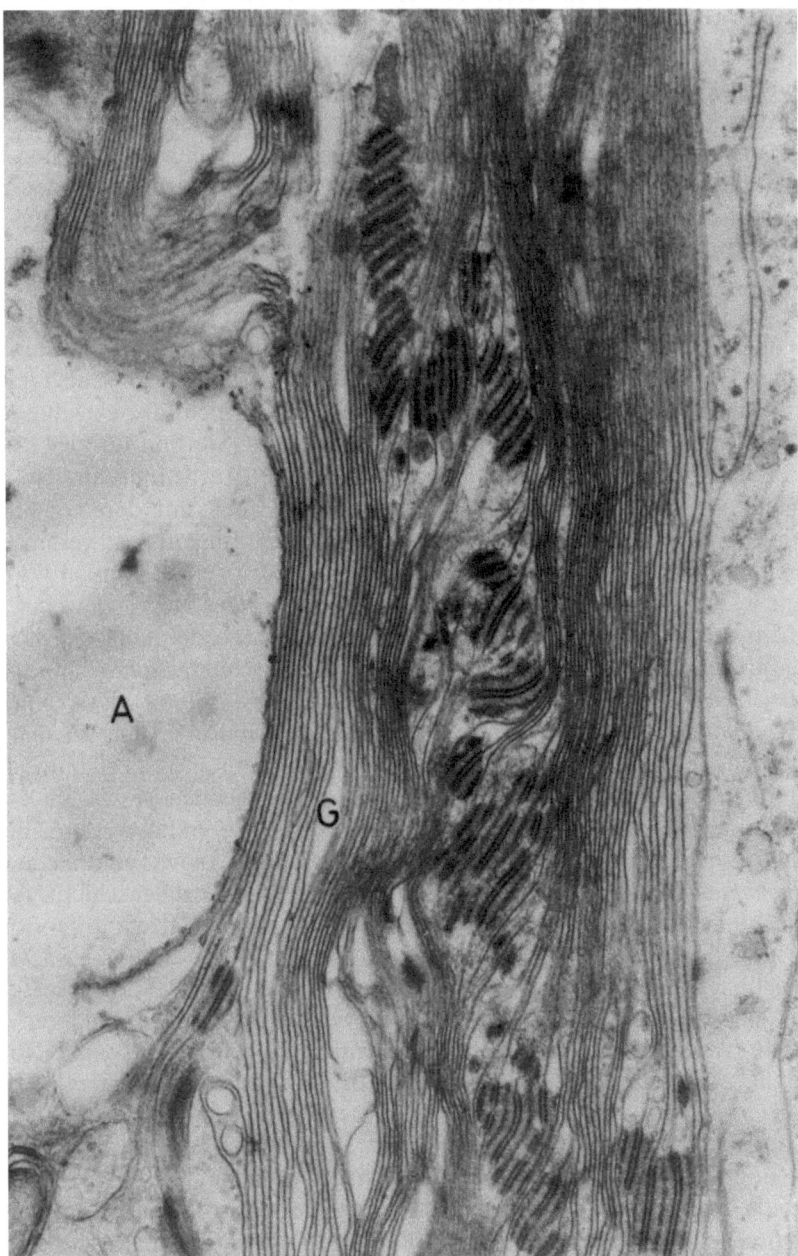

Abb. 4. Teil eines Riesenaxons (*A*) mit zahlreichen durch Desmosomenreihen verankerten Glialamellen (*G*) aus der Ganglienkette von *Lumbricus*. Elektronenmikroskopische Originalaufnahme von Stanley Brown, Albert Einstein College of Medicine, New York. ×23600

steht. Außer diesen morphologischen Gegebenheiten sprechen auch experimentelle (Aufnahme von radioaktiver Glucose durch das Zentralnervensystem;
WOLFE u. NICHOLLS, 1967) und enzymhistochemische Befunde (Nachweis von
Glucose-6-phosphat-dehydrogenase in Gliazellen; TEICHMANN u. GOSLAR, 1968)
für ein wirksames intraganglionäres *Transportsystem* der Anneliden.

Für eine direkte Beteiligung der Glia an der elektrophysiologischen Aktivität
der Neurone bestehen keine Anhaltspunkte (KUFFLER u. POTTER, 1964).

Bei einer Reihe von Vertretern der *Mollusken* wurden bereits im vorigen
Jahrhundert (s. z.B. VIGNAL, 1883) *stern-* und *spindelförmige* intraganglionäre
Zellen von Neuronen unterschieden und als *gliöse Stützelemente* gedeutet. Mehr
spezifischen lichtmikroskopischen Aufschluß geben wiederum die auf Spezialmethoden beruhenden klassischen Untersuchungen von HAVET (1916, S. 82),
HORTEGA (1916, S. 228) und CAJAL (1917), die auf eine weitgehende Ähnlichkeit der Molluskenglia mit den Astrocyten höherer Wirbeltiere einschließlich
des Menschen hinweisen. HORTEGA unterscheidet beispielsweise bei den Gastropoden *Helix* und *Limax* eine typische *protoplasmatische Glia* mit vielen Verzweigungen und eine *Faserglia* mit fibrillären Ausläufern und intracellulären Fibril-
lenbündeln. Dieselben zwei Haupttypen von multipolaren Zellen finden sich
auch bei den Cephalopoden (CAJAL, 1917; STEPHENS u. YOUNG, 1969). Für
das Vorhandensein von Zellen, die der Mikroglia und der Oligodendroglia der
Vertebraten gleichzusetzen wären, bestehen weder bei Mollusken noch bei den
übrigen Invertebraten stichhaltige Anhaltspunkte.

Neuere Arbeiten befassen sich eingehend mit der *Feinstruktur* der *Gliazellen*
und deren *topographischen Beziehungen* sowohl zu Neuronen als auch zu Stro-
maelementen des Nervensystems. Auf die Verbreitungsgebiete verschiedener,
d.h. mehr oder weniger plasmareicher bzw. filamenthaltiger Untergruppen (s.
z.B. REINECKE, 1975) kann hier im einzelnen nicht eingegangen werden. Elektronenmikroskopisch lassen sich die oft eingebuchteten und wie bei anderen Invertebraten relativ chromatinreichen Nuclei von den typischen vesiculären Nervenzell-
kernen in der Regel gut unterscheiden (AMOROSO et al., 1964). Das perinucleäre
Cytoplasma tritt vor allem bei der Faserglia wenig in Erscheinung. In deren
zahlreichen langen Ausläufern fallen hauptsächlich wieder eng gepackte Bündel
von *Gliafibrillen* auf.

Lipideinschlüsse kommen in beiden Zelltypen vor (GUPTA et al., 1969;
REINECKE, 1975). Wechselnde, aber vielfach sehr reichliche Mengen von *Glykogen* fallen vor allem im Zellkörper und in den stark verzweigten Ausläufern
der protoplasmatischen Glia auf (s. z.B. *Aplysia*, ROSENBLUTH, 1963; *Archachatina*, AMOROSO et al., 1964; *Anodonta*, GUPTA et al., 1969; *Octopus*, GRAY, 1969;
Helix, FERNÁNDEZ u. FERNÁNDEZ, 1972). Wie bei anderen Invertebraten treten
ein relativ unspezialisierter Golgi-Apparat, Mitochondrien und granuläres endoplasmatisches Reticulum mehr oder weniger in Erscheinung. Außer *Lysosomen*
kommen, z.B. bei *Anodonta*, große elektronendichte *Granula* vor, deren Affinität
für Uranium eine Rolle als Kationenspeicher möglich erscheinen läßt (TREHERNE
et al., 1969; NICAISE, 1973).

Wie in den Ganglien anderer Wirbelloser wird die hauptsächlich peripher
gelagerte *Nervenzellenregion* durch *Gliaelemente* sowohl vom zentralen *Neuropil*
als auch von der *bindegewebigen Hülle* abgegrenzt. Innerhalb dieser Zonen bewir-

ken Gliaausläufer eine weitgehende Abschirmung der neuronalen Gewebsanteile. Wiederum treten an die Stelle kompakter Markscheiden mehrschichtige lose *Gliahüllen*, wie sie z.b. in den großen Axonen von *Octopus* (Gray, 1969) und *Aplysia* (Coggeshall, 1967) zu beobachten sind. Kleinere nackte Nervenzellfortsätze sind häufig gruppenweise mit einer gemeinsamen Gliaumhüllung ausgestattet (Nakajima, 1961; Coggeshall, 1967; Fernández u. Fernández, 1972). Erweiterte Intercellularspalten (Reinecke, 1975) sind offenbar den auch bei Arthropoden vorkommenden vergleichbar. Ins Innere der Ganglien injizierte Tracer-Moleküle (z.b. Ferritin) breiten sich in diesem *Extracellularraum* aus und werden von Gliazellen, nicht aber von Neuronen, durch Endocytose aufgenommen (Reinecke, 1976).

Die von den entsprechenden Hüllstrukturen der Perikaryen ausgehenden *finger- bzw. lamellenförmigen Fortsätze* (Trophospongium) sind vor allem in Riesenganglienzellen von Gastropoden gut entwickelt (Rosenbluth, 1963; Amoroso et al., 1964; Coggeshall, 1967; Gray, 1969; Wendelaar Bonga, 1970; Dyer u. Cowden, 1973; Nicaise, 1973; Reinecke, 1975). Die ins Innere von Molluskenganglien eindringenden *Blutgefäße* und deren Capillarverzweigungen, die sogar in die Perikaryen großer Nervenzellen vorstoßen, treten auf diese Weise mit den Neuronen nicht in direkten Kontakt (Gray, 1969; Pentreath u. Cottrell, 1970). Gliaausläufer sind in allen Teilen des Ganglions miteinander durch *Desmosomen* (Coggeshall, 1967) und an Berührungspunkten mit dem acellulären Stroma (Neurallamelle, Septen) durch *Hemidesmosomen* verankert (Gupta et al., 1969; Dyer u. Cowden, 1973). Des weiteren finden sich bei Cephalopoden *nexusartige* Bildungen (*Maculae communicantes*) zwischen Riesenaxonen und Gliahüllen, die möglicherweise im Dienste des aktiven Ionentransportes stehen (Villegas u. Villegas, 1976).

Unter den sehr spärlichen Angaben über die *Echinodermen* sei nur auf eine feinstrukturelle Untersuchung des Nervensystems des Seesternes *Asterias* hingewiesen (Bargmann et al., 1962). Das Ektoneuralsystem dieses Tieres wird in seiner gesamten Tiefe in regelmäßigen Abständen von langgestreckten, *tanycytenartigen Stützzellen* durchzogen. Die apicalen, die Kerne enthaltenden Abschnitte dieser Zellen sind durch Wabendesmosomen (*septate desmosomes*) miteinander verbunden. Mikrovilli der Zelloberfläche steigen senkrecht zur Cuticula auf und strahlen in sie ein, so daß die Möglichkeit einer Verbindung des Ektoneuralsystems mit der Außenwelt gegeben ist.

Ein charakteristisches Merkmal der Stützzellen sind lange, dicht gepackte, in Faserlängsrichtung orientierte Bündel von *Filamenten*, die im Fluorescenzmikroskop wie Gliafasern aufleuchten. Eine andere bestimmende Eigenschaft ist, daß diese nichtnervösen Elemente mit Fortsätzen der Nervenzellen in Kontakt stehen. Aufgrund ihrer Herkunft, ihrer cytologischen Merkmale und ihres topischen Verhaltens, die den Kriterien von Gliazellen weitgehend entsprechen, werden diese Stützelemente von den genannten Autoren als der ependymalen Faserglia vergleichbare Gliazellen angesehen.

Die Kenntnis der Neuroglia der *Arthropoden* stützt sich in erster Linie auf die Situation bei Insekten und Crustaceen. Im Nervensystem dieser Tiere fallen im Gegensatz zu dem einer Reihe anderer Arthropoden (s. Baccetti u. Lazzeroni, 1969) zwei nichtneuronale Zellelemente ins Auge, das *Perineurium* und die *Glia* im engeren Sinn. Sie wurden bereits von CAJAL und SÁNCHEZ (1915) aufgrund der Untersuchung zahlreicher Insektenordnungen mit der Imprägnationsmethode von Golgi als gesonderte Zelltypen unterschieden. Heute wird das epitheliale Perineurium, das in gewissem Sinn dem Ependym der Wirbeltiere vergleichbar ist, von mehreren Autoren (z.B. WIGGLESWORTH, 1959; ABBOTT, 1971a, b) zur Glia gerechnet, während andere (z.B. PIPA, 1961) die Frage der Klassifizierung im Hinblick auf verschiedene, nur dem Perineurium zukommende Eigenschaften offen lassen.

Zusammen mit der sich peripher unmittelbar daran anschließenden zellfreien *Neurallamelle* bildet das *Perineurium* die *Schutzhülle* der nervösen Zentralorgane (Abb. 6, 7). In den *peripheren Nerven* findet die Umhüllung durch nicht kontinuierliche *Scheidenzellen* statt (PIPA, 1961 SMITH u. TREHERNE, 1963; SMITH, 1968). Reihen solcher strategisch angeordneten Gliaelemente werden schon während der Embryonalentwicklung von Insekten beobachtet, wo sie für das axonale Wachstum richtunggebend zu sein scheinen (BATE, 1976).

Außer seiner Hüllfunktion erfüllt das *Perineurium* offenbar eine Reihe weiterer Aufgaben, die bei den *Insekten* am stärksten ausgeprägt sind. Für seine schon lange vermutete Rolle als Bildner der Neurallamelle (SCHARRER, 1939) spricht u.a. der elektronenmikroskopische Nachweis der Absonderung eines fibrillären Materials an der Zelloberfläche (LANE u. ABBOTT, 1975).

Die Fähigkeit des *Perineuriums* zur Aufnahme, Speicherung, Umwandlung und Weitergabe von Nährstoffen und zum Abtransport von Stoffwechselprodukten spielt für das – im Gegensatz zu dem der dekapoden Crustaceen nicht vascularisierte – Nervensystem der Insekten eine besonders wichtige Rolle (s. SMITH, 1968; LANE, 1974; TREHERNE, 1974). Diese Beteiligung am *Stoffaustausch* drückt sich in der für die Perineuralzellen charakteristischen Fähigkeit der Trypanblau-Speicherung und in ihrem dem der Glia vergleichbaren, vielfach hohen Gehalt an Glykogen (Abb. 7a) und Fett aus (SCHARRER, 1939). Weitere Kennzeichen dieser aktiven, stark verzahnten Zellen sind die ungewöhnlich große Anzahl von Mitochondrien (Abb. 6) und die Anwesenheit von Mikrotubuli, Lysosomen, granulärem und agranulärem endoplasmatischem Reticulum, verschiedenen Vacuolen und Grana sowie von nur gering ausgebildeten Golgi-Elementen (LANDOLT, 1965; v. REHBERG, 1966; SCHÜRMANN u. WECHSLER, 1969; SKAER u. LANE, 1974; LANE u. ABBOTT, 1975).

Außer der Weitergabe von Nährstoffen obliegt dem *Perineurium* auch die Aufrechterhaltung des innerhalb des Nervengewebes erforderlichen und von dem der Hämolymphe verschiedenen *Ionenmilieus* (TREHERNE, 1974; SCHOFIELD u. TREHERNE, 1975). Eine offenbar nur bei den Insekten gut funktionierende *Blut-Hirn-Schranke* kontrolliert hier nicht nur das Eindringen, sondern auch den Verlust gewisser wasserlöslicher Stoffe. Als ausschlaggebender, der intercellulären Diffusion anorganischer Kationen entgegenwirkender Faktor wird die Abdichtung der die Perineuralzellen trennenden Spalten durch *Zonulae occludentes* angesehen. Ein experimenteller Nachweis für die Wirksamkeit dieser Schranke konnte z.B. durch die Abschirmung elektronendichter Tracer-Moleküle (Lanthanumnitrat, Peroxidase) erbracht werden (LANE, 1974).

Ein anderes Bild bieten die Ganglien von *Krebsen*, wo benachbarte *Perineuralzellen* nur lose miteinander verflochten sind und die *Neurallamelle* direkte

Ausläufer ins Innere des Nervengewebes entsendet (Abbott, 1971 b; Lane u. Abbott, 1975). Über die Entwicklung der auch bei Insekten vorkommenden intraganglionären *Stromainseln* (Abb. 7 c) kann nichts Bestimmtes ausgesagt werden. Ihr Gehalt an Hyaluronsäure läßt eine Rolle als *Kationenspeicher* und eine im Bedarfsfall stattfindende Freisetzung von Na^+ als plausibel erscheinen (Treherne u. Moreton, 1970; Lane, 1974).

Außer diesem Depot und der bereits besprochenen passiven Abdichtung muß an der Aufrechterhaltung des für die neuronalen Erregungsphänomene so wichtigen Kationenspiegels vor allem bei *Insekten* auch ein aktiver *intracellulärer Transport* beteiligt sein. Verschiedene Anhaltspunkte, darunter das später zu erwähnende intracelluläre Tubulisystem, sprechen für eine Zufuhr von Na^+ zum periaxonalen Spaltraum der Arthropoden durch Perineuralzellen und genuine Gliazellen (Treherne u. Moreton, 1970; Treherne u. Pichon, 1972; Treherne, 1974).

Auf die Aufrechterhaltung eines dem der Insekten vergleichbaren *dynamischen Äquilibriums* sind die meisten anderen Invertebraten offenbar nicht angewiesen. Nur unter den *Lamellibranchiaten* finden sich gewisse Anzeichen einer derartigen Kontrolle. Es soll hier aber erwähnt werden, daß bei vielen Arthropoden für die gegenseitige *Verankerung* der Gewebsanteile gesorgt ist, wenn auch in verschiedenem Ausmaß. Dafür sprechen das Vorhandensein von *Zonulae occludentes, Nexus* und *Wabendesmosomen* sowohl innerhalb des Gliagewebes als auch zwischen Glia- und Perineuralzellen und die Verfestigung mit dem extracellulären Stroma durch *Hemidesmosomen* (B. Scharrer, 1963; Sohal et al., 1972; Lane, 1974; Skaer u. Lane, 1974).

Was die genuinen, *multipolaren Gliazellen* der *Arthropoden* betrifft, so entsprechen deren strukturelle Gegebenheiten den bereits für andere Tiergruppen besprochenen. Auch hier wird das zentrale Neuropil von den peripheren Ganglienzellen durch eine deutlich erkennbare *Neurogliaschicht* abgegrenzt, und eine weitere derartige Zone ist zwischen die *Ganglienzellkörper* und das *Perineurium* eingeschaltet (Scharrer, 1939; Johansson, 1957; Wigglesworth, 1959, 1960; Pipa, 1961; Skaer u. Lane, 1974; Babu, 1975). Gliafortsätze durchdringen alle Teile des Nervensystems (Abb. 5, 6, 7b, c) und sind zwischen Neuronen und, wo solche vorkommen, Tracheenwandzellen eingelagert. Ferner begleiten *interstitielle Zellen* die in neurohämale Speicherorgane eintretenden neurosekretorischen Fasern (B. Scharrer, 1963; Juberthie-Jupeau u. Juberthie, 1973). *Trophospongien* sind in den Perikaryen und Axonen großer Neurone gut ausgeprägt (Abb. 8) und kommen auch in Sinneszellen vor (Gnatzy, 1976). An Berührungsstellen mit Axonen zeigt das Plasmalemm der Glia oft pinocytotische („coated") Vesikel (Schürmann u. Wechsler, 1969).

Charakteristisch sind mehr oder weniger unregelmäßig geformte Zellkerne (Abb. 5, 6) mit vielfachen Einstülpungen und randständigem verklumptem Chromatin (B. Scharrer, 1963; Hámori u. Horridge, 1966; Sahli u. Petit, 1972; Sohal et al., 1972; Fahrenbach, 1975). Das Cytoplasma ist oft elektronendichter als das der Neurone, was die Identifizierung von Gliafortsätzen im elektronenmikroskopischen Bild erleichtert (Abb. 5–8). Außer zahlreichen freien Ribosomen fällt vor allem der oft hohe Gehalt an *Glykogen* auf (Scharrer, 1939; Wigglesworth, 1960; Landolt, 1965; Oksche, 1968; Abbott, 1971 a).

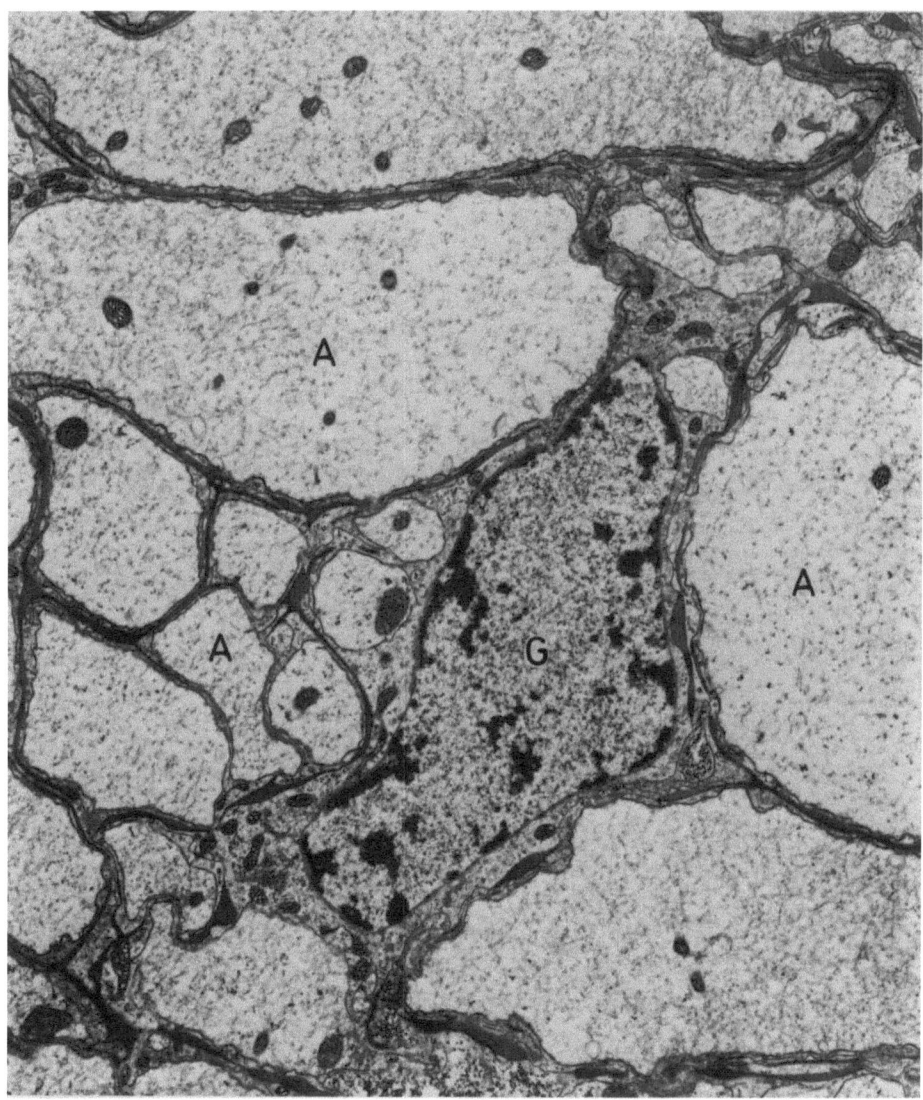

Abb. 5. Multipolare Gliazelle (*G*) im Neuropil eines Ganglions des Insekts *Leucophaea* mit weitreichenden, Axone (*A*) umhüllenden Ausläufern. × 8300

Bei der Schabe *Periplaneta* besteht ein Konzentrationsgefälle, das für einen *Glykogentransport* vom extracerebralen Fettkörper über Neurallamelle und Perineurium zu Gliazellen und schließlich für die Verteilung vermutlicher Abbauprodukte an die Neurone spricht (WIGGLESWORTH, 1960; SMITH u. TREHERNE, 1963; LANDOLT, 1965). Ein weiterer Hinweis für die *trophische Funktion* der Glia im Rahmen der *Nährstoffversorgung* ist ihr Gehalt an *Fettvacuolen*. Mitochondrien sind viel weniger auffällig als in den Perineuralzellen. Ferner kommen

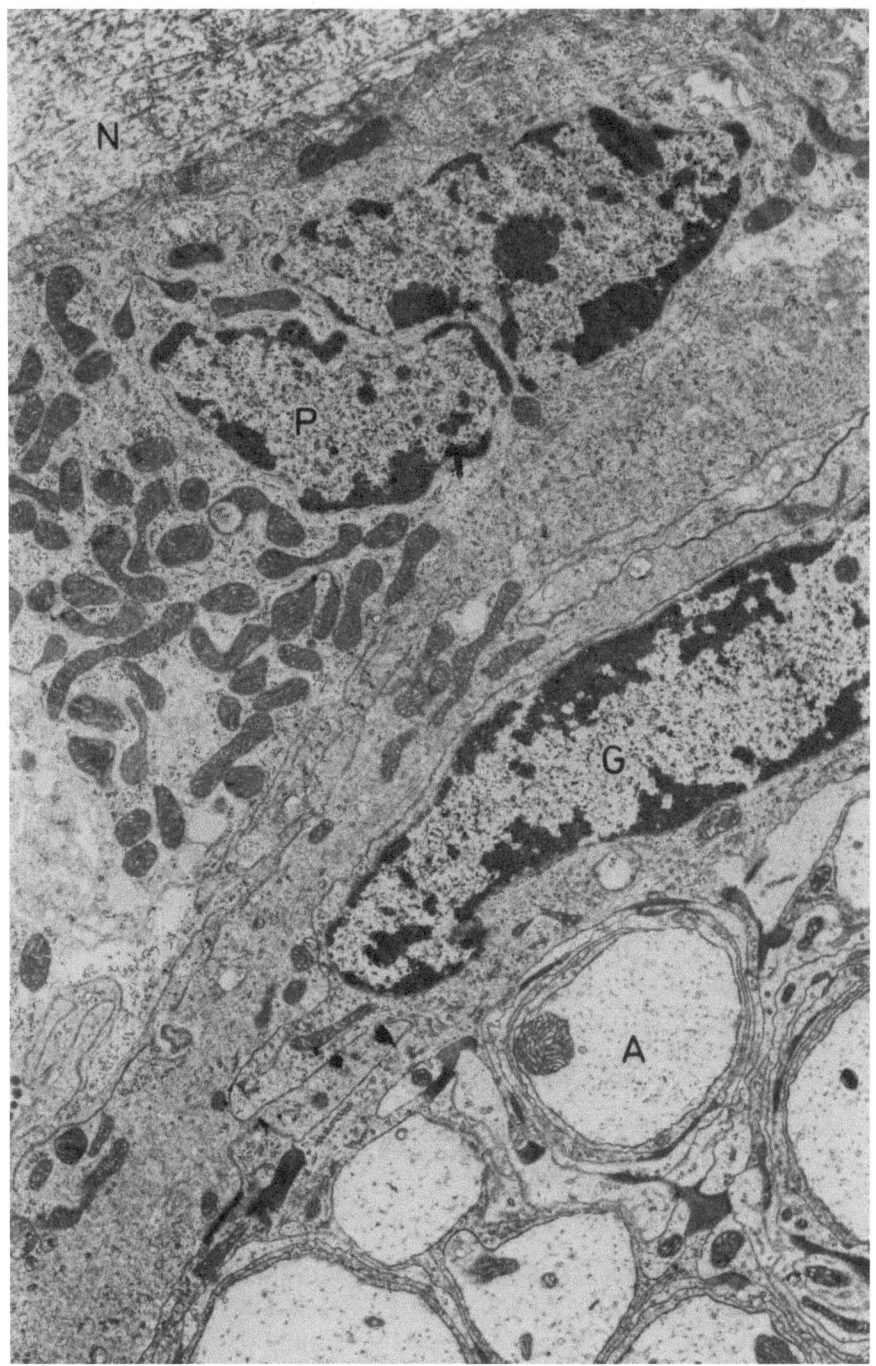

Abb. 6. Oberflächenregion eines Abdominalganglions von *Leucophaea*. *N* Neurallamelle, *P* Perineuralzelle mit zahlreichen Mitochondrien, *G* Kern einer Gliazelle, deren Fortsätze Axone (*A*) umhüllen.
× 10 500

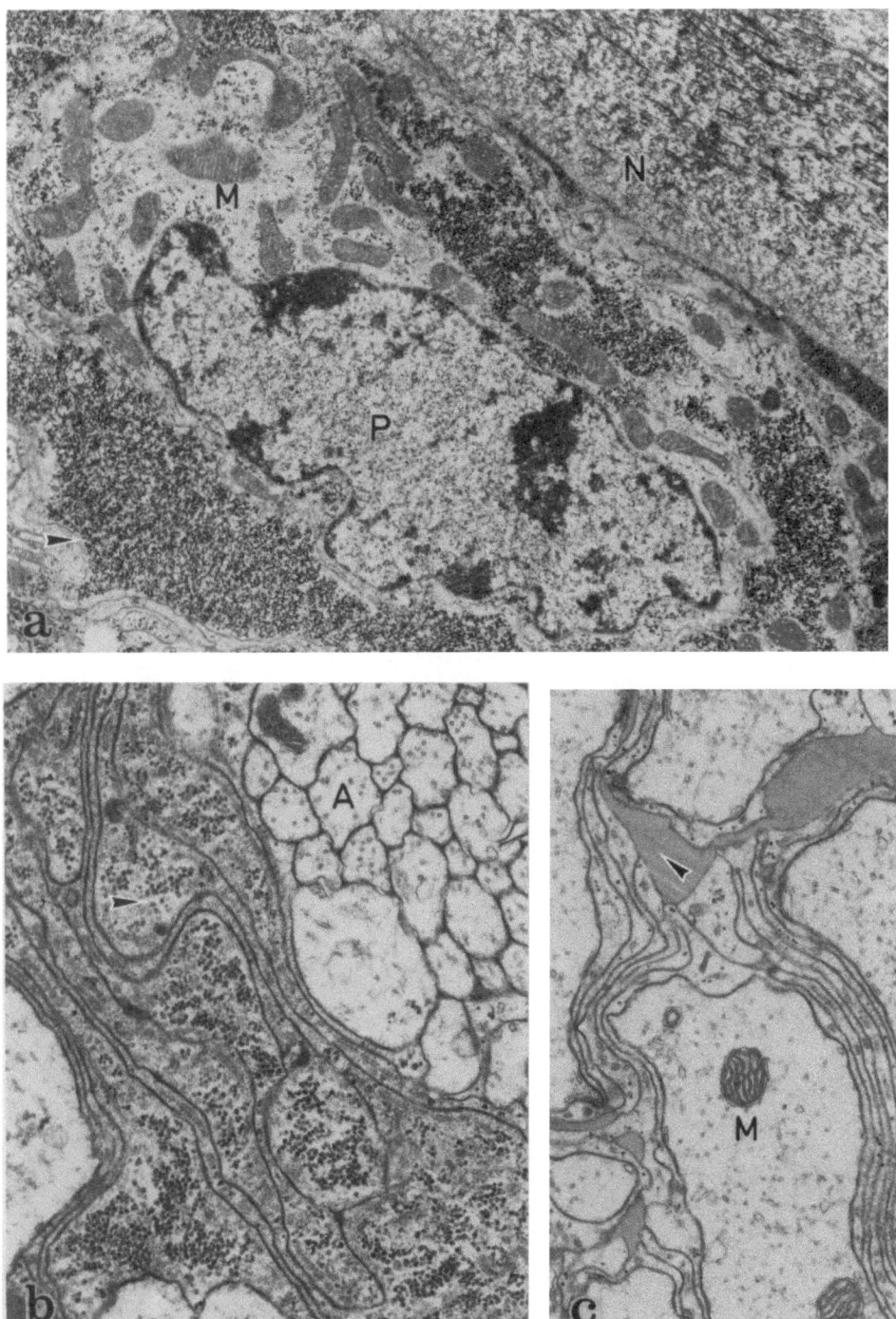

Abb. 7a–c. Abdominalganglion von *Leucophaea*. **a** Perineuralzelle (*P*) mit unregelmäßig konturiertem Kern und reichlichem Glykogengehalt (*Pfeil*) direkt unter der Neurallamelle (*N*). *M* Mitochondrion × 10 500. **b** Gruppe kleiner nackter Axone (*A*) umgeben von Gliafortsätzen mit reichem Glykogengehalt (*Pfeil*). × 21 500. **c** Extracelluläre Stromainseln (*Pfeil*) zwischen Glialamellen. *M* Mitochondrion innerhalb eines Axons. × 21 500

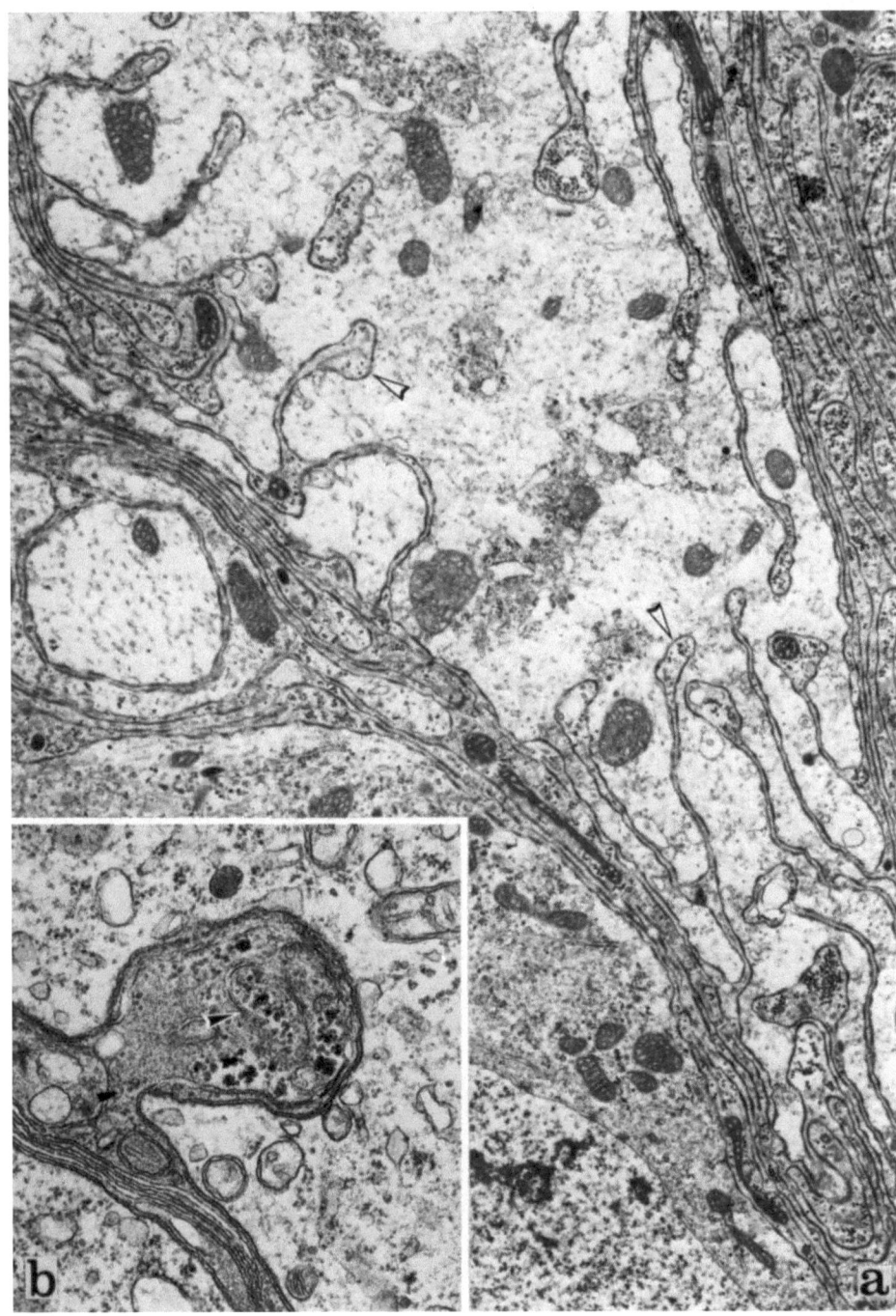

Abb. 8a u. b. In große Neurone eindringende gliöse Fortsätze (Trophospongium). **a** Multiple dünne Glialamellen (*Pfeile*) in einem Neuron von *Leucophaea*. × 13 250. **b** Breite Gliaeinstülpung mit Glykogeneinschlüssen (*Pfeil*) in einer Ganglienzelle der Krabbe *Gecarcinus*. × 25 600

Lysosomen, Mikrotubuli, beide Formen des endoplasmatischen Reticulums und relativ schwach entwickelte Golgi-Elemente vor.

Wie bei den bereits beschriebenen anderen Invertebratengruppen bilden auch bei den Arthropoden *Gliaausläufer* lamelläre, mehr oder weniger myelinähnliche *Hüllen* (Abb. 7b, c, 8) um große Axone, Gruppen kleiner Axone und Perikaryen (WIGGLESWORTH, 1959; E. SCHARRER, 1964; HÁMORI u. HORRIDGE, 1966; SOHAL et al., 1972; FAHRENBACH, 1975). *Echte Markscheiden* mit Ranvierschen Schnürringen und Schmidt-Lantermanschen Einkerbungen sind bisher nur im Zentralnervensystem von Krebsen (*Cancer*) gefunden worden (MCALEAR et al., 1958).

Innerhalb dünner adaxonaler *Gliafolien* läßt sich, ebenfalls bei Krebsen, ein dreidimensionales Flechtwerk von Tubuli erkennen, dessen Aussehen vor allem in Gefrierätzpräparaten auf eine Rolle in der Steuerung des raschen *transglialen Transportes* von Elektrolyten und Nährstoffen zum Axon hindeutet (LANE u. ABBOTT, 1975; SHIVERS u. BRIGHTMAN, 1975; SHIVERS, 1976). Ferner sind vielfach zwischen die konzentrischen Glialamellen enge, stellenweise erweiterte Lacunen eingeschaltet (HÁMORI u. HORRIDGE, 1966; SCHÜRMANN u. WECHSLER, 1969; MAYNARD, 1971), ein Teil des interstitiellen, stromaerfüllten Systems (SMITH u. TREHERNE, 1963; v. REHBERG, 1966; LANE, 1974; SKAER u. LANE, 1974), das vermutlich nicht nur der bereits erwähnten Kationenspeicherung, sondern auch dem intraganglionären Stofftransport dient (Abb. 7c).

Für das Konzept, daß die Neuroglia, vielleicht in Zusammenarbeit mit dem Stroma, bei den Insekten auch die *Vermittlung der Atemgase* übernimmt, spricht das Vorhandensein von *Endapparaten*, bestehend aus einem Mantel kompliziert verschlungener *Gliafortsätze*, die intraganglionäre *Tracheolen* vollständig von den umliegenden Neuronen isolieren (LANDOLT, 1965).

Schließlich soll auch noch erwähnt werden, daß in transplantierten Axonsegmenten von *Krebsen* deren Aufrechterhaltung und schließlicher Abbau durch eine *phagocytierende Tätigkeit* von Gliazellen nachgewiesen wurde (BITTNER u. MANN, 1976).

Ein Hauptergebnis dieser vergleichenden *Übersicht* ist die Feststellung, daß bei allen Metazoen mit zentralisiertem Nervensystem die *Neuroglia* einen wesentlichen Bestandteil dieses Organs ausmacht. Besonders zu betonen sind die im gesamten Tierreich von den Würmern bis zum *Menschen* bestehenden weitgehenden Parallelen nicht nur im *Bau*, sondern offenbar auch in den *funktionellen Aufgaben* der Glia. Gewisse auf einzelne Tiergruppen beschränkte Besonderheiten sind durch mehr oder weniger spezielle Anforderungen an die Tätigkeit der Glia zu erklären. Ein Beispiel dafür ist die nicht bei allen Invertebraten vorkommende Beteiligung des epithelialen Perineuriums an den diversen Leistungen der genuinen, d.h. multipolaren Glia.

Wenngleich das Spektrum dieser Funktionen noch nicht vollkommen geklärt ist, so lassen sich doch – auf der Basis des Analogiebegriffes – gewisse allgemeinere *Schlußfolgerungen* ziehen. Eine der Hauptaufgaben der Glia scheint auch bei den Wirbellosen *mechanischer* Art zu sein, wobei die *Stützfunktion* hauptsächlich den fibrillären und die *Hüllfunktion* den protoplasmatischen (und perineuralen) Elementen zukommt. Diese Rolle unterliegt vor allem im Fall des sehr straffen intraganglionären Stützgewebes der Anneliden keinem Zweifel. Obwohl echte Markscheiden bei Wirbellosen eine Ausnahme darstellen, so macht doch

172 B. Scharrer u. M. Weitzman: Die Glia der wirbellosen Tiere

die weit verbreitete Abschirmung der Axone durch multiple *Glialamellen* eine *isolierende Leistung* sehr wahrscheinlich. Ferner bestehen gewisse topographische Anhaltspunkte in der *Embryonalentwicklung* von Insekten für eine *richtungge-bende Funktion* von *Scheidenzellen* während des axonalen Wachstums.

Die *trophischen Leistungen* der *Neuroglia* finden vermutlich ihren Ausdruck in den räumlichen Beziehungen zum *Blutgefäßsystem* (s. z.B. Young, 1976), in der weiten Verbreitung von *Trophospongien* und in der erhöhten Gliatätigkeit in Gegenwart transplantierter Axone. In den avasculären Ganglien der Insekten hat die Rolle der Glia als *intracelluläre Transportroute* für den Stoff- und Gasaustausch erhöhte Bedeutung. Weitere Sonderleistungen sind die Aufrechterhaltung des *extraneuralen Ionenmilieus* und die Bildung des *extracellulären Stromas*.

Für die Möglichkeit einer Teilnahme von Gliaelementen an der *elektrophysio-logischen Aktivität* der Nervenzellen gibt es bei Wirbellosen bisher kaum Anhaltspunkte (s. Villegas u. Villegas, 1976). Auch über die Neigung der Glia zu *pathologischen Neubildungen* ist bei dieser Tiergruppe äußerst wenig bekannt. Von Interesse ist immerhin die Beschreibung eines kleinzelligen, vielleicht gliösen Hirntumors bei einer *Ameise* (Brun, 1925).

Es ist zu hoffen, daß die hier zusammengefaßten, an *Invertebraten* erhobenen Befunde das Verständnis für *Bau* und *Funktion* der *Neuroglia* bereichern und zu weiteren vergleichenden Studien Anregung geben.

Literaturverzeichnis

Abbott, N.J.: The organization of the cerebral ganglion in the shore crab, *Carcinus maenas*. I. Morphology. Z. Zellforsch. **120**, 386–400 (1971 a)
Abbott, N.J.: The organization of the cerebral ganglion in the shore crab, *Carcinus maenas*. II. The relation of intracerebral blood vessels to other brain elements. Z. Zellforsch. **120**, 401–419 (1971 b)
Amoroso, E.C., Baxter, M.I., Chiquoine, A.D., Nisbet, R.H.: The fine structure of neurons and other elements in the nervous system of the giant African land snail *Archachatina marginata*. Proc. R. Soc. Lond. (Biol.) **160**, 167–180 (1964)
Apáthy, S.: Das leitende Element des Nervensystems und seine topographischen Beziehungen zu den Zellen. Mitt. Zool. Station Neapel **12**, 495–748 (1897)
Babu, K.S.: Post embryonic development of the central nervous system of the spider *Argiope aurantia* (Lucas). J. Morphol. **146**, 325–342 (1975)
Baccetti, B., Lazzeroni, G.: The envelopes of the nervous system of pseudoscorpions and scorpions. Tissue Cell **1**, 417–424 (1969)
Bargmann, W., Harnack, M.v., Jakob, K.: Über den Feinbau des Nervensystems des Seesternes (*Asterias rubens* L.). Z. Zellforsch. **56**, 573–594 (1962)
Baskin, D.G.: The fine structure of neuroglia in the central nervous system of nereid polychaetes. Z. Zellforsch. **119**, 295–308 (1971 a)
Baskin, D.G.: Fine structure, functional organization and supportive role of neuroglia in *Nereis*. Tissue Cell **3**, 579–588 (1971 b)
Bate, C.M.: Pioneer neurones in an insect embryo. Nature **260**, 54–56 (1976)
Bittner, G.D., Mann, D.W.: Differential survival of isolated portions of crayfish axons. Cell Tissue Res. **169**, 301–311 (1976)
Bocharova, L.S., Sveshnikov, V.A.: Morphology of the cephalic ganglion in *Polycelis nigra* (Turbellaria). Biol. Abstr. **60**, (1975)
Brun, R.: Ein Fall von Hirntumor bei der Ameise. Schweiz. Arch. Neurol. Neurochir. Psychiatr. **16**, 96–99 (1925)

BULLOCK, T.H., HORRIDGE, G.A.: Structure and function in the nervous systems of invertebrates. Vol. I, II. San Francisco, London: Freeman 1965

CAJAL, S. RAMÓN Y: Contribución al conocimiento de la retina y centros ópticos de los cefalópodos. Trab. Lab. Invest. Biol. Madrid **15**, 1–82 (1917)

CAJAL, S. RAMÓN Y, SÁNCHEZ, D.: Contribución al conocimiento de los centros nerviosos de los insectos. Trab. Lab. Invest. Biol. Madrid **13**, 1–16 (1915)

COGGESHALL, R.E.: A fine structural analysis of the ventral nerve cord and associated sheath of *Lumbricus terrestris* L. J. Comp. Neurol. **125**, 393–438 (1965)

COGGESHALL, R.E.: A light and electron microscope study of the abdominal ganglion of *Aplysia californica*. J. Neurophysiol. **30**, 1263–1287 (1967)

COGGESHALL, R.E., FAWCETT, D.W.: The fine structure of the central nervous system of the leech, *Hirudo medicinalis*. J. Neurophysiol. **27**, 229–289 (1964)

DEHORNE, A.: Sur le neuroplasme des fibres géantes des polychètes. C.R. Soc. Biol. (Paris) **119**, 1253–1256 (1935a)

DEHORNE, A.: Sur le trophosponge des cellules nerveuses géantes de *Lanice conchylega*, Pallas. C.R. Soc. Biol. (Paris) **120**, 1188–1190 (1935b)

DEHORNE, A.: Analyse de quelques aspects des cellules nerveuses de *Nephthys* et de *Nereis*. C.R. Soc. Biol. (Paris) **121**, 757–760 (1936a)

DEHORNE, A.: Remarques sur quelques aspects cytologiques des éléments nerveux de *Nereis diversicolor*. C.R. Soc. Biol. (Paris) **123**, 795–798 (1936b)

DYER, R.F., COWDEN, R.R.: Electron microscopy of the esophageal ganglion complex of the gastropode pulmonate *Triodopsis divesta*. 1. Ultrastructure of the perineurium. J. Morphol. **139**, 125–154 (1973)

FAHRENBACH, W.H.: The visual system of the horseshoe crab *Limulus polyphemus*. Int. Rev. Cytol. **41**, 285–349 (1975)

FAWCETT, D.W.: The cell. An atlas of fine structure. Philadelphia, London: Saunders 1966

FERNÁNDEZ, J., FERNÁNDEZ, M.S.: Nervous system of the snail *Helix aspersa*. III. Electron microscopic study of neurosecretory nerves and endings in the ganglionic sheath. Z. Zellforsch. **135**, 473–482 (1972)

GNATZY, W.: The ultrastructure of the thread-hairs on the cerci of the cockroach *Periplaneta americana* L.: the intermoult phase. J. Ultrastruct. Res. **54**, 124–134 (1976)

GRAY, E.G.: Electron microscopy of the glio-vascular organization of the brain of *Octopus*. Philos. Trans. R. Soc. Lond. (Biol.) **255**, 13–32 (1969)

GRAY, E.G., GUILLERY, R.W.: An electron microscopical study of the ventral nerve cord of the leech. Z. Zellforsch. **60**, 826–849 (1963)

GÜNTHER, J.: Neuronal syncytia in the giant fibres of earthworms. J. Neurocytol. **4**, 55–62 (1975)

GUPTA, B.L., MELLON, D., TREHERNE, J.E.: The organization of the central nervous connectives in *Anodonta cygnea* (Linnaeus) (Mollusca: Eulamellibranchia). Tissue Cell **1**, 1–30 (1969)

HÁMA, K.: Some observations on the fine structure of the giant nerve fibers of the earthworm, *Eisenia foetida*. J. biophys. biochem. Cytol. **6**, 61–66 (1959)

HÁMORI, J., HORRIDGE, G.A.: The lobster optic lamina. IV. Glial cells. J. Cell Sci. **1**, 275–280 (1966)

HARKIN, J.C.: A series of desmosomal attachments in the Schwann sheath of myelinated mammalian nerves. Z. Zellforsch. **64**, 189–195 (1965)

HARREVELD, A.VAN, KHATTAB, F.I., STEINER, J.: Extracellular space in the central nervous system of the leech, *Mooreobdella fervida*. J. Neurobiol. **1**, 23–40 (1969)

HAVET, J.: Contribution à l'étude de la névroglie des invertébrés. Trab. Lab. Invest. Biol. Madrid **14**, 35–85 (1916)

HEUSER, J.E., DOGGENWEILER, C.F.: The fine structural organization of nerve fibres, sheaths, and glial cells in the prawn, *Palaemonetes vulgaris*. J. Cell Biol. **30**, 381–403 (1966)

HOLMGREN, E.: Zur Kenntnis der Spinalganglienzellen von *Lophius piscatorius* L. Anat. Hefte **12**, 71 (1899)

HORRIDGE, G.A., CHAPMAN, D.M., MACKAY, B.: Naked axons and symmetrical synapses in an elementary nervous system. Nature **193**, 899–900 (1962)

HORTEGA, P. DEL RÍO: Estructura fibrilar del protoplasma neuróglico y origen de las gliofibrillas. Trab. Lab. Invest. Biol. Madrid **14**, 269–307 (1916)

JOHANNSSON, A.S.: The nervous system of the milkweed bug *Oncopeltus fasciatus* (Dallas) (Heteroptera, Lygaeidae). Trans. Am. Entomol. Soc. **83**, 119–183 (1957)

Juberthie-Jupeau, L., Juberthie, C.: Etude ultrastructurale de l'organe neurohémal céphalique chez un symphyle *Scutigerella silvatica* (Myriapode). C.R. Acad. Sci. (D) (Paris) **276**, 1577–1580 (1973)

Kuffler, S.W., Nicholls, J.G.: The physiology of neuroglial cells. Rev. Physiol. Biochem. Pharmacol. **57**, 1–90 (1966)

Kuffler, S.W., Potter, D.D.: Glia in the leech central nervous system: physiological properties and neuron-glia relationship. J. Neurophysiol. **27**, 290–320 (1964)

Landolt, A.M.: Elektronenmikroskopische Untersuchungen an der Perikaryenschicht der Corpora pedunculata der Waldameise (*Formica lugubris* Zett.). Mit besonderer Berücksichtigung der Neuron-Glia-Beziehung. Z. Zellforsch. **66**, 701–736 (1965)

Lane, N.J.: The organization of insect nervous systems. In: Insect neurobiology. Treherne, J.E. (ed.), pp. 1–71. Amsterdam, Oxford: North-Holland 1974

Lane, N.J., Abbott, N.J.: The organization of the nervous system in the crayfish *Procambarus clarkii*, with emphasis on the blood-brain interface. Cell Tissue Res. **156**, 173–187 (1975)

Lentz, T.L.: Primitive nervous systems. New Haven, Conn.: Yale Univ. Press 1968

Levi, J.U., Cowden, R.R., Collins, G.H.: The microscopic anatomy and ultrastructure of the nervous system in the earthworm (*Lumbricus* sp.) with emphasis on the relationship between glial cells and neurons. J. Comp. Neurol. **127**, 489–510 (1966)

Maynard, E.A.: Electron microscopy of stomatogastric ganglion in the lobster *Homarus americanus*. Tissue Cell **3**, 137–160 (1971)

McAlear, J.H., Milburn, N.S., Chapman, G.B.: The fine structure of Schwann cells, nodes of Ranvier and Schmidt-Lanterman incisures in the central nervous system of the crab, *Cancer irroratus*. J. Ultrastruct. Res. **2**, 171–176 (1958)

Morita, M., Best, J.B.: Electron microscopic studies of planaria. III. Some observations on the fine structure of planarian nervous tissue. J. Exp. Zool. **161**, 391–412 (1966)

Nakajima, Y.: Electron microscope observations on the nerve fibers of *Cristaria plicata*. Z. Zellforsch. **54**, 262–274 (1961)

Nicaise, G.: The gliointerstitial system of molluscs. Int. Rev. Cytol. **34**, 251–332 (1973)

Oksche, A.: Die pränatale und vergleichende Entwicklungsgeschichte der Neuroglia. Acta Neuropathol. (Berl.) Suppl. IV, 4–19 (1968)

Pentreath, V.W., Cottrell, G.A.: The blood supply to the central nervous system of *Helix pomatia*. Z. Zellforsch. **111**, 160–178 (1970)

Pipa, R.L.: Studies on the hexapod nervous system. III. Histology and histochemistry of cockroach neuroglia. J. Comp. Neurol. **116**, 15–26 (1961)

Rehberg, S.v.: Über den Feinbau der Abdominalganglien von *Leucophaea maderae* mit besonderer Berücksichtigung der Transportwege und der Organellen des Stoffwechsels. Z. Zellforsch. **72**, 370–389 (1966)

Reinecke, M.: Die Gliazellen der Cerebralganglien von *Helix pomatia* L. (Gastropoda: Pulmonata). I. Ultrastruktur und Organisation. Zoomorphologie **82**, 105–136 (1975)

Reinecke, M.: The glial cells of the cerebral ganglia of *Helix pomatia* L. (Gastropoda, Pulmonata). II. Uptake of ferritin and ^{3}H-glutamate. Cell Tissue Res. **169**, 361–382 (1976)

Rhode, K.: Nerve sheath in *Multicotyle purvisi* Dawes. Naturwissenschaften **57**, 502–503 (1970)

Rosenbluth, J.: The visceral ganglion of *Aplysia californica*. Z. Zellforsch. **60**, 213–236 (1963)

Rosenbluth, J., Palay, S.L.: The fine structure of nerve cell bodies and their myelin sheaths in the eighth nerve ganglion of the goldfish. J. biophys. biochem. Cytol. **9**, 853–877 (1961)

Sahli, F., Petit, J.: Observations sur l'ultrastructure des organes de Gabe des Polydesmidae et des Iulidae (Diplopoda). C.R. Acad. Sci. (D) (Paris) **275**, 2017–2020 (1972)

Scharrer, B.C.J.: The differentiation between neuroglia and connective tissue sheath in the cockroach (*Periplaneta americana*). J. Comp. Neurol. **70**, 77–88 (1939)

Scharrer, B.: Neurosecretion. XIII. The ultrastructure of the corpus cardiacum of the insect *Leucophaea maderae*. Z. Zellforsch. **60**, 761–796 (1963)

Scharrer, E.: Cells with microvillous borders in the cerebral ganglion of *Leptodora kindtii* Focke (Crustacea). Z. Zellforsch. **64**, 327–337 (1964)

Schofield, P.K., Treherne, J.E.: Sodium transport and lithium movements across the insect blood-brain barrier. Nature **255**, 723–725 (1975)

Schürmann, F.W. Wechsler, W.: Elektronenmikroskopische Untersuchung am Antennallobus des Deutocerebrum der Wanderheuschrecke *Locusta migratoria*. Z. Zellforsch. **95**, 223–248 (1969)

SHIVERS, R.R.: Trans-glial channel-facilitated translocation of tracer protein across ventral nerve root sheaths of crayfish. Brain Res. **108**, 47–58 (1976)

SHIVERS, R.R., BRIGHTMAN, M.W.: Trans-glial channels of crayfish nerve root sheaths in freeze-fracture. Anat. Rec. **181**, 479 (1975)

SKAER, H. LE B., LANE, N.J.: Junctional complexes, perineurial and glia-axonal relationships and the ensheathing structures of the insect nervous system; a comparative study using conventional and freeze-cleaving techniques. Tissue Cell **6**, 695–718 (1974)

SMITH, D.S.: Insect cells. Their structure and function. Edinburgh: Oliver & Boyd 1968

SMITH, D.S., TREHERNE, J.E.: Functional aspects of the organization of the insect nervous system. In: Advances in insect physiology. BEAMENT, J.W.L., TREHERNE, J.E., WIGGLESWORTH, V.B. (eds.), Vol. I, pp. 401–484. London, New York: Academic Press 1963

SOHAL, R.S., SHARMA, S.P., COUCH, E.F.: Fine structure of the neural sheath, glia and neurons in the brain of the housefly, *Musca domestica*. Z. Zellforsch. **135**, 449–459 (1972)

STEOPOE, I.: Observations cytologiques sur les cellules nerveuses de *Leptoplana tremellaris* et *Prosthiostomum siphunculus*. C. R. Soc. Biol. (Paris) **115**, 1315–1317 (1934)

STEPHENS, P.R., YOUNG, J.Z.: The glio-vascular system of cephalopods. Philos. Trans. R. Soc. Lond. (Biol.) **255**, 1–12 (1969)

TEICHMANN, I., GOSLAR, H.G.: Enzymhistochemische Studien am Nervensystem I. Das Verhalten einiger Oxydoreduktasen im Cerebralganglion des Regenwurmes (*Eisenia foetida*) unter besonderer Berücksichtigung des neurosekretorischen Systems. Histochemie **12**, 326–340 (1968)

TREHERNE, J.E.: The environment and function of insect nerve cells. In: Insect neurobiology. TREHERNE, J.E. (ed.), pp. 187–244. Amsterdam, Oxford: North-Holland 1974

TREHERNE, J.E., CARLSON, A.D., GUPTA, B.L.: Extra-neuronal sodium store in central nervous system of *Anodonta cygnea*. Nature **223**, 377–380 (1969)

TREHERNE, J.E., MORETON, R.B.: The environment and function of invertebrate nerve cells. Int. Rev. Cytol. **28**, 45–88 (1970)

TREHERNE, J.E., PICHON, Y.: The insect blood-brain barrier. In: Advances in insect physiology. TREHERNE, J.E., BERRIDGE, M.J., WIGGLESWORTH, V.B. (eds.), Vol. IX, pp. 257–313. London, New York: Academic Press 1972

VIGNAL, W.: Recherches histologiques sur les centres nerveuses de quelques invertébrés. Arch. Zool. exp. gén. (2e Série) **1**, 267–412 (1883)

VILLEGAS, G.M., VILLEGAS, J.: Structural complexes in the squid giant axon membrane sensitive to ionic concentrations and cardiac glycosides. J. Cell Biol. **69**, 19–28 (1976)

WENDELAAR BONGA, S.E.: Ultrastructure and histochemistry of neurosecretory cells and neurohaemal areas in the pond snail *Lymnaea stagnalis* (L.). Z. Zellforsch. **108**, 190–224 (1970)

WIGGLESWORTH, V.B.: The histology of the nervous system of an insect, *Rhodnius prolixus* (Hemiptera). II. The central ganglia. Q. J. Microsc. Sci. **100**, 299–313 (1959)

WIGGLESWORTH, V.B.: The nutrition of the central nervous system in the cockroach *Periplaneta americana* L. The role of perineurium and glial cells in the mobilization of reserves. J. Exp. Biol. **37**, 500–512 (1960)

WOLFE, D.E., NICHOLLS, J.G.: Uptake of radioactive glucose and its conversion to glycogen by neurons and glial cells in the leech central nervous system. J. Neurophysiol. **30**, 1593–1609 (1967)

YOUNG, J.Z.: The nervous system of *Loligo*. II. Suboesophageal centres. Philos. Trans. R. Soc. Lond. (Biol.) **274**, 101–167 (1976)

ZIMMERMANN, P.: Struktur, Verteilung und Funktion der Kontaktzonen im Bauchmark von *Lumbricus terrestris* L. Licht- und elektronenmikroskopische Studien. Z. Zellforsch. **87**, 137–158 (1968)

C. Ependym und Circumventriculäre Organe[1]

Von H. Leonhardt, Kiel

1. Einleitung

Der *Begriff* „Ependym" im ursprünglichen Wortsinn, τὸ ἐπένδυμα, bezeichnet die gewebliche Auskleidung der Hirnventrikel. Valentin führte den Ausdruck in die von ihm umgearbeitete *Hirn- und Nervenlehre* von Soemmerring (1841) ein. Der Ausdruck war, wie die Jahresdaten erweisen, ohne Bezug zum Zellbegriff entstanden und hatte die – wie im einzelnen auch immer beschaffene – ventrikelauskleidende Gewebsdecke zum Inhalt. Später wurde der Ausdruck konkretisiert und zur Kennzeichnung einer die Ventrikeloberfläche bedeckenden Zellschicht, der „Ependymzellen", verwandt (vgl. Biondi, 1956; Adam, 1961). Die Ergebnisse aus den Untersuchungen der letzten zwei Jahrzehnte zeigen indessen, daß an der Auskleidung der Hirnventrikel höherer Vertebraten mehrere Arten von „Ependymzellen", aber auch neuronale Gewebselemente teilhaben und daß diesen verschiedenartigen Elementen subependymale Zellen und ein subependymales Capillarnetz mit eigenartigen Basallaminabildungen zugeordnet sind. Hierdurch gewinnt die Ventrikeloberfläche einen organartigen Aufbau; alle diese Bausteine stehen nicht nur in enger räumlicher, sondern – wie durch zahlreiche Untersuchungen teils erwiesen, teils wahrscheinlich gemacht – auch in enger funktioneller Beziehung zueinander. Diese Erkenntnis rechtfertigt es, unter Ependym wieder, im ursprünglichen Wortsinn, die ventrikelauskleidende Gewebsdecke insgesamt zu verstehen (vgl. Fleischhauer, 1972), ja von einem „Ependymorgan" zu sprechen.

Die neuere *Geschichte* der Ependymforschung beginnt mit der aufsehenerregenden Entdeckung der Flimmerbewegung auf der Oberfläche der Hirnventrikel zahlreicher Vertebraten verschiedener Klassen durch Purkinje (1836) und Valentin (1837).

„Endlich ist es mir gelungen, die Wimperhaare und ihre Bewegungen auch in den gesammten Hirnhöhlen der Säugetiere zu entdecken. Nachdem ich schon im vorjährigen Sommer …, jedoch vergebens, Untersuchungen angestellt, gelang es mir endlich (den 28. Mai) die Flimmerbewegungen an einem sehr wohl bewollten, ziemlich reifen Schaffötus und zwar den andern Tag nach dem Schlachten, etwa nach 30 Stunden, am Rande der Fimbria des gerollten Wulstes in der schönsten Aktivität zu entdecken. Nun waren sie auch ganz klar an allen Wandungen der Hirnhöhlen zu sehen, und wo die Härchen nicht flimmerten, waren sie wenigstens ganz deutlich zu unterscheiden. Ich verfolgte die Bewegungen ohne alle Schwierigkeit durch die dritte Hirnhöhle bis in den Trichter, ferner in die Riechkolben, sodann durch den Aquaeductus Sylvii in die vierte Hirnhöhle" (Purkinje, 1836).

Die Entdeckung „… hatte bald unter den Naturforschern … die regste Theilnahme gefunden …" (Valentin, 1837). Es folgten in der 2. Hälfte des 19. Jahr-

---

1 Literatur bis 1979

hunderts mehrere Veröffentlichungen, in denen das Ependym mitbeachtet wurde oder gar im Mittelpunkt des Interesses stand (Lit. s. Studnička, 1900a). Fortschritte in der Erkenntnis werden mit neuen histologischen Methoden (Ramón y Cajal, 1890; Golgi, 1894 u.a.) gewonnen. Umfängliche Untersuchungen am Ependym führte Retzius (1893) durch. Ziehen (1899) faßte schließlich die bisherigen Kenntnisse in einem Handbuchartikel zusammen. Diese wurden unmittelbar danach durch eine Publikation von Studnička (1900a) wesentlich erweitert. In den bahnbrechenden Untersuchungen an Vertretern aller Vertebratenklassen werden besonders die regionalen Unterschiede und speziellen Modifikationen der „Ependymbekleidung der massiven, nervösen Partien der Zentralorgane", der „ependymatösen Membranen", beschrieben. Studnička zeigte organartige Bildungen des Ependyms auf, die stellenweise Sekretionserscheinungen erkennen lassen („Infundibulardrüse", Parietalorgane); in die Untersuchung wurden auch die „Intercellularlücken und Subependymalräume" sowie die „Blutgefäße im Ependym" eingeschlossen. Früh wurden auch an umschriebenen Stellen der Ventrikelwände spezielle Ependymorgane bekannt, die späteren *Circumventriculären Organe* – bei Mammaliern Plexus choroidei (S. 414), Neurohypophyse, Organum vasculosum laminae terminalis, Subfornicalorgan, Epiphyse, Subcommissuralorgan und Area postrema (s. S. 362ff.). Eine frühe umfassende Untersuchung des *menschlichen* Ependyms stammt von Opalski (1934). Weitere Einzelheiten zur Entdeckung der kinocilientragenden Ependymzellen s. Stoklasa (1930).

Bei *Submammaliern* sind häufig noch weitere circumventriculäre Organe ausgebildet – Paraphyse, Saccus vasculosus, Organum vasculosum hypothalami (Paraventricularorgan); auch am Aufbau der Neurophysis spinalis caudalis (Urophyse) der Fische hat das Ependym Anteil.

In der *Ontogenese* differenziert sich das Ependym bei allen Vertebratenklassen von den Knorpelfischen bis zu den Mammaliern aus der neuroektodermalen „Matrix", aus der auch Nerven- und Gliazellen hervorgehen. Die Ependymzellen werden als nicht neurale Derivate des Neuralrohres der Neuroglia zugerechnet.

In der *Phylogenese* erscheint das Ependym nach Olsson (1969) als eigenständige Bildung. Olsson vertritt aufgrund von Untersuchungen an Ascidien und Thaliaceen die Auffassung, daß das Neuralrohr phylogenetisch aus zwei voneinander unabhängigen Komponenten, einer Ependymkomponente und einer Nervenkomponente, entsteht. Die Ependymkomponente ist ein Ependymrohr mit sekretorischen Eigenschaften, sie bildet früh den Reissnerschen Faden. Die Nervenkomponente, ein oder zwei Nervenstränge, legt sich dem Ependymrohr an. Im Laufe der Evolution wird dann die Ependymkomponente schrittweise reduziert und in die Nervenkomponente integriert. Die epithelialen Zellen, die zunächst das Ependymrohr zusammensetzen, werden beim Akranier *Branchiostoma lanceolatum* zu verzweigten Ependymzellen, bei den Cyclostomata *Myxine* und *Petromyzon* sind bereits Ependymzellen und Astrocyten unterscheidbar (Retzius, 1893).

Die *vergleichende Betrachtung* des Ependyms im Formenkreis der Neuroglia (Ontogenese und Phylogenese) hat sich für das Verständnis der Funktion, der Speciesunterschiede und der lokal unterschiedlichen Ausbildung von Ependymzellen als besonders hilfreich erwiesen (zur pränatalen und vergleichenden Entwicklungsgeschichte der Neuroglia s. Oksche, 1968a). Es zeigte sich dabei, daß die „Phylogenese der Ependymzellen" weitgehend Ausdruck einer „Phylogenese der Hirnwanddicke" ist; auch eine lokal und artspezifisch unterschiedliche „Aufgabenverteilung" zwischen Ependymzellen und Gliazellen hängt weitgehend mit Unterschieden der Hirnwanddicke zusammen (vgl. A. 3.1., S. 113ff.).

1.1. Entwicklung des Ependyms aus der Matrix

Die ektodermalen Anteile des Ependyms, hauptsächlich Ependymzellen, entwickeln sich wie die Nerven- und Gliazellen des Zentralorgans aus den das prospektive Ventrikelsystem begrenzenden, undifferenzierten „neuroektodermalen Matrixzellen" (FUJITA, 1963a; WECHSLER, 1966a, b, Lit.), aus der „Matrixschicht" (KAHLE, 1951, 1969, Lit.), der „ventriculären Keimschicht" oder „Ventricularzone" (Boulder Committee, 1970) der frühembryonalen Anlage des Zentralnervensystems.

1.1.1. Entwicklungsphasen und Matrixzonen

KAHLE (1951, 1969) kam bei Untersuchungen an menschlichen Keimen zu folgender Einteilung in *Entwicklungsphasen*: Aus der ventriculären Keimschicht, der *Matrixschicht*, wandern Neuroblasten und Glioblasten (Spongioblasten) unter Verbreiterung der Matrix in 3 strukturmäßig definierten embryonalen *Migrationsphasen* aus. An die Matrix schließt sich ein breiteres „Keimlager" an, in dem keine Zellproliferation mehr stattfindet. Das „Keimlager" ist ein Reservoir dicht liegender, undifferenzierter Zellen, die allmählich in die Peripherie abwandern (vgl. auch HIS, 1904). In den folgenden Schritten wird die Matrix allmählich in Ependym umgewandelt, während das „Keimlager" in der Differenzierungszone aufgeht (KAHLE, 1969). Mit dem Höhepunkt der Zellproliferation in der 3. Migrationsphase beginnt bereits der Aufbruch der Matrixzone, der gleichfalls in 3 Phasen, *Exhaustionsphasen*, eingeteilt werden kann. Die erste Differenzierung der Matrix (1. Stadium der Exhaustion) beginnt beim 7 mm langen Keim im Rückenmark. Es schließen sich bis zum 20-mm-Stadium der Hirnstamm, das Mittelhirn und schließlich das Endhirn an (KAHLE, 1951, 1956, 1969). YOKOH (1968) bestätigte diese Befunde hinsichtlich der Zeit, fand aber die erste Matrixdifferenzierung im Rautenhirn (Bereich der Kerngebiete des N. vestibulocochlearis und N. facialis) und stellte größere örtliche Unterschiede in der Differenzierung fest. Vergleiche auch die grundlegende Untersuchung von SAUER (1935), der die Matrix der Großhirnrinde in die ventriculäre, subventriculäre, intermediäre, corticale und marginale Zone unterteilt.

Die zeitliche und räumliche Verteilung der zwischen dem 10. und dem 15. (bzw. 19.) Tag im Matrixbereich bei der *Maus* auftretenden Mitosen untersuchte SMART detailliert (Rückenmark: SMART, 1972a; Zwischenhirn: SMART, 1972b; Endhirn: SMART, 1973). Seine Ergebnisse erklären die bereits von SAUER (1935), später mit autoradiographischer Methode von BERRY und ROGERS (1965) bei der *Ratte* sowie von STENSAAS und STENSAAS (1968) beim *Kaninchen* und HINDS und RUFFETT (1971) bei der *Maus* gemachte Beobachtung, daß *Zellvermehrung* an abgerundeten Zellen in Ventrikelnähe, im „subependymalen" Bereich, *Zelldifferenzierung* dagegen an lang ausgestreckten, bipolaren Zellen in – vom Ventrikel entfernteren – Bereichen stattfinden (vgl. auch BRYANS, 1959, *Ratte*; ÅSTRÖM, 1967, *Schaf;* SMART, 1976, *Maus;* CHAMBERLAIN, 1978, REM, *Ratte;* HEINZMANN et al., 1978, *Maus*). Mit zunehmender Differenzierung der Kerngebiete und der Hirnrinde wird die Matrix weitgehend aufgebraucht. Dabei entwickeln sich als ventrikelbegrenzende Zellen die Ependymzellen und stellenweise eine subependymale Zellage.

Fujita (1966, 1969) untersuchte die Frage der *Proteinsynthese* in den Matrixzellen mit Hilfe von ^{3}H-markierten Bausteinen. ^{3}H-Uridin wird beim *Mäusekeim* (und *Hühnerkeim*) in alle Matrixzellen der frühen Stadien, ausgenommen Mitosen, eingebaut und zeigt die Bildung von Ribonucleinsäuren an (vgl. auch Smart, 1961, *Maus*). Mit Hilfe von ^{3}H-Leucin fand Fujita (1969) in frühen Stadien eine starke Proteinsynthese, die mit Sekretion verbunden ist. Der Autor unterscheidet aufgrund der Befunde 3 *Stadien der Differenzierung*. Das *Stadium I* umfaßt sezernierende Matrixzellen und prospektive Plexus-choroideus-Epithelien. Im *Stadium II* werden sezernierende Neuroblasten und parachoroidale Zellen (Anlagen von circumventriculären Organen im Grenzbereich von Dach und Flügelplatte des III. und IV. Ventrikels) unterscheidbar, während die Matrixzellen, nunmehr „Ependymoglioblasten", nicht mehr sezernieren. Das *Stadium III* ist durch nicht sezernierende Ependymzellen und Glioblasten charakterisiert. Die Natur des sezernierten Proteins ist unbekannt (vgl. auch Booz, 1975).

Eine Übersicht der neueren Untersuchungen zur Frage des *Matrixaufbrauchs* und der *Zellmigration*, speziell beim *Affen* und *Menschen*, findet man bei Rakic (1972), Sidman und Rakic (1973, 1974); vgl. auch Ford (1973), Sturrock (1978) sowie die Untersuchung über die Zellcyclen der Matrixzellen bei der *Maus* (Hoshino et al., 1973). Über die Matrixentwicklung bei der *Ratte* unter experimentellen Bedingungen (Pharmaka, Testosteron) berichten Staudt et al. (1973). Eine REM-Darstellung der Matrixschicht geben Meller und Tetzlaff (1975).

Submammalier. Die Beobachtungen von Fujita (1966, 1969) über Proteinsynthese und Proteinsekretion gelten auch für den *Hühnerkeim*. Die Frage der Determination und Differenzierung der Matrixzellen des frühen *Hühnerkeimes* untersuchte Fujita (1963a) ferner mit Hilfe von ^{3}H-Thymidin. Es resultiert ein linearer Anstieg von markierten Zellen bis auf 100% in etwa 10 Std. Hieraus wird auf eine homogene Matrixzellpopulation geschlossen. Eine Differenzierung von Neuroblasten tritt erst in einem 2. Stadium der Entwicklung ein, nachdem die aus ventriculären Mitosen hervorgegangenen Zellen rasch ihre Matrix verlassen haben. Die Determination für die Differenzierung findet demnach postmitotisch (in Tochterzellen aus ventriculären Mitosen) statt. In einem 3. Entwicklungsstadium verlieren die Matrixzellen allmählich ihre mitotische Aktivität und differenzieren sich zu Ependymzellen und Neurogliazellen. Über die Ependymentwicklung aus der Matrix bei *Reptilien* s. Bösel (1969, Lit.), bei *Knorpelfischen* s. Bergquist (1956).

Die *Matrixschicht*, ein zunächst mehrreihiges, dann mehrschichtiges kleinzelliges, basophiles Epithel, ist in flächenhafte *Matrixzonen* gegliedert, die sich bei zunehmender Morphogenese deutlicher abgrenzen. Die Matrixzonen stehen in Beziehung zum Bauplan des Zentralnervensystems; sie sind besonders im Bereich von Grundplatte und Flügelplatte ausgebildet, so daß eine Zona germinativa ventralis und dorsalis unterschieden werden können (Kirsche, 1967). Der Matrixaufbrauch vollzieht sich heterochron in Matrixphasen, wobei im Telencephalon häufig die dorsale Matrixzone der ventralen, im Hirnstamm die ventrale der dorsalen Matrixzone in der Differenzierung voraneilt (Lit. bei Kirsche, 1967). Bei den verschiedenen Wirbeltierarten erstreckt sich der Matrixaufbrauch unterschiedlich weit auf postembryonale Entwicklungsstadien, so daß *embryonale* und *postembryonale Matrixzonen* unterschieden werden.

Im Rückenmark *menschlicher Feten* von 3–4 cm Scheitel-Steiß-Länge können nach GAMBLE (1968) die Ependymzellen der Bodenplatte unter Mesaxonbildung vorübergehend Axone einschließen.

Bei den *Dedifferenzierungsvorgängen*, die mit der Reduktion der unteren Sacral- und Coccygealsegmente des Rückenmarkes in der Fetalentwicklung einhergehen, bleibt schließlich als Gewebsrest ein Ependymwall übrig (PEARSON u. SAUTER, 1971, *Kaninchen, Affe, Mensch*).

1.1.2 Postembryonale Matrixzonen

Postembryonale aktive Matrixzonen sind bei Vertretern aller Wirbeltierarten nachgewiesen; sie sind bei niederen Vertebraten ausgeprägter als bei Mammaliern (ältere Lit. bei KIRSCHE, 1965, 1967, 1969, 1970). Über postembryonal aktive Matrixzonen bei Mammaliern berichten SCHIEBLER und MITRO (1969, *Ratte*), WENZEL et al. (1969, Übersicht), FLEISCHHAUER (1970, *Katze*), LEONHARDT (1972c, *Kaninchen*), MITRO und SCHIEBLER (1972, *Ratte*), STENSAAS und GILSON (1972, *Kaninchen*).

Eine ausführliche Beschreibung der postnatalen Veränderungen in den ventrikelnahen Bereichen (Matrixzonen) des Telencephalon der *Katze* vom 1.–84. Lebenstag gibt MAURER (in Druck). Fast die gesamte laterale Wand des Seitenventrikels ist zur Zeit der Geburt von einer Matrix ausgekleidet (Abb. 1). Diese wird lokal unterschiedlich rasch abgebaut. Die mediale Wand enthält nach der Geburt nur rostral der Lamina terminalis eine Matrix. An die Matrix grenzt bei der neugeborenen *Katze* eine „ventrikelnahe Zone undifferenzierter Zellen", bestehend aus Zellnestern (Abb. 2). Auf diese folgt im Grenzbereich zum Hemisphärenmark eine zellreiche Außenzone. Ihr Zellgehalt nimmt bis zum 11.–16. Tag nach der Geburt zu, danach wieder ab. Mit dem 40. Tag sind auch die Zellnester größtenteils verschwunden. In allen drei Zonen werden Zellteilungen und -untergänge beobachtet.

Über postembryonale aktive Matrixzonen von *Submammaliern* s. *Chordata*: PFISTER (1971a, b, 1972); *Teleosteer*: SCHLECHT (1969), RICHTER und HEINRICH (1969), KRANZ und RICHTER (1970), RICHTER und KRANZ (1970, 1971), DANNER (1972), PFISTER (1971a, b, 1972); *Amphibien*: PAUL (1967), POLLACK (1976); *Reptilien*: FLEISCHHAUER (1957), SCHULZ (1969), TURNER und SINGER (1973); *Vögel*: MILLHOUSE (1975). Bei Submammaliern ist noch in einem juvenilen, bei einzelnen Arten sogar im adulten Stadium eine begrenzte Hirnregeneration aus postembryonalen Matrixzonen bzw. aus dem Ependymbereich möglich (Lit. bei KIRSCHE, 1965, 1969, 1970; SCHLECHT, 1969; spätere Untersuchungen an *Amphibien*: WINKELMANN u. WINKELMANN, 1970; EGAR u. SINGER, 1972; POLENOV et al., 1972a; *Reptilien*: TURNER u. SINGER, 1973). NORDLANDER und SINGER (1978) berichten über die Beteiligung des Ependyms bei der Regeneration des Schwanzrückenmarks bei *Urodelen*.

Da vom Ependym, speziell von *Ependymzellen*, erst nach Aufbruch der Matrixschicht gesprochen werden kann (KAHLE, 1951; DAS, 1977), ergibt sich, daß Ependymzellen an umschriebenen Stellen auch noch in postembryonalen – juvenilen und adulten – Stadien entstehen oder sich differenzieren können. KULENKAMPFF (1961, 1962) wies sogar nach, daß Mitosen im Spinalependym der adulten weißen *Maus* abhängig von körperlicher Arbeit regelmäßig auftreten, ohne daß hier im morphologischen Sinn von einer Matrixzone gesprochen wer-

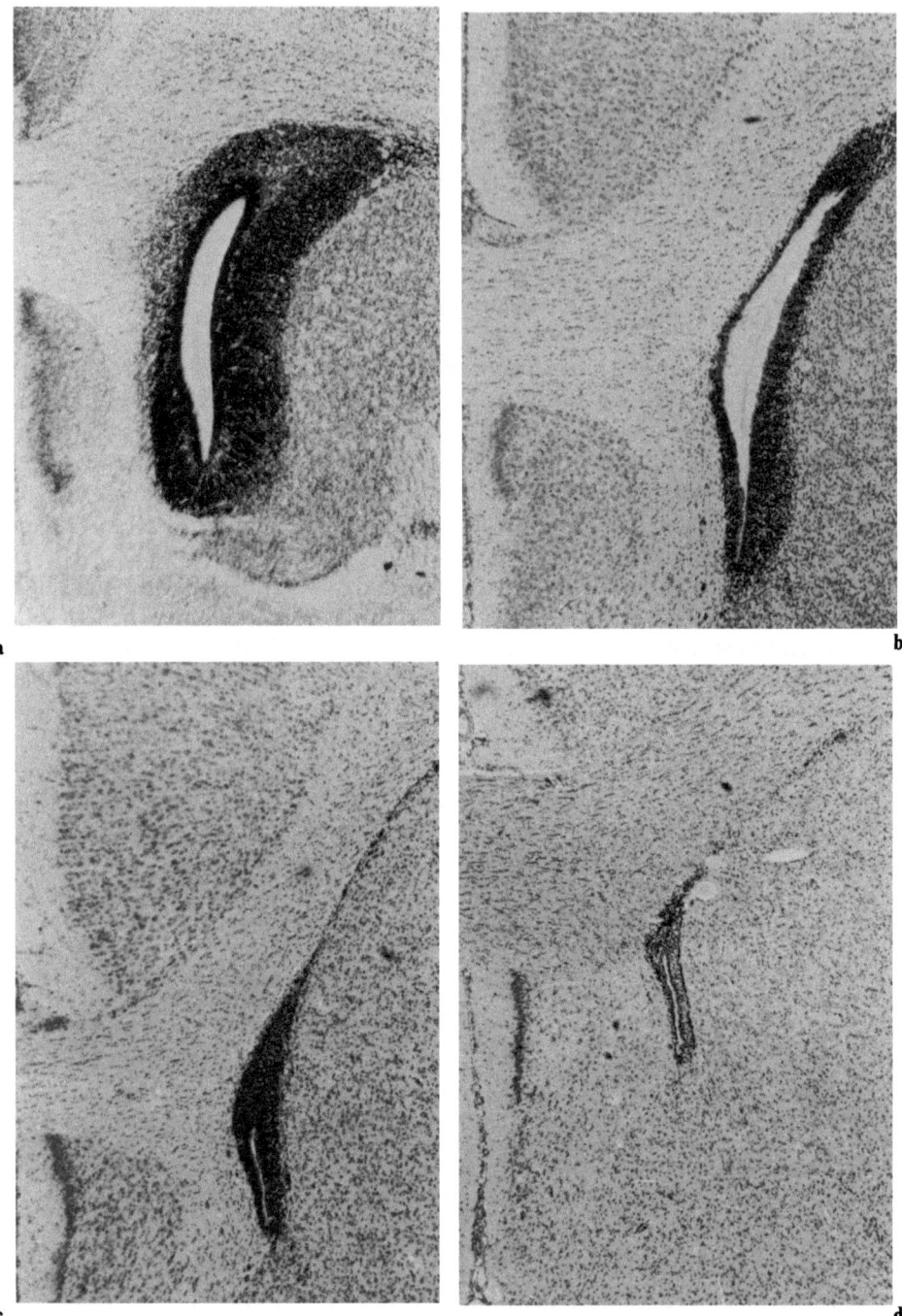

Abb. 1a–d. Postembryonaler Aufbrauch der Matrixzone, *Ratte.* Querschnitte durch den Seitenventrikel: **a** neugeboren, **b** 10 Tage, **c** 20 Tage, **d** 4 Monate. Planapochromat 4, Okular K 7. (Aus KIRSCHE, 1970). Negativvergr. × 11, Positivvergr. × 33

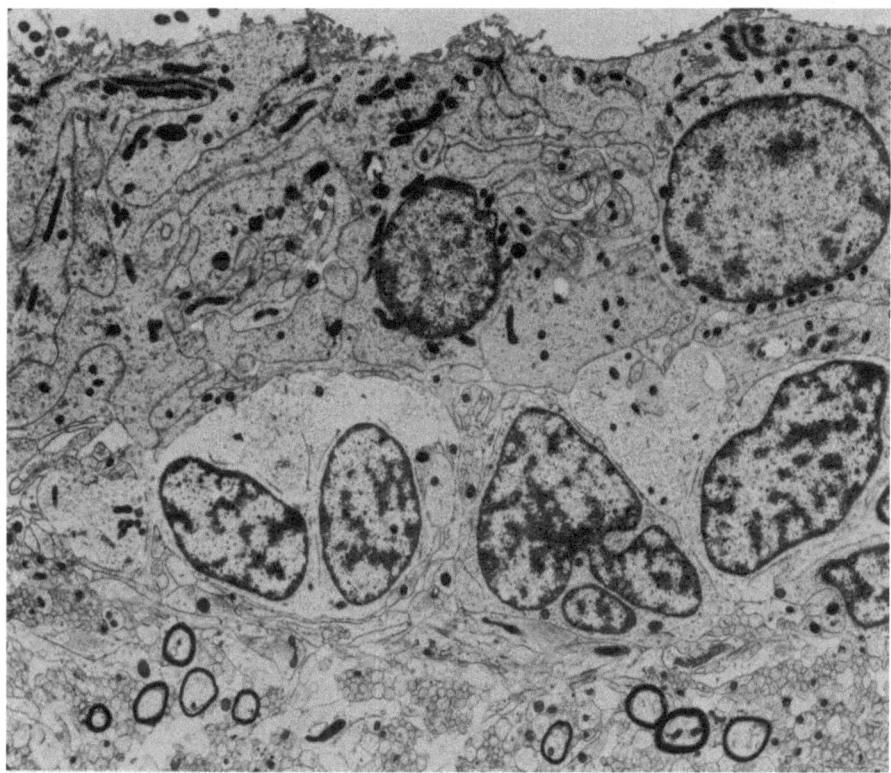

Abb. 2. Subependymale Matrixzellen aus der Wand des Recessus olfactorius des adulten *Kaninchens*.
Endvergr. ×5100

den kann. Das Ependym des Zentralkanals ist beim Menschen nach MOTAVKIN und BAKHTINOV (1972) zeitlebens in teils proliferativer, teils degenerativer „Bewegung".

2. Ependymzellen

Der Versuch, die verschiedenen Ependymzellformen zum besseren Verständnis ihrer strukturellen und funktionellen Eigenarten in Gruppen zusammenzufassen, kann nur dann erfolgreich sein, wenn man auf die schematische Erfassung von Zwischen- und Sonderformen verzichtet. Als Kriterium einer Einteilung taugt bei *Mammaliern* der Kinocilienbesatz – die Ausbildung bzw. der Mangel eines apicalen Kinocilienbüschels. Demnach lassen sich *kinocilienreiche* und *kinocilienarme* (oder kinocilienfreie, d.h. mit meist nur einer Kinocilie versehene) *Ependymzellen* unterscheiden (vgl. WEINDL u. JOYNT, 1972a; LEONHARDT, 1977).

Die Verschiedenheiten im Kinocilienbesatz kennzeichnen offensichtlich grundsätzliche Unterschiede der Funktion, die sich darüber hinaus auch in der Zellstruktur, im Zellorganellen- und Enzymbestand, im Einbau und auf andere Weise bemerkbar machen. Dabei zeigt es sich, daß die kinocilienreichen Ependymzellen bei Mammaliern eine weitgehend homogene Zellart darstellen, während die Gruppe der kinocilienarmen Ependymzellen örtlich verschieden differenzierte Zellen umfaßt.

Eine gelegentlich getroffene weitere Unterteilung der Ependymzellen nach der äußeren Form, bei der eine dritte Gruppe flach ausgezogener endothelartiger Ependymzellen herausgehoben wird (Dellmann, 1961; Merl u. Goller, 1975), erscheint wenig zweckmäßig, da sowohl die kinocilienreichen Ependymocyten als auch die kinocilienarmen Ependymzellen äußerst verformbar sind und endothelartige Gestalt annehmen können. Auch kommen alle Übergangsformen zwischen hohen und niedrigen Ependymzellen vor (Dellmann, 1961, Rind).

Die Unterscheidung von kinocilienreichen und kinocilienarmen Ependymzellen wird im Transmissionselektronenmikroskop (TEM), besonders aber im Rasterelektronenmikroskop (REM) augenfällig (Abb. 3). Zur Frage der Bewertung von REM-Bildern des Ependyms s. Clark und Glagov (1976). Zur Technik der vergleichenden raster- und transmissionselektronenmikroskopischen Untersuchung s. Scott et al. (1977b). Die Verteilung der beiden Ependymzellarten im Ventrikelsystem ist bei allen untersuchten höheren Wirbeltierarten annähernd gleich. In den – bei den verschiedenen Wirbeltierarten unterschiedlich scharf ausgeprägten – schmalen Grenzzonen zwischen beiden Zellarten können beide gemischt auftreten (vgl. Hebel, 1978a, b).

REM-Untersuchungen ergeben im einzelnen folgendes:

Kinocilienreiche Ependymzellen. Den weitaus größten Teil der Ventrikeloberfläche nehmen bei Mammaliern Zellen mit einem dichten Kinocilienbesatz ein. Diese kinocilienreichen Ependymzellen entsprechen den gewöhnlich mit dem Ausdruck „Ependymzellen" gemeinten Elementen. Sie werden im folgenden auch als *Ependymocyten* bezeichnet. Die kinocilienreichen Ependymzellen kleiden die *Seitenventrikel* fast vollständig aus; die Kinocilien sind hier stellenweise in Büscheln angeordnet (Noack et al., 1972, *Katze;* Peters, 1974, *Ratte;* Scott et al., 1974e, mehrere *Vertebraten, Übersichtsreferat;* Page, 1975, *Kaninchen;* Hetzel, 1977a, 1978a, *Affe;* Jacobs u. Monroe, 1977, *Dasypus).* Ependymocyten bilden die hintere und obere Wand des *III. Ventrikels* (Scott et al., 1972a, *Mensch;* Weindl u. Joynt, 1972a, *Kaninchen, Ratte, Katze;* Kozlowski et al., 1973, *Schaf;* Bruni, 1974, *Kaninchen, Rhesusaffe;* Mestres et al., 1974, *Ratte;* Jennes et al., 1977, *Ratte;* Ribas, 1977b, *Ratte)* und bedecken nahezu ganz den Boden des *IV. Ventrikels* (Weindl u. Joynt, 1972a, *Kaninchen, Ratte, Katze;* Lindemann u. Leonhardt, 1973, *Kaninchen;* Scott et al., 1973b, *Mensch, Fetus;* Yamadori u. Yagihashi, 1975, *Maus;* Jacobs u. Monroe, 1977, *Dasypus).* Der *Zentralkanal* wird größtenteils von kinocilienreichen Ependymzellen ausgekleidet (Leonhardt, 1976). Die Oberfläche der kinocilienreichen Ependymzellen des Menschen gleicht grundsätzlich der anderer Vertebraten (Dempsey u. Nielsen, 1976).

Auch bei *Amphibien* (Dierickx u. De Waele, 1975a, b) und bei *Reptilien* (Hetzel, 1977b) bedecken kinocilientragende Zellen den größten Teil der Ventrikelwand.

Kinocilienarme Ependymzellen. Mehrere median gelegene oder von der Medianebene aus während der Hirnentwicklung lateralwärts ausgewachsene Felder

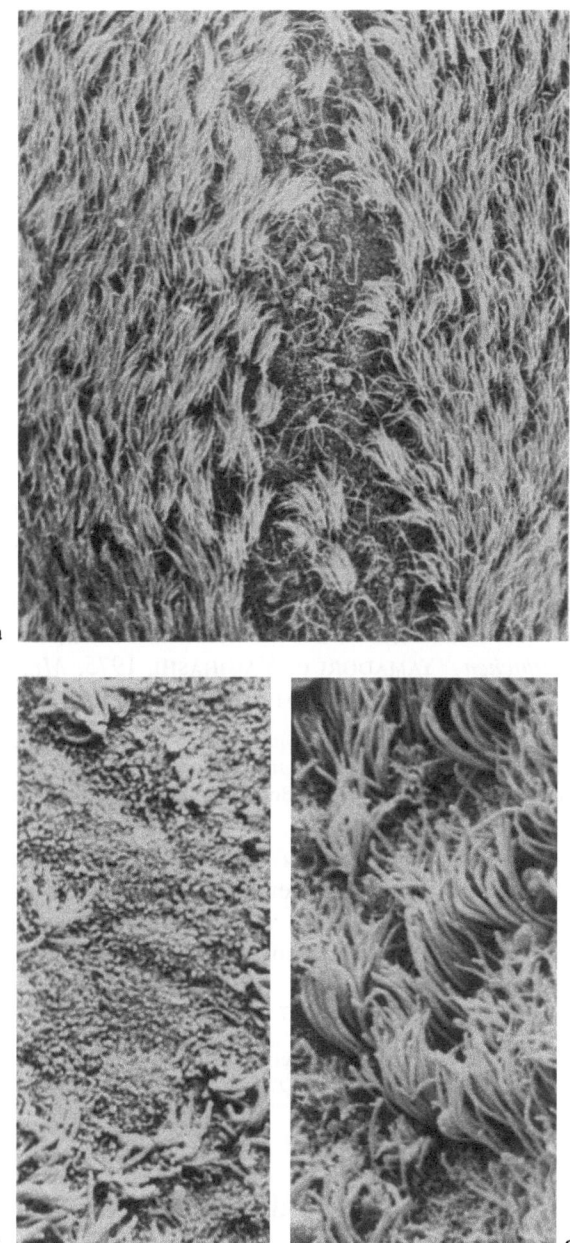

Abb. 3a–c. Apicale Oberflächen kinocilienreicher und kinocilienarmer Ependymzellen an der ventralen Wand des Zentralkanals, REM-Bild. **a** *Ratte,* **b** u. **c** *Kaninchen.* Die kinocilienarmen Ependymzellen zeigen Mikrovilli und (in **a**) eine zentrale Kinocilie. Endvergr. in der Projektion: **a** ×612, **b** ×2430, **c** ×2160

sind dagegen von kinocilienarmen Zellen mit meist nur einer einzelnen Kinocilie bedeckt. Die kinocilienarmen Ependymzellen kleiden im Seitenventrikel einen schmalen Streifen über dem Nucleus caudatus (KOZLOWSKI et al., 1972, *Schaf*) und an der medialen Wand des Unterhornes (ALLEN u. LOW, 1973, *Hund;* HETZEL, 1978b, *Kaninchen*) sowie beim *Opossum* den zum Seitenventrikel gehörenden Ventriculus olfactorius aus (WEINDL u. SCHINKO, 1978). Kinocilienarme Ependymzellen bilden hauptsächlich die Wand des unteren Hypothalamus, den Boden des III. Ventrikels und die Auskleidung des Recessus infundibuli (BRUNI et al., 1972, 1973, *Kaninchen, Ratte, Maus, Mensch;* CLEMENTI u. MARINI, 1972, *Katze;* SCOTT, et al., 1973a, *Nerz;* BRAWER et al., 1974, *Ratte;* BRUNI 1974, *Kaninchen;* PAULL et al., 1974, *Ratte;* MARTINEZ, 1975, *Ratte;* SCOTT et al., 1975, *Rhesusaffe;* MESTRES u. BREIPOHL, 1976, *Ratte;* MESTRES u. HAFEZ, 1976, *Affe;* PAULL et al., 1977, *Ratte;* SCOTT u. PAULL, 1978, *Ratte,* Entwicklung). Von kinocilienarmen Ependymzellen werden bei Mammaliern größtenteils der Recessus preopticus (COATES, 1973a, b, 1975, 1977, *Affe),* das Subfornicalorgan (LEONHARDT u. LINDEMANN, 1973b, *Kaninchen;* PHILIPPS et al., 1974, *Ratte*), das Subcommissuralorgan (WEINDL u. SCHINKO, 1975b, *Katze*) und die Area postrema (TORACK u. FINKE, 1971, *Ratte;* SCOTT et al., 1973b, *Mensch;* LEONHARDT et al., 1975, *Kaninchen*), also die circumventriculären Organe, bedeckt. Kinocilienarme Ependymzellen kleiden ferner einen lückenhaften, in der Medianebene gelegenen schmalen Streifen des Rautenhirnbodens (LINDEMANN u. LEONHARDT, 1973, *Kaninchen;* YAMADORI u. YAGIHASHI, 1975, *Maus*) sowie der Vorderwand des Zentralkanals (LEONHARDT, 1976, *Kaninchen*) aus.

Beim *Frosch* ist das kinocilienarme Ependym im III. Ventrikel anteilmäßig stärker vertreten als bei Mammaliern (DE WAELE et al., 1974; DIERICKX u. DE WAELE, 1975a, b). Auch bei der *Wachtel* bildet kinocilienarmes Ependym den Boden des III. Ventrikels (KOBAYASHI u. NOZAKI, 1975).

Die Epithelien des *Plexus choroideus* nehmen hinsichtlich des Kinocilienbesatzes eine Mittelstellung ein. Ihre Oberfläche ist bei Mammaliern weitgehend kinocilienfrei, trägt aber in der Regel ein an umschriebener Stelle zentral in der Oberfläche verankertes Büschelchen von Kinocilien (CLEMENTI U. MARINI, 1972, *Schaf;* YAMADORI, 1972, *Ratte;* KOZLOWSKI et al., 1973, *Schaf;* SCOTT et al., 1973b, *Mensch;* SCOTT et al., 1974b, *Mensch*).

Auch der Plexus choroideus des *Huhnes* trägt ein zentrales Kinocilienbüschel (MÖLLER, 1974). Die Plexus choroidei der niederen Vertebraten (z.B. *Frösche, Echsen*) sind in der Regel cilienreich (OKSCHE, persönliche Mitteilung).

2.1. Entwicklung der Ependymzellen

Im Verlauf der Ependymzellentwicklung, die nach Differenzierung von primitiven und polaren Glioblasten (Spongioblasten) zu Ependymoblasten und schließlich zu reifen Ependymzellen führt (vgl. OKSCHE, 1958), zeigt sich allgemein zunehmend eine bipolare Gliederung der zunächst noch einheitlich gebauten Zellen, die in Unterschieden des zentralen und peripheren Fortsatzes erkennbar wird. Anschließend kommt es – bei den meisten Vertebraten noch während der Embryonal- und Fetalentwicklung – zur charakteristischen Differenzierung von kinocilienreichen und kinocilienarmen Ependymzellen. Das subependymale Gewebe gewinnt dagegen allgemein erst postnatal seine endgültige, örtlich unterschiedliche Ausgestaltung. Im zeitlichen Zusammenhang hiermit entstehen auch die Aperturen des IV. Ventrikels (CAMMERMEYER, 1971; Lit.).

Unter den *Mammaliern* ist die Ependymzellbildung am besten bei *Ratte* und *Maus* untersucht. Die Differenzierung der Ependymzellen im Zwischenhirn (III. Ventrikel) tritt bei der *Ratte* mit großen lokalen Unterschieden ein. Zwischen dem 18. und 20. Tag differenziert sich das Ependym über dem Thalamus in drei unterscheidbaren Längszonen. Über dem Thalamus dorsalis (dorsale Längszone) entstehen große runde bis ovale Ependymzellen, über dem Thalamus ventralis (ventrale Längszone) bilden die Ependymzellen 3–4 Reihen, sind spin-

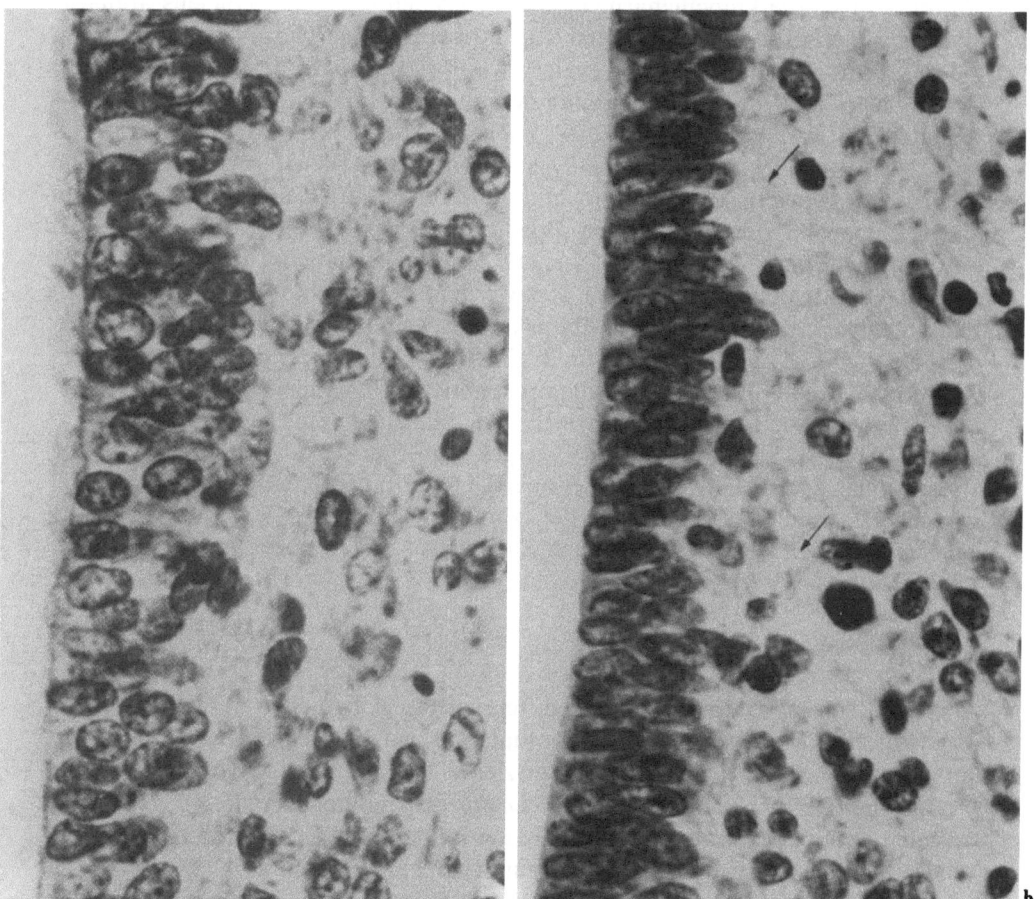

a   b

Abb. 4a u. b. Differenzierung von kinocilienreichen und kinocilienarmen Zellen, *Ratte*, 19. Embryonaltag. **a** Dorsaler Teil des Hypothalamus. Die Ependymzellen tragen teilweise Wimpern; die Kerne sind groß, oval und locker angeordnet. Vorläufer des Wimpernependyms. **b** Ventraler Teil des Hypothalamus im gleichen Präparat. Ependymzellen mit länglichen, senkrecht zur Ventrikeloberfläche orientierten, dicht gelagerten Kernen. Tanycytenfortsätze andeutungsweise vorhanden *(Pfeile)*. Vorläufer des Tanycytenependyms. Azan. (Aus SCHACHENMAYR, 1967). × 1200

delförmig und mit langen Fortsätzen versehen. Zwar treten auch postnatal noch weitere Veränderungen auf, doch erfolgt keine Angleichung des Ependyms zwischen den drei Längszonen. Am 20. Tag verwachsen beide Thalami (EITSCHBERGER, 1970; STAUDT et al., 1973). SCHACHENMAYR (1967) kommt in einer umfangreichen, vom 24. Embryonalalter bis zum 40. Lebenstag reichenden Untersuchung an der *Ratte* zu folgenden Ergebnissen (vgl. auch COLMANT, 1967): Um den 18. Embryonalalter wird im Matrixbereich eine – zunächst mehrreihige – Ependymlage abgrenzbar (vgl. auch HICKS u. D'AMATO, 1968). Im III. Ventrikel beginnt die Differenzierung in kinocilienreiche *Ependymocyten* und (im Ventrikelboden) in kinocilienarme Ependymzellen (hier *Tanycyten*, s. 2.3.1.) am 19. Embryonalalter (Abb. 4). Abgeschlossen wird die Differenzierung der Ependymocyten im III. Ventrikel um den 5.–10. Lebenstag, die der kinocilienarmen Ependymzellen (Tanycyten) am 34. Lebenstag. Nach WALSH u. BRAWER (1977, *Ratte*) besitzen die kinocilienarmen Ependymzellen über dem Nucleus arcuatus zwar schon am 1. nachgeburtlichen Tag ihre endgültige Gestalt, nicht dagegen die der ventromedialen Region (vgl. WALSH et al., 1978). Annähernd gleiche Zeitangaben über die Differenzierung der Ependymzellen im hypothalamischen Anteil des III. Ventrikels der *Ratte* machen SCHIEBLER u. MITRO (1969; vgl. auch MITRO u. SCHIEBLER, 1972). Die Autoren bemerken ferner eine zeitliche Koordination in der Entwicklung und Differenzierung der hypothalamischen Kerngebiete und der zugehörigen Ependymzellen, so besonders in den früh ausdifferenzierten Gebieten des Nucleus suprachiasmaticus und des Nucleus ventromedialis. Beim erwachsenen Tier werden schließlich etwa 12 Ependymzonen unterschieden, die in 4 Grundbezirke und weitere Subzonen unterteilt werden. Nach BOOZ (1975) bilden am Beginn der Differenzierung, zwischen dem 18. und 20. Tag der Entwicklung, die prospektiven kinocilienarmen Ependymzellen (Tanycyten) im Boden und rostralen Anteil des III. Ventrikels apicale Protrusionen (Abb. 5). Sie werden für Sekret gehalten (vgl. FUJITA, 1966, 1969). Die Protrusionen lösen sich von der Zelloberfläche ab und füllen den III. Ventrikel weitgehend aus. Das Ependym der Eminentia mediana des neugeborenen *Meerschweinchens* zeichnet sich nach SILVERMAN und DESNOYERS (1975) durch reiche Protrusionen aus.

Anzeichen für eine Sekretion der Ependymzellen des Zentralkanals von *Urodelen* findet ZAMORA (1978a).

Kinocilienreiche Ependymzellen differenzieren sich auch in der *Gewebekultur* aus isolierten Matrixzellen des Hypothalamus eines 14 Tage alten *Mäusefetus* im Anschluß an die Reaggregation der Zellen (BENDA et al., 1975).

Bei der REM-Untersuchung des *Endhirn*-Ependyms der *Ratte* zeigen die apicalen Zelloberflächen am 14. Tag Falten und polypöse Protrusionen in lokal unterschiedlicher Ausbildung sowie zunächst eine einzige Cilie. Am 16. Tag können Areale mit Ependymzellen, die zahlreiche Cilien tragen, von Arealen unterschieden werden, deren Ependymzellen außer Mikrovilli nur eine einzige Cilie aufweisen (CHAMBERLAIN, 1973). Die Ausbildung von Mikrovilli und Cilien ist zwischen dem 13. und 21. Lebenstag bei Abkömmlingen von Muttertieren stark retardiert, die in der Gravidität das teratogene 6-Aminonicotinamid erhalten haben (CHAMBERLAIN, 1972). Der normale Ablauf der Oberflächendifferen-

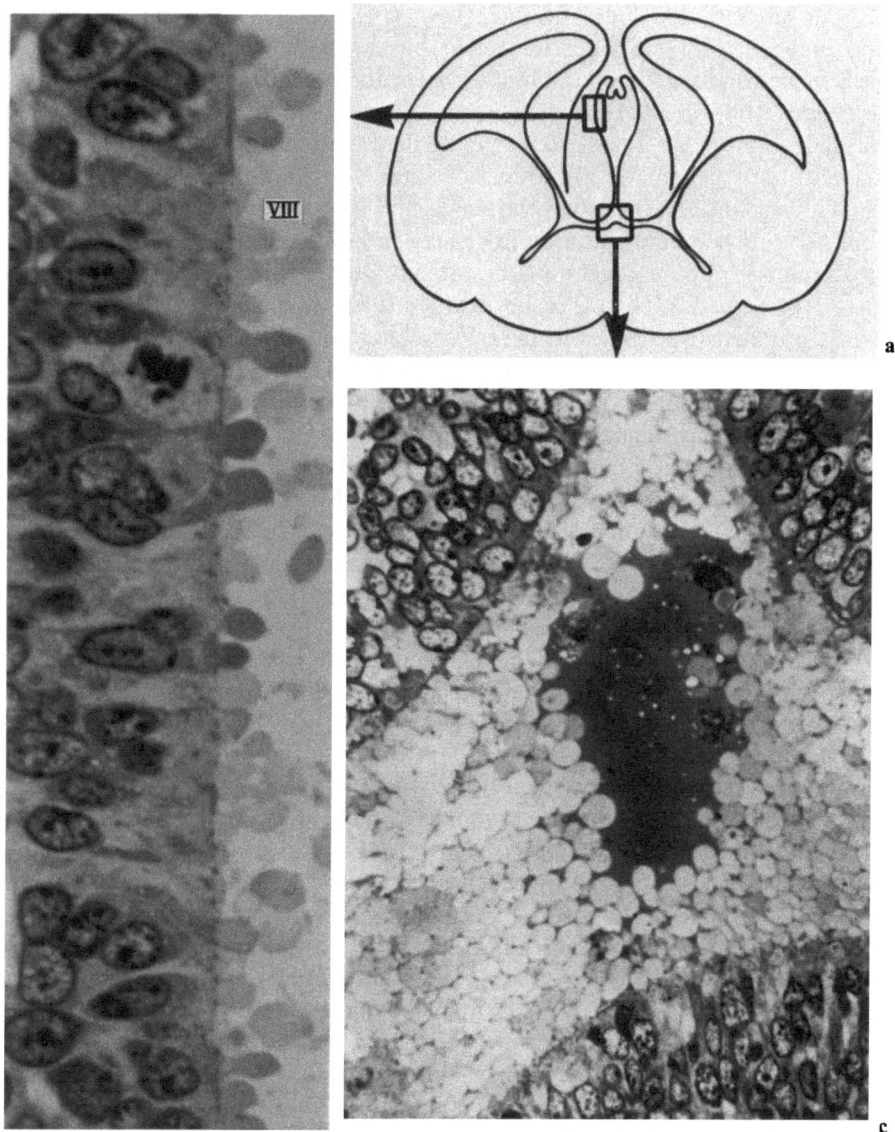

Abb. 5a–c. Apicale Protrusionen und Anzeichen von apicaler Sekretion am Ependym des III. Ventrikels *(V III)* der fetalen *Ratte* (18. Entwicklungstag). **a** Entnahmestellen der Schnitte **b** und **c**. Semidünnschnitte, Färbung nach Richardson. (Aus Booz, 1975). Endvergr.: **b** × 1200, **c** × 560

zierung wird durch Gaben von Hydrocortison kaum beeinflußt, durch Progesteron aber deutlich verzögert; eine „grundsätzliche Beeinträchtigung" der Entwicklung von Cilien und Mikrovilli wird nach Anwendung von Cytostatica nicht beobachtet (RÜBBEN et al., 1977, *Kaninchen*). REM-Untersuchung der Entwicklung der hypothalamischen Ependymzellen s. MESTRES (1976).

Kombinierte Untersuchungen mit der Golgi- und elektronenmikroskopischen Methode (Rakic, 1972) am Endhirn von *Affenfeten* (75.–97. Tag der Entwicklung) ergeben, daß die Ependymzellen basale Fortsätze aussenden, die über eine Strecke von max. 3.500 μm hinweg quer durch das Endhirn zur Hirnoberfläche ziehen (Abb. 6). Die Fortsätze dienen vermutlich den zur Hirnrinde wandernden Neuroblasten als Leitstrukturen. In den späteren Stadien dieses Entwicklungszeitraums gehen die radiären Fortsätze von Gliazellen aus, die aus dem Ependymverband in eine subependymale und intermediäre Zone eintreten. Das „helle" Cytoplasma der radiären Fortsätze enthält zahlreiche Mikrotubuli sowie Mitochondrien. Diese Ergebnisse bestätigen ältere Untersuchungen, die bis auf Golgi (1883) zurückgehen (Lit. bei Rakic, 1972). Die Zellen, die diese radiären Fortsätze bilden, werden nach dem Vorschlag von Ramón y Cajal (1911) allgemein für eine primitive und vorübergehend auftretende Form von Astrocyten gehalten. In den frühen Stadien der Entwicklung, in denen diese Zellen noch dem Ependymverband angehören, können sie gleichzeitig für primitive Ependymzellformen gelten. Dieses Stadium geht der Differenzierung in kinocilienreiche und kinocilienarme Ependymzellen voraus. Mit der Ausdifferenzierung der Ependymocyten wird deren basaler Fortsatz beim *Menschen* im 8. Fetalmonat rückgebildet (Agduhr, 1932), bei der *Katze* bis zur 4. postnatalen Woche (Takeichi, 1966), doch können die kinocilienreichen Ependymocyten stellenweise einen langen basalen Fortsatz beibehalten.

Untersuchungen zu verschiedenen Zeitpunkten der Entwicklung und an unterschiedlichen Stellen des Ventrikelsystems beim *Kaninchen* (Tennyson u. Pappas, 1962), bei der *Maus* (Meller et al., 1966; Shimada, 1966; Smart, 1978), bei der *Katze* (Hartmann, 1957; Takeichi, 1966; Fleischhauer, 1970), beim *Menschen* (Malinský u. Brichová, 1967; Motavkin u. Bakhtinov, 1972; Dooling et al., 1977; Choi u. Lapham, 1978), beim *Meerschweinchen* (Silverman u. Desnoyer, 1975) und beim *Hamster* (Hannah u. Geber, 1977) erlauben den Schluß, daß auch hier in einer der Entwicklung bei der Ratte vergleichbaren Weise eine Differenzierung von Ependymzellen stattfindet. Beim *menschlichen* Feten von 12 cm Scheitel-Steiß-Länge sind im Zentralkanal Kinocilien und Mikrovilli wohl ausgebildet (Gamble, 1969). Wiederholt werden in diesem Zusammenhang auch *Zelluntergänge* im subependymalen Bereich beobachtet (Boyd, 1969, *Mensch*). Bei *menschlichen* Feten werden bei REM-Untersuchungen zwischen der 11. und 20. Woche der Entwicklung immer voll ausgebildete Kinocilien am Ependym des IV. Ventrikels (Scott et al., 1973 b) und am Epithel der Plexus choroidei (Scott et al., 1974 b) gefunden.

Die Ependymzellentwicklung wurde mehrfach am *Hühnerkeim* untersucht. Die anfangs stürmische Proliferation der Matrixzellen mit Zellgenerationscyclen von etwa 8 Std Länge am 3. Tag der Bebrütung verlangsamt sich am 6. Tag auf 15-Std-Generationscyclen. Die prospektiven undifferenzierten Ependymzellen enthalten zunächst zahlreiche freie Ribosomen sowie Mitochondrien, aber nur einen kleinen Golgi-Apparat (Fujita u. Fujita, 1963). Die Tendenz zur bipolaren Gliederung wird in der Ausbildung des apicalen und basalen Fortsatzes und in der Anordnung der Mikrotubuli früh erkennbar (Wechsler, 1966a). Erste apicale Protrusionen, ventrikelnahe Zellkontakte und vereinzelt eine Cilie werden zwischen dem 2. und 4. Tag der Bebrütung beobachtet (Meller u. Wechsler, 1964; Wechsler u. Meller, 1967). Am 8. Tag können die Ependymzellen und eine subependymale Zellage unterschieden werden (Fujita u. Fujita, 1964). Interependymal vorübergehend entstehende Lücken sollen Kanäle für auswachsende Axone bilden (Egar u. Singer, 1977). Beim 9 Tage alten Hühnerkeim sind die Ependymzellen gestreckt und palisadenartig zusam-

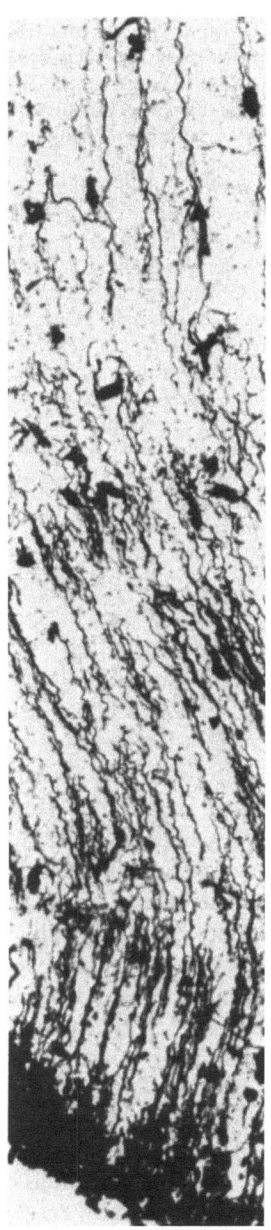

Abb. 6. Ependymzellen mit langen basalen Fortsätzen. Matrixependym, Stratum subcallosum des Ventrikelwinkels, 3 Tage alte *Katze,* Frontalschnitt rostral vom Foramen Monroi. Golgi-Bubenaite. (Aus FLEISCHHAUER, 1970). Endvergr. ×225

mengelagert. Die apicale Zelloberfläche ist vorgewölbt und trägt nun regelmäßig eine Cilie (Glees u. Le Vay, 1964), die vor dem 7. Entwicklungstag nach der letzten Mitose der Matrixzelle aus einem Centriol hervorgeht (Sotelo u. Trujillo-Cenóz, 1958). Doch enthalten die prospektiven kinocilienreichen Ependymocyten schon zahlreiche Basalkörper (Meller u. Wechsler, 1964). Auch beim *Hühnerkeim* wandern Neuroblasten im frühen Stadium der Neurogenese entlang von noch langen basalen Ependymzellfortsätzen zur Hirnrinde aus (Hattori u. Fujita, 1974).

Die Differenzierung in kinocilienreiche und kinocilienarme Ependymzellen wird am 13. Tag deutlich; zu dieser Zeit lassen sich Zellen mit zahlreichen apicalen Cilien von anderen unterscheiden, die nur eine Cilie besitzen (Wechsler, 1966 b, *Huhn*). Am 18. Tag erreichen die Ependymzellen einen Differenzierungsgrad, der sich in der Ausbildung der Cilien, der Mikrovilli, des granulierten endoplasmatischen Reticulum und des Golgi-Apparates ausdrückt und dem der Ependymzellen von 4 Wochen alten Tieren gleicht (Meller u. Wechsler, 1964). Auch in der Gewebekultur (7. Bebrütungstag) entstehen nach 3 Tagen der Inkubation zwei Zelltypen (Meller u. Haupt, 1967).

Der Beginn der Kinocilienbildung fällt zeitlich etwa mit dem Sistieren der Mitosen in der Matrix zusammen. In diesem Zusammenhang sind pharmakologische Versuche interessant, die zu einer Vermehrung der Basalkörper und zur nachfolgenden Cilienbildung hauptsächlich in der Neuroglia bei Unterdrückung der mitotischen Aktivitäten führen (Milhaud u. Pappas, 1968). Die Versuche wurden mit Pargylin, einem Monoaminoxidasehemmer, durchgeführt. Da hierbei biogene Amine, besonders Serotonin, angereichert werden, entsteht die Frage, inwieweit Serotonin, das u.a. den Cilienschlag bei *Nudibranchiern* stimuliert, die Cilienbildung fördert (Diskussion der Frage und Lit. bei Milhaud u. Pappas, 1968).

Die Entwicklung beim Hühnerkeim ist also formal vergleichbar der Entwicklung kinocilienreicher und kinocilienarmer Ependymzellen bei Mammaliern. *Unterschiede der Ependymzellentstehung* betreffen hauptsächlich den Zeitpunkt, in dem die kinocilienreichen und die kinocilienarmen Ependymzellen unterscheidbar werden, die Zeitdauer der Ependymzelldifferenzierung in postembryonalen Matrixzonen und die topographische Ausbreitung beider Zellarten. Der Zeitpunkt, zu dem bei *Huhn, Ratte, Affe* und *Mensch* jeweils die Ependymzelldifferenzierung beginnt und zu dem Ependymocyten weitgehend ausdifferenziert sind, steht vermutlich insoweit in einer Beziehung zur Gesamtdauer der Entwicklungszeit, als die Differenzierung der Ependymzellen relativ spät in der Fetalentwicklung beginnt und die Ausdifferenzierung der kinocilienreichen Ependymzellen in den perinatalen Zeitraum fällt. Die Ausdifferenzierung der kinocilienarmen Ependymzellen kann dagegen weniger eindeutig auf die Entwicklungszeit bezogen werden, weil diese und die ventrikelauskleidenden Zellen der – artspezifisch unterschiedlichen – postembryonalen Matrixzonen offenbar nicht immer deutlich genug abgegrenzt werden können.

2.1.1. Entwicklung des Enzymmusters

Das *Enzymmuster* entwickelt sich bei Mammaliern mit der Histogenese der Ependymzellen (Pilgrim, 1967, *Ratte;* Schachenmayr, 1967, *Ratte*; vgl. auch Colmant, 1967). Zu Beginn der Entwicklung zeigt eine starke Milchsäuredehydrogenase-Aktivität der Matrixzone die noch anaerobe Glykolyse an. Später, zur Zeit der Differenzierung in kinocilienreiche und kinocilienarme Ependymzellen (Wand des III. Ventrikels), sind die Hydrolasen-Aktivitäten insgesamt sehr hoch (Ausdruck intensiver Stoffaustausch- und Synthesetätigkeit?), sie nehmen gegen Ende der Embryonalentwicklung mit Eintritt der funktionellen Reife des Ependyms wieder ab. Der Ventrikelboden (prospektive kinocilienarme Ependymzellen) zeichnet sich gegenüber der Ventrikelwand (prospektive kinocilienreiche Ependymocyten) durch verstärkte Hydrolasen-Aktivitäten aus. Nach Pilgrim (1967) nimmt die unspezifische Esterase-Aktivität in den Ependymzellen des III. Ventrikels bis zum Ende der 4. Lebenswoche noch ständig zu. Nach SCHACHENMAYR (1967) erreicht das Enzymmuster seine endgültige Ausbildung mit dem 30. Lebenstag. SARRAT (1970) konnte eine starke Aktivität der sauren Phosphatase im Ependym des Zentralkanals zwischen dem 14. und 18. Embryonaltag nachweisen, die nach der Geburt verschwindet. OCHI (1966) stellte eine positive Reaktion noch am 1. Tag nach der Geburt fest.

Mit Abschluß der Ependymzelldifferenzierung sinkt die Hydrolasen-Aktivität. Dabei bildet sich eine für kinocilienreiche wie kinocilienarme Ependymzellen (hier Tanycyten, s. A. 3.1. u. S. 215ff.) jeweils charakteristische intracelluläre Verteilung der Enzyme heraus (THOMAS u. PEARSE, 1961; RUDOLPH u. SOTELO, 1962; NANDY u. BOURNE, 1964, 1965; PILGRIM, 1967; SCHACHENMAYR, 1967; LUPPA u. FEUSTEL, 1970a); das gilt auch für den *menschlichen* Embryo (WENDER et al., 1970).

In den *kinocilienreichen Ependymocyten* sind die Enzyme vorwiegend apical angereichert, ein Golgi-Apparat-Lysosomenkomplex ist supranucleär histochemisch nachweisbar. Die Ependymocyten sind funktionell „der Ventrikeloberfläche zugewandt".

In den *kinocilienarmen Ependymzellen* (hier Tanycyten, s. A. 3.1. u. S. 215ff.) dagegen sind die Enzyme auf das gesamte Cytoplasma verteilt, saure Phosphatase und α-Naphthyl-Esterase sogar vermehrt im basalen Fortsatz lokalisiert. Der Ribonucleoproteidgehalt bleibt, im Unterschied zu den Ependymocyten, bei diesen kinocilienarmen Ependymzellen bis zum adulten Stadium erhalten (Ausdruck der geringeren Differenzierung der kinocilienarmen Ependymzellen gegenüber den Ependymocyten mit vielseitigeren funktionellen Potenzen?). Die kinocilienarmen Ependymzellen sind hinsichtlich der Verteilung der Enzyme nicht wie die Ependymocyten einseitig zur Ventrikeloberfläche ausgerichtet.

Beim *Hühnerkeim* entwickelt sich das Enzymmuster während der Histogenese in vergleichbarer Weise (vgl. KABISCH u. LUPPA, 1972), Unterschiede betreffen den zeitlichen Ablauf. Die funktionelle Reife der Ependymzellen in der Wand des III. Ventrikels wird bereits gegen Ende der Embryonalentwicklung erreicht; die im zweiten Drittel der Embryonalentwicklung hohen Hydrolasen-Aktivitäten nehmen gegen Ende der Entwicklung ab. Es entsteht eine für die kinocilienreiche und die kinocilienarme Ependymzelle charakteristische intracelluläre Enzymverteilung, die der bei Mammaliern gleicht.

2.2. Kinocilienreiche Ependymzellen

2.2.1. Übersicht

Im folgenden werden die in der Anzahl weit überwiegenden kinocilienreichen Ependymzellen aller Ventrikel besprochen und diesen – zur Wahrung der Übersichtlichkeit – zunächst nur die kinocilienarmen Ependymzellen einer einzigen Region, die hypothalamischen kinocilienarmen Ependymzellen, gegenübergestellt. Dabei sollen zugleich beispielhaft die Ependymzellen eines ersten, in der Regio hypothalamica des III. Ventrikels liegenden, circumventriculären Organs, der *Eminentia mediana*, beschrieben werden. Bei Besprechung der kinocilienarmen Ependymzellen des *Processus infundibuli* kann das Verhalten der Pituicyten der *Neurohypophyse* nicht unbeachtet bleiben. Eine Reihe von Beobachtungen, die auch für die übrigen circumventriculären Organe gelten, kommt mit der

Eminentia mediana zur Sprache. Im Nachtrag werden die hiervon abweichenden Besonderheiten der übrigen circumventriculären Organe abgehandelt.

Die *Vermessung der flächenhaften Ausdehnung des Ependymorgans* und seine topographische Gliederung (ohne Plexus choroidei) kann anhand von *Ventrikelausgüssen* (Last u. Tompsett, 1953, *Mensch;* Fitzgerald, 1961, *Mammalier;* Badawi, 1967, *Huhn, Taube, Ente;* Böhme u. Franz, 1967, *Ratte, Maus;* Levinger u. Edery, 1968, *Katze;* McFarland et al., 1969, *Mammalier;* Levinger, 1971a, *Ratte,* 1971b, *Kaninchen;* Levinger u. Kedem, 1974, *Katze*) oder Schnittserien vorgenommen werden (McFarland et al., 1969, *Mammalier;* Schwanitz, 1969, *Kaninchen;* Ferraz de Carvalho, 1970, *Reptilien;* Westergaard, 1970, *Mammalier;* Leonhardt, 1972a, *Kaninchen;* Booz u. Desaga, 1973, *Ratte;* Mitro, 1976, *Ratte*).

Oberflächenbildung. Die kinocilienreichen Ependymzellen, die Ependymocyten, bilden im ausgereiften Ependym als einschichtige Zellage eine annähernd glatte Oberfläche. In begrenzten Arealen großer Gehirne bedecken die Ependymocyten auch makroskopisch sichtbare Falten und Sulci. Eine zusammenfassende Beschreibung dieser Faltenfelder, *sulcated areas,* gibt Friede (1961, Lit.). Die Faltenfelder sind eine regelmäßige, nicht krankhafte Bildung, die hauptsächlich im menschlichen Gehirn ab dem 4. Fetalmonat, auch im Gehirn von *Rind* und *Pferd,* weniger stark bei *Hund* und *Katze* beobachtet wird. Ependymfalten beschreiben Fleischhauer (1960, 1970) über dem Fasciculus subcallosus im lateralen Winkel des Vorderhornes, Kusche (1966) über dem Nucleus habenularis der *Katze,* Merker (1970) im Dach des Aquäduktes von *Affen,* Ferraz de Carvalho et al. (1975) beim *Faultier* an mehreren Stellen (REM-Abbildung des Faltenfeldes der Wand des III. Ventrikels beim *Affen* s. Coates, 1977, beim Menschen s. Flament-Durand, 1978). Die kleinen Gehirne von *Maus, Ratte, Meerschweinchen* und *Kaninchen* zeigen kaum Faltenfelder. Die Faltenfelder kommen vorwiegend im III. Ventrikel (über dem Thalamus, über der Stria terminalis und an anderen Stellen), aber auch im Aquädukt und im IV. Ventrikel vor. Die Falten und Sulci sind häufig von verstärkt ausgebildetem subependymalem Gewebe unterlagert. Die Ependymocyten scheinen im Bereich der Faltenfelder auch, abhängig von der Schnittrichtung zur Längsachse der Falten, Röhrchen, Recessus oder subependymale Ependymocytennester zu bilden. Nach Andres (1965b), Akert (1967) und Pfenninger (1969) kommen im *Subfornicalorgan,* nach Wenger und Törö (1971) im *Organum vasculosum laminae terminalis* röhrenförmige, mit kinocilienreichen Ependymocyten ausgekleidete Oberflächeneinsenkungen vor. Merker (1968) beschreibt derartige Bildungen in der Umgebung des *Subcommissuralorgans* von *Affen* lichtmikroskopisch.

Ferraz de Carvalho (1970) berichtet über Ependymfalten im *Reptilien-Gehirn,* Nakai (1971) über Ependymröhrchen in der Eminentia mediana des *Frosches.*

Die *Form des Ependymocyten* gleicht bei Mammaliern meist der einer kubischen Epithelzelle (Abb. 7). Über die Höhe und Abmessungen der Ependymocyten im Seitenventrikel der adulten *Ratte* und *Maus* gibt Westergaard (1970) folgende Daten (vgl. auch Sulzmann, 1961, *Hund;* Schimrigk, 1966, *Mensch;* Symington et al., 1973, *Mensch;* Merl u. Goller, 1975, *Schaf, Ziege, Rind*). Die Ependymocyten sind im Vorderhorn („columnar type", Höhe 12–15 µm, Breite 8–10 µm) am höchsten. Im Unterhorn sind die Ependymocyten flach und breit ausgestreckt („squamous type", Höhe manchmal bis auf 0,1–0,2 µm reduziert, Breite über 50 µm). Regelmäßig sind die Ependymocyten über grauer

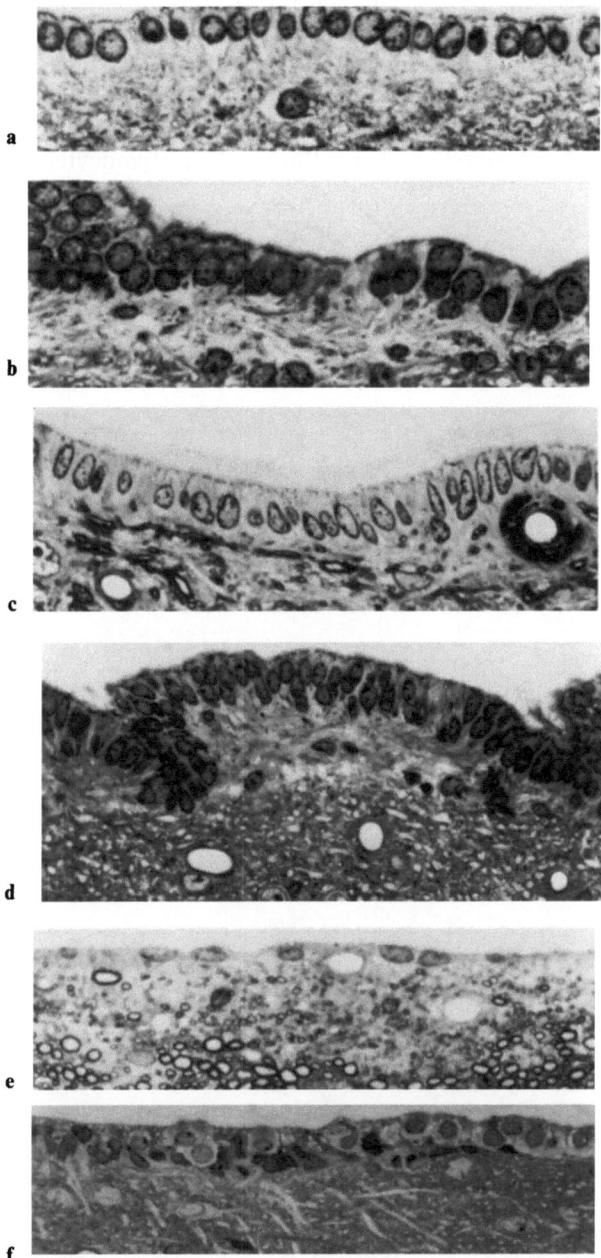

Abb. 7a–f. Typen kinocilienreicher Ependymzellen, *Kaninchen.* **a, b, d, f** III. Ventrikel, **c** Zentralkanal, **e** Seitenventrikel. **a** Kubische Ependymzellen; **b** Mehrschichtigkeit durch Schnittführung vorgetäuscht; **c** hochprismatische Ependymzellen; **d** beiderseits einer Ventrikelwandfalte je ein „Ependymkanälchen"; **e** flache Ependymzellen; **f** Übergang zwischen kubischen Ependymzellen *(rechts)* und hypothalamischen Tanycyten *(links)*. Färbung nach Richardson. Endvergr.: **a–c** u. **e** × 560, **d** u. **f** × 350

Substanz höher als über weißer. Bei den hohen und mittelhohen Ependymzellen sind die Zellorganellen apical zwischen Zellkern und apicaler Zelloberfläche untergebracht, die Kinocilien über die ganze Zelloberfläche verteilt. Bei den flachen Ependymocyten dagegen sind Zellorganellen und Kinocilien in Bereiche beiderseits des Zellkerns abgedrängt. Überlappungen reichen bei hohen Zellen weniger weit auf Nachbarzellen als bei flachen Ependymocyten (Abb. 8). Flache

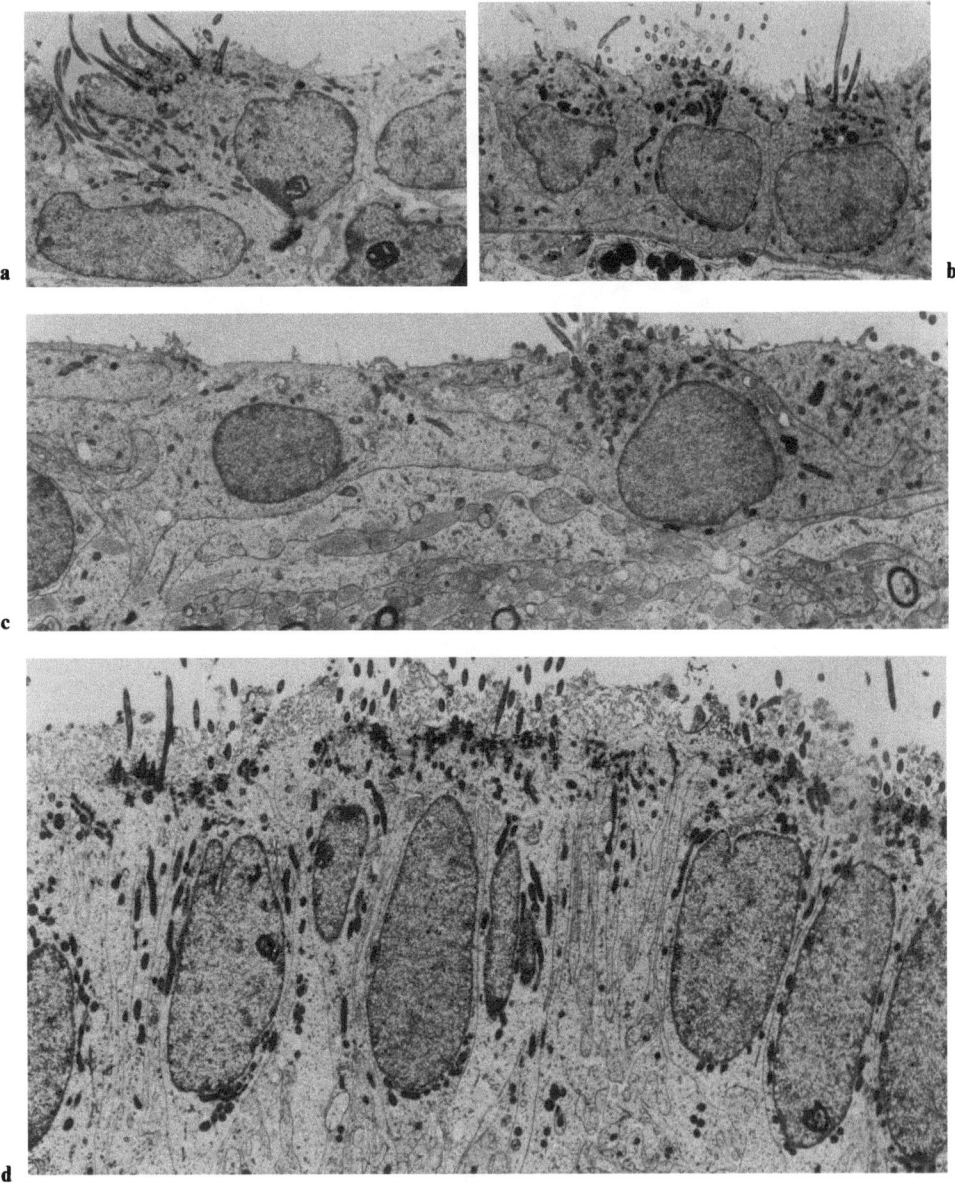

Abb. 8a–d. Formen kinocilienreicher Ependymzellen, *Kaninchen.* **a** u. **b** Apertura lateralis, **c** Seiten-ventrikel, **d** Zentralkanal. Endvergr.: **a** u. **b** × 3500, **c** × 4125, **d** × 4000

Ependymocyten überkleiden u.a. auch die *Teniae choroideae* beim *Kaninchen.* Ependymocyten können durch Trypsinisierung und anschließende Behandlung mit einem Chelatbildner isoliert werden; sie gleichen danach den Ependymocyten in situ (MANTHORPE et al., 1977, *Ratte*).

Beim *Hydrocephalus* werden auch die sonst hohen Ependymocyten flach ausgezogen, die Kinocilien verschwinden weitgehend (CLARK u. MILHORAT, 1970; MILHORAT et al., 1970; WELLER et al., 1971; OGATA et al., 1972; vgl. auch BECKER et al., 1972; LAWSON u. RAIMONDI, 1973; v. MECKLENBURG et al., 1974; NIELSEN u. GAUGER, 1974, REM; PAGE, 1975, REM; GO et al., 1976, REM; BOOZ u. DESAGA, 1977, TEM, Ratte; LINDBERG et al., 1977, REM; WELLER et al., 1978).

Die gelegentlich lichtmikroskopisch getroffene Feststellung, daß beim Gesunden die Ependymzelldecke stellenweise gänzlich fehle (SPATZ et al., 1948, Recessus infundibuli des *Kaninchens;* BRETTSCHNEIDER, 1955, Recessus infundibuli des *Pferdes;* LÖFGREN, 1960, Recessus infundibuli der *Ratte;* FRIEDE, 1961, Aquädukt des *Menschen;* DELLMANN, 1962, Recessus infundibuli des *Rindes;* SCHIMRIGK, 1966, Hinterhörner der Seitenventrikel beim *Menschen*), hat sich bisher an gesunden tierischen Gehirnen elektronenmikroskopisch nicht bestätigen lassen – auch nicht im Zusammenhang mit der Ausbildung von Coarctationen (WESTERGAARD, 1970, s.u.). Doch findet man beim gesunden Tier elektronenmikroskopisch nicht selten örtlich extrem abgeflachte Ependymocyten, die sich dem lichtmikroskopischen Nachweis entziehen. In pathologischen Zuständen kann allerdings die Ependymzelldecke lokal zugrunde gehen (WELLER et al., 1971; RAIMONDI et al., 1972).

Bei *Submammaliern* haben die kinocilienreichen Ependymocyten häufig eine langgestreckte Form. Sie können, örtlich abhängig von der Dicke der Hirnwand, mit basalen Fortsätzen die äußere Hirnoberfläche erreichen und stehen hierdurch formal den fetalen Ependymzellen nahe, sind aber im Unterschied zu diesen ausdifferenziert (vgl. hierzu B. II. 1). Über langgestreckte und – soweit in der Darstellung bemerkt oder in den Abbildungen erkennbar – kinocilienreiche Ependymzellen bei Submammaliern s. *Selachier:* HORSTMANN (1954), KLATZO und STEINWALL (1965); *Amphibien:* PAUL (1967); *Reptilien:* FLEISCHHAUER (1957), BÖSEL (1970), FERRAZ DE CARVALHO (1970), HETZEL (1977b); *Vögel:* JONES und DOLMAN, 1979).

Coarctationen, d.h. lokale Verwachsungen gegenüberliegender, einander stark angenäherter Wände des Ventrikelsystems sind im Bereich der von Ependymocyten ausgekleideten Ventrikelanteile bei *Mensch, Hund, Katze, Kaninchen, Hamster, Meerschweinchen, Ratte* und *Maus* beschrieben; sie treten symmetrisch auf. Während die neugeborene *Maus* noch keine Coarctationen besitzt, werden diese bei 96,4% der erwachsenen Tiere gefunden; sie entwickeln sich postnatal (WESTERGAARD, 1964, 1968, *Meerschweinchen,* 1969a, *Goldhamster,* 1969b *Ratte;* LEVINGER, 1971, *Kaninchen*). Häufigkeit, Lokalisation und Ausdehnung der Coarctationen und der Zeitpunkt ihrer Ausbildung variieren stark sowohl zwischen den Ordnungen der Vertebraten als auch individuell (Lit. und Zahlenangaben bei WESTERGAARD, 1970). Eine Coarctation kann einen kleinen, nicht verwachsenen Ventrikelabschnitt einschließen, dessen Lumen mit dem übrigen Ventrikelsystem nicht kommuniziert.

Beim Schleimaal *Myxine glutinosa* (Cyclostomata) obliterieren die Seitenventrikel vollständig (ADAM, 1956).

Die *Öffnungen des Ventrikelsystems*, beim Menschen die *Aperturae laterales ventriculi quarti* (LUSCHKA, 1855) und die *Apertura mediana ventriculi quarti* (MAGENDIE, 1827), entstehen sekundär im Laufe der Fetalentwicklung (BARTELMEZ u. DEKABAN, 1962, *Mensch;* BROCKLEHURST, 1969, *Mensch*). Diese Anordnung der Öffnungen wird bei zahlreichen Mammaliern gefunden (vgl. im folgenden CAMMERMEYER, 1971, *Mammalier*).

Die *mediane Öffnung* im Dach des IV. Ventrikels fehlt bei vielen Species generell oder individuell, sie ist im übrigen variabel ausgebildet; auch akzessorische Öffnungen werden beschrieben (Lit. s. CAMMERMEYER, 1971). Bei *Rodentiern* und *Primaten* liegt die mediane Öffnung in einer caudalwärts gerichteten Protrusion des Ventrikeldaches (COBEN, 1967 u.a.). Bei sehr weiten lateralen Aperturen kann die mediane Apertur (generell oder individuell) fehlen, enge laterale Aperturen sollen mit der Ausbildung einer medianen Öffnung vergesellschaftet sein (HALLER v. HALLERSTEIN, 1914, *Pferd, Schaf, Rind* u.a.; ELZE, 1952, *Mensch*). Die Unterschiede in der Ausbildung der medianen Öffnung stehen offenbar im Zusammenhang mit der artspezifischen Form der Area postrema und dem Auftreten von Hirnhautkörperchen, *choroidal bodies* und *leptomeningeal bodies*, an dieser Stelle (CAMMERMEYER, 1970; vgl. LEONHARDT, 1972b). Ependymzellen und Hirnhautbindegewebe erscheinen in der Umgebung der Öffnung flach und gedehnt (Kriterium für die intravitale Entstehung der Öffnung und gegen Artefakt). Im Gegensatz zur lateralen Öffnung enthält die mediane Apertur nur sehr selten Plexus-choroideus-Zotten.

Die *lateralen Öffnungen* werden bei Mammaliern weitgehend regelmäßig ausgebildet (STRONG u. ALBAN, 1932, *Ratte*), sie sind weiter als die Apertura mediana und stellen offenbar den Hauptabflußweg des Liquors dar. Häufig enthalten die lateralen Öffnungen Plexuszotten. Am Boden der lateralen Apertur bedeckt die äußere Basallamina des Gehirns eine kurze Strecke weit die apicale Oberfläche des Ependyms (*Kaninchen*, unveröffentlicht).

Die Mechanismen, die zur Entstehung der Öffnungen führen, sind unklar. BLAKE (1900) und MILLEN und WOOLLAM (1962) vermuten, daß eine dorsale Ausziehung des Ventrikeldaches einreißt. WEED (1917) sieht in der Zunahme der Liquormenge, HALLER v. HALLERSTEIN (1914) und BROCKLEHURST (1969) sehen in entwicklungsgeschichtlichen Faktoren die Ursache, nach YAKOVLEV (zit. nach McFARLAND et al., 1969) liegt sie in „violent activity at birth" begründet.

Vergleichbare Aperturen im Dach des IV. Ventrikels werden auch bei *Submammaliern* gefunden (COHEN u. DAVIES, 1937, *Huhn;* LANGEVOORT, 1956, *Huhn;* BÖHME, 1969, *Huhn;* BROCKLEHURST, 1976, *Frosch*).

Öffnungen des caudalen Endes des Zentralkanals im Bereich des Filum terminale wurden wiederholt beobachtet (WISLOCKI et al., 1956, *Kaninchen, Meerschweinchen, Rhesusaffe;* NAKAYAMA, 1976, zwei Öffnungen beim *Kaninchen*, zwei oder drei beim *Meerschweinchen*, eine bei der *Ratte*). Die Öffnungen sind teils von Piabindegewebe bedeckt, teils unbedeckt. Am Rand der Öffnungen sind Piazellen und Ependymzellen durch einen „focal junctional apparatus" verbunden. Tusche, in den Seitenventrikel injiziert, tritt durch diese Öffnungen in den Subarachnoidealraum aus (vgl. BRADBURY et al., 1964, *Kaninchen;* NAKAYAMA u. KOHNO, 1974). Auch die Substanz des Reissnerschen Fadens nimmt diesen Weg (vgl. S. 488).

Beim *Neunauge* wurden caudale Öffnungen des Zentralkanals wiederholt beobachtet (NICHOLLS, 1912a; KOLMER, 1921a; STERBA u. NAUMANN, 1966; u.a.).

Erste *elektronenmikroskopische* Einzelbefunde an Ependymocyten wurden erhoben von LUSE (1956), SCHULTZ et al. (1956), BRIGHTMAN (1961), TENNYSON (1961), BLINZINGER (1962), TENNYSON und PAPPAS (1962). Die erste umfangreiche und detaillierte elektronenmikroskopische Beschreibung von Ependymocyten der Mammalier stammt von BRIGHTMAN und PALAY (1963, Seitenwand des III. Ventrikels, Wand des Aquäduktes und des IV. Ventrikels der *Ratte*). Die Ergebnisse werden durch die gleichfalls umfangreichen Untersuchungen von

WESTERGAARD (1970, Seitenventrikel, *Maus, Ratte*) bestätigt und ergänzt (vgl. auch KLINKERFUSS, 1964, Seitenventrikel, *Katze*; HIRANO u. ZIMMERMAN, 1967, Seitenventrikel, *Ratte*). Eine stichprobenweise Beschreibung der Ependymzell-unterschiede im gesamten Ventrikelsystem unter Einschluß der kinocilienarmen Ependymzellen beim Faultier *Bradypus tridactylus* geben FERRAZ DE CARVALHO und COSTACURTA (1976). Die folgende Darstellung hat hauptsächlich diese Arbeiten zur Grundlage.

Feinbau der Ependymocyten von *Cyclostomata* s. SCHULTZ et al. (1956), BERTOLINI (1964), *Urodelen* s. ZAMORA (1978).

2.2.2 Freie Oberfläche

Das *apicale Plasmalemm*, die dem Ventrikelliquor zugewandte Oberfläche der Ependymocyten, ist durch jeweils 35–60 Kinocilien (BRIGHTMAN u. PALAY, 1963) sowie durch unregelmäßige, unterschiedlich starke Ausfaltungen und Einsenkungen des Plasmalemms geprägt. Häufig überdeckt ein dünner, zungenförmiger Zellausläufer überlappend einen Teil der apicalen Oberfläche der Nachbarzelle.

An mehreren Stellen des Ventrikelsystems bildet das apicale Plasmalemm synapsenartige Kontakte mit supraependymalen Nervenzellfortsätzen (s. S. 309 ff.).

Die apicalen *Plasmalemmausfaltungen* sind teils fingerförmige Mikrovilli, teils bilden sie um den Cilienursprung Gräben und Wälle. Bei hohen Ependymocyten entspringt häufig ein Büschelchen von Mikrovilli aus einer breiteren Cytoplasmazunge (vgl. REM-Untersuchungen, S. 184 ff.). Die lumenwärts gerichtete Plasmalemmoberfläche besitzt Bindungsorte für Concanavalin A (WARCHOL, 1978 a).

Kinocilien. Die Anzahl der Cilien differiert bei Ependymocyten (neugeborene *Ratten*), die in Gewebekultur gehalten werden, stark von Zelle zu Zelle (DALEN et al., 1971). OHTSUKI (1972) fand bei REM-Untersuchungen im Zentralkanal des *Kaninchens* auf jedem Ependymocyten einen Schopf von 12–15 Cilien (vgl. ROY et al., 1974, *Mensch*). NAKAYAMA und KOHNO (1974) kommen zu dem Schluß, daß die Anzahl der Cilien der Ependymocyten im Zentralkanal speciesspezifisch ist (Abb. 9).

Der Cilienschaft enthält die für die Protozoen und Metazoen charakteristische „$9 \times 2 + 2$"-Struktur, wie von GIBBONS und GRIMSTONE (1960) und FAWCETT (1966) beschrieben (Abb. 10). Die Basalkörper der Cilien sind nicht in einer Ebene oder Reihe angeordnet, sie reichen 0,35–0,40 μm weit in das Cytoplasma hinein. Bei Fixierung in Bouinscher Lösung und Färbung mit Chromalaunhäma-toxylin-Phloxin oder 3,6-Diaminoarcridintrihydrochlorid leuchten die Basalkörperchen der Kinocilien im Fluorescenzmikroskop hell auf (FLEISCHHAUER, 1960, 1964; vgl. CONNOLLY u. KALNINS, 1978). Als Eigentümlichkeit der Kinocilien von Ependymocyten heben BRIGHTMAN und PALAY (1963) filamentöse Anhängsel der Basalkörper sowie einen „Basalfuß" hervor. Die filamentösen Anhängsel ziehen vom Basalkörper bürstenförmig in das Cytoplasma. Der „Basalfuß" besteht aus kurzen Filamenten, die zu einem quergestreiften Conus (Periode der Querstreifung etwa 50 nm) angeordnet sind, der im Winkel von 90° dem Basalkörper aufsitzt (vgl. NAJERA et al., 1978).

Auch bei *Amphibien* werden vergleichbare Wurzelfilamente in kinocilientragenden Ependymzellen angetroffen (DAVID et al., 1963).

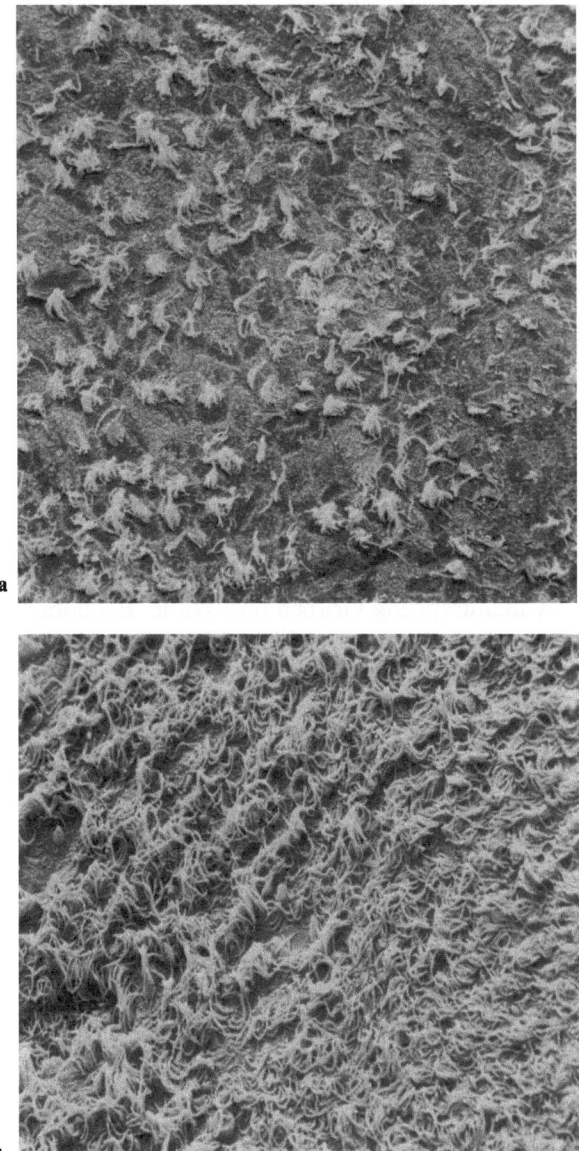

Abb. 9a u. b. Kinocilienreiche Ependymzellen, unterschiedlich dichte Stellung der Kinocilienbüschel in Abhängigkeit von der Zellgestalt, REM, *Kaninchen*. **a** Abgeflachte Zellen im Seitenventrikel; **b** kubische Zellen im Aquädukt. Endvergr. in der Projektion: **a** ×504, **b** ×585

Nach Westergaard (1970, *Ratte, Maus*) sind die Cilien 15–20 µm, nach Yamadori und Yagihashi (1975, *Maus*) etwa 10 µm lang. Nach Kozlowski et al. (1973, *Schaf*, III. Ventrikel) beträgt das Cilienkaliber in der REM-Untersuchung 0,25–0,45 µm. Es bleibt in ganzer Länge gleich (vgl. auch Clementi u.

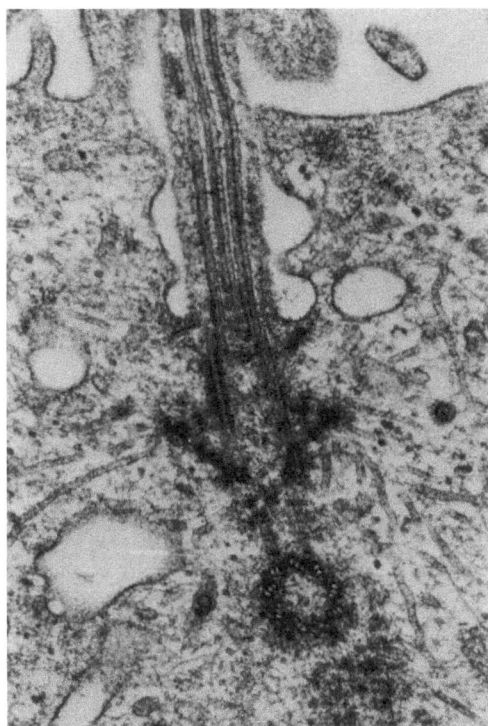

Abb. 10. Kinocilie (9 × 2 + 2-Struktur) einer kinocilienarmen Ependymzelle, Eminentia mediana, *Ratte*. (Präparat Dr. B. KRISCH, Kiel). Endvergr. × 53 160

MARINI, 1972, *Katze*). Die Spitze jeder Kinocilie trägt ein bikonkaves Scheibchen vom Durchmesser der Cilie. Über der Area subpostrema (s. S. 504 ff.) nimmt das Kaliber der einzelnen Cilie von basal (0,2 µm) nach apical zu; das Cilienende ist zu einer 0,8–1,3 µm dicken Knolle verdickt, die Cilienoberfläche feingranuliert (LEONHARDT et al., 1975). BRUNI et al. (1972) fanden eine gleichartige Dickenzunahme der Cilien im III. Ventrikel des *Kaninchens*. Die Untersuchung mit der Perjodsäure-Bisulfit-Aldehydthionin-Methode (SPECHT, 1970) ergibt, daß die verdickten Cilien der Area subpostrema eine Auflagerung von Glykoproteinen tragen, vermutlich ein Sekret aus der Area subpostrema, das durch den Kinocilienschlag zum freien Ende der Cilie geschlagen wird (LEONHARDT et al., 1975, *Kaninchen*; Abb. 11). Eine apicale Cilienanschwellung wird aber auch bei der Cilienentwicklung – wenngleich bei wesentlich kürzeren Cilien – beobachtet (CHAMBERLAIN, 1973). Die Membran des Cilienschaftes zeigt basal eine halsförmige Spezialisierung, bestehend aus 5–6 (bis 13) ringförmig angeordneten Reihen von Partikeln in face A und B (TANI et al., 1974, Gefrierbruchuntersuchung, *Ratte*).

Kinocilienschlag und Liquorbewegung. Über direkte Beobachtung der Cilienbewegung liegen aus neuerer Zeit wenig Berichte vor.

SINGER und GOODMAN (1966) untersuchten im Phasenkontrast die Wirkung

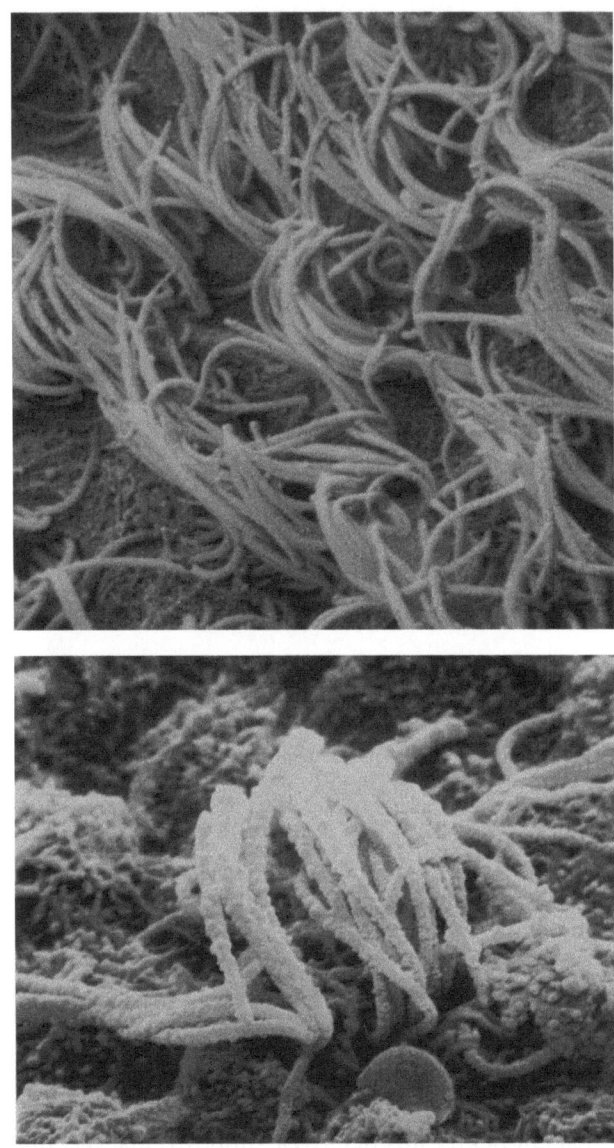

Abb. 11a u. b. Kinocilienbüschel kinocilienreicher Ependymzellen, REM, *Kaninchen*. **a** Aquädukt; **b** sekretbeladenes Kinocilienbüschel der Area postrema. Endvergr. in der Projektion: **a** ×4770, **b** ×5850

verschiedener Elektrolyte, des Ionengehaltes, des pH sowie der Temperatur auf die Cilienbewegung der Ependymocyten (*Ratte*). Die Schlagfrequenz beträgt bei 15 °C 120/min, bei 25 °C 200/min und reguliert sich bei weiterer Temperaturerhöhung auf 35 °C bei 200/min ein. Der Cilienschlag ist in der Gewebekultur gegen Schädigung relativ widerstandsfähig (Hild, 1957); er kann noch nach über 130 Tagen beobachtet werden (Arinci, 1963).

Über Art und Richtung der durch den Cilienschlag verursachten *Liquorbewegung* berichten WORTHINGTON und CATHCART (1966, Lit). Sie fanden in allen untersuchten Ventrikelabschnitten von 12 *menschlichen* Gehirnen, die 2,5–6 Std nach Eintritt des Todes entnommen worden waren, Kinocilienbewegung. Untersuchungen am *Ratten*-Gehirn zeigen, daß die Hauptrichtung des Kinocilienschlages mit der der Liquorströmung übereinstimmt. Erythrocyten, die zur Klärung der Schlagrichtung auf die Ependymoberfläche gebracht werden, erreichen die Öffnung zum nächstfolgenden Ventrikelabschnitt aber nicht auf kürzestem Weg. Es kommt vielmehr zu zirkulären und wirbelförmigen Strömungen, die alle Nischen und Recessus des Ventrikelsystems erreichen. Der Cilienschlag stößt dabei die Test-Erythrocyten von der Ventrikelwand zurück; innerhalb von 60 s ist die Oberfläche des III. Ventrikels völlig von ihnen befreit (vgl. auch die Untersuchungen von KONNO u. SHIOTANI, 1956, *Hund*, Ventrikelsystem). Beim *Kaninchen* ist überdies im Zentralkanal eine abwärts gerichtete Liquorströmung nachgewiesen (BRADBURY et al., 1964; SCHWARZBERG et al., 1971).

Auch bei *Amphibien* wurden wirbelförmige, durch den Kinocilienschlag verursachte Liquorbewegungen beschrieben. VONWILLER und WIGODSKAYA (1934) konnten sie intravital anhand der Bewegungen von – in den Ventrikel gelangten – Erythrocyten beim *Frosch* beobachten (vgl. auch CHU, 1942). ADAM (1953, 1966) gelang es, die Bewegungen von kugelförmigen Melanocyten im Ventrikelsystem von *Xenopus*-Larven aufzuzeichnen (vgl. auch NELSON u. WRIGHT, 1974).

Offenbar entstehen im Ventrikelsystem von Vertebraten aber auch Strömungen, die mit der Hauptrichtung des Liquorstromes nicht übereinstimmen, ja ihr entgegenlaufen. Die Beobachtungen sind widersprüchlich. So wird beim *Kaninchen* nach suboccipitaler Tuscheinjektion innerhalb von Minuten Tusche auf der Oberfläche des gesamten Ventrikelsystems gefunden. Wenige Minuten später ist das Ventrikelsystem wieder frei von Tusche (STOBER, 1972; vgl. MCCARTHY u. BORISON, 1966; BORISON, 1967). In szintigraphischen Untersuchungen beim *Menschen* wird bei suboccipitaler Injektion im Normalfall dagegen keine Aktivität in den Ventrikeln beobachtet (ALKER u. LESLIE, 1969), wohl aber im Fall eines Hydrocephalus internus (HEINZ et al., 1970), bei dem die Kinocilien weitgehend zugrunde gehen (s.S. 197).

Aus der Ausrichtung der im REM-Präparat fixierten Cilien auf deren Schlagrichtung zu schließen ist schwierig (OHTSUKI, 1972; zur Problematik der Methode vgl. AIELLO u. SLEIGH, 1977, *Frosch*, Trachealepithel). Im REM-Präparat sind die Kinocilien häufig zu Büscheln aggregiert, ein Zustand, der auf die technische Aufbereitung (Trocknung) zurückgeführt wird (KOZLOWSKI et al., 1973; vgl. BARBER u. BOYDE, 1968; DALEN et al., 1971). KOZLOWSKI et al. (1973) sehen in der gebogenen Anordnung sowie in der Ausrichtung der Kinocilien und Kinocilienbüschel den Ausdruck von – durch die Fixierung erstarrten – metachronen Schlagwellen. YAMADORI und YAGIHASHI (1975, *Maus*) und YAMADORI (1977, *Maus*) schließen aus der Ausrichtung der Kinocilien am Boden des IV. Ventrikels auf deren Schlagrichtung und auf die Richtung der wandnahen Liquorbewegung. Im Anfang des Aquäduktes folgen die einzelnen Sekretfäden, die den *Reissnerschen Faden* bilden, genau der Ausrichtung der Kinocilienbüschel; es entsteht der Eindruck, daß die Kinocilien das Sekret gerichtet bewegen und auf diese Weise den Reissnerschen Faden „spinnen" (*Kaninchen*, unveröffentlicht). Bei lichtmikroskopischer Untersuchung wird über der Area subpostrema eine seitwärts gerichtete Sekretbeförderung durch Kinocilien wahrscheinlich (LEONHARDT et al., 1975, *Kaninchen*).

Über die funktionelle Bedeutung der Liquorzirkulation an der Ventrikelwand bestehen nur Mutmaßungen. Einerseits nehmen WORTHINGTON und CATHCART (1966) an, daß die Liquorbewegung den Effekt einer „Reinigung" der Ependymoberfläche von Zelldetritus habe. Andererseits bleibt die Frage noch unbeantwortet, welche Bedeutung die Cilienbewegung für den gleichmäßigen Transport von Liquor zwischen Ventrikel und Intercellularraum des Gehirns besitzt. Falls schließlich, wie mehrfach vermutet (vgl. JOHNSON u. EPSTEIN, 1975; s. auch S. 257ff.), der „Liquorweg" bei endokrinen oder anderen Regulationsvorgängen eine Rolle spielt, würde der Cilienbewegung dabei sicherlich eine große Bedeutung zukommen.

Freie Oberfläche bei Coarctationen. Bei der Bildung von Coarctationen (s. auch S. 197) beansprucht die apicale Oberfläche der Ependymocyten besonderes Interesse. WESTERGAARD (1970), der die Entstehung und Ausformung der Coarctationen bei *Maus* und *Ratte* untersuchte, findet keinen Hinweis auf die Ursache des Phänomens. Er schließt aus, daß vorher von Ependymzellen entblößte

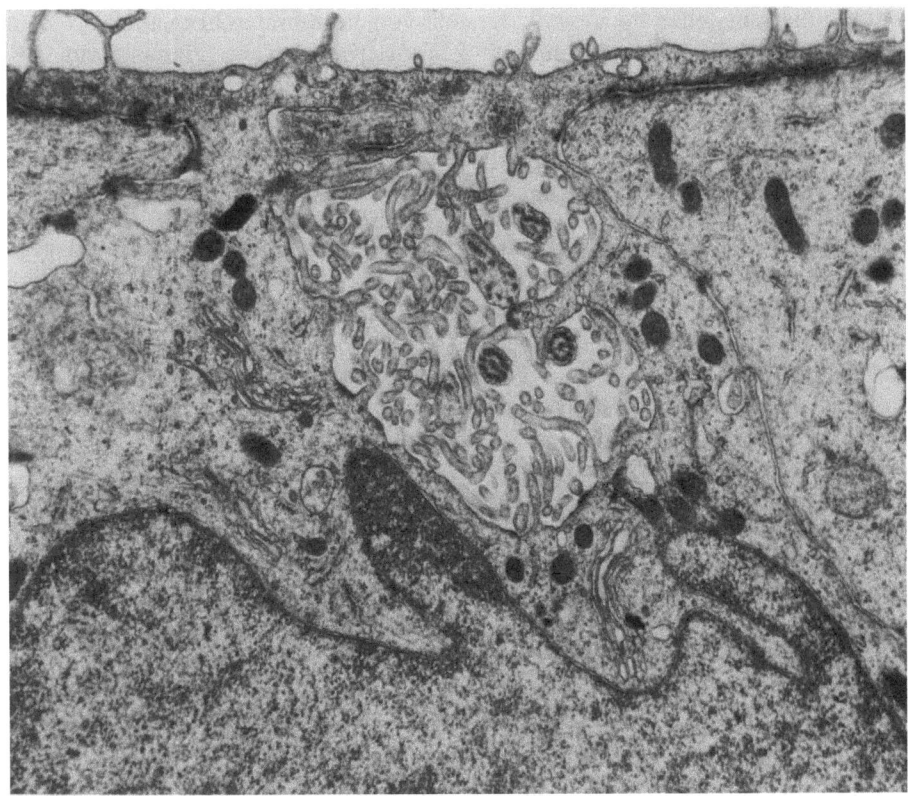

Abb. 12. Intracelluläres Ependymkanälchen kinocilienreicher Ependymzellen, Seitenventrikel, *Kaninchen.* Endvergr. × 18000

„nackte" Wandanteile sekundär miteinander verwachsen. Die elektronenmikroskopische Untersuchung von Coarctationen zeigt aber, daß sekundär ein Teil
der Ependymzellen der ursprünglich gegenüberliegenden Wandanteile verschwindet, während sich ein anderer Teil in Form von Ependyminseln oder Ependymzellreihen unterschiedlicher Länge anordnet. Die Ependymocyten können als
Doppelreihe einen Spalt begrenzen, der den in der Nachbarschaft offenen Teil
des Ventrikellumens fortsetzt oder ohne Verbindung zum übrigen Ventrikelsystem bleibt. In jedem Fall sind die ursprünglich einander gegenüberliegenden
Ependymocyten durch Ausbildung von Zonulae adhaerentes miteinander „verwachsen". Die regelmäßige Anordnung der beiden Ependymzellreihen kann
dadurch verlorengehen, daß sich diese mit interdigitierenden Fortsätzen ineinander verzahnen. Cilien der Ependymocyten können in Intercellularspalten oder
in intraependymale Kanälchen hineinragen, die in Coarctationen häufig gefunden werden. Zelleib und Zellkern der Ependymocyten in Coarctationen zeigen
elektronenmikroskopisch keine Unterschiede gegenüber den Ependymocyten benachbarter Ventrikelanteile, auch das subependymale Capillarmuster bleibt in
Coarctationen erhalten.

Freie Oberfläche in Ependymkanälchen. Ein intraependymales, handschuhfin-
gerförmig von der apicalen Oberfläche eines Ependymocyten ins Zellinnere ein-
gezogenes Kanälchen wird im Ependym des Unterhorns des *Seitenventrikels*
der adulten *Ratte* nicht selten beobachtet (WESTERGAARD, 1970). Auch im Seitenventrikel des adulten *Kaninchens* kommen derartige intracelluläre Kanälchen
vor (Abb. 12). Aus der das Kanälchen begrenzenden Zelloberfläche ragen zahlreiche Kinocilien und Mikrovilli ins Kanälchenlumen.

2.2.3. Seitliche und basale Oberfläche

Das *seitliche Plasmalemm* der Ependymocyten bildet häufig eine gestreckte Zell-
begrenzung. Seltener kommen interdigitierende Verzahnungen mit den benachbarten Ependymocyten vor. Zwischen die seitlichen Plasmalemmata benachbarter Zellen können, abhängig von der Zusammensetzung des subependymalen
Gewebes, kleinkalibrige marklose, auch markscheidenführende *Nervenzellfortsätze* (vgl. WESTERGAARD, 1970) sowie Ausläufer von pericapillären *Basalmembranlabyrinthen* (s.S. 337ff.) vordringen (Abb. 13).

Auch das *basale Plasmalemm* begrenzt die Zelle häufig weitgehend gerade
(BRIGHTMAN u. PALAY, 1963; HIRANO u. ZIMMERMAN, 1967; WESTERGAARD,
1970) gegen die subependymale Gewebeplatte (s.S. 327ff.), die in den einzelnen
Ventrikelabschnitten geweblich verschieden zusammengesetzt ist.

BLINZINGER (1962) beschreibt dagegen bei den Ependymzellen im Seitenventrikel des *Hamsters* basale Fortsätze, die in das unterliegende Gewebe eindringen,
und HIRANO und ZIMMERMAN (1967) fanden gelegentlich im Seitenventrikel der
Ratte Ependymzellen, die mit einem basalen Fortsatz an eine Capillarwand
grenzen, Verhaltensweisen, die sonst bei kinocilienarmen Ependymzellen beobachtet werden (s.S. 233). Es ist nicht ausgeschlossen, daß diese Zellen zu jenem
schmalen, im REM-Bild kinocilienarmen Ependymstreifen (KOZLOWSKI et al.,
1972; ALLEN u. LOW, 1973) gehören. Hierzu würde auch die Beobachtung von
„tight junctions" an einigen Stellen des Seitenventrikels passen (TANI et al.,

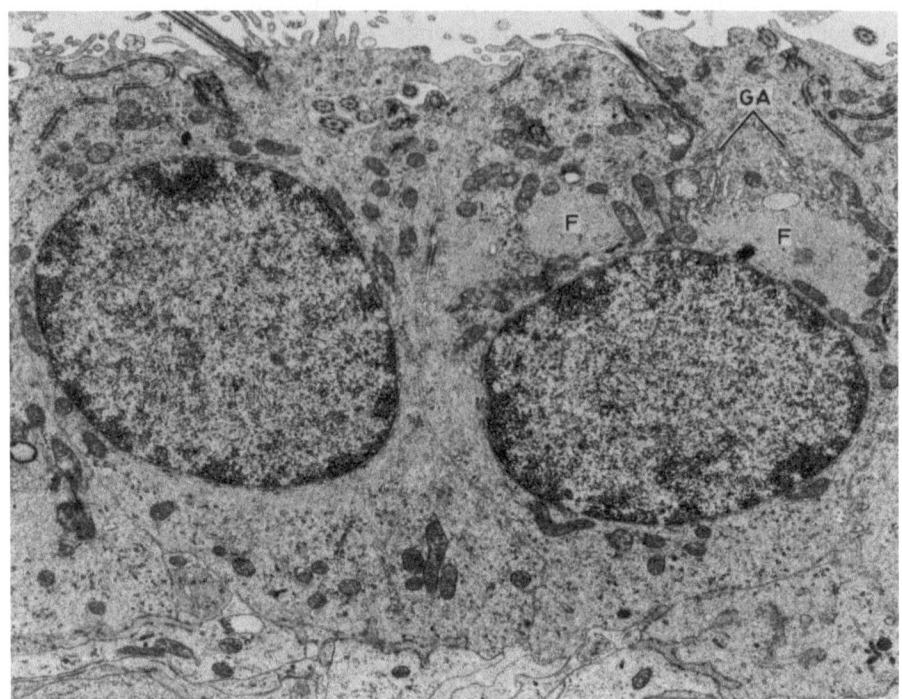

Abb. 13. Kinocilienreiche kubische Ependymzellen, III. Ventrikel, *Ratte*. Anordnung des Golgi-Apparates *(GA)* und der Filamentbündel *(F)*. Endvergr. × 9000

1974, *Ratte*), die sonst bei kinocilienarmen Ependymzellen vorkommen. Im Conus medullaris des *Rückenmarkes* allerdings, der vorwiegend aus Ependymocyten besteht, erreichen basale Ausläufer der Ependymocyten offenbar regelmäßig das umgebende Piabindegewebe (Miller, 1968, *Katze, Affe*; Pearson u. Sauter, 1971, *Kaninchen, Affe, Mensch*). Auch am Boden der *Rautengrube* (*Ratte*) kommen im Bereich des Sulcus medianus rostral vom Kerngebiet des N. abducens regelmäßig kinocilienreiche Ependymzellen vor, die mit einem langen basalen Fortsatz an der Wand von Capillaren und postcapillären Venen endigen. Sie gleichen den von Horstmann (1954) bei *Selachiern* beschriebenen Tanycyten (s. S. 218 ff.) und stellen bei *Mammaliern* vermutlich ein phylogenetisches Relikt dar. Im Recessus lateralis des IV. Ventrikels (*Kaninchen*) können kinocilienreiche Ependymzellen ohne Fortsatzbildung an Capillaren grenzen (Abb. 14).

Zellkontakte. Die Kenntnis des Baues der Zellkontakte zwischen benachbarten Ependymocyten ist für das Verständnis der Flüssigkeitsbewegung im Zentralnervensystem Voraussetzung; die Zellkontakte waren Gegenstand zahlreicher Untersuchungen.

Brightman und Palay (1963) unterscheiden zunächst weite und enge Kontakte.

Die *weiten Kontakte* kommen nahe der freien Oberfläche und, seriell hintereinander angeordnet, auch in tieferen Bereichen benachbarter seitlicher Plas-

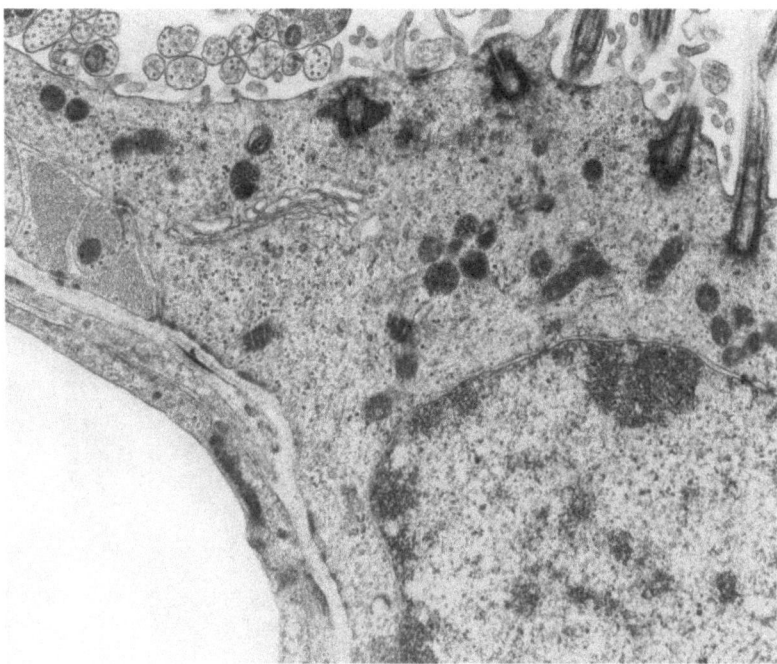

Abb. 14. Kinocilienreiche Ependymzelle grenzt unmittelbar an eine Capillare, Recessus lateralis des IV. Ventrikels, *Kaninchen*. Im Bild auch supraependymale Axone. Endvergr. × 18300

malemmata vor (Abb. 15). Sie sind durch eine Verdichtung des Plasmalemms jeder Seite und durch eine Anlagerung dichten Materials auf der Innenseite ausgezeichnet, in das zarte und kurze Cytoplasmafilamente einstrahlen. Der Intercellularspalt ist in der Kontaktzone, verglichen mit dem angrenzenden Spaltraum, weder verengt noch erweitert; er mißt etwa 23 (17–27) nm. Die gesamte Kontaktstruktur ist etwa 34 nm breit und unterschiedlich lang. Querschnitte durch invaginierte Fortsätze von Nachbarzellen lassen erkennen, daß die Kontaktstruktur gürtelförmig angeordnet ist. Sie wird als *Zonula adhaerens* (FARQUHAR u. PALADE, 1963) aufgefaßt. Der Intercellularraum enthält ein flaumiges, lockerfilamentöses Material.

Die *engen Kontakte* werden häufig nahe der apicalen Oberfläche, manchmal zwischen zwei Zonulae adhaerentes, manchmal unabhängig von diesen, aber auch in basalen Regionen beobachtet. Der zunächst geäußerten Vermutung, daß es sich dabei um eine „Zonula occludens" (FARQUHAR u. PALADE, 1963) handelt, einen völligen Verschluß des Intercellularraumes durch Ausbildung einer äußeren Verbundmembran zwischen den benachbarten Plasmalemmata, stehen Untersuchungen mit elektronenmikroskopisch sichtbaren Stoffen geeigneter Molekülgröße entgegen. Die Stoffe, in das Ventrikelsystem injiziert, dringen zwischen Ependymocyten in den Intercellularraum des subependymalen Gewebes vor (Lit. s. 2.4.1.).

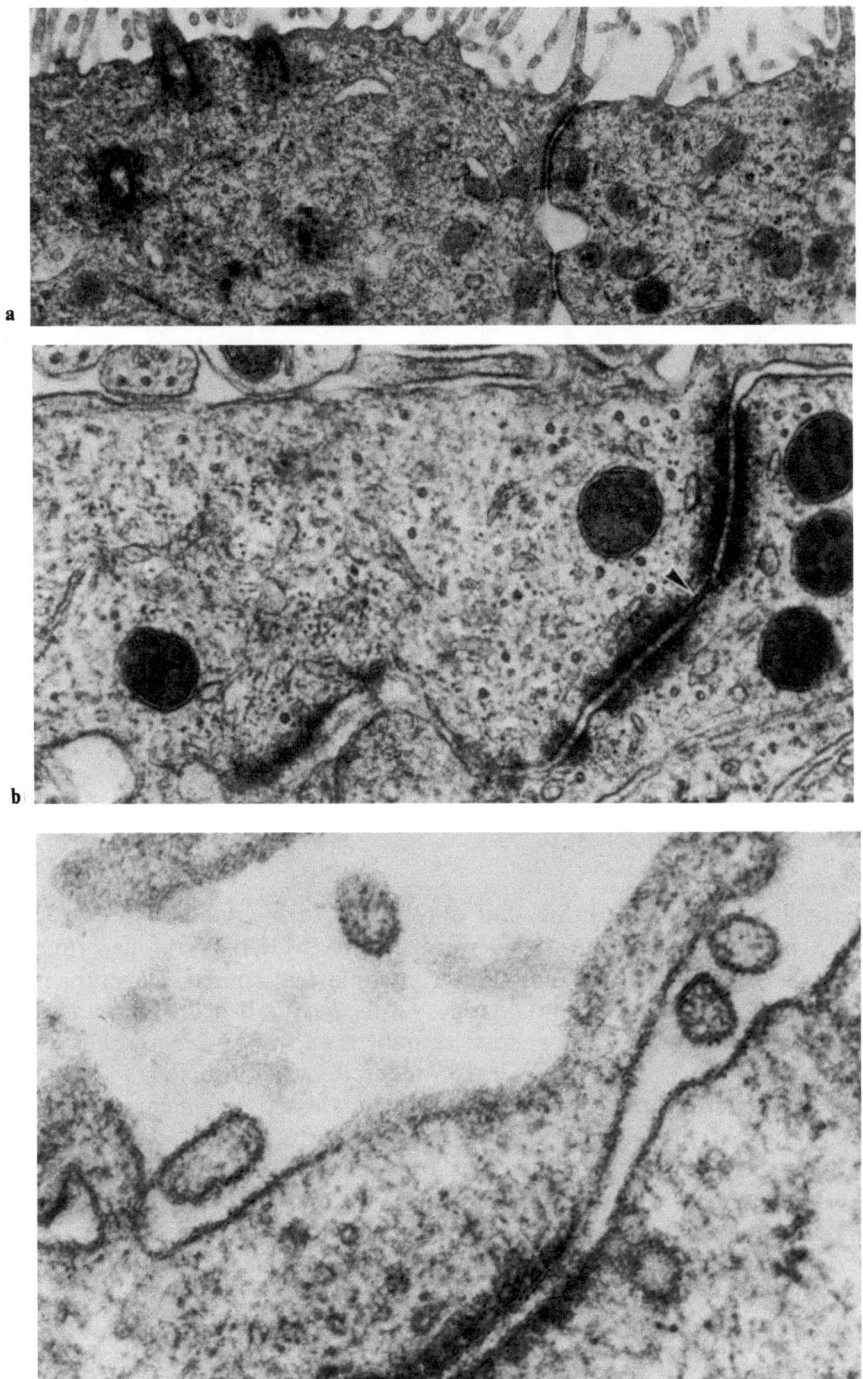

Abb. 15 a–c. Zellkontakte. **a** u. **c** Kinocilienreiche Ependymzellen, zum Ventrikellumen geöffneter Intercellularspalt, von Macula adhaerens begrenzt; **b** kinocilienreiche Ependymzellen, Intercellularraum durch „gap junction" *(Pfeil)* eingeengt, oberhalb und unterhalb der „gap junction" Macula adhaerens. **a** *Mensch,* Seitenventrikel; **b** *Kaninchen;* **c** *Ratte,* III. Ventrikel. Endvergr.:
a ×18300, **b** ×54000, **c** ×120000

BRIGHTMAN und REESE (1967, 1969) machten dann durch Behandlung des Gewebes vor der Entwässerung mit Uranylacetat den Intercellularspalt an der Stelle des engen Kontaktes sichtbar. Der enge Kontakt erweist sich als eine *gap junction*, ein „siebenschichtiger", insgesamt 13–15 nm breiter Kontakt, in dessen Bereich sich der Intercellularspalt von etwa 20 nm abrupt auf etwa 3 nm verschmälert (vgl. die „tight junction" der Tanycyten, S. 229 ff.). Die Gefrierätzuntersuchung gibt Aufschluß über die hexagonale Packung der Partikel im Spalt der „gap junction" (TANI et al., 1974), durch die benachbarte Zellen verbunden sind.

Über „gap junctions" unterschiedlicher Ausprägung, aber auch über „tight junctions" zwischen Ependymzellen des Rückenmarks eines *Teleosteers* berichten SANDRI et al. (1978). An *Amphibien* weist DECKER (1976) experimentell nach, daß „gap junctions" zwischen „ependymoglial cells" unter dem Einfluß von Schilddrüsenhormonen während der Differenzierung vermehrt gebildet werden.

Kinocilienreiche Ependymzellen im Liquormilieu. Die von Ependymocyten ausgekleidete Ventrikelwand bildet also offensichtlich keine Barriere für die transmurale Liquorbewegung und die Bewegung von Stoffen, deren Teilchengröße die Passage des Intercellularspaltes erlaubt. Durch den Intercellularspalt der Ependymocyten kommunizieren der Ventrikelliquor und der intramurale, das zwischenzellige Spaltensystem des Gehirns erfüllende Liquor (s. 2.4.1). Zur Bedeutung des subependymalen intercellulären Spaltensystems für Flüssigkeitsverschiebungen s. JOHANSON et al. (1974).

Da das intercelluläre Spaltensystem dem Liquorweg auch an der Hirnoberfläche geöffnet ist (DERMIETZEL, 1974, 1975a, *Katze;* WAGNER et al., 1974, *Ratte;* NABESHIMA et al., 1975, *Mammalier;* WILLIAMS, 1975, *Katze;* DUNKER et al., 1976, *Kaninchen*), ermöglichen die Ependymocyten die Flüssigkeitsverschiebung zwischen Ventrikelliquor und Subarachnoidealliquor (vgl. S. 251 ff.; s. DAVSON, 1972, Lit.). Es ist wahrscheinlich, daß die Kinocilientätigkeit im Zusammenhang mit derartigen Flüssigkeitsverschiebungen wirksam wird.

Die Ependymocyten sind demnach völlig eingebettet in ein *Liquormilieu*, das in die Tiefe des Hirngewebes bis zur Wand der Hirncapillaren und bis zum Subarachnoidealliquor reicht. Die *Endothelzellen der Hirncapillaren* bilden durch ihre (unter dem Begriff der Blut-Hirn-Schranke zusammengefaßten) Eigenschaften, unter denen die „tight junctions" der Endothelzellen eine wichtige Rolle spielen (s. S. 252 ff.), die *Grenze* zwischen „Liquormilieu" und „Blutmilieu" (vgl. dagegen die Lage der Tanycyten im „Blutmilieu", S. 264 ff.).

2.2.4. Cytoplasma und Zellkern

Das *Cytoplasma* der Ependymocyten erscheint lichtmikroskopisch hell, ohne Basophilie. Elektronenmikroskopisch zeigt es auch im supranucleären, enzymreichen Teil eine gleichmäßig verteilte feingranuläre und feinfilamentöse Komponente (Abb. 16). Die in die Zonulae adhaerentes eintretenden feinen Filamente bestehen offensichtlich gleichfalls aus diesem Material. Immunfluorescenzmikroskopisch (Antikörper gegen Myosin aus glattem Muskelgewebe) findet man im apicalen Zellbereich (Bereich der Kinocilien-Basalkörper) eine starke *Myosin-* und *Actin*-Fluorescenz (GRÖSCHEL-STEWART et al., 1977). Sie fällt gegen die Eminentia mediana (kinocilienarme Ependymzellen) abrupt ab. Die folgende Beschreibung bezieht sich hauptsächlich auf die Untersuchungen von BRIGHTMAN und PALAY (1963) und WESTERGAARD (1970).

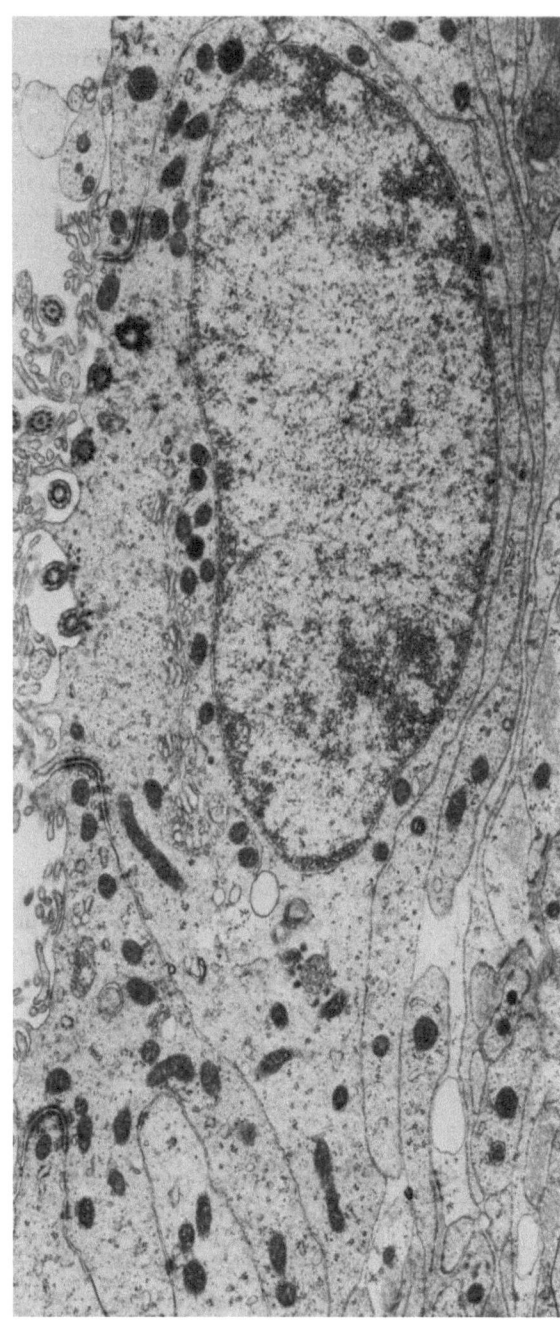

Abb. 16. Kinocilienreiche abgeflachte Ependymzelle, Recessus lateralis der Rautengrube, *Kaninchen.*
Anordnung des supranucleären Golgi-Apparates und der Mitochondrien. Endvergr. ×12000

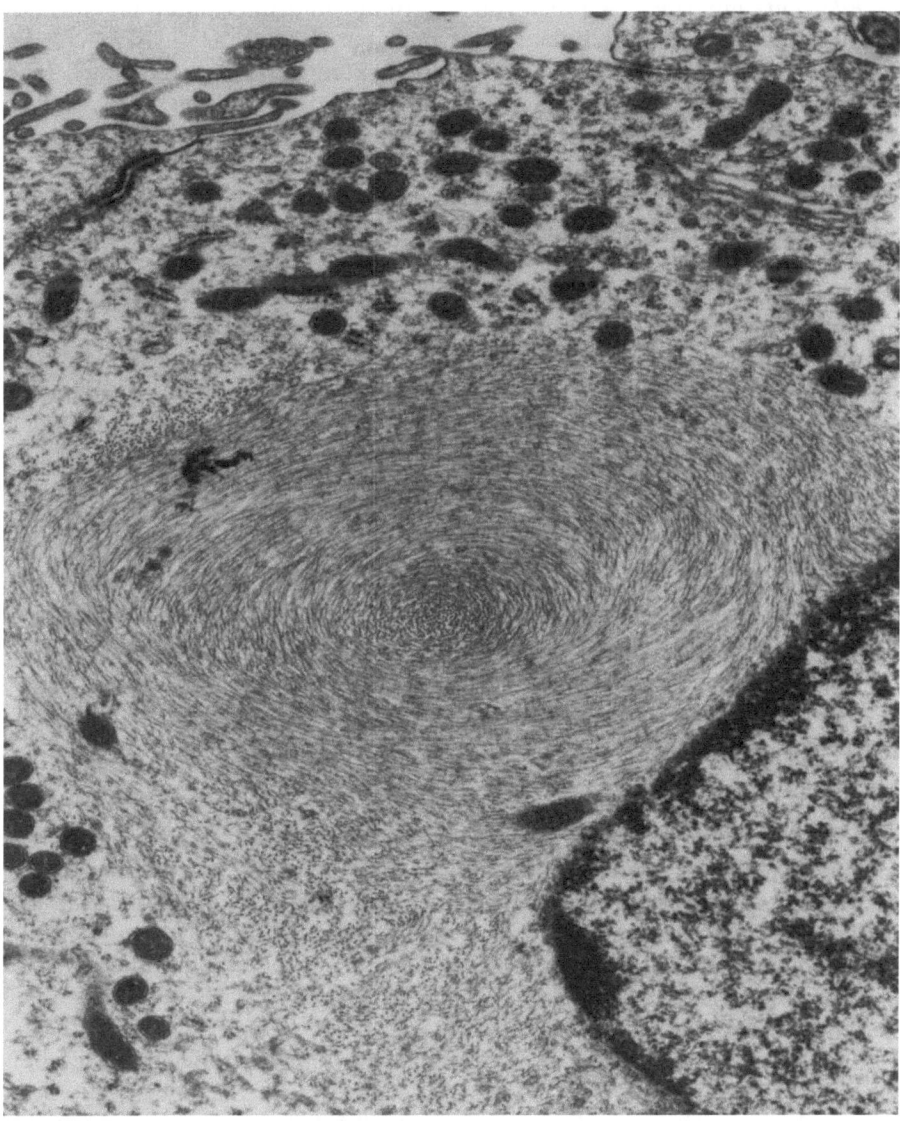

Abb. 17. Kinocilienreiche Ependymzelle, Rautengrube, *Ratte*. Paranucleärer Filamentwirbel. Endvergr. ×26568

An *Zellorganellen* findet man außer den Kinocilien Filamente, elektronendichte Körper, Mitochondrien, Ribosomen, glattes und granuliertes endoplasmatisches Reticulum, Vesikel und Golgi-Komplexe. Die Zellorganellen sind in den Ependymocyten unterschiedlich stark ausgebildet – mitunter lassen unmittelbar benachbarte Zellen starke Unterschiede im Organellenbestand erkennen, so daß manche Stellen der Ventrikelwand trotz der grundsätzlich gleichartigen Gestalt der Ependymocyten ein mosaikartiges Aussehen gewinnen.

Filamente mit einem Kaliber von 7,5–10 nm und unbestimmter Länge sind ein auffallender Bestandteil der Ependymocyten (Brightman u. Palay, 1963). Die Filamente sind parallel und in dicht gepackten Bündeln angeordnet. Häufig liegen die Filamentbündel in unmittelbarer Nähe des Zellkernes, wo sie Wirbel bilden oder sich der Kernoberfläche anlegen können (Abb. 17). Das übrige Cytoplasma ist meist frei von großen Filamentbündeln, kann aber kleinere Filamentbündelchen enthalten. Ishii et al. (1978) weisen immunfluorescenzmikroskopisch ein aktinähnliches Protein nach.

Die *Mitochondrien* sind im apicalen Teil der Zelle zahlreicher als im basalen Teil, eine Anordnung, die sich in der Verteilung zahlreicher strukturgebundener Enzyme widerspiegelt (s. S. 289 ff.). Die Mitochondrien sind langgestreckt, besitzen transversale Cristae, eine mitteldichte Matrix und große, randständige, dichte Granula. Man findet nicht selten in Gruppen von benachbarten Ependymocyten die Mitochondrien einerseits in dichter Anlagerung den Zellkern kranzförmig umgeben, andererseits den Zonulae adhaerentes dicht anliegen, während das übrige Cytoplasma nahezu frei von Mitochondrien bleibt (*Kaninchen,* unveröffentlicht).

Das *endoplasmatische Reticulum* ist in Form kleiner Vesikel und kurzer Kanälchen weit im Cytoplasma verteilt. Die Vesikel und Zisternen sind meist glatt, Auflagerungen von Ribosomen kommen nur spärlich vor.

Ribosomen treten gelegentlich in allen Teilen der Zelle in großer Zahl auf; sie sind meist als *Polysomen* in Häufchen oder Rosetten angeordnet.

Der *Golgi-Komplex,* manchmal in der Mehrzahl, ist meist auf das apicale Cytoplasma beschränkt, häufig dem seitlichen Plasmalemm angenähert. Er besteht aus einem kleinen Stapel von scharf begrenzten Zisternen und wird von wenigen Bläschen umgeben.

Vesikel mit einem Durchmesser von 30–60 nm, die Mikropinocytosebläschen gleichen, werden unter dem apicalen Plasmalemm nur wenig, unter dem seitlichen Plasmalemm aber in großer Zahl angetroffen (Westergaard, 1970). In der Nähe des seitlichen Plasmalemms treten regelmäßig auch Bläschen mit einem runden oder abgeplatteten Profil und einem Durchmesser von etwa 90 nm auf, die von einer dichten, etwa 9 nm dicken Membran und einem anliegenden Hof feiner Granula oder radiärer kurzer Filamente gebildet werden und als „Stachelsaumbläschen" bekannt sind (Brightman u. Palay, 1963).

Dichte Körper („dense bodies") kommen in unterschiedlicher Größe hauptsächlich im supranucleären Cytoplasma vor (Abb. 18). Sie sind rund, ellipsoid oder multiform mit einem Durchmesser von 0,5–0,8 µm und werden von einer Membran umschlossen. Brightman und Palay (1963) unterscheiden zwei Typen unter den dichten Körpern. Der eine Typ ist angefüllt mit extrem feinen oder etwas größeren Granula, die etwa die Größe von Ferritinmolekülen besitzen, oder aus einer Mischung von beiden. Der andere Typ hat einen stark heteromorphen Inhalt, der aus verschieden großen und dichten Granula, Vesikeln und Lamellen zusammengesetzt ist. Beide Typen können nach den Untersuchungen von Davidoff und Galabov (1973) zu den lysosomalen Körpern gerechnet werden. Auch extrem dichte homogene Tröpfchen lipophiler Natur mit einem Durchmesser von 0,1–0,2 µm kommen vor. Jung und Suzuki (1978) finden bei Ratten nach Behandlung mit Perhexilinmaleat lamelläre und kristalloide Einschlußkörper.

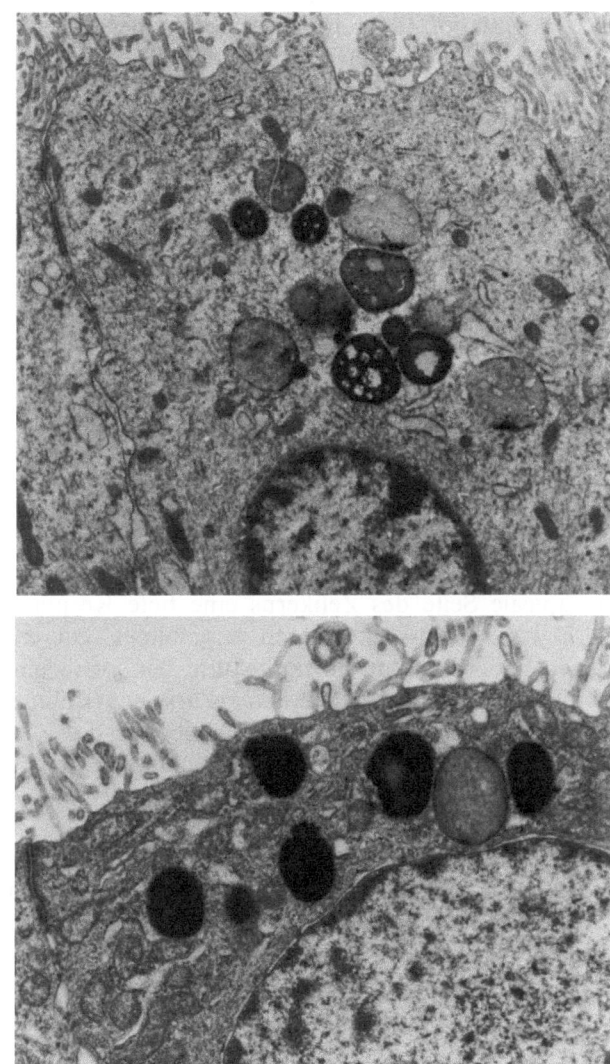

a

b

Abb. 18a u. b. Kinocilienarme Ependymzellen im Ependymocytenverband, *Mensch*, Seitenventrikel. Sekundärlysosomenartige Cytosomen im apicalen Cytoplasma. Endvergr.: **a** ×10500, **b** ×12200

Zum Formenkreis dieser dichten Körper gehören wohl auch die von WESTER-GAARD (1970) beschriebenen, mit Chromalaunhämatoxylin-Phloxin färbbaren, Gomori-positiven *Granula* im supranucleären Cytoplasma von Ependymocyten des Seitenventrikels der adulten *Ratte* und *Maus*. Sie treten in unterschiedlicher Anzahl auf, sind zahlreicher in hohen als in niederen Ependymocyten, am zahlreichsten in den Ependymocyten des Vorderhorns und in der Umgebung des Foramen interventriculare. Bei *neugeborenen Mäusen* fehlen sie. Der Ultrastruktur nach sind die Körperchen *Lipofuscingranula*. WESTERGAARD (1970) schließt ein Sekret aus, da weder ein auffallendes Ergastoplasma noch eine Beziehung zum Golgi-Feld erkennbar sind und alle Zeichen einer Ausschleusung fehlen. Auch Srebro (1972a), der in der periventriculären Glia „Gomori-positive" Granula mehrfach untersuchte und unter diesen zwei Arten unterscheidet, „Thiosomen" und Peroxidase-positive Körperchen, beschreibt „Gomori-positive" Granula in Ependymocyten (Srebro, 1972b). Er diskutiert die Frage der Ependymsekretion, ohne allerdings zu sicheren Erkenntnissen zu kommen („Ependymsekretion" s.S. 280ff.).

Über ungewöhnlich große sphärische *Lipidkörper* in Ependymzellen und subependymalen Zellen des Ventrikelsystems und Zentralkanals bei *Feuersalamander* berichtet Arnold (1970b). Herkunft und Bedeutung der Lipidkörper ist unbekannt.

Von den Lysosomen sind kleinere, 75–130 nm messende *Bläschen mit dichtem Kern* zu unterscheiden, die Gambetti et al. (1975) in Ependym- und Gliazellen beim *Frosch* untersuchten. Diese Bläschen liegen in Aggregaten, „vesicular cisternal structures", beieinander, wobei die Membranen benachbarter Bläschen miteinander verschmelzen können. Die größten der Aggregate messen 1 × 3 µm. Die Autoren weisen in den osmiophilen Partikeln *Calciumspeicher* nach, die vermutlich zur Regulierung der Calciumbilanz des Zentralnervensystems beitragen.

Der *Zellkern* des Ependymocyten nimmt einen großen Raum im Cytoplasma ein. Er liegt zentral, der Zellbasis angenähert. Häufig ist der Zellkern regelmäßig oval gestaltet, bei hochprismatisch verformten Zellen auch keilförmig. Nicht selten weist die apicale Seite des Zellkerns eine tiefe Kernfalte auf (Kulenkampff, 1957). Der Nucleolus ist einfach ausgebildet, gut entwickelt, meist exzentrisch gelegen und besitzt auffallend häufig die Form eines Ringes, der nicht selten einen Querbalken einschließt (*Kaninchen*, unveröffentlicht). Der Nucleolus ist in ein grobkörniges Karyoplasma eingebettet, das sich an der Innenseite der Kernmembran zu groben Schollen verdichtet.

Auffallend häufig findet man im Ependymocyten-Zellkern ein reisigbesenähnliches, etwa 0,5 µm dickes Büschel von Filamenten (ca. 8 nm), das den Zellkern meist im größten Durchmesser durchquert und sich an der Zellkerninnenwand pinselförmig aufteilt (Anzil et al., 1973, *Maus*; Warchol, 1978b, *Ratte; Kaninchen,* unveröffentlicht). Das Filamentbüschel ist kein für Ependymocyten spezifischer Kerneinschluß; identische Strukturen sind in den Zellkernen mehrerer Gewebe und Tierarten beobachtet worden (Büttner u. Horstmann, 1968; Weindl et al., 1968; Dahl, 1970; Le Beux, 1971; Willey u. Schulz, 1971; Clattenburg et al., 1972; Seite et al., 1973, 1977 u.a.). Die Bedeutung dieser Struktur ist unbekannt. Offenbar handelt es sich um eine nicht pathologische und nicht zellart- oder tierspezifische Bildung (Dahl, 1970).

Somosy et al. (1976) konnten vergleichbare Filamentbüschel in den Zellkernen von Ehrlich-Asciteszellen durch Behandlung mit Vinblastin und Dimethyl-aminoacetyl-Vincristine hervorrufen und halten sie für Präzipitationen von Tubulin oder anderen sauren Proteinen.

Über die *funktionsabhängigen Veränderungen* der Zellkerne der Ependymocyten am Zentralkanal der weißen Maus berichtet Kulenkampff mehrfach. *Mitosen* treten mit einem Maximum in der Zeit von 1–3 Uhr nachts auf (Kulenkampff u. Kolb, 1957). Aus den Mitosen gehen Gliazellen hervor (Kulenkampff, 1957; Kulenkampff u. Krbek, 1960). Die Kerngröße schwankt tageszeitlich synchron mit Zeiten der Spontanaktivität der Tiere (Kulenkampff u. Kolb, 1960). Bei schwerer körperlicher Arbeit werden die Mitosen eingestellt, sie treten 9 Std nach Aussetzen der Belastung wieder auf (Kulenkampff, 1958,

1960, 1961, 1962). Die Zellkerne männlicher Tiere sind signifikant kleiner als die weiblicher (KULENKAMPFF u. KÖHLER, 1961). Die Zellkerne junger Tiere sind größer, die Größenstreuung ist breiter als bei alten Tieren (KULENKAMPFF u. STEFFEN, 1964). Mitosen werden beim *Kaninchen* gelegentlich, wenn auch selten, bei Ependymzellen der Hirnventrikel angetroffen (unveröffentlicht).

2.3. Kinocilienarme Ependymzellen

Während die kinocilienreichen Ependymocyten hinsichtlich ihres Einbaues und ihres Zellorganellenbestandes bei Mammaliern eine relativ einheitliche Zellart darstellen, die allenfalls in der äußeren Zellform, gelegentlich im Organellenbestand größere Variabilität aufweist, sind die ausdifferenzierten kinocilienarmen Ependymzellen eine eher uneinheitliche Gruppe. Im folgenden werden nur die, soweit erkennbar, ausdifferenzierten und spezialisierten kinocilienarmen Ependymzellen besprochen. Die gleichfalls kinocilienarmen undifferenzierten „Matrixependymzellen" der frühen Entwicklung oder der postembryonalen Matrixzonen (s.S. 181 ff.) bleiben hier außer Betracht. Als *kinocilienarme*, meist nur mit einer Kinocilie versehene *Ependymzellen* werden im folgenden mehrere Arten von Ependymzellen zusammengefaßt, sowohl langgestreckte Tanycyten als auch kubische und flache Zelltypen unterschiedlicher Differenzierung.

2.3.1 Tanycyten

Die meisten kinocilienarmen Ependymzellen der Mammalier sind gestreckte Zellen mit einem basalen Fortsatz, der an der Wand oder dem perivasculären Raum eines Blutgefäßes oder an der äußeren Hirnoberfläche endet. HORSTMANN (1954) führte für derartige Ependymzellen in einer Untersuchung der Faserglia und des Ependyms von Selachiern (*Scylliorhinus*) die Bezeichnung *Tanycyt* ein (Abb. 19). Der Terminus wird seither von zahlreichen Autoren zur Kennzeichnung von langen, mit einem basalen Fortsatz versehenen Ependymzellen aller Vertebratenklassen angewandt und ist in Arbeiten über das Ependym von Mammaliern sehr verbreitet.

„Da bei *Scylliorhinus* an einigen Stellen auch Astrocyten vorkommen, deren Kerne im Ependym liegen, erscheint mir die Bezeichnung ependymale Glia für die gestreckte, faserige Glia irreführend. Ich schlage für alle gestrecktfaserigen Gliazellen, gleichgültig, ob ihr Zellkern im Ependym oder mitten in der nervösen Substanz liegt, die Bezeichnung „Tanycyten" (ταυύς=gestreckt, langgezogen) vor und unterscheide „ependymale Tanycyten", deren Kerne im Ependym liegen, von „extraependymalen Tanycyten", deren Kerne in die Nervensubstanz eingebettet sind.

Die „ependymalen Tanycyten" sind unipolar. Ihr kernhaltiger Zellteil bildet das knopfartig verdickte Ende der Faserfortsätze im Ependym.... Wo das zentrale Höhlengrau gut ausgebildet ist, wie an einigen Stellen im Telencephalon, im Mes- und Rhombencephalon, stehen die Gliafasern dicht; dort ist dann auch der Ependymbelag mehrreihig. Wo Körnerschichten oder gar Nervenfasermassen dem Ependym unmittelbar anliegen, ist dieses einreihig; hier liegen die sonst meist radiär gestellten Ependymkerne oft mit der Längsachse parallel zur Ventrikeloberfläche. Im allgemeinen streben die Zellfortsätze radiär durch die Nervensubstanz der Hirnoberfläche zu. Dabei verlaufen sie entweder einzeln oder in kleinen Bündeln von einigen Fasern gemeinsam, die mehr oder weniger kurz hinter ihrem Ursprung vom Perikaryon zusammentreten. Dichte Bündelung und Verlauf der Fasern sind für die verschiedenen Hirnteile spezifisch und bilden die strukturellen Variablen einer

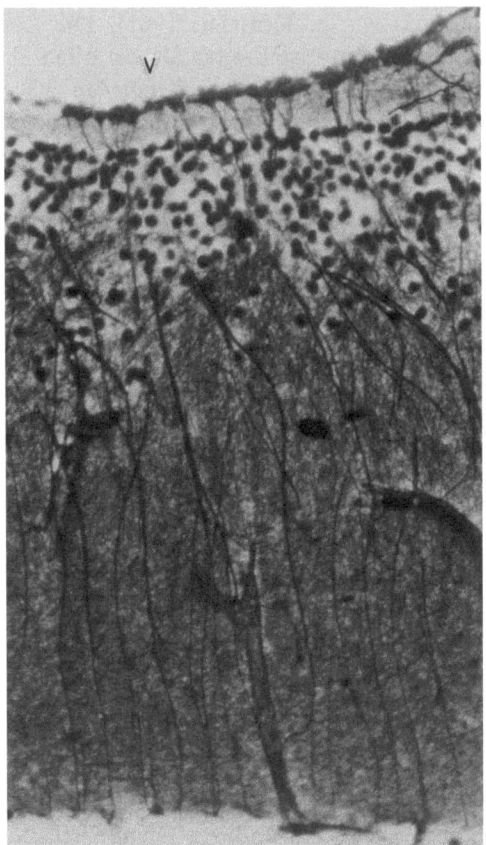

Abb. 19. Ependymale Tanycytenglia des Lobus lateralis hypothalami. *V* Ventrikel. *Scyllium stellare.* Goldsublimat. (Aus Horstmann, 1954). Vergr. × 145

unterschiedlichen Gliaarchitektur.... Wenn die Wandstärke mehr als 2 mm beträgt, findet man immer auch extraependymale Tanycyten, deren Zellkerne sich mitten in der nervösen Substanz befinden. Hier liegen sie nicht mehr in einer bestimmten Schicht der Wand, sondern bald in der Mitte, bald dem Ventrikel, bald der äußeren Oberfläche angenähert oder dieser unmittelbar angelagert....:

Da die Verteilung der Astrocyten und Tanycyten für die Hirnteile bei allen Größen der Tiere spezifisch ist und keine Proportionsänderungen der Gehirnteile in Erscheinung treten, ist die Tanycytenglia keine larvale oder embryonale Glia wie die Ependymglia der Amphibienlarven oder Säugerembryonen" (Horstmann, 1954).

Das Vorkommen von Tanycyten muß im Zusammenhang mit der Ausbildung der Astrocyten und der Ependymocyten gesehen werden. Die Zusammenhänge beschreiben Oksche (1958, 1968a) und Fleischhauer (1972) folgendermaßen:

In der Fetalentwicklung des Zentralnervensystems aller Vertebraten treten im Matrixependym langgestreckte Zellen auf, deren Gestalt der von unipolaren oder bipolaren Tanycyten gleicht. Die basalen Fortsätze dieser primitiven „Tanycyten" reichen zunächst bis zur äußeren Oberfläche der Gehirnanlage (s. A. 3.1.).

Bei *Submammaliern* üben nach TURNER und SINGER (1974, *Wassermolch*) die Zellen Funktionen aus, die bei Mammaliern die Astrocytenglia übernimmt (langgestreckte Ependymzellen umscheiden z.B. die Axonbündel des N. opticus). Bei zunehmender Dicke der Hirnwand werden die basalen Fortsätze durch Astrocyten ersetzt. Die Astrocytenglia übernimmt einen Teil der ursprünglich von den Matrix-„Tanycyten" ausgeübten Aktivitäten (s. 2.4.2. und 2.4.3.) Diese Aktivitäten gehen gleichzeitig den Ependymocyten verloren, in die sich die – ihres langen Fortsatzes entledigten – Ependymzellen größtenteils umwandeln. Mit der Ablösung der primitiven „Tanycyten" durch Astrocyten ist eine zunehmende Vascularisation verbunden (SARNAT et al., 1975). Tanycytenähnliche Zellen mit verzweigten basalen Fortsätzen, „ependymale Glia" (HORSTMANN, 1954), stellen eine intermediäre Form zwischen Tanycyten und Astrocyten dar.

Bei *höheren Wirbeltieren* mit stark entwickelter Astrocytenglia werden die meisten Matrix-„Tanycyten" in Ependymocyten umgewandelt. Nur an kleinen umschriebenen Stellen der Ventrikelwand behalten die Ependymzellen die ursprüngliche langgestreckte Form bei. Gleichzeitig werden sie in die Funktionen der diese Stellen unterlagernden Hirnteile einbezogen und differenzieren sich entsprechend.

In den dünnwandigen Gehirnen oder dünnen Wandteilen von Gehirnen *niederer Vertebraten* dagegen differenzieren die Matrix-„Tanycyten" unter Erhalt ihrer ursprünglichen Gestalt in lokal unterschiedlichem Ausmaß zu Tanycyten aus. Der ursprüngliche Matrixcharakter des Ependyms wird aber an vielen Stellen aufrechterhalten.

Beim *Amphioxus* besteht das gesamte Ependym aus langgestreckten Zellen (BONE, 1960), die den Matrix-„Tanycyten" weitgehend gleichen. Bei *Cyclostomen* besitzen die Ependymzellen meist eine langgestreckte, tanycytenähnliche Form, die aber in den einzelnen Ventrikelabschnitten erheblich variiert. An einigen Stellen sind die Ependymzellen mehrreihig, vergleichbar dem „Matrixependym", an anderen Stellen sind *Ependymorgane* (Subcommissuralorgan, Pinealorgan) ausgebildet (ADAM, 1957; BERTOLINI, 1964). Auch bei *Knorpelfischen* ist das Ependym zum größten Teil aus langgestreckten Zellen, Tanycyten, zusammengesetzt (HORSTMANN, 1954), die in noch weitergehendem Maße als bei Cyclostomen als ausdifferenzierte Zellen gelten müssen.

Der Tanycytenreichtum von Gehirnen niederer Vertebraten kann zur phylogenetischen Betrachtung aber nur insoweit herangezogen werden, als bei niederen Vertebraten dünnwandige Gehirne häufiger als bei höheren vorkommen. Die stammesgeschichtliche Zuordnung einer Tierform ist nicht aufgrund der Tanycyten-Astroglia-Relation möglich (OKSCHE, 1968a). So besitzt z.B. das dünnwandige Nervensystem des Selachiers *Scylliorhinus* vorwiegend Tanycyten, während das dickwandige Gehirn von *Raja* gut ausgebildete Astrocyten aufweist (HORST-MANN, 1954). FLEISCHHAUER (1957) beschreibt bei der Landschildkröte *Testudo graeca* ein mit der Wanddicke des Nervensystems wechselndes Muster von Tanycyten und Astrocyten (vgl. auch ADAM, 1957, *Cyclostomen*; PAUL, 1967, *Rana temporaria*). Zur pränatalen und vergleichenden Entwicklungsgeschichte der Tanycyten und der Neuroglia s. OKSCHE (1968). Über pathologisch-anatomische Aspekte der Tanycytengenese s. FRIEDE und POLLAK (1978).

Da sich die kinocilienarmen Ependymzellen – unabhängig davon, ob sie langgestreckte oder niedrig-kubische Gestalt besitzen – u.a. in der Regel dadurch von den kinocilienreichen Ependymocyten unterscheiden, daß sie mit ihrer Basis der Wand oder dem perivasculären Raum eines Blutgefäßes bzw. der Pia anliegen, und da dieses Merkmal einen funktionell wesentlichen Aspekt wiedergibt, der nur ausnahmsweise für kinocilienreiche Ependymzellen zutrifft (vgl. Hirano u. Zimmerman, 1967, *Ratte*, Zentralkanal; Schonbach, 1969, *Kröte*, Zentralkanal), wäre es wünschenswert, diesen Aspekt als Oberbegriff herauszustellen. Der naheliegende Versuch, alle kinocilienarmen Ependymzellen als Tanycyten zu bezeichnen (vgl. Knowles u. Anand Kumar, 1969), scheitert aber sowohl an der ursprünglichen, am lichtmikroskopischen Präparat gewonnenen Definition der Tanycyten durch Horstmann (1954) als auch an der – in der Literatur nicht völlig einheitlichen – Anwendung der Bezeichnung Tanycyt bzw. der Verwendung anderer Begriffe.

Da Horstmann (1954) die An- oder Abwesenheit von Kinocilien nicht zum Kriterium des Tanycyten machte, wurde die Bezeichnung in der Folge für langgestreckte kinocilienarme wie kinocilienreiche Ependymzellen verwandt, seltener für kinocilienreiche langgestreckte Ependymzellen, weil diese hauptsächlich bei Submammaliern außerhalb des III. Ventrikels vorkommen und Untersuchungen dieser Regionen relativ selten durchgeführt wurden; *zumeist* für kinocilienarme Zellen, da *häufig* die kinocilienarmen Tanycyten von Mammaliern oder das gleichfalls kinocilienarme, hypothalamische Ependym von Submammaliern untersucht wurde. Angesichts der aber funktionell offenbar wichtigen Differenzierung in kinocilienreiche und kinocilienarme Ependymzellen bedarf es nachträglich und für die folgende Darstellung einer Sprachregelung, die der Mehrzahl der Autoren gerecht wird und gleichzeitig der Unterscheidung in kinocilienreiche und kinocilienarme Ependymzellen Rechnung trägt.

Als *Tanycyten werden im folgenden nur ausdifferenzierte langgestreckte Ependymzellen bezeichnet, soweit sie kinocilienarm und damit in funktioneller Hinsicht charakterisiert sind.* Der Ausdruck Tanycyt soll dieser Sonderform kinocilienarmer Ependymzellen vorbehalten bleiben.

Kinocilienreiche langgestreckte Ependymzellen dagegen sollen nicht als Tanycyten bezeichnet werden. Wie die vergleichende Untersuchung an Gehirnen von Submammaliern zeigt, kennzeichnet die Ausbildung eines basalen Fortsatzes bei ausdifferenzierten kinocilienreichen Ependymzellen offenbar weniger eine funktionelle Eigenart als vielmehr die geringe Dicke der Hirnwand. Für die Ausbildung von Ependymocyten ist nach Das (1972, *Ratte*) die Loslösung der basalen Fortsätze langgestreckter Ependymzellen vom Bindegewebe der Pia mater der entscheidende Faktor.

Die verschiedenartigen kinocilienarmen Ependymzellen werden zur Vermeidung von Mißverständnissen auf den Ort ihres Vorkommens bezogen (s. REM-Untersuchungen, S. 184ff.) zu besprechen sein.

2.3.2. Tanycyten der Regio hypothalamica

Bei *Mammaliern* kleidet das kinocilienreiche Ependym die oberen zwei Drittel des III. Ventrikels sowie ein rostrales und caudales Feld über dem Hypothalamus aus. Nach unten folgt in Höhe des Nucleus arcuatus eine schmale Übergangs-

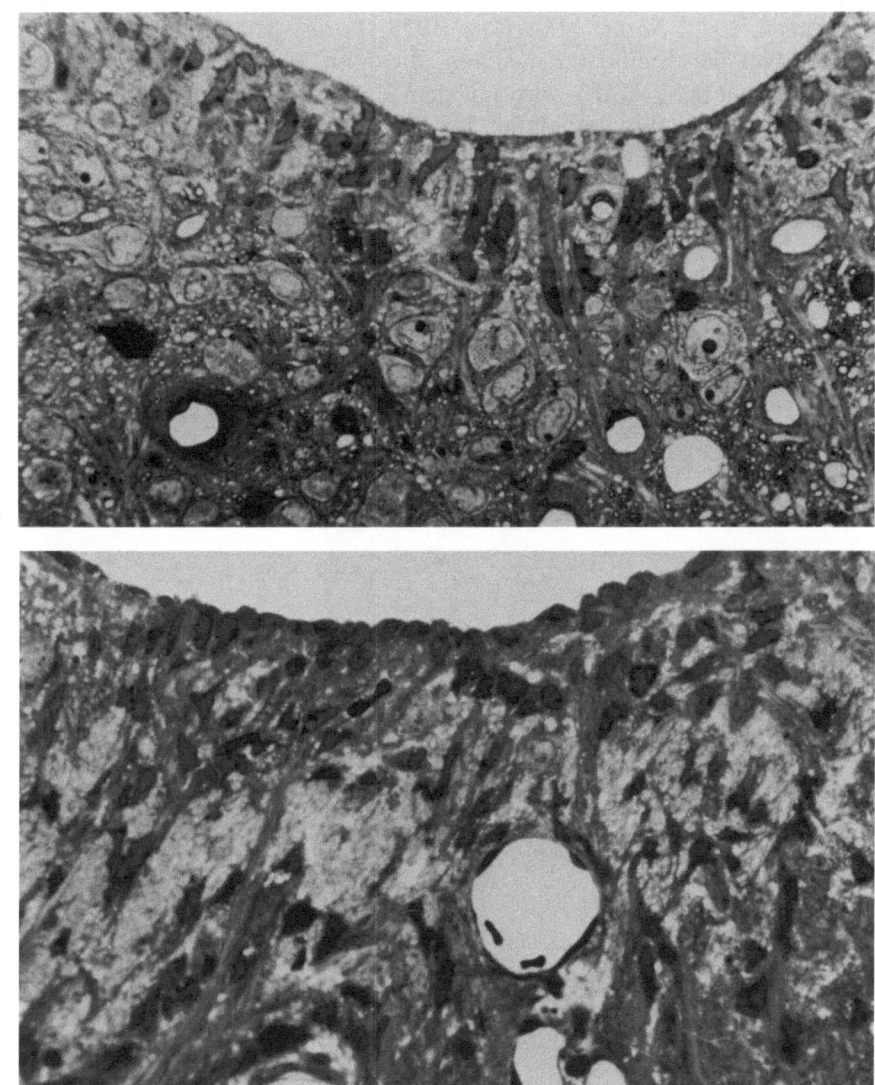

Abb. 20a u. b. Kinocilienarme Ependymzellen (Tanycyten) mit basalen Fortsätzen an Gefäßwänden.
a Hypothalamus in Höhe von Nucleus arcuatus, *Ratte*; **b** Eminentia mediana, *Kaninchen*. Färbung
nach Richardson. Endvergr.: **a** u. **b** × 560

zone, in der kinocilienreiche Ependymocyten nur noch spärlich vorkommen.
Daran schließt sich im unteren Drittel des III. Ventrikels das kinocilienarme
Ependym an, zu dem auch das der Eminentia mediana, des Recessus lateralis
und des Recessus infundibuli zu rechnen ist (REM-Untersuchungen: BRUNI
et al., 1972, *Kaninchen, Ratte, Maus, Mensch*; SCOTT et al., 1972a, *Mensch*;
KOZLOWSKI et al., 1973, *Schaf*; SCOTT et al., 1973a, *Nerz*; JENNES u. SIKORA,
1977, 1978, *Ratte*; MESTRES, 1978, *Ratte, Affe*; PAULL et al., 1978, *Ratte*). Die

prächiasmale Region wird dagegen von Ependymocyten ausgekleidet (Mitro u. Schiebler, 1972, *Ratte;* Martínez, 1975, *Ratte;* Millhouse, 1975, *Ratte*). Das Ependym der Eminentia mediana, die man zu den circumventriculären Organen rechnet (s.S. 362ff.), wird mit dem Ependym der Regio hypothalamica besprochen, da es zum hypothalamischen Ependym gehört (Ependym des Organum vasculosum laminae terminalis s.S. 374ff., Neurallappen s.S. 349ff.).

Das *kinocilienarme Ependym der Regio hypothalamica* einschließlich der Wand des Recessus infundibuli wird bei Mammaliern aus mehreren Ependym-

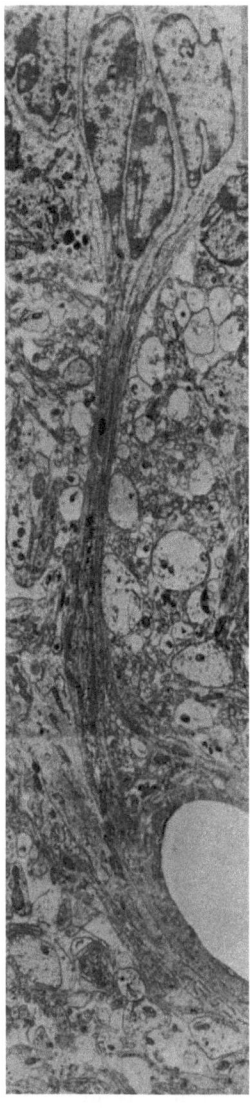

Abb. 21. Gruppe von Tanycyten mit basalen Fortsätzen, die gebündelt an eine Capillarwand ziehen. Hypothalamus, Gegend des Nucleus arcuatus, *Kaninchen.* Endvergr. ×3000

zellarten zusammengesetzt. Den größten Teil der hypothalamischen Ventrikel-wand bilden die *Tanycyten* (Abb. 20, 21). Am Eingang in den Recessus infundi-buli und am Boden des Recessus kommen auch *kubische* und *flache kinocilien-arme Ependymzellen* vor. Schließlich gibt es Übergangsformen zwischen sub-ependymalen (bipolaren) Tanycyten des Infundibulum and Pituicyten (NEMET-SCHEK-GANSLER, 1969) – besonders bei Submammaliern, bei denen „Pituicyten" auch den Recessus infundibuli begrenzen können.

Auch bei *Submammaliern* ist das Ependym der Regio hypothalamica kinocilienarm, wie REM-Untersuchungen zeigen (DE WAELE et al., 1974, *Grasfrosch*; DIERICKX u. DE WAELE, 1975a, b, *Grasfrosch*). Bei Submammaliern herrschen gleichfalls Tanycyten vor.

Lichtmikroskopische Untersuchungen der ausdrücklich als *Tanycyten* bezeich-neten Zellen bei Mammaliern stammen von DELLMANN (1961, *Rind*), COLMANT (1967, *Ratte*), ANAND KUMAR (1968, *Rhesusaffe*), DORST (1969, *Schwein*), MILL-HOUSE (1971, *Ratte, Maus*), SCHNEIDER (1972, 1973, *Stachelmaus*), AKMAYEV und FIDELINA (1974, *Ratte*), FERRAZ DE CARVALHO et al. (1975, *Faultier*), MILL-HOUSE (1975, *Ratte*), CARD und RAFOLS (1978, *Ratte*).

Umschreibungen der vorstehend als Tanycyt bezeichneten Zellart findet man in folgenden lichtmikroskopischen Untersuchungen: LÖFGREN (1960 *Ratte*, „ba-sally directed ependymal processes"), SCHIMRIGK (1966, *Mensch*, „Gliafasern des Ependyms"), BLEIER (1971, 1972, *Kaninchen, Ratte, Maus, Katze*, „the epen-dymal cells and their processes").

Über Vorkommen und Verteilung von Tanycyten im Ventrikelsystem von *Submammaliern* s.S. 217f.

In *Imprägnationspräparaten* von Mammaliern wird sichtbar, daß sich die Tanycyten häufig (und meist gebündelt) aus der Höhe des Nucleus arcuatus and aus tieferen Bereichen (Eminentia mediana, Recessus infundibuli) von der Ventrikeloberfläche bis zur äußeren Oberfläche der Basis des Hypothalamus erstrecken (Abb. 22). Kürzere Fortsätze von Tanycyten enden an Blutgefäßen (BLEIER, 1971, 1972, *Maus, Ratte, Kaninchen, Katze;* ROYCE, 1971, *Opossum, Katze;* MILLHOUSE, 1975, *Ratte*). Die Tanycytenfortsätze bilden die für die Pali-sadenzone der Eminentia mediana charakteristischen radiären „Fasern" (vgl. LÖFGREN, 1960, *Ratte;* DORST, 1969, *Schwein*). Am imprägnierten Tanycyten kann man nach MILLHOUSE (1971, *Ratte, Maus*) drei Teile unterscheiden, nämlich das Soma mit dem Zellkern, den anschließenden Halsteil, der Seitenzweige aus-sendet, und den Schwanzteil, der mit verbreitertem Fuß endet (vgl. die REM-Untersuchung von BRUNI et al., 1974, *Kaninchen;* CARD u. RAFOLS, 1978, *Ratte*).

Gleichartig verhalten sich die Tanycyten in Imprägnationspräparaten bei *Submammaliern* (*Sela-chier:* HORSTMANN, 1954; *Teleosteer:* KING, 1966; EVAN et al., 1976; *Amphibien:* KING, 1966; PAUL, 1967; FASOLO u. FRANZONI, 1974a, b; *Reptilien:* KING, 1966; *Vögel:* OKSCHE et al., 1963; SHARP, 1972; OKSCHE u. FARNER, 1974; frühe Lit. s. STUDNIČKA, 1900).

In *lichtmikroskopisch-histochemischen Untersuchungen* werden wiederholt spe-zifisch darstellbare *Zelleinschlüsse* in Tanycyten begrenzter Regionen beschrie-ben. LEVEQUE und HOFKIN (1960, 1962, *Ratte*) stellen in den Ependymzellen des Recessus infundibuli eine PAS-positive Substanz dar. Nach MÉSZÁROS et al. (1969, *Ratte*) treten sowohl nach Adrenalektomie als auch nach Dehydration oder Blutverlust in den hypothalamischen Tanycyten vermehrt mit Chromalaun-

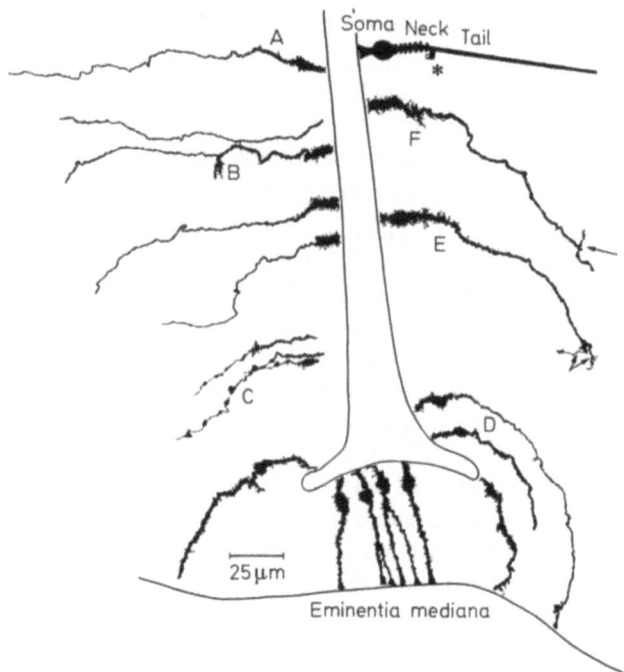

Abb. 22. Tanycyten in der Wand des III. Ventrikels der *Ratte*. *Oben rechts* Schema mit den drei Regionen (Soma, Hals, Schwanzteil) des Tanycyten; die Halsregion umschließt ein Blutgefäß (*).
A–E Beispiele verschiedener Tanycytentypen im ventralen Abschnitt der Wand des III. Ventrikels.
A Tanycyt der Übergangszone; bei *C* sind Soma mit Hals nicht zu sehen. Der Schwanzteil bei *D* endigt an der Piaoberfläche. *Pfeile* bei *E* und *F* Gefäßkontakte. Golgi-Methode. (Aus Millhouse, 1975)

gallocyanin elektiv färbbare *Granula* auf. Auch Kroon und Goossens (1974, *Ratte*) finden in den Tanycyten der hypophysiotropen Region Aldehydfuchsin- und Chromalaunhämatoxylin-positive Granula, die sie für Proteine unbekannter Bedeutung halten. Über die Hypothese einer Ependymsekretion, die sich auf das Vorkommen von Ependymgranula stützt, s.S. 280ff. Schneider (1972, 1973, *gelbe Stachelmaus*) beobachtet in den Tanycyten des Daches und der Seitenwand des Recessus inframamillaris autofluorescierende Granula, vermutlich *Lipofuscin*.

Mit Aldehydfuchsin färbbare Granula sowie Filamente kommen auch in den Ependymzellen des basalen Hypothalamus bei *Amphibien* (Leveque u. Stern, 1964) und *Vögeln* (Oksche, 1962b; Oksche u. Farner, 1974) vor. Bei Submammaliern wird häufiger noch als bei Mammaliern die Frage einer Ependymsekretion im Zusammenhang mit Ependymzellgranula gestellt.

Nach Sladek und Sladek (1978, *Ratte*) enthalten die Tanycyten der Eminentia mediana Serotonin (fluorescenzmikroskopische Untersuchung). Eine Überlagerung der Tanycyten durch serotoninerge Fasern extrahypothalamischen Ursprungs ist, wie am Beispiel der lichtmikroskopischen „Markierung" von Tanycyten durch Neurohormone gezeigt (Krisch et al., 1978b), aber nicht auszuschließen.

Die Tanycyten sind stellenweise, so an der Zone des Übergangs zwischen Tanycyten und Ependymocyten und unterhalb von dieser, dicht gedrängt; ihre Zellkerne, die geringfügig gestaffelt, stellenweise auch mehrschichtig liegen, sind rund, keulenförmig, oval oder polygonal, mit einem deutlichen Nucleolus versehen und mit der Längsachse senkrecht zum Ventrikel gerichtet. Die ventrikelnahen Zellkerne gehören zu „unipolaren", „ependymalen" Tanycyten, die ventrikelferneren zu „bipolaren", „subependymalen" Tanycyten. In der Überganszone zwischen Ependymocyten und Tanycyten besteht eine „Ependymstufe"; die Tanycyten schieben sich eine Strecke weit unter die Ependymocyten (DESAGA, 1970, *Ratte;* MILLHOUSE, 1975, *Ratte*). An anderen Stellen, so an der Eminentia mediana und am Recessus infundibuli, ist das kernhaltige Soma verbreitert, der Zellkern mit der Längsachse parallel zur Ventrikeloberfläche gestellt (vgl. LÖFGREN, 1960, *Ratte;* DORST, 1969, *Schwein*).

Die ersten *elektronenmikroskopischen* Mitteilungen über Tanycyten generell stammen von FLEISCHHAUER (1957, *Landschildkröte*) und OKSCHE (1958, *Grasfrosch*). Die erste umfassende Darstellung von Mammalier-Tanycyten geben TENNYSON und PAPPAS (1962, *Kaninchen*). Weitere elektronenmikroskopische Darstellungen der ausdrücklich als *Tanycyten* bezeichneten Zellen stammen von LEONHARDT (1966 c, *Kaninchen*), WITTKOWSKI (1967 c, *Meerschweinchen*), ANAND KUMAR (1968, *Rhesusaffe*), KNOWLES und ANAND KUMAR (1969, *Rhesusaffe*), MITRO (1969, *Ratte*); DESAGA (1970, 1971, *Ratte*), BRAWER (1972, *Ratte*), MILLHOUSE (1972, 1975, *Ratte, Maus*), WEINDL und JOYNT (1972 a, *Ratte, Kaninchen, Katze, Totenkopfäffchen*), BRUNI et al. (1974, *Kaninchen*), MERL und GOLLER (1975, *Schaf, Ziege, Rind*), SCHECHTER et al. (1976, *Ratte*).

In anderen elektronenmikroskopischen Untersuchungen von Tanycyten bei Mammaliern wird der Tanycyt anders bezeichnet: LEVEQUE et al. (1965 a, 1966, 1965 b, *Ratte*, „les prolongements basaux"), WITTKOWSKI (1972, 1973, *Ratte*, „Gefäßfortsätze der Ependymzellen"), SILVERMAN und DESNOYERS (1975, *Meerschweinchen*, „ependymal cells").

AKMAYEV et al. (1973) und AKMAYEV und FIDELINA (1974) unterscheiden am III. Ventrikel der *Ratte* in morphologischer, topographischer und metabolischer Hinsicht mehrere Tanycyten-Typen (Abb. 23). Die α-Tanycyten oberhalb und über dem Nucleus arcuatus (α^1, α^2) besitzen die längsten Fortsätze. Sie durchziehen bogenförmig das Kerngebiet und endigen in Höhe des Sulcus tubero-infundibularis und des seitlichen Anteils der Pars tuberalis. Die β-Tanycyten kleiden den Recessus lateralis aus (β^1) und bedecken die Eminentia mediana (β^2). Ihre Fortsätze durchbohren vertikal das Gewebe der Eminentia mediana und endigen nach palisadenartiger Aufteilung gemeinsam mit den Axonen des tubero-hypophysialen Traktes in der Nähe der Gefäße des Mantelplexus.

Nach KOBAYASHI et al. (1970) können bei der *Ratte* unter den Ependymzellen der Eminentia mediana zwei Arten unterschieden werden. Die eine Ependymzellart ist lang, schmal, relativ arm an Zellorganellen und besitzt einen runden Zellkern; die andere Zellart ist eher breit, zylindrisch, organellenreich und mit einem mehr polymorphen Kern versehen. Die Differenzen gehen auf Aktivitätsunterschiede zurück, Übergangsformen zwischen beiden Zellarten kommen vor. Über Unterschiede, die auf Alterung zurückgeführt werden, s. MACHADO-SALAS et al. (1977).

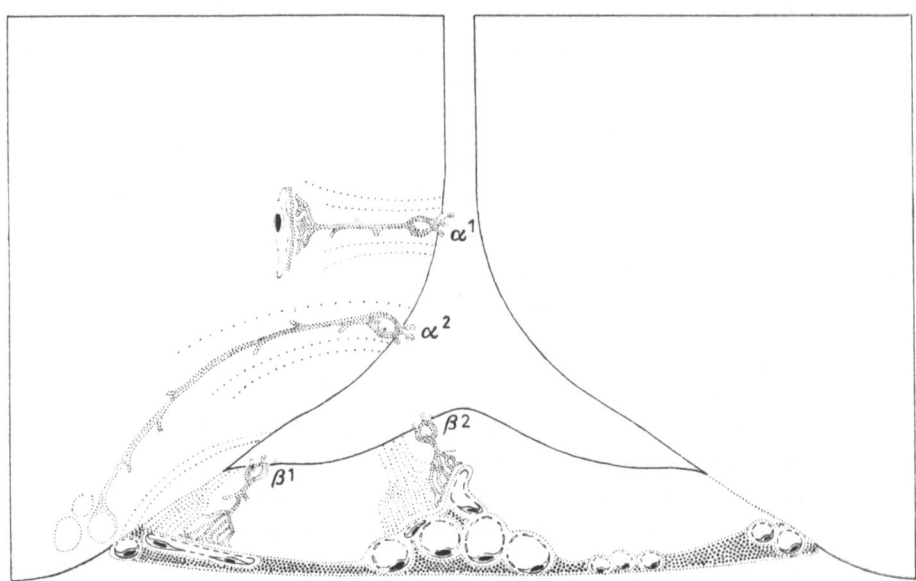

Abb. 23. Tanycytentypen α^1, α^2, β^1 und β^2 in der Gegend des Recessus infundibuli. Schematischer Schnitt durch den medialen basalen Hypothalamus der *Ratte*. (Die *Sterne* geben die Orte an, in denen Enzymaktivitäten gemessen und in der Arbeit beschrieben werden.) (Aus Akmayev et al., 1973)

Knowles und Anand Kumar (1969, *Rhesusaffe*) beziehen in die Einteilung der hypothalamischen Tanycyten auch die kubischen und flachen kinocilienarmen Ependymzellen (Abb. 24) mit ein (s.S. 241 ff.).

Elektronenmikroskopische Untersuchungen von Tanycyten bei *Submammaliern: Lampetra* s. Sterba und Brückner (1967); *Selachier* s. Saland et al. (1973); *Amphibien* s. Rodríguez (1969a), Nakai (1971), Dierickx und De Waele (1975b); *Fische* s. Evan et al. (976); *Vögel* s. Mikami (1975a). Sharp (1972) teilt die hypothalamischen Tanycyten der *Wachtel* in vier Typen ein, die sich nach Form, Lage und Anfärbbarkeit voneinander sowie von den „typischen" und „glandulären" Ependymzellen unterscheiden.

2.3.2.1. Freie Oberfläche

Die apicale Oberfläche der Tanycyten von Mammaliern hat einen Durchmesser von 9–12 µm und ist leicht in den Ventrikel vorgewölbt. Sie trägt meist nur eine einzige Cilie (Durchmesser 0,28 µm) und bildet Cytoplasmaprotrusionen, deren Größe und Form in lokaler und wahrscheinlich auch funktioneller Abhängigkeit Unterschiede aufweisen.

Das *apicale Plasmalemm* zeigt nicht selten Membranvesikulation, unter dem Plasmalemm kommen Pinocytosevesikel vor (Kobayashi et al., 1970, *Ratte;* Nakai et al., 1975, *Maus, Frosch*). Die im Ausmaß wechselnde Ausbildung von Membranvesikulation, Microvilli und anderen Cytoplasmaprotrusionen wird mit hormonellen Vorgängen (s.S. 270 ff.), mit Stoffaufnahme aus dem Liquor (s.S. 281 f.) und mit Stoffabgabe in den Liquor (s.S. 281) in Verbindung gebracht.

Die *Protrusionen* (Abb. 25, 26) können Microvilli mit einem Durchmesser

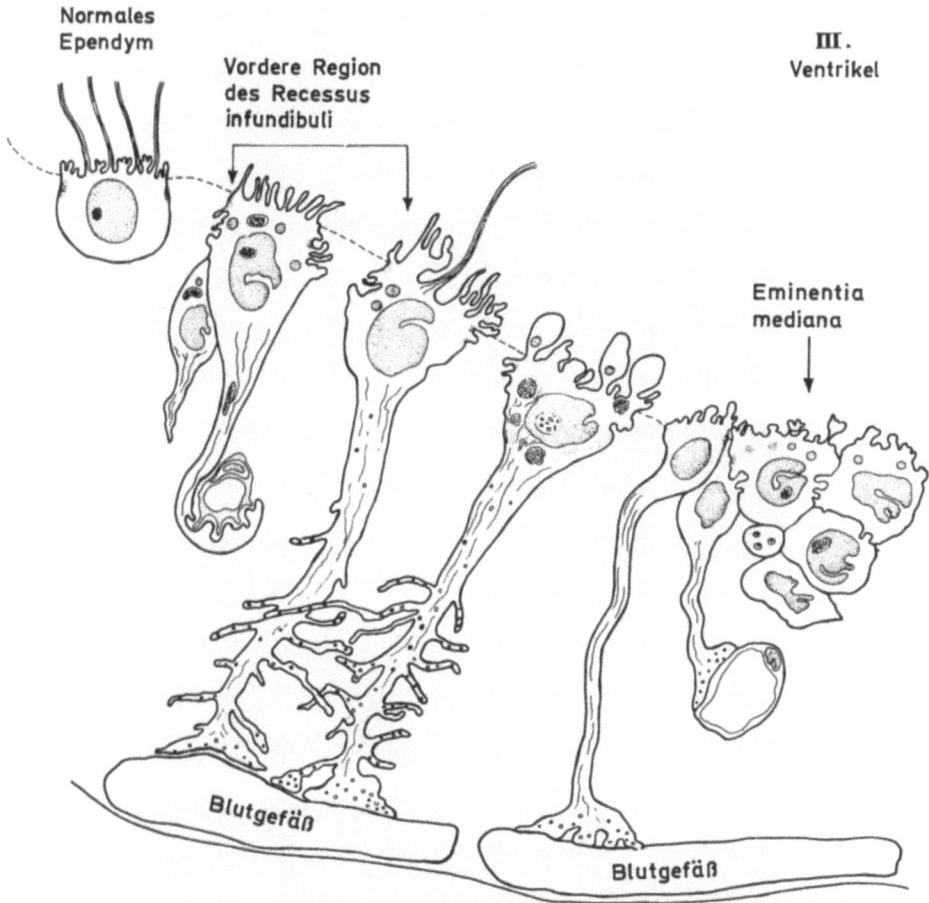

Abb. 24. Unterschiedliche Formen von Ependymzellen in der vorderen Region des Recessus infundi-buli, *Rhesusaffe* (halbschematisch). *A* Kinocilienreiche Ependymzelle; *B–D* Formen kinocilienarmer Ependymzellen. (Aus KNOWLES, 1969)

von 0,10 μm oder bläschenförmige, 0,5 μm große Erhebungen sein (SCOTT et al., 1972b, REM, *Ratte*, Eminentia mediana; KOZLOWSKI et al., 1973, REM, *Schaf,* Boden des III. Ventrikels; SCOTT et al. 1973a, REM, *Nerz*, Boden des Recessus lateralis und Recessus infundibuli). Kurze Microvilli werden gehäuft an der Grenze zu benachbarten Zelloberflächen ausgebildet; hierdurch entsteht ein polygonales Muster von Microvilli (BRUNI et al., 1973, REM, *Kaninchen*, oberer Umfang des Recessus infundibuli). Im Unterschied hierzu ist die Oberfläche der Tanycyten dieser Region bei *Ratte, Maus* und *Mensch* unregelmäßiger gestaltet und beim *Menschen* mit kleineren, bei *Ratte* und *Maus* mit dickeren Protrusionen versehen (BRUNI et al., 1972). Vergleiche Microvilli und Protrusionen in TEM-Untersuchungen: RÖHLICH et al. (1965, *Ratte*), LEVEQUE et al. (1966, *Ratte*), KNOWLES und ANAND KUMAR (1969, *Rhesusaffe*), KOBAYASHI et al. (1970, *Ratte*), MILLHOUSE (1972, *Ratte*), SCOTT et al. (1973a, *Nerz*). Aus Gefrierbruch-

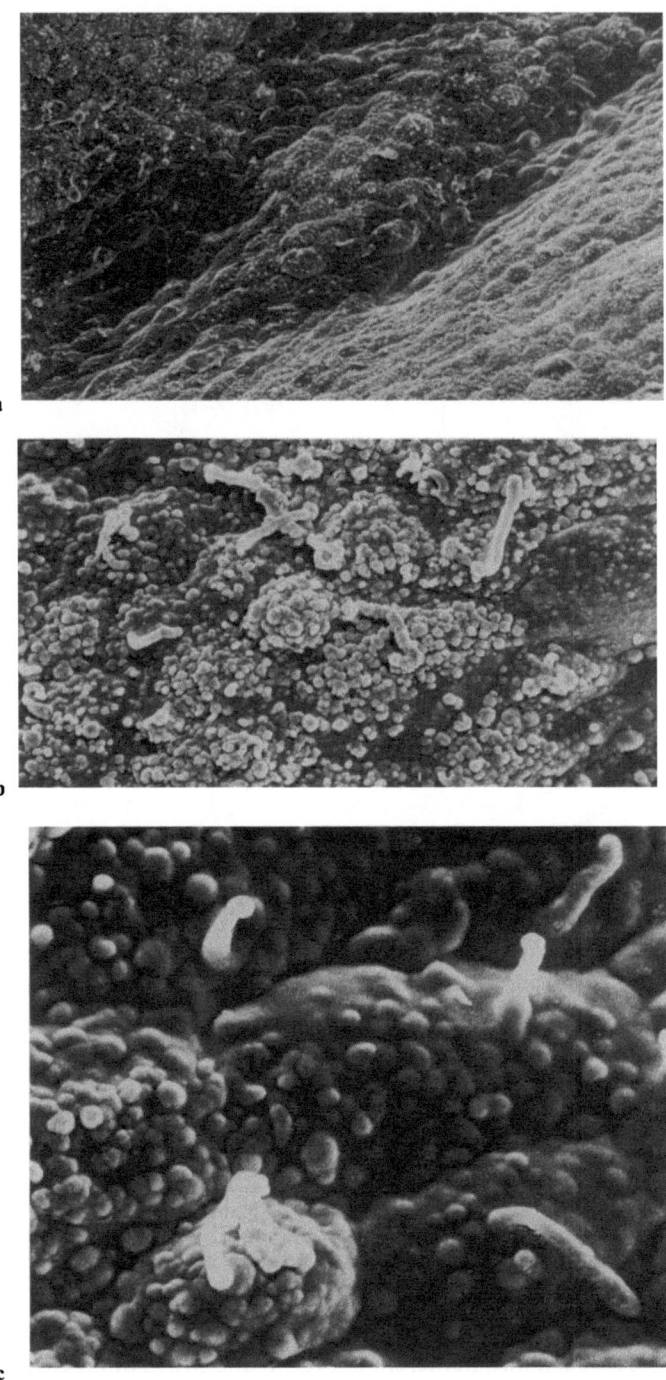

Abb. 25a–c. Apicale Oberflächen kinocilienarmer Ependymzellen aus der Wand des Infundibulum, REM, *Kaninchen*. Die Zelloberflächen wölben sich einzeln vor, tragen mikrovillusartige Protrusionen (in **b** Sekretbelag?) sowie je eine Kinocilie. Endvergr. in der Projektion: **a** ×540, **b** ×2160, **c** ×4320

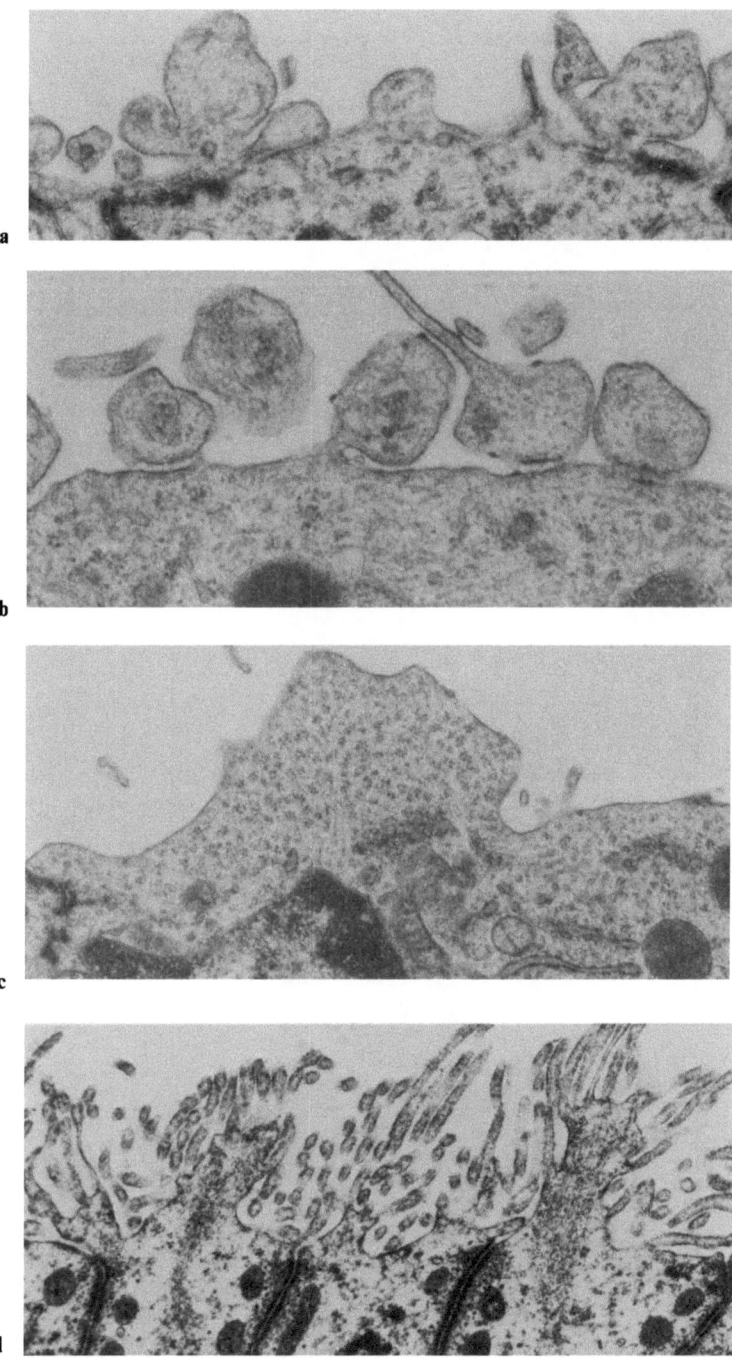

Abb. 26a–d. Kinocilienarme Ependymzellen, *Kaninchen*. Typen apicaler Protrusionen. **a–c** Tanycyten des Hypothalamus; **d** Tanycyten der ventromedialen Wand des Zentralkanals. Endvergr. ×18000

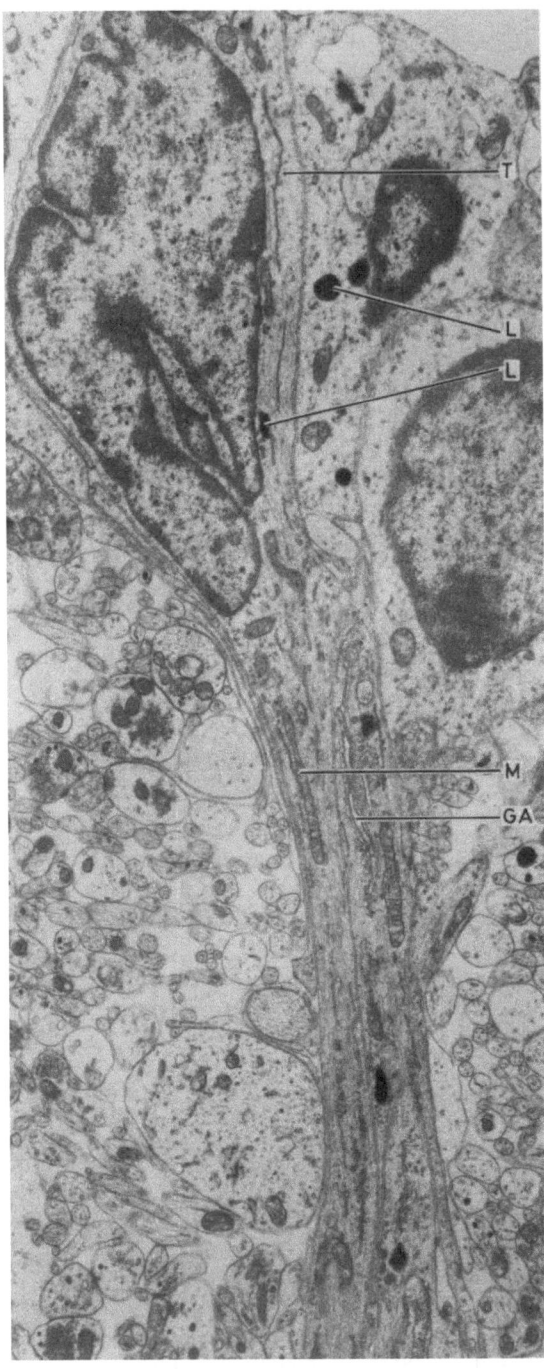

Abb. 27. Kinocilienarme Ependymzellen (Tanycyten), *Kaninchen*. Hypothalamus, Gegend des Nucleus arcuatus. Anordnung von Zellorganellen: *T* Mikrotubuli, *L* lysosomenartige Körper, *M* Mitochondrium, *GA* Golgi-Apparat. Endvergr. × 12000

untersuchungen schließen NAKAI et al. (1977b, *Maus, Frosch*), daß vom apicalen Plasmalemm große Vacuolen in den Ventrikel abgegeben werden.

Auch bei *Submammaliern* bildet die ventriculäre Oberfläche der Tanycyten der Regio hypothalamica Mikrovilli und größere Protrusionen (*Selachier:* SALAND et al., 1973; *Teleosteer:* STAHL u. LERAY, 1962; EVAN et al., 1976; *Amphibien:* SMOLLER, 1966; RODRÍGUEZ, 1969; NAKAI, 1971; *Vögel:* TAKEICHI, 1966; MATSUI u. KOBAYASHI, 1968; SHARP, 1972; MIKAMI, 1975). Das gilt besonders für die ventrolateralen „glandulären Regionen" (SHARP, 1972). Auch bei niederen Vertebraten ist eine Abhängigkeit dieser Protrusionen vom Hormonhaushalt wahrscheinlich (vgl. PESETSKY, 1965, *Froschlarven*).

2.3.2.2. Seitliche und basale Oberfläche

Das Soma der Tanycyten in der Regio hypothalamica von Mammaliern ist schmal und geht trichterförmig in den etwa 1 µm dicken basalen Fortsatz über (Abb. 27). Häufig vereinigen sich mehrere benachbarte Fortsätze zu einem Fortsatzbündel mit einem Durchmesser von 2–3 µm, das geschlossen zur Wand eines nahen, etwa 50 µm unter der Ependymbasis liegenden oder zu einem 300 µm und ferner liegenden Blutgefäß, einer Capillare oder kleinen Vene, oder aber zur äußeren Oberfläche der Gehirnwand zieht. Der Fortsatz kann bis 500 µm lang sein (KNOWLES u. ANAND KUMAR, 1969, *Rhesusaffe*). In der Umgebung des Gefäßes entbündeln sich die Tanycytenfortsätze und können das Gefäß entweder schleuderförmig mit mehrfachen lamellenförmigen Wicklungen (Abb. 28) umgeben (LEONHARDT, 1966c, *Kaninchen;* BRUNI et al., 1974, *Kaninchen*) oder sich der pericapillären Basallamina bzw. der äußeren Basallamina eines perivasculären Bindegewebsspaltes, so besonders in der Eminentia mediana, mit verbreitertem Fortsatzende anlegen (WITTKOWSKI, 1972, *Ratte*). Die Vermutung von KNOWLES und ANAND KUMAR (1969), daß die Tanycytenfortsätze über seitliche Ausläufer syncytiale Verbindungen eingehen, hat sich nicht bestätigt (MILLHOUSE, 1972).

Die *seitlichen Plasmalemmata* benachbarter Tanycyten können im Somabereich ausgedehnte interdigitierende Ausläufer bilden. Vom Fortsatz gehen einzelne kurze, spornförmige Seitenzweige ab, die Bündelchen markscheidenfreier Axone umgreifen (LEVEQUE et al., 1966, *Ratte;* BRAWER, 1972, *Ratte;* MILLHOUSE, 1972, *Ratte*). In der Eminentia mediana umschließen die basalen Tanycytenfortsätze die Endigungen von markscheidenfreien Axonen (WITTKOWSKI, 1973, *Ratte*).

Zellkontakte. Die benachbarten hypothalamischen Tanycyten bilden miteinander in der Regel „*tight junctions*", die gürtelförmig (BRIGHTMAN u. REESE, 1969, *Ratte*) oder in Strängen (NAKAI et al., 1975, 1977b, *Maus, Frosch*) nahe der freien Oberfläche die lateralen Plasmalemmata verbinden. Die fünfschichtige „tight junction", ein insgesamt 9–12 nm breiter Kontakt (vgl. die „gap junction" der Ependymocyten, S. 209), führt zum völligen Verschluß des Intercellularspaltes (BRIGHTMAN u. REESE, 1969).

„*Tight junctions*" sind zwischen den Tanycyten über der Eminentia mediana gut ausgebildet (vgl. NAKAI et al., 1975); sie können in anderen Arealen, so über dem Nucleus arcuatus, auch inkomplett sein (BRAWER, 1972; BRIGHTMAN et al., 1975a). In den Liquor injizierte Stoffe bestimmter Molekülgröße durch-

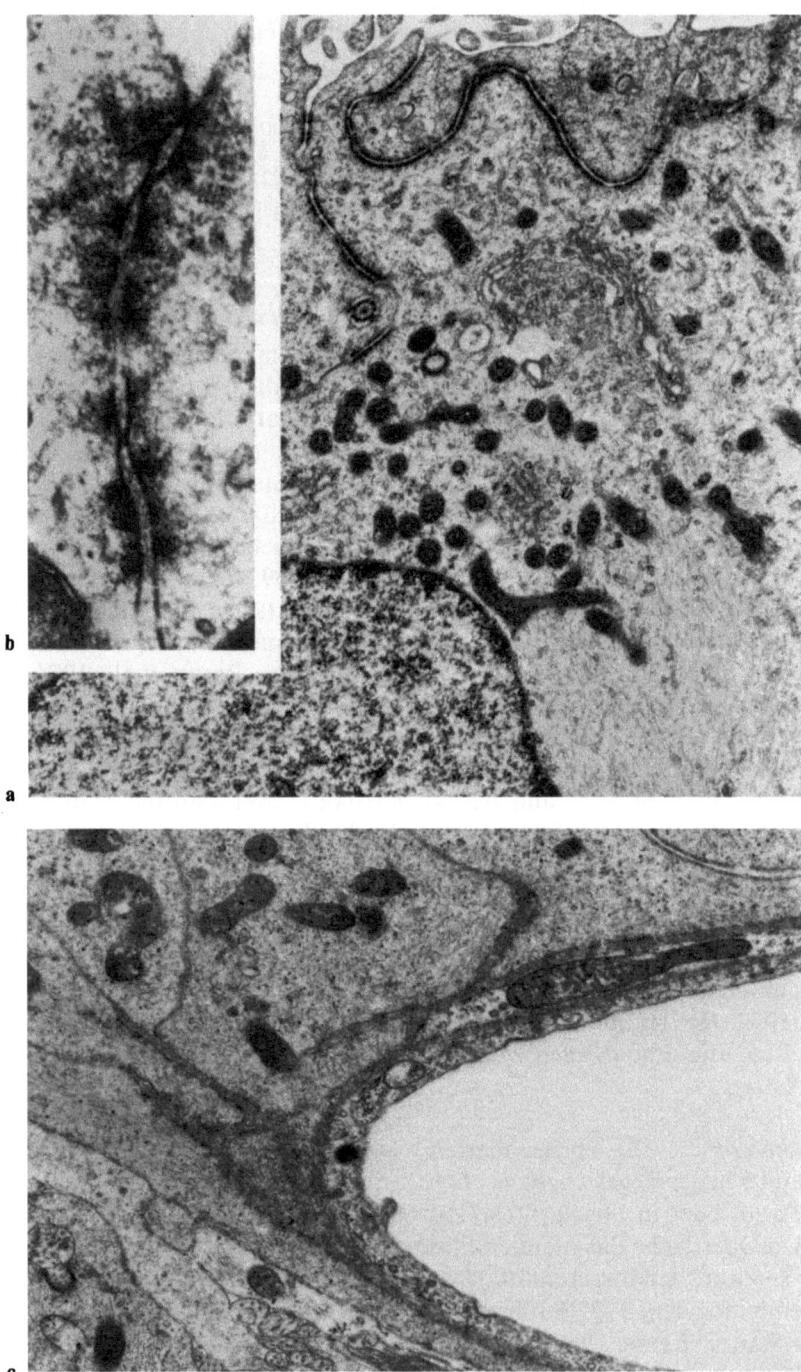

Abb. 28a–c. Recessus rhombencephali, *Ratte*. Kinocilienarme, langgestreckte Ependymzellen (Tanycyten). **a** Perinucleärer Bereich mit Golgi-Apparat und Filamenten; **b** Zellkontakte („tight junctions"); **c** perivasculäre Endigung der Tanycytenfortsätze. (Aus KRISCH et al., 1978a). Endvergr.: **a** ×15000, **b** ×88000, **c** ×18000

queren die „tight junction" nicht; die „tight junctions" bilden die Grenze des „Liquormilieus" (vgl. S. 209).

Untersuchungen von BRIGHTMAN et al. (1975, *Maus*) mit der Gefrierbruchmethode ergeben, daß die „tight junctions" in der Regel mehrreihig sind. Doch kommen zwischen den der Eminentia mediana benachbarten kinocilienarmen Ependymzellen, vielleicht auch zwischen kinocilienarmen Ependymzellen der Eminentia mediana selbst, inkomplette „tight junctions" mit nur einer Reihe oder zwei Reihen von Zellkontakten vor. NAKAI et al. (1977b, Gefrierbruchuntersuchungen) finden in der Eminentia mediana der *Maus* ein- bis zweireihige, beim *Frosch* fünf- bis achtreihige Kontakte. Diese ermöglichen zwar den Durchtritt von Wasser und Elektrolyten, aber nicht von größeren Molekülen. Im Grenzbereich der Eminentia mediana besteht also ein abgestuftes „Sieb" für die Stoffverteilung zwischen Liquor und intercellulärer Flüssigkeit.

„Tight junctions" besitzen auch die kinocilienfreien Ependymzellen, großenteils Tanycyten, der meisten *circumventriculären Organe* (s.S. 362ff.) einschließlich der Plexus choroidei (BRIGHTMAN, 1967, *Ratte;* TANI et al., 1974, *Ratte;* BRIGHTMAN et al., 1975a, *Maus*, Lit.).

Kinocilienarme Ependymzellen (Tanycyten) im Blutmilieu. Da in der Eminentia mediana (wie in den übrigen circumventriculären Organen, ausgenommen das Subcommissuralorgan) eine Blut-Hirn-Schranke nicht ausgebildet (s. S. 252ff.) und der Intercellularspalt zwischen benachbarten Tanycyten vom perivasculären Raum aus bis zur apical gelegenen „tight junction" durchgängig ist, sind die Tanycyten völlig in das „Blutmilieu" eingebettet, ausgenommen ihre ventriculäre Oberfläche (vgl. dagegen die Lage der Ependymocyten im „Liquormilieu", S. 209). Die eigenartige Situation der Tanycyten zwischen „Blut-" und „Liquormilieu" spielt bei Untersuchungen über deren mutmaßliche Funktion (s.S. 264ff.) eine erhebliche Rolle.

Synapsenartige Kontakte an den Tanycytenfortsätzen, speziell des *Infundibulum*, werden bei Mammaliern wiederholt beschrieben (Abb. 29). Die Anzahl der synapsenartigen Kontakte eines Tanycytenfortsatzes wird auf etwa 100 berechnet. Die präsynaptische Axonanschwellung enthält zahlreiche helle Bläschen (etwa 50 nm), einige Bläschen mit dichtem Kern (etwa 100 nm), Mitochondrien und Profile des glatten endoplasmatischen Reticulum, in einigen Fällen auch neurosekretorische Elementargranula (KRISCH, 1975, *Ratte*); die präsynaptische Membran weist häufig „dense projections" auf. Postsynaptische Membran ist immer das Tanycytenplasmalemm, es zeigt keine Veränderungen (KNOWLES, 1967, *Affe;* KOBAYASHI et al., 1970; GÜLDNER, 1973, *Ratte;* GÜLDNER u. WOLFF, 1973, *Ratte*). Doch werden in der präsynaptischen Struktur auch 120–160 nm große kernhaltige Bläschen in größerer Zahl angetroffen, die Nervenfasern des Tractus tuberohypophyseus zugeordnet werden (WITTKOWSKI, 1967b, *Meerschweinchen*, 1968a, *Ratte*, 1969, *Maus*, 1971, *Rhesusaffe*, 1972, 1973, *Ratte;* LE BEUX, 1972, *Ratte;* vgl. SAKUHIOTO et al., 1977). In diesem Zusammenhang interessiert, daß HILD et al. (1965) in Ependymzellkulturen ein Restpotential von 40–60 mV gemessen haben, das sich bei adäquatem Reiz ändert.

Auch bei *Submammaliern* werden vergleichbare synapsenförmige Kontakte an Tanycytenfortsätzen oder subependymalen Gliafortsätzen beschrieben (*Cyclostomata*: KOBAYASHI, 1975; *Teleosteer:*

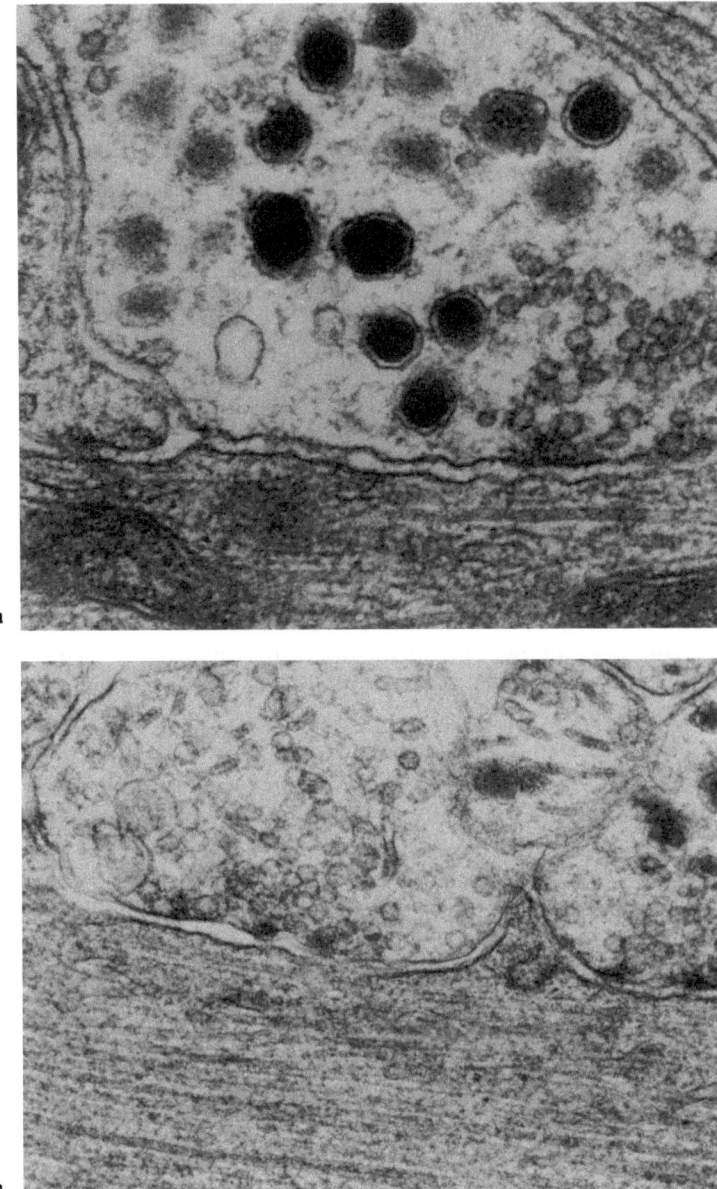

Abb. 29a u. b. Kinocilienarme Ependymzellen (Tanycyten), Eminentia mediana, *Ratte*. Synapsenartige Kontakte am basalen Tanycytenfortsatz; der Kontakt wird in **a** von einem neurosekretorischen Axon, in **b** von einem cholinergen (?) Axon gebildet. (Präparat Dr. B. Krisch, Kiel). Endvergr.:
a u. b ×98300

KNOWLES u. VOLLRATH, 1965, 1966a; Follenius, 1967; *Amphibien:* SMOLLER, 1966; NAKAI, 1970; *Reptilien:* RODRÍGUEZ u. LA POINTE, 1969; *Vögel:* NISHIOKA et al., 1964; MATSUI, 1966a, b; KOBAYASHI u. MATSUI, 1967; KOBAYASHI et al., 1970; KOBAYASHI, 1975).

Das *basale Plasmalemm* der Tanycyten, speziell des *Infundibulum,* grenzt in der Regel an die äußere Basallamina eines perivasculären Bindegewebsraumes. Die Grenze kann geradlinig verlaufen, aber auch tiefe Einbuchtungen aufweisen. Dem an die Basallamina grenzenden Plasmalemm sind auf der Innenseite stellenweise granuläre und filamentöse Massen angelagert, so daß das Bild von „Halbdesmosomen" entsteht. Am basalen Plasmalemm werden Anzeichen für Exocytosevorgänge gefunden (WITTKOWSKI, 1972, *Ratte*). KNOWLES und ANAND KUMAR (1969, *Rhesusaffe*) berichten über Kontakte von Tanycytenfortsätzen an Drüsenzellen der Pars tuberalis der Adenohypophyse.

Nach MATSUI (1966a, *Taube,* 1966b, *Ratte*) bestehen hinsichtlich der quantitativen Verteilung der basalen Ausläufer von Tanycyten und der Axonendigungen an den Gefäßwänden der Eminentia mediana Artunterschiede (vgl. auch NEMETSCHEK-GANSLER, 1969; OOTA et al., 1974; Kobayashi, 1975). Nach WITTKOWSKI (1973, *Ratte*) sind die Kontaktflächen, die die basalen Plasmalemmata der Tanycyten mit der äußeren Basallamina in der Zona externa der Eminentia mediana bilden, je nach Funktion variabel ausgedehnt. Die Enden der Tanycytenfortsätze können hierdurch die Ausdehnung der Kontaktflächen von Axonen, die zu den Gefäßen der Zona externa ziehen, beeinflussen und in funktioneller Abhängigkeit regulieren; bei einer Aktivierung neurosekretorischer Neurone wird die neurovasculäre Kontaktfläche vergrößert (WITTKOWSKI u. SCHEUER, 1974; WITTKOWSKI u. BRINKMANN, 1974), bei einer Inaktivierung verkleinert gefunden (WITTKOWSKI u. MÜLLER, 1976). Durch Gaben von Nikotin oder Reizung des medialen Mandelkerns werden die Tanycytenkontakte an Capillaren innerhalb von 15–20 min erheblich reduziert (LICHTENSTEIGER et al., 1978). Beim *Neugeborenen* bedecken die Ependymzellfortsätze den größten Teil der Gefäßoberfläche (SILVERMAN u. DESNOYERS, 1975, *Meerschweinchen*).

Auch bei *Submammaliern* werden an den Gefäßen der Eminentia mediana Kontaktflächen der basalen Endigungen von Tanycyten im Wechsel mit Kontaktflächen von Axonen gefunden. Über *Amphibien* s. RODRÍGUEZ (1969), FASOLO et al. (1972). Das basale Plasmalemm der Tanycytenfortsätze zeigt Membranvesikulation (NAKAI, 1971; Nakai u. NAITO, 1974. Über *Vögel* s. MATSUI (1966a), KOBAYASHI und MATSUI (1967).

2.3.2.3. Cytoplasma und Zellkern

Cytoplasma. Die Tanycyten der Regio hypothalamica der Mammalier heben sich von den Ependymocyten und den Astrocyten durch ein insgesamt stärker färbbares, dichteres Cytoplasma ab. Die stärkere Anfärbbarkeit geht teils auf die Beschaffenheit der cytoplasmatischen Matrix, teils auf den Reichtum an Zellorganellen, besonders Mitochondrien, Mikrotubuli und dichte Körper zurück. Immunfluorescenzmikroskopisch (Antikörper gegen Myosin glatten Muskelgewebes) zeigen die Tanycyten der Eminentia mediana eine unregelmäßig auf die einzelnen Zellen verteilte *Myosin-* und *Actin-* Fluorescenz im apicalen Cytoplasma (GRÖSCHEL-STEWART et al., 1977, *Ratte*). Die Beschreibung der Cytoplasmabestandteile folgt den weitgehend übereinstimmenden Darstellungen von LEONHARDT (1966c, *Kaninchen*), LEVEQUE et al. (1966, *Ratte*), WITTKOWSKI

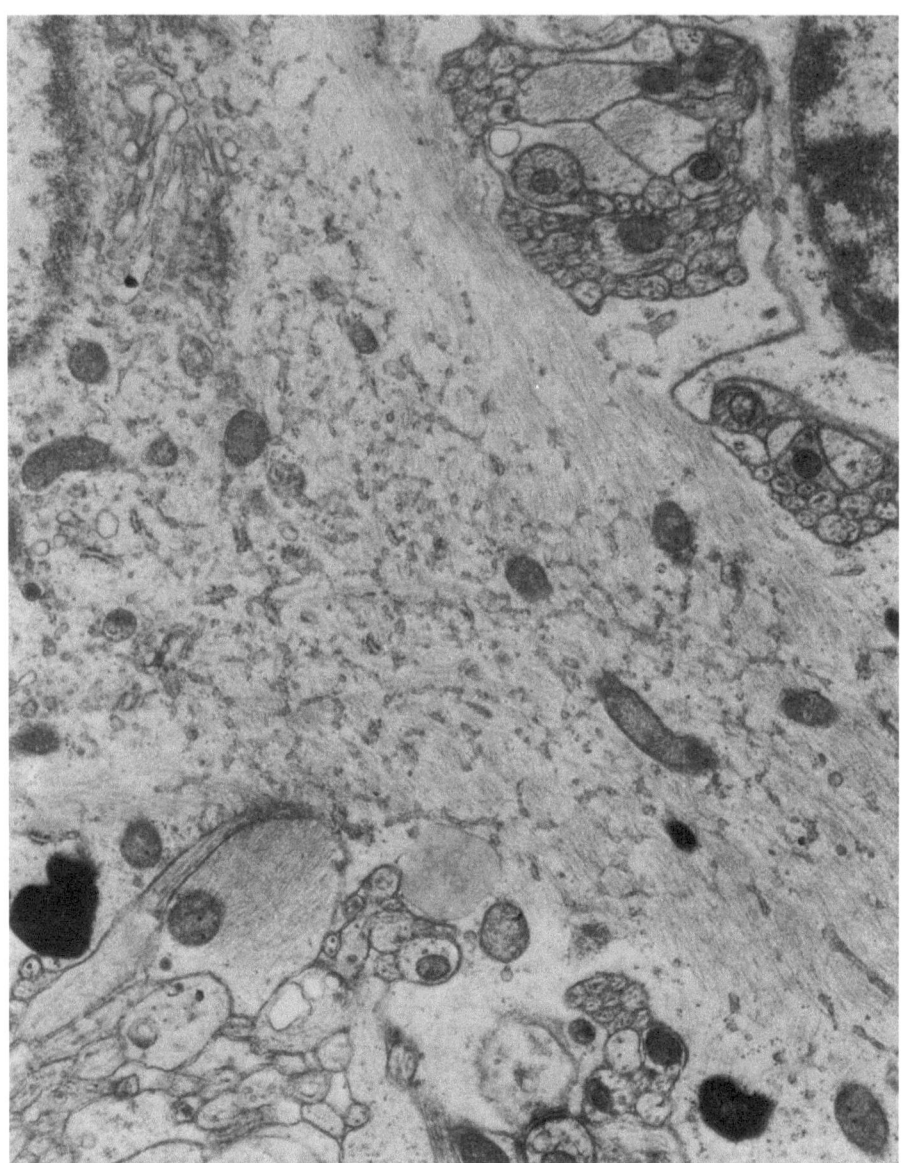

Abb. 30. Kinocilienarme Ependymzellen (Tanycyten), Gegend des Nucleus arcuatus, *Kaninchen.* Anordnung von Golgi-Apparat, glattem ER, Mitochondrien und Filamenten im infranucleären Ursprung (Zellkern *links oben* angeschnitten) eines basalen Tanycytenfortsatzes. *Rechts oben* Zellkern eines zweiten, interdigitierenden Tanycyten. Endvergr. ×24000

(1967c, *Meerschweinchen*, 1972, *Ratte*), KNOWLES und ANAND KUMAR (1969, *Rhesusaffe*), KOBAYASHI et al. (1970, *Ratte*), BRAWER (1972, *Ratte*), MILLHOUSE (1972, *Ratte*).

Die cytoplasmatische *Matrix* zeichnet sich durch eine flockige Substanz aus, die optisch nur schwer aufgelöst werden kann. Freie *Ribosomen* kommen als

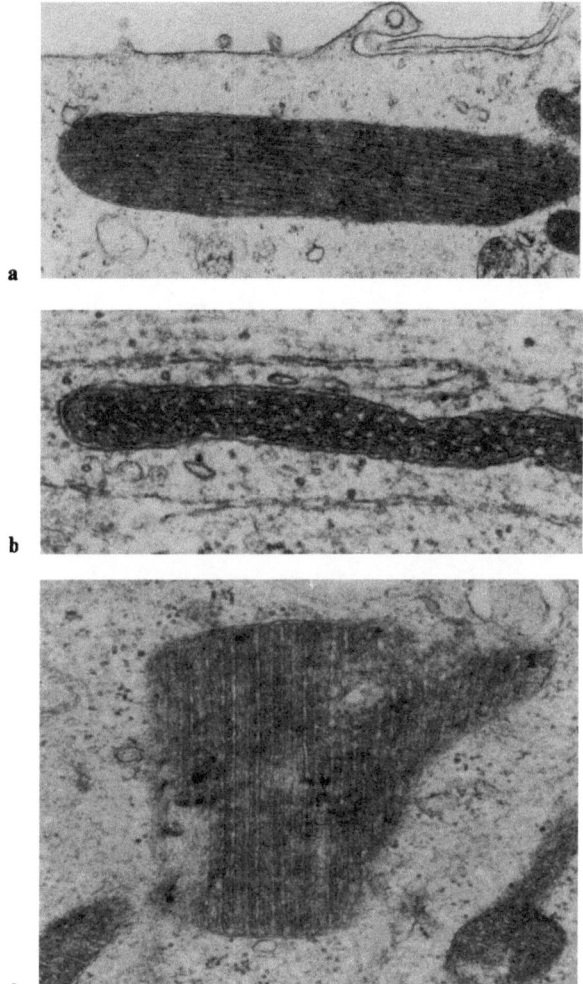

Abb. 31 a–c. Riesenmitochondrien („Gliosomen") kinocilienreicher Ependymzellen, Apertura lateralis, *Kaninchen.* Endvergr.: **a** × 20 800, **b** × 50 000, **c** × 30 000

Polysomen vor, sie liegen häufig in Gruppen und Rosetten vorwiegend nahe
der Zellperipherie, besonders apical und in den Fortsatzausläufern. Kurze Anteile des granulierten endoplasmatischen Reticulum (ER) werden in allen Teilen
des Tanycyten verstreut beobachtet (Abb. 30).

Die *Mitochondrien* liegen im Soma ungeordnet, im basalen Tanycytenfortsatz
längsgerichtet. Sie besitzen transversale Cristae und eine dichte Matrix und
sind meist schmaler als die von Astrocyten und Axonen, können aber, besonders
im Fortsatz, bis 7 μm lang werden.

Gliosomen werden vereinzelt im Soma- oder Halsbereich angetroffen
(Abb. 31). Sie sind 0,6 μm dick und 8 μm lang und werden von einer Membran
umgeben, die einen längsgestriften Innenkörper einschließt. Dieser besteht

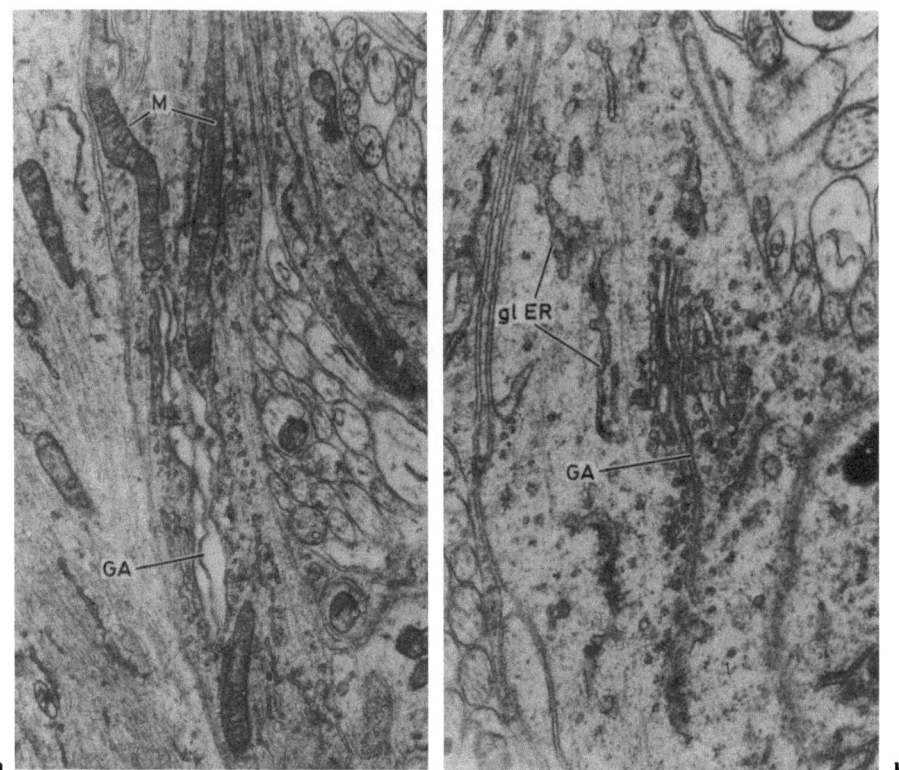

Abb. 32a u. b. Kinocilienarme Ependymzellen (Tanycyten), Hypothalamus, Gegend des Nucleus arcuatus, *Kaninchen*. Anordnung von Zellorganellen in basalen Fortsätzen: *GA* Golgi-Apparat, *M* Mitochondrien, *gl ER* glattes ER. Endvergr.: **a** ×18000, **b** ×30000

aus regelmäßig angeordneten, streng parallelen kristallintubulären Strukturen mit einem Durchmesser und Abstand von ca. 20 nm. Die Matrixdichte entspricht etwa der der Mitochondrien (*Kaninchen*, unveröffentlicht). Die Gliosomen gleichen den „Typ-II-Gliosomen" nach Hashimoto (1969, *Katze*, Astrocyten des Rückenmarks, Lit.).

Gleichartige „Gliosomen" werden auch in Gliaausläufern bei *Amphibien* (Srebro, 1965) sowie in Gliazellen (Gray, 1960) und Ependymzellen der *Eidechse* (Donelli et al., 1975) beschrieben.

Filamente sind im Soma der Tanycyten bei Mammaliern nicht in dem Maße ausgebildet wie in Ependymocyten. Im basalen Tanycytenfortsatz dagegen kommen längsgerichtete *Filamentbündel* häufig vor. Entsprechend dem Anteil an Filamenten werden von einigen Autoren „faserreiche" und „protoplasmatische" Tanycyten unterschieden (vgl. Kobayashi u. Matsui, 1969). In einigen Tanycyten der Eminentia mediana der *Ratte* können immunfluorescenzmikroskopisch Actin-Myosin-Komplexe nachgewiesen werden (Unsicker et al., unveröffentlicht).

Mikrotubuli sind zahlreich im Soma, hauptsächlich aber im basalen Fortsatz vorhanden. Nach Schechter et al. (1976, *Ratte*) führt die intraventriculäre Applikation von *Colchicin* zu einer kristalloiden Aggregation von Mikrotubuli vorwiegend im apicalen Teil der Tanycyten. Nach Anwendung von *Vinblastin* kommt es darüber hinaus zu apicalen Zellzerreißungen und zur Öffnung des Intercellularspaltes in den Ventrikel. Entsprechende Beobachtungen wurden auch am Ependym bei mit Vinblastin behandelten Krebskranken gemacht.

Der *Golgi-Apparat* ist gut entwickelt. Mehrere Golgi-Felder umgeben den Zellkern. Golgi-Felder kommen in allen Abschnitten des basalen Fortsatzes vor (Abb. 32). In der Nähe der Golgi-Felder werden nicht selten größere Vesikel und Vacuolen beobachtet, die entweder leer erscheinen oder mit dichtem oder weniger dichtem Material gefüllt sind.

Glattes endoplasmatisches Reticulum tritt in Form kleiner Zisternen in allen Teilen des Tanycyten, besonders aber im basalen Fortsatz auf. Über eine ungewöhnliche konzentrische Anordnung der Zisternen berichtet BRAWER (1972, *Ratte*). Die Zisternen können im Abstand von 0,5 µm 5–20 Halbkreise oder Kreise bilden. Im Zentrum der konzentrischen Schalen findet man ein Mitochondrium, ein Lysosom oder ein Lipidtröpfchen.

Lysosomen in verschiedenartiger Ausbildung (primäre Lysosomen, Sekundärlysosomen, Telolysosomen) und Größe sind zahlreich; sie werden vorwiegend im Soma angetroffen (Abb. 33). Lysosomen können in einzelnen Zellen das Soma weitgehend ausfüllen, während unmittelbar benachbarte Tanycyten nur wenig Lysosomen besitzen. Häufig werden nicht näher definierte *dichte Körper* („dense bodies") beschrieben; sie spielen in allen Untersuchungen der hypothalamischen Tanycyten von Mammaliern eine große Rolle. Sie liegen in großer Zahl supranucleär im Soma sowie im Endfuß des basalen Fortsatzes, aber selten im Verlauf des Fortsatzes selbst.

Mikroperoxisomen wurden in kinocilienarmen Zellen des III. Ventrikels identifiziert, sie kommen auch in Nervenzellen sowie in größerer Zahl in Oligodendrocyten vor (MCKENNA et al., 1976, *Ratte*).

Lipidtröpfchen mit einem Durchmesser von 0,5–5 µm werden gelegentlich, einzeln oder in traubenförmiger Anordnung, gefunden (RÖHLICH et al., 1965, *Ratte;* BRAWER, 1972, *Ratte;* MERL u. GOLLER, 1975, *Rind, Schaf, Ziege*). MITRO (1969, *Ratte*) bildet in Tanycyten etwa 1 µm große Bläschen mit mäßig dichtem Inhalt ab, die aus Lipiden bestehen könnten.

Granuläre Einschlüsse kommen in großer Zahl und Vielfalt im Fuß des Fortsatzes vor. WITTKOWSKI (1972) unterscheidet 0,5–2 µm große osmiophile Einschlüsse (vgl. RAVIOLA u. RAVIOLA, 1963; ZAMBRANO u. DE ROBERTIS, 1968a; KRSULOVIC u. BRÜCKNER, 1969; KRSULOVIC et al., 1970; KOBAYASHI et al., 1970; SCOTT u. KNIGGE, 1970; GIESING, 1971), granuläre und vesiculäre Einschlüsse (vgl. MONROE et al., 1972; Krisch, 1975) und runde, hantel- oder schlauchförmige Vesikel von 50–200 nm Ausdehnung mit unterschiedlich dichtem Inhalt sowie runde Granula mit einem konstanten Durchmesser von 120–160 nm, einem hellen Zentrum und einem ringartigen Wall aus körniger Substanz (Abb. 34, 35). Über Herkunft und Bedeutung dieser Strukturen ist nichts Sicheres bekannt. Dagegen sollen Lipideinschlüsse, Myelinfiguren und „Ring-Granula" infolge des Untergangs von Axonmaterial nach Adrenalektomie in den Füßen der Tanycytenfortsätze als Zeichen einer Phagocytosetätigkeit zu werten sein (WITTKOWSKI, 1973, *Ratte;* AKMAYEV u. POPOV, 1977, *Ratte*).

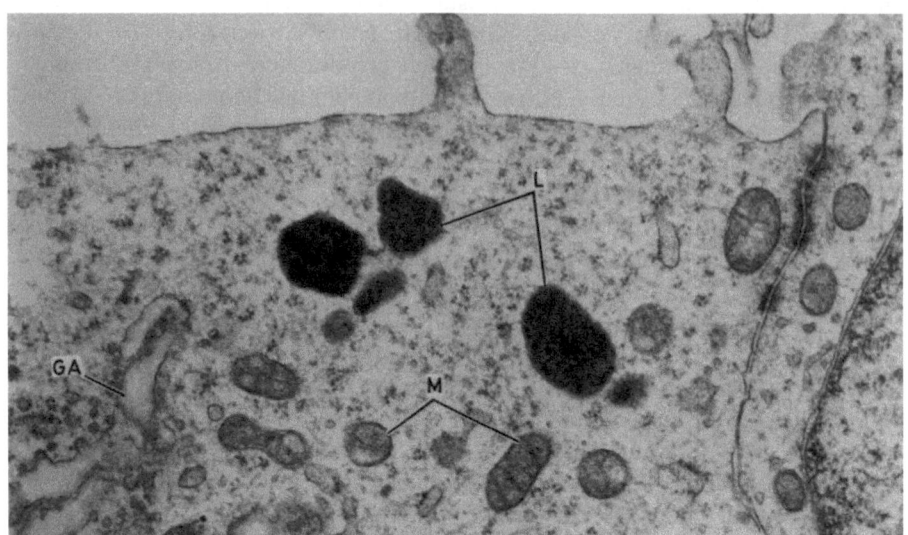

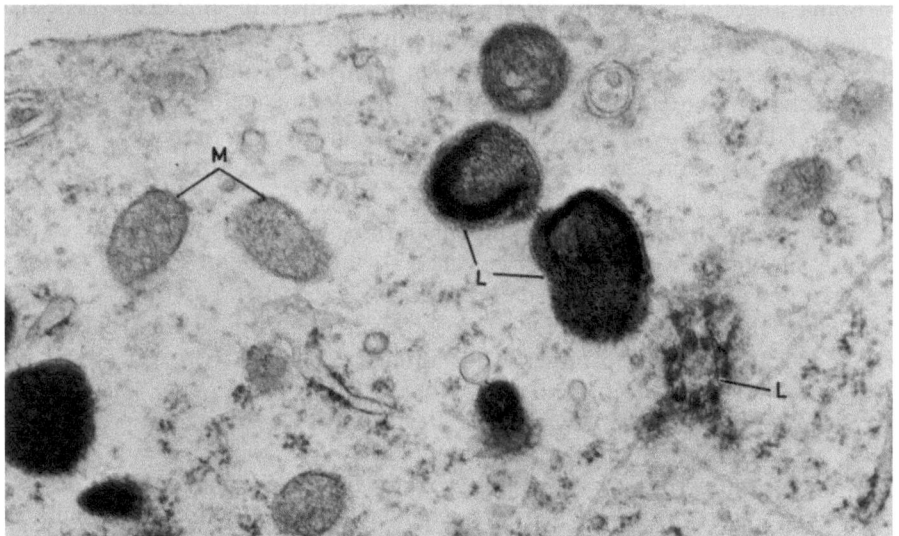

Abb. 33a u. b. Kinocilienarme Ependymzellen (Tanycyten), Hypothalamus, Gegend des Nucleus arcuatus, *Kaninchen.* Anordnung von Zellorganellen im supranucleären Cytoplasma: *GA* Golgi-Apparat, *M* Mitochondrien, *L* sekundärlysosomenartige Körper, *C* Cilienwurzel. Endvergr.: a ×24000, b ×36000

Gleichartiges berichtet RAISMAN (1972) nach Läsionen des Nucleus arcuatus. „Ring-Granula" gleicher Beschaffenheit werden in Tanycyten bei Hydrocephalus internus gefunden (DESAGA, unveröffentlicht), der durch Kaolininjektion in den Liquor künstlich erzeugt wurde.

Transmitterorganellen vermuteten KNOWLES und ANAND KUMAR (1967, *Rhesusaffe*) in runden Bläschen (Durchmesser 100 nm) mit dichtem Kern, der durch eine helle Zone von der Bläschenmembran abgegrenzt ist.

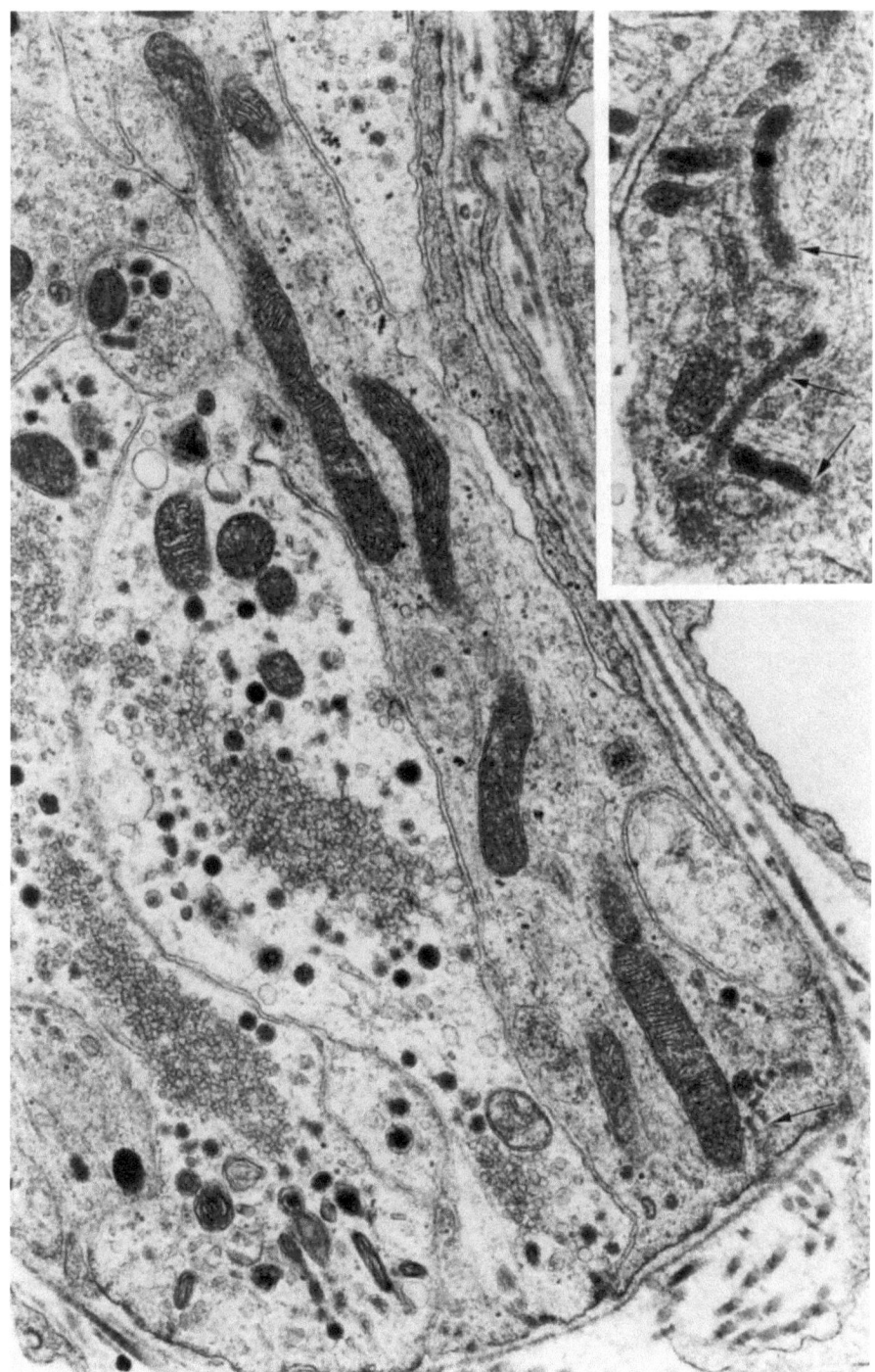

Abb. 34. Tanycytenfortsätze und neurosekretorische Zellausläufer, Zona palisadica der Eminentia mediana, *Ratte*. In den Tanycytenfortsätzen lange Mitochondrien, Tubuli, Filamente und unregelmäßig gestaltete, längliche, dichte Zelleinschlüsse *(Pfeile, Ausschnitt)*. (Aus KRISCH, 1975). Endvergr. × 30 500, *Ausschnitt* × 34 200

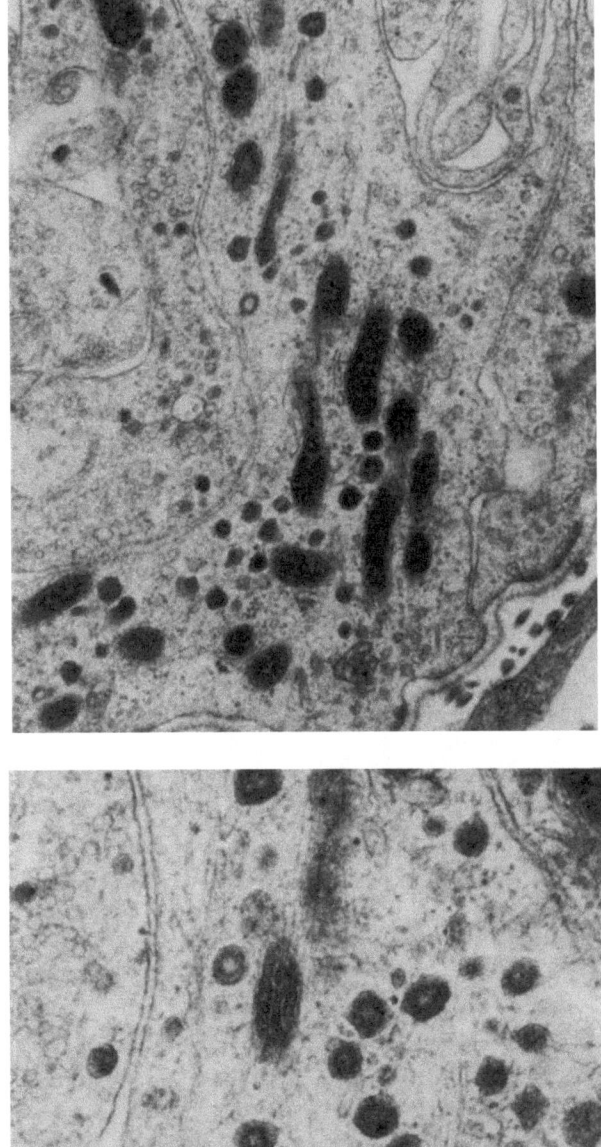

Abb. 35a u. b. Tanycyten, Eminentia mediana, *Ratte*. Ringförmige und polymorphe Granula im perivasculären Fortsatz. In **a** ist der perivasculäre Bindegewebsraum angeschnitten. (Präparat Dr. B. Krisch, Kiel). Endvergr.: **a** ×32 800, **b** ×45 650

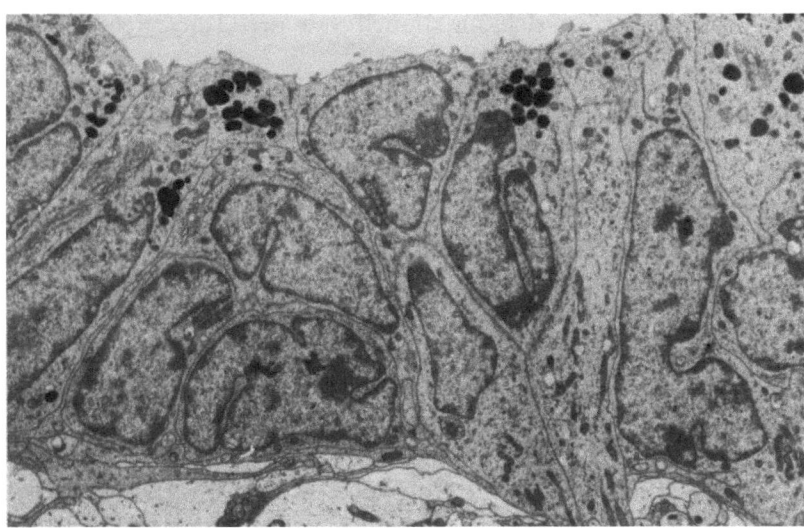

Abb. 36. Kinocilienarme Ependymzellen, Hypothalamus, *Kaninchen*; stark eingefaltete Zellkerne. Endvergr. × 5400

Der *Zellkern* hat bei dicht gedrängten Zellen eine länglich-ovale oder keulen-förmige Gestalt, deren Längsachse senkrecht zur Ventrikeloberfläche gerichtet ist. Bei weniger dicht gelagerten Zellen ist die Grundform rund. Das Karyoplasma stellt sich gleichmäßig feinflockig dar, der Innenseite der Kernmembran sind geringe Verdichtungen angelagert. Der Nucleolus ist gut ausgebildet und homo-gen. KNOWLES und ANAND KUMAR (1969) finden gelegentlich auch zwei Nucleoli.

Die Grundform des Zellkernes wird häufig durch wellenförmige Einbuchtun-gen oder durch eine oder mehrere Einfaltungen modifiziert, wobei der Zellkern auch polygonale Gestalt annehmen kann (Abb. 36). DESAGA (1970, *Ratte*) berich-tet über eine signifikante Zunahme der Einfaltungen der Kernmembran nach langdauernder Thiobarbiturat-Narkose; die Faltungen sind reversibel (DESAGA, 1971).

Submammalier. Die Cytoplasmabestandteile der hypothalamischen Tanycyten niederer Vertebra-ten gleichen denen bei Säugern qualitativ wie in der mengenmäßigen Verteilung (*Selachier*: SALAND et al., 1973; *Teleosteer*: EVAN et al., 1976; POLENOV et al., 1976; *Amphibien*: RODRÍGUEZ, 1969; NAKAI, 1971; FASOLO et al., 1972; *Reptilien*: BÖSEL, 1970; *Vögel*: OOTA u. KOBAYASHI, 1962; TAKEI-CHI, 1966; SHARP, 1972; MIKAMI, 1975; MIKAMI et al., 1975a, b; NOZAKI, 1975). Auch eine Phagocy-tose durch Tanycytenfortsätze nach Schädigung von hypothalamischen Axonen wird beobachtet (STERBA u. BRÜCKNER, 1967, *Cyclostomen*).

2.3.3. Kubische und flache kinocilienarme Ependymzellen der Regio hypothalamica

Die nicht gestreckten und deshalb nicht eigentlich zu den Tanycyten zu zählenden kubischen und flachen kinocilienarmen Ependymzellen der hypothalamischen Region bei Mammaliern kommen in begrenztem Umfang an wenigen Stellen vor. Wie die Tanycyten, so sind auch die kubischen und flachen Zellen durch unmittelbare Kontakte mit perivasculären Räumen ausgezeichnet. Es wird aber vermutet, daß die Zellen sich funktionell von den Tanycyten unterscheiden (vgl. Knowles, 1969; Millhouse, 1975).

Lichtmikroskopischen Untersuchungen zufolge kommen kubische und flache kinocilienarme Ependymzellen hauptsächlich am Eingang und am Boden des Recessus infundibuli und über der Eminentia mediana vor, vgl. Fleischhauer (1960, *Katze*), Löfgren (1960, *Ratte*), Dellmann (1961, *Rind*), Diepen, (1962, *Mensch*), Schimrigk (1966, *Mensch*), Colmant (1965, *Ratte*), Schachenmayr (1967, *Ratte*), Dorst (1969, *Schwein*), Mitro und Schiebler (1972, *Ratte*), Lé-ranth und Schiebler (1974, *Ratte*), Ferraz de Carvalho et al. (1975, *Faultier*), Merl und Goller (1975, *Rind, Schaf, Ziege*).

Auch bei *Submammaliern* wird ein Polymorphismus der Zellform beobachtet, wobei allerdings die circumventriculären Organe einen relativ größeren Anteil am Untersuchungsgut einnehmen als bei Mammaliern (vgl. lichtmikroskopische Übersichten, *Cyclostomen:* Adam, 1957; *Knorpelfische:* Horstmann, 1954; Braak, 1963; *Knochenfische:* King, 1966; Evan et al., 1976; *Amphibien:* Oksche, 1958; King, 1966; Paul, 1967; Rodríguez, 1969a; Fasolo u. Franzoni, 1974; *Reptilien:* King, 1966; Fleischhauer, 1967; Bösel, 1969, 1970; Ferraz de Carvalho, 1970; Hetzel, 1977b; *Vögel:* Sharp, 1972; Oksche u. Farner, 1974).

Die kubischen und flachen Ependymzellen der hypothalamischen Region haben mit den Tanycyten nicht nur die Armut an Kinocilien und die dichten Gefäßkontakte gemeinsam, sondern gleichen den Tanycyten auch hinsichtlich der Ausbildung von apicalen Protrusionen, „tight junctions", und in der Zellorganellenausstattung (vgl. auch Barry, 1967, Überblick über den Bau des Infundibulum bei Mammaliern, Lit.).

Ependymzellen am Boden des Hypothalamus. Knowles und Anand Kumar (1969) unterscheiden beim *Rhesusaffen* die Tanycyten mit langem Fortsatz (Typ-B-Zellen, hauptsächlich im antero- und latero-ventralen Wandbereich des vorderen Hypothalamus) und die Tanycyten ohne oder mit kurzem Fortsatz, also kubische Zellen (Typ-C-Zellen), die vorwiegend am Boden des vorderen Hypothalamus eine zweite, innere Ependymzellschicht bilden (Anand Kumar, 1968), und unter diesen eine weitere, durch Versilberung anfärbbare Sonderform kubischer Zellen (Typ-C′-Zellen).

Die kubischen C- und C′-Zellen besitzen wie die Tanycyten Mikrovilli, Lysosomen, Mitochondrien, freie Ribosomen und einen eingefalteten Zellkern. Der in den Abbildungen erkennbare Mangel an Mikrotubuli hängt vermutlich damit zusammen, daß ein basaler Fortsatz nicht ausgebildet ist.

Die C′-Zellen lassen im Unterschied zu den C-Zellen Alters- und Geschlechtsunterschiede erkennen. Bei weiblichen Tieren bilden die C′-Zellen während des Cyclus vermehrt Granula, die während der Menstruation wieder verschwinden (vgl. Anand Kumar, 1968). Die Autoren vermuten, daß das Areal der C-Zellen identisch ist mit der „glande infundibulaire périventriculaire" von Leveque et al. (1966, *Ratte*).

Leveque et al. (1966) beschreiben im hinteren Drittel des Recessus infundibularis der *Ratte* eine Zone „glandulärer" Ependymzellen, die gleichfalls kinocilienarm sind, aber keinen basalen Fortsatz besitzen. Die Abgrenzbarkeit dieses Areals war Anlaß dafür, von einem eigenständigen *circumventriculären Organ* zu sprechen (s. 5.4.).

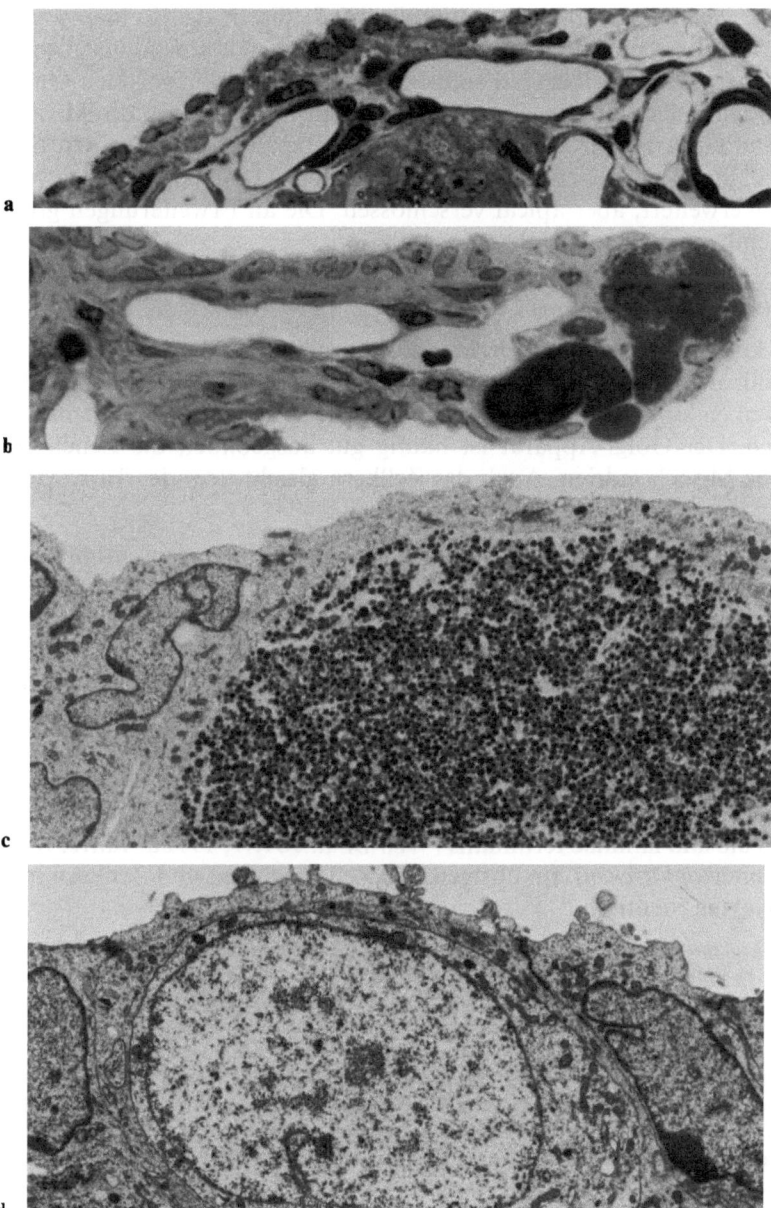

Abb. 37a–d. Kinocilienarme, flache Ependymzellen, Infundibulum, *Kaninchen*. **a** Über Blutgefäßen; **b** über einer Neurosekret und Blutgefäße enthaltenden Wandfalte; **c** über einem subependymalen Herring-Körper; **d** über einer subependymalen Nervenzelle. **a** u. **b** Färbung nach Richardson. Endvergr.: **a** u. **b** × 480, **c** u. **d** × 5100

Am *Boden des Infundibulum* können die kinocilienarmen Ependymzellen beim *Kaninchen* extrem abgeflacht sein; die unter ihnen verlaufenden Axone des Tractus hypothalamo-neurohypophyseus treten mit Herring-Körpern stellenweise bis auf eine Entfernung von 84 nm an das Lumen des Infundibulum heran

(Abb. 37). Auch Falten der Infundibularwand, die in das Lumen vorspringen und Herring-Körper enthalten, sind von sehr flachen Ependymzellen bedeckt (Leonhardt, 1970e). Über den sinusoiden Capillaren der portalen Gefäße sind die Ependymzellen, die mit dem perivasculären Raum häufig direkten Kontakt haben, endothelartig verdünnt. Die Intercellularspalten zwischen den Ependymzellen und zwischen diesen und subependymalen Axonen sind stellenweise spindelförmig erweitert, aber apical verschlossen. Die an Erweiterungen grenzenden Plasmalemmata zeigen Membranvesikulation.

Vergleichbare Beziehungen zwischen neurosekretorischen Axonen und Ependymzellen werden auch bei *Vögeln* beobachtet (Nishioka et al., 1964).

Die kubischen und flachen kinocilienarmen Ependymzellen bilden apical Mikrovilli, die kubischen auch größere Protrusionen aus, in denen Zisternen des glatten endoplasmatischen Reticulum, Polysomen und lysosomenartige Körper liegen. Der Golgi-Apparat ist häufig gut ausgebildet, die Zellen enthalten zahlreiche Mitochondrien. Auch der Zellkern gleicht dem der Tanycyten.

Ependymzellen der Eminentia mediana. Neben Tanycyten enthält das Ependym der Eminentia mediana bei Mammaliern auch kubische kinocilienarme Ependymzellen. Sie stehen wie die Tanycyten im Kontakt mit perivasculären Räumen (Rodríguez, 1972, *Rind*). Auffallendstes Merkmal dieser Zellen wie auch der Tanycyten der Eminentia mediana sind apicale, z.T. sehr große und offenbar funktionsabhängige Protrusionen, die ein homogenes feingranuläres Material enthalten (Knigge u. Scott, 1970, *Ratte;* Kobayashi, 1972, *Ratte;* Scott et al., 1972b, *Ratte, Katze, Totenkopfäffchen;* Kozlowski et al., 1976b, *Rhesusaffe*). Die kubischen Ependymzellen gleichen hierin völlig denen des Organum vasculosum laminae terminalis (Weindl u. Joynt, 1972a, *Ratte, Kaninchen, Katze, Totenkopfäffchen*). Im übrigen sind Zellorganellen und Zellkern mit denen der Tanycyten identisch.

Bei *Vögeln* erwecken die kinocilienarmen kubischen Ependymzellen im hypothalamischen Ependym eher den Eindruck von spezifisch differenzierten Zellen. Nach Sharp (1972, *Wachtel*) zeichnen sich ventrolaterale „glanduläre" Zellen durch ein voluminöses supranucleäres Cytoplasma mit gut ausgebildetem Golgi-Apparat und durch apicale Protrusionen aus, die Lysosomen und Mitochondrien enthalten. Laterale „glanduläre" Zellen dagegen besitzen ein weniger voluminöses Cytoplasma und sind PAS-positiv (s. auch Péczely u. Calas, 1970). Der Zellorganellenbestand unterscheidet sich im übrigen nicht wesentlich von dem der Tanycyten. Sichere Unterschiede zwischen kastrierten und mit Oestrogen oder Testosteron behandelten sowie zwischen geschlechtsreifen und nicht geschlechtsreifen Tieren sind nicht nachweisbar. Mikami (1975, *Wachtel*) kommt zu gleichartigen Ergebnissen. Er findet im REM Protrusionen mit einer zentralen einstichförmigen Öffnung oder mit mehreren Öffnungen und hält diesen Befund für den Ausdruck von Sekretionsvorgängen.

2.3.4. Tanycyten in Regionen außerhalb des Hypothalamus und der circumventriculären Organe

Rastermikroskopische Untersuchungen zeigen, daß kinocilienarme Ependymzellen außer in der Regio hypothalamica und in den „klassischen" circumventriculären Organen auch in schmalen Bereichen im Seitenventrikel (über dem Nucleus caudatus: Kozlowski et al., 1972, *Schaf;* an der medialen Wand des Unterhorns: Allen u. Low, 1973, *Hund*), im Dach des Aquäduktes (*Kaninchen,*

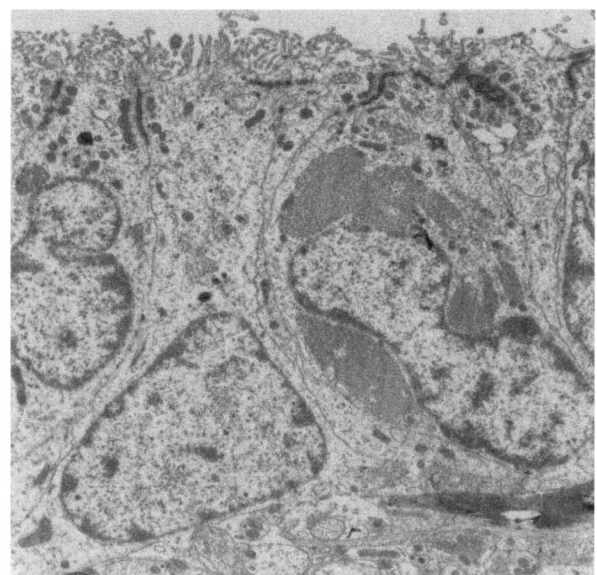

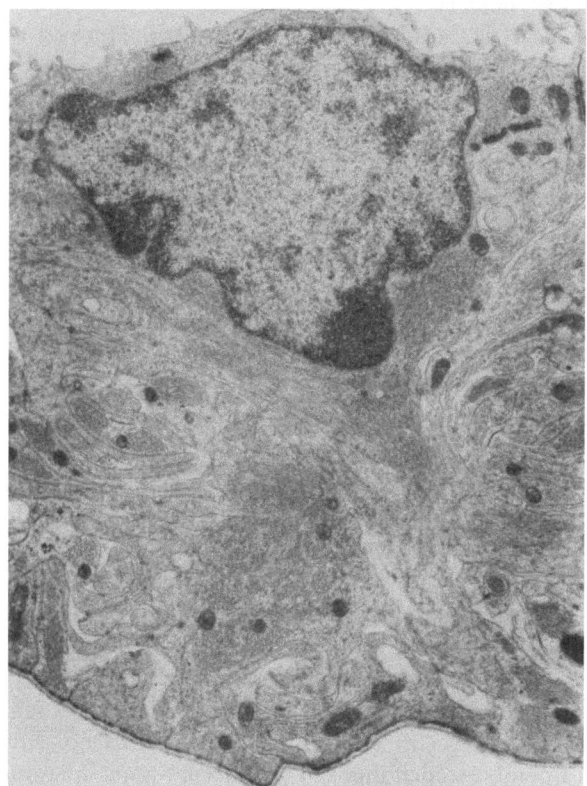

Abb. 38a u. b. Kinocilienarme Ependymzellen in Gebieten außerhalb des Hypothalamus, *Kaninchen*. Stark ausgebildete perinucleäre Filamentwirbel. **a** Zentralkanal, **b** Anheftung der Taenia choroidea des IV. Ventrikels. Endvergr.: **a** ×6000, **b** ×10500

unveröffentlicht), am Boden des IV. Ventrikels (LINDEMANN u. LEONHARDT, 1973, *Kaninchen*; YAMADORI u. YAGIHASHI, 1975, *Maus*) und an der Vorderwand des Zentralkanals (LEONHARDT, 1976, *Kaninchen*) vorkommen.

Die kinocilienarmen Ependymbezirke liegen im Hirnstamm häufig in oder nahe der Medianebene, also in Bereichen, die entwicklungsgeschichtlich der Deckplatte oder Bodenplatte zuzurechnen sind. In diesen Wandteilen werden auch die kinocilienarmen circumventriculären Organe ausgebildet. Auch in den Endhirnhemisphären entsprechen die kinocilienarmen Ependymbezirke den mit den Telencephalonblasen aus der Medianebene des Prosencephalon ausgewachsenen Deckplatten-Wandteilen (Abb. 38). In dieser das ganze Zentralnervensystem durchziehenden medianen Anordnung kinocilienarmer Ependymzellen zeichnet sich ein Bauprinzip ab, dessen übergeordnete Bedeutung noch wenig bekannt ist.

Systematische *Licht-* oder *TEM-Untersuchungen* speziell dieser in REM-Untersuchungen kinocilienarmen Zellen wurden nicht bekannt, doch gibt es mehrere Einzelbeobachtungen über das Vorkommen von tanycytenähnlichen, langgestreckten Ependymzellen an diesen Stellen. Die im folgenden zitierten Arbeiten gehen allerdings meist nicht auf die Frage nach dem Kinocilienbestand dieser Zellen ein, die erst seit den rastermikroskopischen Untersuchungen in den Vordergrund gerückt ist.

Im *Seitenventrikel* der adulten *Ratte* beschreiben HIRANO und ZIMMERMAN (1967, TEM) Ependymzellen, die sich hinsichtlich der Kontakte ihrer basalen Fortsätze mit Capillaren, der Zellorganellen und der intercellulären Kontakte wie Tanycyten verhalten (vgl. TAKEICHI, 1966, *Katze*, Zentralkanal; WESTERGAARD, 1970, *Ratte*, Vorderhorn des Seitenventrikels).

Im Ependym der *Commissura caudalis* (III. Ventrikel) der 8 Tage alten *Katze* werden langgestreckte Ependymzellen beschrieben; bei der ausgewachsenen Katze sind sie nicht mehr nachweisbar (HARTMANN, 1957; Abb. 39).

An das Subcommissuralorgan im *Eingang des Aquäduktes* schließt sich der *Recessus mesocoelicus* an, ein spezialisiertes Ependymareal, das wie das Subcommissuralorgan zu den *circumventriculären Organen* gerechnet und mit diesen besprochen wird (s.S. 504ff.).

Im *Dach des Aquäduktes* wurden wiederholt tanycytenähnliche Ependymzellen gefunden. FRIEDE (1961) beschreibt beim *Menschen* im Bereich der dorsalen Leiste (*dorsal crest*) hinter dem Subcommissuralorgan und dem Recessus mesocoelicus (Lit. s. FRIEDE et al., 1969) ein Areal mit langen, schmalen Ependymzellen, das sich u.a. enzymhistochemisch (durch starke Phosphorylase-Aktivität) vom Subcommissuralorgan unterscheidet. TENNYSON (1961, TEM, *Kaninchen*) berichtet über tanycytenähnliche Zellen im Bereich der vorderen Hügel, die für undifferenzierte Gliazellen gehalten werden. NANDY und BOURNE (1965), KÖHL (1974) und KISS und MITRO (1976) finden im Dach des Aquäduktes beim *Meerschweinchen* gleichfalls tanycytenartige Zellen. Nach FLEISCHHAUER und PETROVICKY (1968, *Katze*) schließt sich an das Subcommissuralorgan ein Areal mit hohen Ependymzellen und mit „senkrecht zum Ependym verlaufenden Fasern" an, die in das Septum posterius einstrahlen. Auch bei *Primaten* (MERKER, 1970, 1973) wird im proximalen Anteil des Daches an der Grenze zum Recessus mesocoelicus ein Tanycytenrasen gefunden. Nach MILHORAT et al.

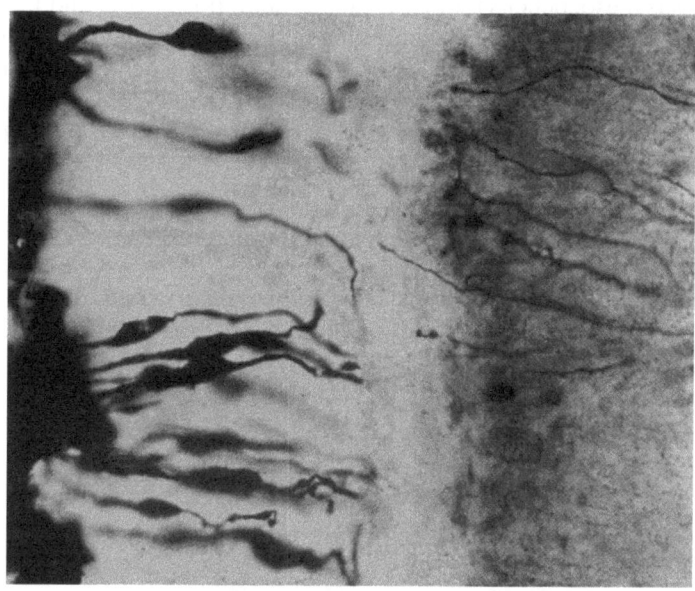

Abb. 39. Ependymzellen mit langen basalen Fortsätzen, Commissura caudalis der neugeborenen *Katze*. Kaliumbichromat-Osmiumsäure, Silbernitrat. (Aus HARTMANN, 1957). Endvergr. × 360

(1971) wird in den Aquädukt Liquor ausgeschieden; MERKER (1973) vermutet, daß das Tanycytenareal im Dienste des Stoffaustausches steht.

„Collicular recess organ". Die geschilderten, im Dach des Aquäduktes vorkommenden Bildungen dürften mindestens teilweise identisch sein mit der von STUMPF und SAR (1975) und STUMPF et al. (1977, REM, TEM, *Ratte*) als „collicular recess organ" bezeichneten Bildung im Recessus mesencephali. Das „collicular recess organ" ist durch oberflächliche Faltenbildung, durch Tanycyten und durch „Porocyten", Ependymzellen mit intracellulären Kanälchen, charakterisiert, in deren Lumen Tröpfchen auftreten. „Porocyten" und Tanycyten kommen außer im „collicular recess organ" noch an anderen Stellen des Recessus vor. Im TEM erkennt man auf der Ependymoberfläche neben Mikrovilli und Kinocilien zahlreiche Tröpfchen, die für apokrine Sekretion gehalten werden. Autoradiographische Untersuchungen bei weiblichen und männlichen Tieren zeigen, daß ^{3}H-Oestradiol-17β bzw. ^{3}H-Dihydrotestosteron in großer Konzentration in den Ependymzellen und in subependymalen Zellen des „collicular recess organ" angereichert wird. Die Autoren vermuten, daß das „collicular recess organ" an neuroendokrinen Vorgängen beteiligt ist, wobei ventriculäre und basale Sekretion eine Rolle spielen.

Die Abgrenzbarkeit des *„collicular recess organ"* (Recessus colliculi posterioris) und seine strukturellen Besonderheiten veranlaßten einige Autoren, das Organ den *circumventriculären Organen* zuzurechnen (vgl. VIGH, 1971).

Als *„mid-aqueductal ependymal organ"* bezeichnet QUAY (1971) eine bis dahin nicht beschriebene Bildung in der Mitte des Daches (dorsale Wand) des Aquäduktes beim Klippschliefer *Procavia capensis*. Die Ependymbildung liegt zwischen Recessus mesocoelicus und Recessus colliculi posterioris und unterscheidet sich von beiden. Das Organ ist charakterisiert durch ein System ausgeprägter Falten und Krypten, durch zahlreiche langgestreckte Ependymzellen und eine Gewebszonierung. Es ist reich vascularisiert, an den Gefäßen enden langgestreckte Gliazellfortsätze (lichtmikroskopische Untersuchung). Weitere Untersuchungen hierüber sind nicht bekannt.

Einen „récessus mésencéphalique" identifizieren Cuevas und Duvernoy (1977) beim menschlichen Feten in der dorsalen Wand des Aquäduktes allerdings hauptsächlich aufgrund seiner eigenartigen Mikrovascularisation.

Am *Boden* des unteren Drittels der *Rautengrube* lassen die in und nahe der Medianebene gelegenen Ependymzellen Kinocilien vermissen. Die Zellen

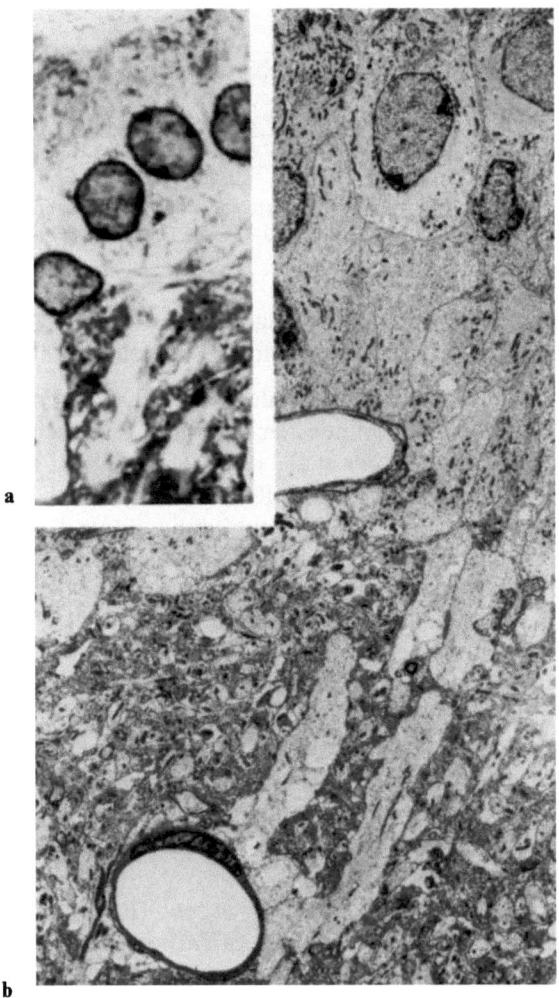

Abb. 40a u. b. Recessus rhombencephali, *Ratte.* Kinocilienarme langgestreckte Ependymzellen (Tanycyten) mit perivasculären Endigungen basaler Fortsätze. **a** Färbung nach Richardson. (Aus Krisch et al., 1978a). Endvergr.: **a** ×1 000, **b** ×2 100

gleichen den Tanycyten der Area hypothalamica durch Ausbildung von Mikrovilli und größeren Protrusionen. In diesem Areal kommen auch Zonulae occludentes vor (YAMADORI u. YAGIHASHI, 1975, *Maus*). Die Zellen besitzen lange
basale Fortsätze (*Kaninchen*).

Recessus rhombencephali. Ein Recessus im Sulcus medianus am Boden der
Rautengrube etwa in Höhe des Colliculus facialis war früher zweimal beachtet
worden (CHATFIELD u. LYMAN, 1954, *Recessus incertus*; WISLOCKI u. LEDUC,
1954). Der „Recessus rhombencephali" (KRISCH et al., 1978a) kommt bei der
adulten (nicht bei der neugeborenen) *Ratte* offenbar regelmäßig vor. Er dehnt
sich bis 500 µm in rostro-ventraler Richtung aus, ist etwa 150 µm tief und
200 µm breit. Die Wand des Recessus und das ihn überlagernde Gewebe sind
aus langgestreckten, tanycytenähnlichen Ependymzellen aufgebaut, deren basale
Fortsätze die Wand von Capillaren weitgehend einschließen (Abb. 40). Der Intercellularraum zwischen den Ependymzellen ist vom Ventrikel aus für Meerrettichperoxidase nicht zugänglich. Die Blutgefäße zeigen einen charakteristischen,
organartigen Aufbau. Eine Blut-Hirn-Schranke besteht, doch wird stellenweise
ein starker Vesikeltransport nach intravenöser Gabe von Meerrettichperoxidase
beobachtet. Zu beiden Seiten des Recessus und ventral von diesem liegt zentrales
Höhlengrau. Die Abgrenzbarkeit und Organisation des Recessus-Areals rechtfertigen es, diese Bildung den circumventriculären Organen zuzurechnen (s. S. 362ff.).

In der Vorderwand des *Zentralkanals* liegen zwischen Ependymocyten im
Querschnitt 2–5 tanycytenartige Ependymzellen. Sie besitzen keine Kinocilien,
aber sehr lange, z.T. gemeinsam aus einer breiten Cytoplasmazunge hervorgehende Mikrovilli (Abb. 41). Die Fortsätze der Liquorkontaktneurone (s. S. 296ff.)
treten zwischen den Zellen in den Zentralkanal. Die langen basalen Fortsätze
dieser Zellen ziehen in die ventrale Raphe.

Bei *Submammaliern* sind langgestreckte Ependymzellen, „ependymale Tanycten" im Sinne von
HORSTMANN (1954), abhängig von der Dicke der Hirnwand (s. S. 217), in allen Teilen des Ventrikelsystems weit verbreitet (vgl. z.B. *Amphioxus:* BONE, 1960; *Cyclostomen:* ADAM, 1957, 1960; BERTOLINI,
1964; *Knorpelfische:* HORSTMANN, 1954; BRAAK, 1963; KLATZO u. STEINWALL, 1965; *Knochenfische:*
TUROWSKI u. DANNER, 1977; *Amphibien:* PAUL, 1967; SCHONBACH, 1969; *Reptilien:* FLEISCHHAUER,
1957; FERRAZ DE CARVALHO, 1970; HETZEL, 1977b u.a.). Doch sind diese „Tanycyten" größtenteils
nicht, wie die bisher von Mammaliern beschriebenen, als kinocilienarme Ependymzellen differenziert.
Vielmehr handelt es sich dabei zumeist um kinocilienreiche Ependymzellen in der Form von Tanycyten. Die Zellen bilden in der Medianebene (Raphe) häufig „Ependymkeile" (vgl. ADAM, 1957;
OKSCHE, 1958 u.a.).

Den Beobachtungen über Tanycyten in Regionen außerhalb des Hypothalamus und der circumventriculären Organe bei Mammaliern lassen sich deshalb zahlreiche Befunde bei Submammaliern
an die Seite stellen. Auch bei *Teleosteern* liegt nach KRUGER und MAXWELL (1966) im Bereich
des Tectum opticum ein Feld von Ependymzellen, deren basale Fortsätze durch die Wand des
Tectum opticum bis zur Piaoberfläche reichen. Über Tanycyten bei *Teleosteern* in der Wand des
IV. Ventrikels berichten FRIEDE et al. (1969) und MERKER et al. (1974), in der Wand des Seitenventrikels s. TUROWSKI und DANNER (1977). Tanycytenartige Ependymzellen im Rückenmark des Neunau-
ges beschreiben SCHULTZ et al. (1956). SANDRI et al. (1978) finden bei einem *Teleosteer* zwischen
Ependymzellen des Zentralkanals „tight junctions" (Zonulae occludentes) ausgebildet, einen sonst
meist nur bei Tanycyten beobachteten Zellkontakt.

Über die *Bedeutung der Tanycyten* im Seitenventrikel, Aquädukt, IV. Ventrikel und Zentralkanal von Mammaliern wurden bisher allenfalls Vermutungen
angestellt. In allgemeinen Überlegungen über eine mutmaßliche mechanische

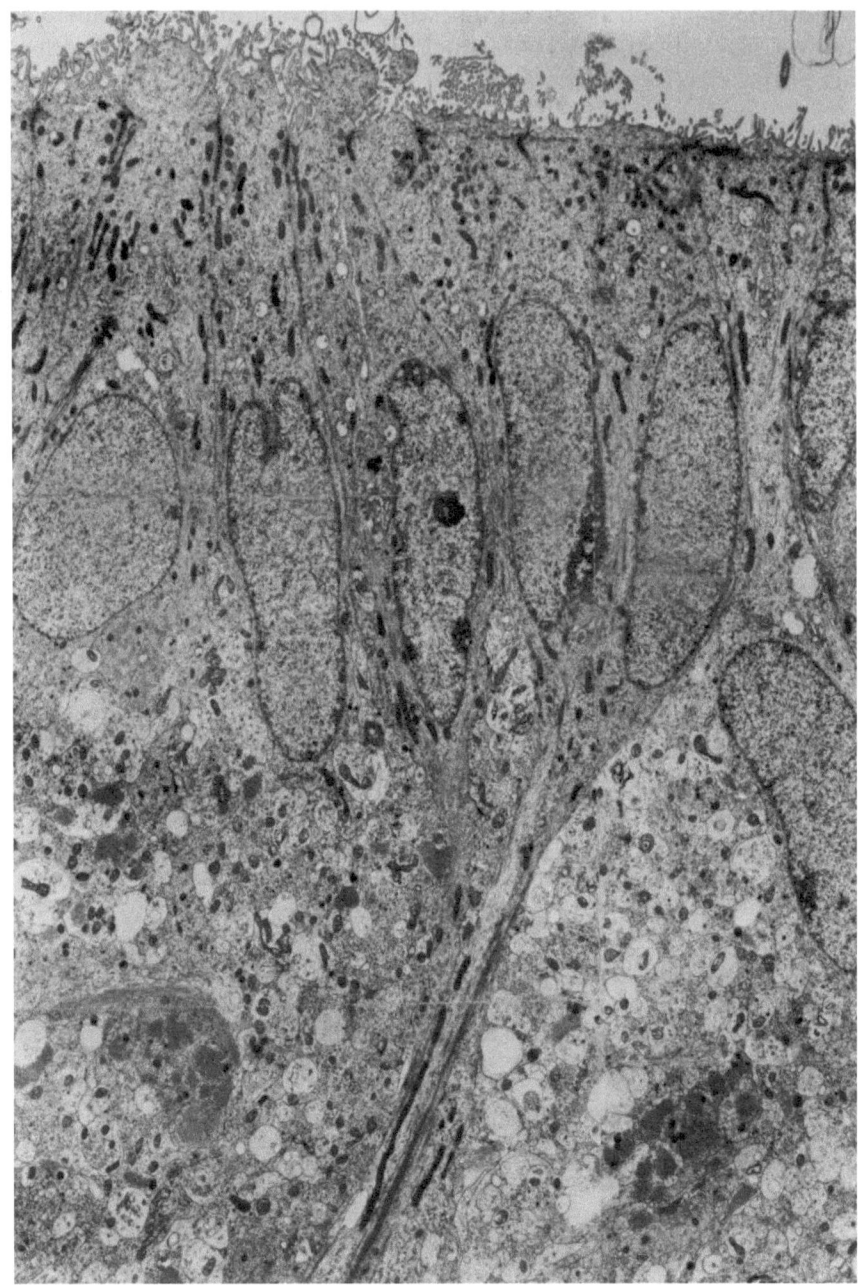

Abb. 41. Tanycyten in der ventromedialen Begrenzung des Zentralkanals, *Kaninchen*. Endvergr.
×3750

Funktion der Tanycyten bei *Selachiern* gibt HORSTMANN (1954) zwar zu bedenken, daß die Tanycyten am frischen Zupfpräparat „viel leichter als die Nervenfasern zerreißen". Er hält gleichwohl eine mechanische Wirkung radiär ausgerichteter Tanycytenfortsätze, die an dünnen Wandstellen die ganze Gehirnwand durchsetzen, bei Zugbeanspruchung (Zunahme des Wanddruckes) für denkbar. Den Deformierungen der Hirnwand müsse dagegen eine „Gurtung" durch oberflächenparallele Fasern entgegenwirken. MERKER (1970) folgt hinsichtlich der Fasergliastruktur in der Wand des Aquäduktes von *Primaten* dieser Argumentation und hält „Radiärfasern, die die subependymale Gliafaserschicht über das Neuropil hinweg mit der marginalen Gliafaserdeckschicht verbinden", für mechanisch wirkende, stabilisierende Strukturen. In diesem Zusammenhang ist bemerkenswert, daß beim experimentellen, mechanisch erzeugten Hydrocephalus der *Ratte* eine sehr starke Vermehrung der Filamente in den Tanycyten der Regio hypothalamica beobachtet wird (DESAGA u. KRISCH, unveröffentlicht).

2.4. Beteiligung der Ependymzellen an Funktionen des Zentralnervensystems

2.4.1 Ependymzellen im Liquor- und Blutmilieu

Bei der Untersuchung und Beurteilung des funktionellen Einbaus der Ependymzellen ist die Lage der kinocilienreichen Ependymzellen im Liquormilieu (s.S. 209) und der kinocilienarmen im Blutmilieu (s.S. 231) grundsätzlich beachtenswert (vgl. WEINDL u. JOYNT, 1972; BRIGHTMAN et al., 1975b; LEONHARDT u. KRISCH, 1979). Zur Bestimmung der Grenze zwischen Blutmilieu und Liquormilieu haben Untersuchungen mit *Meerrettichperoxidase* entscheidend beigetragen (Abb. 42–45).

Die *Untersuchung von der Seite des Blutmilieus* aus (Injektion der Peroxidase in den Blutkreislauf) ergibt, daß für das Protein eine „Blut-Hirn-Schranke" besteht und daß diese (für Meerrettichperoxidase) in den „tight junctions" der Capillarendothelien liegt (BRIGHTMAN, 1967, *Maus;* KARNOVSKY, 1967, *Maus;* REESE u. KARNOVSKY, 1967, *Maus;* BOUCHAUD, 1975, *Ratte;* REYNERS et al., 1975, *Ratte;* „tight junctions" der Capillarendothelien vgl. CONNELL u. MERCER, 1974; DERMIETZEL, 1975b; TANI et al., 1977 u.a.). Soweit das Blutmilieu durch Meerrettichperoxidase repräsentiert wird, endet es in der Endothelwand der Hirncapillaren. Jenseits der Endothelwand beginnt das Liquormilieu der Intercellularspalten des Hirngewebes. Sie kommunizieren mit dem Ventrikelliquor durch die gap junctions der kinocilienreichen Ependymocyten (Abb. 42–45). Zur *Entwicklung der Blut-Hirn-Schranke* s. EVANS et al. (1974, *Schaf*).

Auch bei *Knorpelfischen* (BRIGHTMAN et al., 1970a, b), *Amphibien* (BODENHEIMER u. BRIGHTMAN, 1968), *Reptilien* (KENNY u. SHIVERS, 1974) und *Vögeln* (DELORME et al., 1970, 1975; DELORME, 1972; REVEL et al., 1973; BIRGE et al., 1974) tritt Peroxidase nicht aus den Hirngefäßen in das Hirngewebe aus, es sind Zonulae occludentes ausgebildet (DELORME, 1972). Bei *Myxine* dagegen ist die Blut-Hirn-Schranke kaum ausgebildet (MURRAY et al., 1975).

Eine *Ausnahme* von dieser Regel machen die *circumventriculären Organe* im konventionellen Sinn (aber nicht das Subcommissuralorgan). Von ihnen

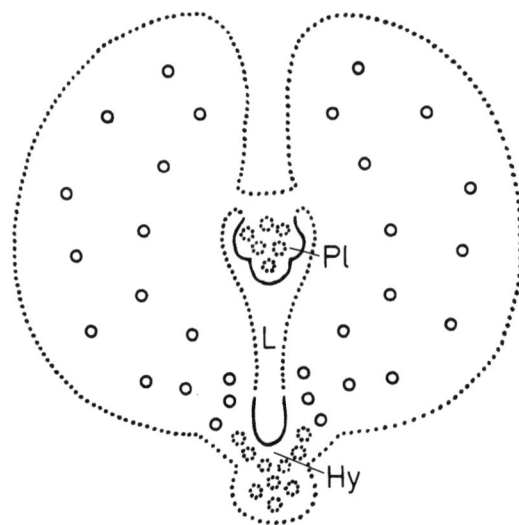

Abb. 42. Blut- und Liquormilieu, Schema. *Durchgezogene Linien* dichte Intercellularkontakte; *punktierte Linien* offene Intercellularkontakte. Im Plexus choroideus *(Pl)* und im basalen Hypothalamus *(Hy)* sind die Blutcapillaren, wie in den meisten übrigen circumventriculären Organen, „durchlässig" *(punktierte Kreise)*, die Blut-Hirn-Schranke fehlt. Die Ependymzellen dieser Regionen (Plexusepithel und Tanycyten) sind durch „tight junctions" *(durchgezogene Linie)* verbunden; die Grenze zwischen Blut- und Liquormilieu wird von den Ependymzellen gebildet. Im übrigen Gehirn sind dagegen die Blutcapillaren durch die „tight junctions" ihrer Endothelien „undurchlässig" *(durchgezogene Kreise)*; es besteht eine Blut-Hirn-Schranke. Die Ependymzellen und die Gliazellen der äußeren Hirnoberfläche bilden offene Kontakte *(punktierte Linien)*; die Grenze zwischen Blut- und Liquormilieu liegt in den Gefäßendothelien

ist lange bekannt, daß sie keine „Blut-Hirn-Schranke" besitzen (vgl. Klatzo et al., 1962; Koella u. Sutin, 1967). In den circumventriculären Organen tritt Meerrettichperoxidase (ferner Lanthanum) durch Intercellularspalten zwischen den Endothelzellen in das perivasculäre Gewebe, das in den circumventriculären Organen aus einem perivasculären Bindegewebsraum besteht; auch Vesikeltransport und Endothelfenestrierung werden dabei beobachtet (Eminentia mediana und Organum vasculosum laminae terminalis: Weindl u. Joynt, 1972a, b, *Kaninchen;* Castel et al., 1974, *Katze;* Subfornicalorgan: Bouchaud, 1975, *Ratte;* Area postrema: Hashimoto u. Hama, 1968, *Ratte;* nicht aber Subcommissuralorgan: v. Bomhard et al., 1974b, *Ratte;* Lanthanum vgl. auch Bouldin u. Krigman, 1975, *Ratte).* Die Meerrettichperoxidase breitet sich im perivasculären Bindegewebsraum und in den Intercellularspalten der kinocilienarmen Ependymzellen bis zu den tight junctions dieser Ependymzellen aus. Jenseits dieser Grenze des Blutmilieus beginnt das Liquormilieu, der Hirnventrikel. Die Blut-Hirn-Schranke, d.h. die Grenze zwischen Blut- und Liquormilieu, liegt demnach im Bereich der circumventriculären Organe in den „tight junctions" der kinocilienarmen Ependymzellen.

Das später als *Blut-Hirn-Schranke* bezeichnete Phänomen wurde erstmals von Ehrlich (1885) beobachtet. Zur Geschichte der Blut-Hirn-Schrankenforschung s. Leonhardt (1965). Die Blut-Hirn-Schranke und der „Mangel einer Blut-Hirn-Schranke" in den circumventriculären Organen wurde

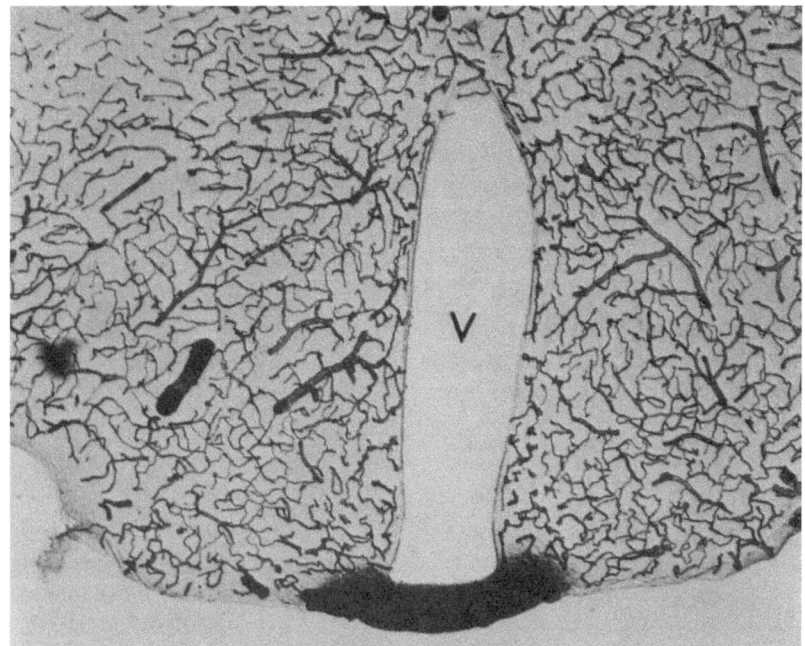

a

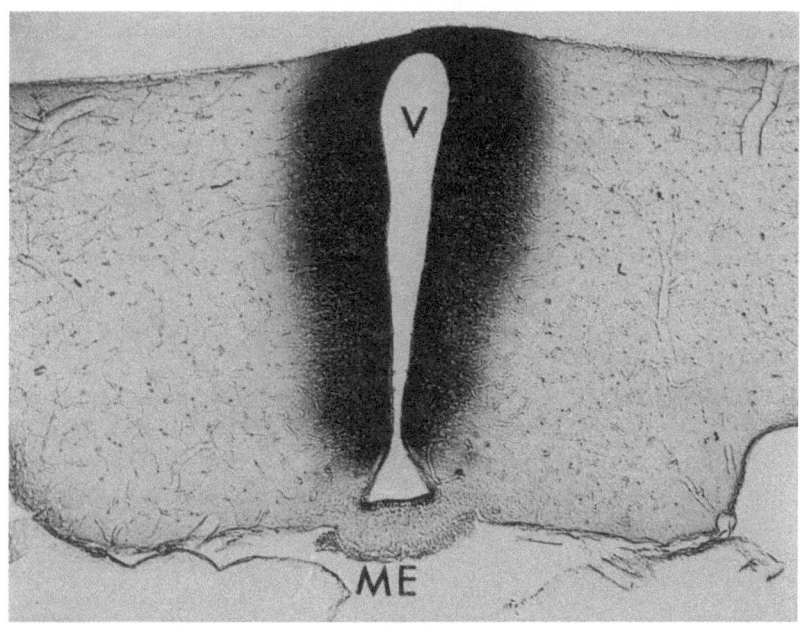

b

Abb. 43a u. b. Blut- und Liquormilieu, dargestellt durch Injektion von Meerrettichperoxidase, *Maus.* **a** Injektion in die Gefäße (10 min). Die Peroxidase tritt nur in der Eminentia mediana *(ME)* aus den Gefäßen in das perivasculäre Gewebe über und markiert das Blutmilieu, im übrigen Gehirn besteht eine Blut-Hirn-Schranke (Liquormilieu). **b** Injektion in den Ventrikel *(V,* 30 min). Die Peroxidase dringt überall in das Hirngewebe ein und markiert das Liquormilieu, ausgenommen die Eminentia mediana, deren Blutmilieu durch „tight junctions" der Tanycyten gegen den Ventrikel abgedichtet ist. (Aus BRIGHTMAN et al., 1975a). Endvergr.: **a** ×70, **b** ×40

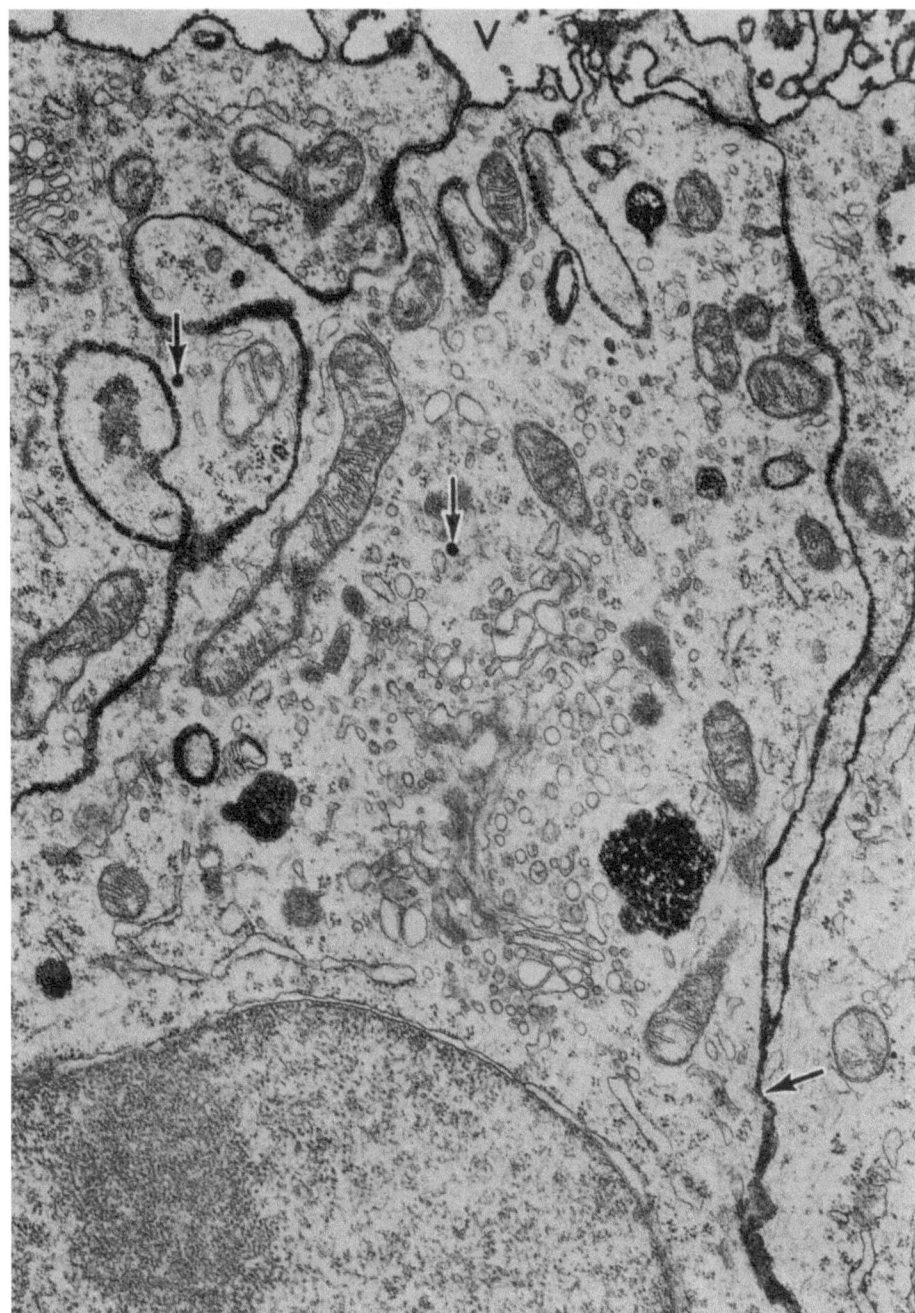

Abb. 44. Perfusion des Ventrikelsystems *(V)* mit Meerrettichperoxidase, *Maus*. Die Peroxidase dringt zwischen den offenen Kontakten der kinocilienreichen Ependymzellen in den Intercellularraum des Gehirns ein *(diagonaler Pfeil)*, geringe Peroxidase-Aufnahme in Vesikel *(vertikale Pfeile)*. (Aus BRIGHTMAN et al., 1975a). Endvergr. ×22500

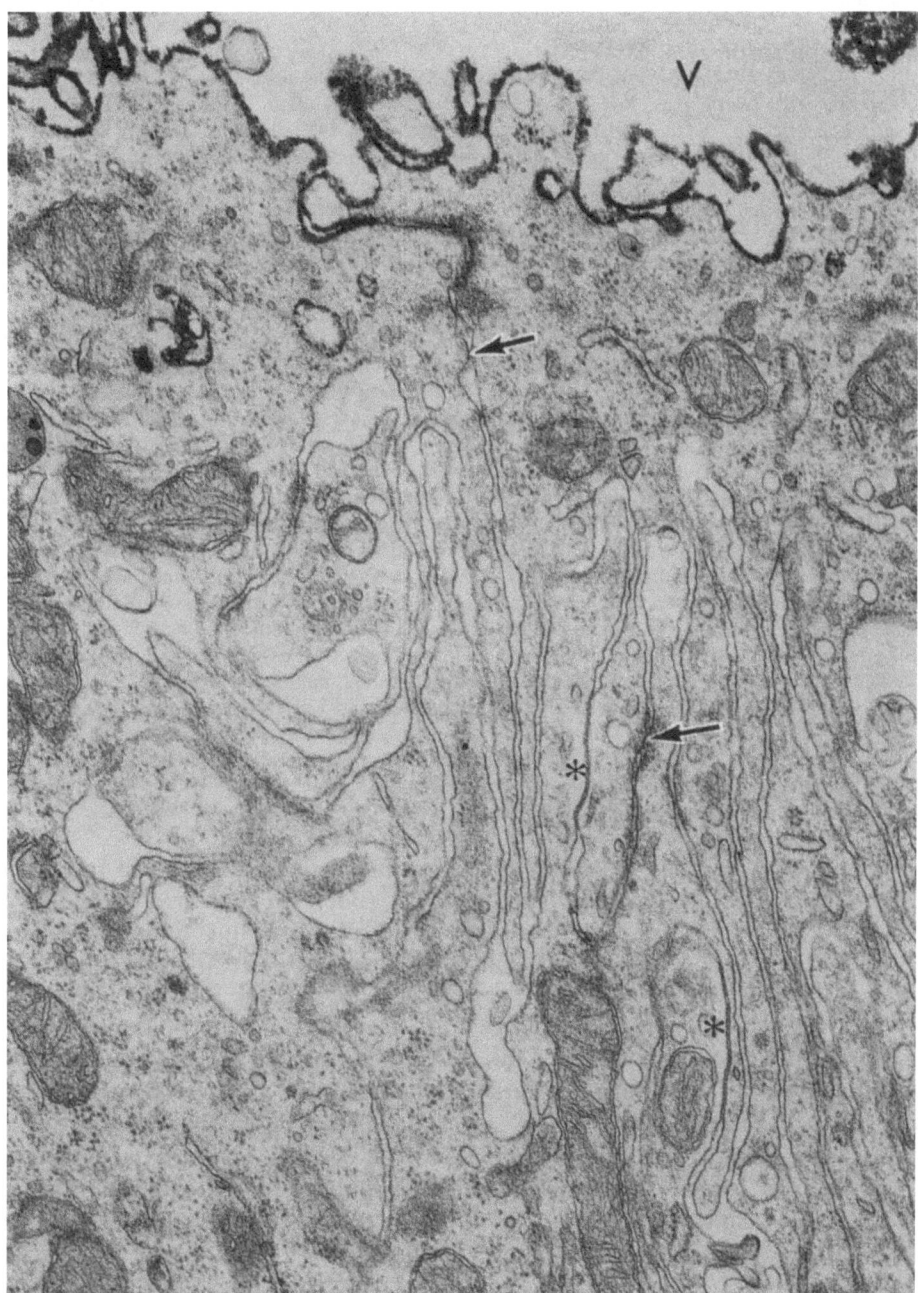

Abb. 45. Perfusion des Ventrikelsystems *(V)* mit Meerrettichperoxidase, *Maus*. Die Peroxidase dringt nicht zwischen den durch „tight junctions" verbundenen *(Pfeile)* kinocilienarmen Ependymzellen der Eminentia mediana in den Intercellularraum ein *(Sterne* „gap junctions"). (Aus BRIGHTMAN et al., 1975a). Endvergr. ×30000

und wird licht- und elektronenmikroskopisch mit unterschiedlichen Indikatoren, aber gleichartigem Effekt demonstriert (*Trypanblau* bzw. *Evansblau*: BEHNSEN, 1927, *Maus;* SPATZ, 1934, Übersichtsreferat; LEONHARDT, 1949, 1952b, *Kaninchen;* WISLOCKI u. LEDUC, 1952a, *Ratte;* WEINDL, 1967, *Kaninchen;* DUKE u. SMITH, 1974; HANSSON et al., 1975, *Kaninchen,* u.v.a.; *Silbernitrat:* WISLOCKI u. LEDUC, 1952a, *Ratte;* VAN BREEMEN u. CLEMENTE, 1955, *Ratte;* DEMPSEY u. WISLOCKI, 1955, *Ratte;* BOUCHAUD, 1974a, *Ratte,* u.a.; *Eisen-III-Dextran:* DRETZKI, 1971, *Ratte;* WARTENBERG et al., 1973, *Meerschweinchen,* u.a.; *Cytochrom C:* MILHORAT et al., 1973, 1975a, *Ratte;* DAVIS u. MILHORAT, 1975, *Ratte; Albumine:* WISNIEWSKI u. OLSZEWSKI, 1963, *Katze; Meerrettichperoxidase:* Lit. s.S. auch 251 f.).

Neuere Übersichtsreferate zur Frage der durch die *„tight junctions"* der Hirngefäße bewirkten *Blut-Hirn-Schranken:* LEE (1971), HOLMAN (1972), DUNN und WYBURN (1972), BRIGHTMAN und BROADWELL (1976), DAVSON (1976), FORD (1976), RAPOPORT (1976a), BRIGHTMAN (1977), OLDENDORF (1977), PETITO et al. (1977), u.a.; s. auch die oben zitierte Literatur! Zur *Ontogenese* der Hirn-Barrieren-Systeme s. BRADBURY (1975), PRUDY (1976), SAUNDERS (1977). Übersichtsreferate zur *Pathologie* der Blut-Hirn-Schranke: PARDRIDGE et al. (1975), BRADBURY (1976), SPATZ und KLATZO (1976). Neuere Untersuchungen zur *experimentellen Öffnung* der „tight-junctions"-Schranke durch Hyperosmose oder Hypertension u.a. s. BRIGHTMAN et al. (1973), STERRETT et al. (1974), STUDER et al. (1974), WARE et al. (1974), BLOMSTRAND et al. (1975), ETO et al. (1975), HANSSON et al. (1975), VAN DEURS (1976a), HICKS et al. (1976), RAPOPORT (1976b, 1978), JOHANSSON und NILSSON (1977), PICKARD et al. (1977) u.a.; *Schrankenöffnung aus anderen Ursachen* s. LEONHARDT (1949, 1957a, b, 1966a), CHANG und HARTMANN (1972), GADAMSKI und SZUMAŃSKA (1974), WOLFF et al. (1975), GOODMAN et al. (1976), WESTERGAARD et al. (1976), ROSENGREN et al. (1977), WESTERGAARD (1977), HEDLEY-WHYTE et al. (1977), WESTERGAARD et al. (1978) u.a.

Nach WESTERGAARD und BRIGHTMAN (1973, *Maus, Ratte, Goldhamster*) können aber Meerrettichperoxidase und Ferritin in bestimmten Segmenten von Hirnarteriolen (Sigma-Typ) durch transcellulären Vesikeltransport aus dem Gefäßlumen in das Hirngewebe eintreten, ungeachtet der bestehenden „tight junctions" (s. auch POVLISHOCK et al., 1977; VAN DEURS u. AMTORP, 1978).

Neuere Untersuchungen zur Frage der Enzymbarriere vgl. dagegen BOUCHAUD (1970), TISSOT et al. (1973), RÒBERT und GODEAU (1974), HARDEBO et al. (1977), CREMER et al. (1976), DANIEL et al. (1976), HARDEBO et al. (1977) u.a.

Auch bei *Vögeln* läßt sich die Blut-Hirn-Schranke durch Trypanblau darstellen (BÖHME, 1972 u.v.a.). Dagegen ist bei Myxine (Cyclostomata) nach MURRAY et al. (1975) eine Blut-Hirn-Schranke nicht ausgebildet. Blut-Hirn-Schranke bei *Fischen* s. BERNSTEIN und STREICHER (1965).

Bei der *Untersuchung von der Seite des Liquormilieus* aus, d.h. nach Injektion der Indikatorsubstanz in den Ventrikelliquor (oder in den äußeren Liquor), dringt die Substanz aus dem Ventrikel durch die „gap junctions" zwischen den kinocilienreichen Ependymocyten (oder zwischen den Gliafortsätzen der äußeren Hirnoberfläche) in das Hirngewebe ein und füllt die Intercellularspalten bis zur Wand der Hirncapillaren, gelangt aber nicht intercellular (zwischen Endothelzellen), sondern allenfalls durch Vesikeltransport in das Capillarlumen (*Ferritin:* BRIGHTMAN, 1965a, b, *Ratte; Lanthanum* und *Meerrettichperoxidase:* BRIGHTMAN u. REESE, 1969, *Maus; Meerrettichperoxidase:* BRIGHTMAN, 1967, 1968, *Maus;* BECKER et al., 1968, *Ratte;* BRIGHTMAN et al., 1970c, *Maus;* WEINDL u. JOYNT, 1972, *Ratte, Kaninchen, Katze, Rhesusaffe;* LÉRANTH u. SCHIEBLER, 1974, *Ratte;* WAGNER u. PILGRIM, 1974, WAGNER et al., 1974, *Ratte;* PELLETIER et al., 1975a, *Ratte;* DUNKER et al., 1976, *Kaninchen;* DAVIDOFF, 1977, *Ratte;* VAN DEURS, 1977, *Maus; Acetylcholinesterase:* KREUTZBERG u. KAIYA, 1974, *Ratte, Meerschweinchen*).

Eine *Ausnahme* von dieser Regel machen die von kinocilienarmen Ependymzellen bedeckten *circumventriculären Organe.* Die Indikatorsubstanz dringt aus dem Liquormilieu nicht ohne weiteres in das Blutmilieu der neurohämalen Region ein, es sei denn transcellulär. Die Frage des transcellulären Transportes in diesen Arealen, speziell in der Eminentia mediana, steht im Mittelpunkt zahlreicher Untersuchungen und Überlegungen zum funktionellen Einbau des Ependyms, besonders der kinocilienarmen Ependymzellen.

Bei *Submammaliern* verhalten sich die Zellkontakte gleichartig (*Lanthanum:* BRIGHTMAN u. REESE, 1969, *Goldfisch, Huhn; Lanthanum* und *Meerrettichperoxidase:* DELORME et al., 1975, *Huhn*).

Bei der Untersuchung und Beurteilung des funktionellen Einbaus der Ependymzellen kann demnach erwartet werden, daß die *kinocilienreichen Ependymocyten allein innerhalb des Liquormilieus wirken, während die kinocilienarmen Ependymzellen (auch?) zwischen Liquormilieu und Blutmilieu vermittelnde oder trennende Aufgaben erfüllen.*

2.4.1.1 Kinocilienreiche Ependymzellen im Liquormilieu

Die Kommunikation des Ventrikelliquors mit der intercellulären Flüssigkeit des Hirngewebes durch die „gap junctions" und Zonulae adhaerentes der kinocilienreichen Ependymocyten gibt Anlaß zu folgenden Fragen: Werden auf diesem Weg Stoffe aus dem Nervengewebe in den Ventrikelliquor oder aus diesem in das Nervengewebe transportiert? Können die Ependymocyten dabei die Zusammensetzung des Liquors beeinflussen?

Stofftransport aus dem Hirngewebe in den Ventrikelliquor. Angesichts der Durchgängigkeit des Intercellularraumes bis zur Hirnoberfläche ist der Weg für eine Liquor-Massenbewegung, für einen „bulk flow", gegeben (vgl. CURL u. POLLAY, 1968; RALL, 1968; POLLAY u. KAPLAN, 1970; DAVSON, 1972; CSERR u. OSTRACH, 1974; CSERR, 1975; CSERR et al., 1975; DIMATTIO et al., 1975; FENSTERMACHER u. PATLAK, 1975; MILHORAT, 1975; HAMMOCK u. MILHORAT, 1976; ROSENBERG et al., 1978; u.a.). Er führt nach CURL und POLLAY (1968, Untersuchung mit ^{3}H-Inulin, *Kaninchen*, Aquädukt und vorderer Teil des IV. Ventrikels) zu einem Flüssigkeitsdurchtritt von 0,37 µl min^{-1}cm^{-2} der Ependymoberfläche (vgl. POLLAY u. KAPLAN, 1970; CSERR u. OSTRACH, 1974). Es kann deshalb erwartet werden, und es ist durch die Ausbildung der „gap junctions" verständlich, daß im Ventrikelliquor bzw. im Subarachnoidealliquor Stoffe aus dem Hirngewebe nachzuweisen sind (*Aminosäuren:* PROSENZ, 1966, *Mensch;* γ-*Globulin:* HOCHWALD u. WALLENSTEIN, 1967, *Katze; sleep-promoting factor:* PAPPENHEIMER et al., 1975a, *Kaninchen, Ratte, Schaf; Cholin:* SCHUBERTH u. JENDEN, 1975, *Kaninchen; Acetylcholinesterase:* CHUBB et al., 1976, *Kaninchen; Lactat:* WEYNE u. LEUSEN, 1975, *Mensch;* vgl. PAPESCHI et al., 1971; FENSTERMACHER et al., 1974; *Serotonin* und *Serotonin-Metaboliten:* FELDBERG u. MYERS, 1966, *Katze;* TERNAUX et al., 1976, *Ratte;* BULAT, 1977, *Mensch;* TERNAUX et al., 1977, *Katze,* u.a.).

Indessen müssen bei der Erörterung der Frage, auf welchem *Weg Stoffe aus dem Gehirn* (z.B. Neurohormone) *in den Liquor* gelangen, außer der Möglichkeit des direkten intercellulären Transports vom Produzenten in den Liquor noch die folgenden Möglichkeiten eines Transports über das Gefäßsystem bedacht werden: 1) Nicht schrankenpflichtige Stoffe, die vom Produzenten in Blutgefäße gelangen, können an jeder beliebigen Stelle wieder aus den Gefäßen aus- und in das Liquormilieu eintreten. 2) Schrankenpflichtige Stoffe, die vom Produzenten in Blutgefäße gelangen (z.B. in neurohämalen Regionen, s.S. 359), können in circumventriculären Organen (z.B. im Plexus choroideus) in das perivasculäre Blutmilieu austreten und entweder a) von den (kinocilienarmen) Ependymzellen (z.B. Plexusepithelzellen) transcellulär in den Liquor transportiert werden (vgl. Wald et al., 1976a, b), oder b) „durch die Hintertür" einer Kommunikation der perivasculären Gewebsflüssigkeit mit dem Subarachnoidealliquor oder mit dem intercellulären Liquor des an die neurohämale Region angrenzenden Hirngewebes schließlich in den Liquor gelangen (zur Frage der Stoffausbreitung aus neurohämalen Regionen in den Intercellularraum des Hirngewebes vgl. Fort u. McDonald, 1977; zur Frage des interstitiellen Flüssigkeitsdrucks im Hirngewebe s. Taylor u. Granger, 1975).

In dem an die neurohämale Region der Eminentia mediana dorsolateral anschließenden Hirngewebe (Nucleus-arcuatus-Region) ist der „Weg durch die Hintertür" allerdings, soweit bisher erkennbar, verschlossen. Zwischen den Tanycyten dieser Region sind nicht nur apical, sondern auch basal-perivasculär in kurzer Entfernung von den Capillaren „tight junctions" ausgebildet (Abb. 46). Diese verschließen den subendothelialen Raum dieser Region, der mit dem perivasculären Raum der Portalgefäße (Eminentia mediana) kommuniziert (vgl. Duvernoy, 1972; Ambach et al., 1976), also einen Ausläufer des Blutmilieus darstellt, gegen das Liquormilieu des Nucleus arcuatus. Die „tight junctions" begrenzen die Ausbreitung von LRF, Somatostatin und Vasopressin sowie (experimentell) von Meerrettichperoxidase aus der Eminentia mediana in das benachbarte Hirngewebe (Krisch et al., 1978b, Ratte; Abb. 47, 48). Gleichartige perivasculäre Strukturen findet man im Randgebiet des Organum vasculosum laminae terminalis und der Area postrema sowie pericapillär im Subfornicalorgan (Krisch et al. 1978c, Ratte; Subfornicalorgan vgl. Akert, 1969).

In vielen Fällen ist nicht geklärt, auf welchem Weg Stoffe, die im Liquor nachgewiesen werden, in diesen eintreten, in anderen Fällen konnte der Weg geklärt werden; Melatonin z.B. wird bei der Ratte nach Mess et al. (1975) durch die Plexus choroidei in den Liquor abgegeben.

Bei *Teleosteern* weist Rahman (1967) mit Hilfe von ^{3}H-Histidin die Abgabe hochmolekularer Produkte von Nervenzellen an den Liquor cerebrospinalis nach.

Stofftransport aus dem Ventrikelliquor in das Hirngewebe. In zahlreichen Untersuchungen wurde das Eindringen von Stoffen aus dem Liquor in das Hirngewebe verfolgt. Sie gehen auf Versuche von Goldmann (1913) zurück, der feststellte, daß eine Liquor-Hirn-Schranke für Trypanblau nicht bestehe. Untersuchungen wurden auf licht- und elektronenmikroskopischer Ebene, fluorescenzmikroskopisch und autoradiographisch, mit physiologischen und körperfremden Stoffen durchgeführt. Ein Weg aus dem (Ventrikel- oder Subarachnoideal-)Liquor in das Gehirn ist durch die Kommunikation des äußeren und inneren Liquors mit dem intercellulären Liquor des Gehirns gegeben (s. 4.1.), ein anderer Weg wäre der transcelluläre Transport. Die Ergebnisse unterschiedlicher Untersuchungen sprechen dafür, daß beide Wege gangbar sind, wobei in beiden Fällen auch die subependymale Gewebeplatte eine Rolle spielt.

Im Gegensatz zu älteren Vorstellungen, denen zufolge Stoffe aus dem Liquor in das Hirngewebe nach Art der Diffusion in ein homogen strukturiertes Kolloid eintreten (Spatz, 1934; Bakay, 1956), machen Untersuchungen von Feldberg

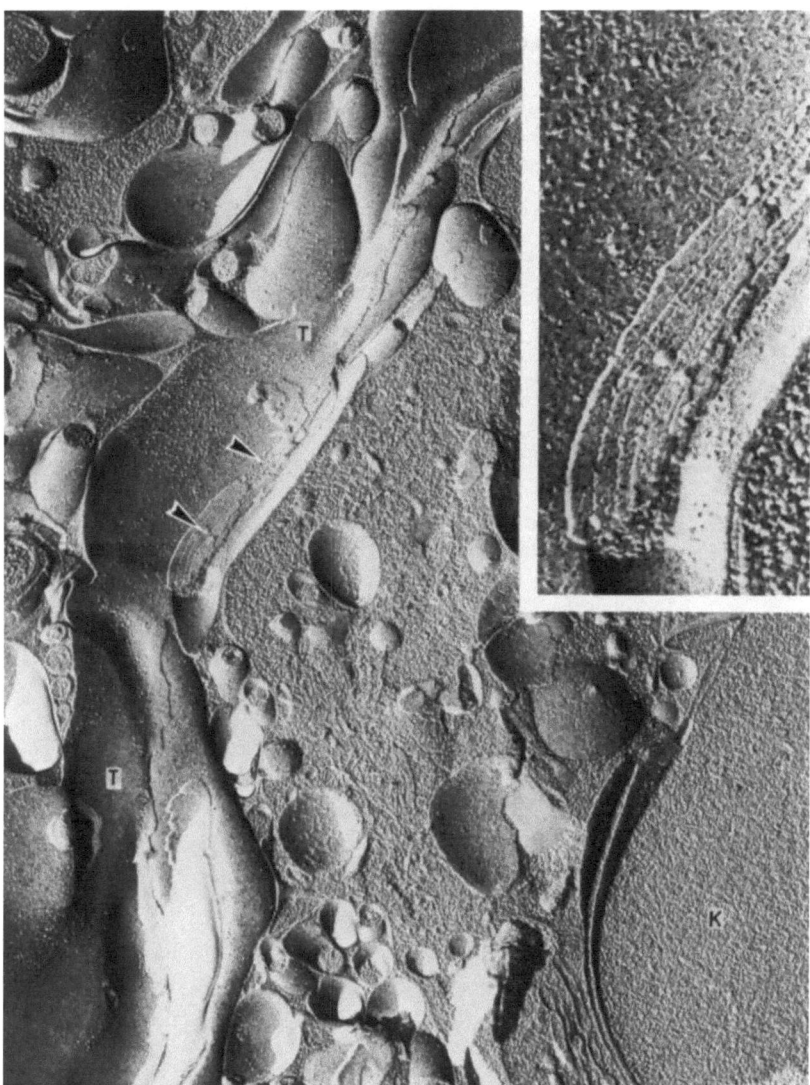

Abb. 46. Gefrierbruchabdruck aus der Umgebung einer subtanycytären Capillare der Region des Nucleus arcuatus, *Ratte. T* Tanycytenfortsatz; *Pfeile* parallele Reihen von „tight junctions"; *K* nichtfenestrierte Capillare; *Ausschnitt* „tight junction" bei stärkerer Vergrößerung. (Aus KRISCH et al., 1978b). Endvergr. × 28500, *Ausschnitt* × 82200

und FLEISCHHAUER (1960) mit Bromphenolblau deutlich, daß der Farbstoff unter Vermittlung des vitalen Ependyms in das Hirngewebe gelangt. Beim toten Tier wird nur die oberflächliche Lage des ventrikelnahen Gewebes angefärbt.

In Untersuchungen mit Hilfe der Methode der „regionalen Perfusion" der Hirnventrikel (CARMICHAEL et al., 1964) wird die Bedeutung der subependymalen Gewebeplatte für die Penetration von Stoffen in das Gehirn hervorgehoben.

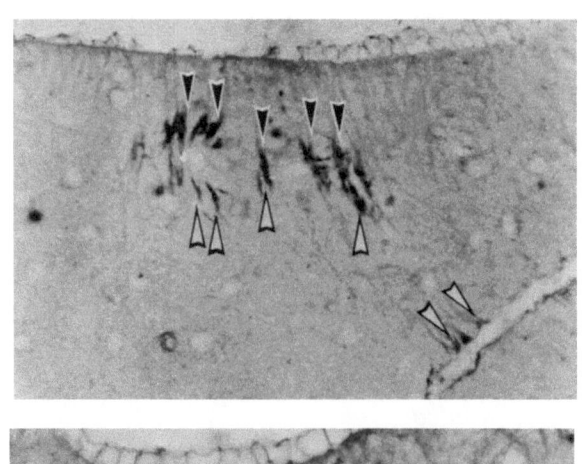

a

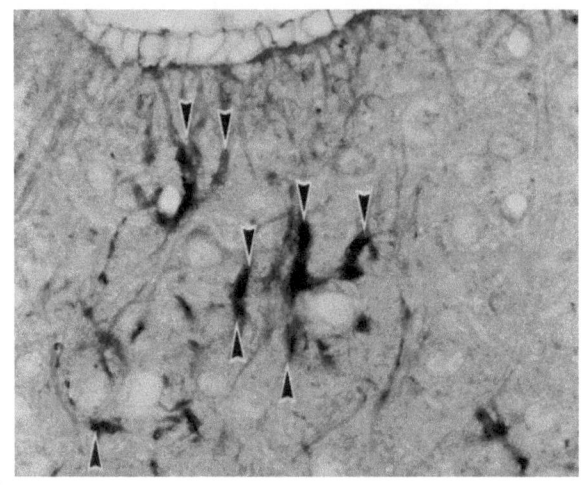

b

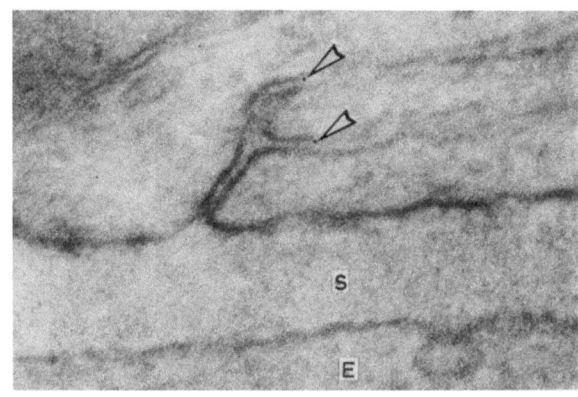

c

Abb. 47a–c. Anfärbung perivasculärer Tanycytenendigungen, Gegend des Nucleus arcuatus, *Ratte*.
a u. **b** Immunhistochemische Reaktionen nach Immobilisationsstreß; **c** Anfärbung mit Meerrettichperoxidase. **a** Weibliche *Ratte*, Oestrus, 15 min überlebend, Inkubation mit Anti-LRF; **b** männliche
Ratte, 5 min überlebend, Inkubation mit Anti-Somatostatin; *Pfeile* Abbruch der Anfärbung, die
Somata der Tanycyten bleiben ungefärbt. **c** Anlagerung von Peroxidase, die aus Capillaren der
Eminentia mediana in den perivasculären Bindegewebsraum ausgetreten ist, an die Plasmalemmata
pericapillärer Tanycytenfortsätze; *Pfeil* Abbruch der Anfärbung; *E* nichtfenestriertes Endothel einer
subtanycytären Capillare, *S* subendothelialer Spalt (kommuniziert mit der neurohämalen Region
der Eminentia mediana); nichtkontrastierter Schnitt. (Aus KRISCH et al., 1978b). Endvergr.:
a ×220, **b** ×560, **c** ×142500

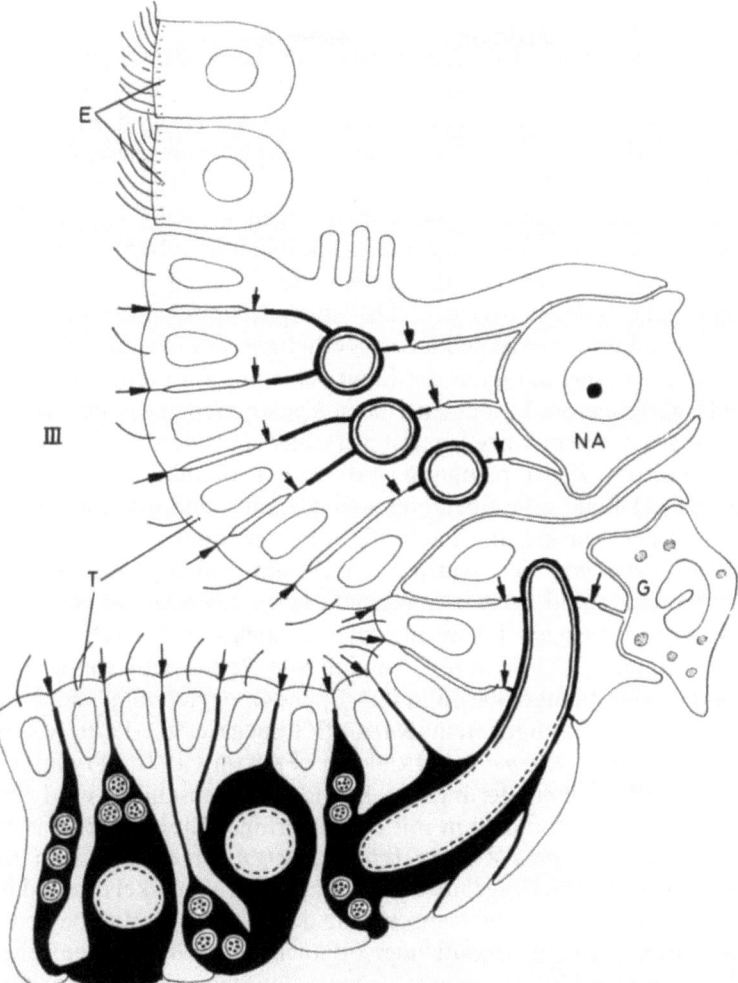

Abb. 48. Schema der perivasculären Räume und subendothelialen Spalten der Eminentia mediana *(unten)* und der angrenzenden seitlichen Ventrikelwand. *E* Ependymocyten, *T* Tanycyten, *III* Ventriculus tertius, *NA* Perikaryon des Nucleus arcuatus, *G* Gliazelle. *Schwarz* kommunizierende perivasculäre Räume und subendotheliale Spalten; *punktierte Linien* fenestrierte Endothelien; *durchgezogene Linien* nichtfenestrierte Endothelien; *Pfeile* „tight junctions". (Aus KRISCH et al., 1978b)

Nach FLEISCHHAUER (1964, *Katze*) dringt der Fluorescenzfarbstoff 3,6-Diaminoacridintrihydrochlorid in jenen Regionen tief ein, die von grauer Substanz unterlagert werden (z.B. Hypothalamus, Septum pellucidum, zentrales Höhlengrau des Aquäduktes, allerdings auch – und besonders tief – in den vom Album des Alveus bedeckten Hippocampus), wogegen die Unterlagerung durch weiße Substanz die Penetration begrenzt (z.B. Corpus callosum, Fimbria hippocampi und laterale Wand des Seitenventrikels); vgl. ROTH et al. (1959, ^{35}S-Acetazolamid); DRASKOCI et al. (1960, Histamin); KLATZO et al. (1964, fluoresceinmar-

kierte Serumproteine); Lascar und Bouchaud (1972, β-Phenylisopropylhydra-
zin); Leonhardt und Eberhardt (1972, Evansblau).

Indessen können noch andere Faktoren als die Beschaffenheit der subependymalen Gewebeplatte das Eindringen von Stoffen aus dem Ventrikel in das Hirngewebe beeinflussen. Nach Franz und Stark (1972) und Stark und Franz
(1972, *Ratte*) wird zwar intraventriculär injiziertes fluorescierendes Dansyl-Tryp-
tophan innerhalb von 20 min aus dem Ependym in bestimmte Hirngebiete abgegeben bzw. metabolisiert. Tetracyclin dagegen verweilt länger als 60 min in
den Ependymocyten und gelangt dann allmählich in subependymale Capillaren.
Offenbar können in den Ependymzellen die Weichen für Stoffaufnahme und
Stoffweitergabe gestellt werden. Die morphologischen bzw. enzymatischen
Grundlagen dieses unterschiedlichen Verhaltens können in einem nicht näher
bekannten Zusammenhang mit der (angesichts unserer geringen Kenntnisse über
weitere Funktionen der kinocilienreichen Ependymocyten) überraschend reichen
Ausstattung der Ependymzellen mit verschiedenartigen Zellorganellen gesehen
werden. In diesem Zusammenhang ist die eine Proteinbildung anzeigende Einla-
gerung von ^{3}H-Leucin in Ependymocyten 5 min nach intraventriculärer Injektion (Abfall der Markierung nach 96 Std) interessant (Koritsánszky u. Kiss,
1974, *Ratte*), die von den Autoren in Zusammenhang mit der Bildung von
Strukturproteinen und Enzymen gebracht wird, sowie die intensive Markierung
der Ependymzellen nach intraventriculärer Injektion des RNA-Bausteins ^{14}C-
Uridin (Jakoubek, 1976, *Ratte*). Ähnlich wie Tetracyclin werden auch andere
Stoffe intensiv und langdauernd in den Ependymocyten angereichert (Bowsher,
1957, radioaktives Serumprotein, *Katze*; Schubert et al., 1970, Morphin, Dihy-
dromorphin, *Ratte, Kaninchen*; Luppa u. Feustel, 1971, Trypaflavin, *Ratte*).
Die langsame Durchwanderung der Ependymocytenschicht wird im Falle von
Morphin und Dihydromorphin mit deren geringer Lipidlöslichkeit erklärt.

Die genannten, zumeist *lichtmikroskopischen* Untersuchungen beantworten
nicht ohne weiteres die Frage, ob der Weg aus dem Ventrikel durch die Ependymzellwand in das Hirngewebe transcellulär durch die Ependymocyten oder intercellulär zwischen diesen verläuft oder ob auch beide Wege offenstehen. *Elektronenmikroskopische* Untersuchungen zeigen dagegen, daß Ferritin und Meerrettichperoxidase (Brightman, 1965a, b, 1968) sowie Lanthanum (Brightman
u. Reese, 1969) vorwiegend intercellulär transportiert werden (vgl. Untersuchungen von der Seite des Liquormilieus aus, S. 256 ff.). Ferritin erscheint bereits 10 min
nach der intraventriculären Injektion im Ependym. Es wird zum kleinen Teil
durch Mikropinocytose apical von den Ependymzellen aufgenommen und lateral
oder basal wieder ausgeschleust, gelangt aber größtenteils durch die Spalten
der offenen Zellkontakte in den Intercellularspalt. Freies Ferritin tritt in der
Zelle nur bei Schädigung der Zellmembran auf. Basal wird das Ferritin in
„dense filler" angesammelt. Schließlich erscheint Ferritin in pericellulären Spalten von Nerven- und Gliazellen, im extracellulären Raum des Hirngewebes.
Die zitierten Arbeiten, in denen über langdauernde Anreicherung von Stoffen
in Ependymocyten berichtet wird, lassen dagegen eine primäre Stoffaufnahme
durch Ependymocyten vermuten.

Zur Frage des *Extracellularraumes* (Intercellularraum) des Gehirns s. Horstmann (1958), Horstmann und Meves (1959), Davson und Bradbury (1965), van Harreveld et al. (1965), Pollay

(1966), OLDENDORF und DAVSON (1967), WOODWARD et al. (1967), AMON (1968), BONDAREFF und PYSH (1968), VAN HARREVELD und STEINER (1970), LEVIN et al. (1971), TANI und AMETANI (1971a), LEVIN und SISSON (1972), SCHULTZ und KARLSSON (1972), MØLLER et al. (1974), BATTISTIN u. PIZZO-LATO (1977), BONDAREFF und LIN-LIU (1977, Verringerung des Extracellularraumes im Alter), CSERR et al. (1977), STERN et al. (1977), WOLFF (1977), CHEEK u. HOLT (1978), WALD et al. (1978).

Entwicklung des Extracellularraumes s. VERNADAKIS und WOODBURY (1963, 1965), PYSH (1967), BROCKLEHURST (1969).

Untersuchungen von KLATZO et al. (1968) mit ^{14}C-*Inulin* erbrachten zwei in diesem Zusammenhang wichtige Ergebnisse: 1) Inulin dringt aus dem Seitenventrikel in das Hirngewebe ein. Wenn Inulin, wie allgemein angenommen, nicht von den Zellen aufgenommen wird, dürfte es allein über Intercellularspalten in den Extracellularraum des Hirngewebes gelangen. 2) Hypothermie (13° C) verringert die Eindringtiefe erheblich (vgl. RALL et al., 1962; KATZMAN et al., 1968). Damit wird wahrscheinlich, daß die Verringerung der Eindringtiefe von Farbstoffen bei toten Versuchstieren (s. FELDBERG u. FLEISCHHAUER, 1960) auf einen Temperaturfaktor zurückgeht.

Mechanismen eines transcellulären Stofftransportes oder einer Stoffverteilung durch Intercellularspalten der Ependymocyten und durch den Intercellularraum des Hirngewebes vermitteln auch die Wirkung von intraventriculär injizierten Wirkstoffen auf einige Gehirnfunktionen; allerdings ist der Weg im Einzelfall nicht bekannt (LAGUZZI et al., 1972, Beeinflussung des Wach-Schlaf-Cyclus durch Injektion von 6-Hydroxydopamin, *Katze;* weitere Lit. s. WYSTRYCHOWSKI et al., 1977; WARBRITTON et al., 1978; RUDY u. WOLF, 1972, Beeinflussung der Temperaturregulation durch Injektion von Carbamylcholin und Acetylcholin, *Katze;* SCHULZ et al., 1974, Kupierung eines durch Na-Glutamat hervorgerufenen epileptoiden Zustandes durch Oxytocin-Injektion, *Kaninchen;* OLDS, 1975, Stimulation des lateralen Hypothalamus durch Injektion von Norepinephrin, *Ratte;* weitere Lit. s. DUBUISSON u. MELZACK, 1977; SAWYER u. RADFORD, 1978; PAPPENHEIMER et al., 1975b, Beeinflussung von Schlafverhalten und Aktivität durch Injektion eines „sleep-promoting" Faktors, *Ratte, Kaninchen;* NIXON u. KARNOVSKY, 1977, Beeinflussung des Schlaf-Wachverhaltens durch Injektion von Piperidin, *Ratte;* CHIHARA et al., 1978: Injektion von anti-Somatostatin γ-Globulin verringert die Wirkung von Strychnin oder Pentobarbital, *Ratte;* u.a.). Zahlreiche Wirkstoffe oder Vorläufer von Wirkstoffen werden ebenso wie DNA- und RNA-Bausteine nach Injektion in den Ventrikelliquor rasch durch die Ventrikelwand geschleust und anschließend im Gehirn lokal unterschiedlich angereichert (vgl. z.B. FUXE et al., 1968, ^3H-Noradrenalin, 5-Hydroxytryptamin, *Ratte;* FUXE u. UNGERSTEDT, 1968, 5-Hydroxytryptamin, *Ratte;* SCHUBERT u. LADISICH, 1969, ^3H-Norepinephrin, *Ratte;* RAPRÄGER, 1973, RAPRÄGER u. RÖDER, 1975, N-Dansyl-L-Phenylalanin, *Ratte;* RICHARDSON u. JACOBOWITZ, 1973, 6-Hydroxydopa, *Ratte;* BOOZ u. WIESEN, 1976, Dansyl-Histidin, *Ratte;* JAKOUBEK, 1976, ^{14}C-Uridin, ^{14}C-Orotsäure, *Ratte;* Ross et al., 1976, 5,7-Dihydroxytryptamin, *Ratte,* u.a.). Die von Ependymocyten ausgekleidete Ventrikelwand ist in diesen Fällen ohne weiteres (inter- oder intracellulär?) durchgängig; die Ependymocyten nehmen keinen erkennbaren Einfluß auf die Beschaffenheit dieser Stoffe. Untersuchungen dieser Art verfolgen Fragen, die über die Funktion des Ependyms hinausweisen; deshalb wird über deren Resultate nicht weiter berichtet.

Der intercelluläre wie der intracelluläre Stofftransport durch die mit kinocilienreichen Ependymocyten ausgekleidete Ventrikelwand lenkt den Blick auf die gerade hier besonders stark ausgebildeten *Basalmembranlabyrinthe* (Basallaminae; s. S. 336 ff.), auf die bereits BRIGHTMAN (1965a, b) hinweist („dense filler"). Über die Bedeutung dieser Strukturen bestehen bisher nur Vermutungen. Es könnte in ihnen zu Stoffanreicherungen kommen; exogene Acetylcholinesterase z.B., in den Ventrikel injiziert, zeigt eine spezielle Affinität zu den Basalmembranen (KREUTZBERG u. KAIYA, 1974). Denkbar ist auch, daß diese bei der Bildung oder Resorption des Liquors eine Rolle spielen; so beschreiben MAGARI et al.

(1973, *Kaninchen*) nach Blockade des cervicalen Lymphsystems erhebliche vacuolige Veränderungen, die allerdings im Bereich des Hypothalamus auftreten (vgl. auch die Untersuchungen von Csillik et al., 1967; Joó et al., 1967; Földi et al., 1968 über die Ausbildung eines Hirnödems nach Unterbindung der Halslymphbahnen; vgl. Gordon, 1978).

2.4.1.2 Kinocilienarme Ependymzellen zwischen Blut- und Liquormilieu

Im Unterschied zu den kinocilienreichen Ependymocyten im Liquormilieu ist in der Frage des Stoffeintritts durch die Ependymzellwand bei den kinocilienarmen Ependymzellen zwischen Liquor- und Blutmilieu, besonders bei den hypothalamischen Tanycyten, der *intercelluläre Transport* wegen der intercellulären „tight junctions" *ausgeschlossen*.

Untersuchungen und Erkenntnisse über kinocilienarme Ependymzellen betreffen zum weit überwiegenden Anteil die Ependymzellen der *Regio hypothalamica*. Das Ventrikelsystem (Liquormilieu) ist im basalen Anteil des III. Ventrikels, besonders im Bereich der Eminentia mediana, von kinocilienarmen Ependymzellen, größtenteils Tanycyten, begrenzt und gegen die Gefäße und perivasculären Räume der Eminentia mediana (Blutmilieu) durch „tight junctions" abgeschlossen. Zum Aufbau der Eminentia mediana vgl. S. 346 ff.

Die Ependymzellen sind dank ihrer Lage eine wichtige Komponente der Eminentia mediana. Kobayashi et al. (1970, Lit.), die in Anpassung an neuere Erkenntnisse die Bestimmung der Eminentia mediana durch Green (1951) korrigierten, schließen die Ependymzellen in die Definition ein:

"In summary, the median eminence may be defined as follows: Exteriorly it is the basal area of the hypothalamus supplied by the capillaries that drain into the pars distalis of the adenohypophysis; interiorly it is the portion of the hypothalamus occupied by the secretory ependymal cell bodies and their processes, terminating at the capillaries that drain into the pars distalis of the adenohypophysis. The glial cells and the distal portions of the nerve fibers of Gomori-positive and -negative neurons within an area delineated by the ependymal processes are included in the median eminence. The neuronal perikarya within this area and the pars tuberalis covering the outer surface of this portion are excluded from the median eminence, however" (Green, 1951).

Aus der Interposition der kinocilienarmen Ependymzellen zwischen Liquor- und Blutmilieu ergeben sich zunächst grundsätzlich folgende Fragen: Sind die kinocilienarmen Ependymzellen befähigt, Stoffe intracellular (transcellulär) aus dem Liquor zu den Gefäßen oder von den Gefäßen zum Liquor zu transportieren? Können die Ependymzellen in diesem Zusammenhang Syntheseleistungen erbringen?

Hinweise auf einen *intracellulären Stofftransport* zwischen Liquor und Hirngewebe durch hypothalamische Ependymzellen wurden aufgrund lichtmikroskopischer Befunde wiederholt und früh gefunden (Oksche, 1957, 1958, 1961; Oksche et al., 1959; Löfgren, 1959a, b, 1960; Dellmann, 1961; Fleischhauer, 1961 u.a.). Auch über Anzeichen von *Sekretbildung* wurde in diesem Zusammenhang früh wiederholt berichtet (Grignon, 1959; Leveque u. Hofkin, 1961; Oksche, 1962b; Vigh et al., 1963b u. a.; vgl. Leonhardt, 1974).

Die zunehmenden Erkenntnisse über die hypothalamische Neurosekretion (vgl. Scharrer u. Scharrer, 1954; Bargmann, 1966, 1968, 1971) sowie die Entdeckung der „releasing" und „release-inhibiting factors (hormones)" (vgl.

SCHALLY et al., 1968; MCCANN u. PORTER, 1969) geben im Rahmen des Konzeptes vom hypothalamo-hypophysären Gefäßweg (HARRIS, 1955) den Fragen nach dem funktionellen Einbau der kinocilienarmen Ependymzellen ein besonderes Gewicht. Vergleiche im folgenden auch den Beitrag WITTKOWSKI in diesem Band (S. 689 ff.).

Das Problem der *Funktion der hypothalamischen Ependymzellen* wird besonders aktualisiert durch den Nachweis, daß die hypothalamischen Hormone und die des Corpus pineale (sowie weitere hier nicht zitierte Wirkstoffe) normalerweise im Liquor cerebrospinalis vorkommen (*TRF*: ISHIKAWA, 1973; KNIGGE u. JOSEPH, 1974; OLIVER et al., 1974; JOSEPH et al., 1975; *GnRH* (LRF): JOSEPH et al., 1975). Nach WEINER et al. (1971) ist der Liquorwert aber unbedeutend gegenüber dem Blutwert. Auch CRAMER und BARRACLOUGH (1975) finden nur sehr geringe Liquorwerte und schließen hieraus, daß der Liquor nicht als Vehikel für den Transport der „releasing hormones" zur Eminentia mediana dient. *Melatonin* weisen im Liquor nach ANTÓN-TAY und WURTMAN (1969), MESS et al. (1975); vgl. REITER et al. (1975b), ARENDT et al. (1977). Über den *antidiuretischen Faktor* berichten VORHERR et al. (1968), HELLER et al. (1968), GRUPTA (1969), HELLER (1969), PAVEL (1970, 1973), HELLER und ZAIDI (1974); *Oxytocin* finden im Liquor UNGER et al. (1974, 1977), SCHWARZENBERG et al. (1977); über *Neurophysin* berichten ROBINSON und ZIMMERMAN (1973) u.a. Auch *Hormone der Adenohypophyse* (LINFOOT et al., 1970, *Mensch*, Wachstumshormon; KLEEREKOPER et al., 1972, *Mensch*, Corticotropin; CLEMENS u. SAWYER, 1974, *Kaninchen*, Prolactin; KENDALL et al., 1975, *Mensch*, Wachstumshormon, TSH, Prolactin, ACTH; LOGIN u. MACLEOD, 1977, *Mensch, Ratte,* Prolactin, u.a.) und *Hormone der peripheren endokrinen Drüsen* (Lit. in STUMPF u. GRANT, 1975) werden im Liquor nachgewiesen.

Fragen des intracellulären Stofftransportes durch kinocilienarme Ependymzellen spielen eine zentrale Rolle bei den Diskussionen über einen kurzen Rückmeldeweg zum Hypothalamus („short feedback" s. MOTTA et al., 1969; „internal feedback" s. HALÁSZ, 1972; „local feedback control of pituitary function" s. KNOWLES, 1972). Überlegungen zu diesem Thema wurden wiederholt in Rückkopplungsschemata zusammengefaßt (s.S. 282 ff.). Diskussion der Vorstellungen über eine Transportfunktion der hypothalamischen Tanycyten s. KOBAYASHI et al. (1977), PILGRIM und WAGNER (1977), PILGRIM (1978).

Den Fragen wurde in zahlreichen Untersuchungen an den hypothalamischen kinocilienarmen Ependymzellen, den Tanycyten und den Ependymzellen der Eminentia mediana, nachgegangen, teils in Modellversuchen, teils in Untersuchungen über den Transport von Wirkstoffen und die Teilnahme der Ependymzellen an neurohormonalen Regelmechanismen.

2.4.1.2.1 Modelluntersuchungen über transcellulären Stofftransport

Mehrfache Untersuchungen über die Möglichkeit eines transcellulären Stofftransportes durch hypothalamische kinocilienarme Ependymzellen, Tanycyten, mit Hilfe von *Meerrettichperoxidase als Modellsubstanz* führten zu unterschiedlichen Resultaten und Urteilen.

KOBAYASHI et al. (1972) finden bei *Ratte* und *Maus* eine intensive Anfärbung der Tancyten der Eminentia mediana nach Injektion von Peroxidase in den III. Ventrikel oder in den Subarachnoidealraum (vgl. auch KOBAYASHI, 1972). Die Autoren halten diese totale Anfärbung der Zellen zunächst für den Ausdruck einer Peroxidaseabsorption und vermuten einen (ascendierenden bzw. descendierenden) Peroxidasetransport (Abb. 49). KOBAYASHI (1978, persönliche Mitteilung) schließt aber einen Einfluß des Fixierungsmittels hierbei nicht aus. NOZAKI et al. (1975b, *Ratte*) zeigen, daß die Peroxidaseaufnahme durch Tanycyten nach

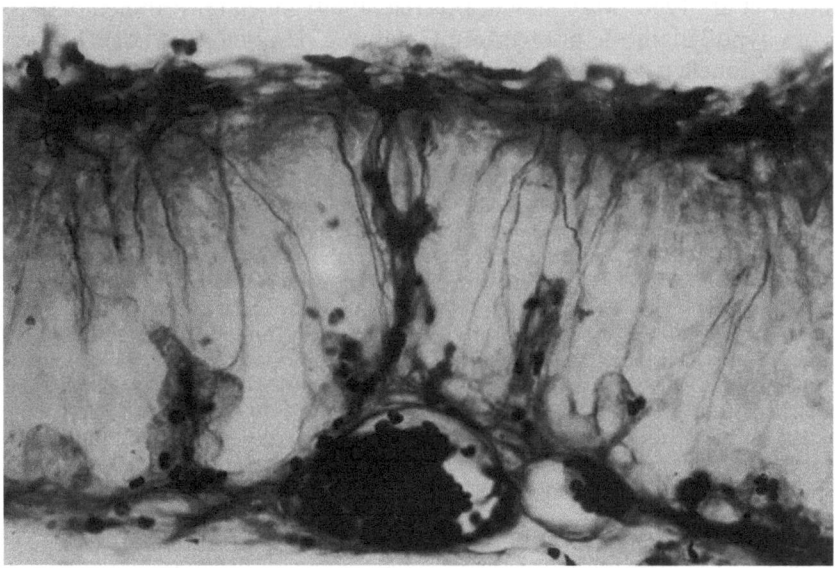

Abb. 49. Aufnahme von Meerrettichperoxidase aus dem III. Ventrikel durch Tanycyten der Eminentia mediana; *Ratte*, Glutaraldehyd-Fixierung. Endvergrößerung 1:400. (M. NOZAKI, H. KOBAYASHI, Misaki Marine Biological Station, University of Tokyo; unveröffentlicht.)

intraventriculärer Applikation von *Dibenamin* stimuliert wird. Auch nach *Adrenalektomie* wird eine gesteigerte Peroxidaseaufnahme (Ependymzellen über dem Nucleus paraventricularis) beobachtet, an der basalen Seite der Zellen stärker als an der apicalen (DAVIDOFF u. SCHIEBLER, 1978, *Ratte*).

Submammalier. Gleichartige Befunde beschreiben NOZAKI et al. (1975a) bei *Myxine*, KOBAYASHI (1975) bei *Myxine* und *Meeraal*, RODRÍGUEZ (1972) bei der *Kröte*, NAKAI und NAITO (1975) beim *Frosch*. Über Peroxidaseaufnahme durch Ependymzellen der Eminentia mediana der *Wachtel* berichten KOBAYASHI (1972), KOBAYASHI et al. (1972); NOZAKI (1975) findet nach Deafferentation des Hypothalamus vermehrte Absorption und schließt hieraus auf eine hinsichtlich der Transportleistung *inhibitorische Innervation* der Ependymzellen (vgl. NOZAKI et al., 1975b). MIKAMI (1975) beobachtet bei der *Wachtel*, daß hypothalamische Tanycyten Ferritin aus dem Liquor aufnehmen (s. auch KOBAYASHI, 1975, Lit.).

WAGNER und PILGRIM (1974, *Ratte*) kommen bei Untersuchungen mit Hilfe intraventriculärer Peroxidaseapplikation zu dem Schluß, daß die Peroxidase in Kurzzeitversuchen (10–70 min) zunächst zwischen Ependymocyten außerhalb der Regio hypothalamica in den Intercellularraum eintritt und sich in ihm bis zur Eminentia mediana ausbreitet. Die Autoren finden erst in Langzeitversuchen Peroxidase in den Tanycyten. Vermehrt auftretende dichte Körper und lipofuscinartige Aggregate lassen an einen transcellulären Transport denken. Die totale Durchtränkung (Anfärbung) einzelner Tanycyten wird eher für unphysiologisch gehalten (Abb. 50, 51).

LÉRANTH und SCHIEBLER (1974, *Ratte*) beobachten bei Beachtung des zeitlichen Ablaufes der Vorgänge nach intraventriculärer Injektion von Meerrettichperoxidase folgendes: Nach 3 min haben alle Ependymzellen des III. Ventrikels

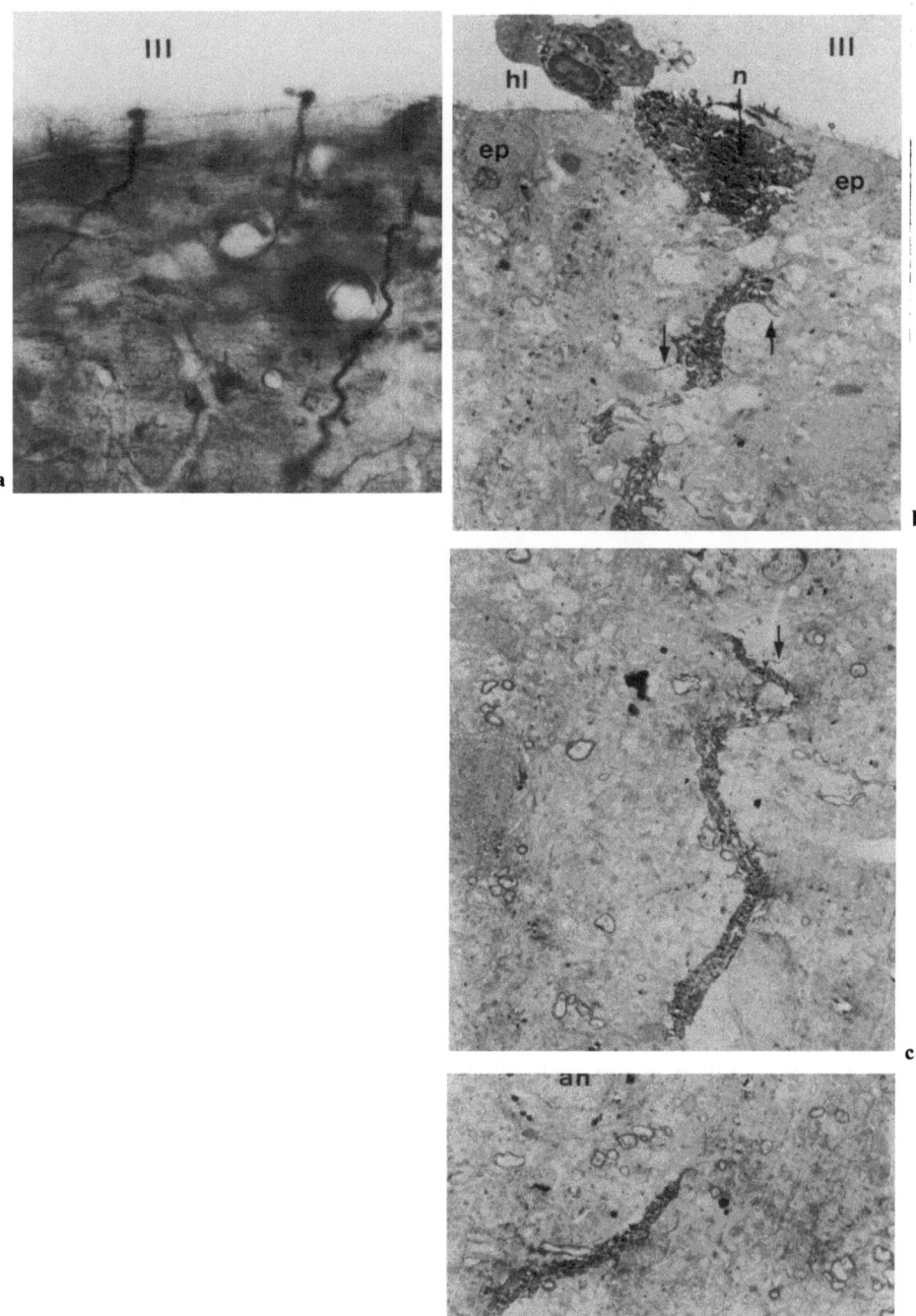

Abb. 50a u. b. Vollständige Imprägnation von Tanycyten durch Meerrettichperoxidase 12 Std nach Injektion der Peroxidase in den III. Ventrikel *(III)*, *Ratte*. **a** Lichtmikroskopische Abbildung von drei Tanycyten aus dem ventromedialen Areal. **b** Elektronenmikroskopische Abbildung (Montage) eines Tanycyten aus der Gegend des Nucleus arcuatus; die Imprägnation reicht bis in feinste Ausläufer, die benachbarte Nervenfasern umgeben *(Pfeile)*. *n* Zellkern; *ep* angrenzende, nicht imprägnierte Ependymzellen; *an* Neuron des Nucleus arcuatus; *hl* Leucocyt an der Ventrikeloberfläche. (Aus WAGNER u. PILGRIM, 1974). Endvergr.: **a** ×300, **b** ×2000

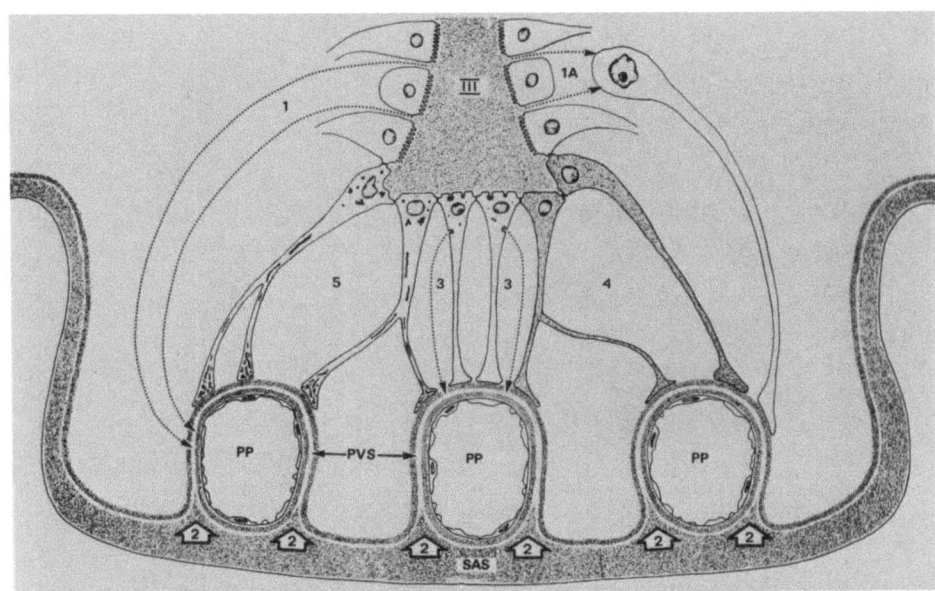

Abb. 51. Transportwege der Meerrettichperoxidase durch die Eminentia mediana und die ventrolateralen Wände des III. Ventrikels *(III)*. *Extracellulärer Weg*: Umgehung der Barriere der „tight junctions" im Boden des Recessus infundibuli. *1* Die Peroxidase gelangt entweder durch Intercellularspalten zum perivasculären Raum *(PVS)* der Portalgefäße *(PP)* oder zu Neuronen des Nucleus arcuatus *(1A*; vgl. Weindl u. Joynt, 1972a). *2* Die Peroxidase wandert durch das Ventrikelsystem in den Subarachnoidealraum *(SAS)*, der in direkter Verbindung mit dem perivasculären Raum des Portalplexus steht. *3* Cytopempsis durch das apicale Cytoplasma der Tanycyten und anschließend extracellulärer Transport zu den Portalgefäßen (vgl. Léranth u. Schiebler, 1974). *Transcellulärer Weg*: *4* Diffuse Füllung ganzer Tanycyten (vgl. Kobayashi et al., 1972); die funktionelle Bedeutung dieses Vorgangs ist zweifelhaft. *5* Ausbreitung der Peroxidase durch lysosomale Strukturen; Transport über das glatte endoplasmatische Reticulum, aus dem polymorphe Granula in perivasculären Endfüßen hervorgehen. (Aus Wagner u. Pilgrim, 1974)

– die einzelnen Zellen in unterschiedlicher Menge – „unabhängig von Struktur und Lage" die Peroxidase aufgenommen. Nach 10 min ist in den Ependymzellen Peroxidase nicht mehr nachweisbar, ausgenommen Peroxidase in Lipoproteingranula der Tanycyten. Dafür ist nun der subependymale Intercellularraum sehr stark erweitert und mit dem Reaktionsprodukt angefüllt, im Bereich der Tanycyten bis 200 µm unter der Ventrikeloberfläche, im übrigen Bereich bis 45 µm. 20 min nach Beendigung der Peroxidase-Injektion wird Peroxidase nur noch in den Capillarwänden sowie in den Granula der Tanycyten nachgewiesen. Die Autoren vermuten, daß die Peroxidase bei allen Ependymzellen transcellulär transportiert wird und daß Brightman (1967) sie deshalb nur intercellulär vorfand, weil er seine Untersuchung erst 30 min nach der Peroxidase-Injektion durchführte.

Als *Modellversuch* verstehen Knigge und Scott (1970, *Ratte, Katze*) auch die Injektion von ^{3}*H-Oestrogen*, ^{3}*H-Cortisol* und ^{131}*I-Natriumjodid* in den Seitenventrikel. Die Stoffe können 5–10 min nach Injektion im Hypophysenvorder-

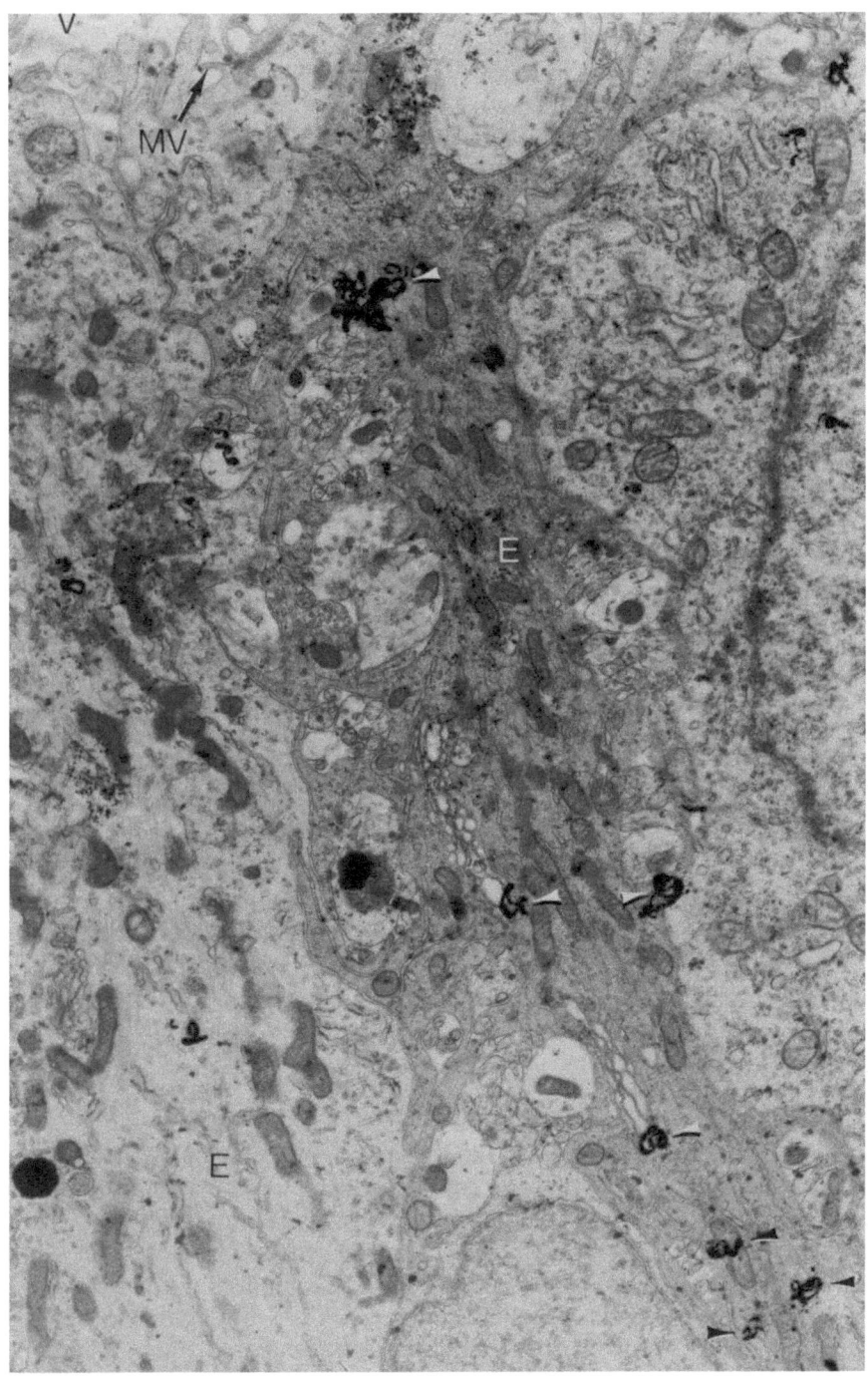

Abb. 52. Elektronenmikroskopisches Autoradiogramm der ependymalen und hypendymalen Zone der Eminentia mediana einer *Ratte*, die 5 min nach intraventriculärer Infusion von ^{3}H-Dopamin getötet wurde. Bemerkenswert sind die linear angeordneten Emissionsspuren *(Pfeil)*, die die vertikale Achse einer Ependymzelle (E) überlagern. *MV* Mikrovilli, *V* Ventrikellumen. (Aus Scott et al., 1974c). Endvergr. × 13 600

lappen nachgewiesen werden, ein Ergebnis, das nach Auffassung der Autoren für einen Stofftransfer vom Liquor über die Tanycyten der Eminentia mediana zu den Portalgefäßen spricht (Abb. 52).

Von anderer Seite wird der Interpretation der geschilderten Beobachtungen im Sinne eines transcellulären Transportes entgegengehalten, daß für die Indikatorsubstanz der Eingang in den Intercellularraum der seitlichen Ventrikelwand ohne weiteres offensteht, der schließlich auch zum perivasculären Raum der Capillaren der Eminentia mediana geöffnet ist.

Nach Weindl und Joynt (1972a, *Ratte, Kaninchen, Katze, Totenkopfäffchen*) dringt Peroxidase aus dem Seitenventrikel durch „gap junctions" in das Hirngewebe, aber, gehindert durch „tight junctions", nicht in die Eminentia mediana oder in das Organum vasculosum laminae terminalis ein. Das gleiche Ergebnis wird mit sehr viel kleineren Molekülen, mit ^3H-*Arginin* (*Kaninchen*) und ^3H-*Phenylalanin* (*Katze*) erreicht. Die Autoren finden dabei kaum Zeichen von Mikropinocytose in den Tanycyten der Eminentia mediana und halten (mit Brightman et al., 1970a) die Durchtränkung der Ependymzellen, die Kobayashi (1972), Rodríguez (1972a, b) u.a. als Zeichen der Peroxidaseaufnahme werten, für nicht physiologisch, „indicating rupture of the cell membrane" (Brightman et al., 1970). Nach Weindl und Joynt (1972a) gibt es keine Anzeichen dafür, daß Stoffe aus dem Liquor durch Tanycyten in die neurohämale Region transportiert werden.

Nach Pelletier et al. (1975a, *Ratte*) ist 5 min nach Injektion ein Transport von Peroxidase aus dem III. Ventrikel zu den Capillaren der portalen Gefäße durch Intercellularspalten der seitlichen Wand des Hypothalamus möglich; es bedarf hierzu keiner Vermittlung durch Tanycyten.

Endlich ist auch der Weg aus dem Ventrikelsystem durch die *Öffnungen des IV. Ventrikels* über den Subarachnoidealliquor zu den Capillaren der Eminentia mediana nicht auszuschließen; der Abtransport von Tusche aus den Ventrikeln in den Subarachnoidealliquor erfordert nur wenige Minuten (Stober, 1972). Nach Porter et al. (1975, *Ratte*) bewirkt die subarachnoideale Injektion von LRF eine Freisetzung von LH, die der nach intraventriculärer Injektion gleicht (s. auch Porter et al., 1976, Lit.).

2.4.1.2.2. Untersuchungen über transcellulären Wirkstofftransport und Beteiligung an hormonellen Regelvorgängen

Erfolgreiche Eingriffe in hormonelle Regulationen durch *Injektion von Wirkstoffen in den Ventrikelliquor* lassen an eine Beteiligung hypothalamischer Ependymzellen denken. Diese Frage wird in zahlreichen Untersuchungen diskutiert (Konstantinova, 1967, *Ratte*, Antidiurese nach Injektion von Adrenalin wie auch von Acetylcholin; Kendall et al., 1969, *Ratte*, Verhinderung einer durch Äther-Stress induzierten ACTH-Ausschüttung nach Cortisol-Injektion; Schneider u. McCann, 1970, *Ratte*, Anstieg der LH-Sekretion 5 min nach Injektion von Dopamin; Porter et al., 1972, *Ratte*, vermehrte Ausschüttung von FSH und Prolactin nach Dopamin-Injektion; Weiner et al., 1972, *Ratte*, Änderung des LH-Serumwertes nach Injektion von LRF; vgl. auch Ben-Jonathan et al., 1974; Ondo et al., 1973, *Ratte*, Inhibition der ^{131}I-Aufnahme durch die Schilddrüse nach Thyroxin-Injektion; vgl. auch Kendall et al., 1972; Spies u. Norman,

1973; TSAFRIRI et al., 1973, *Ratte*, LH-Freisetzung nach intraventriculärer Injektion von Prostaglandinen; PAVEL, 1975, *Maus*, Inhibition der Gonadotropin-, Corticotropin- und ACTH-Ausschüttungen sowie Erzeugung einer Nebennierenatrophie nach Injektion von Arginin-Vasotocin; TIMA u. FLERKÓ, 1975, Ovulation nach Injektion von Norepinephrin bei anovulatorischen *Ratten*; vgl. auch BALDWIN et al., 1974, *Hund*, Erzeugung von Antidiurese durch Injektion von Renin; OLIVER et al., 1975, *Ratte*, Anstieg des TSH-Blutspiegels nach intraventriculärer Injektion von TRF; DOGTEROM et al., 1976, *Ratte*, Anstieg des Vasopressin-Blutspiegels nach Histamin-Injektion; VIJAYAN u. MCCANN, 1978 a *Ratte:* durch Injektion von γ-Aminobuttersäure Erhöhung des Blut-LH-Spiegels, 1978 b *Ratte*: Erniedrigung des Blut-TSH-Spiegels; vgl. auch REID u. RAMSAY, 1975, sowie die Zusammenfassung bei HAYWARD, 1972, die Aufstellung von Untersuchungen über die Wirkung von Steroidhormonen bei STUMPF u. SAR, 1973, und die Berichte in ANAND KUMAR, 1976 u.a.).

Beim *Goldfisch* führt die intraventriculäre Injektion von Prostaglandin E_2 und $F_{2\alpha}$ zu einer Suppression der Gonadotropin-Sekretion (PETER u. BILLARD, 1976).

Wenn diese Befunde eine vermittelnde Rolle der kinocilienarmen Ependymzellen zwischen Liquor und Portalgefäßen diskutabel erscheinen lassen, so sprechen andere weniger für eine Ependymzellfunktion dieser Art. Nach WEINER et al. (1971) entfaltet LRF nach Applikation in den Liquor eine erheblich geringere Wirkung als nach intravenöser Gabe. Auch nach CRAMER und BARRACLOUGH (1975) dient der Liquor cerebrospinalis bei der *Ratte* unter physiologischen Bedingungen nicht als Transportvehikel für LRF. Nach Ovarektomie allerdings steigt der LRF-Liquorwert signifikant an, während sich der Blutwert nicht ändert (JOSEPH et al., 1975, *Ratte*). UEMURA und KOBAYASHI (1977, *Ratte, Wachtel*) beobachten nach Verödung der Tanycyten der Eminentia mediana durch intraventriculäre Picrinsäureanwendung oder durch Kauterisation keine Beeinträchtigung der Gonadenfunktion und schließen hieraus, daß ein transtanycytärer Transport für die Aufrechterhaltung der adenohypophysären gonadotropen Aktivitäten nicht erforderlich ist.

Die bei den vorher geschilderten Eingriffen fragliche Vermittlung zwischen Liquor und Eminentia mediana bzw. Hirngewebe durch transcellulären Wirkstofftransport über hypothalamische kinocilienarme Ependymzellen wurde teils anhand des Nachweises von normalerweiser im Liquor vorkommenden Wirkstoffen in Ependymzellen untersucht, teils wurde die Verteilung von Wirkstoffen verfolgt, die entweder direkt in den Liquor injiziert oder durch Injektion in die Blutbahn indirekt in den Liquor verbracht worden sind. Schließlich zeigen morphologische Veränderungen an hypothalamischen kinocilienarmen Ependymzellen im Zusammenhang mit hormonellen Regelvorgängen deren Beteiligung an derartigen Regelmechanismen an.

Nachweis von Hypothalamushormonen in hypothalamischen kinocilienarmen Ependymzellen. Über den direkten Nachweis einiger Hypothalamushormone unter physiologischen Bedingungen in Ependymzellen des Hypothalamus mit Hilfe immunhistochemischer (licht-, fluorescenz- oder elektronenmikroskopischer) Techniken wurde in jüngster Zeit mehrfach berichtet, die Resultate sind aber widersprüchlich.

LRF wird nach NAIK (1975a, b, 1976a, b) in den Ependymzellen des Recessus infundibuli der *weiblichen Ratte* cyclisch angereichert (vgl. auch GnRH-(LRF)-Nachweis in Tanycyten der Eminentia mediana bei KOZLOWSKI u. ZIMMERMAN, 1974, *Maus, Schaf*; ZIMMERMAN et al., 1974, *Maus*; KOZLOWSKI et al., 1975, *Maus*; ZIMMERMAN et al., 1975, *Ratte, Maus*; ZIMMERMAN, 1976a, *Maus*). Dagegen erhalten keine oder keine sichere Reaktion in Tanycyten BAKER et al. (1974, *Ratte, Maus, Meerschweinchen*), KING et al. (1974, *Ratte*). Mit der Zunahme des LRF-Gehaltes der Ependymzellen im Prooestrus ist nach NAIK (1976a, b) eine Abnahme des Liquorwertes verbunden. Im Oestrus und frühen Dioestrus ist die Reaktion in den Ependymzellen schwächer. Bei *männlichen Ratten* fehlen cyclische Schwankungen. Das Reaktionsprodukt ist in allen Teilen der Zelle mit Ausnahme der apicalen Protrusionen nachweisbar und wird nach NAIK (1976a, b) aus dem Liquor phagocytiert. Nach SILVERMAN (1976) bestehen Speciesunterschiede; LRF ist zwar in den hypothalamischen Tanycyten der *Maus*, aber nicht des *Meerschweinchens* nachweisbar. GROSS (1976, Nachweis von GnRH [LRF]) findet im hypothalamischen Ependym der *Maus* eine Reaktion, die er aber für unspezifisch hält. Den technisch brillanten elektronenmikroskopischen Untersuchungen von PELLETIER et al. (1974, 1976, *Ratte*) und KRISCH (1977a, *Ratte*, Dioestrus, Oestrus) zufolge enthalten die Tanycyten kein LRF (vgl. auch GOLDSMITH u. GANONG, 1975). KRISCH (1977a, *Ratte*) findet bei Durstbelastung eine starke Aktivierung des LRF-Systems, die es erlaubt, weitergehend als bisher möglich die systematischen Zusammenhänge der LRF-haltigen Perikaryen und Zellfortsätze darzustellen. Auch hierbei bleiben die Tanycyten frei von LRF. Irrtümer in der Beurteilung der Immunreaktion sind, besonders im lichtmikroskopischen Präparat, aber dadurch möglich, daß die LRF-Fasern eng an Tanycytenfortsätze angeschmiegt verlaufen, die für Neurohormone (LRF, Vasopressin, Somatostatin) eine Art Leitstruktur bilden (KRISCH, 1977a, b, 1978a; Abb. 53).

Somatostatin ist in den hypothalamischen Tanycyten nicht nachweisbar (ELDE u. PARSONS, 1975, *Ratte*; BAKER u. YU, 1976, *Ratte*; KRISCH, 1977b, *Ratte* im langdauernden Durstversuch). *Vasopressin* wird nach den Ergebnissen von KRISCH (1976, *Ratte*) ebenfalls nicht in den Tanycyten gefunden, doch tritt eine unsicher-positive Reaktion in Ependymocyten des Hypothalamus nach langdauernder Durstbelastung auf. SILVERMAN und ZIMMERMAN (1975, *Meerschweinchen*) bemerken ausdrücklich, daß in Ependymzellen (Tanycyten) weder *Vasopressin* noch *Neurophysin* gefunden wird. ROBINSON und ZIMMERMAN (1973) und ZIMMERMAN et al. (1975, *Ratte, Maus*) dagegen berichten über den Nachweis von Vasopressin und Neurophysin in hypothalamischen Ependymzellen. Die letztgenannten Autoren schließen aus ihren Untersuchungen, daß außer dem axonalen Transport noch ein zweiter Weg des Hormontransfers via Liquor-Ependymzellen zu den Capillaren der Eminentia mediana besteht. Untersuchungen von SCHECHTER et al. (1976, *Ratte*) über die Wirkung intraventiculärer Gaben von Colchicin und Vinblastin erlauben den Schluß, daß bei einem transcellulären Transport in Tanycyten Mikrotubuli beteiligt sind. PAVEL (1975) berichtet über Synthese und Sekretion von *Arginin-Vasopressin* durch fetale *menschliche* hypothalamische Ependymzellen in der Gewebekultur.

Nachweis von in den Liquor oder in die Blutbahn injizierten Hormonen in

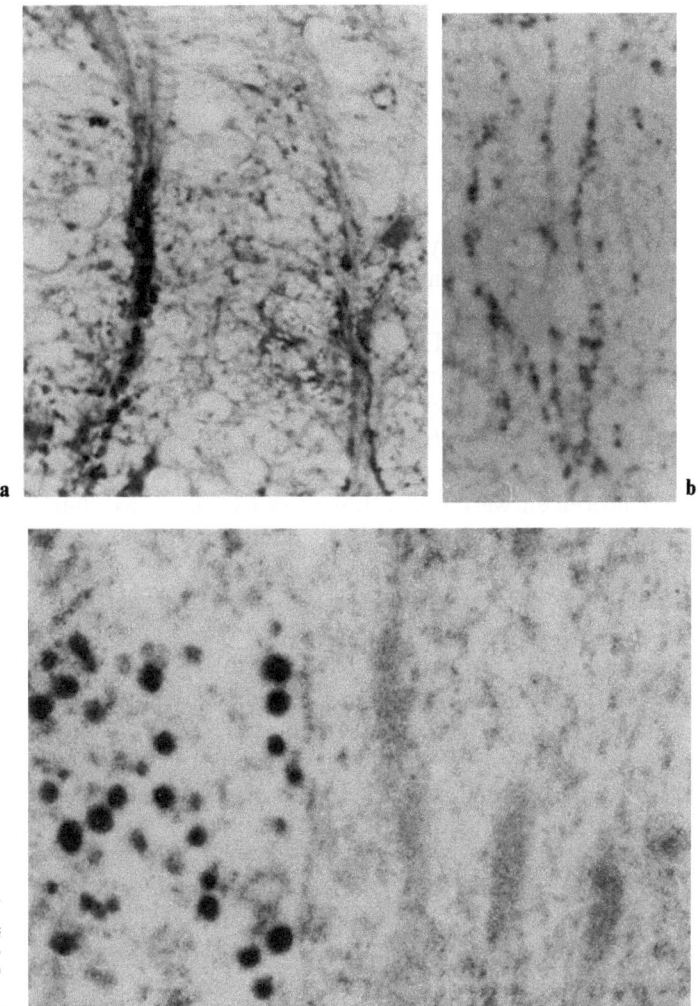

Abb. 53a–c. Immunhistochemische und immuncytochemische „Markierung" von Tanycytenfortsätzen der Eminentia mediana durch angelagerte Nervenfasern, *Ratte*. **a** Paraffinschnitt: linker Tanycytenfortsatz mit Überlagerungen, rechter mit Anlagerungen von Somatostatin-führenden Axonen. **b** Araldit-Semidünnschnitt: Anlagerungen von Somatostatin-führenden Axonen an einen ungefärbten Tanycytenfortsatz. **c** Unkontrastierter Dünnschnitt nach Inkubation mit Anti-LRF. LRF-führendes Axon *(links)* ist einem nicht reagierenden Tanycytenfortsatz *(rechts)* angelagert. (Präparate Dr. B. KRISCH, Kiel). Endvergr.: **a** × 1200, **b** × 1400, **c** × 37500

hypothalamischen kinocilienarmen Ependymzellen. Untersuchungen über den direkten Nachweis von intraventiculär injizierten Hormonen in kinocilienarmen Ependymzellen des Hypothalamus führten zu folgenden Ergebnissen und Vorstellungen.

KNIGGE et al. (1973, *Ratte*) sehen die Hypothese vom Liquor-Ependym-Transfer von Releasing-Hormonen, die das Konzept des hypothalamo-hypophysären Gefäßweges (Harris, 1955) erweitert, durch Untersuchungen mit *TRF* erhärtet („RF-producing elements can... deliver their product into the ventricle from which it is recovered and delivered to the portal vessels by ependymal cells in the lower wall und floor of the third ventricle"). Ihren Experimenten gingen In-vitro-Untersuchungen mit radioaktiven Stoffen über die Bindungs-(Transport-)Kapazität des Ependyms der Eminentia mediana voraus (Silverman u. Knigge, 1972, Thyroxin; vgl. Gordon et al., 1972; Silverman et al., 1972, Aminosäuren; Silverman et al., 1973a, Aminosäuren, Thyroxin; s. auch Knigge u. Joseph, 1971; Knigge u. Silverman, 1972, Silverman et al., 1973b, *Ratte*). Die Autoren zeigen zunächst, daß die Infusion von TRF in den Seitenventrikel eine Plasma-TSH-Antwort hervorruft, deren zeitlicher Ablauf dem nach intravenöser TRF-Injektion gleicht. Der Effekt der intraventriculären TRF-Infusion auf den Plasma-TSH-Spiegel wird aber durch vorherige intravenöse Thyroxingabe verringert. Gleichartig wirkt Desipramin. *Spezifische Rezeptoren* für TRF und Thyroxin werden in den Ependymzellen der Eminentia mediana durch intraventriculäre Injektion von radioaktivem Thyroxin bzw. TRF wahrscheinlich gemacht. Die Autoren entwerfen das Bild eines Feedback-Mechanismus, in dem einerseits das Ependym TRF aus dem Liquor aufnimmt, andererseits aber Thyroxin und TSH sowie wahrscheinlich auch Katecholamine (Knigge, 1974) die Abgabe des TRF an die Portalgefäße, also die Transportrate, beeinflussen. Sie kommen zu der Vorstellung, daß das Ependym „.... cannot be viewed as a passive membrane separating CSF from portal blood and subject only to simple rules of diffusion". Es übt vielmehr eine regulative Funktion im Feedback-Mechanismus aus (vgl. auch Kendall et al., 1971; Joseph et al., 1973).

Der direkte Nachweis weiterer in den Ventrikel injizierter, radioaktiv markierter Wirkstoffe in hypothalamischen Ependymzellen nährt weiterhin die Vorstellung, daß diese an hormonalen Regelmechanismen beteiligt sein könnten. Nach intraventriculärer Injektion von ^{14}C-*TRF*, ^{125}I-*ACTH*, ^{131}I-*Thyroxin*, ^{3}H-*Corticosteron* (Kendall et al., 1972, *Ratte*), ^{3}H-*Dopamin* (Scott et al., 1974c, *Ratte*), ^{3}H-*TRF* (Scott et al., 1974d, *Ratte*), ^{3}H-*LRF* (Scott et al., 1974a, *Ratte*, In-vitro-Versuche), ^{125}I-*LRF* (Kobayashi, 1975, *Mammalier, Vögel, Reptilien;* Uemura et al., 1975, *Ratte*) sowie nach Injektion von ^{3}H-*Epinephrin*, ^{3}H-*Norepinephrin*, ^{3}H-*LRF* oder ^{3}H-*TRF* in den III. Ventrikel (Scott u. Krobisch-Dudley, 1975, *Ratte*) können über der Eminentia mediana, besonders in den Somata und Fortsätzen der Tanycyten intensive autoradiographische Aktivitäten nachgewiesen werden. Die Granulaverteilung (^{3}H-LRF) zeigt, daß es sich dabei nicht um einen Diffusionsvorgang handelt (Goldgefter, 1976, *Ratte*), das Ependym „acts as passive membrane towards LH-RH contained in the cerebrospinal fluid". Auch Aminosäuren (^{3}H-*Valin*, ^{3}H-*Lysin*) werden innerhalb von 5 min nach Injektion in den Ventrikel in hoher Konzentration in hypothalamischen Ependymzellen nachgewiesen (Scott et al., 1974c).

Untersuchungen an Explantaten der Eminentia mediana (Knigge et al., 1975a, *Nerz, Ratte*) ergeben, daß die Tanycyten *Serotonin* aufnehmen und wahrscheinlich auch synthetisieren können (vgl. Sladek u. Sladek, 1978, *Ratte*). Der Vergleich mit der Epiphyse, in der Pinealocyten – gleichfalls Neuroepithelabkömmlinge – Serotonin produzieren, das von noradrenergen Axonendigungen aufgenommen wird, legt den Autoren die Vermutung nahe, daß in der Eminentia mediana ein gleichartiges Zusammenspiel von Tanycyten und noradrenergen Axonen bestehe.

Bei der *Ente* findet CALAS (1973) nach intraventriculärer Injektion von radioaktiv markierten Katecholaminen nur eine unspezifische diffuse Markierung der Tanycyten und Gliazellen der Eminentia mediana. Nach Injektion von ^{3}H-TRF dagegen (CALAS, 1973, 1975) spricht die Markierung eher für eine Transportfunktion der Tanycyten. In den Ventrikel injiziertes ^{35}S-DL-Cystein wird beim *Sperling* intensiv in der Area ependymalis vasculosa des III. Ventrikels (und in der Lamina terminalis) angereichert (TAGUCHI et al., 1966).

Bei allen Untersuchungen, in denen nach intraventriculärer Injektion eine Stoffaufnahme in die Ependymzellen der Eminentia mediana beobachtet wird, muß allerdings auch damit gerechnet werden, daß der betreffende Stoff im Liquor über den Aquädukt, IV. Ventrikel und Subarachnoidealraum von basal her in die Eminentia mediana eindringen könnte, die – wie die meisten circumventriculären Organe – sowohl an den inneren als auch an den äußeren Liquor grenzt.

Letztlich bleibt „the extent of the intra vitam uptake of releasing hormones and other neurohormonal or neurohumoral agents from the CSF" ein ungelöstes Problem (OKSCHE, 1975; vgl. hierzu auch die Skepsis in SZENTÁGOTHAI et al., 1972; DIERICKX, 1974 sowie die Diskussion bei STUMPF u. SAR, 1975).

2.4.1.2.3. Einfluß des Hormonhaushaltes

Die grundsätzliche Frage, ob das hypothalamische Ependym von neurohormonalen Vorgängen nur betroffen wird oder ob es in ihnen eine Funktion ausübt, wird von zahlreichen Autoren unter Hinweis auf die spezifische Organisation des Ependyms in dem Sinne beantwortet, daß es eine Vermittlerrolle in Feedback-Mechanismen ausübt (s.S. 282ff.), eine Vorstellung, deren Problematik u.a. STERBA (1974) beschreibt.

Indirekte morphologische Hinweise auf die Beteiligung von hypothalamischen kinocilienarmen Ependymzellen an hormongesteuerten Vorgängen ergeben sich aus mehreren Beobachtungen. Diese betreffen in der Mehrzahl Zusammenhänge zwischen *Geschlechtshormonen* und kinocilienarmen Ependymzellen (mehrere Untersuchungen in KNIGGE et al., 1972, 1975).

Kinocilienarme Ependymzellen unter physiologischen Bedingungen. Geschlechtshormone. HAGEDOORN (1965) beschreibt lichtmikroskopisch beim Skunk (*Mephitis mephitis*) jahreszeitliche Schwankungen. Beim *weiblichen* Tier bedeckt in der sexuellen Ruheperiode das Ependym über dem Hypothalamus ein großes Faltenareal, von dem aus fingerförmige Fortsätze in den Ventrikel vorragen. Im Prooestrus lösen sich die Falten ab, am Beginn des Oestrus bildet das Ependym eine glatte Ventrikelauskleidung. Anschließend treten wieder schmale Falten auf. Ähnliche Veränderungen zeigt auch das männliche Tier. Über jahreszeitliche Änderungen der Struktur von Tanycyten berichten auch BRAWER und GUSTAFSON (1978, *Fledermaus*). Diese Feststellungen stehen hinsichtlich des Bezugs zu den Phasen des Geschlechtscyclus in einem gewissen Widerspruch zu späteren Mitteilungen (s.u.).

Deutliche *Geschlechtsunterschiede* des ventrolateralen hypothalamischen Ependyms finden ANAND KUMAR (1968) und KNOWLES und ANAND KUMAR (1969) beim *Rhesusaffen*. Die Tanycyten dieser Gegend bilden beim *jugendlichen* männlichen und weiblichen Tier eine einschichtige Zellage mit apicalen Protrusionen. Beim *erwachsenen* männlichen Tier sind die Zellen in zwei durch einen Spalt getrennten Lagen angeordnet. Kleine Protrusionen ragen in den Ventrikel. Beim erwachsenen weiblichen Tier fehlt der Spalt; er tritt im Laufe des Cyclus nur vorübergehend auf. Zahl und Größe der Protrusionen ändern sich stark im Laufe des Cyclus; in der Cyclusmitte sind sie stark entwickelt, um die Zeit der Menstruation nehmen sie ab (vgl. Coates u. Davis, 1977, REM, *Schaf*). Die Autoren vermuten, daß die Tanycyten dieser Region Receptor-Eigenschaften gegenüber Geschlechtshormonen besitzen. Nach Anand Kumar (1968) werden in glandulären hypothalamischen Ependymzellen des *Affen* präovulatorisch PAS- und Chromalaunhämatoxylin-positive Granula gebildet, die während der Menstruation verschwinden. Beim erwachsenen männlichen Tier sind diese Zellen nur spärlich granuliert. Geschlechtsabhängige Unterschiede im Verhalten der Ependymzellen des ventrolateralen Hypothalamus (cyclusabhängige Ausbildung von Mikrovilli und Protrusionen) werden bei der *Ratte* (Kobayashi u. Matsui, 1969; Brawer et al., 1974, REM; Mestres et al., 1974, REM; Mestres u. Joeschke, 1974; REM) und beim *Frettchen* (Jones, 1967) beschrieben.

Geschlechtsdifferenzierung. Zur Zeit der „kritischen Periode der Geschlechtsdifferenzierung des Hypothalamus" von *Ratten* (1. Woche nach der Geburt) entwickeln sich nach Akmayev und Fidelina (1976) die Enzymaktivitäten der kinocilienarmen Ependymzellen der Eminentia mediana geschlechtsspezifisch unterschiedlich. Die Autoren sehen hierin die Folge der Receptor-Eigenschaft der β^1-Tanycyten und vermuten, daß die Ependymzellen in den Mechanismus der Geschlechtsdifferenzierung des Hypothalamus einbezogen sind. Die Autoren bemerken dabei die unmittelbare Nachbarschaft LRF-bildender Zellen (Barry et al., 1973; Baker et al., 1974; Sétáló et al., 1975 u.a.). Bemerkenswert ist in diesem Zusammenhang die Beobachtung von Krisch (1977c, *Ratte*), daß zur Zeit der Ausbildung apicaler Protrusionen der hypothalamischen kinocilienarmen Ependymzellen – im *Oestrus* – die zwischen den Tanycytenfortsätzen verlaufenden LRF-Fasern nur sehr geringe immuncytologische Reaktion zeigen, während im *Dioestrus*, bei fehlenden Protrusionen, die LRF-Fasern deutlicher darstellbar sind. Beim durstbelasteten Tier allerdings, das hinsichtlich des Cyclus einem anovulatorischen Tier gleicht, sind sowohl LRF-Fasern als auch Protrusionen stark ausgebildet.

Die Ependymzellen im Bereich des Recessus praeopticus der *Bachforelle* lassen jahreszeitlich bedingte, enzymhistochemisch nachweisbare Veränderungen erkennen, die denen im peptidergen Kerngebiet ähnlich sind (Weiss, 1970).

Kinocilienarme Ependymzellen unter experimentellen Bedingungen. Die bei experimentellen Eingriffen in den Hormonhaushalt beobachteten Veränderungen an kinocilienarmen hypothalamischen Ependymzellen sind vielgestaltig und uneinheitlich. Sie betreffen hauptsächlich Änderungen der Zellgröße, des Ausmaßes der Gefäßkontakte, des Enzymbestandes und des apicalen Plasmalemms (Ausbildung von Protrusionen); häufig wird eine Vermehrung von Zelleinschlüssen gefunden.

Gonadektomie. Anand Kumar und Knowles (1967) finden 12 Std nach intramusculärer Injektion von Tritium-markiertem 17-β-Oestradiol beim *ovarektomierten Affenweibchen* Radioaktivität im Liquor cerebrospinalis und eine streng lokalisierte erhöhte Radioaktivität im ventrolateralen Ependym des Hypothalamus. Elektronenmikroskopisch zeigen diese Zellen unregelmäßig gestaltete globuläre Einschlüsse, die bei Kontrolltieren fehlen. Nach Kastration beobachten ZAMBRANO und DE ROBERTIS (1968a) bei der *Ratte* eine Vermehrung von *Lipidgranula* in Pituicyten und eine Pituicytenhypertrophie; die Autoren schließen hieraus, daß der Lipidmetabolismus der Zellen geschlechtshormonabhängig ist. Vergleichbare Befunde erheben KOBAYASHI et al. (1970) bei *Ratten* 3 Wochen nach Ovarektomie (vgl. KOBAYASHI, 1972). Die vergrößerten Ependymzellen der *Eminentia mediana* enthalten vermehrt Zellorganellen. Im apicalen Plasmalemm entstehen Pinocytosevesikel. Im basalen Fortsatz liegen auffallend große, runde oder polygonal-sternförmige *elektronendichte Körper* mit aufgehelltem Zentrum; sie entstehen aus Vesikeln des Golgi-Apparates und werden für Anzeichen einer basalen Sekretion gehalten. Nach Ovarektomie und Oestrogenmedikation entstehen apical Mikrovilli und Protrusionen (vgl. BRUNI et al., 1977, REM, *Kaninchen;* COATES u. DAVIS, 1977, REM, *Schaf*), die gelegentlich in den Liquor abgeschnürt werden; äußerstenfalls ist das apicale Plasmalemm zerrissen. Die elektronendichten Körper sind vermehrt und homogen ohne zentrale Aufhellung. Nach Auffassung der Autoren wird durch Ovarektomie die Absorption von Liquor und die Sekretion vermehrt; die gleichzeitige Oestrogengabe beschleunigt und steigert diese Vorgänge. Auch beim ovarektomierten *Frettchen* kommt es nach Oestradiolgaben zur Ausbildung von Protrusionen an dieser Stelle (BATEMEN et al., 1976, REM, TEM).

Nach *Androgensterilisation weiblicher Ratten* werden in den Ependymzellen des Recessus praeopticus vermehrt PAS-färbbare Granula sowie elektronenmikroskopische Zeichen starker Sekretion und zahlreiche polymorphe Aggregate elektronendichten Materials gefunden (LEVEQUE, 1972).

Konkretere Beziehungen zwischen Endokrinium und Ependymzellen werden in einer Untersuchung von OKSCHE et al. (1972b) sichtbar. Die Autoren untersuchten an der *ovarektomierten Maus* die funktionellen Zusammenhänge zwischen Nucleus arcuatus und Ependym mit Hilfe von Zellkernmessungen und Messungen des relativen Bestandes an Zellorganellen. Dabei zeigen sich unterschiedliche Reaktionsabläufe im Ependym des Nucleus arcuatus und der Eminentia mediana. Die Zellkernvolumina der Ependymzellen über dem Nucleus arcuatus und der Eminentia mediana nehmen bis zum 6. Tag nach Ovarektomie zu, kehren aber bis zum 12. Tag über der Eminentia mediana wieder zur ursprünglichen Größe zurück, während die Ependymzellkerne über dem Nucleus arcuatus vergrößert bleiben. Gleichzeitig führt die Ovarektomie zu einer Verringerung der Mikrovilli und der Ependymzelloberfläche sowie zu einer Reduktion der relativen Mitochondriendichte nur im apicalen Teil der Ependymzellen der Nucleus-arcuatus-Region. Synchrone Änderungen in den Zellen einer Zellgruppe des Nucleus arcuatus (Nucleus 20, Grünthal) in perivasculären Zellausläufern und in den Endothelien zugehöriger Capillaren zeigen funktionelle Zusammenhänge eines komplexen Systems an, das aus Neuronen, Ependymzellen, Gliazellen und Capillaren des Nucleus arcuatus sowie aus Ependymzellen der korrespondierenden Region der Eminentia mediana besteht.

Adrenalektomie. Weniger einheitlich als die Ergebnisse nach Gonadektomie sind die Beobachtungen nach Adrenalektomie. Nach GOSLAR und BOCK (1970a,

Ratte) führt bilaterale Adrenalektomie zu einer Abnahme der Esterasen-Aktivität der *Tanycyten*. Die Autoren vermuten, daß die Tanycyten in den Regelkreis Nebennierenrinde-Zwischenhirn-Adenohypophyse eingeschaltet sind. Scott et al. (1972b, REM, *Ratte, Katze, Totenkopfäffchen*) berichten über eine Zunahme der bläschenförmigen Protrusionen auf der Oberfläche der Tanycyten der Eminentia mediana nach beidseitiger Adrenalektomie und nach Gaben von Dexamethason. Gleichzeitig steigt in den Tanycyten die Zahl von „dense core vesicles" und großen osmiophilen Granula an, die – ähnlich wie bei sekretorischen Ependymomen (Miller u. Torack, 1969) – basal oder apical ausgeschieden werden sollen. Wittkowski (1973, *Ratte*) beschreibt, daß 4 Wochen nach Adrenalektomie die Fortsätze der Ependym- und Gliazellen der Eminentia mediana vermehrt Myelinfiguren, Ringgranula und Lipideinschlüsse enthalten. Schneider et al. (1974) finden bei mehreren *Mammaliern* eine gleichartige Vermehrung „Gomori-positiver" Granula, die sie für das Äquivalent des CRF halten. Akmayev und Fidelina (1974, *Ratte*) stellen anhand von enzymhistochemischen Untersuchungen nach Adrenalektomie eine negative Korrelation zwischen Tanycytenmetabolismus und der adrenocorticotropen Funktion der Adenohypophyse fest. Diese Korrelation wird vermutlich durch einen Feedback-Mechanismus reguliert, in den die β-Tanycyten eingeschaltet sind; sie sollen entweder Substanzen aus dem Liquor zu den portalen Gefäßen transportieren oder selbst Stoffe sezernieren, die zu einer ACTH-Suppression führen. Daran sind verschiedenartige Vesikel beteiligt (Akmayev u. Popov, 1977, *Ratte*). Wittkowski und Scheuer (1974, *Ratte*) berichten, daß sich nach bilateraler Adrenalektomie der Anteil der neurovasculären Kontakte an den Gefäßen der Eminentia mediana von 20% der Gefäßoberfläche auf 40% vergrößert und der Tanycytenanteil entsprechend verringert. Schiebler und Zaborszky (1975, 1978) und Zaborszky und Schiebler (1975) beobachten dagegen nach Adrenalektomie (wie auch nach Kastration) bei der *Ratte* eine Verbreiterung der Tanycyten-(Pituicyten-)Gefäßkontakte sowie eine Vermehrung und Vergrößerung der Lipoproteingranula in den Fortsätzen dieser Zellen, halten den Vorgang aber für unspezifisch (vgl. auch Lichtensteiger u. Richards, 1975). Eine gesteigerte Aufnahme von Peroxidase aus dem Liquor wird nach Adrenalektomie beobachtet (Davidoff u. Schiebler, 1978).

Im *Stress* (Kälte sowie Kälte mit gleichzeitiger Cortisoninjektion) finden Leveque und Hofkin (1962, *Ratte*) eine Zunahme von PAS-positivem Material in Ependymzellen des Recessus praeopticus und Recessus infundibuli. Gonadektomie, Adrenalektomie, Hypophysektomie oder Cortisonanwendung ohne Kältestress führen dagegen nicht zur Vermehrung dieses Materials. Nach Propylthiouracil-Injektion tritt eine Verminderung ein. Im akuten Stress, hervorgerufen durch Immobilisation der Versuchstiere, wird eine Zunahme der Anzahl der dichten Körper in den Neuronen des Nucleus arcuatus sowie im Soma und basalen Fortsatz der Tanycyten beobachtet (Gross et al., 1976, *Hamster*). Krisch (1978b, *Ratte*) findet beim Immobilisationstress eine erhebliche Verstärkung des immunhistochemischen Vasopressin-Nachweises in den Zellen des Nucleus paraventricularis und deren zur Eminentia mediana ziehenden Nervenfasern. Die Tanycytenfortsätze ändern ihre Ausbreitung am perivasculären Raum. Bei Immobilisations- wie auch bei Durstbelastung weichen sie auseinander und ermöglichen damit somatostatinhaltigen Faserbündeln, weit in die perivasculären Räume vorzudringen (KRISCH, 1979, *Ratte;* im Druck).

Beim *hereditären nephrogenen Diabetes insipidus* der *Maus* beschreibt NAIK (1972) eine Hypertrophie der Ependymzellen der Eminentia mediana. Die Hypertrophie geht mit einer Hypertrophie des hypothalamo-hypophysialen neurosekretorischen Systems einher.

Nach *Dehydration* sind die Befunde uneinheitlich. Bei Dursttieren nimmt das durchschnittliche Volumen der Ependymzellkerne im Seitenventrikel nach GRUSS und ENGELHARDT (1971, *Ratte*) von etwa 120 μm^3 auf 80 μm^3 ab, in den Ependymzellen des III. Ventrikels ist die Volumenabnahme dagegen sehr gering. KRSULOVIC (1969, *Ratte*) beschreibt eine Hypertrophie der Tanycyten und Pituicyten mit vermehrter Ausbildung osmiophiler Granula und beobachtet Mitosen. Nach WITTKOWSKI und BRINKMANN (1974, *Ratte*) entsteht eine Reduktion der perivasculären Tanycytenkontakte zugunsten neurovasculärer Kontakte (s. auch TWEEDLE u. HATTON, 1977, *Ratte*); zugleich werden die synapsenförmigen Kontakte an Tanycyten vermehrt. Nach SCHIEBLER und ZABORSZKY (1975, *Ratte*) führt Dursten über 7 Tage (wie Adrenalektomie und Kastration) zu einer Aktivierung der Tanycyten und Astrocyten der Eminentia mediana, die sich in Vergrößerung des Golgi-Apparates, Vermehrung des Ergastoplasmas, der Sekundärlysosomen und Lipoproteingranula und einer Zunahme des Durchmessers der Zellausläuferprofile bemerkbar macht (vgl. DESHMUKH u. PHILLIPS, 1978; REM, *Ratte*).

Thyroidektomie führt zur Verkleinerung des Zellkernvolumens im hypothalamischen Ependym, exzessive Thyroxinanwendung zu einer Vergrößerung (TALANTI, 1967, *Ratte*; vgl. SMIECHOWSKA u. CZEWZYK, 1977, *Ratte*). Eine noch stärkere Verminderung des Kernvolumens nach Thyroidektomie auf durchschnittlich fast die Hälfte der ursprünglichen Größe beobachteten GRUSS und ENGELHARDT (1971, *Ratte*) allerdings an den Ependymzellen des Seitenventrikels.

Injektion von *Epinephrin* oder *Dopamin* in den Ventrikel bewirkt nach 5 min die Ausbildung apicaler Mikrovilli und Protrusionen der Ependymzellen am Boden und Recessus lateralis des III. Ventrikels (SCHECHTER u. WEINER, 1972, *Ratte*), die 15 min später wieder verschwinden. Die Autoren halten diesen Vorgang eher für den Ausdruck einer Sekretion als einer Absorption. Nach LICHTENSTEIGER und RICHARDS (1975, *Ratte*) führt die Injektion von Dopamin in den Liquor zu einer Verringerung der perivasculären Kontaktzone der Tanycyten zugunsten der neurovasculären Kontakte.

Nach *Deafferentation* der Eminentia mediana und des Nucleus arcuatus (AKMAYEV et al., 1973, *Ratte*), d.h. unter Bedingungen, die eine Zunahme der hypophysialen adrenocorticotropen Wirkung zur Folge haben, steigen die Enzymaktivitäten in den Tanycyten an, und zwar in denen über dem Nucleus arcuatus stärker als in den Tanycyten der Eminentia mediana, die einen höheren Ausgangswert besitzen. Die Autoren sehen hierin, besonders in der starken Erhöhung der Glucose-6-phosphat-dehydrogenase, ein Anzeichen vermehrter Syntheseleistungen.

Über nicht (oder nicht direkt?) hormonell induzierte funktionelle Veränderungen des Ependyms berichtet DESAGA (1970, 1971). Nach langdauernden *Thiobarbital-Narkosen* treten im Tanycytenependym der *Ratte* Kernmembranfaltungen auf, die nach 25 Std einen Höhepunkt erreichen, der auch bei weiterer Narkose gleich bleibt. Der Vorgang ist reversibel; 91 Std nach Absetzen der Narkose ist der ursprüngliche Zustand wieder erreicht. Elektronenmikroskopisch sind keine Zeichen einer Zellschädigung erkennbar. Die Untersuchungen geben keinen Aufschluß darüber, ob das Thiobarbital die Tanycyten von der Gefäß- oder Liquorseite aus erreicht hat. Ungeklärt ist auch, ob diese Tanycytenveränderungen in einem Zusammenhang stehen mit der Wirkung von Pentobarbital auf Bildung und Ausschüttung von „releasing hormones" (Wuttke et al., 1972; Morris u. Knigge, 1976 u.a.) und auf das Oestrusverhalten (Terasawa et al., 1976).

Ependymsekretion. Nahe verwandt, wenn nicht gar identisch mit einigen der Veränderungen, die – cyclusbedingt (s.S. 275f.) oder experimentell hervorgerufen (s.S. 276ff.) – an kinocilienarmen hypothalamischen Ependymzellen ablaufen, sind jene Erscheinungen, die von einigen Autoren als *Ependymsekretion* bezeichnet werden. Sie wurden z.T. schon in den vorhergehenden Abschnitten kurz erwähnt.

Die Vorstellung, *kinocilienarme Ependymzellen* könnten zur Sekretion befähigt sein, geht auf lichtmikroskopische Beobachtungen von cellulären Erscheinungen zurück, wie sie ähnlich auch in Drüsenzellen beobachtet werden. Doch ist es bisher nicht gelungen, ein Ependymsekret zu gewinnen oder zu identifizieren, ausgenommen das Sekret des Subcommissuralorgans. TEM- und REM-Untersuchungen lieferten Argumente für diese Hypothese, die in den meisten Untersuchungen letzlich mit neurohumoralen Regelvorgängen in Beziehung gebracht wird; hierfür soll auch die mehrfach beschriebene Innervation von („sezernierenden") Tanycyten (s.S. 231) sprechen.

Die lichtmikroskopischen Beobachtungen, die zu Vermutungen über eine Ependymsekretion Anlaß geben, betreffen hauptsächlich PAS-positive und Chromhämatoxylin-positive, aber auch andere *Granula* in den kinocilienarmen Ependymzellen. Die Areale liegen, ausgenommen einige circumventriculäre Organe, am Boden des III. Ventrikels (ältere lichtmikroskopische Lit. s. Collin, 1956; licht- und elektronenmikroskopische Lit. s. Knowles, 1969).

Leveque und Hofkin (1961), Leveque et al. (1965b, 1966) beschreiben am Boden und an der hinteren Begrenzung des Recessus infundibuli der *Ratte* Zonen, in denen die Ependymzellen sich durch eine Alkohol-Chloroform-unlösliche *PAS-positive Substanz* auszeichnen. Die Ependymzellen, von den Autoren als „glande infundibulaire périventriculaire" bezeichnet, reagieren auf verschiedenartige Eingriffe. Bei *kälteexponierten* Tieren z.B. nimmt die färbbare Substanz zu, nach Behandlung mit *Propylthiouracil* nimmt sie ab (Leveque, 1963). Ultrastrukturell zeigen diese Zellen, verglichen mit den übrigen kinocilienarmen Ependymzellen, starke apicale Protrusionen, einen umfangreichen Golgi-Apparat, zahlreiche Bläschen mit dichtem Kern und reiches granuliertes endoplasmatisches Reticulum (vgl. auch Leveque et al., 1965b). Bei *weiblichen Ratten* treten hier nach *Androgensterilisation* während der ersten 20 Lebenstage große Mengen einer tropfenförmigen, PAS-positiven Substanz auf (Leveque, 1972). Diesem „glandulären Ependym" entspricht die von Millhouse (1975, *Ratte*) hervorgehobene Zone kubischer „Tanycyten" am Ventrikelboden, die aber hinsichtlich der Cytoplasmadichte, der apicalen Protrusionen und der Zellkernform nicht aus völlig einheitlichen Zellen besteht (vgl. Brawer, 1972).

Nach VIGH et al. (1963 b, *Ratte*, auch *Frosch, Sperling, Taube*) sind in den Ependymzellen eines Areals im ventralen basalen Anteil des III. Ventrikels Chromhämatoxylin- und Aldehydfuchsin-positive, hauptsächlich apical und basal angeordnete Granula nachzuweisen. Die Autoren, die gleiche Granula auch im Ventrikelliquor finden, vermuten, daß die Granula apical (und basal) ausgeschieden werden („ependymale Hydrencephalocrinie"; vgl. auch VIGH et al., 1962, 1963 a; VIGH, 1964). SREBRO (1972 b) sieht zwischen dem Auftreten „Gomori-positiver" Granula in der subependymalen Glia und einer „Gomori-positiven" Ependymsekretion insofern einen Zusammenhang, als er Ependymsekretion nur bei den Mammaliern beobachtet (*Schwein, Maulwurf*), die keine Gliagranulation aufweisen.

Nach MERL und GOLLER (1975, *Schaf, Ziege, Rind*) werden in den Tanycyten des Recessus infundibuli Diastase-resistente PAS-positive Granula, saure Mucopolysaccharide (Alcianblau-Färbung) und Glykoproteingranula gefunden, die im Zusammenhang mit Sekretions-(oder Resorptions-?)Vorgängen stehen könnten.

Nicht selten werden *Protrusionen* der apicalen Oberfläche der Tanycyten am Boden des Recessus infundibuli aus histologischen (DELLMANN, 1961, *Rind*), cytologischen (TEM: WITTKOWSKI, 1969, *Maus;* SCOTT u. KNIGGE, 1970, *Ratte;* BOOZ, 1975, *Ratte*) oder morphologischen Erwägungen (REM: KNIGGE u. SCOTT, 1970, *Ratte;* KOZLOWSKI et al., 1973, *Schaf*) als Zeichen einer Sekretion angesehen.

Bei *Submammaliern* werden häufiger als bei Mammaliern apicale Ependymzell-Protrusionen sowie Granula und Vesikel in Ependymzellen auch außerhalb des III. Ventrikels beobachtet, die Anlaß zu der Vermutung einer Ependymsekretion geben („glandular ependyma", s. KNOWLES, 1972; vgl. OKSCHE, 1962 b).
ALTNER (1966) beschreibt bei *Chimaera monstrosa* eine histochemisch faßbare Aktivität von Ependymzellen und subependymalen Tanycyten in weiten Bereichen des III. Ventrikels, die er für den Ausdruck von Sekretion hält („sekretorisches Infundibulum-System"). *Knorpelfische* s. auch VAN DE KAMER und VERHAGEN (1955); *Teleosteer* s. HAIDER und SATHYANESAN (1973). KNOWLES und VOLLRATH (1966 a, *Aal*) sehen Anzeichen dafür, daß PAS-positives Material aus Ependymzellen in den Ventrikel ausgestoßen werden kann. Zahlreiche Beobachtungen beziehen sich auf *Amphibien*. Nach SREBRO (1965, 1967) treten im Anschluß an Gehirnläsionen bei *Xenopus* und *Rana* chromhämatoxylin-positive Granula auf, die nach Art einer Ependymsekretion in den Liquor abgegeben werden sollen. TEICHMANN (1967) gibt eine detaillierte Aufstellung des färberischen Verhaltens zweier Typen von Ependymgranula in der Wand des III. Ventrikels und im Aquädukt beim *Frosch*. Beide Granula-Typen unterscheiden sich von den neurosekretorischen Granula und denen des Subcommissuralorgans. Vermutlich handelt es sich z.T. um *Lysosomen*; ein sekretorischer Prozeß wird nicht ausgeschlossen. NAKAI (1971, *Frosch*, TEM) bildet apicale vacuolisierte Protrusionen der Ependymzellen über der Eminentia mediana ab, denen er Sekreteigenschaften zuschreibt. Absorptionsvorgänge können als Ursache dieser Bildungen nicht ausgeschlossen werden.
Auch bei *Vögeln* werden in Ependymzellen der Eminentia mediana lichtmikroskopisch „sekretorische" Chromhämatoxylin-positive Granula (PÉCZELY, 1967) und Granula (TEM) beschrieben, die zur Diagnose eines „glandulären" Ependymareals führen (SHARP, 1972, vgl. auch MIKAMI, 1975).

Mehrere Autoren stellen bei der Beurteilung der apicalen Protrusionen, Granula und Vesikel außer der Möglichkeit einer Ependymsekretion auch *Absorptionsvorgänge* zur Diskussion (vgl. MATSUI u. KOBAYASHI, 1968, *Ratte, Sperling;* KOBAYASHI, 1972, mehrere Species; KOZLOWSKI et al., 1973, *Schaf*). Trotz dieser und einiger schon zitierter Beobachtungen (vgl. auch KNOWLES, 1967; KNOWLES

u. Anand Kumar, 1969; Kobayashi u. Matsui, 1969; Kobayashi, et al., 1970
u.a.) kann das Phänomen der Ependymsekretion, hauptsächlich mangels genaue-
rer Kenntnisse über die Natur des postulierten Sekrets, nicht als gesichert gelten;
ausgenommen ist das Subcommissuralorgan und sein Sekret, der Reissnersche
Faden. Aus *Enzymuntersuchungen* ergibt sich kein zwingender Anhalt für Ependymsekretion. Nach Luppa et al. (1976, *Ratte*) besitzt der Golgi-Apparat der
Tanycyten z.B. keine Thiamin-diphosphat-Phosphohydrolase. Dieser Befund
spricht nach Meinung der Autoren eher für eine „nichtsekretorische" Funktion
der Tanycyten (vgl. auch Bara u. Bóti, 1974, *Ratte*).

In diesem Zusammenhang mag immerhin die Beobachtung von Miller und Torack (1970)
interessieren; die Autoren beschreiben ein „sekretorisches Ependymom" des Filum terminale bei
einer 56 Jahre alten Frau, dessen Zellen Sekretgranula ähnlich den neurosekretorischen Granula
in der Neurohypophyse enthalten.

2.4.1.2.4. *Hypothesen über Beteiligung an hormonellen Regelkreisen*

Die in den vorstehenden Abschnitten referierten Beobachtungen gaben wiederholt Anlaß zur Entwicklung von Hypothesen über die Beteiligung der hypothalamischen kinocilienarmen Ependymzellen, besonders der Tanycyten, an hormonellen Regelkreisen.

Knowles (1969) entwirft auf der Grundlage der Beobachtungen über Ependymsekretion, Ependymabsorption und der Kenntnisse über die Liquorbewegung zwischen Hirngewebe und Ventrikel ein *Schema der Regulation der Hypo-
physen-Gonaden-Beziehung* bei Vertebraten, in dem das Ependym eine Schlüsselrolle spielt. Aus diesem Schema lassen sich hinsichtlich des Ependyms die folgenden hypothetischen funktionellen Zusammenhänge ableiten: Die Axone hypothalamischer neuroendokriner Zellen könnten nicht nur direkt oder indirekt
auf die Hypophyse, sondern auch auf Ependymzellen der Eminentia mediana
wirken und diese zur Abgabe von Stoffen in den Liquor veranlassen, die im
Sinne einer Rückmeldung auf neuroendokrine Nervenzellen wirken. Der Ependymverband könnte Zellen enthalten, die Stoffe aus dem Liquor (z.B. releasing
hormones) aufnehmen und den Gefäßen der Eminentia mediana zuführen (vgl.
auch Scharrer, 1965; Knowles, 1967, 1972, 1974; Knowles u. Vollrath,
1966a; Knowles u. Anand Kumar, 1969; Anand Kumar u. Knowles, 1967;
Anand Kumar, 1972; Lit. bei Anand Kumar et al., 1976).

In einem von Rodríguez (1970c) abgebildeten, auf *Amphibien* bezogenen
Schema sind die kinocilienarmen Ependymzellen in einen *Feedback-Mechanismus*
vom distalen zum proximalen Teil des hypothalamo-neurohypophysären Systems
dadurch eingeschaltet, daß sie als „Transportependym" geringe Mengen von
Vasopressin aus der Neurohypophyse in den Liquor transportieren. Proximale
und distale Liquorkontaktkollateralen werden in die Überlegungen zum Feedback-Mechanismus auf dem Liquorweg miteinbezogen (vgl. auch Rodríguez,
1976).

Aufgrund elektronenmikroskopisch-morphometrischer Untersuchungen an
Vögeln und *Säugern* entwerfen Oksche et al. (1972b) das *Konzept funktionell
gekoppelter Zellkomplexe*, in dem Neurone, Ependymzellen (Tanycyten), Gliazellen und Capillaren der Nucleus-arcuatus-Region sowie Ependymzellen (Tanycyten) der korrespondierenden Region der Eminentia mediana als funktionelles

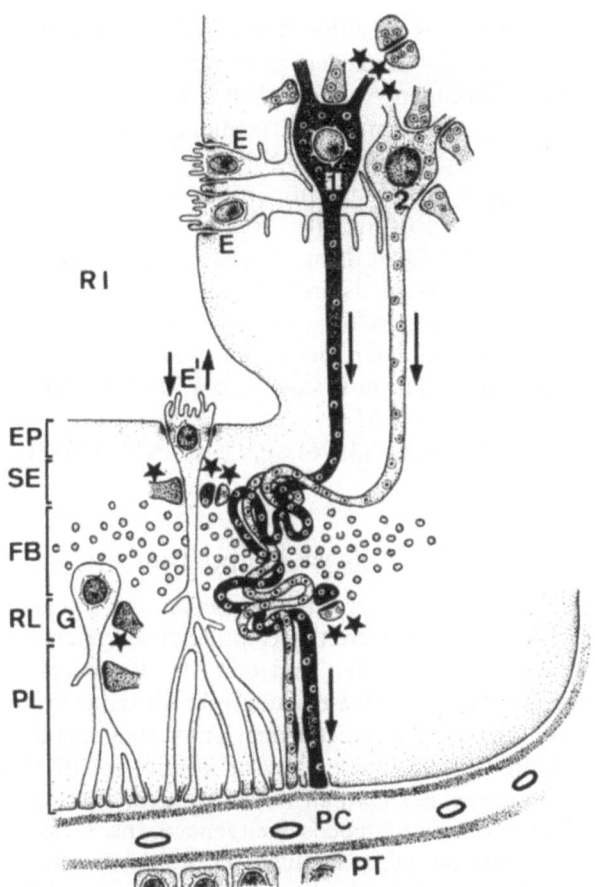

Abb. 54. Anordnung von Neuronen und Ependymzellen in der Gegend des Nucleus arcuatus und in der Eminentia mediana (vereinfachtes, in einigen Einzelheiten noch hypothetisches Schema). Zwei verschiedene Ependymzell-Populationen stehen in engen Kontakten mit unterschiedlichen neuronalen Strukturelementen: 1) zentral mit den Perikaryen der Neurone (Kerngebiet), 2) peripher (Eminentia mediana) mit den Axonendigungen dieser Nervenzellen. *1* Aminerge und *2* peptiderge (releasing factor produzierende) Neurone des Nucleus arcuatus. Axosomatische und axodendritische Synapsen (***). Zahlreiche präsynaptische Endigungen gehören der ascendierenden noradrenergen Bahn an. *E* Ependymale Tanycyten bilden eine Verbindung zwischen dem Ventrikelliquor und den Somata tuberaler Neurone. *Pfeile* zeigen die Richtung des Sekrettransports in den Axonen. Eine Anzahl von tuberalen Axonen verläuft direkt in die subependymale *(SE)* und retikuläre *(RL)* Schicht der Eminentia mediana. Einige Fasern durchqueren die Faserschicht (*FB*, mit quergeschnittenem Tractus supraoptico-hypophyseus), indem sie vermehrt Kontakte bilden (im Schema hervorgehoben). In der Eminentia mediana erstrecken sich lange und verzweigte Tanycyten *(E')* von der Ependymzellschicht *(EP)*, die den Recessus infundibuli *(RI)* auskleidet, bis zur äußeren Oberfläche der Eminentia mediana (*PL*, Palisadenschicht), die von den Primärcapillaren des Portalkreislaufs bedeckt wird. *PT* Pars tuberalis. *G* Gliazelle mit ependymzellartigen Fortsätzen und Endfüßen. Synapsenartige Kontakte (*) zwischen Axonendigungen unbekannter Herkunft (aminerge Elemente?) und Ependymzellen oder Gliazellen sind beschrieben (vgl. KOBAYASHI et al., 1970); auch axo-axonale Kontakte (**) werden in der Eminentia mediana beobachtet. *Pfeile* an der Oberfläche des Recessus infundibuli *(RI)* zeigen die mögliche Richtung einer Substanzaufnahme oder -abgabe durch Ependymzellen *(E')* an. (Aus OKSCHE et al., 1974)

System zusammenarbeiten (vgl. Oksche et al., 1974; Oksche, 1976; Abb. 54). Die Tanycyten der Nucleus-arcuatus-Region bilden das Bindeglied zwischen Liquor und Perikaryen, die Gliazellen zwischen Capillaren und Perikaryen der Neurone. Die sekretführenden Axone ziehen teils zur subependymalen Schicht, teils zur Palisadenschicht der Eminentia mediana (Sekretabgabe in Capillaren). Eine Rückmeldung zu Perikaryen des Nucleus arcuatus ist auf dem Blutweg möglich. Die Tanycyten der Eminentia mediana können eine Rückmeldung zu den Tanycyten der Nucleus-arcuatus-Region auf dem Liquorweg vermitteln (vgl. auch Oksche, 1973; Oksche u. Farner, 1974; Akmeyev u. Fidelina, 1978). Die Perikaryen des Nucleus arcuatus stehen unter neuronalen Einflüssen (Lit. in Martini u. Ganong, 1976).

Weitere *Regelkreis-Hypothesen,* bei denen kinocilienarme Ependymzellen ein Kettenglied bilden, findet man in Ganong und Martini (1969), Martini et al. (1970), Anand Kumar (1976), Martini und Ganong (1976) sowie bei Knigge et al. (1975b) und Scott et al. (1976), Polleri et al. (1978).

2.4.2. Glykogen in Ependymzellen

Besondere Beachtung erfordert der Glykogengehalt der Ependymzellen. Oksche (1958, 1961, Lit.) weist bei mehreren Vertebratenarten nach, daß zwischen dem Glykogengehalt der Ependymzellen und dem des Plexusepithels und der Glia Zusammenhänge bestehen. Die Resultate seiner Untersuchungen kennzeichnen gleichzeitig die Stellung der kinocilienarmen Tanycyten und der Ependymocyten in der Ontogenese und Phylogenese. Oksche kommt zu folgenden Ergebnissen:

Während bei *niederen Vertebraten* (Cyclostomen, Fischen, Urodelen, Anuren), deren Ependymzellen zeitlebens weitgehend die Gestalt von Tanycyten behalten, sowohl in embryonalen als auch in adulten Stadien Glykogen in den Ependymzellen und in den Epithelzellen der Plexus choroidei – z.T. mit jahreszeitlichen Schwankungen – nachzuweisen ist (vgl. auch Weiss, 1970; Sarnat et al., 1975), findet man bei *Sauropsiden* und *Mammaliern* nur in embryonalen Stadien, in denen die Ependymzellen noch eine gestreckte tanycytenähnliche Gestalt haben, Glykogen in diesen Zellen (vgl. Medda u. Das, 1972; Marmo u. Castaldo, 1973). Bei *adulten Vögeln* und *Mammaliern* dagegen sind die zu Ependymocyten differenzierten Ependymzellen sowie die Plexusepithelien frei von Glykogen (vgl. auch Shimizu u. Kumamoto, 1952; Koizumi, 1974, Lit.; Merl u. Goller, 1975). Allerdings tritt hier Glykogen in der (subependymalen) Astrocytenglia in Erscheinung (Oksche, 1958), die offensichtlich bei Differenzierung der Ependymzellen die Aufgabe der Glykogenansammlung übernimmt. Die den Tanycyten (bzw. den embryonalen Ependymzellen) und den Astrocyten gemeinsame Eigenschaft, Glykogen anzuhäufen, rechtfertigt es, Tanycyten auch als „ependymale Gliazellen" zu bezeichnen (Oksche, 1961; Abb. 55).

Untersuchungen am *Frosch* über jahreszeitliche Schwankungen im Glykogengehalt der Ependymzellen und der Plexusepithelien führen zu folgenden Ergebnissen (Oksche, 1968a): Im *Winter* sind Ependym und Plexusepithelien glykogenreich, im *Sommer* nimmt der Glykogengehalt ab, im Ependym stärker als im Plexusepithel. Nach genügend langer Abkühlung im Sommer wird

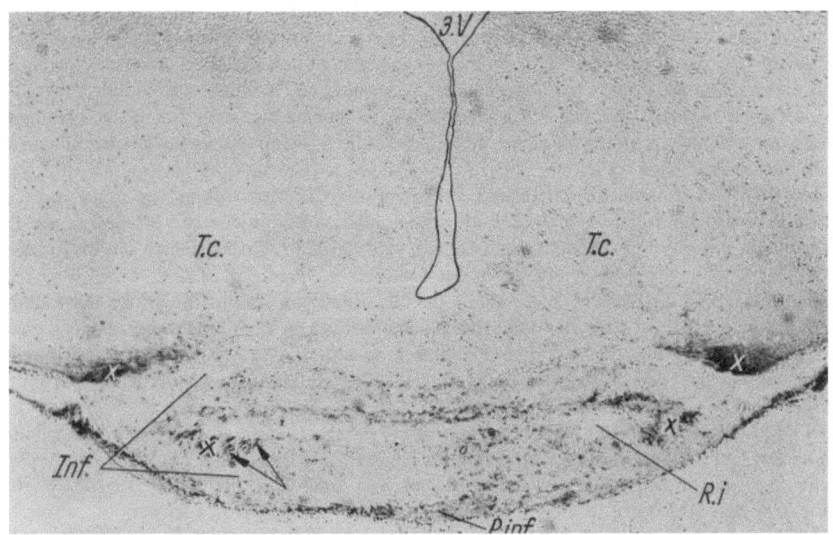

a

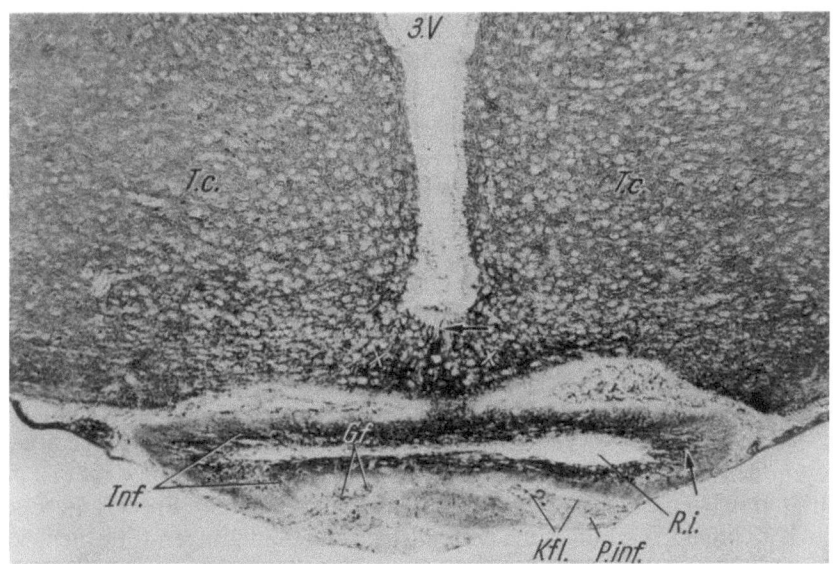

b

Abb. 55a u. b. Glykogengehalt des Hypothalamus im Sommer und im tiefen Winterschlaf, *Siebenschläfer (Glis glis)*. Korrespondierende Abschnitte. *3.V* III. Ventrikel (in **a** Umriß nachgezeichnet); *T.c.* Tuber cinereum; *Inf.* Infundibulum; *R.i.* Recessus infundibuli; *P.inf.* Pars infundibularis (tuberalis) der Adenohypophyse; *Kfl.* adeno-neurohypophysäre Kontaktfläche mit Gefäßen *(Gf.)*, die zum portalen Gefäßsystem der Hypophyse gehören. **a** Sommerzustand. Tuber cinereum glykogenfrei, bis auf die mit x gezeichneten Stellen. ↑ Glykogenreiche ependymale Tanycyten in der Wand des Infundibulum. **b** Tiefer Winterschlaf. Tuber cinereum sehr glykogenreich, insbesondere in seinem ventromedialen Bereich *(x)*. ↑ Glykogenreiche ependymale Tanycyten mit elektiver Fortsatzzeichnung. Im Infundibulum starke Glykogenakkumulation in der ependymalen und subependymalen Lage. Rossman fix. (0° C), Bleitetraacetat-Schiff-Methode. (Aus OKSCHE, 1961a). Endvergr. ×96

Glykogen im Ependym angereichert. Erwärmung der Versuchstiere im Winter führt dagegen zu keiner Glykogenabnahme. Auch *Hunger* vermindert das Glykogen nicht wesentlich. Nach *Adrenalin-Injektion* werden die Plexusepithelien von Glykogen entleert, die Ependymzellen aber angefüllt; die Plexusepithelien scheinen ein Glucosedepot zu enthalten. Da in unmittelbarer Umgebung der glykogenreichen basalen, oft langen Ependymfortsätze regelmäßig auch besonders glykogenreiche *Nervenzellen* gefunden werden, ist zu vermuten, daß hier Zusammenhänge bei der Glucosezufuhr und -utilisation bestehen.

Kam noch bei *Amphioxus* allein das Ependym für die Versorgung des ZNS in Frage, so darf man nach den Befunden beim *Frosch* vermuten, daß das ZNS niederer Vertebraten mit Glucose sowohl aus der Blutbahn als auch aus dem Liquor versorgt wird. Dabei dienen die Plexus choroidei offensichtlich als Glucosequelle und -depot des Liquors.

Bei den *Vögeln* und *Säugern*, z.T. bereits bei den Reptilien, nimmt die Dicke der Gehirnwand so stark zu, daß die Fortsätze der Ependymzellen das Gehirn nicht mehr ausreichend versorgen können. Daher muß sich der Gefäßbaum stärker entfalten. Diese Entwicklung wird von einer starken Zunahme der freien Gliazellen begleitet. Die Glia löst das Ependym in der Versorgungsfunktion ab.

Bei *Mammaliern* wird der primitive Typ der Versorgung nur so lange aufrechterhalten, bis die Dicke der Gehirnwand merklich zuzunehmen beginnt. Die Einschränkung der Ependymfunktion geht mit einer morphologischen Umdifferenzierung der Ependymzelle einher, die der Verlust des Zellfortsatzes charakterisiert, und die mit einer Einschränkung der Stoffwechselpotenzen verbunden ist. Gleichzeitig verliert auch der Plexus seine Bedeutung als Glucosedepot für den Liquor (Oksche, 1968a).

Sarnat et al. (1975) sprechen hinsichtlich der Glykogenverarmung des Ependyms und der Ausdifferenzierung von Ependymocyten in der Phylogenese bei Zunahme der Vascularisation von einer Relation zwischen Ependymentwicklung und Blutversorgung.

In der *Ontogenese von Mammaliern* (*Mensch, Katze*) verschwindet das Glykogen früher aus den Ependymzellen als aus den Plexusepithelien; so findet man im *menschlichen* Embryo bei 10 mm Scheitel-Steiß-Länge im apicalen Cytoplasma der Ependymzelle zwar noch Glykogengranula (Abb. 56, 57), bei 75 mm Scheitel-Steiß-Länge aber enthalten die Ependymzellen kein Glykogen mehr, während die Plexusepithelien noch bei 130 mm Scheitel-Steiß-Länge reich an Glykogen sind (Oksche, 1958; vgl. Oksche et al., 1969a). Das Glykogen verschwindet aus den Plexusepithelien erst im weiteren Verlauf der Fetalentwicklung. Nach Schachenmayr (1967) kann das Glykogen im Plexusepithel der *Ratte* um den 15. Lebenstag nicht mehr nachgewiesen werden. Koizumi (1974) bestätigt, daß bei adulten Mammaliern in allen untersuchten Species die Ependymocyten glykogenfrei sind. Auch bei zahlreichen Schädigungen (Strahlen, Verletzungen, Drogen, fieberhaften Erkrankungen, Hypoxie, Tumor, Ödem, Encephalitis) wird zwar über Glykogenanreicherung in der Glia, nicht aber in den Ependymocyten berichtet (Lit. bei Koizumi, 1974).

Glykogen tritt in den isoprismatischen und abgeflachten Ependymocyten selbst bei *winterschlafenden Mammaliern* (*Igel*, Siebenschläfer) kaum auf, während es in den Plexusepithelien im Winterschlaf aber in großer Menge nachgewiesen werden kann (Oksche, 1958). Wolff (1970) findet allerdings beim winterschlafenden *Igel*, bei dem in zahlreichen Kerngebieten eine Zunahme der Glykogeneinlagerung beobachtet wird, eine bemerkenswerte ependymale Glykogenanreicherung in den Tanycyten am Boden des III. Ventrikels (in der Nähe des Organum vasculosum laminae terminalis) und in den Tanycyten der Eminentia mediana.

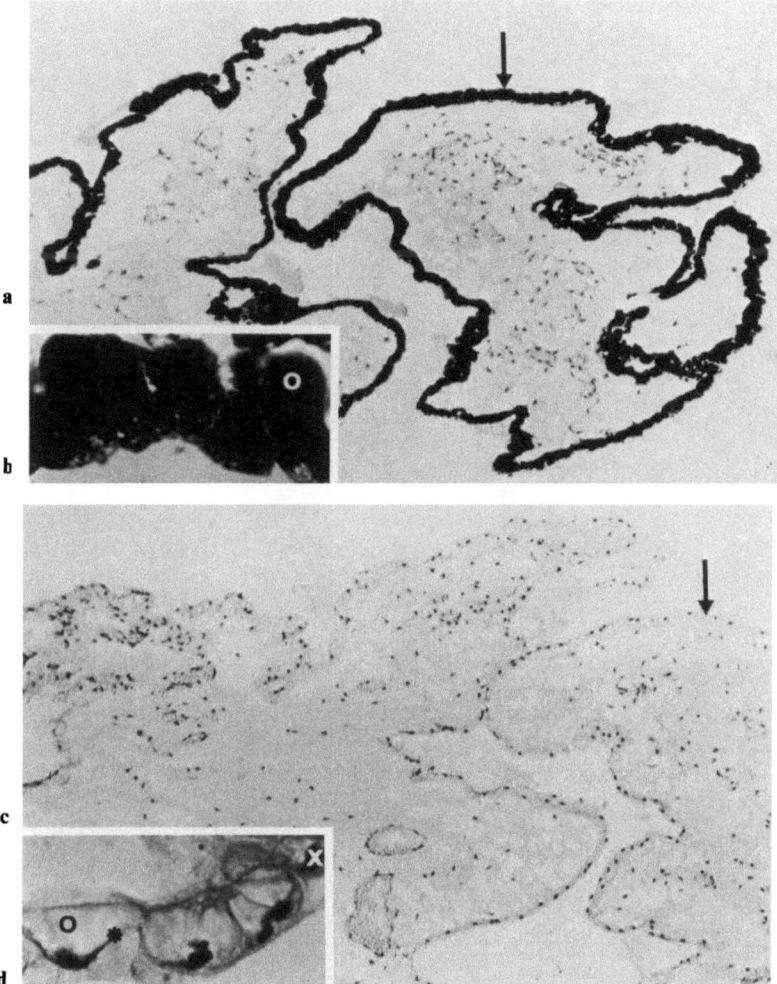

Abb. 56a–d. Glykogenreicher Plexus choroideus eines *menschlichen* Embryos (errechnetes Alter 109 Tage). Rossman. Paraffineinbettung. Bleitetraacetat-Schiff; Kernfärbung mit Hämalaun. **a** u. **b** Positiver Reaktionsausfall. ↓ Intensiv gefärbter Epithelsaum; o homogene Tingierung der Plexusepithelzellen. **c** u. **d** Negativer Reaktionsausfall nach Diastase-Digerierung. ↓ Epithelsaum; x Zellkern; * Cytoplasmastränge; o optisch leere Zellpartien. (Aus OKSCHE et al., 1969a). Vergr.: **a** u. **c** ×100, **b** u. **d** ×500

Auf *Speciesunterschiede* deutet die Beobachtung von MOSSAKOWSKI et al. (1968) hin, die beim neugeborenen *Affen* – allerdings bei perinataler Asphyxie – noch geringe Mengen von PAS-positiven Granula im Ependym finden.

Die Vorstellung von der *Differenzierung* glykogenfreier Ependymocyten aus glykogenreichen Matrixzellen gewinnt durch eine Beobachtung von PRIVAT (1972) hinsichtlich des zeitlichen Verlaufs dieser Vorgänge noch einen weiteren Aspekt. Demnach kommen bei der *Ratte* zwischen dem 20. Tag und dem adulten Stadium im subependymalen Gewebe des Seitenventrikels einzelne glykogenreiche Zellen vor, die die Merkmale unreifer Ependymocyten besitzen. Die Zellen

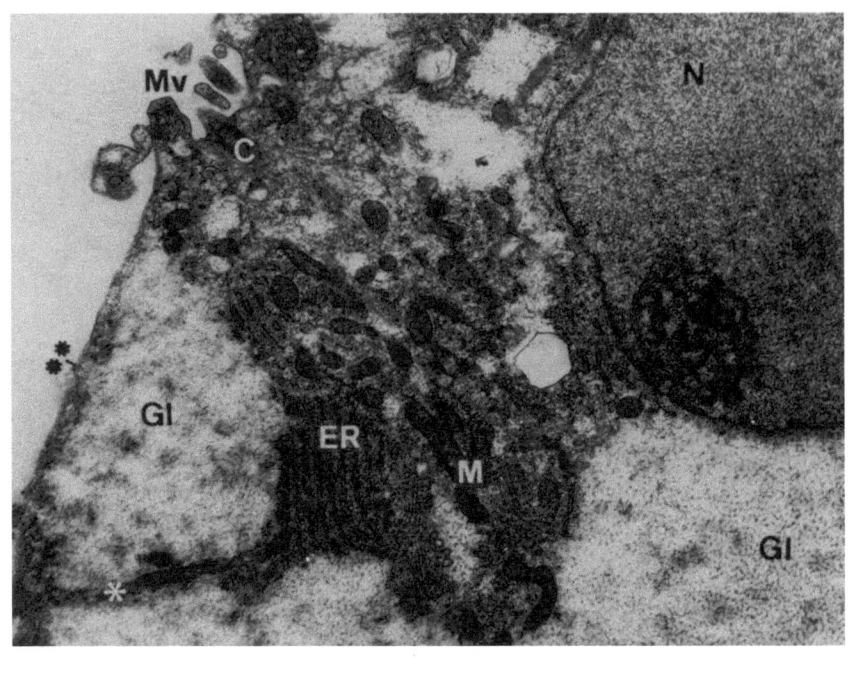

a

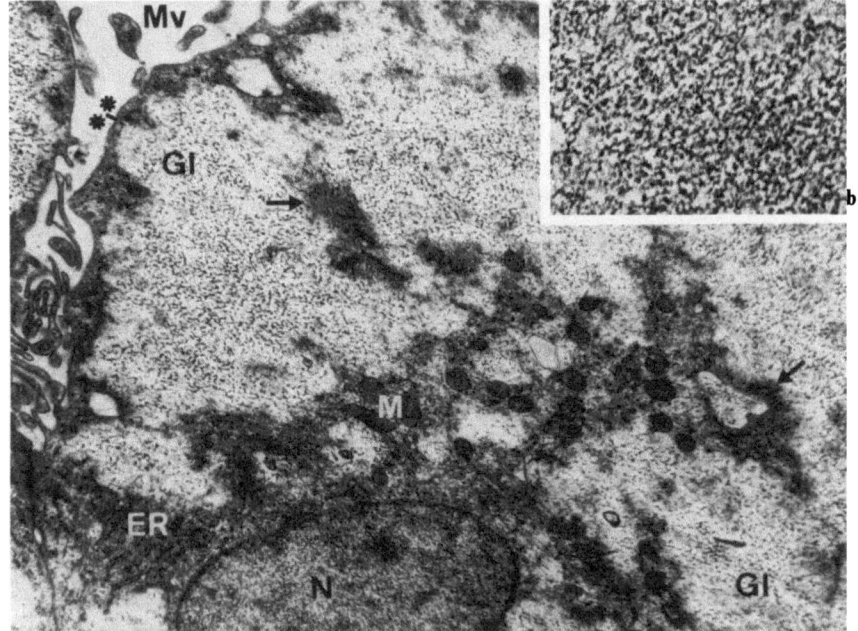

c

Abb. 57a–c. Verteilung des organellenreichen Cytoplasmas und der Glykogenmassen im Plexusepithel eines *menschlichen* Embryos (Alter 109 Tage). Vestopal W. *N* Zellkern; *M* Mitochondrien; *ER* granuläres endoplasmatisches Reticulum; *C* Centriol mit Cilienabgang; *Mv* Mikrovilli. Organellenhaltige Cytoplasmastränge (* Einzelstrang; ↑ Netzwerk) inmitten von Glykogenmassen *(Gl)*; ** apicaler Plasmasaum. Beachte die verschieden starke Glykogenkontrastierung in **a, b** (Reynolds) und **c** (Karnovsky). (Aus Oksche et al., 1969a). Vergr.: **a** ×14400, **b** ×12500, **c** ×25000

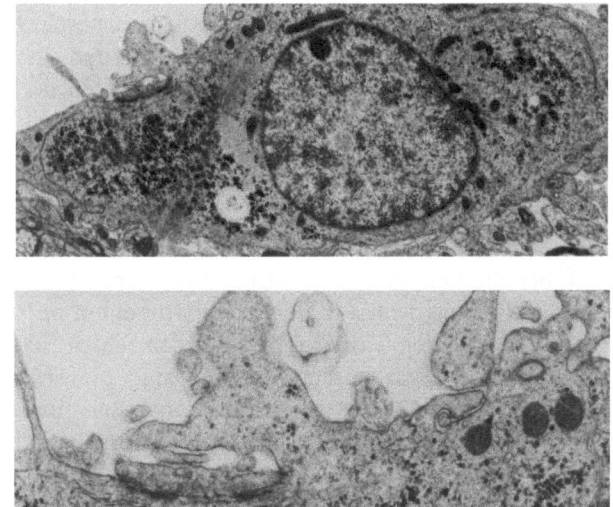

Abb. 58a u. b. Kinocilienarme glykogenreiche flache Ependymzelle, Apertura lateralis, *Kaninchen;* b Ausschnitt aus a. Endvergr.: **a** ×6100, **b** ×18300

verlieren mit zunehmendem Alter ihr Glykogen, wobei sie sich gleichzeitig zu Ependymocyten differenzieren, indem sie Kinocilien und Filamente ausbilden.

Im Gegensatz zu den Ependymocyten können aber *kinocilienarme Ependymzellen* auch in allen juvenilen und adulten Stadien höherer Vertebraten Glykogen enthalten (Abb. 58). In den kinocilienarmen Ependymzellen der *circumventriculären Organe* (und in Strukturen ihrer subependymalen Gewebeplatte) wird Glykogen in unterschiedlicher Menge eingelagert, zudem bestehen Speciesunterschiede. Nach SHIMIZU (1955) findet man Glykogen in der *Area postrema* von *Maus, Ratte, Hamster, Meerschweinchen, Kaninchen, Katze* und *Hund,* aber nicht in der *Area postrema* des *Menschen.* Auch die Ependymzellen des *Organum vasculosum laminae terminalis* der *Maus* und *Ratte* (nicht des *Meerschweinchens*) sowie die des *Subcommissuralorgans* dieser drei Species enthalten Glykogen. In geringer Menge ist es ferner im *Subfornicalorgan* des *Hamsters* nachweisbar.

Eine umfassende Darstellung des Problems der Glykogenablagerungen im Zentralnervensystem findet man bei FRIEDE (1966) und IBRAHIM (1975).

2.4.3. Enzyme in kinocilienreichen und kinocilienarmen Ependymzellen

2.4.3.1. Übersicht

Die Ergebnisse von enzymhistochemischen Untersuchungen an kinocilienreichen Ependymocyten und an kinocilienarmen Ependymzellen, speziell an Tanycyten, lassen vermuten, daß bei zahlreichen Enzymen Speciesunterschiede bestehen.

Zudem sind die Ergebnisse enzymhistochemischer Untersuchungen teilweise widersprüchlich. Verallgemeinerungen sind deshalb nur in beschränktem Umfang möglich. Wegen der Unsicherheit einiger Aussagen werden im folgenden auch die Ergebnisse aus Untersuchungen an niederen Vertebraten berücksichtigt. Mit diesen Einschränkungen zeigen sich aber hinsichtlich der Funktion wesentliche, wenn nicht grundsätzliche Unterschiede zwischen Ependymocyten und Tanycyten (PILGRIM, 1974, Ratte, III. Ventrikel; vgl. FIRTH u. BOCK, 1976, Ratte; LUPPA et al., 1977, Ratte; PASSIA et al., 1978, Ratte). Die Besprechung der Enzyme der kinocilienarmen Ependymzellen schließt auch die der circumventriculären Organe ein. Über die Ontogenese des Enzymmusters s.S. 192f.

Die oxydierenden Enzyme treten in den Ependymocyten mit wesentlich stärkeren Aktivitäten auf als in den Tanycyten. In diesen fehlen Succinodehydrogenase und Cytochromoxidase gar völlig. Dagegen sind die NADH-Diaphorase und die Glucose-6-phosphat-dehydrogenase in Tanycyten ungleich stärker als in Ependymocyten, was für ein Zeichen von Syntheseaktivitäten gehalten wird (PILGRIM, 1974).

Die Tanycyten des III. Ventrikels, die circumventriculären Organe und die Ventrikelwand des Nucleus caudatus, jedoch nicht die Plexus choroidei zeichnen sich nach WILLIAMS et al. (1975, Ratte; vgl. SATHYANESAN u. JOY, 1976, 1978, Wels) vor dem übrigen Hirngewebe durch eine spezielle Monoaminoxidase-Aktivität aus. Sie bleibt von Clorgylin unbeeinflußt, während die MAO-Aktivitäten des gesamten übrigen Gehirns durch Clorgylin gehemmt werden. Die Autoren vermuten, daß einerseits in den circumventriculären Organen, die keine Blut-Hirn-Schranke besitzen (s.S. 252ff.), eine spezielle (C-)Monoaminoxidase die Wirkung spezifischer Liquor- oder Blutmonoamine zu steuern vermag, während andererseits die Plexus choroidei für diese Monoamine selektiv durchlässig sind. Die circumventriculären Organe und ihr Ependym könnten hierdurch in neuroendokrinen Kontrollmechanismen eine Rolle spielen.

Eine starke, an das Plasmalemm gebundene Thiamin-diphosphat-Phosphohydrolase-Aktivität der Tanycyten (LUPPA et al., 1976, Ratte) wird von den Autoren in Zusammenhang mit einer Erregbarkeit der Tanycyten gebracht (vgl. auch BARA et al., 1971; zur Frage der Wirkung von Thiamin bei der Erregung peripherer Nerven s. FOX u. DUPPEL, 1975).

Innerhalb der Tanycyten der Ratte (III. Ventrikel) bestehen darüber hinaus lokale Unterschiede der Enzym-Aktivitäten. Nach COLMANT (1967) und LUPPA und FEUSTEL (1971) zeigen die dorsal des Infundibulum gelegenen Tanycyten eine stärkere Aktivität unspezifischer Esterasen als die am Eingang des Infundibulum. Nach SCHACHENMAYR (1967) sowie LUPPA und FEUSTEL (1971) besitzen die Tanycyten des Infundibulum in Höhe des Nucleus ventromedialis gegenüber denen am Boden des Infundibulum zusätzlich eine ATPase- und TPPase-Aktivität.

Die Ependymocyten aller Ventrikel sind in ihrer Enzymausstattung annähernd gleichförmig. Mosaikartige Unterschiede von Zelle zu Zelle, die in den Aktivitäten einiger Enzyme beobachtet werden, kommen in allen Ventrikeln vor und lassen auf periodisch ablaufende Zelleistungen schließen (BARTONIČEK u. LOJDA, 1964).

Die Tanycyten niederer Vertebraten lassen im Enzymmuster Funktionen erkennen, die bei höheren Vertebraten auf die Glia übergehen. Die Tanycyten kennzeichnen hierdurch einerseits eine allgemeine niedere Differenzierungsstufe des Zentralnervensystems, andererseits erweisen sich die kinocilienarmen Ependymzellen einiger circumventriculärer Organe hinsichtlich ihrer Enzymausstattung als spezialisiert.

Die in der Embryonalentwicklung (s. S. 192f.) entstehende Enzymverteilung innerhalb der einzelnen Ependymocyten und Tanycyten bleibt bei adulten Vertebraten erhalten. In *Ependymocyten* werden die meisten Enzyme im supranucleären, apicalen Zellteil nachgewiesen, während die Enzymaktivitäten in *Tanycyten* die ganzen Zellen einschließlich ihrer Fortsätze in der Regel gleichmäßig erfüllen. Die Verteilung der Enzymaktivitäten stimmt annähernd überein mit der Anordnung der *Lysosomen*, der verschiedenen *„dense bodies"*, *Mikrosomen* und des *Golgi-Apparates*. Die Enzyme der Ependymzellen sind größtenteils, aber nicht ausschließlich strukturgebunden (s. DAVIDOFF u. GALABOV, 1974; vgl. auch SHNITKA u. SELIGMAN, 1971; HARDONK u. KOUDSTAAL, 1976). PAUL (1968b, Lit.) sieht in der extrem apicalen Lokalisation von Enzymen in Ependymocyten einen Hinweis für Stoffaustauschprozesse, BARTONIČEK und LOJDA (1964, Lit.) diskutieren in diesem Zusammenhang die Möglichkeit einer Sekretion.

Auch bei *Rana temporaria* sind nach PAUL (1968b) in den meisten Ependymzellen Enzymaktivitäten (Succinatdehydrogenase, γ-Hydroxybuttersäuredehydrogenase, Lactat-Dehydrogenase) vorwiegend apical, an einigen Stellen mit bipolaren langgestreckten, offenbar kinocilienarmen Zellen (Tanycyten), aber eher gleichmäßig auf die Zelle verteilt nachzuweisen.

Ähnlich wie im Glykogengehalt (s. S. 284ff.) ist auch im Muster einiger Enzyme ein *korrespondierendes Verhalten zwischen Ependymzellen* einerseits und *Plexuschoroideus-Epithelien* andererseits erkennbar (Dehydrogenasen: RUDOLPF u. SOTELO, 1962; BARTONIČEK u. LOJDA, 1966; Phosphorylase: OHANIAN, 1972).

Das Enzymmuster der Ependymzellen hebt sich an vielen Stellen der Ventrikelwand mit scharfer Grenze von dem des subependymalen Gewebes ab (FELGENHAUER, 1963; NANDY u. BOURNE, 1965; WENZEL et al., 1970). Die differenten Enzymmuster werden für den Ausdruck einer metabolischen Arbeitsteilung gehalten.

2.4.3.2. Oxydoreductasen

Dehydrogenasen: Ependymocyten. Zahlreiche Untersuchungen über die Aktivität mehrerer Dehydrogenasen (Succinodehydrogenasen, α-Glycerophosphatdehydrogenase, Glucose-6-phosphatdehydrogenase, Malat-Dehydrogenase, Lactat-Dehydrogenase u.a.) führen einhellig zu dem Ergebnis, daß die Ependymocyten Vertreter dieser Enzyme mit z.T. starker Aktivität besitzen (THOMAS u. PEARSE, 1961, *Ratte, Hund;* RUDOLPH u. SOTELO, 1962, *Ratte,* IV. Ventrikel; NANDY u. BOURNE, 1964, 1965, *Ratte,* Seitenventrikel, Zentralkanal; BARTONIČEK u. LOJDA, 1966, *Ratte, Maus, Meerschweinchen, Goldhamster,* Seitenventrikel, III. Ventrikel; COLMANT, 1967, *Ratte,* III. Ventrikel; SCHACHENMAYR, 1967, *Ratte,* III. Ventrikel; WENZEL et al., 1970, *Meerschweinchen,* Seitenventrikel, III. Ventrikel; SOOD u. MULCHANDANI, 1977, *Maus,* Zentralkanal).

Kinocilienarme Ependymzellen. Weniger einheitlich sind die Feststellungen über Dehydrogenase-Aktivitäten in kinocilienarmen Ependymzellen, speziell in Tanycyten. Die Malat-Dehydrogenase fehlt beim *Karpfen* im Ependym über dem Nucleus preopticus, ist aber über dem Nucleus lateralis tuberis nachzuweisen. Die Glutamatdehydrogenase kann bei *Teleosteern* im Unterschied zur *Ratte* im hypothalamischen Ependym nicht nachgewiesen werden (SCHIEBLER u. HARTMANN, 1963). Während CHASON und PEARSE (1961) und SCHACHENMAYR (1967) bei der *Ratte* (Tanycyten des III. Ventrikels), KISHI (1968) beim *Kaninchen* (Epithel des Organum vasculosum laminae terminalis) geringe, wenn auch hinsichtlich der einzelnen Dehydrogenasen unterschiedliche Aktivitäten angeben, MERL und Goller (1975) bei *Schaf, Ziege* und *Rind* mäßig starke Reaktionen erhielten, fanden Colmant (1967) bei der *Ratte* und Wenzel et al. (1970) beim *Meerschweinchen* starke Aktivitäten (vgl. auch Ziegels, 1975, *Ratte*). Auch die Tanycyten beim *Frosch* (Paul, 1968b) und bei der *Bachforelle* (Weiss, 1970) sind reich an Dehydrogenasen. Die Tanycyten des Zentralkanals von *Axolotl, Ochsenfrosch, Haifisch, Goldfisch*, von der *Eidechse* und *Taube* erweisen sich dagegen als dehydrogenasearm (Sarnat et al., 1975). Die Ependymzellen des Subfornicalorgans zeigen beim *Eichhörnchen* mäßig starke Aktivitäten (Nakajima et al., 1968). Nach Shimizu und Morikawa (1957) ist Succinodehydrogenase mit schwacher Aktivität bei *Maus, Ratte, Meerschweinchen* und *Kaninchen* in circumventriculären Organen (Subfornicalorgan, Subcommissuralorgan und Area postrema) nachweisbar. Iijima et al. (1967b) finden in den Ependymzellen der Area postrema des *Totenkopfäffchens* gleichfalls nur mäßig starke Dehydrogenasen-Aktivitäten (vgl. auch Ziegels, 1975, *Ratte*, Subcommissuralorgan).

Bei den Dehydrogenasen sind die Speciesunterschiede insgesamt weniger ausgeprägt als bei den hydrolytischen Enzymen. Lokale Differenzen betreffen die Aktivität einzelner Dehydrogenasen. Große Unterschiede zwischen den Aktivitäten in den Ependymocyten des Seitenventrikels, III. und IV. Ventrikels bestehen bei Säugern nicht (Bartoniček u. Lojda, 1966). Paul (1968) hebt dagegen eine auffallend starke Aktivität dreier Dehydrogenasen in den tanycytenförmigen Ependymzellen in dorsalen und ventralen Frontalhirnarealen des *Frosches* hervor und vermutet, daß die stärkere Enzymaktivität im Zusammenhang mit der Eigenschaft dieses Ependyms zur Regeneration stehe (postembryonale Matrixzone, vgl. Kirsche u. Kirsche, 1964a, b). Die Dehydrogenasen-Aktivität der Ependymocyten liegt unter der in den Epithelien der Plexus choroidei nachgewiesenen. Rudolph und Sotelo (1962) vermuten einen Zusammenhang (Antagonismus?) in der Dehydrogenasen-Aktivität von Plexusepithelien und Ependymocyten. Ependymocyten in der unmittelbaren Nähe der hochaktiven Plexusepithelzellen zeigen mitunter überhaupt keine Dehydrogenasen-Aktivität (Bartoniček u. Lojda, 1966). Thomas und Pearse (1961) heben hervor, daß das sehr stoffwechselaktive Ependym – seinem Besitz an oxydativen Enzymen nach zu urteilen – für zahlreiche pathologische Prozesse (O_2-Mangel, Intoxikationen u.a.) anfällig sei.

Die funktionelle Bedeutung der relativ reichen Ausstattung der *Ependymocyten* mit oxydativen Enzymen wird unterschiedlich ausgelegt. Nandy und Bourne (1964) finden keinen Anhalt für eine spezifische Funktion, halten aber eine aktive Rolle der Ependymocyten beim Transport von Stoffen zwischen Blut und Liquor für möglich. Schachenmayr (1967) sowie Luppa und Feustel (1970) sehen den Enzymreichtum im Zusammenhang mit der Cilienmotorik.

Monoaminoxydase wird in Ependymocyten des Seitenventrikels und Zentralkanals der *Ratte* (Nandy u. Bourne, 1964, 1965) nicht, in denen des III. Ventrikels (Colmant, 1967) schwach aktiv gefunden. In Ependymocyten und Tanycyten des *Meerschweinchens* (Wenzel et al., 1970) dagegen sowie in den Tanycyten von *Bachforelle* (Weiss, 1970), *Schaf, Ziege* und *Rind* (Merl u. Goller, 1975) und in den Ependymzellen des Subfornicalorgans (Nakajima et al., 1968) kommt das Enzym mit mittlerer bis starker Aktivität vor.

Diaphorasen (NADH- und NADPH-Tetrazoliumreductase) verhalten sich nach Vorkommen und Aktivitäten wie die Dehydrogenasen (Thomas u. Pearse, 1961; Nandy u. Bourne, 1964, 1965; Bartoniček u. Lojda, 1966; Colmant, 1967; Weiss, 1970; Wenzel et al., 1970).

Die *Cytochromoxydase* kommt in den Ependymocyten der *Ratte* (Schachenmayr, 1967) mit schwacher, in denen des *Meerschweinchens* (Wenzel et al., 1970) mit mittlerer bis starker Aktivität vor. Die Tanycyten der *Ratte* (Schachenmayr, 1967) besitzen keine Cytochromoxydase, in den Tanycyten der *Bachforelle* (Weiss, 1970), des *Meerschweinchens* (Wenzel et al., 1970), des *Schafes*, der *Ziege* und des *Rindes* (MERL u. GOLLER, 1975) wird das Enzym dagegen mit mittlerer bis starker Aktivität nachgewiesen.

Peroxidasen wiesen SREBRO und CICHOCKI (1971) in Ependymocyten des III. Ventrikels der *Maus* in geringer Menge nach. Die peroxidasehaltigen Granula gleichen elektronenmikroskopisch den lysosomalen Körpern, enthalten aber nicht die für Lysosomen charakteristischen Enzyme. Auch subependymale (periventriculäre) Gliazellen besitzen Peroxidasegranula (SREBRO et al., 1971).

2.4.3.3. Transferasen

Phosphorylase wird in den Tanycyten von *Bachforelle* (WEISS, 1970), *Amphioxus, Ochsenfrosch, Haifisch, Eidechse, Goldfisch* und *Taube* (SARNAT et al., 1975) in geringer bis mittelstarker Aktivität gefunden, fehlt aber in den Ependymocyten und Tanycyten der *Ratte* (OHANIAN, 1972).

Die stärkste Phosphorylase-Aktivität wird allgemein in glykogenreichen Geweben, z.B. in perivasculären Astrocytenfortsätzen, gefunden (OHANIAN, 1972). Der Phosphorylasemangel der Ependymocyten der *Ratte* stimmt überein mit dem Glykogenmangel der Ependymocyten adulter Säuger (vgl. OKSCHE, 1958).

Die *GABA-α-Ketoglutarat-Transaminase*-Reaktion ist in den Ependymocyten des Zentralkanals von *Maus*, Affe und *Mensch* stark positiv (VAN GELDER, 1968).

Die GABA-α-Ketoglutarat-Transaminase könnte in den Ependymocyten als Enzymbarriere für α-Aminobuttersäure wirken (VAN GELDER, 1968).

Uridindiphosphoglucose-Glykogen-Transferase läßt sich in den Froschtanycyten nicht nachweisen (PAUL, 1968 b).

2.4.3.4. Hydrolasen

Die *Hydrolasen-Aktivitäten* in den *Ependymocyten* wechseln insgesamt sehr stark, oft von Zelle zu Zelle. BARTONIČEK und LOJDA (1964) sehen hierin den Ausdruck periodisch ablaufender Zelleistungen. Hohe Enzymaktivitäten korrespondieren häufig mit hohen Aktivitäten der Epithelien des benachbarten Plexus choroideus. Da Hydrolasen auch in benachbarten Basalmembranen nachgewiesen werden, vermuten die Autoren, daß in den Ependymocyten Hydrolasen für den Transport von Metaboliten zur Verfügung stehen.

Unspezifische Esterasen. Die Resultate an *Ependymocyten* sind unterschiedlich und widersprüchlich. BARTONIČEK und LOJDA (1964) fanden am Seitenventrikel, III. und IV. Ventrikel von *Ratte, Maus, Meerschweinchen* und *Goldhamster* keine bis mittelstarke Reaktion, DAVIDOFF und GALABOV (1974) am Seitenventrikel, III. Ventrikel und Zentralkanal der *Ratte* mittelstarke bis starke Aktivitäten. SARNAT et al. (1975) konnten in den Ependymocyten des Zentralkanals von Mammaliern (*Opossum, Maus, Ratte, Hamster, Meerschweinchen, Katze, Hund, Affe*) keine unspezifischen Esterasen nachweisen.

In den *kinocilienarmen Ependymzellen* wurden dagegen in allen Untersuchungen mittelstarke bis starke Aktivitäten gefunden (PILGRIM, 1967, *Ratte*, Subfornicalorgan; BOCK u. GOSLAR, 1969, *Ratte*, Infundibulum; GOSLAR u. BOCK, 1970a, b, 1971, *Ratte*, III. Ventrikel, Subfornicalorgan; LUPPA u. FEUSTEL, 1970, 1971, *Ratte*, III. Ventrikel; WEISS, 1970, *Bachforelle*, III. Ventrikel; SCHÜTTE, 1971, *Ratte*, Area postrema mit cellulär unterschiedlicher Aktivität; SARNAT et al., 1975, *niedere Vertebraten*, mit schwacher Reaktion).

In der seitlichen Wand des Recessus infundibuli fanden LUPPA und FEUSTEL (1971) bei der *Ratte* eine sehr hohe Aktivität unspezifischer Esterasen, am Boden des Recessus fehlt diese aber. Nach LUPPA und FEUSTEL (1970) enthalten die Tanycyten der *Ratte* außer lysosomalen auch extralysosomale Esterasen. MERL und GOLLER (1975) können dies bei *Rind, Schaf* und *Ziege* nicht bestätigen.

Die *Esterasen* waren wiederholt Gegenstand von Untersuchungen im Hinblick auf *mutmaßliche Funktionen der Tanycyten*. Diese werden aufgrund ultrastruktureller Befunde im Transport von Stoffen (Mugnaini u. Walberg, 1965; Sarnat et al., 1975), in Sekretionsleistungen (Kruger u. Maxwell, 1966, 1967) und im Transport von Hormonen (Bleier, 1971) gesucht. Da nach bilateraler Adrenalektomie (*Ratte*) die Esterasentätigkeit in den Tanycyten (und Gliazellen) des Infundibulum abnimmt, vermuten Bock und Goslar (1969), daß die Tanycyten in den Regelkreis Nebenniere-Zwischenhirn-Hypophysenvorderlappen eingeschaltet sind. In diesem Zusammenhang ist die Feststellung von Goslar und Bock (1970b) bemerkenswert, daß es sich bei den Esterasen weder um echte Lipasen noch um kathepsinartige Enzyme handelt und daß die optimale Aktivität mit dem Buttersäure-Substrat erreicht wird. Das physiologische Substrat wird deshalb in einem Buttersäureester (γ-Aminobuttersäure?) gesucht.

Aliesterase (Carboxylesterase) ist nach Colmant (1967) in den *Ependymocyten* des III. Ventrikels der Ratte schwach bis mittelstark, in den Ependymocyten dagegen stark aktiv.

Nach Colmant (1967) ist die *Aliesterase*-Aktivität der *Tanycyten* höher als überall sonst im *Rattenhirn*. Die Reifung des Enzymmusters der Tanycyten über dem Nucleus infundibularis im Aliesterasepräparat wird im Zusammenhang mit der relativ späten Reifung der Gonadenfunktion gesehen und gleichzeitig für ein Anzeichen dafür gehalten, daß die hypothalamischen Tanycyten in engem funktionellem Zusammenhang mit den benachbarten Kerngebieten stehen.

Spezifische Cholinesterase und *Acetylcholinesterase* fehlen in den Ependymocyten bzw. Tanycyten der *Ratte* (Nandy u. Bourne, 1964, 1965; Colmant, 1967; vgl. Iijima et al., 1967a) und der *Bachforelle* (Weiss, 1970), Acetylcholinesterase ist aber in den Krönchenzellen des Saccus vasculosus nachgewiesen (Jansen u. West, 1971; Jansen, 1975).

Die Angaben über das Vorkommen *saurer* und *alkalischer Phosphatasen* schwanken erheblich. Das erklärt sich z.T. vermutlich aus Speciesunterschieden, z.T. aus der angewandten Technik (Bartoniček u. Lojda, 1964).

Saure Phosphatasen wurden von allen Untersuchern in Ependymocyten und kinocilienarmen Ependymzellen wenigstens mit schwacher Reaktion nachgewiesen (Rudolph u. Sotelo, 1962, *Ratte*, Ependymocyten des III. Ventrikels; Bartoniček u. Lojda, 1964, *Ratte, Maus, Meerschweinchen, Goldhamster*, Ependymocyten des Seitenventrikels, III. und IV. Ventrikels; Nandy u. Bourne, 1964, 1965, *Ratte*, Ependymocyten des Seitenventrikels und Zentralkanals mit starker Aktivität; Colmant, 1967, *Ratte*, Ependymocyten und Tanycyten des III. Ventrikels; Pilgrim, 1967, *Ratte*, Ependymzellen des Subfornicalorgans mit hoher Aktivität; Schachenmayr, 1967, *Ratte*, Ependymocyten sowie Ependymzellen des Subfornicalorgans, nicht aber Tanycyten des III. Ventrikels; Altner, 1968, *Amphibien*, Ependymzellen der circumventriculären Organe; Nakajima et al., 1968, *Eichhörnchen*, Ependymzellen des Subfornicalorgans; Weiss, 1970, *Bachforelle*, Tanycyten des III. Ventrikels; Wenzel et al., 1970, *Meerschweinchen*, Ependymocyten und Tanycyten des Seitenventrikels und III. Ventrikels mit starker Aktivität; Schütte, 1971, *Ratte*, Ependymzellen der Area postrema und des Subfornicalorgans mit starker Aktivität; Davidoff u. Galabov, 1974, *Ratte*, Ependymocyten des Seitenventrikels, III. Ventrikels und Zentralkanals mit stellenweiser starker Aktivität, Ependymzellen der Area postrema; Merl u. Goller, 1975, *Schaf, Ziege, Rind*, Tanycyten des III. Ventrikels).

Alkalische Phosphatasen dagegen konnten von den genannten Autoren nicht nachgewiesen werden, ausgenommen Nandy und Bourne (1964, 1965; mittelstarke Aktivität in Ependymocyten des Seitenventrikels und Zentralkanals der *Ratte*) sowie Wenzel et al. (1970; mittelstarke Aktivität in Ependymocyten und Tanycyten des Seitenventrikels und III. Ventrikels des *Meerschweinchens*) und Bara und Böti (1973; isoliert im Recessus inframamillaris der *Ratte* gut ausgeprägt). In den Krönchenzellen des Saccus vasculosus fand Jansen (1975) im Gegensatz zu Zimmermann (1972b) Enzymaktivitäten. Oksche (1958) sah beim *Frosch* eine starke Aktivität in den Ependymzellen

(Tanycyten) der glykogenreichen Felder und vermutet einen Zusammenhang mit der Durchschleusung von Glucose.

Die *5-Nucleotidase*-Nachweise führen zu divergierenden Ergebnissen. FELGENHAUER (1963, *Meerschweinchen*, III. und IV. Ventrikel) und COLMANT (1967, *Ratte*) fanden in den Ependymocyten keine, NANDY und BOURNE (1964, 1965, *Ratte*) sowie DAVIDOFF und GALABOV (1974, *Ratte*) dagegen eine starke bzw. mittelstarke Aktivität, die letztgenannten auch in den Ependymzellen der Area postrema.

Arylsulfatase kommt nach DAVIDOFF und GALABOV (1973) mit geringer Aktivität bei der *Ratte* in Tanycyten und in *Ependymocyten* des Zentralkanals, des III. Ventrikels und der Seitenventrikel, mit stärkerer Aktivität in den Ependymocyten des Aquäduktes vor. Die höchste Enzymaktivität besitzen die *Plexusepithelzellen*.

β-Glucuronidase ist bei Mammaliern in den *Ependymocyten* des Zentralkanals, des III. Ventrikels und des Seitenventrikels deutlich, in denen des Aquäduktes verstärkt nachweisbar (WALTIMO u. TALANTI, 1965; DAVIDOFF, 1969; DAVIDOFF u. GALABOV, 1973). Sehr starke Aktivität zeigen die *Plexusepithelzellen* (PEARSE, 1960; HAYASHI, 1967; WALTIMO u. TALANTI, 1965; DAVIDOFF u. GALABOV, 1973). Die Ependymzellen des Subfornicalorgans besitzen eine gute Aktivität (WALTIMO u. TALANTI, 1965). Keine Aktivität ist in den Tanycyten der *Bachforelle* nachweisbar (WEISS, 1970).

ATPase-Nachweise führen zu sehr unterschiedlichen Ergebnissen. FELGENHAUER (1963, *Meerschweinchen*), BARTONIČEK und LOJDA (1964, *Ratte, Maus, Meerschweinchen, Goldhamster*) sowie SCHACHENMAYR (1967, *Ratte*) fanden das Enzym nicht in Ependymocyten. NANDY und BOURNE (1964, 1965, *Ratte*) geben in Ependymocyten starke Aktivitäten, WENZEL et al. (1970, *Meerschweinchen*) mittelstarke Aktivitäten an, SARNAT et al. (1975, mehrere *Mammalier*) berichten über eine schwache Reaktion. In den Tanycyten fanden alle Untersucher bei allen untersuchten Tierarten eine wenigstens schwache Aktivität (SCHACHENMAYR, 1967, WEISS, 1970; WENZEL et al., 1970; LUPPA et al., 1975; SARNAT et al., 1975; FIRTH u. BOCK, 1976). Mäßige Aktivität zeigen die Ependymzellen des Subfornicalorgans des *Eichhörnchens* (Nakajima et al., 1968), deutliche Aktivität die Krönchenzellen des Saccus vasculosus der *Regenbogenforelle* (JANSEN, 1975).

Die *ATPase-Aktivitäten* treten in deutlichen lokalen Unterschieden auf. SCHACHENMAYR (1967) berichtet über starke Aktivitäten bei der *Ratte* in der Übergangszone des Ependymocyten- zum Tanycytenependym in der seitlichen Wand des III. Ventrikels. Auch LUPPA et al. (1975) fanden mittelstarke bis starke Aktivitäten in den *Tanycyten* der lateralen Wand des Recessus infundibuli, während am Boden des Recessus ATPase in Tanycyten nicht nachgewiesen wird. Die Autoren schließen daraus, daß im Recessusboden den Tanycyten keine Energie für Transportvorgänge zur Verfügung stehe (vgl. auch LUPPA et al., 1974). Eine weitere, stark ATPase-positive Zone befindet sich nach KÖHL (1974) in einem Tanycytenbereich im Dach des Aquäduktes (Isthmusbereich). Die ATPase-Aktivität tritt allgemein an den seitlichen und basalen Zellgrenzen auf, fehlt aber im Bereich der Haftkomplexe (MERL u. GOLLER, 1975).

Thioaminpyrophosphatase ist in den Tanycyten der *Bachforelle* schwach aktiv (WEISS, 1970).

Phosphoamidase wird in den Ependymocyten des III. Ventrikels der *Ratte* (COLMANT, 1967) mit schwacher Aktivität nachgewiesen, fehlt aber in den Tanycyten.

2.4.3.5. Lyasen

Carboanhydrase fehlt in den Ependymocyten von *Ratte* und *Maus*, wird aber in den Tanycyten von *Frosch, Goldfisch* und *Eidechse* mit starker Aktivität gefunden (PESETSKY, 1969).

Carboanhydrase kommt bei Säugern zwar nicht in Ependymocyten, wohl aber in der *Glia* vor. Das Tanycytenependym niederer Vertebraten dagegen besitzt nach PESETSKY (1969) eine hohe Carboanhydrase-Aktivität.

Der Autor sieht hierin eine Bestätigung der Hypothese, wonach bei höheren Vertebraten mit der Ausbildung der Ependymocyten ursprüngliche Funktionen der Ventrikelauskleidung von der Glia übernommen werden, die dann in den Elektrolyt-Transfer zwischen Blut und Hirngewebe eingeschaltet ist.

3. Neuronale Elemente des Ependyms

Seit den Untersuchungen von Tretjakoff am Zentralnervensystem von Cyclostomata (1909, 1913) wird damit gerechnet, daß im Verband der Ependymzellen auch *Nervenzellen* oder/und Nervenzellfortsätze liegen. Spätestens seit Agduhr (1922) kennt man supraependymale, im Ventrikelliquor verlaufende *Nervenfasern*. Bereits mit den ersten Untersuchungen zur Neurosekretion kam der Verdacht auf, daß *Ausläufer neurosekretorischer Zellen* zwischen Ependymzellen hindurch Sekretmassen in den Liquor abgeben könnten (Scharrer, 1937). Damit wurden schon früh die neuronalen Elemente aufgezeigt, die in jüngster Zeit Gegenstand zahlreicher TEM-, REM- und histochemischer Arbeiten sind, die *Liquorkontaktneurone* sowie die *supraependymalen Nervenzellen* und *Nervenzellfortsätze*. Neuronale Elemente kommen im Ependym aller Ventrikel aller Vertebratenklassen vor. Über die topographische Verteilung neuronaler Elemente im Ependym des *Kaninchengehirns*, soweit sie die Ventrikeloberfläche überragen und lichtmikroskopisch annähernd identifizierbar sind, gibt Schwanitz (1969) anhand von Ventrikelkarten (Abb. 59, 60) eine Übersicht (vgl. Leonhardt, 1969a).

3.1. Liquorkontaktneurone

Als *Liquorkontaktneurone* bezeichnen Vigh et al. (1969) intra- oder subependymale bipolare Zellen, deren dendritischer Fortsatz zwischen Ependymzellen hindurch in den Ventrikelliquor ragt, während sich der Neurit in das Hirngewebe hinein erstreckt (Abb. 61).

Vergleichbare Zellen werden in einigen älteren lichtmikroskopischen Arbeiten bei allen Vertebratenklassen beschrieben (Tretjakoff, 1909, 1913; Franz, 1912; Kolmer, 1921a, 1931; Agduhr, 1932; Laryelle, 1934; Kurotsu, 1935; Pesonen, 1940; Fox et al., 1948; Masai, 1951; Seto u. Funahashi, 1955; Sterba, 1961; Dierickx, 1962; Ito, 1964, 1965; Pérez, 1964; Hironobu, 1965). Die meisten dieser Autoren halten die Zellen prima vista für Receptorstrukturen. Diese speziellen intra- oder subependymalen Zellen mit eigenartig differenziertem, in den Ventrikelliquor gerichtetem Fortsatz erregten in jüngster Zeit in der Folge neuerer lichtmikroskopischer (Vigh u. Teichmann, 1966; Vigh, 1967; Teichmann u. Vigh, 1968 u.a.) und elektronenmikroskopischer Untersuchungen (Takeichi, 1965, 1967; Leonhardt, 1967b; Braak, 1967, 1968; Arnold, 1970a; Pehlemann, 1969; Vigh-Teichmann et al., 1970b u.a.) besonderes Interesse.

Bei *Submammaliern* sind die Liquorkontaktneurone hauptsächlich an zwei Stellen des Ventrikelsystems ausgebildet, in der *Wand des III. Ventrikels* sowie am *Boden der Rautengrube und in der Wand des Zentralkanals*. Vigh und Vigh-

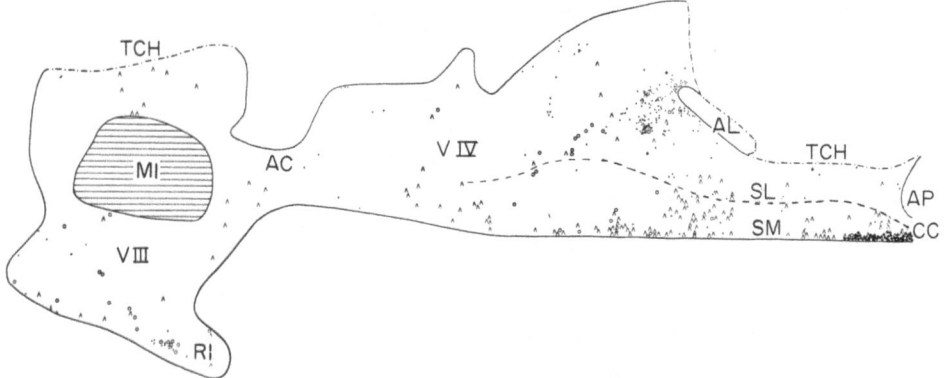

Abb. 59. Die Verteilung der supraependymalen Zellen und der Liquorkontaktfortsätze auf der Ventrikelwand, rechte Wand des III. *(V III)* und des IV. Ventrikels *(V IV)*, *Kaninchen*. *AC* Aquaeductus cerebri, *AL* Apertura lateralis, *AP* Area postrema, *CC* Canalis centralis, *MI* Massa intermedia, *RI* Recessus infundibuli, *SL* Sulcus lateralis, *SM* Sulcus medianus, *TCH* Tela choroidea. (Aus SCHWANITZ, 1969)

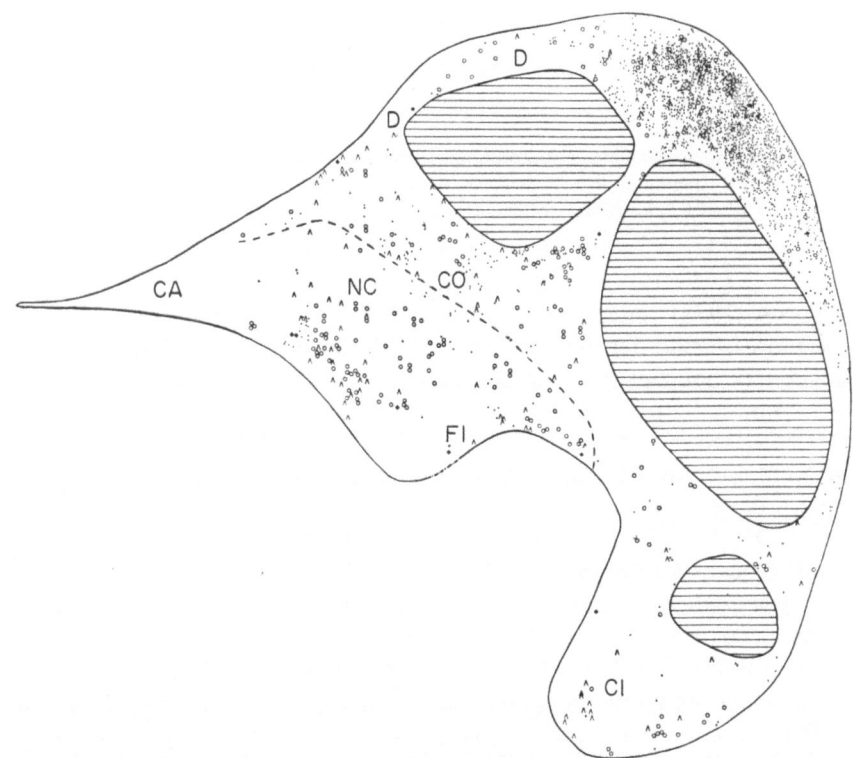

Abb. 60. Die Verteilung der supraependymalen Zellen auf der Ventrikelwand, laterale Wand des linken Seitenventrikels, *Kaninchen*. *CA* Cornu anterius, *CI* Cornu inferius, *CO* Centrum ovale, *D* dorsale Abzweigung des Ventrikels, *FI* Foramen interventriculare, *NC* Nucleus caudatus. Im Bereich der schraffierten Fläche sind die mediale und laterale Ventrikelwand verwachsen (Coarctationen). (Aus SCHWANITZ, 1969)

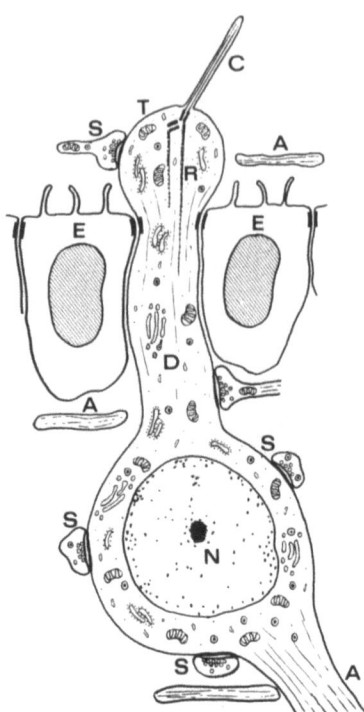

Abb. 61. Hauptkennzeichen eines Liquorkontaktneurons: *A* Axone, *C* Cilie, *D* dendritischer Liquorkontaktfortsatz, *E* Ependymzellen, *N* Zellkern, *R* Cilienwurzel, *S* Synapse, *T* Endigung des dendritischen Liquorkontaktfortsatzes. (Aus Vigh u. Vigh-Teichmann, 1973)

Teichmann (1973) unterscheiden deshalb die „hypothalamic CSF-contacting neuronal areas" und das „medullospinal CSF-contacting neuronal system". Die Liquorkontaktneurone nehmen bei Submammaliern relativ größere Areale ein als bei Mammaliern (zusammenfassende Darstellungen und Lit. bei Vigh u. Vigh-Teichmann, 1973; Vigh-Teichmann u. Vigh, 1974a, b). Jedes der beiden Liquorkontaktneuron-Felder stellt zwar eine organartige Ependymstruktur dar, doch wird diese herkömmlicherweise nicht zu den circumventriculären Organen gerechnet. Hewing (1978) beschreibt darüber hinaus Liquorkontaktneurone im Recessus pinealis (*Goldhamster*).

Bei *Mammaliern* wurden Liquorkontaktneurone, deren Perikaryen intra- oder subependymal liegen, nur im caudalen Ende des Bodens der Rautengrube und in der Wand des Zentralkanals gefunden (vgl. Vigh-Teichmann u. Vigh, 1974a, b). Im Ependymverband der Regio hypothalamica liegen bei Mammaliern keine Perikaryen von Liquorkontaktneuronen. Doch treten aus der Ventrikelwand Nervenzellfortsätze in den Ventrikel (s. supraependymale Nervenzellfortsätze, S. 309ff.). Diese Liquorkontaktfortsätze kommen nach Vigh und Vigh-Teichmann (1973) und Vigh-Teichmann und Vigh (1974a, b) von Neuronen, deren Perikaryen in der Vertebratenreihe zunehmend in die Tiefe verlagert werden. (Zur Verlagerung der subependymalen paraventriculären Neurone s. auch Ok-

SCHE, 1976). Bei *Reptilien* können in die Tiefe verlagerte paraventriculäre und periventriculäre Neurone, die keinen Liquorkontaktfortsatz aussenden, doch eine für hypothalamische Liquorkontaktneurone charakteristische Cilie vom $9 \times 2 + 0$-Typ aufweisen (VIGH u. VIGH-TEICHMANN, 1973).

Die in REM-Untersuchungen wiederholt beschriebenen *Protrusionen* der Infundibularwand sind zumeist allerdings das Äquivalent von apicalen Ependymzellprotrusionen (SCOTT et al., 1972a, *Mensch;* KOZLOWSKI et al., 1973, *Schaf;* SCOTT et al., 1973a, *Nerz;* SCOTT et al., 1975, *Affe*).

Die Liquorkontaktneurone des „*medullospinal CSF-contacting neuronal system*" bei Mammaliern wurden elektronenmikroskopisch untersucht von TAKEICHI (1966, *Katze*, Zentralkanal), LEONHARDT (1967b, 1968d, 1969b, *Kaninchen*, Rautengrube, Zentralkanal, 1976, REM, *Kaninchen*, Zentralkanal), VIGH u. VIGH-TEICHMANN (1971, *Igel, Hund, Katze, Ratte, Maus, Meerschweinchen*, Zentralkanal), LINDEMANN u. LEONHARDT (1973, REM, *Kaninchen*, Rautengrube).

Die *Liquorkontaktfortsätze* im caudalen Teil der *Rautengrube* beim *Kaninchen* sind mit supraependymalen Strukturen vergesellschaftet (LINDEMANN u. LEONHARDT, 1973, TEM, REM; s.S. 318). Hier liegen zahlreiche Liquorkontaktfortsätze zwischen supraependymalen Gliazellen im lateralen Teil einer medianlongitudinal verlaufenden Kinocilienschneise sowie vereinzelt im lateral angrenzenden Kinocilienrasen.

Die Liquorkontaktfortsätze des *Zentralkanals* schließen beim *Kaninchen* unmittelbar an die am Boden der Rautengrube ausgebreitete supraependymale Nervenzell-, Axon- und Gliazellorganisation an (LEONHARDT, 1976, TEM, REM). Die Mehrzahl der Liquorkontaktfortsätze nimmt einen etwa 8 µm breiten, längs verlaufenden, weitgehend kinocilienfreien Streifen in der ventralen Wand des Zentralkanals ein (Abb. 62). Die relativ wenigen, dorsal in der Medianebene angeordneten Liquorkontaktfortsätze zeigen gegenüber den ventralen kein grundsätzlich anderes Verhalten. Die kolbenförmigen Liquorkontaktfortsätze mit je einem Durchmesser von 3–5 µm sind in ganzer Länge des Zentralkanals annähernd gleich dicht gelagert, durchschnittlich 630 Kolben/mm Länge. In der Medianebene stehen die Fortsätze dichter, ihre Zahl nimmt zur Seite rasch ab.

Die *Liquorkontaktneurone* im Boden der *Rautengrube* und in der Wand des *Zentralkanals* sind beim *Kaninchen* gleichartig gebaut (LEONHARDT, 1967b, 1968d, 1976). Das Perikaryon liegt unter der Ebene der Ependymzellen. Es besitzt ein mäßig basophiles Cytoplasma und einen großen runden faltenlosen Zellkern. Der kolbenförmige Liquorkontaktfortsatz ist das Ende eines Verbindungsstückes, des schmalen langen dendritischen Fortsatzes des Perikaryon; dieser kann sich auch teilen und mit zwei, selten mit mehr kolbenförmigen Auftreibungen enden. Der Neurit der Zelle ist meist nur eine sehr kurze Strecke zu verfolgen.

Die *Liquorkontaktfortsätze* (Dendriten) der Liquorkontaktneurone sind kolbenförmig mit einem Durchmesser von 2–5 µm. Zwei Haupttypen von Liquorkontaktfortsätzen werden beim *Kaninchen* beobachtet (LEONHARDT, 1976), sie unterscheiden sich in Größe und Struktur des Endkolbens, im Aussehen ihrer Stereocilien und bei TEM-Untersuchung in der Anzahl der Mitochondrien (Abb. 63). Große kugelförmige Fortsätze sind angefüllt mit einer großen Anzahl

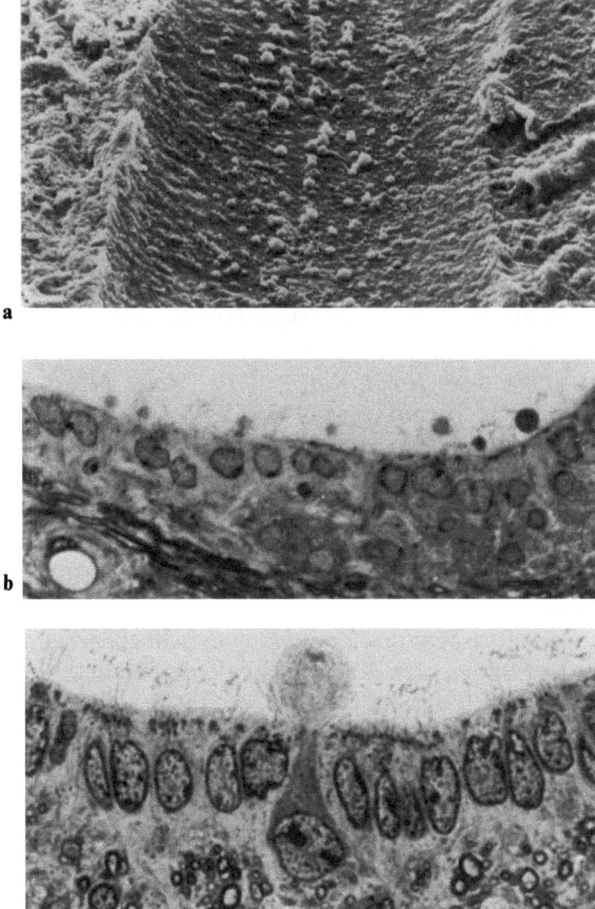

Abb. 62a–c. Liquorkontaktneurone, Zentralkanal, ventromediale Wand, *Kaninchen*. **a** Liquorkontaktfortsätze, REM; **b** stereocilienreiche Liquorkontaktfortsätze *links,* ein stereocilienarmer, kolben-förmiger Fortsatz *rechts;* **c** Liquorkontaktneuron. **b** u. **c** Färbung nach Richardson. Endvergr.:
a ×244 in der Projektion, **b** ×560, **c** ×1200

von Mitochondrien (Cristatyp), während Stereocilien fehlen. Der Kolben enthält außerdem randständige Vacuolen und Bläschen mit dichtem Kern (50–60 nm Durchmesser; Abb. 64). Im Gegensatz dazu besitzen Liquorkontaktfortsätze mit kleinerem Durchmesser zahlreiche radiär in den Liquor gerichtete Stereocilien und weniger Mitochondrien. Übergangsformen zwischen beiden Typen sind zahlreich. Die Liquorkontaktfortsätze des Kaninchens tragen zumeist keine „Sinnescilie".

Das *Plasmalemm* des kolbenförmigen Liquorkontaktfortsatzes bildet unterschiedlich lange mikrovillusartige *Protrusionen,* die *Filamente* enthalten können, wodurch die Protrusion offensichtlich eine gewisse Rigidität enthält und zur „Stereocilie" wird (Abb. 65). Mehrere stereocilienartige Protrusionen können wie Zehen aus einer gemeinsamen fußförmig verbreiterten Protrusion des Liquor-

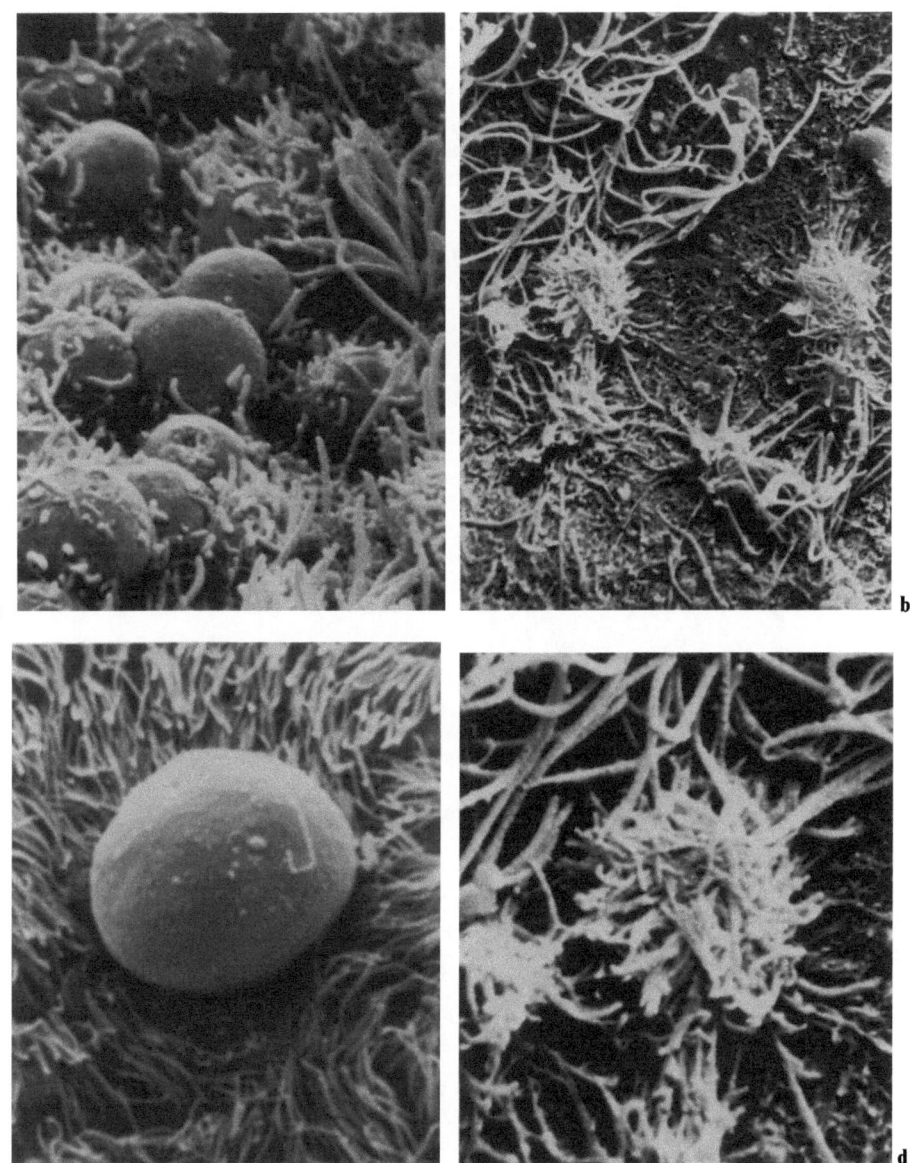

Abb. 63a–d. Liquorkontaktfortsätze von Liquorkontaktneuronen, REM. **a** u. **c** Kolbenförmige Liquorkontaktfortsätze ohne Stereocilien; **b** u. **d** Liquorkontaktfortsätze mit zahlreichen Stereocilien. Zentralkanal, ventromediale Wand, *Kaninchen.* Endvergr. in der Projektion: **a** ×3240, **b** ×6300, **c** ×2520, **d** ×6390

kontaktfortsatzes hervorgehen. Andere Protrusionen des Liquorkontaktfortsatzes sind abgerundet und kurz und enthalten keine Filamente. Zeichen von Membranvesikulation sowie „Stachelsaumbläschen" in Membrannähe kommen regelmäßig vor. Mitunter ist das Plasmalemm „subsynaptische" Membran eines *syn-*

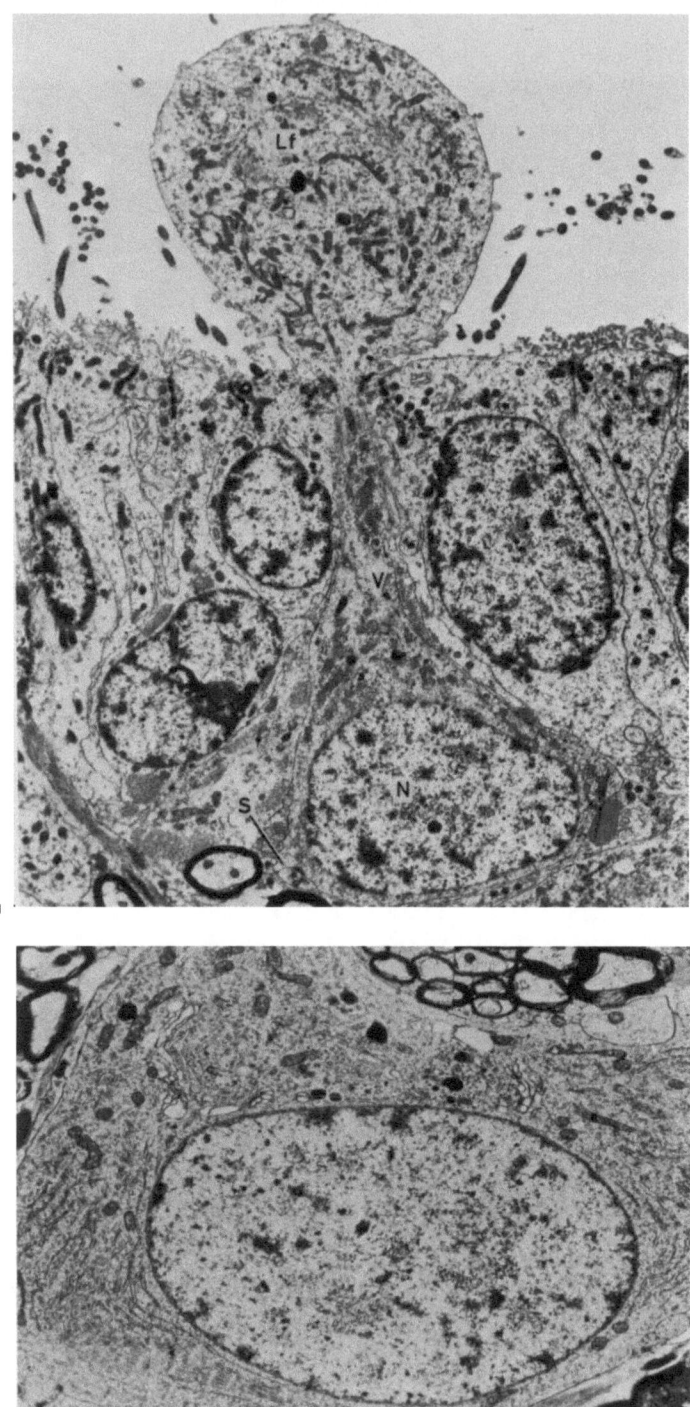

Abb. 64a u. b. Liquorkontaktneuron, Zentralkanal, ventromediale Wand, *Kaninchen.* **a** Übersicht:
N Zellkern, *S* Synapse am Perikaryon, *V* Verbindungsstück, *Lf* kolbenförmiger Liquorkontaktfortsatz. **b** Perikaryon eines Liquorkontaktneurons mit granuliertem ER, Golgi-Apparat und Mitochondrien. Endvergr.: **a** ×4950, **b** ×6600

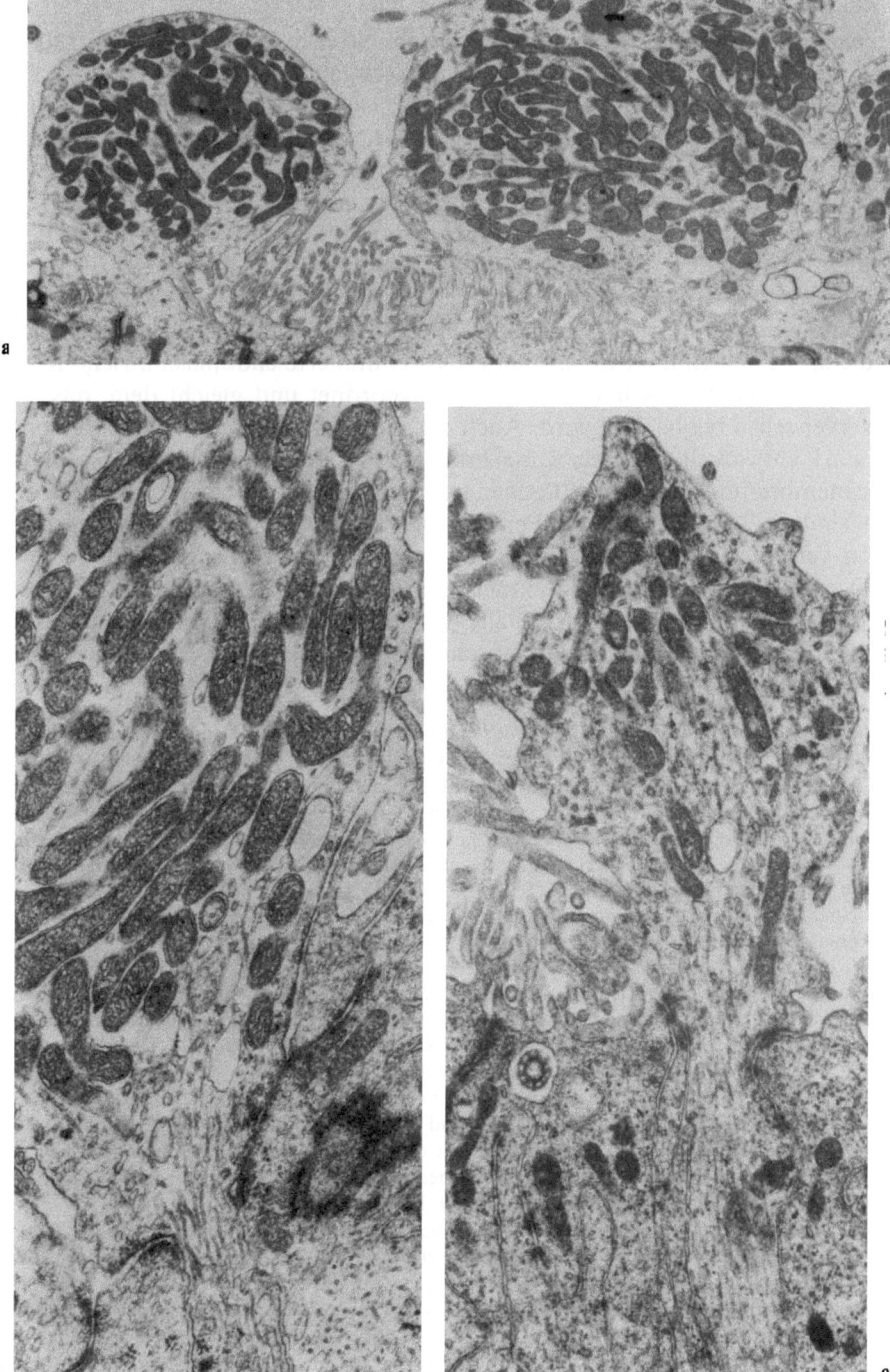

Abb. 65a–c. Liquorkontaktfortsätze, Zentralkanal, ventromediale Wand, *Kaninchen*. **a** u. **b** Stereocilienarme, mitochondrienreiche kolbenförmige Fortsätze; **c** stereocilienreicher, mitochondrienarmer Fortsatz. Endvergr.: **a** × 7000, **b** × 24000, **c** × 18300

apsenartigen Kontaktes, dessen präsynaptische Strecke zu einem im Zentralkanal in rostrocaudaler Richtung verlaufenden Axon gehört.

Das *Verbindungsstück*, etwa 1 µm dick, ist an der Stelle des Durchtritts zwischen Ependymzellen eingeschnürt und bildet mit den umgebenden Ependymzellen einen ringförmigen, desmosomenartigen Kontakt. Das Verbindungsstück enthält Mitochondrien, Mikrotubuli und Lysosomen.

Das *Perikaryon* des Liquorkontaktneurons bildet mit seinem Plasmalemm an mehreren Stellen die subsynaptische Membran von *Synapsen*, die in der präsynaptischen Strecke etwa 40 nm große „leere" Bläschen enthalten. Im Perikaryon liegen zahlreiche Mitochondrien, von denen die meisten aber kürzer als die im Liquorkontaktfortsatz sind. Das granulierte endoplasmatische Reticulum ist auffallend stark und regelmäßig angeordnet und gleicht dem, das sonst in Nervenzellen beobachtet wird. Auch der Golgi-Apparat ist, wie in Nervenzellen, stark entwickelt. In seiner Umgebung treten runde, längliche oder hantelförmige membranumschlossene Bläschen mit dichtem Inhalt auf. Zahlreiche Polysomen sind in allen Teilen des Perikaryon verteilt. Der helle Zellkern besitzt locker verteiltes Chromatin, häufig sind zwei Nucleolen ausgebildet.

Der *Neurit* des Liquorkontaktneurons ist meist nur auf kurze Strecke zu verfolgen. Er bildet in Perikaryonnähe die subsynaptische Membran von *Synapsen*, die den beschriebenen axosomatischen Synapsen gleichen. Das Neuritenende ist noch unbekannt.

Liquorkontaktneurone bei *Submammaliern* sind nicht allein im medullospinalen Bereich, sondern umfangreich auch im hypothalamischen Ependym ausgebildet (vgl. Vigh u. Vigh-Teichmann, 1973; Vigh-Teichmann u. Vigh, 1974a, b; Lit.). Die Liquorkontaktfortsätze der hypothalamischen und medullospinalen Liquorkontaktneurone zeigen nach Vigh und Vigh-Teichmann (1973) grundsätzlich folgende Unterschiede: Der *hypothalamische Liquorkontaktfortsatz* besitzt eine atypische Cilie mit 9 × 2 + 0-Tubuli und bildet keine Stereocilien aus. Der *medullospinale Liquorkontaktfortsatz* dagegen trägt eine typische Kinocilie mit 9 × 2 + 2-Tubuli (Vigh u. Teichmann, 1971) sowie mehrere Stereocilien. Die Liquorkontaktneurone der *caudalen Neurophyse* (Urophyse) allerdings haben Liquorkontaktfortsätze vom hypothalamischen Typ.

Die *hypothalamischen Liquorkontaktneurone* der „hypothalamic CSF-contacting neuronal areas" der *Submammalier* zeigen eine deutliche *Beziehung zu den hypothalamischen Kerngebieten*. Am eingehendsten sind die Liquorkontaktneurone des *Paraventricularorgans* und deren neuronale Beziehungen erforscht (vgl. die Monographie von Vigh, 1971, Lit.). Nach Vigh und Vigh-Teichmann (1973) können Liquorkontaktneurone zugeordnet werden dem parvocellulären präoptischen Areal, dem periventriculären hypothalamischen Kerngebiet, den magnocellulären neurosekretorischen Kernen (Nucleus praeopticus, Nucleus paraventricularis und Nucleus lateralis tuberis) sowie den Infundibularkernen (Nucleus arcuatus bzw. Infundibularkerne der Amphibien, Reptilien und Vögel). *Enzymhistochemische* Untersuchungen der hypothalamischen Liquorkontaktneurone von Submammaliern s. Vigh-Teichmann et al. (1970a) und Weiss (1970, Lit.).

Die Liquorkontaktfortsätze lassen sich bei *Fischen* und *Amphibien* in mehrere, bei *Reptilien* in zwei Typen unterteilen; bei *Vögeln* wird nur ein Typ beobachtet. Die verschiedenen Typen unterscheiden sich hauptsächlich in der Größe ihrer „dense core vesicles" und ihrer unterschiedlichen Acetylcholinesterase-Reaktivität (Abb. 66). Nakai et al. (1977a) unterscheiden beim *Frosch* Liquorkontaktneurone, die Catecholamine speichern, und peptiderge Neurone. Allen hypothalamischen Liquorkontaktneuronen gemeinsam sind cytologische Anzeichen *sekretorischer Aktivität* im basalen (axonalen) Bereich, während die Liquorkontaktfortsätze als Dendriten primitiven *Chemo-* oder *Photoreceptoren* ähneln (Vigh-Teichmann u. Vigh, 1974a, b). Die Liquorkontaktneurone sollen, so wird vermutet, zwischen dem Milieu des Liquor cerebrospinalis und dem Regulationssystem des Hypothalamus vermitteln (Abb. 67).

Später erschienene und deshalb in den Monographien von Vigh und Vigh-Teichmann (1973) und Vigh-Teichmann und Vigh (1974a, b) nicht berücksichtigte Untersuchungen an der Wand

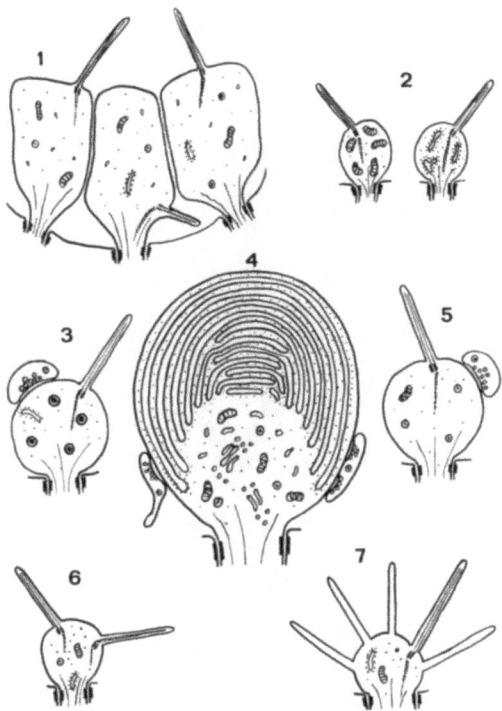

Abb. 66. Typen intraventriculärer Dendritenendigungen des Liquorkontaktneuronen-Systems, Schema. *1* Endigungen des Paraventricularorgans; *2* mitochondriale und ergastoplasmatische Typen des Infundibularlappens; *3* neurosekretorische Endigungen, Nucleus paraventricularis, mit Synapsen; *4* Nucleus lateralis tuberis, mit Synapse; *5* Nucleus infundibularis und periventricularis, mit „dense-cored vesicles" und Synapse; *6* Saccus vasculosus; *7* Rückenmark. (Aus VIGH u. VIGH-TEICH-MANN, 1973)

des Hypothalamus betreffen Liquorkontakte in der Wand des *Recessus infundibuli* (DIERICKX u. DE WAELE, 1975a, b, *Amphibien*, REM; KCKENNA u. ROSENBLUTH, 1974a, b, 1975, *Amphibien*, Darstellung catecholaminhaltiger sensorischer und sekretorischer Zellen sowie Imprägnation), im *Recessus lateralis* des III. Ventrikels (EVAN et al., 1976, *Teleosteer*, TEM und Imprägnation), im *Recessus praeopticus* (KONSTANTINOVA, 1973, *Cyclostomata*, Nachweis von Monoaminen in Liquorkontaktneuronen; vgl. KONSTANTINOVA u. POLENOV, 1977; MCKENNA et al., 1973, *Amphibien*, Imprägnation; FASOLO u. FRANZONI, 1974a, b, *Amphibien*, Imprägnation; MÜLLER et al., 1974, *Amphibien*, Aufnahme von Ferritin durch Liquorkontaktneurone; STERBA, 1974, *Teleosteer*, Nachweis von Monoaminen), im Bereich des *Nucleus praeopticus* (STERBA, 1974, *Teleosteer*, Nachweis peptiderger Liquorkontaktneurone; VIGH-TEICHMANN et al., 1976, *Teleosteer*, licht- und TEM; VIGH-TEICHMANN u. VIGH, 1977, *Reptilien*, cilientragende Perikaryen; FASOLO u. FRANZONI, 1977, *Amphibien;* MAZZI et al., 1978, *Knochenfische*, Imprägnation), im *dorsalen Hypothalamus* (FASOLO u. FRANZONI, 1974, 1978, *Amphibien*, Imprägnation) sowie im *Paraventricularorgan* (CHACKO u. PEUTE, 1974, *Amphibien*, Monoaminnachweis; PARENT u. POITRAS, 1974, *Reptilien*, Monoaminnachweis; MIKAMI, 1975a, b, *Vögel*, REM und TEM).

Die mosaikartige Gliederung der hypothalamischen Liquorkontaktareale bei *Submammaliern* gab Veranlassung, diese Areale zu den circumventriculären Organen zu rechnen (s. *Organe des Systems der hypothalamischen Liquorkontaktneurone*, S. 374).

Liquorkontaktneurone kommen im Bereich des III. Ventrikels von Submammaliern darüber hinaus auch in Form von cilientragenden *pinealen Photoreceptorzellen* (primäre Sinneszellen) vor

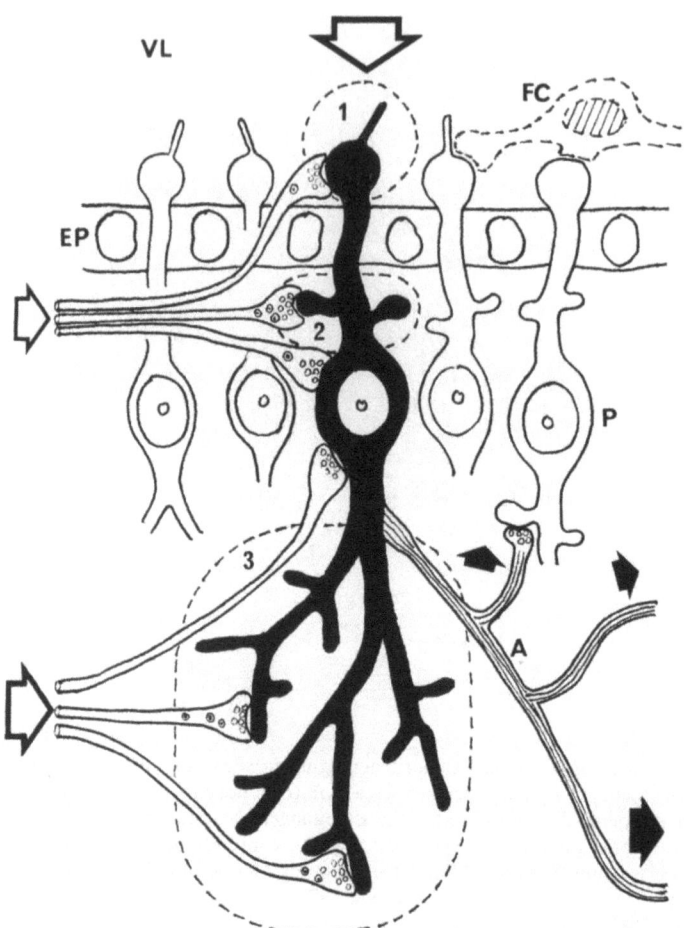

Abb. 67. Liquorkontaktneuron, Dendritenverzweigung, Afferenzen *(weiße Pfeile)* und Efferenzen *(schwarze Pfeile),* Schema. *A* Axon des Liquorkontaktneurons, von ependymofugalem Dendriten entspringend; *EP* Ependymzellen; *FC* freie Liquorzelle (supraependymale Zellen); *P* Perikaryen von Liquorkontaktneuronen; *VL* Ventrikellumen; *1* intraventriculäre Dendritenendigung mit atypischer Cilie und axodendritischer Synapse; *2* axodendritische Synapsen an subependymalen Dendriten; *3* axodendritische Synapsen an ependymofugalen Dendritenzweigen. (Aus Vigh-Teichmann u. Vigh, 1974a)

(Vigh-Teichmann et al., 1973; Vigh u. Vigh-Teichmann, 1974a, b; Vigh et al., 1975). Vigh-Teichmann und Vigh leiten die Pinealocyten der Säuger von solchen Zellelementen ab, deren Cilie zum $9 \times 2 + 0$-Typ gehört. In diesem Zusammenhang sei schließlich auch daran erinnert, daß die Receptorzellen der Retina in ontogenetischer Hinsicht als eineArt von „Liquorkontaktneuronen" in der Wand der Anlage des III. Ventrikels angesehen werden können. Über die Beziehungen von photoneuroendokrinen Systemen zum III. Ventrikel s. Oksche und Hartwig (1975) und Hartwig (1975).

Die *medullospinalen Liquorkontaktneurone* des „medullospinal CSF-contacting neuronal system" der *Submammalier* entsprechen nach Vigh und Vigh-Teichmann (1973) in der Anordnung denen der *Mammalier* (Abb. 68). Die medullospinalen Liquorkontaktneurone sind zwar bei allen Vertebraten gleichartig gebaut, doch bestehen nach Vigh und Vigh-Teichmann (1973) zwischen den Vertebra-

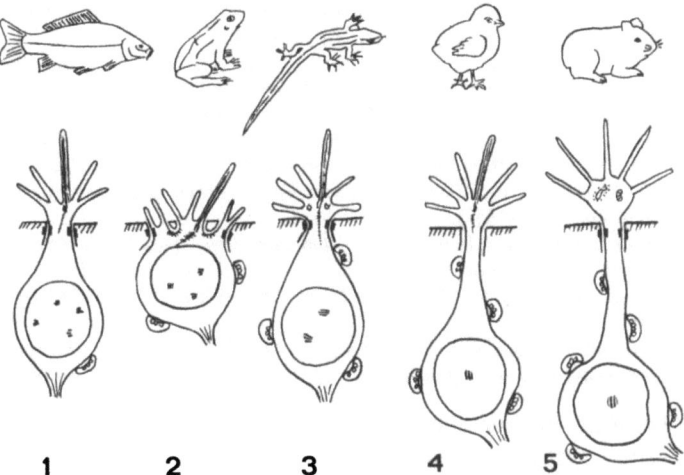

Abb. 68. Vergleich der spinalen Liquorkontaktneurone verschiedener Vertebraten. *1* Fisch, *2* Frosch, *3* Eidechse, *4* Huhn, *5* Meerschweinchen. (Aus VIGH et al., 1971)

tenklassen hauptsächlich folgende Unterschiede: Das Perikaryon liegt bei *Fischen* noch intraependymal und/oder geringfügig subependymal. Es entfernt sich aber in der Wirbeltierreihe immer weiter von der Ependymoberfläche und liegt bei *Vögeln* und *Mammaliern* unter Verlängerung des dendritischen Vorsatzes ausschließlich subependymal. Gleichzeitig nimmt der Liquorkontaktfortsatz, der bei *Fischen* und *Amphibien* fast nur aus langen Stereocilien besteht, bei *Reptilien, Vögeln* und *Mammaliern* an Masse zu, er wird kolbenförmig. Eine „Sinnescilie" ist bei *Vögeln* sicher noch nachweisbar. Die Liquorkontaktfortsätze der Liquorkontaktneurone sind *Dendriten*. Die *Neuriten* ziehen gebündelt radiär durch das Rückenmark und enden mit Auftreibungen an der Basalmembran der äußeren Oberfläche des Rückenmarks oder an Gefäßen. Die Auftreibungen enthalten synaptische Vesikel (Durchmesser 20–40 nm) und kernhaltige Vesikel (Durchmesser 60–180 nm) (VIGH et al., 1977). Die Liquorkontaktfortsätze (Dendriten) enthalten Acetylcholinesterase (VIGH-TEICHMANN et al., 1970a). Bei niederen Vertebraten sind überdies im Bereich des caudalen neurosekretorischen Systems (Urophyse) Liquorkontaktneurone ausgebildet (VIGH et al., 1974). In ihnen werden Monoamine nachgewiesen (BAUMGARTEN et al., 1970; BAUMGARTEN u. WARTENBERG, 1970). Liquorkontaktfortsätze vom neurosekretorischen Typ beschreiben darüber hinaus VIGH und VIGH-TEICHMANN (1977b) in ganzer Länge des Zentralkanals beim *Karpfen, Axolotl* und bei *Triturus cristatus.*

3.2. Intraventriculäre Neurosekretion

In älteren lichtmikroskopischen wie elektronenmikroskopischen Untersuchungen wurde wiederholt von Beobachtungen berichtet, die für eine Abgabe von Sekret (Neurosekret) in den Liquor des III. Ventrikels sprechen – für eine *intraventriculäre Neurosekretion* („hydrencéphalocrinie hypothalamique Gomori-positive", „hydrencéphalocrinie hypothalamique Gomori-negative", „hydrencéphalocrinie adénohypophysaire"; COLLIN, 1951, 1956). Soweit sich diese Beobachtungen auf Submammalier beziehen, handelt es sich zumeist um eine entsprechende Interpretation der Strukturen, die im Abschnitt über *hypothalami-*

sche Liquorkontaktneurone bei Submammaliern beschrieben wurden (vgl. auch den Abschnitt über Ependymsekretion, S. 280 ff.).

Lichtmikroskopische Berichte über intraventriculäre Neurosekretion bei *Submammaliern* s. *Cyclostomata* und *Selachier:* Mazzi (1952), Bargmann (1955 b), Altner (1966); *Teleosteer:* Scharrer (1937), Bargmann (1953), Stutinsky (1953), Stahl und Leray (1962), Sterba und Weiss (1967, 1968, Lit.), Samuelsson et al. (1968); *Amphibien:* Scharrer (1933, 1937), Hild (1951); Collin und Barry (1954), Wilson et al. (1957); *Reptilien:* Hild (1951), Bargmann (1955), Grignon (1959), Grignon und Grignon (1959).

Auch *elektronenmikroskopische* Befunde bei *Submammaliern* lassen einen Neurosekretübertritt in den Ventrikelliquor vermuten oder machen ihn gar wahrscheinlich (*Cyclostomata:* Sterba u. Naumann, 1970; *Teleosteer:* Öztan, 1967; *Amphibien:* Dierickx et al., TEM, REM, 1972; *Vögel:* Nishioka et al., 1964).

Vergleichbare Beobachtungen wurden auch in der *caudalen Neurophyse* (Urophyse) gemacht. Nach Fridberg und Nishioka (1966) entsenden die Dahlgren-Zellen Fortsätze in den Zentralkanal.

Da bei *Mammaliern* aber hypothalamische Liquorkontaktneurone im Ependymbereich selbst nicht vorkommen, sind entsprechende Berichte, Beobachtungen und Vermutungen hinsichtlich eines Übertritts von Sekretmassen (Neurosekret) in den Ventrikelliquor bei Mammaliern wohl anders zu beurteilen als bei Submammaliern.

In *lichtmikroskopischen* Untersuchungen an *Mammaliern* wurde von früher Zeit an und wird noch bis heute wiederholt über Beobachtungen berichtet, die einen Übertritt von Neurosekret aus der Wand des Infundibulum in den Ventrikelliquor (Abb. 69) vermuten lassen (Bargmann u. Hild, 1949, *Hund, Katze;* Bargmann et al., 1950, *Hund;* Barry, 1954, *Ratte, Maus;* Noda et al., 1955, *Hund;* Okamoto, 1957, *Maus, Ratte, Kaninchen, Hund;* Löfgren, 1960, *Ratte;* Talanti u. Kivalo, 1961, *Dromedar;* Eichner, 1963, *Maulwurf;* Dorst, 1969, *Schwein;* Naik, 1972, *Maus*). Immunhistologische Ergebnisse bestärken in dieser Vorstellung (Naik, 1975a, b, *Ratte, Maus*). Frühe zusammenfassende Darstellungen s. Roussy und Mosinger (1946), Collin (1956); vgl. auch Diepen (1962).

Auch *elektronenmikroskopische* Befunde haben erneut den Verdacht aufkommen lassen, neurosekretorische Axone könnten in den Ventrikelliquor Sekret entleeren (Wittkowski, 1968a, *Maus;* Leonhardt, 1970e, *Kaninchen*).

Da einerseits aber zahlreiche Untersucher des hypothalamischen Ependyms nichts über einen Neurosekretübertritt in den Liquor berichten, andererseits in derartigen Berichten eine dem Vorgang korrelierte funktionelle Situation nicht erkennbar ist, gilt vorläufig noch der Satz von Scharrer und Scharrer (1954): „Es ist aber nicht mit Sicherheit auszuschließen, daß beim Hantieren mit dem Gehirn vor und vielleicht sogar noch nach der Fixierung die Sekretmassen künstlich in den Ventrikel gedrückt werden können. Ein einwandfreier Beweis für die Sekretabgabe in den Liquor cerebrospinalis wäre von großem Interesse." Der Nachweis von Vasopressin (Heller, 1969; Unger u. Schwarzberg, 1970; Heller u. Zaidi, 1974) und anderer Hormone (s.S. 265) im Ventrikelliquor setzt auch nicht voraus, daß sich Axone der neurosekretorischen Neurone direkt in den Ventrikel entladen. Es steht sowohl der direkte Weg in den Ventrikel durch Intercellularspalten und zwischen Ependymocyten hindurch als auch der indirekte Weg über Blutgefäße und Plexus choroidei bzw. andere circumventriculäre Organe grundsätzlich zur Verfügung.

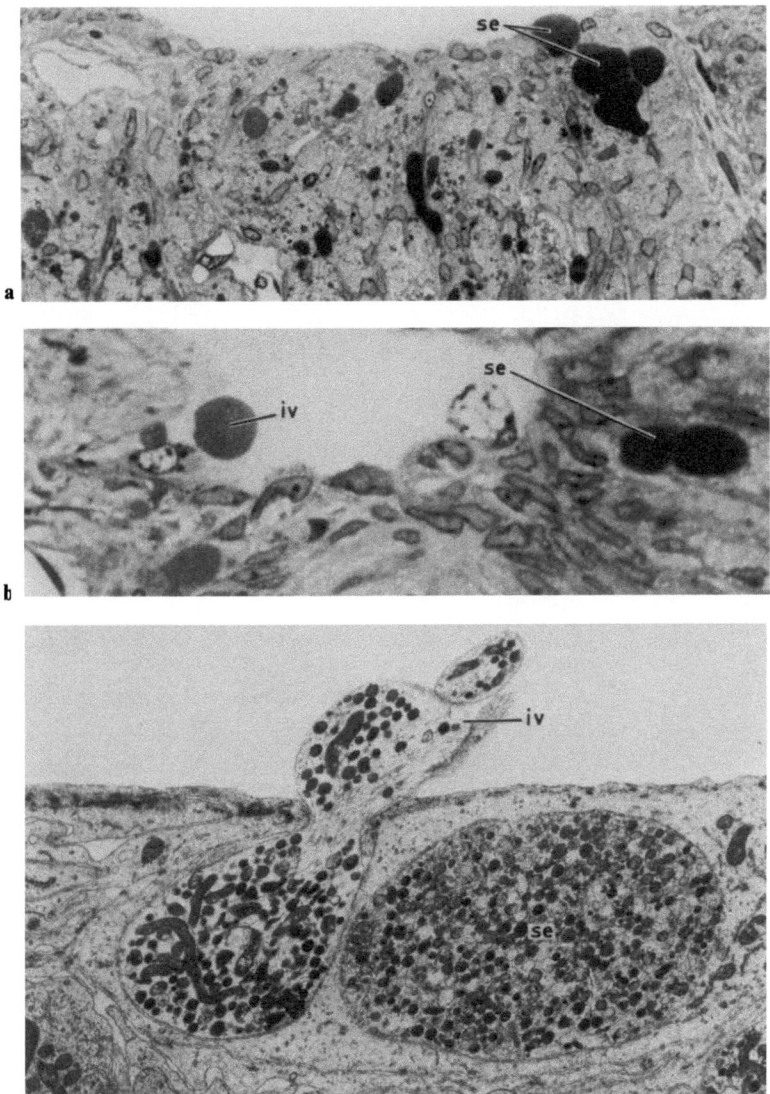

Abb. 69a–c. Intraventriculäre Neurosekretion? Neurosekret (Herring-Körper) des Tractus hypotha-
lamo-hypophyseus, *se* subependymal, *iv* intraventriculär; in **c** Durchbruch eines subependymalen
neurosekrethaltigen Axons in den Ventrikel; Infundibularwand, *Kaninchen*. **a** u. **b** Färbung nach
Richardson. Endvergr.: **a** ×250, **b** ×400, **c** ×9000

3.3. Supraependymale Axone, Nerven- und Gliazellen

Supraependymale Nervenfasern beschrieben AGDUHR (1922), KOLMER (1930), PE-
SONEN (1940), FOX et al. (1948) und BLANC (1955). Im letzten Jahrzehnt wurden
dann bei elektronenmikroskopischen Untersuchungen am Ependym gelegentlich

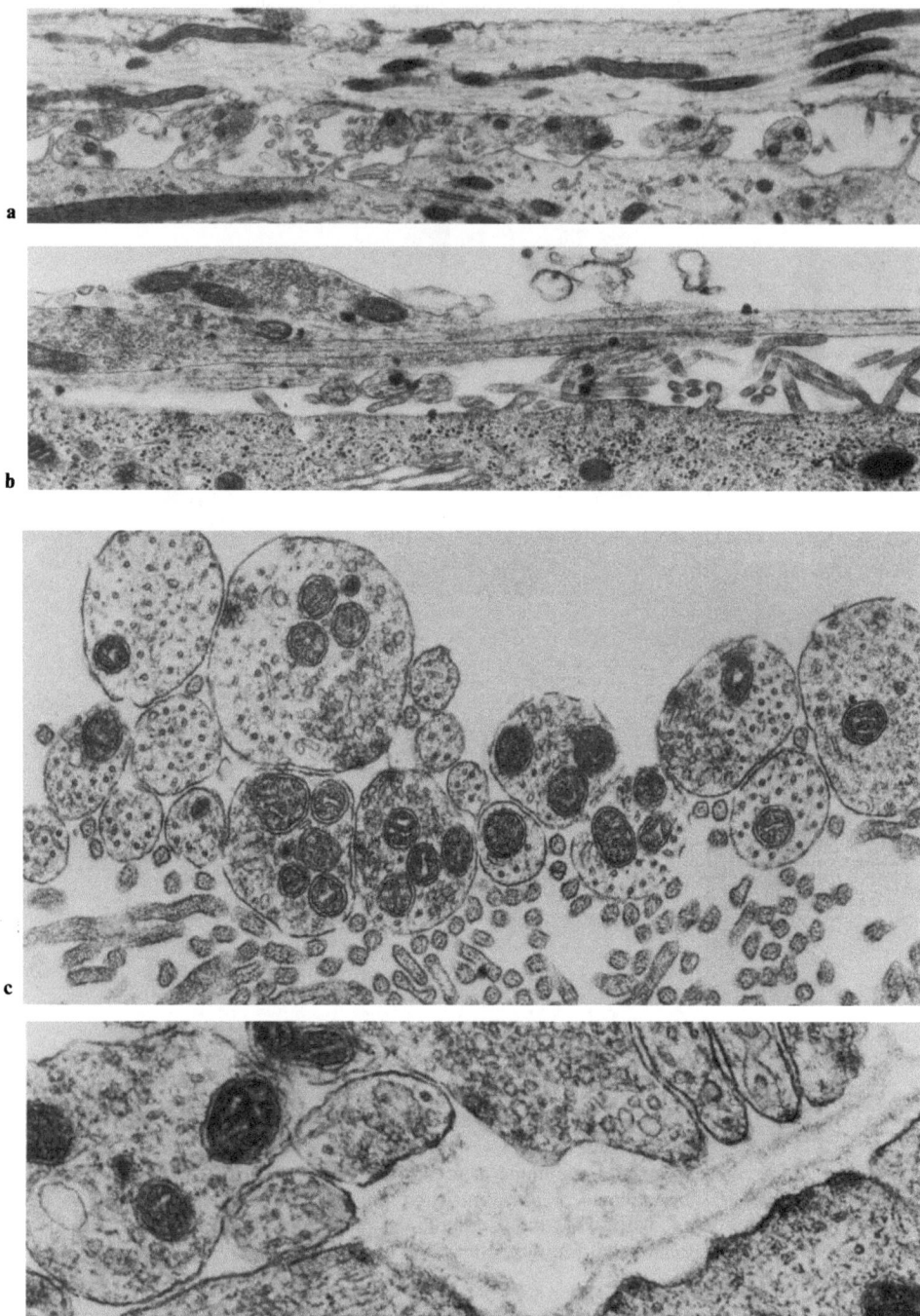

Abb. 70a–d. Supraependymale markscheidenfreie Axone unterschiedlichen Kalibers, *Kaninchen.*
a Apertura lateralis, ein großkalibriges Axon (längsgeschnitten) überkreuzt mehrere kleinkalibrige
Axone (quergeschnitten); **b** III. Ventrikel, zwei Axone mit präterminalen Ausschwellungen; **c** IV.
Ventrikel, Kaliberunterschiede quergeschnittener Axone; **d** supraependymale Axone dringen durch
die Apertura lateralis bis zur angrenzenden äußeren Hirnoberfläche, die von einer Basallamina
bedeckt ist. Endvergr.: **a** ×9000, **b** ×18000, **c** ×36000, **d** ×57200

und mehr zufällig Anschnitte von einzelnen zumeist markscheidenfreien Axonen oder von Axonbündeln in allen Ventrikeln bei mehreren Vertebratenklassen beobachtet (BRIGHTMAN u. PALAY, 1963, *Ratte;* TAKEICHI, 1965, 1966, 1967, *Reptilien, Katze;* RINNE, 1966, *Ratte;* LEONHARDT u. LINDNER, 1967, *Kaninchen, Katze;* ALTNER, 1968, *Amphibien;* LEONHARDT, 1968a, *Kaninchen;* NOACK u. WOLFF, 1970, *Katze;* WESTERGAARD, 1970, 1972, *Ratte;* PETERS, 1974, *Ratte;* ARLUISON et al., 1976, *Ratte, Maus;* FERRAZ DE CARVALHO et al., 1976, *Faultier;* MITRO u. KISS, 1977, *Meerschweinchen*). Die supraependymalen Axone können *synapsenartige Kontakte* mit der apicalen Oberfläche von Ependymzellen bilden (LEONHARDT u. PRIEN, 1968, *Kaninchen;* LEONHARDT u. BACKHUS-ROTH, 1969, *Kaninchen;* LEONHARDT, 1970c, *Kaninchen;* RICHARDS u. TRANZER, 1974a, b, monoaminerge Synapse, *Ratte*). Über supraependymale Nervenfasern an circumventrikulären Organen s.S. 362ff.

Die *supraependymalen Axone* haben nach übereinstimmender Beschreibung ein Kaliber von 0,1–1,2 μm (Abb. 70). Sie führen Mikrotubuli, die in regelmäßigem Abstand von 40–100 nm zueinander angeordnet sind. Einzelne Axonauftreibungen sind „präsynaptische" Strukturen. Sie enthalten massenhaft „leere" Bläschen mit einem Durchmesser von etwa 40 nm und einzelne etwa 80 nm große Bläschen mit dichtem Kern. „Subsynaptische" Membran ist das apicale Ependymzellplasmalemm. Der „subsynaptische Spalt" mißt etwa 20 nm. Relativ selten sieht man supraependymale Axone zwischen Ependymzellen oder durch Ependymzellen in den Liquorraum treten. Der Zusammenhang mit dem zugehörigen subependymalen Nervenzellperikaryon ist im TEM so gut wie nie sicher auszumachen. In den Axonen, häufiger noch in den Axonauftreibungen kommen entweder kleine Mitochondrien mit meist nur einem zentralen Tubulus oder größere Mitochondrien mit zahlreichen quergestellten Cristae vor (Abb. 71). Seltener werden *markscheidenführende supraependymale Nervenfasern* im Schnitt getroffen (LEONHARDT, 1968a). Mit einem Kaliber von 1,2–2,7 μm und einer Markscheide von etwa 0,15 μm gehören sie der Fasergruppe B an.

Kombinierte fluorescenz- und elektronenmikroskopische Untersucheungen (Abb. 72) ergeben, daß zahlreiche supraependymale Axone in allen Hirnventrikeln bei Mammaliern *serotoninerg* sind (LOREZ u. RICHARDS, 1973, 1975a, b, 1976; RICHARDS et al., 1973; ALONSO et al., 1974; RICHARDS u. TRANZER, 1974b; RICHARDS et al., 1975; ARLUISON et al., 1976; CALAS et al., 1976; PIERCE et al., 1976; RICHARDS, 1976, 1977; RIBAS, 1977a, b; CALAS et al., 1978). Die Axone stammen aus Raphe-Kernen (AGHAJANIAN u. GALLAGER, 1975); sie treten aus dem ipsilateralen medialen Vorderhirnbündel aus (LOREZ et al., 1975). CHAN-PALAY (1976, Lit.) vermutet, daß über diese Axone der Serotoningehalt des Liquors reguliert wird (vgl. auch TERNAUX et al., 1976, 1977). RIBAS (1977a) findet nach experimentellen Eingriffen in Raphe-Kerne Ependymveränderungen und vertritt die Hypothese, daß die supraependymalen Axone einen Einfluß auf sekretorische Aktivitäten und auf die Gestalt der Ependymzellen sowie auf die Kinocilienaktivität haben.

Auch *supraependymale Nerven- und Gliazellen* wurden früher lichtmikroskopisch wiederholt beschrieben bzw. abgebildet (PESONEN, 1940; COLLIN, 1956, „hydrencephalocrinie holoneurocytaire"; vgl. MERGNER, 1959; FLEISCHHAUER, 1960; HOFER, 1965), später elektronenmikroskopisch untersucht (LEONHARDT,

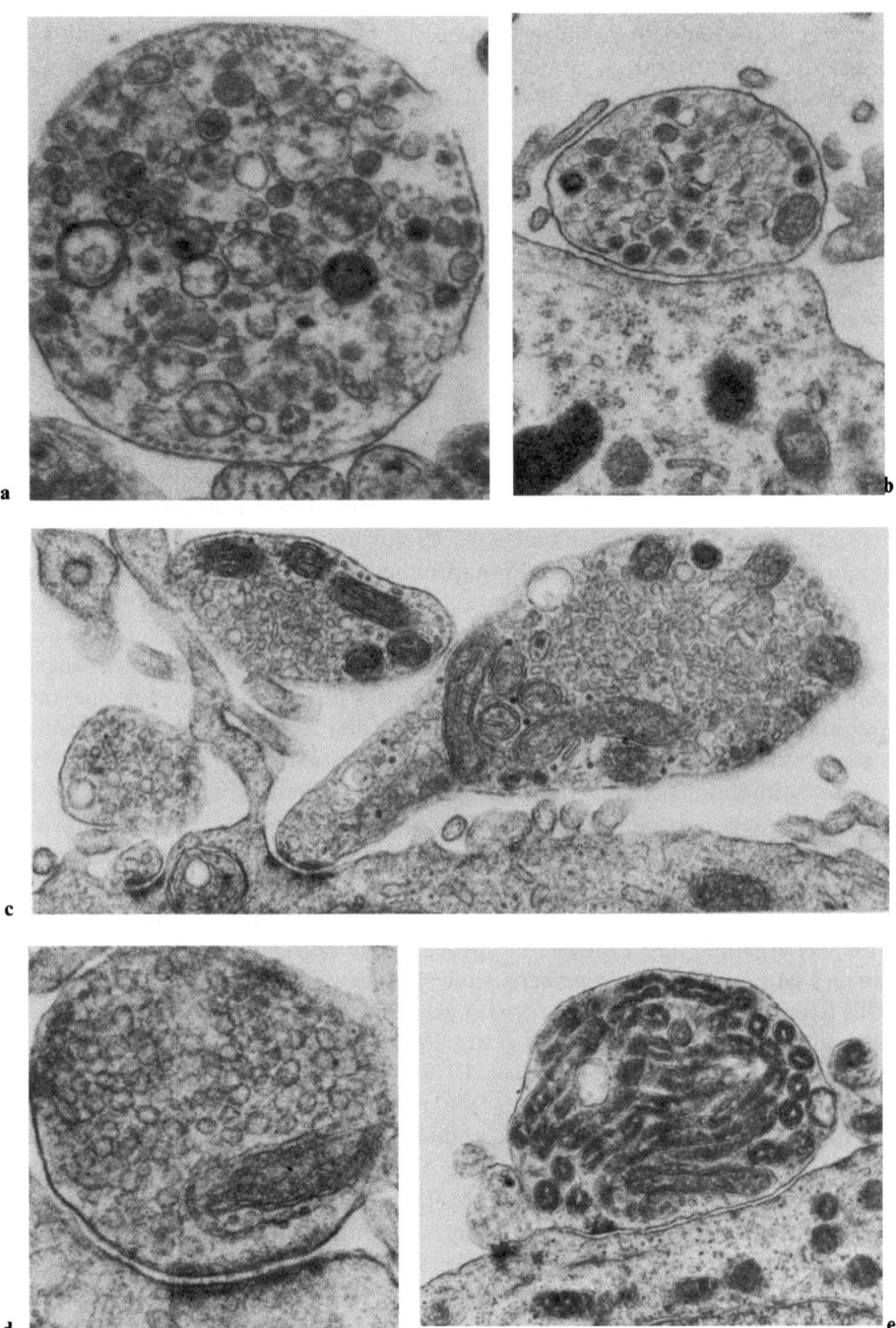

Abb. 71a–e. Typen präterminaler Anschwellungen von supraependymalen Axonen, IV. Ventrikel, *Kaninchen;* in **d** Synapse mit apicaler Ependymzelloberfläche? Endvergr.: **a–c** ×30000, **d** ×60000, **e** ×18300

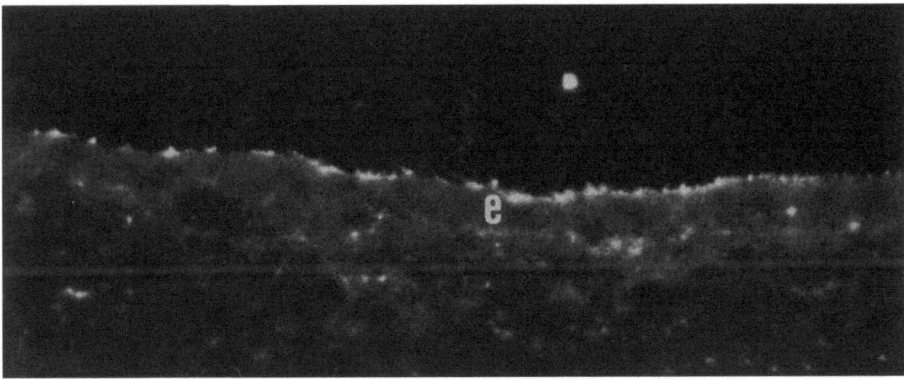

Abb. 72. Serotoninnachweis in supraependymalen Nervenfasern, Boden IV. Ventrikel, Recessus lateralis, *Ratte*. Starke Formaldehyd-induzierte gelbe Fluorescenz nach Anwendung von Niamid. (Aus LOREZ u. RICHARDS, 1975a). Endvergr. × 610

1968c; Abb. 73, 74). Bei diesen Befunden entsteht – ausgesprochen (s. STERBA, 1969a, Diskussion zum Themenkreis III) oder unausgesprochen – die Frage nach dem Kunstprodukt. Da bei allen Vertebratenklassen unmittelbar unter oder im Ependym Nervenzellen vorkommen (vgl. ADAM, 1957; FLEISCHHAUER u. PETROVICKÝ, 1968 u.a.), war zunächst nicht auszuschließen, daß diese bei der Präparation an die Oberfläche gelangten. Die Frage konnte erst mit Hilfe von REM-Untersuchungen hinreichend beantwortet werden.

REM-Untersuchungen an *Mammaliern* erbrachten einen vorläufigen Überblick über Ausmaß und Anordnung der supraependymalen Axone, Nerven- und Gliazellen. Bei der Würdigung der REM-Ergebnisse ist allerdings einschränkend zu bedenken, daß supraependymale Strukturen in den Ventrikelpartien, deren Wand von dicht gestellten Mikrovilli bedeckt ist, nur schwer beurteilt werden können. Die supraependymale Axon- und Zellorganisation wurde bei Mammaliern *in allen Ventrikeln* und im *Zentralkanal* angetroffen.

Zur *Entwicklung* der supraependymalen Zellen und Fortsätze s. MESTRES u. RASCHER (1977, *Ratte*), COATES (1978, *Affe*), MESTRES (1978, *Ratte*), PIETZSCH-ROHRSCHNEIDER (1978, *Maus*).

Der *Seitenventrikel* ist bei Mammaliern bisher noch wenig untersucht. Im Seitenventrikel der *Katze* finden NOACK et al. (1972) supraependymale ovale oder dreieckige, 10–12 µm große Zellen, die sie für Nervenzellen halten und deren lange, 1–1,5 µm dicke Fortsätze intermediäre und terminale Anschwellungen besitzen; Fortsätze treten auch in das Hirngewebe ein. CLEMENTI und MARINI (1972, *Katze*), die diese Zellen gleichfalls beobachten, halten sie auch für Nervenzellen. Sie beziehen sich dabei auf das Aussehen von Nervenzellen in der Gewebekultur (HAMBERGER et al., 1970; vgl. FALTIN et al., 1974). LINDE-MANN und LEONHARDT (1973, *Kaninchen*, IV. Ventrikel) weisen in REM- und TEM-Untersuchung nach, daß derartige Zellen den von ihnen ausgehenden Axonen nur aufliegen, und rechnen die Zellen zur Glia. Im Seitenventrikel des *Kaninchens* kommen, gemessen an den Verhältnissen im IV. Ventrikel, relativ wenige, aber außerordentlich lange, etwa 1 µm dicke supraependymale Fortsätze

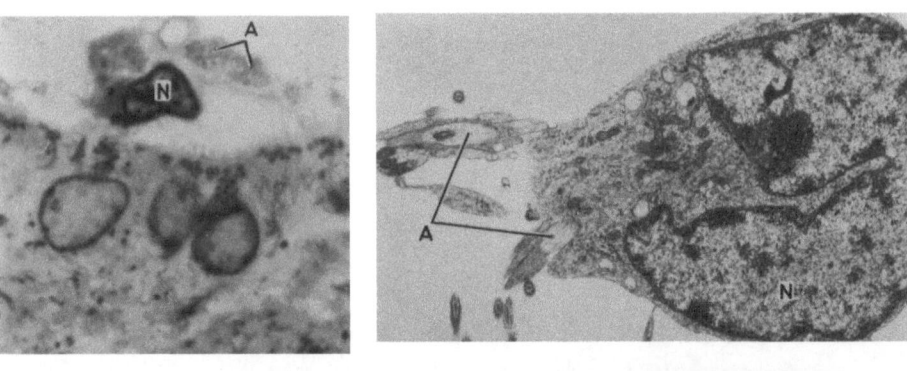

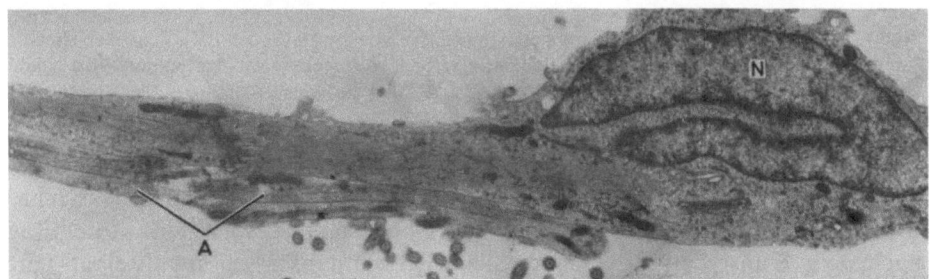

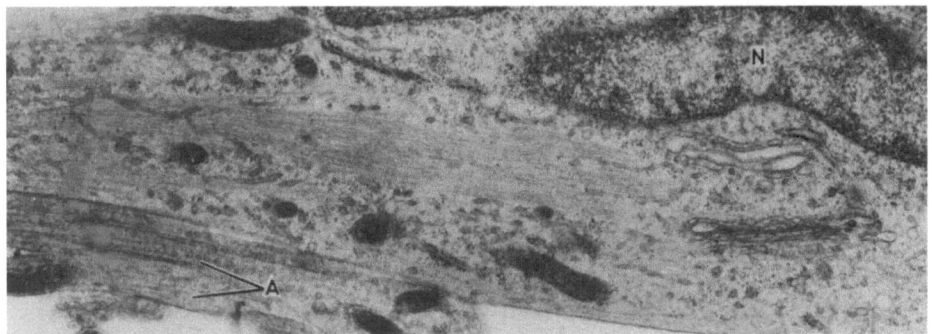

Abb. 73a–d. Supraependymale Gliazellen (*N* Zellkern) mit angelagerten bzw. eingescheideten markscheidenfreien Axonen *(A)*. Rautengrube, *Kaninchen*. **a** Färbung nach Richardson. Endvergr.: **a** × 1000, **b** u. **c** × 6000, **d** × 15600

vor, die man gelegentlich aus dem Hirngewebe austreten (oder in dieses eintreten) sieht (Abb. 75). Anfang oder Ende der Fortsätze sind nicht sicher zu erkennen. Ferner findet man kurze Fortsätze, die aus dem Hirngewebe in den Ventrikel eintreten und alsbald mit einer Anschwellung von der Größe der im TEM zu beobachtenden supraependymalen präsynaptischen Anschwellung endigen. Derartige kurze Fortsätze treten beim *Kaninchen* auch aus dem Boden der Rautengrube und aus der Wand des Zentralkanals. Hetzel (1978a, b) unterscheidet beim Kaninchen drei supraependymale Zellarten, von denen eine den Makrophagen zuzurechnen ist. Lindberg et al. (1977, *Ratte*) beobachten beim Hydrocephalus im Seitenventrikel eine Abnahme derartiger supraependy-

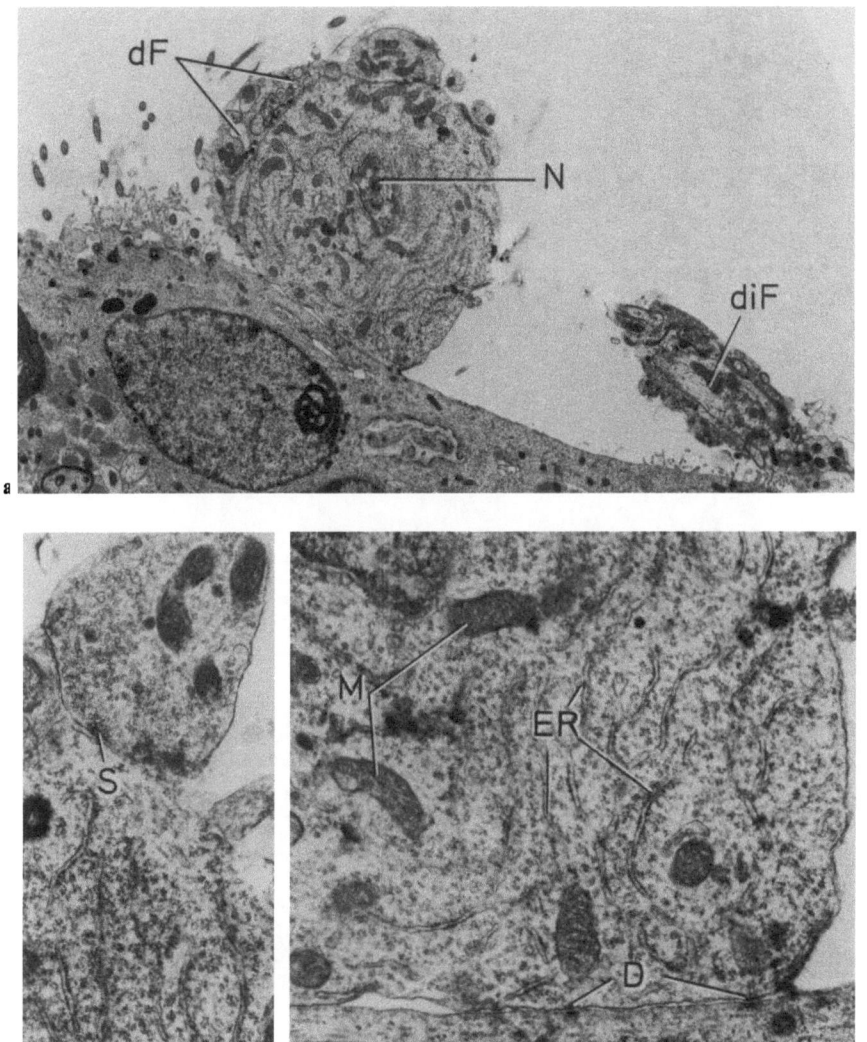

Abb. 74a–c. Supraependymale Nervenzelle, IV. Ventrikel, *Kaninchen.* **a** Übersicht, Querschnitt durch das verdünnte Ende der Zelle; *N* Zellkern am Ende tangential angeschnitten, *diF* dicker Fortsatz, begleitet von dünneren Fortsätzen (Axonen); auch am Perikaryon liegen zahlreiche dünne Fortsätze (*dF*). **b** Synapse (*S*) am Perikaryon einer supraependymalen Nervenzelle. **c** Ausschnitt aus **a**; *ER* granuliertes endoplasmatisches Reticulum. *M* Mitochondrien, *D* desmosomenartiger Kontakt mit der Ependymoberfläche. Vergr.: **a** ×4950, **b** u. **c** ×18 300

maler Neurone und eine Zunahme von supraependymalen Zellen, die aber für Makrophagen gehalten werden.

Im III. Ventrikel von Mammaliern werden in der hypothalamischen Region wiederholt supraependymale Zellen beschrieben. Sie unterscheiden sich erheblich in der Gestalt. Die Autoren sind sich darin einig, daß die eine Zellart, deren Fortsätze sich flach membranartig ausbreiten, den *Phagocyten* zugerechnet werden muß (BLEIER, 1975, *Maus;* COATES, 1975, *Affe;* SCOTT et al., 1975, *Rhesus-*

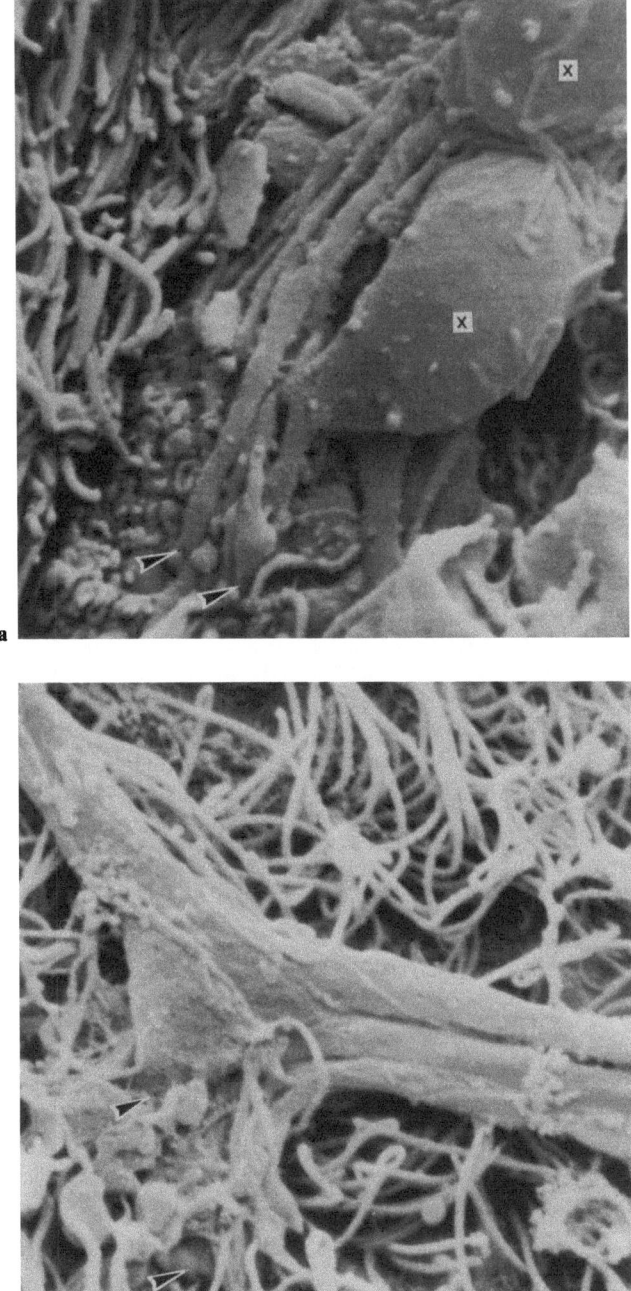

Abb. 75a u. b. Durchtritt *(Pfeile)* supraependymaler Axone (bei *x* präterminale Anschwellung) durch die Ependymoberfläche; REM. **a** Zentralkanal, **b** Seitenventrikel, *Kaninchen.* Endvergr. in der Projektion: **a** × 6030, **b** × 4950

Abb. 76a–d. Supraependymales Nervenfaserbündel, REM, III. Ventrikel, *Kaninchen.* Die Abschnitte ▶ in **a–c** schließen aneinander an; **d** Übersicht. Endvergr. in der Projektion: **a–c** × 1170, **d** × 225

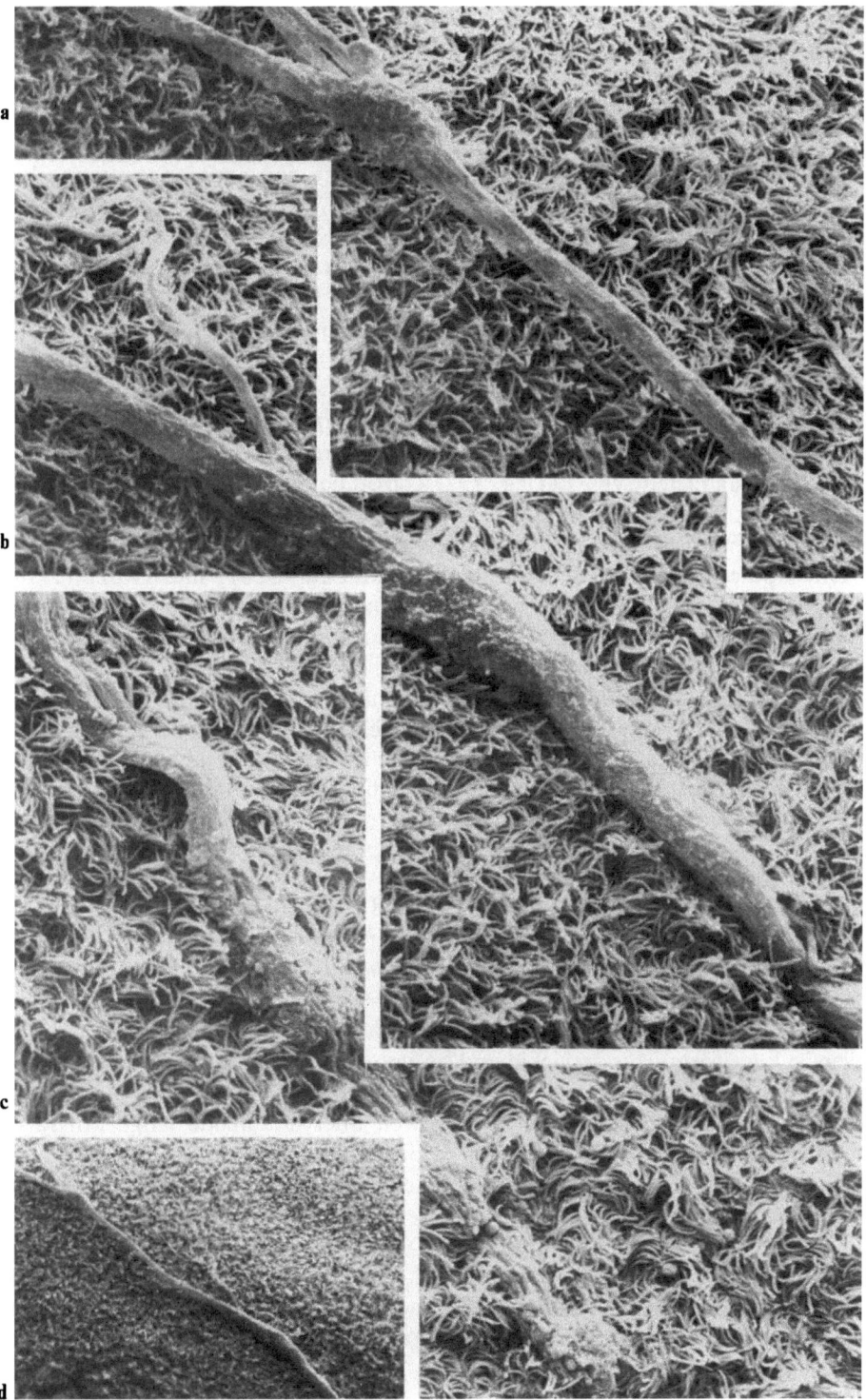

affe; Mestres, 1976, *Ratte;* Mestres u. Breipohl, 1976, *Ratte;* Coates, 1977, *Affe;* Scott et al., 1977, *Rhesusaffe,* „type II histiocytic-like cells"; vgl. Scott u. Paull, 1978, *Ratte*). Eine andere, bipolare oder multipolare, 7–12 μm große Zellart wird dagegen von einigen Autoren für eine Nervenzelle gehalten (Scott et al., 1973a, *Nerz;* Paull et al., 1974, 1977, *Ratte;* Scott et al., 1975, *Rhesusaffe;* Card u. Mitchell, 1977, 1978, *Hamster;* Martínez u. de Weerd, 1977, *Ratte;* Ribas, 1977b, *Ratte,* Epithalamus; Scott et al., 1977, *Rhesusaffe,* „type I neuronal-like cells"; Scott u. Paull, 1978, *Ratte*), von anderen Autoren aber nicht sicher einer Zellart zugewiesen (Coates, 1973a, b, *Affe;* Mestres et al., 1974, *Ratte;* Bleier, 1975, *Maus;* Martínez, 1977, *Ratte;* Samarasinghe u. Elahunt, 1977, *Opossum,* Recessus pinealis; Tulsi, 1977, *Opossum,* Recessus pinealis; Weindl u. Schinko, 1978, *Opossum*). Nach Brawer et al., (1974, *Ratte*), die eine Abnahme dieser Zellen im Oestrus auf weniger als 10 und eine Zunahme der Zellzahl im frühen Dioestrus auf über 100 beobachteten, kann es sich auch aus diesem Grund nicht um Nervenzellen handeln; es werden vielmehr Gliazellen vermutet. Bleier et al. (1975, *Affe, Katze, Nerz, Ratte, Kaninchen*) zeigen, daß diese Zellen Latex phagocytieren; die Autoren halten die Zellen für Phagocyten (vgl. Bleier, 1977a, b). Die Schwierigkeit der Diagnose besteht darin, daß ein für die REM-Untersuchung verwandtes Präparat in der nachfolgenden TEM-Untersuchung unbefriedigende Resultate ergibt.

Die supraependymalen Zellen treten perinatal auf. Scott und Paull (1978) finden die „Typ-II-Histiocyten" bei der *Ratte* am 17.Tag der Fetalentwicklung, während die „Typ-I-Neurone" erst 5–6 Tage nach der Geburt auftreten (vgl. auch Walsh et al., 1978, *Ratte*).

Über *supraependymale lange Fortsätze* mit intermediären Auftreibungen, wahrscheinlich Nervenfasern, an der Wand des III. Ventrikels berichten Scott et al. (1972a, *Mensch*). Beim *Kaninchen* kommen supraependymale Fortsätze an der Wand des III. Ventrikels im kinocilienreichen Anteil vereinzelt vor (Abb. 76). Sie zeichnen sich durch große Länge und starkes Kaliber aus. Einzelne dünnere Fortsätze scheren aus dieser – offenbar aus einem Fortsatzbündel bestehenden – Struktur aus.

Am Boden des *IV. Ventrikels* (Abb. 77, 78) werden beim *Kaninchen* caudal im Sulcus medianus und in den lateral angrenzenden Partien in einer etwa 80 μm breiten Kinocilienschneise *supraependymale Fortsätze* und *Zellen* gefunden (Lindemann u. Leonhardt, 1973). Die etwa 60 Zellen sind in zwei paramedian gelegenen Reihen symmetrisch angeordnet. Jede der etwa 10 × 10 μm großen Zellen ist kugelförmig bis dreieckig und besitzt wenige, häufig drei kurze Ausläufer (vgl. Yamadori u. Yagihashi, 1975, *Maus;* Stumpf u. Barbero, 1978, *Ratte*). Die Zellausläufer bedecken eine Strecke weit querverlaufende lange Fortsätze mit einem Kaliber von 0,2–1,2 μm. Diese ziehen zu beiden Seiten in den Ventrikelrasen; ihre Herkunft ist ungeklärt. Zellen und Fortsätze ergeben zusammen ein strickleiterartiges Bild. Im TEM erweisen sich die langen Fortsätze als markscheidenfreie Axone, die Zellen gleichen Oligodendrocyten. Hinzu kommen an dieser Stelle kurze Fortsätze, die aus dem Ventrikelboden austreten und nach kurzem Verlauf mit einer Anschwellung endigen (vgl. Yamadori u. Yagihashi, 1975); im TEM sind diese Fortsätze als mitochondrienreiche Liquorkontaktfortsätze zu erkennen.

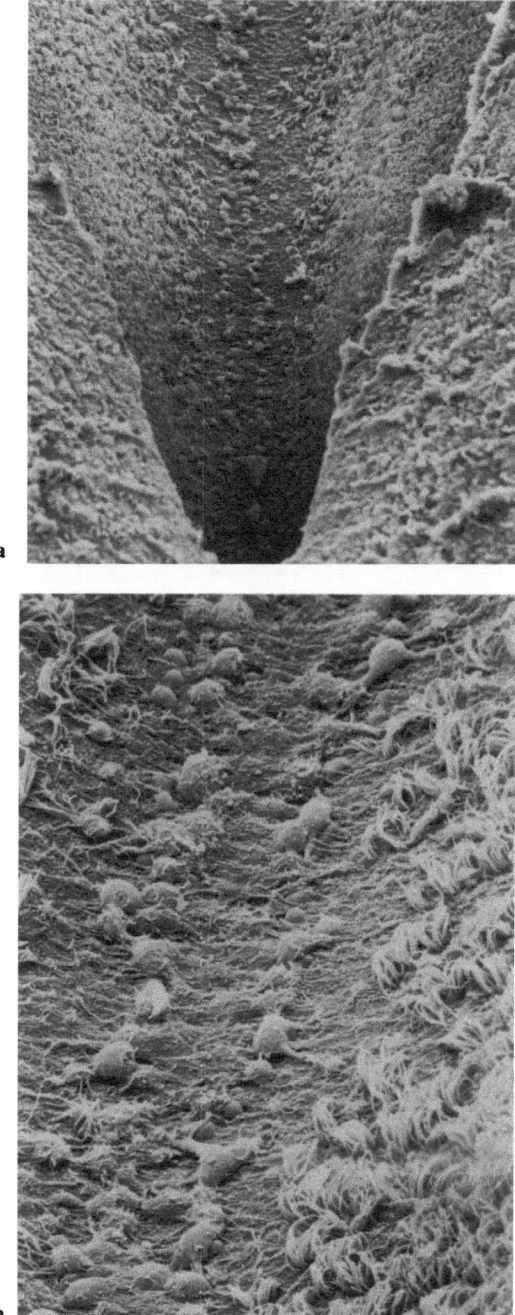

Abb. 77a u. b. Supraependymale Organisation von Axonen, Gliazellen und Liquorkontaktfortsätzen in einer medianen, kinocilienfreien Zone am Boden der Rautengrube, REM, *Kaninchen.* Übersicht. (Aus LINDEMANN u. LEONHARDT, 1973). Endvergr. in der Projektion: **a** ×270, **b** ×990

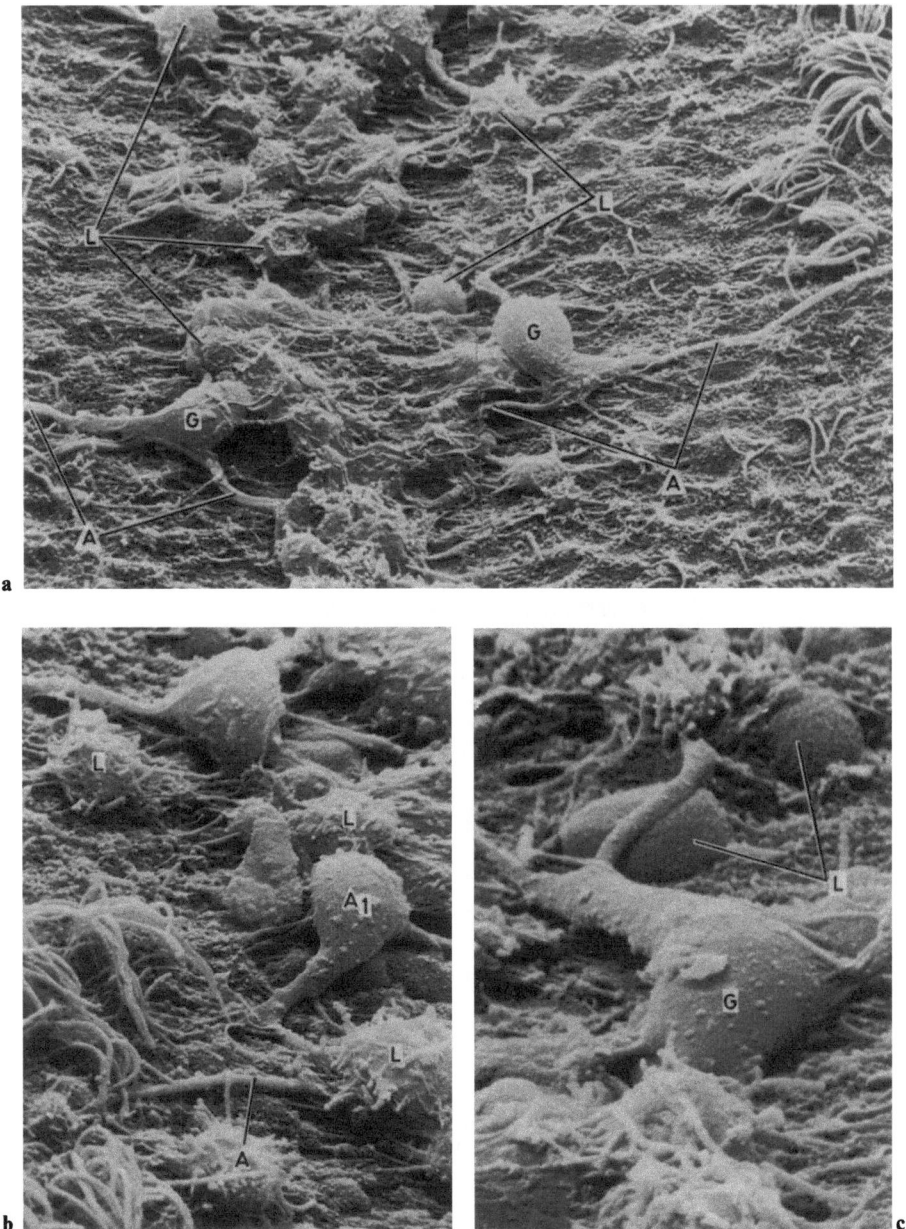

Abb. 78a–c. Komponenten der supraependymalen Organisation von Axonen, Gliazellen und Liquor-kontaktfortsätzen in einer medianen, kinocilienfreien Zone am Boden der Rautengrube, REM-Bild, *Kaninchen* (vgl. Abb. 77a, b). *A* Axone, A_1 präterminale Axonanschwellung?, *G* Gliazellen, *L* Liquor-kontaktfortsätze. Endvergrößerungen **a, b** 1:1530; **c** 1:3320. (Aus H. LEONHARDT und B. LINDE-MANN, 1973)

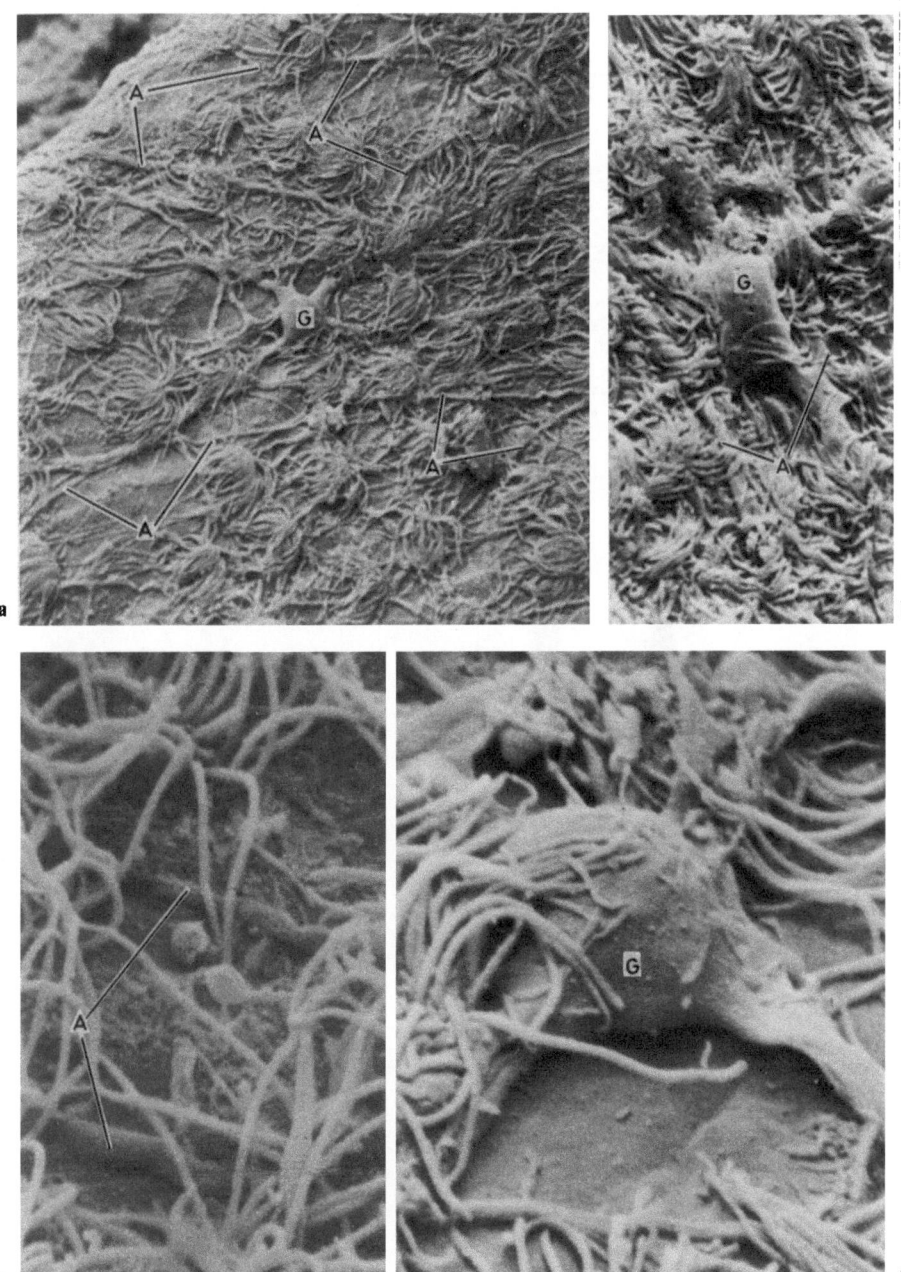

Abb. 79a–d. Supraependymale Organisation von Axonen, Glia- und Nervenzellen in der Apertura lateralis des *Kaninchens*, REM-Bild. Die häufigen rechtwinkligen oder spitzwinkligen Überkreuzungen der zahlreichen Axone *A* sind in **a** und **b** wegen der schlechten Erhaltung der Kinocilien verhältnismäßig deutlich zu erkennen; bei gut erhaltenen Kinocilien werden Axone und Zellen (*G* Gliazellen) dagegen, wie in **c** und **d**, größtenteils von Cilien bedeckt. Endvergrößerungen in der Projektion **a, b** 1:1890; **c, d** 1:4950. (Aus H. LEONHARDT und B. LINDEMANN, 1973)

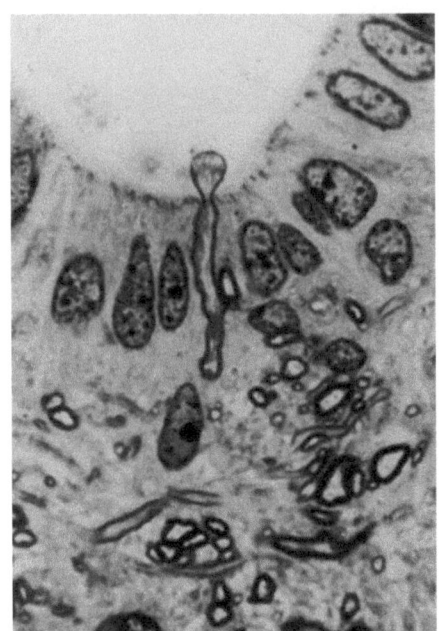
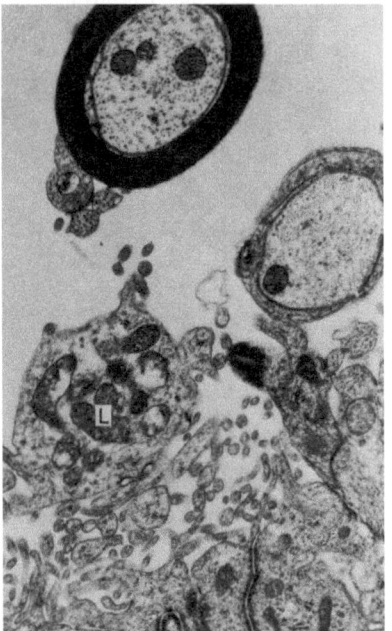
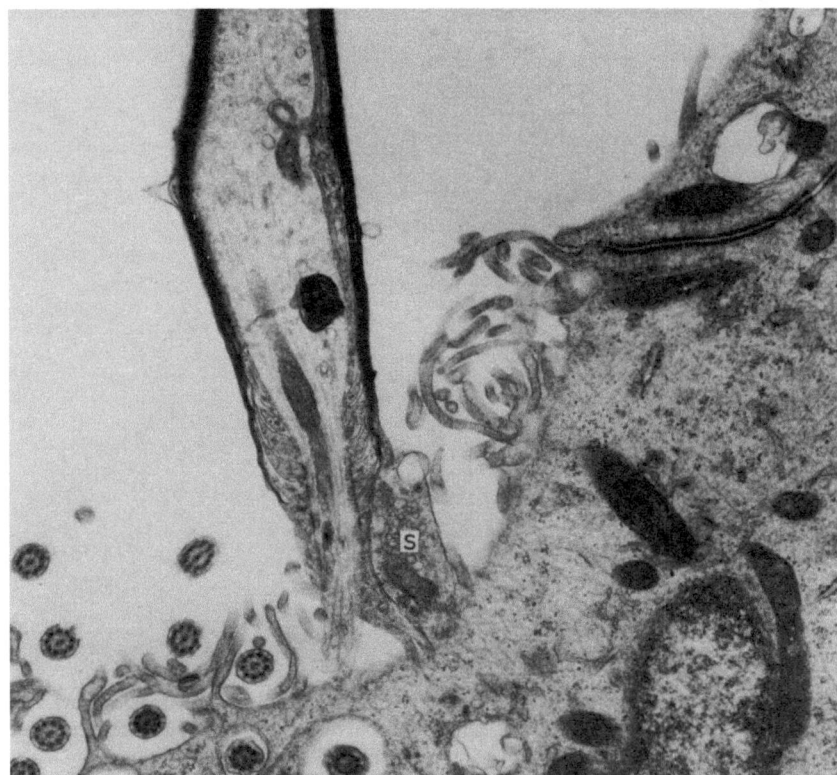

Abb. 80a–c. Supraependymale markscheidenführende Axone, *Kaninchen*, **a** Eintritt in den Central-kanal; **b** im Centralkanal; **c** im Recessus lateralis des IV. Ventrikels. *L* Liquorkontaktneuron, *S* synapsenähnlicher Kontakt. Färbung nach Richardson. Endvergrößerungen **a** 1:1400; **b** 1:18300; **c** 1:18000

Gleichartige *supraependymale Zellen* findet man in großer Zahl in Gruppen von 5–10 Zellen und mit einem Abstand von 50–200 μm in der *Apertura lateralis* (LEONHARDT u. LINDEMANN, 1973a, *Kaninchen*). Auch hier bedecken die Zellausläufer eine kurze Strecke weit dünne lange supraependymale Fortsätze, die aber im übrigen ohne weitere Begleitung, einander überkreuzend, am Boden der Apertur ein regelmäßiges gitterförmiges Muster bilden, wobei sie intermediäre und terminale Anschwellungen aufweisen (Abb. 79). Dieses Areal wird gelegentlich als eigenständiges *circumventriculäres Organ* (s.S. 365f.), als *Area recessus lateralis ventriculi quarti*, aufgefaßt (s. VIGH, 1971).

Größere walzenförmige, etwa 15 μm breite und 50 μm lange *supraependymale Zellen* werden dagegen nur ganz vereinzelt beobachtet. Sie geben 8–10 kaliberstarke (2–5 μm) Fortsätze ab, die sternförmig auseinanderstreben. Wie die TEM-Untersuchung zeigt, sind es *Nervenzellen*. Die Zellgestalt gleicht der von HAMBERGER et al. (1975) im REM sicher diagnostizierten *Nervenzelle*. Die kaliberstarken Fortsätze verlaufen im weiten Bogen über dem Kinocilienrasen, wobei sie Zweige abgeben (vgl. auch die Gestalt der Nervenzellen in REM-Beobachtungen von ROBERTS, 1976, an auswachsenden Nervenzellfortsätzen beim Amphibienembryo). Einige der großkalibrigen langen Fortsätze treten aus dem Ventrikelboden in den Liquorraum; bei diesen läßt sich ein Zusammenhang mit einer supraependymalen Nervenzelle nicht feststellen. Vermutlich entsprechen sie den im TEM an dieser Stelle in den Ventrikel eintretenden markscheidenführenden *Nervenfasern* (LEONHARDT, 1968a, *Kaninchen*).

Die bisher am Boden des IV. Ventrikels beim Kaninchen aufgefundene supraependymale Organisation zeigt ein überraschendes Muster. Es wird sowohl durch die regelmäßige Anordnung von Gliazellen als auch durch die Anordnung von teils transversal, teils longitudinal ausgerichteten supraependymalen Axonen hervorgerufen. Die transversale Axonrichtung setzt sich auf die ventriculäre Oberfläche der Area postrema fort (s.S. 504ff.), die longitudinale in den Zentralkanal.

Im *Zentralkanal* verlaufen relativ wenig Fortsätze mit teils dünnem, teils dickerem Kaliber in Längsrichtung. Sie berühren Liquorkontaktfortsätze mit intermediären Anschwellungen (LEONHARDT, 1976, *Kaninchen*). Markscheidenhaltige Nervenfasern können aus der Wand des Zentralkanals in diesen eintreten (Abb. 80).

Über die supraependymalen Zellen im Ventrikelsystem der *Eidechse* berichten BLEIER et al. (1975), BLEIER (1977c).

3.4. Beteiligung an Funktionen des Zentralnervensystems

In Hypothesen zu den Leistungen der Liquorkontaktneurone und der supraependymalen Nervenzellfortsätze und Nervenzellen werden sowohl Receptorfunktionen als auch Stoffabgabevorgänge (Transmitterabgabe) erwogen.

Die *Liquorkontaktneurone* werden von der Mehrzahl der Autoren heute für *Sinneszellen* gehalten. Indessen schließen sich sensorische und sekretorische

Funktionen (und Strukturen) nicht gegenseitig aus, wie das Pinealorgan niederer Vertebraten und die Phylogenese des Corpus pineale der Mammalier zeigen (Oksche, 1970). Als Sinneszellen spielen die Liquorkontaktneurone in zahlreichen, vorwiegend allerdings Nichtmammalier betreffenden Hypothesen über eine Beteiligung des Liquors an neurohormonalen Regelvorgängen und in Hypothesen über die Regulation der Ionenzusammensetzung des Liquors eine Schlüsselrolle. Gesicherte Erkenntnisse über die Funktion der Liquorkontaktneurone sind nicht bekannt geworden. In den Hypothesen werden folgende Zusammenhänge erwogen:

Die *hypothalamischen Liquorkontaktneurone* sind, den Vorstellungen von Vigh und Vigh-Teichmann (1973) zufolge, Chemoreceptoren. Die früher diskutierte Frage, ob es sich nicht vielmehr um sekretorische Elemente handele (vgl. Smoller, 1965), wird von den meisten Autoren zugunsten einer Receptorfunktion entschieden. Nach Vigh und Vigh-Teichmann (1973), Scott et al. (1974d), Dierickx (1974), Vigh-Teichmann und Vigh (1974a, b) vermitteln hypothalamische Liquorkontaktneurone möglicherweise als Glied eines „ultrashort-loop-feedback"-Mechanismus (Scott et al., 1974) Informationen aus dem Liquor an die Neurone des zugeordneten Kerngebietes. Diese Funktion wird auch hinsichtlich der Tanycyten vermutet (Knowles u. Vollrath, 1966a; Rodríguez, 1970c; vgl. Knowles, 1969, 1974; Sterba, 1974; vgl. auch die auf S. 282ff. zitierten Arbeiten). Nach den Untersuchungen von Oksche und Hartwig (1975) ist im übrigen nicht auszuschließen, daß sich unter den diencephalen Liquorkontaktneuronen der Fische auch Photoreceptoren befinden.

Die *Afferenzen* und *Efferenzen* des hypothalamischen Liquorkontaktneurons fassen Vigh-Teichmann und Vigh (1974a) in einem Schema folgendermaßen zusammen: Receptorstruktur ist der Liquorkontaktfortsatz. Axodendritische Synapsen mit afferenten Erregungen aus subependymalen Neuronen können sowohl dem Liquorkontaktfortsatz als auch seinem Verbindungsstück, seinem Perikaryon und weiteren subependymalen Dendriten aufsitzen. Der Neurit des Liquorkontaktneurons kann mit Collateralen entweder ein anderes Liquorkontaktneuron oder entfernter liegende subependymale Neurone innervieren. In einem weiteren Schema zeichnen die Autoren die übergeordneten Afferenzen und die efferenten Auswirkungen auf Motorik und Hormonhaushalt. Nach Vigh-Teichmann (1974) treten die Neuriten von Liquorkontaktneuronen des Nucleus preopticus in den Tractus hypothalamo-neurohypophyseus ein.

Die Voraussetzungen für einen *Rückmeldemechanismus* über den Liquor und über Liquorkontaktneurone (oder über Ependymzellen) bzw. über supraependymale Axone sind insoweit gegeben, als sowohl Steuerhormone, „releasing hormones", als auch Hormone der Erfolgsdrüsen, „target gland hormones", physiologischerweise im Liquor vorkommen (s.S. 265).

Unklar bleibt zunächst allerdings noch, welche Reize adäquat auf die Liquorkontaktneurone wirken. Vigh und Vigh-Teichmann (1973, Lit.) diskutieren die Liquorkontaktneurone auch als Thermoreceptoren und führen an, daß diese von Seiten der Physiologie (Hellon, 1972) gerade an jenen Stellen (Hypothalamus und Rückenmark) gesucht werden, an denen die Liquorkontaktneurone ausgebildet sind. Auch andere Modalitäten (Sättigung, Hunger, Durst, Volumen u.a.) werden nicht ausgeschlossen. Die Autoren verweisen in diesem Zusammenhang u.a. auch darauf, daß die Injektion von Dopamin in den III. Ventrikel (KAMBERI et al., 1970) eine LH-Ausschüttung der Hypophyse auslöst (vgl. hierzu auch die auf S. 270 ff. zitierten Untersuchungen über die Auswirkungen nach intraventriculären Applikationen von Wirkstoffen).

Die *medullospinalen Liquorkontaktneurone* werden von VIGH und VIGH-TEICHMANN (1973) mit Mechanoreceptoren verglichen – Receptoren für Gravitations-, Vibrations- oder Strömungsreize, vergleichbar dem Seitenlinienorgan und den Labyrinthreceptoren. Die Autoren diskutieren die von KOLMER (1921 a) bereits geäußerte Vorstellung, die Liquorkontaktneurone könnten im Zusammenwirken mit dem Reissnerschen Faden, der (wahrscheinlich) die Liquorkontaktfortsätze berührt, durch Körperbewegungen, hauptsächlich in axialer Richtung, Reize aufnehmen. Den Stereocilien wird dabei im Sinne der Vorstellungen von VINNIKOV (1969) eine aktivierende Rolle zugeschrieben.

Hinsichtlich des unterschiedlichen Gehaltes der medullospinalen Liquorkontaktfortsätze an *Mitochondrien* ist aber auch das funktionsabhängige Verhalten der Mitochondrien im „Kopf" der *Krönchenzellen* des *Saccus vasculosus* in die Überlegung einzubeziehen. Der Kopf der Krönchenzellen ist vergleichbar dem Liquorkontaktfortsatz des Liquorkontaktneurons. Bei der an Süßwasser adaptierten *Regenbogenforelle* enthält der Kopf nur wenig, bei Adaptation an Meerwasser dagegen zahlreiche Mitochondrien (v. MECKLENBURG, 1973). VAN DE KAMER et al. (1974) finden beim *Hundshai* nach Einbringen in hypertones Meerwasser einen Anstieg der Mitochondrienzahl im Kopf der Krönchenzellen, nach Verbringen in normales Meerwasser wieder einen Rückgang der Mitochondrienzahl. Die Autoren weisen nach, daß es sich dabei um eine Verschiebung der Mitochondrien zwischen dem perinucleären Zellbereich und dem Kopf handelt.

Es ist nicht ausgeschlossen, daß auch beim *medullospinalen Liquorkontaktfortsatz* energiefordernde Vorgänge, auf die die Anwesenheit (und Einwanderung?) von Mitochondrien hinweist, in einer Aufnahme (Abgabe?) von Elektrolyten aus dem Liquor cerebrospinalis beruht, wie das VAN DE KAMER et al. (1974) für die Krönchenzellen des Saccus vasculosus wahrscheinlich machen. Die Ausbildung von stereocilienartigen Protrusionen in mitochondrienarmen Liquorkontaktfortsätzen würde eine Anpassung an das verminderte Volumen des Kontaktfortsatzinhaltes bei Abwanderung der Mitochondrien herbeiführen und bei erneuter Einwanderung der Mitochondrien eine Volumenreserve bereitstellen. Die Vorstellung, daß das Ependym den *Elektrolytgehalt des Liquors* reguliert, wird gestützt durch den Nachweis von Calciumspeichern in Ependymzellen (GAMBETTI et al., 1975). Dabei ist es nicht ausgeschlossen, daß die Liquorkontaktneurone mit einer Aufnahme von Elektrolyten gleichzeitig, im Sinne der Vorstellungen von VIGH und VIGH-TEICHMANN (1971, 1973), eine Receptorfunktion erfüllen. Für einen Elektrolytaustausch bzw. für Receptorfunktion der Liquorkontaktneurone sind insoweit die Voraussetzungen vorhanden, als beim *Kaninchen* (BRADBURY et al., 1964; SCHWARZBERG et al., 1971) wie bei anderen Vertebraten (NAKAYAMA u. KOHNO, 1974) im Zentralkanal eine caudalwärts gerichtete Liquorbewegung besteht.

Die *supraependymalen Axone und Nervenzellen* werden heute von vielen Autoren für efferente Strukturen gehalten, die durch Serotoninabgabe den Serotoningehalt des Liquors steuern (vgl. CHAN-PALAY, 1976 und die weiteren auf S. 311

zitierten Untersuchungen). Doch wird auch die Frage einer sensorischen Funktion wiederholt diskutiert (WESTERGAARD, 1972; BOUCHAUD et al., 1976 u.a.) – nicht zuletzt auch im Hinblick auf die Beobachtungen von FELDBERG und FLEISCHHAUER (1960, 1961, 1962, 1963a, b, 1965), CARMICHAEL et al. (1962). Die Autoren kommen bei Untersuchungen an der *Katze* über die durch Pharmaka lokal an der Ventrikelwand auslösbaren Effekte (z.B. Auslösung von Krämpfen durch Tubocurarin) zu dem Schluß, daß beim Eindringen der Pharmaka in das Hirngewebe auch Receptorstrukturen beeinfluß werden, die zu sehr raschen Wirkungen auch in entfernt liegenden Hirnteilen führen. Durch geringe Dosen von Angiotensin II wird Durst hervorgerufen (JOHNSON u. EPSTEIN, 1975; HOFFMAN u. PHILLIPS, 1976), geringe Dosen von Norepinephrin beeinflussen die Körpertemperatur (CANTOR u. SATINOFF, 1976 u.a.). Andere Untersuchungen (vgl. HAYWARD, 1972; BENNETT, 1973; McKINLEY et al., 1974; BLAINE et al., 1975 u.a.) lassen „Osmoreceptoren" erwarten. In allen derartigen Untersuchungen kann aber bei der Frage nach Receptorstrukturen nicht außer acht bleiben, daß den injizierten Stoffen zwischen Ependymocyten hindurch und über das Intercellularspaltensystem der direkte Zugang zu Effectorzellen im Hypothalamus grundsätzlich offen steht.

4. Subependymale Gewebeplatte

Als *subependymale Gewebeplatte* („subependymal plate": GLOBUS u. KUHLENBECK, 1944; „subependymal layer", „hypependymal layer", „hypendyma", „periventricular zone": vgl. FLEISCHHAUER, 1972) bezeichnet man die unmittelbar unter den Ependymzellen gelegene Gewebeschicht. Sie ist strukturell und funktionell eng mit den Ependymzellen verbunden und damit wichtiger Bestandteil der Ventrikelauskleidung, des Ependyms.

Die subependymale Gewebeplatte ist in den einzelnen Abschnitten des Ventrikelsystems unterschiedlich zusammengesetzt. Die größten *Unterschiede* werden – entsprechend den morphologischen und funktionellen Unterschieden kinocilienreicher und kinocilienarmer Ependymzellen – zwischen der subependymalen Gewebeplatte *kinocilienreicher Ependymareale* und der *kinocilienarmer Areale* gefunden.

Während der fetalen und frühen postnatalen Entwicklung erfährt die subependymale Gewebeplatte stellenweise vorübergehend eine *Auflockerung,* die auch zur Cystenbildung führen kann. Diese Auflockerung steht offenbar mit der Morphogenese des Gehirns und mit der histologischen Ausreifung des periventriculären Gewebes im Zusammenhang und ist von Zelluntergängen und der vorübergehenden Einwanderung von – wahrscheinlich mesenchymalen – Zellen begleitet (BOYD, 1969, *Mensch*, 45 mm Scheitel-Steiß-Länge, Rhombencephalon; BOOZ u. FELSING, 1973, *Ratte*, perinatal, Diencephalon; s. auch DAS, 1976). *Zelluntergänge* in der subependymalen Gewebeplatte sind vermutlich Ausdruck eines bei der Organentwicklung, speziell bei der Hirnentwicklung allgemein zu beobachtenden Vorgangs der Morphogenese (vgl. KÄLLÉN, 1965; MARUYAMA u. D'AGOSTINO, 1967; MATTANZA, 1973a, b; ZILLES et al., 1975 u.a.).

Vergleichbare Vorgänge treten regelmäßig auch in der Entwicklung der subependymalen Gewebeplatte von *Submammaliern* auf (*Teleosteer:* DANNER, 1973; PFISTER u. DANNER, 1974; *Vögel:* SCHMITT, 1973).

4.1. Kinocilienreiche Ependymareale

Am Aufbau der subependymalen Gewebeplatte haben *Gliazellen, neuronale Elemente, „freie" Zellen* und *Blutgefäße* mit begleitenden *Basallaminae* Anteil. In die subependymale Gewebeplatte strahlen die basalen Fortsätze von Ependymzellen ein.

4.1.1. Subependymales Glialager

Bei adulten *Mammaliern* werden die Ependymzellen großer Ventrikelregionen – in ausgeprägtem Maße die kubischen und hochprismatischen Ependymocyten – von einer *Gliaschicht* unterlagert. Bei einigen Species ist diese zweischichtig (*Katze:* FLEISCHHAUER, 1960, 1961; *Mensch:* FRIEDE, 1961; SCHIMRIGK, 1965, 1966), bei anderen einschichtig (*Maus:* WESTERGAARD, 1970). Bei *zweischichtigem* Bau folgt auf die Ependymzellschicht eine erste Schicht von Gliafortsätzen, „Gliafasern", darunter eine zweite Schicht von Gliazell-Perikaryen, größtenteils Astrocyten, aber auch Mikrogliazellen und undifferenzierte Zellen. Bei *einschichtigem* Bau fehlt die „Gliafaserschicht".

Über die *Entwicklung* des subependymalen Glialagers s. SMART (1961), ALTMAN (1963, 1966a), FLEISCHHAUER (1968), über die *enzymhistochemische Entwicklung* s. STAVROU (1973); s. auch 1.1.

Die Gliafortsätze der *Astrocyten* sind reich an Filamenten, enthalten einige Mitochondrien und gelegentlich Lysosomen. Die Gliazellperikaryen, die häufig eine umschriebene Lage zwischen den Gliafortsätzen und dem Neuropil benachbarter Kerngebiete einnehmen, besitzen große, meist runde Kerne mit ebenmäßig verteiltem Chromatin. Einige Gliafortsätze ziehen immer auch zur Wand benachbarter Blutgefäße.

Die *Dicke* des subependymalen Glialagers variiert von Species zu Species und in topographisch charakteristischer Weise auch von Region zu Region. Anordnung und Verlauf der Gliafortsätze haben Anteil an der Architektonik der Ventrikelwand; sie sind regionenspezifisch zu deren Oberfläche ausgerichtet. Die Architektonik der subependymalen Gliaschicht kann im Polarisationsmikroskop (PANNESE, 1956), eindrucksvoller noch im Fluorescenzmikroskop nach Färbung mit Chromalaunhämatoxylin-Phloxin sichtbar gemacht werden (FLEISCHHAUER, 1960; Abb. 81).

Am besten ist die *subependymale Gliaarchitektonik* bei der *Katze* untersucht (FLEISCHHAUER, 1960, 1961, 1966, vgl. 1972). Für die *Katze* gilt generell, daß das subependymale Glialager über grauer Substanz (und unter hohen Ependymzellen) stark ausgebildet ist, während es über weißer Substanz (und unter flachen Ependymzellen) häufig ganz fehlt. Nach FLEISCHHAUER ist das subependymale Glialager bei der *Katze* in folgender Weise verteilt:

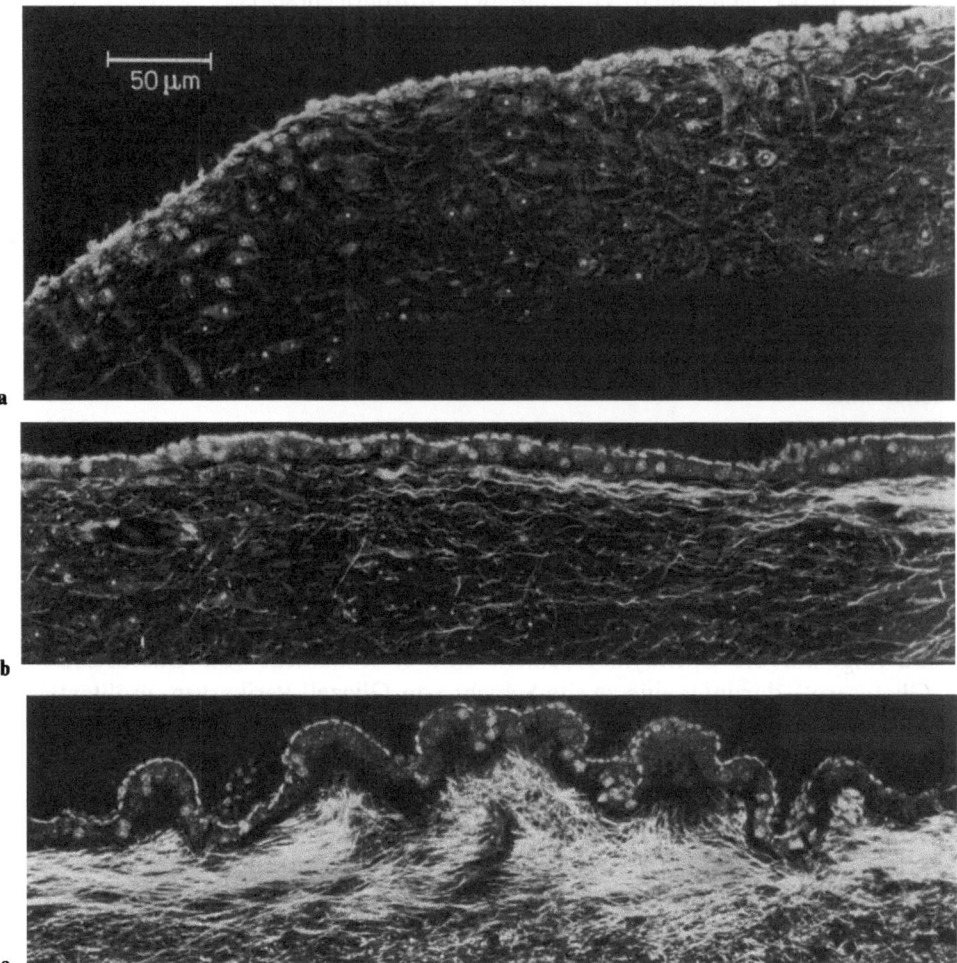

Abb. 81a–c. Subependymales Glialager, Wand III. Ventrikel, *Katze.* **a, b** Ventrikelwand über dem
Nucl. tuberis infundibularis; **b** dorsale Fortsetzung der Ventrikelwand in **a**, in **a** ist eine subependymale Faserschicht nicht ausgebildet, **b** oben beginnende subependymale Faserschicht. **c** Ventrikelwand an der Grenze zur Area hypothalamica dorsalis; dorsale Fortsetzung der Ventrikelwand
in **b,** stark entwickelte subependymale Faserschicht. Chromalaunhämatoxylin-Phloxin nach Gomori,
fluorescenzmikroskopische Aufnahmen. Vergrößerungen 1:500, nachträglich verkleinert. (Aus K.
FLEISCHHAUER, 1960)

Seitenventrikel. Im Vorderhorn bedeckt das subependymale Glialager den
Nucleus caudatus mit einer dünnen Schicht, über dem Septum verlaufen die
„Gliafasern" parallel mit diesem, im unteren Septumanteil verlieren sie sich.
Unter dem Balken fehlen sie. Im lateralen Winkel über dem Fasciculus subcal-
losus ist das Glialager nachweisbar. Im Mittelteil und Unterhorn über der Co-
rona radiata und dem Alveus fehlt das Glialager, dagegen ist es über dem
Corpus amygdaloideum gut ausgebildet.

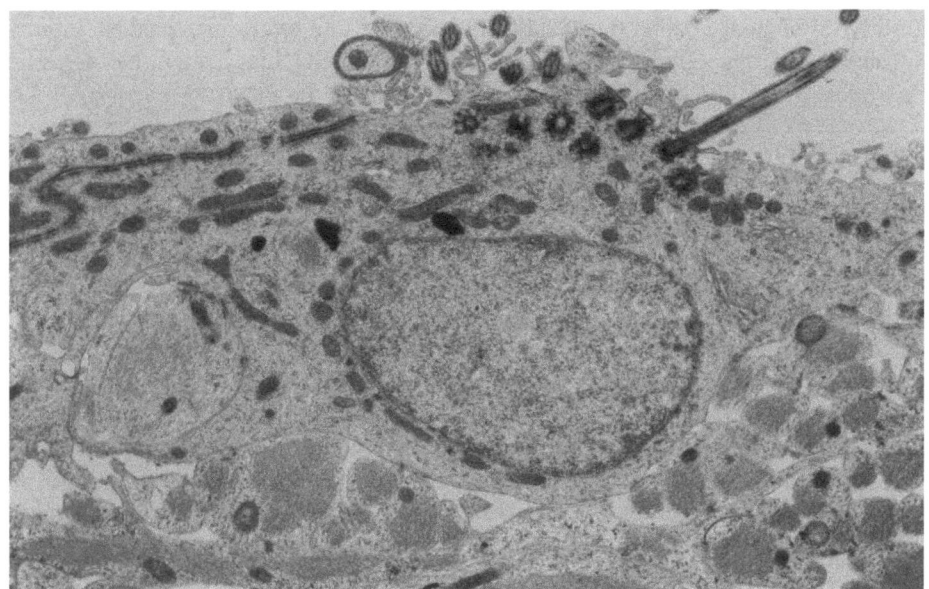

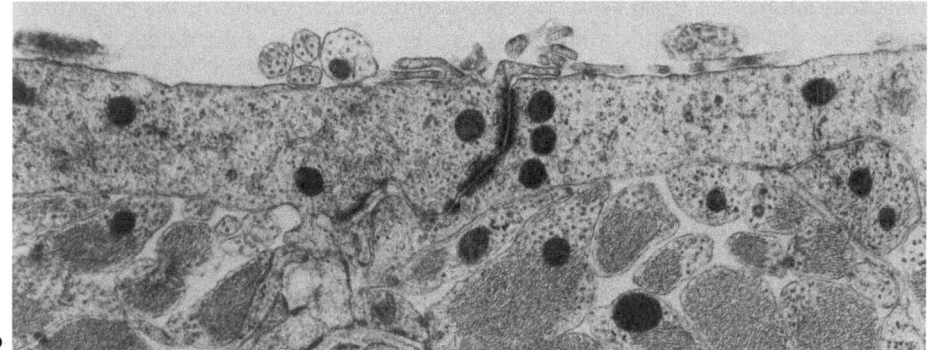

Abb. 82 a u. b. Subependymale Gliafaserschicht im Bereich kinocilienreicher Ependymzellen der Apertura lateralis des *Kaninchens* (in **a** und **b** auch supraependymale Axone). Endvergr.: **a** × 3500, **b** × 18 300

Am *III. Ventrikel* ist das Glialager in weiten Teilen gut entwickelt, doch wird es gegen das Infundibulum zu immer schwächer und geht schließlich in der Wand des Infundibulum in die andersartige Gliaformation der subependymalen Gewebeplatte kinocilienarmer Ependymzellen über.

In den *Aquädukt* und *IV. Ventrikel* (FLEISCHHAUER u. PETROVICKÝ, 1968, *Katze*) setzt sich das subependymale Glialager des III. Ventrikels in Form zweier Bündel fort, von denen je die Hälfte in das Velum medullare anterius, die andere Hälfte in den Boden der Rautengrube einstrahlt. Im Boden der Rautengrube werden die „Gliafasern" durch querverlaufende Züge gekreuzt. In der Mitte der Rautengrube stehen beide Systeme mit Gliafortsätzen aus dem dorsalen Anteil der Raphe in Verbindung. Über den Kerngebieten des N. abducens und N. hypoglossus, über den Vestibulariskernen und nahe der Apertura lateralis (Abb. 82) ist das Glialager nur schwach entwickelt; hier treten Nervenzellen bis nahe unter die Ependymzellen (FLEISCHHAUER u. PETROVICKÝ, 1968). Das Dach des IV. Ventrikels besitzt unter dem Velum medullare anterius ein geringes, unter der Lingula des Kleinhirns kein, unter dem Fastigium aber wieder ein Glialager. Im Velum medullare posterius grenzen die Ependymzellen an das Piabindegewebe.

Auch beim *Menschen* wird nach SCHIMRIGK (1966) im *Seitenventrikel* ein zweischichtiges subependymales Glialager gefunden. Es ist „mit Ausnahme kleiner Bezirke, an allen Wänden des Vorderhorns und des Hinterhorns anzutreffen, an der lateralen Wand und den äußeren Abschnitten der dorsalen Wand der Pars centralis sowie im Dach und dem anschließenden Abschnitt der lateralen Wand des Unterhorns". Über den medialen Balkenabschnitten, über Fornix, Fimbria fornicis, Hippocampus und stellenweise über dem dorsalen Abschnitt des Septum pellucidum und dem Caput nuclei caudati dagegen ist nur die Schicht der Gliazell-Perikaryen ausgebildet, die Schicht der Gliafortsätze fehlt (vgl. auch OPALSKI, 1934).

Im *III. Ventrikel* ist nach SCHIMRIGK (1966, *Mensch*) das subependymale Glialager zweischichtig „im Recessus supraopticus, im Recessus triangularis zwischen den beiden Fornixsäulen, oberhalb des Sulcus Monroi bis zur Anheftungsstelle des Plexus choroideus und im Bereich des Furchenfeldes der Area thalami". Einschichtig (nur Gliazell-Perikaryen enthaltend) ist das subependymale Glialager „auf großen Flächen des III. Ventrikels zu finden: über dem Nucleus paraventricularis, dem Thalamus, dem Nucleus habenulae, im ventralen Abschnitt der Lamina terminalis über dem Nucleus ventromedialis, im Boden des Recessus suprapinealis und im Dach und an der lateralen Wand des Recessus pinealis".

Im *Aquädukt* des *Menschen* wird nach FRIEDE (1961) in der Mitte des Daches und am Boden eine subependymale Gliaschicht ausgebildet. Auch bei mehreren Primaten wird im Dach des Aquäduktes eine gut entwickelte subependymale „innere Gliafaserdeckschicht" beschrieben (MERKER, 1970).

Im Boden des *IV. Ventrikels* findet man nach OPALSKI (1934, *Mensch*) medial ein gut ausgebildetes subependymales Glialager, das zur Seite hin abnimmt. Die mediale Wand des Recessus lateralis enthält zahlreiche subependymale Gliazellen (Hortega-Zellen, Astrocyten und kleine Gliazellen).

Die subependymalen Gliazellen sind nach allgemeinem Verständnis hauptsächlich *Astrocyten* (vgl. KLINKERFUSS, 1964; BLAKEMORE u. JOLLY, 1972; FLEISCHHAUER, 1972). Immunhistochemisch können in ihnen gliaspezifische Filamente nachgewiesen werden (BIGNAMI u. DAHL, 1977, *Ratte*, Lit.). Nach LUDWIN et al. (1976, *Ratte*) enthalten die subependymalen Gliafasern zwar ein „glial fibrillary acidic" (GFA) Protein, nicht aber das S-100 Protein, das in den Astrocyten-Zelleibern gefunden wird. Immunhistochemisch wird stellenweise auch Actin und Myosin beobachtet (GRÖSCHEL-STEWART et al., 1977, *Ratte*; OWMAN et al., 1977, *Ratte*). Die Intercellularkontakte der in Ausdifferenzierung begriffenen subependymalen Glia sind zunächst noch spärlich ausgebildet (PRIVAT, 1977, *Ratte*, Gefrierbruchuntersuchung).

4.1.2. Subependymale „freie" Zellen

Im Astrocytenverband des subependymalen Glialagers von Mammaliern werden regelmäßig auch *„freie" Zellen* unterschiedlicher Struktur, Anfärbbarkeit und wahrscheinlich auch unterschiedlicher Herkunft gefunden (LING u. MUMTAZZU-DIN AHMED, 1974, Übersicht). Einige der Zellen gelten als undifferenzierte, zur Proliferation befähigte Elemente; sie werden als eine besondere Zellart, *„subependymal cells"*, von anderen Zellen in subependymaler Lage, den *Mikrogliocyten, Oligodendrocyten* und den *Chromalaunhämatoxylin-positiven Zellen* („Gomori-positive" Glia) abgegrenzt. *Makrophagen, Abwehrzellen des Immunsystems* und *Mastzellen* kommen in der subependymalen Gewebeplatte der kinocilienreichen Ventrikelwandareale im Unterschied zu den kinocilienarmen Arealen offenbar nicht regelmäßig oder nur unter krankhaften Bedingungen vor.

Subependymal cells. Die subependymale Gewebeplatte enthält bei Mammaliern an vielen Stellen des Ventrikelsystems undifferenzierte Zellen, die im postfetalen und adulten Leben noch *Mitosen* und anschließend eine Differenzierung der neu entstandenen Zellen erkennen lassen. Da die bedeckenden Ependymzellen dieser Regionen zu diesem Zeitpunkt bereits in kinocilienreiche Ependymocyten oder in kinocilienarme, funktionell integrierte Ependymzellen differenziert sind, handelt es sich bei diesen Zellproliferationen nicht eigentlich um Vorgänge, wie sie postembryonale Matrixzonen charakterisieren (s.S. 181 ff.), wenngleich die Übergänge fließend sind (vgl. WENGER et al., 1966; HOMMES u. LEBLOND, 1967; HINDS, 1968; CAVANAGH u. LEWIS, 1969; KIRSCHE, 1970; BERRY, 1977). Die Fähigkeit zur Proliferation bleibt in den Zellen der subependymalen Gewebeplatte länger erhalten als in der Ependymzelldecke. Bei neugeborenen Individuen können dabei noch Wachstumsvorgänge im Sinne einer Organvergrößerung ablaufen (vgl. PATERSON et al., 1973; LAKOMY, 1974), bei juvenilen spielt die Ausdifferenzierung des subependymalen „Gliafaser"-Lagers eine Rolle (vgl. FLEISCH-HAUER, 1968, Übersichtsreferat), bei adulten ist eher an Zellersatz zu denken. Auch die „subependymal cells" erwachsener Mammalier erweisen sich elektronenmikroskopisch als weitgehend undifferenziert; sie können hierdurch von Mikrogliocyten und Astrocyten unterschieden werden (BLAKEMORE, 1969, *Ratte;* BLAKEMORE u. JOLLY, 1972, *Hund;* LEWIS, 1968a, b, *Ratte;* STENSAAS u. GILSON, 1972, *Kaninchen;* LING, 1974, *Primaten*).

Die *Proliferation* ist anhand von Mitosezählungen nur unzureichend nachzuweisen (vgl. FLEISCHHAUER, 1968), bei Anwendung von Colchicin aber möglich (WENGER et al., 1964, 1966, *Ratte*). In den meisten Untersuchungen wurde die Markierung durch ³H-Thymidin angewandt (SMART, 1961; SMART u. LEBLOND, 1961, *Maus;* NOETZEL u. ROX, 1964, *Maus, Rhesusaffe;* ALTMAN, 1963, 1966b, 1969, *Ratte, Katze;* ALTMAN u. DAS, 1966, *Ratte;* HINDS, 1968, *Maus;* LEWIS, 1968a, b, *Ratte,* 1968c, *Primaten;* FULCRAND et al., 1970, *Ratte;* DEMÊMES u. MARTY, 1972, *Katze;* PATERSON et al., 1973, *Ratte*). Die elektronenmikroskopische Untersuchung gibt Hinweise auf undifferenzierte, mitosenverdächtige Zellen (KLINKERFUSS, 1964, *Katze;* BLAKEMORE, 1969, *Ratte;* LEONHARDT, 1972c, *Kaninchen;* PRIVAT u. LEBLOND, 1972, *Ratte;* STENSAAS u. GILSON, 1972, *Kaninchen*).

Subependymale Proliferationen werden in *juvenilen* Gehirnen zunächst und zumeist an den Stellen beobachtet, an denen erst postfetal eine subependymale

„Gliafaser"-Lage entsteht (vgl. FLEISCHHAUER, 1966, *Katze*, 1968). Im *adulten* Gehirn stehen die Proliferationen in keinem erkennbaren Zusammenhang mit der Hirnreifung. Sie sind auch nicht vermehrt bei Ausbildung von Gliosen nach Hirnläsionen (DEMÊMES u. MARTY, 1972), noch sind sie ohne weiteres in einen Zusammenhang mit Oligodendrogliomen brachycephaler *Hunderassen* zu bringen (FISCHER, 1967; KLAUS, 1972; vgl. LEWIS, 1968 c; VICK et al., 1977). Der Verdacht, daß undifferenzierte subependymale Zellen im Zusammenhang mit der Ausbildung von Tumoren im Zentralnervensystem des *Menschen* stehen (vgl. GLOBUS u. KUHLENBECK, 1944; KLAUS, 1972; AZZARELLI et al., 1977), wird aber aufrecht erhalten (HOPEWELL, 1975; BERRY, 1967; COPELAND u. BIGNER, 1977). Es wird weiterhin vermutet, daß die proliferierenden Zellen dem Gliaersatz dienen (HOMMES u. LEBLOND, 1967; LEWIS, 1968 b; PATERSON et al., 1973; vgl. CAMMERMEYER, 1965 a) oder überhaupt funktionslos bleiben und bald wieder zugrunde gehen (SMART, 1961). Aus „Mikroglioblasten" der subependymalen Gewebeplatte sollen noch (FUJITA u. KITAMURA, 1975, *Kaninchen, Mensch*) jederzeit *Mikrogliazellen* entstehen können, doch sprechen starke Argumente dafür, daß Mikrogliocyten letztlich von Blutmonocyten abstammen.

Bevorzugte Regionen, in denen nahezu regelmäßig subependymale Proliferationen in adulten Gehirnen bei Mammaliern vorkommen, sind der Seitenventrikel (FULCRAND et al., 1970, *Ratte*) und hier besonders das Areal über Nucleus caudatus und Corpus callosum (SMART, 1961, *Maus;* FISCHER, 1967, *Hund;* HOPEWELL, 1971, *Ratte;* DEMÊMES u. MARTY, 1972, *Katze;* FLEISCHHAUER, 1972, *Katze;* PRIVAT u. LEBLOND, 1972, *Ratte;* STENSAAS u. GILSON, 1972, *Kaninchen*) sowie die Wand des Ventriculus olfactorius (SMART, 1961, *Maus;* HINDS, 1968, *Maus;* LEWIS, 1968 d, *Ratte;* ALTMAN, 1969, *Ratte;* LEONHARDT, 1972 c, *Kaninchen*). Nach SCHIMRIGK (1966) findet man im Seitenhorn des *menschlichen* Gehirns eine subependymale Ansammlung von „Matrixzellen", die sich in zwei Zügen vom Vorderhorn (Caput nuclei caudati) in das Hinter- und Unterhorn erstreckt. Beim *erwachsenen Menschen* beschreibt SANIDES (1957) am ventralen Rand des Nucleus caudatus, „bis zu dem die Keilspitze der subependymalen Glia ... reicht", Inseln von Zellen, die morphologisch den Matrixzellen nahestehen. Im subependymalen Gewebe des Diencephalon der *Ratte* fanden WENGER et al. (1964, 1966) *Mitosen*. Im Dach des IV. Ventrikels kommen nach BRZUSTOWICZ und KERNOHAN (1952) oft Nester von Matrixzellen im subependymalen Bereich vor. Die *Strahlenempfindlichkeit* der subependymalen Zellkinetik wurde beim erwachsenen Gehirn wiederholt untersucht (LEWIS, 1968 d; HUBBARD u. HOPEWELL, 1975; CHAUSER et al., 1977). Durch Röntgenbestrahlung werden die „dunklen" proliferierenden subependymalen Zellen (Gliavorläufer oder Mikroglia?) stark dezimiert, sie vermehren sich aber rasch wieder (BERRY, 1977).

In der *Pathologie* spielt das subependymale Glialager – außer bei der mutmaßlichen Entstehung von Gliomen – eine Rolle bei der Ausbildung von Cysten (CAMMERMEYER, 1973 c; LÉON u. GIRLING, 1975 u.a.).

Bei adulten *Submammaliern* findet man in der Regel nicht allein subependymale Proliferationen, sondern echte Matrixzonen unter Einbezug der Ependymzelldecke (vgl. A. 3.1).

Mikrogliocyten. Unter den subependymalen „freien" Zellen sind am häufigsten die Mikrogliazellen (microglia: DEL RIO HORTEGA, 1919, 1921; „M"-Zellen: MATTHEWS u. KRUGER, 1973). Sie bilden eine diskontinuierliche Lage unmittelbar unter den Ependymzellen (CAMMERMEYER, 1965, *Ratte;* BLAKEMORE, 1969, 1972, *Ratte;* BLAKEMORE u. JOLLY, 1972, *Hund;* LING, 1974, *Primaten,* 1976, 1977, *Ratte;* MATTHEWS, 1974, *Ratte).* Zur licht- und elektronenmikroskopischen Identifizierung von Mikrogliocyten vgl. MORI und LEBLOND (1969, *Ratte),* STENSAAS und REICHERT (1971, *Kaninchen),* BOYA (1975, *Ratte).* Bei Silbercarbonat-Imprägnation sind die Zellen birnenförmig, versehen mit feinen oder plumpen Ausläufern, die mit unterschiedlich großen Vacuolen angefüllt sind (CAMMER-MEYER, 1965a). Oft endet eine vacuolisierte Anschwellung unter einer Ependym-zelle oder in Blutgefäßnähe. Feinere Ausläufer dringen zwischen Ependymzellen ein. Elektronenmikroskopisch zeichnen sich die Mikrogliocyten durch einen heterochromatinreichen Zellkern, durch den Gehalt an dichten Körpern, langen Profilen des endoplasmatischen Reticulum, freie Ribosomen, multiple Golgi-Felder, sanduhrförmige Mitochondrien und Lysosomen aus (BLAKEMORE, 1969, *Ratte;* STENSAAS u. GILSON, 1972, *Kaninchen;* MATTHEWS, 1974, *Ratte).* Dem ursprünglichen Konzept HORTEGAS zufolge sollen die Zellen bei der Elimination von Stoffwechselabbauprodukten des Gehirngewebes beteiligt sein (DEL RIO HORTEGA, 1932). CAMMERMEYER (1965) vermutet, daß die Zellen einen Substanz-transport zwischen Blutgefäßen und Liquor vermitteln können.

Mikrogliazellen in perivasculärer Lage sind nicht mit Gefäßwandpericyten identisch (STENSAAS, 1975, *Kaninchen;* vgl. BARÓN u. GALLEGO, 1972, *Katze).* Zur Frage der Abstammung von Mikrogliazellen aus Blutmonocyten s. ROESS-MANN und FRIEDE (1968), CAMMERMEYER (1970, Lit.), KITAMURA et al. (1972), VAUGHAN und SKOFF (1972, Lit.), BLAKEMORE (1975), STENSAAS (1975), TORVIK (1975), IMAMOTO und LEBLOND (1977, 1978, Lit.), LEBLOND und IMAMOTO (1977), OEHMICHEN (1978, Lit.), LING, (1979).

Oligodendrocyten kommen in subependymaler Lage sehr viel weniger häufig als Mikrogliocyten vor (CAMMERMEYER, 1965a, *Ratte;* LING, 1974, *Primaten).* Zur Identifizierung von Oligodendrocyten vgl. CAMMERMEYER (1966, *Kaninchen),* KRUGER und MAXWELL (1966, *Ratte),* STENSAAS und STENSAAS (1968, *Kröte).* Oligodendrocyten sollen hier aus „subependymal cells" hervorgehen können (PRIVAT u. LEBLOND, 1972, *Ratte).*

„Gomori-positive" Glia. Zellen in der subependymalen Gewebeplatte mit Chromalaunhämatoxylin-positiven („Gomori-positiven") Granula beschrieben WISLOCKI und LEDUC (1954, *Ratte, Rhesusaffe).* Die Zellen, deren Granula auch mit Aldehydfuchsin anfärbbar sind, kommen in individuell stark wechselnder Zahl hauptsächlich in der Wand des III. Ventrikels und des Aquäduktes sowie in der Gegend der Area postrema vor. Die Zellen sind identisch mit jenen, die nach langdauernder Gabe von Silbernitrat (WISLOCKI u. LEDUC, 1952a, *Maus, Hamster, Meerschweinchen)* Silber speichern. Das Cytoplasma einiger Zellen fluoresciert im UV-Licht goldgelb, vergleichbar der Lipofuscinfluores-cenz. Die Autoren halten die Zellen für phagocytierende Gliazellen, wahrschein-lich Mikrogliocyten, und unterscheiden diese von den hämatogenen Makropha-gen. Auch den Untersuchungen von KITAMURA und FUJITA (1975, *Maus)* zufolge sind „resting-microglia"-Zellen, zu denen die „Gomori-positiven" Gliazellen wohl gerechnet werden können, nicht die Quelle der bei Entzündungen vermehrt auftretenden „activated microglia"-Zellen (Hortega-Zellen); diese stammen aus dem Blut.

Die Chromalaunhämatoxylin-positiven Gliazellen wurden in der Folge wiederholt untersucht. Sie kommen bei den meisten Mammaliern regelmäßig vor (Srebro, 1972b). Die Zellen werden zwar zumeist in der Wand des III. Ventrikels (hypothalamisches Ependym: Teichmann et al., 1965, *Ratte;* Srebro u. Ślebodzinński, 1966, *Kaninchen;* Koritsánzsky, 1969, *Ratte;* Srebro et al., 1971, *Maus;* Goldgefter u. Korochkin, 1970, *Ratte;* Goldgefter, 1976, *Ratte*) sowie in der Wand des Aquäduktes (Koritsánszky et al., 1967, *Ratte*) gefunden, treten aber auch in der Wand des Seitenventrikels (Srebro u. Cichocki, 1971, mehrere Species) und besonders in der Umgebung von circumventriculären Organen (Srebro, 1970, *Maus*) auf. Hier liegen sie im Grenzbereich von Blut- und Liquormilieu. In den wenigen Species, in denen die subependymalen Zellen nicht vorkommen, konnte Srebro (1972b, *Schwein, Maulwurf*) eine entsprechende und distinkte Anfärbung in Ependymzellen nachweisen, die er (zunächst) für den Ausdruck einer „Ependymsekretion" hält (vgl. S. 280ff.).

Die Chromalaunhämatoxylin-positiven Zellen entstehen nach der Geburt; ihre Anzahl nimmt mit dem Alter zu (Koritsánszky et al., 1967, Lit). Bei *männlichen Mäusen* sind sie zahlreicher als bei *weiblichen* (Srebro u. Maksymowicz, 1972). Bei *Magnesium-Mangelernährung* nimmt die Zahl der Zellen ab (Srebro u. Stachura, 1972). Eine auffallende Zunahme der Zellzahl wird nach *Röntgenbestrahlung* beobachtet (Srebro, 1971a, b; Srebro u. Lach, 1972). In der *Gewebekultur* von fetalem *menschlichem* Gehirn treten Gomori-positive Granula nach 30 Tagen auf (Srebro u. Macińska, 1973).

Die Gomori-positiven Granula sind nach histochemischen Untersuchungen „Thiosomen", sie enthalten Cystin und Cystein; ein Hinweis für eine lysosomale Natur findet sich nicht (Srebro, 1970; Srebro u. Cichocki, 1971; Srebro et al., 1971; vgl. Pilgrim u. Wagner, 1974; Wagner u. Pilgrim, 1978). In weiteren Zellorganellen ist aber Peroxidase nachzuweisen (Srebro et al., 1971; Srebro, 1972). Unklar bleibt, ob die Granula von der Zelle ausgeschieden werden (Srebro, 1972).

Die Chromalaunhämatoxylin-positiven Zellen können insgesamt als ein „System der Gomori-positiven Gliazellen" verstanden werden (Kortsánszky, 1969). Nach Srebro (1970) bilden die Zellen eine Schutzbarriere gegen Noxen von toxischem oder oxidierendem Charakter mit freien Radikalen, die aus dem Blut stammen. In Übereinstimmung hiermit ist die auffallende Häufung dieser Zellen in der unmittelbaren Umgebung der Area postrema (Srebro, 1970) und in anderen circumventriculären Organen, denen eine Blut-Hirn-Schranke fehlt (vgl. Wenger u. Törk, 1969).

Die Gomori-positiven Zellen werden auch bei *Submammaliern* beobachtet (vgl. Srebro, 1969).

Subependymale catecholaminhaltige Neurone in der Wand des III. Ventrikels über dem Nucleus arcuatus werden von Sladek (1978) fluorescenzmikroskopisch bei der *Ratte* nachgewiesen. Es wird vermutet, daß diese Neurone an der Regulierung von Steuerhormon-Aktivitäten beteiligt sind. Die bipolaren Zellen ähneln nach Form und Lage den hypothalamischen Liquorkontaktneuronen von Submammaliern (s.S. 304f.).

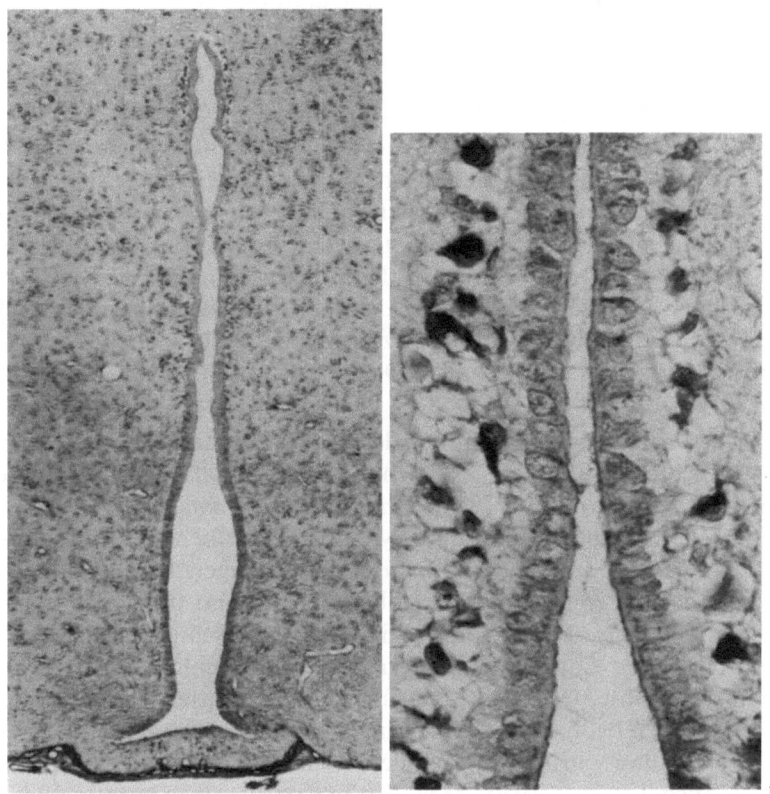

Abb. 83 a u. b. Subependymale PBA-positive transitorische Zellen bei der neugeborenen *Ratte,* Wand III. Ventrikel. PBA-Färbung. (Aus Booz u. Felsing, 1973). Endvergr.: **a** × 33, **b** × 530

Bei *Submammaliern* werden subependymale catecholaminhaltige Neurone dieser Art mehrfach beschrieben (*Neunauge:* Ochi u. Hosoya, 1974; *Amphibien:* McKenna u. Rosenbluth, 1971, 1974a, 1975; Prasada Rao u. Hartwig, 1974; *Reptilien:* Parent u. Poitras, 1974; *Vögel:* Björklund et al., 1968; Calas et al., 1974).

Fetale glykoproteinreiche Zellen. Bei der *Ratte* treten am Ende der 2. Embryonalwoche im subependymalen Bereich (III. Ventrikel) „freie" Zellen auf, in denen sich intensiv Glykoproteine nachweisen lassen (PBA-Methode) und die um den 22. postnatalen Tag wieder verschwunden sind (Booz u. Felsing, 1973; Abb. 83). In dieser Zeit (und vielleicht in diesem Zusammenhang) geht auch die subependymale Auflockerungszone zurück. Vergleichbare Zellen beschreiben Andersen und Matthiesen (1966) in embryonalen *menschlichen Gehirnen,* Stensaas und Reichert (1971) im Gehirn neugeborener *Kaninchen.* Die Zellen gehen offenbar nicht aus dem (ektodermalen) „Matrixependym" hervor (Stensaas u. Gilson, 1972).

Ähnliche glykoproteinreiche subependymale Zellen werden auch in der Entwicklung des *Huhnes* beobachtet; sie wandern mit großer Wahrscheinlichkeit aus dem Mesenchym ein (Schmitt, 1973).

4.1.3. Subependymale Blutcapillaren und Basallaminae

Die subependymale Gewebeplatte kinocilienreicher Ependymzellen der Mammalier enthält im Bereich des Glialagers nahe unter den Ependymzellen ein Netz von *Blutcapillaren*. Die perivasculären Basallaminae der Capillaren bilden umfangreiche ventrikelwärts gerichtete Verzweigungen, *Basallamina-Labyrinthe*.

Die Frage des ependymbezogenen, ortsspezifischen Gefäßverhaltens ist bisher hauptsächlich bei Untersuchungen an kinocilienarmen Ependymarealen, vorwiegend an circumventriculären Organen, gestellt worden (s.S. 362ff.). Indessen erweisen sich aber auch die Kapillaren der subependymalen Gewebeplatte, u.a. durch ihre lokal unterschiedlich stark ausgebildeten Basallamina-Kontakte mit kinocilienreichen Ependymzellen, als spezifisch ependymbezogen. Zur *Phylogenese* der Hirnvascularisation s. Scharrer (1962, Lit.), zur *Ontogenese* s. Povlishock et al. (1977, *Mensch*).

Die *Blutkapillaren* der subependymalen Gewebeplatte erscheinen im Schnittpräparat in dichten Abständen und reichen oft unmittelbar bis an die Ependymzellen heran (Westergaard, 1970, *Maus, Ratte, Hamster, Meerschweinchen, Kaninchen*). Die Maschen des im Ependym aller Ventrikel flächenhaft ausgebreiteten Capillarnetzes, des *subependymalen Plexus* zeigen nach Tuscheinjektion und bei Betrachtung von der Ventrikeloberfläche her im transparent gemachten Gehirn ein polygonales Muster. Die regionalen Unterschiede in der Ausbildung des subependymalen Capillarnetzes betreffen hauptsächlich die Maschengröße und damit die Dichte des Netzes. Darüber hinaus werden Unterschiede in der Form der Maschen beobachtet, die in einigen Wandabschnitten eine charakteristische „Verziehung" in rostro-caudaler Richtung aufweisen (Didion, 1977, *Ratte;* vgl. auch Pfeifer, 1940, *Mensch;* Takashima u. Tanaka, 1978, *Rind*). Ein besonders engmaschiges, dichtes subependymales Capillarnetz besitzen der Boden des IV. Ventrikels und die Wand des III. Ventrikels (thalamischer und hypothalamischer Bereich). Insgesamt weniger stark ausgebildet und mit weiteren Maschen versehen ist das subependymale Capillarnetz der Seitenventrikel, doch ist es über dem Nucleus caudatus dichter entwickelt als über der Balkenstrahlung. Geringer ist die Capillardichte unter dem Ependym der medialen Wand des Seitenventrikels. Die geringste subependymale Vascularisation zeigen der rostrale Teil des Seitenventrikels über den Nuclei septales und die Mittelstrecke des Aqueductus mesencephali. Die Dichte des subependymalen Capillarnetzes korreliert in kinocilienreichen Ependymarealen etwa mit der Anzahl der subependymalen Basalmembranlabyrinthe (Leonhardt, 1972a, *Kaninchen*). Für kinocilienarme Ependymareale trifft diese Feststellung aber nicht zu.

Die subependymalen Capillarnetze besitzen offensichtlich eine gewisse Eigenständigkeit und sind nicht einfach nur die Ausläufer eines tiefer gelegenen Capillarbettes (Didion, 1977). Diese Eigenständigkeit zeigt sich u.a. darin, daß das subependymale Capillarnetz von *eigenen Arteriolen* gespeist wird, die entweder aus tieferen Hirnteilen unter das Ependym treten oder aus benachbarten ventrikelnahen Hirnteilen, so in der Umgebung von circumventriculären Organen (Plexus choroideus, Area postrema), herkommen. Die Eigenständigkeit der subependymalen Capillaren wird dadurch unterstrichen, daß in der Regel nur diese pericapilläre *Basalmembranlabyrinthe* ausbilden. Die Capillaren des subependy-

malen Plexus vom Kaninchen besitzen eine Blut-Hirn-Schranke gegen Evansblau, Meerrettichperoxidase und andere Indikatoren (Lit. s.S. 252ff.).

Für eine gewisse Autonomie der subependymalen Capillarnetze spricht auch
ihre Entstehung. Die radiär von der Hirnoberfläche einwachsenden Arterienstämme teilen sich zu einem bestimmten Zeitpunkt der Entwicklung dichotom
auf und bilden einen subependymalen Gefäßplexus. Der subependymale Capillarplexus des ausdifferenzierten Gehirns ist offenbar ein Relikt dieses „subependymal plexus“, der in der Embryonalentwicklung die Matrix der Rückenmarksanlage (STRONG, 1947, 1961, *Kaninchen*) und der Hirnanlage (STRONG,1956,
1964, *Kaninchen*) versorgt (vgl. SCHARRER, 1950, *Ratte*). Einen gleichartigen
Plexus beschreibt DUCKETT (1971 a) in der Entwicklung des *menschlichen* Telencephalon als „internal vascularization“. Untersuchungen von PESSACQ und REIS-
SENWEBER (1972 a, b) an *menschlichen Feten* und *Neugeborenen* zeigen ergänzend,
daß sich dieser Gefäßplexus unter dem Ependym durch Sproßbildungen vergrößert (s. auch POVLISHOCK et al., 1977). Bei *Marsupialiern* sind Capillarschlingen
anstelle eines Capillarnetzes ausgebildet (GILLIAN, 1972, Lit.).

Die Neigung zu isolierten intraventriculären Blutungen aus dem subependymalen Capillarplexus
bei *Neugeborenen* und *Kleinkindern* (HAMBLETON u. WIGGLESWORTH, 1976; BURSTEIN et al., 1977;
PAPILE et al., 1978) und *Erwachsenen* (PAPO et al., 1976) unterstreicht dessen relative Eigenständigkeit
(vgl. auch DE REUCK, 1971).

Auch beim *Huhn* wird in der frühen Hirnentwicklung (FLEENEY u. WATTERSON, 1946) und
Rückenmarksentwicklung (CAMOSSO et al., 1976) ein vergleichbarer subependymaler Capillarplexus
ausgebildet. Über die vitalmikroskopische Untersuchung des periventriculären Capillarnetzes beim
Frosch berichtet MAUTNER (1965).

Basallaminae in unmittelbarer Berührung mit der basalen Zelloberfläche von
Ependymocyten wurden vereinzelt in elektronenmikroskopischen Untersuchungen wiederholt beobachtet (BLINZINGER, 1962, *Hamster;* BRIGHTMAN, 1965a,
Ratte; HIRANO u. ZIMMERMAN, 1967, *Ratte;* WESTERGAARD, 1970, *Ratte, Maus*).
Die Basallaminae sind stark verzweigt und stehen bei adulten Individuen in
kontinuierlicher Verbindung mit der perivasculären Basallamina des subependymalen Capillarplexus.

Die Beschaffenheit der Basallamina des Labyrinthes, die in allen Fällen
lichtmikroskopisch als Glykoprotein dargestellt werden kann (Abb. 84; PBA-
Methode; SPECHT, 1970), zeigt elektronenmikroskopisch Speciesunterschiede
(Abb. 85). Die Basallamina ist bei der *Ratte* häufig dichter als beim *Kaninchen;*
beim *Menschen* kann sie auch Fibrillen enthalten (LEONHARDT, 1973; LEONHARDT
u. DESAGA, 1975). Auch hinsichtlich der Labyrinthgestalt scheint es Speciesunterschiede zu geben. So sind die Labyrinthe bei der *Ratte* stärker und bizarrer
verzweigt als beim *Kaninchen* (vgl. LEONHARDT, 1972 a; DESAGA 1972; Abb. 86).

Die Basallamina-Labyrinthe kommen in der Wand aller Hirnventrikel und
des Zentralkanals vor. Die Eintragung lichtmikroskopischer Befunde aus Serienschnitten in Hirnkarten zeigt, daß die Labyrinthe unterschiedlich − offenbar
topographisch-spezifisch − verteilt und beim *Kaninchen* zahlreicher als bei der
Ratte sind (BOOZ et al., 1972, *Ratte*, Zentralkanal; DESAGA, 1972, *Ratte*, Hirnventrikel; BOOZ u. DESAGA, 1973, *Ratte*, Hirnventrikel). Die Untersuchung von
Serienschnitten je eines 6 Monate, 5 Jahre und 63 Jahre alten *menschlichen* Gehirns (DEITMER u. DESAGA, 1974) bestärkt in der Vermutung, daß die Basalla-

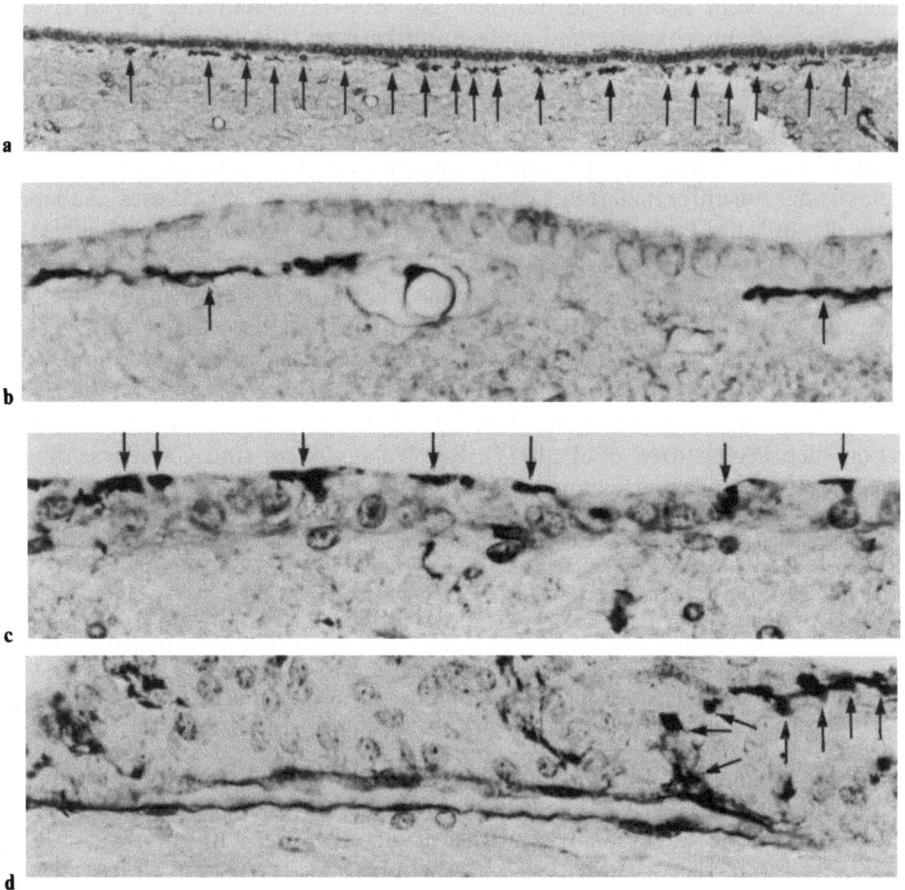

Abb. 84a–d. Formen subependymaler und ventrikelnaher Basallamina-Labyrinthe *(Pfeile)*, *Kaninchen*. **a** Punkt- und spritzerförmige subependymale Labyrinthe, Regio hypothalamica. **b** Langgestreckte subependymale Labyrinthe, dorsale Abfaltung des Seitenventrikels. **c** Punkt- und spritzerförmige ventrikelnahe Labyrinthe, Seitenventrikel Unterhorn. **d** Verbindung von subependymalen Labyrinthen mit der perivasculären Basalmembran einer Capillare, Seitenventrikel. PBA-Färbung, Orangefilter. Vergr.: **a** × 150, **b–d** × 300

mina-Labyrinthe mit zunehmendem *Alter* an Zahl zunehmen. Dabei wird ein schon früh erkennbares ortsspezifisches Verteilungsmuster „verdichtet".

Die Basallamina-Labyrinthe entstehen in der Ontogenese nach Booz et al. (1974, *Ratte*) aus zwei Quellen. Zwischen der 3. Fetalwoche und dem 12. postnatalen Tag werden von den Ependymocyten unter Beteiligung des Golgi-Apparates Glykoproteine gebildet und in den Intercellularspalt ausgeschleust. Um diese Zeit sprossen auch von der pericapillären Basallamina (vgl. Bär u. Wolff, 1972) zapfenartige Ausläufer ventrikelwärts. Die Verbindung der ependymalen und pericapillären Basallaminae zum Labyrinth kommt erst nach dem 30. Tag zustande. Die Produktion von Basallamina-Glykoproteinen steht in Einklang mit der Beobachtung von Wolff et al. (1971), daß prospektive Gliazellen neugeborener *Ratten* in der *Gewebekultur* Basallamina-Material herstellen. Spongio-

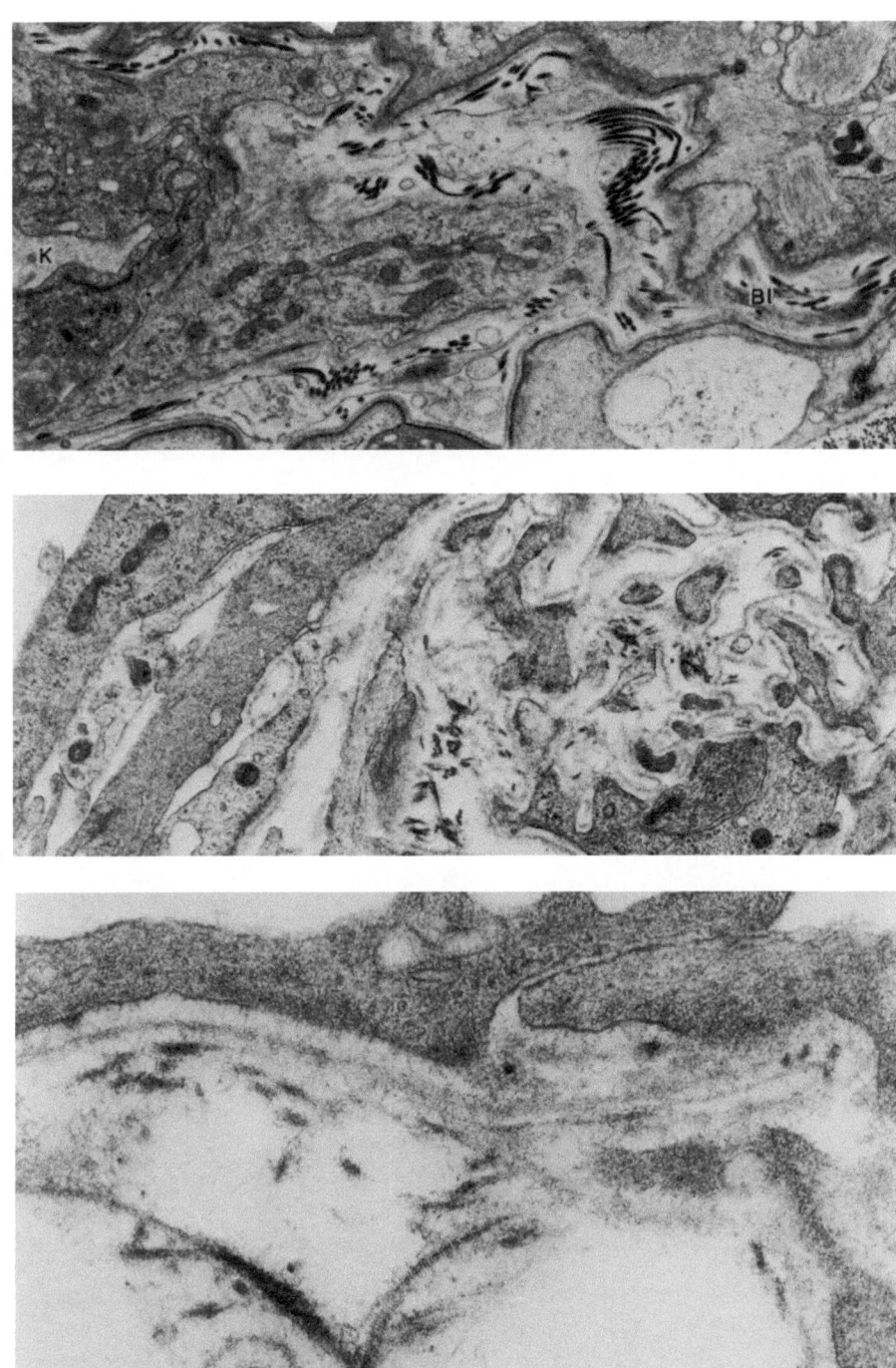

Abb. 85a–c. Subependymale Basallamina-Labyrinthe, Seitenventrikel, *Mensch.* Die Basallamina-Labyrinthe enthalten Kollagenfibrillen. **a** Abfaltung des Labyrinths *(Bl)* vom perivasculären Bindegewebsraum einer Kapillare *(K)*; **b** u. **c** Labyrinthe erweitert. Endvergr.: **a** u. **b** ×27000, **c** ×54000

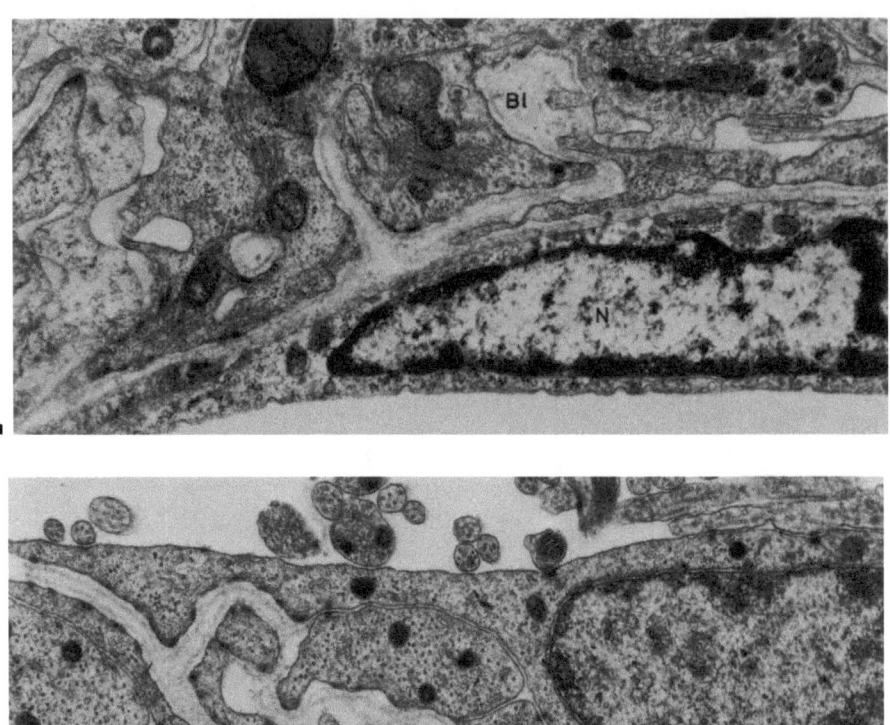

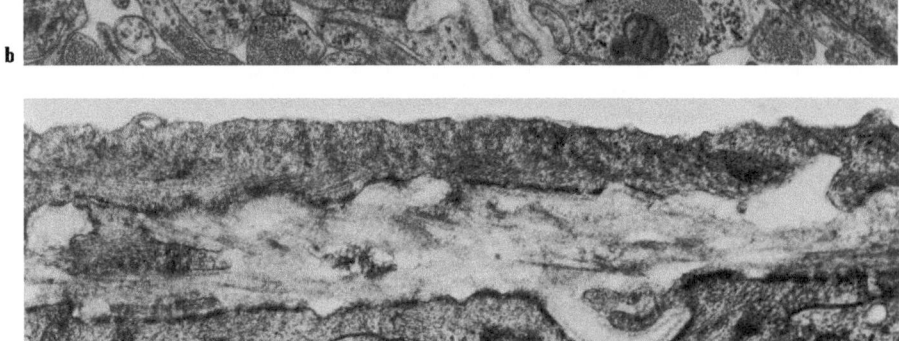

Abb. 86a–c. Subependymale Basallamina-Labyrinthe, *Kaninchen.* **a** u. **c** Seitenventrikel; **b** Recessus lateralis. **a** Abfaltung des Labyrinths *(Bl)* von der perivasculären Basallamina einer Capillare (*N* Endothelzellkern); in **b** auch supraependymale Axone; in **c** fibrilläre Bestandteile. Endvergr.: **a–c** × 18000

blasten von embryonalen *Mäusegehirnen* bilden in der Gewebekultur Glykosaminglykane, Astrocyten dagen nicht (MOSS, 1973, Lit.).

Nach COHEN und HAY (1971) sezerniert das Neuralrohr des *Hühner*keims Kollagene.

Über eine *Funktion der Basallamine-Labyrinthe* gibt es keine sicheren Erkenntnisse. Nach BRIGHTMAN (1967, *Ratte*) wird in den Ventrikel injiziertes Ferritin in den Labyrinthen angeschoppt, nach EBERHARDT (1971) sowie LEONHARDT und EBERHARDT (1972) gilt das auch für Evansblau. (Über das Ionenbindungsvermögen von Basallaminae vgl. GEYER et al., 1970.) Eine (hemmende oder fördernde) Vermittlung beim Stofftransport zwischen dem subependymalen Capillarplexus und dem Ventrikelliquor ist um so wahrscheinlicher, als die Labyrinthe hauptsächlich unter Ependymocyten ausgebildet sind, zwischen denen der Ventrikel und der Intercellularraum des Hirngewebes kommunizieren. Die subependymalen Basallamina-Labyrinthe sind hinsichtlich ihrer mutmaßlichen Bedeutung für die Mikrozirkulation etwa denen vergleichbar, die an der Außenfläche der Medulla oblongata (Chemoreceptorareal für die Atemsteuerung) gefunden werden (BRETTSCHNEIDER et al., 1974, *Katze*). Über subependymale Ossifikation bei Mikrocephalie berichten DENNIS und ALVORD (1961).

Nach CSANDA et al. (1963), MAGARI et al. (1973), CASLEY-SMITH et al. (1976) u.a. wird bei Unterbrechung des cervicalen Lymphsystems eine „lymphogene Encephalopathie" mit Veränderungen u.a. im subependymalen Bereich der Wand des III. Ventrikels beobachtet. Es ist deshalb nicht auszuschließen, daß über die Basallamina-Labyrinthe entlang der Wand von Blutgefäßen (vgl. KOZMA et al., 1972; FÖLDI, 1977) auch ein Weg in das Lymphsystem führt.

Perivasculäre Räume subependymaler Capillaren. Die pericapilläre Basallamina des subependymalen Capillarplexus ist in der Regel als einfache Basallamina ausgebildet; ihr liegen die Ependymzell- oder Astrocytenfortsätze unmittelbar an (vgl. BOOZ et al., 1972, *Ratte*). Diese einfache Basallamina setzt die innere und äußere Basallamina fort, von denen die größeren Hirngefäße bis zur Ebene der Arteriolen und kleinen Venen begleitet werden (JONES, 1970; HAUW et al., 1975). In der Regel werden die Capillarendothelien der Hirngefäße – ausgenommen die der circumventriculären Organe – und deren Pericyten von einer einfachen Basallamina umgeben, der sich Gliafortsätze eng anschließen (MAYNARD et al., 1957; BENNET et al., 1959; HAGER, 1961; SHIMODA, 1961; ISHII u. TANI, 1962; CERVÓS-NAVARRO, 1963; WOLFF, 1963; DONAHUE, 1964; MUGNAINI u. WALBERG, 1965; CHEN et al., 1967 u.a.). In dem organspezifischen Einbau der Hirncapillaren, denen ein perivasculärer Raum fehlt, wurde „ein grundsätzlicher morphologischer Unterschied gegenüber den Verhältnissen in anderen Organen" (WECHSLER, 1965) gesehen (vgl. HAGER, 1968; CAESAR, 1969). Dieses Verhalten zeigen in der Regel auch die subependymalen Capillaren kinocilienreicher Ependymareale.

Die Vereinigung der beiden Basallaminae auf der Capillarebene fehlt regelmäßig in jenen Stellen des Gehirns, die keine Blut-Hirn-Schranke aufweisen (s. neurohämale Region, S. 359). Hier sind die Capillaren von *zwei Basallaminae* umgeben, der inneren Basallamina, die der Capillarwand anliegt, und der äußeren Basallamina, von der die Ependym- und Astrocytenfortsätze bedeckt werden. Beide Basallaminae begrenzen einen pericapillären Bindegewebsraum.

Inzwischen mehren sich aber die Beobachtungen von Hirncapillaren mit pericapillärem Bindegewebsraum auch in anderen Hirnteilen, in denen eine Blut-Hirn-Schranke ausgebildet ist, so besonders auch im subependymalen Capillarplexus kinocilienreicher Ependymareale (s. Leonhardt, 1972a; Desaga u. Leonhardt, 1976). Systematische Untersuchungen an Mammaliern über die Verteilung und die funktionellen Begleitumstände dieser Capillaren, die in Hirnregionen mit ausgebildeter Blut-Hirn-Schranke einen pericapillären Raum aufweisen, wurden bisher nicht durchgeführt. Über das Vorkommen derartiger Capillaren wird jedoch wiederholt berichtet (Wolff u. Nemecek, 1968, *Rhesusaffe*, Medulla oblongata; Drommer, 1969, Drommer u. Schulz, 1971, *Schwein*, Rückenmark; Tigges u. Tigges, 1972, *Ratte*, Mittelhirn; Cervós-Navarro u. Ferszt, 1973, *Mensch*, Rückenmark; Desaga u. Leonhardt, 1976, *Kaninchen*, Rückenmark).

Bei subependymalen Capillaren mit pericapillärem Bindegewebsraum ist das Basallamina-Labyrinth mit der äußeren perivasculären Basallamina verbunden. Häufig sind in diesen Fällen die perivasculären Basallamina-Ausläufer gedoppelt; sie umschließen dann einen Ausläufer des pericapillären Raumes. Der perivasculäre Raum und seine Ausläufer können – offenbar durch Flüssigkeitseinlagerung – stark erweitert sein (Leonhardt, 1967a, 1968b, 1970, 1972; Porte et al., 1969; Leonhardt u. Desaga, 1975).

Auch bei *Submammaliern* werden subependymale, von Bindegewebstrukturen umgebene Arteriolen, Capillaren und Venulen beschrieben (Bodenheimer u. Brightman, 1968, *Urodelen*, Gehirn, Nachweis der intakten Blut-Hirn-Schranke; Long et al., 1968, *Haifisch*, Gehirn; Merker, 1974, Merker et al., 1974, *Holostei, Elasmobranchier* und *Teleosteer*, Endhirn, Mittelhirn und Medulla oblongata).

Es ist unbekannt, welche funktionelle Bedeutung den pericapillären Bindegewebsräumen generell zukommt. Im Falle der subependymalen pericapillären Bindegewebsräume des *Kaninchenrückenmarks* dürften mechanische Faktoren im Spiele sein (Desaga u. Leonhardt, 1976). Die Bindegewebsräume enthalten *Kollagenfaserbündel*, die über Kollagenfasern entlang den zu- und abführenden Spinalgefäßen mit den Kollagenstrukturen der weichen Hirnhaut und letztlich mit dem Ligamentum denticulatum kontinuierlich zusammenhängen. Radiäre Verspannungen entlang den Zweigen der Spinalgefäße laufen in longitudinale Faserzüge aus, die die longitudinal angeordneten subependymalen Capillaren begleiten. Auf diese Weise entsteht in der grauen Substanz des Rückenmarks ein Raumgitter aus Kollagenfasern, die letztlich über die weiche Hirnhaut in der Dura verankert sind.

4.2. Kinocilienarme Ependymareale der Regio hypothalamica

Die subependymale Gewebeplatte kinocilienarmer Ependymareale weist wie die kinocilienarmen Ependymzellen starke lokale Unterschiede auf. Entsprechend dem Vorgehen bei der Besprechung der kinocilienarmen Ependymzellen soll deshalb im folgenden zunächst nur die subependymale Gewebeplatte der kinocilienarmen Ependymzellen der *Regio hypothalamica* dargestellt werden. Allgemeine, für alle subependymalen Gewebeplatten kinocilienarmer Ependymareale zutreffende Feststellungen sollen dabei gleichzeitig zur Sprache kommen.

Über die speziellen Verhältnisse der übrigen kinocilienarmen Ependymareale s. C.5, S. 362ff.

Über die *neuronalen Elemente* der subependymalen Gewebeplatte der Regio hypothalamica s. BARGMANN (1971, Lit.) und die Aufsätze in HAYMAKER et al. (1969), SZENTÁGOTHAI et al. (1968), BARGMANN und SCHARRER (1970), KNIGGE et al. (1972), KNOWLES und VOLLRATH (1974), LEDERIS und COOPER (1974), SWAAB und SCHADÉ (1974), GISPEN et al. (1975), KNIGGE et al. (1975), STUMPF und GRANT (1975); die neuronalen Elemente bleiben hier außer Betracht.

Die *subependymale Gewebeplatte* der kinocilienarmen Ependymzellen der *Regio hypothalamica* bei *Mammaliern* reicht von der Höhe des Nucleus arcuatus bis zur Neurohypophyse. Die Untergliederung dieses Hypothalamusareals richtet sich hauptsächlich nach den lokalen Unterschieden der subependymalen Gewebeplatte. Von den meisten Autoren wird der ganze Hypothalamusbereich caudal der Eingangsebene des Infundibulum der *Neurohypophyse* zugerechnet. ROMEIS (1940) gliedert diesen Hypothalamusanteil, den „Hirnteil der Hypophyse", in *Hypophysenstiel* (Infundibulum) und *Hypophysenhinterlappen* (Neurohypophyse). DIEPEN (1962, ausführliche Diskussion der Nomenklatur, schematische Abbildungen mit Lit.) unterscheidet bei Mammaliern *Pars proximalis neurohypophyseos* (Infundibulum) und *Pars distalis neurohypophyseos* (Hypophysenhinterlappen, Neurallappen). BARGMANN (1968) differenziert bei der *Pars proximalis* zwischen *Eminentia mediana* und *Infundibulum*. KOBAYASHI et al. (1970, Lit.) gliedern die Neurohypophyse von Mammaliern, Vögeln, Reptilien und Amphibien in „anterior median eminence" (entspricht dem rostralen Teil der mit Tanycyten ausgestatteten neurohämalen Kontaktfläche des Infundibulum), „posterior median eminence" (umfaßt den caudalen Abschnitt dieses Komplexes) und „pars nervosa" (Neurallappen). Nach SMITH und SIMPSON (1970) besteht die Neurohypophyse der Ratte (in Anlehnung an RIOCH et al., 1940; GREEN, 1951; OKAMOTO u. IHARA, 1960) aus der Eminentia mediana mit Pars oralis infundibuli (entspricht der oben genannten „anterior median eminence") und Pars caudalis infundibuli (entspricht der „posterior median eminence") sowie dem „anatomical stem", der vom Recessus infundibuli nicht mehr erreicht wird, und aus der Pars nervosa. Eminentia mediana und „neural stem" sind grundsätzlich gleichartig organisiert (MONROE, 1967, *Ratte*).

Bei *Submammaliern* ist die subependymale Gewebeplatte dieses Hypothalamusteiles in der Regel geringer ausgebildet. SCHARRER und SCHARRER (1954) kommentieren diese Tatsache folgendermaßen: „Die bei den *Selachiern* auf die Pars intermedia" (der Adenohypophyse) „verteilten Nervenendigungen" (aus dem Hypothalamus; vgl. SCHARRER, 1952) „repräsentieren eine disseminierte Neurohypophyse. Schon bei den Amphibien kommt es zu einer Zusammenballung dieser Fasern und zu ihrer Trennung von der Pars intermedia. Diese Fasermasse stellt dann die Neurohypophyse dar. Das Wachstum und die Differenzierung der Neurohypophyse ist dann auch von der Anwesenheit des Hypophysenzwischen- und -vorderlappens unabhängig, wie EAKIN und BUSH (1951) beim *Laubfrosch Hyla regilla* zeigen konnten." KOBAYASHI et al. (1970, Lit.) bemerken in Anwendung ihrer Einteilung der Neurohypophyse auf Submammalier, daß auch bei Knorpel- und Knochenfischen zwei Anteile der Neurohypophyse deutlich unterscheidbar sind, ein hinterer Anteil, der Pars nervosa entspricht, und ein vorderer der Eminentia mediana entsprechender Teil (vgl. auch RODRÍGUEZ, 1966, *Amphibien*). Auch die ventrale Wand der Neurohypophyse von *Myxine* gilt als Äquivalent der Eminentia mediana (KOBAYASHI, 1972). OKSCHE et al. (1963) unterscheiden bei Vögeln an der „neurohypophysis in the broad sense" die Eminentia mediana mit „anterior division" und „posterior division", den „infundibular stem" sowie den „neural lobe" (vgl. OKSCHE, 1961; FARNER

u. Oksche, 1962; Oota u. Kobayashi, 1962; Oksche et al., 1964). „Thus, all the higher vertebrates have a median eminence and a pars nervosa, but in cyclostomes a structure similar to the median eminence is absent" (Kobayashi et al., 1970, Lit.). Vergleichende anatomische Darstellungen der Neurohypophyse und ihrer Untergliederung geben Scharrer (1953), Hanström (1953, 1957), Wingstrand (1966), Diepen (1962), Henderson (1969) und Rodríguez (1971).

Lichtmikroskopische Beschreibungen der subependymalen Gewebeplatte der Regio hypothalamica bei Mammaliern sind in mehreren frühen morphologischen Bearbeitungen des Hypothalamus enthalten (vgl. Romeis, 1940, Neurohypophyse; Christ, 1951, 1966, *Mensch;* Nowakowski, 1951, *Katze;* Spatz, 1951, *Mensch, Vertebraten;* Spuler, 1951, *Meerschweinchen;* Kuhlenbeck, 1954, *Mensch;* Diepen, 1962, *Mensch, Vertebraten;* Engelhardt, 1968, *Vertebraten;* vgl. auch Polak u. Azcoago, 1969). Die anschließende Darstellung setzt den Bericht von Diepen (1962) fort.

4.2.1. Subependymales Glialager

Das subependymale Glialager der Mammalier, das sich im thalamischen Ependymareal noch, gut entwickelt, unter der kinocilienreichen Ependymocytendecke ausbreitet, tritt im Bereich des Hypothalamus in Höhe des Nucleus arcuatus in Form von Tanycyten an die Oberfläche der Ventrikelwand, bei der *Ratte* unter Ausbildung einer scharf begrenzten „Ependymstufe" (vgl. Desaga, 1972).

Das subependymale Glialager geht in das ependymale „Glialager" der Tanycyten über (vgl. die Ausführungen von Horstmann, 1954, zur Frage der tanycytären Glia, S. 215f.). Im gleichen Ausmaß nimmt das subependymale Glialager ab; über dem Nucleus arcuatus kommen noch subependymale (subtanycytäre) Astrocyten vor, in der Eminentia mediana sind subependymal, unterhalb der „ependymalen Tanycyten" gelegene bipolare „extraependymale Tanycyten" (Horstmann, 1954) in spärlicher Zahl ausgebildet. Im Infundibulum gehen bei Mammaliern die „extraependymalen Tanycyten" allmählich in die Pituicyten des Hypophysenhinterlappens über.

Im Bereich des Nucleus arcuatus stellt Bleier (1972, *Katze*) mit Imprägnationsmethoden „spider cells" dar. Sie durchsetzen das ganze Kerngebiet und bilden starke Verzweigungen zwischen Tanycytenfortsätzen und Neuronen aus. Die ventrikelnahen „spider cells" können einen Fortsatz in den Ventrikel entsenden. Die „spider cells" haben Ähnlichkeit mit Mikrogliazellen (Hortega-Zellen), kommen aber nur im Nucleus-arcuatus-Gebiet vor und sind färberisch von Mikrogliazellen zu unterscheiden. Die Natur der „spider cells" ist nicht weiter geklärt.

4.2.1.1. *Eminentia mediana und Infundibulum*
(Pars proximalis neurohypophyseos)

Vergleiche im folgenden auch den Beitrag Wittkowski *Glia der Neurohypophyse* in diesem Handbuch!

Ontogenese. Die Eminentia mediana der *Ratte* besteht am 15. Tag der Fetalentwicklung (*Maus:* 12. Tag) aus 6–10 Lagen von Zellen, die als mehrschichtiges Epithel angeordnet sind. Fünf Tage vor der Geburt beginnen innerhalb von 3 Tagen rasch tubero-infundibuläre Axone einzuwachsen, die 2–3 Tage vor der Geburt bereits Kontakt mit den primären Capillaren des noch oberflächlich

gelegenen Gefäßplexus aufnehmen (Anlage der neurohämalen Zone; vgl. MON-
ROE u. PAULL, 1974). *Sekretgranula* in den Axonen können auch bereits am
16. Fetaltag nachgewiesen werden (FINK u. SMITH, 1971, *Ratte*, Lit.). Doch
wird die Eminentia mediana nach den Untersuchungen von SCHIEBLER et al.
(1978, *Ratte*) und BITSCH und SCHIEBLER (1978, *Ratte*) erst nach der endgültigen
Ausreifung der Glia in der 3. postnatalen Woche funktionstüchtig. In einem
gewissen Gegensatz hierzu steht, daß sich vasopressin-, somatostatin- und LRF-
haltige Fasern elektronenmikroskopisch-immuncytochemisch bereits bei der neugeborenen *Ratte* an den noch glatt begrenzten perivasculären Räumen nachweisen lassen (KRISCH, 1979; im Druck). Die einzelnen Gliazelltypen reifen unterschiedlich. Reife *Mikrogliazellen* und „*astrocyte-like tanycytes*" erscheinen bereits am 1. postnatalen Tag und zunehmend in der 1. Woche. In den „astrocyte-
like tanycytes" und in *Astrocyten* treten in den ersten 2 Wochen vermehrt Lipo-
protein-Granula auf; sie nehmen in der 3. Woche wieder ab (Zusammenhang
mit Entwicklungsvorgängen?), in der auch der relative Anteil der „astrocyte-like
tanycytes" an der Gesamtpopulation der Gliazellen geringer wird. *Protoplasmatische Astrocyten* sind erstmals am 4. Tag, fibilläre Astrocyten am Ende der 2. Woche zu beobachten. Die *Oligodendrocyten* reifen zur Zeit der Markscheidenrei-
fung großenteils erst in der 3. Woche. Die endgültige Ausreifung der Gliaelemente in der 3. Woche stimmt zeitlich überein mit der völligen Ausreifung
des parvocellulären neurosekretorischen Systems und der portalen Capillaren
sowie mit der „Eröffnung" (Erweiterung) des III. Ventrikels und des Recessus
infundibuli. Vor diesem Zeitpunkt ist der III. Ventrikel potentiell durch die
interdigitierende Aneinanderlagerung der Ependymzelloberflächen der gegenüberliegenden Ventrikelwände verschlossen, der caudale Teil des Recessus infundibuli durch einen Zellzapfen (SCHIEBLER et al., 1978). Eine Beteiligung der Tanycyten an einem Feedback-Mechanismus über den Liquor steht mithin erst in
der 3. Woche zur Diskussion.

In den meisten Untersuchungen über die *Ontogenese* von *Eminentia mediana*
und *Infundibulum* bei *Mammaliern* steht zwar die Entwicklung des neuralen
Anteils (Einwachsen der Axone, Auftreten von Sekretgranula) ganz im Vordergrund, doch werden in mehreren Arbeiten auch Einzelheiten zur Entwicklung
des subependymalen Glialagers berichtet (vgl. KOBAYASHI et al., 1968, *Ratte*,
20. fetaler bis 30. postnataler Tag; AJIKA, 1969, *Ratte*, 20. fetaler bis 30. postnataler Tag; JOST et al., 1970, Übersichtsreferat; DAIKOKU et al., 1971, *Ratte*,
16. fetaler bis 8. postnataler Tag, Ausbildung der Palisadenstruktur 5 Std nach
der Geburt; EURENIUS u. JARSKÄR, 1971, *Maus*, 15. fetaler bis 24. postnataler
Tag, Differenzierung der Zona externa während der ersten 18 postnatalen Tage;
FINK u. SMITH, 1971, *Ratte*, 15. fetaler bis 10. postnataler Tag, auch Neurallappenentwicklung; MONROE et al., 1972, *Ratte*, 1.–6. postnataler Tag; HALÁSZ
et al., 1972, *Ratte*, 16.–18. fetaler Tag; BEAUVILLAIN, 1973, *Maus*, 12. fetaler
bis 28. postnataler Tag, Ausbildung der Gefäßkontakte; der relativ hohe Anteil
der Glia in der „zone infundibulaire externe" von 26,33 μm^2 pro 100 μm^2 Gewebe fällt bis zum 17. postnatalen Tag relativ ab auf 7,37 μm^2 und erreicht
um den 28. Tag die endgültige Größe von etwa 10 μm^2; PAULL, 1973, *Ratte*,
15–21. fetaler Tag, auch Neurallappenentwicklung). Zusammenfassende Darstellungen und Lit. s. MONROE und PAULL (1974), PAULL und SCOTT (1976).

Über die *Ontogenese* der *Neurohypophyse* bei *Submammaliern* s. EAKIN und BUSH (1951, *Frosch*), GRIGNON (1956, 1957, *Huhn*), VITUMS et al. (1966, *Ammernfink*), SMOLLER (1966, *Laubfrosch*), GUEDE-NET et al. (1967, *Huhn*), DOERR-SCHOTT (1968, *Rana*), DAIKOKU et al. (1974, *Huhn*, Lit.), POLENOV et al. (1974, *Neunauge*) u.a. Die neurohämale Region ist bei *Amphibien* kurz vor der Metamorphose ausgebildet.

Einen Überblick über die Gliederung und Gewebsbestandteile der *Eminentia mediana* und ihrer subependymalen Gewebeplatte geben KOBAYASHI et al. (1970) mit Tabelle 1.

Tabelle 1. Strukturkomponenten der Eminentia mediana von Reptilien, Vögeln und Mammaliern. (Aus: KOBAYASHI et al., 1970)

Zone	Schicht	Komponenten
Innere Zone	ependymale Schicht	Ependymzellen
	hypendymale Schicht	hypendymale Zellen Gliazellen Ependymzellfortsätze hypendymale Kommissur (s. DIEPEN, 1962, S. 152)
	Faserschicht	Tractus supraoptico-hypophyseus Fortsätze von Ependymzellen, hypendymalen Zellen und Gliazellen
Äußere Zone	Zona reticularis	Tractus supraoptico-hypophyseus Tractus tubero-hypophyseus oder Tractus infundi-bulo-hypophyseus Gliazellen Fortsätze von Ependymzellen, hypendymalen Zellen und Gliazellen
	Zona palisadica	Wie oben. Nach Verlassen der Zona reticularis ziehen alle Fasern und Fortsätze in dieser Schicht in palisadenförmiger Anordnung zur basalen Oberfläche der Eminentia mediana.

In vergleichbarer Weise sieht RODRÍGUEZ (1972) die Eminentia mediana generell bei Vertebraten gegliedert: "The internal or neural region consists mainly of the ependymal lining, of the nerve tracts running towards the neural lobe and of the long subependymal loops of the primary plexus of the hypothalamo-adeno-hypophysial portal system. The external or neurohaemal region is predominantly occupied by the short loops of the portal system, by different types of nerve endings, by ependymal processes and by glial cells. These two regions are observed in most of the species studied."

Das subependymale Glialager der Eminentia mediana wurde *elektronenmi-kroskopisch* am eingehendsten von SCHIEBLER et al. (1977, *Ratte*) und ZABORSZKY und SCHIEBLER (1978, *Ratte*) untersucht (vgl. SCHIEBLER u. ZABORSZKY, 1977, *Ratte*). Die Autoren, die von einer noch differenzierteren Unterteilung der Gewebeschichten der Eminentia mediana ausgehen (s. Abb. 87; vgl. auch WITTKOW-

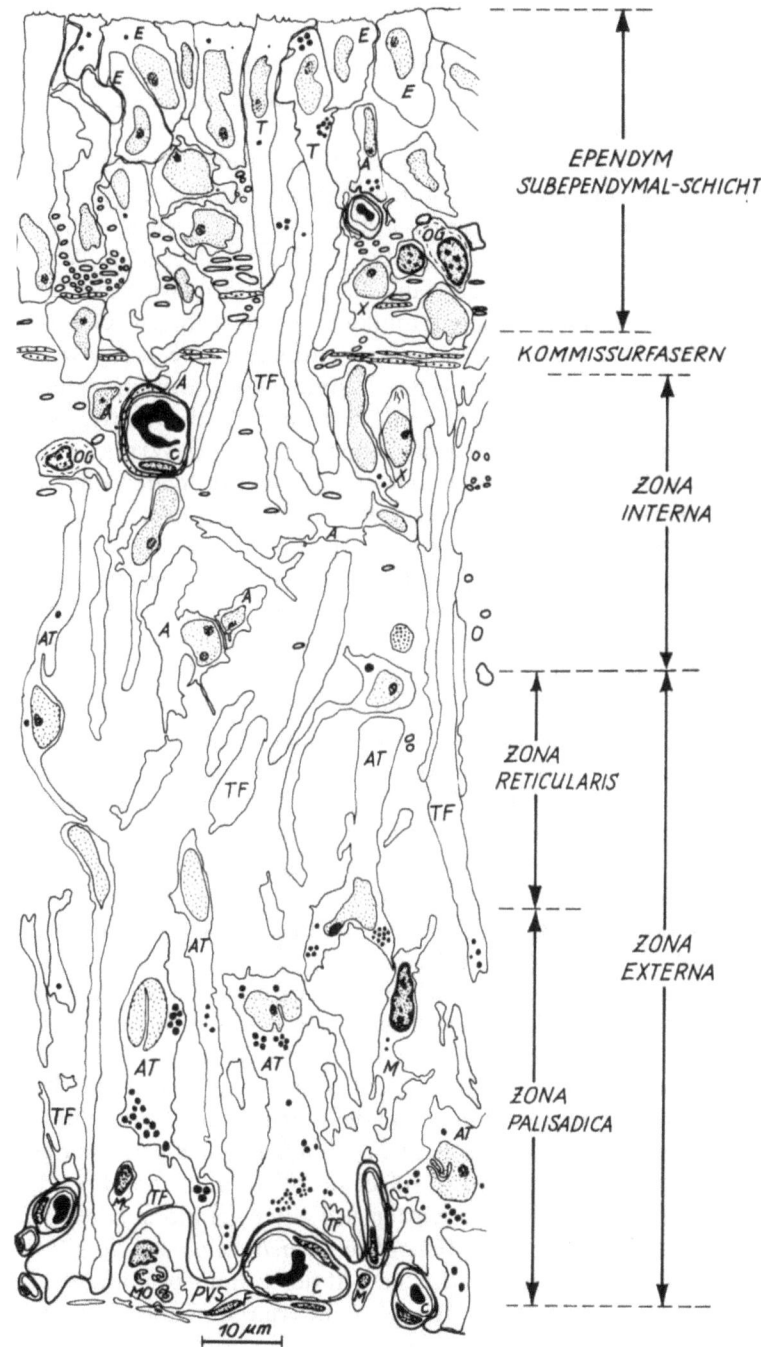

Abb. 87. Gliaarchitektur des mittleren Gebietes der Eminentia mediana. Aus einer Photomontage ist die Glia herausgezeichnet. *E* Ependymzellen, *T* Tanycyten, *TF* Tanycytenfortsätze, *A* Astrocyten, *AT* astrocytenähnliche Tanycyten, *OG* Oligodendroglia, *M* Mikroglia, *X* unidentifizierbare Glia, *MO* Monocyten, *C* Capillaren, *PVS* perivasculärer Raum. *Rechts* Zoneneinteilung der Eminentia mediana. (Aus SCHIEBLER et al., 1978)

SKI, 1973), berichten über die Gliaarchitektonik und über die Gliazelltypen sowie über die Entwicklung der Glia der Eminentia mediana und kommen zu folgenden Ergebnissen:

Gliazelltypen (Abb. 87). Die Eminentia mediana enthält – neben Ependymzellen und Tanycyten – fibrilläre und protoplasmatische Astrocyten, „astrocyte-like tanycytes", Oligodendrocyten, Mikrogliazellen sowie Gliazellen „which cannot be classified". Die *fibrillären Astrocyten*, etwa ein Viertel aller Gliazellen, besitzen einen faltenlosen runden Zellkern und ein „dunkles" Cytoplasma mit zahlreichen Mitochondrien, Lysosomen, Filamentbündeln sowie einigen Golgi-Arealen; zahlreiche Zellfortsätze verlaufen in viele Richtungen. Die *protoplasmatischen Astrocyten* haben ein „helles Cytoplasma", sind relativ arm an Zellorganellen und insgesamt vielgestaltig. *„Astrocyte-like tanycytes"*, die vorwiegend in der Zona externa vorkommen (vgl. Glia der Zona externa bei WITTKOWSKI, 1973), sind länglich, ähnlich den Tanycyten, entsenden einen (kürzeren oder längeren) Fortsatz zum pericapillären Raum von Portalgefäßen, erreichen aber apical nicht die Ventrikeloberfläche; charakteristisch für diese Zellen sind der Besitz von *Lipoproteingranula* sowie die Ausbildung von *synapsenartigen Kontakten* mit benachbarten neurosekretorischen Axonen. *Oligodendrocyten* und *Mikrogliazellen* treten in typischer Ausbildung auf. Gelegentlich werden myelinisierte Oligodendrocyten beobachtet (LEONHARDT, 1970a). Die *Gliazellen „which cannot be classified"* sind wenig differenziert und werden für unreife Zellen gehalten. Diese Befunde stimmen überein mit vereinzelten Angaben bei KLINKERFUSS (1964, *Katze*), DUFFY und MENEFEE (1965, *Kaninchen*), MAZZUCA (1965, *Meerschweinchen*), RÖHLICH et al. (1965, *Ratte*), MONROE (1965, *Ratte*), RINNE (1966, *Ratte*), KOBAYASHI und MATSUI (1967, *Ratte, Taube*), KOBAYASHI et al. (1968, *Ratte*), KNIGGE und SCOTT (1970, mehrere Species), KOBAYASHI et al. (1970, mehrere Species, Lit.), SCOTT et al. (1972b, *Ratte, Katze, Totenkopfäffchen*), WITTKOWSKI (1972, *Ratte*), WITTKOWSKI und BOCK (1972, *Ratte*), SILVERMAN und DESNOYERS (1975, *Meerschweinchen*).

Gliaarchitektonik (Abb. 87). Die Schichten der Eminentia mediana sind regional verschieden stark entwickelt, die Gliazellen in den Schichten unterschiedlich verteilt. Die Ependym- und Subependymalschicht werden nach SCHIEBLER et al. (1978) und ZABORSZKY und SCHIEBLER (1978, *Ratte*) von rostral (4–5 Zellschichten) nach caudal (1 Zellschicht) dünner. In der Zona externa nimmt das Oberflächenareal der Glia von etwa 41% auf etwa 36% ab, zugleich nehmen die perivasculären Gliakontakte von etwa 10% auf etwa 28% zu. In der Ependym- und Subependymalschicht, den gliazellreichsten Schichten, prädominieren *Tanycyten* vor den übrigen Gliazelltypen; die *Gliazellen „which cannot be classified"* liegen einzeln zwischen den Tanycyten. In der Schicht der Commissurenfasern kommen zahlreiche *Oligodendrocyten* vor. Die Zona interna und die Zona reticularis der Zona externa sind ärmer an Gliazellen; hier sind vorwiegend stark verzweigte (*fibrilläre* und *protoplasmatische*) *Astrocyten* angesiedelt. Die Zona palisadica der Zona externa enthält zahlreiche *„astrocyte-like tanycytes"* und *Mikrogliazellen* sowie Fortsätze von Tanycyten und Gliazellen aus anderen Zonen. In der Subependymalschicht und in der Zona interna, teilweise auch in der Zona externa bilden Nervenfasern und Fortsätze der ependymalen und subependymalen Zellen gemeinsam kompakte *neuro-gliöse Faserbündel* (WITTKOWSKI, 1973, *Ratte*), die

– nicht zuletzt auch wegen der zahlreichen neuro-gliösen synapsenartigen Kontakte – für funktionelle Einheiten gehalten werden.

4.2.1.2. Neurallappen der Hypophyse (Pars distalis neurohypophyseos)

Die Glia des Neurallappens der Hypophyse ist ontogenetisch und funktionell dem subependymalen Glialager zuzurechnen. Zur Stellung des Neurallappens innerhalb der Neurohypophyse s.S. 343. Zur Ontogenese des Neurallappens s. ROMEIS (1940).

Der Neurallappen der Hypophyse weist zwar keine der Eminentia mediana vergleichbare Gliederung auf, doch kann man lichtmikroskopisch rundliche läppchenartige Verdichtungszonen und zwischen diesen hellere streifenförmige Zonen unterscheiden (ROMEIS, 1940). Beide Zonen gehen unscharf ineinander über. Die helleren streifenförmigen Zonen enthalten hauptsächlich die Ausläufer des Tractus supraoptico-hypophyseus. Im Zentrum kleinerer rundlicher „Inseln" liegen Blutgefäße, umgeben von lamellenförmig angeordneten Zellen (vgl. NODA et al., 1955).

Die *neuronalen Elemente* der subependymalen Gewebeplatte des Neurallappens bleiben hier außer Betracht, s. Beitrag WITTKOWSKI, S. 667ff.

Die Gliazellen des Neurallappens, die *Pituicyten* (BUCY, 1930, 1932), sind polymorph. Ihre Vielgestaltigkeit gab Anlaß zu einer sehr weitgehenden *lichtmikroskopischen*, mit Hilfe von Versilberungsmethoden gefundenen Unterteilung in Reticulopituicyten, Micropituicyten, Faserpituicyten, pigmenthaltige Pituicyten und Adenopituicyten (ROMEIS, 1940, Lit.; vgl. COLLIN u. STUTINSKY, 1949; DIEPEN, 1962; CHRIST, 1966; POLAK u. AZCOAGA, 1969).

Über die *Entwicklung* des Neurallappens der *Ratte* berichten GALABOV und SCHIEBLER (1978, Lit.) in einer elektronenmikroskopischen Untersuchung. Über die Nachweisbarkeit von Vasopressin im Neurallappen der *infantilen Ratte* s. KRISCH (1979; im Druck); die neurosekretorischen Axone sind in größerem Maße als beim adulten Tier an die cytoplasmareichen Pituicyten angelagert.

Elektronenmikroskopische Beschreibungen der *Pituicyten* von Mammaliern stammen u.a. von GREEN und VAN BREEMEN (1955, *Ratte, Katze, Opossum*), PALAY (1955, *Ratte*), BRETTSCHNEIDER (1956b, 1958, *Ratte*), BARGMANN und KNOOP (1957, *Katze*), PALAY (1957, *Ratte*), BARGMANN (1958, *Katze*), HARTMANN (1958, *Ratte*), GREEN und MAXWELL (1959, *Mammalier*), FUJITA und HARTMANN (1961, *Kaninchen*), KUROSUMI et al. (1961, *Ratte*), OOTA und KOBAYASHI (1963, *Maus*), HOLMES und KIERNAN (1964, *Igel*), ROTH und LUSE (1964, *Opossum*), LEDERIS (1965, *Mensch*), BARER und LEDERIS (1966, *Kaninchen*), CAMPBELL und HOLMES (1966, *Igel*), RINNE (1966, *Ratte*), WITTKOWSKI (1967b, c, *Meerschweinchen*, 1968a, b, *Ratte, Maus*, 1971, *Rhesusaffe*, 1972, 1973, *Ratte*), OWSLEY und DELLMANN (1968, *Rind*). Das Bild der Pituicyten wird in diesen und in den im folgenden zitierten Untersuchungen weitgehend einheitlich folgendermaßen beschrieben.

Pituicyten liegen entweder einzeln oder in Gruppen zwischen den neurosekretorischen Axonendigungen, wobei benachbarte Zellen durch Interdigitationen stark miteinander verzahnt sind. Die Gestalt der Pituicyten ist variabel. Häufig sind sie bipolar, mit zwei langen Ausläufern versehen. Ein Zellausläufer erstreckt sich oft über eine Strecke von mehreren Mikrometern bis in die Umgebung eines Blutgefäßes. Zellausläufer können sich aufteilen und markscheidenfreie Axone umfassen, auch völlig einscheiden (BOUDIER et al., 1970, *Ratte*). Charakteristisch sind tiefe Einbuchtungen der Zelloberfläche, verursacht durch eng (20 nm) anliegende Anschwellungen neurosekretorischer Axone. Diese senken sich oft bis in Zellkernnähe in Pituicyten ein, so daß ein Bild entsteht, das an Schwannsche Zellen erinnert. Die Axone können mit den Pituicytenausläufern synapsenähnliche *neuropituicytäre Kontakte* bilden (WITTKOWSKI, 1967b, c, *Meerschweinchen,* 1968a, b, *Ratte,* 1971, *Rhesusaffe,* 1973, *Ratte*). Zwischen Pituicyten, aber nicht zwischen Pituicyten und Axonen, sind Zellkontakte ausgebildet; die Pituicytenausläufer sind durch „gap junctions", die Zelleiber durch „gap junctions" und „tight junctions" verbunden (DREIFUSS et al., 1975, *Mammalier*).

Auch bei *Submammaliern* werden synapsenartige Kontakte zwischen Ependymzellfortsätzen bzw. Pituicyten und Axonen gefunden (*Knochenfische:* KNOWLES u. VOLLRATH, 1965, 1966b; BATTEN und BALL, 1977; *Amphibien:* SMOLLER, 1966; NAKAI, 1970; *Reptilien:* RODRÍGUEZ u. LA POINTE, 1969; RODRÍGUEZ et al., 1978).

Der *Zellkern* der Pituicyten ist dunkel, häufig feingranuliert und unregelmäßig gestaltet, die Kernmembran meist mehrfach eingefaltet. Der Nucleolus ist gut ausgebildet.

Das *Cytoplasma* der Pituicyten erscheint bei schwacher Vergrößerung relativ dicht. Die Zellorganellen sind häufig in zonaler Konzentration angeordnet (OLIVIERI-SANGIACOMO u. CORRER, 1975, *Maus*). Das Cytoplasma enthält verstreute Elemente des endoplasmatischen Reticulum; Ribosomen liegen seltener an Membranen, häufiger werden sie in Form von Polysomen frei im Cytoplasma angetroffen. Der Golgi-Apparat ist meist nur mäßig stark entwickelt. WITTKOWSKI (1970) findet beim *Rhesusaffen* allerdings einen stark ausgebildeten Golgi-Apparat, aus dem 150–300 nm große granuläre Vesikel hervorgehen, die den neurosekretorischen Granula ähnlich sind. Auch BOUDIER et al. (1970) beschreiben bei der *Ratte* einen stark ausgeprägten Golgi-Apparat. Die mehr oder weniger zahlreichen Mitochondrien der Pituicyten sind länger und regelmäßiger gestaltet als die der Axone. Filamente mit einem Kaliber bis zu 10 nm liegen in dichten Bündeln hauptsächlich in den Zellausläufern. Mikrotubuli werden kaum ausgebildet. Vesikel und multivesiculäre Körper kommen vor, osmiophile Grana werden häufig beschrieben (s.u.!). Die Pituicyten gleichen hinsichtlich ihrer Zellorganellen den Astrocyten; Hinweise für sekretorische Aktivitäten finden OWSLEY und DELLMANN (1968, *Rind*), nicht aber BARER und LEDERIS (1966, *Kaninchen*). Eine Unterscheidung in „helle" und „dunkle" Pituicyten (FUJITA u. HARTMANN, 1961) ist nach BARER und LEDERIS (1966) bei guter Fixierung kaum möglich. HOLMES und KIERNAN (1964) unterscheiden jedoch beim *Igel* Pituicyten, deren Cytoplasma relativ arm an Zellorganellen ist, und solche, die zahlreiche Zellorganellen sowie Vesikel, elektronendichte Körper und andere Zelleinschlüsse besitzen und bevorzugt Zellausläufer zu Capillaren aussenden (vgl. auch OLIVIERI-SANGIACOMO, 1973; OLIVIERI-SANGIACOMO u. GANGITANE, 1975). Diese Unterscheidung stimmt etwa mit der von WITTKOWSKI (1968a) in fibrillenreiche und protoplasmatische Pituicyten überein (vgl. DELLMANN, 1962).

Der Neurallappen ist unbestritten Speicher- und Abgabeort der Hypothalamushormone Oxytocin und Vasopressin. Frühere Spekulationen über eine stimulierende oder vermittelnde Rolle der Pituicyten im Zusammenhang mit der Freisetzung von Neurohormonen aus den Axonendigungen der neurosekretorischen Bahn (s. Diskussion bei RENNELS u. DRAGER, 1955; BRETTSCHNEIDER, 1958; HOLMES u. KIERNAN, 1964; WITTKOWSKI, 1967b, 1969, 1972; OLIVIERI-SANGIACOMO, 1972 u.a.) haben sich bisher nicht bewahrheitet. Wahrscheinlicher ist dagegen, daß die Gefäßkontakte der Pituicyten bei unterschiedlich starker Hormonausschüttung unterschiedlich weit ausgedehnt sind, alternierend mit den neurosekretorischen Gefäßkontakten, wie für die Zona externa der Eminentia mediana beschrieben (s.S. 233).

Zahlreiche osmiophile *Grana* und Pituicyten sind Lipidkörper, hauptsächlich Phospholipide. Sie stammen aus dem Abbau der Membranen von Granula neurosekretorischer Axone (KUROSUMI et al., 1964, *Ratte*) und werden sowohl unter physiologischen Bedingungen gebildet (WITTKOWSKI, 1968a, *Ratte*, 1970, *Rhesusaffe;* WHITAKER et al., 1970, *Ratte;* DELLMANN u. RODRÍGUEZ, 1970, *Rind;* RUFENER, 1974, *Ratte;* KODAMA u. FUJITA, 1975, *Maus;* vgl. BOUDIER u. BURLET, 1978, *Eliomys quercinus*) als auch bei experimentellem Vorgehen gefunden (s. auch WITTKOWSKI, S. 723ff.).

Bei *Ratten* in den ersten beiden *postnatalen* Wochen sind die Pituicyten cytoplasmareicher und lipidreicher als bei adulten Tieren. Während sich die Lipidtropfen adulter *Ratten* elektronenmikroskopisch dunkel darstellen, sind sie in den ersten beiden Lebenswochen regelmäßig herausgelöst, so daß Lipidvakuolen entstehen (KRISCH, 1979; in Druck).

Auch bei *Vögeln* kommen normalerweise phagocytotische Lipidkörper vor (JEANVOINE u. GRIGNON, 1974, *Huhn*, fetal und postfetal).

Bei *Submammaliern* ist das subependymale Glialager der Pars distalis neurohypophyseos nur gering entwickelt oder fehlt völlig, eine organhaft abgegrenzte Pars nervosa der Hypophyse wird meist nicht ausgebildet. Nach Auffassung zahlreicher Autoren entspricht die „Neurohypophyse" insgesamt einer Eminentia mediana (Diskussion bei SIMON u. REINBOTH, 1974). Von Pituicyten kann in den meisten Fällen nicht gesprochen werden, ihre Stelle nehmen die Ausläufer der Ependymzellen des Recessus infundibularis ein (s. *Rundmäuler:* ADAM, 1960, 1963; STERBA u. BRÜCKNER, 1967; TSUNEKI u. GORBMAN, 1975; *Knorpelfische:* BARGMANN, 1955b; VAN DE KAMER u. VERHAGEN, 1955; FUJITA, 1963b; FOLLENIUS, 1965a; *Knochenfische:* FOLLENIUS, 1965b; KNOWLES u. VOLLRATH, 1966b; HENDERSON, 1969; SATHYANESAN u. HAIDER, 1971; SIMON u. REINBOTH, 1974; *Amphibien:* WINGSTRAND, 1959; GERSCHENFELD et al., 1960; RODRÍGUEZ, 1966, 1969a; SMOLLER, 1966; *Reptilien:* BARGMANN et al., 1957; RODRÍGUEZ u. LA POINTE, 1969; WEATHERHEAD, 1969; RODRÍGUEZ et al., 1978; *Vögel:* OKSCHE, 1962b; NISHIOKA et al., 1964; OKSCHE u. FARNER, 1974 u.a.).

4.2.1.3. *Reaktionsformen nach experimentellen Eingriffen*

Die Gliaveränderungen nach experimentellen Eingriffen sind mehrfach bei Mammaliern und Submammaliern untersucht worden. Die Veränderungen betreffen in gleichartiger Weise die Glia der Pars proximalis und der Pars distalis neurohypophyseos. Vergleiche im folgenden auch den Abschnitt 3. des Beitrages WITTKOWSKI (S. 723ff.).

Über Formen der *Degeneration* und *Regeneration* nach Durchtrennung des Hypophysenstiels oder Läsionen periventriculärer Kerngebiete s. DELLMANN (1973, Übersichtsreferat, Lit). Die Degeneration der neurosekretorischen Axone ist immer von Veränderungen der neurohypophysären Glia begleitet. Sie wurden eingehend von ZAMBRANO und DE ROBERTIS (1968a, *Ratte*), DELLMANN und

Rodríguez (1970, *Rind*), Dellmann et al. (1974, *Ratte*) u.a. beschrieben. Zunächst werden Mitosen, Zellvergrößerungen und Phagocytose beobachtet (Murakami et al., 1969a, *Ratte* u.a.). Die Lysosomen sind vermehrt, in den Gliazellen treten Lipideinschlüsse auf (vgl. auch Schiebler et al., 1978, *Ratte*). Etwa 5 Tage nach der Operation werden makrophagenartige Zellen beobachtet, nach 10 Tagen zeigen Gliazellen vermehrt Zellorganellen. Die degenerierenden Axone des proximalen Stumpfes werden zunehmend von Gliazellen eingescheidet. In späteren Stadien, in denen die Zellgröße wieder abnimmt, ist der Golgi-Apparat erheblich vergrößert, ein intracelluläres Kanälchensystem entsteht und vermittelt das Bild einer „sekretorischen" Zelle. Die Bedeutung dieser Veränderung ist nicht hinreichend klar (vgl. Wittkowski, 1972, *Ratte;* Whitaker u. LaBella, 1972, *Ratte*). In den erweiterten Zisternen des granulierten endoplasmatischen Reticulum treten granuläre elektronendichte Massen auf. Gliazellen dieser Art nehmen postoperativ lange Zeit ständig zu (Dellmann, 1973). Untersuchungen von Kiernan (1971, Gewebekultur) sprechen dafür, daß durch die Anwesenheit von Pituicyten neurosekretorische Axone zur Regeneration aktiviert werden.

Bei der Ausbildung der osmiophilen Grana handelt es sich nach Lüllmann-Rauch (1976, *Ratte*) um den Ausdruck des normalen Abbaus von überschüssigem neurosekretorischem Material in autophagischen Vacuolen (vgl. auch Reinhardt et al., 1969; Raisman, 1972, Lit.; Rufener, 1974; Polenov et al., 1975); bei Störung (Arretierung) der Abbauvorgänge durch amphiphile Pharmaka entsteht eine (reversible) abnorme Anhäufung von Lipiden in Form von Lamellenkörpern und Kristalloiden in Pituicyten, nicht anders als in Zellen anderer Organe auch (vgl. Lüllmann-Rauch, 1974, 1975). Die Lipidkörper sind unspezifisch; ein gelegentlich vermuteter Zusammenhang mit Rückmeldevorgängen ist wenig wahrscheinlich. Der Vorgang mahnt zur Zurückhaltung bei der Beurteilung von – auch in Ependymzellen auftretenden – Lipidkörpern hinsichtlich ihrer Bedeutung für Feedback-Mechanismen.

Auch bei *Submammaliern* werden nach Durchtrennung des Hypophysenstiels phagocytotische Lipidkörper in „Pituicyten" beobachtet (Sterba u. Brückner, 1967, 1969, *Neunauge, Frosch;* Dellmann u. Owsley, 1968, 1969, *Frosch;* Budtz, 1970, *Kröte;* Rodríguez u. Dellmann, 1970, *Frosch;* Brückner, 1972, *Neunauge*). Auch Ependymzellen beteiligen sich an der Phagocytose (Sterba u. Brückner, 1967, *Neunauge;* Dellmann u. Owsley, 1968, *Frosch;* Rodríguez u. Dellmann, 1970, *Frosch*). Über Vorstellungen zur Rolle der Pituicyten bzw. Ependymzellausläufer bei Submammaliern s. Knowles und Vollrath (1966b), Sterba und Brückner (1967).

Begleiterscheinungen der Veränderungen nach Hypophysenstieldurchtrennung betreffen die Gefäße (Endothelausläufer in das Lumen: Zambrano u. de Robertis, 1968b, *Ratte*). Die Regeneration geht mit der Ausbildung neuer neurohämaler Areale einher. Die Capillarschlingen des mittleren Abschnittes der Eminentia mediana verlängern sich einen Monat nach der Operation, die Capillardichte im proximalen Stumpf nimmt aber bereits um den 10. Tag zu. Hiermit verbunden ist eine Vermehrung des perivasculären Bindegewebes (Murakami et al., 1969a, *Ratte;* Dellmann, 1973).

In gleichem Maße werden bei *Submammaliern* Endothelveränderungen (Sterba u. Brückner, 1969, *Frosch*) und vermehrte Vascularisation beobachtet (Budtz, 1970, *Kröte*). Der Neurallappen regeneriert (Dierickx, 1965, *Frosch*).

Veränderungen des hypothalamischen Glialagers nach *Adrenalektomie, Kastration, Dehydratation* wurden wiederholt untersucht. Nach Schiebler et al.

(1978, *Ratte*) sind die Veränderungen nach allen derartigen Eingriffen gleichartig unspezifisch und betreffen nahezu alle Gliazellen der Pars proximalis und der Pars distalis neurohypophyseos, besonders aber die „astrocyte-like tanycytes". Die Veränderungen bestehen hauptsächlich in Vergrößerung und Vermehrung der Lipoproteingranula sowie in Vergrößerung des Golgi-Apparates und des endoplasmatischen Reticulum und Vermehrung der Ribosomen und Sekundärlysosomen (morphometrische Auswertung). Über gleichartige Veränderungen berichten u.a. ZAMBRANO und DE ROBERTIS (1968a, *Ratte*, Kastration), BOCK und v. FORSTNER (1969, *Ratte*, Adrenalektomie und Hypophysektomie), BOCK et al. (1969, *Ratte, Maus,* Corticoid- und ACTH-Behandlung nach Adrenalektomie und Hypophysektomie), KRSULOVIC und BRÜCKNER (1969, *Ratte*, Dehydratation), KOBAYASHI et al. (1970, *Ratte*, Ovarektomie), SCOTT et al. (1972b, *Ratte, Katze, Totenkopfäffchen,* Adrenalektomie), WHITAKER und LABELLA (1972, *Ratte*, Dehydratation), WITTKOWSKI (1973, *Ratte*, Adrenalektomie), KRISCH (1974, *Ratte*, Dehydratation), SCHIEBLER und ZABORSZKY (1975) sowie ZABORSZKY und SCHIEBLER (1975, *Ratte*, Adrenalektomie, Kastration). Vergleiche auch den Abschnitt über kinocilienarme Ependymzellen unter experimentellen Bedingungen, S. 270ff.

Dehydratation führt ferner zu vermehrten *Pituicytenmitosen* (ORTMANN, 1951), zu einer Vergrößerung des Neurallappens der Hypophyse (EICHNER, 1965, *Ratte*) und zur Ausbildung atypischer Centriolen, die auch durch Colchicin hervorgerufen und bis zur Ausbildung von Cilien gebracht werden können (HUBERT et al., 1974, *Ratte*). Pituicyten und Gefäßendothelien proliferieren (PATERSON u. LEBLOND, 1977, *Ratte*, autoradiographische Untersuchungen). Gleichartige Veränderungen findet man beim hereditären Diabetes insipidus (SCOTT, 1968, *Ratte*). Nach Colchicin-Behandlung finden HANSSON und NÖRSTRÖM (1971, *Ratte*) bei den Pituicyten (ähnlich wie in Astrocyten) eine Zellvergrößerung und Zellkerneinfaltungen. Ribosomen, endoplasmatisches Reticulum, Mitochondrien und Mikrotubuli sind vermehrt, ein Gewirr von Filamentbündeln wird sichtbar, häufig treten Centriolen auf. Am auffallendsten ist die Vergrößerung des Golgi-Apparates. Die Veränderungen zeigen einen Anstieg der Stoffwechselaktivität und, besonders in den Zellausläufern, eine Beeinträchtigung des Transportes von Zellorganellen an.

4.2.2. Subependymale „freie" Zellen

Die „freien" Zellen der subependymalen Gewebeplatte der kinocilienarmen hypothalamischen Ependymareale sind ihrer Lage nach allgemein mehr gefäßorientiert als die ependymzellorientierten „freien" Zellen der kinocilienreichen Areale. Hierbei spielen die ausgeprägten perivasculären Räume eine Rolle. Nicht unerheblich für die – gegenüber kinocilienreichen Arealen etwas andersartige – subependymale Zellpopulation dürfte auch das für circumventriculäre Organe bezeichnende „Blutmilieu" sein (s.S. 231).

Für die subependymale Gewebeplatte der kinocilienarmen hypothalamischen Ependymareale sind *Mikrogliocyten* und *Oligodendrocyten* nicht in dem Maße wie für kinocilienreiche Areale bezeichnend. Mikrogliocyten kommen eher in Gefäßnähe als unmittelbar unter oder zwischen kinocilienarmen Ependymzellen vor. Beim *Kaninchen* wurden vereinzelt myelinisierte Oligodendrocyten beobachtet (Leonhardt, 1970d). „*Gomori-positive*" *Gliazellen* werden in tieferen Schichten der Hirnwand beobachtet, sie liegen hauptsächlich im Grenzbereich des „Blutmilieus" circumventriculärer Organe.

Charakteristisch für hypothalamische Ependymareale sind eher *Abwehrzellen* und andere phagocytoseaktive Zellen (Abb. 88). Das gilt in gleichem Ausmaß auch für die übrigen circumventriculären Organe. Die nach Auffassung mehrerer Autoren aus den Blutgefäßen stammenden Zellen sind zunächst als perivasculäre Zellen in den perivasculären Bindegewebsräumen angesiedelt (s. neurohämale Region, S. 109ff.). Sie verbleiben hier oder wandern ins Hirngewebe und wahrscheinlich auch in den Ventrikel aus; die nicht neurogenen *supra*ependymalen Zellen gelangen offensichtlich auf diesem Weg auf die Ependymoberfläche. Hiermit stimmt überein, daß nicht neurogene supraependymale Zellen (Abwehrzellen) bevorzugt an der Ependymoberfläche circumventriculärer Organe, hauptsächlich der Plexus choroidei (Epiplexuszellen, Kolmer-Zellen, s.S. 426f.) und des Infundibulum, angetroffen werden.

In den subependymalen perivasculären Räumen des Hypothalamus kommen *Plasmazellen* (Leonhardt u. Witzsch, 1969, *Kaninchen;* Leonhardt, 1970d, *Kaninchen*) und *Mastzellen* vor (Dropp, 1972, 1976, zahlreiche *Mammalier*, auch circumventriculäre Organe, in geringerer Anzahl auch in Hirnrinde und Basalganglien; Kulshreshtha u. Dominic, 1972, *Spitzmaus;* Cammermeyer, 1972, 1973a, b, d, Übersicht, Lit.; Kiernan, 1976, Übersicht, Lit.; Pollard et al., 1976, *Ratte*).

In den perivasculären Räumen des Neurallappens der Hypophyse findet Olivieri-Sangiacomo (1972, *Ratte*) *perivasculäre Zellen*, die sich durch unregelmäßige Gestalt, fingerförmige Ausläufer, ausgedehnte Zisternen des granulierten endoplasmatischen Reticulum sowie durch eine variable Menge von Lysosomen und Lipidtröpfchen auszeichnen. Die Zellen sind phagocytosebereit (vgl. auch Zambrano u. De Robertis, 1968b). Es wird vermutet, daß sie beim Turnover des Basallamina-Materials und/oder der Neurosekretgranula beteiligt sind. Im Unterschied zu den gleichfalls phagocytosebereiten Pituicyten sind die perivasculären Zellen weniger ausgedehnt den Axonendigungen angelagert und reagieren nach Osmosebelastung nicht mit mitotischer Proliferation.

4.2.3. Supraependymale „freie" (nicht neurogene) Zellen

In REM-Untersuchungen wurden wiederholt *supra*ependymale Zellen beobachtet, die vermutlich oder nachgewiesenermaßen *Makrophagen* sind. Sie liegen fast ausschließlich den Ependymarealen des Hypothalamus und den kinocilienarmen Arealen der circumventriculären Organe auf (vgl. Abb. 88).

Die hypothalamischen supraependymalen „freien", nicht neurogenen Zellen besitzen – im Unterschied zu den neurogenen Zellen (vgl. S. 309ff.) – zumeist charakteristische, flach ausgezogene schmale oder plumpe Fortsätze, ähnlich den Makrophagen in Gewebekulturen („type II histiocyte-like cells", Scott et al., 1977, *Rhesusaffe;* vgl. Bleier, 1975, *Maus;* Coates, 1975, *Affe;* Scott et al., 1975, *Rhesusaffe;* Mestres, 1976, *Ratte;* Mestres u. Breipohl, 1976, *Ratte;* Coates, 1977, *Affe;* McArthur u. Ives, 1977, *Gürteltier*). Bleier et al.

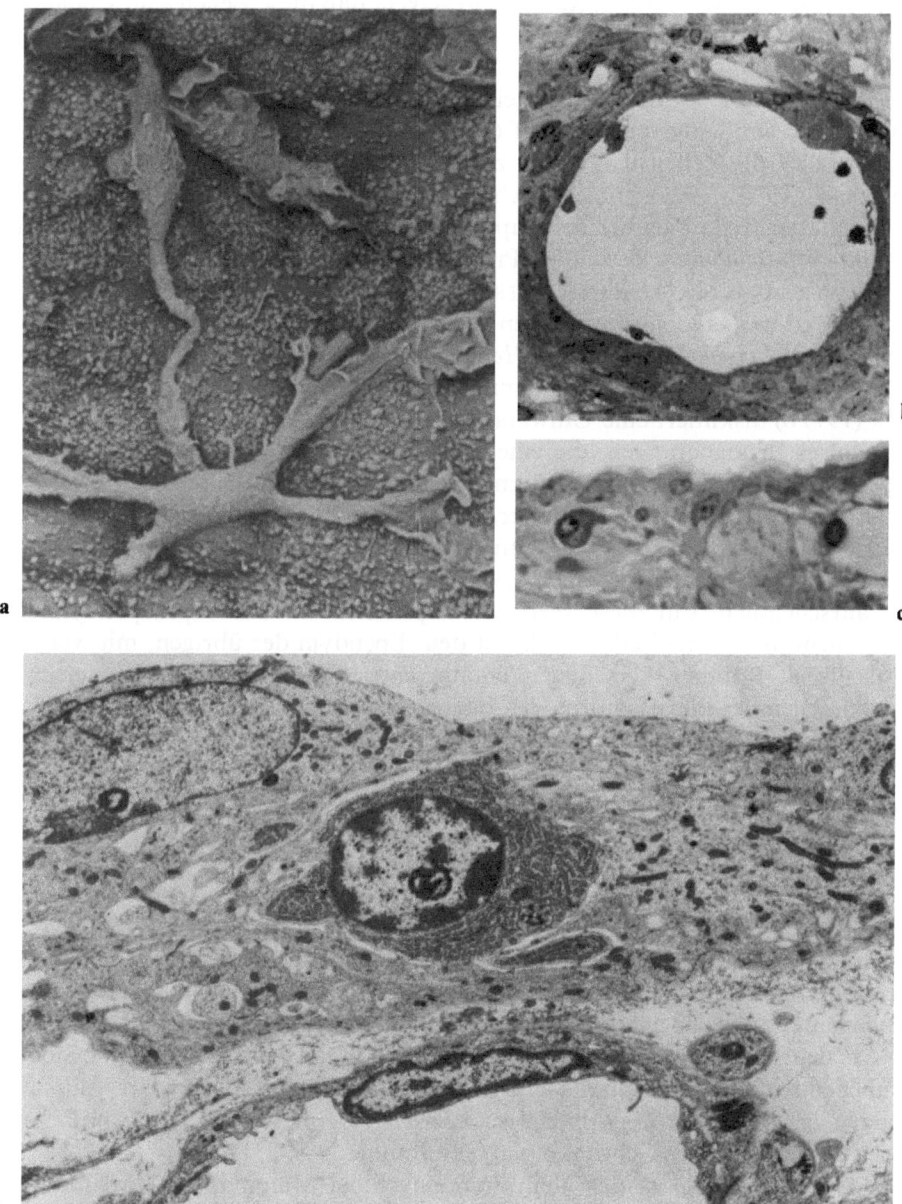

Abb. 88a–d. Subependymale und supraependymale Abwehrzellen, Infundibulum, *Kaninchen*. **a** Supraependymale Makrophagen (?), den kinocilienarmen Ependymzellen aufliegend; **b** Makrophagen im quergeschnittenen Recessus infundibuli; **c** subependymale Plasmazellen; **d** Plasmazelle im Neuropil der Infundibularwand zwischen Capillare und Ependymzellen. **b** u. **c** Färbung nach Richardson. Endvergr.: **a** ×1800 in der Projektion, **b** ×150, **c** ×250, **d** ×5100

(1975, *Affe, Katze, Nerz, Ratte, Kaninchen*) zeigen, daß diese Zellen Latex phagocytieren. Diese Zellart ist aber gegen neurogene Zellen nicht immer eindeutig abzugrenzen (Coates, 1973a, b, *Affe;* Mestres et al., 1975, *Ratte;* Bleier, 1975, *Maus;* Martinez, 1975, *Ratte*). Vergleichbare Zellen treten beim Hydrocephalus vermehrt auch im Seitenventrikel auf (Lindberg et al., 1977, *Ratte*). Im TEM-Präparat fallen die Zellen u.a. durch zahlreiche dichte Körper und Lysosomen auf (Bleier, 1977b, *Ratte*); sie gleichen den „M"-Zellen (Matthews, 1974). Die Anzahl der hypothalamischen supraependymalen, nicht neurogenen Zellen schwankt *cyclusabhängig;* sie sind im Prooestrus vermehrt (Bleier, 1977b, *Ratte;* vgl. Brawer et al., 1974, *Ratte;* Mestres, 1976, *Ratte*). Nach Injektion von Mumps-Viren in das Gehirn enthalten die supraependymalen Zellen virale Nucleocapside (Wolinsky et al., 1974, *Hamster*).

Die Herkunft dieser supraependymalen „freien" Zellen ist noch ungeklärt. Bleier (1977b) diskutiert eine Umwandlung von Ependymzellen in Phagocyten. Doch gibt es Beobachtungen, die eine Durchwanderung von *Plasmazellen* aus subependymalen perivasculären Räumen in den Ventrikel sehr wahrscheinlich machen (Leonhardt, 1970d, *Kaninchen*). Da in den hypothalamischen subependymalen perivasculären Räumen immer auch *Makrophagen* vorkommen, ist die Herkunft der supraependymalen Makrophagen aus diesem pool gleichfalls sehr wahrscheinlich. Für diese Hypothese spricht auch, daß supraependymale „freie", nicht neurogene Zellen auch auf dem Ependym der übrigen, mit weiten perivasculären Räumen versehenen circumventriculären Organe (Kolmersche Epiplexuszellen der Plexus choroidei!) beobachtet werden (s.S. 426f.). Zur cytomorphologischen Identifikation dieser Zellen im Liquorpunktat s. Mathios et al. (1977).

Auch bei *Amphibien* kommen supraependymale phagocytierende Zellen im Hypothalamusbereich vor (Bleier et al., 1975).

4.2.4 Subependymale Blutcapillaren und neurohämale Regionen

Die von kinocilienarmen Ependymzellen bedeckten hypothalamischen Ependymareale unterscheiden sich auch bezüglich der Gefäße in der subependymalen Gewebeplatte in mehrfacher Hinsicht tiefgreifend von den übrigen kinocilienreichen Arealen: Die *Gefäßarchitektonik* ist höchst organspezifisch; an die Stelle der subependymalen Basallamina-Labyrinthe treten weite perivasculäre Räume, sie bilden in der Regio hypothalamica *neurohämale Regionen;* die Capillaren besitzen keine Blut-Hirn-Schranke (vgl. „Blutmilieu", S. 231).

Die *Gefäßarchitektonik* der Neurohypophyse bei Mammaliern wird hauptsächlich durch die engen Gefäßverbindungen zwischen Eminentia mediana und Adenohypophyse bestimmt (Abb. 89), die prinzipiell folgenden Aufbau besitzen (s. Diepen, 1962). Die Hypophyse im weiteren Sinn (Adeno- und Neurohypophyse) erhält Blut aus zwei Zuflüssen. Zum infrasellären Teil ziehen Äste, die aus der extraduralen Strecke der A. carotis interna entspringen und von dorsal in das Organ (Pars distalis neurohypophyseos) eintreten. Zum suprasellären Teil gelangen Äste aus dem Circulus arteriosus cerebri (Willisii). Deren Zweige, „Aa. infundulares", bilden auf der äußeren Oberfläche einen „external capillary plexus", den „Mantelplexus" (Romeis, 1940). Aus diesem entspringen „Spe-

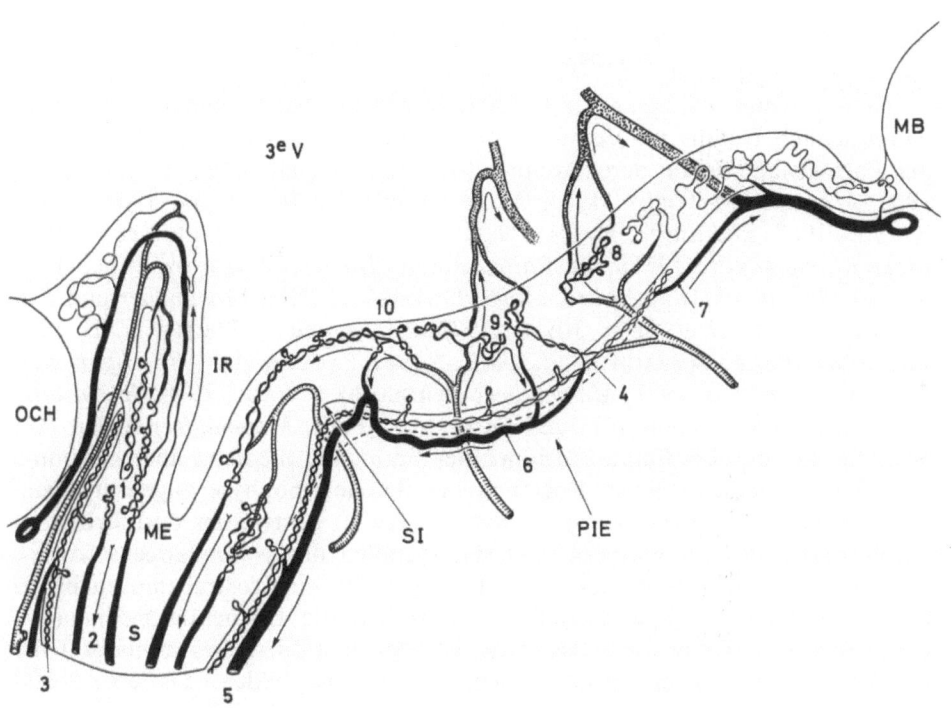

Abb. 89. Gefäßarchitektur der Eminentia mediana, *Mensch.* Medianer Sagittalschnitt durch den Boden des III. Ventrikels *(3ᵉ V)*. *OCH Chiasma opticum, ME* Eminentia mediana, *IR* Recessus infundibuli, *S* Hypophysenstiel, *PIE* postinfundibulärer Teil der Eminentia mediana (Tuber posterius), von der Eminentia mediana durch den Sulcus infundibularis *(si)* abgegrenzt, *MB* Corpus mamillare. Tuberohypophysiale Gefäßverbindungen: 1) Anterolaterale Verbindungen. *1* Capillarschlingen des tiefen Netzes des Primärplexus werden durch tuberale Arterien *(abwärts weisender Pfeil)* versorgt. Einige Venolen ziehen zu tuberalen Venen *(aufwärts weisender Pfeil)*. *2* Portalgefäße. *3* Oberflächliches Netz und seine Drainage. 2) Posteriore Verbindungen. *4* Oberflächliches Netz begrenzt das Tuber posterius und setzt sich in das oberflächliche Netz des Primärplexus fort *(5)*. *6* Portalgefäß. *7* Drainage des oberflächlichen Netzes durch tuberale Vene. *8* Tiefes Netz, ausschließlich durch tuberale Venen *(Pfeile)* drainiert. *9* Tiefes Netz mit gemischter Drainage (zur Hypophyse und zum Tuber). *10* Tiefes Netz, Abfluß ausschließlich zur Hypophyse *(Pfeil)*. (Aus Duvernoy, 1972)

zialgefäße" (Nowakowski, 1951; vgl. Brettschneider, 1956a), lange Capillarschleifen, die als „internal capillary plexus" in die Infundibularwand eindringen und ein subependymales Capillarnetz speisen (vgl. Duvernoy, 1972). Mantelplexus, Spezialgefäße und Capillarnetz bilden zusammen den „primary plexus of the hypophysial portal system". Aus ihm wird das Blut in weiten Portalvenen (bei Mammaliern vordere, hintere und seitliche Gefäße) gesammelt und den sinusoiden Capillaren der Adenohypophyse zugeleitet, die den „secondary plexus of the hypophysial portal system" bilden (Transport von Steuerhormonen aus der Eminentia mediana, s. Lit. S. 271 ff.). Die Adenohypophyse erhält mithin Blut auf indirektem Weg über die Neurohypophyse (nur über die Neurohypophyse: Page et al., 1976, *Kaninchen*). Bei einigen Species (*Ratte, Meerschweinchen, Ka-*

ninchen, Katze, Hund, Rhesusaffe) bestehen Verbindungen auch zwischen Mantel-plexus und Capillarnetz des Neurallappens.

Neuere Untersuchungen der Gefäßarchitektonik bei Mammaliern betreffen hauptsächlich Details im Verhalten des Mantelplexus, der Spezialgefäße und der Portalgefäße sowie deren weitere Verbindungen (Koritké u. Duvernoy, 1960, *Mammalier;* Török, 1964, *Katze, Hund;* Smith-Agreda, 1966, *Katze;* Holmes, 1967, *Rhesusaffe;* Haymaker, 1969a, b, *Mensch;* Repciuc et al., 1970, *Mensch;* Akmayev, 1971a, b, *Ratte, Katze, Hund;* Duvernoy et al., 1971, *Mensch;* Negm, 1971a, b, *Ratte, Maus;* Duvernoy, 1972, *Mammalier* und *Sub-mammalier,* Lit.; Weindl u. Joynt, 1972a, *Mammalier;* Porter et al., 1973, *Kaninchen, Ratte;* Ambach et al., 1976, *Ratte;* Page et al., 1976, *Kaninchen;* Page u. Berglund, 1977, *Mammalier;* Berglund u. Page, 1978, *Rhesusaffe*).

Holmes (1967, *Rhesusaffe*) und Duvernoy (1972, *Mammalier*) finden Hin-weise darauf, daß bestimmte Regionen der Eminentia mediana über bestimmte Portalgefäße umschriebenen Regionen der Adenohypophyse zugeordnet sind (vgl. Oksche u. Farner, 1974). Duvernoy (1972) geht ferner ausführlich auf Anastomosen des „primary plexus" mit Gefäßen des Neurallappens sowie – bei allen untersuchten Species – mit Tubergefäßen ein; rostral und zu beiden Seiten durchqueren „Spezialgefäße" (Arteriolen) die Eminentia mediana auf ihrem Weg zum Tuber. Beim *Menschen* ist über dem dorsalen Anteil des Tuber ein Geflecht, ähnlich dem „primary plexus", stark ausgebildet. Es ist über Portal-gefäße mit den Capillaren der Adenohypophyse verbunden. Berglund und Page (1978) schließen aus der Anordnung der adenohypophysären Gefäße beim *Rhesusaffen,* daß Hormone aus der Adenohypophyse auf kürzestem Weg in das Gehirn gelangen können.

Die Vermutung, daß Capillaren des „primary plexus" stellenweise ohne Ependymbedeckung in den Ventrikelraum ragen könnten (Duvernoy, 1972; vgl. Löfgren, 1961; Talanti u. Kivalo, 1961; Rinne, 1966), wurde elektronen-mikroskopisch nie sicher bestätigt.

Über die *Entwicklung des Hypophysen-Gefäßsystems bei Mammaliern* berich-teten zuletzt u.a. Glydon (1957, *Ratte*), Enemar (1960, *Maus*), Rinne und Kivalo (1965, *Ratte*), Campbell (1966, *Kaninchen*), Daikoku et al. (1968, *Ratte*), Florsheim und Rudko (1968, *Ratte*), Smith (1970, *Ratte*), Fink und Smith (1971, *Ratte*), Halász et al. (1972, *Ratte*), Monroe et al. (1972, *Ratte*), Terneby (1972, *Kaninchen*), Donovan und Peddie (1973, *Mensch*), Eurenius (1977, *Maus*). Die Ergebnisse stimmen darin überein, daß die Spezialgefäße zwar erst in den ersten postnatalen Tagen in die Eminentia mediana einwachsen, aber vorher, im Zustand der Anlagerung, bereits funktionstüchtig sein können. Neu-rohämale Kontakte sind schon vor der Geburt ausgebildet (Kobayashi et al., 1968; Jost et al., 1970; vgl. Krisch, 1979; im Druck).

Die *Gefäßarchitektonik der Neurohypophyse der Submammalier* gleicht prinzipiell der bei Mam-maliern (s. Duvernoy, 1972); Eminentia mediana und Adenohypophyse sind hinsichtlich der Gefäße hintereinander geschaltet (*Fische:* Lagios, 1970, Lit.; Haider u. Sathyanesan, 1972; Sathyanesan, 1972; Sathyanesan u. Das, 1978; *Amphibien:* Dierickx et al., 1974; Lametschwandtner u. Simons-berger, 1975, Lit.; Lametschwandtner et al., 1977; *Vögel:* Vitums et al., 1964, Lit.; Duvernoy et al., 1969; Sharp u. Follet, 1969; Daikoku et al., 1974, Entwicklung; Dollinger u. Armstrong, 1974; Singh u. Dominic, 1975). Auch bei *Vögeln* gibt es Beobachtungen, die eine durch Gefäße vermittelte Zuordnung einzelner Teile der Eminentia mediana zu Teilen der Adenohypophyse wahrscheinlich machen (VITUMS et al., 1964, SINGH u. DOMINIC, 1970; OKSCHE u. FARNER, 1974; vgl. FARNER et al., 1967).

Neurohämale Regionen. In weiten Teilen der hypothalamischen subependymalen Gewebeplatte, besonders in der Eminentia mediana und im Neurallappen der Hypophyse, sind die Capillaren von einem weiten Bindegewebsraum umgeben (Abb. 90). Diese Situation kann so verstanden werden, daß hier – im Unterschied zu den subependymalen Capillaren kinocilienreicher Areale – die Verschmelzung der „äußeren" und „inneren" perivasculären Basallamina unterbleibt; zwischen beiden Basallaminae liegt der perivasculäre Bindegewebsraum. An seine äußere Basallamina grenzen, außer Ependymzell- und Pituicytenfortsätzen, die terminalen Auftreibungen (Abb. 91) neuroendokriner Axone („neurohämale Region": KNOWLES u. BERN, 1966). Anstelle der für kinocilienreiche Areale typischen Basallamina-Labyrinthe findet man in Eminentia mediana und Neurallappen folglich labyrinthartige, mit Basallamina ausgekleidete Ausläufer des perivasculären Bindegewebsraumes. Die Ausläufer dringen, besonders im Neurallappen, tief in die zwischenzelligen Spalten des Hirngewebes ein und bilden hierdurch Wege, auf denen schließlich die Neurohormone zu den Capillaren und postcapillaren Venen gelangen.

Gleichartige perivasculäre Räume sind auch in den übrigen circumventriculären Organen ausgebildet. Ihre Ausbildung erfolgt unabhängig davon, ob über den perivasculären Raum Neurohormone an das Blut abgegeben werden (wie z.B. im Organum vasculosum laminae terminalis) oder ob eine vielleicht andersartige Funktion (Ausbreitung des „Blutmilieus") den perivasculären Raum zur Voraussetzung hat (z.B. in der Area postrema). Es ist deshalb gerechtfertigt, den Ausdruck „neurohämale Region" zur Charakterisierung der perivasculären Strukturen auch der übrigen circumventriculären Organe anzuwenden, um so mehr, als auch diese Ependymorgane eine organspezifische Angioarchitektur besitzen.

Im *Grenzgebiet der neurohämalen Regionen* von Eminentia mediana, Organum vasculosum laminae terminalis, Subfornicalorgan und Area postrema ist der perivasculäre Bindegewebsspalt durch „tight junctions" zwischen perivasculären Tanycytenfortsätzen gegen das angrenzende Neuropil „abgedichtet" (Grenze zwischen Blut- und Liquormilieu) (KRISCH et al., 1978c).

Die neurohämalen Regionen Eminentia mediana und Neurallappen wurden wegen des *Gehaltes der perivasculären Räume an Bindegewebselementen,* z.B. Reticulinfasern, lichtmikroskopisch schon früh als besondere Bildungen im Nervensystem bekannt, wenn auch nicht in ihrer Bedeutung erkannt (Lit. s. ROMEIS, 1940; DIEPEN, 1962). Der für die neurohämalen Regionen charakteristische perivasculäre Bindegewebsraum wird in nahezu allen elektronenmikroskopischen Untersuchungen beschrieben, die das Problem der Neurohormonfreisetzung verfolgen. In zahlreichen Arbeiten stehen der perivasculäre Bindegewebsraum und die Endothelstruktur im Zusammenhang mit der *Hormonabgabe* im Vordergrund (*Eminentia mediana:* BARRY u. COTTE, 1961, *Meerschweinchen;* OOTA, 1963b, *Maus;* DUFFY u. MENEFEE, 1965, *Kaninchen;* MAZZUCA, 1965, *Meerschweinchen;* KOBAYASHI et al., 1966, *Ratte;* RINNE, 1966, *Ratte;* AKMAYEV et al., 1967, *Ratte;* MONROE, 1967, *Ratte;* WITTKOWSKI, 1967a, *Meerschweinchen,* 1973, *Ratte;* HOLMES, 1968, *Rodentier;* KRISCH et al., 1972, *Ratte;* MONROE et al., 1972, *Ratte;*

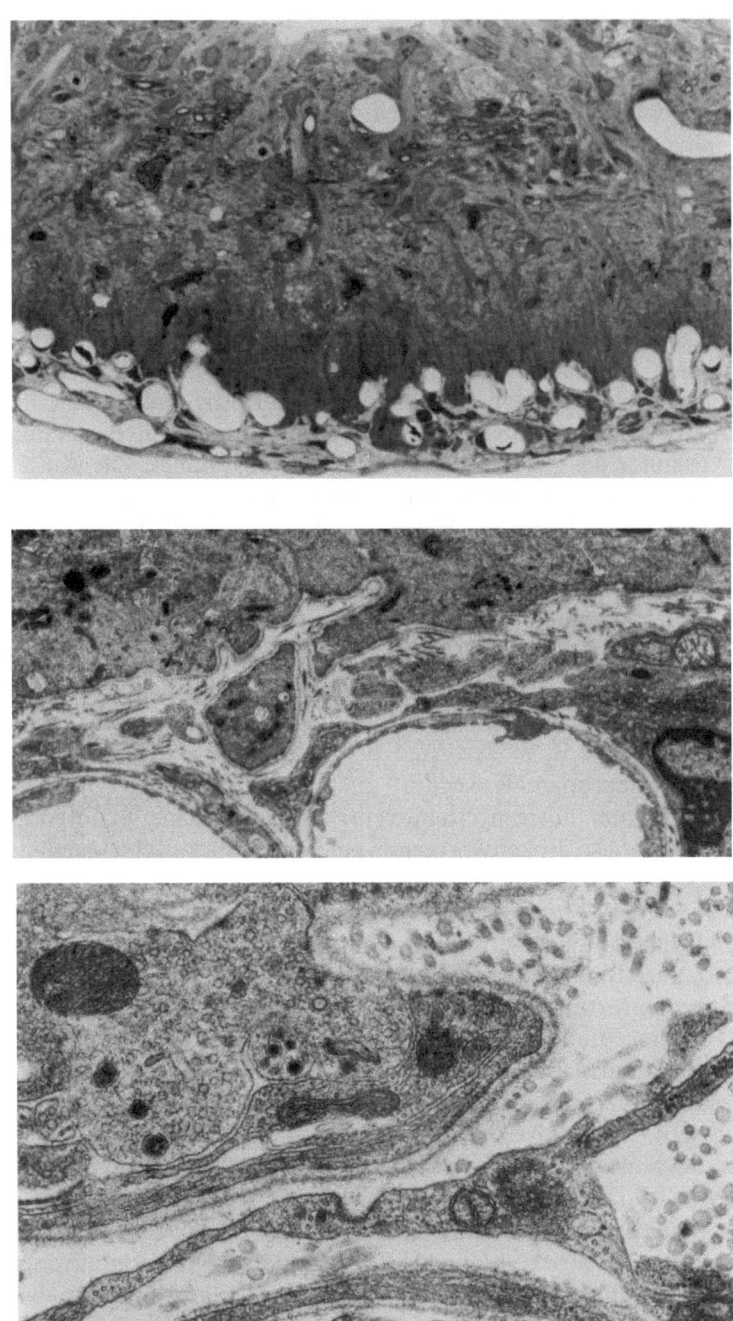

Abb. 90a–c. Neurohämale Region, Eminentia mediana, *Ratte.* **a** Übersicht, Frontalschnitt durch die Mitte der Eminentia mediana, Zonengliederung, Färbung nach Richardson; **b** u. **c** neurohämale Region. (Präparate Dr. B. Krisch, Kiel). Endvergr.: **a** ×350, **b** ×8424, **c** ×35532

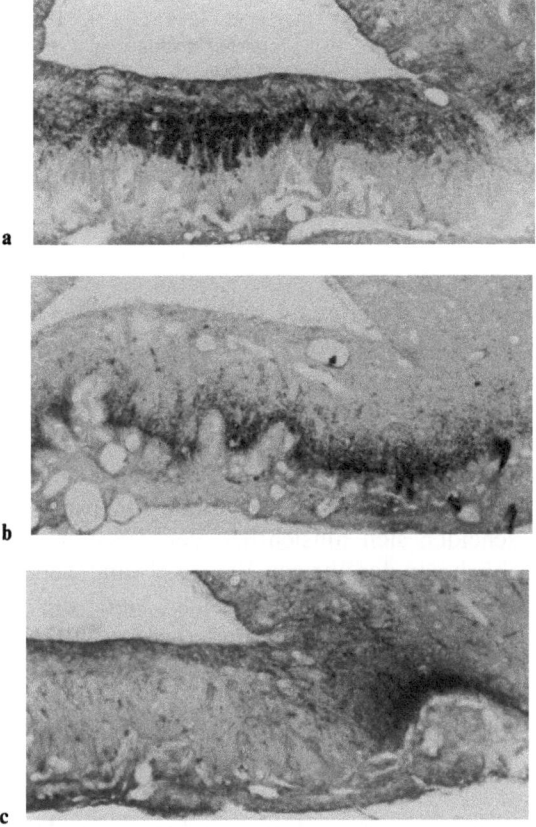

Abb. 91 a–c. Eminentia mediana, weibliche *Ratte,* Frontalschnitte durch die Mitte des Organs. Unterschiedliche Verteilung neurosekretorischer Fasern. **a** Vasopressin in der Zona interna. **b** Somatostatin in der Zona palisadica. **c** LRF in der Zona palisadica und pericapillären Schicht. Immunhistochemische Darstellung der Fasersysteme. (Präparate Dr. B. KRISCH, Kiel). Endvergr. × 140

VOITKEVICH u. DEDOV, 1972, *Ratte;* BEAUVILLAIN, 1973, *Maus;* STOECKART et al., 1973, *Ratte;* KRISCH, 1974, 1975, *Ratte;* OOTA et al., 1974, *Vertebraten. Neurallappen:* PALAY, 1957, *Mammalier;* BRETTSCHNEIDER, 1958, *Ratte;* HARTMANN, 1958, *Ratte;* OOTA, 1963b, *Maus;* BARER u. LEDERIS, 1966, *Kaninchen;* MONROE, 1967, *Ratte;* MARIN GIRÓN u. CARRATO, 1968, *Ratte;* WITTKOWSKI, 1968a, *Ratte,* 1970, *Rhesusaffe;* BOUDIER et al., 1970, *Ratte;* VITRY u. PICARD, 1971, *Ratte;* LIVINGSTON, 1975, *Ratte;* LIVINGSTON u. WILKS, 1976, *Ratte*). Der perivasculäre Raum enthält regelmäßig Kollagenfibrillen sowie einzelne „freie" Zellen (s.S. 331). Die Weite des perivasculären Raumes variiert – u.a. abhängig vom Ausmaß der Hormonfreisetzung. Die Capillaren der neurohämalen Regionen bilden keine Blut-Hirn-Schranke; sie besitzen „gap junctions" (s.S. 209) und sind fenestriert. Nach Durchtrennung des Hypophysenstiels werden neue neurohämale Kontakte ausgebildet (RAISMAN, 1973, *Ratte,* Lit.).

Auch bei *Submammaliern* sind die Eminentia mediana und der Neurallappen bzw. ihre Homologa als neurohämale Region strukturiert (*Fische:* POLENOV, 1968; POLENOV et al., 1972b; HAIDER

u. Sathyanesan, 1973; Abrahams et al., 1976; Polenov et al., 1976; *Amphibien:* Smoller, 1966; Doerr-Schott, 1968; Rodríguez, 1969a; Fasolo et al., 1973; Tsuneki, 1975; *Reptilien:* Rodríguez u. La Pointe, 1969; Rodríguez et al., 1978; *Vögel:* Oksche et al., 1969; Mikami et al., 1970; Oehmke, 1970; Sharp, 1972; Oksche u. Farner, 1974).

5. Circumventriculäre Organe

Das *Ependym* insgesamt, d.h. die aus den Ependymzellen, den neuronalen Elementen des Ependyms und der subependymalen Gewebeplatte mit Glia, „freien" Zellen, Blutgefäßen und Basallamina-Labyrinthen zusammengesetzte *Ventrikelauskleidung*, zeigt lokale Unterschiede hinsichtlich der Ausbildung seiner Komponenten. Aufgrund der lokalen Unterschiede im kinocilienreichen wie kinocilienarmen Ependym ist die Auskleidung der Ventrikelwände mosaikartig zusammengesetzt. Die auffälligsten „Bausteine" dieses Mosaiks, scharf begrenzte Wandareale, unterscheiden sich hinsichtlich der Zusammensetzung der Ependymdecke aber erheblich von der übrigen Ventrikelwand, sei es, daß andersartige Ependymzellen, zumeist Tanycyten, ausgebildet sind, die Blutcapillaren und ihre perivasculären Strukturen einen besonderen Aufbau erkennen lassen, die neuronalen Elemente besondere Qualität besitzen oder die gliösen Elemente ganz fehlen, z.B. in den Plexus choroidei. Diese Ventrikelwandareale werden als spezielle Organe hervorgehoben und namentlich bezeichnet (Abb. 92). Die spezialisierten Ependymorgane wurden von Hofer (1959), einem Vorschlag Bargmanns folgend, als *Circumventriculäre Organe* zusammengefaßt.

Einzelne der *circumventriculären Organe* sind vor vielen Jahrzehnten entdeckt, andere erst in jüngerer oder jüngster Zeit bekannt geworden. Die eingehenden Untersuchungen des Subfornical-, Subcommissural- und Paraventricularorgans durch Legait (1942) machten diese Organe seinerzeit allgemein bekannt. Die Beobachtung Stutinskys (1950), daß im Subcommissuralorgan eine ähnlich wie Neurosekret anfärbbare Substanz nachweisbar ist, lenkte die Aufmerksamkeit der Neuroendokrinologie vermehrt auf diese Bildungen.

Die Bezeichnung „circumventriculäres Organ" wird von den einzelnen Autoren unterschiedlich angewandt und z.T. auch auf weitere in ihrem Aufbau weniger auffällige, mit geringergradigen Baueigentümlichkeiten versehene, gleichwohl aber abgegrenzte Ependymareale ausgedehnt (vgl. z.B. Hofer, 1959; Vigh, 1971). Die lokalen Bauunterschiede sind im Ependym der Submammalier häufig ausgeprägter als in dem der Mammalier (zur Stellung der circumventriculären Organe in der Wirbeltierreihe s. Hofer, 1965, 1969).

Alle circumventriculären Organe grenzen – als Teil der Ventrikelwand – an den Ventrikelliquor. Eine große Gruppe dieser Organe grenzt zudem auch an den Subarachnoidealliquor; in diesen Fällen ist die Ventrikelwand extrem dünn, sie wird nur durch das circumventriculäre Organ repräsentiert. Nach Hofer (1965) sind die circumventriculären Organe geradezu durch ihre Lage zwischen innerem und äußerem Liquor definiert; ihre Zahl ist damit begrenzt (vgl. dagegen Vigh, 1971).

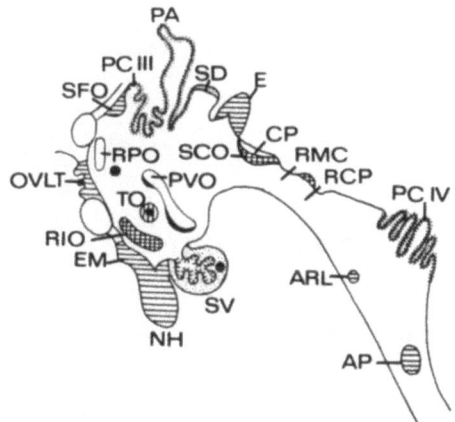

Abb. 92. Lage und Charakterisierung der circumventriculären Organe des Vertebratengehirns, Schema (modifiziert nach Vigh, 1971, aus Oksche, 1973).

Gruppe I (bestehend aus Ependymzellen und leptomeningealem Stroma): *PCIII* Plexus choroideus des III. Ventrikels, *PA* Paraphysis, *SD* Saccus dorsalis, *PCIV* Plexus choroideus des IV. Ventrikels, *SV* Saccus vasculosus (enthält spezialisierte Elemente in der Ependymzellage und subependymale cholinerge Liquorkontaktneurone).

Gruppe II A (bestehend aus sekretorischen oder vermutlich sekretorischen Ependymzellen): *SCO* Organum subcommissurale, *RMC* Ependym des Recessus mesocoelicus, *RCP* Ependym des Recessus colliculi posterioris, *RIO* Ependymorgan des Recessus infundibuli.

Gruppe II B (bestehend aus spezialisierten, in einigen Fällen sekretorischen Ependymkomponenten und subependymalen Liquorkontaktneuronen): *RPO* Recessus-preopticus-Organ (Liquorkontaktneurone aminerg), *PVO* Paraventricularorgan (Liquorkontaktneurone aminerg), *TO* Tuberalorgan (Liquorkontaktneurone Acetylcholinesterase-positiv). Liquorkontaktneurone werden überdies auch unter den klassischen neurosekretorischen (peptidergen) Zellen und in der Wand des Zentralkanals gefunden.

Gruppe III (bestehend aus Ependymzellen sowie einer differenzierten „hypendymalen" Komponente: Parenchymzellen und Nervenzellen mit afferenten Nervenverbindungen und spezialisierter Vascularisation): *SFO* Organum subfornicale, *OVLT* Organum vasculosum laminae terminalis, *ARL* Area recessus lateralis, *AP* Area postrema, *E* Corpus pineale (Epiphysis cerebri), *NH* Neurallappen der Hypophyse, *EM* Eminentia mediana

In den circumventriculären Organen verwirklichen die offenbar (ontogenetisch) pluripotenten *Matrixependymzellen* extrem ihre Differenzierungsmöglichkeiten (Abb. 93). Es entstehen einerseits *sezernierende Zellen* (z.B. im Subcommissuralorgan), andererseits *Sinneszellen* (z.B. in pinealen Sinnesorganen und in der Retina, die allerdings bisher noch von keinem Autor zu den circumventriculären Organen gerechnet wurde). Besonders interessant ist in diesem Zusammenhang die phylogenetische Wandlung von Sinneszellen der Epiphyse in sezernierende (endokrine) Elemente (vgl. hierzu Collin, 1970; Oksche, 1970, 1976; Vigh u. Vigh-Teichmann, 1974). Andere Differenzierungen führen zu spezialisierten Stoffwechselleistungen (z.B. in den Plexus choroidei).

Weitere charakteristische Differenzierungen betreffen die *Blutgefäße* der subependymalen Gewebeplatte; sie bilden ein – für jedes circumventriculäre Organ spezifisches – Gefäßmuster. Die Basallamina-Labyrinthe sind meist stark vergrößert und verzweigt. Bei den meisten circumventriculären Organen ist ein perivasculärer Bindegewebsraum ausgebildet (s. *neurohämale Region*, S. 359ff.).

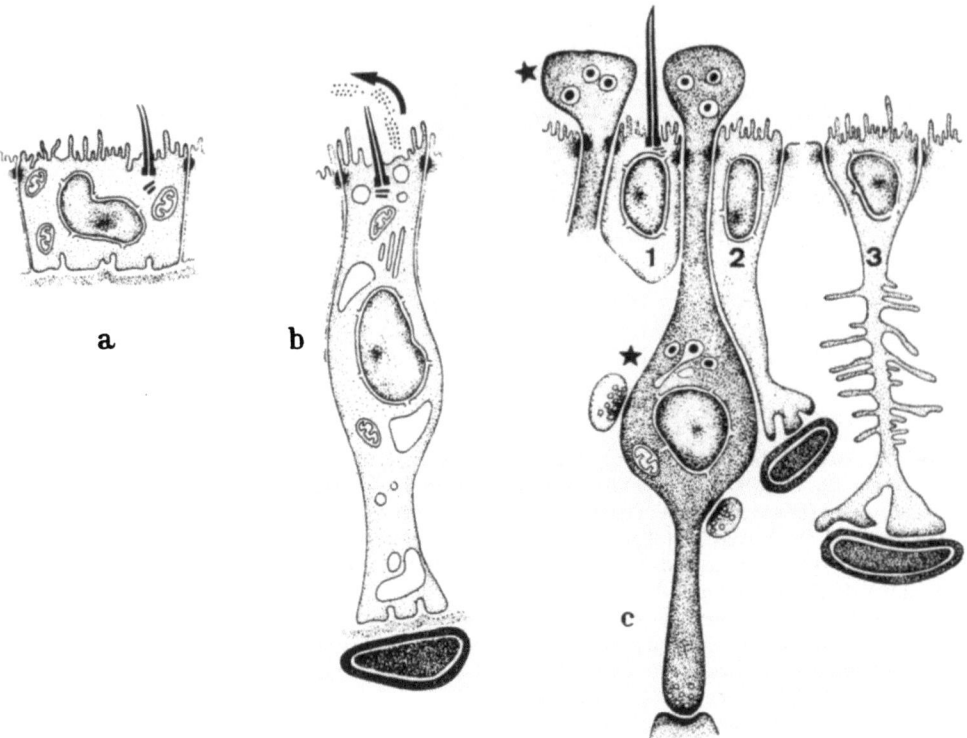

Abb. 93a–c. Zelltypen der circumventriculären Organe. **a** Plexus-choroideus-Epithel (beteiligt bei der Bildung des Liquor cerebrospinalis, aktiver Na$^+$-Transport). **b** Sekretorische Ependymzellen des Organum subcommissurale (das Sekret wird in erweiterten Zisternen des endoplasmatischen Reticulum gebildet und in den Liquor abgegeben, *Pfeil;* Ausbildung perivasculärer Endfüße). **c** Circumventriculärer Zellkomplex, bestehend aus Liquorkontaktneuronen (*) und Ependymzellen. (Die bipolaren Liquorkontaktneurone sind aminerg, cholinerg oder peptiderg, ihre Perikaryen tragen Synapsen, die Neuriten bilden Bahnen, die Dendritenendigungen dienen entweder der Abgabe aktiver Substanzen in den Liquor oder einer Receptorfunktion. Die Ependymzellen besitzen *1* kubisch-epitheliale Gestalt oder *2* einen basalen perivasculären Fortsatz oder *3* repräsentieren Tanycyten mit perivasculären Fortsätzen.) (Aus OKSCHE, 1973)

Die *neuronale Komponente* ist bei einigen Organen spezialisiert – entweder durch eigentümliche Nervenzellen, „Parenchymzellen", die im Organ selbst liegen, und/oder durch besondere neuronale Verbindungen; bei anderen fehlt die neuronale Komponente.

Die *Blut-Hirn-Schranke* wird in den meisten circumventriculären Organen, speziell in den zwischen äußerem und innerem Liquor eingebauten, nicht ausgebildet. Diese Organe liegen im „Blutmilieu" und grenzen an das „Liquormilieu" (Lit. s.S. 252ff.). Dieses für das Zentralnervensystem einzigartige Merkmal spielte bei der Entdeckung und Identifizierung der Organe eine wichtige Rolle.

Die circumventriculären Organe entstehen *in oder nahe der Medianebene* der Hirnanlage, die meisten in der Zwischenhirnanlage. Während die neuronal gegliederte Masse des Zentralnervensystems größtenteils bilateral-symmetrisch

seitlich der Medianebene auswächst, werden in der Medianebene Teile der Deckplatte, der Lamina terminalis und der Bodenplatte bei starker Gefäßbeteiligung
unter Bildung circumventriculärer Organe reduziert. Die bevorzugte Anordnung
auch der medullospinalen Liquorkontaktneurone in der Medianebene und der
Ursprung supraependymaler Axone aus Septumkernen begründen die Vermutung, daß der Medianebene in der Organisation des Zentralnervensystems eine
weitere, über die Bildung der circumventriculären Organe hinausreichende, noch
wenig bekannte Bedeutung zukommt.

Die *Funktionen* der circumventriculären Organe sind allenfalls hinsichtlich
der Plexus choroidei, der Eminentia mediana und des Corpus pineale in groben
Zügen erforscht, im übrigen aber noch weitgehend unbekannt. Die Vermutungen
zielen auf spezielle Funktionen der einzelnen Organe wie auch auf gemeinsame
Funktionen im Rahmen eines „Systems der circumventriculären Organe".

Eine *Einteilung* der circumventriculären Organe kann mangels weiterer
Kenntnisse über ihre Funktion vorläufig erst nach morphologischen Kriterien
durchgeführt werden und befriedigt deshalb nicht völlig. HOFER (1959, 1965)
teilt die circumventriculären Organe in 3 Gruppen ein: 1) Organe, die aus der
ursprünglich epithelialen Deckplatte hervorgehen (z.B. Plexus choroidei), 2) Organe, die als Differenzierung eines Abschnittes der ganzen, relativ dünn bleibenden Hirnwand entstehen (z.B. Organum vasculosum laminae terminalis), 3) Organe, deren typische Differenzierungen nicht die ganze Hirnwand einnehmen
(z.B. Subfornicalorgan).

Die *Baueigentümlichkeiten* der einzelnen Organe können bevorzugt die Ependymzellen, die Zellen des subependymalen Gewebelagers oder dessen Blutgefäße
betreffen. Diese Unterschiede im Schwerpunkt der Spezialisierung bewogen VIGH
(1971)' zu einer systematischen Einteilung der circumventriculären Organe in
Ependymorgane, Hypendymorgane und *chorioide Organe*. Der Autor wendet die
Bezeichnung extensiv an; er zählt zu den circumventriculären Organen z.B.
auch noch das „periventriculäre System der Gomori-positiven Gliazellen".

Bei den *Ependymorganen* sind die Ependymzellen hochspezialisiert. Die *Hypendymorgane* zeichnen sich durch „eine Vermehrung verschiedener Elemente
des Hypendyms", der subependymalen Gewebeplatte, aus. Bei den *chorioiden
Organen* fehlt wie beim Plexus choroideus der neurogene Anteil der subependymalen Gewebeplatte, zugleich ist ein starker Gefäßplexus ausgebildet. Nach
VIGH (1971) können folgende Bildungen zu den circumventriculären Organen
gerechnet werden:

Einteilung der circumventriculären Organe nach VIGH (1971):

Ependymorgane
    Subcommissuralorgan
    Recessus mesocoelicus
    Recessus colliculi posterioris
    Recessus-infundibuli-Organ
    Paraventricularorgan   ⎫
    Recessus-praeopticus-Organ ⎬ = „hypothalamic
    Tuberalorgan   ⎭ CSF-contacting neuronal areas"
                         der *Submammalier*

Infundibularorgan ⎫
Flexuralorgan   ⎬   von *Branchiostoma*

Hypendymorgane
  Subfornicalorgan
  Organum vasculosum laminae terminalis
  Area postrema
  Corpus pineale
  Neurohypophyse
  Area recessus lateralis ventriculi quarti

Chorioide Organe
  Plexus choroidei
  Saccus dorsalis
  Saccus vasculosus der *Fische*
  Paraphyse der *Submammalier*

Periventriculäres System der „Gomori-positiven" Gliazellen

Zu den circumventriculären Organen können zudem gerechnet werden:
  Recessus inframamillaris
  Recessus rhombencephali
  Glykogenkörper der *Vögel*
  Neurophysis spinalis caudalis (Urophyse) der *Submammalier*
  Pinealkomplex (im weiteren Sinne der Definition)
  Recessus neuroporicus des Akraniers *Branchiostoma*

Als *Parietalorgane* werden das Frontalorgan (*Amphibien*) = Endstück des Pinealorgans bzw. Parietalauge (*Reptilien*) = Parapinealorgan und das Corpus pineale (= Epiphysis cerebri) mit dem Saccus dorsalis zusammengefaßt (vgl. Studnička, 1900).

Auch die „Retina der paarigen Augen" wird neben den Parietalorganen (und dem Saccus vasculosus) von Studnička (1900) zu den „speziellen Modifikationen des Ependyms", d.h. in der hier angewandten Terminologie zu den circumventriculären Organen gezählt. Studnička (1900) bemerkt hierzu, daß das Stratum pigmenti der Retina aus Zellen bestehe, „die an die Zellen, z.B. der Plexus chorioidei des Gehirns vollkommen erinnern". Im Stratum cerebrale sind „die Ependymzellen... in der Form der sog. Müllerschen Fasern erhalten; sonst entsprechen die Stäbchen und Zapfen der Retina etwa den Sinneszellen der Parietalorgane...". Über die Retina s. Rohen (1964).

Die „klassischen" circumventriculären Organe der Mammalier stehen mit dem inneren und äußeren Liquor in Beziehung (vgl. Hofer, 1969); es sind Pars proximalis (*Eminentia mediana*) und Pars distalis (*Neurallappen*) der *Neurohypophyse, Organum vasculosum laminae terminalis, Subfornicalorgan, Corpus pineale* mit *Saccus dorsalis, Subcommissuralorgan* mit *Recessus mesocoelicus, Area postrema* und die *Plexus choroidei.*

Die *Neurohypophyse* wurde im Zusammenhang mit dem kinocilienarmen Ependym der Regio hypothalamica (Neurallappen S. 349ff.) dargestellt. Im Zusammenhang mit der Besprechung der lokalen Unterschiede im Aufbau des kinocilienreichen und kinocilienarmen Ependyms wurde bereits auf den *Recessus colliculi posterioris (,,collicular recess"-Organ,* s.S. 247), die *Area recessus lateralis ventriculi quarti* (s.S. 323), den *Recessus inframamillaris* und den *Recessus rhombencephali* (s.S. 249) eingegangen. Über das *periventriculäre System der Gomori-positiven Gliazellen* s.S. 333f.

Die übrigen der oben aufgeführten circumventriculären Organe sollen im folgenden einzeln besprochen werden: zuerst die Organe am Boden des III. Ventrikels, dann die der Terminalplatte und die am Übergang der Terminalplatte zum Dach des III. Ventrikels, anschließend die Organe des Ventrikeldaches, schließlich die am IV. Ventrikel und am Zentralkanal gelegenen Organe.

5.1. Saccus vasculosus

Der „Saccus vasculosus" (GOTTSCHE, 1835), ein nur bei *Fischen* vorkommendes Ependymorgan, entsteht am Boden des Hypothalamus als Ausstülpung der caudalen Wand des Infundibulum. Dem Saccus vasculosus wurde in diesem Handbuch bereits ein Beitrag (DORN, 1955) gewidmet, an den im folgenden angeschlossen werden soll. Über die Geschichte der Erforschung des Saccus vasculosus, über Vorkommen, Organentwicklung und Histogenese, Form, Lagebeziehung, lichtmikroskopischen Aufbau und Abbildungen hierzu s. DORN (1955). Nachzutragen sind hauptsächlich die Ergebnisse elektronenmikroskopischer und funktioneller Untersuchungen. Zum Problem *homologer Bildungen* bei *Amphibien, Reptilien, Vögeln* und *Mammaliern* s. BARGMANN (1943), DORN (1955).

Der Saccus vasculosus ist wegen der starken Vascularisation häufig schon makroskopisch als rotes Säckchen von den weiteren Aussackungen des Infundibulum zu unterscheiden, von den je zwei Recessus laterales und Recessus mamillares und von dem Recessus posterior infundibuli (vgl. DORN, 1955). Die Gestalt des Saccus vasculosus ist bei den einzelnen Fischarten unterschiedlich. Häufig (so bei den *Rochen*) besteht der Saccus aus zwei zusammenhängenden Evaginationen. Auch die Lagebeziehungen zur Hypophyse sind verschieden (s. DORN, 1955). Der Aufbau der Wand des Organs ist aber bei *Knochen-* wie *Knorpelfischen* prinzipiell gleichartig. (Über einige strukturelle Besonderheiten des Saccus vasculosus der *Knorpelfische* gegenüber dem der *Knochenfische* s. BARGMANN, 1954; VAN DE KAMER und VERHAGEN, 1954; DORN, 1955; ALTNER, 1963, 1964a, b.)

Die Höhle des Saccus vasculosus, der *Recessus saccularis,* kommuniziert in jedem Fall mit dem III. Ventrikel. Die Wand ist gewellt oder gefältelt, bei Knochenfischen mehr als bei Knorpelfischen (SATO u. KUROTAKI, 1958; ALTNER, 1964a, b), und mehrschichtig. Bei *Knorpelfischen* ist die Wand 50–140 μm dick (ALTNER, 1964a, b). Man kann, wie in anderen circumventriculären Organen auch, eine *Ependymzellage* spezifischer Differenzierung und ein *subependymales Gewebelager* mit einem organspezifischen *Gefäßnetz* und *neuronalen Elementen* unterscheiden. Charakteristisch für den Saccus vasculosus ist die gegenseitige Durchdringung der Bauelemente des Ependyms.

Die bei DORN (1955) zitierten Arbeiten werden durch spätere *lichtmikroskopische Untersuchungen* ergänzt (DORN, 1957; VAN DE KAMER, 1958; SATO u. KUROTAKI, 1958; VAN DE KAMER et al., 1960; MELLINGER, 1960, 1962; STAHL u. SEITE, 1960; JANSEN u. VAN DE KAMER, 1961; KATAGISHI,

1961; Zwillenberg, 1961; Altner, 1963, 1964a, b, 1965; Sundararaj u. Prasad, 1963, 1964; Legait u. Legait, 1964; Singh u. Sathyanesan, 1964).

Elektronenmikroskopische Untersuchungen zur Feinstruktur des Saccus vasculosus s. Bargmann und Knoop (1955, 1961), Kurotaki (1961), Mellinger (1963), van de Kamer (1965, 1977), Watanabe (1966), Murakami und Yoshida (1967), Billenstien und Galer (1968), Jansen (1969), Jansen und Flight (1969), v. Harrach (1970), Zimmermann und Altner (1970), Lanzing und van Lennep (1970), Altner und Zimmermann (1972), Galer und Billenstien (1972), Marquet et al. (1972), Vigh et al. (1972), Zimmermann (1972a), Jansen (1973), van de Kamer et al. (1973), v. Mecklenburg (1973), Abraham (1974), Benjamin (1974), Emanuelsson und v. Mecklenburg (1974), van de Kamer et al. (1974), Rossi und Palombi (1976), van de Kamer (1977), Jansen und van Dort (1978). Auch die elektronenmikroskopischen Untersuchungen ergeben einen bei Knorpel- und Knochenfischen weitgehend einheitlichen Wandbau des Saccus vasculosus.

Die *Ependymzellschicht* wird aus zwei Ependymzellarten zusammengesetzt, aus Krönchenzellen (beim *Barsch* insgesamt etwa 75.000, Zimmermann u. Altner, 1970) und Stützzellen. Sie enthält als dritte Zellart neuronale Elemente in Form von bipolaren Liquorkontaktneuronen (beim *Barsch* 18.000–25.000, Zimmermann u. Altner, 1970; vgl. Vigh u. Vigh-Teichmann, 1977a). Altner (1964a, b) unterscheidet bei Knorpelfischen drei Differenzierungsgrade der Organwand, die sich u.a. in der unterschiedlichen Höhe und Schichtenbildung des ependymalzelligen Anteils der Wand bemerkbar machen.

Die *Krönchenzellen* haben in der Regel kubische bis hochprismatische Gestalt. Über Capillaren sind sie verkürzt, über den venösen Sinus können sie flach gedehnt sein, wobei das „Krönchen" neben den Zellkern verlagert werden kann (Altner, 1964a, b).

Die Krönchenzelle, eine modifizierte kinocilienreiche Ependymzelle (Jansen, 1969; vgl. Galer u. Billenstien, 1972), wölbt sich apical halbkugelförmig bis 3 µm in den Ventrikel vor. Die Vorwölbung ist nach Shimada (1976) bei REM-Untersuchungen entweder blumenförmig („flower-like") oder mehr traubenartig („botryoidal"), vgl. Altner und Zimmermann (1971), Emanuelson und v. Mecklenburg (1974). Das „Krönchen" besteht aus bis zu 20 Endkolben, endständigen Auftreibungen von „$9 \times 2 + 0$"-Cilien, wodurch die apicale Zelloberfläche etwa um den Faktor 1:800 vergrößert wird (Jansen, 1969). Das Erscheinungsbild der Binnenstruktur des Endkolbens ist fixationsabhängig verschieden. Nach Zimmermann und Altner (1970) entspricht die Ausbildung von langgestreckten, 50–150 nm dicken, gebogenen Schläuchen mit einzelnen 35 nm großen Granula mehr der Wirklichkeit als die von Vesikeln. Unentschieden ist, ob die Schläuche ein zusammenhängendes System bilden (vgl. Bargmann u. Knoop, 1961). Eine Verbindung mit den Zisternen der apicalen Zellprotrusion oder mit den Tubuli des Cilienschaftes besteht offenbar nicht (vgl. Billenstien u. Galer, 1968; Zimmermann u. Altner, 1970). Die meisten Schläuche und Vesikel erscheinen leer. Die Tubuli der Cilien können als „$9 \times 2 + 0$"-Struktur unter der Oberfläche des Endkolbens bis zu dessen Scheitel verfolgt werden (Zimmermann u. Altner, 1970), in anderen Fällen dringen sie divergierend zwischen die Schläuche ein (v. Harrach, 1970). Über andere Formen von Endkolben, die mit blasig aufgetriebenen Zisternen oder einfach mit einem homogenen, von Mikrotubuli durchsetzten Material gefüllt sind, berichten Jansen und Flight (1969) und v. Harrach (1970). Vergleiche hierzu van de Kamer et al. (1974, 1975), s. Untersuchungen zur Funktion des Saccus vasculosus! Es ist nicht geklärt, ob diese unterschiedlichen Formen denen im REM-Bild entsprechen (SHIMADA, 1976). Das *laterale Plasmalemm* bildet apical mit Stützzellen „tight junctions", im tieferen Bereich auch Desmosomen (JANSEN u. FLIGHT, 1969, konventionelle Elektronenmikroskopie; ALTNER u. AUTRUM, 1977, Gefrierbruchtechnik). Dem lateralen und basalen Plasmalemm liegen nach JANSEN und FLIGHT (1969) und VIGH et al. (1972) Synapsen an. Das *basale Plasmalemm* rundet die Zelle ab. Es kann der Basallamina direkt stempelförmig aufsitzen oder durch den Ausläufer einer Stützzelle von dieser getrennt sein.

Das *Cytoplasma* der Krönchenzelle ist auffallend reich an glattem endoplasmatischem Reticulum. Es füllt die Zelle im apicalen Bereich vollständig aus und tritt erst basal gegenüber anderen Zellorganellen zurück. Die Zisternen umgeben in lockerer Form den Zellkern. In der Peripherie sind dichte Stapel von Zisternen parallel zur Längsachse der Zelle angeordnet (v. HARRACH, 1970). In Abhängigkeit von der Fixierung sind die Zisternen mehr gleichmäßig groß und flach oder eher klein und unregelmäßig ausgebildet (ZIMMERMANN u. ALTNER, 1970). Golgi-Felder sind parallel zur Längsachse der Zelle ausgerichtet. In ihrer Nähe findet man Lysosomen. Die Krönchenzellen enthalten zahlreiche bis 4 µm lange Mitochondrien (Crista-Typ), die vorwiegend basal liegen. Der mittelständige Zellkern ist groß, rund, gelegentlich mit Kernmembranfalten versehen, relativ arm an Heterochromatin und enthält einen großen Nucleolus.

In den Krönchenzellen der *Knochenfische* werden Glykogenansammlungen und die Bildung von sauren Mucopolysacchariden beschrieben, die in Zusammenhang mit Sekretion gebracht werden (Einzelheiten und Lit. s. Untersuchungen zur Funktion der Krönchenzellen, S. 371 ff.). Im Saccus von *Knorpelfischen* treten dagegen nach ALTNER (1964a, b) andere Gebilde in den Krönchenzellen auf, basale „Einschlußkörper", apicale Faser- und Lamellenstrukturen und apicale acidophile Körper; bei Knorpelfischen findet man keinen Hinweis für die Sekretion von sauren Mucopolysacchariden (ALTNER, 1964a). Die Einschlußkörper, die schon BARGMANN (1954) beschrieb, weisen sich im Phasenkontrastmikroskop als konzentrische Lamellenkörper, im Polarisationsmikroskop als doppelbrechend aus (ALTNER, 1963; vgl. MELLINGER, 1963). Weitere Granula, die positiv als Lipid und als Protein reagieren, findet ALTNER (1965) den Einschlußkörpern angelagert sowie in perinucleärer Lage. Ihre Größe nimmt von basal nach apical ab (2,5–1 µm). Der Autor interpretiert die Granula als Sekret. In den Membranen von Vesikeln der Krönchenzellen weisen JANSEN und VAN DORT (1978, *Forelle*) alkalische Phosphatase nach.

Die *Stützzellen* werden als Gliazellen (*tanycytäre Gliazellen:* HORSTMANN, 1954; ALTNER, 1964b) aufgefaßt (vgl. JANSEN u. FLIGHT, 1969). Sie passen ihre Form den Räumen zwischen Krönchenzellen und Liquorkontaktneuronen an. Man unterscheidet spindelförmige Zellen, deren Kerne ober- oder unterhalb der Ausbauchungen der Krönchenzellen angeordnet sind und zur Mehrreihigkeit der Ependymzellschicht beitragen, und abgeflachte Zellen, deren Zellkerne sehr nahe am Saccuslumen liegen. Die Zellkerne sind häufig birnenförmig. Die apicale Oberfläche der Stützzellen ist dicht mit Mikrovilli besetzt (v. HARRACH, 1970). Zwischen Stützzellen sind Desmosomen und Zonulae adhaerentes ausgebildet (ZIMMERMANN u. ALTNER, 1970, konventionelle Elektronenmikroskopie). Die basalen Fortsätze der basal gelegenen Stützzellen reichen häufig bis zur Wand von Blutgefäßen. Die Stützzellen enthalten zahlreiche Ribosomen, glattes und granuliertes endoplasmatisches Reticulum, kleine Golgi-Felder, Mitochondrien, Mikrotubuli und Filamentbündel.

Die *Liquorkontaktneurone*, neuronale Zellen im Ependymzellverband des Saccus vasculosus, wurden wiederholt, wenn auch unter anderen Bezeichnungen elektronenmikroskopisch beschrieben (Murakami u. Yoshida, 1967: „undifferenzierte Krönchenzellen"; Jansen u. Flight, 1969: „Pseudokrönchenzellen"; v. Harrach, 1970: „birnenförmige Zellen"). Die Zellen sind nach den Untersuchungen von Vigh-Teichmann et al. (1970a), Zimmermann und Altner (1970), Marquet et al. (1972), Vigh, et al. (1972), Vigh und Vigh-Teichmann (1977a), bipolare Liquorkontaktneurone. Der Liquorkontaktfortsatz ragt als apicaler Dendrit in den Liquorraum. Aus dem Dendriten entspringen ein oder zwei Cilien, von deren Basalkörper eine kurze, dünne Cilienwurzel ausgeht. Die von v. Harrach (1970) beschriebenen, aber hinsichtlich ihrer cellulären Zugehörigkeit nicht identifizierten Cilien mit einem Durchmesser bis 350 nm und meist 19 Tubuli in „12 + 6 + 1"-Anordnung dürften den Liquorkontaktneuronen zuzurechnen sein. Am lateralen Plasmalemm der Liquorkontaktneurone findet man synapsenartige Kontakte, in deren präsynaptischem Bereich „leere" (etwa 40 nm große) Bläschen sowie granulierte Bläschen (80–130 nm) und Mitochondrien vorkommen (Zimmermann u. Altner, 1970; Vigh et al., 1972). Die Liquorkontaktneurone senden einen basalen Fortsatz, den Neuriten, aus. Bei Nervenzellen, die in basalen Anteilen des Saccusepithels vorkommen (vgl. Bargmann, 1954; Altner, 1964b), ist nicht immer sicher ein Liquorkontaktfortsatz zu erkennen (Vigh et al., 1972).

Marklose *Nervenfaseranschnitte* im basalen Anteil des Saccusepithels werden wiederholt beschrieben (v. Harrach, 1970; Zimmermann u. Altner, 1970). Sie bilden im rostralen Bereich des Organs Faserbündel, die den kleinen Ästen des N. sacci vasculosi entsprechen. Der *N. sacci vasculosi* wird beim *Barsch* kurz vor Eintritt in den Hypothalamus aus etwa 50.000 Axonen zusammengesetzt (Zimmermann u. Altner, 1970). Vigh et al. (1972) finden in diesem Bereich unterschiedliche Nervenfaserkaliber und Synapsen. Die Autoren können den paarigen Hauptstamm des N. sacci vasculosi und den Tractus sacci vasculosi über den Nucleus sacci vasculosi medial vom Paraventricularorgan hinaus bis in den Hypothalamus identifizieren (vgl. Dammermann, 1910, *Tractus saccothalamicus*). Die basalen Fortsätze der Liquorkontaktneurone, die Nn. sacci vasculosi und der Tractus sacci vasculosi sind AChE-positiv (vgl. Legait u. Legait, 1964; Zimmermann u. Altner, 1970; Jansen u. West, 1971; Vigh et al., 1972). Es ist „wahrscheinlich, daß – abgesehen von den vermutlich absteigenden Fasern – der seit langem bekannte Nervus und Tractus sacci vasculosi eigentlich einen ,Liquorkontakt'-Hirnnerven bzw. eine ,Liquorkontakt'-Hirnbahn darstellen" (Vigh et al., 1972, vgl. Vigh u. Vigh-Teichmann, 1977a).

Der *N. sacci vasculosi* setzt sich nach Zimmermann (1972a, b, *Barsch*) aus einem afferenten System zusammen, das – von den bipolaren Liquorkontaktneuronen kommend – in den Hypothalamus zieht, sowie aus einem efferenten System, das die Liquorkontaktneurone mit Synapsen an Axon, Dendrit und Perikaryon innerviert (vgl. Vigh et al., 1972). Weitere efferente Fasern endigen mit Synapsen an Axonen des N. sacci vasculosi (Zimmermann, 1972a, b). Über

Synapsen an Gliazellen und über das histochemische Verhalten der Synapsen an Krönchenzellen s. JANSEN und FLIGHT (1969), ZIMMERMANN (1972a).

Die *subependymale Gewebeplatte* enthält außer den genannten neuralen Elementen Bindegewebe und Blutgefäße.

Das spärliche *Bindegewebe*, Ausläufer des endomeningealen Gewebes, schiebt sich bei den einzelnen Fischarten unterschiedlich weit zwischen die Ependymzellschicht und die Blutgefäße. In dem bei *Squalus* und *Raja oxyrhynchus* relativ stark entwickelten, 4–8 μm starken subependymalen Bindegewebe findet ALTNER (1964b) Gebilde, die er mit den „periodisch strukturierten Körpern" des Subcommissuralorgans vergleicht (s. WETZSTEIN et al., 1963). Makrophagen werden sowohl im Bereich der subependymalen Gewebeplatte als auch im Verband der Ependymzellschicht und im Ventrikellumen gefunden (vgl. JANSEN u. FLIGHT, 1969; ZIMMERMANN u. ALTNER, 1970).

Die *Blutgefäße* des Saccus vasculosus verhalten sich bei Teleosteern und Selachiern unterschiedlich. Bei *Teleosteern* werden zwei Typen von Blutgefäßen beobachtet, Capillaren und weite Sinus (SCHARRER, 1948; BARGMANN, 1954; DORN, 1954; MELLINGER, 1960, 1962). Während die Capillaren in den allgemeinen Kreislauf eingeschaltet sind, trifft das für die Sinus offenbar nicht zu (Durchspülungsversuche; vgl. DORN, 1955). Die Capillaren gleichen denen in anderen Teilen des Gehirns. (Über zu- und abführende Gefäße s. MELLINGER, 1963.) Die Wand der Sinus wird dagegen nicht aus endothelialen, sondern aus mesenchymalen Zellen zusammengesetzt. Diese sind lückenhaft, das Sinuslumen ist durch Lücken mit dem endomeningealen Raum verbunden (JANSEN, 1969; JANSEN u. FLIGHT, 1969). Über die Bedeutung der Sinus ist nichts Sicheres bekannt, was über die Vermutungen SCHARRERS (1948) hinausginge: "It is at present unknown whether the sinuses serve as blood depots, or play a role in the secretion of fluid from the blood into the lumen of the saccus vasculosus, or by changing volume, help equalize differences in intracranial pressure during vertical movements." Wiewohl auch die Richtung des Blutstroms in beiden Systemen unbekannt ist, vermutet JANSEN (1969) ein „computer system".

Bei den *Selachiern* besteht offenbar nur ein einziges zusammenhängendes Gefäßnetz, das allerdings kleinkalibrige und sinusartig erweiterte Abschnitte aufweist (ALTNER, 1964b, Tuscheinjektion). Das Versorgungsschema für den Saccus vasculosus der Teleosteer (MELLINGER, 1963) trifft jedoch auch für Selachier zu (Zuflüsse durch paarige laterale Gefäße, Abfluß durch die Vene des Hypophysenligamentes und seitliche Venen). Unterschiede zwischen einzelnen Selachiern betreffen die Ausbildung des Capillarnetzes. Unter den untersuchten Arten besitzt nur das Capillarsystem von *Chimaera* direkte Verbindungen mit den Gefäßen der unteren Hypophyse (ALTNER, 1964b).

Bei *Untersuchungen zur Funktion* der Krönchenzellen wird von unterschiedlichen Vorstellungen ausgegangen, wobei zunächst das cytologische Bild die Grundlage für die entsprechende Hypothese abgibt (zusammenfassende Darstellung s. BARGMANN, 1956; ALTNER u. ZIMMERMANN, 1972; VAN DE KAMER, 1977). Zur möglichen Funktion der Liquorkontaktneurone s.S. 323ff.

Zahlreiche Untersucher vermuten, daß die Krönchenzellen sezernieren (BARGMANN, 1954, 1956; BARGMANN u. KNOOP, 1955, 1961; VAN DE KAMER et al., 1960; STAHL u. SEITE, 1960; JANSEN u. VAN DE KAMER, 1961; ZWILLENBERG, 1961; VAN DE KAMER, 1965; MURAKAMI u. YOSHIDA,

1967; Billenstien u. Galer, 1968; Zimmermann u. Altner, 1970; Galer u. Billenstien, 1972; Emanuelson u. v. Mecklenburg, 1972, 1974; Marquet et al., 1972; v. Mecklenburg, 1973 u.a.; vgl. „Infundibulardrüse", Studnička, 1900).

Auf eine *Sekretion* im Rahmen osmoregulatorischer Vorgänge weisen folgende Untersuchungen hin. Eine erhebliche Erhöhung der metabolischen Aktivität der Krönchenzellen finden Emanuelson und v. Mecklenburg (1972, histochemische Untersuchung) bei der an Seewasser adaptierten *Forelle*. Die Autoren machen wahrscheinlich, daß in den Krönchenzellen saure Mucopolysaccharide produziert und in den Ventrikel ausgeschieden werden (so auch van de Kamer et al., 1961; Zwillenberg, 1961; Khanna u. Singh, 1967). Über saure Mucopolysaccharide im Saccuslumen berichten Stahl und Seite (1960), Bargmann und Knoop (1961), Jansen und van de Kamer (1961). Sundararaj und Prasad (1963) und Sundararaj und Narasimhan (1968) können dagegen in den Krönchenzellen keine Mucopolysaccharide nachweisen. Nach Altner (1964a) werden bei *Knorpelfischen* im Unterschied zu Knochenfischen in der Regel allerdings weder intracelluläre Glykogenanreicherungen noch irgendwelche Hinweise für die Sekretion saurer Mucopolysaccharide beobachtet. Durch die Injektion eines Homogenats des Saccus vasculosus von seewasseradaptierten *Forellen* in den III. Ventrikel der süßwasserangepaßten *Forelle* wird deren Überlebenszeit in Seewasser mit hoher Salinität verlängert (Emanuelson u. v. Mecklenburg, 1974). In den Krönchenzellen der an Süßwasser angepaßten *Forelle* steigt die Zahl der Mitochondrien im apicalen Fortsatz nach Adaptation an Seewasser an. Auch die Menge des glatten endoplasmatischen Reticulum und des elektronendichten Materials in Vesikeln um den Golgi-Apparat nimmt zu (v. Mecklenburg, 1973; vgl. van de Kamer, 1977). Der Autor sieht hierin den Ausdruck einer Stoffwechselsteigerung bei Sekretionssteigerung. Für eine allgemein osmoprotektive Rolle der Krönchenzellen spricht die Beobachtung von Abraham (1974), daß bei dem in einer Salzwasserlagune lebenden Teleosteer *Mugil capito* Krönchenzellen auch im Neurallappen der Hypophyse ausgebildet werden.

Über eine Sekretion im Zusammenhang mit der *Sexualfunktion* (Zunahme bei graviden *Haien*) berichtet Altner (1965). Rossi und Palombi (1976) vermuten eine Produktion von Steroiden. Über histochemische und histologische Veränderungen im Zusammenhang mit der Sexualfunktion s. auch Della Corte (1961a, b) und Della Corte und Chieffi (1961a, b). Die Auswirkungen der Hypophysektomie untersuchten Dodd et al. (1960).

Auch die Möglichkeit, daß die Krönchenzellen als *Sinneszellen* wirken, wurde wiederholt aufgrund cytologischer Befunde erörtert (Kurotaki, 1961; v. Harrach, 1970, der Saccus vasculosus als ein den „Liquordruck perzipierendes und kompensierendes Organ"; vgl. Dammerman, 1910; Boeke u. Dammerman, 1910). Experimentelle Untersuchungen liegen nicht vor.

Neuerdings entwickelten Jansen (1969, 1973), Jansen und Flight (1969), Jansen und West (1971) in Fortentwicklung der Vorstellung über Absorptionsvorgänge durch Krönchenzellen (Jansen u. van de Kamer, 1961; Jansen, 1969) die Hypothese, daß die Krönchenzellen im Dienste regulativer Vorgänge Kationen transportieren, nämlich Na^+ aus dem Liquor aufnehmen und K^+ abgeben. Der Nachweis von alkalischer Phosphatase (Jansen, 1965, 1969, 1975; Jansen u. van Dort, 1978) und von Acetylcholinesterase und $(Na^+ + K^+)$-ATPase (Jan-

SEN, 1975) in den Endkolben bestärkt neben anderen Hinweisen (JANSEN, 1969) in der Auffassung, daß ein derartiger Austausch oder transcellulärer Transport möglich ist (JANSEN, 1965, 1969; JANSEN u. VAN DORT, 1978). In diesem Sinne wird auch die Beobachtung verstanden, daß bei Verbringen eines Süßwasserfisches in Salzwasser Mitochondrien aus basalen Teilen der Krönchenzelle in die apicale Protrusion verschoben werden und damit energiefordernden Vorgängen im apicalen Zellbereich entsprechen können (VAN DE KAMER et al., 1974, 1975; vgl. v. MECKLENBURG, 1973). Das in Krönchenzellen oft reichlich vorhandene Glykogen dient dabei als Energiespender (VAN DE KAMER et al., 1973; vgl. SUNDARARAJ u. PRASAD, 1963).

5.2. Infundibularorgan, Flexuralorgan und Recessus neuroporicus

Die phylogenetisch ältesten circumventriculären, organartigen Ependymareale, das *Infundibularorgan,* das *Flexuralorgan* und den *Recessus neuroporicus,* findet man bei *Branchiostoma,* dessen Gehirn durch ein ependymales Hirnbläschen repräsentiert wird. Zur Diskussion der nicht hinreichend geklärten Phylogenese und Homologie einzelner circumventriculärer Organe s. HOFER (1958).

Das *Infundibularorgan* liegt als eng begrenztes spezialisiertes Ependymareal in der Ventralseite des hinteren Bereichs des Hirn-(Frontal-)Bläschens von *Branchiostoma.* Die kinocilientragenden Ependymzellen des Infundibularorgans unterscheiden sich von denen der Umgebung schon durch ihre hohe, zylindrische Gestalt (WOLFF, 1907; FRANZ, 1923; OLSSON u. WINGSTRAND, 1954). Die faserartigen basalen Fortsätze der Ependymzellen bilden insgesamt zwei Bündel, die caudalwärts ziehen und in das Neuropil einstrahlen (BOEKE, 1908, 1913). Die Ependymzellen enthalten ein „Gomori-positives" Material (OLSSON u. WINGSTRAND, 1954). Eine über dem Organ sichtbare, dem Reissnerschen Faden ähnliche Bildung war Anlaß für die Vermutung, das Infundibularorgan könne eine Art von primitivem Subcommissuralorgan sein (HOFER, 1959; ADAM, 1956, 1959; PALKOVITS, 1965). „Dieser Meinung widerspricht, daß in der vorderen, oberen Hälfte des Frontalbläschens ein Gebiet auffindbar ist, das dem Subkommissuralorgan in der Struktur gleicht" (VIGH, 1971; vgl. OLSSON u. WINGSTRAND, 1954). Es wird u.a. vermutet, daß das Infundibularorgan eine primitive Form des Tuberalorgans sein könnte (VIGH-TEICHMANN, 1971).

Das *Flexuralorgan,* eine auch bei Embryonen von *Salmo, Esox,* wahrscheinlich auch *Petromyzon* und *Xenopus,* vorübergehend auftretende Gruppe hoher, schlanker Ependymzellen, soll zunächst, vor Ausbildung des Subcommissuralorgans, an der Bildung des Reissnerschen Fadens beteiligt sein (OLSSON, 1955, 1958; vgl. HOFER, 1959). Doch ist diese Funktion zweifelhaft (vgl. VIGH, 1971). Die Zellen enthalten ein „Gomori-positives" Material.

Die den *Recessus neuroporicus* der dorsorostralen Wand des Hirnbläschens von *Branchiostoma* auskleidenden Ependymzellen bilden ein organartiges Areal, indem sie, im Unterschied zu den umgebenden Ependymzellen, „Gomori-positives" Material enthalten (OLSSON u. WINGSTRAND, 1954; HOFER, 1959). Die Bedeutung dieser Bildung ist unbekannt.

5.3 Organe des Systems der hypothalamischen Liquorkontaktneurone

Die *hypothalamischen Liquorkontaktneurone* nehmen, wie die Besprechung (S. 296ff.) zeigt, umschriebene Bezirke des hypothalamischen Ependyms ein. Wahrscheinlich sind mit diesem Verteilungsmuster auch örtlich unterschiedliche neuronale Verschaltungen verbunden (s. Vigh-Teichmann u. Vigh, 1974). Mehrere Autoren rechnen deshalb die einzelnen hypothalamischen Liquorkontaktareale zu den circumventriculären Organen und unterscheiden dabei folgende Organe (vgl. S. 362 ff.):

Das *Paraventricularorgan, Organum vasculosum hypothalami*, ein Liquorkontaktareal beiderseits im lateralen hypothalamischen Ependym, wurde erstmals eingehender von C.U. Ariëns Kappers (1921) bei *Reptilien* beschrieben. Das Paraventricularorgan kommt in dieser Form nur bei *Submammaliern* vor. Es ist bei den *Knorpel-* und *Knochenfischen* gut, bei *Amphibien* und *Reptilien* sehr stark ausgebildet, bei den *Vögeln* aber – im Vergleich zu den Reptilien – z.T. reduziert (vgl. Brettschneider, 1955; Diepen, 1955; Hofer, 1959; Friede, 1961; Braak, 1968; Braak u. v. Hehn, 1969; Fleischhauer, 1972). Eingehende Darstellung und Literatur s. die Monographie von Vigh (1971).

Als *Recessus-praeopticus*-Organ bezeichnen Teichmann und Vigh (1968) und Vigh-Teichmann (1969) das Liquorkontaktareal im Recessus praeopticus von *Submammaliern* oberhalb des Organum vasculosum laminae terminalis; Lit. s. die Monographien von Vigh (1971) und Vigh-Teichmann und Vigh (1974).

Das *Tuberalorgan* (Vigh-Teichmann u. Vigh, 1969a, b) nimmt bei *Submammaliern* ein Liquorkontaktareal über den Tuberkernen ein. Es ist ähnlich wie das Paraventricularorgan gebaut. Literatur s. Vigh (1971) und Vigh-Teichmann und Vigh (1974).

5.4 Recessus-infundibuli-Organ

Ein spezielles Ependymareal am Boden des III. Ventrikels, das u.a. durch den Gehalt der Ependymzellen an PAS-positivem Material ausgezeichnet ist (Leveque u. Hofkin, 1960, 1962; Leveque u. Stern, 1964 u.a.), wird von einigen Autoren als *Recessus-infundibuli-Organ* (nicht zu verwechseln mit dem Infundibularorgan von *Branchiostoma*) zu den circumventriculären Organen gerechnet (*Organum recessus:* Vigh, 1963; Vigh et al., 1963; Teichmann, 1964; *Organum recessus infundibuli:* s. Vigh, 1971). Das Ependymareal erstreckt sich am Eingang des Recessus infundibuli zwischen Chiasma opticum und Recessus mamillaris. Das Organ kann bei allen Vertebraten gefunden werden; es ist bei der *Ratte* sowie bei einigen Fischarten und Reptilien hochentwickelt.

5.5 Organum vasculosum laminae terminalis

Das *Organum vasculosum laminae terminalis* (OVLT: Hofer, 1959, 1965; Mergner, 1959; 1961; „supraoptic crest": Wislocki u. Leduc, 1952a; „preoptic organ": Kuhlenbeck, 1954; „Schlußplattenorgan": Holzmann, 1960) steht

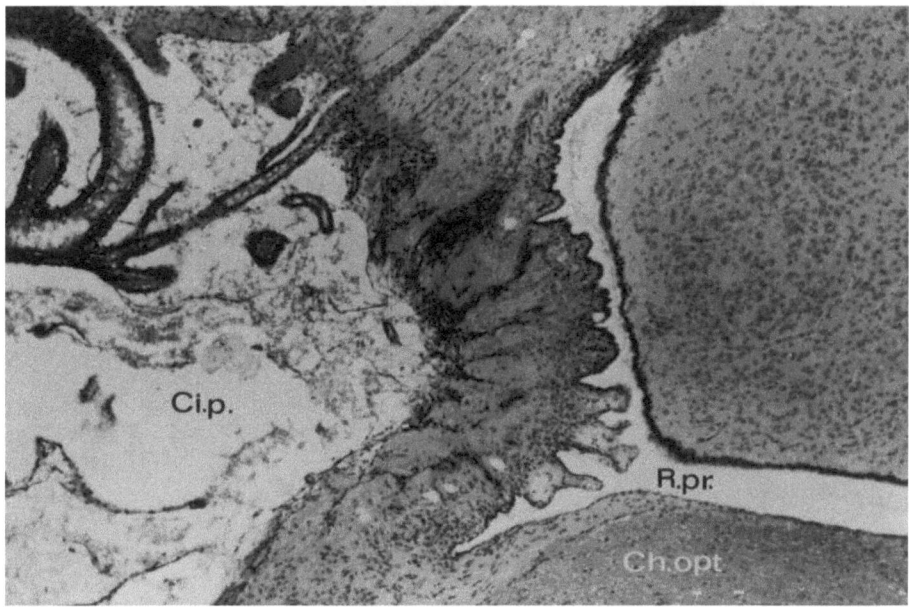

Abb. 94. Sagittalschnitt durch das Organum vasculosum laminae terminalis, Übersichtsbild, *Kaninchen*. Das Gefäßorgan der Lamina terminalis, das den Recessus praeopticus *(R.pr.)* rostral begrenzt, verbindet das Chiasma opticum mit dem unter der vorderen Commissur gelegenen Hirnbezirk. Außen grenzt es an den Liquor der Cisterna praechiasmatica *(Ci.p.)*, von der aus die Gefäße in das Organ ziehen. Die Berührungsfläche mit dem inneren Liquor wird durch zahlreiche fingerförmige Zotten erheblich vergrößert. Hämalaun-Eosin. (Aus WEINDL, 1965). Endvergr. × 50

räumlich und strukturell (vgl. RÖHLICH u. WENGER, 1969) der Eminentia mediana nah. Die Ependymkomponente des OVLT ist – als Auskleidung des Recessus praeopticus – dem hypothalamischen Ependym zuzurechnen.

Das OVLT ist in allen Wirbeltierklassen nachweisbar (Übersicht: HOFER, 1959, 1965). Es wurde 1927 erstmals von BEHNSEN bei der *Maus* beschrieben, der es bei intravenöser Trypanblaugabe angefärbt fand.

Die *Gestalt* des OVLT der Mammalier, eines eigentümlich vascularisierten Bereichs der Lamina terminalis zwischen Chiasma opticum und vorderer Commissur, wird durch eine oder mehrere tiefe, „hahnenkammartig" (WEINDL, 1965, *Kaninchen, Ratte*) in den Ventrikel vorspringende Einfaltungen der Lamina terminalis bestimmt. Bei *Affen* nimmt das OVLT etwa ein Drittel der Lamina terminalis (MERGNER, 1961), beim *Kaninchen* nahezu die ganze Lamina ein (WEINDL, 1965).

Zonengliederung. HOFER (1965) unterscheidet mit MERGNER (1961) zwei Zonen (Abb. 94, 95):

Die äußere Zone (Zona externa) liegt unmittelbar unter der Pia, gegen die sie bei intensiver Gefäßversorgung des Organes nicht abgegrenzt werden kann, da mit den Gefäßen Bindegewebe in die Lamina terminalis eindringt. Sie ist ein Teil der Lamina terminalis, der stark mit Gefäßbindegewebe durchsetzt ist (bindegewebige Außenzone, MERGNER), zwischen dem sich Gruppen von Gliazellen unregelmäßig verteilt finden können; mitunter fehlen diese auch gänzlich. Diese Zone ist immer

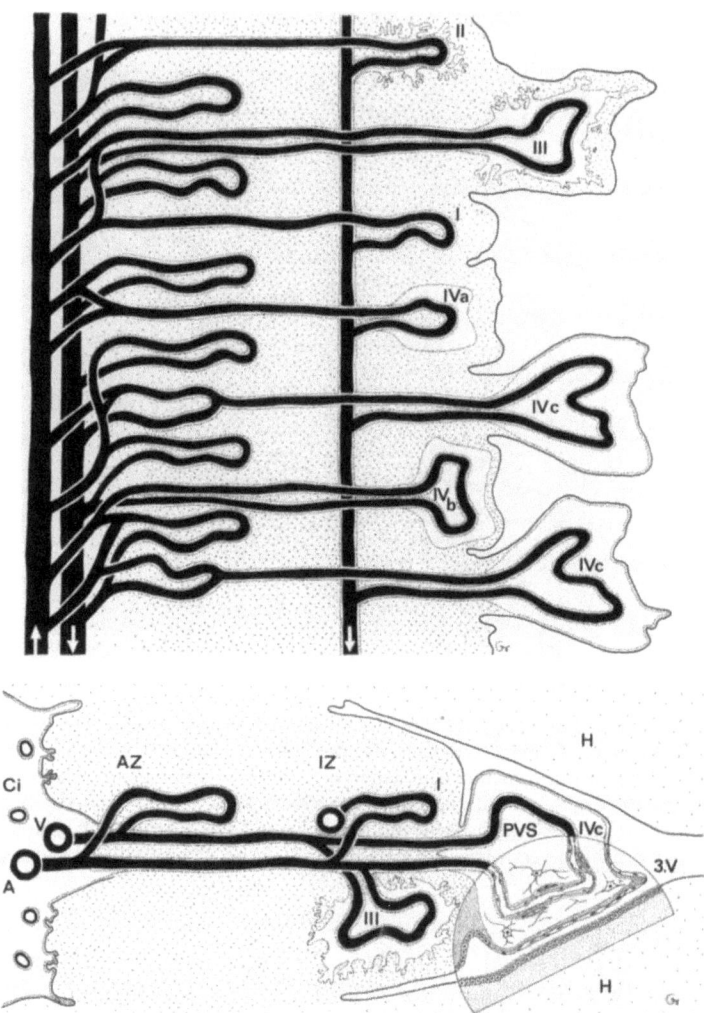

Abb. 95. Schematische Übersicht zum vasculären Aufbau des Organum vasculosum der Lamina terminalis beim Kaninchen. Gefäßverlauf im Sagittalschema (oben). Im Grenzbereich zwischen Cisterne und Außenzone bilden die Verzweigungen eines Astes der A. praeoptica ein nach der Seite nur mäßig ausgebreitetes Verteilergeflecht. Daraus dringen in Etagen Gefäßschlingen in die Außenzone. Sowohl diesen als auch direkt dem Verteilergeflecht entspringen Zuflußgefäße für terminale Schlingen in der Innenzone, die in den blasigen Vorwölbungen weit in den 3. Ventrikel verlagert sind. Es lassen sich vier Gruppen von Terminalgefäßen unterscheiden (I, II, III, IV; bei Gruppe IV bezeichnen a, b, c verschiedene Lokalisationen, s. Text). Das aus den Schlingen abfließende venöse Blut wird in der Innenzone aus mehreren Etagen in kleinen Venen gesammelt und einem oberflächlichen Venenplexus zugeführt, der auch das venöse Blut aus der Außenzone erhält; sein Inhalt wird von einem Ast der V. praeoptica aufgenommen. – Gefäßverlauf im Horizontalschema (unten). Die einzelnen Verlaufsstrecken sind vereinfacht dargestellt. Die „Gefäßstraße" beginnt in der Außenzone (*AZ*), wo die Zuflußgefäße von der Arterie (*A*) abzweigen und die Abflußgefäße in die Vene (*V*) münden, und erstreckt sich bis zu den Terminalschlingen der Innenzone (*IZ*). Mehrere Terminalschlingen sind in eine Ebene projiziert. Im eingezeichneten Halbkreis sind die Bestandteile der Vorwölbung näher dargestellt: Gefäßwand (Endothel, Basalmembran mit eingeschlossenen Pericyten), perivasculärer See mit Adventitiazellen, Trennwand zum Liquor (subependymaler Gliafilz, neuronale Fortsätze, stark abgeflachte Ependymzellen). *Ci* Cisterna praechiasmatica, *3.V* 3. Ventrikel, *H* Hypothalamus. Etwa 200:1. (Aus WEINDL et al., 1967; verändert)

sehr arm an Glia und Nervenzellen. Die Zona externa liegt wie eine in die Lamina terminalis eingelassene Platte unmittelbar vor der Zona interna (Innere Hauptzone, MERGNER), die innen den Recessus supraopticus (praeopticus) rostral begrenzt. Die Innenzone ist reich an Zellen der Glia und neuronalen Elementen (Parenchymzellen) und arm an Gefäßen. Hier findet man nur gelegentlich sinusoide Kapillaren. Die Innenzone grenzt sich gegen die Außenzone meist sehr deutlich durch die von den Gliafüßen gebildete Membrana limitans gliae perivascularis ab, die am Rande des Organes in die Membrana limitans gliae superficialis übergeht. In der Innenzone liegen meist sehr reichlich dorso-ventral, caudo-rostral und transversal verlaufende Gliabündel. In diese Textur sind die Parenchymzellen eingelagert. Außerdem wird die Innenzone von marklosen Nervenfasern durchzogen (HOFER, 1965).

Über *Speciesunterschiede* im Bau des OVLT und ältere lichtmikroskopische Untersuchungen s. HOFER (1965). Die erste eingehende Beschreibung des menschlichen OVLT stammt von KUHLENBECK (1954; s. auch KUHLENBECK, 1968).

Elektronenmikroskopische Untersuchungen des OVLT der Mammalier stammen von WEINDL et al. (1967a, b, 1968, *Kaninchen*), USUI (1968, *Ratte*), RÖHLICH und WENGER (1969, *Ratte*), WENGER und TÖRÖ (1971, *Mensch*), LE BEUX (1972, *Ratte*), LEVEQUE (1972, *Ratte*), WEINDL und JOYNT (1972a, REM, *Kaninchen*), SCHWENDMANN (1973, *Ratte*), WEINDL (1974, *Mammalier*), WEINDL und SCHINKO (1975, REM, *Goldhamster*), WENGER (1976, 1977, *Ratte*), WEINDL et al. (1977, *Hamster*, *Meerschweinchen*, *Ratte*), WEINDL und SCHINKO (1978, REM, *Opossum*).

5.5.1 Kinocilienarme Ependymzellen

Die *Ependymzellen* des OVLT sind diesen Untersuchungen zufolge vielgestaltig. Man findet Tanycyten, die mit einem basalen Fortsatz am perivaskulären Raum entferterer Gefäße enden, kubische Ependymzellen, über stark erweiterten perivaskulären Räumen auch flach ausgestreckte Zellen. Beim *Menschen* kommen tiefe röhrchenartige Oberflächeneinsenkungen vor, die von Mikrovilli tragenden Ependymzellen ausgekleidet werden (WENGER u. TÖRÖ, 1971).

Die *apicale Oberfläche* der Ependymzellen besitzt weder Kinocilien noch Mikrovilli, zeichnet sich aber durch unterschiedlich große ribosomenreiche Protrusionen aus (USUI, 1968; WEINDL et al., 1968; LEVEQUE, 1972; WEINDL u. JOYNT, 1972, REM; WEINDL u. SCHINKO, 1975, REM; Abb. 96). RÖHLICH und WENGER (1969) beschreiben apicale Einbuchtungen, die mit einer mitteldichten Masse gefüllt sind. Gelegentlich wird eine in die Tiefe versenkte Ependymzelle mit Kinocilien gefunden (RÖHLICH u. WENGER, 1969).

Die *seitlichen Plasmalemmata* benachbarter Ependymzellen bilden nahe der Oberfläche „tight junctions" (WEINDL u. JOYNT, 1972a; vgl. WEINDL, 1969). Auch Zonulae adhaerentes werden beschrieben (RÖHLICH u. WENGER, 1969).

Die *basalen Fortsätze* können oft weit bis zu einem perivaskulären Spalt oder bis zur Hirnoberfläche verfolgt werden (Abb. 97). Die Fortsätze, die stellenweise Nervenzellfortsätze mit „dense-cored vesicles" (26–55 nm und 80–110 nm) zwischen sich fassen (LE BEUX, 1972), verlaufen in der Endstrecke häufig parallel zu den Ausläufern der „Parenchymzellen" und begrenzen mit diesen den labyrinthartigen perivaskulären Bindegewebsspalt.

Für das *Cytoplasma* bleibt oberhalb des – meist basal verlagerten – Zellkernes ein umfangreicher supranucleärer Bereich, der in vielen Fällen von einem granulären Grundplasma ausgefüllt wird. Es enthält den Golgi-Apparat, einige Ergastoplasmazisternen, Polysomen, häufig dichte Granula mit einem Durchmesser von 0,3–0,6 µm und mitunter sehr viele Lysosomen. Andere Ependymzellen

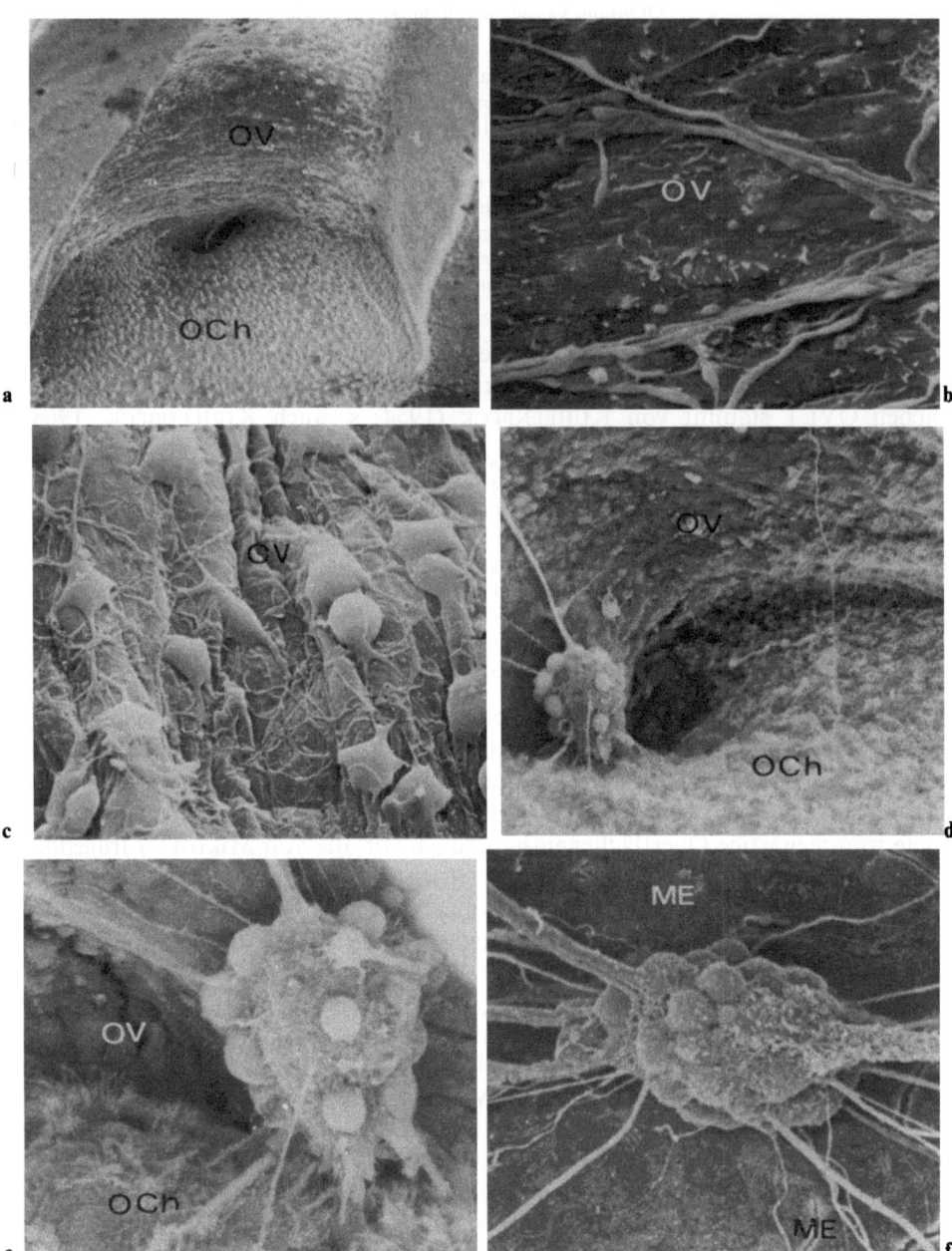

Abb. 96 a–f. Organum vasculosum laminae terminalis, ventriculäre Oberfläche, REM, **a** u. **b** *Goldhamster*. *OV* Organum vasculosum laminae terminalis, *OCh* Chiasma opticum, *ME* Eminentia mediana. **a** Die Ausdehnung des Organs in der rostralen Wand des III. Ventrikels ist durch eine glatte, cilienarme Oberfläche markiert; cilienreiches Ependym bedeckt dagegen das Chiasma opticum und die anschließende hypothalamische Region. **b** Zahlreiche intraventriculäre Fortsätze, häufig gebündelt, ziehen über die glatte Ependymoberfläche des Organs. **c** Zahlreiche Zellen bedecken bei der *Katze* (im Gegensatz zum Goldhamster) die Oberfläche des Organs. **d** u. **e** Ansammlung von Zellen auf der ventriculären Organoberfläche (*Katze*), die Ausläufer in verschiedene Richtungen aussenden. **f** Ansammlung ähnlicher Zellen auf der Oberfläche der Eminentia mediana des *Goldhamsters*. (Aus WEINDL u. SCHINKO, 1975a). Endvergr. in der Projektion: **a** ×85, **b** ×2870, **c** ×840, **d** ×220, **e** ×530, **f** ×600

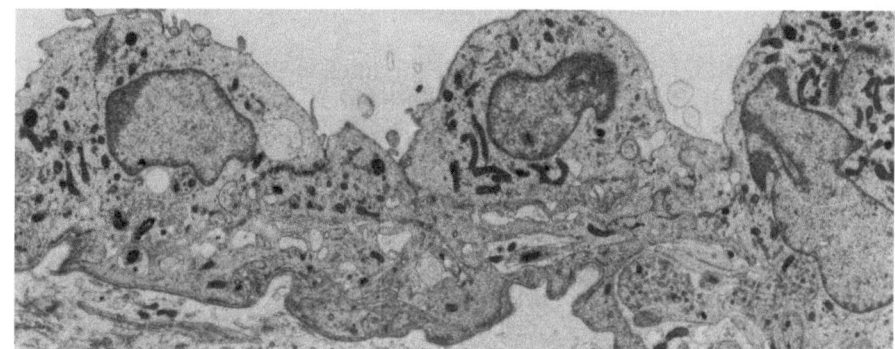

a

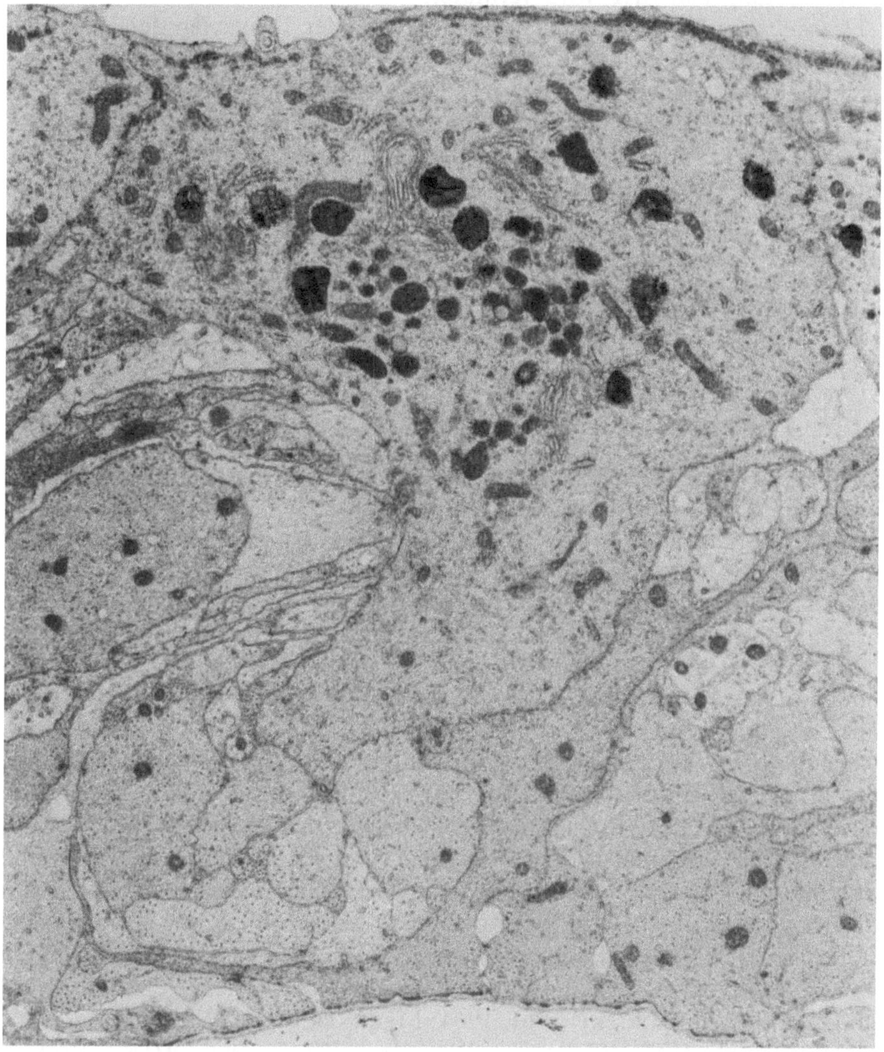

b

Abb. 97a u. b. Organum vasculosum laminae terminalis, *Kaninchen.* **a** Kinocilienarme Ependymzell-formen; *unten* periventriculärer Bindegewebsraum angeschnitten. **b** Tanycyt, Zellorganellen; *unten* perivasculärer Bindegewebsraum angeschnitten. Endvergr.: **a** ×5100, **b** ×10500

dagegen sind voluminös, aber arm an Zellorganellen und von zahlreichen Filamenten ausgefüllt. Die Tanycytenfortsätze führen lange Mitochondrien vom
Crista-Typ, Fragmente des glatten endoplasmatischen Reticulum sowie Filamente (Weindl et al., 1968). Schwendmann (1973, *Ratte*) beschreibt in den
Fortsätzen Tubuli und granuläre Strukturen mit dichtem Inhalt; Röhlich und
Wenger (1969, *Ratte*) finden in den Tanycytenfüßen dichte Körper, die sie
für spezielle Lysosomen halten. Leveque (1972) beobachtet in den Ependymzellen der weiblichen *Ratte* eine PAS-positive Substanz, die nachgeburtlich vom
5.–20. Tag zunimmt (Steigerung sekretorischer Aktivität). Nach Androgensterilisation ist die Menge dieser Substanz erheblich vermehrt. Ein Zusammenhang
mit der Bildung von LRF wird vermutet.

Der *Zellkern* der Ependymzellen gleicht dem der Tanycyten der Regio hypothalamica. Weindl et al. (1967 c, *Kaninchen*) beschreiben intranucleäre Tubuli-
Bündelchen, die denen in anderen Zellen des Nervensystems und in Zellen
anderer Organe ähnlich sind (s.S. 214) und die sie in Zusammenhang mit *Amitosen*
bringen. Zellkernbilder, die Amitosen vermuten lassen, werden wiederholt beobachtet (s. auch Hofer, 1969).

Die Ependymzellen des OVLT der *Submammalier* gleichen weitgehend denen der *Mammalier*
(*Knorpelfische*, Organum vasculosum praeopticum: Braak, 1963; Altner, 1966; *Teleosteer:* Wenger
et al., 1967; *Amphibien:* Srebro, 1968, 1969; Rodríguez, 1969b; Goossens et al., 1973; *Vögel:*
Dellmann, 1965a; Mikami, 1975b, 1976; Bosler, 1977; vgl. Hofer, 1959, 1965; Lit.!). Während
bei den *Teleosteern* die Tanycyten noch ganz im Vordergrund stehen, treten bei den *Vögeln* neben
Tanycytenformen auch kubische Zellen auf.

5.5.2 Subependymale Gewebeplatte

Die subependymale Gewebeplatte enthält Gliaelemente und eine organspezifische,
von Bindegewebe begleitete Gefäßarchitektonik.

Unter den *Gliazellen* stellen nach Weindl et al. (1968) die *Astrocyten* den
Hauptanteil; sie bilden eine fortsatzreiche Außenzone mit Gefäßkontakten. Unter
den Astrocyten befinden sich faserreiche Zellen mit dicht gepackten Filamenten
und ribosomenreiche Zellen mit dichtem Zellkern, „dichte Gliazellen". Den
„Parenchymzellen", neuronalen Elementen, liegen „Satellitenzellen" eng an, die
dünne Fortsätze aussenden. *Oligodendrocyten* spielen im OVLT eine geringe
Rolle.

Die *Blutgefäße* dringen, begleitet von Bindegewebe, aus der Cisterna praechias-
matis als „Gefäßstraße" durch die kompakte, aus Astrocytenfortsätzen aufge-
baute Außenzone des Organs in die Innenzone, in die Falten des Organs vor
(Abb. 98). Die Architektonik des Organs wird weitgehend von den Gefäßen
bestimmt (vgl. Mergner, 1959, *Kaninchen, Meerschweinchen, Goldhamster*, 1961,
Affe; Holzmann, 1960, *Wal;* Weindl, 1965, *Kaninchen, Ratte;* Schwendmann,
1973, *Ratte*). Die Gefäße können in einen intrapialen Primärkomplex und einen
Sekundärkomplex mit einem subependymalen Capillarnetz gegliedert werden
(vgl. Duvernoy u. Koritké, 1961, 1964; Mergner, 1961; Weindl et al., 1967a;
Duvernoy et al., 1969; Röhlich u. Wenger, 1969; Schwendmann, 1973; Ambach et al., 1978). Die subependymalen Capillaren sind für Peroxidase permeabel
(Weindl, 1969, 1974; Bouchaud, 1975; vgl. Dretzki, 1971), ihre Endothelien
sind „fenestriert" (Weindl et al., 1967a). Im OVLT sind, im Gegensatz zur

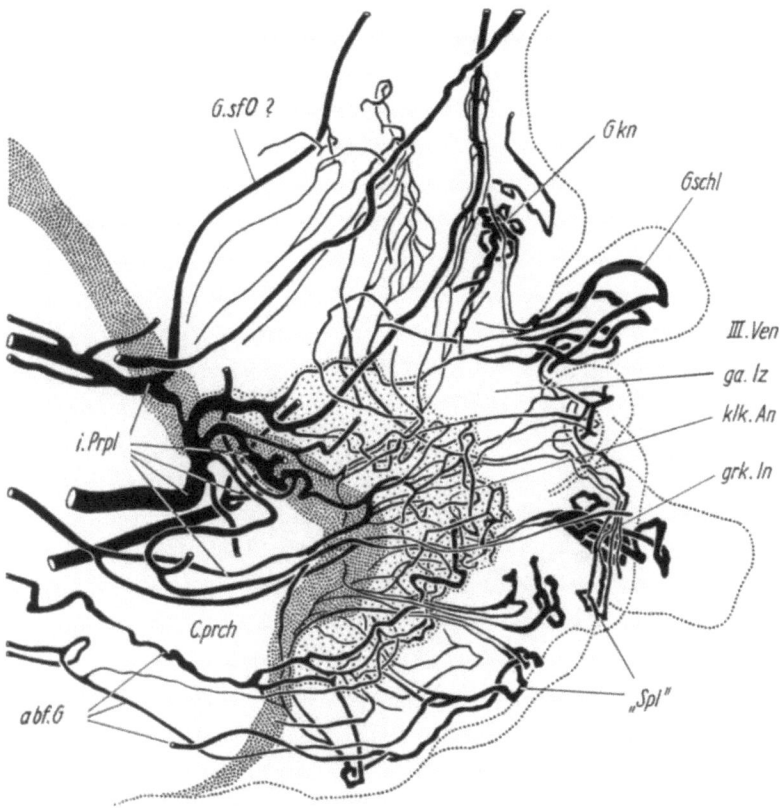

Abb. 98. Gefäßsystem des Organum vasculosum laminae terminalis, Lateralansicht, *Kaninchen.* *Dichtpunktiert:* Pia mater im optischen Schnitt. *abf.G* Abführende Gefäße, *C.prch* Cisterna praechiasmatica, *ga.Iz* gefäßarme Innenzone, *grk.In* Gefäße des großkalibrigen Innennetzes, *Gkn* Gefäßknäuel, *Gschl* Gefäßschlingen, *G.sfO?* Gefäße in Richtung der Commissura rostralis (subfornicales Organ?), *i.Prpl* intrapialer Primärplexus, *klk.An* Gefäße des kleinkalibrigen Außennetzes, *„Spl"* sog. Sekundärplexus, *III.Ven* III. Hirnventrikel. Tuscheinjektion, Wintergrünöl. (Aus MERGNER, 1961). Endvergr. × 130

EM, bei der *neugeborenen Ratte* die speziellen Gefäße schon völlig ausgebildet (KRISCH, 1979; im Druck).

Der *perivasculäre Bindegewebsspalt* (Abb. 99), der von außen mit den Gefäßen in die Falten des Organs eindringt, verzweigt sich zunehmend und bildet schließlich ein labyrinthartiges System aus 0,1–0,2 μm breiten Spalten (RÖHLICH u. WENGER, 1969, *Ratte*); die terminalen Gefäßschlingen liegen in einem „riesenhaft ausgedehnten perivaskulären See" (WEINDL et al., 1968). Der perivasculäre Raum wird von Ependymzell- und Gliafortsätzen sowie von den Neurosekret führenden Axonendigungen umgeben, ist also eine neurohämale Region (Abb. 100). In der seitlichen *Grenzregion* des OVLT ist der perivasculäre Bindegewebsspalt durch „tight junctions" zwischen perivasculären Tanycytenfortsätzen gegen den Intercellularraum des angrenzenden Neuropils verschlossen (KRISCH et al., 1978 c). Die Wand einiger Capillaren und die anliegenden Astrocytenfort-

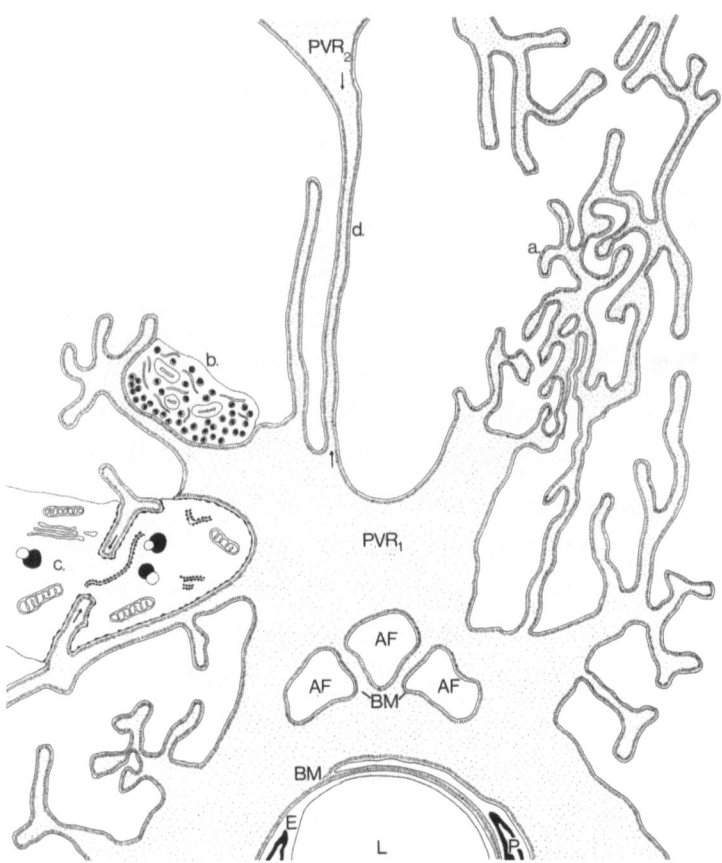

Abb. 99. Organum vasculosum laminae terminalis. Bildungen des perivasculären Raums. Basalmembrangitter *(a.)*; die verzweigten Ausläufer des perivasculären Raums durchdringen das Gliagewebe. In *b.* liegt eine terminale Axonauftreibung mit Granula dem perivasculären Raum an. In *c.* dringen Verzweigungen des perivasculären Raums tief in das Perikaryon eines Astrocyten ein. In *d.* kommunizieren die perivasculären Räume, PVR_1 und PVR_2, zweier benachbarter Gefäßschlingen durch lange Tunnel. (Aus Weindl et al., 1967a). Vergr. etwa × 10000

sätze sind nach Dimova et al. (1966) reich an Cholinesterase; die Autoren vermuten eine Beteiligung der Astrocyten bei Transportfunktionen.

Mastzellen im perivasculären Bindegewebe des OVLT findet Cammermeyer (1973b) bei verschiedenen Mammaliern schon in den ersten Tagen nach der Geburt.

5.5.3 Neuronale Elemente

Neuronale Elemente kommen im OVLT als organeigene „Parenchymzellen" und als Axonendigungen von Neuronen vor, deren Perikaryen außerhalb des Organs liegen.

Die *Parenchymzellen*, Nervenzellen, liegen gemeinsam mit Astrocyten zumeist in der perikaryenreichen Innenzone, die von den Ependymzellen des OVLT

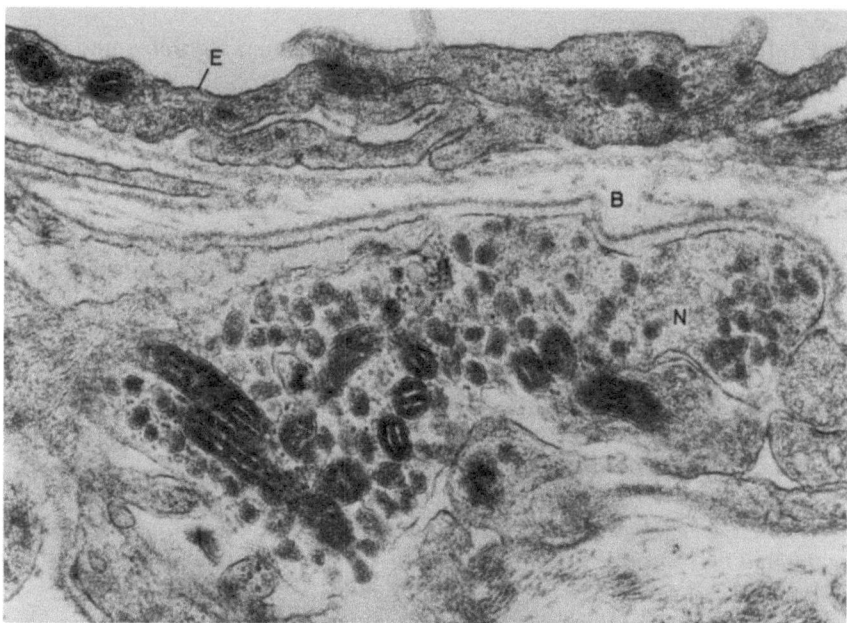

Abb. 100a u. b. Organum vasculosum laminae terminalis, *Kaninchen.* Perivasculäre Strukturen. *E* Capillarendothel, in **a** fenestriert, *B* perivasculäres Bindegewebe, *P* parenchymatöse Gewebszapfen mit Tanycyten-, Glia- und Axonfortsätzen im perivasculären Bindegewebe, *N* neurosekretorische Axonendigung am perivasculären Bindegewebsraum. Endvergr.: **a** ×10500, **b** ×18000

bedeckt wird (Abb. 101). Ihre Zuordnung zu den Nervenzellen war im OVLT – wie auch im Subfornicalorgan und in der Area postrema – aufgrund älterer lichtmikroskopischer Untersuchungen problematisch und umstritten (vgl. Hofer, 1959; Holzmann, 1960). Erst elektronenmikroskopische Untersuchungen ermöglichten eine eindeutige cytologische Bestimmung (vgl. Weindl et al., 1968; Röhlich u. Wenger, 1969; Le Beux, 1971; Wenger u. Törö, 1971).

Die Perikaryen der „Parenchymzellen" liegen häufig in Gruppen im Innern des Organs, kommen vereinzelt aber auch im Niveau der Ependymzellen vor (Wenger u. Röhlich, 1969, *Rhesusaffe*). Nach Weindl et al. (1968) weisen die Zellen alle wesentlichen Strukturmerkmale von Nervenzellen auf. Sie werden durch axosomatische Synapsen innerviert. In einigen der Zellen werden Bläschen mit dichtem Kern (Durchmesser 125 nm) gebildet, deren Inhalt an die Blutgefäße der Organs abgegeben wird.

An zahlreichen Parenchymzellen ist eine zunehmende Vakuolisierung festzustellen: In Erweiterung des endoplasmatischen Reticulum entstandene kleine Vakuolen konfluieren zu immer größeren; die Bildung dieser Art von Sekret erfaßt schließlich das ganze Perikaryon; auch Fortsätze können vakuolisiert werden. Vereinzelt kommen Parenchymzellen mit verdichtetem Cytoplasma vor. – Die Parenchymzellen besitzen einen mächtigen, häufig in ventrodorsale Richtung einbiegenden Hauptfortsatz; dünnere Nebenfortsätze wechseln oft jäh die Richtung. Im weiteren Verlauf bilden Parenchymzellfortsätze, Gliazellfortsätze und organfremde neuronale Fortsätze ein dicht gewobenes Neuropil mit zahlreichen axo-dendritischen Synapsen. Myelinisierte Axone gehören zum größeren Teil dem das Gefäßorgan durchziehenden retino-hypothalamischen Bündel an, zum kleineren stammen sie von Parenchymzellen (Weindl et al., 1968; Abb. 102).

Der Inhalt der großen, in Nervenzellen beobachteten *Vacuolen* und die näheren Umstände der Vacuolenbildung, die auch im Subfornicalorgan beobachtet wird, sind weder hier noch im OVLT bekannt. Immerhin mag es in diesem Zusammenhang interessant sein, daß Weindl et al. (1968) und Hofer (1969) Anzeichen für *Amitosen* und Le Beux (1971) für Strukturproteinbildung in „Parenchymzellen" beschreiben. Außer den „großen Nervenzellen", den „Parenchymzellen", enthält das OVLT nach Hofer (1969) auch noch „kleine Nervenzellen", doch sind diese nicht weiter untersucht oder bekannt geworden.

Die in das OVLT eintretenden *Nervenzellausläufer* sind in bezug auf ihre Granula, ihr färberisches und fluorescenzmikroskopisches Verhalten untersucht. Immunhistochemisch können in vielen von ihnen licht- und elektronenmikroskopisch Hypothalamushormone nachgewiesen werden.

Zwei Arten von Nervenzellausläufern mit unterschiedlichen *Granulagrößen* werden nach Le Beux (1972) unterschieden. Die „dense-cored vesicles" der einen Art haben einen Durchmesser von 26–55 nm, die der anderen von 80–110 nm. Die größeren Granula verschwinden in den Axonendigungen 4–14 Tage nach Ovarektomie und 10 Tage bis 2 Monate nach Hypophysektomie (Wenger, 1976, *Ratte*).

Der *Radioimmunoassay* nach Mikrodissektion ergibt im OVLT (wie übrigens auch im Subfornical- und Subcommissuralorgan und in der Area postrema)

Abb. 101a u. b. Organum vasculosum laminae terminalis, *Kaninchen*. **a** „Parenchymzelle", zwischen ▶ Organoberfläche *(oben)* und perivasculärem Bindegewebsraum *(unten)* gelegen; in **b** Ausschnitt mit Zellorganellen. Endvergr.: **a** ×10500, **b** ×17500

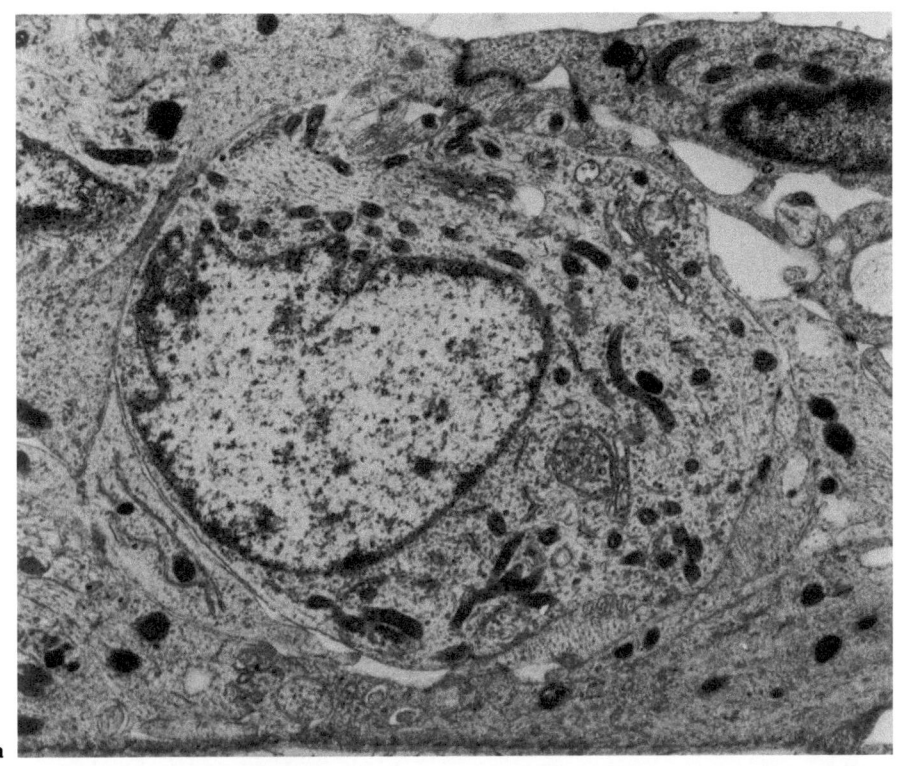

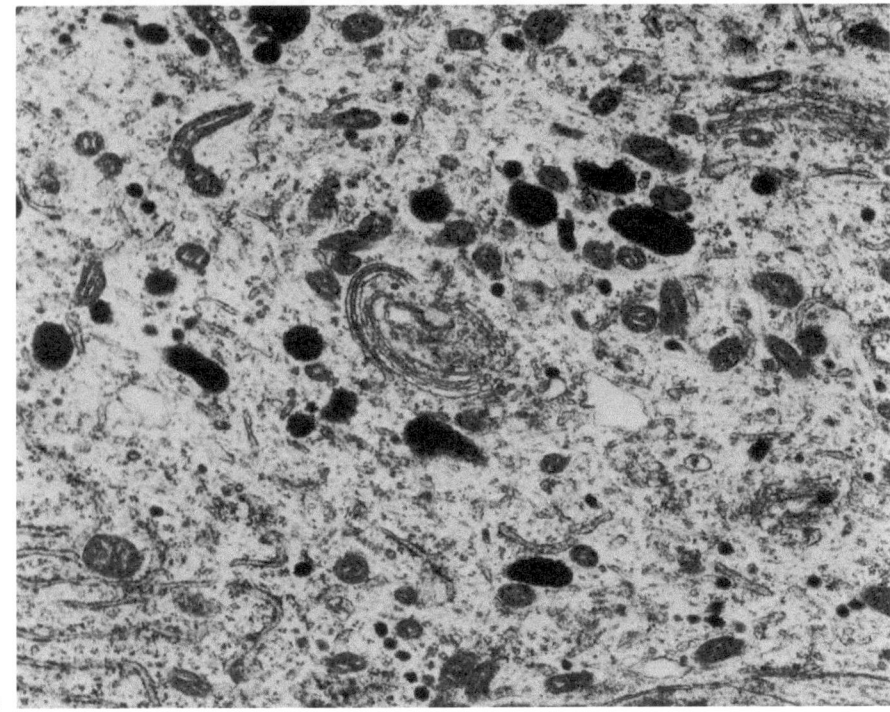

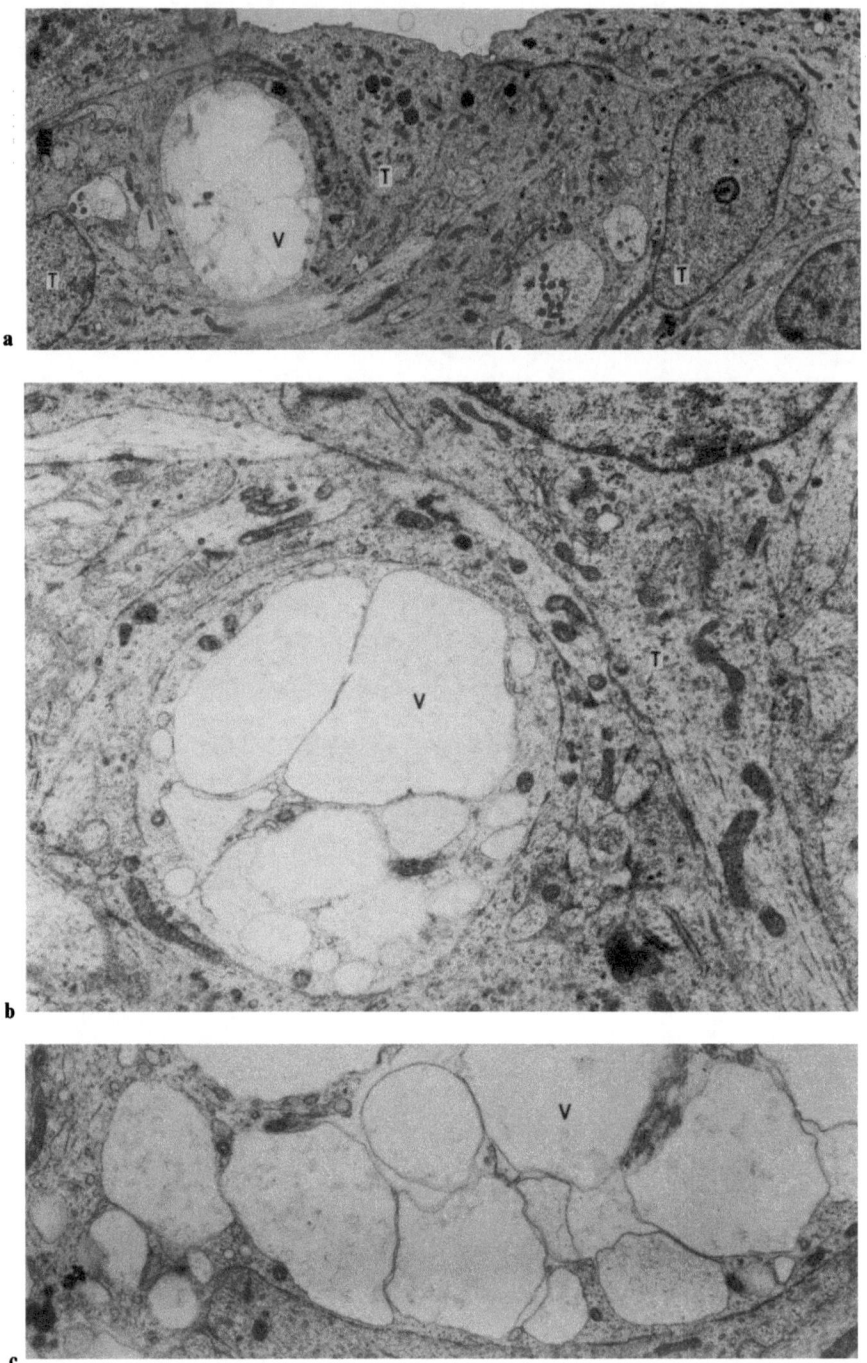

Abb. 102a–c. Organum vasculosum laminae terminalis, *Kaninchen*. Vacuolisierte, unter der Organoberfläche liegende „Parenchymzellen" *(V)*. *T* Tanycyten. Endvergr.: **a** ×3300, **b** u. **c** ×8250

der *Ratte* signifikante Mengen von LRF und TRF (KIZER et al., 1976; über LRF-Vorkommen vgl. auch CRIGHTON et al., 1970; PALKOVITS et al., 1974; ARAKI et al., 1975; WHEATON et al., 1975; OKON u. KOCH, 1977; WENGER et al., 1978).

Immunhistochemische Nachweise von Neurohormonen. In *Nervenzellausläufern,* die in das OVLT eindringen, wird immunhistochemisch *LRF* nachgewiesen (BARRY et al., 1973, *Meerschweinchen;* WEINDL u. SCHINKO, 1975 b, *Goldhamster;* GROSS, 1976, *Maus;* KING u. GERALL, 1976, *Ratte;* NAIK, 1976, *Ratte;* PELLETIER et al., 1976, *Ratte;* ZIMMERMAN u. ANTUNES, 1976, *Rhesusaffe;* SÉTÁLÓ et al., 1977, *Ratte;* WEINDL et al., 1976, 1978, *Meerschweinchen;* KRISCH, 1978, *Ratte).* Die Nervenzellausläufer, Axone, kommen nach BARRY et al. (1973) aus einem Kerngebiet der Stria terminalis (vgl. auch BARRY et al., 1974, *Meerschweinchen;* BARRY u. CARETTE, 1975, *Primaten),* nach WEINDL und SCHINKO (1975) und WEINDL und SOFRONIEW (1978) aus der präcommissuralen und präoptischen Region (s. auch BAKER et al., 1975; SILVERMAN u. KREY, 1978). Nach Deafferentation des medialen basalen Hypothalamus bleibt der LRF-Gehalt der Axonendigungen im OVLT unverändert, d.h. die Perikaryen dieser Axone liegen nicht im Bereich des Nucleus arcuatus oder des Nucleus ventromedialis (WEINER et al., 1975, *Ratte).* Von einer Orchidektomie mit nachfolgender Substitutionsbehandlung wird zwar der GnRH-(LRF-)Gehalt der Eminentia mediana, aber nicht der des OVLT betroffen (BECKMAN, 1977, *Ratte).*

Auch *Somatostatin*-Fasern werden im OVLT immunhistochemisch nachgewiesen (DUBÉ et al., 1975, *Meerschweinchen;* PELLETIER et al., 1975, *Ratte;* PELLETIER et al., 1976, *Ratte;* WEINDL u. SOFRONIEW, 1978, *Ratte, Meerschweinchen).* Die Somatostatin-Lokalisation in den Axonendigungen differiert von der des LRF; dies spricht nach PELLETIER et al. (1976) dafür, daß beide Wirkstoffe im OVLT ausgeschieden werden. Nach KRISCH (1979, *Ratte,* im Druck) treten die *LRF-Fasern* vom umgebenden Neuropil aus an die perivasculären Räume heran, während die *somatostatinhaltigen Fasern* weit in die perivasculären Räume vordringen; die Ausscheidungsorte beider Hormone sind örtlich voneinander getrennt. Das Somatostatin-System im OVLT ist durch starke morphologische Plastizität ausgezeichnet; nach Immobilisationsbelastung und 5 min-Überlebenszeit treten die hormonführenden Fasern massenhaft in den perivasculären Räumen in Erscheinung. Bei vermehrter Präsenz von Somatostatinfaser-Endigungen werden die LRF-haltigen Endigungen zurückgedrängt. Interessant ist in diesem Zusammenhang, daß microiontophoretisch appliziertes LRF die Feuerrate von Neuronen in der unmittelbaren Umgebung des OVLT stark vermindert (FELIX u. PHILLIPS, 1979).

Vasopressin-(+ neurophysin-) und *oxytocinhaltige* Nervenfaserendigungen im OVLT werden von ZIMMERMAN und ANTUNES (1976, *Rhesusaffe)* und WEINDL und SOFRONIEW (1978, *Meerschweinchen)* immunhistochemisch beobachtet.

Immunhistochemische Untersuchungen ergeben weiter, daß in unmittelbarer Umgebung des OVLT, teilweise auch im Organ selbst, die *Perikaryen* hormonbildender Zellen liegen und daß hormonbeladene Nervenzellausläufer in den perivasculären Raum des Organs eintreten (Abb. 103).

Perikaryen, die dem OVLT unmittelbar benachbart sind, reagieren immunhistochemisch auf Antikörper gegen *LRF* (BARRY et al., 1974, *Meerschweinchen;*

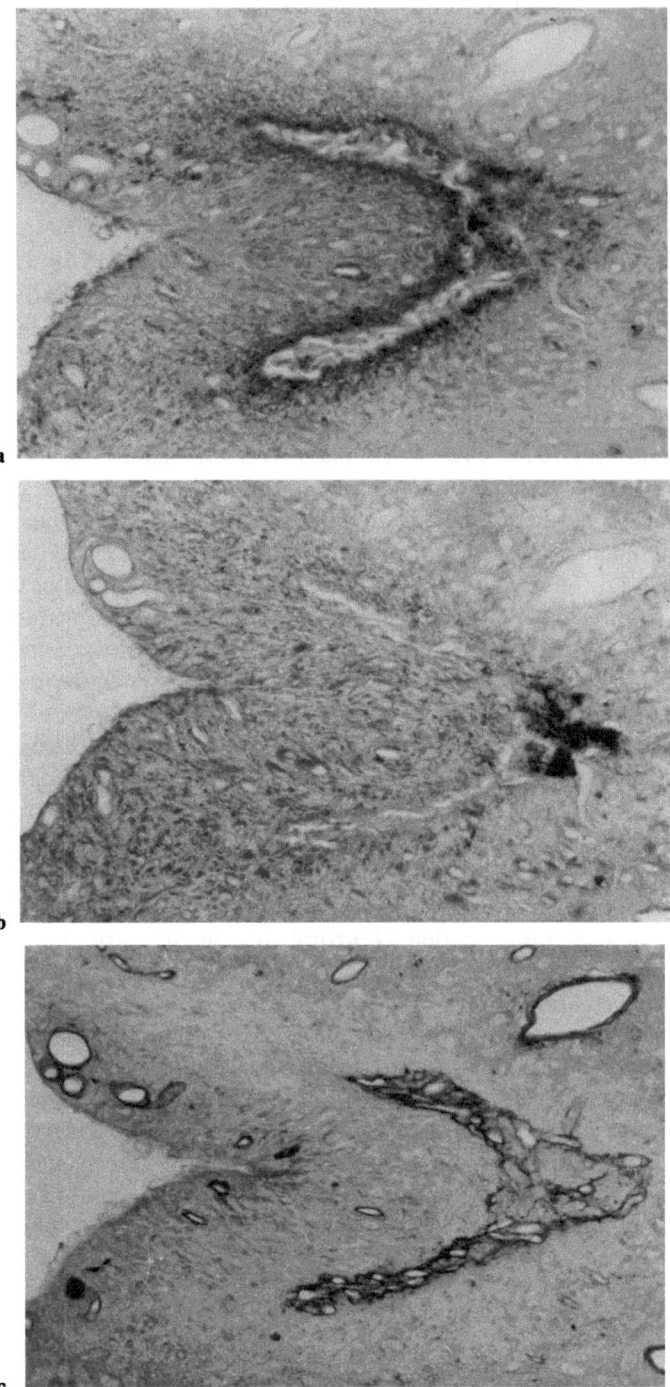

a

b

c

Abb. 103 a–c. Organum vasculosum laminae terminalis, weibliche *Ratte* nach Durstbelastung, Frontalschnitt. Unterschiedliche Verteilung neurosekretorischer Fasern, immunhistochemisch an zwei benachbarten Schnitten nachgewiesen. **a** LRF; **b** Somatostatin; **c** PBA-Färbung zur Darstellung des perivasculären Bindegewebsraumes, in dem die neurosekretorischen Fasern endigen. (Präparate Dr. B. KRISCH, Kiel). Endvergr. × 220

ZIMMERMAN et al., 1974, *Maus;* ARAKI et al., 1975, *Ratte,* Entwicklung; BAKER et al., 1975, *Ratte;* SILVERMAN u. DESNOYERS, 1975, *Meerschweinchen;* WEINDL u. SCHINKO, 1975, *Meerschweinchen;* NAIK, 1976, *Ratte;* ZIMMERMAN u. ANTUNES, 1976, *Rhesusaffe*), gegen *Vasopressin* (und *Neurophysin*) und gegen *Oxytocin* (WEINDL et al., 1975, *Hamster, Ratte, Meerschweinchen;* WEINDL u. SOFRONIEW, 1978, *Meerschweinchen;* WEINDL et al., 1976, *Meerschweinchen;* ZIMMERMAN u. ANTUNES, 1976, *Rhesusaffe*) sowie gegen *Somatostatin* (DUBÉ et al., 1975, *Meerschweinchen;* WEINDL et al., 1976, *Meerschweinchen*).

Auch *Transmittersubstanzen,* außer Neurohormonen, werden in Axonendigungen des OVLT nachgewiesen. Nach LEWIS und SHUTE (1967) entsendet das cholinerge limbische System Fasern u.a. auch in das OVLT (s. auch HERNESNIEMI et al., 1972). Eine Untersuchung über die Anwesenheit von Norepinephrin, Dopamin, Serotonin und Histamin und synthetisierenden Enzymen in circumventriculären Organen stammt von SAAVEDRA et al. (1976). Tabelle 2 gibt für das OVLT besonders einen hohen Dopamingehalt an. Die serotoninergen Axonendigungen im OVLT (BOSLER, 1978, *Ratte*) stammen wahrscheinlich aus Raphekernen (MOORE, 1977).

Tabelle 2. Konzentrationen von Neurotransmitter-Substanzen und deren biosynthetischer Enzyme in circumventriculären Organen. (Aus SAAVEDRA et al., 1976, Lit.)

	Organum vasculosum laminae terminalis	Subfornical-organ	Sub-commissural organ	Area postrema
Norepinephrin[c]	11,0±2,6	10,0 ±2,6	6,5 ± 2,1	8,6 ± 2,6
Dopamin[c]	21,0±5,0	7,0 ±1,6	9,3 ± 3,2	8,9 ± 2,6
Tyrosin hydroxylase[b]	1,3±0,3	1,5 ±0,2	1,6 ± 0,5	3,2 ± 0,4
Dopamin-β-hydroxylase[b]	0,9±0,2	0,6 ±0,2	0,8 ± 0,2	0,8 ± 0,2
Phenylethanolamin-N-methyltransferase[a]	10,4±3,6	5,1 ±2,0	5,1 ± 1,0	15,9 ± 5,9
Serotonin[c]	11,4±1,4	9,8 ±1,2	18,7 ± 1,6	16,6 ± 1,9
Tryptophanhydroxylase[b, d]	0,4±0,04	0,31±0,06	0,36± 0,04	0,47± 0,07
Histamin[c]	5,0±1,2	3,3 ±0,9	3,1 ± 0,4	2,9 ± 0,4
Cholin acetyltransferase[b]	66,1±7,6	12,5 ±3,6	40,3 ±13,8	80,6 ±10,2

[a]   Picomol/mg protein/h.
[b]   Nanomol/mg protein/h.
[c]   ng/mg protein;
[d]   Aus BROWNSTEIN et al. (1975). Die Werte repräsentieren den Mittelwert ± Standardabweichung für eine Gruppe von 8 Einzelbestimmungen. Für jede Einzelbestimmung wurden Gewebe von 2 Tieren verwandt.

Untersuchungen bei *Submammaliern* über Axonendigungen im OVLT s. VIGH-TEICHMANN et al. (1969, *Fische, Amphibien, Reptilien, Vögel, Mammalier*), MIKAMI et al. (1976, *Zonotrichia leucophrys gambelii*), BOSLER (1977, *Ente*), CALAS et al. (1977, *Ente*), FOLLENIUS (1977, *Goldfisch*).

Supraependymale Nervenzellen sitzen dem OVLT in großer Zahl auf; von ihnen gehen Fortsätze unterschiedlichen Kalibers aus. Die supraependymalen Axone sind Teil der allgemeinen supraependymalen neuronalen Organisation; sie enthalten „dense-cored vesicles" (WEINDL u. SCHINKO, 1975, 1977, TEM

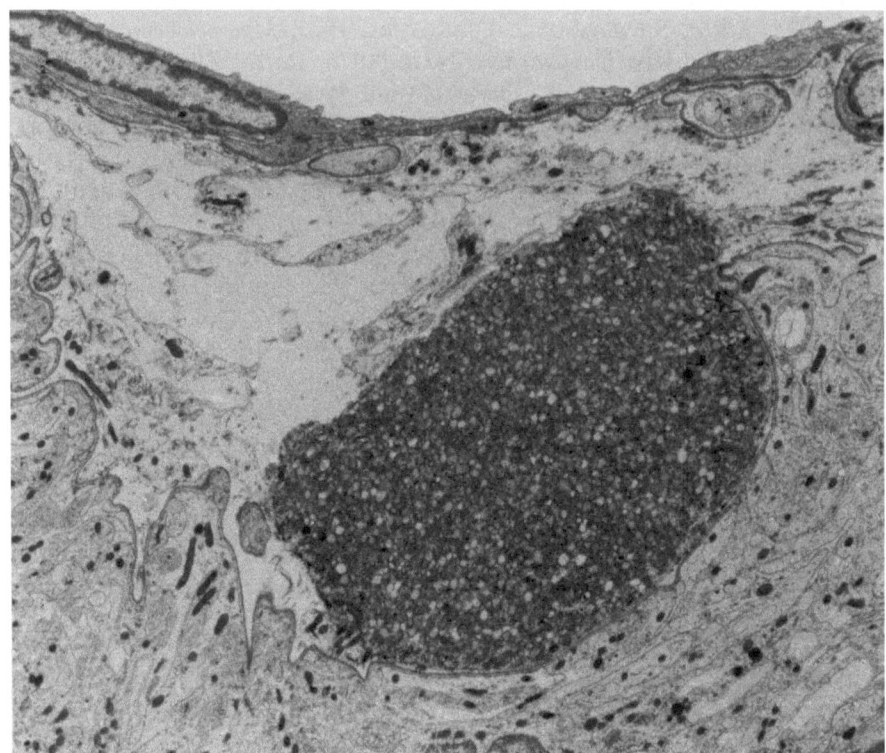

Abb. 104. Organum vasculosum laminae terminalis, *Kaninchen*. Neurosekretorische Axonanschwellung (Herring-Körper) im perivasculären Bindegewebsraum; *oben* Capillarendothel, *unten* Organparenchym angeschnitten. Endvergr. × 5100

und REM, *Goldhamster;* Card u. Mitchell, 1978, REM, *Hamster;* Phillips et al., 1978, *Ratte).* Die Autoren vermuten, daß hier LRF in den Ventrikel abgegeben wird. Der Austritt von Nervenzellen aus dem Organ auf die Oberfläche des OVLT wurde bereits früher in lichtmikroskopischen Untersuchungen beschrieben (Mergner, 1959; Hofer, 1965; Schwendmann, 1973), aber im Sinne der von Collin (1956) postulierten „hydréncéphalocrinie holoneurocytaire" verstanden.

5.5.4. Untersuchungen zur Funktion

Über die Beteiligung des OVLT an der Neurohormonabgabe besteht angesichts der im vorstehenden Kapitel referierten Beobachtungen kein Zweifel mehr. Auch die Anwesenheit von Neuronen mit Oestrogen-Receptoren im OVLT spricht hierfür (Stumpf, 1970).

Neurohämale Region. Zahlreiche Autoren sehen im OVLT eine neurohämale Region (Abb. 104), die der Eminentia mediana hinsichtlich der Abgabe von Neurohormonen vergleichbar ist (Röhlich u. Wenger, 1969; Wenger u. Röhlich, 1969; Weindl u. Joynt, 1972a; vgl. Weindl, 1973; Oksche, 1975; u.a.). Hierfür sprechen auch elektrophysiologische Untersuchungen (Kawakami et al.,

1973; KAWAKAMI u. TERASAWA, 1973; KAWAKAMI et al., 1974; KAWAKAMI u. SAKUMA, 1976).

Die im OVLT freigesetzten Releasing Hormone haben die Möglichkeit, entweder in den Liquor cerebrospinalis oder in Gefäße des allgemeinen Hirnkreislaufs oder in die Portalgefäße zur Adenohypophyse zu gelangen (vgl. ZIMMERMAN u. ANTUNES, 1976). Die Frage, ob Gefäßverbindungen aus dem OVLT zu den Portalgefäßen bestehen, ist nicht hinreichend geklärt. Zwar sollen nach LANDSMEER (1963) Verbindungen zwischen beiden Gefäßnetzen bestehen, doch konnten DUVERNOY et al. (1969) in umfangreichen Untersuchungen an Gehirnen von *Menschen* und *Affen* derartige Anastomosen nicht nachweisen.

Receptororgan. Es wird aber auch die Vorstellung diskutiert, daß das OVLT als „Fenster" in der Blut-Hirn-Schranke (OKSCHE, 1975) Hormonen aus dem Blut den Zutritt zu spezifischen Receptorneuronen in der unmittelbaren Umgebung ermöglicht. Nach STUMPF (1970) liegen im OVLT Neurone mit Oestrogen-Receptoren. Die „neuro-hämale" Region OVLT könnte mithin in diesem Sinn auch als „hämo-neurale" Region (WEINDL et al., 1975; WEINDL, 1973), als Receptororgan, wirken (vgl. auch ZIMMERMAN, 1976a). Eine Beteiligung auch der Ependymzellen des OVLT an diesen Regulationen ist wahrscheinlich (s. LEVEQUE, 1972; ZIMMERMAN et al., 1974).

5.6. Organum subfornicale

Das *Subfornicalorgan* (SFO; „Tuberculum psalterii nasale": DEXLER, 1907; „Ganglion psalterii": SPIEGEL, 1918; „intercolumnar tubercle": PUTNAM, 1922; WISLOCKI u. LEDUC, 1952a; ARIËNS KAPPERS, 1955; „Interventricularorgan" bei Fornixmangel niederer Vertebraten: WATERMANN, 1965; „Subfornicalorgan": seit PINES, 1926; „Organum subfornicale": Nomina anatomica) wird bei *Mammaliern* immer angetroffen (vgl. HOFER, 1959, 1965, Lit.; zur Geschichte der Entdeckung des SFO s. HOFER, 1965; ADHAMI, 1967).

Das SFO entsteht aus dem Ependym im dorsalen Bereich der Commissurenplattenanlage; es wird erst nachgeburtlich histologisch ausdifferenziert (KNOBLOCH, 1937, *Schwein;* WATERMANN, 1956, *Mensch;* GRIGNON u. GRIGNON, 1957, *Ratte*). Zur Ontogenese des SFO s. HOFER (1965, Lit.). Eine Involution pericapillärer Axonendigungen wird während der Entwicklung des SFO offenbar regelmäßig beobachtet (BOUCHAUD, 1974b).

Das SFO liegt über dem Nucleus triangularis septi, bei *Mammaliern* zwischen den beiden Foramina interventricularia, in einem von den Fornixschenkeln begrenzten Winkel (vgl. AKERT, 1961; AKERT et al., 1961). Die Stelle entspricht dem embryonalen Übergang zwischen Lamina terminalis und Lamina epithelialis des Plexus choroideus des Telencephalon („Angulus terminalis", HINES, 1922).

Im rasterelektronenmikroskopischen Bild (Abb. 105) zeigt das SFO des *Kaninchens* eine halbkugelige Gestalt mit einem Durchmesser von 0,4 mm und einer höckerigen Oberfläche mit blasenartigen Vorwölbungen (LEONHARDT u. LINDEMANN, 1973b; *Ratte* s. PHILLIPS et al., 1974; DELLMANN u. LINNER, 1977; vgl. FELIX et al., 1977). Das SFO kann eine flache Erhebung bilden oder als deutlicher *Höcker* in den III. Ventrikel vorragen; in diesem Fall ist häufig eine

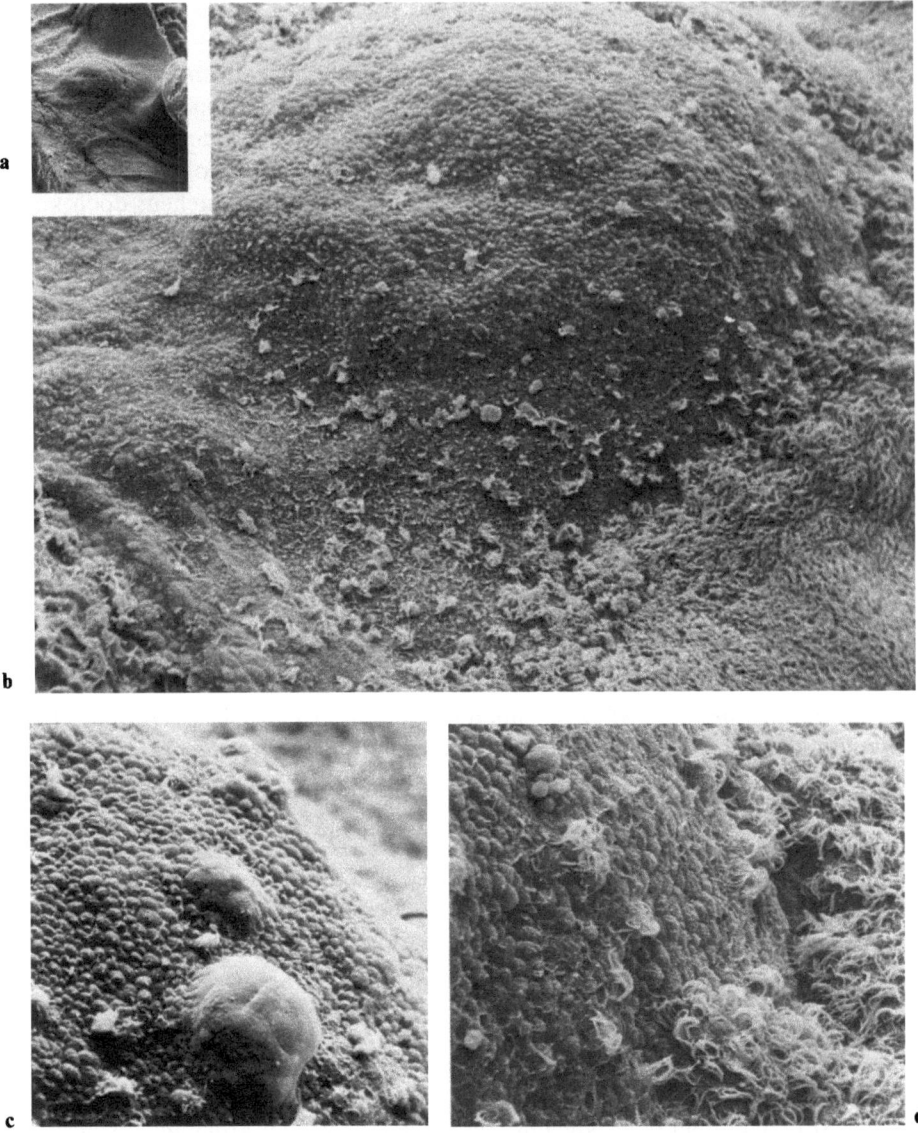

Abb. 105a–d. Subfornicalorgan, REM, *Kaninchen.* **a** Lage zwischen den Fornixschenkeln; **b** u. **d** Oberfläche, von kinocilienarmen Ependymzellen und vereinzelten kinocilienreichen Zellen gebildet; das Organ ist von kinocilienreichem Ependym umgeben; **c** Protrusionen der Oberfläche, von stark abgeplatteten und gedehnten Ependymzellen (Zellgrenzen sichtbar!) bedeckt; **d** Grenze zwischen Subfornicalorgan und umgebendem Ependym. (Aus Lindemann u. Leonhardt, 1973b). Endvergr. in der Projektion: **a** ×22, **b** ×175, **c** ×360, **d** ×660

mediane, sagittal verlaufende flache Furche ausgebildet (Hofer, 1965). Akert et al. (1961) unterscheiden am SFO von *Affen* den Körper sowie den dorsalen und ventralen Fortsatz. Der *Körper* liegt der Commissura hippocampi an. Der *dorsale Fortsatz,* ein dünner Gewebsstrang, der Nervenfasern enthält und von einer Reihe großer Nervenzellen („septale Riesenzellen") begleitet wird (HOFER, 1965), kann bis zum Corpus callosum verfolgt werden. Der *ventrale Fortsatz* gleicht dem dorsalen, ist aber meist kürzer. Seine Nervenfasern reichen bis zum Nucleus praeopticus medialis, der nach AKERT et al. (1961) ein Verbindungsglied zwischen der septalen und prä- und supraoptischen Region bildet. HOFER (1965) vermutet Verbindungen zu hypothalamischen neurosekretorischen Kerngebieten.

Das SFO steht immer mit der Tela choroidea prosencephali und ihren Gefäßen in Verbindung (SPRANKEL, 1960; TIGGES, 1962; vgl. HOFER, 1965); die Tela dringt von caudal rostralwärts in das SFO ein. „Das Organ besteht demnach aus einer durch die eindringende Tela dorsal begrenzten ventrikulären Innenzone und dem Körper, der dem Fornix aufsitzt und von dem die von AKERT und Mitarb. beschriebenen Fortsätze ausgehen" (HOFER, 1965). Auf diese Weise ist das SFO (wie auch das Organum vasculosum laminae terminalis und die Area postrema) zwischen äußeren und inneren Liquorraum eingebaut. Prinzipiell gleichartig zeigt sich der Aufbau des SFO im elektronenmikroskopischen Bild (DELLMANN u. SIMPSON, 1976, *Ratte*).

In vergleichenden metrischen und morphologischen Untersuchungen bei *Insectivoren* und *Primaten* kommt STEPHAN (1969) zu dem Schluß, daß ein einheitlicher Trend der Größenentwicklung des SFO nicht besteht. „Einer progressiven Entwicklung von den Insektivoren zu den Halbaffen folgt eine regressive Phase zu den höheren Simiern hin. Besonders gut entwickelt ist das SFO bei einigen madegassischen Halbaffen ... besonders schwach bei den höheren Altweltaffen und beim Menschen." Das *Organvolumen* beträgt nach STEPHAN (1969) bei der *Zwergspitzmaus* 0,003 mm³, beim *Gorilla* 1,3 mm³ (vgl. auch ANDY u. STEPHAN, 1966). Das Volumen des SFO variiert jahrescyklisch nur wenig (LEGAIT et al., 1974, *Haselmaus*).

Das *Gewebebild* des SFO ist dem der Area postrema und des Organum vasculosum laminae terminalis ähnlich (HOFER, 1959; WEINDL, 1965). In *lichtmikroskopischer Untersuchung* des Organs von *Mammaliern* zeigt sich folgender Aufbau (vgl. HOFER, 1957, 1959, 1965, Übersicht; SPRANKEL, 1958, *Affe;* WEINDL, 1965, *Kaninchen, Ratte;* RABL, 1966, *Mensch;* AKERT, 1967, *Ratte, Katze, Affe;* DELLMANN u. FAHMY, 1967a, b, *Dromedar, Wasserbüffel;* WATERMANN, 1969, *Ratte, Maus, Meerschweinchen, Kaninchen, Katze*): Die Ependymzellen sind vielgestaltig. Oberflächennah werden häufig große, optisch leere Vacuolen beobachtet. Das Organ ist reich vascularisiert und enthält – außer Gliazellen – modifizierte Nervenzellen, „Parenchymzellen", einzelne „echte Nervenzellen" sowie Zellen mit Chromhämatoxylin-positiven Granula. Nervenfasern, die in das Organ eintreten, verlieren mit dem Eintritt ihre Markscheiden. Das SFO besitzt gegenüber mehreren Indikatoren keine oder eine reduzierte Blut-Hirn-Schranke (s.S. 252ff.).

Über *elektronenmikroskopische Untersuchungen* am SFO von Mammaliern berichten ANDRES (1965a, b, *Hund*), DEMPSEY (1968, *Maus, Ratte*), AKERT (1969, *Katze*), PFENNINGER (1969, *Katze*), AKERT und STEINER (1970, *Katze*), WEINDL (1970, *Kaninchen*), SCHINKO et al. (1972, *Maus*), WEINDL und JOYNT (1972a, b, REM, *Kaninchen, Katze, Eichhörnchen*), LEONHARDT und LINDEMANN (1973b, REM, *Kaninchen*), PHILLIPS et al. (1974, *Ratte*), DELLMANN und SIMPSON (1975, *Wasserbüffel, Dromedar, Rind, Katze, Maus,* 1976, *Ratte*).

5.6.1. Kinocilienarme Ependymzellen

Die *Ependymzellen* des SFO sind fast alle kinocilienarm, sie besitzen Mikrovilli und Protrusionen (Abb. 106). Von der Mitte jeder Ependymzelloberfläche ragt eine bis zu 6 μm lange solitäre Kinocilie in den Liquor. Die Kinocilie ist gewöhnlich perlschnurförmig verdickt, vermutlich durch die Auflagerung von Sekretmassen. Auf der Wölbung des SFO liegen nur ganz vereinzelt Ependymzellen, die ein Büschel von 10–20 Kinocilien tragen; letztere stehen nicht frei in den Raum, sondern sind – offenbar durch Massenauflagerung – in Ringeln und Wirbeln auf die Zelloberfläche gesenkt. An der basalen Grenze des SFO beginnt unvermittelt das kinocilientragende Ependym der Umgebung (Leonhardt u. Lindemann, 1973, *Kaninchen*). Phillips et al. (1974) beschreiben für die *Ratte* eine mehr zonale Gliederung von kinocilientragenden Zellen in der vorderen, lateralen und hinteren Grenzzone des SFO bei im übrigen gleichfalls kinocilienarmem Ependym (vgl. Dellmann u. Simpson, 1975, 1976, *Ratte*; Dellmann u. Linner, 1977, REM, *Ratte*).

Die Ependymzellen des SFO wölben ihre apicalen hexagonalen Oberflächen leicht gegen den Ventrikel vor und verschaffen dem Organ hierdurch eine feinhöckerige Oberfläche. Dieses Mikrorelief wird durch blasenartige Vorwölbungen modifiziert, über denen die Maschen des hexagonalen Musters der Ependymzelloberfläche bis achtfach erweitert, die (10–30) Zellen erheblich gedehnt sind. Die Vorwölbungen können einen Durchmesser von etwa 50 μm und eine Höhe von etwa 40 μm erreichen. Sie werden durch „Riesenvacuolen" von Nervenzellen hervorgerufen (s.S. 404). Vereinzelt beobachtet man Vertiefungen, von denen vermutet wird (Leonhardt u. Lindemann, 1973b), daß sie durch Entleerung einer blasenartigen Vorwölbung entstehen. Die im TEM wiederholt beobachteten röhrchenartigen Ependymeinsenkungen (Andres, 1965a, b; Schinko et al., 1972; Dellmann u. Simpson, 1975) könnten mit grabenförmigen Einsenkungen im basalen Grenzbereich des SFO identisch sein.

Die Ependymzellen erscheinen bei TEM-Untersuchung vielgestaltig. Langgestreckte Tanycyten kommen auf der gesamten Oberfläche des SFO vor (Abb. 107). Sie werden unterbrochen von einzelnen kubischen oder runden Zellen, die den Tanycyten eher aufsitzen, als daß sie in ihren Verband eingeschlossen sind (Schinko et al., 1972; Leonhardt u. Lindemann, 1973). Auch die wenigen kinocilienreichen Ependymzellen ragen über die umgebende Oberfläche hinaus. Über den „Riesenvacuolen" sind die Ependymzellen extrem gedehnt und dünn. Die von Andres (1965a, b) beschriebenen Ependymkanälchen sind mit kinocilienreichen Ependymocyten ausgekleidet (vgl. Akert, 1967; Schinko et al., 1972). Nach Andres öffnen sich die Ependymkanälchen frei in den Intercellularraum des SFO – ein Befund, der von anderer Seite nicht erhoben wurde. Pfenninger (1969) findet nach Injektion von Peroxidase in den Ventrikel zwar die Oberfläche des SFO von Peroxidase bedeckt, die Ependymkanälchen aber frei davon. Wenn Watermann (1969) nach Injektion von Lycopodiumsporen in den Ventrikel diese im perivasculären Bindegewebe wiederfindet, so können sie dorthin auch über den äußeren Liquor und die perivasculären Bindegewebsräume gelangt sein (vgl. das Verhalten von Peroxidase in der Area postrema, Torack, 1971).

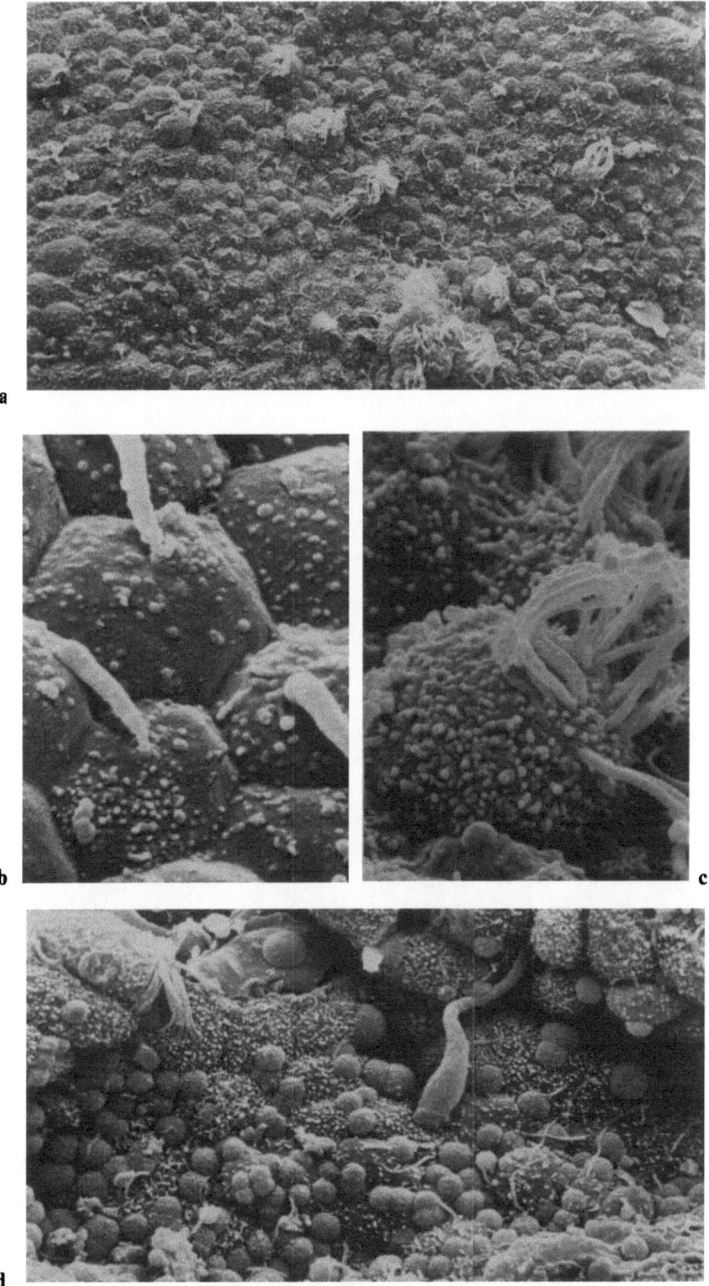

Abb. 106a–d. Subfornicalorgan, REM, *Kaninchen.* **a** Oberfläche bedeckt von kinocilienarmen Ependymzellen und vereinzelten kinocilienreichen Zellen; **b** kinocilienarme Ependymzellen mit je einer (durch Auflagerungen?) verdickten Kinocilie; **c** kinocilienreiche Ependymzellen im Grenzbereich des Organs; **d** *rechts* ein supraependymaler Zellausläufer (Grenzbereich). (Aus LINDEMANN u. LEONHARDT, 1973b). Endvergr. in der Projektion: **a** ×660, **b** ×4950, **c** ×4560, **d** ×1350

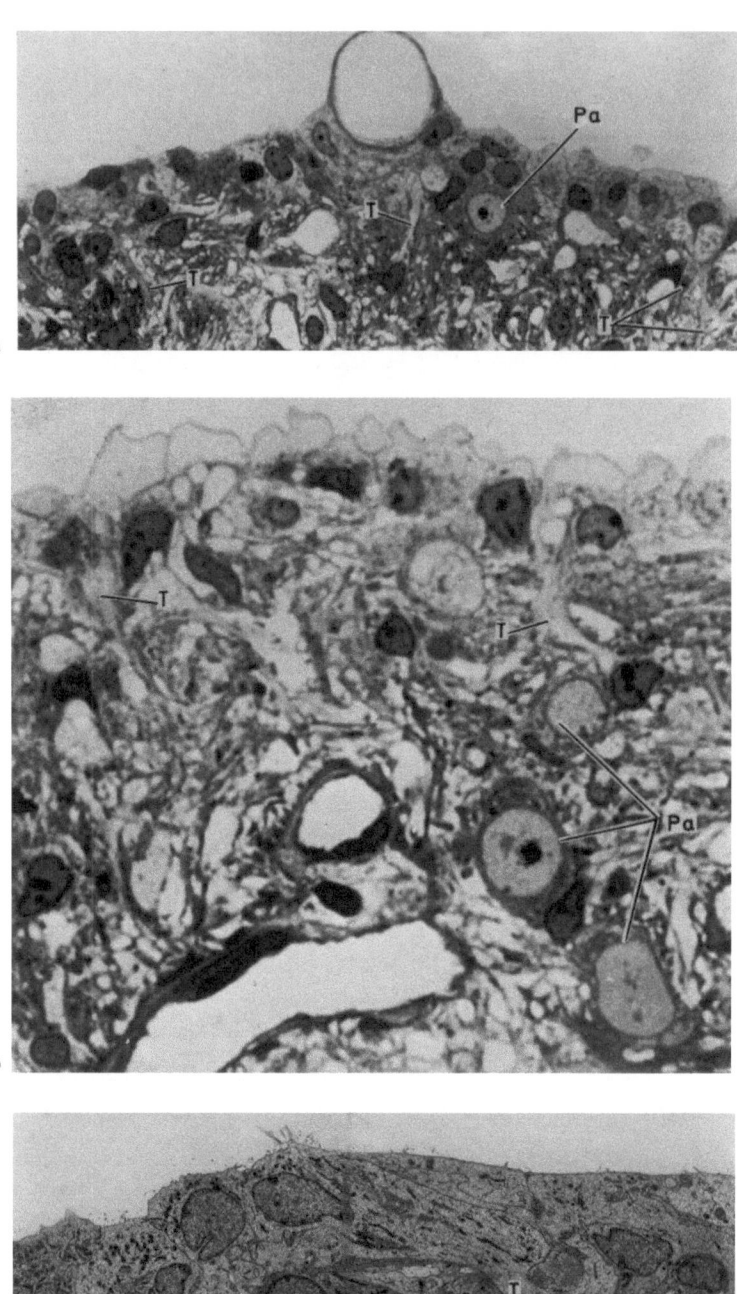

Abb. 107a–c. Subfornicalorgan, *Kaninchen*. Kinocilienarme Ependymzellen; *T* Tanycytenfortsätze, *Pa* Parenchymzellen. **a** u. **b** Färbung nach Richardson. Endvergr.: **a** ×320, **b** ×960, **c** ×2000

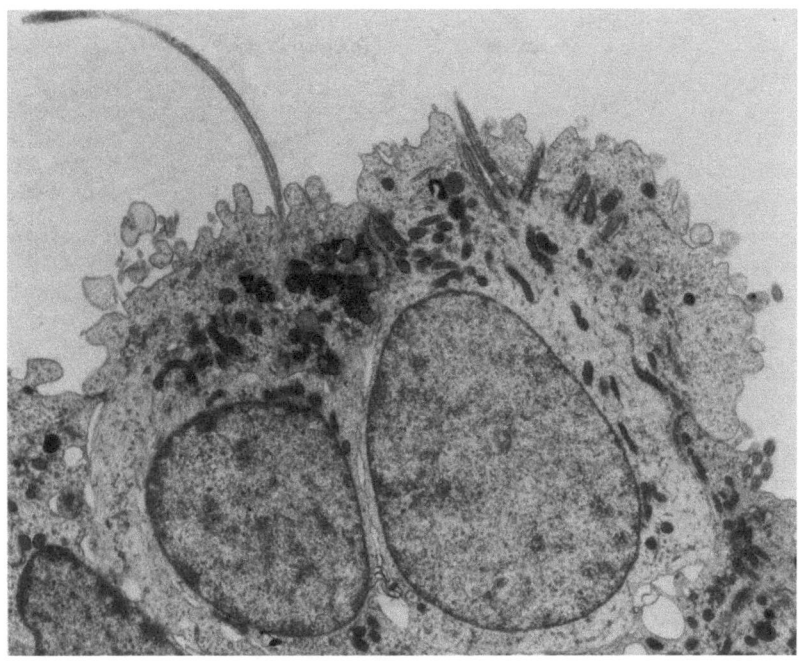

Abb. 108. Subfornicalorgan, *Kaninchen. Rechts* kinocilienreiche, *links* kinocilienarme Ependymzelle.
Endvergr. × 6000

Das *apicale Plasmalemm* der Ependymzellen auf der Höhe des SFO bildet mikrovillusartige Protrusionen (Abb. 108), die gelegentlich ballonförmig aufgetrieben und mit optisch leeren Bläschen gefüllt sind, sowie kurze plumpe Protrusionen, die Polysomen und feingranuliertes Material enthalten, und „starr" erscheinende Mikrovilli (0,1 μm Durchmesser), die ein in die Zelle einstrahlendes Filamentbündel einschließen. Die Ependymzellen des basalen Grenzbereiches bilden vorwiegend kurze, breite, plumpe Verwölbungen (LEONHARDT u. LINDEMANN, 1973b).

Die *seitlichen Zellwände* benachbarter Ependymzellen sind nahe der freien Oberfläche durch „tight junctions" verbunden (AKERT, 1975, Studie mit dem Gefrierätzverfahren, persönliche Mitteilung). In der Entwicklung treten vorübergehend „gap junctions" auf (VAN BUREN et al., 1977, *Katze*). Die lateralen Zellgrenzen sind durch interdigitierende Zellausläufer stark verzahnt; hier kommen auch Zonulae adhaerentes vor (SCHINKO et al., 1972). Die Intercellularspalten zwischen den Ependymzellen und zwischen diesen und Nervenzellfortsätzen sind stellenweise erweitert.

Die *basalen Fortsätze* der Tanycyten begrenzen in der Regel, gemeinsam mit Axonendigungen, die perivasculären Bindegewebsspalten, von denen ein stark verzweigtes Basallamina-Labyrinth ausgeht (ROHR, 1966a). Einige Fortsätze biegen in oberflächenparallele Richtung um, sie sind Teil eines subependymalen Geflechtes (SCHINKO et al., 1972). Zwischen den seitlichen Plasmalemmata und den basalen Fortsätzen durchsetzen dendritische und neuritische Nervenzell-

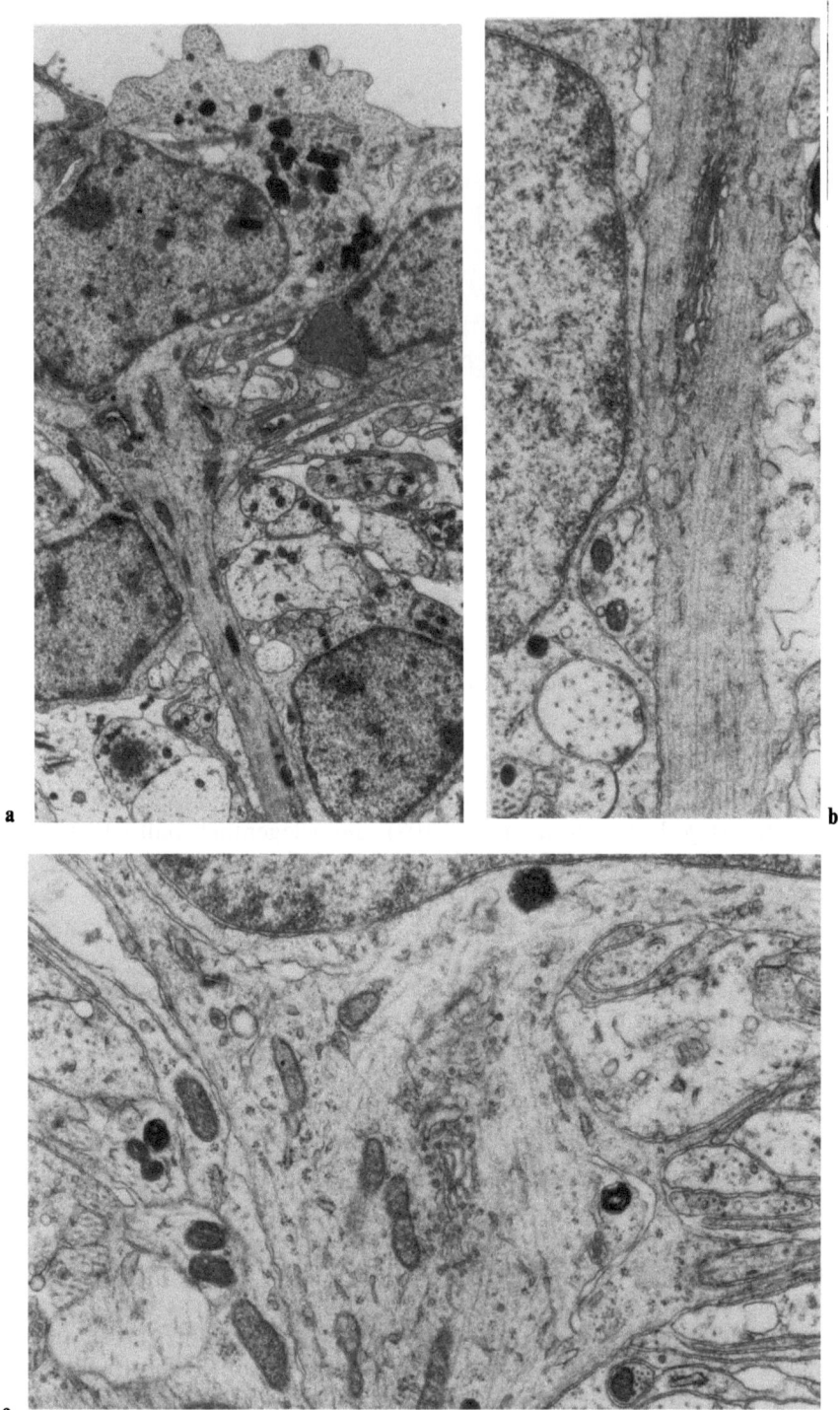

Abb. 109a–c. Subfornicalorgan, *Kaninchen,* Tanycyt. **a** Übersicht; **b** Zellorganellen im basalen Fortsatz; **c** Zellorganellen infranucleär im Perikaryon. Endvergr.: **a** ×6000, **b** u. **c** ×18000

ausläufer den Ependymverband; sie reichen sehr nahe an die Oberfläche des SFO.

Das *Cytoplasma* der Ependymzellen umgibt den großen Zellkern mit schmalem Saum. Er ist, bei den Zellen, die breite, plumpe Protrusionen besitzen, supranucleär entsprechend verbreitert (Abb. 109). Das Grundplasma stellt sich als lockere, granuläre Masse dar, durchsetzt von einigen Ribosomen, Polysomen und Glykogengranula. Die Mitochondrien vom Cristatyp sind mittelgroß und nicht auffallend zahlreich. Sie umgeben häufig schalenförmig den Zellkern. Der Golgi-Apparat und das glatte endoplasmatische Reticulum sind wenig ausgebildet. ANDRES (1965a) findet das Tubulusnetz nahe der Zelloberfläche verdichtet. Vom Ergastoplasma sind nur vereinzelt kurze Zisternen zu sehen. Die basalen Zellfortsätze können Filamente enthalten (ANDRES, 1965a). Im apicalen Zellbereich kommen häufig mehrere membranumschlossene Cytosomen (Durchmesser 0,2–0,6 μm) vor; sie besitzen einen dichten Inhalt, der entweder in groben Granula oder in lockenförmig gelegten, lamellären, etwa 25 nm breiten Strukturen mit einem Abstand von etwa 25 nm angeordnet sind (LEONHARDT u. LINDEMANN, 1973b). Ähnliche dichte Körper findet man auch in den Tanycytenfüßen (ANDRES, 1965a).

Der *Zellkern* der Ependymzellen gleicht dem der Tanycyten der Regio hypothalamica. Er ist oval oder keulenförmig, von ebenmäßiger Grundstruktur und nicht selten stark eingefaltet. Die Kernmembran wird durch einen dünnen Chromatinsaum kontrastreich markiert. Der meist einfache Nucleolus ist gut ausgebildet.

5.6.2. Subependymale Gewebeplatte

Die subependymale Gewebeplatte enthält Gliazellen und von Bindegewebe begleitete, organspezifisch angeordnete Blutgefäße.

Die *Glia* besteht nach RUDERT et al. (1968) aus protoplasmatischen und filamentreichen Astrocyten, die mit den Fortsätzen der Ependymzellen ein Geflecht bilden. Die Autoren beschreiben außerdem nicht näher zu bestimmende, mit reichlich granuliertem endoplasmatischem Reticulum ausgestattete „dichte Gliazellen". Satellitenzellen liegen den „Parenchymzellen" an. Sie stellen Kontakte zu den Capillaren her und bilden stellenweise myelinartige Hüllen um die Nervenzellfortsätze (PFENNINGER et al., 1967). Einzelne Zellen enthalten Chromhämatoxylin-positive Granula, die aber histochemisch nicht mit „Neurosekretgranula" identisch sind (WEINDL, 1965).

Zur *Gefäßarchitektur* des SFO vgl. DUVERNOY und KORITKÉ (1964, 1965; Abb. 110). Das SFO erhält Blut aus der A. cerebri anterior, der A. cerebri media und der A. cerebri posterior (SPOERRI, 1963; vgl. HOFER, 1965, Lit.). Gefäßverbindungen bestehen mit den Plexus choroidei (AKERT, 1967).

Zum *Feinbau der Gefäße* s. ROHR (1966a), RUDERT et al. (1966). Die zahlreichen Capillaren sind sinusartig erweitert (ANDRES, 1965a; DEMPSEY, 1968) und besitzen ein gefenstertes Endothel (ROHR, 1966a; SCHINKO et al., 1972; DELLMANN u. SIMPSON, 1976). Eine Blut-Hirn-Schranke ist im SFO nicht ausgebildet (DEMPSEY, 1968; WEINDL, 1970; BROADWELL u. BRIGHTMAN, 1976, Lit.).

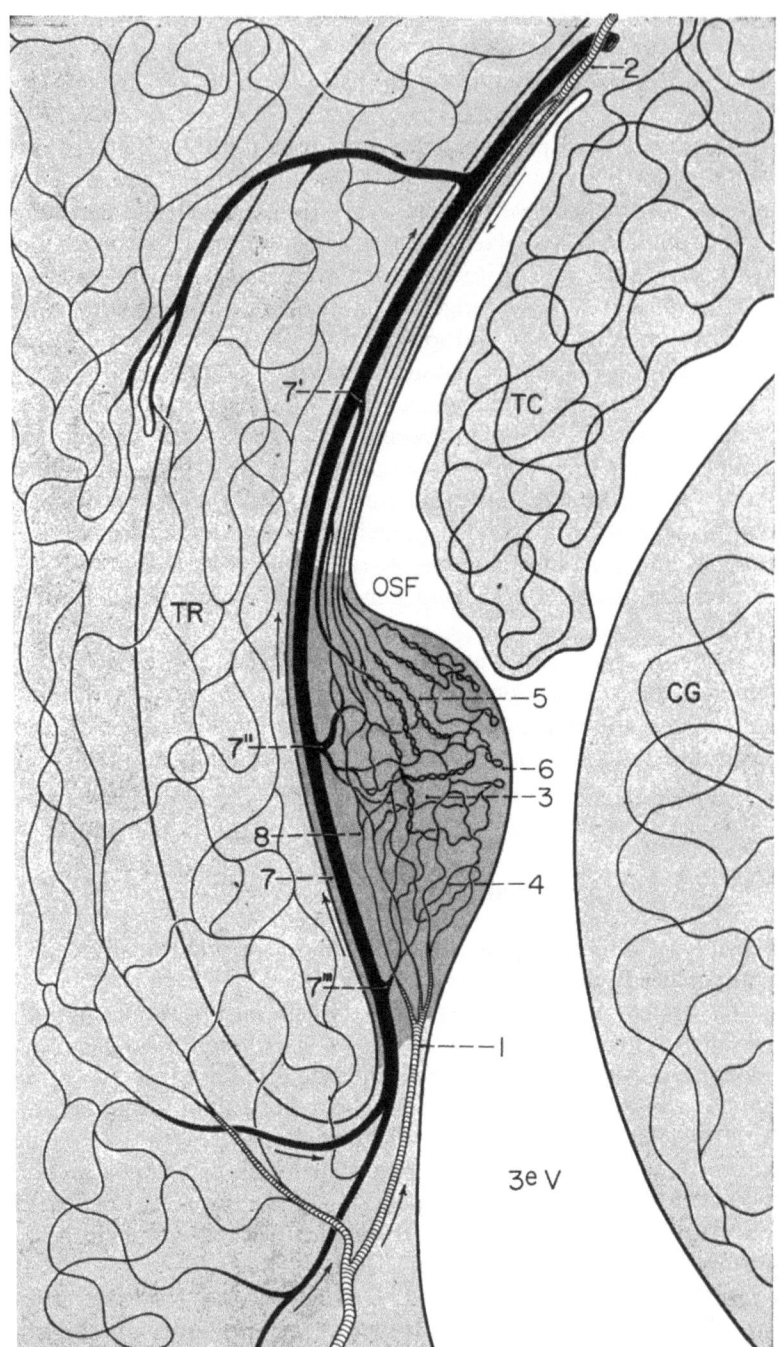

Abb. 110. Organum subfornicale, Gefäßschema, *Katze.* Sagittalschnitt. *3^{e}V* III. Ventrikel, *TC* Tela choroidea, *CG* graue Commissur, *TR* Trigonum. *1* Ast einer A. praeoptica teilt sich in Zweige, die den unteren Pol des Subfornicalorgans *(OSF)* begrenzen und die Hauptarterien heranführen. *2* Eine obere Arterie, die aus den Arterien des Plexus choroideus herkommt, verzweigt sich in Äste, die den oberen Pol des Organs umgeben und weitere Arterien zum Organ führen. *3* Das Capillarnetz, bei *4* schwach entwickelt, ist bei *5* in Form dicht verschlungener und subependymaler *(6)* Capillarschlingen ausgebildet. *7* Eine seitliche Vene drainiert das Capillarnetz; sie nimmt obere *(7′)*, mittlere *(7″)* und untere *(7‴)* Venen aus dem Organ auf. *8* Arterio-venöse Anastomose.

(Aus DUVERNOY u. KORITKÉ, 1964)

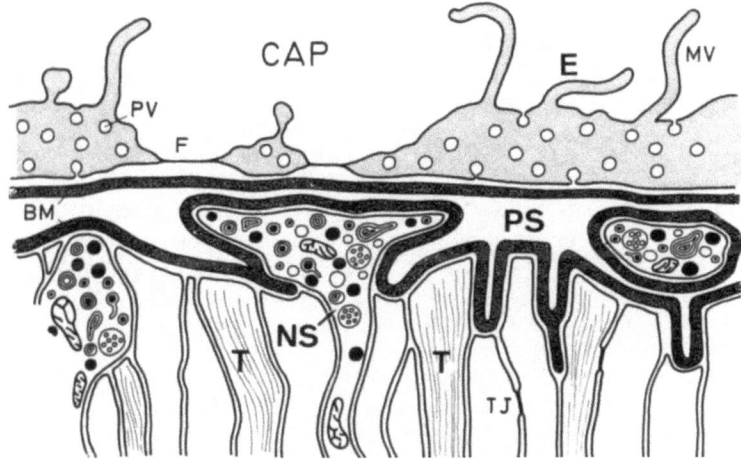

Abb. 111. Organum subfornicale, pericapilläre Strukturen, rekonstruiert aus elektronenmikroskopischen Aufnahmen. *CAP* Capillarlumen, *E* Endothel, *F* Fenestrierung, *BM* Basallamina, *NS* neurosekretorische Axonendigung, *PV* Pinocytosevesikel, *T* fibrillenreicher Fortsatz eines ependymalen Tanycyten, *TJ* „tight junction". (Aus AKERT, 1969)

Der *pericapilläre Raum* (Abb. 111, 112) wird weitgehend von einer stark entwickelten Basallamina ausgefüllt, die durch zahlreiche Ausläufer labyrinthartig erweitert ist (ROHR, 1966a; RUDERT et al., 1966; SCHINKO et al., 1972). An der Basallamina enden sowohl Tanycyten- und Gliafortsätze als auch Axone (ANDRES, 1965a; ROHR, 1966a, b; AKERT, 1969); der perivasculäre Raum ist eine *neurohämale Region.* Im perivasculären Raum treten schon früh *Mastzellen* auf (CAMMERMEYER, 1973b, zahlreiche *Mammalier*).

In den pericapillären Bindegewebsräumen des SFO lagern sich Stoffe ab, die bei fehlender Blut-Hirn-Schranke aus den Capillaren in das Gewebe des SFO eintreten (vgl. WISLOCKI u. LEDUC, 1952a, Silbernitrat, *Ratte, Hamster;* s. Blut-Hirn-Schranke, S. 252ff.).

Auch bei einigen *Submammaliern* (denen allerdings Fornices fehlen) wird ein Homologon des SFO, ein „*Interventricularorgan*", gefunden. (Zur Frage seines Vorkommens bei niederen Vertebraten vgl. PINES u. SCHEFTEL, 1929; LEGAIT, 1942; LEGAIT u. LEGAIT, 1956; WATERMANN, 1965.) Detaillierte *lichtmikroskopische* Untersuchungen liegen über das SFO von *Amphibien* vor. Nach RUDERT (1965), SREBRO (1967) und ARNOLD (1968) wird das Zentrum des Organs von einer erweiterten Gefäßschlinge mit weitem perivasculärem Raum gebildet; die Blut-Hirn-Schranke fehlt. Die Gefäßschlinge wird von einem „Palisadenependym", von Tanycyten, bedeckt. Darunter liegen Glia- und „Parenchymzellen", die Chromhämatoxylin- bzw. Aldehydthionin-positive Granula produzieren. Vacuolen ähnlich den „Riesenvacuolen" bei Mammaliern drängen sich zwischen den Ependymzellen zur Oberfläche. In das Organ ziehen überdies Chromhämatoxylin-positive Nervenzellausläufer des Nucleus praeopticus. Nach osmotischer Belastung werden vermehrt Chromhämatoxylin-positive Granula gebildet (RUDERT, 1965). *Elektronenmikroskopische* Untersuchungen (REM und TEM) des SFO bei Submammaliern s. MIKAMI and ASARI (1978, *japanische Wachtel;* TAKEI et al., 1978, *Wachtel*). TSUNEKI et al. (1978, *Wachtel*), DELLMANN (1978, *Grasfrosch*). DIERICKX (1962) hält das SFO der *Amphibien* für einen Osmoreceptor, SREBRO (1967, 1968, 1970) vermutet in ihm dagegen einen Chemoreceptor (oder Pressoreceptor), der mit der Paraphyse in einem Regelkreis steht. Über das SFO bei *Vögeln* vgl. LEGAIT et al. (1956). Die Entwicklung des SFO bei Vögeln beschreiben GRIGNON (1956) und WETZIG und PALKOVITS (1968). Auch bei Vögeln induziert Angiotensin II, in das SFO appliziert, Trinken (TAKEI, 1977a, b).

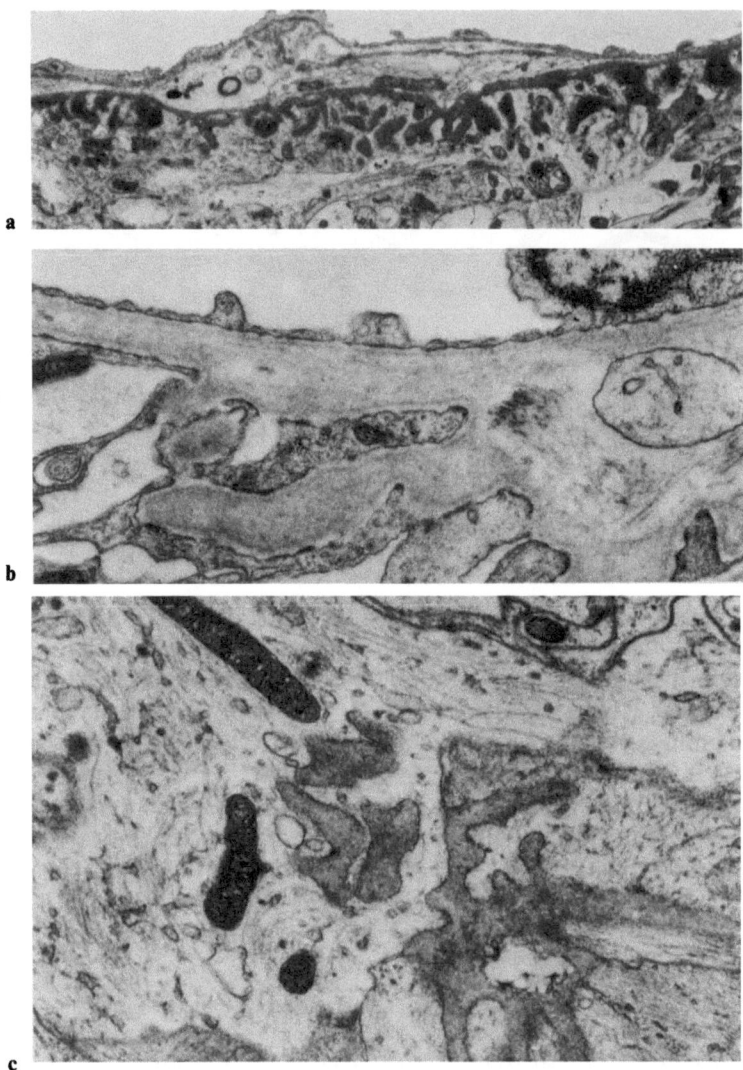

Abb. 112a–c. Organum subfornicale, *Kaninchen*. Perivasculäres Basallamina-Labyrinth, in **a** dunkel gefärbt (*oben* Capillarendothel), in **b** stärker vergrößert, doppelte Basallamina, *oben* fenestriertes Capillarendothel; in **c** Verzahnung eines basalen Tanycytenfortsatzes mit perivasculären Basallamina-Ausläufern. Endvergr.: **a** ×5400, **b** u. **c** ×18000

5.6.3. Neuronale Elemente

Der von den Ependymzellen überkleidete, von ihren Fortsätzen durchquerte Kern des SFO wird von Ausläufern der Gliazellen durchflochten. In diesem Maschenwerk liegen verschiedenartige Nervenzellen, Nervenfasern und ein reiches Capillarnetz.

Mindestens zwei Arten von *Nervenzellen* werden zunächst unterschieden, nämlich kleine Nervenzellen und „Parenchymzellen" (ANDRES, 1965a; DEMPSEY, 1968; AKERT, 1969; AKERT u. STEINER, 1970; SCHINKO et al., 1972; DELLMANN

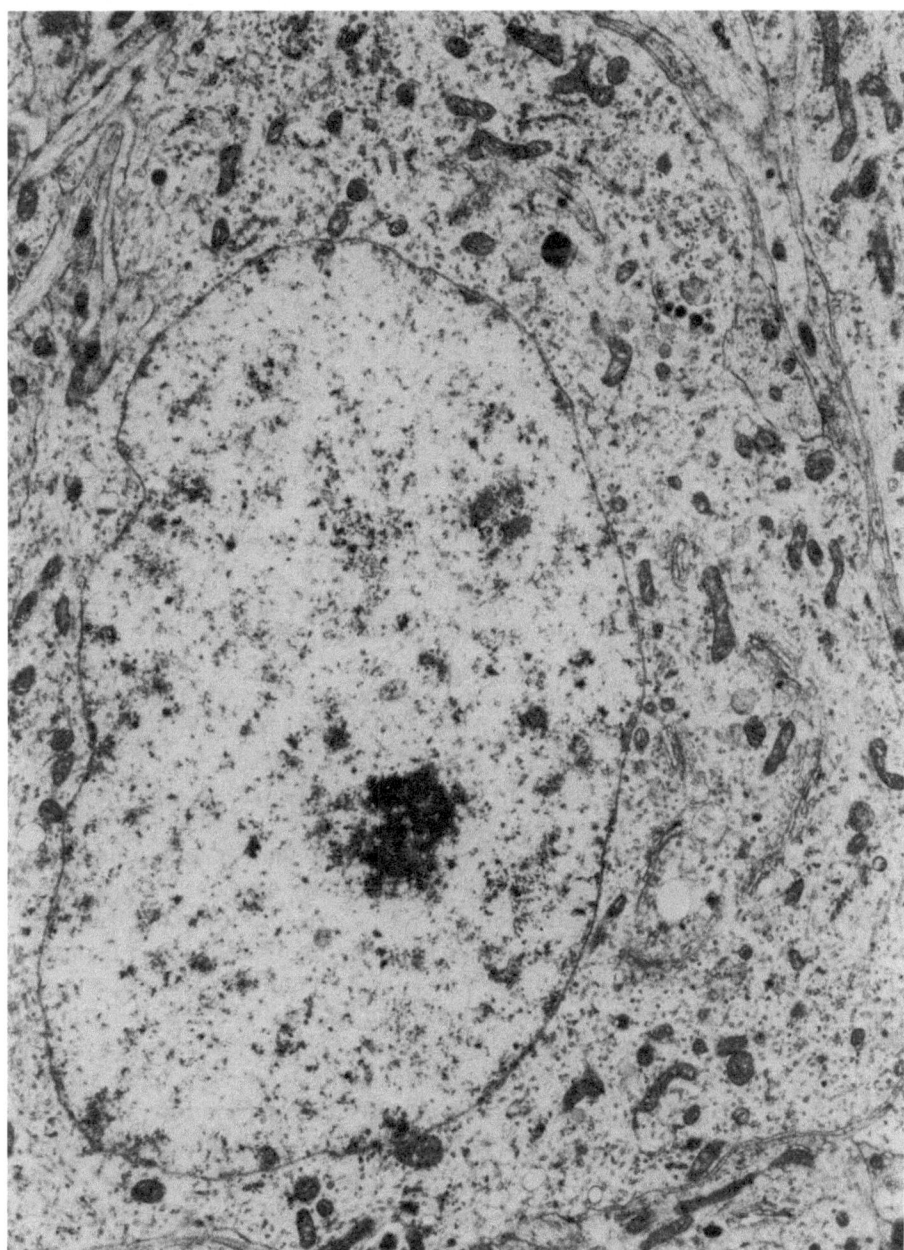

Abb. 113. Organum subfornicale, *Kaninchen.* „Parenchymzelle", Zellorganellen. Endvergr. ×9000

u. SIMPSON, 1975). Sezernierende Nervenzellfortsätze sind sowohl zur Ventrikel-oberfläche als auch zu den Gefäßen des Organs hin gerichtet (ROHR, 1966b).

Kleine Nervenzellen (Abb. 113) sind nach PFENNINGER et al. (1967) durch wenige breite Dendriten und durch vier Arten von *Synapsen* im Soma- und

Dendritenbereich charakterisiert, Synapsen vom Typ Gray-I und Gray-II, Kammsynapsen und becherförmige, multifocale Synapsen. In der ersten postnatalen Woche treten bei der *Katze* vorübergehend „gap junctions" zwischen einwachsenden Nervenzellausläufern und Organneuronen auf (AKERT et al., 1977), die später durch Synapsen abgelöst werden.

DELLMANN und SIMPSON (1975, *Wasserbüffel, Dromedar, Rind, Hund, Katze, Maus*) beschrieben vier *Neuronentypen*, von denen die Typen I–III den „kleinen Nervenzellen" zugerechnet werden können, während der Typ IV mit den vacuolisierten „Parenchymzellen" identisch ist. Der Typ I zeichnet sich durch granuliertes endoplasmatisches Reticulum, prominenten Golgi-Apparat und granulierte Vesikel (120 nm) aus. Im Typ II bildet das granulierte endoplasmatische Reticulum parallel angeordnete Zisternen. Der Typ III unterscheidet sich von den beiden ersten Typen durch erweiterte Zisternen des granulierten endoplasmatischen Reticulum; er besitzt nur wenig granulierte Vesikel (120 nm). Im Typ IV findet man zahlreiche unterschiedlich große Vesikel, die zur Vacuolisierung der Zellen führen können. Die Autoren vermuten, daß die Zellen vom Typ I und II Receptorzellen für Angiotensin II sind.

HINDELANG-GERTNER et al. (1974) beschreiben in den Neuronen des SFO, in hypothalamischen Neuronen und in Adenohypophysenzellen der *Ratte* intracytoplasmatische *Nematosomen*, nucleolusartige Körperchen, die aus Ribonucleoproteinen bestehen sollen. Ihre Struktur verdichtet sich nach Anwendung von Colchicin.

Die *Parenchymzelle,* die „giant vacuolated nerve cell", ist ähnlich der „Parenchymzelle" des OVLT eine große Nervenzelle (PFENNINGER et al., 1967, *Katze*, neurosekretorische Zelle des Typs II; DELLMANN u. SIMPSON, 1975, *Wasserbüffel, Dromedar, Rind, Katze, Maus*, Typ-IV-Neuron). Nach RUDERT et al. (1968, *Kaninchen*) „zeigen die Parenchymzellen sämtliche Feinstrukturmerkmale von Nervenzellen; für ihre Mitochondrien sind longitudinale Cristae und eine zentrale Aufhellung charakteristisch. Ein beträchtlicher Teil der Parenchymzellen unterliegt einer vakuolären Umwandlung: die Zisternen des endoplasmatischen Reticulum erweitern sich; kleine Vakuolen, deren Inhalt als eine Art Neurosekret aufzufassen ist, konfluieren zu größeren; schließlich enthält die Zelle eine einzige Riesenvakuole, die nur noch von einem äußerst schmalen Cytoplasmasaum umgeben ist; ein Kern ist auf den Schnitten nicht mehr zu sehen (Abb. 114). Auch Parenchymzellfortsätze werden vakuolisiert. Die Riesenvakuolen sind im Ependymbereich gehäuft zu beobachten. Zwischen ihnen und dem Ventrikellumen wird stets eine, oft aus extrem abgeplatteten Zellelementen bestehende, Trennwand festgestellt. – Der überwiegende Teil der neuronalen Fortsätze entstammt den Parenchymzellen; andere gehören vermutlich zu außerhalb des Subfornikalorgans gelegenen Neuronen". Die Riesenvacuolen bildenden Zellen werden durch axosomatische Synapsen innerviert (RUDERT et al., 1968; LEONHARDT u. LINDEMANN, 1973b; DELLMANN u. SIMPSON, 1975). Über Entstehungsweise und weiteres Schicksal der Riesenvacuolen ist nichts Sicheres bekannt. Ihr Inhalt erinnert an „Kolloid"-Tröpfchen in hypothalamischen Nervenzellen (BARGMANN u. JACOB, 1952; AKERT, 1967; PFENNINGER et al., 1967). Man vermutet, daß der Blaseninhalt in den Ventrikel entleert werden kann (vgl. WEINDL, 1965; ROHR, 1966b; PFENNINGER et al., 1967; AKERT, 1969; LEONHARDT u. LINDE-

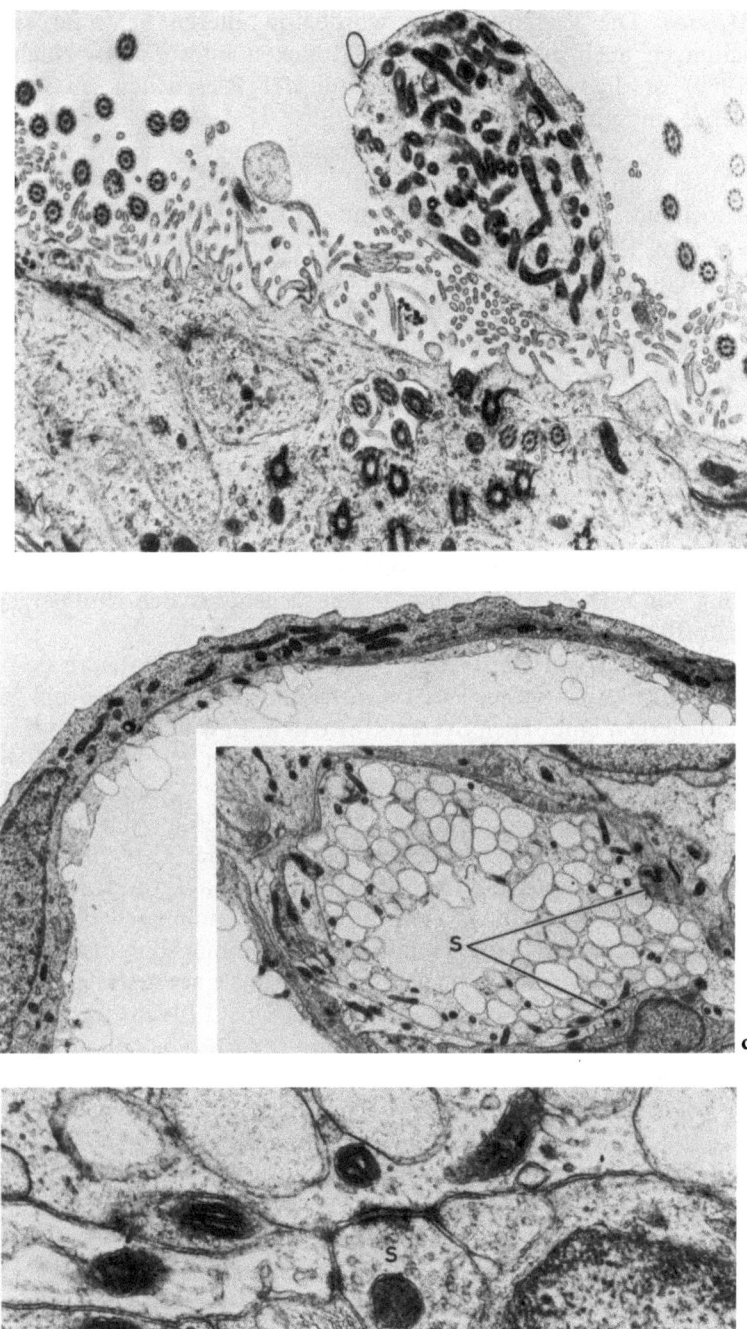

Abb. 114a–d. Subfornicalorgan, *Kaninchen.* **a** Supraependymales Axon an der Organgrenze; **b** äußere Wand der vacuolisierten Protrusion, von stark abgeflachter Ependymzelle gebildet; **c** beginnende Vacuolisierung einer wachsenden Protrusion, *S* Synapsen; **d** Synapse *(S)* am Plasmalemm eines in Vacuolisierung begriffenen Zellfortsatzes. (**b–d** aus LINDEMANN u. LEONHARDT, 1973b). Endvergr.: **a** ×12200, **b** u. **c** ×4950, **d** ×30000

Mann, 1973). Neue Zellen dieses Typs entstehen nach Schinko et al. (1972) durch *Mitosen*. Die Riesenvacuolen wurden in älteren lichtmikroskopischen Untersuchungen auch als interstitielle Saftlücken interpretiert. Nach Watermann (1969) ist die wabige Grundstruktur der Riesenvacuolen in gewissem Ausmaß fixierungsabhängig.

Unter den *Nervenfasern* im SFO, Axonendigungen, kann man, abgesehen von den Ausläufern der „Parenchymzellen", cytologisch anhand der unterschiedlichen Mitochondrien (Andres, 1965a) und der unterschiedlichen Transmitterorganellen (Rohr, 1966b) mehrere Typen unterscheiden. Es handelt sich vermutlich um Endigungen organeigener Nervenzellen und Endigungen von Axonen, die in das Organ eintreten (Abb. 115). An den perivasculären Bindegewebsräumen endigen nach Rohr (1966b) neurosekretorische Axone mit „Sekretgranula" von 100–200 nm Durchmesser (Ausläufer von neurosekretorischen Zellen von Typ I nach Pfenninger et al., 1967, bzw. von Typ-I-III-Neuronen nach Dellmann u. Simpson, 1975; vgl. auch Wartenberg, 1969). Nach Lichtensteiger (1967) nehmen Zellen im SFO unter experimentellen Bedingungen exogenes L-Dopa und 5-Hydroxytryptophan (weniger Noradrenalin) auf. Über biogene Amine im SFO s. Tabelle 2; vgl. auch Jacobowitz und Palkovits (1974, *Ratte*). Die noradrenergen Axonendigungen sind, wie degenerative Veränderungen nach Anwendung von 6-Hydroxydopamin zeigen, gegenüber den cholinergen in der Minderzahl (Palazzo et al., 1978, *Primaten*).

Weitere in das Organ eintretende Nervenfasern sind cholinerg (vgl. Akert, 1967, 1969; Goslar u. Bock, 1970) und stammen aus dem Fornix bzw. sind Teil des cholinergen limbischen Systems (Shute u. Lewis, 1966; Lewis u. Shute, 1967; vgl. Akert u. Steiner, 1970; Hernesniemi et al., 1972). Nach Akert et al. (1967a, b) sind für diese Axone „Doppelstecker"-Synapsen („double-plug crest synapse with subjunctional bodies") charakteristisch (Abb. 116). Die „Riesenvacuolen" werden durch einfache Synapsen innerviert (Leonhardt u. Lindemann, 1973b). Dellmann und Simpson (1975) rechnen aufgrund morphologischer Untersuchungen darüber hinaus noch mit catecholaminergen und peptidergen Synapsen. An zentralen größeren Gefäßen werden immer somatostatinhaltige Fasern, wenn auch in geringerer Zahl, gefunden, die aus einer rostral ascendierenden Projektion des Somatostatin-Systems stammen (Krisch, 1978c; 1979, im Druck).

Beim *Frosch* treten nach Dierickx (1962) und Rudert (1965) Nervenfasern aus dem Hypothalamus in das SFO ein.

Supraependymale Axone kommen nach REM-Untersuchungen (Leonhardt u. Lindemann, 1973) über dem SFO des Kaninchens nicht vor. Lediglich im basalen Grenzbereich des Organs treten gelegentlich kurze dünne Fortsätze mit verdicktem Ende zwischen Ependymzellen hindurch in den Ventrikel ein. Dellmann und Simpson (1975) und Dellmann und Linner (1977) beschreiben aber bei mehreren Mammaliern über dem SFO intraventriculär gelegene Nervenzellen mit stark ausgebildetem granuliertem endoplasmatischem Reticulum und Golgi-Apparat und mit granulierten Bläschen von 120 nm Durchmesser (Typ I- und Typ-II-Zellen der Autoren). Nach Weindl und Schinko (1977) sind supraependymale Zellen bei der *Ratte* selten, bei der *Katze* häufiger.

Eine *histochemische Untersuchung* zum Nachweis von Proteinen, Kohlenhydraten und Nucleinsäuren der Bauelemente des SFO, besonders der neuronalen

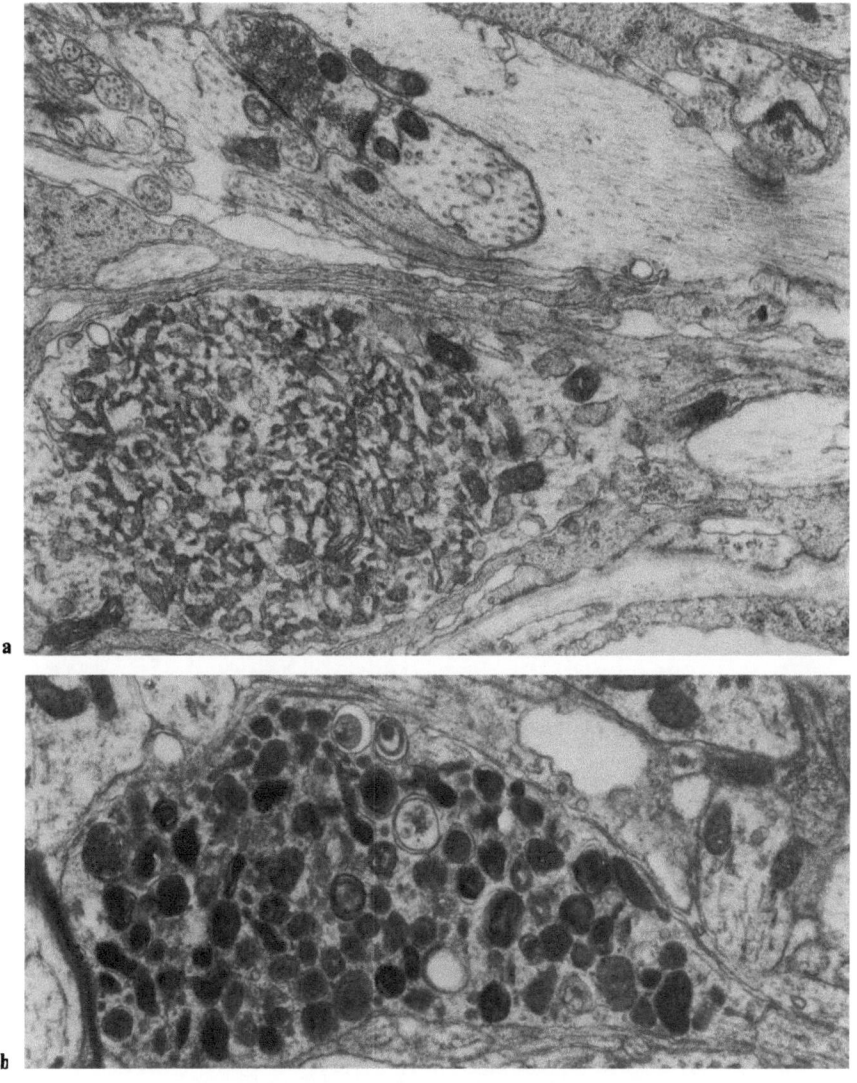

Abb. 115a u. b. Organum subfornicale, *Kaninchen*. Perivasculäre „Parenchymzell"-Fortsätze; in **a** ist *oben* eine „Doppelstecker"-Synapse angeschnitten. Endvergr. × 18000

Anteile, stammt von FLEISCHER und GEYER (1968, zahlreiche *Mammalier*). Die Autoren finden in den als „Saftlücken" bezeichneten Riesenvacuolen eine positive PAS-, DNFB- und Ninhydrin-Schiff-Reaktion. „Mit jeder dieser Reaktionen konnte jeweils nur eine gefüllte Saftlücke beobachtet werden, in allen anderen Fällen waren sie leer" (FLEISCHER u. GEYER, 1968). Die Autoren weisen in Zellausläufern und Perikaryen ein granuläres „Neurosekret" als Tyrosin- und Cystein-haltiges Protein nach, finden im übrigen aber keinen Anhalt für eine neurosekretorische Verbindung zwischen dem neurohypophysär-hypothalami-

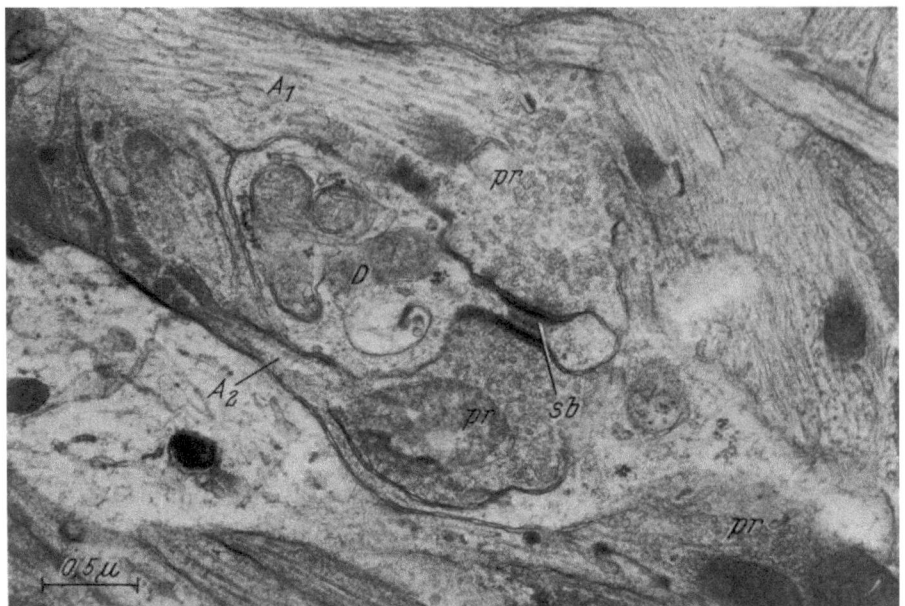

a

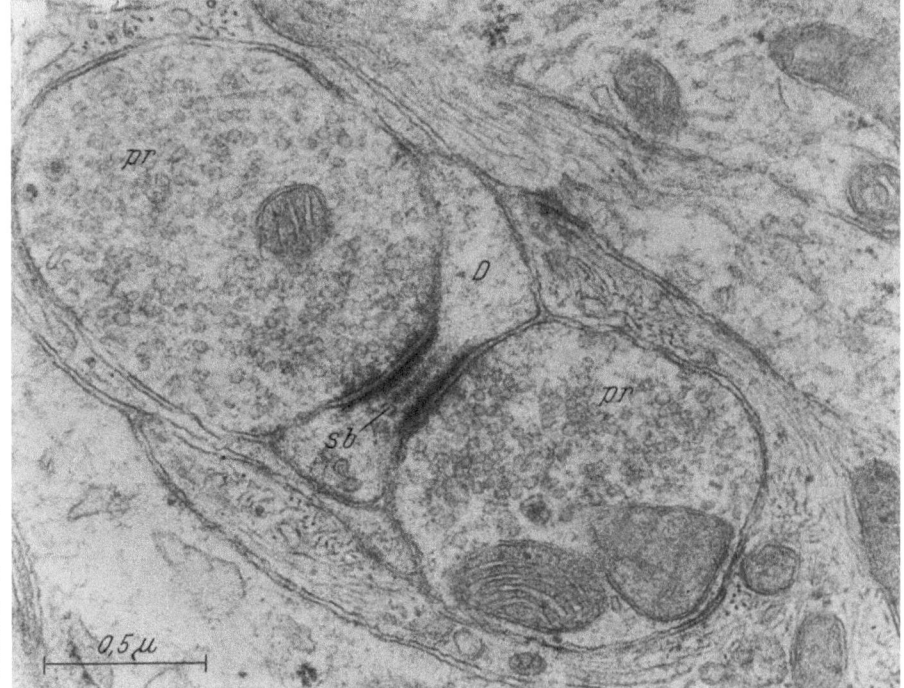

b

Abb. 116a u. b. Organum subfornicale, *Katze.* „Doppelsteckersynapsen" mit vorwiegend nichtgranulierten Vesikeln. **a** Präsynaptische Endigungen zweier Axone an einem Dendritenkamm. **b** Gleichartige Synapse in anderem Winkel geschnitten. A_1, A_2 Axone, *D* Dendrit, *pr* präsynaptische Endigung, *sb* „subjunctional bodies". (Aus Akert, 1969). Primärvergr.: **a** ×8000, **b** ×20000

schen System und dem SFO; das SFO blieb auch von einer Hypophysektomie völlig unbeeinflußt.

Über die *Enzymausstattung* der neuronalen Elemente und der übrigen Anteile des SFO s. NAKAJIMA et al. (1968). Starke Aktivitäten zeigen Enzyme des Embden-Meyerhof-Weges, des Pentose-Cyclus und des Tricarboxylsäure-Cyclus. Über unspezifische Esterasen im SFO s. GOSLAR und BOCK (1971), über eine spezifische Monoaminoxidase s. WILLIAMS et al. (1975).

5.6.4. Untersuchungen zur Funktion

Die *Untersuchungen zur Funktion* des SFO an *Mammaliern* werden hauptsächlich von zwei Hypothesen geleitet, von der Vermutung, das Organ könne in *neurohormonale Regulationen* eingeschaltet sein, und von der Vorstellung, es sei bei der *Regulation des Wasserhaushaltes* beteiligt (vgl. DIERICKX, 1962, 1963; RUDERT, 1965; über neuroendokrine Aspekte der circumventriculären Organe s. auch WEINDL, 1973; KAWAKAMI et al., 1974). Hinzu kommen Beobachtungen über eine Beteiligung des SFO beim Effekt der „self-stimulation".

Beteiligung des SFO an neurohormonalen Regulationen. WATERMANN (1969) fand die Riesenvacuolen bei Böcken etwa 1 Std nach der Kopulation vermehrt. Nach STUMPF (1970) enthält das SFO Oestradiol-Receptoren („Oestrogen-Neurone"). Nach GEORGE und PENROSE (1975) antwortet das SFO auf Ovarektomie mit vermehrtem Einbau von ^{3}H-Uridin in Ribonucleinsäuren.

Nach SUMMY-LONG et al. (1978, *Ratte*) steigt der *Vasopressin*-Gehalt des SFO nach 48 Std Dursten um etwa das Zweifache an. Eine entsprechende Erhöhung findet man in der Commissura hippocampi, aber nicht in anderen Fasersystemen, die nicht mit dem Hypothalamus-Hypophysensystem assoziiert sind. Die Autoren schließen hieraus, daß dem SFO eine endokrine Rolle bei der Hydration zukommen könne.

Auch die Ependymzellen sind in die Veränderungen miteinbezogen. Ihr Golgi-Apparat ist vergrößert und von zahlreichen Vesikeln umgeben. Multivesiculäre Körper erscheinen. Das gleichfalls vergrößerte und erweiterte glatte endoplasmatische Reticulum enthält elektronendichtes Material. Auffallend ist auch die exzessive Vergrößerung des intercellulären Raumes und des Basallamina-Labyrinthes.

Somatostatin kann in den Ependymzellen im subependymalen Gewebe des SFO immunhistochemisch nachgewiesen werden (DUBÉ et al., 1975, *Meerschweinchen;* vgl. KRISCH, 1979, *Ratte,* im Druck). Die Ausbreitung von Somatostatin ist durch „tight junctions" zwischen perivasculären Tanycytenfortsätzen begrenzt (KRISCH et al., 1978a). KIZER et al. (1976, *Ratte*) und PELLETIER et al. (1976, *Ratte*) weisen in ependymalen und subependymalen Zellen auch LRF nach; die Hormone werden nach Auffassung der Autoren von den Zellen aufgenommen, nicht produziert. OKON und KOCH (1977, *Mensch*) finden an dieser Stelle auch geringe Mengen von TRF.

Beteiligung des SFO an der Regulation des Wasserhaushaltes. Nach DELLMANN und SIMPSON (1975, *Ratte*), FELIX und AKERT (1977, *Katze*), FELIX und SCHLEGEL (1978, Lit.) enthält das SFO einen dipsogenen Receptor im Dienst der Durstkontrolle (*Angiotensin-II-Receptor*). Sowohl intraventriculär (SIMPSON u. ROUTTEN-

Berg, 1973; Phillips et al., 1974; Hoffman u. Phillips, 1976a) als auch auf dem Blutweg zugeführtes (Simpson, 1974; Epstein u. Simpson, 1974) Angiotensin II erzeugt einen dipsogenen, einen Trink-(Durst-)Effekt. Er bleibt einerseits nach Zerstörung des SFO aus (Simpson u. Routtenberg, 1973, 1975; Epstein u. Simpson, 1974; Simpson, 1974), andererseits unterbleibt die mit Läsionen im seitlichen Hypothalamus verbundene Reduktion der Wasseraufnahme bei Gaben von Angiotensin II in das SFO oder in den III. Ventrikel (Kucharczyk et al., 1976, *Ratte*). Der cholinerge Synapsenplexus im SFO spielt dabei offensichtlich eine Rolle. Auch die intraventriculäre Anwendung von Carbachol (Routten- berg u. Simpson, 1971; Simpson u. Routtenberg, 1972) oder Acetylcholin bzw. Physostigmin (Simpson u. Routtenberg, 1974) erzeugt einen dipsogenen Effekt, der nach Zerstörung des SFO nicht eintritt. Die Hirnventrikel sind „the avenue for the dipsogen action of intracranial angiotensin" (Johnson u. Epstein, 1975; vgl. Buggy u. Johnson, 1978). Über den Nachweis Angiotensin- II-empfindlicher Neurone im SFO vgl. Akert (1974), Felix und Akert (1974, 1977), Phillips und Felix (1976), Felix und Schlegel (1978). Zum Problem des Osmoreceptors im Gehirn s. McKinley et al. (1978).

Nach Palkovits (1969), Dellmann (1970) und Dellmann und Simpson (1975) führen experimentelle *Eingriffe in den Wasserhaushalt* (Dehydration durch Wasserentzug oder durch Salzwasserfütterung, Adrenalektomie, Hypovolämie durch Unterbindung der V. cava inferior) zu morphologischen Veränderungen im SFO. Die Nervenzellen aller Typen schwellen insgesamt an, ihr Golgi-Appa- rat vergrößert sich, zahlreiche Vesikel treten auf, in dem gleichfalls vergrößerten und erweiterten (glatten und rauhen) endoplasmatischen Reticulum erscheint eine elektronendichte Substanz. Bei dehydrierten Mäusen wird im SFO vermehrt ^{3}H-Cytidin in Ribonucleinsäuren eingebaut (George, 1974). Bei Adrenalektomie treten vermehrt Lysosomen auf. Ein Extrakt aus SFO erzeugt nach intraventricu- lärer (aber nicht subcutaner) Injektion Diurese (Natriurese und Kaliurese) in der folgenden 8-Std-Tageslichtperiode; in der Nachtperiode ist die Ausscheidung von Natrium und Kalium reduziert (Summy-Long et al., 1976, *Ratte*). In diesem Zusammenhang interessiert, daß nach Sirjean (1973) und Sirjean und Legait (1974) die Zerstörung des SFO einen Anstieg der Produktion von Neurosekret im Nucleus supraopticus zur Folge hat.

Die Beobachtung, daß bei elektrischen Reizversuchen im lateralen Hypotha- lamus die neuroanatomischen Grundlagen für dipsogene Effekte und „self-stimu- lation" (Crow, 1972; Ritter u. Stein, 1973) größtenteils identisch sind (Mogen- son u. Stevenson, 1966; Mogenson u. Morgan, 1967), veranlaßte Robertson et al. (1976, *Ratte*) zu dem erfolgreichen Versuch, durch elektrische Reizung des SFO „self-stimulation"-Effekte auszulösen. Diese sollen über das serotonin- erge und cholinerge System vermittelt werden.

5.7. Paraphysis cerebri

Die *Paraphysis cerebri*, „Paraphyse" (Selenka, 1890), ist eine verzweigte tubu- löse, dorsalwärts gerichtete Evagination der prosencephalen Lamina epithelialis, aus der auch die Plexus choroidei der Seitenventrikel und des III. Ventrikels hervorgehen. Das Velum transversum, eine quer in den III. Ventrikel vorragende Falte der Lamina epithelialis des Prosencephalon, bildet bei zahlreichen niederen Vertebraten die Grenze zwischen telencephalem und diencephalem Anteil der prosencephalen Lamina epithelialis. Die Paraphyse liegt vor dem Velum transversum und ist damit eine Evagination des telencephalen Daches (vgl. ARIËNS KAPPERS, 1956). Zur Phylogenese der Paraphyse s. TROST (1953), ARIËNS KAPPERS (1956).

Die Paraphyse wird bei allen Wirbeltieren angelegt, aber nur bei niederen Vertebraten voll entwickelt (vgl. STUDNIČKA, 1900a, b, 1905). In ausdifferenzierter Form kommt sie vor bei adulten *Amphibien* (WARREN, 1905; RIECH, 1925; HERRICK, 1935, 1937, 1938, 1948; SCHARRER, 1936; ROOFE, 1936; ARIËNS KAPPERS, 1949, 1950, 1956a, b; VAN DE KAMER, 1949; STOCKEM, 1965; PAUL, 1968, 1972) und *Reptilien* (BURCKHARDT, 1894; GAUPP, 1897; VOELZKOW, 1905; WARREN, 1905, 1911; DENDY, 1910; SCHARRER, 1951; TROST, 1953; ANANTHANARAYAN, 1955) sowie bei den *Dipnoern* (DORN, 1957). Bei *Selachiern* ist die Paraphyse nur embryonal ausgebildet (ARIËNS KAPPERS, 1957), bei *Teleosteern* fehlt sie (vgl. ARIËNS KAPPERS, 1956b). Bei den *Vögeln* erreicht die Paraphyse bereits in der Embryonalentwicklung ihr Höchstmaß an Differenzierung (BURCKHARDT, 1894; DEXTER, 1902; LANGEVOORT, 1954; STOCKEM, 1964; STOCKEM u. WEBER, 1966).

Bei *Mammaliern* tritt die Paraphyse während der Embryonalentwicklung allgemein nur rudimentär in Erscheinung (WARREN, 1917; KRABBE, 1936; GRAUMANN, 1950); das gilt auch für den *Menschen* (ARIËNS KAPPERS, 1955; SHUANGSHOTI u. NETSKY, 1966).

Beim *Menschen* beginnt die Entwicklung der Paraphyse nach ARIËNS KAPPERS (1955) im Embryo von 15–17 mm Länge, d.h. in der 2. Hälfte der 7. Woche der Entwicklung. Zuerst entstehen aus dem telencephalen Paraphysenbogen („paraphyseal arch", BAILEY, 1916) solide Knospen, die später ein Lumen erhalten. Die Entwicklung führt nur bis zu einem einfachen oder einfach verzweigten tubulösen Organ, das sich nicht in jedem Fall in den III. Ventrikel öffnet. Außer dieser medianen Anlage können paramediane Anlagen entstehen, die sich aber noch weniger weit entwickeln. Das Organ erreicht das Maximum der Entwicklung in der 10. Embryonalwoche. Beim $3^1/_2$ Monate alten Feten sind die Paraphysenrudimente wieder verschwunden (vgl. FRANCOTTE, 1894; STREETER, 1912; BAILEY, 1916a, b; WARREN, 1917; KRABBE, 1936; SHUANGSHOTI u. NETSKY, 1966).

Die menschliche Paraphysenanlage besteht zunächst aus einem mehrschichtigen, dann aus einem einschichtigen Zylinderepithel, das später kubisch wird. Cytologisch gleicht das Organ dem der Amphibien. Auf dem Höhepunkt der Entwicklung treten intra- und intercelluläre Vacuolen und Zeichen von Sekretion auf. Ein venöses Geflecht wird nicht ausgebildet.

Die Frage, inwieweit die sog. *Paraphysencysten-Tumoren* des erwachsenen Menschen aus Paraphysenanlagen hervorgehen, wird unterschiedlich beantwortet. Nach ARIËNS KAPPERS (1955, Lit.) geht der größte Teil dieser Tumoren aus degenerierten diencephalen Rezeßbildungen, nur ein kleiner Teil aus einer Paraphysenanlage hervor (vgl. SHUANGSHOTI et al., 1965; ältere Lit. s. BARGMANN, 1943).

Bei *Amphibien* hat das Organ etwa die Gestalt einer umgekehrten Pyramide, deren Spitze durch einen Stiel zwischen den Hemisphären dem telencephalen Dach eingepaßt ist (HERRICK, 1948). Der Stiel enthält die gemeinsame Verbindung der einzelnen Tubuli und Säckchen des Organs mit dem III. Ventrikel. Die „Basis" der Pyramide bildet eine subdurale Vorwölbung. Das Organ setzt sich aus zahlreichen verzweigten, epithelialen, blind endigenden Röhrchen und Säckchen zusammen, deren Lumina durch einen gemeinsamen Gang mit dem III. Ventrikel kommunizieren. Die Röhrchen und Säckchen werden von einem venösen Geflecht eingehüllt. Die Paraphyse ist wegen

der starken Vascularisation makroskopisch als roter Punkt zu sehen („Adergeflechtsknoten", Studnička, 1905). Die anschließende Beschreibung folgt hauptsächlich den Darstellungen von Ariëns
Kappers (1956a, b), Dorn (1957), Kelly (1964), Stockem (1965) und Paul (1968, 1972).

Wiederholt wurde früher und in jüngster Zeit noch die Meinung vertreten, die Paraphyse
sei ein dem Plexus choroideus gleichendes Organ, ein nach außen evaginierter Plexus (vgl. Studnička,
1900a, b, 1905; Shuangshoti u. Netsky, 1966). Ariëns Kappers (1956b), Stockem (1965) u.a.
halten dieser Vorstellung die andersartige cytologische Beschaffenheit der Paraphyse entgegen. Die
anschließende Darstellung schließt den Vergleich mit dem Plexus choroideus ein.

Die Ependymzellen der Paraphyse bilden eine einschichtige Lage kubischer Zellen. Der gemeinsame Gang der Tubuli, der in den III. Ventrikel mündet, ist von einer einschichtigen Lage hochpris-
matischer Ependymzellen ausgekleidet (Ariëns Kappers, 1956b, *Amphibien*). Die Ependymzellen
der Paraphyse sind im allgemeinen höher als die des Plexus choroideus, aber weniger voluminös.
Die Grenze zwischen den Ependymzellen der Paraphyse und des Plexus choroideus ist deutlich
erkennbar.

Kinocilienarme Ependymzellen der Paraphyse. Die apicale Oberfläche der Paraphysen-Ependymzellen trägt im Unterschied zu den Plexusepithelien nur eine einzige Kinocilie (Kelly, 1964). Das
apicale Plasmalemm bildet knollenförmige Protrusionen und stellenweise Mikrovilli (Kelly, 1964;
Paul, 1968), die aber lichtmikroskopisch im Unterschied zum Plexusepithelien keinen „Bürstensaum" ergeben (Ariëns Kappers, 1956b; Stockem, 1965); Dorn (1957) bildet dagegen bei *Protopterus* einen Bürstensaum ab. Die *lateralen Plasmalemmata* benachbarter Ependymzellen bilden apical
tight junctions aus, die für Thorotrast aus dem subependymalen Bindegewebsraum undurchlässig
sind. In tieferen Bereichen kommen *Desmosomen* vor, durch die interdigitierende Fortsätze verhaftet
sind (Kelly, 1964). Der *Intercellularraum* ist stellenweise erweitert (Roofe, 1935; Ariëns Kappers,
1956b). Die Erweiterungen öffnen sich zum subependymalen Bindegewebsraum und sind häufig
mit einer mitteldichten Masse, vermutlich einem Protein, gefüllt (Kelly, 1964). Das *basale Plasmalemm* ist durch unregelmäßige Einziehungen tief eingefaltet, ohne daß aber das Cytoplasma in
Höhe der Einfaltungen durch Mitochondrienreichtum auffiele. Die Ependymzellen werden von
einer etwa 50 nm dicken Basallamina unterlagert (Kelly, 1964).

Das *Cytoplasma* der Paraphysen-Ependymzellen zeigt keine apicale Basophilie wie die Plexusepithelzellen. Nach Tuscheinjektion in den Ventrikel werden Tuschepartikel zwar in Plexusepithelzellen,
aber nicht in den Paraphysen-Ependymzellen beobachtet (Ariëns Kappers, 1949, 1950). Im Cytoplasma der Paraphysen-Ependymzellen findet man im Unterschied zu den Plexusepithelien häufig
Vacuolen, besonders bei *Urodelen*, die höhere Paraphysenzellen als *Anuren* besitzen (s. Roofe,
1935; van de Kamer, 1949). Die Vacuolen sind nach Pilocarpin-Injektion besonders groß und
zahlreich (Ariëns Kappers, 1950). Auch in den Ependymzellen der Paraphyse von *Reptilien* werden
Vacuolen beschrieben (Trost, 1953). Die Vacuolen treten bei *Amphibien* zur Zeit der Metamorphose
erstmals auf und scheinen später in einer Beziehung zum *Jahrescyclus* zu stehen (Stockem, 1965).
Elektronenmikroskopisch findet man ein vesiculiertes glattes und granuliertes endoplasmatisches
Reticulum (Kelly, 1964). Der Golgi-Apparat liegt supranucleär. Er ist im Frühjahr stark, im
Winter schwach oder gar nicht ausgeprägt (Stockem, 1965, *Amphibien*). Die Mitochondrien der
Paraphysen-Ependymzellen sind sphärisch oder stabförmig und unterschiedlich groß (Roofe, 1935,
Ambystoma). Auch elektronenmikroskopisch unterscheiden sich die Mitochondrien der Paraphysen-
Ependymzellen von denen des Plexusepithels in der Größe und im Lamellierungstyp (Paul, 1968,
Frosch). Kelly (1964) findet manchmal Gruppen von Mitochondrien derart parallel gelagert, daß
sie wie komprimiert erscheinen und lange, parallele Reihen von Membranen sichtbar werden.

Die Paraphysen-Ependymzellen enthalten PAS-positives Material in wechselnder Menge, das
teils Glykogen, teils anderer Natur ist (Ariëns Kappers, 1956a). Das *Glykogen* tritt in Abhängigkeit
vom *Jahrescyclus* in unterschiedlicher Menge auf (vgl. Oksche, 1958). Stockem (1965) unterscheidet
außer Glykogen noch zwei PAS-positive *Sekretkomponenten*, Komponente A und B, die bei Amphibien (aber nicht bei *Ambystoma*) in jahreszeitlicher Abhängigkeit in größerer oder geringerer Menge
vorkommen und von denen die Komponente A im Golgi-Apparat nachgewiesen wird. Die Komponente A besteht nach Stockem (1965) aus Mucinen, Mucoproteinen, neutralen Mucopolysacchariden
und Desmoglykanen. Die Komponente B ist wahrscheinlich ein Glykoprotein, das noch Lipide
enthält. Die Paraphysen-Ependymzellen vom *Salamander* enthalten im Frühjahr große Mengen
der Komponente A, die auch im Lumen der Paraphysendivertikel auftritt. Stockem (1965) hält für
die Substanz für ein Sekret, das an den Liquor abgegeben wird. Im Spätherbst ist dagegen die
Komponente A nicht mehr nachzuweisen. Die Komponente B wird um die Zeit der Metamorphose

sowohl beim *Salamander* als auch bei *Triturus* gefunden, kommt aber bei adulten Tieren nur bei *Salamandra* vor und ist im Herbst und Winter in Form von „Kolloidnestern" in Ependymzellen nachweisbar. Mit Beginn der Produktion der Komponente A im Frühjahr verschwinden diese aus den Ependymzellen, die Komponente B tritt nun in Form von Kolloidtropfen im Bindegewebsstroma auf. Elektronenmikroskopisch ist Glykogen in unterschiedlicher Menge nachweisbar. Doch findet man regelmäßig basal vom Zellkern *Lipidvesikel* verschiedener Dichte und Größe und in apicaler Lage kleinere, mitteldichte Vesikel, die für *Lysosomen* gehalten werden (KELLY, 1964; vgl. PAUL, 1968).

Die *Zellkerne* der Paraphysen-Ependymzellen sind wesentlich farbdichter als die der Plexusepithelien und zeigen eine intensivere Feulgen-Schiff-Reaktion auf DNS als diese (ARIËNS KAPPERS, 1956a; STOCKEM, 1965). Man findet nicht selten eine tiefe Einfaltung der Kernmembran (KELLY, 1964).

In *enzymhistochemischen* vergleichenden Untersuchungen (PAUL, 1968, *Frosch*) geben die Ependymzellen der Paraphyse auf alle untersuchten Enzyme stärkere Reaktionen als die Epithelien des Plexus choroideus III; der Unterschied ist besonders groß beim Succinatdehydrogenase-Nachweis. Auch die intracytoplasmatische Verteilung der Reaktionsgranula ist bei beiden Zellarten unterschiedlich.

Ein Einfluß der *Temperatur* auf die Bildung der PAS-positiven Substanzen macht sich nach STOCKEM (1965, *Amphibien*) darin bemerkbar, daß die Temperaturerniedrigung (und die Verminderung der Belichtung) zu einer Verminderung der Komponente A führt. Gleichzeitig wird vermehrte Glykogeneinlagerung beobachtet (vgl. OKSCHE, 1958; s. Glykogen in Plexusepithelien, S. 415). Über Veränderungen der Schilddrüse und über Wachstumsstörungen während der Regenerationsphase nach experimentellen Eingriffen an der Paraphyse berichtet STOCKEM (1965); diese Beobachtungen „weisen auf eine Zugehörigkeit der Paraphyse zum hormonalen System hin".

Die *subependymale Gewebeplatte* der Paraphyse enthält zahlreiche Gefäße, aber nur wenige Bindegewebselemente und keine Gliazellen. Auch neurale Elemente werden beschrieben.

Die *Blutgefäße* umgeben netzförmig in Form von venösen Sinus alle Epithelröhrchen des Organs vollständig. Die venösen Sinus bilden nach ARIËNS KAPPERS (1956b, *Amphibien*) ein Portalsystem. Es wird gespeist aus telencephalen und diencephalen Choroidalvenen, aus Venen von medialen und dorsalen Hemisphärenteilen, die im dorso-rostralen Winkel der Paraphyse gemeinsam mit einigen Duravenen eintreten, sowie aus Venen von der ventralen, ventromedialen und ventrolateralen Oberfläche beider Hemisphären, die über eine unpaare, weite, aber kurze „V. hemispherii ventromedialis" in den Portalgefäßplexus eintreten. Die einzigen efferenten Venen des Portalgefäßplexus sind zwei bilateral angeordnete „Sinus obliqui". Sie kommen aus dem dorso-caudalen Winkel der Paraphyse und münden in ein weiteres venöses Portalsystem ein, das die endolymphatischen Säcke umgibt. Die Paraphyse wird nicht arteriell vascularisiert (vgl. HERRICK, 1935; ROOFE, 1935; ARIËNS KAPPERS, 1950, 1956b; MAUTNER, 1964). Bei *Reptilien* sind die Paraphysenschläuche weniger stark von Gefäßen umgeben als bei Amphibien, das zweite Portalvenensystem fehlt.

Eine *Blut-Hirnschranke* ist nicht ausgebildet (ARIËNS KAPPERS, 1950, *Ambystoma*, Untersuchung mit Diaminblau). Die Endothelzellen besitzen Lücken („gaps"), so daß das intravenös verabreichte Thorotrast in kurzer Zeit aus dem Blutgefäß in den subependymalen Bindegewebsraum gelangt und nach 2 Std auch in den Intercellularlücken der Ependymzellen nachgewiesen werden kann. Es wird nicht von den Ependymzellen aufgenommen. Die Endothelzellen sind von einer dünnen Basallamina umgeben (KELLY, 1964).

Das spärliche *Bindegewebe* dringt stellenweise zwischen Ependymzellen und venösen Sinus ein. Es enthält bevorzugt im rostralen und caudalen Bereich der Paraphyse häufig *Pigmentzellen* (ARIËNS KAPPERS, 1956b) sowie meningeale *Makrophagen*, die Erythrocyten phagocytieren (SCHARRER, 1936). *Fibroblasten* liegen vereinzelt den Wänden der venösen Sinus an; sie sind am Rand des Organs häufiger als in dessen Mitte. Regelmäßig kommen im subependymalen Gewebe offenbar *Mastzellen* vor (ARIËNS KAPPERS et al., 1958; KELLY, 1964).

Neuronale Elemente in der Paraphyse. Auch über die Anwesenheit von Nervenfasern in der Paraphyse wird berichtet. SCHARRER (1951, *Natter*) vermutet, daß „Gomori-positive" Nervenfasern aus dem Nucleus paraventricularis über die Commissura pallii posterior in die Paraphyse gelangen (vgl. auch ANANTHANARAYAN, 1955, *Reptilien*). KELLY (1964) findet licht- und elektronenmikroskopisch häufig markscheidenfreie parasinusoidale Nervenfasern, aber keine synaptischen Kontakte (vgl. HERRICK, 1948; ARIËNS KAPPERS, 1956b). Strukturen, die als Sinneszellen gelten können, sind aber in der Paraphyse nicht ausgebildet. ARIËNS KAPPERS (1956b) wendet sich aus diesem

Grund ausdrücklich gegen den Versuch (Trost, 1953), einen entwicklungsgeschichtlichen Zusammenhang zwischen Paraphyse einerseits, Parietalauge und Epiphyse andererseits herzustellen. Die Paraphyse ist dieser Auffassung zufolge nicht zu den Parietalorganen zu rechnen. Eine Homologie mit dem Subfornicalorgan besteht nicht (Ariëns Kappers, 1955; Watermann, 1957).

Die Paraphyse ist nicht nur ontogenetisch ein eigenständiges Organ, sie unterscheidet sich auch histologisch und cytologisch erheblich vom Plexus choroideus. Van de Kamer (1949) und Ariëns Kappers (1950, 1956a) betonen besonders die Spezifität der Paraphyse gegenüber dem Plexus choroideus.

Untersuchungen zur Funktion der Paraphyse führten bisher nicht zu ausreichenden Kenntnissen. Vorstellungen über die Bedeutung der Paraphyse wurden zumeist aus der Interpretation der histologischen und cytologischen Beobachtungen gewonnen. Hinweise auf die Funktion können folgende Beobachtungen geben.

Die Paraphyse gewinnt offenbar in der Phylogenese von den Cyclostomen bis zu den Amphibien und Reptilien an Bedeutung, bei den Vögeln und Mammaliern tritt sie dagegen immer mehr zurück (vgl. Stockem u. Weber, 1966). Die Funktion besteht, dem cytologischen Bild zufolge, bei *Amphibien* und *Reptilien* offenbar in der *Speicherung von Glykogen* als energiereichem Reservesubstrat (Oksche, 1958) und in der reziprok hierzu ablaufenden Bildung von mindestens einer PAS-positiven *Liquorkomponente* (Stockem, 1965), der im Verlauf der *Metamorphose* (vgl. auch van de Kamer, 1949) wahrscheinlich eine Beeinflussung der Schilddrüse (Stockem, 1965) sowie in der *Jahresperiodik* eine Wirkung im Organismus (wahrscheinlich auf das Wachstum, Stockem, 1965) zukommen soll. Die Paraphyse besitzt histologisch und cytologisch Drüsencharakter (Ariëns Kappers, 1950, 1956b; Dorn, 1957). Dazu stehen das Gefäßverhalten und die Ausbildung des perivasculären Bindegewebsraumes nicht im Widerspruch. Die von Scharrer (1951) erhobenen Befunde, die an neurosekretorische Verbindungen denken lassen, sind bisher immunhistochemisch nicht reproduziert worden.

Das *Velum transversum*, eine frontal gestellte, bei vielen Species in den Ventrikel vorragende Falte des Prosencephalondaches, wird für die Grenze zwischen diencephalem und telencephalem Anteil des Daches gehalten. Die dorsale Lamelle des Velum transversum geht in die Anlage des Plexus choroideus III über, die rostrale Lamelle in die der Paraphyse, in die Lamina supraneuroporica und schließlich in die Lamina terminalis (vgl. Warren, 1911; Herrick, 1937; 1938; van de Kamer, 1949; Ariëns Kappers, 1950, 1956b; Trost, 1953; Stockem, 1965). Auch das Velum transversum ist stark vascularisiert. Eine spezielle organogenetische Bedeutung wird ihm nicht beigemessen.

5.8 Plexus choroidei

Die Plexus choroidei[1] wurden bereits 1955 von Schaltenbrand in Band IV/2 dieses Handbuches abgehandelt. Die folgende Darstellung ergänzt diesen Handbuchbeitrag in einigen wesentlichen Punkten, wobei besonders die Stellung der Plexus choroidei als circumventriculäre Organe im Ependymverband beachtet wird. Literatur vor 1955 s. Schaltenbrand (1955). Einen historischen Überblick (ältere und älteste Lit.) gibt Dohrmann (1970).

Der ausdifferenzierte Plexus choroideus besteht aus faltenförmigen Zotten. Über Form, Größe und Variabilität des Plexus choroideus (*Mensch*, IV. Ventrikel) s. Lang und Schäfer (1977). Jede Zotte ist von einer einschichtigen Lage kubischer Plexusepithelzellen bedeckt und von lockerem Bindegewebe ausgefüllt. Dieses Plexusstroma umgibt im distalsten Teil der Zotte hauptsächlich weite Capillaren, im proximalen Teil und an der Zottenbasis Arteriolen, kleine Arterien und weite Venen. Morphologisch unterscheidet sich nach Merker (1972a, b) die Zottengestalt bei Altweltaffen von der bei Neuweltaffen. Im Unterschied

---

[1] Die ursprüngliche Bezeichnung *chorioideus* wird von τὸ χόριον (die Haut, besonders die Zottenhaut der Placenta) abgeleitet. Die Bezeichnung *choroideus* im Zusammenhang mit den Adergeflechten des Gehirns geht auf Galen (πλέγματα χοροειδῆ) zurück und wird in den *Nomina anatomica* ab der 2. Auflage (1961) anstelle von *chorioideus* angegeben (vgl. Faller, 1978).

zu *Cebus* und *Ateles* – allerdings auch von *Macaca* – findet man bei *Pan* traubige Endaufzweigungen der Zotten. Die Plexusepithelien sind über den lang ausgezogenen Zottenstielen flach, über den Zottenkuppen höher (und reicher an Ergastoplasma; vgl. VAN DER ZYPEN, 1971).

Zur *Entwicklung* der Plexus choroidei der *Mammalier* s. ARIËNS KAPPERS (1958, 1966, *Mensch*). Elektronenmikroskopische Untersuchungen s. TENNYSON (1960), TENNYSON und PAPPAS (1961, 1964, 1968, *Kaninchen*) u.a.; vgl. im folgenden auch DOHRMANN (1970). ARIËNS KAPPERS (1958) beschreibt beim *Menschen* 3 Phasen der Plexusbildung. Die 1. Phase (6.–8. Woche) ist durch Glykogenanreicherung in dem mehrreihigen prospektiven Plexusepithel gekennzeichnet. Das Stromagewebe enthält Blutbildungsherde. In der 2. Phase (8.–15. Woche) wird das Epithel einschichtig, stellenweise kubisch, der Glykogengehalt nimmt zu. Die glykogenreichen Zellen sind lichtmikroskopisch sehr hell, besitzen aber dunkle Zonen und Stränge, die radiär vom Zellkern aus das Cytoplasma durchsetzen; in ihnen sind die Zellorganellen versammelt (OKSCHE u. MÖLLER, 1972, 109 Tage alter *menschlicher* Fetus). Im Stroma ist ungeformte Grundsubstanz nachweibar. Die Plexus choroidei füllen den größten Teil des Ventrikellumens aus, Zotten sind aber noch nicht zu erkennen. DUCKETT (1971 b, *Mensch*) findet bei 10 und 12 Wochen alten Embryonen nach intraventriculärer Injektion von Ferritin Pinocytose in Plexusepithelzellen. Die 3. Phase (15.–40. Woche) ist durch langsamer ablaufende und individuell auch unterschiedliche Veränderungen charakterisiert. Die Epithelzellen werden niedriger, der Glykogengehalt nimmt in den letzten Entwicklungsstadien ab. Mit der Abnahme des Glykogens wandern die Zellkerne aus einer apicalen Lage basalwärts (SHUANGSHOTI u. NETSKY, 1966, *Mensch*). Im Stroma wird faseriges Bindegewebe sichtbar, Plexuszotten entstehen. Die Angaben über das Glykogenvorkommen und die Reduktion des Glykogens im perinatalen Zeitraum stimmen annähernd überein mit denen von OKSCHE (1956, *Mensch*, 1958, *Mammalier*), TENNYSON und PAPPAS (1961, 1964, 1968, *Kaninchen* 14.–20. Embryonaltag, *Mensch* 8.–12. Schwangerschaftswoche), SHUANGSHOTI und NETSKY (1966, *Mensch*) und OKSCHE et al. (1969 a, *Mensch*, Mens III–IV). Bei einem zuvor bestrahlten $1^1/_2$jährigen *Kind* konnten OKSCHE und VAUPEL-V. HARNACK (1969) indessen noch Glykogen nachweisen. Im Plexus der *Winterschläfer* treten während der Lethargieperiode allerdings beträchtliche Glykogenmengen vorübergehend auf (OKSCHE, 1958, 1961). Vergleiche hierzu auch die Wechselbeziehung im Glykogengehalt der Plexus choroidei und der Ependymzellen in der Entwicklung, S. 284ff. In Plexus-choroideus-Kulturen (*Maus*, 1–15 Tage alt) wird einige Tage nach der Explantation vorübergehend erneut Glykogen angereichert (MELLER u. WAGNER, 1968 a, b). Die Aktivität oxydativer Enzyme ist nach FRIEDE (1966) im fetalen Plexusepithel, verglichen mit dem adulten Zustand, noch sehr niedrig (vgl. auch KALUZA et al., 1964, *Huhn*). Die Reifung des Plexusepithels geht einher mit einem Anstieg der Adenosintriphosphatase-, Diaphorase- und Dehydrogenase-Aktivität (CANCILLA et al., 1966, *Ratte*). Zur Frage der funktionellen Reifung s. EVANS et al. (1972, *Schaf*).

Die *Histogenese* der Plexus choroidei wird von SHUANGSHOTI und NETSKY (1966, *Mensch*) unter Beachtung des Größenwachstums, der Biochemie der Plexusepithelien und der Entwicklung der Bindegewebskomponenten untersucht.

Die Autoren unterteilen die 3. Phase in zwei Abschnitte, in die Zeit der 17.–29. Woche und die der 29.–40. Woche. Die Differenzierung setzt in den Plexus des IV. und III. Ventrikels früher ein und wird früher als in den Plexus der Seitenventrikel beendet. Während der Entwicklung treten sowohl epitheliale als auch bindegewebige *Cysten* auf (vgl. Klosovskii, 1963). Bemerkenswert ist, daß während der ganzen Plexusentwicklung keine *Mitosen* im Plexusepithel, wohl aber im Plexusstroma beobachtet werden (Ariëns Kappers, 1958, *Mensch*); Dieser Teil der Ventrikelwand hat nicht Matrix-Charakter. Die für das ausdifferenzierte Plexusepithel charakteristischen *„tight junctions"* werden bereits in der Fetalentwicklung ausgebildet. Elektronenmikroskopisch zeigen die fetalen Plexusepithelzellen noch wenig Mikrovilli, das basale Plasmalemm ist noch nicht eingefaltet. Die noch spärlichen Mitochondrien besitzen wenig Cristae (Tennyson u. Pappas, 1961, *Kaninchen*). Ariëns Kappers (1958) vertritt die Auffassung, daß der Plexus choroideus erst nach der Geburt funktionstüchtig wird. Interessant ist in diesem Zusammenhang immerhin, daß die Plexus choroidei beim *Mäuse*-Embryo zeitweise 27% der gesamten Ventrikeloberfläche einnehmen (Knudsen, 1964). Anderen Vorstellungen zufolge soll der relativ hohe Proteingehalt des fetalen Liquors (Arnhold u. Zetterström, 1958, *Mensch*) auf Sekretion durch Plexusepithelzellen zurückzuführen sein. REM-Untersuchungen apicaler Ependymzelldifferenzierungen beim Feten s. Scott et al. (1972a, 1973b, 1974b, *Mensch*), Chamberlain (1973, *Ratte*). Enzymhistochemische Untersuchungen am fetalen Plexus choroideus s. Cancilla et al. (1966, *Ratte*).

Submammalier. Bei einigen *Cyclostomen* werden Plexus choroidei unvollständig ausgebildet (Adam, 1957). Das Plexusepithel niederer Vertebraten ist im Gegensatz zu dem der Mammalier auch noch im adulten Zustand reich an *Glykogen*. Untersuchungen an *Anuren* s. Oksche (1958, ältere Lit.), Wolff (1962), Rodríguez (1967), Paul (1968a, b); vgl. auch B. III 2. Elektronenmikroskopische Untersuchungen über die Entwicklung der Plexus choroidei beim *Hühnchen* s. Doolin und Birge (1965, Entwicklung der Zellorganellen; 1966, Cilienentwicklung; 1969, Zellkontaktentwicklung), Meller und Wechsler (1965), Meller und Haupt (1967, Gewebekultur), Meller und Wagner (1968a, b, Gewebekultur, die Zellen erfahren weitere Differenzierung in der Kultur, Filamentbündel werden beobachtet), Meller et al. (1969, Gewebekultur), Möller (1972, 1978, Gewebekultur). Ependymzellen werden vom Kopfmesenchym zur Ausbildung von Plexusepithelzellen induziert (Birge, 1962, experimentelle Untersuchung). Plexusepithelien bilden in der Gewebekultur (18 Tage alter Hühnerkeim) apical Bläschen verschiedener Größe, die an „apokrine Sekretion" denken lassen (Möller, 1972, 1974, 1978; vgl. Hild, 1957; Lumsden, 1958; Oksche, 1962a; Smith et al., 1964). Über die Entwicklung der Zellkontakte der Plexusepithelien bei Submammaliern s.S. 420.

5.8.1. Kinocilienarme Ependymzellen

Über die Gestalt der *apicalen Oberfläche* der Ependymzellen der Plexus choroidei, der Plexusepithelien von Mammaliern, geben REM-Untersuchungen Auskunft (Clementi u. Marini, 1972, *Schaf;* Yamadori, 1972, *Ratte;* Hosoya u. Fujita, 1973, *Ratte;* Kozlowski et al., 1973, *Schaf;* Peters, 1974, *Ratte;* Allen et al., 1978, *Mammalier*). Der Plexus choroideus ist in groben Falten angeordnet (Abb. 117), die mehr oder weniger parallel zur Längsrichtung des Plexus (Seitenventrikel) verlaufen (vgl. auch Kozlowski et al., 1972, *Schaf*). Die Oberfläche der Falten wird von flach-kuppelförmigen Protrusionen gebildet,

Abb. 117a–e. Plexus choroideus, REM. **a** u. **b** *Mensch*, 27. Entwicklungswoche, Mikrovillussaum an den Zellgrenzen, Kinocilienentwicklung. **c–e** *Kaninchen*, adult, in **e** ramifizierte Epiplexuszelle. Endvergr. in der Projektion: **a** ×300, **b** ×2000, **c** ×14000, **d** ×4800, **e** ×1350

deren jede eine einzige Zelloberfläche repräsentiert (Durchmesser etwa 7–11 μm). Jede Zelloberfläche trägt zahlreiche und vielgestaltige Mikrovilli, die bei einigen Zellen länger und umfangreicher als bei anderen, auch bläschenförmig aufgetrieben sind (Abb. 118). Die Mikrovilli enthalten längsgerichtete, zirkulär angeordnete Filamente, in den bläschenförmigen Anschwellungen einzelner Zellen werden auch Polyribosomen beobachtet (Dohrmann u. Herdson, 1969, TEM, *Maus*).

Ein dünnes Kinocilienbüschel entspringt zentral von der Oberfläche jeder Zelle. Die Kinocilienbüschel enthalten bei Zellen fetaler Tiere offenbar mehr Cilien als bei denen erwachsener Tiere. Die Anzahl der Cilien eines Büschels ist bei einzelnen Tierarten verschieden. Nach TEM-Untersuchungen findet man beim *Kaninchen* 3–4 Cilien (Millen u. Rogers, 1956), bei *Opossum* und *Ratte* (Wislocki u. Ladman, 1958) und bei der *Maus* (Dohrmann u. Herdson, 1970) 4–8, bei *Affe* und *Kaninchen* 11–16 Cilien (Wislocki u. Ladman, 1958). Peters (1974) sieht bei der ausgewachsenen *Ratte* im REM indessen keinerlei Cilien.

Mikrovilli sind im TEM bei allen bisher untersuchten *Submammaliern* gefunden worden (vgl. Dohrmann, 1970, Lit.), ausgenommen den *Gecko* (Murakami, 1961). Kinocilienbüschel sind auch beim *Hühnchen* vorhanden (Möller, 1974). Beim *Salamander* enthält das Büschel bis 50 Cilien (Carpenter, 1966).

Die Vielgestaltigkeit der Oberfläche der Plexusepithelien hat früher Vermutungen genährt, es könne sich dabei (auch) um die Abschnürung von „Sekret" handeln (Maxwell u. Pease, 1956; Lumdsen, 1958, Gewebekultur; Wislocki u. Ladman, 1958 u.a.; ältere Lit. bei Schaltenbrand, 1955), doch hat sich diese Vorstellung für den Plexus adulter Mammalier nicht erhärten lassen (vgl. Tennyson u. Pappas, 1961 u.a.). Immerhin wird nach Gaben von Acetazolamid (Diamox; s. auch Maxwell u. Pease, 1956), eines Blockers der Liquorproduktion (s. Birzis et al., 1958), sowie nach Digoxin- und Ouabain-Gaben eine Verringerung der bläschenförmigen Protrusionen hauptsächlich am Plexus des IV. Ventrikels beobachtet (Collins u. Morriss, 1975, REM, *Ratte*; vgl. Azzam et al., 1978, *Ratte*). Da gleichzeitig der Chloridgehalt im Liquor des IV. Ventrikels abnimmt, schließen die Autoren, daß von den bläschentragenden Plexusepithelien Chloride abgegeben werden. Dagegen führt eine Stimulation der Liquorproduktion durch intraventriculäre Injektion von Pilocarpin zur gleichmäßigen Ausbildung zahlreicher regelmäßiger Mikrovilli, eine Stimulation durch Liquorentzug aber zur Entwicklung großer und unregelmäßiger Protrusionen (Santolaya u. Rodriguez Echandia, 1968, *Katze*; Diskussion des Artefaktproblems; hierzu s. auch Oksche u. Möller, 1972); der Intercellularraum ist in beiden Fällen erweitert.

Rodríguez (1967) beobachtet bei der *Kröte* nach intraventriculärer Injektion von ATP an der apicalen Zelloberfläche eine Abstoßung von „Granula".

Das *laterale Plasmalemm* der Plexusepithelzelle bildet mit dem der benachbarten Epithelzellen „*tight junctions*" aus (Brightman, 1967, *Ratte*; Brightman u. Reese, 1967, 1969, *Maus*; Reese u. Karnovsky, 1967, *Maus*; Reese u. Brightman, 1968, *Maus*; Tani et al., 1974, *Ratte*; Brigthman et al., 1975b, *Maus*; Sandri et al., 1977, Lit.; Bouvier u. Bouchaud, 1978, *Ratte*). Es besteht offenbar grundsätzlich eine Relation zwischen der Anzahl und Anordnung der Leisten

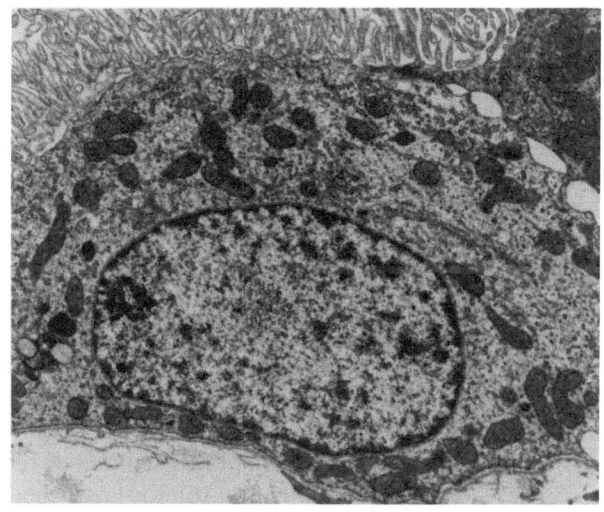

a

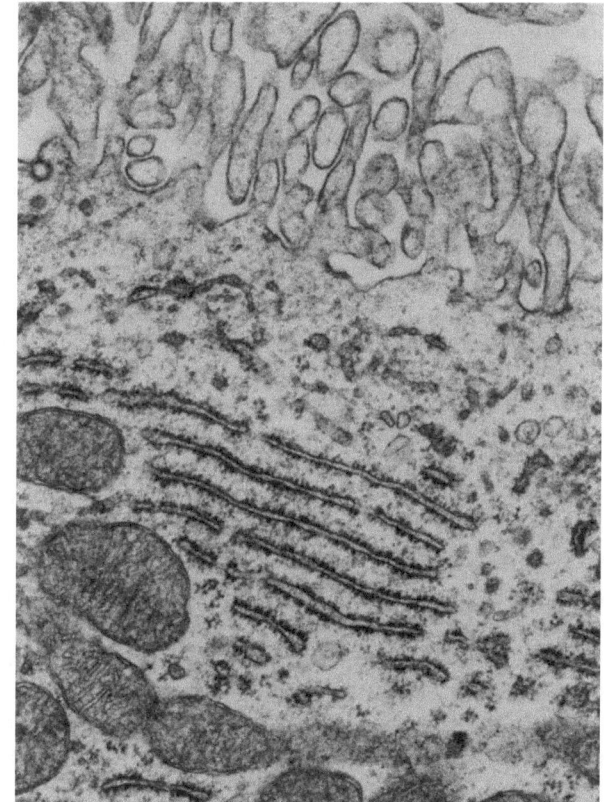

b

Abb. 118a u. b. Plexus choroideus, IV. Ventrikel, *Kaninchen.* **a** Plexusepithelzelle, Übersicht; **b** Mikrovilli und supranucleäres Cytoplasma. Endvergr.: **a** ×7200, **b** ×24000

(„strands") der „tight junction" im Gefrierätzpräparat und deren „Dichte" (Claude u. Goodenough, 1973). Anzahl und Anordnung der Leisten können bei verschiedenen Zellarten unterschiedlich ausgebildet sein (Friend u. Gilula, 1972). Die „tight junctions" der Plexusepithelien sind für Lanthanum-Ionen durchlässiger als die der Hirncapillaren (Castel et al., 1974, *Katze;* Bouldin u. Krigman, 1975, *Ratte;* vgl. Møllgård u. Sørensen, 1974). Der Intercellularspalt ist apical häufig schmaler als basal. Interdigitierende laterale Zellausläufer beschreiben Maxwell und Pease (1956, *Ratte*). Perfusion des Liquorsystems mit hypertoner Lösung führt zur Fragmentierung der „tight junctions" und zur Schwellung des Intercellularraumes (Bouchaud u. Bouvier, 1978, *Ratte*). Über kinocilienarme Ependymzellen im Blutmilieu s.S. 251 ff.

Das *basale Plasmalemm* der Plexusepithelzelle ist stark eingefaltet (basales Labyrinth) und liegt einer Basallamina an (Abb. 119). Die apicalen Mikrovilli und basalen Einfaltungen charakterisieren die Plexusepithelzellen als Transportepithel; in struktureller Hinsicht werden die Plexusepithelien gelegentlich mit denen des proximalen Convolutes der Nierentubuli verglichen (Dohrmann, 1970).

Von *Submammaliern* werden vergleichbare Befunde über *„tight junctions"* der Plexusepithelzellen und über Stofftransport durch Plexusepithelien berichtet. *Teleosteer* s. Obermüller-Wilén (1972, Aufnahme von Peroxidase und Lanthanum). *Amphibien* s. Carpenter (1966, Ausbildung von „tight junctions", Aufnahme von Thorotrast aus Blutcapillaren), Wright (1972a, b, Ausbildung von „tight junctions", Transport von Aminosäuren). *Vögel* s. Klatzo et al. (1964, Aufnahme von fluorescenzmarkiertem Albumin aus dem Ventrikelliquor), Smith et al. (1964, Aufnahme von fluorescenzmarkiertem Albumin durch den isolierten Plexus choroideus), Doolin und Birge (1969, Ausbildung der „tight junctions"), Delorme et al. (1970, Ausbildung der „tight junctions", Aufnahme von Peroxidase aus den Capillaren), Revel et al. (1973, Ausbildung der „tight junctions"), Dermietzel et al. (1977, Ausbildung der „tight junctions" trypsinierter Plexusepithelien in vitro bei Reaggregation).

Cytoplasma der Plexusepithelzelle. Die weiteren cytomorphologischen Kenntnisse über die Plexusepithelzellen gehen hauptsächlich zurück auf elektronenmikroskopische Untersuchungen von Maxwell und Pease (1956, *Ratte, Kaninchen, Katze*), Millen und Rogers (1956, *Kaninchen*), Shryock und Case (1956, *Hund*), Wislocki und Ladman (1958, *Kaninchen, Hund, Affe, Opossum, Ratte*), Case (1959, *Meerschweinchen*), Tennyson und Pappas (1961, *Kaninchen*), Pappas und Tennyson (1962, *Kaninchen*), Witzel und Hunt (1962, *Kaninchen*), Becker und Sutton (1963, *Ratte*), Bargmann und Katritsis (1966, *Mensch*), Cancilla et al. (1966, *Ratte*), Meller und Wagner (1968a, b, *Maus, Gewebekultur*), Santolaya und Rodriguez Echandia (1968, *Katze*), Dohrmann und Herdson (1969, *Maus*), Oksche (1969b) und Oksche und Vaupel-v. Harnack (1969, *Mensch*), Netsky und Shuangshoti (1970, Übersichtsarbeit), Oksche und Kirschstein (1972, *Mensch*), van Deurs (1976, *Maus*). Weitgehende Übereinstimmung besteht darüber, daß die Plexusepithelzellen durch die im folgenden beschriebenen Merkmale ausgezeichnet sind.

Zellorganellen. Die Mitochondrien (Cristatyp) sind zahlreich und liegen meist in der Nähe des Zellkerns, weniger dicht im übrigen Cytoplasma. Der Golgi-Apparat ist supranucleär angeordnet, glattes und granuliertes endoplasmatisches Reticulum sind mäßig stark ausgebildet. Beim *Kaninchen* findet man häufig schollenförmiges *granuliertes endoplasmatisches Reticulum. Filamente* kommen

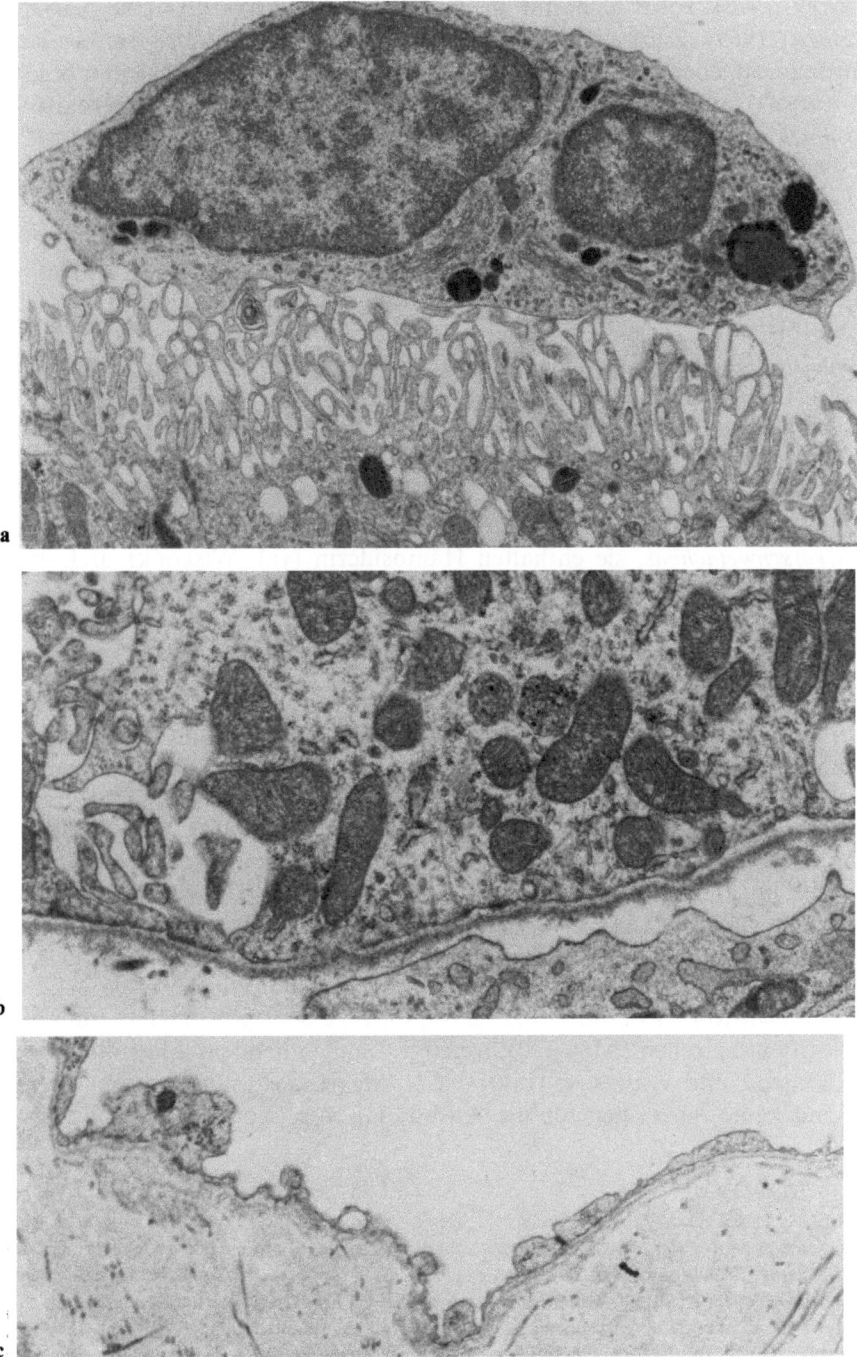

Abb. 119a–c. Plexus choroideus, IV. Ventrikel, *Kaninchen.* **a** Epiplexuszelle; **b** Basis einer Plexusepithelzelle, im perivasculären Raum Anschnitt eines Fibrocyten; **c** Endothel einer Plexuscapillare.
Endvergr.: **a** ×10500, **b** ×15000, **c** ×9000

zwar in den Mikrovilli regelmäßig (Dohrmann u. Herdson, 1969; Scott u. McNutt, 1978), sonst aber nur in geringer Zahl vor (Oksche u. Vaupel-v. Harnack, 1969). Zahlreiche *Bläschen* unterschiedlicher Größe werden hauptsächlich apical, aber auch nahe dem lateralen und basalen Plasmalemm beschrieben. Arnold und Holtzman (1978) finden bei der *Ratte* Microperoxisomen. *Lysosomen* sind regelmäßig vorhanden (Davidoff u. Galabov, 1973, *Ratte;* van Deurs, 1978a, *Ratte*), *Lipofuscingranula* treten schon beim $1^1/_2$jährigen *Kind* auf (Oksche u. Vaupel-v. Harnack, 1969). Kationische amphiphile Pharmaka können große Cytoplasmavacuolen bzw. lamelläre oder kristalline Einschlußkörper hervorrufen (Frisch und Lüllmann-Rauch, 1979, *Ratte*). Zur Frage der „dunklen" und „hellen" Plexusepithelzellen s. Dohrmann (1970) und Schultz et al. (1977).

Lipidtropfen unterschiedlicher Größe gehören zum normalen Zellbild (Wislocki u. Ladman, 1958, *Mammalier;* Weindl et al., 1969, *Kaninchen*), sie sind auch bei der Ausbildung der Biondi-Körper (s.u.) beteiligt. *Pigmente* müssen zum Formenkreis der Biondi-Körper gerechnet werden. *Multivesiculäre Körper* werden beschrieben. Nach Case (1959) sind „schaumige", mit hellen Vacuolen gefüllte Körper, die bis 5 μm groß werden, eine Besonderheit der Plexusepithelien des *Meerschweinchens*, sie enthalten Hämosiderin (vgl. Wislocki u. Ladman, 1958). Über Altersveränderungen s. Oksche (1977).

Lipidkugeln im Plexusepithel von *Amphibien* s. Wolff (1962), Rodríguez (1967), Arnold (1970b), Paul (1970).

Im Hinblick auf neuere immunhistologische Untersuchungen, die „neurosekretorische Bahnen" aus dem Hypothalamus zu den Plexus choroidei wahrscheinlich machen (s. 5.8.3), sind folgende, z.T. ältere Beobachtungen beachtenswert. Tramezzani und Uranga (1955), Tramezzani et al. (1956), Rodríguez (1964) fanden bei der *Kröte*, Ariëns Kappers et al. (1958) beim *Axolotl* im Plexus choroideus des III. Ventrikels *Gomori-positive Granula*, teils im Plexusepithel, teils im Plexusstroma gelegen. Tramezzani und Uranga (1955, *Kröte*), Rodríguez und Heller (1970, *Kröte*), Heller und Zaidi (1974, *Schaf*) und Rudman und Chawla (1976, *Rind, Schwein, Mensch*) konnten darüber hinaus im Homogenisat des Plexus eine *antidiuretische Aktivität* nachweisen.

Die *Biondi-Körper* („Silberringe"), ringförmige oder polymorphe Einschlüsse der Plexusepithelzellen (Abb. 120), treten mit zunehmendem Alter auf (Biondi, 1933). Oksche und Vaupel-v. Harnack (1969, *Mensch*) fanden beim $1^1/_2$jährigen Kind keine Anzeichen für die Ausbildung von Biondi-Körpern, zwischen

Abb. 120a–e. Plexus choroideus, *Mensch,* 54 Jahre. Formen und Stadien von Biondi-Körpern. ▶ **a** Tennisschlägerform, feinkörnige lysosomenähnliche Organelle (↑) mit eingelagerten Filamenten, deren Bündelende (*) sich in das Grundplasma erstreckt. *ER* granuläres endoplasmatisches Reticulum, *PR* Polyribosomen, *M* Mitochondrien. **b** Filamentbündel (↑) mit angelagerter Lipidkugel (o). Zwischen den Filamenten kleine Körnchen und Tropfen (*). **c** Filamentschlinge (↑), die eine Lipidkugel (o) zangenartig umfaßt. Beachte die sich kreuzenden Filamentzüge *(x).* *1* Seitlicher Fibrillenausläufer, *2* kleineres Filamentbündel. **d** Filamentschlinge (↑) mit einem unregelmäßig begrenzten, elektronendichten Herd (*). Filamentkreuzung *(x).* **e** Siegelringform (↑) mit Filamentzügen *(x),* einer zentralen Lipidkugel (o) und kleinen tropfigen oder körnigen Einschlüssen (*). Maßstab: 1 μm. (Aus Oksche u. Kirschstein, 1972). Endvergr.: **a** ×28 000, **b** ×23 000, **c** ×9 000, **d** ×16 200

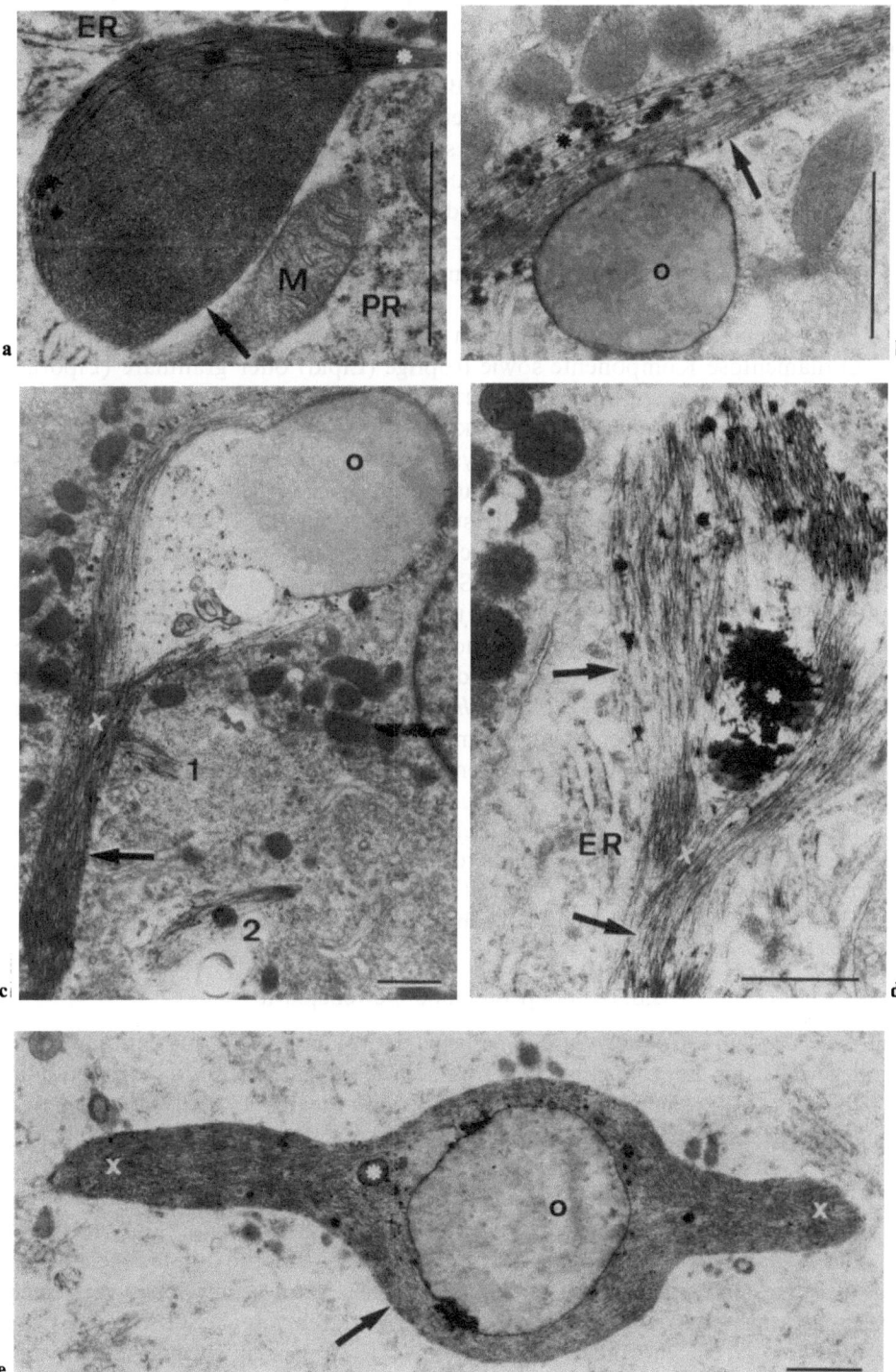

dem 25. und 30. Lebensjahr treten polymorphe Strukturen auf, die erst unvollkommene Ringformen bilden. Um das 40. Lebensjahr nehmen Zahl und Größe der Ringe und deren Filamentgehalt zu, und nach dem 55. Lebensjahr sind Ringformen und andere polymorphe Bildungen sehr deutlich und zahlreich, sie können die Größe eines Zellkerns erreichen; individuelle und regionale Unterschiede werden beobachtet (ältere Lit. s. BIONDI, 1956). Zum *lichtmikroskopischen* Bild der Biondi-Körper s. BARGMANN (1955a, *Mensch*, zahlreiche *Mammalier*); die Körper bestehen aus einem durch Silberimprägnation darstellbaren fibrillär erscheinenden Faserreifen, der einen hellen Pigmentkern umgibt, in dem Lipide und Eisen nachweisbar sind. Sie sind isolierbar und von harter Konsistenz.

Elektronenmikroskopisch findet man in den Biondi-Körpern eine (ringförmige) filamentöse Komponente sowie tropfige (Lipid) oder granuläre (Lipofuscin) Strukturen (BARGMANN u. KATRITSIS, 1966; OKSCHE, 1969b; OKSCHE u. VAUPEL-V. HARNACK, 1969). Nach OKSCHE und KIRSCHSTEIN (1972, *Mensch*) werden bei jüngeren Individuen nur Lysosomen, Lipidtropfen und andere stark osmiophile Partikel beobachtet. In älteren Plexus dagegen treten Bündel aus 8–10 nm starken Filamenten auf, die stellenweise eine Querstreifung mit einer Periode von 4–5 nm zeigen können. Nach Färbung mit Kongorot sind die Fibrillenbündel stark doppelbrechend; die Strukturen leuchten teils grün, teils gelb auf. Dieses Verhalten läßt auf den *Amyloidcharakter* der Biondi-Körper schließen, wie schon von DIVRY (1955) und SCHWARTZ (1970) vermutet. Gebilde, die der nichtfibrillären Komponente der Biondi-Körper ähneln, werden von OKSCHE und KIRSCHSTEIN (1972, *Mensch*) auch im Endothel und in den Pericyten der Plexusgefäße gefunden. Die Filamente der Biondi-Körper sind reich an unspezifischen Esterasen und an sauren Phosphatasen (SCHWARZE, persönliche Mitteilung).

Der zentral oder basal gelegene *Zellkern* ist meist rund und relativ heterochromatinarm. Bei jungen *Mäusen* allerdings kann die Kernmembran tief invaginiert sein, aber nicht bei alten Tieren (DOHRMANN u. HERDSON, 1969). MILLEN und ROGERS (1956, *Kaninchen*) beobachten bis zu drei Nucleolen.

5.8.2. Subependymale Gewebeplatte

Die *subependymale Gewebeplatte* der Plexus choroidei besteht aus dem lockeren Bindegewebe der Leptomeninx (MAXWELL u. PEASE, 1956, *Ratte*). Es enthält die feineren Aufzweigungen der Blutgefäße des Plexus. In den Maschen des Bindegewebes kommen „freie" Zellen (Abwehrzellen) vor, aus denen sich mit größter Wahrscheinlichkeit die suprachoroidalen Kolmerschen Zellen rekrutieren. Neurale Elemente werden in der subependymalen Gewebeplatte beobachtet, Gliaelemente fehlen dagegen, ausgenommen die Axonscheiden.

Der *interstitielle Bindegewebsraum* grenzt einerseits an die dünne regelmäßige Basallamina der Plexusepithelien, andererseits ist er an seiner Basis von einer mehrschichtigen Lage leptomeningealer Zellen begrenzt (vgl. SCHALTENBRAND, 1955). Diese „Tela choroidea" (DERMIETZEL, 1975b) ist in ihrem Aufbau mit der Pia-Arachnoidea-Membran identisch; selbst Elemente des subduralen Neurothels sind offenbar in sie eingebaut (ANDRES, 1967; DERMIETZEL, 1975b, *Katze*).

Im weiten interstitiellen Raum liegen Bündelchen von Kollagenfibrillen und stark abgeflachte, verzweigte Fibroblasten. Deren fingerförmige Ausläufer bilden zwischen Blutgefäßen und Plexusepithelien eine diskontinuierliche, nach MAX-WELL und PEASE (1956, Ratte) zu etwa 85% ihrer Ausdehnung geschlossene, partielle Barriere zwischen Blutcapillaren und Plexusepithelien. Stellenweise können die Capillaren aber der epithelialen Basallamina auch unmittelbar benachbart sein. Durch diese Barriere sollen Diffusionsvorgänge verlangsamt werden („a baffle in slowing diffusion", MAXWELL u. PEASE, 1956; vgl. auch DEMPSEY u. WISLOCKI, 1955; WISLOCKI u. LADMAN, 1955). Einige der Fibroblastenfortsätze liegen der epithelialen, andere der perivasculären Basallamina eng an. Es wurde nie beobachtet, daß ein Fibroblastenfortsatz eine Basallamina durchdringt (VAN DEURS, 1976b, Maus). BIONDI (1956) findet beim Menschen regelmäßig elastische Fasernetze in der subependymalen Gewebeplatte.

Die Fibroblasten enthalten hauptsächlich Zisternen des granulierten endoplasmatischen Reticulum, Golgi-Komplexe, Vesikel unterschiedlicher Größe und Mitochondrien. In einigen Zellen sind lysosomale und multivesiculäre Körper zu sehen (VAN DEURS, 1976b, Maus).

Funktionelle Aspekte ergeben sich aus dem Verhalten der Zellkontakte der Elemente der subependymalen Gewebeplatte, der „tight junctions", „gap junctions" und Maculae adhaerentes. (Über eine weitere Kontaktform unbekannter Funktion zwischen leptomeningealen Zellen des Plexus choroideus, segmentierte „gap junctions", berichten DERMIETZEL u. SCHÜNKE, 1975; vgl. im folgenden DERMIETZEL, 1975a, 1976, Katze.)

Zwischen den Pia-Fibroblasten sind „tight junctions", „gap junctions" und Maculae adhaerentes ausgebildet. Da die Schicht der Fibroblastenfortsätze zwischen Blutgefäßen und Plexusepithelien aber unvollständig ist, kann den „tight junctions" keine Schrankenfunktion zukommen; intravasale Meerrettichperoxidase dringt aus den (keine Blut-Hirn-Schranke besitzenden) Capillaren bis unter die Plexusepithelien (BRIGHTMAN, 1968; BRIGHTMAN u. REESE, 1969). Vermutlich haben die „tight junctions" mechanische Aufgaben, ähnlich den Maculae adhaerentes, indem sie das Fibroblastennetz stabilisieren. Die „gap junctions" sollen als intercelluläre Kommunikationseinrichtungen synchrone Reaktionen der Zellen (z.B. Aktivierung nach Injektion von Trypanblau, MAXWELL u. PEASE, 1956) ermöglichen (DERMIETZEL, 1975a, 1976).

Auch den zwischen Fibroblasten und Capillarendothelien ausgebildeten „tight junctions" (DERMIETZEL u. SCHÜNKE, 1975) werden mechanische Aufgaben zugeschrieben. Die sehr weiten Plexuscapillaren, die über kein eigenes adventitielles Gewebe verfügen (DOHRMANN, 1970), besitzen einen niedrigen „critical clossing pressure" (NICHOL et al., 1951). Der hieraus resultierenden Kollapsneigung kann die durch „tight junctions" gekoppelte Verspannung im Fibrocytennetz entgegenwirken (DERMIETZEL, 1975a, 1976).

„Tight junctions" und Zonulae occludentes, die in der „Tela choroidea" und in der Übergangszone zwischen Pia-Arachnoidea-Membran und Neurothel zahlreich sind, werden dagegen für eine Schrankenfunktion zwischen dem den Liquorraum begrenzenden leptomeningealen Gewebe und der anschließenden Dura-Bindegewebsplatte verantwortlich gemacht (DERMIETZEL, 1975a, 1976; vgl. ANDRES, 1967; WAGGENER u. BEGGS, 1967; DAVSON, 1972).

Die *Blutgefäße* der Plexuszotten sind größtenteils Capillaren. Spärliche Arteriolen und sehr weite Gefäße ohne Tunica media, die für Venolen gehalten werden, liegen vorwiegend an der Zottenbasis (s. van Deurs, 1976b, *Maus*). Die Capillaren sind auffallend weit (etwa 15 µm nach Voetmann, 1949; vgl. Maxwell u. Pease, 1956) und bei Mammaliern von einer etwa 30 nm dicken lückenlosen Basallamina umgeben. Pericyten werden selten angetroffen.

Das Endothel der Capillaren ist insgesamt niedrig (vgl. Abb. 117). Es ist in seinen dünnen Anteilen, im Unterschied zum Endothel der Arteriolen und Venolen, fenestriert. Die dickeren Anteile enthalten Vesikel (Maxwell u. Pease, 1956; Millen u. Rogers, 1956; Wislocki u. Ladman, 1958; Pappas u. Tennyson, 1962 u.a.). Die z.B. für Lanthanchlorid durchgängigen (Bouldin u. Krigman, 1975, *Ratte*), keine Blut-Hirn-Schranke bildenden Capillaren (s.S. 252) sind durch diskontinuierliche Fasciae occludentes verbunden. Die Zellkontakte der Endothelzellen von Arteriolen und Venolen setzen sich aus einer Kombination von kontinuierlichen „tight junctions" und zwei Arten von „gap junctions" zusammen (Dermietzel, 1975b, 1976; Dermietzel u. Schünke, 1976, *Katze*).

Carpenter (1966) beschreibt beim Salamander *Necturus maculosus* ein dünnes, nicht fenestriertes Capillarendothel, das von einer inkompletten Basallamina umgeben wird.

Als *„freie" Zellen* im Plexusstroma von Mammaliern kommen Mastzellen, Plasmazellen und phagocytierende Elemente vor. *Mastzellen* wurden von Sundwall (1917, *Schaf, Schwein, Rind*), Tsusaki et al. (1951a, *Hund, Affe, Mensch*), Kelsall und Lewis (1964, *Hamster*), Kelsall (1966, *Hamster*), Dropp (1972, einige *Rodentier*), Merker (1972a, b, *Rhesusaffe*) und Cammermeyer (1973b, *Affen, Hund, Katze, Meerschweinchen, Kaninchen, Opossum*) beschrieben. Die Mastzellen liegen häufig nahe an Gefäßwänden. Nach Kelsall (1966) werden Mastzellen nur bei älteren Tieren und nur in den Plexus der Seitenventrikel und des III. Ventrikels beobachtet, nicht (vermindert nach Dropp, 1972) im Plexus des IV. Ventrikels. Cammermeyer (1973a) findet dagegen bei *Primaten* reichlich Mastzellen auch im Plexus des IV. Ventrikels und kann eine Altersabhängigkeit nicht feststellen. Die Angaben über die Häufigkeit des Vorkommens schwanken insgesamt erheblich. *Plasmazellen* treten nach Kelsall (1966) gleichfalls nur in den Plexus der Seitenventrikel und des III. Ventrikels auf. *Phagocytierende Zellen (Histiocyten)* im Plexusstroma werden nach vitaler *intravasaler* Trypanblau-Gabe durch Speichergranula sichtbar (Leonhardt, 1952a, *Kaninchen;* Biondi, 1956, *Kaninchen, Meerschweinchen;* Wislocki u. Ladman, 1958, mehrere *Mammalier*). Zellen mit sudanfärbbaren Einschlüssen, die im tieferen Stroma des Plexus beim Menschen beobachtet werden, sind vermutlich zu den phagocytierenden Zellen zu rechnen (Biondi, 1956).

Bei *Amphibien* werden wiederholt *Mastzellen* im Plexus choroideus aufgefunden (Mazzi, 1954, *Triturus;* Ariëns Kappers et al., 1958, *Ambystoma,* vermindert im Plexus des IV. Ventrikels; Wolff, 1962, *Rana;* Carpenter, 1966, *Necturus,* auch Pigmentzellen). Als *Histiocyten* können die von Scharrer (1936) im Stroma der Paraphyse von *Amphibien* beschriebenen phagocytierenden Zellen verstanden werden.

Die *Epiplexuszellen* (Kolmersche Zellen, vgl. Abb. 117, 119) sind ihrem histochemischen Verhalten nach größtenteils Monocytenabkömmlinge; Lymphocyten sind selten unter ihnen (Schwarze, 1975, *Mensch*). Die Kolmerschen Zellen sind mithin hämatogen und stammen nach allgemeiner Auffassung aus den

Plexusgefäßen wie die Histiocyten des Plexusstromas (KOLMER, 1921 b, *Selachier, Teleosteer, Amphibien, Reptilien, Vögel, Mammalier;* CARPENTER et al., 1970, *Katze;* MERKER, 1972a, b *Affen*). Es wird zudem über Beobachtungen berichtet, die eine Wanderung derartiger Zellen aus dem Plexusstroma auf die Plexusoberfläche vermuten lassen (BIONDI, 1934, *Mensch;* TSUSAKI et al., 1951 b, *Mensch;* TENNYSON u. PAPPAS, 1964, *Kaninchen*). Die Epiplexuszellen sollen deshalb in diesem Zusammenhang besprochen werden.

REM-Untersuchungen ergaben, daß die *Kolmerschen Zellen,* die auf den Plexus aller Ventrikel vorkommen, häufig sehr lange dünne Fortsätze aussenden, die radiär vom Zelleib abgehen und zwischen Mikrovilli der Plexusepitheloberfläche enden. Andere Epiplexuszellen sind auch mit pseudopodienartigen Ausläufern versehen (HOSOYA u. FUJITA, 1973, *Ratte;* CHAMBERLAIN, 1974, *fetale Ratte;* PETERS, 1974, *Ratte;* ALLEN, 1975, *Hund;* GO et al., 1976, hydrocephalische *Ratte*). In *TEM-Untersuchungen* zeigen die Zellen zahlreiche Merkmale von Makrophagen, nämlich multiple Golgi-Elemente, Oberflächeninvaginationen und Vesikel, zahlreiche lysosomale Körper, spärliche Mitochondrien, freie Ribosomen und einen eingefalteten, heterochromatinreichen Zellkern (CARPENTER et al., 1970, *Katze;* MERKER, 1972a, *Affen*). Die Epiplexuszellen phagocytieren in den Ventrikel verbrachte Substanzen (CARPENTER et al., 1970, Tusche, Thorotrast, Ferritin).

Der cytologische Vergleich der Epiplexuszellen mit den an anderen Stellen, hauptsächlich im Infundibulum, supraependymal auftretenden nicht neurogenen Zellen (s.S. 354ff.) zeigt, daß diese den Epiplexuszellen weitgehend gleichen. Die Epiplexuszellen wie die übrigen supraependymalen Zellen stammen sehr wahrscheinlich aus den Capillaren der subependymalen Gewebeplatte. KOLMER (1921 b) machte bereits 1921 darauf aufmerksam, daß die von ihm gefundenen phagocytierenden hämatogenen Zellen „auf der Oberfläche des Ependyms auch sonst im Nervensystem der Wirbeltiere" vorkommen. Darüber hinaus dürften die Epiplexuszellen auch mit Makrophagen identisch sein, die frei im Liquor cerebrospinalis gefunden werden (vgl. GUSEO, 1971, 1977; OEHMICHEN u. GRÜNINGER, 1974).

Kolmersche Zellen wurden von ARIËNS KAPPERS (1953, „Epiplexuszellen") auch beim *Axolotl* untersucht.

5.8.3. Neuronale Elemente

Nervenfasern im Stroma der Plexus choroidei sind seit BENEDIKT (1874) bekannt. Sie wurden später wiederholt, aber nur lichtmikroskopisch beschrieben (HWOROSTUCHIN, 1911; STÖHR, 1922; JUNET, 1927; CLARK, 1928; SHAPIRO, 1931; TSUKER, 1947 u.a.). Die Nervenfasern stammen nach VOETMANN (1949) aus dem Halssympathicus, dem N. vagus und dem N. glossopharyngeus (ausführliche Darstellung s. SCHALTENBRAND, 1955). Über Profile mutmaßlicher markscheidenfreier Axone zwischen den basalen Plasmalemmeinfaltungen der Plexusepithelzellen berichten LADMAN und ROTH (1958, *Petromyzon*) in einer licht- und elektronenmikroskopischen Untersuchung. EDVINSSON et al. (1973, 1974) weisen eine cholinerge und eine adrenerge Innervation der Plexus choroidei bei *Mammaliern* nach. Nach LINDVALL et al. (1977, 1978) stammen die adrenergen Fasern aus dem oberen

Halsganglion des Sympathicusgrenzstranges; sie entwickeln sich beim *Kaninchen* um die Zeit der Geburt und scheinen einen inhibitorischen Effekt auf die Liquor-produktion auszuüben. Die Autoren berichten über elektronenmikroskopische Befunde, die für eine Innervation der Gefäße und der Plexusepithelien sprechen.

Einen neuen Aspekt zum Problem der Plexusinnervation eröffnen *immunhi-stochemische Untersuchungen.* BROWNFIELD und KOZLOWSKI (1977, *Ratte*) finden mit Hilfe der Immunperoxidasetechnik zur Lokalisation von *Neurophysin* zwei extrahypothalamische Projektionen aus dem Gebiet des *Nucleus paraventricula-ris.* Ein Teil der Fasern gelangt in die Fissura choroidea im Bereich des Hinter-horns des Seitenventrikels. Ein anderer, caudalwärts gerichteter Faseranteil biegt ventrolateralwärts um und zieht in die Fissura choroidea des Unterhorns. Ein-zelne Fasern begleiten die Blutgefäße auf diesen Wegen. Die Endigungen der Fasern in der Fissura choroidea vermitteln das Bild von Herring-Körpern in einer neurohämalen Region. Die Befunde werden im Zusammenhang mit Berich-ten über antidiuretische Aktivität im Liquor und im Plexus-choroideus-Extrakt gesehen (s. auch KOZLOWSKI et al., 1976a). Die Vermutungen über die Beteili-gung des neurosekretorischen hypothalamischen Systems bei der Regulation der Liquordynamik erfahren durch elektronenmikroskopische Untersuchungen über die Wirkung von Vasopressin auf die Ultrastruktur des Plexus choroideus bei Dursttieren weitere Bestätigung (SCHULTZ et al., 1977, *Ratte*). Bei dehydrier-ten und mit Vasopressin behandelten Tieren treten vermehrt „dunkle" Zellen auf, die lateralen und basalen Intercellularräume der Plexusepithelien werden erweitert, die Vacuolisierung des apicalen Cytoplasmas nimmt zu, die Gestalt der Mikrovilli wird fadenförmig. Die Autoren schließen aus den beiden Untersu-chungen, daß der Plexus Erfolgsorgan für *Vasopressin* ist und daß eine durch Vasopressin gesteuerte Kapazität für eine transchoroidale Liquorabsorption be-steht.

5.8.4. Untersuchungen zur Funktion

Die funktionelle Betrachtung der Plexus choroidei muß einerseits mit dem Man-gel einer Blut-Hirn-Schranke, andererseits mit den „tight junctions" der Plexus-epithelien rechnen. Die Ependymzellen des Plexus choroideus sind wie die Epen-dymzellen der meisten circumventriculären Organe weitgehend in das Blutmilieu eingebettet (s.S. 231). Als Grenzschicht zwischen Blut- und Liquormilieu entfalten die Plexusepithelien ihre mutmaßlichen Wirkungen bei der Produktion und Ho-moiostase des Liquor cerebrospinalis.

5.8.4.1. *Morphologische Untersuchungen zur Lage der Plexusepithelzellen zwischen Blut- und Liquormilieu*

Intravenös verabreichte Indikatorstoffe geeigneter Molekülgröße treten durch die Wand der Plexuscapillaren, die keine Blut-Hirn-Schranke besitzen (s.S. 252), in das Plexusstroma; sie werden basal von den Plexusepithelien durch Pinocytose aufgenommen und, soweit möglich, lysosomal abgebaut, aber nicht apical ausge-schieden (*Silbernitrat* durch Verfütterung: VAN BREEMEN u. CLEMENTE, 1955, *Ratte;* DEMPSEY u. WISLOCKI, 1955, *Ratte;* WISLOCKI u. LADMAN, 1955, *Ratte; Thorotrast, Goldsol, Eisenoxidsaccharat:* TENNYSON u. PAPPAS, 1961, *Kaninchen;*

Meerrettichperoxidase: BECKER et al., 1967, *Ratte;* REESE u. KARNOVSKY, 1967, *Maus;* BECKER u. ALMAZON, 1968, *Ratte;* VAN DEURS, 1978 a, b, *Ratte; Cytochrom C:* DAVIS et al., 1973, *Schwein;* DAVIS u. MILHORAT, 1975, *Ratte; Lanthan:* BOULDIN u. KRIGMAN, 1975, *Ratte; Ferritin:* LAMPERT et al., 1977, *Maus).*

Auch *intraventriculär* verabreichten Indikatorstoffen ist der intercelluläre Weg verschlossen. Sie werden apical von den Plexusepithelien durch Pinocytose aufgenommen, z.T. lysosomal abgebaut, z.T. aber auch basal in das Plexusstroma ausgeschieden und von Endothelzellen aufgenommen (*Diodrast, Phenylsulfonphthalein:* PAPPENHEIMER et al., 1961, *Ziege; Jodid, Thiocyanat:* WELCH, 1962 a, b, *Kaninchen,* In-vitro-Untersuchung; *Ferritin:* BRIGHTMAN, 1965 a, b, *Ratte; Meerrettichperoxidase:* BRIGHTMAN, 1967, *Ratte;* VAN DEURS, 1976, *Maus,* 1978 a, b, *Ratte;* VAN DEURS et al., 1978, *Ratte).* Nach Auffassung zahlreicher Autoren ist der Vesikeltransport offenbar nur in einer Richtung, von apical nach basal, möglich (BECKER u. ALMAZON, 1968, *Meerrettichperoxidase, Ratte:* „functional polarization of micropinocytotic vesicles in the rat choroid plexus"). Vergleiche hierzu auch die Nachweise antidiuretischer Aktivität im Plexus choroideus und die Vorstellungen über eine durch Vasopressin gesteuerte transchoroidale Liquorabsorption (S. 428).

Enzyme des adulten Plexusepithels. Das Plexusepithel hat im Zentralnervensystem die höchsten Aktivitäten von saurer Phosphatase, β-Glucuronidase, Arylsulfatase (Lit. s.S. 295 ff.; vgl. DAVIDOFF u. GALABOV, 1973, 1974). Auch unspezifische Esterase und Carboanhydrase sind nachweisbar. Die Hemmung der Carboanhydrase durch Diamox führt zu einem Rückgang der Liquorproduktion (MAXWELL u. PEASE, 1956).

Über die Enzyme der Plexusepithelien beim *Frosch* s. PAUL (1968 a, b, 1972, Lit.).

5.8.4.2. Physiologische Untersuchungen über den Stofftransport durch Plexusepithelzellen

Die Plexusepithelien besitzen, ähnlich den Nierentubuli, *Transportsysteme,* die einige Stoffe aus dem Liquor in das Blut (z.B. *Jodid:* DAVSON, 1967; *Galaktose:* CSAKY u. RIGOR, 1968; PRATHER u. WRIGHT, 1970; *Leucin:* LORENZO u. SNODGRASS, 1972) oder vom Blut in den Liquor transportieren (z.B. *Vitamine:* SPECTOR u. LORENZO, 1975; SPECTOR, 1977 a; *Inositol:* SPECTOR, 1976; ^{14}C-*Antipyrin* und ^{14}C-*Barbital:* JOHANSON u. WOODBURY, 1977). Die Transportsysteme sind wahrscheinlich Proteine (SPECTOR, 1977) und an der Zelloberfläche lokalisiert (CSERR, 1971; SPECTOR u. LORENZO, 1973; SPECTOR, 1977 a). In einigen Fällen transportieren sie Moleküle gegen ein großes Konzentrationsgefälle (SPECTOR u. LORENZO, 1973). Zur Frage regionaler Unterschiede s. QUAY (1966).

Untersuchungen über den *transepithelialen Stofftransport* wurden häufig am In-vitro-Präparat durchgeführt. Die Fähigkeit des isolierten Plexus choroideus, wasserlösliche Substanzen in vitro zu konzentrieren, ohne sie zu binden, wird als Hinweis für die Möglichkeit eines Transportes in vivo verstanden. Einen transepithelialen Transportweg sehen MØLLGÅRD und SAUNDERS (1977, *Schafsfetus*) im endoplasmatischen Reticulum. Zur Problematik der Bestimmung der Transportrichtung s. SPECTOR und LORENZO (1973), SPECTOR (1977 b).

Schwierig ist die Untersuchung des *Elektrolyttransportes*. Wright (1970) konnte am isolierten Plexus choroideus von *Rana* einen aktiven Transport von Na$^+$ aus dem Blut in die Cerebrospinalflüssigkeit nachweisen, zusätzlich durchdringen Ionen passiv intercellulär die „tight junctions" (Wright, 1972a, b, 1976; vgl. Tani u. Ametani, 1971b). Im apicalen Plasmalemm ist eine Ouabain-sensitive Na$^+$-K$^+$-ATPase lokalisiert (Quinton et al., 1973; vgl. Milhorat et al., Wright et al., 1977). Nach Durchspülung des Ventrikelsystems mit Na$^+$-freier Sucroselösung tritt Na$^+$ aus den Blutgefäßen in die Plexusepithelien (Wald et al., 1976a). Zahlreiche Untersuchungen betreffen die Frage des Zuckertransportes aus dem Blut in den Liquor und die homoiostatische Regulation des Glucosegehaltes des Liquors (Diskussion und Lit. s. Lorenzo, 1976).

Weitere Untersuchungen zur Physiologie des Stofftransportes am isolierten Plexus choroideus s. Smith et al. (1964, Aminosäuren), Welch (1965, Transport von Nichtelektrolyten und Wasser), Coben et al. (1971, Aminosäuren, Lit.), Cserr (1971, zusammenfassende Darstellung), Cserr und Van Dyke (1971, 5-Hydroxindolessigsäure), Eriksson und Windbladh (1971, Aufnahme von Atropin und Methylatropin), Agnew und Yuen (1975, Aufnahme von Prolin und Palmitinsäure in die Plexusepithelien), Agnew et al. (1976, Aufnahme von Tetrahydrocannabinol), Johanson und Woodbury (1977, Transport von Antipyren und Barbital aus dem Blut in den Liquor).

Der Mechanismus der *Liquorbildung* ist noch umstritten (vgl. Oksche u. Möller, 1972). Diskutiert werden Sekretion, Dialyse, Ultrafiltration und ein aus Filtration und Reabsorption bestehender Vorgang (Lumsden, 1958). Der Ventrikelliquor besitzt, verglichen mit dem Plasmaultrafiltrat, eine höhere Na- und Mg-Konzentration und eine niedrigere Ca-Konzentration (Ames et al., 1964; vgl. de Rougemont, 1960). Die Differenzen werden teilweise auf enzymatisch gesteuerte aktive und selektive Transportmechanismen zurückgeführt. Diese homoiostatischen Vorgänge erhalten die spezifische Zusammensetzung des Liquors aufrecht (Pappenheimer et al., 1961; Wright, 1970).

Speziell mit der Frage der *Liquorproduktion* durch die Plexus choroidei befassen sich die neueren Untersuchungen und Übersichtsreferate von Davson (1967, 1972), Welch (1967), Milhorat (1969, 1976), Sisson (1969), Cserr (1971), Milhorat et al. (1971), Oldendorf (1972), Wright (1972b, 1976), Martins et al. (1975), Pollay (1975), Katzman (1976). Ältere Literatur s. Wolstenholme und O'Connor (1958), Millen und Woollam (1962), Bering (1965), Davson und Bradbury (1965).

5.9. Corpus pineale

Das *Corpus pineale*, die *Epiphysis cerebri* (Zirbeldrüse), weist von allen Ependymabkömmlingen die meisten strukturellen und funktionellen Eigentümlichkeiten auf. Die Phylogenese des Pinealorgans der Vertebraten von einem *sensorischen* zu einem *sekretorischen* Organ (Oksche, 1965, 1971; Collin, 1969a, 1971) ist geradezu eine Demonstration aller cyto-, histo- und organogenetischen Möglichkeiten der Ventrikelwand.

Da dieses Handbuch bereits den Beitrag von Bargmann (1943) über die Epiphysis cerebri enthält und ein neuer Aufsatz von Vollrath in Vorbereitung ist, erscheint es hier ausreichend, die Epiphyse in erster Linie unter dem Aspekt

eines Ependymderivates zu besprechen. Über die Epiphyse als endokrines Organ
aus der Sicht der Neuroendokrinologie soll dabei nur das Nötigste gesagt werden.

Neuere zusammenfassende Darstellungen und Sammelwerke über die Epiphyse s. ARIËNS KAP-
PERS (1960, 1965, 1969, 1971), ARIËNS KAPPERS und SCHADÉ (1965), QUAY (1965), WURTMAN und
AXELROD (1965a), WURTMAN et al. (1968), WURTMAN und ANTÓN-TAY (1969), OKSCHE et al. (1971),
WOLSTENHOLME und KNIGHT (1971), KENNY (1972), ARIËNS KAPPERS et al. (1974).

Das Corpus pineale als Ependymorgan ist eine Sonderbildung der Strukturen,
die in dem Kapitel über neuronale Elemente im Ependymverband besprochen
sind. OKSCHE (1969) und VIGH und VIGH-TEICHMANN (1974) weisen auf die
Ähnlichkeiten zwischen Pinealocyten und Liquorkontaktneuronen hin
(Abb. 121).

Einen Vergleich der Ultrastruktur von *Liquorkontaktneuronen* und *Pinealocyten* (*Fische, Amphibien, Reptilien, Vögel, Mammalier*) führen VIGH und VIGH-
TEICHMANN (1975) durch. Vergleichbar sind der intraventriculäre dendritische
Fortsatz der Liquorkontaktneurone und das – bei niederen Vertebraten sich
gleichfalls in den Ventrikel erstreckende – Innenglied des Pinealocyten sowie
die Zellkontakte am Hals des Liquorkontaktfortsatzes und des Innengliedes
des Pinealocyten. Sowohl der Liquorkontaktfortsatz als auch das Innenglied
des Pinealocyten können Teile einer „9 × 2 + 0"-Cilie enthalten. Im Unterschied
zu den Pinealocyten, deren Cilie ein lammelliertes Außenglied als Photoreceptor-
struktur ausbildet, endet die Cilie der Liquorkontaktneurone aber ohne eine
derartige Differenzierung. Dem Außenglied des Pinealocyten ist die atypische
Cilie des Liquorkontaktfortsatzes gleichzusetzen. Vergleichbar sind weiterhin
der basale Fortsatz beider Zellen als Neurit und dessen Möglichkeit, an der
Basallamina der ventrikelabgekehrten Seite mit „neurohormonalen Synapsen"
zu endigen. Zwar ist die Vergleichbarkeit beider Zellarten, besonders hinsichtlich
ihres Verhaltens zur Ventrikeloberfläche, bei niederen Vertebraten größer als
bei Mammaliern. Da die Autoren aber im Pinealorgan der *Ratte* Lumenreste,
umgeben von ringartigen Formationen der Zonulae adhaerentes finden (s. auch
GUSEK et al., 1965; WOLFE, 1965), glauben sie, „daß die Annahme einer Analogie
zwischen Pinealocyten und Liquorkontaktneuronen auch bei Mammaliern berechtigt ist. Aus der weitgehenden feinstrukturellen Ähnlichkeit der beiden Zellarten möchten wir die Schlußfolgerung ziehen, daß es sich bei Pinealocyten
und Liquorkontaktneuronen um verwandte Zellarten handelt".

Die Untersuchung von VIGH und VIGH-TEICHMANN (1975) macht einmal
mehr deutlich, daß zur Darstellung des Ependymaspektes der Epiphysis cerebri
auf die *Phylogenese* des Organs eingegangen werden muß. Sie spielt sich im
Rahmen der Ausbildung der *Parietalorgane* ab.

5.9.1. Parietalorgane (Pinealkomplex)

Die „Parietalorgane" (STUDNIČKA, 1883, 1900b) entwickeln sich aus dem Dach
des Zwischenhirns. Einen Überblick über die frühe Geschichte ihrer Erforschung
findet man bei GAUPP (1897). Eine Darstellung der Problematik ihrer verglei-
chend-anatomischen Zuordnung und der Literatur der ersten Jahrhunderthälfte
gibt BARGMANN (1943). Neuere Übersichten und Diskussionen über die phylo-ge-
netischen und ontogenetischen Besonderheiten und Zusammenhänge der Bildun-

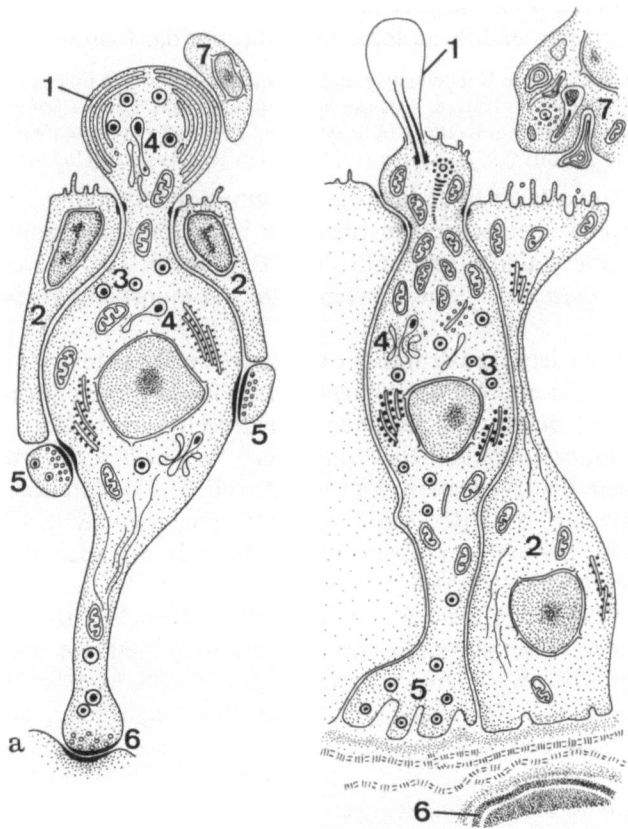

Abb. 121 a u. b. Schematische Darstellung spezialisierter Zellen des Zentralnervensystems (circumventriculärer Bereich), die zugleich nervöse und sekretorische Strukturelemente aufweisen. (Aus Oksche, 1970).

a Liquorkontaktneuron (in Anlehnung an Vigh-Teichmann et al., 1970c): Sekretorische, biogene Amine bildende Nervenzelle, deren proximaler, knopfartig aufgetriebener Fortsatz *(1)* die Ependymlage *(2)* durchsetzt und in den Ventrikelliquor hereinragt. Entstehung von granulierten Vesikeln *(3)* im Golgi-Apparat *(4)*. Axo-somatische Synapsen *(5)*; synaptische Endigung *(6)* des distalen Fortsatzes. Freie Zellen im Ventrikel *(7)*.

b Rudimentäre pineale Sinneszelle *(Lacertilia, Aves)* mit einer bulbösen Außengliedcilie *(1)*. Stützzelle *(2)*. Entstehung von granulierten Vesikeln *(3)* im Golgi-Apparat *(4)*. Granulareicher perivasculärer Endfuß *(5)* an der Basalmembran, dicht an einem Blutgefäß *(6)*. Freie Zellen in der Epiphysenlichtung *(7)*. (Nach Befunden von Oksche und in Anlehnung an J.-P. Collin)

gen des Zwischenhirndaches s. Trost (1953), Oksche (1954, 1965, 1971, 1972), Kummer-Trost (1956), vgl. auch Adam (1957, 1959, 1963), Altner (1968), Ariëns Kappers (1956 b). Die Parietalorgane schließen sich an das Subfornicalorgan oder an die Paraphyse, wo diese ausgebildet ist, caudalwärts an und reichen bis zur Gegend der Commissura posterior (Abb. 122).

Die *Paraphyse* (s. S. 410 ff.) wird von einigen Autoren zu den Parietalorganen im weiteren Sinne gerechnet (vgl. Kummer-Trost, 1956). Diese Zuordnung erweckt aber hauptsächlich aus zwei Grün-

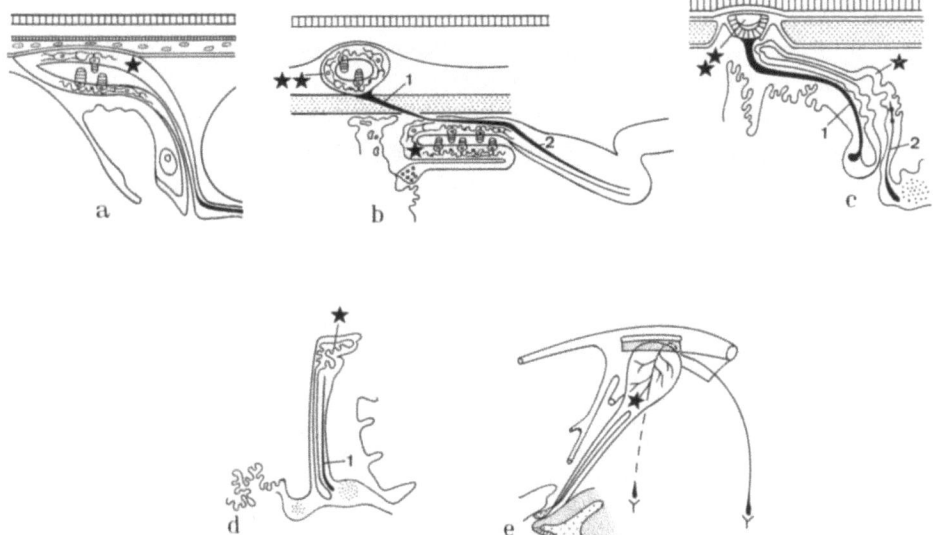

Abb. 122a–e. Schematische Darstellung verschiedenartiger Pinealorgane bzw. Pinealkomplexe. (Aus OKSCHE, 1970).

a *Teleostei:* Sackartiges Pinealorgan (*) der *Forelle (Salmo gairdneri)*; der Sinnescharakter dieser Epiphyse ist elektrophysiologisch und elektronenmikroskopisch gesichert (Lit. s. DODT et al., 1971). Das Pinealorgan der *Elritze (Phoxinus phoxinus)* ist gestreckter, schlauchförmiger.

b *Anura:* Frontalorgan (**) und Epiphysis cerebri (*) als Teile eines lichtempfindlichen Pinealkomplexes. Beachte die Kontinuität des Nervus *(1)* und Tractus *(2)* pinealis.

c *Lacertilia:* Parietalauge (**) und Epiphysis cerebri (*) als Lichtsinnesorgane mit getrennt verlaufenden Nervensträngen: Nervus parietalis *(1)* und Tractus pinealis *(2)*. Die Epiphysis cerebri der *Echsen* zeigt auch eine starke sekretorische Aktivität (Serotonin).

d *Aves:* Pinealorgan (*) mit rudimentären Receptorenaußengliedern, einem Nervenstrang *(1)* und sehr deutlichen Sekretionszeichen (keine elektrische Antwort auf direkte Belichtung).

e *Mammalia:* Sekretorisches Pinealorgan (*). Schema *(Ratte)* in Anlehnung an J. ARIËNS KAPPERS. Beachte die autonome (sympathische) Innervation

den Bedenken: Die Paraphyse ist eine Bildung des telencephalen, nicht des diencephalen Ventrikeldaches und entwickelt niemals Sinneszellen wie die Parietalorgane (s. ARIËNS KAPPERS, 1956b; vgl. STUDNIČKA, 1900b).

Das *rostrale Parietalorgan* ist bei den *Anuren* als *Frontalorgan* (Stirnorgan) ein Teil des lichtempfindlichen Pinealkomplexes, zu dem auch das Pinealorgan zählt. Bei den Lacertiliern erfährt das rostrale Parietalorgan (Parapinealorgan) als *Parietalauge* (Scheitelauge) seine höchste Differenzierung in Form eines Lichtsinnesorgans (vgl. OKSCHE, 1965, 1971).

Das *caudale Parietalorgan* ist das *Pinealorgan*. Es ist bei den meisten Vertebraten, auch bei den meisten Mammaliern gut, wenngleich funktionell und strukturell unterschiedlich ausgebildet, fehlt aber den Myxinoiden und Zitterrochen. Zum Pinealorgan rechnet man auch gelegentlich vorkommende *accessorische Pinealorgane* (Lit. s. BARGMANN, 1943). Auch das caudale Parietalorgan hat wie das rostrale die Potenz zur Differenzierung lichtempfindlicher Sinneszellen. Rostrales und caudales Parietalorgan sind die Parietalorgane im engeren Sinne; sie werden begrifflich auch als „Pinealkomplex" zusammengefaßt.

Der *Saccus dorsalis* (Recessus suprapinealis), früher auch als „Dorsalsack", „Zirbelpolster", „Pulvinar epiphyseos", „Parencephalon" und „Postparaphyse" beschrieben (s. Studnička, 1905; Jansen et al., 1976 a), ist eine zwischen Paraphyse bzw. Septum transversum und Pinealkomplex gelegene, organartige, dorsale Ausfaltung des Zwischenhirndaches vieler Vertebraten.

Das *Organum subcommissurale* schließt sich caudalwärts, unterhalb der Commissura posterior, an das caudale Parietalorgan an. Es wird, teils wegen eines vermuteten funktionellen Zusammenhanges mit dem Pinealorgan, von manchen Autoren zu den Parietalorganen im weiteren Sinne gerechnet. Doch gelten auch für das Subcommissuralorgan weitgehend die Gründe, die gegen den Einbezug der Paraphyse vorgebracht werden (zur Frage der Anwendung und Ausweitung des Begriffs „Parietalorgan" vgl. auch Kummer-Trost, 1956). Das Subcommissuralorgan ist bei (nahezu) allen Vertebraten, Mammalier eingeschlossen, ausgebildet, beim *erwachsenen Menschen* und einigen weiteren Mammaliern aber nur in Resten oder nicht mehr nachweisbar. Das funktionell aktive Subcommissuralorgan bildet den *Reissnerschen Faden*, der sich durch Aquädukt, IV. Ventrikel und Zentralkanal bis in den Ventriculus terminalis erstreckt. Eine caudalwärts folgende dorsale Ausbuchtung des Aquäduktes, der *Recessus mesocoelicus*, ist Teil des Subcommissuralorgans.

Als *Nebenparietalorgane* werden schließlich einige weitere, meist bläschenförmige Bildungen bei Submammaliern, vielleicht Mehrfachbildungen oder Abspaltungen von Parietalorganen, bezeichnet (s. Bargmann, 1943).

Die Ausbildung eines *Pinealkomplexes*, d.h. eines Corpus pineale mit Frontalorgan (Stirnorgan) bei den *Amphibien* bzw. eines Corpus pineale mit Parietalauge (Scheitelauge, Parapinealorgan) bei den Lacertiliern, kennzeichnet die vorübergehend auch zweigleisige Strecke auf dem langen phylogenetischen Weg der Umwandlung eines sensorischen Ependymorgans zu dem sekretorischen Ependymorgan der Mammalier (neuere vergleichende Darstellungen s. van de Kamer, 1965 b; Oksche, 1965, 1970, 1971; Collin, 1969 a, 1971; Dodt et al., 1971; Ariëns Kappers, 1971; Dodt, 1973; Eakin, 1973; Ueck, 1974). Die Unterschiede in der Organisation des Pinealkomplexes der Vertebraten betreffen sowohl den Bauplan seiner Komponenten als auch die cytologische Differenzierung (Abb. 123). Der *Pinealkomplex* stellt funktionell ein besonderes *photoneuroendokrines System* dar (Scharrer, 1964; vgl. Oksche, 1970; Oksche u. Hartwig, 1975; vgl. Ueck u. Wake, 1977).

Cyclostomata und Fische. Petromyzon bildet außer dem bläschenförmigen Pinealorgan ein kleineres Parapinealorgan aus (vgl. Holmgren, 1959, 1965; van de Kamer, 1965 b; Collin, 1969 c; Meiniel, 1971, Lit.); das letztere wird auch beim Quastenflosser *Latimeria* und manchen *Teleosteern* gefunden (Hafeez u. Merhige, 1977).

Bei den *Fischen* ist der Pinealkomplex zumeist eine einheitliche, Pinealorgan und Frontalorgan zugleich repräsentierende, röhrchenförmige Evagination des Zwischenhirndaches, die rostralwärts in das Neurocranium einwächst. Das sackartige Ende der Evagination enthält einen Hohlraum, der häufig durch das Lumen des Stiels mit dem III. Ventrikel kommuniziert. In anderen Fällen ist der Stiel solide umgewandelt und besitzt kein Lumen. Das Pinealorgan von *Lungenfischen* ist „amphibienähnlich" (Holmgren, 1959a). Der Pinealkomplex der Fische ist eine Ependymabfaltung (vgl. Holmgren, 1965).

Elektronenmikroskopische Untersuchungen über den Pinealkomplex von Petromyzontiden und *Fischen* s. Breucker und Horstmann (1965), Bertolini und Mangia (1966), Oksche und Kirschstein (1966b, 1967, 1971), Rüdeberg (1966, 1968a, b, 1969a, b, 1971), Collin (1968b, 1969a), Collin und Meiniel (1968), Meiniel (1969a, b, 1970, 1971), Omura et al. (1969), Petit (1969), Takahashi (1969), Ueck (1969a), Owman und Rüdeberg (1970), Bergmann (1971), Omura und Oguri (1971), Takahashi und Kasuga (1971), Omura (1975), Herwig (1976), McNulty (1976, 1977, 1978), Hafeez und Merhige (1977), Yakob und Kunz (1977), Ueck et al. (1978) u.a. Aus den Untersuchungen ergibt sich zusammenfassend folgendes über den cytologischen Bau des Pinealkomplexes der Fische:

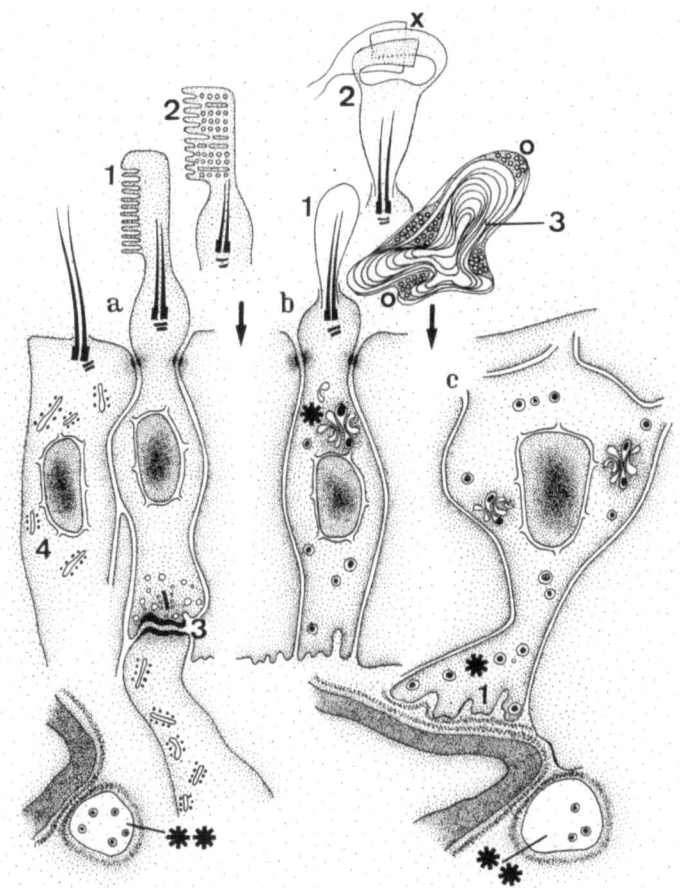

Abb. 123. Charakteristische Pinealocyten-Typen. *Pfeile* heben besondere Schritte in der phylogenetischen Entwicklung hervor. (Aus OKSCHE, 1970).

a Pineale Sinneszelle *(Lampetra, Selachii, Teleostei, Dipnoi, Anura, Lacertilia)*. *1* Regelmäßig lamelliertes Außenglied mit Cilie; zapfenartige Plasmalemminvagination. *2* Außengliedvariante mit alternierenden tubulösen und bläschenartigen Strukturen (regressive Entwicklung?). Für *Teleosteer* ist eine kappenartige Variante der Außengliedlamellen sehr charakteristisch. *3* Synaptischer Kontakt mit einem Dendriten. *4* Stützzelle.

b Rudimentärer sensorischer Pinealocyt *(Lacertilia:* intracranialer Epiphysenschlauch; *Aves)*. *1* Bulböse Cilie; *2* bulböse Cilie in Verbindung mit einem ektopischen Lamellenverband *(x)*. *3* Profil eines Lamellenkörpers mit Anschnitten bulböser Cilien (o); ein Teil der stark destruierten Lamellenkomplexe scheint frei im Lumen zu liegen. Bildung von granulären Vesikeln im Golgi-Apparat (*).

c Typischer sekretorischer Pinealocyt der Säuger mit granulierten Vesikeln (*) im perivasculären Endfuß *(1)*; perivasculäre autonome Nervenfasern (**) *(Mammalia, Aves, Reptilia;* vereinzelt auch bei *Anura* und *Teleostei)*

Die kinocilienarmen, als *Ependymzellverband* angeordneten Zellen des Pinealkomplexes sind teils pineale Sinneszellen, teils „Stützzellen".

Die *Sinneszellen* besitzen, vergleichbar den Sinneszellen der Retina, als apicale Receptorstruktur der „9 × 2 + 0"-Cilie ein lamelliertes, etwa 2 μm langes Außenglied. Dessen Einfaltungen können (bei *Teleosteern*) auch in Bläschen übergehen. Die Außenglieder von *Lungenfischen* gleichen in Größe und Form denen der *Amphibien* (Ueck, 1969a). Beim Quastenflosser *Latimeria* ist das Außenglied 8–10 µm lang und besteht aus über 275 Lamellen (Hafeez u. Merhige, 1977). Auch beim blinden Höhlenfisch *Astyanax mexicanus* (Omura, 1975; Herwig, 1976) und bei *Tiefseefischen* (McNulty, 1976, 1977) sind die Sinneszellen gut ausgebildet und als Photoreceptoren funktionstüchtig. Ein Innenglied ist durch Schnürung in Höhe der apicalen Zellkontakte angedeutet. Rasterelektronenmikroskopisch kann man die Außenglieder der Sinneszellen in drei Typen einteilen (Hartwig u. Pfautsch, 1973, *Forelle*), die ihre Entsprechung auch in Unterschieden der äußeren Gestalt bei TEM-Untersuchungen finden (vgl. Collin, 1969a; Rüdeberg, 1969b; Bergmann, 1971). Über funktionelle Unterschiede dieser Typen ist nichts bekannt.

Der Pinealkomplex besitzt Acetylserotonin-Methyltransferase-(ASMT-)Aktivität (Hafeez u. Quay, 1970; Smith u. Weber, 1973, 1974). Die Zellen nehmen 5-Hydroxytryptophan und 5-Hydroxytryptamin auf (Oguri et al., 1968; Hafeez u. Quay, 1969; Hafeez u. Zerihun, 1976 u.a.).

Die Sinneszellen der *Fische* sind direkt lichtempfindlich (Dodt, 1963, 1964, 1973; de la Motte, 1964; Morita, 1966, 1975; Hanyu et al., 1969; Hanyu u. Niwa, 1970; Rüdeberg, 1971; Bergmann, 1971; Dodt et al., 1971; Hamasaki u. Streck, 1971; Morita u. Bergmann, 1971 u.a.) und leiten Erregungen zentralwärts (vgl. Collin, 1969b; Hafeez u. Zerihun, 1974 u.a.). Zu den nicht völlig geklärten Fragen, wie das Licht die Aktivität des Pinealkomplexes beeinflußt und wie diese pineale Aktivität auf die Physiologie und das Verhalten der Fische wirkt (Anzeichen für einen Indolamin-Metabolismus, Farbwechsel, Einfluß auf die Gonaden, phototaktische Reaktionen anderer Art), s. Pang (1965), Quay (1965), Oguri et al. (1968), Reed (1968), Hafeez und Quay (1969, 1970), Fenwick (1970a, b), Owman und Rüdeberg (1970), Hafeez (1971), Oksche (1971), Oksche und Kirschstein (1971), Urasaki (1972, 1973), Smith und Weber (1973, 1974), Ueck (1974), de Vlaming (1975), Herwig (1976).

Bemerkenswert sind Zeichen einer *Außengliederdegeneration* (vgl. Kelly, 1965; Takahashi, 1969; Ueck, 1969a) oder eines Ausfalls („disc shedding") der Außengliedscheiben (Yacob u. Kunz, 1977), Befunde, die nicht in allen Fällen beobachtet werden (vgl. Diskussion der Frage der Außengliederdegeneration bei Oksche u. Kirschstein, 1971). Zugleich treten *Makrophagen* im Epiphysenlumen auf, die offensichtlich Außengliedmembranen phagocytieren (Omura, 1975; Herwig, 1976). Die Außengliederdegeneration ist vermutlich (vgl. Herwig, 1976) Ausdruck eines cyclischen Erneuerungsvorganges, wie er von den Retinareceptoren bekannt ist (vgl. Young, 1971). Inwieweit die Makrophagen hierbei die Funktion des Pigmentepithels übernehmen, ist nicht hinreichend geklärt.

Die elektronenmikroskopischen Untersuchungen am Pinealkomplex der Fische geben keinen Anhalt für eine sekretorische Tätigkeit der Pinealocyten (Diskussion bei Herwig, 1976). Altersabhängige Unterschiede in der Ausbildung der Pinealocyten, besonders des Außengliedes (Hafeez u. Ford, 1967; Takahashi, 1969; Omura u. Oguri, 1971 u.a.), können in vielen Fällen nicht beobachtet werden (Rüdeberg, 1966, 1968a; Oksche u. Kirschstein, 1967, 1971; Herwig, 1976 u.a.).

Die *Stützzellen*, gleichfalls kinocilienarme Ependymzellen, ähneln z.T. Tanycyten. Basale Fortsätze werden in perivasculärer Lage gefunden.

Der *subependymale Bereich* enthält ein Capillarnetz sowie ein Neuropil. Im Neuropil bilden die basalen Fortsätze der Sinneszellen bandartige („ribbon-like") Synapsen mit Dendriten von Nervenzellen, deren Neuriten in den Pinealtrakt eintreten (Collin, 1968a–c; Collin u. Meiniel, 1968; Rüdeberg, 1968a; Omura et al., 1969; Takahashi, 1969; Owman u. Rüdeberg, 1970; Oksche u. Kirschstein, 1971, Diskussion des Synapsenproblems; Herwig, 1976; Hafeez u. Merhige, 1977 u.a.). Subependymale Nervenzellen geben eine intensive Acetylcholinesterase-Reaktion (Wake, 1973; Korf, 1974).

Über das *Parapinealorgan* von *Lampetra planeri* s. Meiniel (1971, Lit.; vgl. Rüdeberg, 1969a, *Teleosteer*).

Der *Saccus dorsalis* der *Fische*, eine rostral von der Ausfaltung des Pinealkomplexes gelegene rostro-dorsale Evagination des Zwischenhirndaches, ist morphologisch und cytologisch einfacher als der Pinealkomplex beschaffen. Die ventriculäre Oberfläche ist wenig gefältelt. Die relativ kinocilienarme einschichtige Ependymzellage besteht aus einem einzigen spezialisierten Zelltyp, der durch stark ausgebildete apicale Mikrovilli und durch basale Plasmalemmeinfaltungen charakterisiert ist. Die seitlichen Plasmalemmata sind durch Zonulae occludentes verbunden (Jansen et al., 1976a; konventionelle Elektronenmikroskopie). Die Zellapices enthalten zahlreiche auffallend große, auch schüsselförmige Mitochondrien, glattes endoplasmatisches Reticulum und Mikropinocytosevesikel, basal granuliertes endoplasmatisches Reticulum (Jansen et al., 1976a, auch cytochemische Untersuchung). Die Autoren stellen die Hypothese auf, das Organ könne ein Analogon zum Plexus choroideus sein (vgl. FRIEDRICH-FREKSA, 1932; HOLMGREN, 1959; OBERMÜLLER-WILÉN, 1971; MCNULTY, 1976). Enzymhistochemische Untersuchungen sprechen für diese Hypothese (JANSEN et al., 1976b). Die subependymalen Capillaren sind fenestriert. Anzeichen für eine Innervation der Ependymzellen bestehen nicht (JANSEN et al., 1976).

Amphibien bilden ein sackförmiges rostro-dorsalwärts gerichtetes *Pinealorgan* aus, dessen Ventrikel, der auch in kleinere Höhlen unterteilt sein kann (FLIGHT, 1973), mit dem III. Ventrikel kommuniziert. Vom Fundus des Pinealorgans wächst bei *Anuren* ein *Frontalorgan* rostro-dorsalwärts unter die Haut. Das Frontalorgan ist mit dem Pinealorgan durch den Pinealnerv verbunden. *Urodelen* bilden kein Frontalorgan aus. Nach COLLIN (1969a) ist bei *Amphibien* ein Dorsalsack anzutreffen.

Zur *Ontogenese* des Pinealorgans der *Amphibien* s. OKSCHE (1955), KELLY (1958, 1962, 1963, 1965, 1971), EAKIN und WESTFALL (1961), HENDRICKSON und KELLY (1969, 1971).

Elektronenmikroskopische Untersuchungen an *Anuren* stammen von EAKIN (1961a, b), OKSCHE und v. HARNACK (1962, 1963, 1964), EAKIN et al. (1963), OKSCHE und VAUPEL-v. HARNACK (1963, 1965), KELLY und SMITH (1964), UECK (1968a, b, 1970b, 1971a), BAYRHUBER (1972); an *Urodelen* von KELLY (1962, 1963, 1965, 1971), FLIGHT (1968, 1973), HENDRICKSON und KELLY (1971), FLIGHT und DONSELAAR (1975), KORF (1976). Aus den Untersuchungen ergibt sich folgendes Bild.

Stirnorgan und Pinealorgan der Anuren und Pinealorgan der Urodelen sind prinzipiell gleichartig gebaut. Die *Ependymzellschicht* des Organs wird jeweils aus Sinneszellen (bei *Ambystoma tigrinum* 150–190 Sinneszellen, KORF, 1976) und „Begleitzellen", Ependym- und Gliazellen, epithelähnlichen Zellen (degenerierte Sinneszellen? vgl. OKSCHE u. v. HARNACK, 1963; OKSCHE u. VAUPEL-v. HARNACK, 1963) sowie einem „vierten Zelltyp" zusammengesetzt (FLIGHT, 1973). Der plexiforme subependymale Bereich wird von Neuropil und Blutcapillaren eingenommen. Von den Sinneszellen der Urodelen-Epiphyse war ursprünglich angenommen worden, ihre Anzahl nehme nach der Metamorphose ab (KELLY, 1963, 1965). Indessen zeigen neuere Untersuchungen, daß ihre Zahl während der ganzen Lebenszeit annähernd konstant bleibt (HENDRICKSON u. KELLY, 1969, 1971; KELLY, 1971). Sie machen bei Urodelen etwa die Hälfte der Zellen im Ependymverband aus (FLIGHT, 1973).

Die *Sinneszellen* besitzen die Merkmale der *Lichtsinnesreceptoren* der Retina (Zapfentyp) auf einer höher differenzierten Stufe als die des Pinealkomplexes der Fische. Das *Außenglied*, die Bildung der „9 × 2 + 0"-Cilie, kann über 10 µm lang und aus über 100 Lamellenscheiben zusammengesetzt sein. Es wird kontinuierlich gebildet, apical in Lamellenstapeln abgegeben und von intraventriculären Makrophagen phagocytiert (KELLY u. SMITH, 1964; FLIGHT, 1973 u.a.). Zur Histochemie des Außengliedes s. KELLY und VAN DE KAMER (1960). Im gut ausgebildeten *Innenglied* liegen zahlreiche Mitochondrien, ein Golgi-Komplex und Filamente. Das *laterale Plasmalemm* bildet mit „Begleitzellen" Desmosomen (OKSCHE u. v. HARNACK, 1963; OKSCHE u. VAUPEL.-v. HARNACK, 1963), Zonulae occludentes und Zonulae adhaerentes (FLIGHT, 1973, konventionelle Elektronenmikroskopie). Die *Basis* der Sinneszellen verjüngt sich zu einem Fortsatz, der im Neuropil komplexe, bandartige Synapsen (vgl. KELLY u. SMITH, 1964; KORF, 1976; HARTWIG u. KORF, 1978, TEM) mit Dendriten der Acetylcholinesterase-positiven Neurone (vgl. WAKE et al., 1974) des Pinealnerven (oder mit Interneuronen) bildet. Biogene Monoamine (Indolamine) werden histochemisch (ITURIZZA, 1967) und fluorescenzmikroskopisch (OWMAN et al., 1970; vgl. OKSCHE u. HARTWIG, 1975) im Pinealorgan nachgewiesen. Es enthält *photosensitive Pigmente* (HARTWIG u. BAUMANN, 1974). Indessen wird auch *Melatonin* in den Zellen des Pinealorgans von *Amphibien* nachgewiesen (VAN DE VEERDONK, 1967).

Die *Epenydymzellen*, „Begleitzellen" der Sinneszellen, sind relativ kinocilienarm. Apical bilden sie Mikrovilli aus, mit einem basalen Fortsatz können sie an den pericapillären Bindegewebsraum grenzen. Die Ependymzellen besitzen zahlreiche lamelläre, 60–150 nm große Einschlüsse (OKSCHE u. v. HARNACK, 1963; OKSCHE u. VAUPEL-v. HARNACK, 1963), „Myeloidkörper" (FLIGHT, 1973), sowie „leere" und granulierte Vesikel, die besonders nahe der apicalen, ventriculären Oberfläche auftreten. Die lamellären „Myeloidkörper" sind am Vitamin-A-Stoffwechsel beteiligt (FLIGHT u. VAN DONSELAAR, 1975; autoradiographische Untersuchung).

Die *Gliazellen* begleiten hauptsächlich die neuronalen Elemente im subependymalen Bereich. An der äußeren Begrenzung des Stirnorgans der Anuren sind Perikaryen zahlreicher, als Gliazellen gedeuteter Elemente zu sehen. OKSCHE und v. HARNACK (1963) machen außerdem auf perivasculäre Zellen aufmerksam, die hinsichtlich ihres Gehaltes an Vesikeln und Granula den Pinealocyten der Mammalier gleichen. Das Problem einer nichtependymalen Glia im Pinealkomplex der Amphibien ist umstritten.

Der *vierte Zelltyp* stellt nur einen geringen Anteil der Pinealzellen. Die Zellkerne dieser Zellen sind manchmal gelappt. Das Cytoplasma enthält unregelmäßig geformte lipidähnliche Körper. Dieser „vierte Zelltyp" ähnelt Makrophagen, die am oder im Lumen gefunden werden (Flight, 1973).

Im *subependymalen Bereich* des Pinealorgans ist ein sehr dichtes Capillarnetz als Teil des stark verzweigten periventriculären Netzwerkes ausgebildet (Mautner, 1965).

Die pinealen *Sinneszellen* der Amphibien sind direkt lichtempfindlich (Dodt, 1964, 1973; Dodt u. Heerdt, 1962; Dodt u. Jacobsen, 1963; Dodt u. Morita, 1964; Morita u. Dodt, 1965; Dodt et al., 1971; Morita, 1975; vgl. auch Adler, 1970, 1973, 1976; Taylor, 1972; Adler u. Taylor, 1973). Lichtreize könnten sowohl nervale Erregungen als auch neurohumorale Wirkungen zeitigen (vgl. Oksche u. Hartwig, 1975).

Weitere Untersuchungen zur Funktion des Pinealkomplexes von *Amphibien* s. Kelly (1958; vgl. aber Subcommissuralorgan!), Bagnara (1960, 1961, 1963, 1965), Stebbins et al. (1960).

In Untersuchungen zur endokrinen Funktion des Pinealorgans der Amphibien spielt die Frage der Beteiligung des Liquor cerebrospinalis an Transportvorgängen eine Rolle (vgl. Mess et al., 1975; vgl. Oksche u. Hartwig, 1975).

Jackson et al. (1977, Radioimmunassay) berichten über einen TRH-Gehalt der *Froschepiphyse*, der jahreszeitliche Differenzen aufweist.

Über den *neuronalen Apparat* des Pinealorgans, Pinealnervs und Pinealtraktes der Amphibien s. Oksche (1955), Ariëns Kappers (1965), Oksche u. Vaupel-v. Harnack (1965c), Ueck (1968a, b, 1970b), Paul et al. (1971), Ueck et al. (1971), Paul (1972a), Zimmermann und Paul (1972), Wake et al. (1974), Diederen (1975), Korf (1976).

Das Pinealorgan der Amphibien enthält außer funktionstüchtigen *Sinneszellen* offenbar *sezernierende Elemente*, vermutlich regressive Sinneszellen unter den „Begleitzellen" bzw. agranuläre aminerge Elemente der Sinneszellreihe (vgl. Oksche u. v. Harnack, 1963; Oksche u. Vaupel-v. Harnack, 1963; Owman et al., 1970; Flight, 1973).

Über den *Dorsalsack* und über synaptoide Strukturen markloser Nervenfasern im Dorsalsack s. Altner und Bayrhuber (1969).

Bei den *Reptilien* ist der Pinealkomplex unterschiedlich ausgebildet. Gundy und Wurst (1976) finden bei etwa 60% der Lacertilierarten neben dem *Pinealorgan* ein wohlausgebildetes, mit Cornea, Linse und Retina versehenes *Parietalauge*. In anderen Species mit regressiv veränderten Parietalaugen fehlen diese. Das dorso-rostral ausgewachsene Parietalauge liegt im Parietalloch des Neurocranium unter der Haut. Der Nervus parietalis stellt in der Regel eine Habenularverbindung her. Accessorische Parietalorgane kommen vor. Das Pinealorgan ist zumeist eine schlauchförmige, gefaltete, rostrodorsalwärts gerichtete Ausfaltung des Zwischenhirndaches, deren Lumen mit dem III. Ventrikel nicht mehr kommuniziert. Häufiger ist das Lumen des Pinealorgans in kleinere Hohlräume unterteilt, so daß ein follikelähnlicher Aufbau entsteht. Der Tractus pinealis läßt sich zur Commissura posterior verfolgen. Ein Dorsalsack ist in der Regel ausgebildet (vgl. Kummer-Trost, 1956; Collin, 1969a; Gundy, 1972, 1974; Mehring, 1974; Gundy u. Wurst, 1976).

Zur Entwicklung des Pinealkomplexes bei Reptilien s. Eakin (1964), Meiniel et al. (1975). Ältere Lit. bei Gundy und Wurst (1976).

Elektronenmikroskopische Untersuchungen des Parietalkomplexes der Reptilien s. Eakin und Westfall (1959, 1960), Steyn (1960), Eakin et al. (1961), Vivien (1964a, b), Lierse (1965), Oksche und Kirschstein (1966b, 1968), Vivien und Roels (1967, 1968), Vivien-Roels (1969, 1970); Collin und Ariëns Kappers (1968a, b), Petit (1968), Wartenberg und Baumgarten (1968, 1969), Collin (1969), Collin und Meiniel (1971), Mehring (1972), Eakin (1973). Aus den Untersuchungen ergibt sich bei gut ausgebildetem Parietalauge folgender Aufbau.

Im *Parietalauge* der Lacertilier ist die *Ependymzellschicht* regelmäßig aufgebaut, sie besteht aus Sinneszellen und Stützzellen. Die *Sinneszellen* haben den Charakter von Photoreceptorzellen (vorwiegend Zapfentyp). Das *Außenglied* ist bei *Lacerta sicula campestris* (Oksche u. Kirschstein, 1968) etwa 2,5 μm lang und enthält etwa 70 Lamellenscheiben. Die Verbindung mit dem Innenglied wird durch eine „9 × 2 + 0"-Cilie hergestellt. Das *Innenglied* ist mitochondrienreich. Zellen des Parietalauges können ferner Pigmentgranula enthalten. Die Sinneszellen des Parietalauges sind direkt lichtempfindlich (Miller u. Wolbarsht, 1962; Scherer u. Dodt, 1967; vgl. Engbretson u. Lent, 1976).

Im *Pinealorgan*, das gleichfalls aus „Sinneszellen" und Stützzellen zusammengesetzt ist, besitzen die *Sinneszellen* teilweise zwar noch lamellierte *Außenglieder*, doch sind sie kürzer als die im Parietalauge und unregelmäßiger gebaut (vgl. COLLIN, 1968a, b, 1969a). In anderen Fällen sitzt dem *Innenglied*, d.h. der Cilienspitze (bzw. dem Centriolenapparat) eine bulböse Protrusion mit bläschenförmiger Innenstruktur auf (Degenerationsformen, unreife Formen?). Zur Lichtempfindlichkeit der *Eidechsen*-Epiphyse s. HAMASAKI und DODT (1969). Der apicale Zellanteil einer derart reduzierten Sinneszelle gleicht mit seinem mitochondrienreichen Innenglied auf überraschende Weise den Liquorkontaktfortsätzen des Zentralkanals (vgl. WARTENBERG u. BAUMGARTEN, 1968; LEONHARDT, 1976). Vermutlich sind im Fall einer Degeneration lysosomenartige Körper tätig, die im noch vorhandenen Innenglied auftreten. Auch in Pinealzellen werden *Pigmentgranula* beobachtet. Zur Analyse der Lipopigmente s. VIVIEN-ROELS und HUMBERT (1977). Darüber hinaus werden in vielen Zellen auch kleinere, 100–150 nm messende kernhaltige Vesikel beobachtet, die von OKSCHE und KIRSCHSTEIN, 1968) in Zusammenhang mit dem fluorescenzmikroskopischen Nachweis von 5-Hydroxytryptamin gebracht werden (QUAY et al., 1967; vgl. COLLIN, 1969a, 1971; COLLIN u. MEINIEL, 1971, fluorescenzmikroskopischer Nachweis von Indolaminen in Zellen des Pinealorganes, Lit.; COLLIN u. MEINIEL, 1973a, b, Untersuchungen zum Indolamin-Metabolismus). *Vesikel* dieser Größenordnung werden hauptsächlich in *basalen Fortsätzen* gefunden (vgl. MEHRING, 1972). Offenbar sind die Träger dieser Granula die rudimentären Receptorzellen.

Die „Receptorzellen" unterliegen vermutlich einer Transformation in sezernierende Zellen und könnten damit eine Übergangsstufe zu subependymalen sezernierenden Zellen darstellen, die keine Beziehung mehr zum Lumen haben (vgl. OKSCHE u. KIRSCHSTEIN, 1966b; COLLIN, 1967a,b; LUTZ u. COLLIN, 1967). „Der wesentliche Schritt in der phylogenetischen Umwandlung des Pinealorgans ist die Ablösung seines Sinnesapparates durch endokrin aktive, sekretorische Elemente" (OKSCHE u. KIRSCHSTEIN, 1968; s. OKSCHE, 1965, 1970; vgl. BARGMANN, 1943). *Diese „Pseudosinneszellen"* (VIVIEN-ROELS, 1969) *besitzen zugleich Strukturmerkmale retinaler Photoreceptorzellen (Innenglied und Außengliedrudiment) und Merkmale sezernierender Zellen.* Die basalen, oft sehr langen Fortsätze dieser Zellen verbreitern sich an perivasculären Basallaminae mit einer Endanschwellung (vgl. MEHRING, 1972). Die rudimentären, sezernierenden „Receptorzellen" besitzen nach WARTENBERG u. BAUMGARTEN (1968) keine Bandsynapsen, und basale, in der Wand des Pinealorgans liegende helle Zellen (sensorische Nervenzellen nach ARIËNS KAPPERS, 1967) bilden keine synaptischen Kontakte mit den basalen Zellfortsätzen. VIVIEN und ROELS (1968) finden aber bandförmige Synapsen an diesen „Pseudosinneszellen", den Pinealocyten. Nach COLLIN und MEINIEL (1971) können die basalen Fortsätze mit Nervenzellausläufern (Dendriten?), perivasculären Basallaminae oder Stützzellen in Berührung stehen. Neuerdings vermutet COLLIN (1977), daß die sekretorischen Elemente der „sensorischen Linie" einen Zelltyp eigener Prägung darstellen, der sich von vornherein von den nervöse Signale vermittelnden Sinneszellen unterscheidet. In den Sekretgranula dieser Zellen wurde sowohl 5-HT als auch Protein nachgewiesen (COLLIN et al., 1977).

Die *Stützzellen*, kinocilienarme *Ependymzellen*, sind weniger zahlreich als die sezernierenden „Receptorzellen" (vgl. „Zwischenzellen", PETIT, 1969). Die Stützzellen zeichnen sich durch einen länglichen oder dreikantigen Zellkern aus, der entweder basal oder apical von den Perikaryen der „Sinneszellen" liegt. Die Zellen besitzen ein granuliertes endoplasmatisches Reticulum und einen gleichfalls gut entwickelten Golgi-Apparat. Apical bilden die Zellen Mikrovilli aus. Basal gelegene Stützzellen, in der Gestalt den subependymalen Tanycyten ähnlich, enthalten Filamentbündel. Bei *Lacerta viridis* reichen die Stützzellen vom Lumen bis zur Basallamina (WARTENBERG u. BAUMGARTEN, 1968). In diesen Zellen sind keine Anzeichen von Sekretion zu erkennen (MEHRING, 1972, *Testudo hermanni*; vgl. dagegen PETIT, 1969, *Anguis fragilis*).

Freie Zellen kommen im Epiphysenlumen vor.

Der *subependymale Bereich* des Organs wird vom Neuropil mit einzelnen Nervenzellen (vgl. COLLIN u. MEINIEL, 1971; MEHRING, 1972) und von Blutgefäßen ausgefüllt.

Die subependymalen *Blutgefäße* bilden einen Gefäßplexus (Capillaren und Venen), der an der äußeren Oberfläche des Pinealorgans besonders stark ausgebildet ist (vgl. STEYN, 1958; LIERSE, 1965; SWAIN, 1968) und aus dem Capillaren in das Organ eindringen. Die Capillarendothelien sind fenestriert (VIVIEN-ROELS, 1969); es besteht ein stellenweise breiter perivasculärer Bindegewebsraum, der Fibroblasten und Kollagenfibrillen enthält (VIVIEN-ROELS, 1969; COLLIN u. MEINIEL, 1971), eine neurohämale Region.

Zur *Innervation* des Pinealorgans der Reptilien s. ARIËNS KAPPERS (1965, 1967, ausführliche Darstellung, Lit.). Im Pinealorgan der Eidechse können noradrenerge Nervenfasern nachgewiesen werden (WARTENBERG u. BAUMGARTEN, 1969, elektronenmikroskopische Untersuchung bei Anwendung von 5-Hydroxydopamin und 5-Hydroxydopa). Sie kommen an Blutgefäßen, zwischen den Zellen und Zellfortsätzen des Organs und frei im Lumen des Pinealorgans vor.

Untersuchungen zur Funktion des Pinealkomplexes bei Reptilien s. auch Palenschat (1964), Hafeez (1971), Gundy et al. (1975), Haldar und Thapliyal (1977).

Vögel bilden durch Evagination des Zwischenhirndaches ein *Pinealorgan* aus, dessen Höhlung aber in der Regel in zahlreiche kleine follikelartige Höhlen untergliedert wird. Sie können noch in Beziehung zu einer gemeinsamen gangartigen Höhle stehen, doch kommuniziert diese nur bei einer Reihe von Arten noch mit dem III. Ventrikel. Ein Frontalorgan oder Parietalauge wird nicht ausgebildet (vgl. Collin, 1969a). Zum Bauplan der Vogelepiphyse vgl. Oksche und Vaupel-v. Harnack (1966).

Zur *Ontogenese* des Pinealorgans der Vögel s. Spiroff (1958), Oksche und Vaupel-v. Harnack (1965a), Collin (1966a–c), Oksche (1968b), Nishiyama und Mikami (1974), Omura (1977), vgl. Quay (1974). Ein lamelliertes Außensegment wird gegen Ende der Embryonalentwicklung bei Pinealocyten angelegt, geht dann aber zugrunde.

Elektronenmikroskopische Untersuchungen an der Epiphyse der Vögel s. Oksche und Vaupel-v. Harnack (1965a, b, 1966), Bischoff und Richter (1966), Collin (1966a, b, c, 1967b, c, 1969a), Bischoff (1967, 1969), Fujie (1968), Oksche (1968), Quay et al. (1968), Oksche und Kirschstein (1969), Oksche et al. (1969b), Ueck (1969b, 1970a, 1971b, 1973a, b), Oksche et al. (1972a), Ueck und Kobayashi (1972), Menaker und Oksche (1974), Nishiyama und Mikami (1974), Boya und Zamorano (1975), Piezzi und Gutiérrez (1975), Collin et al. (1976), Juillard und Collin (1976), Omura (1977), Ueck et al. (1977). Die Untersuchungen zeigen, daß Unterschiede im Aufbau der Vogelepiphyse bestehen. Folgendes kann allgemeingültig gesagt werden.

Eine *Ependymzellschicht* ist auch bei den stärker unterkammerten Vogelepiphysen noch daran zu erkennen, daß die Pinealzellen (Zellen vom Receptortyp) und andere Zellen (Stützzellen) an den Epiphysenlumina epithelähnlich geschlossene Zellverbände bilden. Das umgebende „subependymale" (interfolliculäre) Gewebe wird von einem Neuropil gebildet, in das von außen Blutgefäße eindringen. Einige Nervenzellen kommen vor.

Die receptorähnlichen *Pinealocyten* sind gestreckt und mit einem runden oder ovalen Kern versehen. Die Zellen bilden apical je eine mitochondrienreiche Anschwellung, die, verglichen mit Retina-Receptorzellen, einem *Innenglied* entspricht (Oksche u. Kirschstein, 1969, *Sperling*). Aus ihm ragt eine bulböse „$9 \times 2 + 0$"-Cilie in das Epiphysenlumen. Diese Cilienauftreibung entspricht etwa den frühen Entwicklungsstadien des Photoreceptoren-*Außengliedes*, Membraneinfaltungen werden aber nicht ausgebildet. Dagegen kommen Membranausfaltungen (Randausziehungen) dieser Cilien vor, sie können sich in Lamellen fortsetzen, die insgesamt das Epiphysenlumen mit wirbelförmigen oder ungeordneten Membrankomplexen erfüllen (vgl. Menaker u. Oksche, 1974). Diese receptorähnlichen Pinealocyten erwecken, verglichen mit voll differenzierten pinealen Sinneszellen, einen rudimentären Eindruck (vgl. auch Collin, 1969a; Oksche et al., 1972a; Menaker u. Oksche, 1974). Hinsichtlich der Ausbildung dieses Außengliedrudimentes bestehen erhebliche Speciesunterschiede; es fehlt z.B. einerseits beim *Pinguin* völlig (Piezzi u. Gutiérrez, 1975), kann andererseits bei *Sperlingsarten* noch relativ gut ausgebildet und 4–11 µm lang sein (Menaker u. Oksche, 1974; Ueck et al., 1977, REM).

Zu der Verkümmerung der Außenglieder der receptorähnlichen Pinealocyten passen die negativen elektrophysiologischen Ergebnisse von Untersuchungen über die direkte Lichtempfindlichkeit der Vogelepiphyse (Morita, 1966, Ralph u. Dawson, 1968). Die funktionelle Lichtabhängigkeit der Vogelepiphyse (vgl. Quay, 1966c; Herbuté u. Baylé, 1974; Binkley et al., 1977) dürfte auf Receptormechanismen anderer Art beruhen (vgl. Yokoyama et al., 1978).

Einen eigenen sezernierenden Zelltyp stellen receptorähnliche *Pinealocyten* dar, deren 50–120 nm große *granulierte Vesikel* sowohl Serotonin als auch eine Proteinkomponente enthalten (Juillard u. Collin, 1978). Sie entstehen im Golgi-Apparat. Die granulierten Vesikel kommen sowohl apical im Perikaryon der sezernierenden Zellen als auch in deren basalen, breitflächig dem perivasculären Raum angelagerten Fortsätzen vor (vgl. Collin, 1966a, b, 1969a; Oksche et al., 1969b; Oksche u. Kirschstein, 1969; Ueck, 1973a, b). Zellen dieses Typs können zudem lysosomenartige Körper enthalten (Piezzi u. Gutiérre, 1975).

Das Vorkommen sezernierender Zellen in der Vogelepiphyse stimmt überein mit dem Nachweis *biogener Amine* (Melatonin und Vorläufer) in diesen Zellen (vgl. Axelrod et al., 1964; Quay, 1966c; Pang et al., 1974; Benelbaz et al., 1976; Binkley et al., 1977; Juillard et al., 1977, u.a.) und der zugehörigen Enzyme (Benelbaz et al., 1976 u.a.).

Die biogenen Amine werden außer in sezernierenden Zellen auch in Nervenfasern nachgewiesen. Fluorescenzmikroskopisch findet man – artspezifisch unterschiedlich – biogene Amine bei einigen Species nur perivasculär, bei anderen auch im Parenchym, bei wieder anderen nur im Parenchym. In permanenter Dunkelheit nimmt die Serotoninfluorescenz des Epiphysenparenchyms der *Taube* erheblich zu (Einzelheiten s. Ueck, 1973 b). Dem fluorescierenden (Serotonin) Material entspricht an der Basis der Epiphysenläppchen in Pinealocytenausläufern eine Ansammlung von etwa 100 nm großen dichten Granula (Ueck, 1973 b, *Taube*).

Die *Stützzellen*, langgestreckte kinocilienarme *Ependymzellabkömmlinge* mit ovalem oder leicht eingefaltetem Zellkern, erinnern an *Tanycyten*. Die Zellen bilden apical Mikrovilli aus. Mit lateralen Fortsätzen umgreifen sie andere Zellen, mit basalen Fortsätzen erreichen sie die äußere Basallamina perivasculärer Räume. Neben mäßig entwickelten Zellorganellen verschiedener Art enthalten die Zellen lysosomenartige Körper sowie Filamentbündel in perinucleärer Lage (vgl. Fujie, 1968; Piezzi u. Gutiérrez, 1975).

Piezzi und Gutiérrez (1975) finden beim *Pinguin* außerdem noch einzelne *kinocilienreiche Ependymocyten* im Ependymzellverband, die sonst für Vogelepiphysen selten beschrieben werden.

Die im *subependymalen Bereich* ausgebreiteten *Capillaren* haben ein fenestriertes Endothel (vgl. Fujie, 1968) und werden von einem weiten perivasculären Raum umgeben (vgl. Oksche u. Kirschstein, 1969). In diesem werden von mehreren Autoren elektronen- und fluorescenzmikroskopisch marklose Nervenfasern mit granulierten Vesikeln nachgewiesen (vgl. Oksche u. Kirschstein, 1969).

Zur *Innervation* der Vogelepiphyse s. Wight und MacKenzie (1970), Ariëns Kappers (1971). Diskussion der dualen Innervation bei Ueck und Kobayashi (1972). Im subependymalen Bereich liegen Acetylcholinesterase-haltige Neurone, deren Axone im Epiphysenstiel hirnwärts (zentripetal) ziehen (Ueck u. Kobayashi, 1972). Sie sind artspezifisch unterschiedlich zahlreich und verschieden auf die einzelnen Epiphysenabschnitte verteilt. Von diesen neuralen Elementen sind Acetylcholinesterase-haltige perivasculäre, offenbar zentrifugale Nervenfasern zu unterscheiden. Sie haben den gleichen Verlauf wie perivasculäre adrenerge Nervenfasern (Ueck, 1970 a).

Untersuchungen zur Funktion der Vogelepiphyse besonders im Hinblick auf die circadian schwankende Melatoninausschüttung s. Pang et al. (1974, Lit.), Benelbaz et al. (1976), John et al. (1978). Zur Frage der Steuerung von circadianen lokomotorischen Aktivitätsrhythmen s. Gwinner (1978). Nach Pinealektomie klingen beim *Haussperling* unter konstanten Umweltbedingungen alle circadianen Rhythmen rasch aus. Bei pinealektomierten *Staren* ist die circadiane Periodik zwar stark gestört, aber nicht völlig erloschen, so daß hier offenbar noch andere, nicht im Pinealorgan lokalisierte circadiane Schrittmacher an der Steuerung beteiligt sind (Lit. s. Gwinner, 1978).

Das Pinealorgan der Vögel zeichnet sich dadurch aus, daß die sekretorische Komponente ganz in den Vordergrund tritt. Wenngleich noch Pinealocyten vorkommen, die zugleich apical sensorische und basal sekretorische Merkmale aufweisen (vgl. Collin, 1969 a, 1971; Oksche, 1970, 1971; Ueck u. Kobayashi, 1972; Menaker u. Oksche, 1974), so bleibt doch die sensorische Aktivität, falls überhaupt vorhanden, unbekannt, während im Zusammenhang mit der endokrin-sekretorischen Leistung die Melatoninproduktion für die Vogelepiphyse gesichert ist. Zur Entstehung der sekretorischen Zellen aus einer Zellinie s. Collin (1977). Ein tanycytenähnliches Ependym bleibt daneben in nahezu ursprünglicher Ausbildung erhalten. Zum Verhalten der Vogelepiphyse (*Passer domesticus*) in der Gewebekultur s. Möller (1978, licht- und elektronenmikroskopische Befunde). Das Pinealorgan des *Haussperlings* verdient im Hinblick auf seine Schrittmacherrolle für die circadiane Rhythmik (s.o.) eine besondere Aufmerksamkeit (vgl. Menaker u. Zimmerman, 1976; Zimmerman, 1976 b).

Das Pinealorgan der *Mammalier* (Epiphysis cerebri) entwickelt sich wie bei allen Vertebraten als Ependymevagination des Zwischenhirndaches. Neuere Untersuchungen zur Ontogenese der Epiphyse bei Mammaliern s. Owman (1961, *Ratte*), Ariëns Kappers (1960, *Ratte*), Hülsemann (1971, *Mensch*, Innervation), Clabough (1973, *Ratte, Hamster*), Møllgaard und Møller (1973, *Mensch*, Innervation), Møller (1974, 1976, *Mensch*, Innervation), Møller et al. (1975, *Schaf, Kaninchen*, Innervation), van Veen et al. (1978, *Goldhamster*).

Unter Beteiligung des leptomeningealen Bindegewebes entsteht sehr rasch eine Unterteilung des Recessus in *follikelartige Läppchen* – ein Vorgang, der auch nachgeburtlich noch voranschreitet. Die Umwandlung des hinteren Anteils der Epiphyse geht der des vorderen Anteils zeitlich voraus. Immerhin können die Follikel des neugeborenen Menschen noch kleine Lumina enthalten; eine Verbindung mit dem III. Ventrikel besteht in keinem Fall. Schließlich entsteht das solide Organ. Die ursprüngliche Schichtengliederung des Ependyms ist aber durchaus noch zu erkennen, wenn man davon ausgeht, daß die Zellen der Ependymzellschicht, hauptsächlich Pinealocyten, im Laufe der phylogenetischen Umwandlung des sensorischen Organs in ein sekretorisches (vgl. Oksche, 1965, 1971; Collin, 1969a, 1971) ihre bei den Sauropsiden noch erkennbare funktionelle Orientierung zum „Ventrikel"-Lumen verlieren, dafür aber um so intensiver mit basalen Fortsätzen auf die „subependymalen" Gefäße hin orientiert sind. Bei Verlust des Follikellumens rücken die Zellen der Ependymzellschicht apical zusammen; es entstehen die bekannten rosettenförmigen Läppchen, die von den „subependymalen" Gefäß-Bindegewebsstrukturen eingeschlossen werden. Der solide Epiphysenstiel verbindet das Organ mit dem Dach des III. Ventrikels bzw. mit der Habenularregion (vgl. Quay, 1956; Ariëns Kappers, 1965; Sheridan u. Reiter, 1970a, b).

Zur *Gliederung* und *Lage* der Mammalierepiphysen s. Bargmann (1943), Ariëns Kappers (1960), Hülsemann (1967), Ariëns Kappers et al. (1974). Viele Mammalierepiphysen bilden einen proximalen und distalen Anteil aus („superficial and deep pineal"), was in mehreren Untersuchungen unberücksichtigt bleibt (Kritik bei Sheridan u. Reiter, 1970a, b; vgl. Reiter u. Hedlund, 1976; Vollrath u. Boeckmann, 1977). Zur Lage der Epiphyse des *Elefanten* s. Haug (1972).

Der *Recessus pinealis* dringt bei den Mammaliern unterschiedlich tief in das Organ ein. Ein *Dorsalsack* ist als *Recessus suprapinealis* in der Regel, wenn auch sehr unterschiedlich ausgebildet (vgl. Quay, 1965a; Gregorek u. Seibel, 1970; Gregorek et al., 1977). Die Epiphyse steht wie die übrigen „klassischen" circumventriculären Organe zum äußeren und inneren Liquor in direkter Beziehung (vgl. auch Sheridan et al., 1969; Ariëns Kappers et al., 1974).

Über die Beziehungen zwischen Epiphysenvolumen und Körper- und Hirngewicht an fünf Mammalierarten s. Legait et al. (1976).

Bei wenigen Mammaliern (s. Hofer et al., 1976) soll, älteren Angaben zufolge (vgl. Bargmann, 1943), die Epiphyse ganz fehlen. Hofer et al. (1976) gingen der Frage beim Gürteltier *Dasypus novemcinctus* (parallel mit einer Untersuchung der Verhältnisse beim *Opossum*) nach und kommen zu dem Ergebnis, daß bei beiden Species pineales Parenchym als ausgedehnter Belag die ventriculäre Oberfläche der Habenularkommissur bedeckt. In beiden Fällen dieser „lebenden Fossilien" ist mithin ein Epiphysenäquivalent als unmittelbarer Bestandteil der Ventrikelauskleidung vorhanden.

Elektronenmikroskopische Untersuchungen der Mammalierepiphyse s. Milofsky (1957, *Ratte*), Anderson (1960, 1965, *Rind*), Gusek und Santoro (1960, 1961, *Ratte*), de Robertis und Pellegrino de Iraldi (1961, *Ratte*), Gusek (1962, *Kaninchen*, 1976, *Ratte*), Arstila und Hopsu (1964, *Ratte*), Bondareff (1965, *Ratte*), Clementi et al. (1965, *Ratte*), Gusek et al. (1965, *Ratte*), Hopsu und Arstila (1965, *Ratte*), Pellegrino de Iraldi et al. (1965, *Ratte*, 1969, *Maus*), Wartenberg und Gusek (1965, *Kaninchen*), Wolfe (1965, *Ratte*), Bondareff und Gordon (1966, *Ratte*), Duncan und Micheletti (1966, *Katze*), Kurosumi und Kawabata (1966, *Ratte*), Leonhardt (1966b, 1967c, *Kaninchen*), Miline und Krstić (1966, *Ratte*), Sano und Mashimo (1966, *Hund*), Arstila (1967, *Ratte*), Lin (1967, *Ratte*), Sheridan (1967, 1969, 1975, *Hamster*), Etcheverry und Zieher (1968,

Ratte), ITO und MATSUSHIMA (1968, *Maus*), MERKER (1968, *Primaten*), SHERIDAN und REITER (1968, 1970a, b, 1973, *Rodentier*), WARTENBERG (1968a, *Katze, Affe*), WELSER et al. (1968, *Hund*), PELLE-GRINO DE IRALDI und GUEUDET (1969, *Ratte*), ARSTILA et al. (1971, *Ratte*), BAK et al. (1970, *Ratte*), BERERHI und ABBAS-TERKI (1970, *Affe*), ERÄNKÖ et al. (1970, *Ratte*), BUCANA et al. (1971, *Hamster*), CLABOUGH (1971, 1973, *Goldhamster*), HÜLSEMANN (1971, *Mensch*), LUES (1971, *Meerschweinchen*), PEVET (1972, 1974, 1976, 1977, *Maulwurf, Ratte*), ROMIJN (1972, 1975a, b, 1976, *Kaninchen*), DAVID et al. (1973, *Frettchen*), MØLLGAARD und MØLLER (1973, *Mensch*), VOLLRATH und HUSS (1973, *Meerschweinchen*), WOOD (1973, *Katze*), MØLLER (1974, 1976, *Mensch*), QUAY (1974a, *Ratte*), DAVID et al. (1975, *Rhesusaffe*), FREIRE und CARDINALI (1975, *Ratte*), KUMAR und ANAND KUMAR (1975, *Rhesusaffe*, Habenularependym), LIN et al. (1975, *Hamster*), LUKASZYK und REITER (1975, *Rind, Affe*), MATSUSHIMA (1975, *Rodentier*), MØLLER et al. (1975, *Schaf, Kaninchen, 1978, Maus*), PEVET und SMITH (1975, *Maulwurf*) POVLISHOCK et al. (1975, *Rodentier*), KARASEK et al. (1976, *Ratte*), KRSTIĆ (1976a, b, c, 1977, *Ratte*), PEVET et al. (1976, *Rodentier*), ROMIJN und GELSEMA (1976, *Kaninchen*, Gewebekultur), AGUADO et al. (1977, *Ratte*), BENSON und KRASOVICH (1977, *Maus*), MATSUSHIMA und REITER (1977, *Rodentier*), MCNEILL (1977, *Ratte*), PEVET et al. (1977, *Fledermaus*), RIBAS (1977b, REM, *Ratte*), ROMIJN et al. (1977, *Kaninchen*), ROWE et al. (1977, *Ratte*, Gewebekultur), UPSON und BENSON (1977, *Maus*), KARASEK et al. (1978, *Ratte*, Gewebekultur), MATSUSHIMA und MORISAWA (1978, *Maus*), WELSH und REITER (1978, *Gerbil*).

5.9.2. Pinealocyten

Das cytologische Bild der Mammalierepiphyse ist uneinheitlich. Die Ursache hierfür wird sowohl in artspezifischen als auch in funktionsbedingten Unterschieden gesucht. Unterschiede in der cellulären Zusammensetzung bestehen nicht selten zwischen dem proximalen und dem distalen Anteil der Epiphyse; so kann der proximale Anteil stärker pigmentiert sein als der distale (WARTENBERG u. GUSEK, 1965, *Kaninchen*).

In zahlreichen Epiphysen kann man am Schnitt eine *Rindenzone* und eine *Markzone* unterscheiden, die in einer Intermediärzone unscharf ineinander übergehen. Die Unterscheidung ist nützlich für die topographische Zuordnung einzelner Baubestandteile, die nicht gleichmäßig im Organ verteilt sind. Die Markzone ist gefäßreicher als die Rinde (vgl. ROMIJN, 1972).

Die meisten Autoren unterscheiden *Pinealocyten* („Parenchymzellen") und *Gliazellen*. Am Aufbau des Organs haben Gefäße und Gefäßbindegewebe Anteil. Das Organ wird von der leptomeningealen gefäßführenden Bindegewebskapsel eingeschlossen.

Die *Pinealocyten* repräsentieren nahezu allein die Ependymzellschicht, die bei Verlust des Ventrikellumens der Epiphyse in follikelähnliche Teile zerlegt wird („acinar in appearance", POVLISHOCK et al., 1975). Die Pinealocyten sind gruppenweise in der Regel so angeordnet, daß ihre apicalen Zellpartien im Zentrum der Zellgruppe liegen, während basale Fortsätze radiär von der Zellgruppe weg zu Gefäßen ziehen.

Die *kinocilienarmen tanycytären Ependymzellen*, die im Pinealorgan der Vögel als Stützzellen in der Ependymzellschicht liegen, haben sich bei der Mammalierepiphyse nahezu ganz aus dieser Schicht in das „subependymale", d.h. hier perifolliculäre Gewebelager zurückgezogen, wo sie als *Gliazellen* gefunden werden. Nach WARTENBERG (1968, *Katze, Affe*) nehmen Gliazellen nur etwa 10% der cellulären Anteile im Bereich des Pinealocytenparenchyms ein. Immerhin ist in diesem Zusammenhang interessant, daß die den *Recessus pinealis* auskleidenden Ependymzellen tanycytäre Merkmale besitzen, u.a. ist ihre apicale Oberfläche reich an Mikrovilli, der basale Fortsatz zieht häufig zur äußeren Begrenzung perivasculärer Bindegewebsräume (WARTENBERG, 1968a, *Katze, Affe*).

Das *Ependym der Habenularregion* insgesamt ist in diesem Zusammenhang zu erwähnen. Es läßt sich nach KUMAR und ANAND KUMAR (1975, *Rhesusaffe*) in drei Regionen einteilen, die nicht den Charakter des anschließenden kinocilienreichen Ependyms besitzen. Die Ependymzellen sind vielmehr stellenweise tanycytenähnlich kinocilienarm, basale Fortsätze reichen an Capillarwände. Einige der Ependymzellen zeigen bei sexuell unreifen Tieren, während der Menstruation und nach Gonadektomie apicale Veränderungen, die eine *Ependymosekretion* vermuten lassen. *Supraependymale Axone* stehen mit dem Ependym der Habenularregion in Kontakt. Eine Ansammlung supraependymaler Zellen wird auch im Recessus pinealis von *Opossum* (SAMARASINGHE u. DELAHUNT, 1977; TULSI, 1977), *Ratte* (RIBAS, 1977; vgl. CUPÉDO, 1977), *Meerschweinchen* (KRAPP, 1978) und *Goldhamster* (HEWING, 1978) beschrieben. Das Ependym des Recessus pinealis ist stellenweise kinocilienarm und weist Anzeichen einer apicalen Sekretion auf. Nach PAVEL (1971, *Rind*) geben diese Zellen Arginin-Vasopressin in den Ventrikel ab.

Seltener sind in der Mammalierepiphyse noch zentrale Hohlräume in den Pinocytenzellgruppen, Relikte des Ventrikels, erhalten, „suggesting an acinar arrangement", wie gelegentlich bei der *Taschenratte* (SHERIDAN u. REITER, 1973; vgl. GUSEK et al., 1965, *Ratte;* QUAY, 1965a). In diesen Fällen zeigen die Pinealocyten eine bipolare Gliederung, wobei der apicale Fortsatz weitgehend dem basalen gleicht (vgl. WOLFE, 1965, *Ratte*).

Darüber hinaus findet man auch bei Mammaliern in seltenen Fällen (bei erhaltenem Ventrikelrest) Pinealocyten, die an bestimmte, bei Vögeln beschriebene Formen erinnern (angedeutetes Innenglied, kolbenförmige Verbreiterung der „9×2+0"-Cilie, Lamellenwirbel im Lumen als Relikt der Anlage eines Außenglieds des Lichtreceptors, PEVET, 1977). Derartige Pinealocyten sind nicht nur beim fetalen *Hamster* (CLABOUGH, 1973), sondern auch bei der jugendlichen *Ratte* (ZIMMERMAN u. TSO, 1975) und in adulten Stadien beim *Maulwurf* (PEVET u. COLLIN, 1976), bei *Spalax*, einem maulwurfähnlichen blinden subterranen Rodentier (PEVET et al., 1976), und bei *Nyctalis noctula*, einer Fledermausart (PEVET et al., 1977a, b), vorhanden. In der Gewebekultur (ROWE et al., 1977, 2 Tage alte Ratte) bilden die prospektiven Pinealocyten spontan follikelartige Nester.

Diese Beobachtungen erhärten das Konzept von der phylogenetischen Entwicklung der sensorischen zur sekretorischen Pinealzelle (OKSCHE, 1965, 1971) und „the concept of the sensory cell line in the vertebrate pineal organ" (COLLIN, 1969a, 1971). Neuronale Kennzeichen, z.B. die „synaptic ribbons" (s. S. 450), bleiben indessen auch der sekretorischen Pinealzelle erhalten (vgl. die Diskussion bei WARTENBERG, 1968a).

Die *Pinealocyten der Mammalier sind sezernierende Zellen*, die zumeist unipolar gegliedert (mit dem basalen Fortsatz auf den perivasculären Raum hin ausgerichtet) sind – im Unterschied zu den bipolar gegliederten Pinealocyten der Vögel und Reptilien, die zugleich einen sensorischen apicalen Pol besitzen. Eine Vorstellung von der Länge des sekretorischen Fortsatzes der Pinealocyten vermitteln lichtmikroskopische Abbildungen (s. RÍO DEL HORTEGA, 1922).

Unter den Pinealocyten können zwei Arten unterschieden werden, die PEVET et al. (1976, *Spalax*) definieren und als *Pinealocyt I* und *Pinealocyt II* bezeichnen. Die Pinealocyten I machen etwa 75% aller Pinealocyten aus; sie sind über das ganze Organ verteilt. Die Pinealocyten II liegen dagegen vorwiegend perivasculär und im Innern der Epiphyse. Die charakteristischen Unterschiede zwischen beiden Populationen fassen PEVET et al. (1976) in Tabelle 3 zusammen:

Tabelle 3

	Population I	Population II
Lage	Gleichmäßig über das ganze Parenchym verteilt	Immer in der Nähe eines perivasculären Raumes gelegen
Zellkern	oval oder polygonal	gelappt
	Chromatin fein verteilt	zahlreiche Chromatinaggregationen in einer der Kernhülle benachbarten Zone
Perikaryon	granulierte Vesikel, Konzentration von Ribosomen und Cisternen des granulierten endoplasmatischen Reticulum	Anhäufung von proteinhaltigem Material in einigen Cisternen des granulierten endoplasmatischen Reticulum und zwischen den beiden Membranen der Kernhülle
	zahlreiche Glykogenkörnchen	einige Glykogenkörnchen

Auch frühere Untersuchungen führten häufig zur Unterscheidung von zwei Pinealocytenarten (Abb. 124). Sie wurden zumeist nach ihrem lichtmikroskopisch-färberischen Verhalten bzw. nach der Dichte im elektronenmikroskopischen Bild unterschieden in *helle Zellen* („light pinealocytes") und *dunkle Zellen* („dark pinealocytes") (WARTENBERG u. GUSEK, 1965, *Kaninchen;* GUSEK et al., 1965, *Ratte;* KUROSUMI u. KAWABATA, 1966, *Ratte;* LEONHARDT, 1966b, 1967c, *Kaninchen;* ARSTILA, 1967, *Ratte;* SHERIDAN u. REITER, 1968, 1970a, b, *Hamster*, 1973, *Taschenratte;* BERERHI u. ABBAS-TERKI, 1970, *Affe;* GLABOUGH, 1971, *Hamster;* LUES, 1971, *Meerschweinchen;* ROMIJN, 1972, 1973, *Kaninchen;* BENSON u. SATTERFIELD, 1975, *Maus,* u.a.). Gemessen an der zahlenmäßigen und topographischen Verteilung sind die Pinealocyten I mit den „hellen Zellen", die Pinealocyte II mit den „dunklen Zellen" gleichzusetzen (vgl. besonders WARTENBERG u. GUSEK, 1965; ROMIJN, 1972, 1973; BENSON u. SATTERFIELD, 1975).

Indessen sind weder die „hellen" und die „dunklen" Pinealocyten der letztgenannten Autoren mit dem Typ I und II von PEVET et al. (1976) cytologisch völlig identisch noch sind es die jeweils „hellen" und „dunklen" Zellen der anderen Autoren untereinander. Einige Autoren halten die „dunklen" und „hellen" Zelltypen auch für den Ausdruck unterschiedlicher Funktionszustände (WELSER et al., 1968, *Hund;* PEVET, 1972, 1974, 1976, *Maulwurf, Igel, Ratte;* PEVET u. SABOUREAU, 1973, *Igel;* SHERIDAN u. REITER, 1970a, b, *Hamster*, 1973, *Taschenratte*).

Wieder andere Autoren beschreiben nur eine einzige Pinealocytenart (vgl. DE ROBERTIS u. PELLEGRINO DE IRALDI, 1961, *Ratte;* SANO u. MASHIMO, 1966,

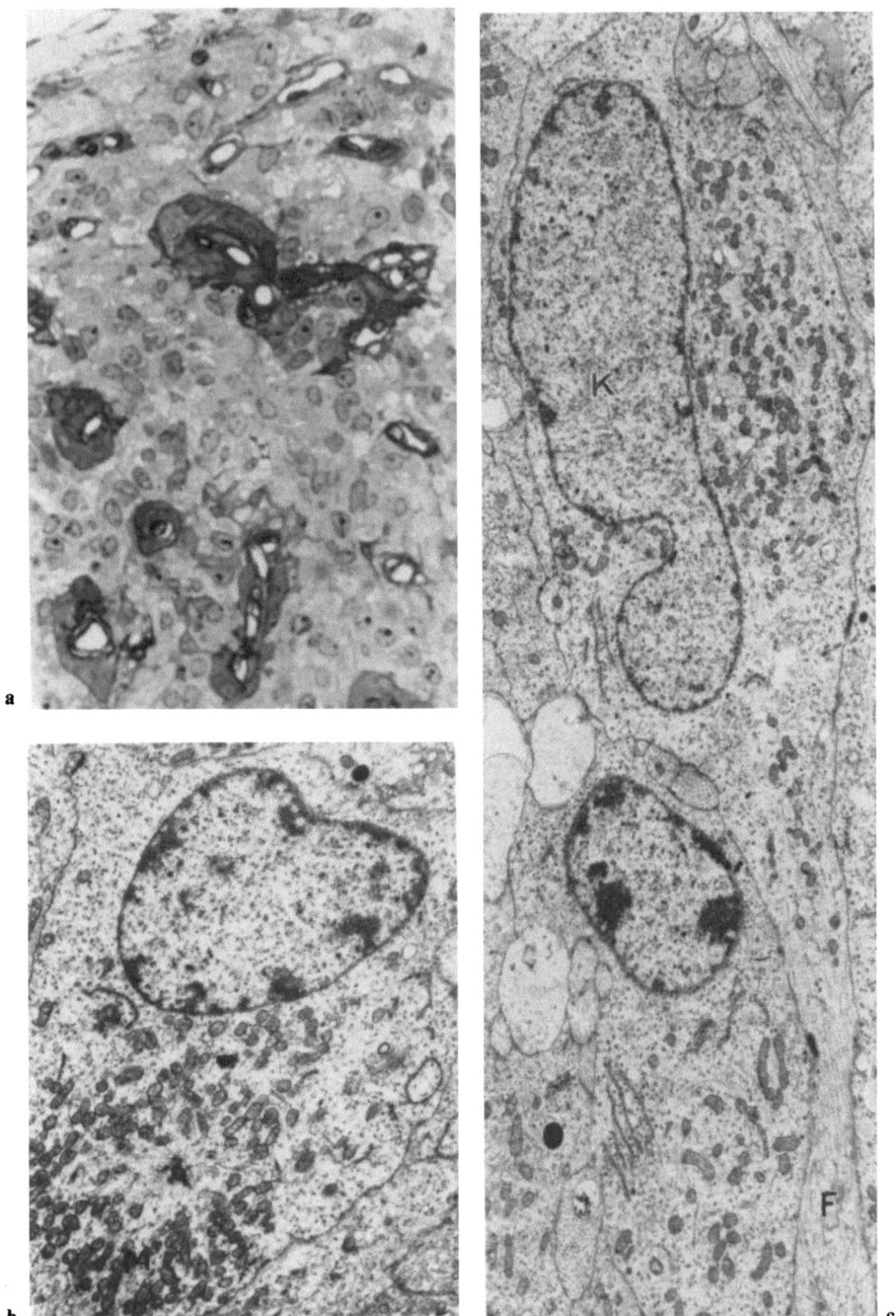

Abb. 124a–c. Corpus pineale, *Kaninchen.* **a** Übersicht, helle und dunkle (perivasculäre) Pinealocyten;
b heller Pinealocyt, paranucleäres Cytoplasma; **c** helle Pinealocyten, *F* Fortsatz eines Pinealocyten
(*K* Zellkern). **a** Färbung nach Richardson. Endvergr.: **a** ×250, **b** ×9000, **c** ×6000

Hund; ITO u. MATSUSHIMA, 1968, *Maus*; CLABOUGH, 1971, *Goldhamster*; POVLI-SHOCK, KRIEBEL u. SEIBEL, 1975; *Rodentier*, u.a.). In diesen Fällen sind die beschriebenen Pinealocyten immer der Pinealocyten-Population I zuzurechnen.

Im folgenden wird von einem Pinealocytentyp I und II ausgegangen, wobei wichtige abweichende Befunde an „hellen Pinealocyten" oder an in dieser Hinsicht nicht näher bestimmten Pinealocyten unter Typ I, an „dunklen Pinealocyten" unter Typ II vermerkt werden.

Der *Pinealocyt I* (Abb. 125) hat unregelmäßige Gestalt und lange Fortsätze (PEVET et al., 1976, *Spalax*). Er läßt sich schon anhand des Zellkerns von den Pinealocyten II und anderen Zellen unterscheiden. Der ovale oder polygonale Kern ist häufig durch besonders große Chromatinaggregate und einen knäuelförmigen Nucleolus ausgezeichnet. Die Durchmesser der Zellkerne und der Nucleoli zeigen einen statistisch gesicherten *jahreszeitlichen Größenunterschied* (größter Durchmesser im März, kleinster im Frühherbst; QUAY, 1976, *Fledermaus*).

Im *Cytoplasma* findet man regelmäßig Lipidtropfen sowie lysosomenartige Körper, Ribosomen und Glykogengranula. Der Gehalt an Lipiden, Glykogen und RNA schwankt circadian (vgl. ARIËNS KAPPERS et al., 1974). Bei der *Maus* beobachten KACHI et al. (1971a, b, 1973), ITO et al. (1974) und KACHI (1975) einen circadian wechselnden *Glykogengehalt* der Pinealocyten mit einem Maximum am Tagesende und einem Minimum am Ende der Nacht. Der Circadianrhythmus beginnt mit dem 22. postnatalen Tag. Histochemische Analyse der Pinealocyten von *Rind* und *Schwein* (Polysaccharid-, Lipid-, Protein-, Nucleinsäuren-Reaktionen) s. GUTTE und GRÜTZE (1977).

Der Pinealocyt I enthält, bei den verschiedenen Species unterschiedlich stark ausgeprägt, vorwiegend glattes, in geringerer Menge auch granuliertes endoplasmatisches Reticulum. Zahlreiche Autoren beschreiben einzelne konzentrische lockere Membranwicklungen aus teils glattem, teils granuliertem endoplasmatischem Reticulum, die nach experimentellen Eingriffen gelegentlich vermehrt vorkommen (LEONHARDT, 1967c, *Kaninchen;* BUCANA et al., 1971, *Hamster;* ROMIJN, 1972, *Kaninchen;* PEVET u. SABOUREAU, 1973, *Igel;* LIN et al., 1975, *Hamster;* KARASEK et al., 1976, *Ratte*, u.a.). Perinukleär kommen bei allen Species mehrere *Golgi-Felder* vor (Abb. 126). Ihre Zisternen sind erweitert und von „leeren" Bläschen verschiedener Größe sowie kernhaltigen Vesikeln umgeben. Die Vesikel in der Umgebung des Golgi-Apparates können eine positive Perjodat-Reaktion geben (KRSTIĆ, 1975a).

Ein ungewöhnliches Zellorganell der Pinealocyten, das aus hochgeordneten Tubuli zusammengesetzt ist, wird bei der *Ratte* unter experimentellen Bedingungen beobachtet (LIN, 1967; FREIRE u. CARDINALI, 1975; GUSEK, 1976; vgl. WOLFE, 1965), kommt aber auch bei normalen *Ratten* vor (McNEILL, 1977a).

Die *kernhaltigen Vesikel* („dense-cored vesicles") sind etwa 90 nm groß (SANO u. MASHIMO, 1966, 35–140 nm, *Hund;* LEONHARDT, 1967c, 60–90 nm, *Kaninchen;* ITO u. MATSUSHIMA, 1968, 116 nm, *Maus;* SHERIDAN u. REITER, 1968, 70–100 nm, *Hamster;* LUES, 1971, 75–100 nm, *Meerschweinchen;* PEVET u. SABOUREAU, 1973, 40–150 nm, *Igel;* PEVET et al., 1976, 100–200 nm, *Spalax*, u.a.; Liste der Mammalierspecies, bei denen kernhaltige Vesikel im Pinealorgan beschrieben wurden, mit Angabe der Lit. s. PEVET et al., 1976). Diese kernhaltigen Vesikel wandern

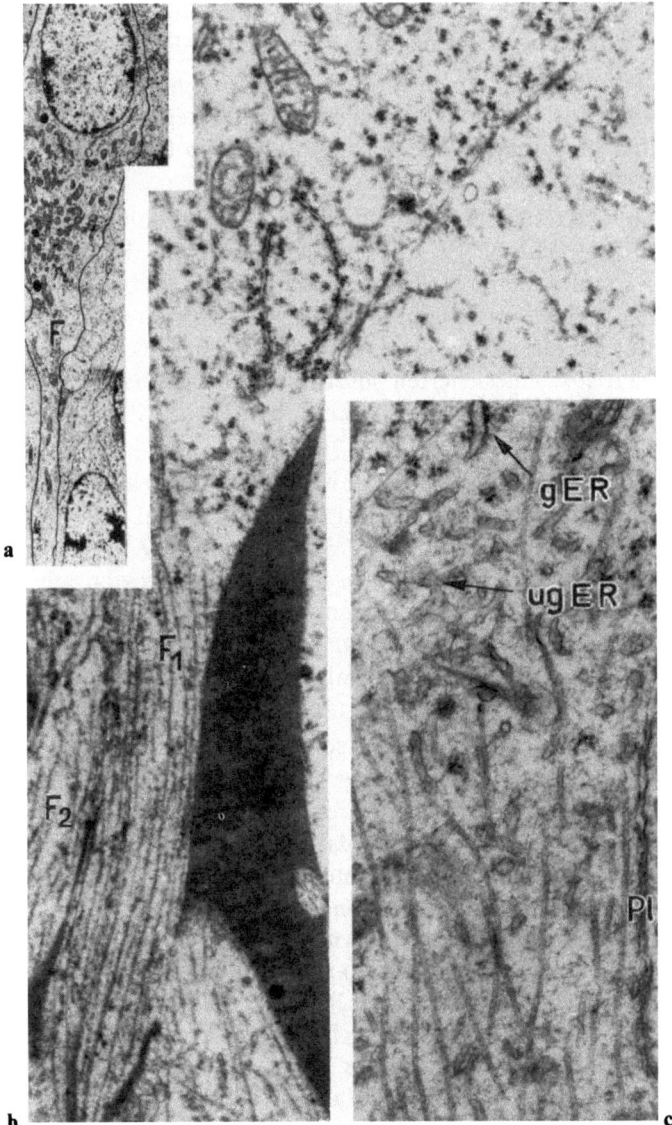

Abb. 125a–c. Corpus pineale, helle Pinealocyten, *Kaninchen.* **a** Übersicht, Übergang des Perikaryon in den Fortsatz *F* (Fotomontage, Zellgrenzen nachgezeichnet). **b** Übergang des Perikaryon *(oben)* in den Fortsatz F_1; Fortsatz F_2 stammt von einer Zelle außerhalb des Schnittes; Intercellularraum von elektronendichter (dunkler) Substanz gefüllt. **c** Übergang des Perikaryon *(oben)* in den Fortsatz; im Perikaryon granuliertes *(gER)* und ungranuliertes *(ugER)* endoplasmatisches Reticulum, *Pl* Plasmalemm. Endvergr.: **a** × 2700, **b** × 15000, **c** × 30000

in die Endauftreibungen der Pinealocytenfortsätze (Pevet u. Saboureau, 1973; vgl. auch Pevet u. Kuyper, 1978).

Die *Mitochondrien* erregen häufig besondere Aufmerksamkeit. Sie sind vielgestaltig, oft sehr groß („Riesenmitochondrien", Gusek u. Santoro, 1960, 1961,

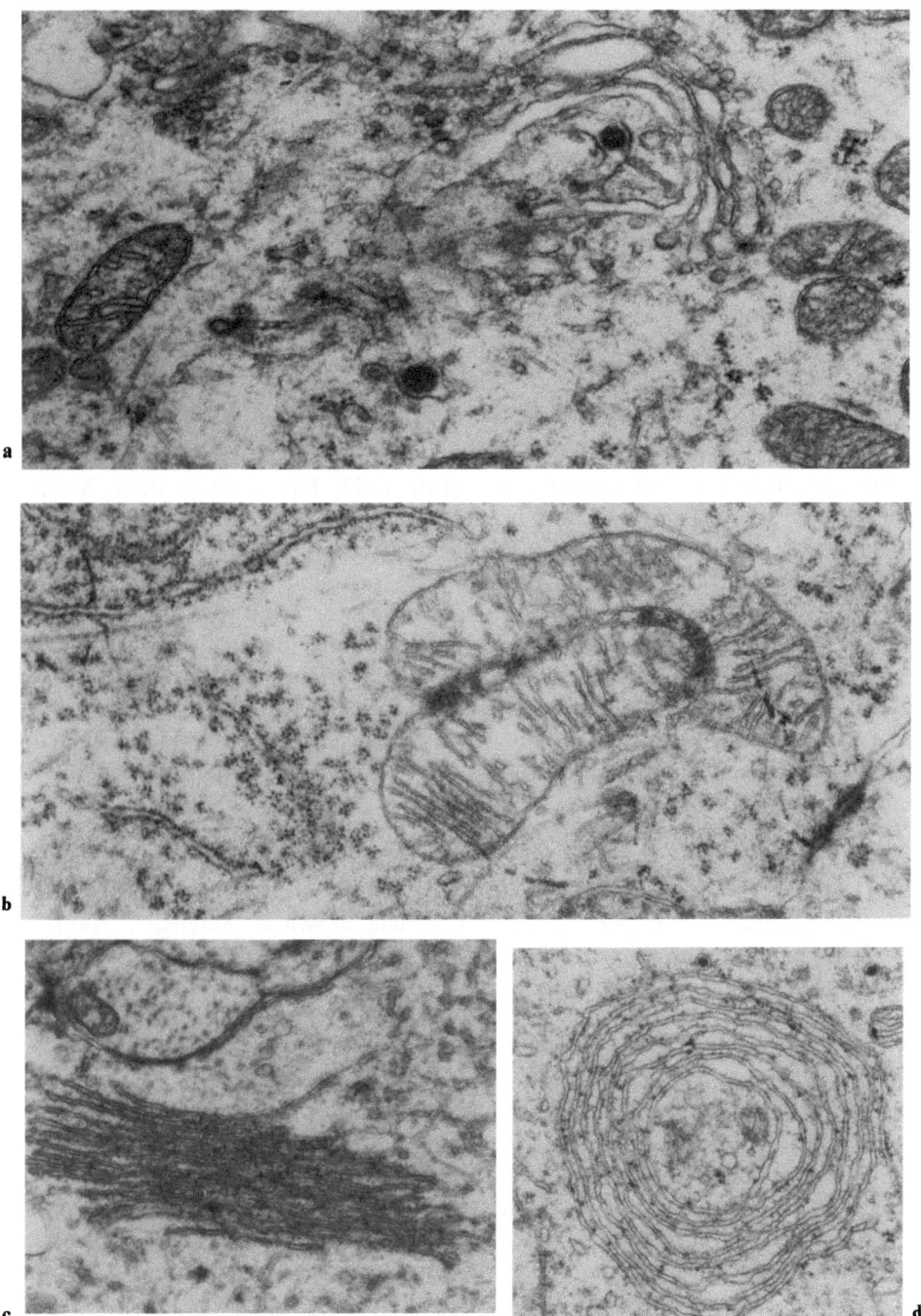

Abb. 126a–d. Corpus pineale, *Kaninchen*. Perikaryon der hellen Pinealocyten, perinucleäre Zellorganellen. **a** Golgi-Apparat, Bildung kernhaltiger Vesikel; **b** Riesenmitochondrien; **c** parallele Membranstapel; **d** annuläre Membranstapel des glatten ER. Endvergr.: **a** ×30000; **b–d** ×24000

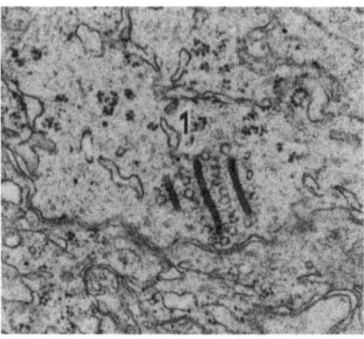

Abb. 127. Corpus pineale, *Katze*. Endigung eines Pinealocytenfortsatzes zwischen anderen Pinealocyten. *1* Drei Bandsynapsen mit anliegenden Vesikeln. (Aus Wartenberg, 1968a). Endvergr. ×20000

Ratte) und bizarr, auch schüsselförmig. In derselben Zelle kommen Mitochondrien vom Tubulus- und Cristatyp vor (Lin, 1967, *Ratte;* Duncan u. Micheletti, 1966, *Katze;* Pellegrino de Iraldi, 1966, *Hamster;* Arstila, 1967, *Ratte;* Lues, 1971, *Meerschweinchen;* Benson u. Satterfield, 1975, *Maus*, u.a.). Die Tubuli in den Mitochondrien sind „highly tortuous" (Sheridan u. Reiter, 1968). Clabough (1971, *Goldhamster*) beschreibt zwei Arten von Mitochondrien, kleine Mitochondrien vom Cristatyp und große, die durch dichte plexiforme Anordnung der Cristae charakterisiert sind; beide Arten kommen nicht gleichzeitig in derselben Zelle vor. Beim *Kaninchen* bilden die Mitochondrien insgesamt eine kugelförmige Ansammlung, in deren Mitte ein Centriol oder Diplosom liegt. Von ihm aus ziehen Mikrotubuli radiär zwischen die Mitochondrien (Leonhardt, 1966b, 1967c).

Desmosomen sind zwischen benachbarten Pinealocyten ausgebildet (Wartenberg u. Gusek, 1965; Leonhardt, 1967; Sheridan u. Reiter, 1968; Lues, 1971; Romijn, 1972 u.a.).

Bandsynapsen, „synaptic ribbons" („vesicle crowned lamellae", Arstila, 1967; „rubans circonscrits par des vésicules", Collin u. Ariëns Kappers, 1968a, b; Collin, 1969a, b, 1971; Krstić, 1976b u.a.) liegen nach Auffassung der meisten Autoren bevorzugt an Stellen, an denen ein Pinealocytenfortsatz an einen anderen Pinealocyten grenzt (Abb. 127). Matsushima und Reiter (1977, *Ratte*) finden Bandsynapsen häufig dort, wo dem Plasmalemm ein noradrenerges Axon anliegt und vermuten funktionelle Beziehungen zwischen beiden Strukturen. Die Bandsynapsen gelten bei Submammaliern als präsynaptische Strukturen, die Erregungen der Receptorzelle auf afferente (sensorische) Nervenfasern übertragen (s. Oksche u. Vaupel-v. Harnack, 1963, 1965a; Kelly u. Smith, 1964, Frontalorgan und Pinealorgan vom *Frosch*). Welche Aufgabe die Bandsynapsen aber bei Mammaliern erfüllen, deren Epiphysen keine (erkennbaren) Receptorzellen und keine sensorischen Nervenfasern (Ariëns Kappers, 1965) besitzen, ist schwer verständlich – auch unter dem Aspekt, daß sich die Zahl der Bandsynapsen (bzw. der „vesicle crowned rodlets") circadian (Vollrath, 1973; Vollrath u. Huss, 1973; Kurumado u. Mori, 1977, *Ratte*) und nach Dauerbeleuchtung signifikant ändert (Lues, 1971, *Meerschweinchen*). Hopsu und Arstila

(1965) halten die Bandsynapsen für somato-somatische Synapsen (vgl. die Diskussion bei WURTMAN et al., 1968; ARIËNS KAPPERS, 1969; LUES, 1971; VOLLRATH, 1973).

„Vesicle crowned rodlets", die den Bandsynapsen gleichen, sowie „vesicle crowned balls", bei denen eine zentrale dichte Masse von einem Kranz „leerer" Bläschen umgeben wird, beschreibt LUES (1971, *Meerschweinchen*). Die „vesicle crowned balls" sind mit den „Rosettenformen" beim *Kaninchen* identisch (LEONHARDT, 1967; ROMIJN, 1972). Die „Rosetten", die weit überwiegend in den Endauftreibungen der Pinealocytenfortsätze auftreten, werden in Zusammenhang mit Sekretextrusion gebracht (LEONHARDT, 1966b, 1967c; ROMIJN, 1972). Übergangsformen zwischen kernhaltigen Vesikeln und Rosettenformen kommen vor (Abb. 128). Eine lokale Anhäufung ähnlicher Bildungen bezeichnet LUES (1971) als „Zylinder".

„Subsurface cisterns" unter dem Plasmalemm an Stellen, die einem Pinealocyten oder einer Gliazelle angelagert sind, gehören eher zum Bild einer neuronalen als einer sekretorischen Zelle (WARTENBERG, 1965, 1968).

Für die Ausbildung von *Synapsen* efferenter Nervenfasern an Pinealocyten finden die meisten Autoren keine Hinweise (ANDERSON, 1965; PELLEGRINO DE IRALDI et al., 1965; WARTENBERG, 1968a; LUES, 1971 u.a.; vgl. dagegen aber WOLFE, 1965, WURTMAN u. AXELROD, 1965; ARIËNS KAPPERS, 1969; HERBERT, 1971; WOOD, 1973; ARIËNS KAPPERS et al., 1974; MATSUSHIMA, 1975), s. 5.9.4.

Sowohl bei den Pinealocyten I als auch bei den Pinealocyten II kommen einzelne Cilien vom „$9 \times 2 + 0$"-Typ vor (PEVET, 1974; PEVET et al., 1976; vgl. SANO u. MASHIMO, 1966).

Der *Pinealocytenfortsatz*, der sich auch aufteilen kann (über unipolare und multipolare Pinealocyten s. WARTENBERG, 1968a), wird meistens als sehr lang und häufig gewunden geschildert. Er verschmälert sich in geringer Entfernung von der Zelle. Der Pinealocytenfortsatz enthält Mikrotubuli, die in regelmäßigen seitlichen Abständen angeordnet sind, sowie Bruchstücke des glatten endoplasmatischen Reticulum und Mitochondrien (PEVET et al., 1976). Im Querschnitt ähnelt der Fortsatz einem Axon. Kolbenförmige Endauftreibungen der Pinealocytenfortsätze werden an und zwischen anderen Pinealocyten oder unmittelbar am perivasculären Bindegewebsspalt gefunden (ANDERSON, 1960, *Rind;* DE ROBERTIS u. PELLEGRINO DE IRALDI, 1961, „plurivesicular secretory processes", 1965, *Ratte;* KUROSUMI u. KAWABATA, 1966, *Ratte;* SANO u. MASHIMO, 1966, *Hund;* ITO u. MATSUSHIMA, 1968, *Maus;* WARTENBERG, 1968, *Katze, Affe;* LUES, 1971, *Meerschweinchen;* ROMIJN, 1972, *Kaninchen;* PEVET u. SABOUREAU, 1973, *Igel;* POVLISHOCK et al., 1975, *Rodentier;* PEVET et al., 1976, *Spalax,* u.a.; vgl. dagegen aber DE ROBERTIS, 1964; PELLEGRINO DE IRALDI et al., 1965, *Ratte*). Zur Frage artspezifischer Unterschiede im Verhalten der perivasculären Endauftreibungen s. WARTENBERG (1968).

Die Endauftreibung des Pinealocytenfortsatzes enthält außer Mitochondrien, Mikrotubuli und Fragmenten des glatten endoplasmatischen Reticulum auch granulierte Vesikel von der Größe der im Perikaryon beobachteten (PELLEGRINO DE IRALDI, 1966, *Hamster;* ARSTILA, 1967, *Ratte;* LEONHARDT, 1967c, *Kaninchen;* SHERIDAN u. REITER, 1968, *Hamster;* vgl. auch GUSEK u. SANTORO, 1960, 1961, *Ratte*). Eine Verwechslung der Endauftreibungen der Pinealocytenfortsätze mit

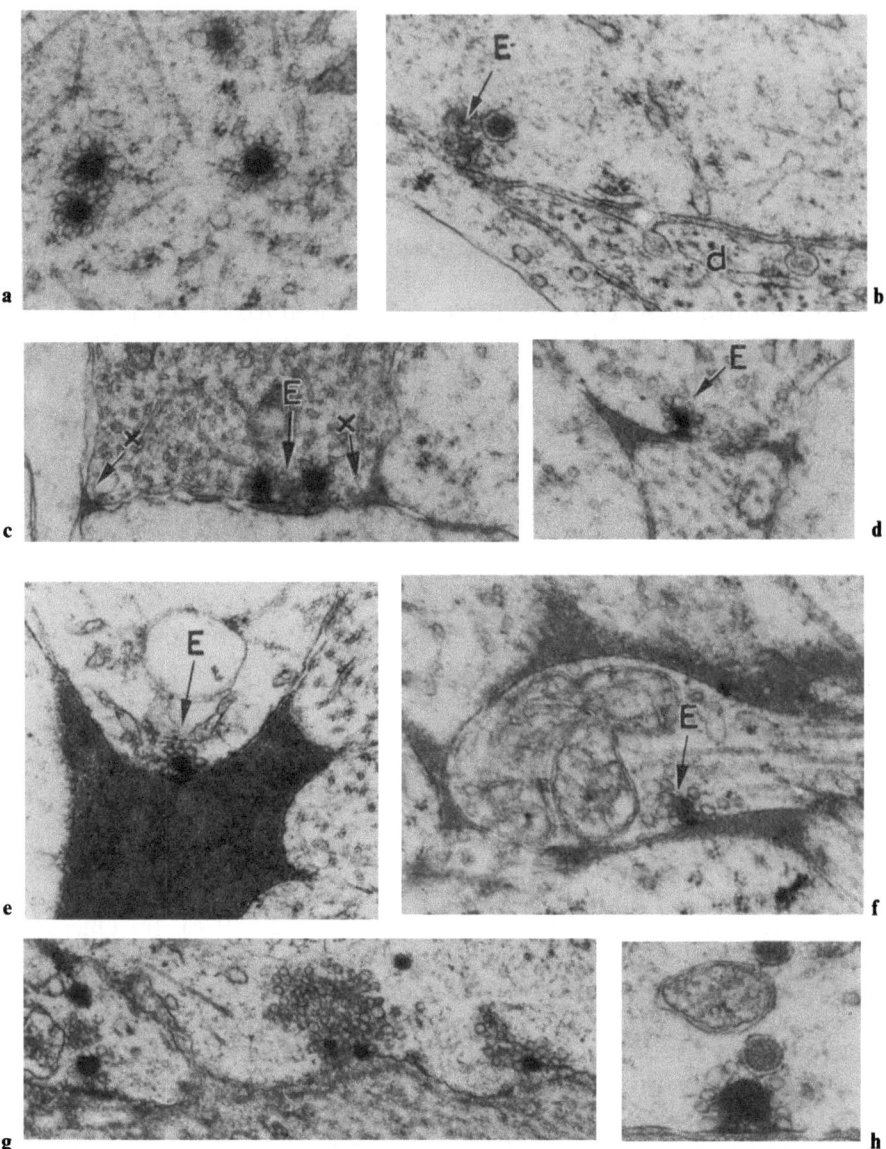

Abb. 128a–h. Corpus pineale, *Kaninchen*. Kernhaltige Vesikel und „Rosetten" in Fortsätzen heller Pinealocyten. a u. h „Rosetten"-Strukturen zwischen Vesikeln und Tubuli; b–d Extrusion (?) *(E)* in den Intercellularspalt (*d* dunkle Zelle); e u. f Extrusion (?) *(E)* in den erweiterten und mit färbbarer Masse gefüllten Intercellularraum; g Extrusion (?) in den perivasculären Bindegewebsraum. Endvergr.: a, e, f, h × 30000, b × 36000, c u. d × 24000, g × 18000

Sympathicusaxonen ist möglich wegen der Gleichartigkeit der kernhaltigen Vesikel in beiden Strukturen (s. Wartenberg u. Gusek, 1965; Sheridan u. Reiter, 1968; vgl. Pellegrino de Iraldi et al., 1965, Depletion der Sympathicusvesikel nach Entfernung des oberen Hals-Grenzstrang-Ganglions). Die sichere Diagnose

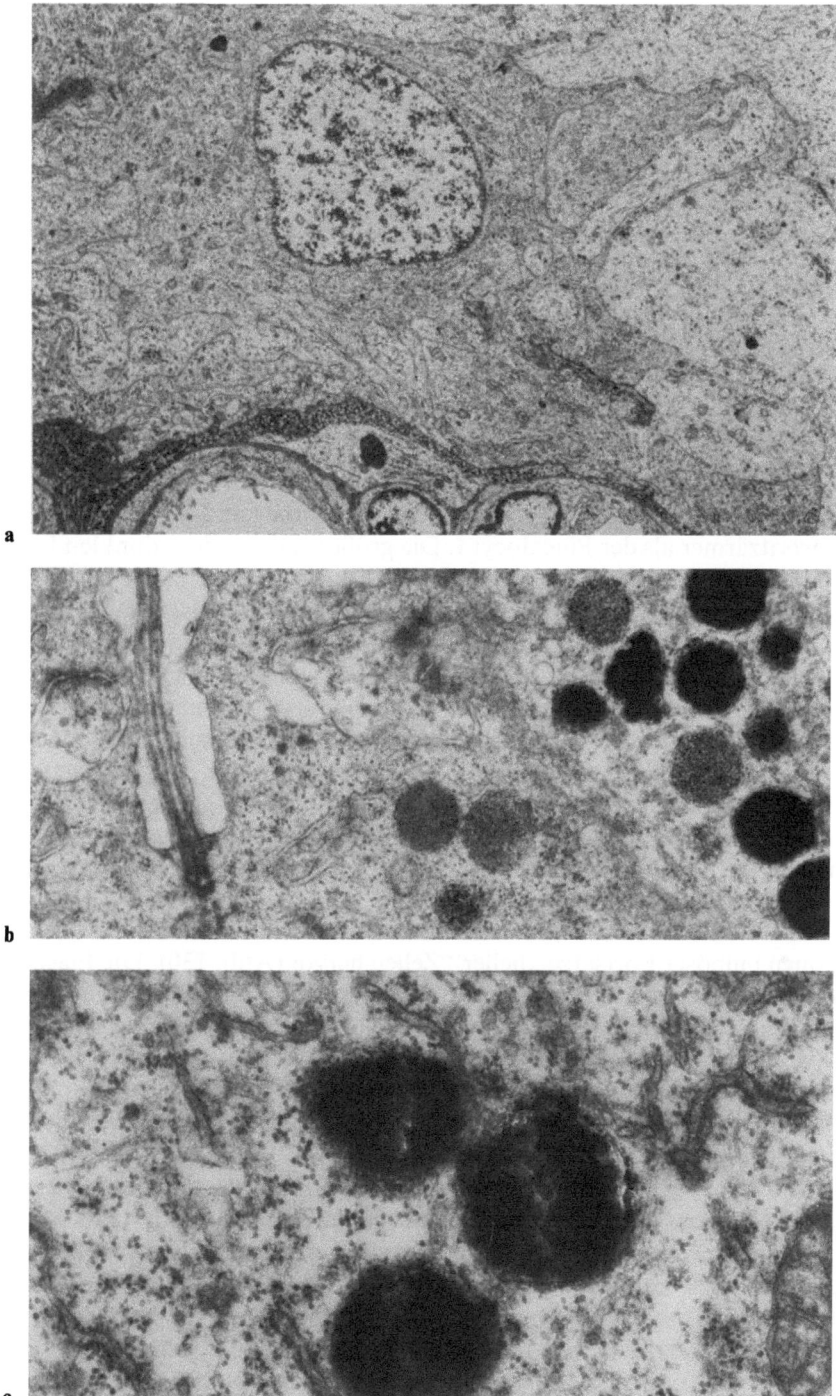

Abb. 129 a–c. Corpus pineale, dunkle Pinealocyten, *Kaninchen*. **a** Übersicht, perivasculäre Lage (perivasculärer Bindegewebsraum dunkel); **b** Pigmentgranula und Pigmentcytosomen, Ausbildung einer singulären Cilie; **c** Pigmentgranula und Pigmentcytosomen, erweitertes und mit dichter Masse gefülltes granuliertes ER. Endvergr.: **a** ×4500, **b** ×24000, **c** ×36000

einer Fortsatzendauftreibung kann nach Sheridan und Reiter (1968, 1970a, b) anhand der Pinealocyten-Mitochondrien und des weiteren Abstandes der Mikrotubuli im Pinealocytenfortsatz gestellt werden.

Fluorescenzmikroskopisch kann man in Pinealocyten einen reichen extraneuronalen Pool von Dopamin (Pellegrino de Iraldi u. Zieher, 1966; Zieher u. Pellegrino de Iraldi, 1966, *Ratte*) sowie (mehr als in allen anderen Strukturen des Zentralnervensystems) 5-Hydroxytryptamin (Serotonin) nachweisen (Giarman u. Day, 1958, *Rind;* Bertler et al., 1964, *Ratte;* Giarman et al., 1960, *Affe, Mensch;* Tilders et al., 1974, *Ratte*, u.a.; vgl. Ariëns Kappers et al., 1974); s. 5.9.5.

Der *Pinealocyt II* liegt vorwiegend perivasculär und nach Romijn (1972, 1973, *Kaninchen*) und Benson und Satterfield (1975, *Maus*) nur im Innern („Medulla") der Epiphyse (Abb. 129). Die Zelle ist nach Wartenberg und Gusek (1965, *Kaninchen*), Lues (1971, *Meerschweinchen*) u.a. besonders reich an stark verzweigten langen Fortsätzen, nach Sheridan und Reiter (1968, *Hamster*) fortsatzärmer als der Pinealocyt I. Die größere Dichte der „dunklen Pinealocyten" entsteht hauptsächlich durch Granula („Pigmentgranula") mit einem Durchmesser von 25–30 nm, die weder Ribosomen noch Glykogen repräsentieren (Wartenberg u. Gusek, 1965; vgl. Romijn, 1972), sowie durch Pigmentkörper (300–1000 nm), die durch Fusion kleiner Granula entstehen (Romijn, 1972). Zur dunklen Färbung der Zellen tragen zahlreiche Ribosomen und ein gegenüber den „hellen" Zellen stark vermehrtes granuliertes endoplasmatisches Reticulum bei (vgl. Sheridan u. Reiter, 1968, *Hamster;* Benson u. Satterfield, 1975, *Maus,* u.a.). Der Zellkern ist chromatinreicher als der des „hellen Pinealocyten" und manchmal gelappt. Auch lichtmikroskopisch erscheint die „dunkle" Zelle oft pigmentiert (Romijn, 1973, *Kaninchen*). Zur Abgrenzung der „dunklen Pinealocyten" gegenüber Gliazellen vgl. Lues (1971).

Romijn (1972, *Kaninchen*) hebt als charakteristisch für „dunkle" Zellen Invaginationen bulböser Fortsätze „heller" Zellen hervor (Abb. 130). Die Plasmalemmata beider Zellen sind durch „tight junctions" miteinander verbunden („bulb shaped zonulae occludentes", konventionelle Elektronenmikroskopie). Diese Beobachtung spielt eine wichtige Rolle bei der von Romijn (1972) vertretenen Hypothese, daß von den hellen Zellen freigesetzte Indolamine zur Bildung von Hormonen in „dunklen" Zellen beitragen (s. die Anmerkungen zur Sekretion von Peptiden in der Epiphyse, S. 470).

Der Pinealocyt II enthält im Unterschied zum Pinealocyten I keine kernhaltigen Vesikel in der Größenordnung um 100 nm (Pevet et al., 1976, *Spalax*); die „vesicle crowned rodlets" und die „vesicle crowned balls" sind gegenüber der „hellen" Zelle stark vermindert (Lues, 1971, *Meerschweinchen*). Die Zahl der Lipidtropfen ist nach Pevet et al. (1976) in Pinealocyten II minimal, nach Sheridan und Reiter (1968) und Lues (1971) gegenüber den „hellen" Zellen verringert. Nach Wartenberg und Gusek (1965, *Kaninchen*) und Romijn (1972, *Kaninchen*) enthalten die „dunklen" Zellen große Mengen von bis zu 1 µm großen Pigmentcytosomen.

Von pigmentierten Zellen mit bis zu 5 µm großen Pigmentgranula berichten Sheridan und Reiter (1973, *Taschenratte*). Die Autoren halten diese Zellen aber für eine besondere, nicht den Parenchymzellen zuzurechnende Zellart. Diese

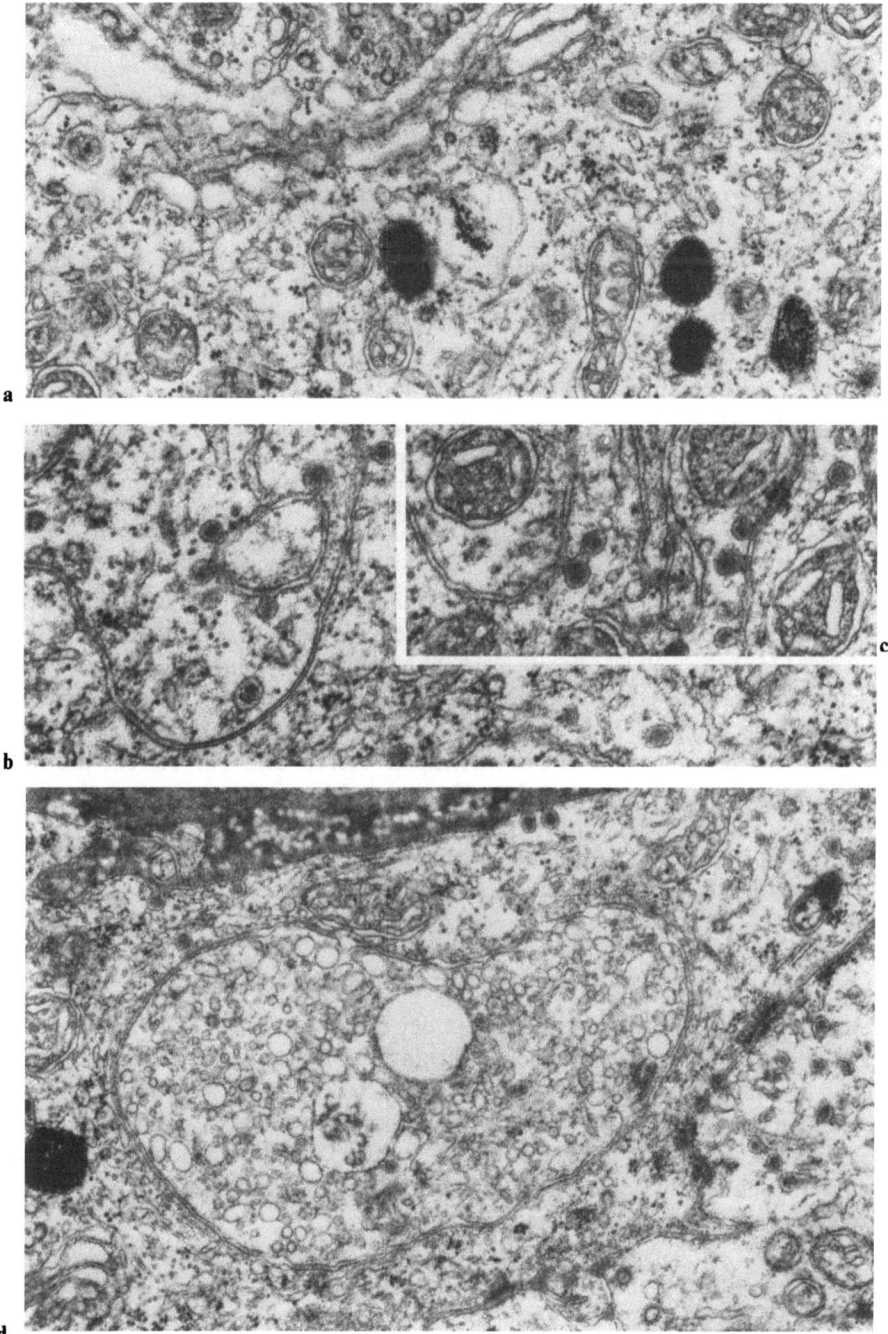

Abb. 130a–d. Corpus pineale, dunkle Pinealocyten, *Kaninchen.* **a** Zellorganellen im Perikaryon; **b** u. **c** wechselseitige Invaginationen von Fortsätzen dunkler Pinealocyten; **d** Invagination eines hellen Pinealocytenfortsatzes *(Mitte)* in einen dunklen Pinealocyten, *oben* perivasculärer Bindegewebsraum. Endvergr.: **a** u. **d** ×24000, **b** u. **c** ×31800

Pigmentzellen sind gruppenweise um ein zentrales Lumen angeordnet und werden von einer Basallamina umgeben.

Charakteristisch für die Pinealocyten II sind *Substanzmassen in den Zisternen des granulierten endoplasmatischen Reticulum* und zwischen den beiden Membranen der Kernhülle (Pevet, 1974, 1976, *Maulwurf, Taschenratte;* Roux et al., 1974, *Eliomys;* Pevet u. Smith, 1975, *Maulwurf;* Roux u. Richoux, 1975, *Eliomys;* Pevet et al., 1976, *Taschenratte*). Pevet (1978) weist nach, daß dieses Material durch Pronase beeinflußbar ist und Proteinnatur besitzt (vgl. Japha et al., 1977). Die Zisternen können durch dieses Material in große runde Körper umgewandelt werden. Beim Maulwurf kann dieses Material parakristalline Gestalt annehmen (Pevet, 1974). Die Autoren vermuten, daß es sich um ein Proteinsekret handelt, daß bei der Synthese einer antigonadotropen Verbindung eine Rolle spielt (Einzelheiten bei Pevet, 1976, 1977a).

Bei der unter die Nierenkapsel verpflanzten Epiphyse bleibt die Protein-(Peptid-)Sekretion noch bis etwa zum 40. Tag erhalten, die Struktur der sezernierenden Zellen unverändert. Die Zahl der kernhaltigen Vesikel nimmt dagegen rasch ab. Sie steigt erst wieder an, nachdem Nervenfasern eingewachsen sind (Aguado et al., 1977, *Ratte;* vgl. Krstić, 1976a, *Ratte,* Implantation des Corpus pineale in die vordere Augenkammer sowie die Untersuchungen in der Gewebekultur von Arstila et al., 1971, *Ratte;* Karasek, 1974, *Ratte;* Romijn u. Gelsema, 1976, *Kaninchen,* u.a.).

Die „dunklen" Zellen repräsentieren nach Auffassung mehrerer Autoren einen veränderten Funktionszustand der „hellen" Zellen (vgl. Sheridan u. Reiter, 1968, *Hamster,* 1973, *Taschenratte*). Nach Pevet und Saboureau (1973) werden beim *Igel* in Perioden gesteigerter sexueller Aktivität „cytoplasmic condensations" beobachtet. Eine starke Vermehrung der „dunklen" Zellen findet Lues (1971, *Meerschweinchen*) bei trächtigen Tieren und bei Tieren, die lange Zeit in Dunkelheit gehalten werden. Da keine Mitosen zu sehen sind, nimmt der Autor an, daß die „dunklen" Zellen aus „hellen" hervorgehen. Er hält die „dunklen" Zellen in Anlehnung an Wartenberg und Gusek (1965) für Erschöpfungs- oder Ruheformen.

5.9.3. Perifolliculäre Gewebeplatte

Die subependymale Gewebeplatte wird in der Phylogenese wie in der Ontogenese des Pinealorgans bei zunehmender folliculärer Unterteilung der Ependymzellschicht zur perifolliculären Gewebeplatte. Als solche kann sie eindeutig in den Fällen bezeichnet werden, in denen die Pinealocyten in follikelartiger Zusammenlagerung verbleiben (s.S. 443). Bei anderen Species vermischen sich die Repräsentanten der Ependymzellschicht, die Pinealocyten, und die Elemente der perifolliculären Gewebeplatte weitergehend. Die perifolliculäre Gewebeplatte enthält Gliazellen, Nervenfasern und Blutgefäße mit weiten perivasculären Räumen und in diesen „freie" Zellen. Untersuchung mit Versilberungsmethoden s. Scharenberg und Liss (1965, *Mensch*).

Die *Gliaarchitektonik* der Epiphyse und des Epiphysenstiels wird hauptsächlich durch Faserglia bestimmt. Die Unterschiede zwischen einzelnen Mammalier-Species in der Menge und Anordnung der Gliafaserzüge sind groß. Einen guten lichtmikroskopischen Überblick gibt Hülsemann (1967, *Igel, Spitzhörnchen, Kaninchen, Meerschweinchen, Maus, Wüstenspringmaus, Siebenschläfer, Pferd,*

Schaf, Hund, Rhesusaffe, Mensch); vgl. auch KUSCHE (1966, *Katze*), MERKER (1968, *Primaten*).

Außer „fibrillenreichen" Astrocyten, deren Fortsätze Bündel von Filamenten enthalten, sind auch andere filamentarme Gliazellen am Aufbau der Gliaarchitektonik beteiligt (WARTENBERG, 1968a, *Katze, Affe;* vgl. im folgenden auch WARTENBERG, 1965b, *Katze;* WARTENBERG u. GUSEK, 1964, 1965, *Kaninchen*). SHERIDAN und REITER (1973, *Taschenratte*) halten die zweite, filamentarme Zellart für Oligodendrocyten. Im Epiphysenstiel und im proximalen Teil der Epiphyse bilden die fibrillären Gliafortsätze, die häufig parallel mit den Gefäßen verlaufen, sowohl um die Gefäße als auch an der Organoberfläche bei einigen Species (nicht beim *Kaninchen,* ROMIJN, 1972) eine geschlossene Lage (vgl. auch ANDERSON, 1965, *Schaf, Rind;* DUNCAN u. MICHELETTI, 1966, *Katze;* SHERIDAN u. REITER, 1970a, b, *Hamster,* 1973, *Taschenratte*). Die Astrocytenschicht ist unter dem Ependym des Recessus pinealis stark ausgeprägt (s. auch MERKER, 1968, *Primaten*). In den Gliazellen der Epiphyse sind immunhistochemisch das Gliaprotein S-100 und das saure Gliafibrillen-Protein nachweisbar (MØLLER et al., 1978, *Ratte*).

Auch der distale Teil der Epiphyse wird außen gegen die Leptomeninx und den Subarachnoidealraum von einer geschlossenen Gliafortsatzdecke gebildet. Die dichte Lagerung der Gliafortsätze nimmt gegen des Innere des Organs hin ab. Die Gliafortsätze bilden untereinander Desmosomen, „intermediate junctions" und „tight junctions" aus (WARTENBERG, 1968a, konventionelle Elektronenmikroskopie). In der Umgebung der vorwiegend zentral liegenden Capillaren mit weitem perivasculärem Raum und fenestriertem Endothel wird die perivasculäre Gliascheide stellenweise lückenhaft, bei der *Ratte* sehr viel mehr als beim *Rhesusaffen* und der *Katze.* Durch die Lücken können vegetative Axone aus dem perivasculären Raum in das Parenchym eintreten und dort an die Pinealocyten ziehen. Über Speciesunterschiede im Bau der perivasculären Gliascheide s. WARTENBERG (1968a).

Über das *Gefäßsystem* und die Kreislaufverhältnisse der Mammalierepiphyse s. v. BARTHELD und MOLL (1954, *Maus*), ARIËNS KAPPERS (1960, *Ratte*), GOLDMAN und WURTMAN (1964, *Ratte*), SMITH (1971, *Kaninchen*), McNeill (1977b, *Ratte*). QUAY (1973, *Ratte,* Lit.) beschreibt eine direkte Gefäßverbindung zwischen Epiphyse und Plexus choroideus, die für die Abgabe der Epiphysenwirkstoffe in den Liquor durch den Plexus choroideus wichtig sein könnte.

Die Blutgefäße werden schon im präcapillaren Bereich von einem Bindegewebsraum umgeben (Abb. 131). Dieser erweitert sich, vor allem im distalen Bereich der Epiphyse, im capillären Abschnitt; er ist von einer äußeren und inneren Basallamina begrenzt.

Die Angaben über *Fenestrierung der Capillaren* sind unterschiedlich. *Keine* Fenestrierung beobachten ANDERSON (1965, *Schaf, Rind*), WARTENBERG und GUSEK (1965, *Kaninchen*), DUNCAN und MICHELETTI (1966, *Katze*), WARTENBERG (1968, *Katze, Affe*), LUES (1971, *Meerschweinchen*), SHERIDAN und REITER (1973, *Taschenratte*). Über Fenestrierung der Capillaren berichten dagegen MILOFSKY (1957, *Ratte*), GUSEK und SANTORO (1961, *Ratte*), WOLFE (1965, *Ratte*), KUROSUMI und KAWABATA (1966, *Ratte*), ITO und MATSUSHIMA (1968, *Maus*), SHERI-

Totenkopfäffchen   Katze

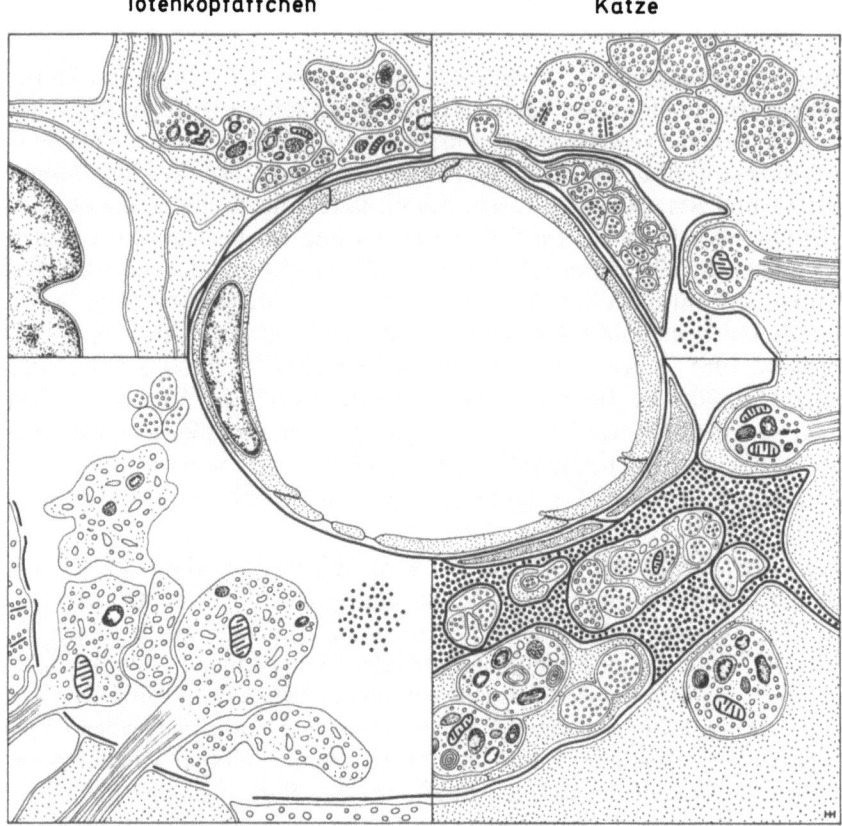

Ratte   Rhesusaffe

Abb. 131. Corpus pineale, schematische Darstellung des perivasculären Areals *(Totenkopfäffchen, Katze, Rhesusaffe, Ratte)*. (Aus Wartenberg, 1968a; s. dort Einzelheiten)

Dan und Reiter (1968, *Hamster*), Clabough (1971, *Hamster*), Romijn (1972, *Kaninchen*) u.a.

Die Unterschiede in der Fenestrierung könnten artspezifisch oder funktionsabhängig sein (Abb. 132). Wahrscheinlicher ist, daß topographische Unterschiede bestehen, die bisher zu wenig Beachtung fanden. So berichten Sheridan und Reiter (1973), daß sie beim *Hamster* in peripheren, oberflächennahen Anteilen der Epiphyse fenestrierte Capillaren, in der Tiefe des Organs dagegen nichtfenestrierte Capillaren antreffen. Die Blut-Hirn-Schranke ist in der Epiphyse nicht ausgebildet (Wislocki u. Dempsey, 1948; Wislocki u. Leduc, 1952a).

In artspezifisch unterschiedlichem Ausmaß (s. Wartenberg, 1968) enthält der perivasculäre Raum marklose vegetative *Nervenfasern*, vereinzelt auch markscheidenführende Nervenfasern und Schwannsche Zellen und nimmt die Enden von Pinealocytenfortsätzen auf (vgl. Wolfe, 1965, *Ratte;* Rodin u. Turner, 1965, *Ratte;* Duncan u. Micheletti, 1966, *Katze;* Leonhardt, 1967c, *Kanin-*

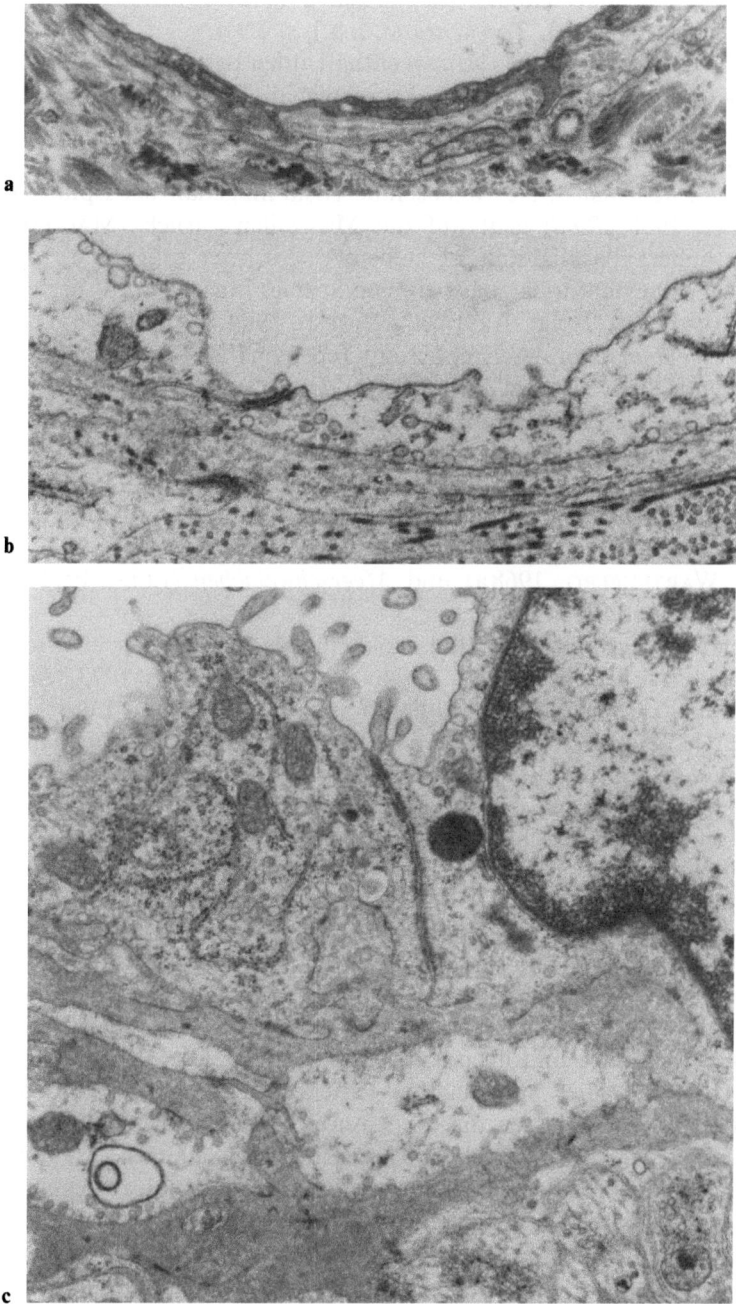

Abb. 132a–c. Corpus pineale, Endothelzellen, *Kaninchen.* **a** Extrem flaches Endothel einer Capillare; **b** hohes Endothel einer Capillare; **c** hohes Endothel einer postcapillaren Vene. Endvergr.: **a** × 24000, **b** u. **c** × 18000

chen; Lues, 1971, *Meerschweinchen;* Romijn, 1972, 1973, 1975a, *Kaninchen;* Sheridan u. Reiter, 1973, *Taschenratte,* u.a.), s. 5.9.4.

Der *perivasculäre Bindegewebsraum* enthält außer den Nervenfasern Fibroblasten und Kollagenfibrillen sowie makrophagenähnliche Zellen (Romijn, 1972, 1973, *Kaninchen*) und Mastzellen (Hassler u. Bak, 1966, *Ratte;* Wartenberg, 1968a, *Katze, Affe*). Die Mastzellen sind bei geblendeten Tieren vermehrt (Welsh, 1977, *Rennmaus*). Der wechselnde Histamingehalt der Epiphyse (Giarman u. Day, 1958, *Rind*) geht auf die Mastzellen zurück (Machado et al., 1965). Die äußere Basallamina ist stellenweise schwer erkennbar; vermutlich enden die Pinealocytenfortsätze bei einigen Species innerhalb des perivasculären Raumes (Romijn, 1972; vgl. Arstila u. Hopsu, 1964; Wolfe, 1965).

Der *Intercellularraum* des Epiphysenparenchyms ist nach Angaben zahlreicher Autoren stellenweise erweitert (*Ratte:* Gusek u. Santoro, 1961; Bostelmann, 1965; Wolfe, 1965; Rodin u. Turner, 1966, Lit.; Arstila, 1967; Miline et al., 1968; Karasek, 1968; *Kaninchen:* Leonhardt, 1967; Romijn, 1972 u.a.). Doch bestehen auch hier offenbar Speciesunterschiede (Abb. 133). Beim *Kaninchen* werden z.B. seenartige Erweiterungen beschrieben, die mit einer elektronendichten Masse gefüllt sein können (Leonhardt, 1967c; Romijn, 1972), bei *Katze* und *Affe* (Wartenberg, 1968a) und *Meerschweinchen* (Lues, 1971) sind die erweiterten Intercellularspalten „leer".

Eine Darstellung der Intercellularspalten und der perivasculären Bindegewebsräume durch Tusche (Quay, 1974, *Ratte;* vgl. Quay, 1973, *Ratte*) zeigt die Ausdehnung der beiden intercellulären Spaltensysteme. Die Intercellularspalten im Parenchym sind stellenweise 0,2–0,4 µm weit. Das Ausmaß, in dem dieses Spaltensystem durch Tusche darstellbar ist, schwankt im 24-Std-Cyclus. Die Spalten sind während der Tageszeit weiter (Distanz bis 95 µm), während der Nachtzeit weniger durchgängig (Distanz bis 13 µm). Die Infusionstiefe verläuft parallel zum Ausmaß der 5-Hydroxytryptamin-Produktion und -Freisetzung in der Epiphyse (Owman, 1964, 1968). Sie kann nachts durch Zugabe von 5-Hydroxytryptamin in das Perfusat vergrößert, tags durch $CaCl_2$ (Vergrößerung der Zelladhäsivität) blockiert werden (Quay, 1974).

Die *Acervuli* oder *Corpora arenacea* der Epiphyse sollen dem Intercellularraum zugerechnet werden, in dem sie, elektronenmikroskopischen Untersuchungen zufolge, liegen (vgl. im folgenden Krstić, 1976c). Die Acervuli sind röntgenologisch bei 75% aller untersuchten Patienten jenseits des 60. Lebensjahres nachweisbar. Im REM lassen die bis 3 mm großen maulbeerförmigen Gebilde erkennen, daß sie aus sphärischen Läppchen (135–800 µm) zusammengesetzt sind, zwischen denen Gruppen kleinerer Perlchen (4–14 µm) liegen. Kleinere Partikel (12–50 nm) bedecken die Oberfläche des Acervulus. Das Konkrement besteht hauptsächlich aus Hydroxylapatit, Calciumcarbonatapatit (Angervall et al., 1958; Earle, 1965) und einer organischen Matrix aus sulfatierten Mucopolysacchariden (Palladini et al., 1965; vgl. Wurtman et al., 1968). Elektronenmikroskopisch findet man kleine nadelförmige Kristalle (Earle, 1965). Die Mikroprobenanalyse ergibt einen hohen Calcium- und Phosphat-Gehalt und kleine Mengen von Mg und Sr (Krstić, 1976c).

Lukaszyk und Reiter (1975, *Rind, Affe*) beobachten bei der Suche nach einem Polypeptid-Sekret der Pinealocyten, daß dieses mit Corpora arenacea

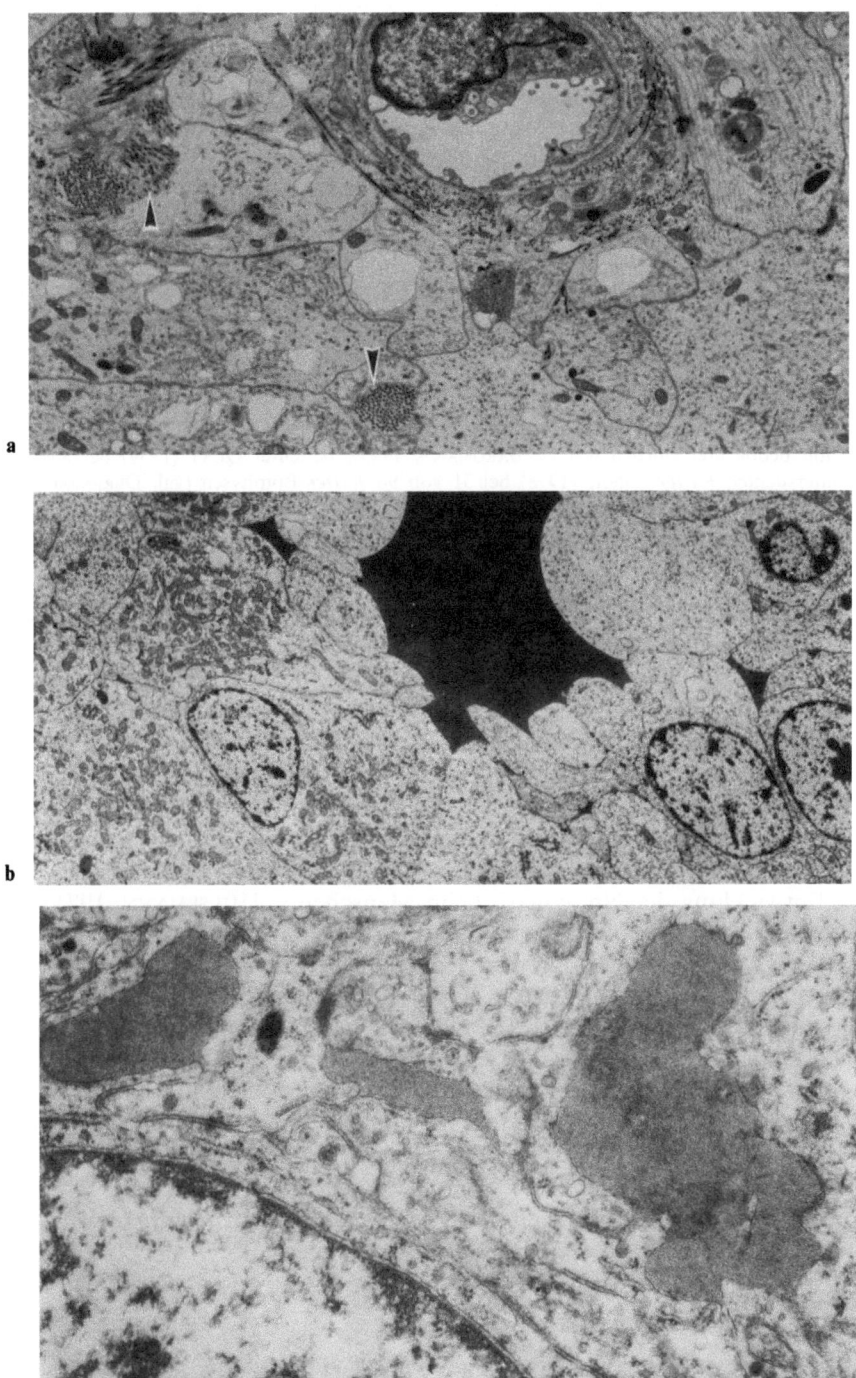

Abb. 133 a–c. Corpus pineale, Intercellularraum, *Kaninchen.* **a** Kollagenfibrillen *(Pfeile)* im Intercellularraum, Ausläufer des pericapillären Bindegewebsraumes; **b** substanzdichte Masse im stellenweise erweiterten Intercellularraum des Parenchyms; **c** feingranulierte Masse im stellenweise erweiterten Intercellularraum des Parenchyms. Endvergr.: **a** ×6000, **b** ×3000, **c** ×24000

assoziiert auftritt. Sie vermuten eine Funktion des Calciums bei der Ausschleusung des Sekrets in die Blutgefäße. Welsh (1977) findet bei der Rennmaus (*Gerbil*) regelmäßig Corpora arenacea („multilayered concretions"). Sie sind vermindert nach beidseitiger Ganglionektomie (oberes Hals-Grenzstrang-Ganglion) und nach Dauerbelichtung (vgl. Reiter et al., 1976b). Vermehrte Corpora arenacea findet der Autor bei geblendeten Tieren, die auch vermehrte Pinealocytensekretion zeigen. Zugleich sind die Mastzellen im perivasculären Raum vermehrt. Die stereologisch-morphometrische Analyse ergibt, daß die Anzahl der Corpora arenacea die Intensität der Sekretion anzeigt. Interessant ist in diesem Zusammenhang der Bericht über eine „Calcificatio praecox" der Epiphyse beim *Menschen* in einem Fall von Hypogenitalismus (Moreau u. Cohen, 1965).

Über das Vorkommen *quergestreiften Muskelgewebes* in der Mammalierepiphyse, das früher wiederholt beobachtet worden war (s. Bargmann, 1943), berichtet Quay (1959) bei 3 von etwa 1200 untersuchten *Ratten*, Diehl (1978) bei 31 von 96 *Ratten*-Epiphysen (vgl. Derenbach, 1951, *Rind*; Dill, 1963, *Ratte*; Kenny, 1965a, *Mammalier*; Krstić, 1972, *Ratte*).

5.9.4. Neuronale Elemente

Die endokrin-sekretorische Funktion der Epiphyse hängt von der Photostimulation ab. Der Mammalierepiphyse, die keine Photoreceptoren besitzt, werden die vom Auge aufgenommenen Lichtstimuli letztlich über vegetative Nervenfasern mitgeteilt, die einerseits das Organ mit den Blutgefäßen erreichen und weitgehend ihre perivasculäre Lage beibehalten, andererseits über zwei *Nn. conarii* in die Epiphyse eintreten und sich im Epiphysenparenchym aufzweigen. Die Nn. conarii liegen im Bindegewebe des Tentorium cerebelli und der Wand des Confluens sinuum und ziehen in den distalen Teil des Epiphysenparenchyms (Hartmann, 1957; Ariëns Kappers, 1960, 1965, 1969, 1971; Romijn, 1972, 1973; Entwicklung der Nn. conarii beim Menschen s. Hülsemann, 1971). Über den zentralen Verlauf dieser Schaltungen s. Moore et al. (1968); vgl. David et al. (1973, Verbindungen mit den Habenularkernen). Über Nervenfasern im Epiphysenstiel s. Ariëns Kappers (1960), Nielsen und Møller (1975, 1978). Nach Ariëns Kappers (1960, 1965) handelt es sich nicht um hirnwärts gerichtete Faserzüge. Nach Dafny (1977, *Ratte*) sollen außer pinealopetalen Erregungen aus dem Lichtsinnesorgan auch solche aus dem akustischen System und aus weiteren zentralen Gebieten, nach Reiter et al. (1971, *Ratte*) vielleicht auch aus dem olfactorischen System der Epiphyse über diese Verbindung (Stiel, Nn. conarii) zugeführt werden.

Auf diesen Wegen gelangen *postganglionäre Sympathicusfasern* aus dem oberen Hals-Grenzstrang-Ganglion (Ariëns Kappers, 1960) und (*prä-)ganglionäre Parasympathicusfasern* (über die Nn. conarii) aus dem N. petrosus major

---

Abb. 134a–f. Corpus pineale, Nervenfasern, *Kaninchen*. **a** Nerv im perivasculären Bindegewebsraum,▶ *links unten* Capillarendothel angeschnitten; **b** cholinerge (?) Axone, teilweise von Schwannscher Zelle eingescheidet, im perivasculären Bindegewebsraum; **c** unterschiedliches Kaliber von Axonen, teilweise von Schwannscher Zelle eingescheidet, im perivasculären Bindegewebsraum; **d** aminerge Axone, präsynaptische Strecke, im perivasculären Bindegewebsraum; **e** Axone zwischen hellen Pinealocyten im Parenchym; **f** Axone in dunklen Pinealocyten eingesenkt. Endvergr.: **a** ×6000, **b** ×15000, **c, e, f** ×24000, **d** ×30000

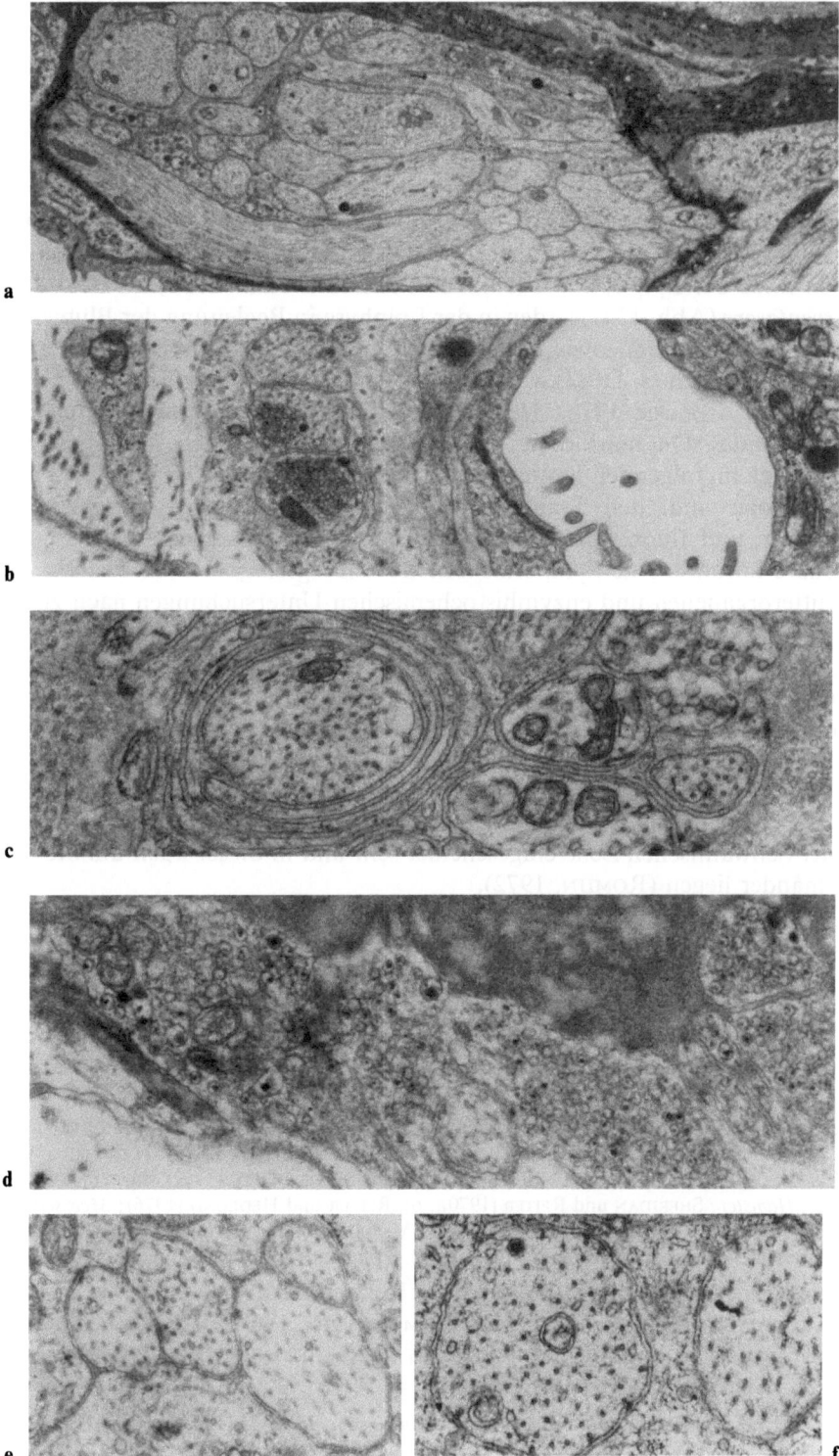

(Kenny, 1961) in das Pinealorgan. Doch enthalten die Nn. conarii auch adrenerge Fasern (Trueman u. Herbert, 1970). Über Verbindungen mit den Habenularkernen vgl. David et al. (1975). Das zweite Neuron der efferenten parasympathischen Leitung soll durch einzelne intrapineal gelegene *Nervenzellen* repräsentiert werden (ältere Lit. s. Bargmann, 1943; neuere Untersuchungen s. Hartmann, 1957, *Affe;* Hosaka et al., 1957, *Affe;* Kenny, 1961, 1965 b, *Affe;* Trueman u. Herbert, 1970, *Frettchen*). Romijn (1973, *Kaninchen*) findet etwa 40 Nervenzellen, von denen jede bis 24 μm groß ist, hauptsächlich in der Übergangszone. Bei anderen Species kommen Nervenzellansammlungen als Ganglion am caudalen Ende der Epiphyse vor (s. Ariëns Kappers et al., 1974).

Nervenfasern (Abb. 134) werden in der Epiphyse in Begleitung der Blutgefäße im perivasculären Raum sowie in den Intercellularräumen zwischen den Parenchymzellen gefunden (s. Hosaka et al., 1957, *Affe;* Yamada et al., 1957, *Hund;* Møllgård u. Møller, 1973, *Mensch,* Fetus; vgl. die oben angeführten und folgenden Zitate). Die marklosen Axone haben unterschiedliches Kaliber (97 – 2 700 nm), vgl. im folgenden Romijn (1972, 1973, 1975 a, *Kaninchen*). Die weitaus meisten Axone sind, den Transmitterorganellen, ihren präsynaptischen Anschwellungen und fluorescenzmikroskopischen Untersuchungen zufolge, postganglionäre noradrenerge Sympathicusaxone. Eine geringere Zahl besteht, den Transmitterorganellen und enzymhistochemischen Untersuchungen nach zu urteilen, aus cholinergen (Parasympathicus-)Axonen (Wood, 1973, *Katze;* Matsushima, 1975, *Erdhörnchen;* vgl. Romijn, 1972). Die Zusammensetzung der Transmitterorganellen-Population der adrenergen Axonanschwellungen variiert circadian; die Anzahl der granulierten Vesikel fällt unter Tag ständig, von 18–24 Uhr erheblich, die der hellen Vesikel steigt vom Nachmittag bis 24 Uhr an (Ito et al., 1974, *Maus*). Die vegetativen Fasern sind zumeist mit Schwannschen Zellen assoziiert. Sympathicus- und Parasympathicus-Axone können gemeinsam von einer Schwannschen Zelle eingescheidet sein und in dieser auch unmittelbar nebeneinander liegen (Romijn, 1972).

Befunde über postganglionäre *adrenerge Sympathicus-Axone* in der Epiphyse s. *Ratte:* Ariëns Kappers (1960), Pellegrino de Iraldi und de Robertis (1961, 1963), de Robertis und Pellegrino de Iraldi (1961), Wolfe et al. (1962), Owman (1964, 1965, 1968), Bondareff (1965), Pellegrino de Iraldi et al. (1965), Wolfe (1965), Bondareff und Gordon (1966), Rodin und Turner (1966), Taxi und Droz (1966), Arstila (1967), Bloom und Giarman (1970), Bloom (1968), Etcheverry und Zieher (1968), Machado et al. (1968), Pellegrino de Iraldi und Gueudet (1968, 1969), Budd und Salpeter (1969), Taxi (1969), Richards und Tranzer (1970), Eränkö und Eränkö (1971), Wiklund (1975), Parfitt und Klein (1976), Matsushima und Reiter (1977); *Rind, Schaf:* Anderson (1965); *Kaninchen:* Wartenberg und Gusek (1965), Romijn (1972); *Katze:* Rodriguez Perez (1962), Duncan und Micheletti (1966), Wartenberg (1968a), Gonzalez et al. (1969), Wood (1973); *Affe:* Wartenberg (1968); *Maus:* Pellegrino de Iraldi (1969), Matsushima und Ito (1972); *Hamster:* Sheridan und Reiter (1970a, b), Reiter und Hedlund (1976); *Meerschweinchen:* Lues (1971); *Erdhörnchen:* Matsushima (1975), Matsushima und Reiter (1975, 1977). Zusammenfassende Darstellungen s. Axelrod (1970, 1971), Pellegrino de Iraldi und Suburo (1971).

Im intrapinealen Verlauf von aminergen Nervenfasern wird bei einigen Mammaliern auch Serotonin nachgewiesen (Owman, 1965, 1968; Bloom u. Giarman, 1970; Pellegrino de Iraldi u. Gueudet, 1969 u.a.; vgl. Ariëns Kappers, 1969, Lit.; Nielsen u. Møller, 1978).

Zum Nachweis *cholinerger (Parasympathicus-)Axone* in der Epiphyse s. Eränkö und Härkönen (1964, *Ratte*), Eränkö et al. (1970, *Ratte*), Trueman und Herbert (1970, *Frettchen*), Eränkö und

ERÄNKÖ (1971, *Ratte*), MACHADO und LEMOS (1971, *Frettchen*), LORES ARNAIZ und PELLEGRINO
DE IRALDI (1972, *Ratte*), ROMIJN (1972, 1973, 1975a, *Kaninchen*), WOOD (1973, *Katze*). Die AChE-
Aktivität verschwindet nach bilateraler Ganglionektomie (MACHADO u. LEMOS, 1971).

Sympathicus- und Parasympathicusendigungen sind im Organ weit verteilt,
im perivasculären Bereich aber häufiger als im Parenchym. Axone aus perivasculären Nervenfasern dringen gelegentlich durch die äußere Basallamina in das
Parenchym ein (vgl. WARTENBERG, 1968a, *Katze*; HÜLSEMANN, 1971, *Mensch*).
Die Axonendigungen im Parenchym liegen zwischen Pinealocyten, adrenerge
Elemente häufig in „dunkle" Zellen invaginiert. Die Ausbildung typischer Synap-
senformationen wird relativ selten beobachtet. ROMIJN (1972, *Kaninchen*) bildet
Synapsen von (präganglionären) Parasympathicus-Axonen an Dendriten intrapineal gelegener (2. Parasympathicus-)Neuronen ab. Der Autor vermutet, daß
es sich bei den von WOLFE (1965), WURTMAN und AXELROD (1965), ARIËNS
KAPPERS (1969) und HERBERT (1971) beschriebenen Synapsen gleichfalls um
axo-den-dritische Synapsen an einem intrapinealen Neuron handelt (vgl. ROMIJN,
1973, *Kaninchen*). WOOD (1973, *Katze*) und MATSUSHIMA (1975, *Erdhörnchen*)
dagegen finden cholinerge Synapsen an Pinealocyten. Einen *Pinealnerv*, das
Äquivalent des Pinealnerven anurer Amphibien, findet MØLLER (1978) bei
menschlichen Feten; der Pinealnerv verbindet das Corpus pineale mit der Commissura posterior.

Enzymhistochemische Untersuchungen. Übersichten s. ARVY (1965), ARIËNS
KAPPERS (1969). Abgesehen von den im Zusammenhang mit der Melatoninbil-
dung und der Innervation zitierten Arbeiten berichten folgende Autoren über
Enzymnachweise: WISLOCKI und DEMPSEY (1948, *alkalische Phosphatase*), LEDUC
und WISLOCKI (1952, *Succinatdehydrogenase*), SHIMIZU und MORIKAWA (1957,
Succinatdehydrogenase), SHIMIZU et al. (1959, *Monoaminoxidase*), NIEMIE und
IKONEN (1960, *Aminopeptidase*), ARVY (1965, *alkalische* und *saure Phosphatase,
Adenosintriphosphatase, Acetylcholinesterase, β-Glucuronidase*), GUSEK et al.
(1965, *alkalische* und saure Phosphatase, unspezifische Esterase), PROP (1965,
unspezifische Esterase), BAYEROVÁ und BAYER (1960, *alkalische Phosphatase,
1967, Hydrolasen und Dehydrogenasen*).

Von allen Regionen des Gehirns besitzt die Epiphyse die höchste *Adenylcyclase*-Aktivität (WEISS u. COSTA, 1967, EBADI et al., 1970). Sie steigt bei Dauerbeleuchtung und Anwendung von Catecholaminen und wird in der Dunkelheit
reduziert. Oestrogene blockieren die Adenylcyclase der Epiphyse (Lit. bei
KRSTIĆ, 1977). Die Adenylcyclase kann elektronenmikroskopisch in Capillarendothelien, ihren Basalmembranen und in Nervenendigungen lokalisiert werden.
Die Aktivität im Intercellularraum (Plasmalemmata der Pinealocyten) ist artspezifisch unterschiedlich, was eine unterschiedliche Sensitivität für verschiedene
hormonelle Einflüsse vermuten läßt (KRSTIĆ, 1977).

5.9.5. Untersuchungen zur Funktion

Auf die zahlreichen Untersuchungen zur Funktion der Mammalierepiphyse im
Zusammenhang mit neuroendokrinen Steuerungen soll im Rahmen dieser Darstellung im einzelnen nicht eingegangen werden. Einige Hinweise mögen aber
dieses Kapitel abschließen.

Der Verdacht, zwischen der Epiphyse der Mammalier und den Gonaden könne eine vom Ausmaß der Belichtung (von der Jahreszeit) beeinflußte funktionelle Beziehung bestehen, ist über ein halbes Jahrhundert alt (Lit. s. BARGMANN, 1943) und später durch weitere Beobachtung genährt worden. Von zahlreichen Hypothesen über Funktionen der Epiphyse (s. WIENER, 1968a, b, 400 Literaturzitate; spätere Untersuchungen betreffen die *Nebennierenrinde:* PIVA et al., 1973; DEUSSEN-SCHMITTER et al., 1976; die *Schilddrüse:* PESCHKE, 1977; VRIEND, 1977; den *Streß:* KRSTIĆ, 1973b; die *Lokomotionsaktivität:* KOVÁCS et al., 1975; KRAPP, 1977; vgl. WURTMAN et al., 1968; REITER, 1973; CARDINALI u. WURTMAN, 1974; QUAY, 1974) ist der über endokrine Wirkungen der Epiphyse auf die Gonaden am gründlichsten nachgegangen worden. Über diese Untersuchungen wird im folgenden beispielhaft berichtet.

Den Vorstellungen über eine *antigonadotrope Wirkung* der Epiphyse liegen folgende Grunderfahrungen zugrunde. Bei geblendeten (oder nur sehr kurzen Lichtcyclen ausgesetzten) Tieren atrophieren nach etwa 6 Wochen die Gonaden (HOFFMAN u. REITER, 1965, 1966; REITER u. HESTER, 1966 u.a.). Die Gonadenatrophie unterbleibt bei gleichzeitiger Entfernung der Epiphyse (HOFFMAN u. REITER, 1965 u.a.) oder ihrer Innervation durch Entfernung der beiden oberen Hals-Grenzstrang-Ganglien (REITER, 1968 u.a.). Diese Operationen verhindern gleichzeitig einen stimulatorischen Effekt, den lange Lichtcyclen normalerweise auf die Gonaden ausüben (QUAY, 1961 u.a.). Pinealektomie führt zu einer Gewichtszunahme der Gonaden, des Uterus, der Samenbläschen und der Prostata sowie zu einer Pubertas praecox. Die Auswirkungen der Pinealektomie können durch Pinealextrakte verhindert werden. Pinealextrakte können, wenn sie langdauernd normalen Tieren gegeben werden, einen Effekt hervorrufen, der dem nach Pinealektomie entgegengesetzt ist, nämlich eine Hemmung der Entwicklung und der funktionellen Aktivität der Reproduktionsorgane. Das Problem der antigonadotropen Epiphysenfunktion erhält einen komplexen Charakter dadurch, daß die Reifephase der Gonaden und die Länge der Photoperiode (vgl. auch S. 471) einen Einfluß auf die Auswirkungen der Pinealektomie haben. Beim *Djungarischen Hamster* hebt die Pinealektomie den inhibitorischen Effekt kurzer Photoperioden auf. Bei dieser Art hat das Pinealorgan (Melatonin) nicht nur eine antigonadotrope Funktion; es ist auch an der Übertragung der stimulierenden Effekte langer Photoperioden beteiligt (HOFFMANN u. KÜDERLING, 1977; BECKMANN u. HOFFMANN, 1977).

Über eine Wirkung der Epiphyse speziell bei der Ovulation der *Ratte* s. MESS et al. (1971, 1973), TIMA et al. (1973), TRENTINI et al. (1973), vgl. auch DAVID et al. (1975), MESS et al. (1975).

Die wichtigsten *Untersuchungen zur Funktion* der Epiphyse wurden, soweit sie *morphologisches* Interesse beanspruchen, hauptsächlich auf folgenden experimentellen Wegen durchgeführt: Einwirkung *langdauernder Dunkelheit* (Blendung) und *langdauernder Belichtung, Ganglionektomie, Anwendung von 6-Hydroxydopamin, Anwendung von p-Chlorphenylalanin.*

Cytologisch untersucht wurden die Folgen der Eingriffe auf die pinealen Nervenfasern sowie auf die wahrscheinlichen sekretorischen Elemente, die („hellen") Pinealocyten. Mit elektronenmikroskopischen Methoden wurde deren Tätigkeit durch Beobachtung der hellen und der kernhaltigen Vesikel mit einem

Durchmesser von etwa 90 nm, ihres mutmaßlichen Sekrets, registriert (vgl. AR-STILA, 1967, *Ratte;* ITO u. MATSUSHIMA, 1968, *Maus;* PELLEGRINO DE IRALDI, 1969, *Maus;* SHERIDAN u. REITER, 1973, *Taschenratte;* SHERIDAN, 1975, *Hamster,* u.a.). Fluorescenzmikroskopisch konnten auch qualitative Feststellungen getroffen werden (Unterscheidung von Indolen und Catecholaminen s. FALCK et al., 1962; Identifizierung von Melanin mit der Glyoxylsäure-Histofluorescenzmethode s. LINDVALL et al., 1973). Eine noch weitergehende Identifizierung ist in einzelnen Untersuchungen auch mit immuncytochemischen Methoden gelungen (Melatonin und Serotonin s. GROTA u. BROWN, 1974). Die Ergebnisse der verschiedenen Autoren und deren Interpretationen stimmen nicht völlig überein.

Licht und Dunkelheit haben an der Epiphyse einen bemerkenswerten Einfluß 1) auf den Gehalt an Serotonin (Höhepunkt am Mittag, QUAY, 1963) und Melatonin (Höhepunkt um Mitternacht, QUAY, 1964; LYNCH, 1971, 2) auf den Gehalt an den synthetisierenden Enzymen Serotonin-N-Acetyltransferase (ELLISON et al., 1972) und Hydroxyindol-O-methyltransferase (QUAY, 1965) sowie 3) auf den Gehalt an Noradrenalin in den Sympathicus-Axonen (Anstieg mit Einbruch der Dunkelheit, Höhepunkt gegen Ende der Nacht, WURTMAN u. AXELROD, 1966). Circadian wechselt auch die Anzahl der granulierten Vesikel in den Pinealocyten. Nach BENSON und KRASOVICH (1977, *Maus*) und KACHI (1977, *Maus*) steigt ihre Zahl in der Hellperiode (Speicherung) und sinkt in der Dunkelperiode (Ausschleusung). BENSON und KRASOVICH berichten, daß nach Melatonin-Gaben jeweils 2 Std vor Eintritt der Hell- bzw. Dunkelperiode die Zahl der kernhaltigen Vesikel in beiden Zeiträumen geringer ist als beim unbehandelten Tier. Zur Regulation der N-Acetyltransferase-Aktivität s. BUDA u. KLEIN (1978) und VANĚČEK u. ILLNEROVÁ (1979).

Die *circadiane Rhythmik* des Gehaltes an Serotonin, Melatonin und Noradrenalin und der Enzyme verschwindet in der Epiphyse völlig nach bilateraler Entfernung des oberen Hals-Grenzstrang-Ganglions oder nach dessen Dezentralisation sowie nach Dauerbelichtung. Bei andauernder Dunkelheit oder Blendung dagegen bleibt der Serotonin-Rhythmus noch lange erhalten, der Melatonin-Gehalt schwankt unregelmäßig und nur der Noradrenalin-Rhythmus verschwindet (ausführliche Darstellung und Lit. s. WURTMAN et al., 1968; AXELROD, 1971). Aus diesen und anderen Untersuchungen wird geschlossen, daß außer der *exogenen,* durch photoperiodischen Wechsel ausgelösten und über noradrenerge Axone vermittelten Kontrolle auch eine *endogene* Kontrolle der circadianen Vorgänge besteht (Übersicht und Lit. s. SHEIN, 1971). Die duale Kontrolle wird nach Auffassung mehrerer Autoren mit einiger Wahrscheinlichkeit durch die duale (Sympathicus- und Parasympathicus-)Innervation der Epiphyse repräsentiert; diese könnte eine unabhängige Kontrolle der Serotonin- und Melatonin-Produktion (cholinerge Stimulierung der HIOMT s. WARTMAN et al., 1969) ermöglichen (s. Diskussion bei ROMIJN, 1972).

Ein Vergleich des *Steuerungsmechanismus* der *circadianen* und *annualen Periodik* bei *Säugern* und *Vögeln* zeigt die folgenden wesentlichen Unterschiede (HOFFMANN, persönliche Mitteilung): 1) Bei Säugern läßt sich – im Gegensatz zu Vögeln – keine direkte extraretinale Lichtrezeption nachweisen. 2) Das Pinealorgan der Säuger ist – anders als die Vogelepiphyse – kein wichtiger Schrittmacher der circadianen Periodik. 3) Das Pinealorgan der Säuger hat – im Unterschied zur Vogelepiphyse – wichtige Funktionen für die photoperiodische Steuerung der annualen Periodik.

Die *operative Blendung* des Versuchstieres (Ausschaltung des Lichtreceptors) oder der Aufenthalt in andauernder Dunkelheit (Ausschaltung des Lichtreizes) führt in den „hellen" Pinealocyten zur Vergrößerung der Golgi-Felder, zum Anstieg der Zahl der Pinealocyten-Fortsatzenden und zur Vermehrung ihrer kernhaltigen und hellen Vesikel – Veränderungen, die meistens als Zeichen einer Aktivierung der Pinealocyten gewertet werden (Clabough, 1971, *Hamster;* Benson u. Satterfield, *Maus*, 1975 u.a.; vgl. auch Sheridan, 1967, 1969; Sheridan u. Reiter, 1968, 1970a, b; Sheridan et al., 1969, *Goldhamster*). Nach Upson und Benson (1977, *Maus*) findet die Aktivierung der Pinealocyten aber bei operativ geblendeten Tieren ihren Ausdruck in der Vergrößerung des Golgi-Apparates und in einer Abnahme der kernhaltigen Vesikel bei gleichzeitiger Zunahme der hellen Vesikel (vermehrte Ausschleusung). Unterschiedliche Angaben über das Vorkommen kernhaltiger Vesikel in aktivierten Zellen können ihren Grund in den circadianen Schwankungen im Auftreten der kernhaltigen Vesikel haben (vgl. Romijn et al., 1977). Auch die „dunklen" Pinealocyten weisen eine Aktivitätssteigerung auf (Benson u. Satterfield, 1975, *Maus*).

Bei der Blendung kommt es zugleich zu einer erheblichen Gewichtsreduktion der Gonaden (vgl. auch Garweg et al., 1976, *Goldhamster;* Wartenberg u. Schubert, 1976, *Goldhamster*). Falls durch Blendung eine antigonadotrope Wirkung der Epiphyse stimuliert wird, besteht also eine Korrelation zwischen den Veränderungen in den „hellen" Zellen und der pinealen antigonadotropen Wirkung (Benson u. Satterfield, 1975, *Maus*).

Auf die Gonadenreduktion folgt beim *Hamster* 20–30 Wochen nach der Blendung eine Regeneration bis zum normalen Gonadengewicht. Da hierbei die Aktivierung der Pinealocyten fortbesteht, wird geschlossen, daß die Gonaden gegen den (antigonadotropen) Epiphysenwirkstoff refraktär geworden sind (s. Reiter, 1969, 1972, 1973b; vgl. Sheridan, 1975).

Bei *Dauerbelichtung* zeigen die „hellen" Pinealocyten gegenteilige Veränderungen (Quay, 1963; Mess, 1968, signifikante Verkleinerung der Nucleoli; Kurosumi u. Kawabata, 1966; Nir et al., 1969, Inhibition der Proteinsynthese; Benson u. Satterfield, 1975, Abnahme der Zahl der kernhaltigen Vesikel; vgl. quantitative Untersuchung von Upson et al., 1976). Dauerbelichtung führt zur Inhibition der antigonadotropen Aktivität der Epiphyse (Prop u. Ebels, 1968) und darüber hinaus zu einer Reduktion des Epiphysengewichtes bei Verkleinerung der Pinealocyten (Quay, 1961).

Die *Ganglionektomie* (Entfernung des oberen Hals-Grenzstrang-Ganglions beiderseits; Ausschaltung der Leitung der Lichterregung) führt grundsätzlich zu Veränderungen, die denen bei der Blendung auch hinsichtlich des Verhaltens der Gonaden gleichen (Reiter, 1968, *Hamster;* Sheridan, 1975).

Auch die *Anwendung von 6-Hydroxydopamin* (chemische Ausschaltung der Leitung der Lichterregung in der Endstrecke des letzten zuführenden adrenergen Neurons, s. Tranzer u. Thoenen, 1967) führt zu einer Aktivierung der Pinealocyten, gemessen an der Vermehrung der Pinealocyten-Fortsatzenden und ihrer kernhaltigen und leeren Vesikel (Sheridan, 1975).

Die Resultate dieser drei Versuchsanordnungen (Blendung, Ganglionektomie, 6-Hydroxydopamin) werden von SHERIDAN (1975) in dem Sinn interpretiert, daß die denervierte Epiphyse zwar zur Synthese, aber schließlich nicht mehr zur Ausschleusung ihres Sekretes in der Lage ist. Hierauf führt der Autor die Regeneration der Gonaden trotz „aktivierter", mit Sekret beladener Pinealocyten zurück.

Die *Anwendung von p-Chlorphenylalanin* (chemische Blockade der Serotoninsynthese, s. KOE u. WEISSMAN, 1966, damit auch der anschließenden Melatoninsynthese) führt nach 7 Tagen zu einer Reduktion der kernhaltigen und der hellen Vesikel in den Pinealocyten. Der Golgi-Apparat ist weniger stark entwickelt als bei Kontrolltieren. Die kernhaltigen Vesikel enthalten demnach Serotonin oder Melatonin oder einen Stoff aus den Syntheseschritten, die zwischen den beiden Indolaminen liegen. Der Vorgang ist reversibel. Zwei Tage nach Absetzen von p-Chlorphenylalanin treten vermehrt kernhaltige Vesikel auf, deren Zahl schließlich über die bei Kontrolltieren steigt (SHERIDAN, 1975, *Hamster; Ratten* vgl. PERRELET et al., 1968; PELLEGRINO DE IRALDI, 1969; BLOOM u. GIARMAN, 1970).

Alle bekannten *Hypothesen über die Art dieser Epiphysenwirkung* rechnen damit, daß die Epiphyse Verbindungen synthetisiert, die das Reproduktionssystem beeinflussen (QUAY, 1974b; REITER, 1974). Die chemische Natur dieser antigonadotropen Wirkstoffe ist nicht sicher bekannt; mit großer Wahrscheinlichkeit spielt Melatonin dabei eine Rolle (CARDINALI, 1974). Bei *Fischen* und *Amphibien* ist die Wirkung des Melatonins im Antagonismus zum melanophorenstimulierenden Hormon (MSH) der Adenohypophyse gut erforscht (BAGNARA, 1963; QUAY u. BAGNARA, 1964). Zusammenfassende Darstellungen über Melanin-Untersuchungen bei *Mammaliern* s. SHEIN (1971), WURTMAN et al. (1971). Lange Zeit wurde angenommen, daß Melatonin selbst der unmittelbare und einzige Vermittler dieser Epiphysenwirkung sei.

Die aus *Untersuchungen mit Melatonin* gewonnenen Ergebnisse sind aber uneinheitlich. Den Berichten über eine eindeutig antigonadotrope Wirkung im Sinne des ursprünglichen Konzeptes von der Wirkung des Melatonins (s. WURTMAN u. AXELROD, 1965; FRASCHINI et al., 1968; KAMBERI et al., 1970; vgl. HOFFMANN u. KÜDERLING, 1977) und der skizzierten Grunderfahrungen stehen andere über gegenteilige Effekte oder Effektlosigkeit gegenüber. Das mag von mehreren Faktoren abhängen, nicht zuletzt auch vom Zeitpunkt des Versuchsansatzes; nach TAMARKIN et al. (1976, *Hamster*) und REITER et al. (1977, *Hamster*) wechselt die Sensitivität für Melatonin im circadianen Rhythmus.

Vom ursprünglichen Konzept der antigonadotropen Wirkung des Melatonins weichen u.a. folgende Ergebnisse ab. Die Anwendung von Melatonin führt zwar zu einer signifikanten Atrophie der Prostata und der Samenbläschen, aber nicht der Testes (MARTINI et al., 1968). Die antigonadotrope Wirkung des Epiphysenwirkstoffes wird nach REITER et al. (1974, 1975c, *Hamster*) durch Melatonin-Implantat verhindert (vgl. auch REITER, 1969, 1976, *Hamster*). Die Implantation von Melatonin verzögert nach BARRATT et al. (1977, *Hamster*) die testiculäre Regression bei Lichtentzug. Diese und weitere bei ARIËNS KAPPERS et al. (1974) ausführlich besprochene Untersuchungen führen zu dem Schluß, daß sich die antigonadotrope Wirkung des Melatonins auf eine Depression des LH beschränkt, während die Bildung und Freisetzung des FSH unbeeinflußt bleibt. Die bei Ariëns Kappers et al. (1974) aufgeführten Implantationsversuche machen es weiterhin wahrscheinlich, daß dieser Melatonineffekt einen Angriffspunkt im Hypothalamus hat (Hemmung der Produktion oder Abgabe des LRF?). Andere, von der Epiphyse gleichfalls produzierte Indolamine decken sich hinsichtlich ihrer Hemmwirkung nicht völlig mit dem Melatonin; so soll 5-Methoxytryptophol keine Depression des LH, aber eine Abnahme des FSH hervorrufen (referiert bei Ariëns Kappers et al., 1974).

Die vielgestaltigen vesiculären und anderen Strukturen im Cytoplasma der „hellen" und „dunklen" Zellen wurden und werden von nahezu allen Untersuchern im Zusammenhang mit Sekretionsleistungen gesehen (vgl. Arstila et al., 1971), früher bevorzugt mit der Bildung von Melatonin. Romijn et al. (1977, *Kaninchen*) zeigten aber in autoradiographisch-elektronenmikroskopischen Untersuchungen an der Gewebekultur, daß die Indolamin-Synthese und -Speicherung in den „hellen" Pinealocyten nicht an membranumschlossene Zellorganellen gebunden ist, sondern mehr diffus im Cytosol stattfindet.

Die Zunahme der Kenntnisse über die neuroendokrinen Vorgänge im hypothalamo-hypophysären System eröffnete auch für das Problem der antigonadotropen Wirkung der Epiphyse „new horizons in pineal research" (Reiter et al., 1976a). Angesichts mehrerer Unstimmigkeiten hinsichtlich der antigonadotropen Wirkung des Melatonins entstand in diesem Zusammenhang die Frage, ob denn Melatonin bzw. ein anderes Indolamin (allein) oder nicht vielmehr (auch) ein Peptidhormon der Epiphyse die antigonadotropen Wirkungen vermittle. Die Epiphysenwirkstoff-Frage wurde durch den Aspekt des „involvement of pineal indoles and polypeptides with the neuroendocrine axis" (Reiter, 1973c) erweitert; vgl. auch Ariëns Kappers et al. (1974), Reiter (1974), Blask und Reiter (1975). Der Gedanke ist insofern nicht völlig neu, als z.B. ein Epiphysen-Hypophysen-Antagonismus auch früher schon im Gespräch war (vgl. Moszkowska, 1965).

In jüngster Zeit hat sich immer mehr herausgestellt, daß *Peptide* der Epiphyse als antigonadotrope Wirkstoffe in Frage kommen (Ebels, 1975, 1976; Lukaszyk u. Reiter, 1975; Reiter et al., 1975a; Reiter et al., 1975c; Reiter et al., 1976b; Thorpe u. Herbert, 1976; Vaughan et al., 1976b u.a.; ältere Lit. s. Ariëns Kappers et al., 1974). Nach Meinung mehrerer Autoren wirken die Indolamine der Epiphyse lokal, indem sie die Bildung und Freisetzung des antigonadotropen Faktors beeinflussen (Quay, 1974b; Reiter et al., 1976c; Bridges et al., 1976; Romijn, 1976; Romijn u. Gelsema, 1976). Nach Reiter et al. (1976a) führt die Aktivierung der „hellen" Zellen zur Mehrproduktion von Melatonin, das seinerseits die Bildung pinealer Peptide mit antigonadotroper Wirkung stimuliert (Aktivierung der „dunklen" Zellen). Zur Diskussion der Frage nach den in den Pinealocyten produzierten Wirkstoffen s. auch Romijn et al. (1977, Lit.).

Aus der Epiphyse können neben Indolaminen in der Tat mehrere biologisch in unterschiedlicher Weise aktive Polypeptide gewonnen werden (Quay, 1974b). Hinweise für die Sekretion derartiger, nur z.T. bekannter Polypeptide durch Pinealocyten s. Lukaszyk und Reiter (1975, *Rind, Affe*, Lit.). Die Autoren finden das mutmaßliche Sekret beim Affen auch in Nervenfasern in der Umgebung von Gefäßen. Die Ausbildung der Corpora arenacea steht im Zusammenhang mit dieser Sekretion.

Über die Isolierung von biologisch aktiven Polypeptiden s. auch EBELS et al. (1970), BENSON et al. (1972), BENSINGER et al. (1973), EBELS et al. (1973), VAUGHAN et al. (1974a), MILCU et al. (1975), BENSON et al. (1976b), REINHARZ und VALLOTON (1977).

Als wirksamer Faktor kommt *Arginin-Vasotocin* in Frage. Über den Nachweis eines *prolactin releasing factor* (PRF) in den Epiphysen von *Rind, Ratte* und *Mensch* und eines *prolactin release inhibiting factor* (PIF) in der Epiphyse des *Rindes* berichten BLASK et al. (1976). Nach VAUGHAN et al. (1976a, *Ratte*) hat Arginin-Vasotocin eine PRF-Aktivität. Über Arginin-Vasotocin in der Epiphyse bzw. über eine zentrale antigonadotrope Wirkung von Arginin-Vasotocin berichten zahlreiche Autoren (s. MILCU et al., 1963, erste Extraktion von Arginin-Vasotocin aus *Rinder*-Epiphyse; PAVEL u. PETRESCU, 1966; CHEESMAN, 1970; CHEESMAN u. FARISS, 1970; PAVEL, 1971; PAVEL et al., 1973a, b; VAUGHAN et al., 1974a, b; BOWIE u. VAUGHAN, 1975; BENSON et al., 1976a; PAVEL et al., 1977).

Über die *Wechselbeziehungen* zwischen Oestrogenen (Androgenen) und Epiphyse und über den Einfluß der Sympathicusnerven (d.h. Einfluß der Belichtung) auf diese Wechselbeziehungen s. CARDINALI et al. (1976, Lit.), KARASEK und MAREK (1978). Die Epiphyse besitzt Receptoren für *Oestrogene* (EISENFLED, 1970, *Ratte*; MARKS et al., 1972, *Ratte;* NAGLE et al., 1972, *Ratte*, u.a.), für *Progestin* (LUTTGE u. WALLIS, 1973, *Ratte*), für *Androgene* (CARDINALI et al., 1974a, u.a.), für *Dexamethason* (stärkste Bindung im ganzen Gehirn an Epiphyse, WAREMBOURG, 1975, *Ratte*). Receptoren für Oestradiol besitzen aber außer der Epiphyse auch das Organum vasculosum laminae terminalis, das Organum subfornicale, die Area postrema (STUMPF et al., 1976, mehrere Mammalier).

Die Aufnahme der Oestrogene und Androgene wird in der Epiphyse durch die adrenerge Innervation gesteuert und verläuft, circadian schwankend (NAGLE et al., 1974), entsprechend dem circadian wechselnden Noradrenalingehalt der Nervenfasern in der Epiphyse (vgl. BROWNSTEIN u. AXELROD, 1974). Ganglionektomie vermindert die Aufnahme der Hormone erheblich (NAGLE et al., 1973).

Oestrogene und Androgene stimulieren in den Pinealocyten sowohl die Melatonin- als auch die Protein-Synthese und damit den antigonadotropen Faktor (CARDINALI et al., 1974b; vgl. HOUSSAY u. BARCELÓ, 1972a, b). Die Gonadensteroide wirken mithin in einem Regelkreis, der durch den Sympathicus (Lichtwirkung) beeinflußt wird, als Modulatoren der Epiphysenfunktion; auf den Noradrenalin-Gehalt der Sympathicusfasern haben sie keinen Einfluß (CARDINALI et al., 1975, 1976).

Weitere Untersuchungen, die anhand der Ultrastruktur der Epiphyse auf eine Rückmeldung aus den Gonaden (oder aus dem Hypothalamus-Hypophysen-System) schließen lassen, s. HOUSSAY und BARCELO (1972a, Wirkung von Testosteron, 1972b, Wirkung von Oestrogenen und Progesteron auf die Biosynthese von Melatonin), NAGLE et al. (1974, Kastration und Testosteronanwendung), KARASEK et al. (1976, Kastration und LRF-Anwendung) u.a.

In der Epiphyse werden aber nicht allein mit autoradiographischen Methoden Gonadensteroide und andere Hormone peripherer endokriner Drüsen gefunden, sondern *immunhistochemisch* auch Wirkstoffe des Hypothalamus-Hypophysen-Systems nachgewiesen (WHITE et al., 1974, *GnRH* (LRF); DUBÉ et al., 1975, *Somatostatin;* PELLETIER et al., 1975b, *Somatostatin*). Ob die Epiphyse damit allerdings schon als „a supplemental source of hypothalamic releasing hormones" (White et al., 1975) gelten kann, erscheint u.a. auch im Hinblick darauf als fragwürdig, daß die genannten Hormone mit immunhistochemischen Methoden noch in weiteren circumventriculären Organen (Organum vasculosum laminae terminalis, Organum subfornicale, Area postrema und Eminentia mediana) nachweisbar sind. Die Anwesenheit der Hormone in diesen Organen kann schon aus dem Fehlen der Blut-Hirn-Schranke dieser Organe erklärt werden (Lokalisation des Somatostatin hauptsächlich perivasculär, Dubé et al., 1975). Der Nachweis solcher Stoffe in Parenchymzellen der Organe ist grundsätzlich mit der Problematik belastet, die bereits im Zusammenhang mit ihrem Nachweis in den Tanycyten der Eminentia mediana zur Sprache kam (s. S. 270 ff.); man muß ihn eher als unspezifisch ansehen.

Im Falle der PRF- und PIF-Aktivität der Epiphyse muß allerdings mit einer epiphysenständigen Produktion des Wirkstoffes gerechnet werden. Für diese Interpretation spricht der Einfluß des Lichtentzugs (mit der Gonadenatrophie ist eine Depression des Prolactins und beim männlichen Tier auch des LH in der Adenohypophyse verbunden, vgl. Reiter u. Johnson, 1974a, b, *Hamster*; Reiter, 1976). Insoweit kann mit Recht von einer „pineal regulation of hypothalamo-pituitary axis" (Reiter, 1974) gesprochen werden (vgl. auch Berndtson u. Desjardins, 1974, *Hamster*). Falls es sich hierbei um einen epiphysenspezifischen Wirkstoff handelt, so ist doch für die PRF-Aktivität grundsätzlich nicht (allein) die intakte Anwesenheit der Epiphyse erforderlich (vgl. Vaughan et al., 1976a).

Diese, besonders die zuletzt referierten Untersuchungen rechtfertigen es, die Epiphyse als endokrines Organ zu bezeichnen; Ariëns Kappers et al. (1974) nennen die Epiphyse, da ihre Pinealocyten aus dem Neuralepithel abstammen „a neuro-endocrine organ". Wie bei anderen endokrinen Organen dürfte als Abtransportweg der Inkrete der Blutweg zuständig sein (Ariëns Kappers et al., 1974). Nicht wenige Autoren diskutieren aber auch für die Epiphyse den „humoral pathway", die Ausbreitung der Wirkstoffe über den Liquor cerebrospinalis (vgl. David et al., 1975; Mess et al., 1975; Reiter et al., 1975b; Anand Kumar et al., 1976 u.a.). Schließlich wird auch, besonders im Hinblick darauf, daß in der Epiphyse das von Pinealocyten produzierte Serotonin offenbar von Nervenfasern aufgenommen werden kann, eine neuronale Ausbreitung der pinealen Information in Betracht gezogen (s. Reiter u. Sorrentino, 1972).

Wenn auch die umfangreichen Untersuchungen über Epiphysen-Hypothalamus-Hypophysen-Gonaden-Beziehungen zu noch widersprüchlichen Ergebnissen führten und Fragen offenbleiben, so wird man doch der Feststellung von Reiter (1976) zustimmen können, daß „the inclusion of the pineal gland as a topic of discussion... emphasizes its rather wide acceptance as an important facet of neuroendocrine interactions".

5.10. Organum subcommissurale

Das *Organum subcommissurale*, „subcommissural organ" (Dandy u. Nicholls, 1910; SCO) bedeckt im Anschluß an das Pinealorgan die Commissura posterior als umschriebenes Ventrikelwandareal mit besonders differenzierten hohen Epen-

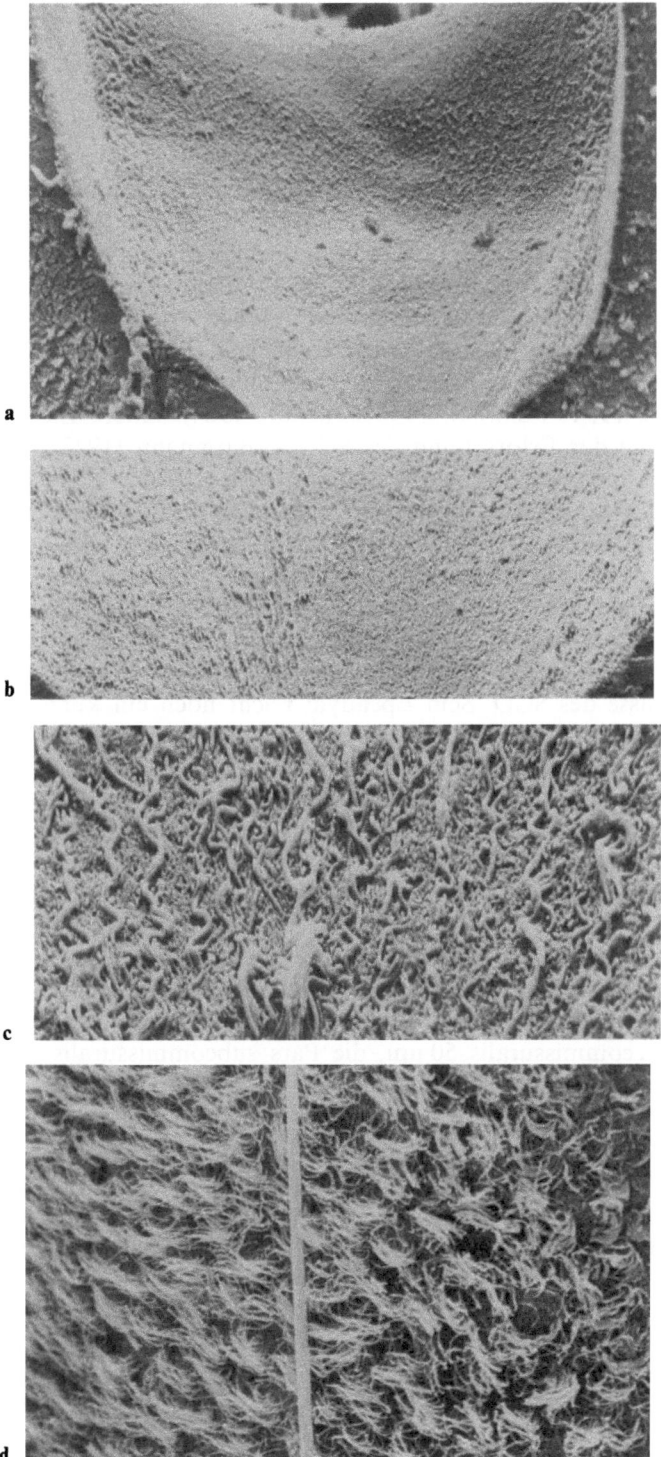

Abb. 135a–d. Subcommissuralorgan, REM, *Kaninchen*. **a–c** Bildung des Reissnerschen Fadens aus
Sekretfäden, Blick auf die in den Aquädukt führende Organoberfläche; **d** Reissnerscher Faden
(Mitte) im Aquädukt. Endvergr. in der Projektion: **a** ×90, **b** ×279, **c** ×1800, **d** ×594

dymzellen. Das SCO liegt in der Grenzregion zwischen Diencephalon und Mesencephalon, bildet also die dorsale Begrenzung des Eingangs in den Aquädukt (Abb. 135). Über die topographischen Beziehungen des SCO zum Pinealorgan s. Palkovits et al. (1962a).

Das SCO kommt bei (nahezu) allen Vertebraten vor, Mammalier eingeschlossen – auch bei Species, die kein Pinealorgan ausbilden (s. Bargmann, 1943; Oksche, 1965). Das SCO ist u.a. bei zahlreichen *Primaten* (Suzuki, 1938) gut ausgebildet. Beim *Menschen* (Abb. 136) ist es offenbar in der frühen Fetalentwicklung funktionstüchtig (Oksche, 1956, 1964, 1969a; Wislocki u. Roth, 1958) und noch bis zum 4. Lebensjahr entwickelt (Puusepp u. Voss, 1924; vgl. Oksche, 1964), beim Erwachsenen aber allenfalls in Resten nachweisbar (Puusepp u. Voss, 1934; Pesonen, 1940; Oksche, 1964). Ältere Lit. und Angaben zur Geschichte der Erforschung des SCO s. Bargmann (1943), Clara (1959), Olsson (1958a, b), Talanti (1958), Herrlinger (1970).

Während die *Lage* des Organs bei allen Vertebraten konstant ist, variiert die Form und Größe des SCO von Species zu Species (Herrlinger, 1970). Regelmäßig ist die Oberfläche des Organs in der Frontalebene konkav gekehlt, in der medianen Sagittalebene lippenförmig konvex gekrümmt. Im rostralen Bereich des SCO werden Ependyminvaginationen beobachtet (Oksche, 1961, *Hund;* vgl. Ishikawa, 1927; Herrlinger, 1970, *Maus*). Caudal von diesen liegt die Hauptmasse des SCO. Sein Ependym reicht noch ein kurzes Stück in das Dach des Aquäduktes hinein. Hierauf folgen caudalwärts mit geringem Abstand vom Organende gelegentlich noch Zellinseln aus subependymal verlagerten Ependymzellen des SCO (Stanka, 1963, *Ratte;* Herrlinger, 1970, *Maus*). Diese Unterschiede erlauben es, das SCO in Pars supracommissuralis („supracommissurales Organ", Fuse, 1936; vgl. Hofer, 1967), Pars praecommissuralis, Pars subcommissuralis und Pars retrocommissuralis zu unterteilen (Palkovits, 1965a).

Über die *Abmessungen* des SCO der *Maus* macht Herrlinger (1970) folgende Angaben: Die Gesamtlänge beträgt in rostrocaudaler Richtung etwa 1 mm. Die Pars supracommissuralis im Boden des Recessus infrapinealis ist ca. 200 μm, die Pars praecommissuralis 50 μm, die Pars subcommissuralis, der Hauptteil, 650 μm, die Pars retrocommissuralis im Aquädukt 150 μm lang. Die Breite des Organs beträgt im Hauptteil ca. 180 μm, in der Pars praecommissuralis und Pars retrocommissuralis ca. 90 μm.

Von der Oberfläche des aktiven SCO geht der *Reissnersche Faden*, der „Liquorfaden" (Sterba, 1977; LF) aus, der durch den Aquädukt, die Rautengrube und den Zentralkanal bis zum Ventriculus terminalis des Rückenmarks reicht (Abb. 137). „Der LF ist eine morphologische Kuriosität. Er kommt nicht nur bei fast allen Wirbeltieren vor, sondern auch bei *Branchiostoma* (Akranier) und bei einigen *Tunikaten*. Dies bedeutet aber, daß der LF phylogenetisch älter ist als das charakteristische 5teilige Gehirn der Wirbeltiere, bzw. als Struktur bereits entwickelt worden war, als noch keine Wirbeltiere existierten" (Sterba, 1977).

Das SCO tritt in der *Ontogenese* außerordentlich früh auf. Mit der Entwicklung des SCO der *Mammalier* oder mit einzelnen Stadien seiner Entwicklung befassen sich Turkewitsch (1936, *Mammalier*), Legait (1942, *Mensch*), Oksche

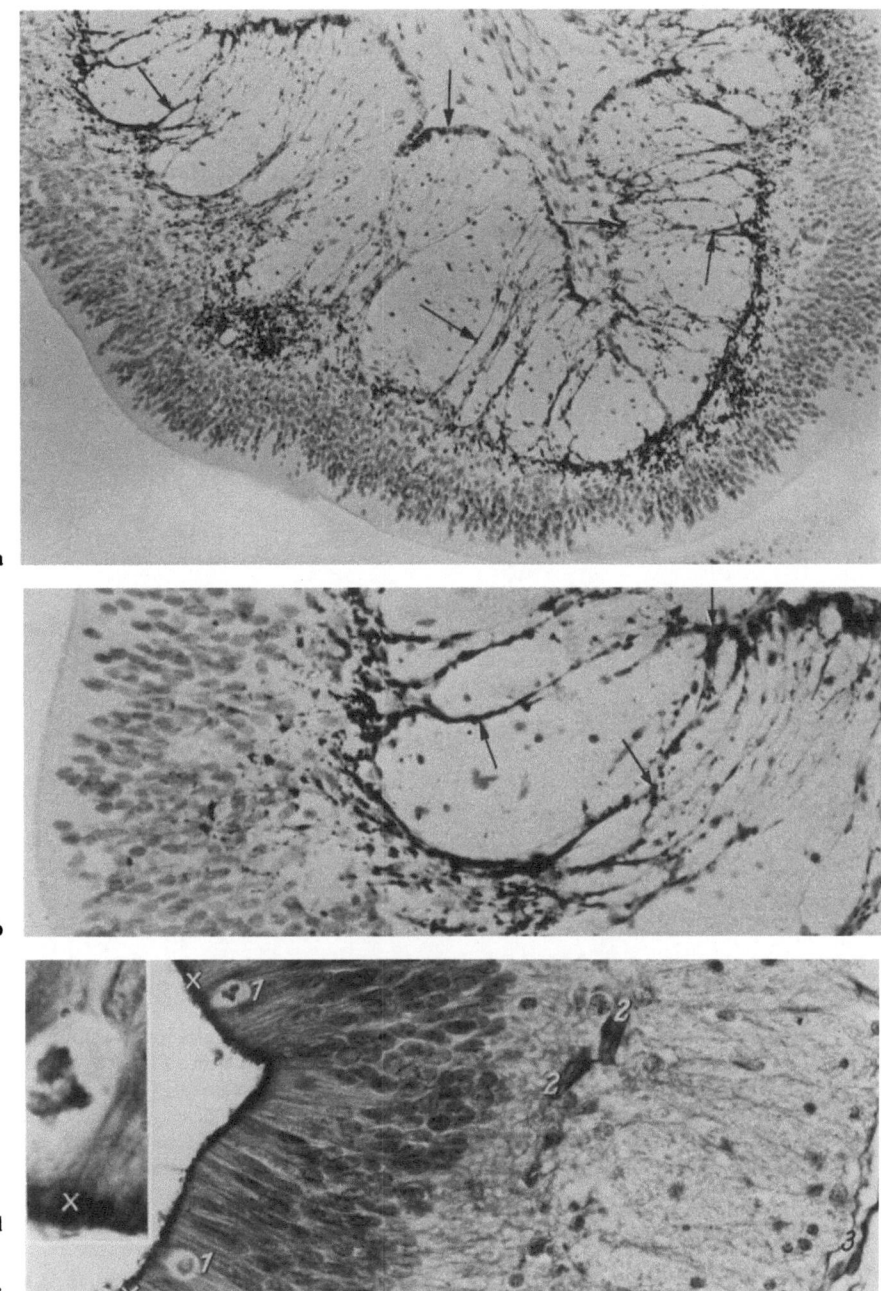

Abb. 136a–d. Subcommissuralorgan, *menschliche Embryonen* (Mens III). **a** u. **b** 90 mm, **c** u. **d** 75 mm Totallänge. Zahlreiche Glykogengranula *(Pfeile)* in den langen verzweigten Fortsätzen und Endfüßen der Subcommissuralzellen. *1* Mitosen, *2* Capillaren, *3* äußere Grenzmembran. **a** u. **b** Bleitetraacetat-Schiff; in **c** apicales Material *(x)* gefärbt mit Paraldehydfuchsin (stärker vergrößert in **d**). (Aus OKSCHE, 1969a). Endvergr.: **a** × 140, **b** × 250, **c** × 350, **d** × 1400

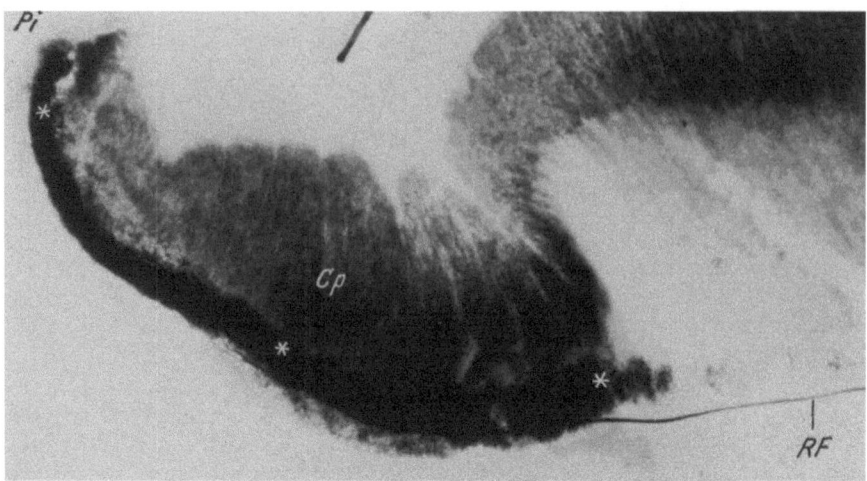

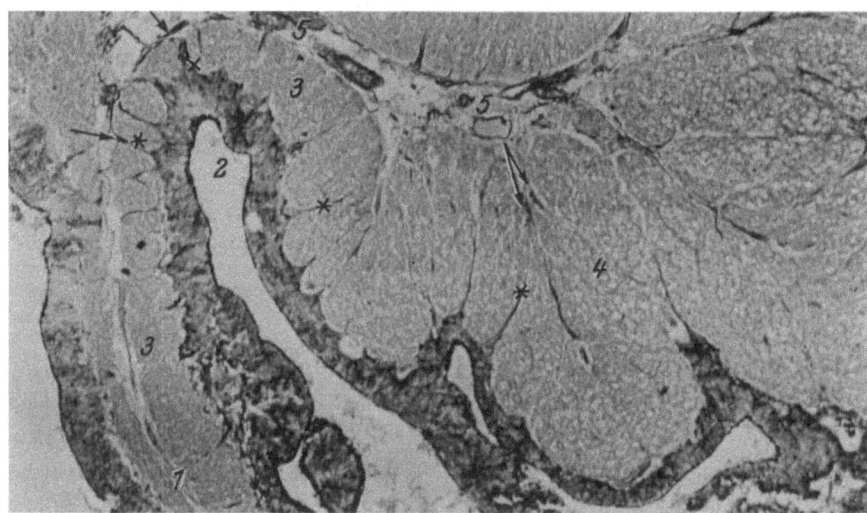

Abb. 137a u. b. Subcommissuralorgan, Überblick. **a** *Katze,* aufgehelltes Totalpräparat (*) mit Paraldehydfuchsin gefärbt; *RF* Reissnerscher Faden, *Cp* Commissura posterior, *Pi* Area pinealis. **b** *Hund,* Paraffinschnitt mit Paraldehyd gefärbt, Vergr. × 55. Auffallende regionale Differenzierungen: *1* ventrale Falte, *2* rostrale Ventrikelfaltung mit dünner Wand *(3), 4* dicker caudaler Teil der Commissura posterior. Säulen *(x)* und Strähnen (*) selektiv gefärbten Materials können bis zur äußeren Grenzmembran *(Pfeile)* verfolgt werden; *5* Blutgefäße. (Aus OKSCHE, 1969a)

(1956, 1961, 1964, 1969a, *Mensch*), WISLOCKI und ROTH (1958, *Mensch*), TALANTI (1959, *Rind*), OLSSON (1961, *Mensch*), INKE und PALKOVITS (1963, *Mensch*), MURAKAMI et al. (1970, *Mensch*), MØLLGAARD (1972, *Mensch*), KÖHL und LINDERER (1973, *Ratte*), KIMBLE und MØLLGAARD (1975, *Kaninchen*) u.a. Zur Entwicklung des SCO bei *Submammaliern* s. TROST (1953, *Reptilien*), WINGSTRAND (1953, *Huhn*), MAZZI (1952, *Frosch*), OLSSON (1955, *Amphioxus,* 1956, *Forelle*), GRIGNON und GRIGNON (1958, *Vögel*), OKSCHE (1961, *Frosch*), PALKOVITS und WET-

ZIG (1962, *Vögel*), STERBA et al. (1967a, *Cyclostomata*), SMITH (1970, *Huhn*)
u.a. Ältere Literatur s. BARGMANN (1943), TROST (1953).

Unter den „klassischen" circumventriculären Organen nimmt das SCO insoweit eine Sonderstellung ein, als seine Ependymzellen nicht durchweg und bei
allen Tierarten kinocilienarm sind und seine Capillaren eine Blut-Hirn-Schranke
besitzen bei zugleich ausgebildeten apicalen „tight junctions" der Ependymzellen.

Bei der Besprechung des SCO der Mammalier sollen auch die an Submammaliern erhobenen Befunde herangezogen werden, da wesentliche Erkenntnisse
in Untersuchungen an Submammaliern gewonnen wurden. Das ist um so eher
möglich, als das SCO aller Vertebraten hinsichtlich der Ausbildung und Beschaffenheit des Reissnerschen Fadens, des zweifellos auffälligsten Produktes des
SCO, gleichartig sind.

Lichtmikroskopische Untersuchungen an Mammaliern s. DENDY und NICHOLLS (1910, *Maus,
Mensch*), BAUER-JOKL (1917, *Ratte, Rind, Hund, Mensch*), CHIARUGI (1918, *Meerschweinchen*), KOL-
MER (1921a, 1925, *Ratte, Maus, Kaninchen, Hund, Ziege, Affe, Mensch*, 1931, *Primaten*), PUUSEPP
und VOSS (1924, *Mensch*), KRABBE (1925, *Mammalier*), KEEN und HEWER (1935, *Mensch*), TURKE-
WITSCH (1936, *Rind*, 1937a, b, *Schaf, Kaninchen*), SUZUKI (1938, *Affe*), PESONEN (1940a, b,
Meerschweinchen, Mensch), REICHOLD (1942, *Kaninchen, Ratte, Meerschweinchen*), CANEPA (1949,
Mammalier), BARGMANN und SCHIEBLER (1952, *Katze, Hund*), WISLOCKI und LEDUC (1952b, *Maus,
Ratte, Meerschweinchen*), SENALDI (1954, *Katze*), OKSCHE (1956, 1959/60, 1961, *Maus, Meerschweinchen, Katze, Hund, Rind, Affe, Mensch*), BOSQUE et al. (1958, *Meerschweinchen*), HOFER (1959, *Affe*),
OLSSON (1958a, b, *Rind*, 1961, *Mensch*), TALANTI (1958, *Hund*, 1959, *Rind*), WISLOCKI und ROTH
(1958, *Mensch*), COSNIER (1960, 1961, *Ratte*), LANDAU (1960, *Maus, Ratte*), TALANTI und KIVALO
(1960, *Ziege, Schaf*, 1962, *Kamel*), ANDERSON (1961, *Rind*), BOSQUE et al. (1961, *Mensch*), KIVALO
et al. (1961, *Ratte*), PALKOVITS (1961, *Ratte*), PALKOVITS et al. (1962a, b, *Mensch*) TALANTI et al.
(1962, *Kaninchen, Meerschweinchen, Katze, Hund, Schwein, Pferd, Kamel, Rind*), BUGNON et al.
(1963, *Ratte, Hase, Schwein, Pferd*), STANKA (1963, *Ratte, Schwein*), DELLMANN (1965b, *Hund*),
PALKOVITS (1965, *Mensch*), TALANTI (1966, *Rentier*), BARLOW et al. (1967, *Mensch*), MERKER (1968,
Affen), RAKIC und SIDMAN (1968, *Maus*), GABRIEL (1970, vergl. Untersuchungen), HERRLINGER
(1970, *Maus*).

Lichtmikroskopische Untersuchungen an Submammaliern s. *Cyclostomata*: STUDNIČKA (1899),
BOEKE (1902), TRETJAKOFF (1915), HOLMGREN (1919), KOLMER (1921), MAZZI (1952), WINGSTRAND
(1953), OLSSON und WINGSTRAND (1954), OLSSON (1955), ADAM (1956, 1957, 1959, 1963), HOFER
(1959), OKSCHE (1961), STERBA (1962), NAUMANN (1968); *Fische*: RABL-RÜCKART (1887), KOLMER
(1921), JORDAN (1925), STUTINSKY (1953), ENAMI (1954), ARVY et al. (1955), OLSSON (1956), FRIDBERG
und OLSSON (1959), OKSCHE (1959/60, 1961), ALTNER (1964c, 1968), LEATHERLAND und DODD
(1968); *Amphibien*: RABL-RÜCKART (1887), GAUPP (1897), NICHOLLS (1908), KOLMER (1921), AG-
DUHR (1922), LEGAIT (1942, 1946), MAZZI (1954), OKSCHE (1954, 1955, 1959/60, 1961, 1962), FÄHR-
MANN (1965), MAUTNER (1965), ALTNER (1966), MARINI (1966); *Reptilien*: RABL-RÜCKART (1887),
KOLMER (1921), REICHOLD (1942), FLEISCHHAUER (1957), MURAKAMI et al. (1957), PANDALAI (1958),
OKSCHE (1959/60, 1961); *Vögel*: KOLMER (1921), REICHOLD (1942), WINGSTRAND (1953), GRIGNON
und GRIGNON (1958), OKSCHE (1961), PALKOVITS und WETZIG (1962).

Gliederung des SCO. Bereits in frühen lichtmikroskopischen Untersuchungen
wurde eine histologische Gliederung des SCO beschrieben. Es besteht aus einer
Ependymzellschicht und aus einem subependymalen Anteil, seit KRABBE (1925)
„Hypendym" genannt.

Die Unterschiede in den Beziehungen zwischen Ependymzellschicht und
Hypendym bei Vertebraten sind ausführlich bei OKSCHE (1961) dargestellt. Wäh-
rend die basalen Fortsätze der Ependymzellen bei *Anuren* durch das ganze
Organ hindurch bis an die Hirnhautgefäße der äußeren Oberfläche des SCO

reichen, findet man bei *Mammaliern* und *Vögeln* zwischen Ependymzellen und Blutgefäßen ein kompliziert gebautes *Hypendym* (Abb. 138). Doch handelt es sich bei diesen Unterschieden nicht primär um den Ausdruck einer phylogenetischen Entwicklung, sondern um eine Folge der unterschiedlichen Hirnwanddicke, wie das für die Tanycyten allgemein gilt (s. S. 217). Da einerseits auch in den noch dünnwandigen Gehirnen der frühen Feten von Sauropsiden und Mammaliern lange Ependymzellen bei gering entwickeltem Hypendym vorkommen, andererseits das SCO von frühen Feten dem färberischen Verhalten nach bereits sekretorisch tätig sein kann (Oksche, 1956; Wislocki u. Roth, 1958), läßt sich aus derartigen Unterschieden der Gliederung keine funktionelle Aussage

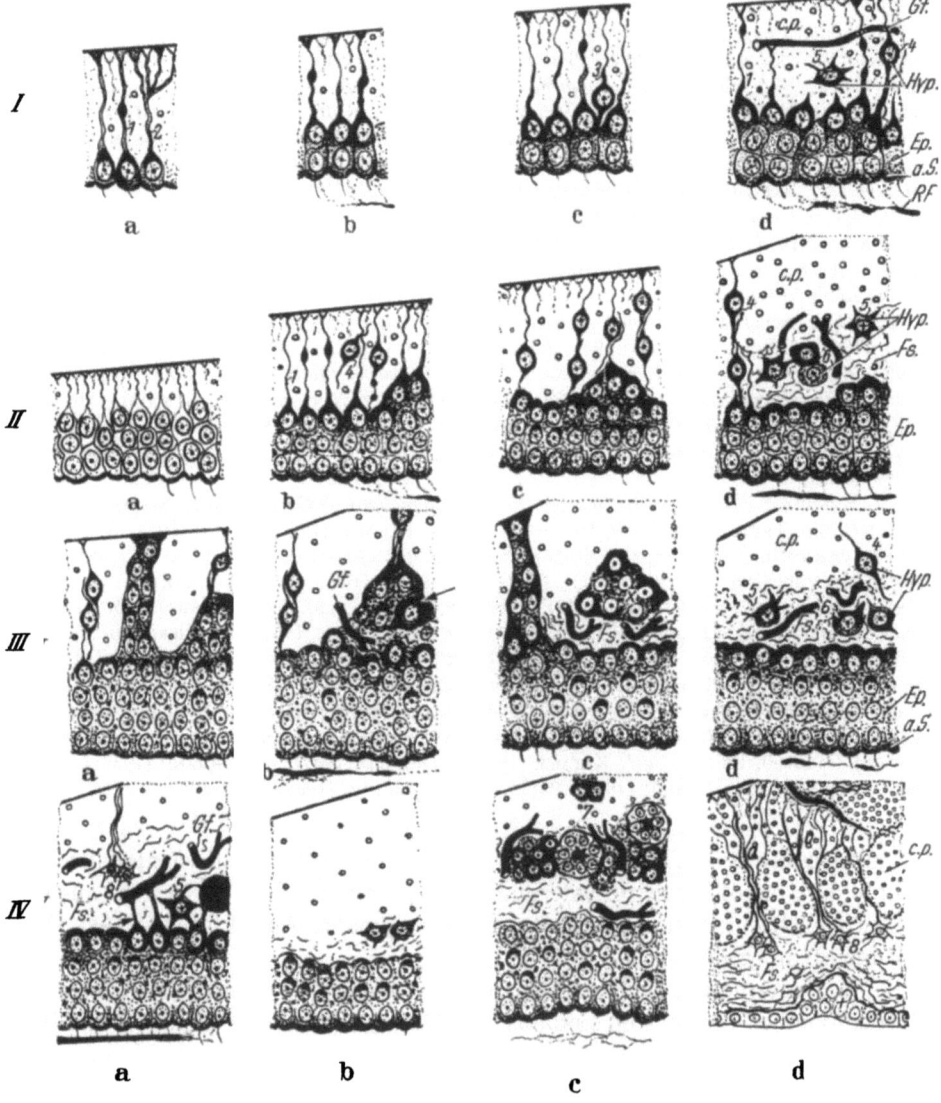

herleiten. Bemerkenswert ist bei allen Vertebraten die Ausrichtung der basalen Fortsätze der Ependymzellen bzw. der Hypendymzellen auf Capillaren oder den leptomeningealen Liquorraum (polare Gliederung des SCO, OKSCHE, 1961, 1969a).

Die *Ependymzellschicht* ist bei der *Maus* (HERRLINGER,1970) im supracommissuralen Anteil einreihig und ca. 20 µm hoch. Die Zellen sitzen der Commissura posterior auf. Im subcommissuralen Anteil liegen 2–4 Kernreihen von 40–60 µm hohen Zellen übereinander. Retrocommissural findet man einen mehrreihigen Ependymzellverband.

Das *Hypendym*, hauptsächlicher Bestandteil der subependymalen Gewebeplatte, ist besonders in lateralen Bereichen des SCO der *Maus* (HERRLINGER, 1970) in Form von locker gelagerten Zellen ausgeprägt. Sie können einzeln verstreut oder in Gruppen angeordnet sein, deren Anzahl von Species zu Species große Unterschiede zeigen kann (OKSCHE, 1961). Von diesen „Hypendymzwikkeln" (HERRLINGER, 1970) gehen Gliafaserstränge aus, die senkrecht in die Commissura posterior eindringen und diese unterteilen.

Apicale Sekretion des SCO. Das SCO nimmt unter den circumventriculären Organen auch dadurch eine Sonderstellung ein, daß seinen Ependymzellen schon in frühen Untersuchungen nahezu einhellig und unbestritten Sekretionsleistungen (apicale Sekretabgabe) zugesprochen wurden (KOLMER, 1921a; PUUSEPP u. VOSS, 1924; PESONEN, 1940a, b; REICHOLD, 1942), häufig im Zusammenhang mit der Ausbildung des Reissnerschen Fadens (vgl. AGDUHR, 1922; BARGMANN, 1943; OLSSON, 1955, 1956, 1958a, b). Im SCO ist die sekretorische Potenz

◀**Abb. 138.** Differenzierung und Bau des Subcommissuralorgans (SCO) der Wirbeltiere, schematisierte Darstellung. Sekret = *schwarze Körnchen; Gf.* Blutgefäße; *c.p.* Commissura posterior; *Ep.* ependymaler Zellverband des SCO; *a.S.* apicaler Sekretsaum; *RF* Reissnerscher Faden; *Hyp.* hypendymale Zellformationen des SCO; *Fs.* lockere Faserschicht; *1* ependymale Tanycyten; *2* stark verzweigte ependymale Tanycyten; *3* extraependymaler Tanycyt; *4* bipolare, *5* sternförmige, *6* abgerundete, blasige hypendymale Gliazellen; *7* rosetten- und schlauchförmige hypendymale Formationen; *8* gewöhnlicher Faserastrocyt; *0* Gliafaserbündel.
I Primitive Organisationsstufe des SCO der *Anuren.* Von **a–d** allmähliche Dickenzunahme der Ventrikelwand. (Mehrschichtigkeit des sekretorischen Ependyms wird durch Schnittebene vorgetäuscht; bei stärkerer Proliferation sind die ependymalen Elemente mehrreihig angeordnet, d.h. alle Zellen erreichen mit einem Ausläufer das Ventrikellumen.)
II Bildung der hypendymalen Zellformation im SCO der *Katze.* Umwandlung ausgewanderter bipolarer Zellen in sternförmige und abgerundete Elemente. Von **a–d** allmähliche Dickenzunahme der Ventrikelwand. **a** Junger *Katzen*-Embryo. **b** Neugeborene *Katze,* dünnwandiger rostraler Wandabschnitt. **c** Neugeborene *Katze,* verdickter caudaler Wandabschnitt. **d** Erwachsene *Katze.* Vom ependymalen Zellverband vollständig losgelöste hypendymale Formation.
III Bildung der hypendymalen Zellformation im SCO des *Hundes.* Hypendymale Zellformationen leiten sich sowohl von einzelnen ausgewanderten Zellen als auch von ganzen abgesprengten Zellverbänden ab. Von **a–d** allmähliche Dickenzunahme der Ventrikelwand. **a** Ketten bipolarer hypendymaler Gliazellen und breite epitheliale Straßen zur äußeren Grenzmembran. **b** Basaler Zellkegel (↑) des ependymalen Zellverbandes. **c** Verselbständigung eines inselartigen hypendymalen Zellverbandes *(x).* **d** Lockere Anordnung sekrethaltiger hypendymaler Gliazellen.
IV Verschiedenartige Differenzierung der basalen Zellreihe des SCO und der hypendymalen Zellverbände. **a** Adulter *Rhesusaffe* (sekrethaltige basale Fortsätze des Ependyms); **b** adulte *Maus;* **c** adultes *Rind* (beachte ausgedehnte hypendymale Zellkomplexe); **d** erwachsener *Mensch,* inselartiger Überrest des SCO (+). (Aus OKSCHE, 1961b)

der Ependymzellen extrem entwickelt, es ist ein „epithalamisches sekretorisches Gliaorgan" (Oksche, 1961). Untersuchungen am SCO galten und gelten immer der Produktion und Beschaffenheit seines apical abgegebenen Sekrets („apicale Sekretion") sowie in diesem Zusammenhang dem Reissnerschen Faden (s. S. 488).

Basale Sekretion des SCO. Die Hypendymzellen sind nicht nur auf die Capillaren ausgerichtet (polare Gliederung des SCO, Oksche, 1961, 1969a); lichtmikroskopische Beobachtungen führten auch zu der Vermutung, daß sie Sekret in die Capillaren abgeben (Oksche, 1954, *Amphibien,* 1956, *Mammalier,* 1959/60, *Cyclostomata, Fische, Amphibien, Reptilien, Vögel, Mammalier,* 1962a, *Amphibien;* Marini, 1966, *Amphibien;* Murakami et al., 1957, *Reptilien;* Talanti, 1958, *Mammalier;* Murakami, 1959, *Reptilien;* Talanti u. Kivalo, 1960, *Mammalier;* Murakami u. Tanizaki, 1963, *Amphibien*). Die enge Nachbarschaft der basalen Zellfortsätze und der Hypendymzellen zu Blutgefäßen läßt hinsichtlich der Natur des Sekrets an hormonähnliches Material denken (vgl. Oksche, 1969). Das Problem der basalen Sekretion steht heute noch unentschieden zur Diskussion (s. S. 495).

Elektronenmikroskopische Untersuchungen an Mammaliern s. Anderson (1961, *Rind*), Lin und Duncan (1961, *Ratte, Meerschweinchen*), Laatsch (1964, *Ratte*), Stanka (1964, *Ratte*), Stanka et al. (1964, 1969, *Ratte*), Isomäki et al. (1965, *Rind*), Schmidt und D'Agostino (1966, *Kaninchen*), Schwink und Wetzstein (1966, *Ratte*), Barlow et al. (1967, *Schaf*), Herrlinger et al. (1967a, b, *Maus*), Schwink et al. (1967, *Maus*), Vigh et al. (1967, *Meerschweinchen*), Papacharalampous et al. (1968, *Meerschweinchen*), Merker (1968, *Affe*), Lin und Chen (1969, *Ratte*), Oksche (1969a, *Hund, Mensch*), Herrlinger (1970, *Maus*), Murakami et al. (1972, *Affe*), Chen et al. (1973, *Maus*), Kimble und Møllgaard (1973, 1975, *Kaninchen*), v. Bomhard et al. (1974b, *Ratte*), Krstić (1975b, *Ratte*), Ferraz de Carvalho und Reis (1977, *Faultier*).

Elektronenmikroskopische Untersuchungen an Submammaliern s. *Cyclostomata:* Afzelius und Olsson (1957), Müller und Sterba (1965), Sterba und Naumann (1966), Sterba et al. (1967a), Sterba (1969b), *Fische:* Murakami und Tanizaki (1966), Stanka (1967), Leatherland und Dodd (1968); *Amphibien:* Murakami und Tanizaki (1963), Altner (1968), Oksche (1969), Diederen (1970, 1977), Rodríguez (1970a, b), Müller (1977); *Reptilien:* Murakami et al. (1957), Murakami (1959), Murakami et al. (1962).

5.10.1. Ependymzellen

Die vorstehend zitierten elektronenmikroskopischen Untersuchungen vermitteln ein weitgehend einheitliches Bild vom strukturellen Aufbau der Ependymzellen des SCO der Mammalier. Die folgende Beschreibung stützt sich im transmissionselektronenmikroskopischen Teil hauptsächlich auf die Darstellungen von Stanka et al. (1964, *Ratte*), Herrlinger (1970, *Maus*). Die Ependymzellen können wegen ihrer langgestreckten Gestalt formal den *Tanycyten* zugerechnet werden (Hofer, 1971).

Das *apicale Plasmalemm* der Ependymzellen wird in REM-Untersuchungen nicht ganz einheitlich beurteilt (vgl. Abb. 133). Lindberg und Talanti (1975) finden beim SCO des *Rindes* Ependymzellen mit teils zwei, teils mehreren Kinocilien; auch kinocilienfreie Zellen kommen vor. Nach Herrlinger (1970, *Maus,* TEM) besitzt die Zelle häufig eine, seltener zwei Cilien. Weindl und Schinko (1975) bilden beim SCO von *Katze, Meerschweinchen* und *Goldhamster* kinocilienarme Ependymzelloberflächen ab, die nur eine Cilie tragen. Dieses Bild entspricht auch dem SCO des *Kaninchens* (unveröffentlicht). Krstić (1975b) schildert dagegen das SCO der *Ratte* als kinocilienreich. Einhellig werden apicale mikrovillusartige Protrusionen und bulböse oder koniforme Vorbuchtungen beschrieben, die ausnahmsweise bis zu 2 µm (STANKA et al., 1964, *Ratte*), nach HERRLINGER (1970, *Maus*) bis zu 4 µm in den Ventrikel vorragen. PAPACHARALAMPOUS et al. (1968, *Meerschweinchen*) untersuchen eingehend die Protrusionen der Ependymzellen im SCO mehrerer Species, an anderen circumventriculären Organen und an der übrigen Ventrikelwand (vgl. HERRLINGER, 1970). Die Autoren vertreten die Auffassung, daß derartige Protrusionen nach Art einer „apokrinen Sekretion" abgeschnürt werden, eine angesichts der Länge der Protrusionen sicher nicht ganz unbedenkliche Interpretation von Schnittbildern. – Weitgehende Einigkeit besteht im übrigen darüber, daß die Oberfläche des SCO, besonders im caudalen Bereich, von einer amorphen Masse bedeckt ist; fädige Strukturen treten erst weiter caudal in Erscheinung. Dieser Belag ist färberisch darstellbar (vgl. Abb. 135). Die apicale Glykocalyx besteht nach KRSTIĆ (1973 a, *Ratte*) aus einer mit Alcianblau färbbaren elektronendichten Schicht, der über den Cilien und Mikrovilli eine zweite alcianophile Hülle aufliegt. Sie soll an der Bildung des Reissnerschen Fadens beteiligt sein. Rutheniumrot erzeugt auf der apicalen Oberfläche (und im Innern des Reissnerschen Fadens) schollenförmige Anfärbungen.

Cilienvarietäten (Cilienmißbildungen) werden für die Ependymzellen des SCO der *Ratte* (STANKA et al., 1964) und der *Maus* (HERRLINGER, 1970) als auffallender Befund beschrieben (8 + 2-, 7 + 2-, 8 + 4-Muster u.a.). Ein Bezug zur Funktion des SCO ist nicht zu erkennen (Diskussion bei HERRLINGER, 1970) und wohl auch nicht zu erwarten bei der relativen Häufigkeit dieser Beobachtung nicht nur an anderen Stellen des Ependyms (*Kaninchen*, unveröffentlicht), sondern auch in den verschiedenen Geweben und Organen. Auch eine atypische Lokalisation von Cilien in großer Entfernung von der Ventrikellichtung und in Zellen des Hypendyms (STANKA et al., 1964, *Ratte*) ist nicht spezifisch für das SCO (vgl. KRISCH et al., 1978a, *Ratte*, Recessus rhombencephali).

Das *seitliche Plasmalemm* ist apical mit dem der Nachbarzelle durch „tight junctions" verbunden, außerdem sind Zonulae adhaerentes und „gap junctions" wie bei den kinocilienreichen Ependymocyten ausgebildet (KIMBLE et al., 1973, *Kaninchen*, Untersuchung mit Rutheniumrot). STANKA et al. (1964) und HERRLINGER (1970) berichten über apicale Desmosomen (konventionelle Elektronenmikroskopie). Der seitliche Intercellularspalt ist gleichmäßig eng.

Das *basale Plasmalemm* begrenzt längere oder kürzere, stets unverzweigte Fortsätze, die bis an die Basallamina von Capillaren reichen können. Nach KRSTIĆ (1973a, *Kaninchen*) ist zwischen den basalen Fortsätzen wie auch zwischen den Hypendymzellen Lanthannitrat-positives Material nachweisbar.

Das *Cytoplasma* der Ependymzellen ist vollgepackt mit Zellorganellen, größtenteils erweiterten Zisternen des endoplasmatischen Reticulum (Abb. 139). Sie sind in den verschiedenen Teilen der Zelle unterschiedlich zusammengesetzt. Es ist deshalb ratsam, die Beschreibung der Zellorganellen auf die verschiedenen Höhen der Ependymzellen zu beziehen und dabei den Weg der Sekretbereitung von basal nach apical zu verfolgen.

Im *basalen* (infranucleären) *Cytoplasma* findet man neben langen, schmalen, auch verzweigten Mitochondrien (Crista-Typ) einzelne Zisternen des endoplas-

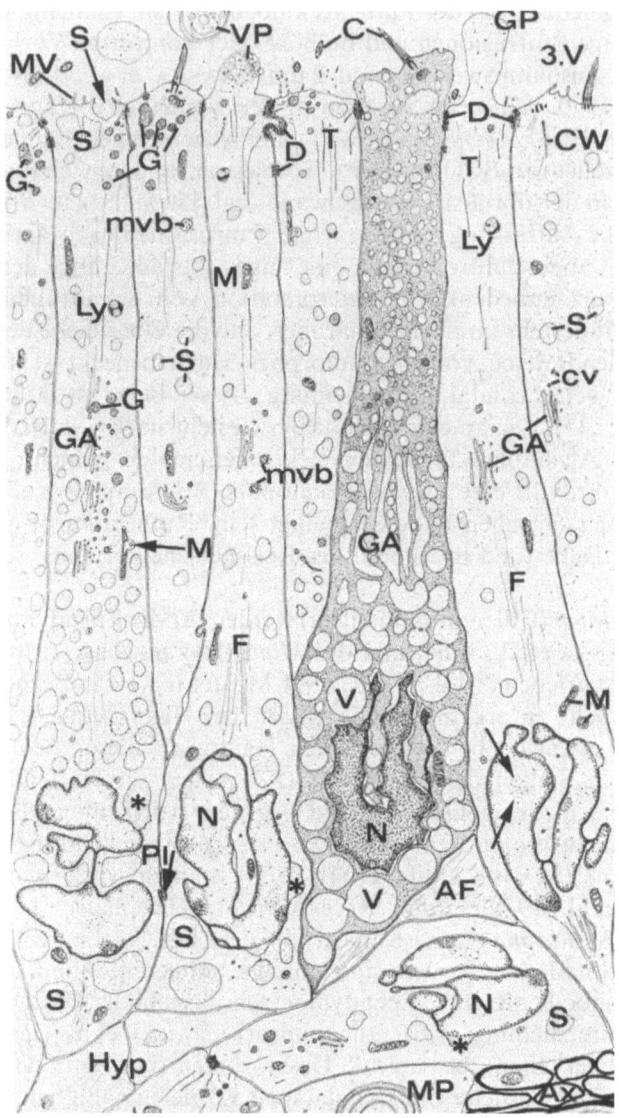

Abb. 139. Subcommissurale Ependymzellen, *Maus*. Langgestreckte, cilientragende Ependymzellen mit unterschiedlicher sekretorischer Aktivität. Die Kerne sind zerklüftet: Die perinucleäre Zisterne ist häufig durch helles Sekret erweitert. Zwischen helleren Zellen (Prototyp) eine dunkle Zelle mit verdichtetem Cytoplasma, pyknotischem Kern und vielen Sekretvacuolen. *VP* vesiculäre Protrusion; *GP* homogen-granuläre Protrusion; *CW* Cilienwurzel; *S* helles Sekret gelangt in den Ventrikel; *M* umschriebene Auftreibung eines Mitochondrion; *CV* „coated vesicles"; *mvb* multivesiculärer Körper; *Ly* lysosomaler Restkörper; * helles Sekret in der perinucleären Zisterne; ↗ dicht granulierte Bereiche im Zellkern; *Pl* Verzahnung des lateralen Plasmalemm; *AF* Fortsatz eines filamentären Astrocyten; *MP* konzentrische Membranpaare in einer Hypendymzelle; *Ax* myelinumhüllte Axone der Commissura posterior. (Aus Herrlinger, 1970). Vergr. etwa × 3000

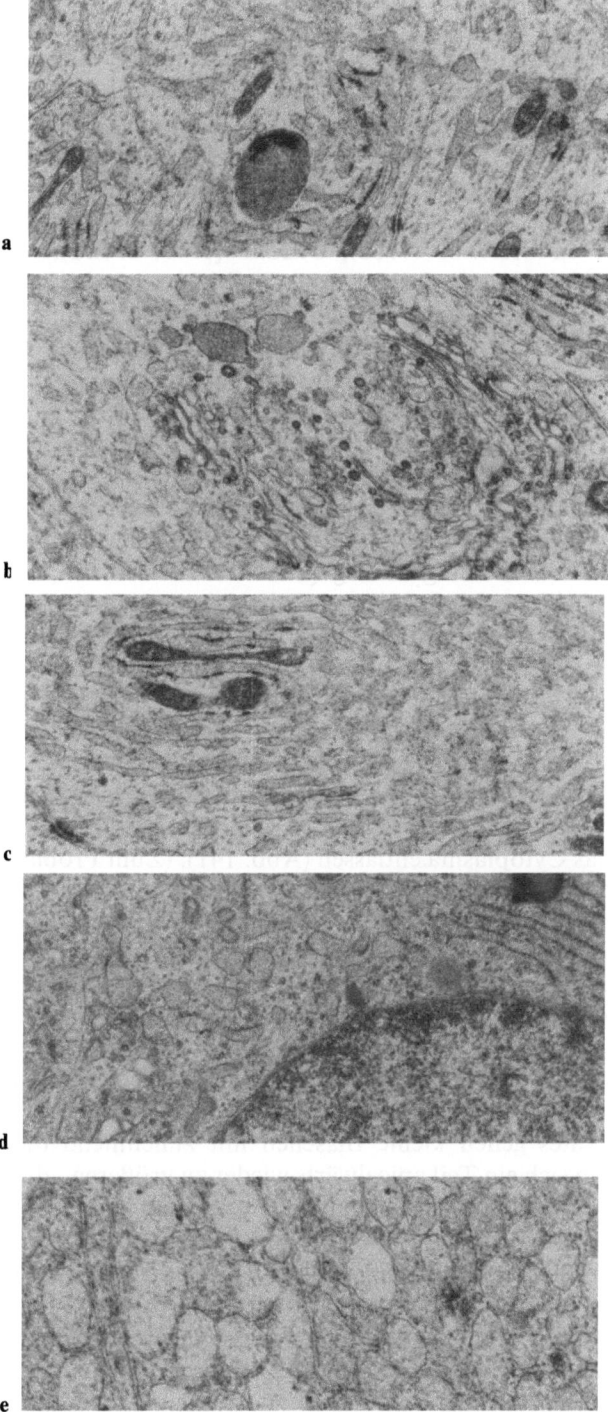

Abb. 140a–e. Subcommissuralorgan, *Kaninchen*, Querschnitte durch sezernierende Ependymzellen. **a** Apicaler Teil mit glattem und granuliertem ER, lysosomenartigem Körper und Mitochondrien; **b** supranucleärer Teil mit Golgi-Apparat, lysosomenartigen Körpern und glattem ER; **c** supranucleärer Teil mit glattem ER und Mitochondrien; **d** paranucleärer Teil mit glattem und granuliertem ER, Zellkern angeschnitten; **e** basaler Teil mit Vacuolen. Endvergr. × 18000

matischen Reticulum und freie Ribosomen. Manchmal enthält ein langer Fortsatz zusätzlich starke Filamentbündel. „In anderen, häufig kurzen, breiten Fortsätzen liegen Areale hellen Sekrets, deren Größe die der peri- und supranucleären Sekretsäckchen um ein Vielfaches übertrifft" (Herrlinger, 1970). Über die Beurteilung solcher und ähnlicher Beobachtungen hinsichtlich einer basalen Sekretion werden unterschiedliche Auffassungen geäußert. Während Talanti (1958), Talanti und Kivalo (1960), Oksche (1961, 1962a), Murakami und Tanizaki (1963), Mautner (1965), Kimble und Møllgaard (1973), Köhl und Linderer (1973) aufgrund ihrer Befunde (u.a. basalwärts zunehmende Dichte des Sekrets, vergleichbar den apicalen „dunklen" Vacuolen, vgl. Murakami u. Tanizaki, 1966) eine basale Sekretion für möglich halten, sehen andere Autoren (Olsson, 1958a,b; Sterba, 1962; Altner, 1964c; Stanka et al., 1964; Müller u. Sterba, 1965; Stanka, 1967; Sterba et al., 1967a) hierzu keine Veranlassung; die in vielen Fällen bis in das basale Cytoplasma reichenden perinucleären Zisternen werden für ein Depot der apicalen Sekretion gehalten (Abb. 140).

Im *perinucleären Cytoplasma* ist das endoplasmatische Reticulum gut ausgebildet. Die erweiterten, unregelmäßig geformten Zisternen (Durchmesser bis zu 2 μm) enthalten einen feinflockigen, wenig elektronendichten Inhalt. Vergleiche mit lichtmikroskopischen Beobachtungen lassen den Schluß zu, daß die Zisternen Sekret enthalten („helles Sekret" bei Anfärbung mit Aldehydthionin; s. Herrlinger, 1970). Ein bedeutender Teil dieser Zisternen wird von äußerer und innerer Membran der Kernhülle begrenzt, das Sekret liegt zwischen beiden Membranen in „perinucleären Zisternen" in flachen Kernbuchten (Stanka et al., 1964; Herrlinger, 1970). Nach Herrlinger entstehen die Zisternen mit „hellem Sekret" als perinucleäre Zisternen; sie werden dann als „Sekretblasen" abgeschnürt und in das Cytoplasma entlassen (Abb. 141). (Zum Problem der Kernporen in diesem Zusammenhang s. Herrlinger, 1970).

Im *supranucleären Cytoplasma* wird offenbar einerseits der Sekrettransport fortgesetzt; man findet zahllose kugelförmige oder ovoide, kleinere, helle Sekretvacuolen (Durchmesser 0,25–0.50 μm), die durch Abschnürung aus den hellen Zisternen hervorgehen. Andererseits erscheint hier der supranucleär gelegene Golgi-Apparat aktiviert (Abb. 142). An seiner konvexen Seite findet man kleinste Vesikel, die sich nach Stanka et al. (1964) von den hellen Sekretvacuolen unterscheiden, nach Herrlinger (1970) Sekretvacuolen sind. Aus der konkaven Seite des Golgi-Apparates gehen kleine Bläschen mit zunehmend dichterem Inhalt hervor, von denen sich ein Teil apicalwärts wieder zu größeren „dunklen" Vacuolen vereinigt. (Nur die dunkleren Vacuolen entsprechen nach Herrlinger, 1970, den mit Chromhämatoxylin färbbaren Granula; vgl. Wislocki u. Leduc, 1952b, Oksche, 1961). Zur Entstehung der „dunklen" Vacuolen aus dem Golgi-Apparat vgl. auch Murakami und Tanizaki (1963, 1966), Stanka (1967), Papacharalampous et al. (1968). Schließlich werden in der Umgebung des Golgi-Apparates lysosomenähnliche Körper gefunden.

Im *apicalen Cytoplasma* (Abb. 143) kommen „helle" und „dunkle" Sekretvacuolen nebeneinander vor. Die „hellen" Vacuolen fließen nahe der Zelloberfläche zu wiederum größeren Vacuolen zusammen. Die „dunklen" Vacuolen konfluieren dagegen nur ausnahmsweise. „Helle" und „dunkle" Vacuolen werden auch in den apicalen Protrusionen gefunden. Der Inhalt der „hellen" Vacuolen wird

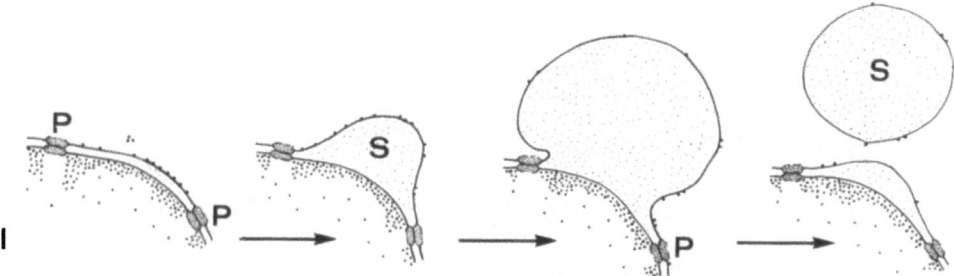

Abb. 141. Subcommissuralorgan, Sekretbildung *(S)* in der perinucleären Zisterne und Abschnürung heller Sekretsäckchen; *P* Kernpore, Schema. (Aus HERRLINGER, 1970). Vergr. etwa × 30000

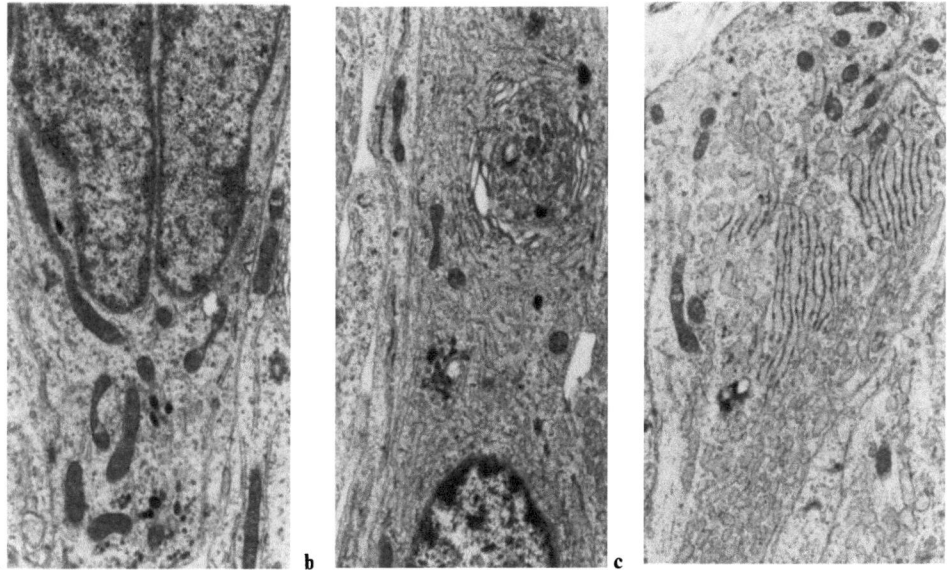

a   b   c

Abb. 142 a–c. Subcommissuralorgan, *Kaninchen,* Längsschnitte durch sezernierende Ependymzelle. **a** Basaler und perinucleärer Teil mit dichten Körpern und Mitochondrien; **b** supranucleärer Teil mit glattem ER und Golgi-Apparat; **c** apicaler Teil mit glattem und granuliertem ER. Endvergr.: **a–c** × 8400

nach Membranfusion mit dem Plasmalemm durch Exocytose ausgeschieden. Die „dunklen" Vacuolen wölben zunächst die Zelloberfläche vor. Sie sollen dann nach Zerreißung des Plasmalemms freigesetzt werden (HERRLINGER, 1970). Im apicalen Cytoplasma treten ferner Mikrotubuli und Glykogenansammlungen gehäuft auf.

Dieses an adulten Tieren gewonnene Bild von der Verteilung der Zellorganellen gilt in seinen wesentlichen Details auch für die Ependymzellen neugeborener und sehr junger *Ratten (*STANKA et al., 1964).

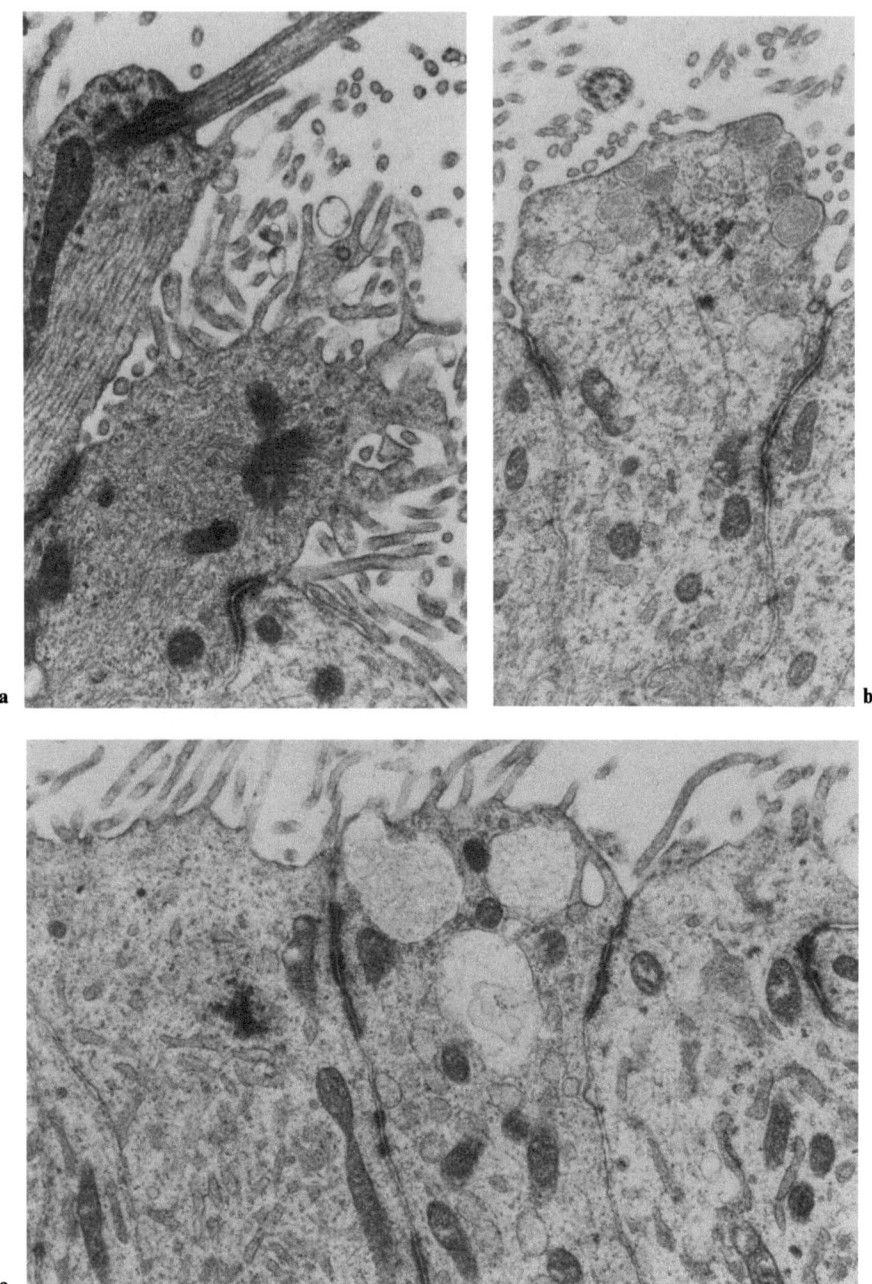

Abb. 143a–c. Subcommissuralorgan, *Kaninchen*. Unterschiedliche Ausbildung der apicalen Teile sezernierender Ependymzellen im Längsschnitt. Endvergr. ×18000

Der *Zellkern* der Ependymzellen des SCO liegt immer weit basal. Die Oberfläche des Zellkerns ist bei adulten Mammaliern durch vielfältige Einbuchtungen der Kernmembran äußerst stark zerklüftet (STANKA et al., 1964; STANKA, 1967; VIGH et al., 1967; SCHWINK et al., 1967; HERRLINGER, 1970). Die hierdurch gebildeten Kernteile, Lappen und Segmente fügen sich insgesamt zu einer längsovalen Gestalt zusammen, die lichtmikroskopisch für den Kern charakteristisch ist (vgl. OKSCHE, 1962a; STANKA, 1963; MEINEL, 1967). Die Einbuchtungen verlaufen überwiegend in der Längsrichtung; im Querschnitt erscheint der Zellkern deshalb stark (bis zu acht Segmenten) gelappt. Berechnungen ergaben, daß die Kernoberfläche hierdurch um den Faktor 1,7–3,1 (mittlerer Wert 2,4) größer ist als die von ungebuchteten ovoiden Kernen gleichen Volumens (HERRLINGER, 1970). Die Zellsegmentierung wird bei HERRLINGER (1970) hauptsächlich diskutiert unter dem Aspekt der Vergrößerung der Kernoberfläche und Vermehrung der Kernporen sowie unter dem Gesichtspunkt der Vermehrung des granulierten endoplasmatischen Reticulum durch Vergrößerung der äußeren Membran der Kernhülle. In der Diskussion spielen die Kernporen und die mit der Segmentierung entstehenden Kernbrücken eine Rolle, die sonst bei abnormen Aktivitätssteigerungen beobachtet werden (vgl. auch HERRLINGER et al., 1967b).

Die elektronenmikroskopisch erschlossenen Zellstrukturen werden von STERBA et al. (1967a) in dem Sinn interpretiert, daß der Proteinanteil des Sekrets in den stark entwickelten englumigen Zisternen des granulierten endoplasmatischen Reticulum synthetisiert und im Golgi-Feld an das Polysaccharid gekoppelt wird. Das Sekret kann anschließend in großen Zisternen gestapelt und zur apicalen Zelloberfläche transportiert, aber auch bis in basale Zisternen zurückgestaut werden (vgl. STERBA, 1962, ALTNER, 1964c). Bei *Lampetra planeri* wird die basale Ablagerung eines stabilen Depotsekrets beobachtet, an dessen Umwandlung in eine Transportform und Freisetzung an der apicalen Zelloberfläche wahrscheinlich lysosomale Enzyme beteiligt sind (vgl. NAUMANN, 1968).

Das Bild von der Produktion und dem Transport von „hellen" und „dunklen" Sekretvacuolen erfährt durch die cytochemischen Untersuchungen von CHEN et al. (1973) eine Korrektur. Die Autoren weisen in den „hellen" Vacuolen einen Kohlenhydratkomplex, in den „dunklen" Vacuolen Aktivitäten von saurer Phosphatase nach und schließen hieraus, daß die „hellen" Vacuolen das Sekret enthalten, aus dem der Reissnersche Faden entsteht, die „dunklen" Vacuolen aber Lysosomen sind, „instead of being so-called dark secretory granules".

Apicale Sekretion. Den Anfang der Forschung, die zu den gegenwärtigen Kenntnissen über das Sekret des SCO führte, machte STUTINSKY (1950) mit dem Nachweis einer Chromhämatoxylin(Gomori)-positiven Substanz im SCO. Die Untersuchungen wurden teils als Baustein-Histochemie, teils als Enzym-Histochemie fortgeführt von BARGMANN und SCHIEBLER (1952), MAZZI (1952), WISLOCKI und LEDUC (1952b), DAWSON (1953), OKSCHE (1956, erster Sekretnachweis im embryonalen *menschlichen* SCO, 1961, 1962a, Lit., 1969a), OLSSON (1958a, b), TALANTI (1958, 1966), WISLOCKI und ROTH (1958), NAUMANN (1968, Lit.), STERBA (1969b). Ergänzende enzymhistochemische Untersuchungen stammen von SHIMIZU et al. (1957), DE LONG und BALOGH (1965), BARLOW et al. (1967) u.a. Das Sekret ist resistent gegen Diastase (BARGMANN u. SCHIEBLER,

1952) und Hyaluronidase (Talanti, 1958). Die cytologischen Aspekte der Bildung des Reissnerschen Fadens sind weitgehend geklärt.

Die Dynamik der Sekretbildung in den Ependymzellen des SCO wird u.a. durch die umfangreichen enzymhistochemischen Untersuchungen von Köhl (1975, *Meerschweinchen, Ratte, Goldhamster, Maus*) beleuchtet. In den Ependymzellen sind (im Gegensatz besonders zum Plexus choroideus) hohe glykolytische und glykogenolytische, aber niedrige oxidative Aktivitäten nachweisbar (vgl. auch Naumann, 1968, anaerobe Energiegewinnung bei großer Lactat-Dehydrogenase-Aktivität). Hieraus wird auf die Möglichkeit entweder einer hohen, aber kurzzeitigen oder einer niedrigen, aber lang währenden Sekretionsleistung geschlossen, wobei die letztere Möglichkeit wahrscheinlicher ist als die erstere. Auch artspezifische Unterschiede werden festgestellt. Von den untersuchten Tierarten hat das SCO des Meerschweinchens die höchsten, das des Goldhamsters die niedrigsten Aktivitäten (vgl. die enzymhistochemischen Untersuchungen von Wislocki u. Leduc, 1952b; Shimizu et al., 1957; Olsson, 1958a, b; Talanti, 1958; De Long u. Balogh, 1965; Barlow et al., 1967; Leonieni, 1968; Naumann, 1968; Diederen, 1969, 1970; Schütte, 1971; Møllgaard, 1972). Die bei der Sekretbereitung beteiligten Enzyme zeigen in ihren Aktivitäten keine tages- oder jahreszeitlichen Schwankungen (Naumann, 1968, *Lampetra planeri*), was für eine stetige Sekretbildung spricht. Diederen (1975b, *Frosch*) bemerkt dagegen, daß der Reissnersche Faden im März erheblich rascher wachse als im Oktober (vgl. Diederen, 1972, 1973; Ermisch et al., 1971). Auch bei der *Eidechse* ist die sekretorische Aktivität des SCO während des Winters stark reduziert (D'Uva u. Ciarcia, 1976). Vigh et al. (1967) und Papacharalampous et al. (1968) unterscheiden beim *Meerschweinchen* und Herrlinger (1970) bei der *Maus* zwei Zelltypen im SCO, die unterschiedliche Stadien der Sekretproduktion, -speicherung und -entleerung repräsentieren sollen.

Der *Reissnersche Faden* (Reissner, 1860, *Lampetra fluviatilis;* RF) oder „Liquorfaden" (Sterba, 1977) geht aus dem Sekret hervor, das apical von den Ependymzellen des SCO ausgeschieden wird. Die an der Zelloberfläche austretenden Tröpfchen werden offenbar durch die Cilienbewegung zu Filamenten umgeformt (Sterba, 1969b; Weindl u. Schinko, 1975). Die Vermutung, daß „die Form des geronnenen Sekretfadens ... sowohl von der Viscosität des Sekrets als auch von den Strömungsverhältnissen in dem sekretgefüllten Binnenraum bzw. Rohrsystem abhängig" sei (Oksche, 1961), wird durch das REM-Bild vollauf und anschaulich bestätigt.

Der RF ist etwa 50 µm dick (Wolf u. Sterba, 1977, *Rind*) und bei großen Wirbeltieren 1 m lang und länger. Er durchzieht Aquädukt, IV. Ventrikel und Zentralkanal (vgl. Eberl-Rothe, 1951) und bildet im Ventriculus terminalis eine Ansammlung, die „Massa caudalis" (vgl. Hofer, 1964; Naumann, 1968). Aus der Massa caudalis ziehen feine Fäden durch einen dorsalen Porus (Naumann, 1968, *Lampetra planeri*) oder zwischen den Ependymzellen hindurch in das den Conus terminalis umgebende Piabindegewebe. Hier läßt sich das Sekret nicht mehr spezifisch anfärben (Olsson, 1955, 1956, 1958a, b; Wislocki et al., 1956; Fährmann, 1963, 1964; Hofer, 1964; Altner, 1964c; Mautner, 1965; Sterba u. Naumann, 1966; Heuschneider, 1968). Nach Naumann (1968) wird das Sekret dabei extra- und intracellulär enzymatisch abgebaut. Die beteiligten

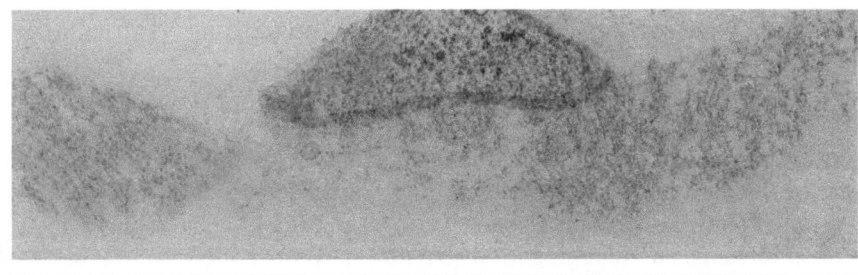

a

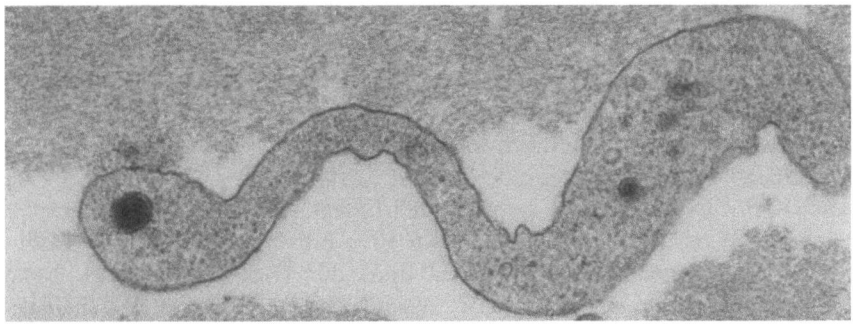

b

Abb. 144a u. b. Subcommissuralorgan, *Kaninchen.* Querschnitte durch den Reissnerschen Faden; Zelldetritus in **a** aufgelagert, in **b** eingelagert. Endvergr.: **a** × 18 000, **b** × 36 000

hydrolytischen und glykolytischen Enzyme sind in den Ependymzellen und in der Massa caudalis nachweisbar. Das Material soll schließlich an die Gefäße der weichen Hirnhaut gelangen (vgl. OKSCHE, 1969a).

Der RF zeigt bei allen untersuchten Vertebraten weitgehende Übereinstimmung in histochemischer und elektronenmikroskopischer Hinsicht (vgl. AFZELIUS u. OLSSON, 1957, *Cyclostomata;* OLSSON, 1962, *Acrania;* OKSCHE, 1962, *Anura;* ISOMÄKI et al., 1965, *Rind;* STERBA u. NAUMANN, 1965, 1966, *Cyclostomata;* MURAKAMI u. TANIZAKI, 1966, *Fische;* WECHSLER, 1966, *Vögel;* STANKA, 1967, 1968, *Fische;* STERBA et al., 1967a, *Cyclostomata;* KOHNO, 1969, *Ratte;* HOHEISEL et al., 1971, *Rind;* MÜLLER, 1973, 1977, *Frosch;* SCHOBER u. STERBA, 1977, *Schwein*).

Wie AFZELIUS und OLSSON (1957) erstmals elektronenmikroskopisch zeigen konnten, bildet der RF ein nicht durch Membranen begrenztes Bündel von 5–10 nm dicken Filamenten, die in ein feinstes filamentöses Netzwerk eingeschlossen sind (Abb. 144). An seiner Oberfläche und zwischen seinen Filamentbündeln findet man häufig kleine, membranumschlossene Körperchen, Zelldetritus u.a. (Bindungsfähigkeit des RF s. 5.10.4.)

Der RF (Wassergehalt 98,7%, WOLF, 1969) besteht aus einem neutralen Sialoglykoprotein, das zu etwa 80% aus Protein, zu etwa 12% aus basischen und neutralen Kohlenhydraten zusammengesetzt ist und 3–4% Sialinsäurederivate enthält (HÄDGE u. STERBA, 1977; vgl. STERBA u. WOLF, 1967; STERBA, 1972; HÄDGE u. STERBA, 1973a, b; SCHOBER u. STERBA, 1977; WOLF u. STERBA, 1977). Das Glykoprotein ist reich an SS- und SH-Gruppen; sie bilden die Grundlage der histochemischen Darstellung (NAUMANN, 1969, hohe Konzentration von Cystin, Tyrosin, Tryptophan; Talanti, 1958, Arginin). Enzyme sind im RF nicht nachweisbar, ausgenommen die Massa caudalis im Ventriculus terminalis (Sterba, 1977).

Die Fadenmoleküle des RF sind längs zur Fadenachse orientiert (Sterba et al., 1967b, Polarisationsmikroskopie; Hoheisel et al., 1971) und bestehen aus mindestens zwei Proteintypen, einem hochmolekularen fibrillären Protein, dessen Moleküle über Disulfidbrücken und zusätzliche nichtkovalente Bindungen vernetzt sind, und einem Protein geringerer Molekülgröße; die gelöste Fadensubstanz neigt zu Reaggregation (Sterba u. Wolf, 1967; Wolf u. Sterba, 1977). Die bei der Aggregation orientierend wirkenden Kräfte, die das Sekret zum Faden formen, sind die Liquorströmung bzw. die Kinocilien sowie die Zugspannung (Fährmann, 1963, 1964) des bereits gebildeten Fadens; dabei werden zunehmend Peptidketten verbunden (Wolf u. Sterba, 1977). Das intracelluläre Sekret unterscheidet sich histochemisch nicht von dem RF (vgl. Naumann, 1968).

Die *Wachstumsrate* des RF beträgt nach Ermisch (1973, autoradiographische Untersuchung) bei der *Maus* täglich etwa 10% (absolut 7,5 mm), bei *Lampetra fluviatilis* täglich etwa 1% (absolut 3,0 mm) der Gesamtlänge (vgl. Ermisch et al., 1971), Müller (1973) gibt für *Neunaugen* eine relative Wachstumsrate von etwa 5% täglich an. Beim Karpfen findet Ermisch (1969) 0,5–2,3% (absolut 0,7–5,1 mm) pro Tag. Über ein Verfahren zur quantitativen Bestimmung der Substanzmenge des RF im histologischen Präparat s. Hess und Freyer (1977).

Die Wachstumsrate des RF kann durch Hormone sowie durch Temperaturunterschiede, in geringem Umfang durch Licht beeinflußt werden (Stimulation oder Depression der Sekretbildung).

Hormoneinfluß, Stress. Nach D'Uva et al. (1977) beschleunigt Testosteron bei *Reptilien* die sekretionsstimulierende Wirkung, die bei Erhöhung der Raumtemperatur einsetzt. Nach Varano et al. (1977, 1978) stimuliert ACTH die Sekretion des SCO von *Reptilien* besonders in der basalen Region der Ependymzellen. Über einen sekretionssteigernden Einfluß von *Kältestress* auf das SCO berichten Miline (1974, *Ratte*) und Miline und Devečerski (1977, *Ratte*); die Aktivierung des SCO geht parallel mit einer Aktivitätsdepression des Nucleus supraopticus (vgl. auch Miline et al., 1968, 1969). Die Autoren schließen auf eine Teilnahme des SCO am Adaptationssyndrom unter dem Einfluß des akuten Kältestresses. Auch der Immobilisationsstress führt nach Miline et al. (1969, *Ratte*) zu einer Aktivierung mit Hypertrophie der Ependymzellen und der Mehrzahl ihrer Zellorganellen. Einen sekretionsmindernden Effekt ruft Hypophysektomie bei Teleosteern hervor (Sathyanesan, 1965/66).

Temperatureinfluß. Die Wachstumsrate des RF beim *Frosch* ist nach Diederen (1975b) temperaturabhängig. Sie ist bei 24 °C um etwa 50% größer als bei 18 °C und bei 12 °C geringer als bei 18 °C (vgl. Ermisch et al., 1968, *Karpfen*). Vergleiche mit früheren Untersuchungen machen zugleich einen *jahreszeitlichen Einfluß* in dem Sinn wahrscheinlich, daß der RF im Oktober langsamer wächst (Passage radioaktiven Cysteins durch IV. Ventrikel und Zentralkanal in 13–18 Tagen, Ermisch et al., 1971) als im März (3–4 Tage, Diederen, 1973). Diederen (1975b) bringt das stärkere Wachstum des RF bei höherer Umgebungstemperatur in Zusammenhang mit der Aktivierung aller Stoffwechselvorgänge bei Poikilothermen. Die Vergrößerung der Wachstumsrate des RF bedeutet nach DIEDEREN (1975b) in diesem Zusammenhang eine Erhöhung der Bindungskapazität des RF im Sinne der Auffassung von STERBA und Mitarbeitern über die Entgiftungsfunktion des RF (s. 5.10.4.).

Lichteinfluß. DIEDEREN (1975a, 1977) konnte in subtilen Untersuchungen am *Frosch* wahrscheinlich machen, daß zwar bei intakten Tieren ein nennenswerter Einfluß von Licht und Dunkelheit auf das SCO nicht nachweisbar ist, daß diese „Unabhängigkeit" tatsächlich aber als das Resultat einer Interaktion zwischen direkter stimulierender Lichtwirkung auf das SCO und einem diese Stimulierung inhibierendem Einfluß aus den photosensitiven Organen, den Augen, dem Frontalorgan und dem Pinealorgan, verstanden werden muß. Die Funktionstüchtigkeit eines der drei Organe reicht aus, die stimulierende Wirkung des Lichts auf das Wachstum des RF zu verhindern. Die Beobachtung von PAUL (1972), daß nach Durchtrennung des Pinealnerven oder des Pinealtraktes die Sekretion im SCO abnimmt, wird von DIEDEREN (1975a) als Auswirkung noch bestehender, die Sekretion hemmender retinaler Einflüsse interpretiert (vgl. zu dieser Frage auch ZBORAY, 1965; ALTNER, 1968; WAKAHARA, 1968; DIEDEREN, 1969, PAUL et al., 1971; ZIMMERMANN u. PAUL, 1972).

Nach Entfernung aller Lichtreceptoren wirkt das Licht stimulierend auf das SCO (vgl. LEGAIT, 1942, 1946, 1949; OKSCHE, 1962a). Die lichtsensitiven Zellen werden weniger im SCO selbst als in der unmittelbaren Umgebung des Organs (zwischen Pinealtrakt oder Commissura posterior und SCO) vermutet (vgl. DIEDEREN, 1970; WAKE et al., 1974).

Durch die Interaktion der Lichtwirkung auf das SCO und der Wirkung aus den Lichtreceptoren soll ein gleichmäßiges, von Licht und Dunkelheit unabhängiges Wachstum des RF erreicht werden. Die Bedeutung dieser Regulation sieht DIEDEREN (1975a) in der Gewährleistung einer von den Tageszeiten unabhängigen Leistung im Sinne der Auffassung von STERBA und Mitarbeitern über die Entgiftungsfunktion des RF (s. 5.10.4.).

Die Untersuchungen über den Lichteinfluß zeigen zugleich eine funktionelle Verknüpfung nicht nur zwischen SCO und Pinealkomplex, sondern auch zwischen SCO und Auge. Die Verbindung mit dem Epiphysenkomplex dürfte im Pinealtrakt (mit dem Frontalorgan auch im Pinealnerv) gegeben sein (vgl. MAUTNER, 1965; OKSCHE, 1965, 1969a; DIEDEREN, 1975a).

LEATHERLAND und DODD (1968) beobachten beim *Aal* eine Stimulierung des SCO beim Wechsel der Tiere von beleuchtetem weißem zu schwarzem Untergrund und beim Wechsel von schwarzem Untergrund zu völliger Dunkelheit. Der Einfluß der Untergrundfarbe und der Hypophysektomie auf die sekretorische Aktivität des SCO ist offenkundiger als der Einfluß von Tageslicht oder Dunkelheit (vgl. LEGAIT, 1942, 1946, 1949; OKSCHE, 1962a, *Anuren*). Dieses könnte für einen Zusammenhang mit komplexen neuroendokrinen Mechanismen des Farbwechsels sprechen.

5.10.2. Subependymale Gewebeplatte

Von einer *subependymalen Gewebeplatte* des SCO kann bei den Tierarten gesprochen werden, bei denen ein *Hypendym* (KRABBE, 1925) ausgebildet ist. Das Hypendym entsteht postnatal (vgl. STANKA et al., 1964, *Ratte*) und kommt beim

SCO adulter *Mammalier* immer vor. Es ist unterschiedlich dick, in lateralen Bereichen des SCO stärker entwickelt als in medialen. Hauptsächlicher Bestandteil des Hypendyms sind die Hypendymzellen. Die (sezernierenden) Hypendymzellen einerseits und die apicale Sekretion der Ependymzellen andererseits vermitteln das Bild einer polaren Differenzierung des SCO insgesamt (Oksche, 1961, 1969a). Diese polare Differenzierung ist nicht bei allen Vertebraten gleichartig ausgebildet. Wenige Oligodendrocyten nahe der Commissura posterior, einige protoplasmatische Astrocytenfortsätze und Mikrogliazellen kommen vor (Herrlinger, 1970). Der Gefäßanteil des Hypendyms ist gegenüber dem der anderen „klassischen" circumventriculären Organe geringer ausgebildet. Perivasculäre Räume in der Art der neurohämalen Regionen fehlen. Das Hypendym enthält überdies markscheidenfreie Nervenzellausläufer, die neuronalen Elemente des SCO (s. 5.10.3.).

Die *Hypendymzellen* gehen phylogenetisch und ontogenetisch aus den Ependymzellen des SCO hervor. Sie sind damit formal etwa den subependymalen Tanycyten der Eminentia mediana vergleichbar. Hypendymzellen sind „alle sekretorisch aktiven Zellen des SCO, die nicht mehr innerhalb des ursprünglichen ependymalen Zellverbandes liegen" (Oksche, 1969). Die Hypendymzellen gleichen den Ependymzellen (vgl. Oksche, 1961). Man kann in den Hypendymzellen gleichfalls „helles" und „dunkles" Sekret anfärben (Herrlinger, 1970). In Fällen von *Altersinvolution* des SCO können die Hypendymzellen durch Faserglia ersetzt werden (Oksche, 1964, 1969a).

Die Hypendymzellen können einzeln verstreut, in Strängen übereinandergetürmt oder in Rosetten angeordnet sein (Abb. 145). Im Zentrum solcher Zellrosetten wird zusammengeballtes „dunkles Sekret" beobachtet (Herrlinger, 1970). Häufig sind bipolare Zellen, die Bänder oder Reihen zwischen der Organoberfläche und den subependymalen Gefäßen bilden (s. Oksche, 1969). Charakteristisch für die Lage der Hypendymzellen ist ihre Zuordnung zu den Gefäßen; die Zellen liegen meist in Capillarnähe oder entsenden Fortsätze zur Capillarwand. Es werden auch lange Ketten sezernierender Hypendymzellen beobachtet, die auf größere Venen zulaufen oder – sehr selten – auch die Piagefäße erreichen (Herrlinger, 1970).

Auch *elektronenmikroskopisch* gleichen die sezernierenden Hypendymzellen den Ependymzellen des SCO sowohl in der Struktur des Cytoplasmas als auch in der Kerngestalt (vgl. Stanka et al., 1964; Papacharalampous et al., 1968 u.a.). Auch eine einzelne Cilie wird häufig beobachtet (Herrlinger, 1970). Wie bei den Ependymzellen kann man auch bei den Hypendymzellen, der Anordnung der Zellorganellen folgend, einen „basalen" und einen „apicalen" Pol unterscheiden. Die „apicalen" Pole der Hypendymzellen sind allerdings weniger zur Oberfläche des Organs ausgerichtet, als vielmehr in die Tiefe auf Blutgefäße oder zur Commissura posterior hin orientiert (Abb. 146). Bei Zusammenlagerung mehrerer apicaler, durch Desmosomen verbundener Zellpole entstehen Zellrosetten (Stanka et al., 1964; Herrlinger, 1970). In ihrem Zentrum ist der Intercellularraum nicht erweitert. Stanka et al. (1964) bemerken aber, daß im Hypendym der Ratte gelegentlich intracelluläre cystenartige Hohlräume mit einem Durchmesser bis zu 10 µm angetroffen werden, die von einem endothelartig schmalen Cytoplasma der Hypendymzelle umgeben werden.

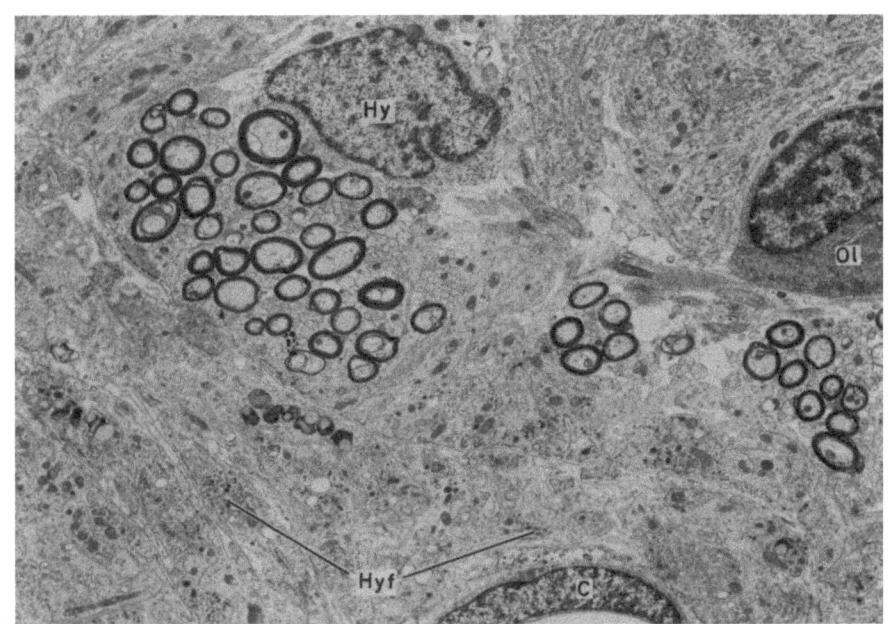

a

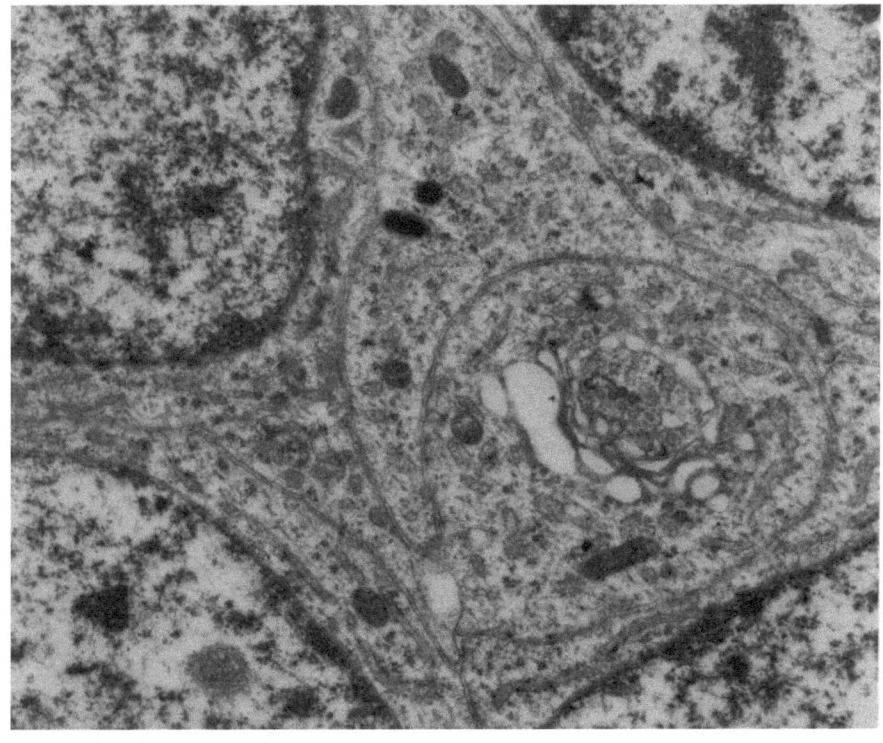

b

Abb. 145a u. b. Subcommissuralorgan, *Kaninchen*. **a** Übersicht, *Hy* Hypendymzellkern, *Ol* Oligodendrocyt, *Hyf* Hypendymzellfortsätze, *C* Capillare, **b** Hypendym-„Rosette", Zusammenlagerung von vier Hypendymzellen, Zellkerne angeschnitten, mit glattem ER und Golgi-Apparat. Endvergr.: **a** ×5400, **b** ×18000

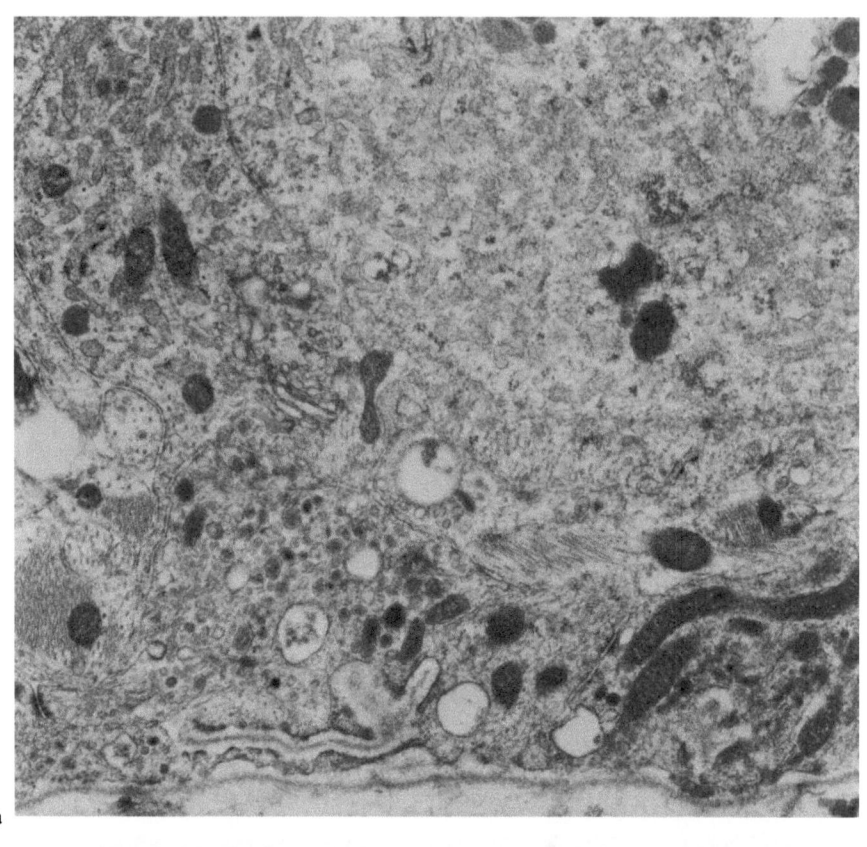

a

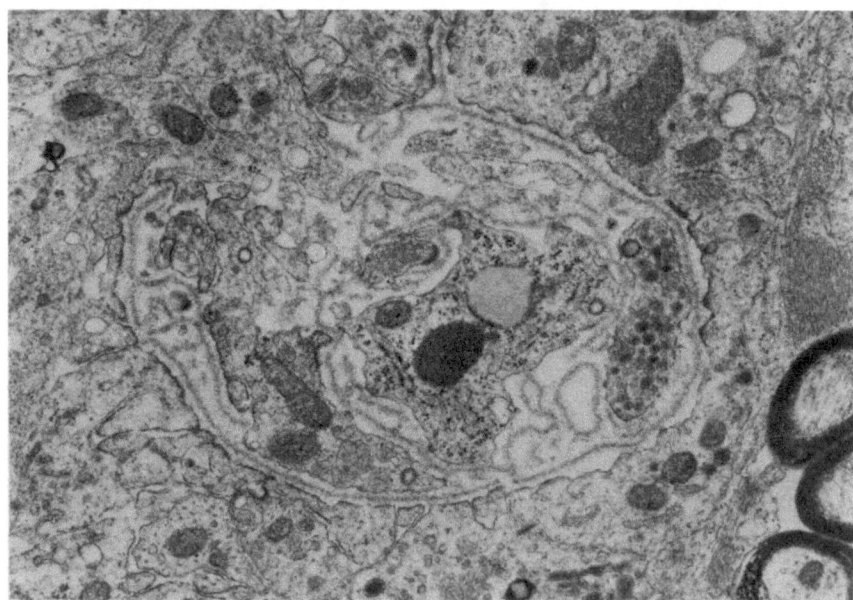

b

Abb. 146a u. b. Subcommissuralorgan, *Kaninchen*. Endigungen von Hypendymzellen mit glattem ER und kernhaltigen Vesikeln an Basallamina-Labyrinthen, die vom perivasculären Bindegewebsraum weit in das Parenchym vordringen. Endvergr.: **a** u. **b** ×18000

Die Hypendymzellen unterscheiden sich nach HERRLINGER (1970, *Maus*) allein dadurch von den Ependymzellen, daß sie ein stärker ausgebildetes granuliertes endoplasmatisches Reticulum besitzen. Es bildet in Kernnähe umfangreiche parallel oder konzentrisch angeordnete Zisternen. Im Zentrum der konzentrischen Lamellensysteme kommt bisweilen eine opake Kugel vor. In anderen Fällen enthält das Zentrum mehrere Bläschen mit mitteldichtem Inhalt.

Ein Austritt von Sekret aus den Hypendymzellen in den Intercellularraum oder ein Übertritt von Zellinhalt in Blutgefäße wurde nicht mit Sicherheit nachgewiesen (vgl. hierzu OKSCHE, 1969a). Doch werden außer den cytologischen Hinweisen auch der Nachweis von saurer Phosphatase im sekretorisch tätigen Hypendym (BARLOW et al., 1967, *Schaf*) und die positive Reaktion auf alkalische Phosphatase im hypendymalen Gefäßnetz (BARGMANN u. SCHIEBLER, 1952, *Katze, Hund;* WISLOCKI u. LEDUC, 1952, *Maus, Ratte, Meerschweinchen;* TALANTI, 1958, *Mammalier;* BARLOW et al., 1967, *Schaf;* RODRÍGUEZ, 1970b, *Kröte*) für die Möglichkeit einer basalen Sekretion in Anspruch genommen (vgl. NAUMANN, 1968).

Blutgefäße. Die Vascularisierung des SCO kann auch bei nahe verwandten Arten unterschiedlich entwickelt sein. Bei einigen Mammaliern und Amphibien ist das Hypendym reichlich capillarisiert, in der SCO-Region der Cyclostomata und einiger Fische fehlen Blutcapillaren vollständig (STERBA, 1977).

Das SCO der Mammalier wird durch kleine Arterien aus den Aa. cerebri posteriores versorgt, die die Commissura posterior radiär durchqueren und im Grenzgebiet von SCO und Commissura posterior ein Gefäßnetz bilden (DUVERNOY u. KORITKÉ, 1969). Aus diesem entspringen Capillarschlingen, die zum Ependym aufsteigen (Abb. 147). Um die Capillaren im Hypendym sind fast stets Hypendymzellen gruppiert (HERRLINGER, 1970). Das SCO der *Ratte* ist reich capillarisiert; die Capillaren liegen vorwiegend unter den Ependymzellen, dringen allerdings auch stellenweise zwischen die basalen Anteile der Ependymzellen ein (STANKA, 1963). Dünne Venen ziehen mit Gliafasersträngen durch die Commissura posterior und münden in Venen beiderseits des Recessus infrapinealis. Zur Frage der Gefäßverbindungen zwischen SCO und Pinealorgan s. OKSCHE (1956), ARIËNS KAPPERS (1960), DUVERNOY und KORITKÉ (1964).

Die *Capillaren* bestehen aus nicht gefensterten Endothelien (WETZSTEIN et al., 1963; STANKA et al., 1964; SCHWINK u. WETZSTEIN, 1966; WEINDL u. JOYNT, 1973), die auch nur eine geringe Membranvesikulation zeigen (V. BOMHARD et al., 1974b). Pericyten kommen spärlich vor.

Eine *Blut-Hirn-Schranke* besteht für Trypanblau (vgl. OKSCHE, 1969a) und für Meerrettichperoxidase (WEINDL u. JOYNT, 1973; V. BOMHARD et al., 1974a, b).

Die letztgenannten Autoren berichten allerdings auch, daß es nach Injektion von Peroxidase bei Sprague-Dawley-Ratten in einigen Fällen offenbar zu einer Schädigung der Blut-Hirn-Schranke kommen kann; die Peroxidase dringt in diesen Fällen durch vermehrten Vesikeltransport transendothelial in das Organ ein. Derartiges wurde bei Wistar-Ratten nicht beobachtet. Die Autoren vermuten, daß Serotonin die Schädigung verursacht, es wird als Folge der Peroxidase-Injektion aus Mastzellen freigesetzt.

Da im SCO sowohl eine Blut-Hirn-Schranke besteht als auch „tight junctions" zwischen den Ependymzellen ausgebildet sind, ist das SCO offenbar

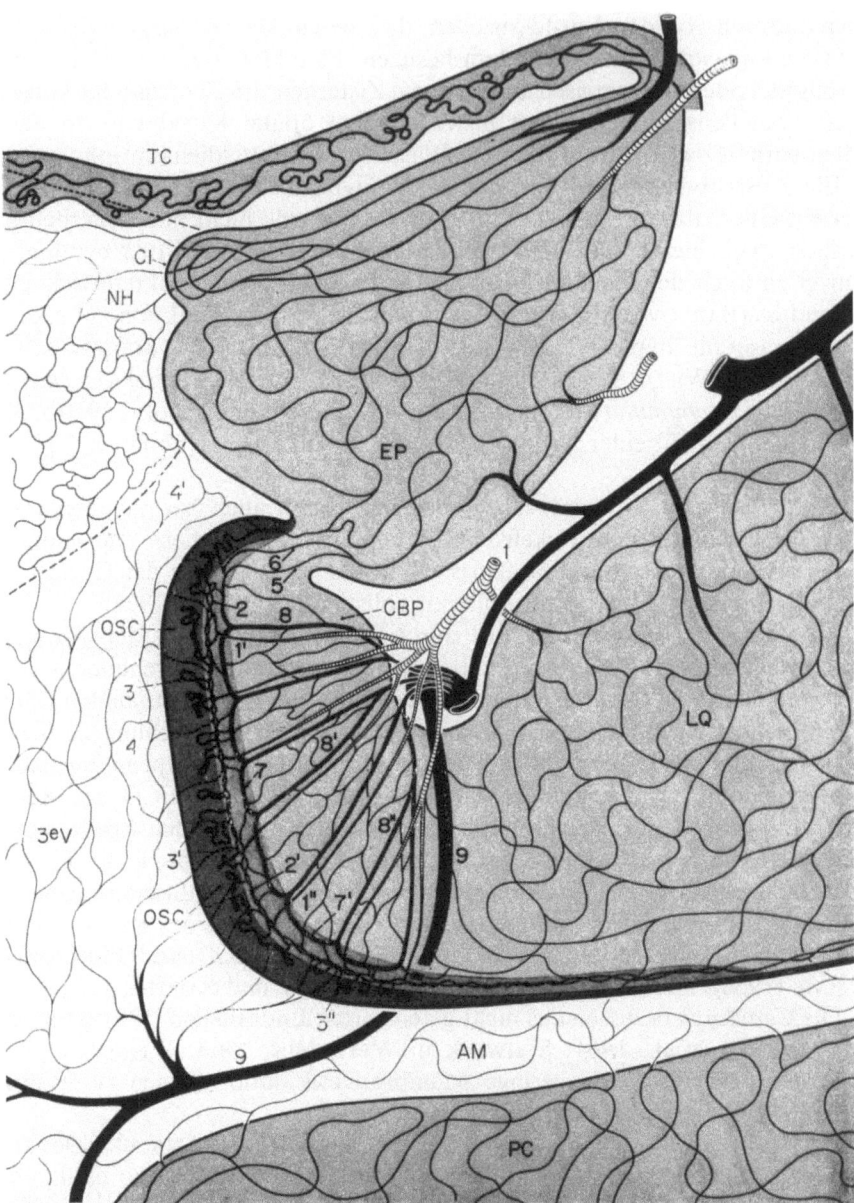

Abb. 147. Subcommissuralorgan, Schema der Vascularisation, medianer Sagittalschnitt, *Katze*. *3ᵉV*
III. Ventrikel, *TC* Tela choroidea, *EP* Epiphyse, *CI* Commissura habenularum, *NH* Nuclei habenulae, *OSC* Subcommissuralorgan, *CBP* Commissura posterior, *LQ* Lamina quadrigemina, *AM* Aquädukt, *PC* Pedunculi cerebri. *1* Arterienast teilt sich in Zweige *(1', 1'')*, die die Commissura posterior
durchqueren und ein Capillargebiet im Hypendym *(2, 2')* speisen. Aus diesem Capillarnetz entspringen Capillaren *(3, 3', 3'')*, die in das Ependym eindringen. Das hypendymale Netz anastomosiert
mit Capillaren der seitlichen Wände des III. Ventrikels *(4)*, der Nuclei habenulae *(4')* und der
Epiphyse *(5, 6)*. Es wird drainiert: a) durch venöse Arkaden *(7, 7')* in radiäre Venen *(8, 8',*
8''), die die Arterien begleiten; b) durch zwei umfangreiche seitliche Venen *(9)*, von denen nur
die rechte dargestellt ist. (Aus Duvernoy u. Koritké, 1964)

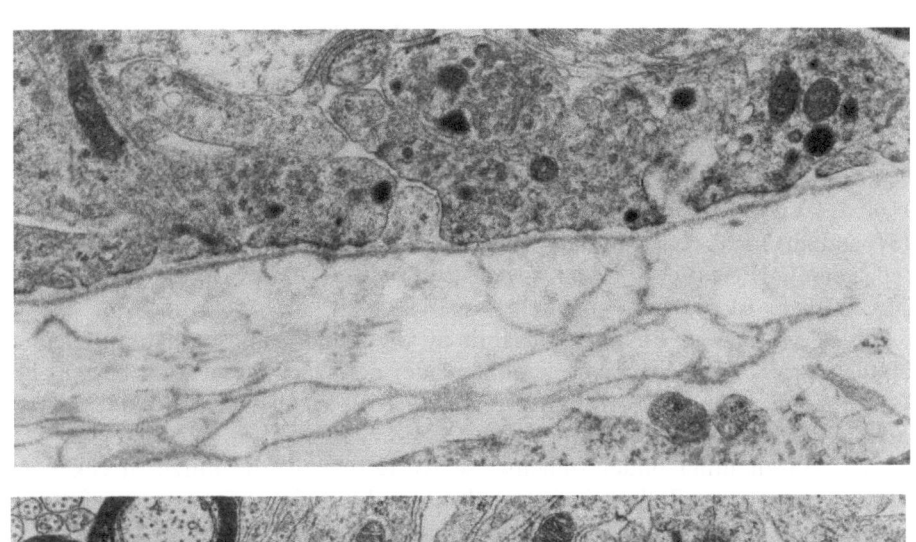

a

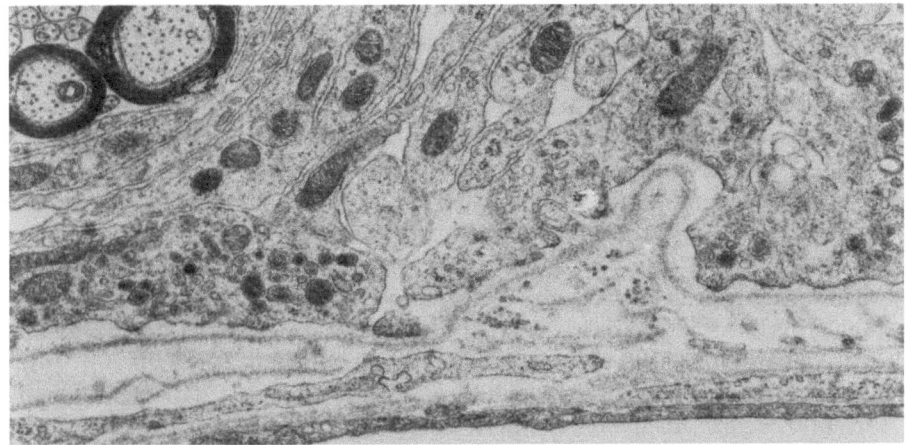

b

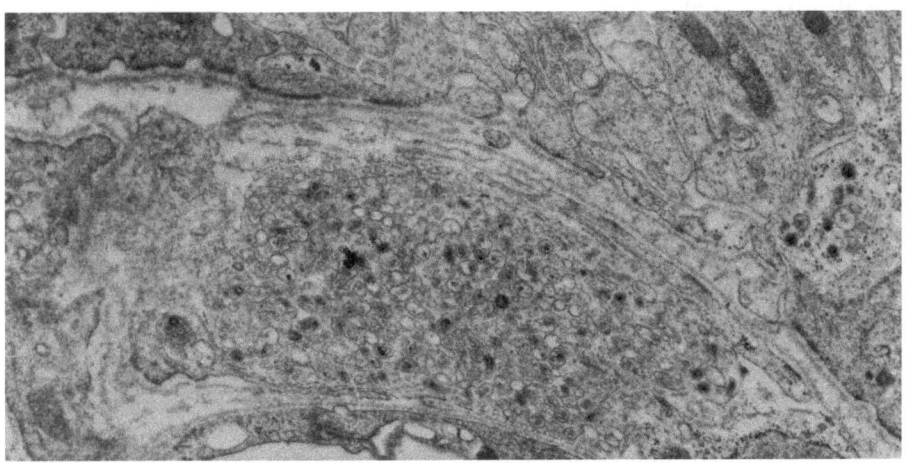

c

Abb. 148 a–c. Subcommissuralorgan, *Kaninchen.* **a** u. **b** Endigungen von Hypendymzellen mit glattem
ER und kernhaltigen Vesikeln an der äußeren Basallamina des (beim Kaninchen gut entwickelten)
perivasculären Bindegewebsraumes; multilamelläre Ausbildung der Basallaminae, in jedem Bildteil
unten Capillarendothel angeschnitten. In **c** präterminale Strecke eines aminergen Axons im perivasculären Bindegewebsraum. Endvergr. **a–c** ×18000

weder dem Blutmilieu noch dem Liquormilieu (Milieu des Ventrikelliquors) eindeutig zugeordnet. Für diese Situation ist bisher nur eine Parallele in den Intercellularkontakt- und Schrankenverhältnissen des Ependymorgans des Recessus rhombencephali bekannt geworden (Krisch et al., 1978a, *Ratte*). Im Fall des SCO wäre allerdings noch zu prüfen, ob der Intercellularraum des Hypendyms nicht etwa mit dem Subarachnoidealliquor über perivasculäre Spalten kommuniziert (vgl. Cammermeyer, 1965b); im Fall des Recessus-rhombencephali-Organs ist diese Möglichkeit ausgeschlossen.

Die perivasculäre Basallamina ist im SCO gut und grundsätzlich durchgehend einfach ausgebildet, ein zusammenhängender perivasculärer Raum besteht beim *Gecko japonicus* nicht (Murakami et al., 1969b), ist aber beim *Kaninchen* regelmäßig ausgebildet (Abb. 148).

Die Basallamina bildet stellenweise Ausfaltungen, die kurze Strecken zwischen benachbarte Zellausläufer vordringen. In Zwickeln dieser Ausfaltungen kommen allerdings in der Umgebung der Capillaren regelmäßig kollagene Mikrofibrillen vor (Schmidt u. D'Agostino, 1966, *Kaninchen;* Papacharalampous et al., 1968, *Meerschweinchen;* Murakami et al., 1969, *Gecko;* Møllgaard, 1972, *Mensch*, fetal; vgl. v. Bomhard et al., 1974b).

Im *Intercellularraum* des SCO werden in Capillarnähe *periodisch strukturierte Körper* bei der *Ratte* (Naumann, 1963; Wetzstein et al., 1963; Schwink et al., 1963) und beim *Meerschweinchen* (Wetzstein et al., 1966) gefunden. Weniger deutlich ausgeprägt sind sie bei der *Maus* (Herrlinger, 1970). Beim *Kaninchen* werden dagegen multilamelläre perivasculäre Basallaminae ausgebildet. Die polygonalen, Mikrometer-großen Körper, die immer im Material der Basallamina liegen, weisen eine mittlere Periode von 94 nm auf und bestehen mit größter Wahrscheinlichkeit aus ungewöhnlich angeordneten Kollagenfilamenten (Abb. 149). Beim Entstehen der „periodisch strukturierten Körper" ist offenbar die Präparationsmethode nicht ohne Bedeutung. Diskussion dieses Problems s. v. Bomhard et al. (1974).

Die Autoren (v. Bomhard et al., 1974b) bringen die „periodisch strukturierten Körper" in einen interessanten hypothetischen Zusammenhang mit der Frage der basalen Sekretion. Sie weisen darauf hin, daß die von Köhl und Linderer (1973) während der Entwicklung (ab dem 10. Lebenstag) bei der *Ratte* beobachtete auffällige Zunahme anfärbbarer Substanzen in den Hypendymzellen einen Zeitpunkt betrifft, zu dem auch die „periodisch strukturierten Körper" beginnen, stetig zuzunehmen (Schwink u. Wetzstein, 1966). „Das zeitliche Zusammentreffen der beiden Sachverhalte im identischen Bereich des Organs muß überraschen. Unter verschiedenen Möglichkeiten der gedanklichen Verknüpfung beider Gegebenheiten stellen wir diese zur Diskussion: Möglicherweise induziert das vermehrt auftretende Sekret der Hypendymzellen die Bildung der periodisch strukturierten Körper, die ihrerseits im extracellulären Bereich Einfluß auf den Weg des Sekrets in die Blutbahn nehmen."

Im Intercellularraum zwischen den Hypendymzellen kann ferner Lanthannitrat-positives Material nachgewiesen werden; die „periodisch strukturierten Körper" reagieren intensiv. Eine Reaktion mit Alcianblau oder Rutheniumrot kann dagegen im Intercellularraum des Hypendyms nicht hervorgerufen werden (Krstić, 1973a, *Ratte*).

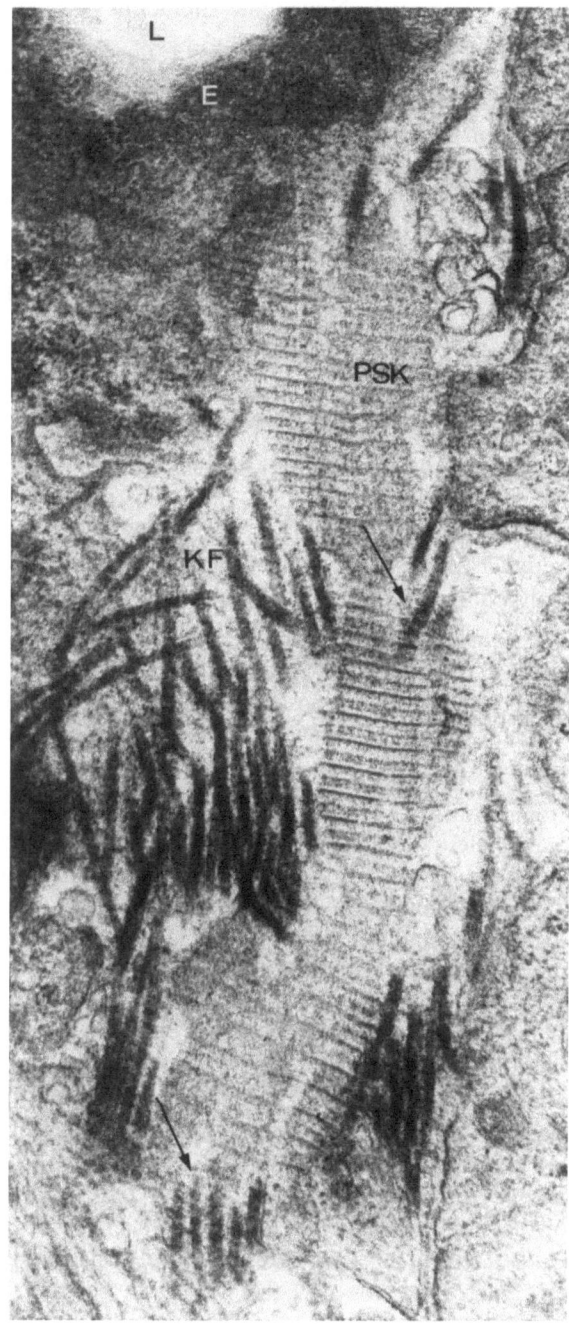

Abb. 149. Subcommissuralorgan, *Ratte*. Periodisch gestreifter Körper *(PSK)*, in der Umgebung regellos angeordnete Mikrofibrillen *(KF)*. ↘ Übergang von Mikrofibrillen in den PSK. *L* Lumen und *E* Endothel einer Capillare. Kontrastiert. (Aus v. BOMHARD et al., 1974b). Endvergr. ×50000

5.10.3. Neuronale Elemente

Ältere Angaben über eine Innervation des SCO (Barbey-Grambert, 1949, *Ratte;* Legait u. Legait, 1956, *Reptilien;* Hosaka et al., 1957, *Affe;* Yamada et al., 1957, *Hund,* „Ganglion pericommissurale"; Bosque et al., 1958, *Meerschweinchen;* Murakami u. Tanizaki, 1963, *Kröte;* Stanka, 1964, *Ratte;* Stanka et al., 1964, *Ratte;* vgl. Ariëns Kappers, 1965) wurden in jüngerer Zeit durch fluorescenzmikroskopische, autoradiographische und elektronenmikroskopische Untersuchungen bestätigt und erweitert (Fuxe, 1965, *Ratte;* Oksche u. Vaupel-v. Harnack, 1965, *Frosch;* Diederen, 1970, *Frosch;* Rodríguez, 1970b, *Kröte;* Björklund et al., 1972, *Ratte;* Kimble u. Møllgaard, 1973, 1975, *Kaninchen;* Müller, 1973, *Frosch;* Bouchaud et al., 1976, *Ratte;* Bouchaud u. Arluison, 1977, *Ratte).*

Nach Stimulation des medialen Hypothalamus („Sympathicuszone") wird ein genereller starker Abfall der Aldehydthionin-positiven Granula im Ependym und Hypendym beobachtet (Zyo et al., 1975, *Kaninchen),* während Stimulation in lateralen Hypothalamuskernen („Parasympathicuszone") mehr lokale Granulaverluste erzeugt. Näheres über die hierbei wirksamen Nervenfaserverbindungen wird nicht mitgeteilt.

Einen Hinweis darauf, daß auch *cholinerge* Nervenfasern im Hypendym vorkommen, sehen Leonieni und Rechardt (1972, *Ratte)* in dem histochemischen Nachweis spezifischer Cholinesterase-Aktivität. Acetylcholinesterasehaltige Nervenzellen im Bereich des SCO werden von Wake et al. (1974) beim *Frosch* beschrieben.

Aus den Untersuchungen ergibt sich einhellig, daß sich unter den Ependymzellen ein hypendymaler *Nervenplexus* ausbreitet (vgl. Abb. 146). Die Axone sind markscheidenfrei und serotoninerg. Wiederholt werden zwischen Varikositäten dieser Axone und Ependymzellen des SCO einzelne asymmetrische Synapsen vom Typ Gray I gefunden. Bemerkenswert ist, daß die Synapsen immer am Plasmalemm in Nähe des Zellkerns liegen (Bouchaud u. Arluison, 1977). Diese Synapsen unterscheiden sich von den Kontakten zwischen supraependymalen Axonen und Ependymocyten an anderen Stellen des Ventrikelsystems.

Über die Herkunft der serotoninergen Nervenfasern gibt es keine gesicherten Kenntnisse. Kimble und Møllgaard (1965, *Kaninchen)* diskutieren bei Gelegenheit einer Untersuchung über die Fetalentwicklung der SCO-Innervation die Möglichkeit, daß die Nervenfasern aus dem Nucleus raphe dorsalis kommen und über das SCO („SCO-associated neurons") den Epiphysenstiel und die Habenularregion erreichen (s. auch Kimble u. Møllgaard, 1973, *Kaninchen,* adult; Møllgaard u. Møller, 1973, *Mensch,* fetal; Møller et al., 1975, *Schaf, Kaninchen,* fetal). Nach Diederen (1970, 1973) zieht bei *Anuren* der Pinealtrakt an der Basis des SCO zu tegmentalen Mittelhirnarealen, wobei sich die Nervenfasern den medianen SCO-Ependymzellen eng anlegen (vgl. Oksche, 1955; Paul et al., 1971; Wake et al., 1974). Als Hinweis für eine Verbindung zwischen dem Pinealkomplex und dem SCO bei *Anuren* mag auch gelten, daß nach Durchschneidung des Pinealnervs wie auch des Pinealtraktes degenerierende Nervenfasern in unmittelbarer Nähe des SCO gefunden werden (Paul et al., 1971; Paul,

1972). Zur Frage der Beteiligung von Nervenfasern aus der Commissura posterior s. PALKOVITS (1965b).

Supraependymale Axone kommen, den zitierten Autoren zufolge, über dem SCO nicht vor (vgl. auch LINDBERG u. TALANTI, 1975, REM, *Rind;* KRSTIĆ, 1975b, REM, *Ratte,* findet an der Grenze des SCO zum umgebenden Ependym supraependymale Nervenfasern). Nach BOUCHAUD und ARLUISON (1977) hört der supraependymale Nervenfaserplexus an der Organgrenze abrupt auf, so daß die Frage auftaucht, ob die supraependymalen Nervenfasern und der hypendymale Plexus nicht an der Grenze des SCO in Verbindung stehen.

5.10.4. Untersuchungen zur Funktion

Ältere Vorstellungen über die Funktion des SCO und des RF waren Spekulationen, die heute in dieser Form nicht mehr diskutiert werden (SCO und RF als Teile eines optisch-motorischen Reflexapparates: SARGENT, 1904; SCO und RF im Dienste statischer Aufgaben: NICHOLLS, 1909, 1912a, b, 1917; TRETJA-KOFF, 1915; KOLMER, 1921a, 1925, 1931, „Sagittalorgan"; Beeinflussung der Liquorzusammensetzung durch Sekretion und Resorption: MARBURG, 1922; PUUSEPP u. VOSS, 1924, mit Einfluß des Hirnwachstums; REICHOLD, 1942; Bedeutung für die Liquorzirkulation: GANFINI, 1920; KRABBE, 1925, 1933; Beteiligung an der Thermoregulation: BERBLINGER, 1926). Allein die Vorstellung vom „Sagittalorgan" ist neuerdings wieder im Gespräch. Als dann STUTINSKY (1950) mit Hilfe der Chromalaunhämatoxylin (Gomori)-Färbung, die zu dieser Zeit die Darstellung von Neurosekret im Hypothalamus ermöglichte, auch im SCO Sekretion nachwies, war zwar kein Neurosekret im SCO entdeckt, aber grundsätzlich die Frage nach einer endokrinen Funktion des SCO gestellt worden.

Heute stehen vier Hypothesen im Vordergrund (s. STERBA, 1977): 1) das SCO als endokrines Organ; 2) das SCO und der RF als Einrichtung zur Eliminierung von Liquorinhaltsstoffen; 3) das SCO als morphogenetisches Organ; 4) das SCO und der RF als „Sagittalorgan". Zusammenfassende Darstellungen der Problematik s. OLSSON (1958a, b), TALANTI (1958), HOFER (1959b, 1964), OKSCHE (1961, 1962a, 1969a), PALKOVITS (1965a), LENYS (1965), STERBA (1977).

1) Das SCO als *endokrines Organ.* Das SCO war wie andere circumventriculäre Organe wiederholt in Überlegungen zu Fragen der Neuroendokrinologie einbezogen worden. Anlaß waren u.a. die Beobachtungen, die an eine basale, den Capillaren zugewandte Sekretion denken lassen. Das Problem der „basalen Sekretion" ist noch ungelöst (s.S. 495). Es ist auch nicht hinreichend klar, wie weit die „basale Sekretion" mit der Hypothese einer Durst- und Wasserhaushaltkontrolle durch das SCO verknüpft ist.

Das SCO als endokrines Organ in der Durstkontrolle und im Salz-Wasserhaushalt. Einerseits führen Beobachtungen a) über eine drastische Abnahme der Wasseraufnahme und -ausscheidung nach Zerstörung des SCO (GILBERT, 1956; BROWN u. AFIFI, 1965, Lit.), b) über eine signifikante Hemmung der Diurese bei *Ratten* nach i.v. Injektion von SCO-Gewebsextrakten (s. PALKOVITS u. FÖLD-VÁRI, 1960; PALKOVITS et al., 1965), und c) über eine Erhöhung der Wasserresorption im Dünndarm nach Gaben von SCO-Extrakten (FÖLDVÁRI et al., 1962) zu der Hypothese, daß das SCO über einen endokrinen Faktor eine Steigerung der Aldosteronproduktion und -ausschüttung hervorruft (Palkovits u. Föld-vári, 1963).

Andererseits ist nach Zerstörung des SCO keine Veränderung in der Zona glomerulosa der Nebennierenrinde und nach Anwendung von Aldosteron keine Veränderung im SCO nachzuweisen (Bugnon et al., 1965, 1966, Lit.; Bugnon u. Lenys, 1966). Crow (1964) äußert in diesem Zusammenhang den Verdacht, für Änderungen im Wasserhaushalt nach Manipulationen am SCO seien gleichzeitig entstandene Läsionen im Hypothalamus verantwortlich (vgl. Lenys, 1965). Auch an Läsionen im Hirnstamm und im Epithalamus ist zu denken (vgl. Taylor u. Farrell, 1962; Palkovits, 1965b; van der Wal et al., 1965; Bugnon et al., 1969). Das SCO besitzt keine Receptoren für Aldosteron (Ermisch u. Rühle, 1977, Untersuchung mit ^{3}H-Aldosteron an adrenalektomierten Ratten).

Die Beobachtungen nach Dehydration sind widersprüchlich. Während Gilbert (1956, 1957, 1958, 1963) nach Dehydration bei der *Ratte* eine Zunahme des PAS-positiven Materials im SCO fand, konnten Kivalo et al. (1961, *Ratte*) keine Änderung in der Quantität oder Lokalisation des Aldehydfuchsin-positiven Materials im SCO feststellen (vgl. Fridberg u. Olsson, 1959; Leatherland u. Dodd, 1968). Indessen beobachteten Leonieni und Rechardt (1972, *Ratte*) elektronenmikroskopisch nach Dehydration eine starke Zunahme der apicalen Sekretion, die nach Interpretation der weiteren Befunde durch die Autoren bis zur Erschöpfung des Organs führt. Auch Anzeichen einer verstärkten Sekretion der Hypendymzellen werden beschrieben. Über eine Sekretzunahme berichtet Oksche (1962, 1969a) beim *Gras-* und *Laubfrosch* nach mehrtägigem Aufenthalt in 1%iger Kochsalzlösung. Die Beobachtungen einer vermehrten Sekretion sind aber nicht oder nicht ohne weiteres als Ausdruck der Produktion eines aldosteronotropen Faktors zu werten.

Vorstellungen über eine *Blutdruckwirkung* des SCO (Murphy u. Wood, 1966), das als Volumenreceptor wirken soll (Palkovits, 1968, karyometrische Untersuchung), konnten nicht erhärtet werden.

Eine andere Vorstellung, nämlich daß das SCO bevorzugt in der Lage sei, hypophysäre oder hypothalamische Hormone aufzunehmen, und deshalb in Regelkreisen eine Rolle spielen könne, geht zunächst auf unspezifische lichtmikroskopisch-färberische Untersuchungen zurück (s. Legait, 1942; Stutinsky, 1953). Immunhistochemische Untersuchungen zeigen in der Tat, daß in den Ependymzellen und im Hypendym Hypothalamushormone anzutreffen sind (Dubé et al., 1975, *Meerschweinchen*, Somatostatin; Kizer et al., 1976, *Ratte,* LRF, TRF; Pelletier et al., 1976, *Ratte,* Somatostatin, LRF; Okon u. Koch, 1977, *Mensch,* GnRH [LRF], TRF). Dabei handelt es sich aber nur um geringe Mengen, wie sie auch in der Area postrema und im Subfornicalorgan beobachtet werden – im Falle des LRF nicht zu vergleichen mit dem Organum vasculosum laminae terminalis oder mit der Eminentia mediana. Dem Befund wird von den Autoren keine funktionelle Bedeutung beigemessen.

2) Das SCO und der RF als *Einrichtung zur Eliminierung von Liquorinhalts-stoffen.* Die Hypothese beruht auf zwei Voraussetzungen. Erstens rechnet sie mit der Tatsache, daß das intercelluläre Spaltensystem des Zentralnervensystems und der ventriculäre Liquorraum gemeinsam den Intercellularraum des Zentralnervensystems bilden. Dieser ist, wie in anderen Organen auch, die Transitstrecke

des Stofftransportes für aufbauende und abbauende Vorgänge sowie der Transportweg für den Zelldetritus aus Zellmauserungsvorgängen. Darüber hinaus muß mit liquorspezifischen Bestandteilen gerechnet werden, die aus neurohormonalen Abläufen herrühren oder von den supraependymalen Axonen ausgeschieden werden. Anders als in anderen Organen sind aber hier die riesenhaften intercellulären Flüssigkeitsmengen nicht unmittelbar an ein Drainagesystem angeschlossen. Dennoch „kommt es unter physiologischen Bedingungen im Liquor nicht zur Akkumulation von Zelldetritus und auch nicht zur Anreicherung löslicher Verbindungen. Es muß deshalb ein Prinzip geben, das den Liquor kontinuierlich von Abfallprodukten befreit. Dieses Prinzip muß überall dort gefordert werden, wo Ventrikelräume vorhanden sind..." (STERBA, 1977).

Zweitens beruht die Hypothese auf Beobachtungen über die Bindungsfähigkeit des klebrigen RF für Liquorinhaltsstoffe. OLSSON (1958a, b) äußerte erstmals die Ansicht, der RF könne dank dieser Eigenschaft eine Entgiftung (Entschlakkung) des Liquors bewirken. Zahlreiche Untersuchungen von STERBA und seinen Mitarbeitern beruhen auf dieser Hypothese.

Zwischen den Filamenten des RF (SCHOBER u. STERBA, 1977) und an seiner Oberfläche haften Zellen und Zellpartikel aus dem Liquor (STERBA et al., 1967, *Lampetra planeri*; KOHNO, 1969, *Ratte;* WENGER et al., 1969, *Ratte;* WEINDL u. SCHINKO, 1975a, b, SCHINKO u. WEINDL, 1977, REM, *Hamster, Meerschweinchen, Katze*) sowie im Experiment Tusche (KRISCH et al., 1978a). Die zwischen den Filamenten festgehaltenen corpusculären Elemente sollen bereits während der Bildung des RF eingeschlossen werden (SCHOBER u. STERBA, 1977).

Das Problem der Anreicherung auch molekulardisperser Stoffe im RF wurde von STERBA und seinen Mitarbeitern durch In-vitro- und In-vivo-Untersuchungen angegangen. Nach ERMISCH et al. (1970) und ERMISCH (1973) bindet der RF in vitro Noradrenalin, Adrenalin und Serotonin. Auch in vivo werden Adrenalin und Noradrenalin an den RF angelagert (HESS u. STERBA, 1972, 1973). Elektronenmikroskopisch kann gleichfalls Noradrenalin im RF nachgewiesen werden (HESS et al., 1973). Die Frage, ob auch Abbauprodukte von biogenen Aminen an den RF gebunden werden können, ist noch nicht geklärt (STERBA, 1977). Eine spezielle Version der Hypothese, der RF könne eine Einrichtung zur Eliminierung von Schadstoffen aus dem Liquorraum sein, ist die Vermutung, er beteilige sich an der Regulierung der Catecholaminkonzentration im Liquor (STERBA, 1977). In diesem Zusammenhang interessiert die Beobachtung, daß Noradrenalin-Anreicherung des Liquors eine (geringfügige) Sekretionsstimulierung des SCO hervorruft (DIEDEREN et al., 1977; HESS et al., 1977, 1978, *Frosch*).

3) Das SCO als *morphogenetisches Organ*. Die ursprünglich auf PUUSEPP und VOSS (1924) zurückgehende Vorstellung, der RF könne beim regelrechten Auswachsen des Achsenskelets und des Rückenmarks eine Rolle spielen, hat neuerdings durch die überraschenden Ergebnisse der Experimente von HAUSER und RÜHLE wieder Beachtung gefunden. Nach HAUSER (1969, 1972) hängt die normale Regeneration des Schwanzes bei *Xenopus*-Larven von der Intaktheit des RF ab (vgl. HAUSER u. MURBACH, 1977). Nach RÜHLE (1971, 1977) haben die Zerstörung des RF oder der Stop des Fadenflusses durch Verlegung des IV. Ventrikels bei *Amphibien* Anomalien in der Entwicklung der Wirbelsäule und des Rückenmarks zur Folge. Die Hypothese beinhaltet, daß der RF ein

Agens zur Schwanzspitze transportiert, das für das regelrechte Wachstum dieser axialen Strukturen unerläßlich ist. Zwar entwickeln *Ratten* bei Abwesenheit des RF einen normalen Schwanz (Sterba u. Wolf, 1970), doch mag der RF bei Mammaliern lediglich für das normogenetische Wachstum der Körperachse in der Embryonalentwicklung wichtig sein (Rühle, 1977).

4) Das SCO als *Sagittalorgan*. Die Vorstellung, der RF bilde gemeinsam mit Receptoren ein Sinnesorgan in der Wand des Zentralkanals (Kolmer, 1921a), ist nach den eingehenden Untersuchungen über die Liquorkontaktneurone vor allem durch Vigh und Vigh-Teichmann und Mitarbeiter (s.S. 296ff.), d.h. nach detaillierter Kenntnis der Receptorstrukturen, erneut im Gespräch (vgl. Vigh et al., 1970; Rühle, 1971). Der RF spielt beim Vergleich mit dem Receptorapparat des Gleichgewichtsorgans die Rolle einer „Cupula" (Sterba, 1977).

Zur Problematik experimenteller Untersuchungen am SCO s. Köhl (1978).

5.10.5. Recessus mesocoelicus

Der Recessus mesocoelicus wurde von Sargent (1904) zuerst bei *Petromyzon* als Teil des SCO, von Dendy und Nicholls (1910) zuerst bei *Primaten* und beim *Menschen* beschrieben (vgl. Hofer, 1971; ältere Lit. s. Bargmann, 1943). Der Recessus mesocoelicus schließt caudalwärts an das SCO an (vgl. im folgenden Rakic, 1965, *Mensch;* Hofer, 1967, 1971, *Primaten*). Nach Aufbau und cytologischem Verhalten ist der Recessus mesocoelicus Teil des SCO. Er besteht aus einer schlauchförmigen, dorsalwärts gerichteten, blind endigenden Bucht am Beginn des Daches des Aquäduktes. Der Recessus ist gelegentlich durch seitliche Ausbuchtungen erweitert. Der bei zahlreichen Vertebraten beobachtete Recessus mesocoelicus ist bei Primaten meist gut ausgebildet.

Der Recessus mesocoelicus besitzt eine hohe, stellenweise mehrreihige kinocilienreiche *Ependymzellschicht,* die der im SCO gleicht (Hofer, 1967, 1971, *Primaten*). Auch ein *Hypendym* ist ausgebildet. Geringe Unterschiede der Zelldifferenzierung bestehen bei Primaten zwischen der rostralen und der caudalen Wand der Ausbuchtung insofern, als die Zellen der caudalen Wand geringere sekretorische Zeichen aufweisen als die der rostralen Wand. Die caudale Wand geht abrupt in das Ependym des Aquäduktes über.

Die *Ependymzellen* verhalten sich färberisch wie die des SCO. Hofer (1967, 1971) findet im Recessus mesocoelicus der untersuchten Primaten keinen RF. Er erwähnt bei *Pan troglodytes* Nervenzellen, die sehr vereinzelt in der Nähe des Recessus liegen.

5.11. Area postrema und Area subpostrema

Die *Area postrema* (AP) liegt im caudalen Ende der Rautengrube, oral vom Eingang in den Zentralkanal. Die erste Beschreibung des „Nucleus postremus" beim *Menschen* stammt von Wilson (1906). Die AP ist bei vielen Mammaliern paarig (*Katze, Affe, Mensch*) in Form zweier länglicher Erhebungen in der seitlichen Wand des IV. Ventrikels ausgebildet (CLEMENTE u. VAN BREEMEN, 1955; WEINDL u. SCHINKO, 1978), die sich häufig caudalwärts hinter dem Zentralkanal vereinigen (*Hund*). Bei *Rodentiern* sind beide Teile caudal mehr oder weniger zu einem quergestellten Riegel verschmolzen, der den Eingang in den Zentralkanal dorsal begrenzt (vergleichende Untersuchung: TÖRK u. WENGER, 1969; vgl. GERHARD u. OLSZEWSKI, 1969). Beim *Menschen* atrophiert das Organ in der zweiten Lebenshälfte (RABL, 1965). Der orale Anteil der AP überlagert den Nucleus tractus solitarii (MOREST, 1967, *Katze;* GERHARD u. OLSZEWSKI, 1969).

Unter den *Submammaliern* ist ein der AP der Mammalier homologes Organ bisher regelmäßig nur bei *Vögeln* bekannt (vgl. MOLL u. HILVERING, 1951a, b). Der gewebliche Aufbau der AP von *Huhn* und *Taube* entspricht weitgehend dem von Mammaliern (PESSACQ, 1967). Auch das Gefäßverhalten beim *Huhn* ist dem bei Mammaliern vergleichbar (BÖHME, 1970, 1972; BÖHME et al., 1972). Ein mutmaßliches Homologon der AP bei adulten *Neunaugen* (NAUMANN u. STERBA, 1977) ist ein gestieltes, rein gliöses, gefäßfreies Gebilde, das weder Nervenzellen noch Nervenfasern enthält und allenfalls wegen seiner Lage am Übergang vom IV. Ventrikel in den Zentralkanal mit der AP verglichen werden kann.

Der dorsal des Zentralkanals gelegene, caudale Anteil der AP der Mammalier (beim Kaninchen das ganze Organ) besitzt außer der ventralen, ependymbekleideten Oberfläche noch eine dorsale, dem Subarachnoidealraum zugekehrte Oberfläche; beide Flächen werden durch die Anheftung des Plexus choroideus voneinander abgegrenzt. Die AP steht, wie das Organum vasculosum laminae terminalis und das Subfornicalorgan, sowohl mit dem Ventrikelliquor als auch mit dem Subarachnoidealliquor in Verbindung.

Die *ventriculäre Oberfläche* der AP (Abb. 150) wird von kinocilienarmen Ependymzellen gebildet (LEONHARDT et al., 1975, REM, *Kaninchen;* KLARA u. BRIZZEE, 1977a, REM, *Katze*). Einzelne Zellen mit einem Kinocilienbüschel kommen sehr selten vor. Beim Kaninchen hat die ventriculäre Organoberfläche annähernd die Form eines gleichseitigen Dreiecks (Seitenlänge 0,7 mm). Der untere Winkel des Dreiecks geht in die Hinterwand des Zentralkanals über, während die beiden seitlichen Kanten von der Seitenwand der Rautengrube durch je eine Rinne abgegrenzt sind. Eine zweite, lateral von dieser gelegene, parallel zu ihr verlaufende Rinne bildet beim Kaninchen die Grenze zwischen Seitenwand und Boden der Rautengrube. Die vordere, ventriculäre Fläche der AP wird dadurch beiderseits von einer langgestreckten flachen Erhebung der Rautengrubenwand eingerahmt, beide Erhebungen bilden zusammen ein V. Dieser „Rahmen" wird, nach dem Vorschlag von GWYN und WOLSTENCROFT (1968, *Katze*), als *Area subpostrema* (ASP) bezeichnet (vgl. auch NAVARATNAM, 1975, *Katze*). Im Unterschied zur AP kommen über der ASP kinocilientragende Ependymzellen häufiger vor; sie sind gleichmäßig zwischen die zahlreichen kinocilienarmen Zellen verteilt (LEONHARDT et al., 1975).

Die Grundzüge des geweblichen Aufbaus der AP und der ASP sind aus *lichtmikroskopischen Untersuchungen* bekannt (CAMMERMEYER, 1947, *Mensch,* 1972, 1973a, zahlreiche *Mammalier,* 1973c, *Affe;* BRIZZEE, 1954, *Katze;* BRIZZEE u. NEAL, 1954, *Katze;* CLEMENTE u. VAN BREEMEN, 1955, *Katze, Kaninchen, Meerschweinchen, Ratte;* SHIMIZU, 1955, zahlreiche *Mammalier;* MOREST, 1960, *Kaninchen, Maus, Hamster, Chinchilla,* 1967, *Katze;* RABL, 1965, *Mensch;*

Abb. 150a–e. Area postrema und Area subpostrema, ventriculäre Oberfläche, REM, *Kaninchen.*
a Grob- und Feinrelief (Ausschnitt aus **b**); **b** Übersicht: Area postrema *(Ap)*, beiderseits begrenzt
von der Area subpostrema *(Asp)*, *S* Schnittfläche; **c** Blick von oben auf die ventriculäre Oberfläche
und in den Anfang des Zentralkanals *(C)*; **d** kinocilienarme Ependymzellen der Area postrema;
e Kinocilienbüschel der Area subpostrema. Endvergr. in der Projektion: **a** ×175, **b** ×58,5,
c ×216, **d** ×2375, **e** ×2340

Weindl, 1965, *Kaninchen, Ratte;* Gerhard u. Olszewski, 1969, Übersicht).
Wie beim Subfornicalorgan und beim Organum vasculosum laminae terminalis
beherrschen Ependymzellen, „Parenchymzellen" und Blutgefäße das Gewebebild
(vgl. Brizzee, 1954; Weindl, 1965). Die ASP erscheint im lichtmikroskopischen
Schnitt als „Umgurtung" der AP (Weindl, 1965).

Über *elektronenmikroskopische* Befunde am Ependym der AP berichten Špaček und Parízek (1968, 1969, *Ratte*), Wartenberg (1968b, *Katze, Affe*), Rohrschneider und Schinko (1971, *Maus*), Torack und Finke (1971, *Ratte*), Rohr-

SCHNEIDER et al. (1972, *Maus*), KLARA und BRIZZEE (1975, *Totenkopfäffchen*, 1977a, *Katze*, 1977b, *Primaten, Hund, Katze*), LEONHARDT et al. (1975, *Kaninchen*), KLARA et al. (1976, *Ratte*), BRIZZEE et al. (1978, *Primaten*). Die Befunde stimmen im wesentlichen überein.

Eine *Gliederung* innerhalb der AP ist daran erkennbar, daß in lateralen Bereichen der AP Nervenfasern und sinusoide Capillaren zahlreicher sind als in den zentralen Partien (BRIZZEE u. NEAL, 1954; KLARA u. BRIZZEE, 1977, *Katze*). Das Mengenverhältnis Gliazellen zu „Parenchymzellen" ändert sich in rostro-caudaler Richtung (MAGYAR et al., 1969).

5.11.1. Kinocilienarme Ependymzellen

Die Ependymoberfläche zeigt ein Grob- und ein Feinrelief. Da die AP besonders ausgedehnte Gefäßschlingen besitzt, deren perivasculärer Spalt in wechselndem Maße durch Flüssigkeitsaufnahme erweitert werden kann (LEONHARDT, 1967a), lassen sich die Erhebungen des Grobreliefs wahrscheinlich auf perivasculäre Flüssigkeitsansammlungen zurückführen. Das Feinrelief wird von den kleinen runden oder polygonalen apicalen Flächen der Ependymzellen repräsentiert. Im Bereich der Erhebungen des Grobreliefs ist der Durchmesser der Ependymzell-Oberflächen größer (bis etwa 10 µm) als in der Umgebung, die Zellen sind offensichtlich gedehnt. Gegen den Zentralkanal nimmt der Durchmesser der Zelloberflächen bis auf etwa 5 µm ab.

Die *kinocilienarmen Ependymzellen* der AP sind vielgestaltiger als die Ependymocyten in der Umgebung des Organs (Abb. 151). Flache und kubische Zellen überwiegen (WEINDL, 1965); auch gestreckte Zellen mit Endfüßen an Gefäßen werden beschrieben (BRIZZEE u. NEAL, 1954; MOREST, 1960, 1967; LEONHARDT et al., 1975; KLARA u. BRIZZEE, 1977a, b).

Die Ependymzelle trägt *apical* zahlreiche, meist dicht gestellte, 0,2–1 µm hohe, tröpfchenförmige oder mikrovillusartige, unregelmäßige Protrusionen (Abb. 152), auch kolbenförmige Verwölbungen (vgl. WARTENBERG, 1968b). An einigen Stellen erwecken diese (REM) den Eindruck von Auflagerungen. Die Mikrovilli gehen häufig büschelförmig von – in das Lumen vorspringenden – Cytoplasmazungen ab. Außerdem besitzen nahezu alle Zelloberflächen eine solitäre, etwa 10 µm dicke Cilie, die zentral auf der Höhe der Zelloberfläche entspringt. Viele der Cilien werden gegen das Ende zu dicker, ihre Oberfläche wird höckerig, die Cilie endet mit einer knollenförmigen Verdickung. Jedes Cilienbüschel der ASP entspringt gleichfalls aus einem kleinen, zentralen Areal der Zelloberfläche. Das Kaliber auch dieser Cilien nimmt zum freien Ende hin zu. Die knollenförmige Verdickung der Cilienenden erweist sich färberisch als Glykoprotein (PBA-positiv, LEONHARDT et al., 1975).

Die *seitlichen* und *basalen Zellgrenzen* sind durch Cytoplasmazungen stark verzahnt, die bei niedrigen, breiten Zellen mehr parallel, bei hohen Zellen vorwiegend senkrecht zur Oberfläche gerichtet sind; abgeflachte Ependymzellen überlappen einander. Über die Ausbildung von „tight junctions" nahe der Oberfläche vgl. BRIGHTMAN und REESE (1969). KLARA und BRIZZEE (1977a, *Katze*) stellen demgegenüber ausdrücklich fest, daß sie keine „tight junctions", sondern nur Zonulae adhaerentes finden (konventionelle Elektronenmikroskopie). Nach der

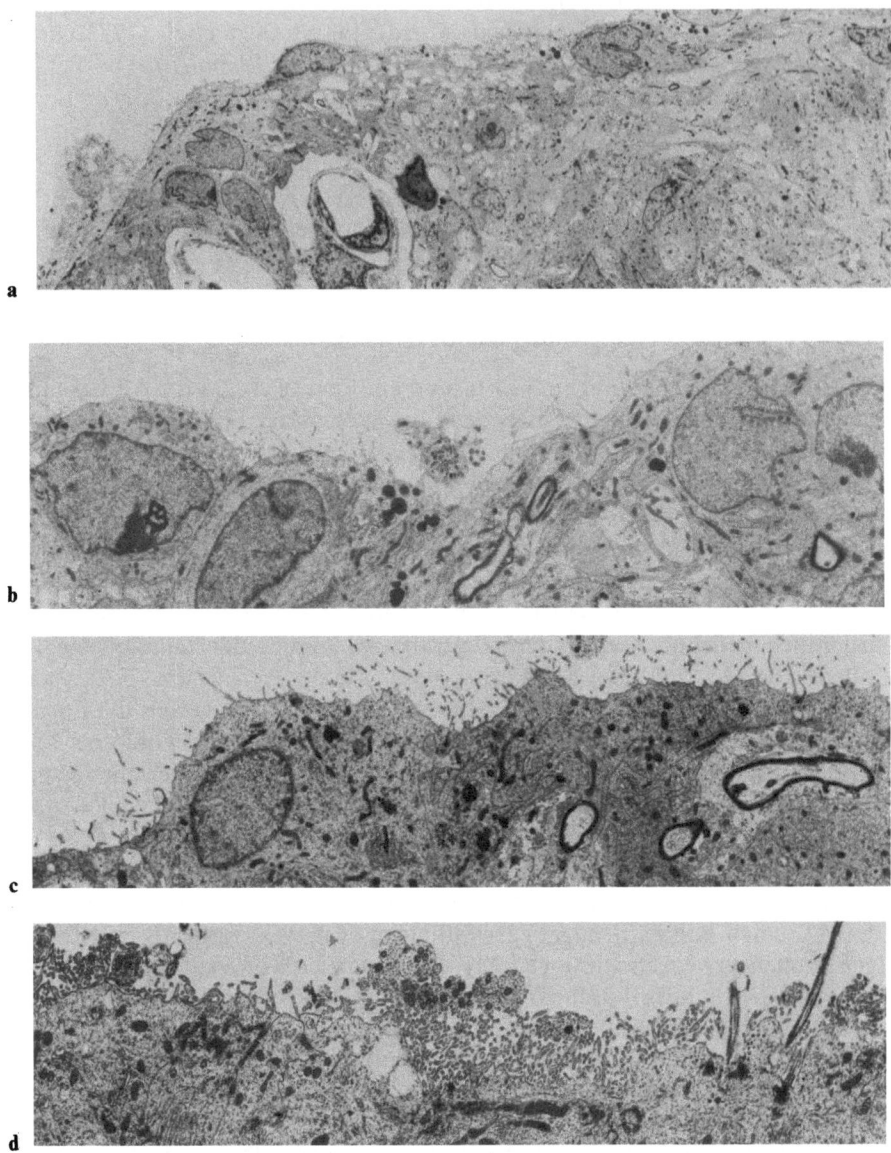

Abb. 151 a–d. Area postrema und Area subpostrema, *Kaninchen.* **a–c** Kinocilienarme Ependymzellen der Area postrema; **d** kinocilienarme Zellen und eine kinocilienreiche Ependymzelle der Area subpostrema. In **a** Capillaren mit weitem perivasculärem Bindegewebsraum, in jeder Abbildung auch Anschnitte supraependymaler Axone. Endvergr. in der Projektion: **a** × 1320, **b–d** × 6000

Tiefe folgen mehrere Maculae adhaerentes. Der Intercellularspalt mißt zumeist etwa 20 nm, doch kommen an einigen Stellen auch Erweiterungen bis über 100 nm vor.

Die basalen Zelloberflächen grenzen an Astrocyten, Nervenzellen („Parenchymzellen") sowie an einzelne markscheidenführende und zahlreiche markschei-

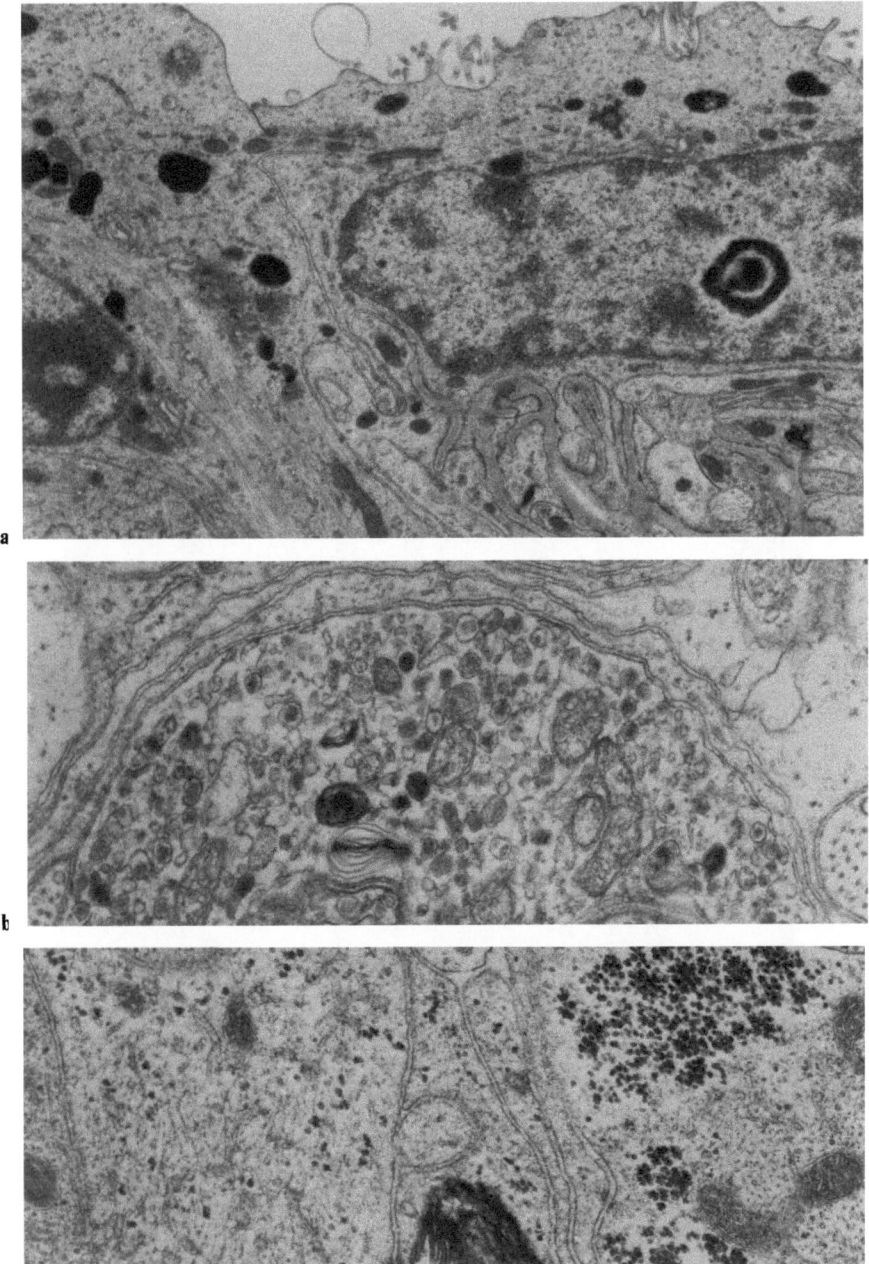

Abb. 152a–c. Area postrema, *Kaninchen*. **a** Kinocilienarme Ependymzelle, an Basallamina-Labyrinth angrenzend, *links* Tanycyt geschnitten. **b** Subependymaler „Parenchymzell"-Fortsatz. **c** Subependymale glykogenreiche Gliafortsätze. Endvergr.: **a** ×10500, **b** ×24000, **c** ×30000

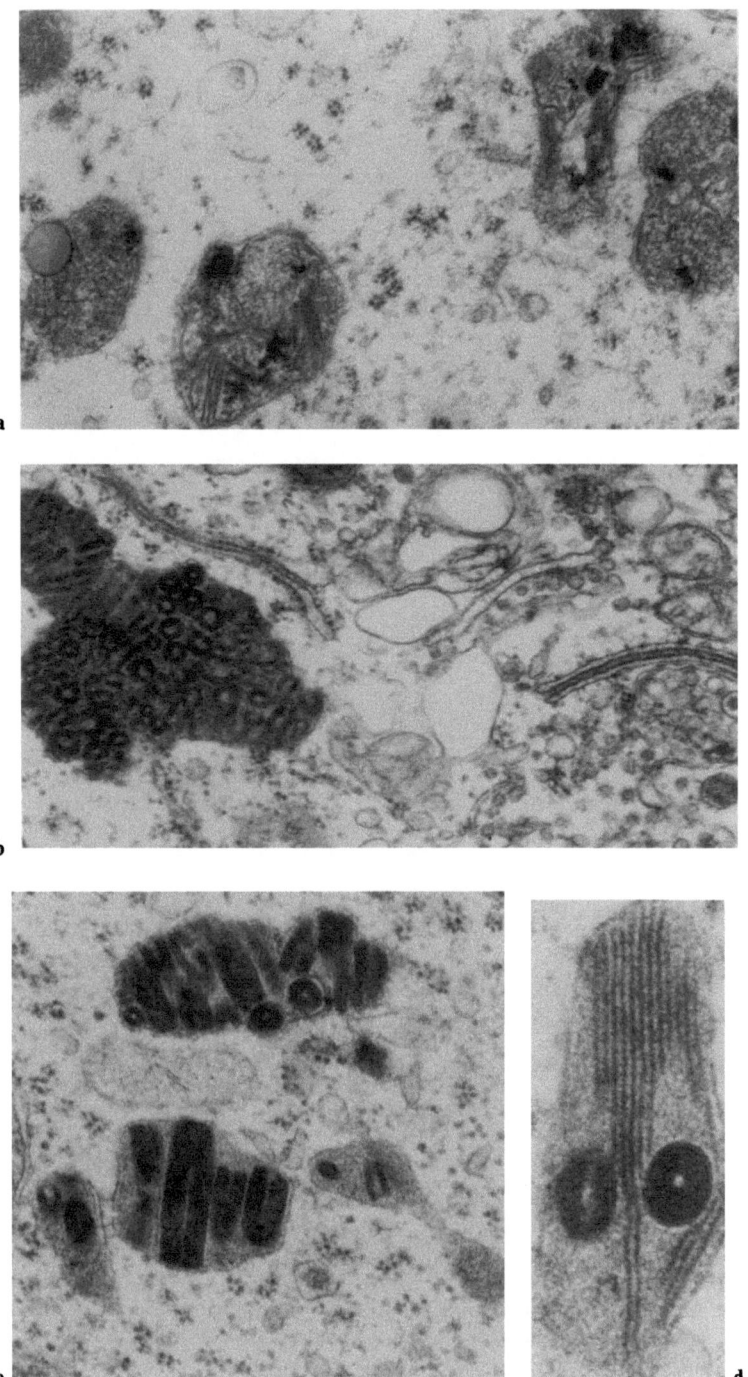

Abb. 153a–d. Area postrema, *Kaninchen*. **a** Autophagosomenähnliche Cytosomen in Ependymzellen; **b–d** Cytosomen mit Cylindroiden in Nervenzellen. (**b–c** aus Lindner u. Leonhardt, 1968). Endvergr.: **a** u. **b** ×30000, **c** ×40000, **d** ×100000

denfreie, oft in die Ependymzellbasis eingesenkte Nervenzellfortsätze. Basale Ependymfortsätze können bis an den perivasculären Bindegewebsspalt einer sinusoiden Capillare verfolgt werden; das Ependym hat größtenteils den Charakter von Tanycyten. Ganz vereinzelt reichen labyrinthförmige Ausläufer der die perivasculären Bindegewebsspalten begrenzenden Basallamina bis zur Ependymzellbasis.

Das *Cytoplasma* umgibt den Zellkern häufig nur mit einer dünnen Schale. In hohen Zellen ist der Zellkern basal verlagert. Die Ependymzellen besitzen einen ausgeprägten Golgi-Apparat, meist mehrere Golgi-Felder in supranucleärer Lage. Jedes Feld besteht aus einem Stapel flacher Zisternen mit glatten Membranen, von denen sich mehrere in 0,1–0,3 µm große Vacuolen öffnen. Zu beiden Seiten des Zisternenstapels liegen meist zahlreiche, etwa 50 bis 100 nm große Vesikel, darunter immer auch „Stachelsaumbläschen". Den Golgi-Feldern benachbart sind in vielen Zellen membranumschlossene ovoide oder vielgestaltige, bis etwa 1,3 µm große *Cytosomen* (Abb. 153), die eine feingranuläre Matrix und (meist fünfschichtige) wirbelartig angeordnete membranförmige Verdichtungen enthalten und für Lysosomen gehalten werden (vgl. LINDNER u. LEONHARDT, 1968). Zahlreiche lange Mitochondrien (Cristatyp) umgeben den Zellkern und beiderseits die Maculae adhaerentes. Granuliertes endoplasmatisches Reticulum kommt in Form von spärlichen, kurzen Fragmenten vor. Freie Ribosomen sind dagegen in großer Zahl, einzeln oder rosettenartig angeordnet, vorhanden. Einige wenige Zellen besitzen ein glattes endoplasmatisches Reticulum, kurze verzweigte, über die ganze Zelle verteilte Zisternen. Andere Zellen, die sich sonst nicht weiter von den übrigen unterscheiden, fallen durch ihr helleres Cytoplasma und den Besitz von zahlreichen Glykogengranula auf.

Der *Zellkern* ist meist rund oder oval, der Zellform angepaßt. Häufig kommen Einfaltungen der Kernmembran vor, bei den ovalen Zellkernen der hohen Ependymzellen auf der ventrikelwärts gerichteten Seite des Kerns. Der Inhalt des Zellkerns ist feingranulär verteilt, an der Innenseite der Kernmembran nur geringfügig verdichtet. Der Nucleolus zeichnet sich als scharf begrenztes Netz oder als Ring ab.

An mehreren Stellen treten *Nervenzellfortsätze* zwischen Ependymzellen hindurch in den Ventrikel ein (Abb. 154), sie werden an anderen Stellen als supraependymale Zellfortsätze gefunden (vgl. WEINDL u. SCHINKO, 1978; s.S. 309ff.).

5.11.2. Subependymale Gewebeplatte

Die *subependymale Gewebeplatte* enthält außer einer organspezifischen Gefäßarchitektonik Gliazellen in verschiedenen Erscheinungsformen und zahlreiche Mastzellen sowie die neuronalen Elemente, die „Parenchymzellen" und Nervenfasern.

Die *Gliazellen* der AP und der ASP sind größtenteils Astrocyten und Satellitenzellen. In der ASP haben Astrocyten Anteil am Aufbau der „Umgurtung" (ROHRSCHNEIDER et al., 1972). In der AP sind die Astrocytenfortsätze an der Begrenzung der perivasculären Räume beteiligt. Die Astrocyten enthalten variable Mengen von Filamenten und von Zisternen des glatten und granulierten endoplasmatischen Reticulum. In dem spärlichen perinucleären Cytoplasma fin-

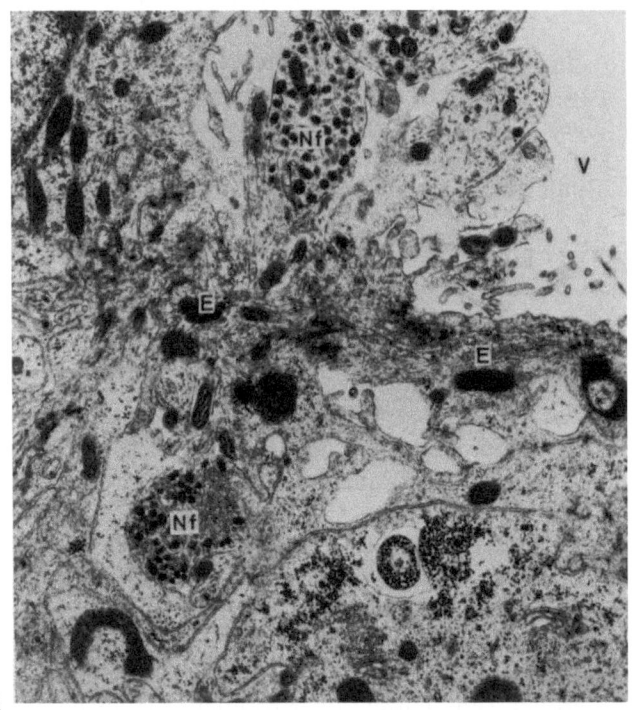

a

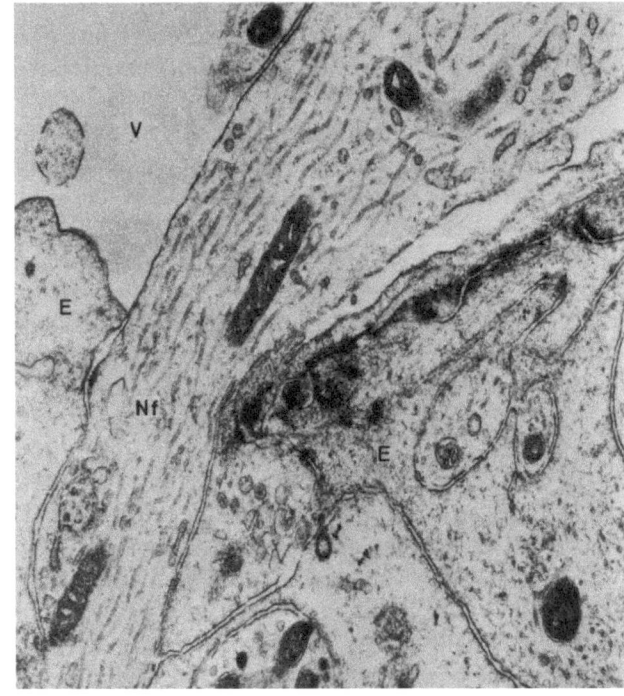

b

Abb. 154a u. b. Grenze zwischen Area postrema und Area subpostrema, *Kaninchen*. Nervenzellfortsätze *(Nf)* treten zwischen Ependymzellen *(E)* in den Ventrikel *(V)*. Endvergr.: **a** ×12000,
b ×24000

det man Lysosomen, lipofuscinartige Pigmente und Mitochondrien. Oligodendrocyten und Mikrogliazellen kommen in der AP kaum vor, werden aber in der ASP beobachtet (KLARA u. BRIZZEE, 1977a).

Enzymmuster. In der subependymalen Gewebeplatte der AP kann bei zahlreichen Mammaliern, aber nicht beim Menschen in unterschiedlicher Menge *Glykogen* nachgewiesen werden (SHIMIZU, 1955). Hier findet man auch die Enzyme der Glykolyse (IIJIMA et al., 1967b). Über die Verteilung weiterer Enzyme in der AP s. CAMMERMEYER (1949), LEDUC und WISLOCKI (1952), IIJIMA und BOURNE (1968), IIJIMA (1969), TÖRK (1970), IIJIMA und IMAI (1974, Lit.), BHATT und TEWARI (1978), KLARA et al. (1978); s. auch 4.2.3.

Die AP und ASP unterscheiden sich in auffallender Weise durch drei *histochemische Unterschiede* der subependymalen Gewebeplatte, die aber nur z.T. die Glia betreffen:

1) Die ASP zeichnet sich gegenüber der AP durch eine auffallend starke Aktivität der spezifischen Cholinesterase und der Pseudocholinesterase aus. Diese Eigenschaft veranlaßte GWYN und WOLSTENCROFT (1968, *Katze*), die ASP von der AP begrifflich zu trennen (s. auch KARCSÚ u. TÓTH, 1975, TÓTH u. KARCSÚ 1976, Lit., Acetylcholinesterase in den Capillarwänden der ASP; vgl. KARCSÚ et al., 1977).

2) Zellen, die durch ihren Gehalt an Chromhämatoxylin-Paraldehydfuchsin- bzw. PBA-positiven Granula gekennzeichnet sind (vgl. MORATO et al., 1958; SHIMIZU u. ISCHII, 1964; WEINDL, 1965; RABL, 1965; DELLMANN u. FAHMY, 1967b; KORITSÁNSZKY, 1969; TÖRK u. WENGER, 1969; POBERAI et al., 1971; LEONHARDT et al., 1975), bleiben weitgehend auf die ASP beschränkt. Nach TÖRK und WENGER (1969) bilden die Zellen mit „Gomori-positiven" Granula eine Barriere. „This ‚periventricular Gomori positive glia barrier' could compensate the lack of the blood-brain-barrier in the organ" – eine interessante Hypothese, die auch an anderen Stellen des Ependyms bzw. der periventriculären Organe zu prüfen wäre (vgl. SREBRO, 1970).

3) Der Bereich der ASP wird im Schnitt durch einen sehr starken Gehalt an Glykoproteinen färberisch (PBA-Methode) hervorgehoben (Abb. 155). Die Farbintensität nimmt zum Ependym hin zu. Die Ependymzellen der ASP sind von Glykoproteinen durchtränkt; soweit sie Kinocilien tragen, erscheinen diese in ein Glykoprotein wie in Sirup eingetaucht (LEONHARDT et al., 1975). Welche funktionellen Unterschiede mit diesem unterschiedlichen Verhalten von ASP und AP verbunden sind, ist ungeklärt. Unklar ist auch, in welchem Zusammenhang die Bildung und Abgabe der Glykoproteine erfolgt; über mutmaßliche Sekretionserscheinungen in Ependymzellen der AP bzw. ASP berichten auch WARTENBERG (1968b) und ŠPAČEK und PARÍZEK (1969). Nach PALKOVITS et al. (1976, *Ratte*) hat die AP wie alle circumventriculären Organe einen relativ hohen Gehalt an *Somatostatin*. POBERAI et al. (1971, *Ratte*) beobachten nach Apomorphin-Gaben eine Vermehrung der Chromhämatoxylin-positiven Granula im Gebiet der ASP.

Eine große, wenn auch unbekannte Rolle scheinen bei den meisten Mammaliern *Mastzellen* unter den Ependymzellen nahe der Ventrikeloberfläche zu spielen (CAMMERMEYER, 1972, 1973a, c, 25 Species, 1976). Sie wurden u.a. bei Phycomycetes-Befall in subependymalen Cysten gefunden (CAMMERMEYER, 1973d).

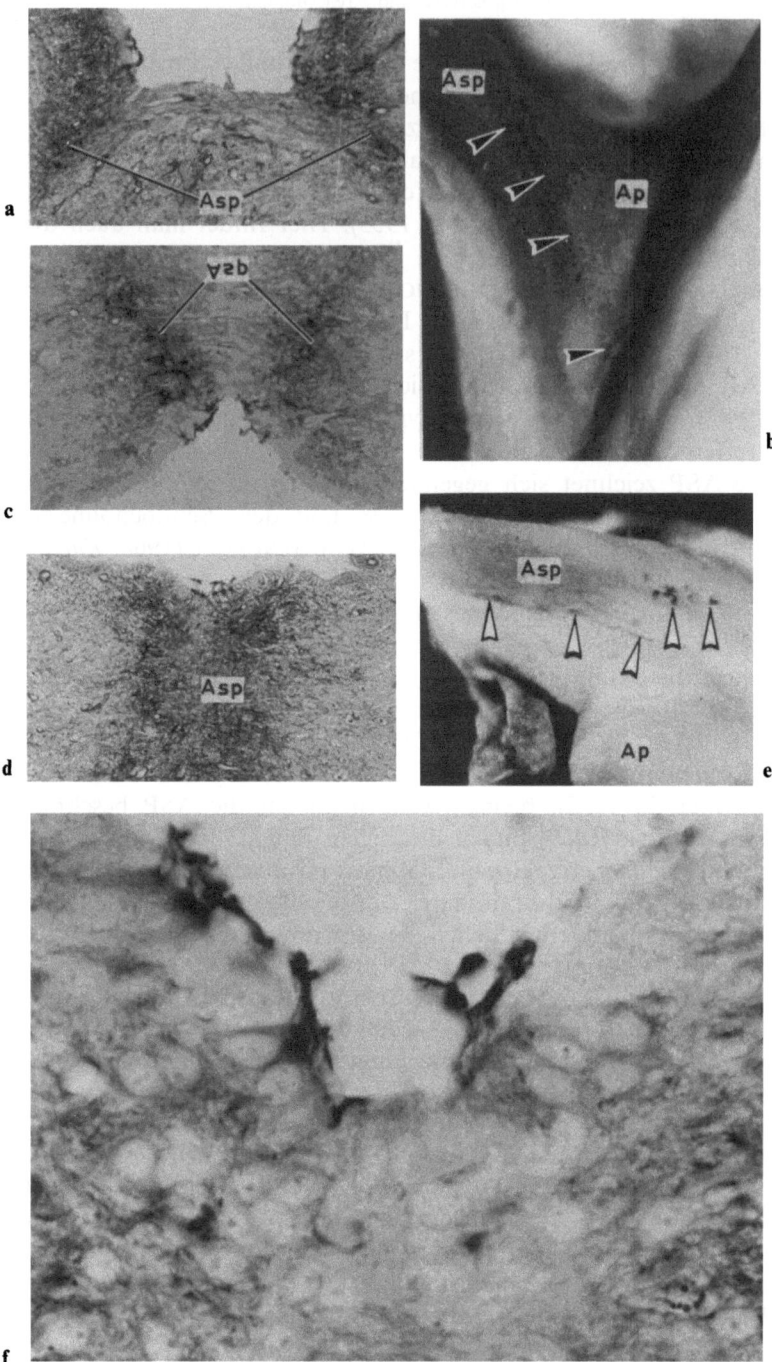

Abb. 155a–f. Area postrema *(Ap)* und Area subpostrema *(Asp)*, *Kaninchen*. Sekretauflagerungen dunkel gefärbt. **a–d** Transversalschnitte mit ventriculärer Oberfläche. **e** u. **f** Totalpräparat, Blick auf die ventriculäre Oberfläche. **a–c** Drei Schnittebenen von rostral nach caudal, Anfärbung des Gebietes der Area subpostrema, Kinocilien sekretbeladen. **d** Sekretbeladung der Kinocilienbüschel. **e** u. **f** Sekret *(Pfeile)* auf der ventriculären Oberfläche. PBA-Färbung. Endvergr. **a–c** ×140, **d** ×600, **e** u. **f** ×50

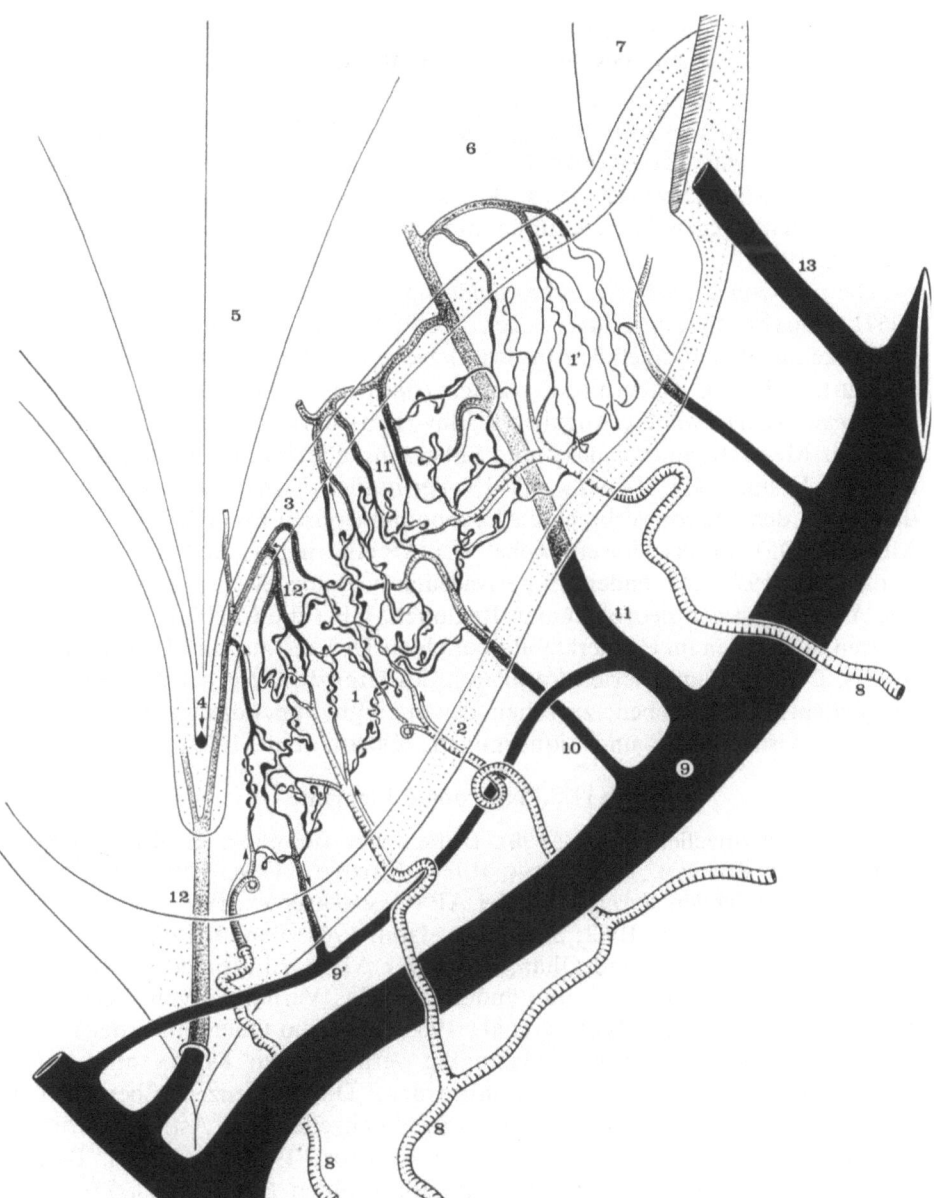

Abb. 156. Area postrema, Schema der Vascularisation, *Mensch* (nur die rechte Area postrema ist dargestellt). *1* Innere Zone, *1'* äußere Zone der Area postrema; *2* Taenia rhombencephali; *3* Funiculus separans; *4* Öffnung eines Ependymkanals; *5, 6* Trigonum hypoglossi; *7* Area vestibularis; *8* Arterienstämme der Area postrema; *9* Vene, den IV. Ventrikel begrenzend, mit *9'* mittleren Sekundärarkaden; *10* mittlerer Venenstamm, mündet direkt in die Grenzvene; *11* lateraler Venenstamm; *12* Obexvene nimmt mittlere Venenstämme auf; *13* Venen des Plexus choroideus. (Aus DUVERNOY et al., 1972)

Gefäßarchitektur und Bau der Gefäße (Abb. 156) der AP und der ASP s. Duvernoy und Koritké (1964, *Katze*), Kroidl (1968, *Ratte*), Roth und Yamamoto (1968, *Ratte*), Duvernoy et al. (1972, *Mensch*), Kaiser und Böhme (1978, *Schaf*). Die Capillaren sind zumeist sinusartig erweitert, besitzen ein gefenstertes Endothel und einen perivasculären, von Basallaminae ausgekleideten Raum (Rivera-Pomar, 1966; Leonhardt, 1967a; Špaček u. Parízek, 1968; Rohrschneider et al., 1972; Dempsey, 1973; Klara u. Brizzee, 1975). Die Blut-Hirn-Schranke fehlt gegenüber mehreren Indikatoren (Hashimoto u. Hama, 1968; Weindl, 1973).

Die *perivasculären Bindegewebsräume* sind extrem schwellfähig (Leonhardt, 1967a, 1968b). In ihnen lagern sich Stoffe ab, die bei fehlender Blut-Hirn-Schranke aus den Blutgefäßen in das Gewebe der AP eintreten (vgl. Wislocki u. Leduc, 1952a, Silbernitrat, *Ratte, Hamster;* Wartenberg et al., 1973, *Meerschweinchen*; weitere Angaben s. Blut-Hirn-Schranke, S. 252). Sie sind aber auch für Meerrettichperoxidase vom Subarachnoidealraum aus zugänglich (Torack u. Finke, 1971, Torack, 1971). Vermutlich ist dies auch der Weg, auf dem die in den Liquor verbrachten Lycopodiumsporen (Watermann u. Adbel-Messeih, 1957) in das „Fasergewebe" der AP eindringen (Abb. 157). Nach Torack et al. (1973) u.a. enden im perivasculären Bindegewebsraum auch Axone. Die AP zählt zu den neurohämalen Regionen. Über die Capillaren und perivasculären Strukturen im Gefrierätzbild berichten Dermietzel und Leibstein (1978, *Katze*). Die nichtfenestrierten Capillaren des Grenzbereichs der AP werden von Tanycytenfüßen umgeben, zwischen denen „tight junctions" ausgebildet sind (Grenze zwischen Blut- und Liquormilieu; Krisch et al., 1978c, *Ratte*).

5.11.3. Neuronale Elemente

Die „Parenchymzellen" (Abb. 158), früher eher für gliöse Elemente gehalten (Wislocki u. Putnam, 1920; King, 1937; Morato, 1954; Iijima et al., 1963), sind die organeigenen *Nervenzellen* der AP (Cammermeyer, 1947; Brizzee, 1954; Morest, 1960; Wolfe, 1962; Shimizu u. Ishii, 1964; über Kriterien zur Unterscheidung von Nerven- und Gliazellen in der AP vgl. Lindner u. Leonhardt, 1968). In oro-caudaler Richtung ändert sich das Verhältnis von Nerven- und Gliazellen geringfügig (Magyar et al., 1969); auf dem Querschnitt der AP sind die Nervenzellen annähernd gleichmäßig verteilt, nach Klara und Brizzee (1977a) bei der *Katze* in Gruppen angeordnet. Die Nervenzellen berühren sich gegenseitig nicht, sondern werden durch Satellitenzellen bzw. Astrocytenfortsätze voneinander geschieden (Lindner u. Leonhardt, 1968; Klara u. Brizzee, 1975). Die Nervenzellen liegen nahe an Blutgefäßen (Dempsey, 1973). Unterschiede zwischen Nervenzellen können allenfalls im Hinblick auf die Menge der darstellbaren Strukturen (Zellorganellen) gefunden werden; einzelne „dunkle" Nervenzellen besitzen mehr granuliertes endoplasmatisches Reticulum, mehr Ribosomen und Lysosomen als die meisten übrigen (Rohrschneider et al., 1972). Die Nervenzellen besitzen axo-somatische und axo-dendritische Synapsen von einfachem Bau. Wartenberg (1968b) findet in der präsynaptischen Struktur auch 120 nm große Bläschen mit dichtem Inhalt. Charakteristisch, aber nicht spezifisch für die Nervenzellen (und einige Gliazellen) der AP (und der ASP) sind Cytosomen mit Zylindroiden (Lindner u. Leonhardt, 1968; vgl. Špaček

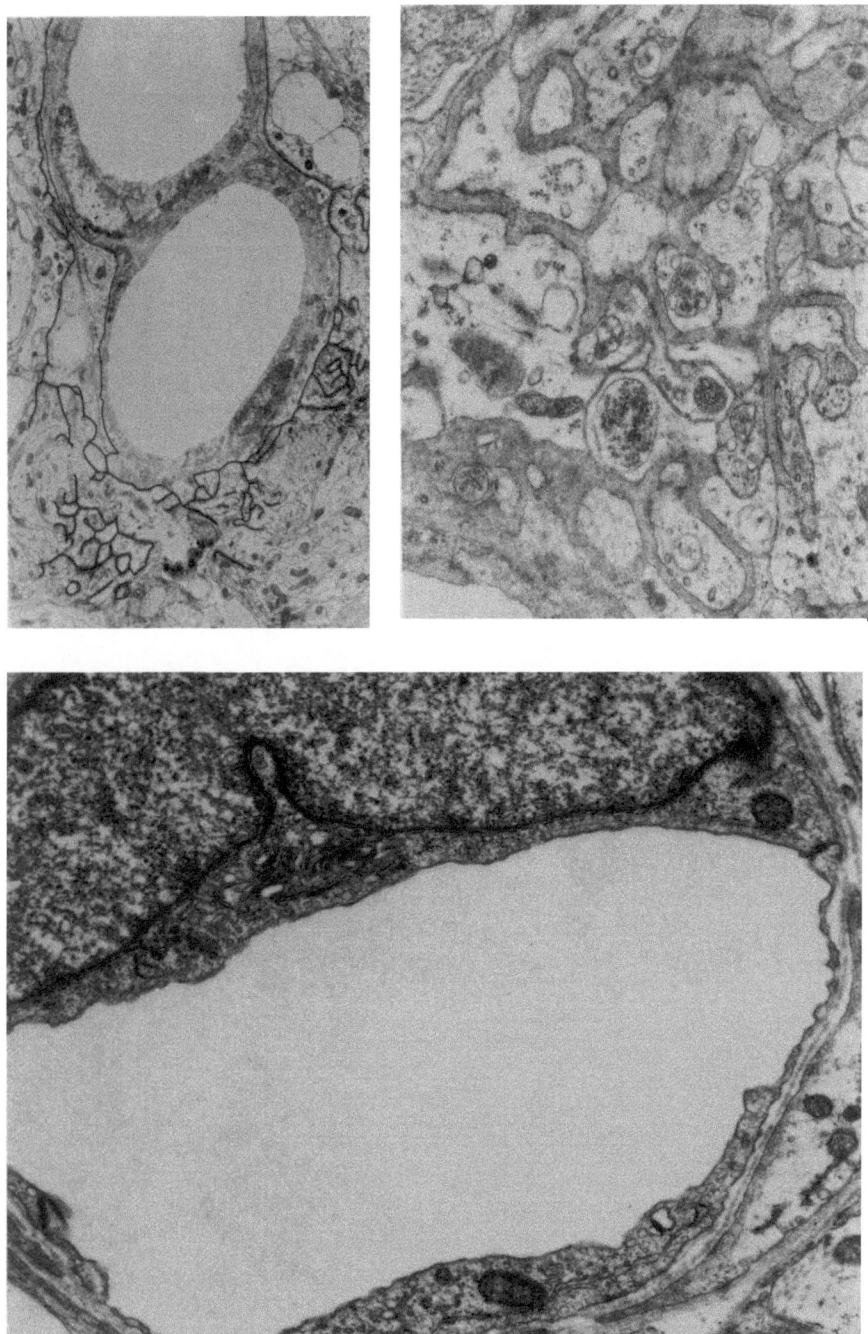

Abb. 157a–c. Area postrema, *Kaninchen*. Blutcapillaren und perivasculäre Basallamina-Labyrinthe.
a Übersicht, Basallaminae nachgezeichnet; **b** Basallaminae; **c** gefensterte Capillare und perivasculärer
Bindegewebsraum. Endvergr.: **a** ×6000, **b** u. **c** ×18000

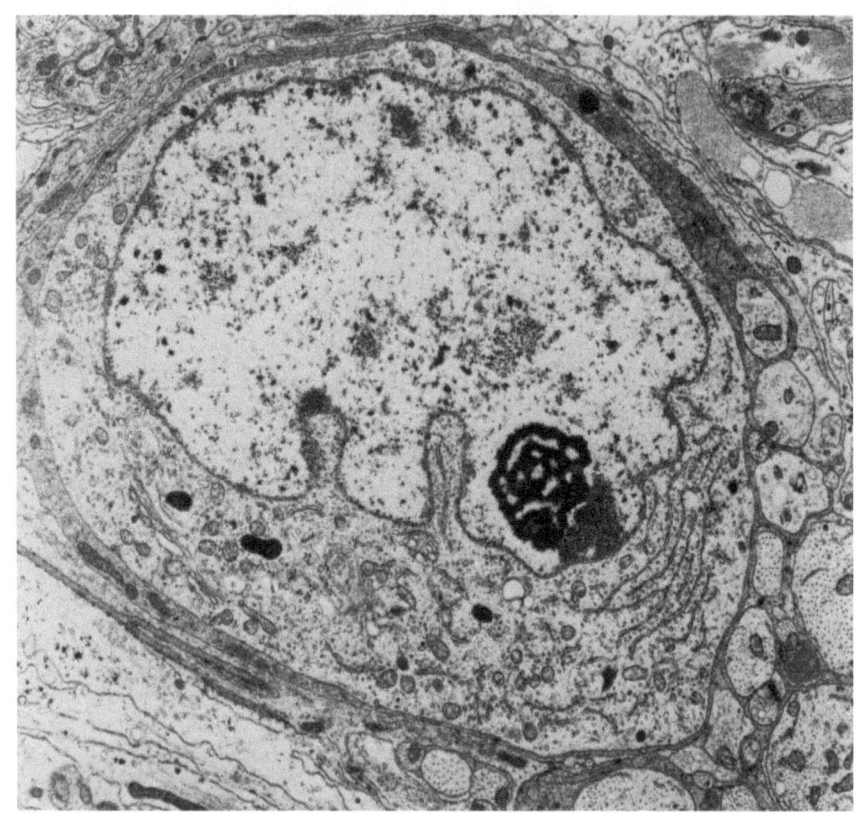

a

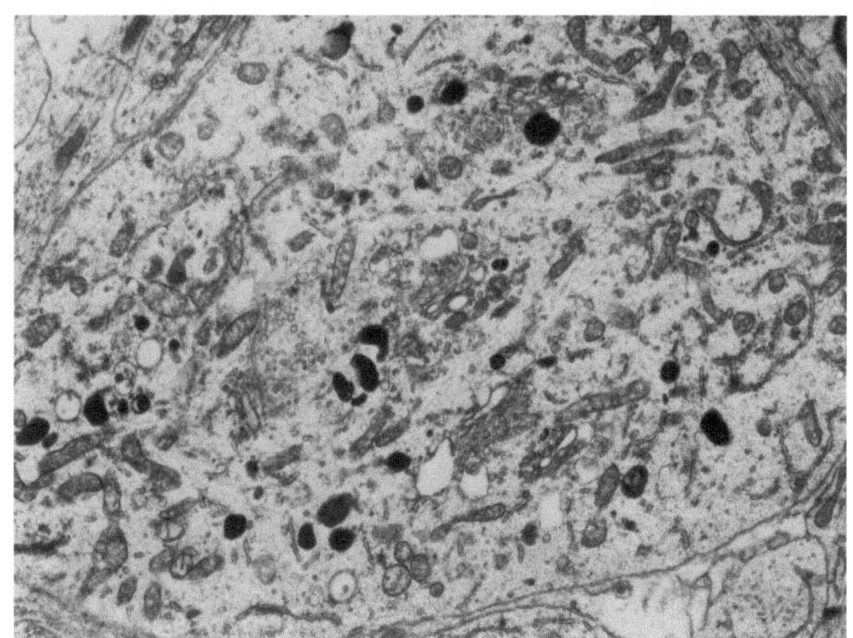

b

Abb. 158a u. b. Area postrema, *Kaninchen.* „Parenchymzelle", **a** Übersicht, **b** Zellorganellen.
Endvergr.: **a** ×7500, **b** ×10000

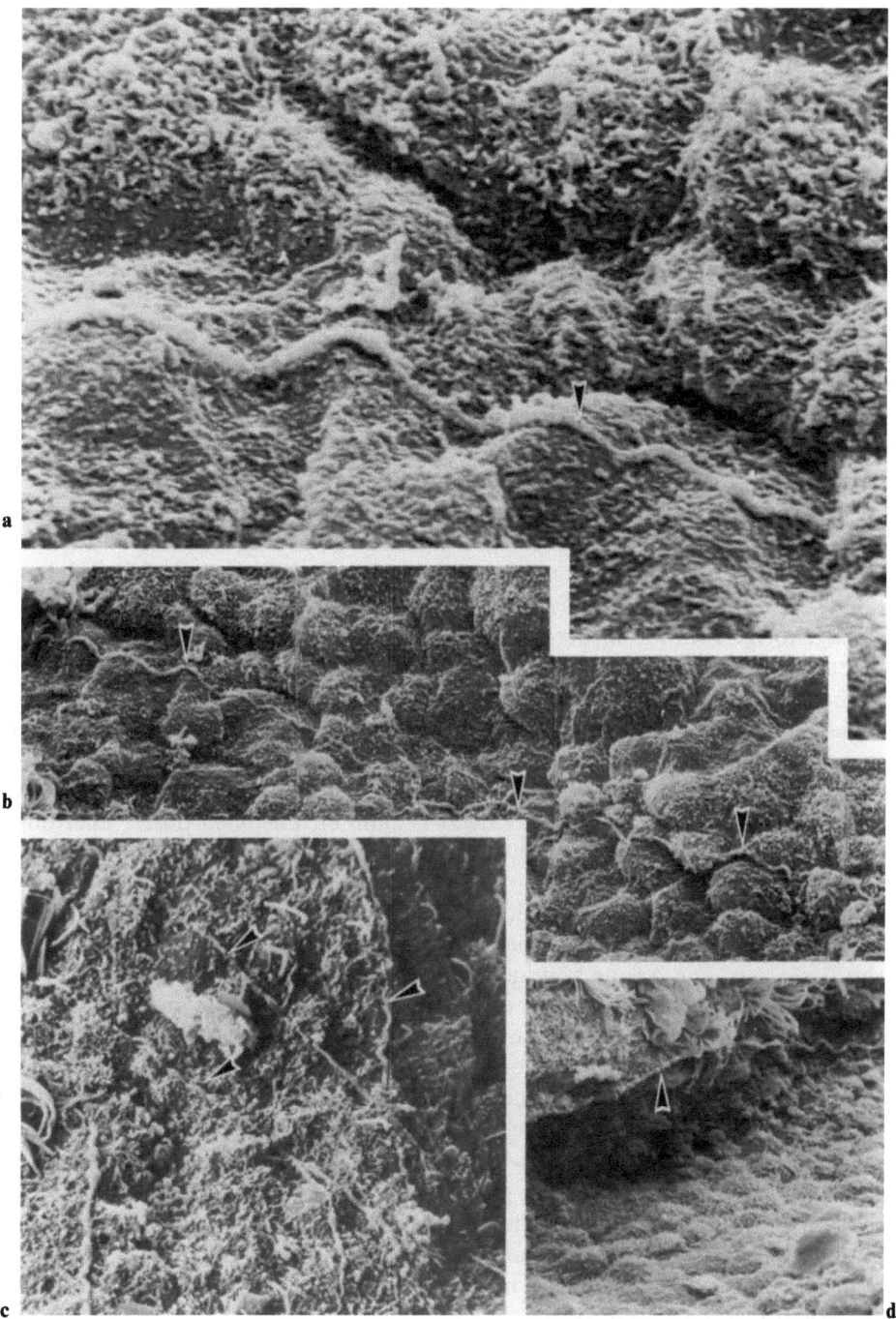

Abb. 159a–d. Area postrema, ventriculäre Oberfläche, REM, *Kaninchen*. Supraependymale Axone *(Pfeile):* **a** u. **b** transversal gerichtet (**a** Ausschnitt aus **b**), **c** schräg verlaufend, **d** longitudinal an der Grenze zwischen Area postrema und Area subpostrema gelegen. Endvergr. in der Projektion: **a** ×3240, **b** ×945, **c** ×2160, **d** ×1080

u. Parízek, 1969; Ishii u. Nakamura, 1972). Cammermeyer (1947) beschreibt beim Menschen Melaningranula.

Die *Nervenzellen* sind noradrenerg (Fuxe u. Owman, 1965, Fluorescenzmikroskopie). Mindestens ein Teil der noradrenergen Nervenfasern kann in der AP den organeigenen Elementen zugeordnet werden (Torack et al., 1973, Immunhistochemie der Dopamin-β-Hydroxylase). Nach Tóth und Karcsú (1970) können die „Parenchymzellen" Acetylcholinesterase bilden. Über die Wirkung von 6-Hydroxydopamin s. Brizzee et al. (1978).

Nervenzellfortsätze durchqueren die AP in verschiedenen Richtungen, unter denen eine radiäre Ausrichtung dominiert. In der ASP sind die Fortsätze mehr parallel und zur Oberfläche des Organs hin ausgerichtet. Die Nervenzellfortsätze in der AP sind markscheidenfrei, in der ASP kommen einzelne markscheidenhaltige Nervenfasern vor. In die seitlichen Regionen der AP treten marklose Nervenfasern aus dem Bulbus ein (Klara u. Brizzee, 1977a). Über den Feinbau der Nervenzellfortsätze (Dendriten) und ihrer Synapsen s. Rohrschneider et al. (1972), Ischii und Nakamura (1972).

Auch die in die AP eintretenden Axone sind noradrenerg (s. Fuxe u. Owman, 1965; Torack et al., 1973; vgl. Broadwell u. Brightman, 1976). Ylitalo et al. (1970) weisen serotoninerge Nervenfasern nach. Über biogene Amine und zugehörige Enzyme in der AP s. Tabelle 2. Nach Klara et al. (1976) und Brizzee et al. (1978) werden 2–24 Std nach Injektion von 6-Hydroxydopamin Zerstörungen in der AP, vor allem in den Nervenzellfortsätzen, später auch in Glia- und Ependymzellen und in supraependymalen Axonen beobachtet (vgl. Palazzo, 1977). Vergleichbare Veränderungen treten auch nach Gaben von Glutamat (Olney et al., 1977) und von einigen amphiphilen Pharmaka (Lüllmann-Rauch, 1976) auf. Bei den zuletzt genannten Läsionen dürfte allerdings die fehlende Blut-Hirn-Schranke die entscheidende Rolle spielen (s. Broadwell u. Brightman, 1976).

Supraependymale Axone ziehen in großer Zahl in transversaler oder mehr longitudinaler Richtung über die ventriculäre Oberfläche der AP hinweg (Abb. 159, 160). Die Axone kommen zum größeren Teil aus dem angrenzenden Kinocilienrasen, zum kleineren Teil treten sie zwischen Ependymzellen der AP auf deren Oberfläche. Die Axone bilden mit dem apicalen Plasmalemm der Ependymzellen synapsenartige Kontakte (Leonhardt et al., 1975). Nach Torack et al. (1973, *Ratte*, Immunfluorescenz-Darstellung der Dopamin-β-Hydroxylase) und Torack (1975, *Ratte*, In-vitro-Untersuchung der AP als Modell zum Studium des Norepinephrin-Umsatzes im Zentralnervensystem) sind die Axone noradrenerg und stammen größtenteils von Perikaryen, die der AP (und der ASP) unmittelbar benachbart liegen. Ein Teil der Axone verläuft eine Strecke weit unter dem Ependym der AP und tritt dann erst zur Oberfläche, ein anderer, größerer Teil erreicht die Ependymoberfläche der AP im Ventrikel verlaufend (vgl. Torack u. LaValle, 1973).

5.11.4. Untersuchungen zur Funktion

Die AP und die ASP sind wegen ihrer oberflächlichen Lage für experimentelle Eingriffe leicht zugänglich. Bei der Beurteilung der Ergebnisse von Experimenten an der AP und ASP sind zwei Gegebenheiten beachtenswert. 1) Die AP und

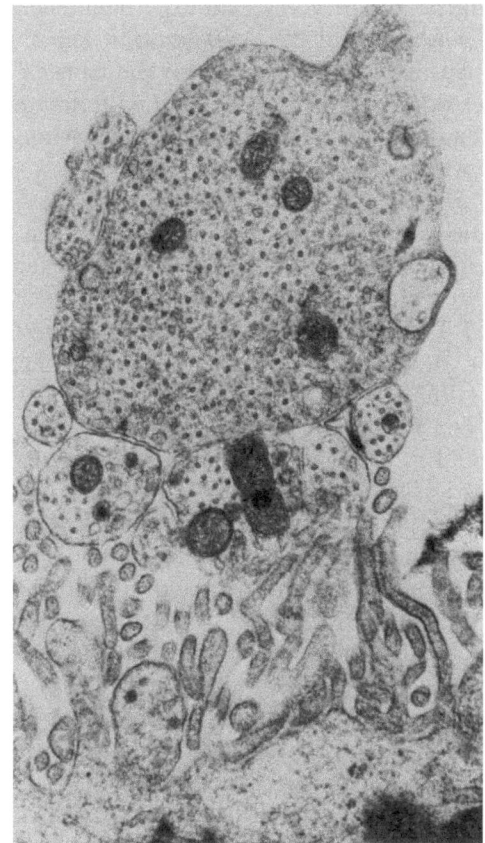

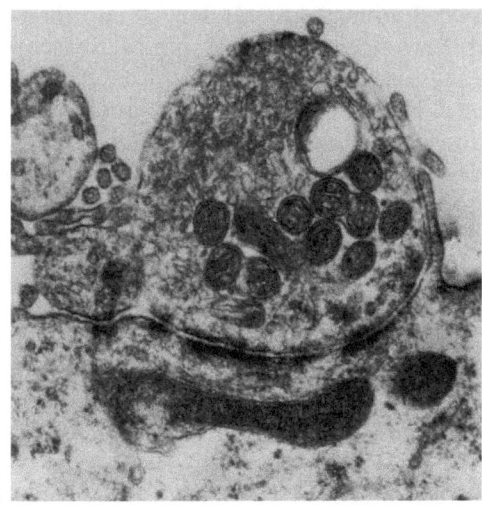

Abb. 160 a u. b. Grenze zwischen Area postrema und Area subpostrema, *Kaninchen*. Typen supraependymaler Axone, in **b** synapsenartiger Kontakt mit dem apicalen Ependymzellplasmalemm. Endvergr. × 36 000

ASP sind lebenswichtigen vegetativen Regulationszentren in der Medulla oblongata unmittelbar benachbart, die von einem experimentellen Eingriff mit betroffen sein können. 2) Die AP und die ASP besitzen keine Blut-Hirn-Schranke, sie liegen im Blutmilieu. Zwar gilt das auch für die meisten der übrigen circumventriculären Organe, doch mag bei der AP und ASP die unmittelbare Nachbarschaft vegetativer Regulationszentren hinsichtlich des Mangels einer Blut-Hirn-Schranke besonders wichtig sein.

Die Untersuchungen zur Funktion gehen hauptsächlich von der Hypothese aus, die AP (und die ASP?) sei ein *Chemoreceptor*. Die AP wird allerdings mit unterschiedlichen Regulationsvorgängen oder Reflexen in Zusammenhang gebracht, am häufigsten mit dem *Brechreflex*.

Nach Wang und Borison (1950), Borison und Brizzee (1951), Brizzee und Borison (1952), Borison und Wang (1953), Brizzee und Neal (1954), Wise und Ganong (1962), Wise et al. (1962), Borison (1974) dient das Organ als Triggerzone für den Brechreflex. Die Hypothese wurde chirurgisch-experimentell gestützt. Nach Entfernung der AP kann bei Hunden durch Apomorphin kein Erbrechen mehr ausgelöst werden. In Fällen von unstillbarem Erbrechen wurde beim Menschen durch Abtragung der AP eine Besserung erzielt (Lindstrom u. Brizzee, 1962; vgl. Klara u. Brizzee, 1975). Nach chronischer Trypanblau-Behandlung (Fehlen der Blut-Hirn-Schranke in der AP!) wird bei Katze und Affe der Brechreflex unterdrückt (Cammermeyer, 1975). Auch die Ergebnisse pharmakologisch-experimenteller Untersuchungen mit Ouabain und mit Apomorphin sprechen hierfür (Borison et al., 1975).

Die gleichzeitige Manifestation anderer Symptome bei diesen Eingriffen könnte auf die Lokalisation von Regulationsmechanismen in der unmittelbaren Nachbarschaft der AP zurückgehen (Änderungen in Atmung und Kreislauf: Ranson u. Billingsley, 1916; Joy u. Lowe, 1970; Masland u. Yamamoto, 1971; Ylitalo et al., 1974). Eine Kreislaufwirkung über Angiotensin II wird aufgrund der sehr hohen Bindungsaktivität der AP und ihrer Umgebung (Sirett et al., 1977) diskutiert. Verhinderung einer durch Methylscopolamin ausgelösten Aversion gegen Nahrungsaufnahme, jedoch nicht bei Amphetamingaben s. Berger et al. (1973). Einen Hinweis auf eine die Liquorzusammensetzung betreffende Receptorfunktion der AP sehen Torack und Finke (1971, *Ratte*) darin, daß als Modell in den Subarachnoidealraum injizierte Meerrettichperoxidase von der dorsalen, dem Subarachnoidealraum zugekehrten Oberfläche der AP tief in die perivasculären Spalten des Organs eindringt; die Peroxidase markiert den Weg, den Stoffe aus dem äußeren Liquor in das Organ nehmen können. Durch weitere Untersuchungen (Torack et al., 1973; Torack u. LaValle, 1973) wird die These gestützt, daß die AP, veranlaßt durch Feed-back-Stimuli auf dem Liquorweg, regulatorisch auf die Gefäß- und Atemdynamik Einfluß nehmen kann.

Eine *osmoregulatorische Funktion* der AP als Osmoreceptor wurde füh vermutet (Clemente et al., 1957; Wise u. Ganong, 1962; Ross et al., 1961), hat sich aber nicht sicher bestätigen lassen (Magyar et al., 1969, Kerngrößenmessungen).

In diesem Zusammenhang wird auch die Mitwirkung der AP (Wise et al., 1962) und anderer circumventriculärer Organe bei der Abgabe von Neurohormonen an das Blut diskutiert (vgl. Weindl, 1973), wobei auch die Beteiligung von biogenen Aminen und Acetylcholin an der Funktion der circumventriculären Organe allgemein beachtet wird (KOELLA u. SUTIN, 1967). Der immunhistologische Nachweis von *LRF* (KIZER et al., 1976, *Ratte;* PELLETIER et al., 1976, *Ratte*; OKON u. KOCH, 1977, *Mensch*), *Somatostatin* (PELLETIER et al., 1976, *Ratte*) und *TRF* (KIZER et al., 1976, *Ratte;* OKON u. KOCH, 1977, *Mensch*) betrifft die Ependymzellen und subependymales Gewebe und wird als eher beiläufige Aufnahme des Hormons durch diese Zellen verstanden (PELLETIER et al., 1976).

Ferner bestehen Hinweise für die Anwesenheit von Receptoren für Amine (ROTH et al., 1970) und für α-MSH (LICHTENSTEIGER u. LIENHART, 1977). Über die Zunahme elektrischer Aktivitäten nach Ouabain-Injektion bei Ableitung aus der AP (oder aus dem benachbarten Gebiet) berichten BORISON et al. (1975).

Erkenntnisse über die *Nervenfaserverbindungen* der AP (und der ASP) stehen im Einklang mit den Receptorhypothesen. Nach MOREST (1967, *Katze*) ziehen aufsteigende Fasern, vermutlich viscerale Afferenzen, im Seiten- und Hinterstrang des Rückenmarks zur ipsilateralen Seite der AP. Efferente Fasern der AP gelangen zu den ipsilateralen angrenzenden dorsalen und medialen Teilen des Nucleus tractus solitarii (vgl. auch NAVARATNAM, 1975; VIRGIER, 1976). Direkte Efferenzen der AP zum Zwischenhirn konnten nicht nachgewiesen werden. NAVARATNAM (1975, *Katze*) findet nach Vagotomie die für die ASP kennzeichnende starke Aktivität der Cholinesterasen erheblich reduziert und schließt hieraus, daß die ASP efferente Vagusneurone enthalte. Nach FUXE und OWMAN (1965, *Ratte, Meerschweinchen, Kaninchen, Katze, Hund, Affe*) enden die Axone von monoaminergen Nervenzellen der AP wahrscheinlich im Brechzentrum der Formatio reticularis, während in die AP eintretende catecholaminhaltige Axone (TORACK et al., 1973) aus Nervenzellen seitlich am Organ stammen (vgl. CLEMENTE u. VAN BREEMEN, 1955). Nach ROTH et al. (1970) entfalten aber in die Formatio reticularis ziehende efferente Nervenfasern der AP eine Wirkung auf den Wachzustand.

5.12. Neurophysis spinalis caudalis (Urophyse)

Das caudale neurosekretorische System, die *Neurophysis spinalis caudalis* (Urophyse), wird nur bei *Teleosteern* beobachtet, kommt bei diesen aber regelmäßig vor. Die von dem Organ hervorgerufene ventrale Anschwellung des caudalen Rückenmarks wurde schon 1827 von WEBER beim *Karpfen* abgebildet und von SERRES (1827) erwähnt, später u.a. von RAUBER (1877) als ein stark vascularisiertes, beim *Karpfen* unvollständig in zwei Lappen getrenntes Gebilde beschrieben. Über sekretorische Riesenneurone im caudalen Rückenmark von *Elasmobranchiern* und *Teleosteern* berichtete SPEIDEL (1919, 1922; vgl. DAHLGREN, 1914). FAVARO (1925) bezeichnete die Anschwellung als „ipofisi caudale". Die umfangreichen und eingehenden Untersuchungen von ENAMI (1955a, b, 1956, 1959), ENAMI und IMAI (1958), ENAMI et al. (1956), SANO (1958a, b, 1961), SANO und KAWAMOTO (1959), SANO und KNOOP (1959), HOLMGREN, 1959b, 1960), HOLMGREN und CHAPMAN (1960) festigten schließlich das Konzept vom caudalen neurosekretorischen System als einer in seiner Organisation dem cranialen (hypo-thalamischen) neurosekretorischen System analogen Bildung (vgl. Enami u. Imai, 1955, 1956; Sano u. Hartmann, 1958; Sterba et al., 1965; Bern u. Knowles, 1966; Chan, 1971; Bern, 1969, 1972).

Bei *Elasmobranchiern* ist nach Bern und Takasugi (1962) ein diffuses Capil-larnetz auf der ventralen Oberfläche des caudalen Rückenmarks der Urophyse der Teleosteer homolog. Die Fortsätze neurosekretorischer Zellen sind gegen diese Capillaren gerichtet (Bern u. Hagadorn, 1959) oder endigen an ihnen (Fridberg, 1959). Vergleichende Untersuchungen über das caudale neurosekre-torische System s. Fridberg (1959, 1962), Roy (1962), Fridberg und Bern (1968), Bern (1969), Jaiswal und Belsare (1973).

Eine Darstellung des caudalen neurosekretorischen Systems, die frühere Ar-beiten und eigene Untersuchungen an 125 Species von *Teleosteern* zusammen-faßt, geben Bern und Takasugi (1962). Die Urophyse (Abb. 161) kann promi-nent und weißlich opak erscheinen wie bei der Meeräsche *Mugil cephalus* u.a. oder makroskopisch auch nicht sichtbar sein, z.B. beim Aal. Die Urophyse liegt gewöhnlich in Höhe des letzten Wirbels, sie folgt caudalwärts auf die letzten Spinalnervenwurzeln. Die Urophyse ist 1–1,5 mm lang und mißt im Querschnitt etwa $0,7 \times 1,5$ mm. Sie kann breit mit dem Rückenmark verbunden oder mehr oder weniger gestielt sein (Klassifizierung der Typen bei Favaro, 1925).

Die Urophyse, die im Bereich der Bodenplatte des caudalen Rückenmarks entsteht, reicht vom Zentralkanal bis zu den Hirnhäuten, bildet also insgesamt einen Wandteil des Zentralnervensystems und steht wie die „klassischen" circum-ventriculären Organe sowohl mit dem äußeren als auch mit dem inneren Liquor in Verbindung. Die innere Organisation der Urophyse gleicht der der Neurohy-pophyse insoweit, als bei beiden neurosekretorische Axone in neurohämalen Regionen enden, begleitet von spezialisierten Ependym- und Gliazellen.

Im ausdifferenzierten Organismus und bei gut ausgebildeter Urophyse sind Ependymzellschicht, subependymales Gewebelager mit neurohämaler Region und neurosekretorische Axonendigungen sowie neurosekretorische Perikaryen, außerhalb des Organs gelegen, zu unterscheiden. Elektronenmikroskopische Untersuchungen stammen u.a. von Bern und Takasugi (1962), Bern et al. (1962, 1965), Afzelius und Fridberg (1963), Fridberg (1963), Fridberg et al. (1966a, b), Oota (1963a), Nishioka und Bern (1964), Sano et al. (1966), Honma und Tamura (1967), Jaiswal und Belsare (1973), Wilén und Fridberg (1973), Chevalier (1976), Roubos et al. (1976).

Die *Ependymzellen* und ihre Zellkerne sind schmal und hoch und bilden eine einschichtige Zellage. „Vereinzelte Ependymzellen tragen Geißeln" (Sano u. Kawamoto, 1959, *Lebistes reticulatus*). Wilén und Fridberg (1973) finden bei der Plötze *Leuciscus rutilus* im 6-mm-Stadium Ependymzellen, die alle Cha-rakteristika der Ependymzellen erwachsener Exemplare aufweisen; „the system of cell contacts is fully differentiated". Die Autoren beobachten beim selben Objekt ventromedial Ependymzellen, die offensichtlich Sekret bilden und an den Liquor abgeben; sie besitzen apical Granula, die im Golgi-Apparat entstehen und sich nicht von denen der neurosekretorischen Dahlgren-Zellen unterschei-den.

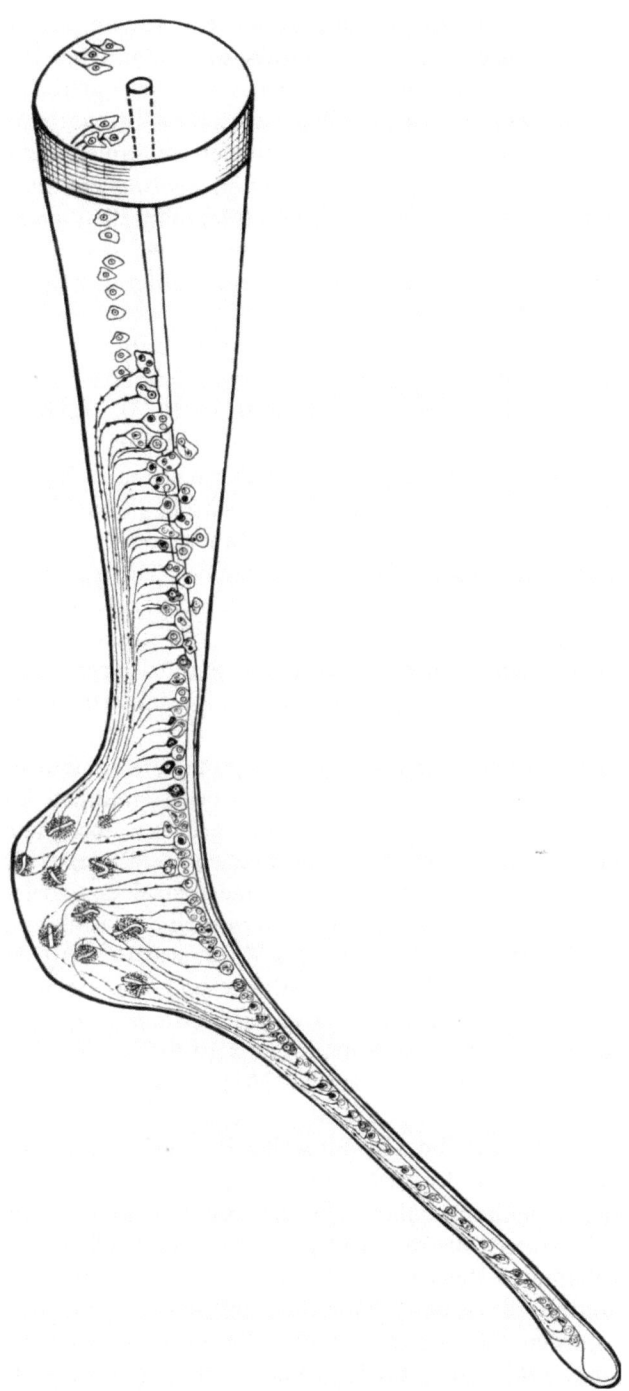

Abb. 161. Neurophysis spinalis caudalis (Urophyse). Schematische Darstellung der neurosekretorischen Zellen und der Gefäße, Caudalabschnitt des Rückenmarks von *Tinca vulgaris.* (Aus Sano, 1958a)

Sano und Kawamoto (1959) beschreiben für *Lebistes reticulatus*-Larven, Honma und Tamura (1967) für jugendliche Exemplare von *Salvelinus leucomaenis pluvius* auf dem Querschnitt durch den Zentralkanal in Höhe der prospektiven Urophyse jeweils zwei ventral gelegene Ependymzellen, „deren Kerne im Vergleich mit denen anderer Ependymzellen durch die Chromatinarmut auffallen. Diese hellen, auf Frontalschnitten hervortretenden Zellsäulen des kaudalen Rückenmarks sind für alle Entwicklungsstadien von *Lebistes* charakteristisch". Die Autoren vermuten, daß aus diesen hellen Ependymzellen neurosekretorische Zellen hervorgehen. Den Untersuchungen von Fridberg et al. (1966c) zufolge bilden sich nach Exstirpation der Urophyse neue Dahlgren-Zellen aus Ependymzellen.

Als *neuronale Elemente* im Ependym können Dahlgren-Zellen gelten, die seitlich vom Zentralkanal liegen und kurze Fortsätze in den Zentralkanal entsenden (Fridberg et al., 1966; Wilén u. Fridberg, 1973). Nach Fridberg et al. (1966a) geben diese Neurone Sekret in den Liquor ab (vgl. auch Fridberg, 1962; Hofer, 1964). Derartige Neurone sind aber nicht mit Liquorkontaktneuronen im Bereich des Filum terminale zu verwechseln (Vigh et al., 1974). Nach Swanson et al. (1975) besteht eine aminerge Innervation.

Die *subependymale Gewebeplatte* der Urophyse ist arm an Gliaelementen (Fridberg et al., 1966a). Sano (1958a, b) und Sano und Knoop (1959) beschreiben für *Tinca vulgaris* pituicytenähnliche Zellen. Sie sind cytoplasmaarm, besitzen einen unregelmäßigen Zellkern sowie u.a. parallel ausgerichtete dicht gelagerte Filamente. Die Zellen dringen mit feinsten Ausläufern zwischen die neurosekretorischen Nervenfasern ein.

Auf die *Gefäßarchitektur* der Urophyse gehen Honma und Tamura (1967) und Jaiwal und Belsare (1973) ein. Die Arterien stammen größtenteils aus den dorsalen Ästen der segmentalen Arterien, erhalten aber auch Zuflüsse aus ventralen Ästen. Das Organ besitzt einen reichen Gefäßplexus. Das Venenblut fließt über die dorsale segmentale Vene (Höhe rostral des vorletzten Wirbels) ab. Das *Endothel der Capillaren* ist dünn und von einer Basallamina unterlagert. Nach Sano und Knoop (1959), Sano und Kawamoto (1960) und Sano et al. (1966) fehlen Endothelporen, nach Holmgren und Chapman (1960) dagegen sind sie ausgebildet. Im ausdifferenzierten Organismus findet man regelmäßig perivasculäre Räume in Form einer neurohämalen Region (Sano u. Hartmann, 1958; Sano u. Knoop, 1959; Fridberg, 1963; Oota, 1963a; Fridberg et al., 1966a).

In der *Ontogenese* tritt die Urophyse bei lichtmikroskopischer Beurteilung als Organ relativ spät in Erscheinung, bei der Plötze *Leuciscus rutilus* drei Wochen später als das hypothalamische neurosekretorische System (Fridberg, 1962). Ursache hierfür ist die in der Organogenese erst spät einsetzende Ausbildung der neurohämalen Region (vgl. Favaro, 1925; Fridberg u. Bern, 1968). Auch die Funktion (Sekretion) kann lichtmikroskopisch-färberisch erst spät nachgewiesen werden (Holmgren, 1959b; Sano u. Kawamoto, 1959; Roy, 1962; Sano et al., 1962; Imai, 1965; Honma, 1966; Honma u. Tamura, 1967; Cucchi, 1969). Doch sind Zeichen von Sekretbildung und -ausschleusung elektronenmikroskopisch schon sehr viel früher, vor Ausbildung der neurohämalen Region, nachweisbar (Wilén u. Fridberg, 1973). Neurohämale Regionen werden auch noch cranial und caudal von der eigentlichen Urophyse angetroffen (FRIDBERG et al., 1966a, *Albula vulpes*).

In der *neurohämalen Region* endet der größte Teil der Axone neurosekretorischer Zellen (Dahlgren-Zellen), deren Perikaryen im caudalen Rückenmark in der (dorsalen und ventrolateralen) Peripherie der Urophyse liegen (BERN u. TAKASUGI, 1962; FRIDBERG, 1962; FRIDBERG et al., 1966a; SANO et al., 1966; HONMA u. TAMURA, 1967; JAISWAL u. BELSARE, 1973; QURESHI et al., 1978). Bei mehreren Species treten die gebündelten Axone in Form eines Traktes in das Organ ein (SANO u. HARTMANN, 1958; SANO u. KNOOP, 1959; BERN u. TAKASUGI, 1962).

Die kolbenförmigen *neurosekretorischen Axonendigungen* enthalten membranumschlossene neurosekretorische Elementargranula; die „Größe und Elektronendichte der Partikel sind je nach Fischart unterschiedlich" (SANO et al., 1966). Zumeist werden zwei Größenklassen von Elementargranula beschrieben, kleinere Granula mit einem Durchmesser um 100 nm und größere, um 200 nm messende Granula (HOLMGREN u. CHAPMAN, 1960; YAGI u. BERN, 1965; FRIDBERG et al., 1966a; SANO et al., 1966). In beiden Granulaarten sind wahrscheinlich unterschiedliche Hormone enthalten. Die beiden Arten von Dahlgren-Zellen, die die beiden Granulatypen produzieren, werden unterschiedlich innerviert (BAUMGARTEN et al., 1970; vgl. SWANSON et al., 1975; zur Lokalisation von Acetylcholinesterase und Monoaminoxydase s. LUPPA u. FEUSTEL, 1966; LUPPA et al., 1968). Das Problem der „Zwei-Hormone-Hypothese" (Urotensin I und II, s. BERN u. LEDERIS, 1969, 1978) ist ausführlich kritisch dargestellt unter Berücksichtigung der Cytologie, der neuronalen Beziehungen, der Chemie der Wirkstoffe und einer pharmakologischen Analyse ihrer Receptoren bei CHAN und BERN (1976, Lit.). Immunhistochemische Untersuchungen ergeben, daß in der Urophyse weder Vasotocin (GOOSSENS, 1976) noch Neurophysin oder neurophysinähnliche Stoffe (WOLF, 1976) gebildet werden.

Die *Wirkstoffe der Urophyse* sind wahrscheinlich an der Osmoregulation, der cardiovasculären Regulation und der Reproduktion beteiligt (vgl. CHAN u. BERN, 1976). Weitere neuere Untersuchungen zur Funktion der Urophyse s. LEDERIS et al. (1971), BERN (1972), LACANILAO und BERN (1972), LEDERIS (1972, 1973), BERLIND (1973), LEDERIS et al. (1974), MEDAKOVIC et al. (1975a, b), SHARMA und SHARMA (1975), CHEVALIER (1976), ROUBOS et al. (1976), GILL et al. (1977).

5.13. Glykogenkörper

Der *Glykogenkörper (Corpus gelatinosum)* wird nur bei *Vögeln* gefunden; die meisten Beschreibungen betreffen das *Hühnchen*. EMMERT beobachtete 1811 erstmals im Lumbalbereich des Rückenmarks eine dorsalwärts gerichtete Verdickung, die durch ein „auf dem eigentlichen Nervengewebe liegendes gallertiges, wasserhelles Knötchen" hervorgerufen werde. Ähnliche Beobachtungen stammen von NICOLAI (1812) und LEYDIG (1854). VON KOELLIKER (1902) und IMHOF (1905) hielten die Verdickung für eine „dorsale Gliawucherung", einen „dorsalen Gliawulst". HANSEN-PRUSS (1923) und ARIËNS KAPPERS (1924, 1926) sahen in

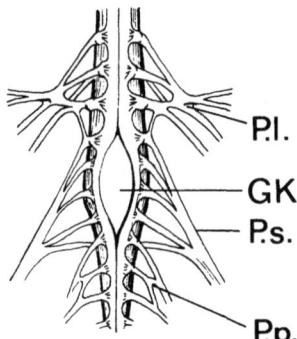

Abb. 162. Glykogenkörper, Form und Lage im *Vogel*-Rückenmark. *GK* Glykogenkörper, *P.l.* Plexus lumbalis, *P.p.* Plexus pudendus, *P.s.* Plexus sacralis. (Aus Möller, 1978)

ihr eine Bildung des Piagewebes. Die Bezeichnung „Glykogenkörper", *Corpo glicogenico*, prägte Terni (1924).

Eingehende *lichtmikroskopische* Beschreibungen des Glykogenkörpers und seiner Entstehung stammen von Watterson (1947, 1949, 1950, 1951, 1952, 1954) und Doyle und Watterson (1949). Diesen Untersuchungen zufolge entsteht der eiförmige, etwa 7 mm lange Glykogenkörper in der Deckplatte des Rückenmarks in Höhe der Hinterwurzeln des N. ischiadicus (Abb. 162). Der Körper wird am 10.–11. Bebrütungstag sichtbar, vergrößert sich bis zum 20.–21. Tag dorsalwärts, bleibt bis zum 23. postfetalen Tag annähernd konstant, wächst aber anschließend auf die doppelte Größe heran. Der dorsalwärts vordringende Glykogenkörper drängt die Hinterstränge des Rückenmarks auseinander und verursacht die Ausbildung des Sinus rhomboidalis. Das Glykogen wird von Zellen gespeichert, die dem lateralen Rand der Deckplatte des Neuralrohres und ventriculären Mitosen entstammen. Der Glykogenspeicherung geht eine starke Zellproliferation voraus. Mit der Glykogenaufnahme werden die Zellen erheblich vergrößert. Dorsal wird der Glykogenkörper vom Piagewebe bedeckt, das am Rand des Körpers Septen in das Organ einsenkt (Dickson u. Millen, 1957). Durch den ventralen Anteil des Glykogenkörpers zieht der Zentralkanal (Abb. 163). Der Glykogenkörper liegt also wie die „klassischen" circumventriculären Organe zwischen äußerem und innerem Liquorraum. Zur Differenzierung des Glykogenkörpers und Herkunft des Glykogens vgl. auch De Gennaro (1959, 1961a, b, 1962) sowie die elektronenmikroskopische Untersuchung von Matulionis (1972).

Nach *elektronenmikroskopischen Untersuchungen* von Revel und Napoletano (1960), Revel et al. (1960), Revel (1964), Le Beux (1969), Welsch und Wächtler (1969), Matulionis (1972), Lyser (1973) und Paul (1968, 1973) hat der Glykogenkörper den im folgenden beschriebenen Feinbau.

Die *Ependymzellen* besitzen außer einzelnen Kinocilien einen Mikrovillussaum (Welsch u. Wächtler, 1969; Lyser, 1973) und bilden einen durch Desmosomen verbundenen epithelialen Verband, der bei der *Taube (*Welsch u. Wächtler, 1969) stellenweise von Ausläufern der „Glykogenzellen" durchbrochen wird. Die glykogenreichen Zellausläufer der „Glykogenzellen" engen den Zen-

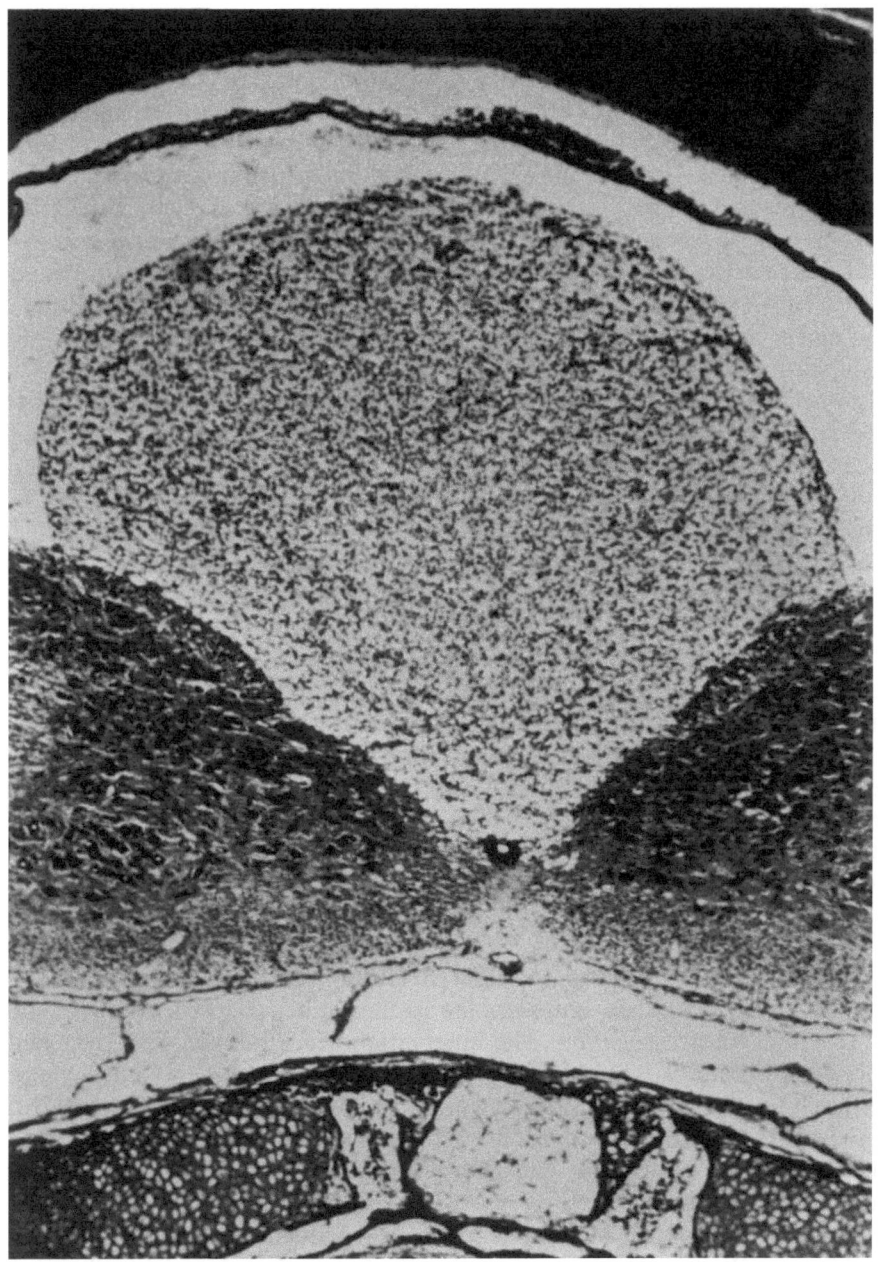

Abb. 163. Glykogenkörper in situ, 18 Tage alter *Hühner*-Embryo, Querschnitt. Der Zentralkanal durchsetzt die nach innen gerichtete Spitze des Glykogenkörpers. Färbung Klüver-Barrera. (Aus MÖLLER, 1978). Vergr. × 50

tralkanal in Höhe des Glykogenkörpers zu einem verzweigten Spalt ein. Die Ependymzellen enthalten nur wenig Glykogen, besitzen zahlreiche Ribosomen und Lysosomen. Neuronale Elemente im Ependymzellverband sind nicht beschrieben.

Die *subependymale Gewebeplatte* besteht zum weit überwiegenden Teil aus den „Glykogenzellen", modifizierten Gliazellen, Astrocyten (Welsch u. Wächtler, 1969; Lyser, 1973; Paul, 1973). Sie sind im Zentrum des Glykogenkörpers mehr polygonal, in seiner Peripherie besitzen sie stets zahlreiche Fortsätze. Ihr Cytoplasma ist weitgehend mit Glykogenpartikeln, meist in Form von β-Granula, seltener Rosetten (α-Granula), ausgefüllt. Es enthält kleine Mitochondrien vom Crista-Typ, glattes und ribosomenbesetztes endoplasmatisches Reticulum und einen Golgi-Apparat. Die Glykogengranula sind stellenweise dem glatten endoplasmatischen Reticulum assoziiert (Le Beux, 1969; vgl. Paul, 1973). Die Zisternen des granulierten endoplasmatischen Reticulum sind oft stark erweitert und mit feingranulärem Material gefüllt. In ihrer Nähe werden helle Lipideinschlüsse beobachtet. Die Zellorganellen werden meist in unmittelbarer Umgebung des kleinen, exzentrisch gelegenen Zellkerns gefunden. Kräftige Filamentbündel, begleitet von einzelnen Mikrotubuli, bilden nahe der Innenseite des Plasmalemms ein lockeres Netzwerk. Die „Glykogenzellen" sind besonders häufig durch nexusartige Zellkontakte verbunden; auch kurze Desmosomen kommen vor. Die Glykogenspeicherung in den Zellen des Glykogenkörpers kann als eine Sonderform der Glykogenspeicherung in Astrocyten der Vertebraten verstanden werden (vgl. Oksche, 1958; Friede, 1965, 1966; Maxwell u. Kruger, 1965; Wendell-Smith et al., 1966; Kruger u. Maxwell, 1967; Mori u. Leblond, 1969; Peters et al., 1970). In der Gewebekultur des Glykogenkörpers (Hühnchen) konnte Möller (1971, 1978) die stufenweise Transformation entspeicherter „Glykogenzellen" in Astrocytenglia beobachten (s. dort ausführliche licht- und elektronenmikroskopische Bilddokumentation und Angaben zur Technik). Zur Enzymhistochemie des Glykogenkörpers s. Friede und Vossler (1964), Dezza et al. (1970).

Innervation. Auf der Oberfläche der Glykogenzellen sind regelmäßig Synapsen anzutreffen, deren präsynaptische Struktur zahlreiche, etwa 40 nm große, optisch „leere" Bläschen und einzelne größere „dense-cored vesicles" enthält (Welsch u. Wächtler, 1969). Die Innervation der Gliazellen des Glykogenkörpers ist der Innervation der Tanycyten und Pituicyten der Neurohypophyse vergleichbar (s.S. 231). Eingehend wurde die Innervation des Glykogenkörpers von Paul (1971, 1973) untersucht. Nervenfasern im Glykogenkörper können mit Hilfe von Versilberung und fluorescenzmikroskopisch dargestellt werden. Sie stammen aus autonomen Kerngebieten, die den Glykogenkörper flankieren. Die stärkste aminerge Fluorescenz findet man an den beiden Polen des Glykogenkörpers. Weitere Nervenfasern, die offenbar nicht oder nicht alle mit dem Glykogenkörper in funktionelle Beziehung treten, durchziehen als markhaltige und marklose Nervenfasern die lateralen Randzonen und, als Commissurenfasern, den dorsalen Bereich des Glykogenkörpers (Welsch u. Wächtler, 1969).

Die *Gefäßarchitektonik* des Glykogenkörpers wurde von Watterson (1949) beschrieben und von Lob (1967) eingehender untersucht. Der Glykogenkörper wird zur Zeit seiner Entstehung zunächst stark vascularisiert, doch nimmt die

Dichte des weitmaschigen Gefäßplexus nach dem 23. postfetalen Tag wieder ab. Die arteriellen Zuflüsse stammen aus den Aa. radiculares anteriores und posteriores, die venösen Abflüsse werden weitgehend den Vv. radiculares posteriores der Segmente S_{4-6} zugeführt. Die Capillaren im Glykogenkörper gleichen hinsichtlich ihrer Feinstruktur denen des übrigen Lumbalmarks (WELSCH u. WÄCHTLER, 1969). PAUL (1973) beschreibt aber ein dünnes, „teilweise sogar fensterartig verdünntes" Endothel mit Pericyten. Pericapillär bilden die „Glykogenzellen", ähnlich wie die Astrocyten sonst im Hirngewebe, lückenlose Cytoplasmalamellen aus. Die Frage nach der *Blut-Hirn-Schranke* im Glykogenkörper ist bisher nicht geklärt.

Über die *Funktion des Glykogenkörpers* bestehen nur Vermutungen, die entweder mit einer besonderen Situation des Zellstoffwechsels oder einer lokalen Energiereserve oder aber mit einem Glykogendepot des Zentralnervensystems mit Beziehungen zum Liquor cerebrospinalis und zur Blutbahn rechnen (vgl. PAUL, 1972a, b). Experimentelle Arbeiten zu diesen Fragen führten zu folgenden Ergebnissen: Der Glykogenvorrat des Glykogenkörpers läßt sich weder durch starkes Hungern (HAZELWOOD et al., 1963; HOUŠKA et al., 1969) noch durch Hormone (SNECEDOR et al., 1963) deutlich verringern; Untersuchungen über den Einfluß der Hypophyse auf den Glykogenkörper s. WATTERSON et al. (1958), HAZELWOOD et al. (1962), THOMMES und JUST (1966). In der Gewebekultur kommt es zu einem allmählichen Glykogenabbau (LERVOLD u. SZEPSENVOL, 1961; DEZZA et al., 1970; MÖLLER, 1978). Die Glykolyserate kann in vitro durch Insulin oder Adrenalin nicht gesteigert werden (SNEDECOR et al., 1961; vgl. HAZELWOOD u. BARKSDALE, 1970). Untersuchungen zur Frage einer nervösen Steuerung des Glykogengehaltes des Glykogenkörpers (PAUL, 1972a, 1973) zeigen, daß das Parasympathicomimeticum Carbachol zwar eine signifikante Abnahme des Glykogens um 3% bewirkt, Methamphetamin, ein indirektes Sympathicomimeticum, erzeugt dagegen nur einen sehr geringgradigen Anstieg des Glykogengehaltes, vergleichbar dem durch Adrenalin oder Glucocorticoide hervorgebrachten (SNEDECOR u. HENRIKSON, 1959; SNEDECOR et al., 1963; HAZELWOOD u. LORENZ, 1959; BUSCHIAZZO et al., 1964). Die Ergebnisse nach Strychninkrämpfen sind uneinheitlich (PAUL, 1973c); gelegentlich wird eine Glykogenabnahme bis ca. 20% beobachtet.

Eine dem lumbalen Glykogenkörper vergleichbare Bildung in Höhe der *Cervicalsegmente* 14 und 15 des Rückenmarks vom *Hühnchen* beschreiben SANSONE und LEBEDA (1976) histologisch und histochemisch.

Über einen pansegmentalen „Glykogenkörper" im Rückenmark der postmetamorphotischen *Pleurodeles waltlii* (Urodela) berichtet ZAMORA (1978b).

Addendum [1, 2]

In dem Addendum wird auf die Arbeiten eingegangen, die in den zwölf Monaten nach Fertigstellung des Manuskriptes dieses Beitrages erschienen sind, soweit sie neue Erkenntnisse vermitteln.

---

1 Abgeschlossen am 19. September 1979
2 Literatur zum Addendum S. 539ff.

1.1.1. Die *Matrixexhaustion* im Bereich des Hypothalamus beginnt beim *Menschen* in der 14. Woche der Entwicklung und dauert kontinuierlich bis zur 23. Woche an. Die zunächst vielschichtige Ventrikelbegrenzung wird erst nachgeburtlich einschichtig (STAUDT u. STÜBER, 1977). Über ektopische Veränderungen der periventrikulären Matrix beim *menschlichen* Fetus und Neugeborenen, vermutlich verursacht durch perinatale Hypoxie, berichtet HRABOWSKA (1978).

1.1.2. Die große Regenerationspotenz postembryonaler *Matrixzonen* zeigt sich nach Entfernung des Bulbus olfactorius bei der neugeborenen *Maus* (GRAZIADEI et al., 1979); aus der Matrix wachsen neue Neurone aus.

2.1. Die früher von RAKIC (1972) u.a. beschriebene vorübergehende säulenförmig-radiäre Anordnung der basalen Ependymzellfortsätze während der *Entwicklung* der Hirnrinde wurde von MELLER (1979) am *Mäuse*embryo rasterelektronenmikroskopisch aufgezeigt und von SCHMECHEL und RAKIC (1979) am *Affen*hirn in zeitlicher Abhängigkeit nachuntersucht (vgl. auch McINTOSH et al., 1979). Zeitliche Unterschiede in der Entwicklung kinocilienreicher und kinocilienarmer hypothalamischer Ependymzellen beschreiben ALTMAN und BAYER (1978) bei der *Ratte*. Während die kinocilienreichen Ependymzellen bereits vor der Geburt ausdifferenziert sind, beginnt die Differenzierung der verschiedenen Typen kinocilienarmer Ependymzellen erst nach der Geburt und reicht bis zum Ende der 2. oder in die 3. postnatale Woche. Diese Zellen reifen offenbar im zeitlichen Zusammenhang mit den ihnen unterlagerten neuroendokrinen Zellen.

2.2.1. Ein Verfahren zur komputergesteuerten Vermessung der *Ventrikeloberfläche* geben HACKER und ARTMANN (1978) an. Die kinocilienreichen Ependymocyten im Seitenventrikel des *Kaninchens* sind nach PAGE et al. (1979a) über der grauen Substanz (Nucleus caudatus) kubisch und sehr reich an Cilien, über der weißen Substanz aber flach und cilienärmer. Nach 4 Monate andauerndem experimentellem Hydrocephalus sind die Ependymocyten über der grauen Substanz unverändert, die anschließenden Intercellularspalten nicht erweitert. Die Ependymzellen über der weißen Substanz sind dagegen stark verbreitert, enthalten apikal intracytoplasmatische Lakunen und bedecken gleichfalls erweiterte Intercellularspalten (PAGE et al., 1979b, *Kaninchen*). PILKINGTON und LANTOS (1979) beobachten, daß die Ependymzellen im Seitenventrikel der *Ratte* nach langdauernder Behandlung mit N-ethyl-N-nitrosourea vielschichtig (bis zu 15 Zellagen) werden und diskutieren den Befund im Hinblick auf Toxizität und Karzinogenität der angewandten Substanz.

Das caudale Ende des Daches des IV. Ventrikels weist bei *Amphibien* interependymale Lücken mit 5–100 nm Durchmesser auf, durch die der Ventrikelliquor mit dem Subarachnoidealliquor kommuniziert (JONES, 1979).

2.2.2. Nach chronischer Anwendung von Acetazolamid zeigen die Cilien der *Ependymocyten* des III. Ventrikels der *Ratte* Erweiterungen und Evaginationen, die Oberflächen der Tanycyten vermehrt Mikrovilli und apikale Bläschen (CHOUDHURY et al., 1979), die von den Autoren für Zeichen der Aktivierung einer nicht näher bekannten Leistung gehalten werden.

2.3.2. REM-Untersuchung der *Tanycyten* am Boden des III. Ventrikels bei *Ratte* und *Mensch* s. FLAMENT-DURAND und DUSTIN (1979).

2.3.2.2. Frühere Beobachtungen über *synaptoide Kontakte* an Tanycytenfortsätzen der Eminentia mediana werden durch eine Untersuchung von SCOTT und PAULL (1979, *Ratte*) bestätigt. Die Autoren finden im Bereich der Kontaktstelle glattes endoplasmatisches Reticulum sowohl im Tanycyten- als auch im Nervenzellfortsatz und vermuten, daß die Reticula beider Zellen durch die Plasmalemmata hindurch anastomosieren.

2.3.2.3. Über ein System *intraependymaler Cisternen* im seitlichen Bereich der Eminentia mediana der *Ratte* berichten BODOKY et al. (1979). Die großen, lichtmikroskopisch leicht erkennbaren Cisternen sind bisher nicht beschrieben worden, ihre Entstehung ist unklar.

2.4.1. Eine *Blut-Hirn-Schranke* besteht für Fluorescein und fluoresceinmarkiertes Dextran (TERVO et al., 1979, *Ratte*). Über *experimentelle Öffnung* (Schädigung) *der Blut-Hirn-Schranke* liegen zahlreiche weitere Untersuchungen vor (*mechanische Läsion:* POVLISHOCK et al., 1978, *Katze;* DOMER et al., 1979, *Rhesusaffe;* STEWART u. FRANKLIN, 1979, *Katze; Schock:* BETZ et al., 1978, *Katze; chemischer Insult:* JACOBS, 1978, *Mensch;* JOHANSSON u. LINDER, 1978, *Ratte;* MACDO-NELL et al., 1978, *Katze; Luftembolie:* PERSSON et al., 1978, *Ratte;* LOSSINSKY et al., 1979, *Gerbil,* ein transendothelialer Transport über tubulovesikuläre Kanälchen entsteht; *Hyperosmose:* BARANGER et al., 1979, *Ratte;* CHIUCH et al., 1978, *Ratte;* NAGY et al., 1979a, *Ratte; Hypertension:* BRANDSTED u. WESTERGAARD, 1978, *Ratte;* DINSDALE, 1978, *Mensch, Ratte;* HARDEBO et al., 1979, *Ratte;* NAG et al., 1979, *Ratte,* vermehrte transendotheliale Pinocytose; NAGY et al., 1979b, *Ratte; Hypervolämie:* HORDON u. HEDLEY-WHYTE, 1979, *Maus; Kälteläsion:* MITCHELL et al., 1979, *Maus,* die regenerierenden Kapillaren besitzen eine Blut-Hirnschranke; vgl. WELLS et al., 1978, *Ratte;* u.a.).

Submammalier: Entwicklung der Blut-Hirn-Schranke s. WAKAI und HIROKAWA (1978, *Huhn*); Nachweis der Blut-Hirnschranke bei *Myxine glutinosa* s. BUNDGAARD et al. (1979), bei *Anolis carolinensis* s. SHIVERS (1979).

2.4.1.1. Die Frage, ob und in welcher Weise die kinocilienreichen *Ependymocyten* als „Wächter am Tor" *zwischen Ventrikelliquor und interzellulärem Liquor* des angrenzenden Hirngewebes wirksam werden können, wird berührt von der Feststellung, daß die apikale Oberfläche der Ependymocyten des III. Ventrikels Concanavalin A binden kann (WARCHOL, 1978, *Ratte*).

2.4.1.2. *Hormone im Liquor cerebrospinalis.* Der Melatoningehalt im Liquor des *Rhesusaffen* schwankt circadian, er ist nachts 2–15mal höher als tags (REPPERT et al., 1979).

2.4.1.2.2. NOZAKI et al. (1979) stellen fest, daß bei *Ratte* und *Maus* die *Tanycyten* der Eminentia mediana wie auch anderer circumventriculärer Organe kein LRF enthalten.

2.4.1.2.3. Über Veränderungen der *Tanycyten* der Nucleus arcuatus-Region bei der *Fledermaus* im Zusammenhang mit dem jährlichen Reproduktionszyklus berichten Brawer und Gustafson (1979). Die Tanycytenfortsätze enthalten im Herbst und Winter wenige, im Frühjahr und Sommer aber zahlreiche und dicht gepackte Filamente und Mikrotubuli. Die Vorstellung von einer Ependymsekretion wird neuerdings wieder aus Anlaß der Beobachtung apikaler Cytoplasmaprotrusionen von Ependymocyten und Tanycyten des III. Ventrikels von Gonzalez-Santander (1979, *Katze*) aufgegriffen.

> *Ependymsekretion.* Shashua (1979) weist beim *Goldfisch* nach, daß vermehrt nach Training zwei weitgehend definierte Proteine in die extrazelluläre Hirnflüssigkeit ausgeschieden werden. "These results are consistent with the hypothesis that the cells which contain the proteins and whose location in the ependymal zone was determined by immunohistochemistry can secrete the products into the extracellular fluid" (Shashua, 1979).

> 3.1. Zu den *Liquorkontaktneuronen* können katecholaminhaltige bipolare Neurone gerechnet werden, die bei der *Kröte* das Foramen interventriculare begrenzen und einen Liquorkontaktfortsatz in den Ventrikel entsenden (McKenna und Gorski, 1979); sie werden für sensorische Zellen gehalten.

> 3.2. Die im Zusammenhang mit *intraventriculärer Neurosekretion* beschriebenen Zellen gleichen jenen, die Kemali und Miralto (1979) bei *Scyllium stellare* im Mittelhirnventrikel beschreiben. Sie bilden eine gestielte Protrusion.

3.3. *Supraependymale Zellen* vom „Typ II" wurden wiederholt rasterelektronenmikroskopisch und mit anderen Methoden untersucht, sie werden für Makrophagen gehalten und kommen an typischen Stellen vor (Bleier u. Marsh, 1978, *Hamster,* Hypothalamus; Sturrock, 1978, *Maus,* Entwicklung, 1979, *Maus,* Seitenventrikel; Mitchell, 1979, *Meerschweinchen,* III. Ventrikel; Törk, 1979, *Meerschweinchen,* III. Ventrikel). Über transventriculäre Blutgefäße, eine offenbar seltene Beobachtung, im III. Ventrikel von fünf *Gürteltieren* berichten Ives und McArthur (1979). Das Gefäß, eine einzelne Kapillare, die von einem Axonbündel begleitet sein kann, verläuft zwischen beiden Hypothalamushälften durch den Ventrikel und wird von Ependymzellen bekleidet.

4.1.1. Zur postnatalen Entwicklung der *subependymalen Gewebeplatte* s. Fernandez Ruiz (1978, *Hamster*), Lakomy (1978, *Rind*). Zur Frage der Gliomentstehung in der subependymalen Gewebsplatte s. Lantos und Pilkington (1979) und Pilkington und Lantos (1979).

4.1.2. Ling (1979, *Ratte*) beobachtet, daß mit Kohlepartikelchen markierte Blutmonocyten im Gehirn als *Microgliocyten* in Erscheinung treten. Aufgrund enzymhistochemischer Untersuchungen an der neugeborenen und 100 Tage alten *Ratte* kommen Boya et al. (1979) zu dem Schluß, daß Microgliocyten (und Pericyten) von Meningealzellen abstammen.

4.1.3. Zur Frage der Beteiligung von Ependymocyten an der Ausbildung der *Basallamina-Labyrinthe* ist die Beobachtung interessant, daß Ependymome Kollagen produzieren können (Soeur et al., 1979).

4.2.1.2. Die *Pituicyten* nehmen endocytotisch Meerrettichperoxidase aus dem Intercellularraum auf. Die Endocytose steigt nach elektrischer Stimulation oder Blutvolumenverminderung steil an (THEODOSIS, 1979, *Ratte*). Der perivaskuläre Raum wird nach Stimulation (Vagusreiz und intraarterielle Calciumgabe) signifikant vergrößert (LIVINGSTON, 1978, *Ratte*). Die Ramifizierung des perivasculären Raumes ist bereits am 10. postnatalen Tag ausgeprägt und gleicht nach 3–4 Wochen der Organisation des adulten Tieres (ENEMAR u. EURENIUS, 1979, *Maus*). Zur Entwicklung der neurosekretorischen Axone im Neurallappen der *Ratte* s. DELLMANN et al. (1978). Bei 20 Monate alten *Ratten* sind gegenüber jüngeren Tieren die interstitiellen Räume erweitert und mit Kollagen angefüllt, die Pituicyten enthalten große Mengen von Lipid und phagozytieren vermehrt. Die Axonendigungen im Neurallappen besitzen nur spärliche Mengen von Sekret und zeigen degenerative Veränderungen (RECHARDT u. PANULA, 1979).

4.2.4. Nach Untersuchungen von BERGLAND und PAGE (1979, Lit.) entsendet die Adenohypophyse nur wenig Venen in den allgemeinen Kreislauf; venöses Blut aus der Adenohypophyse wird auch zur Neurohypophyse zurückgeleitet. Die Autoren schließen hieran gründliche Überlegungen zur Frage des direkten Einflusses von Hypophysenhormonen auf das Gehirn an. Zur Frage regionaler und geschlechtlicher Unterschiede in der Ausbildung der neurovasculären Kontaktfläche in Eminentia mediana und Hypophysenstiel der *Ratte* s. RÉTHELYI (1978).

5.1. Eine sekretorische Funktion und Transportfunktion des *Saccus vasculosus* vermuten JOY und SATHYANESAN (1979) aufgrund ihrer Untersuchungen an *Clarias batrachus* L. Die Autoren finden eine PAS-positive Reaktion an apikalen Bezirken einiger Krönchenzellen sowie eine starke NADH-Diaphorase-, NADPH-Diaphorase-, Cytochromoxidase- und MAO-Aktivität.

5.3. Über der ventrikulären Oberfläche des *Paraventrikularorgans* des *Huhnes* breitet sich ein dichtes Netzwerk von supraependymalen Fasern, in das sphärische Körper mit einem Durchmesser von 2,5–6 nm eingelagert sind (HIRUNAGI und YASUDA, 1979).

5.6. Eine umfangreiche Monographie über das *Subfornicalorgan* von DELLMANN und SIMPSON (1979, Lit.) erschien zum Zeitpunkt des Abschlusses dieses Manuskriptes; sie konnte nicht mehr berücksichtigt werden.

Submammalier. Die ventrikuläre Oberfläche des Subfornicalorgans der japanischen *Wachtel, Coturnix coturnix japonica*, und das Parenchym des Organs werden von TAKEI et al. (1978) und TSUNEKI et al. (1978) elektronenmikroskopisch beschrieben und hinsichtlich einer dipsogenen Rezeptorfunktion für Angiotensin II diskutiert. Zur Ultrastruktur des Subfornicalorgans des *Huhnes* s. DELLMANN und LINNER (1979); im Unterschied zu dem der Mammalier besitzt dieses ein sekretorisches (oder absorptives) Tanycytenependym und ist in der Mediosagittalebene durch einen zentralen Blutsinus geteilt.

5.8.1. Gefrierbruch-Untersuchungen an *Plexusepithelzellen* der frühen und späten Fetalentwicklung führten MØLLGÅRD et al. (1979, *Schaf*) durch. Es ergaben sich dabei nicht ohne weiteres morphologische Anhaltspunkte für den im Laufe der Fetalentwicklung beobachteten Permeabilitätswandel. Die Plexusepithelzellen der adulten *Ratte* sind durch mehrfache „junctional strands" verbunden, von denen etwa 25% diskontinuierlich sind. Das hierdurch entstehende „Leck" wird durch die hohe Zahl der „strands" abgedichtet (van Deurs u. Koehler, 1979). Auch Plexuspapillome besitzen „tight junctions" (Wakai et al., 1979).

Bei Inkubation von Plexusepithelzellen in Prostaglandin PGE_2 wird ein Anstieg des cyclischen AMP gefunden; das PGE_2 scheint für die Plexusepithelien, im Unterschied zu anderen sekretorischen Epithelien, ein spezifisches Stimulans zu sein (Feldman et al., 1979, *Ratte*).

5.8.2. Gefäßausgüsse des *Plexus choroideus* des Seitenventrikels der *Katze* zeigen im REM unterschiedlich dicke Gefäßpackung, knötchenförmige Verdickungen im Kapillarbereich der Plexuszotten, die für sinusoide Erweiterungen gehalten werden, und ein reiches venöses Netzwerk (Miodoński et al., 1979).

Eine Vermehrung der *Epiplexuszellen* um etwa das 10fache und eine starke Mikrovillibildung der Epiplexuszellen wird drei Tage nach Injektion eines Antigens (Bacillus Calmette-Guerin) in den Subarachnoidealraum beobachtet (Merchant, 1979, REM, *Hund*).

5.8.3. Serotoninerge *Nervenfasern im Plexusstroma* der *Ratte* stammen aus Raphekernen (Moskowitz et al., 1979). Die Arterien der Plexus werden von adrenergen und cholinergen Nervenfasern versorgt (Edvinsson u. Lindvall, 1979, *Rind,* physiologische Untersuchung über die Wirkung von Histamin, Prostaglandin $F_{2\alpha}$ und verschiedener Sympathikomimetika), vgl. Lindvall et al. (1978). Regionale Unterschiede in der Sympathicusversorgung der Plexus verschiedener Laboratoriumstiere s. Lindvall (1979).

5.8.4.2. Yuen und Agnew (1978, *Kaninchen*) beschreiben bei isolierten und inkubierten Plexus choroidei ultrastrukturelle Veränderungen abhängig von der Art der Inkubation. Die Resultate zeigen, daß Transportuntersuchungen zur Vermeidung von Fehlinterpretationen mit morphologischen Untersuchungen korreliert werden müssen.

5.9.1. Durch Injektion von Meerrettichperoxidase in das *Frontalorgan* von *Rana temporaria* können Perikaryen im Corpus amygdaloideum, in der Area praeoptica, im Nucleus rotundus, in der Area praetectalis und in den lateralen Anteilen des zentralen Höhlengraus des Mittelhirns markiert werden (Zilles u. Nickeleit, 1979).

Einen Überblick über die *Mammalier-Epiphyse* gibt Ariëns Kappers (1976, Lit.). Morphologische Unterschiede in der Ausbildung der Pinealregion (einschließlich Subcommissuralorgan) bei 11 *Marsupialier*-Species und zwei *Monotremen*-Species s. Kenny und Scheelings (1979). *Entwicklung der Epiphyse: Trichosurus vulpecula* s. Tulsi (1978), *Huhn* s. Calvo und Boya (1978, 1979).

5.9.2. Eine schematische Zusammenfassung der Ergebnisse elektronenmikroskopischer Untersuchungen über die endokrine Sekretion der *Pinealocyten* des *Kaninchens* s. Romijn (1979). Die „synaptic ribbons" der Pinealocyten erscheinen am 4. Tag post partum und nehmen bis zum 9. Tag, zugleich mit der allgemeinen Differenzierung der Pinealocyten, zu. Zwischen dem 9. und 16. Tag, nach Abschluß der Zelldifferenzierung, sinkt ihre Zahl. Mit den „synaptic ribbons" treten in deren Nähe „dense core vesicles" auf. Eine funktionelle Beziehung zwischen beiden Strukturen wird vermutet (HEWING, 1979, *Goldhamster*).

LU und LIN (1979) kommen beim *Goldhamster* aufgrund von histochemischen Untersuchungen zu den Feststellungen, daß die „dense core vesicles" der *Pinealocyten* und die kleinen granulierten Vesikel in den Nervenfasern der Epiphyse 5-HT enthalten und daß die Produktion der dichten Körper („dense bodies") in den Pinealocyten heterogen ist; einige sind Lysosomen, andere wahrscheinlich Granula, die im Zusammenhang mit der Sekretion pinealer Peptide stehen.

Eine α-*MSH-ähnliche Substanz* weisen PEVET und SWAAB (1979) immunhistochemisch in der Epiphyse der *Ratte* nach.

Die *Succinatdehydrogenase*-Aktivität unterliegt in der *Epiphyse* der *Ratte* einem circadianen Rhythmus, sie ist tags am niedrigsten, nachts am höchsten. Der dorsocaudale Teil der Epiphyse zeigt insgesamt die höchste Aktivität, wobei diese aber bei den einzelnen Pinealocyten unterschiedlich stark ist. Dabei spielt auch die Höhe des endogenen Coenzyms Q eine Rolle (MØLLER und HØYER, 1979).

Die *N-acetyltransferase*-Aktivität der Epiphyse des *Erdhörnchens*, eines Tagtieres, schwankt circadian mit einem Aktivitätsgipfel in der Dunkelzeit (STEPHENS und BINKLEY, 1978). Die N-Acetyltransferase antwortet auf einminütige Lichtimpulse zu unterschiedlichen Nachtzeiten bei der *Ratte* mit unterschiedlichen Aktivitäten (ILLNEROVÁ und VANĚČEK, 1979). Bei Taurin-Einwirkung steigt in der Gewebekultur durch Stimulation der N-Acetyltransferase die Umwandlung von Tryptophan über N-Acetylserotonin zu Melatonin auf das 40- bzw. 25fache an. Die Stimulation wird blockiert durch L-Propranolol, was darauf hinweist, daß Taurin wahrscheinlich via β-Receptoren wirkt (WHELER et al., 1979).

Die *Hydroxyindol-O-Methyltransferase* (HIOMT)-Aktivität unterliegt bei *Lampropholas guichenoti* sowohl in der Epiphyse als auch in der Retina rhythmischen Schwankungen (JOSS, 1978).

Der *Serotonin-* und *Melatonin*gehalt der Epiphyse von *Testudo hermanni* Gmelin zeigt beträchtliche circadiane und circannuale Schwankungen. Wie bei Mammaliern und Vögeln wird Serotonin tags, Melatonin nachts synthetisiert (VIVIEN-ROELS et al. 1979).

HOLDER et al. (1979) finden im Radioimmunassay und im Bioassay *Arginin-Vasotocin* in der Epiphyse von *Salmo* und *Anguilla*.

5.9.3. Bei 90% der untersuchten *Ratten* findet DIEHL (1978) *Kalkkonkremente* in der Epiphyse und dem umgebenden leptomeningealen Bindegewebe. Sie liegen vorwiegend im dorsalen Bereich der Epiphyse und in einem distalen Teil des Epiphysenstiels. Vgl. auch LEGAIT et al. (1978, Untersuchungen an 91 *Ungulaten*).

5.9.4. Eine signifikante Abnahme des *Noradrenalin*gehaltes der Epiphyse wird 12 Stunden nach Exhairese des Ganglion cervicale superius beobachtet, auch strukturelle Veränderungen treten auf (MORGAN u. HANSEN, 1978, *Ratte*). Über das Verhalten der Zinkiodid-Osmiumtetraoxid (ZIO)-Reaktion der Synapsenbläschen-Matrix von Nerven der Epiphyse bei pharmakologischer Hemmung der Synthese von Serotonin und Noradrenalin s. PELLEGRINO DE IRALDI und CARDONI (1979, *Ratte*).

Zur *Entwicklung der Innervation* der Epiphyse beim *Hühnchen* während der Embryonalzeit und in den ersten 10 Tagen nach dem Schlüpfen s. CALVO und BOYA (1979).

5.9.6. Zur Frage der *Circadianrhythmik des Melatonin* beim *Hamster*: Melatonin-konzentration der Epiphyse s. PANKE et al. (1979), Regulation der Melatonin-Circadianrhythmik s. TAMARKI et al. (1979), Wirkung der Circadianrhythmik des Melatonins auf das Reproduktionssystem s. GOLDMAN et al. (1979).

Zur Frage der *Auswirkung der Pinealektomie auf Organe*: Wirkung auf die Freisetzung von Wachstumshormon s. RØNNEKLEIV und MCCANN (1978, *Ratte*), Wirkung auf die Freisetzung von Prolactin s. RØNNEKLEIV et al. (1978, *Ratte*), Wirkung auf das Sekretionsprofil von Lutein, Testosteron, Cortisol und Prolactin s. BARRELL und LAPWOOD (1978, *Widder*), Wirkung auf die Feinstruktur von Leydigzellen und Samenbläschenepithel s. LIN und WING (1978, *Goldhamster*), Wirkung auf die Circadianrhythmik der Aktivitäten von Decarboxylasen und Tyrosin-Aminotransferase in Leber, Niere und Thymus s. SCALABRINO et al. (1979, *Ratte*).

Zur Frage der *Wirkung der Kastration und der Geschlechtshormone* auf den *Serotoninstoffwechsel* der Epiphyse s. VARCAS und CARDINALI (1979, *Ratte*). Über einen Progesteronreceptor in der Epiphyse berichten VARCAS et al. (1979, *Rind*). Über *Epiphyse und Reproduktion* s. auch die Aufsätze in REITER (1978).

5.10. Bei *Submammaliern* sind die Enzymaktivitäten des *Subcommissuralorgans*, verglichen mit denen der Ependymzellen, höher als bei Mammaliern (ZIEGELS, 1979). Zur Sekretionsaktivität von *Trichosurus vulpecula* s. TULSI und KENNAWAY (1979). Die sekretorische Aktivität des Subcommissuralorgans von *Lacerta s. sicula* Raf. wird durch Adrenalektomie sowie durch Adrenalektomie und Kastration vermindert. Die Erhöhung der Umgebungstemperatur führt bei adrenalektomierten Tieren, nicht aber bei adrenalektomierten und kastrierten Tieren zum Anstieg der Sekretion (D'UVA et al., 1979).

5.11. Zur Oberflächengestalt und Struktur der Ependymzellen der *Area postrema* bei der *Katze* s. LESLIE et al. (1978); die Autoren beschreiben u.a. supraependymale Zellen, die sie für Makrophagen halten. Die Area postrema ist nach SOMBERG und SMITH (1979) vermutlich der Ort, an dem schrankenpflichtige Herzglykoside einen Zugang zum Hirnstamm finden und Herzarrhythmien verursachen können. In perivaskulären Makrophagen kann eine durch amphiphile Pharmaka induzierte Lipidose auch dann entstehen, wenn diese schrankenpflichtig sind (DRENCKHAHN und LÜLLMANN-RAUCH, 1979, *Ratte*).

Zur Morphologie, besonders der ventrikulären Oberfläche, der Area postrema des *Huhnes* s. HIRUNAGI und YASUDA (1979, SEM).

5.12. Der Einbau von ^{3}H-Leucin in die *Urophyse* von Fischen, die drei Tage in deionisiertem Wasser gehalten wurden, ist höher als der von Fischen in Frischwasser. Der Einbau von ^{3}H-Tyrosin dagegen ist bei Frischwasser-Fischen höher (CHEVALIER, 1978). Der Autor schließt auf eine Beteiligung der Urophyse an Osmose- und Ionen-Regulation. HOLDER et al. (1979) finden im Radioimmunassay und im Bioassay Arginin-Vasotocin in der Urophyse bei *Anguilla anguilla* und bei den Seewasserfischen *Cottus bubalis, Onos mustelus* und *Blennius pholis*.

Literatur zum Addendum[1]

ALTMAN, J., BAYER, S.A.: Development of the diencephalon in the rat. III. Ontogeny of the spezialized ventricular linings of the hypothalamic third ventricle. J. Comp. Neurol. **182**, 995–1015 (1978)

ARIËNS-KAPPERS, J.: The mammalian pineal gland, a survey. Acta Neurochir. **34**, 109–149 (1976)

BARRANGER, J.A., RAPOPORT, S.I., FREDERICKS, W.R., PENTCHEV, P.G., MACDERMOT, K.D., STEUSING, J.K., BRADY, R.O.: Modification of the blood-brain barrier: Increased concentration and fate of enzymes entering the brain. Proc. Natl. Acad. Sci. USA. **76**, 481–485 (1979)

BARRELL, G.K., LAPWOOD, K.R.: Effects of pinealectomy of rams on secretory profiles of luteinizing hormone, testosterone, prolactin and cortisol. Neuroendocrinology **27**, 216–227 (1978)

BERGLAND, R.M., PAGE, R.B.: Pituitary-brain vascular relations: A new paradigm. Wislocki's model for brain-pituitary relations emphasizing portal "veins" is reconsidered and revised. Science **204**, 18–24 (1979)

BETZ, E., SCHLOTE, W., SCHMAHL., F.W.: Schock und Gehirn. Verh. Dtsch. Ges. Pathol. **62**, 147–163 (1978)

BLEIER, R., MARSH, R.: Reaction of ventricular ependyma and supraependymal cells to vesicular stomatitis virus. In: Scanning electron microscopy, 1978, Vol. II. Becker, R.P., Johari, O. (eds.), pp. 29–36. Chicago: IIT Research Institute 1978

BODOKY, M., KORITSÁNSZKY, S., RÉTHELYI, M.: A system of intraependymal cisternae along the margins of the median eminence in the rat: Structure, three-dimensional arrangement and ontogeny. Cell Tissue Res. **196**, 163–173 (1979)

BOYA, J., CALVO, J., PRADO, A.: The origin of microglial cells. J. Anat. **129**, 177–186 (1979)

BRANDSTED, H.E., WESTERGAARD, E.: Increased vesicular transport of horseradish peroxidase across the blood-brain barrier after chemical induction of hypertension. Adv. Neurol. **20**, 347–348 (1978)

BRAWER, R., GUSTAFSON, A.W.: Changes in the fine structure of tanycytes during the annual reproductive cycle of the male little brown bat *Myotis lucifugus lucifugus*. Am. J. Anat. **154**, 497–508 (1979)

BUNDGAARD, M., CSERR, H., MURRAY, M.: Impermeability of hagfish cerebral capillaries to horseradish peroxidase. An ultrastructural study. Cell Tissue Res. **198**, 65–77 (1979)

CALVO, J., BOYA, J.: Embryonic development of the pineal gland of the chicken (*Gallus gallus*). Acta anat. **101**, 289–303 (1978)

CALVO, J., BOYA, J.: Ultrastructural study of the embryonic development of the pineal gland of the chicken (*Gallus gallus*). Acta anat. **103**, 39–73 (1979a)

CALVO, J., BOYA, J.: Development of the innervation in the chicken pineal gland (*Gallus gallus*). Acta anat. **103**, 212–225 (1979b)

CHEVALIER, G.: In vivo incorporation of [³H] leucine and [³H] tyrosine by caudal neurosecretory cells of the trout *Salvelinus fontinalis* in relation to osmotic manipulations. A radioautographic study. Gen. Comp. Endocrinol. **36**, 223–228 (1978)

CHOUDHURY, S.R., AZZAM, N.A., DONOHUE, J.M.: Changes in the surface fine structure of rat third ventricular ependyma following chronic acetazolamide treatment. J. Anat. **129**, 51–62 (1979)

DELLMANN, H.-D., CASTEL, M., LINNER, J.G.: Ultrastructure of peptidergic neurosecretory axons in the developing neural lobe of the rat. Gen. Comp. Endocrinol. **36**, 477–486 (1978)

DELLMANN, H.-D., LINNER, J.G.: Ultrastructure of the subfornical organ of the chicken (*Gallus domesticus*). Cell Tissue Res. **197**, 137–153 (1979)

DELLMANN, H.-D., SIPMSON, J.B.: The subfornical organ. Int. Rev. Cytol. **58**, 333–421 (1979)

DEURS, B. VAN, KOEHLER, J.K.: Tight junctions in the choroid plexus epithelium. J. Cell Biol. **80**, 662–673 (1979)

DIEHL, B.J.M.: Occurrence and regional distribution of calcareous concretions in the rat pineal gland. Cell Tissue Res. **195**, 359–366 (1978)

DINSDALE, H.B.: Hypertension and the blood-brain barrier. Adv. Neurol. **20**, 341–346 (1978)

DOMER, F.R., LIU, Y.K., CHANDRAN, K.B., KRIEGER, K.W.: Effect of hyperextension-hyperflexion (Whiplash) on the function of the blood-brain barrier of rhesus monkeys. Exper. Neurol. **63**, 304–310 (1979)

DRENCKHAHN, D., LÜLLMANN-RAUCH, R.: Drug-induced experimental lipidosis in the nervous system. Neuroscience **4**, 697–712 (1979)

---

[1] Abgeschlossen am 19. September 1979

D'UVA, V., CIARCIA, G., CIARLETTA, A.: The subcommissural organ of *Lacerta s. sicula* Raf.: Functional studies. Cell Tissue Res. **200**, 323–327 (1979)

EDVINSSON, L., LINDVALL, M.: Autonomic vascular innervation and vasomotor reactivity in the choroid plexus. Exper. Neurol. **62**, 394–404 (1978)

ENEMAR, A., EURENIUS, L.: Organization and development of the perivascular space system in the neurohypophysis of the laboratory mouse. Cell Tissue Res. **199**, 99–116 (1979)

FELDMAN, A.M., EPSTEIN, M.H., BRUSILOW, S.W.: Effect of cholera toxin and prostaglandins on the rat choroid plexus in vitro. Brain Res. **167**, 119–128 (1979)

FERNANDEZ RUIZ, B., SUAREZ NAJERA, I., CARRATO IBAÑEZ, A.: An ultrastructural study of the subependymal plate in the hamster. J. Hirnforsch. **19**, 479–484 (1978)

FLAMENT-DURAND, J., DUSTIN, P.: Transmission electron microscopy and scanning electron microscopy of the third ventricular floor of rat and human brains. J. Physiol. (Paris) **75**, 97–99 (1979)

GOLDMAN, B., HALL, V., HOLLISTER, C., ROYCHOUDHURY, P., TAMARKIN, L., WESTROM, W.: Effects of melatonin on the reproductive system in intact and pinealectomized male hamsters maintained under various photoperiods. Endocrinology **104**, 82–88 (1979)

GONZALEZ-SANTANDER, R.: Electron-microscopic study of the secretion of the ependymal cells in the domestic cat (ependymin-β cells) Acta anat. **103**, 266–277 (1979)

GRAZIADEI, P.P.C., LEVINE, R.R., MONTI GRAZIADEI, A.: Plasticity of connections of the olfactory sensory neuron: Regeneration into the forebrain following bulbectomy in the neonatal mouse. Neuroscience **4**, 713–727 (1979)

HACKER, H., ARTMANN, H.: The calculation of CSF spaces in CT. Neuroradiology, **16**, 190–192 (1978)

HARDEBO, J.E., EDVINSSON, L., MACKENZIE, E.T., OWMAN, C.: Histofluorescence study on monoamine entry into the brain before and after opening of the blood-brain barrier by various mechanisms. Acta Neuropathol. (Berl.) **47**, 145–150 (1979)

HEWING, M.: Synaptic ribbons during postnatal development of the pineal gland in the golden hamster (*Mesocricetus auratus*) Cell Tissue Res. **199**, 473–482 (1979)

HIRUNAGI, K., YASUDA, M.: Scanning electron microscopy of the ventricular surface of the paraventricular organ in the domestric fowl. Cell Tissue Res. **197**, 539–543 (1979a)

HIRUNAGI, K., YASUDA, M.: Fine structure of the ependymal cells in the area postrema of the domestic fowl. Cell Tissue Res. **200**, 45–51 (1979b)

HOLDER, F.C., SCHROEDER, M.D., GUERNE, J.M., VIVIEN-ROELS, B.: A preliminary comparative immunohistochemical radioimmunological, and biological study of arginine vasotocin (AVT) in the pineal gland and urophysis of some teleostei. Gen. Comp. Endocrinol. **37**, 15–25 (1979)

HORTON, J.C., HEDLEY-WHYTE, E.T.: Protein movement across the blood-brain barrier in hypervolemia. Brain Res. **169**, 610–614 (1979)

HRABOWSKA, M.: Morphogenesis of cerebral matrix ectopies in human fetus and newborn. J. Hirnforsch. **19**, 485–495 (1978)

ILLNEROVÁ, H., VANĚČEK, J.: Response of rat pineal serotonin N-acetyltransferase to one min light pulse at different night times. Brain Res., **167**, 431–434 (1979)

IVES, P.J., MCARTHUR, N.H.: Transventricular blood vessels in the third ventricle of the armadillo brain. Anat. Rec. **194**, 181–186 (1979)

JACOBS, J.M.: Vascular permeability and neurotoxicity. Environ. Health Perspect. **26**, 107–116 (1978)

JOHANSSON, B.B., LINDER, L.E.: Cerebrovascular permeability to protein in the rat during nitrous oxide anaesthesia at various blood pressure levels. Acta Anesthesiol. Scand. **22**, 463–466 (1978)

JONES, H.C.: Fenestration of the epithelium lining the roof of the fourth cerebral ventricle in amphibia. Cell Tissue Res. **198**, 129–136 (1979)

JOSS, J.M.P.: A rhythm in hydroxyindole-O-methyltransferase (HIOMT) activity in the scincid lizard, *Lampropholas guichenoti*. Gen. Comp. Endorinol. **36**, 521–525 (1978)

JOY, K.P., SATHYANESAN, A.G.: A histoenzymological study of the saccus vasculosus of the freshwater teleost, *Claria batrachus* (L.). Z. Mikrosk. Anat. Forsch. **93**, 297–304 (1979)

KEMALI, M., MIRALTO, A.: Light- and electron-microscopic structure of cells protruding into the mesencephalic ventricle of *Scyllium stellare* (Elasmobranchii, Selachii). Cell Tissue Res. **200**, 153–157 (1979)

KENNY, G.C.T., SCHEELINGS, F.T.: Observations of the pineal region of non-eutherian mammals. Cell Tissue Res. **198**, 309–324 (1979)

LAKOMY, M.: The subependymal layer in the postnatal development in cattle. Folia Morphol. (Warsz.). **37**, 45–59 (1978)

LANTOS, P.L., PILKINGTON, G.J.: The development of experimental brain tumours. A sequential light and electron microscope study of the subependymal plate. Acta Neuropathol. (Berl.) **45**, 167–175 (1979)

LEGAIT, H., LEGAIT, E., OBOUSSIER, H.: Recherches sur la glande pineale des Ongulés. Bull. Ass. Anat. **62**, 101–111 (1978)

LESLIE, R.A., GWYN, D.G., MORRISON, C.M.: The fine structure of the ventricular surface of the area postrema of the cat with particular reference to supraependymal structures. Am. J. Anat. **153**, 273–290 (1978)

LIN, H.S., WING, T.Y.: The influence of activation, removal or denervation of the pineal on the fine structure of the Leydig cell and seminal vesicle epithelium in golden hamsters. Cell Tissue Res. **191**, 367–378 (1978)

LINDVALL, M.: Fluorescence histochemical study on regional differences in the sympathetic nerve supply of the choroid plexus from various laboratory animals. Cell Tissue Res. **198**, 261–267 (1979)

LINDVALL, M., EDVINSSON, L., OWMAN, C.: Histochemical, ultrastructural, and functional evidence for a neurogenic control of CSF production from the choroid plexus. Adv. Neurol. **20**, 111–120 (1978)

LING, E.A.: Transformation of monocytes into amoeboid microglia and into microglia in the corpus callosum of postnatal rats, as shown by labelling monocytes by carbon particles. J. Anat. **128**, 847–858 (1979)

LIVINGSTON, A.: Effects of hormone-releasing stimuli on the area of the perivascular space in the neural lobe of the rat. Cell Tissue Res. **191**, 501–506 (1978)

LOSSINSKY, A.S., GARCIA, J.H., IWANOWSKI, L., LIGHTFOOTE, W.E. jr.: New ultrastructural evidence for a protein transport system in endothelial cells of gerbil brains. Acta Neuropathol. (Berl.) **47**, 105–110 (1979)

LU, K.-S., LIN, H.-S.: Cytochemical studies on cytoplasmic granular elements in the hamster pineal gland. Histochemistry **61**, 177–187 (1979)

MACDONELL, L.A., POTTER, P.E., LESLIE, R.A.: Localized changes in blood-brain barrier permeability following the administration of antineoplastic drugs. Cancer Res. **38**, 2930–2934 (1978)

MCINTOSH, G.H., BAGHURST, K.I., POTTER, B.J., HETZEL, B.S.: Foetal brain development in the sheep. Neuropathol. Applied Neurobiol. **5**, 103–114 (1979)

MCKENNA, O.C., GORSKI, V.A.: Histofluorescence and ultrastructural evidence for catecholamine-containing sensory neurons bordering the interventricular foramen of the toad brain. J. Comp. Neurol. **184**, 127–140 (1979)

MELLER, K.: Scanning electron microscope studies on the development of the nervous system in vivo and in vitro. Int. Rev. Cytol. Vol. **56**, 23–56 (1979)

MERCHANT, R.E.: Scanning electron microscopy of epiplexus macrophages responding to challenge by bacillus Calmette-Guerin. Acta Neuropathol. (Berl.) **47**, 183–188 (1979)

MIODOŃSKI, A., POBOROWSKA, J. FRIEDHUBER DE GRUBENTHAL A.: SEM study of the choroid plexus of the lateral ventricule in the cat. Anat. Embryol. **155**, 323–331 (1979)

MITCHELL, J.A.: Morphology and distribution of type II supraependymal cells in the third ventricle of the guinea pig. J. Morphol. **159**, 67–80 (1979)

MITCHELL, J., WELLER, R.O., EVANS, H.: Reestablishment of the blood brain barrier to peroxidase following cold injury to mouse cortex. Acta Neuropathol. (Berl.) **46**, 45–49 (1979)

MØLLER, M., HØYER, P.E.: Histochemical demonstration of a circadian rhythm of succinate dehydrogenase in rat pineal gland. Influence of coenzyme Q_{10} addition. Histochemistry **59**, 259–269 (1979)

MØLLGÅRD, K., LAURITZEN, B., SAUNDERS, N.R.: Double replica technique applied to choroid plexus from early foetal sheep: completeness and complexity to tight junctions. J. Neurocytology **8**, 139–149 (1979)

MORGAN, W.W., HANSEN, J.T.: Time course of the disappearance of pineal noradrenaline following superior cervical ganglionectomy. Exp. Brain Res. **32**, 429–434 (1978)

MOSKOWITZ, M.A., LIEBMANN, J.E., REINHARD, J.F. jr., SCHLOSBERG, A.: Raphe origin of serotonin-containing neurons within choroid plexus of the rat. Brain Res. **169**, 590–594 (1979)

NAG, S., ROBERTSON, D.M., DINSDALE, H.B.: Quantitative estimate of pinocytosis in experimental acute hypertension. Acta Neuropathol. (Berl.) **46**, 107–116 (1979)

Nagy, Z., Pappius, H.M., Mathieson, G., Hüttner, I.: Opening of tight junctions in cerebral endothelium I. Effect of hyperosmolar mannitol infused through the internal carotid artery. J. Comp. Neur. **125**, 569–578 (1979a)

Nagy, Z., Mathieson, G., Hüttner, I.: Opening of tight junctions in cerebral endothelium. II. Effect of pressure-pulse induced acute arterial hypertension. J. Comp. Neur. **185**, 579–586 (1979b)

Nozaki, M., Taketani, Y., Minaguchi, H., Kigawa, T., Kobayashi, H.: Distribution of LHRH in the rat and mouse brain with special reference to the tanycytes. Cell Tissue Res. **197**, 195–212 (1979)

Page, R.B., Rosenstein, J.M., Leure-Dupree, A.E.: The morphology of extrachoroidal ependyma overlying gray and white matter in the rabbit lateral ventricle. Anat. Rec. **194**, 67–82 (1979a)

Page, R.B., Rosenstein, J.M., Dovey, B.J., Leure-Dupree, A.E.: Ependymal changes in experimental hydrocephalus. Anat. Rec. **194**, 83–104 (1979b)

Panke, E.S., Rollag, M.D., Reiter, R.J.: Pineal melatonin concentrations in the syrian hamster. Endocrinology **104**, 194–197 (1979)

Pellegrino de Iraldi, A., Cardoni, R.: ZIO staining in synaptic vesicles of the rat pineal nerves after inhibition of serotonin and noradrenaline synthesizing enzymes. Cell Tissue Res. **200**, 91–100 (1979)

Persson, L.I., Johansson, B.B., Hansson, H.A.: Ultrastructural studies on blood-brain barrier dysfunction after cerebral air embolism in the rat. Acta Neuropathol. (Berl.) **44**, 53–56 (1978)

Pevet, P., Swaab, D.F.: Immunocytochemical evidence for the presence of an α-MSH-like compound in the rat pineal gland. J. Physiol. (Paris) **75**, 101–103 (1979)

Pilkington, G.J., Lantos, P.L.: The development of experimental brain tumours a sequential light and electron microscope study of the subependymal plate. Acta Neuropathol. (Berl.) **45**, 177–185 (1979a)

Pilkington, G.J., Lantos, P.L.: The fine structure of stratified ependyma in the ventricular wall of N-ethyl-N-nitrosourea-treated rats. Acta Neuropathol. (Berl.) **46**, 173–176 (1979b)

Povlishock, J.T., Becker, D.P., Sullivan, H.G., Miller, J.D.: Vascular permeability alterations to horseradish peroxidase in experimental brain injury. Brain Res. **153**, 223–239 (1978)

Rechard, L., Panula, P.: Ultrastructure of the neurohypophysis of the old rat. J. Ultrastruct. Res. **66**, 90 (1979)

Reiter, R.J. (ed.): The pineal and reproduction. Prog. in Reproductive Biology (Hubinont, P.O., ed.), Vol. 4, Basel: Karger (1978)

Réthelyi, M.: Regional and sexual differences in the size of the neuro-vascular contact surface of the rat median eminence and pituitary stalk. Neuroendocrinology **28**, 82–91 (1978)

Reppert, S.M., Perlow, M.J., Tamarkin, L., Klein, D.C.: A diurnal melatonin rhythm in primate cerebrospinal fluid. Endocrinology **104**, 295–301 (1979)

Romijn, H.J.: Endocrine secretion in the pineal gland of the rabbit. An electron microscopic study. Acta Morphol. Neerl.-Scand. **17**, 216–217 (1979)

Rønnekleiv, O., Krulich, L., McCann, S.M.: The effect of pinealectomy on the pattern of prolactin in conscious freely moving male rats. Neuroendocrinology **27**, 279–290 (1978)

Rønnelkeiv, O.K., McCann, S.M.: Growth hormone release in conscious pinealectomized and sham-operated male rats. Endocrinology **102**, 1694–1701 (1978)

Scalabrino, G., Ferioli, M.E., Nebuloni, R., Fraschini, F.: Effects of pinealectomy on the circadian rhythms of the activities of polyamine biosynthetic decarboxylases and tyrosine aminotransferase in different organs of the rat. Endocrinology **104**, 377–384 (1979)

Schmechel, D.E., Rakic, P.: A Golgi study of radial glial cells in developing monkey telencephalon: Morphogenesis and transformation into astrocytes. Anat. Embryol. **156**, 115–152 (1979)

Scott, D.E., Paull, W.K.: The tanycyte of the rat median eminence. I. Synaptoid contacts. Cell Tissue Res. **200**, 329–334 (1979)

Shashoua, V.E.: Brain metabolism and the acquisition of new behaviors. III. Evidence for secretion of two proteins into the brain extracellular fluid after training. Brain Res. **166**, 349–358 (1979)

Sherwood, A., Hopp, A., Smith, J.F.: Cellular reactions to subependymal plate haemorrhage in the human neonate. Neuropathol. Appl. Neurobiol. **4**, 245–261 (1978)

Shivers, R.R.: The blood-brain barrier of a reptile, *Anolis carolinensis*. A freeze-fracture study. Brain Res. **169**, 221–230 (1979)

Soeur, M., Monseu, G., Ketelbant, P., Flament-Durand, J.: Intramedullary ependymoma producing collagen. Acta Neuropathol. (Berl.) **47**, 159–160 (1979)

SOMBERG, J.C., SMITH, T.W.: Localization of the neurally mediated arrhythmogenic properties of digitalis. Science **204**, 321–323 (1979)

STAUDT, J., STÜBER, P.: Morphologische Untersuchungen der Matrix im Bereich des Hypothalamus beim Menschen. Z. Mikrosk. Anat. Forsch. **91**, 773–786 (1977)

STEPHENS, J.L., BINKLEY, S.: Daily change in pineal N-acetyltransferase activity in a diurnal mammal, the ground squirrel. Experientia **34**, 1523–1524 (1978)

STEWART, W.B., WAGNER, F.C.: Vascular permeability changes in the contused feline spinal cord. Brain Res. **169**, 163–167 (1979)

STURROCK, R.R.: A developmental study of epiplexus cells and supraependymal cells and their possible relationship to microglia. Neuropathol. Appl. Neurobiol. **4**, 307–322 (1978)

STURROCK, R.R.: A semithin light microscopic, transmission electron microscopic and scanning electron microscopic study of macrophages in the lateral ventricle of mice from embryonic to adult life. J. Anat. **129**, 31–44 (1979)

TAKEI, Y., TSUNEKI, K., KOBAYASHI, H.: Surface fine structure of the subfornical organ in the Japanese quail, *Coturnix coturnix japonica*. Cell Tissue Res. **191**, 389–404 (1978)

TAMARKIN, L., REPPERT, S.M., KLEIN, D.C.: Regulation of pineal melatonin in the syrian hamster. Endocrinology **104**, 385–389 (1979)

TERVO, T., JÓO, F., PALKAMA, A., SALMINEN, L.: Penetration barrier to sodium fluorescein and fluorescein-labelled dextrans of various molecular sizes in brain capillaries. Experientia **35**, 252–254 (1979)

THEODOSIS, D.T.: Endocytosis in glial cells (pituicytes) of the rat neurohypophysis demonstrated by incorporation of horseradish peroxidase. Neuroscience **4**, 417–425 (1979)

TÖRK, I.: Surface ultrastructure of the hypothalamic third ventricle of the guinea-pig. J. Anat. **128**, 649 (1979)

TSUNEKI, K., TAKEI, Y., KOBAYASHI, H.: Parenchymal fine structure of the subfornical organ in the Japanese quail, *Coturnix coturnix japonica*. Cell Tissue Res. **191**, 405–419 (1978)

TULSI, R.S.: A scanning electron microscopic study of the developmental changes in the pineal recess in *Trichosurus vulpecula*. J. Anat. **126**, 651 (1978)

TULSI, R.S., KENNAWAY, D.J.: Observations on the secretions of the subcommissural organ and the pineal in the adult brush-tailed possum (*Trichosurus valpecula*). Neuroendocrinology **28**, 264–272 (1979)

VACAS, M.I., CARDINALI, D.P.: Effects of castration and reproductive hormones on pineal serotonin metabolism in rats. Neuroendocrinology **28**, 187–195 (1979)

VACAS, M.I., LOWENSTEIN, P.R., CARDINALI, D.P.: Characterization of a cytosol progesterone receptor in bovine pineal gland. Neuroendocrinology **29**, 84–89 (1979)

VIVIEN-ROELS, B., ARENDT, J., BRADTKE, J.: Circadian and circannual fluctuations of pineal indoleamines (serotonin and melatonin) in *Testudo hermanni* Gmelin (Reptilia, Chelonia) I. Under natural conditions of photoperiod and temperature. Gen. Comp. Endocrinol. **37**, 197–210 (1979)

WAKAI, S., HIROKAWA, N.: Development of the blood-brain barrier to horseradish peroxidase in the chick embryo. Cell Tissue Res. **195**, 195–203 (1978)

WAKAI, S., MATSUTANI, M., MIZUTANI, H., SANO, K.: Tight junctions in choroid plexus papillomas. Acta Neuropathol. (Berl.) **45**, 159–160 (1979)

WARCHOL, J.B.: Concanavalin A binding sites on the luminal surface of ependymal cells of third ventricle. Histochemistry, **58**, 139–143 (1978)

WELLS, M.R., ZANAKIS, M.F., BERNSTEIN, J.J.: Blood-brain barrier disturbance and reconstitution after spinal cord hemisection in the rat. Exper. Neurology **61**, 214–218 (1978)

WHELER, G.H.T., WELLER, J.L.: Klein, D.C.: Taurine: Stimulation of pineal N-acetyltransferase activity and melatonin production via a beta-adrenergic mechanism. Brain Res. **166**, 65–74 (1979)

YUEN, T.G.H., AGNEW, W.F.: Ultrastructural alterations during choroid plexus incubations. Exper. Neurology **60**, 96–115 (1978)

ZIEGELS, J.: The subcommissural organ of submammalian vertebrates: a histochemical study. J. Hirnforsch. **20**, 11–18 (1979)

ZILLES, K., NICKELEIT, V.: Efferent connections from the brain to the frontal organ in *Rana temporaria* demonstrated by labeling with horseradish peroxidase. Cell Tissue Res. **196**, 189–192 (1979)

Literaturverzeichnis

Abraham, M.: Coronet cells in the neurohypophysis of *Mugil capito* Cuvier and Valenciennes (Teleostei) from a hypersaline lagoon. Cell Tissue Res. **155**, 449–453 (1974)

Abrahams, M., Kieselstein, M., Lisson-Begon, S.: The extravascular channel system of the rostral pituitary of *Mugil cephalus* as revealed by the use of horseradish peroxidase. Cell Tissue Res. **167**, 289–296 (1976)

Adam, H.: Kugelförmige Pigmentzellen als Anzeiger der Liquorströmung in den Gehirnventrikeln von Krallenfroschlarven. Z. Naturforsch. [c] **8**, 250–258 (1953)

Adam, H.: Der III. Ventrikel und die mikroskopische Struktur seiner Wände bei *Lampetra (Petromyzon) fluviatilis* L. und *Myxine glutinosa* L., nebst einigen Bemerkungen über das Infundibularorgan von *Branchiostoma (Amphioxus) lanceolatum* Pall. Proc. 1st Int. Meeting of Neurobiol. (Groningen, Aug. 1955). In: Progress in neurobiology. S. 146–158. Amsterdam: Elsevier 1956

Adam, H.: Beitrag zur Kenntnis der Hirnventrikel und des Ependyms bei den Cyclostomen. Anat. Anz. **103**, 173–188 (1957)

Adam, H.: Zur Morphologie der ventrikelnahen Hirnwandgebiete bei Cyclostomen und Amphibien. Verh. Dtsch. Zool. Ges. Frankfurt a. M., 1958. Zool. Anz. [Suppl.] **22**, 251–264 (1959)

Adam, H.: Zur Kenntnis des Baues der Hypophyse von *Myxine glutinosa* L. (Cyclostomata). Anat. Anz. **109**, 479–491 (1960)

Adam, H.: Mikroskopische Anatomie des Nervensystems der Wirbeltiere. Fortschr. Zool. **13**, 83–118 (1961)

Adam, H.: Brain ventricles, ependyma and related structures. In: The biology of myxine. pp. 137–149. Oslo: Universitetsforlaget 1963

Adam, H.: Bewegung der Cerebrospinalflüssigkeit bei niederen Wirbeltieren. Wien. Z. Nervenheilkd. [Suppl.] **1**, 70–74 (1966)

Adhami, H.: Über das subfornikale Organ beim Meerschweinchen unter besonderer Berücksichtigung der Blut-Hirnschranke. Acta Anat. (Basel) **67**, 239–263 (1967)

Adler, K.: The role of extraoptic photoreceptors in amphibian rhythms and orientation: a review. J. Herpet. **4**, 99–112 (1970)

Adler, K.: Extraocular photoreception in amphibians. Photochem. Photobiol. **23**, 291 (1976)

Adler, K., Taylor, D.H.: Extraocular perception of polarized light by orienting salamanders. J. Comp. Physiol. **87**, 203–212 (1973)

Afzelius, B.J., Fridberg, G.: The fine structure of the caudal neurosecretory system in *Raja batis*. Z. Zellforsch. **59**, 289–308 (1963)

Afzelius, B.A., Olsson, R.: The fine structure of the subcommissural organ cells and Reissner's fibre in *Myxine*. Z. Zellforsch. **46**, 672–685 (1957)

Agduhr, E.: Über ein zentrales Sinnesorgan (?) bei den Vertebraten. Z. Anat. Entwickl. Gesch. **66**, 223–360 (1922)

Agduhr, E.: Choroid plexus and ependyma. In: Cytology and cellular pathology of the nervous system (W. Penfield, ed.), Vol. II, pp. 537–573. New York, London: Hoeber 1932

Aghajanian, G.K., Gallager, D.W.: Raphe origin of serotonergic nerves terminating in the cerebral ventricles. Brain Res. **88**, 221–231 (1975)

Agnew, W.F., Yuen, T.G.H.: Electron microscope autoradiographic localization of (^{3}H) proline and (^{3}H)palmitic acid in the choroid plexus. Brain Res. **93**, 343–348 (1975)

Agnew, W.F., Rumbaugh, C.L., Cheng, J.T.: The uptake of Δ^9-tetrahydrocannabinol in choroid plexus and brain cortex in vitro and in vivo. Brain Res. **109**, 355–366 (1976)

Aguado, L.I., Benelbaz, G.A., Gutierrez, L.S., Rodríguez, E.M.: Ultrastructure of the rat pineal gland grafted under the kidney capsule. Cell Tissue Res. **176**, 131–142 (1977)

Aiello, E., Sleigh, M.: Ciliary function of the frog oro-pharyngeal epithelium. Cell Tissue Res. **178**, 267–278 (1977)

Ajika, K.: Ultrafine structure of the developing median eminence and pars nervosa of the rat. Acta Obstet. ginaecol. Jpn. **16**, 143–155 (1969)

Akert, K.: Das Subfornikalorgan. Morphologische Untersuchungen mit besonderer Berücksichtigung der cholinergen Innervation und der neurosekretorischen Aktivität. Schweiz. Arch. Neurol. Neurochir. Psychiatr. **100**, 1–15 (1967)

Akert, K.: The mammalian subfornical organ. J. Neuro-Visc. Relat. **31** (Suppl. 9), 78–92 (1969)

AKERT, K., PFENNINGER, K., SANDRI, C.: Crest synapses with subjunctional bodies in the subfornical organ. Brain Res. **5**, 118–121 (1967a)

AKERT, K., PFENNINGER, K., SANDRI, C.: The fine structure of synapses in the subfornical organ of the cat. Z. Zellforsch. **81**, 537–556 (1967b)

AKERT, K., POTTER, H.D., ANDERSON, J.W.: The subfornical organ in mammals. I. Comparative and topographical anatomy. J. Comp. Neurol. **116**, 1–14 (1961)

AKERT, K., SANDRI, C., VAN BUREN, J.M.: Gap junctions between growing tips of nerve processes and target neuron in the subfornical organ of the cat during early postnatal development. Acta Anat. (Basel) **99**, 235 (1977)

AKERT, K., STEINER, F.A.: The ganglion psalterii (Spiegel). Top. Probl. Neurol. Psychiatr. **10**, 1–14 (1970)

AKMAYEV, I.G.: Morphologic aspects of the hypothalamic-hypophyseal system. II. Functional morphology of pituitary microcirculation. Z. Zellforsch. **116**, 178–194 (1971a)

AKMAYEV, I.G.: Morphological aspects of the hypothalamic-hypophyseal system. III. Vascularity of the hypothalamus, with special reference to its quantitative aspects. Z. Zellforsch. **116**, 195–204 (1971b)

AKMAYEV, I.G., FIDELINA, O.V.: Morphological aspects of the hypothalamic-hypophyseal system. V. The tanycytes: their relation to the hypophyseal adrenocorticotrophic function. An enzyme-histochemical study. Cell Tissue Res. **152**, 403–410 (1974)

AKMAYEV, I.G., FIDELINA, O.V.: Morphological aspects of the hypothalamic-hypophyseal system. VI. The tanycytes: their relation to the sexual differentiation of the hypothalamus. An enzyme-histochemical study. Cell Tissue Res. **173**, 407–416 (1976)

AKMAYEV, I.G., FIDELINA, O.V.: Tanycytes and gonadal hormones. In: Hormones and brain development. G. Dörner, M. Kawakami (eds.), pp. 423–429. Amsterdam: Elsevier 1978

AKMAYEV, I.G., FIDELINA, O.V., KABOLOVA, Z.A., POPOV, A.P., SCHITKOVA, T.A.: Morphological aspects of the hypothalamic-hypophyseal system. IV. Medial basal hypothalamus. An experimental morphological study. Z. Zellforsch. **137**, 493–512 (1973)

AKMAYEV, I.G., POPOV, A.P.: Morphological aspects of the hypothalamic-hypophyseal system. VII. The tanycytes: their relation to the hypophyseal adrenocorticotrophic function. An ultrastructural study. Cell Tissue Res. **180**, 263–282 (1977)

AKMAYEV, I.G., RÉTHELYI, M., MAJOROSSY, K.: Change induced by adrenalectomy in nerve endings of the hypothalamic median eminence (zona palisadica) in the albino rat. Acta Biol. Hung, **18**, 187–200 (1967)

ALKER, G.J., LESLIE, E.V.: Isotope cisternography and ventriculography. Acta Radiol. **9**, 589–596 (1969)

ALLEN, D.J.: Scanning electron microscopy of epiplexus macrophages (Kolmer cells) in the dog. J. Comp. Neur. **161**, 197–213 (1975)

ALLEN, D.J., LOW, F.N.: The ependymal surface of the lateral ventricle of the dog as revealed by scanning electron microscopy. Am. J. Anat. **137**, 483–489 (1973)

ALLEN, V.J., PERSKY, B., LOW, F.N.: Some regional variations in ventricular lining material in laboratory mammals and man. In: Scanning electron microscopy, 1978, Vol. II. R.P. Becker, O. Johari (eds.), pp. 45–53. Chicago: IIT Research Institute 1978

ALONSO, G., PONS, F., CADILHAC, J.: Mise en évidence par radioautographie de terminaisons indolaminergiques dans les parois ventriculaires cérébrales chez rat. C.R. Soc. Biol. (Paris) **168**, 1021–1024 (1974)

ALTMAN, J.: Autoradiographic investigation of cell proliferation in the brains of rats and cats. Anat. Rec. **145**, 573–591 (1963)

ALTMAN, J.: Proliferation and migration of undifferentiated precursor cells in the rat during postnatal gliogenesis. Exp. Neurol. **16**, 263–278 (1966a)

ALTMAN, J.: Autoradiographic and histological studies of postnatal neurogenesis. II. A longitudinal investigation of the kinetics, migration and transformation of cells incorporating tritiated thymidine in infant rats, with special reference to postnatal neurogenesis in some brain regions. J. Comp. Neurol. **128**, 431–474 (1966b)

ALTMAN, J.: Autoradiographic and histological studies of postnatal neurogenesis. IV. Cell proliferation and migration in the anterior forebrain, with special reference to persisting neurogenesis in the olfactory bulb. J. Comp. Neurol. **137**, 433–458 (1969)

ALTMAN, J., DAS, G.D.: Autoradiographic and histological studies of postnatal neurogenesis. I. A longitudinal investigation of the kinetics, migration and transformation of cells incorporating tritiated thymidine in neonate rats, with special reference to postnatal neurogenesis in some brain regions. J. Comp. Neurol. **126**, 337–390 (1966)

Altner, H.: Histologische Untersuchungen am Saccus vasculosus der Knorpelfische. Z. Mikrosk. Anat. Forsch. **70**, 1–9 (1963)

Altner, H.: Die Bedeutung von Lipiden im Epithel des Saccus vasculosus des Selachiergehirns. Naturwissenschaften **9**, 225–226 (1964a)

Altner, H.: Vergleichende Untersuchungen über Cytologie und Vascularisation des Saccus vasculosus der Chondrichthyes. Z. Zellforsch. **64**, 570–592 (1964b)

Altner, H.: Untersuchungen über die Sekretion des Subcommissuralorgans bei Haien. Verh. Dtsch. Zool. Ges. Zool. Anz. [Suppl.] **27**, 441–452 (1964c)

Altner, H.: Über Aktivitätsphasen im Epithel des Saccus vasculosus von *Etmopterus spinax*. Zur Frage der Funktion des Saccus vasculosus der Haie. Z. Zellforsch. **66**, 663–672 (1965)

Altner, H.: Über die Aktivität von Ependym und Glia im Gehirn niederer Wirbeltiere: Sekretorische Phänomene im Hypothalamus von *Chimaera monstrosa* L. (Holocephali). Z. Zellforsch. **73**, 10–26 (1966)

Altner, H.: Untersuchungen am Ependym und Ependymorganen im Zwischenhirn niederer Wirbeltiere (Neoceratodus, Urodelen, Anuren). Z. Zellforsch. **84**, 102–140 (1968)

Altner, H., Autrum, S.: The appearance of junctional belts and the question of junctional leakiness in the teleost saccus vasculosus epithelium. In: Circumventriculäre Organe. Leopoldina-Symp., Schloß Reinhardsbrunn, 1975. Sterba, G., Bargmann, W. (Hrsg) Nova Acta Leopoldina, Suppl. 9, S. 89–95. Halle: Deutsche Akademie der Naturforscher 1977

Altner, H., Bayrhuber, H.: Über den Charakter synaptoider Endstrukturen markloser Fasern im Ependympolster (Pulvinar corporis pinealis) der Gelbbauchunke (*Bombina variegata L.*). Z. Zellforsch. **96**, 600–608 (1969)

Altner, H., Zimmermann, H.: The saccus vasculosus. In: Structure and function of nervous tissue. Vol. V. pp. 293–328. New York, London: Academic Press 1972

Ambach, G., Kivovics, P., Palkovits, M.: The arterial and venous blood supply of the preoptic region in the rat. Acta Morphol. Acad. Sci. Hung. **26** (1), 21–41 (1978)

Ambach, G., Palkovits, M., Szentágothai, J.: Blood supply of the rat hypothalamus. IV. Retrochiasmatic area, median eminence, arcuate nucleus. Acta Morphol. Acad. Sci. Hung. **24** (1–2), 93–119 (1976)

Ames, A., Sakanoue, Ill., Endo, S.: Na, K, Ca, Mg and Cl concentration in choroid plexus fluid and cisternal fluid compared with plasma ultrafiltrate. J. Neurophysiol. **27**, 672–681 (1964)

Amon, H.: Die Histochemie des Chloridraumes im zentralen und peripheren Nervensystem. Z. Zellforsch. **88**, 39–47 (1968)

Anand Kumar, T.C.: Sexual differences in the ependyma lining the third ventricle in the area of the anterior hypothalamus of adult rhesus monkeys. Z. Zellforsch. **90**, 28–36 (1968)

Anand Kumar, T.C.: Neuroendocrine regulation of sexual cycles and ovulation in non-human primates. Acta Endocrinol. (Kbh.) **71**, [Suppl. 166], 152–169 (1972)

Anand Kumar, T.C. (ed.): Neuroendocrine regulation of fertility. Int. Symp. Simla 1974. Basel: Karger 1976

Anand Kumar, T.C., Knowles, Sir F.: A system linking the third ventricle with the pars tuberalis of the rhesus monkey. Nature (Lond.) **215**, 54–55 (1967)

Anand Kumar, T.C., David, G.F.X., Kumar, K., Umberkoman, B., Krishnamoorthy, M.S.: A new approach to fertility regulation by interfering with neuroendocrine pathways. In: Neuroendocrine regulation of fertility. Int. Symp. Simla 1974. Anand Kumar, T.C. (ed.), pp. 314–322. Basel: Karger 1976

Ananthanarayanan, V.: Nature and distribution of neurosecretory cells of the reptilian brain. Z. Zellforsch. **43**, 8–16 (1955)

Andersen, H., Matthiessen, M.E.: The histiocyte in human foetal tissues. Its morphology, cytochemistry, origin, function, and fate. Z. Zellforsch. **72**, 193–211 (1966)

Anderson, E.: Some cytological observations on the fine structure of a mammalian pineal organ. Anat. Rec. **136**, 328–329 (1960)

Anderson, E.: Cytology of the subcommissural organ. Anat. Rec. **129**, 327 (1961)

Anderson, E.: The anatomy of bovine and ovine pineals. J. Ultrastruct. Res. [Suppl.] **8**, 1–80 (1965)

Andres, K.H.: Der Feinbau des Subfornikalorgans vom Hund. Z. Zellforsch. **68**, 445–473 (1965a)

ANDRES, K.H.: Ependymkanälchen im Subfornikalorgan vom Hund. Naturwissenschaften **52**, 433 (1965b)

ANDRES, K.H.: Über die Feinstruktur der Arachnoidea und Dura mater von Mammalia. Z. Zellforsch. **79**, 272–295 (1967)

ANDY, O.J., STEPHAN, H.: Septal nuclei in primate phylogeny. A quantitative investigation. J. Comp. Neurol. **126**, 157–170 (1966)

ANGERVALL, L., BERGER, S., RÖCKERT, H.: A microradiographic and X-ray crystallographic study of calcium in the pineal body and in intracranial tumours. Acta Pathol. Microbiol. Scand. B **44**, 113–119 (1958)

ANTON-TAY, F., WURTMAN, R.J.: Regional uptake of ^{3}H-melatonin from blood or cerebrospinal fluid in the rat brain. Nature [Lond.] **221**, 474–475 (1969)

ANZIL, A.P., HERRLINGER, H., BLINZINGER, K.: Nucleolus-like inclusions in neuronal perikarya and processes: phase and electron microscope observations on the hypothalamus of the mouse. Z. Zellforsch. **146**, 329–337 (1973)

ARAKI, S., FERIN, M., ZIMMERMAN, E.A., VANDE WIELE, R.L.: Ovarian modulation of immunoreactive gonadotropin releasing hormone (Gn-RH) in the rat brain: Evidence for a differential effect on the anterior and mid-hypothalamus. Endocrinology **96**, 644–650 (1975)

ARENDT, J., WETTERBERG, L., HEYDEN, T., SIZONENKO, P.C., PAUNIER, L.: Radioimmunoassay of melatonin: human serum and cerebrospinal fluid. Horm. Res. **8**, 65–75 (1977)

ARIËNS KAPPERS, C.U.: Die vergleichende Anatomie des Nervensystems der Wirbeltiere und des Menschen. Bd. I u. II. Haarlem: De Erven F. Bohn 1920/21

ARIËNS KAPPERS, C.U.: The lumbo-sacral sinus in the spinal cord of birds and its histological constituents. Psychiat. Neurol. Bl. (Amst.) **28**, 405–415 (1924)

ARIËNS KAPPERS, C.U.: The meninges in lower vertebrates compared with those in mammals. Arch. Neurol. Psychiat. **14**, 281–296 (1926)

ARIËNS KAPPERS, J.: Preliminary data on the function of the paraphysis cerebri in urodela. Experientia **5**, 162–164 (1949)

ARIËNS KAPPERS, J.: The development and structure of the paraphysis cerebri in urodeles with experiments on its function in *Ambystoma mexicanum*. J. Comp. Neurol. **92**, 93–127 (1950)

ARIËNS KAPPERS, J.: Beitrag zur experimentellen Untersuchung von Funktion und Herkunft der Kolmerschen Zellen des Plexus chorioideus beim Axolotl und Meerschweinchen. Z. Anat. Entwickl. Gesch. **117**, 1–19 (1953)

ARIËNS KAPPERS, J.: The development of the paraphysis cerebri in man with comments on its relationship to the intercolumnar tubercle and its significance for the origin of cystic tumors in the third ventricle. J. Comp. Neurol. **102**, 425–510 (1955)

ARIËNS KAPPERS, J.: On the presence of periodic acid Schiff positive substances in the paraphysis cerebri, the chorioid plexus and the neuroglia of *Ambystoma mexicanum*. Experientia **12**, 187–188 (1956a)

ARIËNS KAPPERS, J.: On the development, structure and function of the paraphysis cerebri. In: Progress in neurobiology (Ariëns Kappers, J., ed.), pp. 130–145. Amsterdam: Elsevier 1956

ARIËNS KAPPERS, J.: On the problem of the presence of a paraphysis cerebri in selachians. Pubbl. Staz. Zool. Napoli **29**, 41–70 (1957)

ARIËNS KAPPERS, J.: Structural and functional changes in the telencephalic choroid plexus during human ontogenesis. In: The cerebrospinal fluid. Ciba Foundation Symp. 1957. Wolstenholme, G.E.W., O'Connor, C.M. (eds.), pp. 3–31. London: Churchill 1958

ARIËNS, KAPPERS, J.: The development, topographical relations and innervation of the epiphysis cerebri in the albino rat. Z. Zellforsch. **52**, 163–215 (1960)

ARIËNS KAPPERS, J.: Survey of the innervation of the epiphysis cerebri and the accessory pineal organs of vertebrates. In: Structure and function of the epiphysis cerebri (Ariëns Kappers, J., Schadé, J.P., eds.). Prog. Brain Res. **10**, 87–153 (1965)

ARIËNS KAPPERS, J.: Strukturelle und funktionelle Änderungen im telencephalen Plexus chorioideus des Menschen während der Ontogenese. Wien. Z. Nervenheilkd. [Suppl.] **1**, 30–48 (1966)

ARIËNS KAPPERS, J.: The sensory innervation of the pineal organ in the lizard, *Lacerta viridis*, with remarks on its position in the trend of pineal phylogenetic structural and functional evolution. Z. Zellforsch. **81**, 581–618 (1967)

ARIËNS KAPPERS, J.: The mammalian pineal organ. J. Neuro-Visc. Rel. [Suppl.] **9**, 40–184 (1969)

Ariëns Kappers, J.: The pineal organ: An introduction. In: The pineal gland. Ciba Foundation Symp. 1970. Wolstenholme, G.E.W., Knight, J. (eds.), pp. 3–34. Edinburgh, London: Churchill-Livingstone 1971

Ariëns Kappers, J., Schadé, J.P. (eds.): Structure and function of the epiphysis cerebri. Prog. Brain Res. **10**, 1–694 (1965)

Ariëns Kappers, J., Smith, A.R., De Vries, R.A.C.: The mammalian pineal gland and its control of hypothalamic activity. In: Integrative hypothalamic activity. Swaab, D.F., Schadé, J.P. (eds.). Prog. Brain Res. **41**, 149–173 (1974)

Ariëns Kappers, J., Ten Kate, I.B., De Bruyn, H.J.: On mast cells in the choroid plexus of the axolotl (*Ambystoma mexicanum*). Z. Zellforsch. **48**, 617–634 (1958)

Arinci, K.: Über das Verhalten der Ependymzellen der Ratte in der Gewebekultur. Z. Mikrosk. Anat. Forsch. **69**, 305–334 (1963)

Arluison, M., Bouchaud, C., Derer, P., DiMarco, C.: Sur la présence de terminaisons sous-épendymaires «géantes» dans le cerveau des rongeurs. C.R. Acad. Sci. [D] (Paris) **282**, 381–383 (1976)

Arnold, G., Holtzman, E.: Microperoxisomes in the central nervous system of the postnatal rat. Brain Res. **155**, 1–17 (1978)

Arnhold, R.G., Zetterström, R.: Proteins in the c.s.f. in newborn. An electrophoretic study including haemolytic disease of the newborn. Pediatrics **21**, 279–287 (1958)

Arnold, W.: Über das diencephal-telencephale neurosekretorische System beim Salamander (*Salamandra salamandra* und *S. tigrinum*). Z. Zellforsch. **89**, 371–409 (1968)

Arnold, W.: Über eigentümliche neuronale Zellelemente im Ependym des Zentralkanals von *Salamandra maculosa*. Z. Zellforsch. **105**, 176–187 (1970a)

Arnold, W.: Ungewöhnlich große sphärische Lipidkörper im Ependym und Subependym des Feuersalamanders. Z. Zellforsch. **106**, 523–538 (1970b)

Arstila, A.U.: Electron microscopic studies on the structure and histochemistry of the pineal gland of the rat. Neuroendocrinology 2 [Suppl.], 1–101 (1967)

Arstila, A.U., Hopsu, V.K.: Studies on the rat pineal gland. I. Ultrastructure. Ann. Acad. Sci. Fenn. [Med.] **113**, 1–21 (1964)

Arstila, A.U., Kalimo, H.O., Hyyppä, M.: Secretory organelles of the rat pineal gland: electron microscopic and histochemical studies in vivo and in vitro. In: The pineal gland. Ciba-Foundation Symp. 1970. Wolstenholme, G.E.W., Knight, J. (eds.), pp. 147–164. Edinburgh, London: Churchill Livingstone 1971

Arvy, L.: Activités enzymatiques histochimiquement décelables dans la glande pinéale, chez quelques artiodactyles. In: Structure and function of the epiphysis cerebri. Ariëns Kappers, J., Schadé, J.P. (eds.). Prog. Brain Res. **10**, 473–475 (1965)

Arvy, L., Fontaine, M., Gabe, M.: Modifications histologiques de l'organe sous-commissural au cours du cycle évolutif de *Salmo salar* L. Arch. Anat. Microl. Morphol. Exp. **44**, 313–322 (1955)

Åström, K.E.: On the early development of the isocortex in fetal sheep. In: Development Neurology. Bernhard, C.G., Schadé, J.P. (eds.). Prog. Brain Res. **26**, 1–59 (1967)

Axelrod, J.: The pineal gland. Endeavour **29**, 144–148 (1970)

Axelrod, J.: Neural control of indoleamine metabolism in the pineal. In: The pineal gland. Ciba Foundation Symp. 1970. Wolstenholme, G.E.W., Knight, J. (eds.), pp. 35–46. Edinburgh, London: Churchill Livingston 1971

Axelrod, I., Wurtman, R.I., Winget, C.M.: Melatonin synthesis in the hen pineal gland and its control by light. Nature **201**, 1134 (1964)

Azzam, N.A., Choudhury, S.R., Donohue, J.M.: Changes in the surface fine structure of choroid plexus epithelium following chronic acetazolamide treatment. J. Anat. **127**, 2, 333–342 (1978)

Azzarelli, B., Rekate, H.L., Roessmann, U.: Subependymoma: A case report with ultrastructural study. Acta Neuropathol. (Berl.) **40**, 279–282 (1977)

Badawi, H.: Das Ventrikelsystem des Gehirnes von Huhn (*Gallus domesticus*), Taube (*Columba livia*) und Ente (*Anas boschas domesticus*), dargestellt mit Hilfe des Plastoid-Korrosionsverfahrens. Zentralbld. Veterinaermed. [A] **14**, 628–650 (1967)

Bär, Th., Wolff, J.R.: The formation of capillary basement membranes during internal vascularization of the rat's cerebral cortex. Z. Zellforsch. **133**, 231–248 (1972)

Bagnara, J.T.: Pineal regulation of the body lightening reaction in amphibian larvae. Science **132**, 1481–1483 (1960)

BAGNARA, J.T.: Onset of pineal and hypophyseal regulation of melanophores in *Xenopus*. Am. Zool. **1**, 339–340 (1961)

BAGNARA, J.T.: The pineal and the body lightening reaction of larval amphibians. Gen. Comp. Endocrin. **3**, 86–100 (1963)

BAGNARA, J.T.: Pineal regulation of body blanching in amphibian larvae. In: Structure and function of the epiphysis cerebri. Ariëns Kappers, J., Schadé, J.P. (eds.). Prog. Brain Res. **10**, 489–504 (1965)

BAILEY, P.: Morphology of the roof plate of the forebrain of the lateral choroid plexus in the human embryo. J. Comp. Neurol. **26**, 79–120 (1916)

BAK, I.J., KIM, J.H., HASSLER, R.: Electron microscopic autoradiography for demonstration of pineal serotonin in rat. Z. Zellforsch. **105**, 167–175 (1970)

BAKAY, L.: The blood-brain barrier. Springfield, Ill.: Thomas 1956

BAKER, B.L., YU, Y.-Y.: Distribution of growth hormone-release-inhibiting hormone (somatostatin) in the rat brain as observed with immunocytochemistry. Anat. Rec. **186**, 343–356 (1976)

BAKER, B.L., DERMODY, W.C., REEL, J.R.: Localization of luteinizing hormone-releasing hormone in the mammalian hypothalamus. Am. J. Anat. **139**, 129–134 (1974)

BAKER, B.L., DERMODY, W.C., REEL, J.R.: Distribution of gonadotropin-releasing hormone in the rat brain as observed with immunocytochemistry. Endocrinology **97**, 125 (1975)

BALDWIN, D.M., HAUN, C.K., SAWYER, C.H.: Effects of intraventricular infusions of ACTH$^{1-24}$ and ACTH$^{4-10}$ on LH release, ovulation and behavior in the rabbit. Brain Res. **80**, 291–301 (1974)

BARA, D., BÖTI, Z.: Angaben zur Enzymhistochemie des Ependyms des Recessus infundibularis des 3. Ventrikels unter besonderer Berücksichtigung der Tanyzytenverbindungen. Morphol. Igazagugyi Orv. Sz. **13**, 212–217 (1973) (Ungarisch)

BARA, D., BÖTI, Z.: Date on the enzyme histochemistry of the ependyma lining the infundibular and inframammillary recesses of the third cerebral ventricle, with special regard to the connexions of the tanycytes. Horm. Res. **5**, 76–88 (1974)

BARA, D. SKALICZKI, J., BÖTI, Z.: Die Thiaminpyrophosphataseaktivität der Kernregionen des Hypothalamus. Endokrinologie **58**, 103–110 (1971)

BARBER, V.C., BOYDEN, A.: Scanning electron microscopic studies of cilia. Z. Zellforsch. **84**, 269–284 (1968)

BARBEY-GAMPERT, M.: L'innervation de l'organe sous-commissural chez le rat. Schweiz. Med. Wochenschr. **79**, 528 (1949)

BARER, R., LEDERIS, K.: Ultrastructure of the rabbit neurohypophysis with special reference to the release of hormones. Z. Zellforsch. **75**, 201–239 (1966)

BARGMANN, W.: Die Epiphysis cerebri. In: Handbuch der mikroskopischen Anatomie des Menschen. Möllendorff, W.v. (Hrsg.), Bd. VI/4, S. 309–502. Berlin: Springer 1943

BARGMANN, W.: Über das Zwischenhirn-Hypophysensystem von Fischen. Z. Zellforsch. **38**, 275–298 (1953)

BARGMANN, W.: Über Feinbau und Funktion des Saccus vasculosus. Z. Zellforsch. **40**, 49–74 (1954)

BARGMANN, W.: Über die sog. Filamente der Epithelzellen des Plexus chorioideus. Z. Zellforsch. **41**, 372–384 (1955a)

BARGMANN, W.: Weitere Untersuchungen am neurosekretorischen Zwischenhirn-Hypophysensystem. Z. Zellforsch. **42**, 247–272 (1955b)

BARGMANN, W.: Der Saccus vasculosus. In: Progress in neurobiology. Ariëns Kappers (ed.), S. 109–112. Amsterdam: Elsevier 1956

BARGMANN, W.: Die endokrine Tätigkeit des Zwischenhirns und seine Beziehungen zu anderen endokrinen Drüsen. In: Pathophysiologia diencephalica. Curri, S.B., et al. (eds.), S. 21. Wien: Springer 1958

BARGMANN, W.: Neurosecretion. Int. Rev. Cytol. **19**, 183–201 (1966)

BARGMANN, W.: Neurohypophysis. Structure and function. In: Handbuch der experimentellen Pharmakologie. New Series. Eichler, O., Farah, A., Herken, H., Welch, A.D. (Hrsg.), Bd. XXIII, S. 1–39. Berlin, Heidelberg, New York: Springer 1968

BARGMANN, W.: Die funktionelle Morphologie des endokrinen Regulationssystems. In: Handbuch der allgemeinen Pathologie. Altmann, H.-W., Büchner, F., Cottier, H. u.a. (Hrsg.); Bd. VIII/1, S. 1–106. Berlin, Heidelberg, New York: Springer 1971

Bargmann, W., Hild, W.: Über die Morphologie der neurosekretorischen Verknüpfung von Hypothalamus und Neurohypophyse. Acta Anat. (Basel) **8**, 264–280 (1949)

Bargmann, W., Hild, W., Ortmann, R., Schiebler, Th.H.: Morphologische und experimentelle Untersuchungen über das hypothalamisch-hypophysäre System. Acta Neuroveg. (Wien) **1**, 233–273 (1950)

Bargmann, W., Jacob, K.: Über Neurosekretion im Zwischenhirn der Vögel. Z. Zellforsch. **36**, 556–562 (1952)

Bargmann, W., Katritsis, E.: Über die sog. Filamente und das Pigment im Plexus chorioideus des Menschen. Z. Zellforsch. **75**, 366–370 (1966)

Bargmann, W., Knoop, A.: Elektronenmikroskopische Untersuchung der Krönchenzellen des Saccus vasculosus. Z. Zellforsch. **43**, 184–194 (1955)

Bargmann, W., Knoop, A.: Elektronenmikroskopische Beobachtungen an der Neurohypophyse. Z. Zellforsch. **46**, 242–251 (1957)

Bargmann, W., Knoop, A.: Weitere Studien am Saccus vasculosus der Fische. Z. Zellforsch. **55**, 577–596 (1961)

Bargmann, W., Knoop, A., Thiel, A.: Elektronenmikroskopische Studie an der Neurohypophyse von *Tropidonotus natrix* (mit Berücksichtigung der Pars intermedia). Z. Zellforsch. **47**, 114–126 (1957)

Bargmann, W., Scharrer, B. (eds.): Aspects of neuroendocrinology. V. Int. Symposium on neurosecretion, Kiel 1969. Berlin, Heidelberg, New York: Springer 1970

Bargmann, W., Schiebler, Th.H.: Histologische und cytochemische Untersuchungen am Subcommissuralorgan von Säugern. Z. Zellforsch. **37**, 583–596 (1952)

Barlow, R.M., D'Agostino, A.N., Cancilla, P.A.: A morphological and histochemical study of the subcommissural organ of young and old sheep. Z. Zellforsch. **77**, 299–315 (1967)

Barón, M., Gallego, A.: The relation of the microglia with the pericytes in the cat cerebral cortex. Z. Zellforsch. **128**, 42–57 (1972)

Barratt, G.F., Nadakavukaren, M.J., Frehn, J.L.: Effect of melatonin implants on gonadal weights and pineal gland fine structure of the golden hamster. Tissue Cell **9**, 335–345 (1977)

Barry, J.: Neurosécrétion hypothalamique de substance colloide chez le rat blanc et la souris blanche. C.R. Soc. Biol. (Paris) **148**, 501–563 (1954)

Barry, J.: Morphologie et structure de l'infundibulum chez les mammifères. Rev. Eur. Endocrinol. **4**, 267–303 (1967)

Barry, J., Carette, B.: Immunofluorescence study of LRF neurons in primates. Cell Tissue Res. **164**, 163–178 (1975)

Barry, J., Cotte, G.: Etude préliminaire au microscope électronique de l'éminence médiane du cobaye. Z. Zellforsch. **53**, 714–724 (1961)

Barry, J., Dubois, M.P., Carette, B.: Immunofluorescence study of the preoptico-infundibular LRF neurosecretory pathway in the normal, castrated or testosterone-treated male guinea pig. Endocrinology **95**, 1416–1423 (1974)

Barry, J., Dubois, M.P., Poulain, P.: LRF producing cells of the mammalian hypothalamus. A fluorescent antibody study. Z. Zellforsch. **46**, 351–366 (1973)

Bartelmez, G.W., Dekaban, A.S.: The early development of the human brain. Contrib. Embryol. Carneg. Instn. **37**, (No. 253), 13–32 (1962)

Bartheld, F. von, Moll, J.: The vascular system of the mouse epiphysis with remarks on the comparative anatomy of the venous trunks in the epiphyseal area. Acta Anat. (Basel) **22**, 7–235 (1954)

Bartoniček, V., Lojda, Z.: Topochemistry of enzymes of choroid plexus and ependyma of four animal species. I. Hydrolytic enzymes. Acta. Histochem. (Jena) **19**, 357–368 (1964)

Bartoniček, V., Lojda, Z.: Topochemistry of enzymes of choroid plexus and ependyma of four animal species. – II. Diaphorases and dehydrogenases. Acta Histochem. (Jena) **23**, 118–126 (1966)

Batemen, A.W., Herbert, J., Howe, T.V., Powell, M.B.: Scanning and transmission electronmicroscopical studies on the hormone-sensitive ependyma of the third ventricle. J. Anat. **122**, 706 (1976)

Batten, T.F.C., Ball, J.N.: Ultrastructure of the neurohypophysis of the teleost *Poecilia latipinna* in relation to neural control of the adenohypophysial cells. Cell Tissue Res. **185**, 409–433 (1977)

BATTISTIN, L., PIZZOLATO, G.: Rassegna sintetica sullo spazio extracellulare cerebrale determinato con metodiche biochimiche. Riv. Patol. Nerv. Ment. **98**, 17–35 (1977)

BAUER-JOKL, M.: Über das sogenannte Subcommissuralorgan. Arb. Neurol. Inst. Univ. Wien **22**, 41–79 (1917)

BAUMGARTEN, H.G., FALCK, B., WARTENBERG, H.: Adrenergic neurons in the spinal cord of the pike (*Esox lucius*) and their relation to the caudal neurosecretory system. Z. Zellforsch. **107**, 479–498 (1970)

BAYEROVA, G., BAYER, A.: Beitrag zur cytochemischen Charakteristik einiger Zellarten in der menschlichen Epiphyse. Acta Histochem. (Jena) **10**, 276–285 (1960)

BAYEROVA, G., BAYER, A.: Beitrag zur Fermenthistochemie der menschlichen Epiphyse. Acta Histochem. (Jena) **28**, 169–173 (1967)

BAYRHUBER, H.: Über die Synapsenformen und das Vorkommen von Acetylcholinesterase in der Epiphyse von *Bombina variegata* (L.) (Anura). Z. Zellforsch. **126**, 278–296 (1972)

BEAUVILLAIN, J.C.: Structure fine de l'éminence médiane de la souris au cours de son ontogenèse. Z. Zellforsch. **139**, 201–215 (1973)

BECKER, N.H., ALMAZON, R.: Evidence for the functional polarization of micropinocytotic vesicles in the rat choroid plexus. J. Histochem. Cytochem. **16**, 278–299 (1968)

BECKER, N.H., HIRANO, A., ZIMMERMAN, H.M.: Observations of the distribution of exogenous peroxidase in the rat cerebrum. J. neuropathol. exper. Neurol. (Baltimore) **27**, 349–452 (1968)

BECKER, N.H., NOVIKOFF, A.B., ZIMMERMAN, H.M.: Fine structure observations of the uptake of intravenously injected peroxidase by the rat choroid plexus. J. Histochem. Cytochem. **15**, 160–165 (1967)

BECKER, N.H., SUTTON, C.H.: Pathologic features of the choroid plexus. I. Cytochemical effects of hypervitaminosis A. Am. J. Pathol. **43**, 1017–1030 (1963)

BECKER, D.P., WILSON, J.A., WATSON, G.W.: The spinal cord central canal: response to experimental hydrocephalus and canal occlusion. J. Neurosurg. **36**, 416–424 (1972)

BECKMAN, W.C., JR.: Effects of orchidectomy and replacement therapy on the content of gonadotropin-releasing hormone (GnRH) in the rat brain as observed with immunohistochemistry. Anat. Rec. **187**, 533 (1977)

BEHNSEN, G.: Über die Farbstoffspeicherung im Zentralnervensystem der weissen Maus in verschiedenen Alterszuständen. Z. Zellforsch. **4**, 515–575 (1927)

BENDA, P., DE VITRY, F., PICART, R., TIXIER-VIDAL, A.: Dissociated cell cultures from fetal mouse hypothalamus. Patterns of organization and ultrastructural features. Exp. Brain Res. **23**, 29–47 (1975)

BENEDIKT, M.: Über die Innervation des Plexus chorioideus inferior. Virchows Arch. path. Anat. Physiol. klin. Med. **59**, 395–400 (1874)

BENELBAZ, G.A., PIEZZI, R.S., LYNCH, H.J.: Hydroxyindole-O-methyltransferase (HIOMT) and melatonin in the pineal gland of the antarctic penguins (*Pygoscelis adeliae* and *P. papua*). Gen. Comp. Endocrinol. **30**, 43–46 (1976)

BENJAMIN, M.: Ultrastructural studies on the coronet cells of the saccus vasculosus of the freshwater stickleback, *Gasterosteus aculeatus* form *leiurus*. Z. Zellforsch. **147**, 551–565 (1974)

BEN-JONATHAN, N., MICAL, R.S., PORTER, J.C.: Transport of LRF from CSF to hypophyseal portal and systemic blood and the release of LH. Endocrinology **95**, 18–25 (1974)

BENNETT, C.T.: Activity of osmosensitive neurons: plasma osmotic pressure thresholds. Physiol. Behav. **11**, 403–406 (1973)

BENNETT, H., LUFT, J.H., HAMPTON, J.C.: Morphological classification of vertebrate blood capillaries. Am. J. Physiol. **196**, 381–390 (1959)

BENSINGER, R., VAUGHAN, M., KLEIN, D.C.: Isolation of a non-melatonin lipophilic antigonadotrophic factor from the bovine pineal gland. Fed. Proc. **32**, 252 (1973)

BENSON, B., KRASOVICH, M.: Circadian rhythm in the number of granulated vesicles in the pinealocytes of mice. Effects of sympathectomy and melatonin treatment. Cell Tissue Res. **184**, 499–506 (1977)

BENSON, B., MATTHEWS, M.J., HADLEY, M.E., POWERS, S., HRUBY, V.J.: Differential localization of antigonadotropic and vasotocic activities in bovine and rat pineal. Life Sci. **19**, 747–754 (1976a)

BENSON, B., MATTHEWS, M.J., HRUBY, V.J.: Characterization and effects of a bovine pineal antigonadotropic peptide. Am. Zool. **16**, 17–24 (1976b)

Benson, B., Matthews, M.J., Rodin, A.E.: Studies on a non-melatonin pineal antigonadotropin. Acta Endocrinol. (Kbh.) **69**, 257–266 (1972)

Benson, B., Satterfield, V.: Ultrastructural characteristics of mouse pinealocytes following optic – enucleation or continuous illumination. Anat. Rec. **181**, 312 (1975)

Berblinger, W.: Die Glandula pinealis. In: Handbuch der speziellen pathologischen Anatomie und Histologie. Henke, F., Lubarsch, O. (Hrsg.), Bd. VIII, S. 681–759. Berlin: 1926

Bererhi, A., Abbas-Terki, M.: Structure fine de l'épiphyse du magot d'Algérie (*Macacus sylvanus* L.). Bull. Assoc. Anat. (Nancy) **148**, 285–294 (1970)

Berger, B.D., Wise, C.D., Stein, L.: Area postrema damage and bait shyness. J. Comp. Physiol. Psychol. **82**, 475–479 (1973)

Bergland, R.M., Page, R.B.: Can the pituitary secrete directly to the brain? (Affirmative anatomical evidence). Endocrinology **102**, 1325–1338 (1978)

Bergmann, G.: Elektronenmikroskopische Untersuchungen am Pinealorgan von *Pterophyllum scalare* Cuv. et Val. (Cichlidae, Teleostei). Z. Zellforsch. **119**, 257–288 (1971)

Bergquist, H.: On early cell migration process in the embryonic brain. J. Embryol. Exp. Morphol. **4**, 152–160 (1956)

Bering, E.A., Jr.: The cerebrospinal fluid circulation. In: Cerebrospinal fluid and the regulation of ventilation. Brooks, Ch. McC., Kao, F.F., Lloyd, B.B. (eds.), pp. 395–412. Oxford: Blackwell Scientific 1965

Berlind, A.: Caudal neurosecretory system: a physiologist's view. Am. Zool. **13**, 759–770 (1973)

Bern, H.A.: Urophysis and caudal neurosecretory system. In: Fish physiology. Hoar, W.S., Randall, D.J. (eds.), Vol. II, pp. 339–418. New York: Academic Press 1969

Bern, H.A.: Some questions on the nature and function of cranial and caudal neurosecretory systems in non-mammalian vertebrates. In: Topics in neuroendocrinology. Ariëns Kappers, J., Schadé, J.P. (eds.). Prog. Brain Res. **38**, 85–96 (1972)

Bern, H.A., Hagadorn, I.R.: A comment on the elasmobranch caudal neurosecretory system. In: Comparative endocrinology. Gorbman, A. (ed.), pp. 725–727. New York: Wiley 1959

Bern, H.A., Knowles, Sir F.G.W.: Neurosecretion. In: Neuroendocrinology, Vol. I. Martini, L., Ganong, W.F. (eds.), pp. 139–186. New York, London: Academic Press 1966

Bern, H.A., Lederis, K.: A reference preparation for the study of active substances in the caudal neurosecretory system of teleosts. J. Endocrinol. **45**, 11–12 (1969)

Bern, H.A., Lederis, K.: The caudal neurosecretory system of fishes in 1976. In: Neurosecretion and neuroendocrine activity. Evolution, structure and function. Bargmann, W., Oksche, A., Polenov, A., Scharrer, B. (eds.), pp. 341–349. Berlin, Heidelberg, New York: Springer 1978

Bern, H.A., Nishioka, R.S., Hagadorn, T.R.: Neurosecretory granules and the organelles of neurosecretory cells. Mem. Soc. Endocrinol. **12**, 21–34 (1962)

Bern, H.A., Nishioka, R.S., Mewaldt, L.R., Farner, D.S.: Photoperiodic and osmotic influences on the ultrastructure of the hypothalamic neurosecretory system of the White-crowned Sparrow, *Zonotrichia leucophrys gambelii*. Z. Zellforsch. **69**, 198–227 (1966)

Bern, H.A., Takasugi, N.: The caudal neurosecretory system of fishes. Gen. Comp. Endocrinol. **2**, 96–111 (1962)

Bern, H.A., Yagi, K., Nishioka, R.S.: The structure and function of the caudal neurosecretory system of fishes. Arch. Anat. Micr. Morphol. Exp. **54**, 217–238 (1965)

Berndtson, W.W., Desjardins, C.: Circulating LH and FSH levels and testicular function in hamsters during light deprivation and subsequent photoperiodic stimulation. Endocrinology **95**, 195–205 (1974)

Bernstein, J.J., Streicher, E.: The blood-brain barrier of fish. Exp. Neurol. **11**, 464–473 (1965)

Berry, M.: Proliferation in the mammalian subependymal layer. J. Anat. (Lond.) **123**, 241 (1977)

Berry, M., Rogers, A.W.: The migration of neuroblasts in the developing cerebral cortex. J. Anat. **99**, 691–709 (1965)

Bertler, A., Falck, B., Owman, C.: Studies on 5-hydroxytryptamine stores in pineal gland of rat. Acta Physiol. Scand. **63** (suppl. 234), 1–18 (1964)

Bertolini, B.: Ultrastructure of the spinal cord of the lamprey. J. Ultrastruct. Res. **11**, 1–24 (1964)

Bertolini, B., Mangia, F.: Osservazioni sulla ultrastruttura dell'occhio pineale della lampreda. Rend. Accad. Naz. Lincei **41**, 147–153 (1966)

BHATT, D.K., TEWARI, H.B.: Histochemical mapping of adenyltriphosphatase and 5'-nucleotidase in the medulla oblongata and pons of squirrel (*Funambulus palmarum*). Cellular & Molecular Biology **23**, 275–294 (1978)

BIGNAMI, A., DAHL, D.: Specificity of the glial fibrillary acidic protein for astroglia. J. Histochem. Cytochem. **25**, 466–469 (1977)

BILLENSTIEN, D., GALER, B.B.: The ultrastructure of the cilia of the saccus vasculosus crown cells in the sunfish. Anat. Rec. **160**, 508 (1968)

BINKLEY, S., STEPHENS, J.L., RIEBMAN, J.B., REILLY, K.B.: Regulation of pineal rhythms in chickens: photoperiod and dark-time sensitivity. Gen. Comp. Endocrinol. **32**, 411–416 (1977)

BIONDI, G.: Ein neuer histologischer Befund am Epithel des Plexus chorioideus. Z. gesamte Neurol. Psychiatr. **144**, 161–165 (1933)

BIONDI, G.: Zur Histopathologie des menschlichen Plexus chorioideus und des Ependyms. Arch. Psychiatr. Nervenkr. **101**, 666–728 (1934)

BIONDI, G.: Pathologische Anatomie und Histologie der membranösen (Paries chorioideus) und der nervösen Wände (Ependym) der Hirnventrikel (ohne Geschwülste und eitrige und spezifische Entzündungen). In: Handbuch der speziellen pathologischen Anatomie und Histologie. Bd. XIII, Nervensystem. Scholz, W. (Hrsg.), Teil 4, S. 826–895. Berlin, Göttingen, Heidelberg: Springer 1956

BIRGE, W.J.: Induced choroid plexus development in the chick metencephalon. J. Comp. Neurol. **118**, 89 (1962)

BIRGE, W.J., ROSE, A.D., HAYWOOD, J.R., DOOLIN, P.F.: Development of the blood-cerebrospinal fluid barrier to protein and differentiation of cerebrospinal fluid in the chick embryo. Dev. Biol. **41**, 245–254 (1974)

BIRZIS, L., CARTER, C.H., MAREN, T.H.: Effect of acetazolamide on CSF pressure and electrolytes in hydrocephalus. Neurology (Minneap.) **8**, 522–528 (1958)

BISCHOFF, M.B.: Ultrastructural evidence for secretory and photoreceptor functions in the avian pineal organ. J. Cell Biol. **35**, 13A–14A (1967)

BISCHOFF, M.B.: Photoreceptoral and secretory structures in the avian pineal organ. J. Ultrastruct. Res. **28**, 16–26 (1969)

BISCHOFF, M.B., RICHTER, W.R.: Some ultrastructural features of the pineal organ in Japanese quail (*Coturnix coturnix japonica*), p. 523. 6th Int. Congr. Electron. Microsc. Kyoto: Maruzen 1966

BITSCH, P., SCHIEBLER, T.H.: Zur postnatalen Entwicklung der Eminentia mediana der Ratte. Z. Mikrosk. Anat. Forsch. **93**, 1–20 (1978)

BJÖRKLUND, A., FALCK, B., LJUNGGREN, L.: Monoamines in the bird median eminence: failure of cocaine to block the accumulation of exogenous amines. Z. Zellforsch. 89, 193–200 (1968)

BJÖRKLUND, A., OWMAN, CH., WEST, K.A.: Peripheral sympathetic innervation and serotonin cells in the habenular region of the rat brain. Z. Zellforsch. **127**, 570–579 (1972)

BLAINE, E.H., DENTON, D.A., MCKINLEY, M.J., WELLER, S.: A central osmosensitive receptor for renal sodium excretion. J. Physiol. (Lond.) **244**, 497–509 (1975)

BLAKE, J.A.: The roof and lateral recesses of the fourth ventricle, considered morphologically and embryologically. J. Comp. Neurol. **10**, 79–108 (1900)

BLAKEMORE, W.F.: The ultrastructure of the subependymal plate in the rat. J. Anat. **104**, 423–433 (1969)

BLAKEMORE, W.F.: Microglial reactions following thermal necrosis of the rat cortex: An electron microscopic study. Acta Neuropathol. (Berl.) **21**, 11–22 (1972)

BLAKEMORE, W.F.: The ultrastructure of normal and reactive microglia. Acta Neuropathol. (Berl.) [Suppl.] **6**, 273–278 (1975)

BLAKEMORE, W.F., JOLLY, R.D.: The subependymal plate and associated ependyma in the dog. An ultrastructural study. J. Neurocytol. **1**, 69–84 (1972)

BLANC, P.: Développement de l'innervation épendymaire chez le cobaye. Acta anat. (Basel) **25**, 78 (1955)

BLASK, D.E., REITER, R.J.: The pineal gland of the blind-anosmic female rat: its influence on medial basal hypothalamic LRH, PIF and/or PRF activity in vivo. Neuroendocrinology **17**, 362–374 (1975)

BLASK, D.E., VAUGHAN, M.K., REITER, R.J., JOHNSON, L.Y., VAUGHAN, G.M.: Prolactin-releasing and release-inhibiting factor activities in the bovine, rat, and human pineal gland: in vitro and in vivo studies. Endocrinology **99**, 152–162 (1976)

Bleier, R.: The relations of ependyma to neurons and capillaries in the hypothalamus: a Golgi-Cox study. J. Comp. Neurol. **142**, 439–464 (1971)

Bleier, R.: Structural relationship of ependymal cells and their processes within the hypothalamus. In: Brain-endocrine interaction. Median eminence: Structure and function. Knigge, K.M., Scott, D.E., Weindl, A. (eds.), Int. Symp. Munich 1971 pp. 306–318. Basel: Karger 1972

Bleier, R.: Surface fine structure of supraependymal elements and ependyma of hypothalamic third ventricle of mouse. J. Comp. Neurol. **161**, 555–567 (1975)

Bleier, R.: Ultrastructure and surface fine structure of ependymal and supraependymal elements of hypothalamic third ventricle. In: Circumventriculäre Organe. Leopoldina Symp., Schloß Reinhardsbrunn 1975. Sterba, G., Bargmann, W. (Hrsg.). Nova Acta Leopoldina, Suppl. 9, S. 45–51. Halle: Deutsche Akademie der Naturforscher 1977a

Bleier, R.: Ultrastructure of supraependymal cells and ependyma of hypothalamic third ventricle of mouse. J. Comp. Neurol. **174**, 359–376 (1977b)

Bleier, R.: Supraependymal cells of the hypothalamic third ventricle of the tegu lizard, *Tupinambis nigropunctatus*. A scanning electron microscopic study. Biol. Cell. **29**, 153–158 (1977c)

Bleier, R., Albrecht, R., Cruce, J.A.F.: Supraependymal cells of hypothalamic third ventricle: Identification as resident phagocytes of the brain. Science **189**, 299–301 (1975)

Blinzinger, K.: Elektronenmikroskopische Untersuchungen am Ependym der Hirnventrikel des Goldhamsters (*Mesocricetus aureatus*). Acta Neuropathol. (Berl.) **1**, 527–532 (1962)

Blomstrand, Ch., Johansson, B., Rosengren, B.: Blood-brain barrier lesion in acute hypertension in rabbits after unilateral X-ray exposure of brain. Acta Neuropathol. (Berl.) **31**, 97–102 (1975)

Bloom, F.E.: Discussion on the comparative physiology of serotonin and melatonin. Symposium on the biological role of indolealkylamine derivatives. Adv. Pharmacol. **6A**, 298–300 (1968)

Bloom, F.E., Giarman, N.J.: The effects of *p*-chlorophenylalanine on the content and cellular distribution of 5-hydroxytryptophan in the rat pineal gland: combined biochemical and electron microscopic analyses. Biochem. Pharmacol. **19**, 1213–1219 (1970)

Bock, R., von Forstner, R.: Beiträge zur funktionellen Morphologie der Neurohypophyse. II. Vergleichsuntersuchung histologischer Veränderungen im Infundibulum der Ratte nach beidseitiger Adrenalektomie und nach Hypophysektomie. Z. Zellforsch. **94**, 434–440 (1969)

Bock, R., von Forstner, R., aus der Mühlen, K., Stöhr, Ph.A.: Beiträge zur funktionellen Morphologie der Neurohypophyse. III. Über die Wirkung einer Corticoid- oder ACTH-Behandlung auf das Auftreten „gomoripositiver" Granula in der Zona externa infundibuli von Ratten und Mäusen nach beidseitiger Adrenalektomie oder Hypophysektomie. Z. Zellforsch. **96**, 142–150 (1969)

Bock, R., Goslar, H.G.: Enzymhistochemische Untersuchungen an Infundibulum und Hypophysenhinterlappen der normalen und beidseitig adrenalektomierten Ratte. Z. Zellforsch. **95**, 415–428 (1969)

Bodenheimer, T.S., Brightman, M.W.: A blood-brain barrier to peroxidase in capillaries surrounded by perivascular spaces. Am. J. Anat. **122**, 249–268 (1968)

Böhme, G.: Vergleichende Untersuchungen am Gehirnventrikelsystem: Das Ventrikelsystem des Huhnes. Acta Anat. (Basel) **73**, 116–126 (1969)

Böhme, G.: Eine organartige Bildung im IV. Ventrikel beim Huhn. Anat. Anz. **126**, Erg.-H., 245–250 (1970)

Böhme, G.: Untersuchungen an der Area postrema von *Gallus domesticus*. II. Das morphologische Problem der Existenz einer Bluthirnschranke. Acta Neuropathol. (Berl.) **21**, 308–315 (1972)

Böhme, G., Franz, B.: Die Binnenräume des Gehirnes von Ratte und Maus. Acta Anat. (Basel) **68**, 199–206 (1967)

Böhme, G., Künzel, E., Tiedemann, K.: Untersuchungen an der Area postrema von *Gallus domesticus*. I. Vascularisation und Feinbau der Gefäße. Acta Neuropathol. (Berl.) **21**, 296–307 (1972)

Boeke, J.: Über das Homologon des Infundibularorganes bei *Amphioxus lanceolatus*. Anat. Anz. **15**, 411–415 (1902)

Boeke, J.: Das Infundibularorgan im Gehirne des Amphioxus. Anat. Anz. **32**, 473–488 (1908)

Boeke, J.: Neue Beobachtungen über das Infundibularorgan im Gehirn des Amphioxus und das homologe Organ des Craniotengehirnes. Anat. Anz. **44**, 460–477 (1913)

Boeke, J., Dammerman, K.W.: The saccus vasculosus of fishes a receptive nervous organ and not a gland. Proc. Kon. Ned. Akad. Wet. 136–192 (Juni 1910)

Bösel, R.: Die Tanycytenglia des Zwischenhirns cryptodirer Schildkröten (*Testudines, Reptilia*). I. Matrixdynamik und Entwicklung des Ependyms bei *Emys orbicularis* L. Vergleiche mit den Verhältnissen bei *Eretmochelys imbricata* L. J. Hirnforsch. **11**, 519–535 (1969)

Bösel, R.: Die Tanycytenglia des Zwischenhirns cryptodirer Schildkröten. II. Vergleichend-histologische Untersuchungen zur Adultmorphologie der Tanycytenglia des dritten Ventrikels bei einigen Testudinoiden. J. Hirnforsch. **12**, 29–43 (1970)

Bomhard, K. von, Köhl, W., Schinko, I.: Gefäßpassage von Markierungsstoffen im Subcommissuralorgan der Ratte. Anat. Anz. **136**, Erg.-H., 445–447 (1974a)

Bomhard, K. von, Köhl, W., Schinko, I., Wetzstein, R.: Feinbau und Passageverhalten der Capillaren im Subcommissuralorgan der Ratte. Z. Anat. Entwickl. Gesch. **144**, 101–122 (1974b)

Bondareff, W.: Submicroscopic morphology of granular vesicles in sympathetic nerves of rat pineal body. Z. Zellforsch. **67**, 211–218 (1965)

Bondareff, W., Gordon, B.: Submicroscopic localization of norepinephrine in sympathetic nerves of rat pineal. J. Pharmacol. Exp. Ther. **153**, 42–47 (1966)

Bondareff, W., Lin-Liu, S.: Age-related change in the neuronal microenvironment: penetration of ruthenium red into extracellular space of brain in young adult and senescent rats. Am. J. Anat. **148**, 57–64 (1977)

Bondareff, W., Pysh, J.J.: Distribution of the extracellular space during postnatal maturation of rat cerebral cortex. Anat. Rec. **160**, 773–780 (1968)

Bone, Q.: The central nervous system of amphioxus J. Comp. Neurol. **115**, 27–51 (1960)

Booz, K.H.: Secretory phenomena at the ependyma of the IIIrd ventricle of the embryonic rat. Anat. Embryol. (Berl.) **147**, 143–159 (1975)

Booz, K.H., Desaga, U.: Sub- und interependymale Basalmembranlabyrinthe am Ventrikelsystem und Zentralkanal der weißen Ratte. Anat. Anz. **132**, Erg.-H., 609–612 (1973)

Booz, K.H., Desaga, U.: Untersuchungen am Ependym der Ratte nach Erzeugung eines Hirnödems bzw. Hydrocephalus internus. Anat. Anz. **142**, Erg. H., 1009–1014 (1977)

Booz, K.H., Desaga, U., Felsing, T.: Über die Entstehung der Basalmembranlabyrinthe. Z. Anat. Entwickl. Gesch. **143**, 185–203 (1974)

Booz, K.H., Desaga, U., Felsing, T., Franz, H., Stark, M.: Sub- und interependymale Basalmembranlabyrinthe am Zentralkanal der weißen Ratte. Z. Zellforsch. **132**, 217–229 (1972)

Booz, K.H., Felsing, T.: Über ein transitorisches perinatales subependymales Zellsystem der weißen Ratte. Z. Anat. Entwickl. Gesch. **141**, 275–288 (1973)

Booz, K.H., Wiesen, B.: Fluorescence microscopic study of the behaviour of DANS-marked histidine in the rat brain after intraventricular injection. Anat. Embryol. (Berl.) **149**, 225–239 (1976)

Borison, H.L.: Area postrema: chemoreceptor trigger zone for vomiting – is that all? Life Sci. **14**, 1807–1817 (1974)

Borison, H.L., Brizzee, K.R.: Morphology of the emetic chemoreceptor trigger zone in cat medulla oblongata. Proc. Soc. Exp. Biol. Med. **77**, 38–42 (1951)

Borison, H.L., Hawken, M.J., Hubbard, J.I., Sirett, N.E.: Unit activity from the cat area postrema influenced by drugs. Brain Res. **92**, 153–156 (1975)

Borison, H.L., Wang, S.C.: Physiology and pharmacology of vomiting. Pharmacol. Rev. **5**, 193–230 (1953)

Bosler, O.: The organum vasculosum laminae terminalis. A cytophysiological study in duck, *Anas platyrhynchos*. Cell. Tissue Res. **182**, 383–399 (1977)

Bosler, O.: Radioautographic identification of serotonin axon terminals in the rat organum vasculosum laminae terminalis. Brain Res. **150**, 177–181 (1978)

Bosque, G., Arranz, B., Arnaiz, S.: L'organe sous-commissural chez *Cavia cobaya* adulte. Acta Anat. (Basel) **33**, 65–75 (1958)

Bosque, G., Arranz, B., Monsalve, R.: The subcommissural organ in the grown-up man. Acta Anat. (Basel) **46**, 98–103 (1961)

Bostelmann, W.: Beitrag zur submikroskopischen Zytologie der Epiphysis cerebri und zur experimentellen Beeinflussung ihrer Zellelemente. Zentralbl. Allg. Pathol. **107**, 430–440 (1965)

Bouchaud, C.: Sur l'existence d'une barrière hémato-encéphalique pour la 5-hydroxytryptamine. Etude histochimique. C.R. Acad. Sci. [D] (Paris) **270**, 107–111 (1970)

Bouchaud, C.: Différences régionales dans la perméabilité des capillaires de l'organe subfornical du rat. Bull. Assoc. Anat. 59e Congrès, Liège **58**, 491–499 (1974a)

Bouchaud, C.: Sur l'évolution involutive de terminaisons axoniques péricapillaires dans l'organe subfornical du rat normal. J. Microsc. **20**, 215–218 (1974 b)

Bouchaud, C.: Données ultrastructurales sur la perméabilité des capillaires des organes circumventriculaires du cerveau. J. Microsc. Biol. Cell. **24**, 45–58 (1975)

Bouchaud, C., Arluison, M.: Serotoninergic innervation of ependymal cells in the rat subcommissural organ. A fluorescence, electron microscopic and radioautographic study. Biol. Cell. **30**, 61–64 (1977)

Bouchaud, C., Arluison, M., Bosler, O., Calas, A.: L'innervation sérotoninergique sous-épendymaire au niveau des organes circumventriculaires du rat. J. Physiol. (Paris) **71**, 4B (1976)

Bouchaud, C., Bouvier, D.: Fine structure of tight junctions between rat choroidal cells after osmotic opening induced by urea and sucrose. Tissue Cell **10**, 331–342 (1978)

Boudier, J.L., Boudier, J.A., Picard, D.: Ultrastructure du lobe posterieur de l'hypophyse du rat et ses modifications au cours de l'excrétion de vasopressine. Z. Zellforsch. **108**, 357–379 (1970)

Boudier, J.L., Burlet, C.: The posterior pituitary of the garden dormouse (*Eliomys quercinus* L.). Evidence of two types of neurosecretory axons on the basis of ultrastructural characteristics. Cell Tissue Res. **188**, 189–204 (1978)

Boulder Committee: Embryonic vertebrate central nervous system: revised terminology. Anat. Rec. **166**, 257–262 (1970)

Bouldin, T.W., Krigman, M.R.: Differential permeability of cerebral capillary and choroid plexus to lanthanum ion. Brain Res. **99**, 444–448 (1975)

Bouvier, D., Bouchaud, C.: Tight junctions of the rat choroid plexus epithelium revealed by freeze-fracture. Biol. Cell. **31**, 109–112 (1978)

Bowie, E.P., Vaughan, M.K.: Immunocytochemical evidence for the presence of arginine vasotocin in the rat pineal gland, p. 247. 10th Int. Cong. Anat. Tokyo 1975

Bowsher, D.: Pathways of absorption of protein from the cerebrospinal fluid. Anat. Rec. **128**, 23–39 (1957)

Boya, J., Zamorano, L.: Ultrastructural study of the pineal gland of the chicken (*Gallus gallus*). Acta Anat. (Basel) **92**, 202–226 (1975)

Boyde, J.D.: The occurrence of subependymal cysts during the development of the human cerebellum. Acta Anat. (Basel) **73** [Suppl. **56**], 80–94 (1969)

Braak, H.: Das Ependym der Hirnventrikel von *Chimaera monstrosa* (mit besonderer Berücksichtigung des Organon vasculosum praeopticum). Z. Zellforsch. **60**, 582–608 (1963)

Braak, H.: Elektronenmikroskopische Untersuchungen an Catecholaminkernen im Hypothalamus vom Goldfisch (*Carassius auratus*). Z. Zellforsch. **83**, 398–415 (1967)

Braak, H.: Zur Ultrastruktur des Organon vasculosum hypothalami der Smaragdeidechse (*Lacerta viridis*). Z. Zellforsch. **84**, 285–303 (1968)

Braak, H., Hehn, G. von: Zur Feinstruktur des Organon vasculosum hypothalami des Frosches (*Rana temporaria*). Z. Zellforsch. **97**, 125–136 (1969)

Brackmann, M., Hoffmann, K.: Pinealectomy and photoperiod influence. Testicular development in the Djungarian hamster. Naturwissenschaften **64**, 341–342 (1977)

Bradbury, M.W.B.: Ontogeny of mammalian brain-barrier systems. In: Fluid environment of the brain. Cserr, H.F., Fenstermacher, J.D., Fend, S. (eds.), pp. 81–104. New York, San Francisco, London: Academic Press 1975

Bradbury, M.W.B.: Physiopathology of the blood-brain barrier. Adv. Exp. Med. Biol. **69**, 507–516 (1976)

Bradbury, M.W.B., Davson, H., Lathem, W.: A flow of cerebrospinal fluid along the central canal of the spinal cord of the rabbitt. J. Physiol. (Lond.) **172**, 16–17 (1964)

Brawer, J.R.: The fine structure of the ependymal tanycytes at the level of the arcuate nucleus. J. Comp. Neurol. **145**, 25–42 (1972)

Brawer, J.R., Gustafson, A.W.: Seasonal variations in the fine structure of ependymal tanycytes in the male little brown bat *Myotis lucifugus lucifugus*. Anat. Rec. **190**, 346 (1978)

Brawer, J.R., Lin, P.L., Sonnenschein, C.: Morphological plasticity in the wall of the third ventricle during the estrus cycle in the rat: a scanning electron microscopic study. Anat. Rec. **179**, 481–490 (1974)

Breemen, V.L. van, Clemente, C.D.: Silver deposition in the central nervous system and the hematoencephalic barrier studied with the electron microscope. J. Biophys. Biochem. Cytol. **1**, 161–165 (1955)

BRETTSCHNEIDER, H.: Hypothalamus und Hypophyse des Pferdes. Ein Beitrag zur Verknüpfungsfrage. Gegenbaurs Morph. Jahrb. **96**, 265–384 (1956a)

BRETTSCHNEIDER, H.: Die Feinstruktur des nervösen Parenchyms des Infundibulum. I. Faserstrukturen. Z. Mikrosk. Anat. Forsch. **62**, 247–266 (1956b)

BRETTSCHNEIDER, H.: Die Feinstruktur des nervösen Parenchyms von Infundibulum und Neurohypophyse. II. Die Neurosekretion. Z. Mikrosk. Anat. Forsch. **64**, 575–590 (1958)

BRETTSCHNEIDER, H., ULLAH, Z., DERMIETZEL, R.: Die Feinstruktur eines zentralen Chemo-Rezeptors der Atmung. Anat. Anz. **136**, Erg.-H., 409–417 (1974)

BREUCKER, H., HORSTMANN, E.: Elektronenmikroskopische Untersuchungen am Pinealorgan der Regenbogenforelle (*Salmo gairdneri*). In: Structure and function of the epiphysis cerebri. Ariëns Kappers, J., Schadé, J.P. (eds.). Prog. Brain Res. **10**, 259–269 (1965)

BRIDGES, R., TAMARKIN, L., GOLDMAN, B.: Effects of photoperiod and melatonin on reproduction in the Syrian hamster. Ann. Biol. Anim. Biochim. Biophys. **16**, 399–408 (1976)

BRIGHTMAN, M.W.: The fine structure of ciliated ependyma. Anat. Rec. **139**, 210–211 (1961)

BRIGHTMAN, M.W.: The distribution within the brain of ferritin injected into cerebrospinal fluid compartments. J. Cell Biol. **26**, 99–123 (1965a)

BRIGHTMAN, M.W.: The distribution within the brain of ferritin injected into the cerebrospinal fluid compartments. II. Parenchymal distribution. Am. J. Anat. **117**, 193–220 (1965b)

BRIGHTMAN, M.W.: Intracerebral movement of proteins injected into the blood and cerebrospinal fluid in mice. In: Brain barrier systems. Lajtha, A., Ford, D.H. (eds.): Prog. Brain Res. **29**, 19–37 (1968)

BRIGHTMAN, M.W.: Morphology of blood-brain interfaces. Exp. Eye Res. **25** [Suppl.], 1–25 (1977)

BRIGHTMAN, M.W., BROADWELL, R.D.: The morphological approach to the study of normal and abnormal brain permeability. Adv. Exp. Med. Biol. **69**, 41–54 (1976)

BRIGHTMAN, M.W., HORI, M., RAPOPORT, S.I., REESE, T.S., WESTERGAARD, E.: Osmotic opening of tight junctions in cerebral endothelium. J. Comp. Neurol. **152**, 317–325 (1973)

BRIGHTMAN, M.W., KLATZO, I., OLSSON, Y., REESE, T.: The blood-brain barrier to proteins under normal and pathological conditions. J. Neurol. Sci. **10**, 215–239 (1970a)

BRIGHTMAN, M.W., PALAY, S.L.: The fine structure of ependyma in the brain of the rat. J. Cell Biol. **19**, 415–439 (1963)

BRIGHTMAN, M.W., PRESCOTT, L., REESE, T.S.: Intercellular junctions of special ependyma. In: Brain – endocrine interaction II. The ventricular system in neuroendocrine mechanisms. Int. Symp. Shizuoka 1974. Knigge, K.M., Scott, D.E., Kobayashi, H., Ishii, S. (eds.), pp. 146–165. Basel: Karger 1975a

BRIGHTMAN, M.W., REESE, T.S.: Astrocytic and ependymal junctions in the mouse brain. J. Cell Biol. **35**, 2 (1967)

BRIGHTMAN, M.W., REESE, T.S.: Junctions between intimately apposed cell membranes in the vertebrate brain. J. Cell Biol. **40**, 648–677 (1969)

BRIGHTMAN, M.W., REESE, T.S., FEDER, N.: Assessment with the electronmicroscope of the permeability to peroxidase of cerebral endothelium and epithelium in mice and sharks. In: Capillary permeability. The transfer of molecules and ions between capillary blood and tissue. Alfred Benzon Symposium II. Crone, C., Lassen, N.A., (eds.), pp. 483–490. New York: Academic Press 1970c

BRIGHTMAN, M.W., REESE, T.S., OLSSON, Y., KLATZO, T.: Morphologic aspects of the blood-brain barrier to peroxidase in elasmobranchs. In: Progress in neuropathology. Zimmerman, H.M. (ed.), pp. 146–161. New York: Grune and Stratton 1970b

BRIGHTMAN, M.W., SHIVERS, R.R., PRESCOTT, L.: Morphology of the walls around fluid compartments in nervous tissue. In: Fluid environment of the brain. Cserr, H.F., Fenstermacher, J.D., Fencl, V. (eds.), pp. 3–15. New York, San Francisco, London: Academic Press 1975b

BRIZZEE, K.R.: A comparison of cell structure in the area postrema, supraoptic crest, and intercolumnar tubercle with notes on the neurohypophysis and pineal body in the cat. J. Comp. Neurol. **100**, 699–715 (1954)

BRIZZEE, K.R., BORISON, H.L.: Studies on the localization and morphology of the chemoreceptor trigger (CT) zone in the area postrema of the cat. Anat. Rec. **112**, 13–14 (abstract) (1952)

BRIZZEE, K.R., NEAL, L.M.: A reevaluation of the cellular morphology of the area postrema in view of recent evidence for a chemoreceptor function. J. Comp. Neurol. **100**, 41–62 (1954)

Brizzee, K.R., Palazzo, M.C., Klara, P.M., Hofer, H.: Effects of systemic administration of 6-hydroxydopamine on the circumventricular organs in nonhuman primates. I. Area postrema. Cell Tissue Res. **187**, 115–127 (1978)

Broadwell, R.D., Brightman, M.W.: Entry of peroxidase into neurons of the central and peripheral nervous systems from extracerebral and cerebral blood. J. comp. Neurol. **166**, 257–284 (1976)

Brocklehurst, G.: The development of the human cerebrospinal fluid pathway with particular reference to the roof of the fourth ventricle. J. Anat. **105**, 467–475 (1969)

Brocklehurst, G.: The structure of the rhombencephalic roof in frog. Acta Neurochir. (Wien) **35**, 205–214 (1976)

Brown, D.D., Afifi, A.K.: Histological and ablation studies on the relation of the subcommissural organ and rostral midbrain to sodium and water metabolism. Anat. Rec. **153**, 255–264 (1965)

Brownfield, M.S., Kozlowski, G.P.: The hypothalamo-choroidal tract. I. Immunohistochemical demonstration of neurophysin pathways to the telencephalic choroid plexuses and cerebrospinal fluid. Cell Tissue Res. **178**, 111–127 (1977)

Brownstein, M., Axelrod, J.: Pineal gland: 24-hour rhythm in norepinephrine turnover. Science (N.Y.) **184**, 163–165 (1974)

Brownstein, M.J., Palkovits, M., Saavedra, J.M., Kizer, J.S.: Tryptophan hydroxylase in the rat brain. Brain Res. **97**, 163–166 (1975)

Brückner, G.: Funktionelle Morphologie der hypophysären Glia nach Durchtrennung des Hypophysenstiels bei *Rana esculenta*. Gegenbaurs Morphol. Jahrb. **118**, 52–80 (1972)

Bruni, J.E.: Scanning and transmission electron microscopy of the ependymal lining of the third ventricle. Can. J. Neurol. Sci. **1**, 59–73 (1974)

Bruni, J.E., Clattenburg, R.E., Montemurro, D.G.: Ependymal tanycytes of the rabbit third ventricle: a scanning electron microscopic study. Brain Res. **73**, 145–150 (1974)

Bruni, J.E., Montemurro, C.G., Clattenburg, R.E.: Morphology of the ependymal lining of the rabbit third ventricle following intraventricular administration of synthetic luteinizing hormone-releasing hormone (LH-RH): a scanning electron microscopic investigation. Am. J. Anat. **150**, 411–425 (1977)

Bruni, J.E., Montemurro, D.G., Clattenburg, R.E., Singh, R.P.: A scanning electron microscopic study of the ependymal surface of the third ventricle of the rabbit, rat, mouse and human brain. Anat. Rec. **174**, 407–419 (1972)

Bruni, J.E., Montemurro, D.G., Clattenburg, R.E., Singh, R.P.: Scanning electron microscopy of the ependymal surface of the third ventricle after silver nitrate staining. Brain Res. **61**, 207–216 (1973)

Bryans, W.A.: Mitotic activity in the brain of the adult rat. Anat. Rec. **133**, 65–74 (1959)

Brzustowicz, R.J., Kernohan, J.W.: Cell rests in the region of the fourth ventricle. A.M.A. Arch. Neurol. **67**, 592–601 (1952)

Bucana, C.D., Nadakavukaren, M.J., Frehn, J.L.: Annulate lamellae in hamster pineal gland. Tissue Cell **3**, 405–412 (1971)

Bucy, P.C.: The pars nervosa of the bovine hypophysis. J. Comp. Neurol. **50**, 505–520 (1930)

Bucy, P.C.: The hypophysis cerebri. In: Cytology and cellular pathology of the nervous system. Penfield (ed.), Vol. II, pp. 707–738. New York: Paul Hoeber 1932

Buda, M., Klein, D.C.: A suspension culture of pinealocytes: Regulation of N-acetyltransferase activity. Endocrinology **103**, 1483–1493 (1978)

Budd, G.C., Salpeter, M.M.: The distribution of labeled norepinephrine within sympathetic nerve terminals studied with electron microscope radioautography. J. Cell Biol. **41**, 21–32 (1969)

Budtz, P.E.: Effect of transection at different levels of hypothalamus on the hypothalamo-hypophysial system of the toad, *Bufo bufo,* with particular reference to the ultrastructure of the zona externa of the median eminence. Z. Zellforsch. **107**, 210–233 (1970)

Buggy, J., Johnson, A.K.: Angiotensin-induced thirst: effects of third ventricle obstruction and periventricular ablation. Brain Res. **149**, 117–128 (1978)

Bugnon, C., Lenys, D.: Effects des extraits totaux d'O.S.C. sur la zone glomérulaire, la diurèse et l'élimination urinaire du sodium et du potassium chez le rat. C.R. Assoc. Anat. **134**, 199–224 (1966)

Bugnon, C., Lenys, R., Lenys, D.: Quelques aspects particuliers de l'organe sous-commissural du rat blanc et quelques observations sur l'organe sous-commissural du lapin, du porc et du cheval. Ann. Sci. Univ. Besançon [2e Série Med.], **7**, 61–80 (1963)

BUGNON, C., LENYS, R., LENYS, D.: Recherches sur d'éventuelles corrélations entre l'organe sous-commissural et la zone glomérulaire surrénalienne, productrice d'aldostérone. Ann. Sci. Univ. Besançon [2e Série Med.], **1**, 43–60 (1965)

BUGNON, C., LENYS, D., LENYS, R.: Organe sous-commissural et zone glomérulaire surrénalienne. C.R. Assoc. Anat. **131**, 219–234 (1966)

BUGNON, C., LENYS, D., LENYS, R.: Untersuchungen über die eventuelle Rolle des Subcommissural-organs bei der Kontrolle des Wasser- und Natriumhaushaltes und der Aldosteronsekretion. In: Zirkumventrikuläre Organe und Liquor. Int. Symp., Schloß Reinhardsbrunn 1968. Sterba, G. (Hrsg.), S. 45–61. Jena: Fischer 1969

BULAT, M.: On the cerebral origin of 5-hydroxyindoleacetic acid in the lumbar cerebrospinal fluid. Brain Res. **122**, 388–391 (1977)

BURCKHARDT, R.: Die Homologien des Zwischenhirndaches bei Reptilien und Vögeln. Anat. Anz. **9**, 320–324 (1894)

BUREN, J.M. VAN, AKERT, K., SANDRI, C., MOOR, H.: Neuritic growth cone and ependymal gap junctions in the feline subfornical organ during early development. Cell Tissue Res. **181**, 27–36 (1977)

BURSTEIN, J., PAPILE, L., BURSTEIN, R.: Subependymal germinal matrix and intraventricular hemorrhage in premature infants: Diagnosis by Ct. AJR. **128**, 971–976 (1977)

BUSCHIAZZO, H.O., BOSCH, R., MORDUJOVICH DE BUSCHIAZZO, P., RODRIGUEZ, R.R.: The effect of hormones on the glycogen body of birds. Proceedings of the Second International Congress of Endocrinology. London 1964. Part I, pp. 162–166. Amsterdam, New York, London, Milan, Tokyo, Buenos Aires: Exerpta Medica Foundation 1964

BÜTTNER, D.W., HORSTMANN, E.: Das Sphaeridion, eine weit verbreitete Differenzierung des Karyoplasma. Z. Zellforsch. **77**, 589–605 (1967)

BÜTTNER, D.W., HORSTMANN, E.: Stabförmige Strukturen im Interphasenkern von Epithelgeweben. Exp. Cell Res. **49**, 686–687 (1968)

CAESAR, R.: Feinstruktur der Kapillaren und Bau der Kapillaren in verschiedenen Körperregionen. In: Lehrbuch der speziellen pathologischen Anatomie, Ergänzungsband I. Kaufmann, E. (Hrsg.), S. 719–724. Berlin: Walter der Gruyter 1969

CALAS, A.: L'innervation monoaminergique de l'éminence médiane; étude radio-autographique et pharmacologique chez canard *Anas platyrhynchos*. I. L'innervation catécholinergique. Z. Zellforsch. **138**, 503–522 (1973)

CALAS, A.: The avian median eminence as a model for diversified neuroendocrine routes. In: Brain-endocrine interaction II. The ventricular system in neuroendocrine mechanisms. Int. Symp., Shizuoka 1974. Knigge, K.M., Scott, D.E., Kobayashi, H., Ishii, S. (eds.), pp. 54–69. Basel: Karger 1975

CALAS, A., BESSON, M.J., GAUGHY, C., ALONSO, G., GLOWINSKI, J., CHERAMY, A.: Radioautographic study of in vivo incorporation of ^{3}H-monoamines in the cat caudate nucleus: identification of serotoninergic fibers. Brain Res. **118**, 1–13 (1976)

CALAS, A., BOSLER, O., ARLUISON, M., BOUCHAUD, C.: Serotonin as a neurohormone in circumventricular organs and supraependymal fibers. In: Brain-endocrine interaction III. Neural hormones and reproduction. Int. Symp., Würzburg 1977. Scott, D.E., Kozlowski, G.P., Weindl, A. (eds.), pp. 238–250. Basel: Karger 1978

CALAS, A., BOSLER, O., COLLIN, J.-P.: Monoaminergic systems in duck neuroendocrine organs, p. 8. Ninth Conference of European Comparative Endocrinologists, Giessen, July 31–August 6, 1977

CALAS, A., HARTWIG, H.-G., COLLIN, J.P.: Noradrenergic innervation of the median eminence. Microspectrofluorimetric and pharmacological study in the duck, *Anas platyrhynchos*. Z. Zellforsch. **147**, 491–504 (1974)

CAMMERMEYER, J.: Is the human area postrema a neuro-vegetative nucleus? Acta Anat. (Basel) **2**, 294–320 (1947)

CAMMERMEYER, J.: The histochemistry of the mammalian area postrema. J. Comp. Neurol. **90**, 121–150 (1949)

CAMMERMEYER, J.: The hypependymal microglia cell. Z. Anat. Entwickl. Gesch. **124**, 543–561 (1965a)

CAMMERMEYER, J.: Cerebral intervascular strands of connective tissue as routes of transportation. Anat. Rec. **151**, 251–259 (1965b)

Cammermeyer, J.: Morphologic distinctions between oligodendrocytes and microglia cells in the rabbit cerebral cortex. Am. J. Anat. **118**, 227–248 (1966)

Cammermeyer, J.: Myelencephalic bodies and autonomic nerve fibers of the choroid plexus in the guinea pig: A light microscopic study. Z. Anat. Entwickl.-Gesch. **131**, 86–110 (1970)

Cammermeyer, J.: Median and caudal apertures in the roof of the fourth ventricle in rodents and primates. J. Comp. Neurol. **141**, 499–512 (1971)

Cammermeyer, J.: Mast cells in the mammalian area postrema. Z. Anat. Entwickl. Gesch. **139**, 71–92 (1972)

Cammermeyer, J.: Migration of mast cells through the area postrema. J. Hirnforsch. **14**, 519–526 (1973a)

Cammermeyer, J.: Mast cells and postnatal topographic anomalies in mammalian subfornical body and supraoptic crest. Z. Anat. Entwickl. Gesch. **140**, 245–269 (1973b)

Cammermeyer, J.: Hypependymal cysts adjacent to and over circumventricular regions in primates. Acta Anat. (Basel) **84**, 353–373 (1973c)

Cammermeyer, J.: Phycomycetes and mast cells in hypependymal cysts of the area postrema in *Macaca arctoides*. Acta Neuropathol. (Berl.) **23**, 1–7 (1973d)

Cammermeyer, J.: Depression of retching-vomiting reflex in cats and monkeys after chronic trypan blue treatment; In: 7th. Int. Congr. Neuropathology, Budapest 1974, pp. 757–760. Budapest: Akadémiai Kiadó 1975

Cammermeyer, J.: Factors contributing to denucleation of cerebral mast cells. Acta Anat. (Basel) **96**, 459–468 (1976)

Camosso, M.E., Roncali, L., Ambrosi, G.: Vascular patterns in the chick embryo spinal cord in normal and experimentally modified development. Acta Anat. (Basel) **95**, 349–367 (1976)

Campbell, D.J., Holmes, R.L.: Further studies on the neurohypophysis of the hedgehog (*Erinaceus europaeus*). Z. Zellforsch. **75**, 35–46 (1966)

Campbell, H.J.: The development of the primary portal plexus in the median eminence of the rabbit. J. Anat. **100**, 381–387 (1966)

Cancilla, P.A., Zimmerman, H.M., Becker, N.H.: A histochemical and fine structure study of the developing rat choroid plexus. Acta Neuropathol. (Berl.) **6**, 188–200 (1966)

Canepa, G.: Contributi alla conoscenza delle relazioni tra organo subcommessurale ed epifisi in alcuni mammiferi. Arq. Anat. Antropol. (Lisboa) **26**, 513–528 (1949)

Cantor, A., Satinoff, E.: Thermoregulatory responses to intraventricular norepinephrine in normal and hypothalamic-damaged rats. Brain Res. **108**, 125–141 (1976)

Card, J.P., Mitchell, J.A.: Correlative TEM-SEM of a supraependymal locus of neuronal cells and processes in the hamster. Anat. Rec. **187**, 544–545 (1977)

Card, J.P., Mitchell, J.A.: Scanning electron microscopic observations of supraependymal elements overlying the organum vasculosum of the lamina terminalis of the hamster. In: Scanning electron microscopy, 1978, Vol. II. Becker, R.P., Johari, O. (eds.), pp. 803–809. Chicago: IIT Research Institute 1978a

Card, J.P., Mitchell, J.A.: Electron microscopic demonstration of a supraependymal cluster of neuronal cells and processes in the hamster third ventricle. J. Comp. Neurol. **180**, 43–58 (1978b)

Card, J.P., Rafols, J.A.: Tanycytes of the third ventricle of the neonatal rat: A golgi study. Am. J. Anat. **151**, 173–189 (1978)

Cardinali, D.P.: Melatonin and the endocrine role of the pineal organ. In: Current topics in experimental endocrinology. James, V.H.T., Martini, L. (eds.), Vol. II, pp. 107–127. New York: Academic Press 1974

Cardinali, D.P., Nagle, C.A., Rosner, J.M.: Metabolic fate of androgens in the pineal organ. Uptake, binding and conversion of testosterone into 5α-reduced metabolites. Endocrinology **95**, 178–187 (1974a)

Cardinali, D.P., Nagle, C.A., Rosner, J.M.: Effects of estradiol on melatonin and protein synthesis in the rat pineal organ. Horm. Res. **5**, 304–310 (1974b)

Cardinali, D.P., Nagle, C.A., Rosner, J.M.: Gonadal steroids as modulator of the function of the pineal gland. Gen. Comp. Endocrinol. **26**, 50–58 (1975)

Cardinali, D.P., Nagle, C.A., Rosner, J.M.: Pineal-gonad relationships. Nature of the feedback mechanism at the level of the pineal gland. In: Neuroendocrine regulation of fertility. Int. Symp. Simla 1974. Anand Kumar, T.C. (ed.), pp. 206–214. Basel: Karger 1976

CARDINALI, D.P., WURTMAN, R.J.: The pineal organ. In: Research methods in neurochemistry. Marks, N., Rodnight, R. (eds.), Vol. II, pp. 389–407. New York: Plenum Press 1974

CARMICHAEL, E.A., FELDBERG, W., FLEISCHHAUER, K.: The site of origin of the tremor produced by tubocurarine acting from the cerebral ventricles. J. Physiol. (Lond.) **162**, 539–554 (1962)

CARMICHAEL, E.A., FELDBERG, W., FLEISCHHAUER, K.: Methods for perfusing parts of the cat's cerebral ventricles. J. Physiol. (Lond.) **173**, 354–367 (1964)

CARPENTER, S.J.: An electron microscopic study of the choroid plexus of *Necturus maculosus*. J. Comp. Neurol. **127**, 413–434 (1966)

CARPENTER, S.J., MCCARTHY, L.E., BORISON, H.L.: Electron microscopic study on the epiplexus (Kolmer) cells of the cat choroid plexus. Z. Zellforsch. **110**, 471–486 (1970)

CASE, N.M.: Hemosiderin granules in the choroid plexus. J. Biophys. Biochem. Cytol. **6**, 527–530 (1959)

CASLEY-SMITH, J.R., FÖLDI-BOERSOEK, E., FÖLDI, M.: The prelymphatic pathways of the brain as revealed by cervical lymphatic obstruction and the passage of particles. Br. J. Exp. Pathol. **57**, 179–188 (1976)

CASTEL, M., SAHAR, A., ERLIJ, D.: The movement of lanthanum across diffusion barriers in the choroid plexus of the cat. Brain Res. **67**, 178–184 (1974)

CAVANAGH, J.B., LEWIS, P.D.: Perfusion-fixation, colchicine and mitotic activity in the adult rat brain. J. Anat. **104**, 341–350 (1969)

CERVÓS-NAVARRO, J.: Elektronenmikroskopische Befunde an den Kapillaren der Hirnrinde. Arch. Psychiatr. Neurol. **204**, 484–504 (1963)

CERVÓS-NAVARRO, J., FERSZT, R.: Connective tissue in pericapillary spaces of the human spinal cord. Acta Neuropathol. (Berl.) **24**, 178–183 (1973)

CHACKO, T., PEUTE, J.: Ultrastructural and cytochemical localization of the storage sites of monoamines in the paraventricular organ of *Xenopus laevis* tadpoles. Cell Tissue Res. **151**, 417–421 (1974)

CHAMBERLAIN, J.G.: 6-Aminonicotinamide (6-AN)-induced abnormalities of the developing ependyma and choroid plexus as seen with the scanning electron microscope. Teratology **6**, 281–286 (1972)

CHAMBERLAIN, J.G.: Analysis of developing ependymal and choroidal surfaces in rat brain using scanning electron microscopy. Dev. Biol. **31**, 22–30 (1973)

CHAMBERLAIN, J.G.: Scanning electron microscopy of epiplexus cells. Am. J. Anat. **139**, 443–447 (1974)

CHAMBERLAIN, J.G.: Scanning electron microscopy of subependymal neuroblasts as seen in fracture faces of normal and abnormal fetal rat brains. In: Scanning electron microscopy, 1978. Vol. II. Becker, R.P., Johari, O. (eds.), pp. 235–240. Chicago: IIT Research Institute 1978

CHAN, D.K.O.: The urophysis and the caudal circulation of teleost fish. In: Memoirs of the society for endocrinology, No. 19. Subcellular organization and function in endocrine tissues. Heller, H., Lederis, K. (eds.), pp. 391–412. Cambridge: University Press 1971

CHAN, D.K.O., BERN, H.: The caudal neurosecretory system. A critical evaluation of the two-hormone hypothesis. Cell Tissue Res. **174**, 339–354 (1976)

CHAN-PALAY, V.: Serotonin axons in the supra- and subependymal plexuses and in the leptomeninges; their roles in local alterations of cerebrospinal fluid and vasomotor activity. Brain Res. **102**, 103–130 (1976)

CHANG, W., HARTMANN, H.A.: Blood-brain barrier dysfunction in experimental mercury intoxication. Acta Neuropathol. (Berl.) **21**, 179–184 (1972)

CHASON, J.L., PEARSE, A.G.E.: Phenazine methosulphate and nicotinamide in the histochemical demonstration of dehydrogenases in rat brain. J. Neurochem. **6**, 259–266 (1961)

CHATFIELD, P.O., LYMAN, CH.P.: An unusual structure in the floor of the fourth ventricle of the golden hamster (*Mesocricetus auratus*). J Comp. Neurol. **101**, 225–235 (1954)

CHAUSER, B., MORRIS, C., FIELD, S.B., LEWIS, P.D.: The effects of fast neurons and X rays on the subependymal layer of the rat brain. Radiology **122**, 821–823 (1977)

CHEEK, D.B., HOLT, A.B.: A review: Extracellular volume in the brain – the relevance of the chloride space. Pediatr. Res. **53**, 635–645 (1978)

CHEESMAN, D.W.: Structural elucidation of a gonadotrophin-inhibiting substance from the bovine pineal gland. Biochim. Biophys. Acta **207**, 247–253 (1970)

Cheesman, D.W., Farris, B.L.: Isolation and characterization of a gonadotropin inhibiting substance from the bovine pineal gland. Proc. Soc. Exp. Biol. Med. **133**, 1254–1256 (1970)

Chen, H.C., Lin, C.S., Lien, J.-N.: Vascular permeability in experimental kernicterus. An electron-microscopic study of the blood-brain barrier. Am. J. Pathol. **51**, 69–99 (1967)

Chen, I.-L., Lu, K.-S., Lin, H.-S.: Electron microscopic and cytochemical studies of the mouse subcommissural organ. Z. Zellforsch. **139**, 217–236 (1973)

Chevalier, G.: Ultrastructural changes in the caudal neurosecretory cells of the trout *Salvelinus fontinalis* in relation to external salinity. Gen. Comp. Endocrinol. **29**, 441–454 (1976)

Chiarugi, G.: L'organo subcommissurale della cavia durante lo sviluppo e nell'adulto. Mo Zool. Ital. **29**, 163–177 (1918)

Chihara, K., Arimura, A., Chihara, M., Schally, A.V.: Effect of intraventricular administration of antisomatostain γ-globulin on the lethal dose-50 of strychnine and pentobarbital in rats. Endocrinology **103**, 912–916 (1978)

Choi, B.H., Lapham, L.W.: Radial glia in the human fetal cerebrum: a combined Golgi, immuno-fluorescent and electron microscopic study. Brain Res. **148**, 295–311 (1978)

Christ, J.: Zur Anatomie des Tuber cinereum beim erwachsenen Menschen. Dtsch. Z. Nervenheilk. **165**, 340–408 (1951)

Christ, J.F.: Nerve supply, blood supply and cytology of the neurohypophysis. In: The pituitary gland. Harris, G.W., Donovan, B.T. (eds.), Vol. III, pp. 62–130. Oxford: Butterworth 1966

Chu, H.-Y.: Ciliary movement and circulation of cerebrospinal fluid within brain ventricles in larval and adult anurans. Am. J. Physiol. **136**, 223–228 (1942)

Chubb, I.W., Goodman, S., Smith, A.D.: Is acetylcholinesterase secreted from central neurons into the cerebrospinal fluid? Neuroscience **1**, 57–62 (1976)

Clabough, J.: Ultrastructural features of the pineal gland in normal and light deprived golden hamsters. Z. Zellforsch. **114**, 151–164 (1971)

Clabough, J.W.: Cytological aspects of pineal development in rats and hamsters. Am. J. Anat. **137**, 215–230 (1973)

Clara, M.: Das Nervensystem des Menschen. 3. Aufl. Leipzig: Johann Ambrosius Barth 1959

Clark, J.M., Glagov, S.: Evaluation and publication of scanning electron micrographs. Science **192**, 1360–1361 (1976)

Clark, R.G., Milhorat, T.H.: Experimental hydrocephalus. 3. Light microscopic findings in acute and subacute obstructive hydrocephalus in the monkey. J. Neurosurg. **32**, 400–413 (1970)

Clark, S.L.: Nerve endings in the choroid plexus of the fourth ventricle. J. Comp. Neurol. **47**, 1–21 (1928)

Clattenburg, R.E., Singh, R.P., Montemurro, D.G.: Intranuclear filamentous inclusions in neurons of the rabbit hypothalamus. J. Ultrastruct. Res. **39**, 549–555 (1972)

Claude, P., Goodenough, D.A.: Fracture faces of zonulae occludentes from ‚tight' and ‚leaky' epithelia. J. Cell Biol. **58**, 390–400 (1973)

Clemens, J.A., Sawyer, B.D.: Identification of prolactin in cerebrospinal fluid. Exp. Brain Res. **21**, 399–402 (1974)

Clemente, C.D., van Breemen, V.L.: Nerve fibers in the area postrema of cat, rabbit, guinea pig and rat. Anat. Rec. **123**, 65–79 (1955)

Clemente, C.D., Sutin, J., Silverstone, J.T.: Changes in electrical activity of the medulla on the intravenous injection of hypertonic solutions. Am. J. Physiol. **188**, 193–198 (1957)

Clementi, F., Fraschini, F., Muller, E., Zanoboni, A.: The pineal gland and the control of electrolyte balance and of gonadotropic secretion: functional and morphological observations. In: Structure and function of the epiphysis cerebri. Ariëns Kappers, J., Schadé, J.P. (eds.). Prog. Brain Res. **10**, 583–603 (1965)

Clementi, F., Marini, D.: The surface fine structure of the walls of cerebral ventricles and of choroid plexus in cat. Z. Zellforsch. **123**, 82–95 (1972)

Coates, P.W.: Supraependymal cells in the recesses of the monkey third ventricle (1). Am. J. Anat. **136**, 533–539 (1973a)

Coates, P.W.: Supraependymal cells: light and transmission electron microscopy extends scanning electron microscopic determination. Brain Res. **57**, 502–507 (1973b)

Coates, P.W.: Scanning electron microscopy of a second type of supraependymal cell in the monkey third ventricle. Anat. Rec. **182**, 275–288 (1975)

COATES, P.W.: The third ventricle of monkeys. Scanning electron microscopy of surface features in mature males and females. Cell Tissue Res. **177**, 307–316 (1977)

COATES, P.W.: Supraependymal cells and fiber processes in the fetal monkey third ventricle: correlated scanning and transmission electron microscopy. In: Scanning electron microscopy, 1978, Vol. II. Becker, R.P., Johari, O. (eds.), pp. 143–150. Chicago: IIT Research Institute 1978

COATES, P.W., DAVIS, S.L.: The sheep third ventricle: scanning electron microscopy of estrous, anestrous and estrogen-progesterone-treated anestrous ewes. Biol. Reprod. **17**, 567–573 (1977)

COBEN, L.A.: Absence of a foramen of Magendie in the dog, cat, rabbit and goat. Arch. Neurol., **16**, 524–528 (1967)

COBEN, L.A., COTLIER, E., BEATY, C., BECKER, B.: Transport of amino acids by rabbit choroid plexus in vitro. Brain Res. **30**, 67–82 (1971)

COHEN, A.M., HAY, E.D.: Secretion of collagen by embryonic neuroepithelium at the time of spinal cord-somite interaction. Dev. Biol. **26**, 578–605 (1971)

COHEN, H., DAVIES, S.: The development of the cerebrospinal fluid spaces and choroid plexuses in the chick. J. Anat. **72**, 23–53 (1937)

COLLIN, J.-P.: Contribution à l'étude des follicules de l'épiphyse embryonnaire d'oiseau. C.R. Acad. Sci. [D] (Paris) **262**, 2263–2266 (1966a)

COLLIN, J.-P.: Etude préliminaire des photorécepteurs rudimentaires de l'épiphyse de *Pica pica* L. pendant la vie embryonnaire et postembryonnaire. C.R. Acad. Sci. [D] (Paris) **263**, 660–663 (1966b)

COLLIN, J.-P.: Sur l'évolution des photorécepteurs rudimentaires épiphysaires chez la pie (*Pica pica* L.) C.R. Soc. Biol. (Paris) **160**, 1876–1880 (1966c)

COLLIN, J.-P.: Structure, nature sécrétoire, dégénérescence partielle des photorécepteurs rudimentaires épiphysaires chez *Lacerta viridis* (Laurenti). C.R. Acad. Sci. [D] (Paris) **264**, 647–650 (1967a)

COLLIN, J.-P.: Le photorécepteur rudimentaire de l'épiphyse d'oiseau: le prolongement basal chez le passereau *Pica pica*. C.R. Acad. Sci. [D] (Paris) **265**, 48–51 (1967b)

COLLIN, J.-P.: Nouvelles remarques sur l'épiphyse de quelques lacertiliens et oiseaux. C.R. Acad. Sci. [D] (Paris) **265**, 1725–1728 (1967c)

COLLIN, J.-P.: Pluralité des photorecepteurs dans l'épiphyse de *Lacerta*. C.R. Acad. Sci. [D] (Paris) **267**, 1047–1050 (1968a)

COLLIN, J.-P.: L'épithélium sensoriel de l'organe pinéal de la larve âgée et de l'adulte de *Lampetra planeri*. C.R. Acad. Sci. [D] (Paris) **267**, 1768–1771 (1968b)

COLLIN, J.-P.: L'épiphyse des lacertiliens: relations entre les donnés microélectroniques et celles de l'histochimie (en fluorescence ultraviolette) pour la détection des indole- et catécholamines. C.R. Soc. Biol. (Paris) **162**, 1785–1789 (1968c)

COLLIN, J.-P.: Contribution à l'étude de l'organe pinéal. De l'épiphyse sensorielle à la glande pinéale: modalités de transformation et implications fonctionelles. Ann. Stat. Boll. (Besse-en-Chandesse) [Suppl. 1], 1–359 (1969a)

COLLIN, J.-P.: La cupule sensorielle de l'organe pinéal de la lamproie de Planer. L'ultrastructure des cellules sensorielles et ses implications fonctionnelles. Arch. Anat. Microsc. Morphol. Exp. **58**, 145–182 (1969b)

COLLIN, J.-P.: Differentiation and regression of the cells of the sensory line in the epiphysis cerebri. In: The pineal gland. Ciba-Foundation Symp. 1970. Wolstenholme, G.E.W., Knight, J. (eds.), pp. 79–125. London: Churchill-Livingstone 1971

COLLIN, J.-P.: La rudimentation des photorecepteurs dans l'organe pinéal des vertébrés, pp. 393–408. Colloques Internationaux du Centre National de la Recherche Scientifique No. 266 (Toulouse 1976). Paris: CNRS 1977

COLLIN, J.-P., ARIËNS KAPPERS, J.: Electron microscopic study of pineal innervation in lacertilians. In: Organization of the spinal cord. Eccles, J.C., Schadé, J.P. (eds.). Prog. Brain Res. **11**, 85–106 (1964a)

COLLIN, J.-P., ARIËNS KAPPERS, J.: Contribution à la connaissance des structures synaptiques du type ruban dans l'organe pinéal des vertébrés. Etude particulière en microscopie électronique des connexions de l'innervation efférente chez l'ammocète de lamproie de Planer. Arch. Anat. Microsc. Morphol. Exp. **57**, 275–296 (1968b)

Collin, J.-P., Calas, A., Juillard, M.T.: The avian pineal organ. Distribution of exogenous indoleamines: A qualitative study of the rudimentary photoreceptor cells by electron microscopic radioautography. Exp. Brain Res. **25**, 15–33 (1976)

Collin, J.-P., Juillard, M.-T., Falcon, J.: Localization of 5-hydroxytryptamine and protein(s) in the secretion granules of the rudimentary photoreceptor cells in the pineal of *Lacerta*. J. Neurocytol. **6**, 541–554 (1977)

Collin, J.-P., Meiniel, A.: Les synapses de l'organe pinéal de l'ammocète. C.R. Acad. Sci. [D] (Paris) **266**, 1293–1295 (1968)

Collin, J.-P., Meiniel, A.: L'organe pinéal. Études combinées ultrastructurales, cytochimiques (monoamines) et expérimentales, chez *Testudo mauritanica*. Grains denses des cellules de la lignée ,,sensorielle" chez les vertébrés. Arch. Anat. Microsc. Morphol. Exp. **60**, 269–304 (1971)

Collin, J.-P., Meiniel, A.: Métabolisme des indolamines dans l'organe pinéal de *Lacerta* (Reptiles, Lacertiliens) I. Intégration sélective de 5-HTP-^{3}H (5-hydroxytryptophane-^{3}H) et rétention de ses dérivés dans les photorécepteurs rudimentaires sécrétoires. Z. Zellforsch. **142**, 549–570 (1973a)

Collin, J.-P., Meiniel, A.: Métabolisme des indolamines dans l'organe pinéal de *Lacerta* (Reptiles, Lacertiliens) II. L'activité MAO et l'incorporation de 5-HTP-^{3}H et de 5-HT-^{3}H, dans les conditions normales ex expérimentales. Z. Zellforsch. **145**, 331–361 (1973b)

Collin, R.: La neurocrinie hypophysaire. Bull. Assoc. Anat. (Nancy) **38**, 57 (1951)

Collin, R.: Les phénomènes hydrencéphalocrines comme sources accessoires hormonales du liquide céphalo-rachidien. In: Prog. in neurobiology. Ariëns Kappers, J. (ed.), pp. 172–193. Amsterdam, London, New York, Princeton: Elsevier 1956

Collin, R., Barry, J.: Hydrencéphalocrinie neurosécrétoire dans le ventricule diencéphalique chez le crapaud. Ann. Endocrinol. (Paris) **15**, 533–538 (1954)

Collin, R., Stutinsky, F.: Les problèmes posés par la neurohypophyse. J. Physiol. Pathol. Gen. **41**, 7–118 (1949)

Collins, P., Morriss, G.M.: Changes in the surface features of choroid plexus of the rat following the administration of acetazolamide and other drugs which affect CSF secretion. J. Anat. **102**, 571–579 (1975)

Colmant, H.J.: Über die Wandstruktur des dritten Ventrikels der Albinoratte. Histochemie **11**, 40–61 (1967)

Connell, C.J.L., Mercer, K.L.: Freeze-fracture appearance of the capillary endothelium in the cerebral cortex of mouse brain. Am. J. Anat. **140**, 595–599 (1974)

Connolly, J.A., Kalnins, V.I.: Visualization of centrioles and basal bodies by fluorescent staining with nonimmune rabbit sera. J. Cell Biol. **79**, 526–532 (1978)

Copeland, D.D., Bigner, D.D.: The role of the subependymal plate in avian sarcoma virus brain tumor induction. Acta Neuropathol. (Berl.) **38**, 1–6 (1977)

Cosnier, J.: Etude sur les rapports entre la fibre de Reissner et l'organe sous-commissural chez le Rat blanc. C.R. Assoc. Anat. [46e Réun. (Montpellier, 1959)] No. 105–109, 190–196 (1960)

Cramer, O.M., Barraclough, C.A.: Failure to detect luteinizing hormone-releasing hormone in third ventricle cerebral spinal fluid under a variety of experimental conditions. Endocrinology **96**, 913–921 (1975)

Cremer, J.D., Braun, L.D., Oldendorf, W.H.: Changes during development in transport processes of the blood-brain barrier. Biochim. Biophys. Acta **448**, 633–637 (1976)

Crighton, D.G., Schneider, H.P.G., McCann, S.M.: Localization of LH-releasing factor in the hypothalamus and neurohypophysis as determined by in vitro assay. Endocrinology **87** 323–329 (1970)

Crow, L.T.: Subcommissural organ, lateral hypothalamus and dorsal longitudinal fasciculus in water and salt metabolism. In: Thirst. Proc. 1st Symposium on thirst regulations of body water. Oxford-London-New York-Paris: Pergamon Press 1964

Crow, T.J.: A map of the rat mesencephalon for electrical self-stimulation. Brain Res. **36**, 265–273 (1972)

Csaky, T.Z., Rigor, B.M: The choroid plexus as a glucose barrier. In: Brain barrier systems. Lajtha, A., Ford, D.H. (eds.). Prog. Brain Res. **29**, 147–154 (1968)

Csanda, E., Zoltan, Ö.T., Földi, M.: Elevation of cerebrospinal-fluid pressure in the dog after obstruction of cervical lymphatic channels. Lancet 1963 I, 832

Cserr, H.F.: Physiology of the choroid plexus. Physiol. Rev. **51**, 273–311 (1971)

CSERR, H.F.: Mechanism of cerebrospinal fluid-brain exchange. In: Fluid environment of the brain. Cserr, H.F., Fenstermacher, S.D., Fencl, V. (eds.), pp. 215–224. New York, San Francisco, London: Academic Press 1975

CSERR, H.F., COOPER, D.N., MILHORAT, T.H.: Flow of cerebral interstitial fluid as indicated by the removal of extracellular markers from rat caudate nucleus. Exp. Eye Res. [Suppl.] **25**, 461–473 (1977)

CSERR, H.F., VAN DYKE, D.H.: 5-hydroxyindole acetic acid accumulation by isolated choroid plexus. Am. J. Physiol. **220**, 718–723 (1971)

CSERR, H.F., FENSTERMACHER, J.D., FENCL, V. (eds.): Fluid environment of the brain. New York, San Francisco, London: Academic Press 1975

CSERR, H.F., OSTRACH, L.H.: Bulk flow of interstitial fluid after intracranial injection of blue dextran 2000. Exp. Neurol. **45**, 50–60 (1974)

CSILLIK, B., FÖLDI, M., JOÓ, F., ZOLTÁN, Ö.T.: Elektronenmikroskopische Veränderungen im Zentralnervensystem bei experimenteller lymphogener Encephalopathie. II. Angiologia **4**, 88–94 (1967)

CUCCHI, C.: Il sistema neurosecernente caudala del l'*Ictalurus* sp. (Teleostei Ictalurida): Sviluppo e variazioni stagionali. Mem. Classe Fis. Mat. Nat. **47**, 365–370 (1969)

CUEVAS, P., DUVERNOY, H.: Recessus mésencéphalique chez des embryons et des foetus humains. Acta Anat. (Basel) **99**, 258 (1977)

CUPÉDO, R.N.: The surface ultrastructure of the habenular complex of the rat. Anat. Embryol. (Berl.) **153**, 43–64 (1977)

CURL, F., POLLAY, M.: Transport of water and electrolytes between brain and ventricular fluid in the rabbit. Exp. Neurol. **20**, 558–574 (1968)

DAFNY, N.: Electrophysiological evidence of photic, acoustic, and central input to the pineal body and hypothalamus. Exp. Neurol. **55**, 449–457 (1977)

DAHL, E.: The fine structure of nuclear inclusions. J. Anat. **106**, 255–262 (1970)

DAHLGREN, U.: On the electric motor nerve centers in the skates (Rajidae). Science **40**, 862–863 (1914)

DAIKOKU, S., IKEUCHI, C., NAKAGAWA, H.: Development of the hypothalamohypophysial unit in the chick. Gen. Comp. Endocrinol. **23**, 256–275 (1974)

DAIKOKU, S., KOTSU, T., HASHIMOTO, M.: Electron microscopic observations on the development of the median eminence in perinatal rats. Z. Anat. Entwickl. Gesch. **134**, 311–327 (1971)

DAIKOKU, S., SATO, T.J.A., HASHIMOTO, T., MORISHITA, H.: Development of the ultrastructures of the median eminence and supraoptic nuclei in rats. J. Exp. Med. Tokus. **15**, 1–15 (1968)

DALEN, H., SCHLAPFER, W.T., MAMOON, A.: Cilia on cultured ependymal cells examined by scanning electron microscopy. Exp. Cell Res. **67**, 375–379 (1971)

DAMMERMAN, K.W.: Der Saccus vasculosus der Fische, ein Tiefensinnesorgan. Z. wiss. Zool. **96**, 654–726 (1910)

DANIEL, P.M., MOORHOUSE, S.R., PRATT, O.E.: Amino acid precursors of monoamine transmitters and some factors influencing their supply to the brain. Psychol. Med. **6**, 277–286 (1976)

DANNER, H.: Über postembryonale Matrixzonen im Telencephalon von *Salmo irideus* (Teleostei) im Individualzyklus. Z. Mikrosk. Anat. Forsch. **85**, 293–308 (1972)

DANNER, H.: Subependymale Cysten im Cerebellum von *Salmo irideus* (Teleostei). Z. Mikrosk. Anat. Forsch. **87**, 261–271 (1973)

DAS, G.D.: Influences of the pia mater on the precursors of nerve cells. Z. Anat. Entwickl. Gesch. **138**, 227–240 (1972)

DAS, G.D.: Resting and reactive macrophages in the developing cerebellum. An experimental ultrastructural study. Virchows Archiv [Cell Pathol.] **20**, 287–298 (1976)

DAS, G.D.: Gliogenesis during embryonic development in the rat. Experientia **33**, 1648–1649 (1977)

DAVID, G.F.X., HERBERT, J., WRIGHT, G.D.S.: The ultrastructure of the pineal ganglion in the ferret. J. Anat. **115**, 79–97 (1973)

DAVID, G.F.X., UMBERKOMAN, B., KUMAR, K., ANAND KUMAR, T.C.: Neuroendocrine significance of the pineal. In: Brain-endocrine interaction II. The ventricular system in neuroendocrine mechanisms. Int. Symp. Shizuoka 1974, pp. 365–375. Basel: Karger 1975

DAVID, H., MARX, J., WINKELMANN, E.: Über die Wurzelfasern in cilientragenden Ependymzellen des Rückenmarks von *Ambystoma mexicanum*. Z. Mikrosk. Anat. Forsch. **70**, 471–477 (1963)

Davidoff, M.: Possibilities for histochemical demonstration of certain enzymes in the central nervous system with particular reference to the spinal cord. III. Other hydrolases. Acta Med. **48**, 37–49 (1969)

Davidoff, M.: Über die Aufnahme von Peroxidase aus dem lateralen Ventrikel der Ratte. Anat. Anz. **142**, Erg.-H. 1003–1007 (1977)

Davidoff, M., Galabov, G.P.: Typische Lysosomenarten in den Zellen der einzelnen Gebiete des Zentralnervensystems der Ratte. Brain Res. **49**, 125–133 (1973)

Davidoff, M., Galabov, G.P.: Lysosomen und lysosomale Enzyme im Zentralnervensystem der Ratte. Prog. Histochem. Cytochem. **6** (2), 1–64 (1974)

Davidoff, M., Schiebler, T.H.: Über die Aufnahme von Peroxidase durch aktivierte Nervenzellen des Hypothalamus. Anat. Anz. **144**, 225–234 (1978)

Davis, D.A., Milhorat, Th.H.: The blood-brain barrier of the rat choroid plexus. Anat. Rec. **181**, 779–790 (1975)

Davis, D.A., Milhorat, T.H., Lloyd, B.J., Jr.: Fine structural localization of intravenously injected cytochrome C in the porcine choroid plexus. In: Proceedings of the Electron Microscopy Society of America. Arceneaux, C.J. (ed.), pp. 652–655. Baton Rouge, Louisiana: Claitors 1973

Davson, H.: Physiology of the cerebrospinal fluid, pp. 1–100. Boston: Little, Brown 1967

Davson, H.: Dynamic aspects of cerebrospinal fluid. Dev. Child Neurol. [Suppl. 27] **14**, 1–16 (1972)

Davson, H.: Review lecture. The blood-brain barrier. J. Physiol. (Lond.) **255**, 1–28 (1976)

Davson, H., Bradbury, M.: Formation and drainage of the cerebrospinal fluid: basic concepts. In: Cerebrospinal fluid and the regulation of ventilation. Brooks, Ch. McC. Kao, F.F., Lloyd, B.B. (eds.), pp. 385–394. Oxford: Blackwell Scientific 1965

Dawson, A.B.: Evidence for the termination of neurosecretory fibres within the pars intermedia of the hypophysis of the frog, *Rana pipiens*. Anat. Rec. **115**, 63–70 (1953)

Decker, R.S.: Hormonal regulation of gap junction differentiation. J. Cell Biol. **69**, 669–685 (1976)

Deitmer, H., Desaga, U.: Über Perjodsäure-Bisulfit-Aldehydthionin-positive Strukturen am Ependym dreier menschlicher Gehirne verschiedenen Alters. Z. Mikrosk. Anat. Forsch. **88**, 905–922 (1974)

Della Corte, F.: Struttura, tipi cellulari e dati istochimici dell'ipofisi di *Scyliorhinus stellaris* (L.), anche in rapporto all'attività sessuale. Arch. Zool. Ital. **46**, 227–271 (1961a)

Della Corte, F.: L'ipofisi di *Scyliorhinus stellaris* (L.) durante la deposizione delle uova. Boll. Zool. **28**, 485–491 (1961b)

Della Corte, F., Chieffi, G.: Morfologia e citologia dell'ipofisi di *Torpedo marmorata* Risso nei giovani, ♂♂ adulti in spermatogenesi e nelle ♀♀ adulte in vari stadi dell'attività sessuale. Arch. Ital. Anat. Embriol. **66**, 313–335 (1961a)

Della Corte, F., Chieffi, G.: Modificazioni dell'ipofisi di *Torpedo marmorata* Risso, durante la gravidanza. Boll. Zool. **28**, 219–225 (1961b)

Dellmann, H.D.: Histologische Untersuchungen über den Feinbau der Zona interna des Infundibulum beim Rind. Acta Morphol. Neerl. Scand. **4**, 1–30 (1961)

Dellmann, H.D.: Neurohistologische Untersuchungen über die Verknüpfung von Hypothalamus und Hypophyse (unter besonderer Berücksichtigung der Verhältnisse beim Rind). Ein Beitrag zum Problem der Neurosekretion und der hypothalamischen Beeinflussung der Adenohypophyse. J. Hirnforsch. **5**, 249–344 (1962)

Dellmann, H.D.: Zur Struktur des Organon vasculosum laminae terminalis des Huhnes. Anat. Anz. **115**, 174–183 (1965a)

Dellmann, H.D.: Age variations in the structure of the subcommissural organ of the dog. Anat. Rec. **151**, 449 (1965b)

Dellmann, H.D.: Ultrastructural changes in the neurons of the rat's subfornical organ during progressive dehydration. Anat. Rec. **116**, 298 (1970)

Dellmann, H.D.: Degeneration and regeneration of neurosecretory systems. Int. Rev. Cytol. **36**, 215–315 (1973)

Dellmann, H.D.: Scanning and transmission electron microscopy of the subfornical organ of the grass frog (*Rana pipiens*). Cell Tissue Res. **186**, 361–374 (1978)

Dellmann, H.D., Fahmy, M.F.A.: New light microscopic findings in the subfornical organ of the Egyptian water buffalo *Bos bubalis*. J. Hirnforsch. **9**, 471–480 (1967a)

DELLMANN, H.D., FAHMY, M.F.A.: The subfornical organ and the area postrema of the dromedary (*Camelus dromedarius*). Acta Neuroveg. (Wien) **29**, 501–519 (1967b)

DELLMANN, H.D., LINNER, J.G.: Correlative light, scanning and transmission electron microscopy of the ventricular surface of the rat subfornical organ with special emphasis on supraependymal cells. Anat. Rec. **187**, 565 (1977)

DELLMANN, H.D., OWSLEY, P.A.: Investigations on the hypothalamo-neurohypophysial neurosecretory system of the grass frog (*Rana pipiens*) after transection of the proximal neurohypophysis. I. Light microscopic findings in animals kept at 18° environmental temperature. Z. Zellforsch. **87**, 1–16 (1968)

DELLMANN, H.D., OWSLEY, P.A.: Investigations on the hypothalamo-neurohypophysial neurosecretory system of the grass frog (*Rana pipiens*) after transection of the proximal neurohypophysis. II. Light- and electron-microscopic findings in the disconnected distal neurohypophysis with special emphasis on the pituicytes. Z. Zellforsch. **94**, 325–336 (1969)

DELLMANN, H.D., RODRÍGUEZ, E.M.: Herring bodies; an electron microscopic study of local degeneration of neurosecretory axons. Z. Zellforsch. **111**, 293–315 (1970)

DELLMANN, H.D. SIMPSON, J.B.: Comparative ultrastructure and function of the subfornical organ. In: Brain – endocrine interaction II. The ventricular system in neuroendocrine mechanisms. Int. Symp. Shizuoka 1974. Knigge, K.M., Scott, D.E., Kobayashi, H., Ishii, S. (eds.), pp. 166–189. Basel: Karger 1975

DELLMANN, H.D., SIMPSON, J.B.: Regional differences in the morphology of the rat subfornical organ. Brain Res. **116**, 389–400 (1976)

DELLMANN, H.D., STOECKEL, M.E., PORTE, A., STUTINSKY, F., CHANG, N., ADLINGER, H.K.: Herring bodies reexamined: An ultrastructural experimental investigation of the rat neural lobe. Anat. Histol. Embryol. **3**, 101–110 (1974)

DELORME, P.: Différenciation ultrastructurale des jonctions intercellulaires de l'endothélium des capillaires télencéphaliques chez l'embryon de poulet. Z. Zellforsch. **133**, 571–582 (1972)

DELORME, P., GAYET, J., GRIGNON, G.: Ultrastructural study on transcapillary exchanges in the developing telencephalon of the chicken. Brain Res. **22**, 269–283 (1970)

DELORME, P., GAYET, J., GRIGNON, G.: Diffusion of horseradish peroxidase perfused through the lateral ventricle of the chick telencephalon. Cell Tissue Res. **157**, 535–540 (1975)

DEMÊMES, D., MARTY, R.: Etude radioautographique de la plaque subépendymaire au cours des glioses expérimentales localisées de l'écorce cérébrale. Z. Mikrosk. Anat. Forsch. **86**, 503–512 (1972)

DEMPSEY, E.W.: Fine-structure of the rat's intercolumnar tubercle and its adjacent ependyma and choroid plexus, with especial reference to the appearance of its sinusoidal vessels in experimental argyria. Exp. Neurol. **22**, 568–589 (1968)

DEMPSEY, E.W.: Neural and vascular ultrastructures of the area postrema in the rat. J. Comp. Neurol. **150**, 177–200 (1973)

DEMPSEY, E.W., WISLOCKI, G.B.: An electron microscopic study of the blood-brain barrier in the rat employing silver nitrate as a vital stain. J. Biophys. Biochem. Cytol. **1**, 245–256 (1955)

DEMPSEY, L.C., NIELSEN, S.L.: Surface ultrastructure of human ependyma. J. Neurosurg. **45**, 52–55 (1976)

DENDY, A.: On the structure, development and morphological interpretation of the pineal organs and adjacent parts of the brain in the tuatara (*Sphenodon punctatus*). Philos. Trans. **201**, 227–331 (1910)

DENDY, A., NICHOLLS, D.V.: On the occurrence of a mesocoelic recess in the human brain, and its relation to the subcommissural organ of lower vertebrates; with special reference to the distribution of Reissner's fibre in the vertebrate series and its possible function. Proc. R. Soc. Lond. [Biol.] **82**, 515–592 (1910)

DENNIS, J.P., ALVORD, E.C., JR.: Microcephaly with intracerebral calcification and subependymal ossification: radiologic and clinico-pathologic correlation. J. Neuropath. Exp. Neurol. **20**, 412–426 (1961)

DERENBACH, K.: Über die Häufigkeit des Vorkommens quergestreifter Muskelfasern in der Epiphyse des Rindes. Morphol. Gegenbaurs Jahrb. **91**, 266–272 (1951)

DERMIETZEL, R.: Junctions in the central nervous system of the cat. III. Gap junctions and membrane-associated orthogonal particle complexes (MOPC) in astrocytic membranes. Cell Tissue Res. **149**, 121–135 (1974)

Dermietzel, R.: Junctions in the central nervous system of the cat. V. The junctional complex of the pia-arachnoid membrane. Cell Tissue Res. **164**, 309–329 (1975a)

Dermietzel, R.: Junctions in the central nervous system of the cat. IV. Interendothelial junctions of cerebral blood vessels from selected areas of the brain. Cell Tissue Res. **164**, 45–62 (1975b)

Dermietzel, R.: Die Darstellung eines komplexen Systems endothelialer und perivaskulärer Membrankontakte im Plexus choroideus. Anat. Anz. **140**, Erg.-H., 461–469 (1976)

Dermietzel, R., Leibstein, A.G.: The microvascular pattern and perivascular linings of the area postrema. Cell Tissue Res. **186**, 97–110 (1978)

Dermietzel, R., Meller, K., Tetzlaff, W., Waelsch, M.: In vivo and in vitro formation of the junctional complex in choroid epithelium. A freeze-etching study. Cell Tissue Res. **181**, 427–441 (1977a)

Dermietzel, R., Schünke, D.: A complex junctional system in endothelial and connective tissue cells of the choroid plexus. Am. J. Anat. **143**, 131–136 (1975)

Desaga, U.: Über Faltungen der Kernmembranen (Kernschrumpfung) des Ependyms im III. Ventrikel der Ratte nach langdauernder intraperitonealer Narkose mit Natrium-5-(β-Methylthioäthyl)-5-(2'-pentyl)-thiobarbitursäure („Thiogenal"). Acta Neuropathol. (Berl.) **16**, 44–53 (1970)

Desaga, U.: Licht- und elektronenmikroskopische Untersuchungen über die Reversibilität von Kernmembranschrumpfungen des Ependyms im Hypothalamus der Ratte, hervorgerufen durch langdauernde Thiobarbiturat-Narkose. Z. Zellforsch. **112**, 542–550 (1971)

Desaga, U.: Form und Verteilung subependymaler Basalmembranlabyrinthe am Ventrikelsystem der Ratte. Z. Zellforsch. **132**, 553–562 (1972)

Desaga, U., Leonhardt, H.: Bindegewebe in perivaskulären Räumen subependymaler Kapillaren des Rückenmarkes beim Kaninchen. Z. Mikrosk. Anat. Forsch. **90**, 801–815 (1976)

Deshmukh, P.P., Phillips, M.I.: Scanning electron microscopy of the median eminence of the rat under different stress conditions. In: Scanning electron microscopy, 1978, Vol. II. Becker, R.P., Johari, O. (eds.) pp. 157–162. Chicago: IIT Research Institute 1978

Deurs, B. van: Observations on the blood-brain barrier in hypertensive rats, with particular reference to phagocytic pericytes. J. Ultrastruct. Res. **56**, 65–77 (1976a)

Deurs, B. van: Choroid plexus absorption of horseradish peroxidase from the cerebral ventricles. J. Ultrastruct. Res. **55**, 400–416 (1976b)

Deurs, B. van: Vesicular transport of horseradish peroxidase from brain to blood in segments of the cerebral microvasculature in adult mice. Brain Res. **124**, 1–8 (1977)

Deurs, B. van: Horseradish peroxidase uptake into the rat choroid plexus epithelium, with special reference to the lysosomal system. J. Ultrastruct. Res. **62**, 155–167 (1978a)

Deurs, B. van: Microperoxidase uptake into the rat choroid plexus epithelium. J. Ultrastruct. Res. **62**, 168–180 (1978b)

Deurs, B. van, Amtorp, O.: Blood-brain barrier in rats to the hemipeptide microperoxidase. Neuroscience **3**, 737–748 (1978)

Deurs, B. van, Møller, M., Amtorp, O.: Uptake of horseradish peroxidase from CSF into the choroid plexus of the rat, with special reference to transepithelial transport. Cell Tissue Res. **187**, 215–234 (1978)

Deussen-Schmitter, M., Garweg, G., Schwabedal, P.E., Wartenberg, H.: Simultaneous changes of the perivascular contact area and HIMOT activity in the pineal organ after bilateral adrenalectomy in the rat. Anat. Embryol. (Berl.) **149**, 297–305 (1976)

Dexler, W.: Zur Anatomie des Zentralnervensystems von *Elephas indicus*. Arb. Neurol. Inst. Univ. Wien **15**, 137–281 (1907)

Dexter, F.: The development of the paraphysis in the common fowl. Am. J. Anat. **2**, 13–24 (1902)

Dezza, M.A., Rodriguez, R.R., Buschiazzo, H.O.: Pyruvic and lactic acid levels in glycogen body incubations. Life Sci. **9**, 387–395 (1970)

Dickson, A.D., Millen, J.W.: The meningeal relationships of the glycogen body in the chick. J. Anat. **91**, 47–51 (1957)

Didion, H.P.: Über das subependymale Kapillarnetz am Ventrikelsystem des Kaninchengehirnes. Med. Diss. Homburg (Saar) 1977

Diederen, J.H.B.: Histochemical and physiological data on the subcommissural organ of *Rana temporaria*. In: Zirkumventrikuläre Organe und Liquor. Int. Symp., Schloß Reinhardsbrunn 1968, Sterba, G. (Hrsg.), S. 33–35. Jena: Fischer 1969

DIEDEREN, J.H.B.: The subcommissural organ of *Rana temporaria* L. A cytological, cytochemical, cytoenzymological and electronmicroscopical study. Z. Zellforsch. **111**, 379–403 (1970)

DIEDEREN, J.H.B.: Influence of light and darkness on the subcommissural organ of *Rana temporaria* L. A cytological and autoradiographical study. Z. Zellforsch. **129**, 237–255 (1972)

DIEDEREN, J.H.B.: Influence of light and darkness on secretory activity of the subcommissural organ and on growth rate of Reissner's fibre in *Rana esculenta* L. A cytological and autoradiographical study. Z. Zellforsch. **139**, 83–94 (1973)

DIEDEREN, J.H.B.: A possible functional relationship between the subcommissural organ and the pineal complex and lateral eyes in *Rana esculenta* and *Rana temporaria*. Cell Tissue Res. **158**, 37–60 (1975 a)

DIEDEREN, J.H.B.: Short communication. Influence of ambient temperature on growth rate of Reissner's fibre in *Rana esculenta*. Cell Tissue Res. **156**, 267–271 (1975 b)

DIEDEREN, J.H.B.: Light and the secretory activity of the subcommissural organ of *Rana*. In: Circumventriculäre Organe. Leopoldina-Symp., Schloß Reinhardsbrunn 1975. Sterba, G., Bargmann, W. (Hrsg.). Nova Acta Leopoldina, Suppl. 9, S. 115–120. Halle: Deutsche Akademie der Naturforscher 1977

DIEDEREN, J.H.B., VULLINGS, H.G.B., HESS, J.: Influence of change in catecholamine concentration of the cerebrospinal fluid on secretory activity of the subcommissural organ in *Rana esculenta*, p. 9. Ninth Conference of European Comparative Endocrinologists, Giessen, July 31 – August 6, 1977

DIEHL, J.M.: Occurrence and regional distribution of striated muscle fibers in the rat pineal gland. Cell Tissue Res. **190**, 349–355 (1978)

DIEPEN, R.: Der Hypothalamus. In: Handbuch der mikroskopischen Anatomie des Menschen, begründet von W. von Möllendorff, fortgeführt von Bargmann, W. (Hrsg.), Bd. IV/7. Berlin, Göttingen, Heidelberg: Springer 1962

DIERICKX, K.: The dendrites of the preoptic neurosecretory nucleus of *Rana temporaria* and the osmoreceptors. Arch. Int. Pharmacodyn. **140**, 708–725 (1962)

DIERICKX, K.: The subfornical organ, a spezialized osmoreceptor. Naturwissenschaften **50**, 163–164 (1963)

DIERICKX, K.: Regeneration of the neural lobe of the hypophysis after extirpation of the median eminence in *Rana temporaria*. Acta Anat. (Basel) **60**, 181–186 (1965)

DIERICKX, K.: The transport of gonadotropin releasing factors in *Rana temporaria*. Cell Tissue Res. **152**, 339–347 (1974)

DIERICKX, K., DE WAELE, G.: Scanning electron microscopy of the wall of the third ventricle of the brain of *Rana temporaria*. II. Electron microscopy of the ventricular surface of the pars ventralis of the tuber cinereum. Cell Tissue Res. **159**, 81–90 (1975 a)

DIERICKX, K., DE WAELE, G.: Scanning electron microscopy of the wall of the third ventricle of the brain of *Rana temporaria*. III. Electron microscopy of the ventricular surface of the median eminence. Cell Tissue Res. **161**, 343–349 (1975 b)

DIERICKX, K., DRUYTS, A., VANDENBERGHE, M.P., GOOSSENS, N.: Identification of adenohypophysiotropic neurohormone producing neurosecretory cells in *Rana temporaria*. I. Ultrastructural evidence for the presence of neurosecretory cells in the tuber cinereum. Z. Zellforsch. **134**, 459–504 (1972)

DIERICKX, K., GOOSSENS, N., DE WAELE, G.: The vascularization of the neural isolated pars ventralis of the tuber cinereum-hypophysis of the frog, rana temporaria. Cell. Tissue Res. **149**, 431–436 (1974)

DILL, R.E.: The distribution of striated muscle in the epiphysis cerebri of the rat. Acta Anat. (Basel) **54**, 310–316 (1963)

DIMATTIO, J., HOCHWALD, G.M., MALHAN, C., WALD, A.: Effects of changes in serum osmolarity on bulk flow of fluid into cerebral ventricles and on brain water content. Pflügers Arch. **359**, 253–264 (1975)

DIMOVA, R., DUCHESNE, P.Y., CSILLIK, B.: Cholinestérase vasculaire, macroglie et barrière hématoencéphalique: étude de quelques organes circumventriculaires. C. R. Soc. Biol. (Paris) **4**, 1325–1326 (1966)

DIVRY, P.: De la nature des formations argentophiles des plexus choroïdes. Acta Neurol. Belg. **55**, 282–283 (1955)

DODD, J.M., EVENNETT, P.J., GODDARD, C.K.: Reproductive endocrinology in cyclostomes and elasmobranches. Symp. Zool. Soc. Lond. **1**, 77–103 (1960)

Dodt, E.: Photosensitivity of the pineal organ in the teleost *Salmo irideus* (Gibbons). Experientia **19**, 642 (1963)

Dodt, E.: Aktivierung markhaltiger und markloser Fasern im Pinealnerven bei Belichtung des Stirnorgans. In: Lectures on the diencephalon. Bargmann, W., Schadé, J.P. (eds.). Prog. Brain Res. **5**, 201–205 (1964)

Dodt, E.: The parietal eye (pineal and parietal organs) of lower vertebrates. In: Handbook of sensory physiology VII/3B. Jung, E. (ed.). Central processing of visual information, part B, pp. 113–140. Berlin, Heidelberg, New York: Springer 1973

Dodt, E., Heerdt, E.: Mode of action of pineal nerve fibers in frogs. J. Neurophysiol. **25**, 405–429 (1962)

Dodt, E., Jacobson, M.: Photosensitivity of a localized region of the frog diencephalon. J. Neurophysiol. **26**, 752–758 (1963)

Dodt, E., Morita, Y.: Purkinje-Verschiebung, absolute Schwelle und adaptives Verhalten einzelner Elemente der Anurenepiphyse. Vision Res. **4**, 412–421 (1964)

Dodt, E., Ueck, M., Oksche, A.: Relations of structure and function: The pineal organ of lower vertebrates. In: J.E. Purkyně Centenary Symposium. Kruta, V. (ed.), pp. 253–278. Brno: Universita Jana Evangelisty Purkyně 1971

Doerr-Schott, J.: Développement de l'hypophyse de *Rana temporaria* L. Etude au microscope électronique. Z. Zellforsch. **90**, 616–645 (1968)

Dogterom, J., van Wimersma Greidanus, Tj.B., De Wied, D.: Histamine as an extremely potent releaser of vasopressin in the rat. Experientia **32**, 569–570 (1976)

Dohrmann, G.J.: The choroid plexus: a historical review. Brain Res. **18**, 197–218 (1970)

Dohrmann, G.J., Herdson, P.B.: Lobated nuclei in epithelial cells of the choroid plexus of young mice. J. Ultrastruct. Res. **29**, 218–223 (1969)

Dohrmann, G.J., Herdson, P.B.: The choroid plexus of the mouse: a macroscopic, microscopic and fine structural study. Z. Mikrosk. Anat. Forsch. **82**, 508–522 (1970)

Dollinger, R.K., Armstrong, P.: Scanning electron microscopy of injection replicas of the chick embryo circulatory system J. Microsc. **102**, 179–186 (1974)

Donahue, S.: A relationship between fine structure and function of blood vessels in the central nervous system of rabbit fetuses. Am. J. Anat. **115**, 17–26 (1964)

Donelli, G., D'Uva, V., Paoletti, L.: Ultrastructure of gliosomes in ependymal cells of the lizard. J. Ultrastruct. Res. **50**, 253–263 (1975)

Donovan, B.T., Peddie, M.J.: The development of the hypophysial portal system in the guinea-pig. J. Anat. **114**, 292–293 (1973)

Doolin, P.F., Birge, W.J.: Electron microscopy of choroid plexus epithelium in the chick embryo. Anat. Rec. **151**, 344 (1965)

Doolin, P.F., Birge, W.J.: Ultrastructural organization of cilia and basal bodies of the epithelium of the choroid plexus in the chick embryo. J. Cell Biol. **29**, 333–346 (1966)

Doolin, P.F., Birge, W.J.: Ultrastructural differentiation of the junctional complex of the avian choroidal epithelium. J. Comp. Neurol. **136**, 253–268 (1969)

Dooling, E.C., Chi, J.G., Gilles, F.H.: Ependymal changes in the human fetal brain. Ann. Neurol. **1**, 535–541 (1977)

Dorn, E.: Über den Saccus vasculosus einiger Teleosteer. Z. Zellforsch. **40**, 612–621 (1954)

Dorn, E.: Der Saccus vasculosus. In: Handbuch der mikroskopischen Anatomie des Menschen, Bd. IV/2. Bargmann, W. (Hrsg.), pp. 140–185. Berlin, Göttingen, Heidelberg: Springer 1955

Dorn, E.: Über das Zwischenhirn-Hypophysensystem von *Protopterus annectens*. (Zugleich ein Beitrag zum Problem des Saccus vasculosus.) Z. Zellforsch. **46**, 108–114 (1957a)

Dorn, E.: Über den Feinbau der Paraphyse von *Protopterus annectens*. Z. Zellforsch. **46**, 115–120 (1957b)

Dorst, J.: Zur mikroskopischen Anatomie der proximalen Hypophyse des Hausschweines (*Sus scrofa domestica*) unter besonderer Berücksichtigung ihrer Pars neurohypophyseos. Z Mikrosk. Anat. Forsch. **80**, 100–142 (1969)

Doyle, W.L., Watterson, R.L.: The accumulation of glycogen in the „glycogen body" of the nerve cord of the developing chick. J. Morphol. **85**, 391–403 (1949)

Draskoci, M., Feldberg, W., Fleischhauer, K., Haranath, P.S.R.: Absorption of histamine into the blood stream on perfusion of the cerebral ventricles and its uptake by brain tissue. J. Physiol. (Lond.) **150**, 50–72 (1960)

DREIFUSS, J.J., SANDRI, C., AKERT, K., MOOR, H.: Ultrastructural evidence for sinusoid spaces and coupling between pituicytes. Cell Tissue Res. **161**, 33–45 (1975)

DRETZKI, J.: Licht- und elektronenmikroskopische Untersuchungen zum Problem der Blut-Hirn-Schranke circumventriculärer Organe der Ratte nach Behandlung mit Myofer. Z. Anat. Entwickl. Gesch. **134**, 278–297 (1971)

DROMMER, W.: Kapillaren mit kollagenhaltigen perivaskulären Räumen in der Medulla oblongata und im Rückenmark des Schweines. Naturwissenschaften **56**, 141 (1969)

DROMMER, W., SCHULZ, L.-CL.: Feinstruktur der normalen Kapillaren und Venulen im Rückenmark des Schweines. Anat. Anz. **128**, 232–247 (1971)

DROPP, J.J.: Mast cells in the central nervous system of several rodents. Anat. Rec. **174**, 227–238 (1972)

DROPP, J.J.: Mast cells in mammalian brain. I. Distribution. Acta Anat. (Basel) **94**, 1–21 (1976)

DUBÉ, D., LECLERC, R., PELLETIER, G., ARIMURA, A., SCHALLY, A.V.: Immunohistochemical detection of growth hormone-release inhibiting hormone (somatostatin) in the guinea-pig brain. Cell Tissue Res. **161**, 385–392 (1975)

DUBUISSON, D., MELZACK, R.: Analgesic brain stimulation in the cat: effect of intraventricular serotonin, norepinephrine, and dopamine. Exp. Neurol. **57**, 1059–1066 (1977)

DUCKETT, S.: The establishment of internal vascularization in the human telencephalon. Acta Anat. (Basel) **80**, 107–113 (1971a)

DUCKETT, S.: The choroid plexus of the lateral ventricles during early human fetal life. Anat. Anz. **129**, 77–83 (1971b)

DUFFY, P.E., MENEFEE, M.: Electron microscopic observations of neurosecretory granules, nerve and glial fibers, and blood vessels in the median eminence of the rabbit. Am. J. Anat. **117**, 251–286 (1965)

DUKE, J.E., SMITH, G.C.: The blood-brain barrier in the hypothalamo-hypophysial complex. J. Anat. **118**, 395–396 (1974)

DUNCAN, D., MICHELETTI, G.: Notes on the fine structure of the pineal organ of cats. Tex. Rep. Biol. Med. **24**, 576–587 (1966)

DUNKER, R.O., HARRIS, A.B., JENKINS, D.P.: Kinetics of horseradish peroxidase migration through cerebral cortex. Brain Res. **118**, 199–217 (1976)

DUNN, J.S., WYBURN, G.M.: The anatomy of the blood brain barrier: A review. Scott. Med. J. **17**, 21–36 (1972)

DUVERNOY, H.: The vascular architecture of the median eminence. In: Brain-endocrine interaction. Median eminence: structure and function. Int. Symp. Munich 1971. Knigge, K.M., Scott, D.E., Weindl, A. (eds.), pp. 79–108. Basel: Karger 1972

DUVERNOY, H., GAINET, F., KORITKÉ, J.G.: Sur la vascularisation de l'hypophyse des oiseaux. J. Neuro-Visc. Relat. **31**, 109–127 (1969a)

DUVERNOY, H., KORITKÉ, J.G.: Sur la systématisation de la lame terminale (étude d'anatomie comparée). C. R. Ass. Anat. **47**, 376–395 (1961)

DUVERNOY, H., KORITKÉ, J.G.: Contribution à l'étude de l'angioarchitectonie des organes circumventriculaires. Arch. Biol. [suppl.] **75**, 693–748 (1964)

DUVERNOY, H., KORITKÉ, J.G.: Recherches sur la vascularisation de l'organe subfornical. J. Méd. (Besançon) **1**, 115–130 (1965)

DUVERNOY, H., KORITKÉ, J.G.: The vascular architecture of the subcommissural organ. In: Zirkumventrikuläre Organe und Liquor. Int. Symp. Schloß Reinhardsbrunn 1968. Sterba, G. (Hrsg.), S. 41–43. Jena: Fischer 1969

DUVERNOY, H., KORITKÉ, J.G., MONNIER, G.: Sur la vascularisation de la lame terminale humaine. Z. Zellforsch. **102**, 49–77 (1969b)

DUVERNOY, H., KORITKÉ, J.G., MONNIER, G.: Sur la vascularisation de tuber posterior chez l'homme et sur les relations vasculaires tuberohypophysaires. J. Neuro-Visc. Relat. **32**, 112–142 (1971)

DUVERNOY, H., KORITKÉ, J.G., MONNIER, G., JACQUET, G.: Sur la vascularisation de l'area postrema et de la face postérieure du bulbe chez l'homme. Z. Anat. Entwickl. Gesch. **138**, 41–66 (1972)

EAKIN, R.M.: Photoreceptors in the amphibian frontal organ. Proc. Nat. Acad. Sci. U.S.A. **47**, 1084–1088 (1961a)

EAKIN, R.M.: Fine structure of some little known photoreceptors. Am. Zool. **1**, 446 (1961b)

EAKIN, R.M.: Development of the third eye in the lizard *Sceloporus occidentalis*. Rev. Suisse Zool. **71**, 267–285 (1964)

EAKIN, R.M.: The third eye. Berkeley, Los Angeles, London: University of California Press 1973

EAKIN, R.M., BUSH, F.E.: The development of the neural lobe of the pituitary in hypophysectomized embryos of the tree-frog, *Hyla regilla*. Anat. Rec. **111**, 544–545 (1951)

EAKIN, R.M., QUAY, W.B., WESTFALL, J.A.: Cytochemical and cytological studies of the parietal eye of the lizard, *Sceloporus occidentalis*. Z. Zellforsch. **53**, 449–470 (1961)

EAKIN, R.M., QUAY, W.B., WESTFALL, J.A.: Cytological and cytochemical studies on the frontal and pineal organs of the treefrog, *Hyla regilla*. Z. Zellforsch. **59**, 663–683 (1963)

EAKIN, R.M., WESTFALL, J.A.: Fine structure of the retina in the reptilian third eye. J. Biophys. Biochem. Cytol. **6**, 133–134 (1959)

EAKIN, R.M., WESTFALL, J.A.: Further observations on the fine structure of the parietal eye of lizards. J. Biophys. Biochem. Cytol. **8**, 483–499 (1960)

EAKIN, R.M., WESTFALL, J.A.: The development of photoreceptors in the stirnorgan of the treefrog, *Hyla regilla*. Embryologia (Nagoya) **6**, 84–98 (1961)

EARLE, K.M.: X-ray diffraction and other studies of the calcareous deposits in human pineal glands. J. Neuropathol. Exp. Neurol. **24**, 108–118 (1965)

EBADI, M.S., WEISS, B., COSTA, E.: Adenosine 3′, 5′-monophosphate in rat pineal gland: increase induced by light. Science **170**, 188–189 (1970)

EBELS, I.: Pineal factors other than melatonin. Gen. Comp. Endocrinol. **25**, 189–198 (1975)

EBELS, I.: Isolation of avian and mammalian pineal indoles and antigonadotropic factors. Am. Zool. **16**, 5–15 (1976)

EBELS, I., BENSON, B., MATTHEWS, M.J.: Localization of a sheep pineal antigonadotropin. Anal. Biochem. **56**, 546–565 (1973)

EBELS, I., MOSZKOWSKA, A., SCÉMAMA, A.: An attempt to separate a sheep pineal extract fraction showing antigonadotropic activity. J. Neuro-Visc. Relat. **32**, 1–10 (1970)

EBERHARDT, H.G.: Supravitale Farbstoffversuche zur Frage der Stoffverteilung im ZNS der Ratte, besonders in Hypothalamus und Infundibulum. Z. Mikrosk. Anat. Forsch. **83**, 525–534 (1971)

EBERL-ROTHE, G.: Über den Reissnerschen Faden der Wirbeltiere. Z. Mikrosk. Anat. Forsch. **57**, 137–180 (1951)

EDVINSSON, L., NIELSEN, K.C., OWMAN, CH.: Cholinergic innervation of choroid plexus in rabbits and cats. Brain Res. **63**, 500–503 (1973)

EDVINSSON, L., NIELSEN, K.C., OWMAN, CH., WEST, K.A.: Adrenergic innervation of the mammalian choroid plexus. Am. J. Anat. **139**, 299–308 (1974)

EGAR, M., SINGER, M.: The role of the ependyma in spinal cord regeneration in the urodele, *Triturus*. Exp. Neurol. **37**, 422–430 (1972)

EGAR, M.M., SINGER, M.: Interependymal channels and cell death in normal development of chick hindbrain. Anat. Rec. **187**, 573 (1977)

EHRLICH, P.: Das Sauerstoff-Bedürfnis des Organismus. Eine farbenanalytische Studie. Berlin: Hirschwald 1885

EICHNER, D.: Zur Frage des Neurosekretübertrittes in den III. Ventrikel beim Säuger. Z. Mikrosk. Anat. Forsch. **69**, 388–394 (1963)

EICHNER, D.: Quantitative histologische Untersuchungen an Pars intermedia and Pars neuralis der Rattenhypophyse. Z. Mikrosk. Anat. Forsch. **72**, 410–416 (1965)

EISENFELD, A.J.: ³H-estradiol: in vitro binding to macromolecules from the rat hypothalamus, anterior pituitary and uterus. Endocrinology **86**, 1313–1318 (1970)

EITSCHBERGER, E.: Entwicklung und Chemodifferenzierung des Thalamus der Ratte. Ergeb. Anat. Entwickl. Gesch. **42**, 7–55 (1970)

ELDE, R.P., PARSONS, J.A.: Immunocytochemical localization of somatostatin in cell bodies of the rat hypothalamus. Am. J. Anat. **144**, 541–548 (1975)

ELLISON, N., WELLER, J.L., KLEIN, D.C.: Development of a circadian rhythm in the activity of pineal serotonin N-acetyltransferase. J. Neurochem. **19**, 1335–1341 (1972)

ELZE, C.: Lamina chorioidea und apertura accessoria ventriculi quarti. Z. Anat. Entwickl. Gesch. **116**, 351–354 (1952)

EMANUELSSON, H., VON MECKLENBURG, C.: Metabolic activity in the saccus vasculosus of the rainbow trout, *Salmo gairdneri* (Richardson). Z. Zellforsch. **130**, 351–361 (1972)

EMANUELSSON, H., VON MECKLENBURG, C.: Experimental and structural analysis of the function of saccus vasculosus in rainbow trout, *Salmo gairdneri* (Richardson). Cell Tissue Res. **148**, 27–44 (1974)

EMMERT, A.G.F.: Beobachtungen über einige anatomische Eigenheiten der Vögel. Arch. Physiol. **10**, 377–392 (1811)

ENAMI, M.: Studies in neurosecretion. I. Preoptico-subcommissural neurosecretory system in the eel (*Anguilla japonica*). Endocrinol. Jpn. **1**, 133–145 (1954)

ENAMI, M.: Studies in neurosecretion. II. Caudal neurosecretory system in the eel (*Anguilla japonica*). Gunma J. Med. Sci. **4**, 23–36 (1955a)

ENAMI, M.: Studies in neurosecretion. III. Nuclear secretion in the cells of the preoptic nucleus in the eel (*Anguilla japonica*). Endocrinol. Jpn. **2**, 33–40 (1955b)

ENAMI, M.: Studies on neurosecretion. VIII. Changes in the caudal neurosecretory system of the loach (*Misgurnus anguillicaudatus*) in response to osmotic stimuli. Proc. Jpn. Acad. **32**, 759–764 (1956)

ENAMI, M.: The morphology and functional significance of the caudal neurosecretory system of fishes. In: Comparative endocrinology. Gorbman, A. (ed.), pp. 697–724. New York: Wiley 1959

ENAMI, M., IMAI, K.: Studies in neurosecretion. V. Caudal neurosecretory system in several freshwater teleosts. Endocrinol. Jpn. **2**, 107–116 (1955)

ENAMI, M., IMAI, K.: Studies in neurosecretion XII. Electron microscopy of the secrete granules in the caudal neurosecretory system of the eel. Proc. Jpn. Acad. **34**, 164–168 (1958)

ENAMI, M., MIYASHITA, S., IMAI, K.: Studies in neurosecretion. IX. Possibility of occurrence of a sodium-regulating hormone in the caudal neurosecretory system of teleost. Endocrinol. Jpn. **3**, 280–290 (1956)

ENEMAR, A.: The structure and development of the hypophysial portal system in the laboratory mouse, with particular regard to the primary plexus. Ark. Zool. **13**, 203–252 (1960)

ENGBRETSON, G., LENT, C.M.: Parietal eye of the lizard: Neuronal photoresponses and feedback from the pineal gland. Proc. Natl. Acad. Sci. U.S.A. **73**, 654–657 (1976)

ENGELHARDT, F.: Morphologische Grundlagen der Beziehungen zwischen Hypophyse und Hypothalamus. In: Handbuch der Neurochirurgie I/2. Grundlagen II. Olivecrona, H., Tönnis, W. (Hrsg.), S. 1–212. Berlin, Heidelberg, New York: Springer 1968

EPSTEIN, A.N., SIMPSON, J.B.: The dipsogenic action of angiotensin. Acta Physiol. Lat. Am. **24**, 405–408 (1974)

ERÄNKÖ, O., ERÄNKÖ, L.: Loss of histochemically demonstrable catecholamines and acetylcholinesterase from sympathetic nerve fibres of the pineal body of the rat after chemical sympathectomy with 6-hydroxydopamine. Histochem. J. **3**, 357–363 (1971)

ERÄNKÖ, O., HÄRKÖNEN, M.: Noradrenaline and acetylcholinesterase in sympathetic ganglion cells of the rat. Acta Physiol. Scand. **61**, 299–300 (1964)

ERÄNKÖ, O., RECHARDT, L., ERÄNKÖ, L., CUNNINGHAM, A.: Light and electron microscopic histochemical observations on cholinesterase-containing sympathetic nerve fibres in the pineal body of the rat. Histochem. J. **2**, 479 (1970)

ERIKSSON, K.H., WINBLADH, B.: Choroid plexus uptake of atropine and methylatropine in vitro. Acta Physiol. Scand. **83**, 300–308 (1971)

ERMISCH, A.: Autoradiographische Untersuchungen am Subcommissuralorgan und dem Reissnerschen Faden. In: Zirkumventrikuläre Organe und Liquor. Int. Symp., Schloß Reinhardsbrunn 1968. Sterba, G. (Hrsg.), S. 37–40. Jena: Fischer 1969

ERMISCH, H.: Zur Charakterisierung des Komplexes Subcommissuralorgan-Reissnerscher Faden und seiner Beziehung zum Liquor unter besonderer Berücksichtigung autoradiographischer Untersuchungen sowie funktioneller Aspekte. Wiss. Z. Karl-Marx-Univ. Leipzig, Mat. Naturwiss. R., **22**, 297–336 (1973)

ERMISCH, A., RÜHLE, H.J.: Autoradiographic investigation to demonstrate ³H-aldosterone in the subcommissural organ and other circumventricular organs. In: Circumventriculäre Organe. Leopoldina-Symp., Schloß Reinhardsbrunn 1975. Sterba, G., Bargmann, W. (Hrsg.). Nova Acta Leopoldina, Suppl. 9, S. 133–138. Halle: Deutsche Akademie der Naturforscher 1977

ERMISCH, A., STERBA, G., HARTMANN, G., FREYER, K.: Autoradiographische Untersuchungen über das Wachstum des Reissnerschen Fadens von *Cyprinus carpio* (L.). Z. Zellforsch. **91**, 220–235 (1968)

ERMISCH, A., STERBA, G., HESS, J.: Untersuchungen zur Klärung der Funktion des Reissnerschen Fadens. In-vitro-Bindung von Noradrenalin, Adrenalin und Serotonin. Experientia **26**, 1319–1321 (1970)

Ermisch, A., Sterba, G., Mueller, A., Hess, J.: Autoradiographische Untersuchungen am Subcommissuralorgan und dem Reissnerschen Faden. I. Organsekretion und Parameter der Organleistung als Grundlagen zur Beurteilung der Organfunktion. Acta Zool. **52**, 1–21 (1971)

Etcheverry, G.J., Zieher, L.H.: Cytochemistry of 5-hydroxytryptamine at the electron microscopic level. II. Localization in the autonomic nerves of the rat pineal gland. Z. Zellforsch. **86**, 393–400 (1968)

Eto, T., Yamamoto, T., Omae, T.: An electron microscope study on permeability in cerebral venules in the rats with hypertensive encephalopathy. Arch. Histol. Jpn. **38**, 299–306 (1975)

Eurenius, L.: An electron microscope study of the differentiating capillaries of the mouse neurohypophysis. Anat. Embryol. (Berl.) **152**, 89–108 (1977)

Eurenius, L., Jarskar, R.: Electron microscope studies on the development of the external zone of the mouse median eminence. Z. Zellforsch. **122**, 488–502 (1971)

Evan, A.P., Demski, L.S., Saland, L.C.: The lateral recess of the third ventricle in teleosts: an electron microscopic and Golgi study. Cell Tissue Res. **166**, 521–530 (1976)

Evans, C.A., Reynolds, J.M., Reynolds, M., Saunders, N.R., Segal, M.B.: The development of blood-brain barrier and choroid plexus function in immature foetal sheep. J. Physiol. (Lond.) **224**, 15–16 (1972)

Evans, C.A., Reynolds, J.M., Reynolds, M.L., Saunders, N.R., Segal, M.B.: The development of a blood-brain barrier mechanism in foetal sheep. J. Physiol. (Lond.) **238**, 371–386 (1974)

Fährmann, W.: Der Reissnersche Faden nach Durchschneidung des Rückenmarks bei *Salmo irideus* (Gibbons). Z. Zellforsch. **58**, 820–836 (1963)

Fährmann, W.: Experimentelle Untersuchungen am Reissnerschen Faden bei *Triturus alpestris* Laur. Z. Mikrosk. Anat. Forsch. **71**, 339–346 (1964)

Falck, B., Hillarp, N., Thieme, G., Torp, A.: Fluorescence of catecholamines and related compounds condensed from formaldehyde. J. Histochem. Cytochem. **10**, 348–354 (1962)

Faltin, J., Lodin, Z., Booher, J.: The surface of dissected neurons, neurons in smears, cultivated cells and sections as studied by means of scanning electron microscopy. Acta Histochem. (Jena) **50**, 187–199 (1974)

Faller, A.: Die Fachwörter der Anatomie, Histologie und Embryologie. Ableitung und Aussprache. Begründet von H. Triepel, H. Stieve und R. Herrlinger. 29. Aufl. München: J. F. Bergmann 1978

Farner, D.S., Oksche, A., Lorenzen, L.: Hypothalamic neurosecretion and the photoperiodic testicular response in the White-crowned Sparrow, *Zonotrichia leucophrys gambelii*. Mem. Soc. Endocrinol. **12**, 187–195 (1962)

Farner, D.S., Wilson, F.E., Oksche, A.: Neuroendocrine mechanisms in birds. In: Neuroendocrinology. Martini, L., Ganong, W.F. (eds.), vol. 2, pp. 529–582. New York: Academic Press 1967

Farquhar, M.G., Palade, G.E.: Junctional complexes in various epithelia. J. Cell Biol. **17**, 375–412 (1963)

Fasolo, A., Franzoni, M.F.: A Golgi study on tanycytes and liquor-contacting cells in the posterior hypothalamus of the newt. Cell Tissue Res. **154**, 151–166 (1974a)

Fasolo, A., Franzoni, M.F.: Golgi impregnation study on the liquor-contacting cells bordering the preoptic recess in amphibians. Arch. Ital. Anat. Embriol. **79**, 153–162 (1974b)

Fasolo, A., Franzoni, M.F.: A Golgi study on the hypothalamus of Amphibia. The neuronal typology. Cell Tissue Res. **178**, 341–354 (1977)

Fasolo, A., Franzoni, M.F.: Comparative account on the hypothalamic organization in Amphibia. In: Neurosecretion and neuroendocrine activity. Bargmann, W., Oksche, A., Polenov, A., Scharrer, B. (eds.), p. 173. Berlin, Heidelberg, New York: Springer 1978

Fasolo, A., Franzoni, M.F., Mazzi, V.: The neurohypophysis of the crested newt. II. Fine structure of the pars nervosa with special reference to ependymal cells. Z. Zellforsch. **134**, 367–382 (1972)

Fasolo, A., Franzoni, M.F., Mazzi, V.: The neurohypophysis of the crested newt. III. Fine structure of the median eminence. Z. Zellforsch. **141**, 203–221 (1973)

Favaro, G.: Contributi allo studio morfologico dell' ipofisi caudale (rigonfiamento caudale della midolla spinale) dei Teleostei. Mem. Classe Sci. Mat. Nat. **1**, 30–72 (1925)

Fawcett, D.W.: The cell: Its organelles and inclusions, pp. 423–438. Philadelphia: Saunders 1966

FEENEY, J.F., WATTERSON, R.L.: The development of the vascular pattern within the walls of the central nervous system of the chick embryo. J. Morphol. **78**, 231–304 (1946)

FELDBERG, W., FLEISCHHAUER, K.: Penetration of bromophenol blue from the perfused cerebral ventricles into the brain tissue. J. Physiol. (Lond.) **150**, 451–462 (1960)

FELDBERG, W., FLEISCHHAUER, K.: Studies on central action of tubocurarine. J. Physiol. (Lond.) **156**, 40–41 (1961)

FELDBERG, W., FLEISCHHAUER, K.: The site of origin of the seizure discharge produced by tubocurarine acting from the cerebral ventricles. J. Physiol. (Lond.) **160**, 258–283 (1962)

FELDBERG, W., FLEISCHHAUER, K.: Site of tubocurarine reaching the brain via the cerebral ventricles. In: The rhinencephalon and related structures. Bargmann, W., Schadé, J.P. (eds.). Prog. Brain Res. **3**, 1–19 (1963a)

FELDBERG, W., FLEISCHHAUER, K.: The hippocampus as the site of origin of the seizure discharge produced by tubocurarine acting from the cerebral ventricles. J. Physiol. (Lond.) **168**, 435–442 (1963b)

FELDBERG, W., FLEISCHHAUER, K.: A new experimental approach to the physiology and pharmacology of the brain. B. Med. Bull. **21**, 36–43 (1965)

FELDBERG, W., MYERS, R.D.: The appearance of 5-hydroxytryptamine and an unidentified lipid acid in effluent from perfused cerebral ventricles. J. Physiol. (Lond.) **184**, 837–855 (1966)

FELGENHAUER, K.: Die Lokalisation der spezifischen und unspezifischen Phosphatasen im Meerschweinchengehirn. Z. Zellforsch. **60**, 518–531 (1963)

FELIX, D., AKERT, K.: The effect of angiotensin II on neurons of the cat subfornical organ. Brain Res. **76**, 350–353 (1974)

FELIX, D., AKERT, K.: Peptide action in the cat subfornical organ. In: Circumventriculäre Organe. Leopoldina-Symp., Schloß Reinhardsbrunn 1975. Sterba, G., Bargmann, W. (Hrsg.). Nova Acta Leopoldina, Suppl. 9, S. 177–182. Halle: Deutsche Akademie der Naturforscher 1977

FELIX, D., PHILLIPS, M.J.: Inhibiting effects of luteinizing hormone releasing hormone (LH-RH) on neurons in the organum vasculosum laminae terminalis (OVLT). Brain Res. **169**, 204–208 (1979)

FELIX, D., SCHLEGEL, W.: Angiotensin receptive neurones in the subfornical organ. Structure-activity relations. Brain Res. **149**, 107–116 (1978)

FELIX, H., FELIX, D., SANDRI, C., AKERT, K.: The surface morphology of the cat subfornical organ. In: Circumventriculäre Organe. Leopoldina-Symp., Schloß Reinhardsbrunn 1975. Sterba, G., Bargmann, W. (Hrsg.). Nova Acta Leopoldina, Suppl. 9, S. 173–176. Halle: Deutsche Akademie der Naturforscher 1977

FENSTERMACHER, J.D., PATLAK, C.S.: The exchange of material between cerebrospinal fluid and brain. In: Fluid environment of the brain. Cserr, H.F., Fenstermacher, J.D., Fencl, V. (eds.), pp. 201–214. New York, San Francisco, London: Academic Press 1975

FENSTERMACHER, J.D., PATLAK, C.S., BLASBERG, R.G.: Transport of material between brain extracellular fluid, brain cells and blood. S. Afr. Med. J. **48**, 2070–2074 (1974)

FENWICK, J.C.: The pineal organ. In: Fish physiology. HOAR, W.S., RANDALL, D.J. (eds.), Vol. IV, pp. 91–108. New York: Academic Press 1970a

FENWICK, J.C.: Effects of pinealectomy and bilateral enucleation on the phototactic response and on the conditioned response to light of the goldfish *Carassius auratus* L. Can. J. Zool. **48**, 175–182 (1970b)

FERRAZ DE CARVALHO, C.A.: Considerations on the ependyma of the encephalic ventricles of *Tropidonotus natrix, Alligator mississippiensis* and *Testudo graeca*. Acta Anat. (Basel) **76**, 352–380 (1970)

FERRAZ DE CARVALHO, C.A., COSTACURTA, L.: Ultrastructural study on topographical variations of the ependyma in *Bradypus tridactylus*. Acta Anat. (Basel) **94**, 369–385 (1976)

FERRAZ DE CARVALHO, C.A., COSTACURTA, L., DE CARVALHO FILHO, J.R.: Histological and histochemical study on the ependyma of *Bradypus tridactylus*. Acta Anat. (Basel) **2**, 424–442 (1975)

FERRAZ DE CARVALHO, C.A., KÖNIG JR., B., RODRIGUES JR., A.J.: Ultrastructural study on the relations among nerve elements and ependymal cells of the *Bradypus tridactylus*. Rev. Bras. Pesq. Méd. Biol. **9**, 137–143 (1976)

FERRAZ DE CARVALHO, C.A., PRADO REIS, F.: Histological and ultrastructural study on the subcommissural organ of *Bradypus tridactylus*. Anat. Anz. **141**, 372–390 (1977)

Fink, G., Smith, G.C.: Ultrastructural features of the developing hypothalamo-hypophysial axis in the rat. Z. Zellforsch. **119**, 208–226 (1971)

Firth, J.A., Bock, R.: Distribution and properties of an adenosine triphosphatase in the tanycyte ependyma of the IIIrd ventricle of the rat. Histochemistry **47**, 145–157 (1976)

Fischer, K.: Subependymale Zellproliferationen und Tumordisposition brachycephaler Hunderassen. Acta Neuropathol. (Berl.) **8**, 242–254 (1967)

Fitzgerald, T.C.: Anatomy of cerebral ventricles of domestic animals. Vet. med. (Praha) **56**, 38–45 (1961)

Flament-Durand, J.: Etude par la microscopie électronique à transmission et à balayage du revêtement épendymaire du troisième ventricule chez l'homme et chez le rat. Bull. Mem. Acad. R. Med. Belg. **133**, 88–102 (1978)

Flament-Durand, J., Vienne, G., Dustin, P.: Scanning electron microscopic study of the hypothalamic region in man. In: Scanning electron microscopy, 1978, Vol. II. Becker, R.P., Johari, O. (eds.), pp. 151–156. Chicago: IIT Research Institute 1978

Fleischer, J., Geyer, G.: Histochemische Untersuchungen am Subfornikalorgan einiger Säuger. Z. Mikrosk. Anat. Forsch. **79**, 186–198 (1968)

Fleischhauer, K.: Untersuchungen am Ependym des Zwischen- und Mittelhirns der Landschildkröte (*Testudo graeca*). Z. Zellforsch. **46**, 729–767 (1957)

Fleischhauer, K.: Fluorescenzmikroskopische Untersuchungen an der Faserglia. I. Beobachtungen an den Wandungen der Hirnventrikel der Katze (Seitenventrikel, III. Ventrikel). Z. Zellforsch. **51**, 467–496 (1960)

Fleischhauer, K.: Regional differences in the structure of the ependyma und subependymal layers of the cerebral ventricles of the cat. In: Regional neurochemistry. The regional chemistry, physiology and pharmacology of the nervous system. Kety, S.S., Elkes, J. (eds.), pp. 279–283. New York: Pergamon 1961

Fleischhauer, K.: Fluoreszenzmikroskopische Untersuchungen über den Stofftransport zwischen Ventrikelliquor und Gehirn. Z. Zellforsch. **62**, 639–654 (1964)

Fleischhauer, K.: Über die postnatale Entwicklung der subependymalen und marginalen Gliafaserschichten im Gehirn der Katze. Z. Zellforsch. **75**, 96–108 (1966)

Fleischhauer, K.: Regional differences in transport of substances out of the cerebrospinal fluid. In: Brain edema. Klatzo, I., Seitelberger, F. (eds.), pp. 357–359. New York: Springer 1967

Fleischhauer, K.: Postnatale Entwicklung der Neuroglia. Acta Neuropathol. (Berl.) [Suppl.] **4**, 20–32 (1968)

Fleischhauer, K.: Über die postnatale Entwicklung des Stratum subcallosum im Vorderhorn des Seitenventrikels der Katze. Z. Anat. Entwickl. Gesch. **132**, 1–17 (1970)

Fleischhauer, K.: Ependyma and subependymal layer. In: The structure and function of nervous tissue. Bourne, G.H. (ed.), Vol. VI, pp. 1–46. New York, London: Academic Press 1972

Fleischhauer, K., Petrovický, P.: Über den Bau der Wandungen des Aquaeductus cerebri und des IV. Ventrikels der Katze. Z. Zellforsch. **88**, 113–125 (1968)

Flight, W.F.G.: Some observations on pineal ultrastructure in the newt, *Notophthalmus (Diemictylus) viridescens viridescens*. Proc. Kon. Akad. Wetensch. [Series C] **71** (5), 525–528 (1968)

Flight, W.F.G.: Observations on the pineal ultrastructure of the urodele, *Diemictylus viridescens viridescens*. Proc. Kon. Akad. Wetensch. [Series C] **76**, 425–448 (1973)

Flight, W.F.G., van Donselaar, E.: Ultrastructural aspects of the incorporation of ^{3}H-Vitamin A in the pineal organ of the urodele, *Diemictylus viridescens viridescens*. Proc. Kon. Akad. Wetensch. [Series C] **78**, 130–142 (1975)

Florsheim, W.H., Rudko, P.: The development of portal system function in the rat. Neuroendocrinology **3**, 89–98 (1968)

Földi, M.: Prelymphatic-lymphatic drainage of the brain. Am. Heart. J. **93**, 121–124 (1977)

Földi, M., Csillik, B., Zoltán, Ö.T.: Lymphatic drainage of the brain. Experientia **24**, 1283–1287 (1968)

Földvári, I.P., Czeizel, E., Simon, G., Palkovits, M., Kertai, P.: The influence of the subcommissural organ on the resorption of water and electrolytes from the small intestine. Acta Physiol. Acad. Sci. Hung. **22**, 43–50 (1962)

Follenius, E.: Bases structurales et ultrastructurales des corrélations diencéphalo-hypophysaires chez les sélaciens et les téléostéens. Arch. Anat. Microsc. Morphol. Exp. **54**, 195–216 (1965a)

FOLLENIUS, E.: Bases structurales et ultrastructurales des corrélations hypothalamo-hypophysaires chez quelques espèces de poissons téléostéens. Ann. Sci. Nat. Zool. 7, 1–150 (1965b)

FOLLENIUS, E.: Cytologie des systèmes neurosécréteurs hypothalamo-hypophysaires des poissons téléostéens. In: Neurosecretion. Int. Symp. Strasbourg 1965. Stutinsky, F., (ed.), pp. 42–55. Berlin, Heidelberg, New York: Springer 1967

FOLLENIUS, E.: Fine structural organization of the organum vasculosum of the lamina terminalis in Carassius auratus L., p. 4. Ninth Conference of European Comparative Endocrinologists, Giessen, July 31–August 6, 1977

FORD, D.H.: Selected maturational changes observed in the postnatal rat brain. In: Neurobiological aspects of maturation and aging. Ford, D.H. (ed.). Prog. Brain Res. 40, 1–12 (1973)

FORD, D.H.: Blood-brain barrier: a regulatory mechanism. In: Reviews of neuroscience. Vol. II, pp. 1–42. New York: Raven Press 1976

FORT, B., McDONALD, T.F.: A study on the penetration of four intravascularly administered tracers into the hypothalamic arcuate nucleus. Anat. Rec. 187, 580 (1977)

FOX, C.A., DE SALVA, S., ZEIT, W., FISHER, R.: Demonstration of supraependymal nerve endings in the third ventricle and synaptic terminals in the cerebral cortex. Anat. Rec. 100, 767 (1948)

FOX, J.M., DUPPEL, W.: The action of thiamine and its di- and triphosphates on the slow exponential decline of the ionic currents in the node of Ranvier. Brain Res. 89, 287–302 (1975)

FRANCOTTE, P.: Note sur l'oeil pariétal, l'épiphyse, la paraphyse et les plexus choroides du troisième ventricule. Bull. Acad. Sci. Belg. [3 Serie] 27, 84 (1894)

FRANZ, H., STARK, M.: Fluoreszenzmikroskopische Untersuchungen über die Resorption und Verteilung von Tetracyclin im Rattengehirn nach intraventrikulärer Injektion. Z. Zellforsch. 126, 565–579 (1972)

FRANZ, V.: Beitrag zur Kenntnis des Ependyms im Fischgehirn. Biol. Zentralbl. 32, 375–383 (1912)

FRANZ, V.: Haut, Sinnesorgane und Nervensystem der Akranier. Jena. Z. Med. Naturwissensch. 59, 401–526 (1923)

FRASCHINI, F., MESS, B., PIVA, F., MARTINI, L.: Brain receptors sensitive to indole compounds: function in control of luteinizing hormone secretion. Science 159, 1104–1105 (1969)

FREIRE, F., CARDINALI, D.F.: Effects of melatonin treatment and environmental lighting on the ultrastructural appearance, melatonin synthesis, norepinephrine turnover and microtubule protein content of the rat pineal gland. J. Neural. Transm. 37, 237–257 (1975)

FRIDBERG, G.: A histological evidence of the homology between Dahlgren's cells in rays and teleosts. Acta. Zool. Stockh. 40, 101–104 (1959)

FRIDBERG, G.: Studies on the caudal neurosecretory system in teleosts. Acta Zool. Stockh. 43, 1–77 (1962)

FRIDBERG, G.: Electron microscopy of the caudal neurosecretory system in Leuciscus rutilis and Phoxinus phoxinus. Acta Zool. Stockh. 44, 245–267 (1963)

FRIDBERG, G., BERN, H.A.: The urophysis and the caudal neurosecretory system of fishes. Biol. Rev. 43, 175–199 (1968)

FRIDBERG, G., BERN, H.A., NISHIOKA, R.S.: The caudal neurosecretory system of the isospondylous teleost, Albula vulpes, from different habitats. Gen. Comp. Endocrinol. 6, 195–212 (1966a)

FRIDBERG, G., IWASAKI, S., YAGI, K., BERN, H.A., WILSON, D.M., NISHIOKA, R.S.: Relation of impulse conduction to electrically induced release of neurosecretory material from the urophysis of the teleost fish Tilapia mossambica. J. Exp. Zool. 161, 137–150 (1966)

FRIDBERG, G., NISHIOKA, R.S.: Secretion into the cerebrospinalis fluid by caudal neurosecretory neurons. Science 152, 90–91 (1966)

FRIDBERG, G., NISHIOKA, R.S., BERN, H.A., FLEMING, W.R.: Regeneration of the caudal neurosecretory system in the cichlid teleost, Tilapia mossambica. J. Exp. Zoo.. 162, 311–336 (1966c)

FRIDBERG, G., OLSSON, R.: The preoptico-hypophyseal system, nucleus tuberis lateralis and the subcommissural organ of Gasterosteus aculeatus after changes in osmotic stimuli. Z. Zellforsch. 49, 531–540 (1959)

FRIEDE, R.L.: Surface structures of the aqueduct and the ventricular walls: a morphologic, comparative and histochemical study. J. Comp. Neurol. 116, 229–247 (1961)

FRIEDE, R.L.: Enzyme histochemistry of neuroglia. In: Biology of neuroglia. De Robertis, E.D.P., Carrera, R. (eds.). Prog. Brain Res. 15, 35–47 (1965)

FRIEDE, R.L.: Topographic brain chemistry. III. Glycogen, IV. Enzymes of glycogen metabolism. pp. 132–157. New York, London: Academic Press 1966

Friede, R.L., Hu, K.H., Cechner, R.: Glial footplates in the bowfin. II. Effects of ouabain and selective damage to footplates on electrolyte composition, glycogen content, fine structure and electrophysiology of bowfin brain incubated in vitro. J. Neuropathol. Exp. Neurol. **28,** 540–570 (1969)

Friede, R.L., Pollak, A.: The cytogenetic basis for classifying ependymomas. J. Neuropathol. Exp. Neurol. **37,** 103–118 (1978)

Friede, R.L., Vossler, A.E.: Histochemistry of the glycogen body of the turkey spinal cord. Histochemie **4,** 330–335 (1964)

Friedrich-Freksa, H.: Entwicklung, Bau und Bedeutung der Parietalgegend bei Teleostiern. Z. Wiss. Zool. **141,** 52–142 (1932)

Friend, D.S., Gilula, N.B.: Variations in tight and gap junctions in mammalian tissues. J. Cell Biol. **53,** 758–776 (1972)

Frisch, W., Lüllmann-Rauch, R.: Differential effects of chloroquine and of several other amphiphilic cationic drugs upon rat choroid plexus. Acta Neuropathol. (Berl.) **46,** 203–208 (1979)

Fujie, E.: Ultrastructure of the pineal body of the domestic chicken, with special reference to the changes induced by altered photoperiods. Arch. Histol. Jpn. **29,** 271–303 (1968)

Fujita, H., Fujita, S.: Electron microscopic studies on neuroblast differentiation in the central nervous system of domestic fowl. Z. Zellforsch. **60,** 463–478 (1963)

Fujita, H., Fujita, S.: Electron microscopic studies on the differentiation of the ependymal cells and the glioblast in the spinal cord of domestic fowl. Z. Zellforsch. **64,** 262–272 (1964)

Fujita, H., Hartmann, J.F.: Electron microscopy of neurohypophysis in normal adrenalin treated and pilocarpine treated rabbits. Z. Zellforsch. **54,** 734–763 (1961)

Fujita, S.: Matrix cell and cytogenesis in the central nervous system. J. Comp. Neurol. **120,** 37–42 (1963a)

Fujita, S.: Über das Zwischenhirn-Hypophysensystem von *Chimaera monstrosa.* Z. Zellforsch. **60,** 147–162 (1963b)

Fujita, S.: Application of light and electron microscopic autoradiography at the study of cytogenesis of the forebrain. In: Evolution of the forebrain. Hassler, R., Stephan, H. (eds.), pp. 180–196. Stuttgart: Thieme 1966

Fujita, S.: Synthesis and secretion of biomacromolecules in the matrix cell and its progeny. In: Zirkumventrikuläre Organe und Liquor. Int. Symp., Schloß Reinhardsbrunn 1968. Sterba, G. (Hrsg.), S. 197–200. Jena: Fischer 1969

Fujita, S., Kitamura, T.: Origin of brain macrophages and the nature of the so-called microglia. Acta Neuropathol. (Berl.) [Suppl.] **6,** 291–296 (1975)

Fulcrand, J., Bisconte, J., Marty, R.: Radioautographie quantitative de la prolifération névroglique au cours du développement postnatal chez le rat. Z. Mikrosk. Anat. Forsch. **82,** 349–361 (1970)

Fuse, G.: Über die Epiphyse bei einigen wasserbewohnenden Säugetieren. Arbeiten aus dem Anatomischen Institut der Kaiserlich-Japanischen Universität zu Sendai **18,** 241–341 (1936)

Fuxe, K.: Evidence for the existence of monoamine neurons in the central nervous system. IV. Distribution of monoamine nerve terminals in the central nervous system. Acta Physiol. Scand. **64,** 39–85 (1965)

Fuxe, K., Hökfelt, T., Ritzén, M., Ungerstedt, U.: Studies on uptake of intraventricularly administered tritiated noradrenaline and 5-hydroxytryptamine with combined fluorescence histochemical and autoradiographic techniques. Histochemie **16,** 186–194 (1968)

Fuxe, K., Owman, Ch.: Cellular localization of monoamines in the area postrema of certain mammals. J. Comp. Neurol. **125,** 337–354 (1965)

Fuxe, K., Ungerstedt, U.: Histochemical studies on the distribution of catecholamines and 5-hydroxytryptamine after intraventricular injections. Histochemie **13,** 16–28 (1968)

Gabriel, K..H.: Vergleichend-histologische Studien am Subcommissuralorgan. Anat. Anz. **127,** 129–170 (1970)

Gadamski, R., Szumańska, G.: Blood-brain barrier after circulatory hypoxia (ischemia). Neuropatol. Pol. **12,** 693–702 (1974)

Galabov, P., Schiebler, T.H.: The ultrastructure of the developing neural lobe. Cell Tissue Res. **189,** 313–329 (1978)

Galer, B.B., Billenstien, D.C.: Ultrastructural development of the saccus vasculosus in the rainbow trout (*Salmo gairdneri*). Z. Zellforsch. **128,** 162–174 (1972)

GAMBETTI, P., ERULKAR, S.E., SOMLYO, A.P., GONATAS, N.K.: Calcium-containing structures in vertebrate glial cells. Ultrastructural and microprobe analysis. J. Cell Biol. **64**, 322–330 (1975)

GAMBLE, H.J.: Axon ensheating by ependymal cells in the human embryonic and foetal spinal cord. Nature (Lond.) **218**, 182–183 (1968)

GAMBLE, H.J.: Electron microscope observations on the human foetal and embryonic spinal cord. J. Anat. **104** (37, 435–453 (1969)

GANFINI, C.: Su alcune differenziazioni dell'ependima encefalico. Genova: Stab. Graf. Gnecco 1922

GANONG, W.F., MARTINI, L. (EDS.): Frontiers in neuroendocrinology. London: Oxford Univ. Press 1969

GARWEG, G., GOLLMER, D., KORTMANN, H.: Zur Wirkung des Lichtentzuges auf Melatoninsynthese und Hodenaktivität beim Goldhamster. Anat. Anz. **140**, Erg.-H., 77–83 (1976)

GAUPP, E.: Zirbel, Parietalorgan und Paraphysis. Ergeb. Anat. Entwickl. Gesch. **7**, 208–285 (1897)

GELDER, N.M. VAN: A possible enzyme barrier for γ-aminobutyric acid in the central nervous system. In: Brain barrier systems. Lajtha, A., Ford, D.H. (eds.). Prog. Brain Res. **29**, 259–271 (1968)

GENNARO, L.D. DE: Differentiation of the glycogen body of the chick embryo under normal and experimental conditions. Growth **23**, 235–249 (1959)

GENNARO, L.D. DE: Chorioallantoic grafting of radioactive chick glycogen body. Am. Zool. **1**, 349 (1961 a)

GENNARO, L.D. DE: The carbohydrate composition of glycogen body of the chick embryo as revealed by paper chromatography. Biol. Bull. **120**, 348–352 (1961 b)

GENNARO, L.D. DE: The incorporation and storage of glucose C-14 by the chick glycogen body. Am. Zool. **2**, 515 (1962)

GEORGE, J.M.: Hypothalamic sites of incorporation of [^{3}H]cytidine into RNA in response to oral hypertonic saline. Brain Res. **73**, 184–187 (1974)

GEORGE, J.M., PENROSE, M.: Increased incorporation of [^{3}H] uridine into RNA in the brain subfornical organ of ovariectomized mice. Brain Res. **97**, 167–170 (1975)

GERHARD, L., OLSZEWSKI, J.: Medulla oblongata und Pons. In: Primatologia. Handbuch der Primatenkunde. Hofer, H., Schultz, A.H., Starck, D. (Hrsg.), Bd. II/2/3, S. 1–234. Basel, New York: Karger 1969

GERSCHENFELD, H.M., TRAMEZZANI, J.H., DE ROBERTIS, E.: Ultrastructure and function in neurohypophysis of the toad. Endocrinology **66**, 741–762 (1960)

GEYER, G., SCHAAF, P., MÖLLER, I., MÜLLER, A., LINSS, W., FEUERSTEIN, H.: Ultrahistochemische Untersuchungen über das Ionenbindungsvermögen von Basalmembran und Glykokalyx. Acta Histochem. (Jena) **36**, 54–59 (1970)

GIARMAN, N.J., DAY, M.: Presence of biogenic amines in the bovine pineal body. Biochem. Pharmacol. **1**, 235 (1958)

GIARMAN, N.J., FREEDMAN, D.X., PICARD, AMI, L.: Serotonin content of the pineal glands of man and monkey. Nature (Lond.) **186**, 480–481 (1960)

GIBBONS, I.R., GRIMSTONE, A.V.: On flagellar structure in certain flagellates. J. Biophys. Biochem. Cytol. **7**, 697–735 (1960)

GIESING, M.: Biochemie der neurosekretorischen Elementargranula und der lipidreichen Grana der Neurohypophyse von Ratten. Inaug. Diss. Bonn 1971

GILBERT, G.J.: The subcommissural organ. Anat. Rec. **126**, 253–265 (1956)

GILBERT, G.J.: The subcommissural organ: a regulator of thirst. Am. J. Physiol. **191**, 243–247 (1957)

GILBERT, G.J.: Subcommissural organ secretion in the dehydrated rat. Anat. Rec. **158**, 563–567 (1958)

GILBERT, G.J.: Renal effect of subcommissural extract. Neurology **13**, 43–55 (1963)

GILL, V.E., BURFORD, G.D., LEDERIS, K., ZIMMERMAN, E.A.: An immunocytochemical investigation for arginine vasotocin and neurophysin in the pituitary gland and the caudal neurosecretory system of *Catostomus commersoni*. Gen. Comp. Endocrinol. **32**, 505–511 (1977)

GILLIAN, L.A.: Blood supply to primitive mammalian brains. J. Comp. Neurol. **145**, 209–222 (1972)

GISPEN, W.H., VAN WIEMERSMA GREIDANUS, TJ.B., BOHNS, B., DE WIED, D. (eds.): Hormones, homeostasis and the brain. Prog. Brain Res. **42**, 1–649 (1975)

Glees, P., Le Vay, S.: Some electron microscopical observations on the ependymal cells of the chick embryo. J. Hirnforsch. **6**, 355–360 (1964)

Globus, J.H., Kuhlenbeck, H.: The subependymal cell plate and its relationship to brain tumors of the ependymal type. J. Neuropathol. exp. Neurol. **8**, 1–35 (1944)

Glydon, R.St.J.: The development of the blood supply of the pituitary in the albino rat with special reference to the portal vessels. J. Anat. **91**, 237–244 (1957)

Go, K.G., Stokroos, J., Blaauw, E.H., Zuiderveen, F., Molenaar, I.: Changes of ventricular ependyma and choroid plexus in experimental hydrocephalus, as observed by scanning electron microscopy. Acta Neuropathol. (Berl.) **34**, 55–64 (1976)

Goldgefter, L.: Non-diffusional distribution of radioactivity in the rat median eminence after intraventricular injection of ^{3}H-LH-RH. Cell Tissue Res. **168**, 411–418 (1976)

Goldgefter, L., Korochkin, L.: Periventricular Gomori positive glial cells in rat hypothalamus. Arch. Anat. Histol. Embryol. (Strasb.) **59**, 9–16 (1970)

Goldman, H., Wurtman, R.J.: Flow of blood to the pineal body of the rat. Nature (Lond.) **203**, 87–88 (1964)

Goldmann, E.E.: Vitalfärbung am Zentralnervensystem. Beitrag zur Physiopathologie des Plexus chorioideus und der Hirnhäute. Abh. Preuß. Akad. Wiss. Physik. Math. Kl. **1**, 1–60 (1913)

Goldsmith, P.C., Ganong, W.F.: Ultrastructural localization of luteinizing hormone-releasing hormone in the median eminence of the rat. Brain Res. **97**, 181–193 (1975)

Golgi, C.: Untersuchungen über den feineren Bau des centralen und peripheren Nervensystems. Jena: Fischer 1894

Golgi, C.: Sulla fina anatomia degli organi centrali del sistema nervoso. 1883 (Republished in: Opera Omnia, pp. 397–536. Milano: Hoepli 1903)

Gonzáles, G.G., Alvarez-Uria, M., Fernandez Ruiz, R., Fernandes Ruiz, B.: Ultrastructura de la glándula pineal de los mamíferos. 1. Imágenes sinápticas en los pineócitos. Trab. Inst. Cajal. Invest. Biol. **61**, 41–62 (1969)

Goodman, J.H., Bingham, W.G., Jr., Hunt, W.E.: Ultrastructural blood-brain barrier alterations and edema formation in acute spinal cord trauma. J. Neurosurg. **44**, 418–424 (1976)

Goossens, N.: Immunohistochemical evidence against the presence of vasotocin in the trout urophysis. Gen. Comp. Endocrinol. **30**, 231–233 (1976)

Goossens, N., Dierickx, K., De Waele G.: The vascularization and monoaminergic structures of the organon vasculosum laminae terminalis of *Rana temporaria*. Z. Zellforsch. **143**, 527–534 (1973)

Gordon, A.G.: Lymphatic drainage of the brain and catarrhea (Letter). Am. Heart J. **96**, 274–275 (1978)

Gordon, J.H., Bollinger, J., Rechlin, S.: Plasma thyrotropin responses to thyrotropin-releasing hormone after injection into the third ventricle, systemic circulation, median eminence and anterior pituitary. Endocrinology **91**, 696–701 (1972)

Goslar, H.G., Bock, R.: Enzymhistochemische Untersuchungen am Infundibulum der Rattenhypophyse. Anat. Anz. **126**, Erg.H., 585–588 (1970a)

Goslar, H.G., Bock, R.: Zur Spaltbarkeit verschiedener Naphthol-Carbonsäureester durch Esterasen im Tanycytenependym des III. Ventrikels der Wistarratte. Histochemie **21**, 353–365 (1970b)

Goslar, H.G., Bock, R.: Histochemische Eigenschaften der unspezifischen Esterasen im Tanycytenependym des III. Ventrikels, im Subfornicalorgan und im Subcommissuralorgan der Wistarratte. Histochemie **28**, 170–182 (1971)

Gottsche, C.M.: Vergleichende Anatomie des Gehirnes der Gräthenfische. Arch. Anat. Physiol. Wiss. Med. **1835**, 244–294 u. 433–486

Graumann, W.: Zelldegeneration im Telencephalon medium und Paraphysenentwicklung bei der weißen Maus. Z. Anat. Entwickl. Gesch. **115**, 19–31 (1950)

Gray, E.G.: Regular organization of material in certain mitochondria of neuroglia of lizard brain. J. Biophys. Biochem. Cytol. **8**, 282–285 (1960)

Green, J.D.: The comparative anatomy of the hypophysis with special reference to its blood supply and innervation. Am. J. Anat. **88**, 225–312 (1951)

Green, J.D., van Breemen, V.L.: Electron microscopy of the pituitary and observations on neurosecretion. Am. J. Anat. **97**, 177–227 (1955)

Green, J.D., Maxwell, D.S.: Comparative anatomy of the hypophysis and observations on the mechanism of neurosecretion. In: Comparative endocrinology. Gerbman, A. (ed.), pp. 368–392. New York: Wiley 1959

GREGOREK, J.C., SEIBEL, H.R.: The comparative anatomy of the epithalamus in some common laboratory rodents. Va.J. Sci. **21**, 144–145 (1970)

GREGOREK, J.C., SEIBEL, H.R., REITER, R.J.: The pineal complex and its relationship to other epithalamic structures. Acta Anat. (Basel) **99**, 425–434 (1977)

GRIGNON, G.: Développement du complexe hypothalamo-hypophysaire chez l'embryon de poulet. Nancy: Societé d'impressions typographiques. Nancy: 1956

GRIGNON, G.: Sur la présence de matériel PAS-positif au niveau de l'épendyme et de la région sous-ependymaire du troisième ventricule chez la tortue terrestre (*T. mauritanica*). C.R. Assoc. Anat. **46**, 337–339 (1959)

GRIGNON, G., GRIGNON, M.: Développement de l'organe subfornical et de la paraphyse chez le rat blanc. C.R. Assoc. Anat. **44**, 341–348 (1957)

GRIGNON, G., GRIGNON, M.: Activité élaboratrice de l'organe sous-commissural chez l'embryon de poulet. C.R. Ass. Anat. **109**, 889–891 (1958)

GRIGNON, G., GRIGNON, M.: La voie hypothalamo-neurohypophysaire chez la tortue terrestre (*Testudo mauritanica*). C.R. Assoc. Anat. **46**, 340–346 (1959)

GRÖSCHEL-STEWART, U., UNSICKER, K., LEONHARDT, H.: Immunohistochemical demonstration of contractile proteins in astrocytes, marginal glia and ependymal cells in rat diencephalon. Cell Tissue Res. **180**, 133–137 (1977)

GROSS, D.S.: Distribution of gonadotropin-releasing hormone in the mouse brain as revealed by immunohistochemistry. Endocrinology **98**, 1408–1417 (1976)

GROSS, J.H., KNIGGE, K.M., SHERIDAN, M.N.: Fine structure of neurons of the arcuate nucleus and median eminence of the hypothalamus of the golden hamster following immobilization. Cell Tissue Res. **168**, 385–397 (1976)

GROTA, L., BROWN,G.: Antibodies to indolealkylamines: Serotonin and melatonin. Can.J. Biochem. **52**, 196–202 (1974)

GRUPTA, K.K.: Antidiuretic hormone in cerebrospinal fluid. Lancet 1969i, 581

GRUSS, P., ENGELHARDT, F.: Ependym und Plexusepithel nach Schilddrüsenentfernung bei der Ratte. Ein Beitrag zur Frage nach der Regulation des Wasserhaushaltes im Gehirn. Endokrinologie **58**, 1–5 (1971)

GUEDENET, J.C., GRIGNON, G., HATIER, R.: Aspects ultrastructuraux de la neurophypophyse chez l'embryon de poulet. C.R. Soc. Biol. (Paris) **161**, 1334–1336 (1967)

GÜLDNER, F.-H.: Charakteristika der neuro-gliösen synapsenähnlichen Kontakte in der Eminentia mediana der Ratte. Anat. Anz. **134**, Erg.-H., 279–283 (1973)

GÜLDNER, F.-H., WOLFF, J.R.: Neurono-glial synaptoid contacts in the median eminence of the rat: Ultrastructure, staining properties and distribution on tanycytes. Brain Res. **61**, 217–234 (1973)

GUNDY, G.C.: A comparative morphological study of the epiphyseal complex in skinks. M.S. Thesis, University of Pittsburgh 1972

GUNDY, G.C.: The evolutionary history and comparative morphology of the pineal complex in Lacertilia. Ph.D. Thesis, University of Pittsburgh 1974

GUNDY, G.C., RALPH, C.L., WURST, G.Z.: Parietal eyes in lizards: zoogeographical correlates. Science **190**, 671–673 (1975)

GUNDY, G.C., WURST, G.Z.: Parietal eye-pineal morphology in lizards and its physiological implications. Anat. Rec. **185**, 419–432 (1976)

GUSEK, W.: Beitrag zur Struktur und funktionellen Einordnung der Epiphysis cerebri. Zentralbl. Allg. Pathol. Anat. **103**, 420–421 (1962)

GUSEK, W.: Die Feinstruktur der Rattenzirbel und ihr Verhalten unter Einfluß von Antiandrogen und nach Kastration. Endokrinologie **67**, 129–151 (1976)

GUSEK, W., BUSS, H., WARTENBERG, H.: Weitere Untersuchungen zur Feinstruktur der Epiphysis cerebri normaler und vorbehandelter Ratten. In: Structure and function of the epiphysis cerebri. Ariëns Kappers, J., Schadé, J.P. (eds.). Prog. Brain Res. **10**, 317–331 (1965)

GUSEK, W., SANTORO, A.: Elektronenoptische Beobachtungen zur Ultrastruktur der Pinealzellen bei der Ratte. Biol. Lat. **13**, 451–464 (1960)

GUSEK, W., SANTORO, A.: Zur Ultrastruktur der Epiphysis cerebri der Ratte. Endokrinologie **41**, 105–129 (1961)

Guseo, A.: Über die Makrophagen des Liquor cerebrospinalis. Z. Neurol. **200**, 136–147 (1971)

Guseo, A.: Classification of cells in the cerebrospinal fluid. A review. Eur. Neurol. **15**, 169–176 (1977)

Gutte, G. von, Grütze, I.: Histochemische Untersuchungen an den Parenchymzellen der Epiphysis cerebri von Rind (*Bos taurus domesticus*) und Schwein (*Sus scrofa domesticus*). Acta Histochem. (Jena) **60**, 204–210 (1977)

Gwinner, E.: Effects of pinealectomy on circadian locomotor activity rhythms in European starlings, *Sturnus vulgaris*. J. Comp. Physiol. **126**, 123–129 (1978)

Gwyn, D.G., Wolstencroft, J.H.: Cholinesterase in the area subpostrema. A region adjacent to the area postrema in the cat. J. Comp. Neurol. **133**, 289–308 (1968)

Hädge, D., Sterba, G.: Analytische Untersuchungen am Liquorfaden vom Rind. I. Die Proteinkomponente. Acta Biol. Med. Ger. **30**, 581–585 (1973a)

Hädge, D., Sterba, G.: Analytische Untersuchungen am Liquorfaden vom Rind. II. Die Kohlenhydratkomponente. Acta Biol. Med. Ger. **30**, 587–592 (1973b)

Hädge, D., Sterba, G.: Untersuchungen zur chemischen Zusammensetzung des Liquorfadens vom Rind. In: Circumventriculäre Organe. Leopoldina-Symp., Schloß Reinhardsbrunn 1975. Sterba, G., Bargmann, W. (Hrsg.). Nova Acta Leopoldina, Suppl. 9, S. 155–160. Halle: Deutsche Akademie der Naturforscher 1977

Hafeez, M.A.: Light microscopic studies on the pineal organ in teleost fishes with special regard to its function. J. Morphol. **134**, 281–314 (1971)

Hafeez, M.A., Ford, P.: Histology and histochemistry of the pineal organ in the sockeye salmon, *Oncorhynchus nerka* Walbaum. Can. J. Zool. **45**, 117–126 (1967)

Hafeez, M.A., Merhige, M.E.: Light and electron microscopic study on the pineal complex of the coelacanth, *Latimeria chalumnae* Smith. Cell Tissue Res. **178**, 249–265 (1977)

Hafeez, M.A., Quay, W.B.: Histochemical and experimental studies of 5-hydroxytryptamine in pineal organs of teleosts (*Salmo gairdneri* and *Atherinopsis californiensis*). Gen. Comp. Endocrinol. **13**, 211–217 (1969)

Hafeez, M.A., Quay, W.B.: Pineal acetylserotonin methyltransferase activity in the teleost fishes, *Hesperoleucus symmetricus* and *Salmo gairdneri,* with evidence for lack of effect of constant light and darkness. Comp. Gen. Pharmacol. **1**, 257–262 (1970)

Hafeez, M.A., Zerihun, L.: Studies on central projections of the pineal nerve tract in rainbow trout, *Salmo gairdneri* Richardson, using cobalt chloride iontophoresis. Cell Tissue Res. **154**, 485–510 (1974)

Hafeez, M.A., Zerihun, L.: Autoradiographic localization of ^{3}H-5-HTP and ^{3}H-5-HT in the pineal organ and circumventricular areas in the rainbow trout, *Salmo gairdneri* Richardson, Cell Tissue Res. **170**, 61–77 (1976)

Hagedoorn, J.: Seasonal changes in the ependyma of the 3rd ventricle of the skunk, *Mephitis Mephitis nigra*. Anat. Rec. **151**, 453–454 (1965)

Hager, H.: Elektronenmikroskopische Untersuchungen über die Feinstruktur der Blutgefäße und perivasculären Räume im Säugetiergehirn. Ein Beitrag zur Kenntnis der morphologischen Grundlagen der sog. Bluthirnschranke. Acta Neuropathol. (Berl.) **1**, 9–33 (1961)

Hager, H.: Die Raumverhältnisse im Zentralnervensystem; Hirngefäße, Verhalten des mesenchymalen Gewebes, perikapilläre Strukturverhältnisse. In: Handbuch der allgemeinen Pathologie. Bd. III/3, S. 230–247. Berlin, Heidelberg, New York: Springer 1968

Haider, S., Sathyanesan, A.G.: Comparative study of the hypothalamo-neurohypophysial complex in some Indian freshwater teleosts. Acta Anat. (Basel) **81**, 202–224 (1972)

Haider, S., Sathyanesan, A.G.: Osmotic stress induced histochemical changes in the ependyma and the preoptic neurons of the teleost fish *Rita rita* (Ham.) with a note on the periventricular vascularization. Z. Mikrosk. Anat. Forsch. **87**(4), 549–560 (1973)

Halász, B.: Hypothalamic mechanisms controlling pituitary function. In: Topics in neuroendocrinology. Ariëns Kappers, J., Schadé, J.P. (eds.). Prog. Brain Res. **38**, 97–122 (1972)

Halász, B., Kosaras, B., Lengvári, J.: Ontogenesis of the neurovascular link between the hypothalamus and the anterior pituitary in the rat. In: Brain-endocrine interaction. Median eminence: structure and function. Knigge, K.M., Scott, D.E., Weindl, A. (eds.), pp. 27–34. Int. Symp. Munich 1971. Basel: Karger 1972

Haldar, C., Thapliyal, J.P.: Effect of pinealectomy on the annual testicular cycle of *Calotes versicolor*. Gen. Comp. Endocrinol. **32**, 395–399 (1977)

HALLER VON HALLERSTEIN, V.: Studien zur Anatomie und vergleichenden Anatomie der Rautengrube einiger Säugetiere. Arch. Anat. Physiol. (Anat. Teile) **38**, 213–256 (1914)

HAMASAKI, D.I., DODT, E.: Light sensitivity of the lizard's epiphysis cerebri. Pflügers Arch. **313**, 19–29 (1969)

HAMASAKI, D.I., STRECK, P.: Properties of the epiphysis cerebri of the small-spotted dogfish shark, *Scyliorhinus caniculus* L. Vision Res. **11**, 189–198 (1971)

HAMBERGER, A., HANSSON, H.-A., SELLSTRÖM, Å.: Scanning and transmission electron microscopy on bulk prepared neuronal and glial cells. Exp. Cell Res. **92**, 1–10 (1975)

HAMBERGER, A., HANSSON, H.A., SJÖSTRAND, J.: Surface structure of isolated neurons. Detachment of nerve terminals during axon regeneration. J. Cell Biol. **47**, 319–331 (1970)

HAMBLETON, G., WIGGLESWORTH, J.S.: Origin of intraventricular haemorrhage in the preterm infant. Arch. Dis. Child. **51**, 651–659 (1976)

HAMMOCK, M.K., MILHORAT, T.H.: The cerebrospinal fluid: current concepts of its formation. Ann. Clin. Lab. Sci. **6**, 22–26 (1976)

HANNAH, R.S., GEBER, W.: Specializations of the ependyma in the third ventricle of the developing hamster. Am. J. Anat. **149**, 597–603 (1977)

HANSEN-PRUSS, O.C.: Meninges of birds, with a consideration of the sinus rhomboidalis. J. Comp. Neurol. **36**, 193–217 (1923)

HANSSON, H.A., NORSTRÖM, A.: Glial reactions induced by colchicine-treatment of the hypothalamic-neurohypophysial system. Z. Zellforsch. **113**, 294–310 (1971)

HANSSON, H.A., JOHANSSON, B., BLOMSTRAND, CH.: Ultrastructural studies on cerebrovascular permeability in acute hypertension. Acta Neuropathol. (Berl.) **32**, 187–198 (1975)

HANSTRÖM, B.: The neurohypophysis in the series of mammals. Z. Zellforsch. **39**, 241–259 (1953)

HANSTRÖM, B.: The comparative aspect of neurosecretion with special reference to the hypothalamo-hypophysial system. In: The neurohypophysis. Adler H. (ed.), pp. 23–37. London: Butterworth Scientific 1957

HANYU, I., NIWA, H.: Pineal photosensitivity in three teleosts, *Salmo irideus, Plecoglossus altivelis* and *Mugil cephalus*. Rev. Can. Biol. **29**, 133–140 (1970)

HANYU, I., NIWA, H., TAMURA, T.: A slow potential from the epiphysis cerebri of fishes. Vision Res. **9**, 621–623 (1969)

HARDEBO, J.E., EDVINSSON, L., FALCK, B., LINDVALL, M., OWMAN, C., ROSENGREN, E., SVENDGAARD, N.A.: Experimental models for histochemical and chemical studies of the enzymatic blood-brain barrier or amine precursors. In: The cerebral vessel wall. Cervós-Navarro, J. et al. (eds.), pp. 233–244. New York: Raven Press 1976

HARDEBO, J.E., EDVINSSON, L., OWMAN, C., ROSENGREN, E.: Quantitative evaluation of the blood-brain barrier capacity to form dopamine from circulating L-DOPA. Acta. Physiol. Scand. **99**, 377–384 (1977)

HARDONK, M.J., KOUDSTAAL, J.: Enzyme histochemistry as a link between biochemistry and morphology. Prog. Histochem. Cytochem. **8** (2), 17–27 (1976)

HARRACH, M. GRAF VON: Elektronenmikroskopische Beobachtungen am Saccus vasculosus einiger Knorpelfische. Z. Zellforsch. **105**, 189–209 (1970)

HARREVELD, A. VAN, CROWELL, J., MALHOTRA, S.K.: A study of extracellular space in central nervous tissue by freeze-substitution. J. Cell Biol. **25**, 117–137 (1965)

HARREVELD, A. VAN, STEINER, J.: The magnitude of the extracellular space in electron micrographs of superficial and deep regions of the cerebral cortex. J. Cell Sci. **6**, 793–805 (1970)

HARRIS, G.W.: Neural control of the pituitary gland. London: Edward Arnold 1955

HARTMANN, F.: Über ependymale Gliazellen in der Commissura caudalis und habenularis der Katze. Z. Zellforsch. **46**, 412–415 (1957)

HARTMANN, J.F.: Electron microscopy of the neurohypophysis in normal and histamine-treated rats. Z. Zellforsch. **48**, 291–308 (1958)

HARTWIG, H.G.: Photolabile Substanzen im Pinealkomplex von Anuren. Anat. Anz. **138**, Erg.-H., 439–441 (1975)

HARTWIG, H.G., BAUMANN, CH.: Evidence for photosensitive pigments in the pineal complex of the frog. Vision Res. **14**, 597–598 (1974)

HARTWIG, H.G., KORF, H.W.: The epiphysis cerebri of poikilothermic vertebrates: a photosensitive neuroendocrine circumventricular organ. In: Scanning electron microscopy, 1978, Vol. II. R.P. Becker, O. Johari (eds.), pp. 163–168. Chicago: IIT Research Institute 1978

Hartwig, H.G., Pfautsch, M.: Rasterelektronenmikroskopische Beobachtungen an pinealen Sinneszellen der Forelle, *Salmo gairdneri* (Teleostei). Z. Zellforsch. **138**, 585–589 (1973)

Hashimoto, P.H.: Electron microscopic study on gliosome formation in postnatal development of spinal cord in the cat. J. Comp. Neurol. **137**, 251–266 (1969)

Hashimoto, P.H., Hama, K.: An electron microscope study of protein uptake into brain regions devoid of the blood-brain barrier. Med. J. Osaka Univ. **18**, 331–346 (1968)

Hassler, R., Bak, I.J.: Effects of amine-depleting and amine-storing substances on the axon terminals of the pineal gland. In: Electron microscopy. Vol. II, pp. 521–522. Tokyo: Maruzen 1966

Hattori, T., Fujita, S.: Scanning electron microscopic studies on morphology of matrix cells and on development and migration of neuroblasts in human and chick embryos. J. Electron. Microsc. (Tokyo) **23**, 269–276 (1974)

Haug, H.: Die Epiphyse und die circumventrikulären Strukturen des Epithalamus im Gehirn des Elefanten (*Loxodonta africana*). Z. Zellforsch. **129**, 533–547 (1972)

Hauser, R.: Abhängigkeit der normalen Schwanzregeneration bei *Xenopus*-Larven von einem diencephalen Faktor im Zentralkanal. Wilhelm Roux' Arch. Entwickl. Mech. Org. **163**, 221–247 (1969)

Hauser, R.: Morphogenetic action of the subcommissural organ on tail regeneration in *Xenopus* larvae. Wilhelm Roux' Arch. Entwickl. Mech. Org. **169**, 170–184 (1972)

Hauser, R., Murbach, V.: Achsenverkrümmungen bei Amphibien und Fischen als Folge der Abwesenheit des Reissnerschen Fadens im Zentralkanal. Acta Anat. (Basel) **99**, 234 (1977)

Hauw, J.-J., Berger, B., Escourolle, R.: Electron microscopic study of the developing capillaries of human brain. Acta Neuropathol. (Berl.) **31**, 229–242 (1975)

Hayashi, M.: Comparative histochemical localization of lysosomal enzymes in rat tissues. J. Histochem. Cytochem. **15**, 83–92 (1967)

Haymaker, W.: Blood supply of the human hypothalamus. In: The hypothalamus. Haymaker, W., Anderson, E., Nauta, W.J.H. (eds.), pp. 210–218. Springfield, Ill.: Thomas 1969

Haymaker, W.: Hypothalamic-pituitary neural pathways and the circulatory system of the pituitary. In: The hypothalamus. Haymaker, W., Anderson, E., Nauta, W.J.H. (eds.), pp. 219–250. Springfield, Ill.: Thomas 1969

Hayward, J.N.: Hypothalamic input to supraoptic neurons. In: Topics in neuroendocrinology. Ariëns Kappers, J., Schadé, J.P. (eds.). Prog. Brain Res. **38**, 147–167 (1972)

Hazelwood, R.L., Barksdale, B.K.: Failure of chicken insulin to alter polysaccharide levels of the avian glycogen body. Comp. Biochem. Physiol. B **36**, 823–827 (1970)

Hazelwood, R.L., Hazelwood, B.S., McNary, W.F.: Possible hypophysial control over glycogenesis in the avian glycogen body. Endocrinology **71**, 334–336 (1962)

Hazelwood, R.L., Hazelwood, B.S., Olsson, C.A.: Comparative glycogenesis in the liver and glycogen body of the chick. Proc. Exp. Biol. Med. **113**, 407–411 (1963)

Hazelwood, R.L., Lorenz, F.W.: Effects of fasting and insulin on carbohydrate metabolism of the domestic fowl. Am. J. Physiol. **197**, 47–51 (1959)

Hedley-Whyte, E.T., Lorenzo, A.V., Hsu, D.W.: Protein transport across cerebral vessels during metrazole-induced convulsions. Am. J. Physiol. **233**, C 74–85 (1977)

Heinz, E.R., Davies, O.D., Karp, H.R.: Abnormal isotope cisternography in symptomatic occult hydrocephalus. Radiology **95**, 109–120 (1970)

Heinzmann, U., Marquart, K.-H., Kriegel, H.: Electron microscopic investigation of X-irradiation effects on developing ependyma. In: Scanning electron microscopy, 1978, Vol. II. R.P. Becker, O. Johari (eds.), pp. 871–878. Chicago: IIT Research Institute 1978

Heller, H.: Neurohypophysial hormones in the cerebrospinal fluid. In: Zirkumventriculäre Organe und Liquor. Int. Symp., Schloß Reinhardsbrunn 1968. Sterba, G. (Hrsg.), S. 235–242. Jena: Fischer 1969

Heller, H., Hasan, S.H., Saifi, A.Q.: Antidiuretic activity in the cerebrospinal fluid. J. Endocrinol. **41**, 273–280 (1968)

Heller, H., Zaidi, S.M.A.: The problem of neurohypophysial secretion into the cerebrospinal fluid: antidiuretic activity in the liquor and choroid plexus. In: Ependyma and neurohormonal regulation. Int. Symp. Smolenice 1972. Mitro, F. (ed.), pp. 229–250. Bratislava: Veda 1974

Hellon, R.F.: Central thermoreceptors and thermoregulation. In: Handbook of sensory physiology, Vol. III, 1. Enteroceptors, pp. 161–186. Neil, E. (ed.). Berlin, Heidelberg, New York: Springer 1972

HENDERSON, N.E.: Structural similarities between the neurohypophyses of brook trout and tetrapods. Gen. Comp. Endocrinol. **12**, 148–153 (1969)

HENDRICKSON, A.E., KELLY, D.E.: Development of the amphibian pineal organ; cell proliferation and migration. Anat. Rec. **165**, 211–228 (1969)

HENDRICKSON, A.E., KELLY, D.E.: Development of the pineal organ; fine structure during maturation. Anat. Rec. **170**, 129–142 (1971)

HERBERT, J.: The role of the pineal gland in the control by light of the reproductive cycle of the ferret. In: The pineal gland. Ciba Foundation Symposium 1970. Wolstenholme, G.E.W., Knight, J. (eds.), pp. 303–327. London: Livingstone 1971

HERBUTÉ, S., BAYLÉ, J.D.: Multiple-unit activity in the pineal gland of the Japanese quail: spontaneous firing and responses to photic stimulations. Neuroendocrinology **16**, 52–64 (1974)

HERNESNIEMI, J., KAWANA, E., BRUPPACHER, H., SANDRI, C.: Afferent connections of the subfornical organ and of the supraoptic crest. Acta Anat. (Basel) **81**, 321–326 (1972)

HERRICK, C.J.: The membranous parts of the brain, meninges and their blood vessels in *Ambystoma*. J. Comp. Neurol. **61**, 297 (1935)

HERRICK, C.L.: Development of the brain of *Ambystoma punctatum* from early swimming to feeding stages. J. Comp. Neurol. **13**, 30 (1937)

HERRICK, C.L.: The brains of *Ambystoma punctatum* and *A. tigrinum* in early feeding stages. J. Comp. Neurol. **69**, 391–426 (1938)

HERRICK, C.L.: The brain of the tiger salamander, *Ambystoma tigrinum*. Chicago: Chicago University Press 1948

HERRLINGER, H.: Licht- und elektronenmikroskopische Untersuchungen am Subcommissuralorgan der Maus. Ergeb. Anat. Entwickl. Gesch. **42**, 1–73 (1970)

HERRLINGER, H., SCHWINK, A., WETZSTEIN, R.: Feinstruktur von Zellrosetten im Subcommissuralorgan der Maus. Naturwissenschaften **54**, 472–473 (1967a)

HERRLINGER, H., SCHWINK, A., WETZSTEIN, R.: Feinstruktur extrem schmaler Kernbrücken in segmentierten Zellkernen. Naturwissenschaften **54**, 545–546 (1967b)

HERWIG, H.J.: Comparative ultrastructural investigations of the pineal organ of the blind cave fish, *Anoptichtys jordani*, and its ancestor, the eyed river fish, *Astyanax mexicanus*. Cell Tissue Res. **167**, 297–324 (1976)

HESS, J., DIEDEREN, J.H.B., VULLINGS, H.G.B.: Influence of changes in composition of the cerebrospinal fluid on the secretory activity of the subcommissural organ in *Rana esculenta*. A quantitative histochemical and autoradiographic study by means of scanning cytophotometry. Cell Tissue Res. **185**, 505–514 (1977)

HESS, J., FREYER, K.: Der Sekretgehalt des SCO. Zur quantitativen Bestimmung von Substanzmengen in histologischen Präparaten mit einem elektronischen Bildauswertegerät. In: Circumventriculäre Organe. Leopoldina-Symp., Schloß Reinhardsbrunn 1975. Sterba, G., Bargmann, W. (Hrsg.). Nova Acta Leopoldina, Suppl. 9, S. 161–168. Halle: Deutsche Akademie der Naturforscher 1977

HESS, J., HOHEISEL, G., STERBA, G.: Elektronenmikroskopischer Nachweis der Bindungsfähigkeit des Reissnerschen Fadens für Noradrenalin. J. Hirnforsch. **14**, 257–260 (1973)

HESS, J., STERBA, G.: Die Bindungsfähigkeit des Reissnerschen Fadens für Adrenalin und Noradrenalin in vivo. Acta Biol. Med. Ger. **28**, 849–851 (1972)

HESS, J., STERBA, G.: Studies concerning the function of the complex subcommissural organ-liquor fibre: The binding ability of the liquor fibre to pyrocatechin derivatives and its functional aspects. Brain Res. **58**, 303–312 (1973)

HETZEL, W.: A scanning electron microscopic study of the cornu anterius and inferius of the lateral ventricle of the monkey's brain. In: Scanning electron microscopy 1977, Vol. II. Johari, O., Becker, R.P. (eds.), pp. 587–594. Chicago: IIT Research Institute 1977a

HETZEL, W.: Das Ependym der Seitenventrikel von *Acanthodactylus pardalis* (Reptilia, Lacertidae). Acta Anat. (Basel) **97**, 68–80 (1977b)

HETZEL, W.: Ependyma and ependymal protrusions of the lateral ventricles of the rabbit brain. Cell Tissue Res. **192**, 475–488 (1978a)

HETZEL, W.: Ependymal structures of the anterior and inferior horn of the lateral ventricles of the rabbit brain. In: Scanning electron microscopy, 1978, Vol. II. R.P. Becker, O. Johari (eds.) pp. 129–136. Chicago: IIT Research Institute 1978b

HETZEL, W.: The posterior horn and collateral trigone of the lateral ventricle of the monkey brain (*Macaca speziosa*). A scanning electron microscopic study. Cell Tissue Res. **186**, 161–170 (1978 c)

Heuschneider, J.K.H.: Das Verhalten des Reissner'schen Fadens im caudalen Bereich des Rückenmarkes bei der Ratte. Inaug.-Diss., Med. Fak., Univ. München 1968

Hewing, M.: A liquor contacting area in the pineal recess of the golden hamster (*Mesocricetus auratus*). Anat. Embryol. (Berl.) **153**, 295–304 (1978)

Hicks, J.T., Albrecht, P., Rapoport, S.I.: Entry of neutralizing antibody to measles into brain and cerebrospinal fluid of immunized monkeys after osmotic opening of the blood-brain barrier. Exp. Neurol. **53**, 768–779 (1976)

Hicks, S.P., D'Amato, C.J.: Cell migration to the isocortex in the rat. Anat. Rec. **160**, 619–634 (1968)

Hild, W.: Vergleichende Untersuchungen über Neurosekretion im Zwischenhirn von Amphibien und Reptilien. Z. Anat. Entwickl. Gesch. **115**, 459–479 (1951)

Hild, W.: Ependymal cells in tissue culture. Z. Zellforsch. **46**, 259–271 (1957)

Hild, W., Takenaka, T., Walker, F.: Electrophysiological properties of ependymal cells from the mammalian brain in tissue culture. Anat. Rec. **151**, 361 (1965)

Hindelang-Gertner, C., Stoeckel, M.E., Porte, A., Dellmann, H.-D., Madarász, B.: Nematosomes or nucleolus-like bodies in hypothalamic neurons, the subfornical organ and adenohypophysial cells of the rat. Cell Tissue Res. **155**, 211–219 (1974)

Hinds, J.W.: Autoradiographic study of histogenesis in the mouse olfactory bulb. II. Cell proliferation and migration. J. Comp. Neurol. **134**, 305–322 (1968)

Hinds, J.W., Ruffett, T.L.: Cell proliferation in the neural tube: An electron microscopic and Golgi analysis in the mouse cerebral vesicle. Z. Zellforsch. **115**, 226–264 (1971)

Hines, M.: Studies in the growth and differentiation of the telencephalon in man. The fissura hippocampi. J. Comp. Neurol. **34**, 73–171 (1922)

Hirano, A., Zimmerman, H.M.: Some new cytological observations of the normal rat ependymal cell. Anat. Rec. **158**, 293–302 (1967)

Hironobu, I.: The neurosecretory apparatus in the ventricular wall of the reptilian brain. J. Hirnforsch. **7**, 493–498 (1965)

His, W.: Die Entwicklung des menschlichen Gehirns während der ersten Monate. Leipzig: Hirzel 1904

Hochwald, G.M., Wallenstein, M.C.: Exchange of γ-globulin between blood, cerebrospinal fluid and brain in the cat. Exp. Neurol. **19**, 115–126 (1967)

Hofer, H.: Beobachtungen an der Glia des subfornikalen Organs von *Galago crassicaudatus* Geoffroy [1812] (Prosimiae, Lorisiformes). Z. Anat. **120**, 1–14 (1957)

Hofer, H.: Zur Morphologie der circumventriculären Organe des Zwischenhirns der Säugetiere. Verh. Dtsch. Zool. Ges. Frankfurt a.M. 1958. Zool. Anz. **22**, 202–251 (1959 a)

Hofer, H.: Über das Infundibularorgan und den Reissnerschen Faden von *Branchyostoma lanceolatum*. Zool. Jb. Abt. Anat. Ontog. **77**, 465–490 (1959 b)

Hofer, H.: Neuere Ergebnisse zur Kenntnis des Subcommissuralorgans, des Reissnerschen Fadens und der Massa caudalis. Verh. Dtsch. Zool. Ges. München 1963. Zool. Anz. [Suppl.] **27**, 430–440 (1964)

Hofer, H.: Circumventrikuläre Organe des Zwischenhirns. In: Primatologia. Hofer, H., Schultz, A.H., Starck, D. (Hrsg.), Bd II/2/13, S. 1–104. Basel, New York: Karger 1965

Hofer, H.: Beobachtungen an dem sogenannten „supracommissuralen Organ" (Fuse) und am Recessus mesocoelicus der Primaten. Folia Primatol. (Basel) **5**, 190–200 (1967)

Hofer, H.: Zur Anatomie der circumventriculären Organe. In: Zirkumventrikuläre Organe und Liquor. Int. Symp., Schloß Reinhardsbrunn 1968. Sterba, G. (Hrsg.), S. 77–88. Jena: Fischer 1969

Hofer, H.: On the recessus mesocoelicus in some primates. Folia Primatol. (Basel) **15**, 249–263 (1971)

Hofer, H., Merker, G., Oksche, A.: Atypische Formen des Pinealorgans der Säugetiere. Anat. Anz. **140**, Erg.-H., 97–102 (1976)

Hoffman, R.A., Reiter, R.J.: Pineal gland: influence on gonads of male hamsters. Science **148**, 1609–1611 (1965)

Hoffman, R.A., Reiter, R.J.: Responses of some endocrine organs of female hamsters to pinealectomy and light. Life Sci. **5**, 1147–1151 (1966)

HOFFMAN, W.E., PHILLIPS, M.I.: A pressor response to intraventricular injections of carbachol. Brain Res. **105**, 157–162 (1976a)

HOFFMAN, W.E., PHILLIPS, M.I.: The effect of subfornical organ lesions and ventricular blockade on drinking induced by angiotensin II. Brain Res. **108**, 59–73 (1976b)

HOFFMANN, K., KÜDERLING, J.: Antigonadal effects of melatonin in pinealectomized Djungarian hamsters. Naturwissenschaften **64**, 339–340 (1977)

HOHEISEL, G., STERBA, G., ERMISCH, A.: Feinstruktur des isolierten Reissner'schen Fadens vom Rind. J. Hirnforsch. **13**, 33–38 (1971)

HOLMAN, B.L.: The blood brain barrier: Anatomy and physiology. Prog. Nucl. Med. **1**, 236–248 (1972)

HOLMES, R.L.: The vascular pattern of the median eminence of the hypophysis in the macaque. Folia Primatol. (Basel) **7**, 126–230 (1967)

HOLMES, R.L.: The infundibular process of rodents of the genus *Meriones*. Z. Zellforsch. **85**, 256–263 (1968)

HOLMES, R.L., KIERNAN, J.A.: The fine structure of the infundibular process of the hedgehog. Z. Zellforsch. **61**, 894–912 (1964)

HOLMGREN, N.: Zur Anatomie des Gehirns von Myxine. Kungl. Svenska Vetenskapsakad. Handl. **60**, 1–96 (1919–1920)

HOLMGREN, U.: On the structure of the pineal area of teleost fishes. With special reference to a few deep sea fishes. Göteborgs K. Vet. Vitterh. Samh. Handl. [Ser. B] **8** (3), 5–66 (1959a)

HOLMGREN, U.: On the caudal neurosecretory system of the teleost fish, *Fundulus heteroclitus* L. Breviora **3**, 1–16 (1959b)

HOLMGREN, U.: On the structure of the pineal area of teleost fishes. K. Vet. Vitterh. Samh. Handl. F6. [Ser. B] **8** (03), 5–66 (1959c)

HOLMGREN, U.: On the urophysis spinalis and the caudal neurosecretory system of teleost fishes. *Zool. Anz.* **165**, 77–83 (1960)

HOLMGREN, U.: On the ontogeny of the pineal and parapineal organs in teleost fishes. In: Structure and function of the epiphysis cerebri. Ariëns Kappers, J., Schadé, J.P. (eds.). Prog. Brain Res. **10**, 172–182 (1965)

HOLMGREN, U., CHAPMAN, G.B.: The fine structure of the urophysis spinalis of the teleost fish, *Fundulus heteroclitus* L. J. Ultrastruct. Res. **4**, 15–25 (1960)

HOLZMANN, K.: Histologische Untersuchungen am Organon vasculosum laminae terminalis von *Balaenoptera borealis*. Z. Zellforsch. **51**, 336–347 (1960)

HOMMES, O.R., LEBLOND, C.P.: Mitotic division of neuroglia in the normal adult rat. J. Comp. Neurol. **129**, 269–278 (1967)

HONMA, Y.: Some evolutionary aspects of neural control of internal secretion in the ichthyoform animals. Rep. Jpn. Soc. Syst. Zool. **2**, 6–11 (1966)

HONMA, Y., TAMURA, E.: Studies on the Japanese chars of the genus *Salvelinus*. IV. The caudal neurosecretory system of the Nikkô-iwana, *Salvelinus leucomaenis pluvius* (Hilgendorf). Gen. Comp. Endocrinol. **9**, 1–9 (1967)

HOPEWELL, J.W.: A quantitative study of the mitotic activity in the subependymal plate of adult rats. Cell. Tissue Kinet. **4**, 273–278 (1971)

HOPEWELL, J.W.: The subependymal plate and the genesis of gliomas. J. Pathol. **117**, 101–104 (1975)

HOPSU, V.K., ARSTILA, A.U.: An apparent somato-somatic synaptic structure in the pineal gland of the rat. Exp. Cell Res. **37**, 484–487 (1965)

HORSTMANN, E.: Die Faserglia des Selachiergehirnes. Z. Zellforsch. **39**, 588–617 (1954)

HORSTMANN, E.: Zur Frage des extrazellulären Raumes im zentralen Nervensystem. Anat. Anz. **105**, Erg.-H., 100–107 (1958)

HORSTMANN, E., MEVES, H.: Die Feinstruktur des molekularen Rindengraues und ihre physiologische Bedeutung. Z. Zellforsch. **49**, 569–604 (1959)

HOSAKA, T., NAKAI, A., KUSHIMA, S.: Innervation of the pineal body and the supracommissural and subcommissural organs of the Japanese monkey. Bull. Tokyo Med. Dent. Univ. **4**, 365–378 (1957)

HOSOYA, Y., FUJITA, T.: Scanning electron microscope observation of intraventricular macrophages (Kolmer cells) in the rat brain. Arch. Histol. Jpn. **35**, 133–140 (1973)

Houska, J., Marvan, F., Sova, Z., Machalek, E.: Der Einfluß des Hungerns auf den Glykogenge-halt des Glykogenkörpers und der Leber von Küken. Zentralbl. Veterinaermed. [A] 16, 549–556 (1969)

Houssay, A.B., Barceló, A.C.: Effects of testosterone upon the biosynthesis of melatonin by the pineal gland. Acta Physiol. Lat. Am. 22, 274–275 (1972a)

Houssay, A.B., Barceló, A.C.: Effect of estrogens and progesterone upon the biosynthesis of melatonin by the pineal gland. Experientia 28, 478–479 (1972b)

Hubbard, B., Hopewell, J.W.: The effects of radiation on the cell kinetics of the subependymal plate of the rat. Br. J. Radiol. 48, 609 (1975)

Hubert, J.-P., Flament-Durand, J., Dustin, P.: Centrioles and cilia multiplication in the pituitary of the rat after furosemid and colchicine treatment. I. The posterior lobe. Cell Tissue Res. 149, 349–361 (1974)

Hülsemann, M.: Vergleichende histologische Untersuchungen über das Vorkommen von Gliafasern in der Epiphysis cerebri von Säugetieren. Acta Anat. (Basel) 66, 249–278 (1967)

Hülsemann, M.: Development of the innervation in the human pineal organ. Z. Zellforsch. 115, 396–415 (1971)

Hworostuchin, W.: Zur Frage über den Bau des Plexus chorioideus. Arch. Mikrosk. Anat. 77, 232–244 (1911)

Ibrahim, M.Z.M.: Glycogen and its related enzymes of metabolism in the central nervous system. Adv. Anat. Embryol. Cell Biol. 52 (1), 1–89 (1975)

Iijima, K.: Histochemical studies on the morphology of the Golgi apparatus and on the relationship between the Golgi apparatus and lysosomes in the cellular elements of the rabbit area postrema with the thiamine pyrophosphatase and acid phosphatase methods. Acta Histochem. (Jena) 33, 101–118 (1969)

Iijima, K., Bourne, G.H.: Histochemical studies on the distribution of esterases, monoamine oxidase and dephosphorylating enzymes in the area postrema of the squirrel monkey. Acta Histochem. (Jena) 29, 349–362 (1968)

Iijima, K., Bourne, G.H., Shantha, T.R.: Histochemical studies on the distribution of enzymes of glycolytic pathways in the area postrema of the squirrel monkey. Acta Histochem. (Jena) 27, 42–54 (1967b)

Iijima, K., Hirakawa, S., Kono, K., Matsuo, S., Yamada, H.: Fine structure of area postrema of human and several mammals with special reference to neuroglial elements. Bull. Tokyo Med. Dent. Univ. 10, 361–385 (1963)

Iijima, K., Imai, K.: Histochemical studies on the morphology of the Golgi apparatus and on the distribution of hexokinase, amylophosphorylase, cholinesterases, and monoamine oxidase in the area postrema of the asiatic chipmunk, Tamias sibiricus asiaticus (T. orientalis). Acta Histochem. (Jena) 50, 163–173 (1974)

Iijima, K., Shantha, T.R., Bourne, G.H.: Enzyme-histochemical studies on the hypothalamus with special reference to the supraoptic and paraventricular nuclei of squirrel monkey (Saimiri sciureus). Z. Zellforsch. 79, 76–91 (1967a)

Imai, I.: Development of the caudal and hypothalamic neurosecretory systems of the eel, Anguilla japonica. Embryologia (Nagoja) 9, 66–67 (1965)

Imamoto, K., Leblond, C.P.: Presence of labeled monocytes, macrophages and microglia in a stab wound of the brain following an injection of bone marrow cells labeled with ³H-uridine into rats. J. Comp. Neurol. 174, 255–280 (1977)

Imamoto, K., Leblond, C.P.: Radioautographic investigation of gliogenesis in the corpus callosum of young rats. II. Origin of microglial cells. J. Comp. Neurol. 180, 139–163 (1978)

Imhof, G.: Anatomie und Entwicklungsgeschichte des Lumbalmarkes bei den Vögeln. Arch. mi-krosk. Anat. 65, 498–610 (1905)

Inke, G., Palkovits, M.: Die embryonale Entwicklung des Subcommissuralkomplexes (Subcommis-suralorgan und seine Komponenten) beim Menschen. Anat. Anz. 113, 240–254 (1963)

Ishii, S., Nakamura, I.: Electron microscopic study of the large granulated vesicles in enlarged axon of the area postrema. J. Electron Microsc. (Tokyo) 21, 85–88 (1972)

Ishii, S., Tani, E.: Electron microscopic study of the blood-brain barrier in brain swelling. Acta Neuropathol. (Berl.) 1, 474–488 (1962)

Ishii, T., Haga, S., Tokutake, S.: Immunofluorescence studies on localization of actin-like protein in the mouse brain. Acta Neuropathol. [Suppl.] (Berl.) 42, 99–103 (1978)

ISHIKAWA, E.: Vergleichende Untersuchungen der Zirbeldrüse bei männlichen und weiblichen Tieren. Arb. Neurol. Inst. Wien **29**, 337–347 (1927)

ISHIKAWA, H.: Study on the existence of TRH in the cerebrospinal fluid in humans. Biochem. Biophys. Res. Commun. **54**, 1203–1209 (1973)

ISOMÄKI, A.M., KIVALO, E., TALANTI, S.: Electronmicroscopic structure of the subcommissural organ in the calf (*Bos taurus*), with special reference to secretory phenomena. Ann. Acad. Sci. Fenn. [Med.] **111**, 1 (1965)

ITO, H.: The receptor in the ventricular wall of the reptilian brain. J. Hirnforsch. **6**, 333–337 (1964)

ITO, H.: The neurosecretory apparatus in the ventricular wall of the reptilian brain. J. Hirnforsch. **7**, 493–495 (1965)

ITO, T., MATSUSHIMA, S.: Electron microscopic observations on the mouse pineal with particular emphasis on its secretory nature. Arch. Histol. Jpn. **30**, 1–15 (1968)

ITO, T., MATSUSHIMA, S., KACHI, T.: Diurnal rhythm in the pineal: Its morphological aspects. In: Biological rhythms in neurocrine activity. Kawakami, M. (ed.), pp. 338–348. Tokyo: Igaku Shoin 1974

ITURRIZA, F.C.: Histochemical demonstration of biogenic monoamines in the pineal gland of *Bufo arenarum*. J. Histochem. Cytochem. **15**, 301–303 (1967)

JACKSON, I.M.D., SAPERSTEIN, R., REICHLIN, S.: Thyrotropin releasing hormone (TRH) in pineal and hypothalamus of the frog: effect of season and illumination. Endocrinology **100**, 97–100 (1977)

JACOBOWITZ, D.M., PALKOVITS, M.: Topographic atlas of catecholamine and acetylcholin-esterase-containing neurons in the rat brain. I. Forebrain (telencephalon, diencephalon). J. Comp. Neurol. **157**, 13–28 (1974)

JACOBS, J.J., MONROE, K.D.: A scanning electron microscopic survey of the brain ventricular system of the female armadillo. Cell Tissue Res. **183**, 531–539 (1977)

JAISWAL, G., BELSARE, D.K.: Comparative anatomy and histology of the caudal neurosecretory system in teleosts. Z. Mikrosk. Anat. Forsch. **87**, 589–609 (1973)

JAKOUBEK, B.: Topographical differences of RNA labelling in rat brain after intraventricular administration of labelled RNA precursors. Cell Tissue Res. **166**, 125–133 (1976)

JANSEN, W.F.: De saccus vasculosus en de regulatie van de samenstelling van de liquor cerebrospinalis. Thesis Utrecht 1973

JANSEN, W.F.: The saccus vasculosus of the rainbow trout, *Salmo gairdneri* Richardson. A cytochemical and enzyme-cytochemical study, particularly with respect to coronet cells and glial cells. Ned. J. Zool. **25** (3), 309–331 (1975)

JANSEN, W.F., VAN DORT, J.B.: Further investigations on the structure and function of the saccus vasculosus of the rainbow trout, *Salmo gairdneri* Richardson. Ultrastructural cytochemistry of membrane-bound alkaline phosphatase. Cell Tissue Res. **187**, 61–68 (1978)

JANSEN, W.F., FLIGHT, W.F.G.: Light- and electronmicroscopical observations on the saccus vasculosus of the rainbow trout. Z. Zellforsch. **100**, 439–465 (1969)

JANSEN, W.F., VAN DE KAMER, J.C.: Histochemical analysis and cytochemical investigations on the coronet cells of the saccus vasculosus of the rainbow trout (*Salmo irideus*). Z. Zellforsch. **55**, 370–378 (1961)

JANSEN, W.F., VAN LOVEREN, H., WOUTERSEN, R.A., DE WEGER, R.A.: Enzyme-cytochemistry of the saccus dorsalis of the rainbow trout, *Salmo gairdneri* Richardson. Histochemistry **48**, 293–306 (1976b)

JANSEN, W.F., DE WEGER, R.A., WOUTERSEN, R.A., VAN LOVEREN, H., VAN DE KAMER, J.C.: The saccus dorsalis of the rainbow trout, *Salmo gairdneri* Richardson. Histological, cytochemical, electron microscopical and autoradiographical observations. Cell Tissue Res. **167**, 467–491 (1976a)

JANSEN, W.F., WEST, R.: A cytochemical investigation of specific and non-specific cholinesterase activity in the saccus vasculosus of the rainbow trout. Proc. Kon. Ned. Akad. Wet. [Ser. C] **74**, 344–351 (1971)

JANSON, W.F.: The cation absorbing and transporting function of the saccus vasculosus. In: Zirkumventrikuläre Organe und Liquor. Int. Symp., Schloß Reinhardsbrunn 1968. Sterba, G. (Hrsg.), S. 123–126. Jena: Fischer 1969

JAPHA, J.L., EDER, T.J., GOLDSMITH, E.D.: A histochemical study of aldehyde fuchsin-positive material and "high-esterase cells" in the pineal gland of the mongolian gerbil. Am. J. Anat. **149**, 23–38 (1977)

Jeanvoine, G., Grignon, G.: Images de phagocytose de fibres neurosécrétoires par les pituicytes dans la neurohypophyse du poussin. C.R. Acad. Sci. [D] (Paris) **279**, 293–294 (1974)

Jennes, L., Sikora, K., Simonsberger, P., Adam, H.: Ventrikuläre Topographie des diencephalen Ependyms bei *Rattus rattus* (L.) – eine rasterelektronenmikroskopische Untersuchung. J. Hirnforsch. **18**, 501–520 (1977)

Jennes, L., Sikora, K., Simonsberger, P., Adam, H.: Ventrikuläre Topographie des diencephalen Ependyms bei *Rattus rattus* (L.) – eine rasterelektronenmikroskopische Untersuchung. Anat. Anz. **144**, Erg.-H., 697–699 (1978)

Johanson, C.E., Foltz, F.M., Thompson, A.M.: The clearance of urea and sucrose from isotonic and hypertonic fluids perfused trough the ventriculo-cisternal system. Exp. Brain Res. **20**, 18–31 (1974)

Johanson, C.E., Woodbury, D.M.: Penetration of ^{14}C-antipyrine and ^{14}C-barbital into the choroid plexus and cerebrospinal fluid of the rat in vivo. Exp. Brain Res. **30**, 65–74 (1977)

Johansson, B., Nilsson, B.: The pathophysiology of the blood-brain barrier dysfunction induced by severe hypercapnia and by epileptic brain activity. Acta Neuropathol. (Berl.) **38**, 153–158 (1977)

John, T.M., Itoh, S., George, J.C.: On the role of the pineal in thermoregulation in the pigeon. Horm. Res. **9**, 41–56 (1978)

Johnson, A.K., Epstein, A.N.: The cerebral ventricles as the avenue for the dipsogenic action of intracranial angiotensin. Brain Res. **86**, 399–418 (1975)

Jones, C.F.: Changes in specialized ependyma of the ferret in relation to the oestrus cycle. Diss. Birmingham. 1967 (zitiert nach Knowles, 1969)

Jones, E.G.: On the mode of entry of blood vessels into the cerebral cortex. J. Anat. **106**, 507–520 (1970)

Jones, H.C., Dolman, G.S.: The structure of the roof of the fourth ventricle in pigeon and chick brains by light and electron microscopy. J. Anat. **128**, 13–29 (1979)

Joó, F., Csillik, B., Zoltán, Ö.T., Maurer, M., Sonkodi, S., Földi, M.: Elektronenmikroskopische Veränderungen im Zentralnervensystem bei experimenteller lymphogener Encephalopathie. III. Angiologica **4**, 271–278 (1967)

Jordan, H.: The structure and staining reaction of the Reissner's fiber apparatus, particularly the subcommissural organ. Am. J. Anat. **34**, 427–444 (1925)

Joseph, S.A., Scott, D.E., Vaala, S.S., Knigge, K.M., Krobisch-Dudley, G.: Localization and content of thyrotrophin releasing factor (TRF) in median eminence of hypothalamus. Acta Endocrinol. (Kbh.) **74**, 215–225 (1973)

Joseph, S.A., Sorrentino, S., Jr., Sundberg, D.K.: Releasing hormones, LRF and TRF, in the cerebrospinal fluid of the third ventricle. In: Brain-endocrine interaction II. The ventricular system in neuroendocrine mechanisms. Int. Symp., Shizuoka 1974. Knigge, K.M., Scott, D.E., Kobayashi, H., Ishii, S. (eds.), pp. 306–312. Basel: Karger 1975

Jost, A., Dupouy, J.P., Geloso-Meyer, A.: Hypothalamo-hypophyseal relationships in the fetus. In: The hypothalamus. Martini, L., Motta, M., Fraschini, F. (eds.), pp. 605–615. New York: Academic Press 1970

Joy, M.D., Lowe, R.D.: The site of cardiovascular action of angiotensin II in the brain. Clin. Sci. **39**, 327–336 (1970)

Juillard, M.-T., Collin, J.-P.: L'organe pinéal aviaire: étude ultracytochimique et pharmacologique d'un "pool" granulaire de 5-hydroxytryptamine chez la perruche (*Melopsittacus undulatus*, Shaw). J. Microsc. Biol. Cell **26**, 133–138 (1976)

Juillard, M.-T., Hartwig, H.G., Collin, J.-P.: The avian pineal organ. Distribution of endogeneous monoamines; a fluorescence microscopic, microspectrofluorimetric and pharmacological study in the parakeet. J. Neural. Transm. **40**, 269–287 (1977)

Juillard, M.-T., Collin, J.-P.: The avian pineal organ: Evidence for a proteinaceous component in the secretion granules of the rudimentary photoreceptor cells. An ultracytochemical and pharmacological study in the parakeet. Biol. Cell. **31**, 51–58 (1978)

Junet, W.: A propos d'un plexus choroïde juxta-hypophysaire chez l'*Uromastix acanthinurus*. C.R. Soc. Biol. (Paris) **97**, 556–557 (1927)

Jung, H.J., Suzuki, K.: Morphological changes in CNS of rats treated with perhexiline maleate (pexid). Acta Neuropathol. (Berl.) **42**, 159–164 (1978)

KABISCH, H., LUPPA, H.: Ein Beitrag zur Entwicklung des Enzymmusters im Ependym des III. Ventrikels beim Hühnerembryo. Gegenbaurs Morphol. Jahrb. **118**, 187–205 (1972)

KACHI, T.: Photic and neural control of the diurnal glycogen rhythm in the mouse pineal: A semiquantitative histochemical study, p. 246. 10th Int. Cong. Anat., Tokyo 1975

KACHI, T.: Circadian rhythm in number of granular vesicles in pinealocytes and the effect of lighting: Semiquantitative electron microscopic study. Anat. Rec. **187**, 619 (1977)

KACHI, T., MATSUSHIMA, S., ITO, T.: Effects of continuous lighting on glycogen in the pineal cells of the mouse: A quantitative histochemical study. Z. Zellforsch. **118**, 214–220 (1971a)

KACHI, T., MATSUSHIMA, S., ITO, T.: Diurnal changes in glycogen content in the pineal cells of the male mouse: A quantitative histochemical study. Z. Zellforsch. **118**, 310–314 (1971b)

KACHI, T., MATSUSHIMA, S., ITO, T.: Diurnal variations in pineal glycogen content during the estrous cycle in female mice. Arch. Histol. Jpn. **35**, 153–159 (1973)

KAHLE, W.: Studien über die Matrixphasen und die örtlichen Reifungsunterschiede im embryonalen menschlichen Gehirn. Dtsch. Z. Nervenheilk. **166**, 273–302 (1951)

KAHLE, W.: Zur Entwicklung des menschlichen Zwischenhirns. Dtsch. Z. Nervenheilk. **175**, 259–318 (1956)

KAHLE, W.: Die Entwicklung der menschlichen Großhirnhemisphäre. Berlin, Heidelberg, New York: Springer 1969

KÄLLEN, B.: Degeneration and regeneration in the vertebrate nervous system during embryogenesis. In: Degeneration patterns in the nervous system. Singer, M., Schadé, J.P. (eds.). Prog. Brain Res. **14**, 77–96 (1965)

KAISER, R., BÖHME, G.: Vaskularisation und Gliaverhältnisse der Area postrema des Schafes *(Ovis aries)*. (Vascularization and glial structures of the area postrema in sheep *(Ovis aries)*.) Anat. Anz. **144**, 1–12 (1978)

KALUZA, J.S., BURSTONE, M.S., KLATZO, J.: Enzyme histochemistry of the chick choroid plexus. Acta Neuropathol. (Berl.) **3**, 480–489 (1964)

KAMBERI, I.A., MICAL, R.S., PORTER, J.C.: Effect of anterior pituitary perfusion and intraventricular injection of catecholamines and indoleamines on LH release. Endocrinology **87**, 1–12 (1970)

KAMER, J.C. VAN DE: On the development, determination and significance of the epiphysis and the paraphysis of the amphibians. Thesis, Utrecht 1949

KAMER, J.C. VAN DE: Histologische und zytologische Untersuchungen über das Ependym und seine Abkömmlinge (insbesondere die Epiphyse und der Saccus vasculosus) bei niederen Vertebraten. Experientia **14**, 161–166 (1958)

KAMER, J.C. VAN DE: Table ronde sur la nature et les fonctions du sac vasculaire des poissons. Arch. Anat. Microsc. Morphol. Exp. **54**, 613–625 (1965a)

KAMER, J.C. VAN DE: Histological structure and cytology of the pineal complex in fishes, amphibians and reptiles. In: Structure and function of the epiphysis cerebri. Ariëns Kappers, J., Schadé, J.P. (eds.). Prog. Brain Res. **10**, 30–48 (1965b)

KAMER, J.C. VAN DE: The saccus vasculosus in fish. In: Circumventriculäre Organe. Leopoldina-Symp., Schloß Reinhardsbrunn. Sterba, G., Bargmann, W. (Hrsg.). Nova Acta Leopoldina, Suppl. 9, S. 75–87. Halle: Deutsche Akademie der Naturforscher 1977

KAMER, J.C. VAN DE, BODDINGIUS, J., BOENDER, J.: On the structure and the function of the Saccus vasculosus of the rainbow trout (*Salmo irideus*). Z. Zellforsch. **52**, 494–500 (1960)

KAMER, J.C. VAN DE, FLIGHT, W.F.G., HEUSSEN, A.M.A.: Mitochondrial displacement in coronet cells of the saccus vasculosus of dogfish after osmotic stress. In: Recherches biologiques contemporaines, pp. 163–169. Nancy: Vagner 1974

KAMER, J.C. VAN DE, FLIGHT, W.F.G., HEUSSEN, A.M.A.: Mitochondrial displacement in coronet cells of the saccus vasculosus of dogfish after osmotic stress, p. 248. 10th Int. Cong. Anat., Tokyo 1975

KAMER, J.C. VAN DE, VERHAGEN, T.G.: The cytology of the neurohypophysis, the saccus vasculosus and the recessus posterior in *Scylliorhinus caniculus*. Proc. Kon. Ned. Akad. Wet. [Ser. C] **57**, 358–364 (1954)

KAMER, J.C. VAN DE, VERHAGEN, T.G.: A cytological study of the neurohypophysis of *Scylliorhinus caniculus*. Z. Zellforsch. **42**, 229–246 (1955)

KAMER, J.C. VAN DE, WILSCHUT, I.J.C., HEUSSEN, A.M.A.: On the presence and localization of glycogen accumulations inside coronet cells of the saccus vasculosus of the dogfish (*Scylliorhinus caniculus*). Z. Zellforsch. **140**, 277–290 (1973)

Karasek, M.: Ultrastructure of rat pineal gland in organ culture; influence of norepinephrine, dibutyryl cyclic adenosine 3',5'-monophosphate and adenohypophysis. Endokrinologie **64**, 106–114 (1974)

Karasek, M., Marek, K., Kunert-Radek, J.: Ultrastructure of rat pinealocytes in vitro: Influence of gonadotropic hormones and LH-RH. Cell Tissue Res. **195**, 547–556 (1978)

Karasek, M., Marek, K.: Influence of gonadotropic hormones on the ultrastructure of rat pinealocytes. Cell Tissue Res. **188**, 133–141 (1978)

Karasek, M., Pawlikowski, M., Ariëns Kappers, J., Stepien, H.: Influence of castration followed by administration of LH-RH on the ultrastructure of rat pinealocytes. Cell Tissue Res. **167**, 325–339 (1976)

Karcsú, S., Jancsó, G., Tóth, L.: Butyrylcholinesterase activity in fenestrated capillaries of the rat area postrema. Brain Res. **120**, 146–150 (1977)

Karcsú, S., Tóth, L.: Fine structural localization of acetylcholinesterase in capillaries surrounding the area postrema. Brain Res. **95**, 137–141 (1975)

Karnovsky, M.J.: The ultrastructural basis of capillary permeability studied with peroxidase as a tracer. J. Cell Biol. **35**, 213–222 (1967)

Katagishi, M.: Histological observation on the saccus vasculosus of fishes. Arch. Histol. Jpn. **21**, 369–385 (1961)

Katzman, R.: Maintenance of a constant brain extracellular potassium. Fed. Proc. **35**, 1244–1247 (1976)

Katzman, R., Schimmel, H., Wilson, C.E.: Diffusion of inulin as a measure of extracellular fluid space in brain, Proc. Rudolph Virchow Med. Soc. City N.Y. [Suppl.] **26**, 254–280 (1968)

Kawakami, M., Kimura, F., Konno, T.: Possible role of the medial basal prechiasmatic area in the release of LH and prolactin in rats. Endocrinol. Jpn. **20**, 335–344 (1973)

Kawakami, M., Kimura, F., Yanase, M.: Involvement of the circumventricular organs in the regulation of gonadotropins and prolactin. In: Biological rhythms in neuroendocrine activity. Kawakami, M. (ed.), pp. 167–186. Tokyo: Igaku Shoin 1974

Kawakami, M., Sakuma, Y.: Electrophysiological evidences for possible participation of periventricular neurons in anterior pituitary regulation. Brain Res. **101**, 79–94 (1976)

Kawakami, M., Terasawa, E.: Further studies on sexual differentiation of the brain: response to electrical stimulation on gonadectomized and estrogen primed rats. Endocrinol. Jpn. **20**, 695–707 (1973)

Keen, L., Hewer, E.E.: The subcommissural organ and the mesocoelic recess in the human brain, together with a note on Reissner's fibre. J. Anat. **69**, 501–517 (1935)

Kelly, D.E.: Embryonic and larval epiphysectomy in the salamander, *Taricha torosa*, and observations on scoliosis. J. Morphol. **103**, 503–529 (1958)

Kelly, D.E.: Pineal organs: photoreception, secretion and development. Am. Sci. **50**, 597–625 (1962)

Kelly, D.E.: The pineal organ of the newt: a developmental study. Z. Zellforsch. **58**, 693–713 (1963)

Kelly, D.E.: An ultrastructural analysis of the paraphysis cerebri in newts. Z. Zellforsch. **64**, 778–803 (1964)

Kelly, D.E.: Ultrastructure and development of amphibian pineal organs. In: Structure and function of the epiphysis cerebri. Ariëns Kappers, J., Schadé, J.P. (eds.). Prog. Brain Res. **10**, 270–287 (1965)

Kelly, D.E.: Developmental aspects of amphibian pineal systems. In: The pineal gland. Ciba Foundation Symp. 1970. Wolstenholme, G.E.W., Knight, J. (eds.), pp. 53–74. Edinburgh, London: Churchill-Livingstone 1971

Kelly, D.E., van de Kamer, J.C.: Cytological and histochemical investigations on the pineal organ of the adult frog *(Rana esculenta)*. Z. Zellforsch. **52**, 618–639 (1960)

Kelly, D.E., Smith, S.W.: Fine structure of the pineal organs of the adult frog, *Rana pipiens*. J. Cell Biol. **22**, 653–674 (1964)

Kelsall, M.A.: Aging on mast cells and plasmacytes in the brain of hamsters. Anat. Rec. **154**, 727–740 (1966)

Kelsall, M.A., Lewis, P.: Mast cells in the brain. Fed. Proc. **23**, 1107–1108 (1964)

Kendall, J.W., Grimm, Y., Shimshak, G.: Relation of cerebrospinal fluid transport to the ACTH-suppressing effects of corticosteroid implants in the rat brain. Endocrinology **85**, 200–208 (1969)

KENDALL, J.W., REES, L.H., KRAMER, R.: Thyrotropin-releasing hormone (TRH) stimulation of thyroidal radioiodine release in the rat: comparison between intravenous and intraventricular administration. Endocrinology **88**, 1503–1506 (1971)

KENDALL, J.W., JACOBS, J.J., KRAMER, R.M.: Studies on the transport of hormones from the cerebrospinal fluid to hypothalamus and pituitary. In: Brain-endocrine interaction. Median eminence: structure and function. Int. Symp., Munich 1971. Knigge, K.M., Scott, D.E., Weindl, A. (eds.), pp. 342–349. Basel: Karger 1972

KENDALL, J., SEAICH, J.L., ALLEN, J.P., VANDERLAAN, W.P.: Pituitary-CSF relationships in man. In: Brain-endocrine interaction II. The ventricular system. Int. Symp., Shizuoka 1974. Knigge, K.M., Scott, D.E., Kobayashi, M., Ishii, S. (eds.), pp. 313–323. Basel: Karger 1975

KENNY, G.C.T.: The "nervus conarii" of the monkey. An experimental study. J. Neuropathol. Exp. Neurol. **20**, 563–570 (1961)

KENNY, G.C.T.: Transversely striated muscle fibres in the pineal region of mammals. J. Anat. **99**, 945 (1965a)

KENNY, G.C.T.: The innervation of the mammalian pineal body (a comparative study). Proc. Aust. Assoc. Neurol. **3**, 133–140 (1965b)

KENNY, G.C.T.: The epiphysis cerebri. In: The structure and function of nervous tissue. Bourne, G.H. (ed.), Vol. VI, pp. 253–272. New York: Academic Press 1972

KENNY, T.P., SHIVERS, R.R.: The blood-brain barrier in a reptile, *Anolis carolinensis*. Tissue Cell **6**, 319–333 (1974)

KHANNA, S.S., SINGH, H.R.: Histology and histochemistry of the saccus vasculosus in some teleosts (Pisces). Acta Anat. (Basel) **67**, 304–311 (1967)

KIERNAN, J.A.: Pituicytes and the regenerative properties of neurosecretory and other axons in the rat. J. Anat. **109**, 97–114 (1971)

KIERNAN, J.A.: A comparative survey of the mast cells of the mammalian brain. J. Anat. **2**, 303–311 (1976)

KIMBLE, J.E., MØLLGÅRD, K.: Evidence for basal secretion in the subcommissural organ of the adult rabbit. Z. Zellforsch. **142**, 223–239 (1973)

KIMBLE, J.E., MØLLGÅRD, K.: Subcommissural organ-associated neurons in fetal and neonatal rabbit. Cell Tissue Res. **159**, 195–204 (1975)

KIMBLE, J.E., SØRENSEN, S.C., MØLLGAARD, K.: Cell junctions in the subcommissural organ of the rabbits revealed by use of ruthenium red. Z. Zellforsch. **137**, 375–386 (1973)

KING, J.C., GERALL, A.A.: Localization of luteinizing hormone-releasing hormone. J. Histochem. Cytochem. **24**, 829–845 (1976)

KING, J.C., PARSONS, J.A., ERLANDSEN, S.L., WILLIAMS, T.H.: Luteinizing hormone-releasing hormone (LH-RH). Pathway of the rat hypothalamus revealed by the unlabeled antibody peroxidase-antiperoxidase method. Cell Tissue Res. **153**, 211–217 (1974)

KING, J.S.: A comparative investigation of neuroglia in representative vertebrates. A silver carbonate study. J. Morphol. **119**, 435–466 (1966)

KING, L.S.: Cellular morphology in the area postrema. J. Comp. Neurol. **66**, 1–21 (1937)

KIRSCHE, W.: Regenerative Vorgänge im Gehirn und Rückenmark. Ergeb. Anat. Entwickl. Gesch. **38**, 143–194 (1965)

KIRSCHE, W.: Über postembryonale Matrixzonen im Gehirn verschiedener Vertebraten und deren Beziehung zur Hirnbauplanlehre. Z. Mikrosk. Anat. Forsch. **77**, 313–406 (1967)

KIRSCHE, W.: Weitere Untersuchungen zur Frage der Homotransplantation von Gehirnabschnitten bei Urodelen während der postembryonalen Periode. Anat. Anz. **125**, Erg.-H., 483–487 (1969)

KIRSCHE, W.: Weitere Untersuchungen über das Vorkommen postembryonaler Matrixzonen im Telencephalon einiger Säugetiere. Z. Mikrosk. Anat. Forsch. **82**, 122–145 (1970)

KIRSCHE, W., KIRSCHE, K.: Regenerative Vorgänge im Telencephalon von *Ambystoma mexicanum*. J. Hirnforsch. **6**, 421–436 (1964a)

KIRSCHE, W., KIRSCHE, K.: Kompensatorische Hyperplasie und Regeneration im Endhirn von *Ambystoma mexicanum* nach Resektion einer Hemisphäre. Z. Mikrosk. Anat. Forsch. **71**, 505–525 (1964b)

KISHI, K.: Histochemical studies on the organon vasculosum laminae terminalis of the adult rabbit. Bull. Tokyo Med. Dent. Univ. **15**, 181–196 (1968)

KISS, A., MITRO, A.: The ependyma of ventriculus mesencephali in golden hamsters. Anat. Anz. **140**, 458–467 (1976)

Kitamura, T., Fujita, S.: The relationship of "resting microglia" to "activated microglia", p. 213. 10th Int. Cong. Anat., Tokyo 1975

Kitamura, T., Hattori, H., Fujita, S.: Autoradiographic studies on histogenesis of brain macrophages in the mouse. J. Neuropathol. Exp. Neurol. **31**, 502–518 (1972)

Kivalo, E., Talanti, S., Rinne, U.K.: On the secretory phenomena in the subcommissural organ of the rat. Experimental studies with special reference to the possible relationship of the subcommissural organ to the hypothalamo-hypophyseal system. Anat. Rec. **139**, 357–361 (1961)

Kizer, J.S., Palkovits, M., Brownstein, M.J.: Releasing factors in the circumventricular organs of the rat brain. Endocrinology **98**, 311–317 (1976)

Klara, P.M., Brizzee, K.R.: The ultrastructural morphology of the squirrel monkey area postrema. Cell Tissue Res. **160**, 315–326 (1975)

Klara, P.M., Brizzee, K.R.: Ultrastructure of the feline area postrema. J. Comp. Neurol. **171**, 409–432 (1977a)

Klara, P.M., Brizzee, K.R.: Tanycytic ependyma in the mammalian IV ventricle. Anat. Rec. **187**, 626 (1977b)

Klara, P.M., Brizzee, K.R., Chen, I-L., Yates, R.D.: Ultrastructural localisation of ATPase activity in the dog area postrema. Brain Res. **146**, 165–171 (1978)

Klara, P.M., Kostrezewa, R.M., Brizzee, K.R.: Destructive action of systemically administered 6-hydroxydopamine on the rat area postrema. Brain Res. **104**, 187–192 (1976)

Klatzo, I., Li, Ch.L., Long, D.M., Bak, A.F., Mossakowski, M.J., Parker, L.O., Rasmussen, L.E.: The effect of hypothermia on electric impedance and penetration of substances from the CSF into the perivascular brain tissue. In: Brain barrier systems. Lajtha, A., Ford, D.H. (eds.). Prog. Brain Res. **29**, 385–396 (1968)

Klatzo, I., Miquel, J., Ferris, P.J., Prokop, J.D., Smith, D.E.: Observation on the passage of the fluorescin labelled serum proteins (FLSP) from the cerebrospinal fluid. J. Neuropathol. (Berl.) **23**, 18–35 (1964)

Klatzo, I., Miquel, J., Otenasek, R.: The application of fluorescein labeled serum proteins (FLSP) to the study of vascular permeability in the brain. Acta Neuropathol. (Berl.) **2**, 144–160 (1962)

Klatzo, I., Steinwall, O.: Observation on cerebrospinal fluid pathways and behaviour of the blood-brain barrier in sharks. Acta Neuropathol. (Berl.) **5**, 161–175 (1965)

Klaus, B.: Histologische und karyometrische Untersuchungen im Bereich des subependymalen Glialagers beim Hund. Ein Beitrag zur Frage der Rolle des Subependyms bei der Gliomentstehung. Vet. Med. Dissertation München 1972

Kleerekoper, M., Donald, R.A., Posen, S.: Corticotrophin in cerebrospinal fluid of patients with Nelson's syndrome. Lancet 1972i, 74–76

Klinkerfuss, G.H.: An electron microscopic study of the ependyma and subependymal glia of the lateral ventricle of the cat. Am. J. Ant. **115**, 71–100 (1964)

Klosovskii, B.N.: The development of the brain and its disturbance by harmful factors. Oxford: Pergamon Press 1963

Knigge, K.M.: Role of the ventricular system in neuroendocrine processes, initial studies on the role of catecholamines in transport of thyrotropin releasing factor. In: Frontiers in neurology and neuroscience research, pp. 40–47. Toronto: University of Toronto Press 1974

Knigge, K.M., Joseph, S.A.: Neural regulation of TSH secretion: sites of thyroxine feedback. Neuroendocrinology **8**, 273–288 (1971)

Knigge, K.M., Joseph, S.A.: Thyrotropin relasing factor (TRF) in CSF of third ventricle of rat brain. Acta Endocrinol. (Kbh.) **76**, 209–213 (1974)

Knigge, K.M., Joseph, S.A., Silverman, A.J., Vaala, S.: Further observations on the structure and function of median eminence, with reference to the organization of RF-producing elements in the endocrine hypothalamus. In: Drug effects on neuroendocrine regulation. Zimmermann, E., Gispen, W.H., Marks, B.H., de Wied, D. (eds.). Prog. Brain Res. **39**, 7–20 (1973)

Knigge, K.M., Morris, M., Scott, D.E., Joseph, S.A., Notter, M., Schock, D., Krobisch-Dudley, G.: Distribution of hormones by cerebrospinal fluid. In: Fluid environment of the brain. Cserr, H.F., Fenstermacher, J.D., Fencl, V. (eds.), pp. 237–253. New York, San Francisco, London: Acad. Press 1975b

Knigge, K.M., Schock, D., Sladek, J.R., Jr.: Monoamines of median eminence. In vitro uptake and synthesis of serotonin. In: Brain-endocrine interaction II. The ventricular system in neuroendocrine mechanisms. Int. Symp. Shizuoka 1974. Knigge, K.M., Scott, D.E., Kobayashi, H., Ishii, S. (eds.), pp. 282–294. Basel: Karger 1975a

KNIGGE, K.M., SCOTT, D.E.: Structure and function of the median eminence. Am. J. Anat. **129**, 223–244 (1970)

KNIGGE, K.M., SCOTT, D.E., KOBAYASHI, M., ISHII, S. (eds.): Brain-endocrine interaction II. The ventricular system in neuroendocrine mechanisms. Int. Symp., Shizuoka 1974. Basel: Karger 1974

KNIGGE, K.M., SCOTT, D.E., WEINDL, A. (eds.): Brain-endocrine interaction. Median eminence: structure and function. Int. Symp. Munich 1971. Basel: Karger 1972

KNIGGE, K.M., SILVERMAN, A.: Transport capacity of the median eminence. In: Brain-endocrine interaction. Median eminence: structure and function. Int. Symp. Munich 1971. Knigge, K.M., Scott, D.E., Weindl, A. (eds.). pp. 350–363. Basel: Karger 1972

KNOBLOCH, D. VON: Das subfornikale Organ des dritten Ventrikels in seiner embryonalen und postembryonalen Entwicklung beim Hausschwein (*Sus scrofa domesticus*). Z. Anat. Entwickl. Gesch. **106**, 379–397 (1937)

KNOWLES, F.: Cerebrospinal fluid and endocrine regulation. In: Ependyma and neurohormonal regulation. A. Mitro (ed.), pp. 11–28. Bratislava: Veda 1974

KNOWLES, F.: Neuronal properties of neurosecretory cells. In: Neurosecretion. IV. Int. Symposium on Neurosecretion. Stutinsky, F. (ed.), p. 8–19. Berlin, Heidelberg, New York: Springer 1967

KNOWLES, F.: Ependymal secretion, especially in the hypothalamic region. J. Neuro-Visc. Relat. [Suppl.] **9**, 97–110 (1969)

KNOWLES, F.: Ependyma of the third ventricle in relation to pituitary function. In: Topics in neuroendocrinology. Ariëns Kappers, J., Schadé, J.P. (eds.). Prog. Brain Res. **38**, 255–270 (1972)

KNOWLES, F., ANAND KUMAR, T.C.: Structural changes, related to reproduction, in the hypothalamus and in the pars tuberalis of the rhesus monkey. Philos. Trans. R. Soc. Lond. [Biol.] B **256**, 357–375 (1969)

KNOWLES, F., ANAND KUMAR, T.C., JONES, CH.: Structure and ultrastructure of an area of spezialized ependyma in the hypothalamus in relation to reproductive activity. Gen. Comp. Endocrinol. **9**, 526 (1967)

KNOWLES, F., BERN, H.A.: The function of neurosecretion in endocrine regulation. Nature (Lond.) **210**, 271–272 (1966)

KNOWLES, F., VOLLRATH, L.: Synaptic contacts between neurosecretory fibres and pituicytes in the pituitary of the eel. Nature (Lond.) **206**, 1168–1169 (1965)

KNOWLES, F., VOLLRATH, L.: Neurosecretory innervation of the pituitary of the eels *Anguilla* and *Conger*. Philos. Trans. R. Soc. Lond. [Biol.] **250**, 311–342 (1966a)

KNOWLES, F., VOLLRATH, L.: A functional relationship between neurosecretory fibres and pituicytes in the eel. Nature (Lond.) **208**, 1343 (1966b)

KNOWLES, F., VOLLRATH, L. (eds.): Neurosecretion – The final neuroendocrine pathway. VI. International Symposium on Neurosecretion, London 1973. Berlin, Heidelberg, New York: 1974

KNUDSEN, P.A.: Mode of growth of the choroid plexus in mouse embryos. Acta Anat. (Basel) **57**, 172–182 (1964)

KOBAYASHI, H.: Median eminence of the hagfish and ependymal absorption in higher vertebrates. In: Brain-endocrine interaction. Median eminence: structure and function. Int. Symp. Munich 1971. Knigge, K.M., Scott, D.E., Weindl, A. (eds.), pp. 67–78. Basel: Karger 1972

KOBAYASHI, H.: Absorption of cerebrospinal fluid by ependymal cells of median eminence. In: Brain-endocrine interaction II. The ventricular system in neuroendocrine mechanisms. Int. Symp., Shizuoka 1974. Knigge, K.M., Scott, D.E., Kobayashi, H., Ishii, S. (eds.), pp. 109–122. Basel: Karger 1975

KOBAYASHI, H., KOBAYASHI, T., YAMAMOTO, K., KAIBARA, M., AJIKA, K.: Electron microscopic observation on the hypothalamo-hypophyseal system in the rat. III. Effect of reserpine treatment on the axonal inclusions in the median eminence. Endocrinol. Jpn. **15**, 321–335 (1968)

KOBAYASHI, H., MATSUI, T.: Synapses in the rat and pigeon median eminence. Endocrinol. Jpn. **14**, 279–283 (1967)

KOBAYASHI, H., MATSUI, T.: Fine structure of the median eminence and its functional significance. In: Frontiers in neuroendocrinology. Ganong, W.F., Martini, L. (eds.), pp. 3–46. New York: Oxford University Press 1969

KOBAYASHI, H., MATSUI, T., ISHII, S.: Functional electron microscopy of the hypothalamic median eminence. Int. review of cytology. Bourne, G.H., Danielli, J.T. (eds.), Vol. XXIX, pp. 282–381. New York: Academic Press 1970

KOBAYASHI, Y., NOZAKI, M.: Scanning electron microscopy of the ependymal cell surface of the median eminence. I. Median eminence of Japanese quail (*Coturnix coturnix japonica*). Zool. Meg. (Tokyo) **84**, 132–137 (1975)

KOBAYASHI, H., NOZAKI, M., UEMURA, H., ICHIKAWA, T., TSUNEKI, K., ASAI, T.: Function of the tanycyte of the median eminence. In: Circumventriculäre Organe. Leopoldina-Symp., Schloß Reinhardsbrunn, 1975. Sterba, G., Bargmann, W. (Hrsg.). Nova Acta Leopoldina, Suppl. 9, S. 53–58. Halle: Deutsche Akademie der Naturforscher 1977

KOBAYASHI, H., OOTA, Y., UEMURA, H., HIRANO, T.: Electron microscopic and pharmacological studies on the rat median eminence. Z. Zellforsch. **71**, 387–404 (1966)

KOBAYASHI, H., WADA, M., UEMURA, H., UECK, M.: Uptake of peroxidase from the third ventricle by ependymal cells of the median eminence. Z. Zellforsch. **127**, 545–551 (1972)

KODAMA, Y., FUJITA, H.: Some findings on the fine structure of the neurohypophysis in dehydrated and pitressin-treated mice. Arch. Histol. Jpn. **38**, 121–131 (1975)

KOE, B.K., WEISSMAN, A.: *p*-Chlorophenylanine: a specific depletor of brain serotonin. J. Pharmacol. Exp. Ther. **154**, 499–516 (1966)

KÖHL, W.: Histochemische Untersuchungen an der Wand des Aquaeductus cerebri. Anat. Anz. **136**, Erg.-H., 343–344 (1974)

KÖHL, W.: Enzymatic organization of the subcommissural organ. Prog. Histochem. Cytochem. **7** (4), 1–50 (1975)

KÖHL, W.: Zur Problematik experimenteller Untersuchungen am Subcommissuralorgan (SCO). Anat. Anz. **144**, Erg.-H., 717–718 (1978)

KÖHL, W., LINDERER, TH.: Zur Entwicklung des Subcommissuralorgans der Ratte. Morphologische und histochemische Untersuchungen. Histochemie **33**, 349–368 (1973)

KOELLA, W.P., SUTIN, J.: Extra blood-brain barrier structures. Int. Rev. Neurobiol. **10**, 31–55 (1967)

KÖLLIKER, A. VON: Über die oberflächlichen Nervenkerne im Marke der Vögel und Reptilien. Z. Wiss. Zool. **72**, 126–179 (1902)

KOHNO, K.: Electron microscopic studies on Reissner's fiber and the ependymal cells in the spinal cord of the rat. Z. Zellforsch. **94**, 565–573 (1969)

KOIZUMI, J.: Glycogen in the central nervous system. Prog. Histochem. Cytochem. **6** (4), 1–37 (1974)

KOLMER, W.: Das „Sagittalorgan" der Wirbeltiere. Z. Anat. Entwickl. Gesch. **60**, 652–717 (1921 a)

KOLMER, W.: Über eine eigenartige Beziehung von Wanderzellen zu den Chorioidealplexus des Gehirns der Wirbeltiere. Anat. Anz. **54**, 15–19 (1921 b)

KOLMER, W.: Weitere Beiträge zur Kenntnis des Sagittalorgans der Wirbeltiere. Anat. Anz. **60**, 252–257 (1925)

KOLMER, W.: Über einen supraependymalen Nervenplexus in den Hirnventrikeln des Affen. Z. Anat. Entwickl. Gesch. **93**, 182–187 (1930)

KOLMER, W.: Über das Sagittalorgan, ein zentrales Sinnesorgan der Wirbeltiere, insbesondere beim Affen. Z. Zellforsch. **13**, 236–248 (1931)

KONNO, I., SHIOTANI, Y.: Some aspects on the ciliary movement of ependymal cells of the ventricles. Folia Psychiatr. Neurol. Jpn. **10**, 1–5 (1956)

KONSTANTINOVA, M.: The effect of adrenaline and acetylcholine on the hypothalamic-hypophysial neurosecretion in rat. Z. Zellforsch. **83**, 549–567 (1967)

KONSTANTINOVA, M.: Monoamines in the liquor-contacting nerve cells in the hypothalamus of the lamprey, *Lampetra fluviatilis* L. Z. Zellforsch. **144**, 549–557 (1973)

KONSTANTINOVA, M.S., POLENOV, A.L.: Monoaminergic CSF contacting neurosecretory cells in the hypothalamus of some Acipenseridae. In: Circumventriculäre Organe. Leopoldina-Symp., Schloß Reinhardsbrunn, 1975. Sterba, G., Bargmann, W. (Hrsg.). Nova Acta Leopoldina, Suppl. 9, S. 65–67. Halle: Deutsche Akademie der Naturforscher 1977

KORF, H.-W.: Acetylcholinesterase-positive neurons in the pineal and parapineal organs of the rainbow trout, *Salmo gairdneri* (with special reference to the pineal tract). Cell Tissue Res. **155**, 475–489 (1974)

KORF, H.-W.: Histological, histochemical and electron microscopical investigations on the nervous apparatus of the pineal organ in the tiger salamander, *Ambystoma tigrinum*. Cell Tissue Res. **174**, 475–497 (1976)

KORITKÉ, J.G., DUVERNOY, H.: Les connexions vasculaires du système porte hypophysaire. Verh. 1. Eur. Anatomen-Kongr. Straßburg 1960. Anat. Anz. **109**, Erg.-H., 786–806 (1960/61)

KORITSÁNSKY, S.: System of the Gomori-positive glial cells. In: Zirkumventrikuläre Organe. Int. Symp., Schloß Reinhardsbrunn 1968. Sterba, G. (Hrsg.), S. 201–203. Jena: Fischer 1969

KORITSÁNSKY, S., KISS, J.: Electron-microscope autoradiographic studies on newly synthesized proteins in rat ependymal cells. In: Ependyma and neurohormonal regulation. Mitro, A. (ed.), pp. 215–228. Bratislava: Veda 1974

KORITSÁNSKY, S., VIGH, B., AROS, B.: Studies on the Gomori-positive glial cells. I. The changes in the periventricular Gomori-positive glial cells in rats of various ages. Acta Biol. Hung. **18** (1), 9–19 (1967)

KOVÁCS, G.L., TELEGDY, G., LISSÁK, K.: Effect of pineal principles on avoidance and exploratory activity in the rat. In: Hormones, homeostasis and the brain. Gispen, W.H., van Wimersma Greidanus, Tj., Bohus, B., de Wied, D. (eds.). Prog. Brain Res. **42**, 327 (1975)

KOZLOWSKI, G.P., BROWNFIELD, M.S., SCHULTZ, W.J.: Neurosecretory innervation to the choroid plexus. Anat. Rec. **184**, 451 (1976a)

KOZLOWSKI, G.P., SCOTT, D.E., KROBISCH-DUDLEY, G.: Scanning electron microscopy of the third ventricle of sheep. Z. Zellforsch. **136**, 169–176 (1973)

KOZLOWSKI, G.P., SCOTT, D.E., KROBISCH-DUDLEY, G., FRENK, S., PAULL, W.K.: The primate median eminence. II. Correlative high-voltage transmission electron microscopy. Cell Tissue Res. **175**, 265–277 (1976b)

KOZLOWSKI, G.P., SCOTT, D.E., MURPHY, J.A.: Scanning electron microscopy of the lateral ventricles of the sheep. Am. J. Anat. **135**, 561–566 (1972)

KOZLOWSKI, G.P., ZIMMERMAN, E.A.: Localization of gonadotropin-releasing hormone (Gn-RH) in sheep and mouse brain. Anat. Rec. **178**, 396 (1974)

KOZMA, M., ZOLTÁN, Ö.T., CSILLIK, B.: Die anatomischen Grundlagen des prälymphatischen Systems im Gehirn. Acta Anat. (Basel) **81**, 409–420 (1972)

KRABBE, K.H.: L'organe sous-commissural du cerveau chez les Mammifères. Kung. Danske Vidensk. Selesk. Biol. Med. **5**(4), 1–83 (1925)

KRABBE, K.H.: Anatomy of subcommissural organ of brain; review of literature. Nord. Medicinsk Tidskrift **6**, 1030–1035 (1933)

KRABBE, K.H.: Studies on the existence of a paraphysis in mammalian embryos. Brain **59**, 483–493 (1936)

KRANZ, O., RICHTER, W.: Autoradiographische Untersuchungen über die Lokalisation der Matrixzonen des Diencephalons von juvenilen und adulten *Lebistes reticulatus* (Teleostei). Z. Mikrosk. Anat. Forsch. **82**, 42–66 (1970)

KRAPP, C.: Der Einfluß der Epiphyse auf die Lokomotionsaktivität bei Ratten. Experientia **33**, 731–732 (1977)

KRAPP, C.: The ependyma on the pineal of the guinea pig (*Cavia cobaya*). A scanning electron microscopic investigation. Anat. Embryol. (Berl.) **152**, 217–222 (1978)

KREUTZBERG, G.W., KAIYA, H.: Exogenous acetylcholinesterase as tracer for extracellular pathways in the brain. Histochemistry **42**, 233–237 (1974)

KRISCH, B.: Different populations of granules and their distribution in the hypothalamo-neurohypophysial tract of the rat under various experimental conditions. I. Neurohypophysis, nucleus supraopticus and nucleus paraventricularis. Cell Tissue Res. **151**, 117–140 (1974)

KRISCH, B.: Different populations of granules and their distribution in the hypothalamo-neurohypophysial tract of the rat under various experimental conditions. II. The median eminence. Cell Tissue Res. **160**, 231–261 (1975)

KRISCH, B.: Immunohistochemical and electron microscopic study of the rat hypothalamic nuclei and cell clusters under various experimental conditions. Possible sites of hormone release. Cell Tissue Res. **174**, 109–127 (1976)

KRISCH, B.: Morphological equivalent of the bifunctional role of somatostatin. Cell Tissue Res. **179**, 211–224 (1977a)

KRISCH, B.: Electron microscopic immunocytochemical study on the vasopressin-containing neurons of the thirsting rat. Cell Tissue Res. **184**, 237–247 (1977b)

Krisch, B.: Über die Verteilung von LHRH im Hypothalamus der durstbelasteten Ratte. Acta Anat. (Basel) **99**, 285 (1977c)

Krisch, B.: The distribution of LHRH in the hypothalamus of the thirsting rat. A light and electron microscopic immunocytochemical study. Cell Tissue Res. **186**, 135–148 (1978a)

Krisch, B.: Altered pattern of vasopressin distribution in the hypothalamus of rats subjected to immobilization stress. An immunohistochemical study. Cell Tissue Res. **189**, 267–275 (1978b)

Krisch, B.: Hypothalamic and extrahypothalamic distribution of somatostatin-immunoreactive elements in the rat brain. Cell Tissue Res. **195**, 499–513 (1978c)

Krisch, B.: Immunocytochemistry of neuroendocrine systems (vasopressin, somatostatin, luliberin). Progr. Histochem. Cytochem. (1979) (in press.)

Krisch, B., Becker, K., Bargmann, W.: Exocytose im Hinterlappen der Hypophyse. Z. Zellforsch. **123**, 47–54 (1972)

Krisch, B., Leonhardt, H., Buchheim, W.: The functional and structural border of the neurohemal region of the median eminence. Cell Tissue Res. **192**, 327–339 (1978b)

Krisch, B., Leonhardt, H., Buchheim, W.: The functional and structural border between liquor- and blood-milieu of circumventricular organs. Studies on the organum vasculosum laminae terminalis, the subfornical organ and the area postrema of the rat. Cell Tissue Res. **195**, 485–497 (1978c)

Krisch, B., Leonhardt, H., Desaga, U.: The rhombencephalic recess in the rat. A light and electron microscopic study. Cell Tissue Res. **189**, 479–495 (1978a)

Kroidl, R.: Die arterielle und venöse Versorgung der Area postrema der Ratte. Z. Zellforsch. **89**, 430–462 (1968)

Kroon, D.B., Goossens, E.: Protein granules in glial and ependymal cells in the hypophysiotropic area of the rat, stainable with aldehyde-fuchsin and chrome alum-hematoxylin. Acta Anat. (Basel) **88**, 267–280 (1974)

Krstić, R.: Elektronenmikroskopische Untersuchung der quergestreiften Muskelfasern im Corpus pineale von Wistar-Ratten. Z. Zellforsch. **128**, 227–240 (1972)

Krstić, R.: Ultrastrukturelle Lokalisation von Mukosubstanzen der Zellhülle im Subcommissural-organ der Ratte. Z. Zellforsch. **139**, 237–252 (1973a)

Krstić, R.: Influence du froid sur la morphodynamique de la glande pinéale du rat. Acta Anat. (Basel) **86**, 320–321 (1973b)

Krstić, R.: Perjodreaktive Stellen in den Zellen der Glandula pinealis der Ratte. Acta Anat. (Basel) **93**, 316 (1975a)

Krstić, R.: Scanning electron microscope observations of the rat subcommissural organ. Z. Mikrosk. Anat. Forsch. **89**, 1157–1165 (1975b)

Krstić, R.: Ultrastruktur des Corpus pineale der Ratte nach der Autotransplantation in die vordere Augenkammer. Anat. Anz. **140**, Erg.-H., 93–96 (1976a)

Krstić, R.: Ultracytochemistry of the synaptic ribbons in the rat pineal organ. Cell Tissue Res. **166**, 135–143 (1976b)

Krstić, R.: A combined scanning and transmission electron microscopic study and electron probe microanalysis of human pineal acervuli. Cell Tissue Res. **174**, 129–137 (1976c)

Krstić, R.: Ultracytochemical localisation and comparison of adenyl cyclase activities in pineal bodies of Wistar rats and Mongolian gerbils. Histochemistry **53**, 249–255 (1977)

Krsulovic, J.: Neurohistochemistry and morphological changes in neurohypophysis under functional stimulus. In: Zirkumventrikuläre Organe und Liquor. Int. Symp., Schloß Reinhardsbrunn, 1968. Sterba, G. (Hrsg.), S. 205–208. Jena: Fischer 1969

Krsulovic, J., Brückner, G.: Morphological characteristics of pituicytes in different functional stages. Light- and electronmicroscopy of the neurohypophysis of the albino rat. Z. Zellforsch. **99**, 210–220 (1969)

Krsulovic, J., Ermisch, A., Sterba, G.: Electron microscopic and autoradiographic study on the neurosecretory system of albino rats with special consideration of the pituicyte problem. In: Aspects to neuroendocrinology. Bargmann, W., Scharrer, B. (eds.), pp. 166–172. Berlin, Heidelberg, New York: Springer 1970

Kruger, L., Maxwell, D.S.: The fine structure of ependymal processes in the teleost optic tectum. Am. J. Anat. **119**, 479–498 (1966)

Kruger, L., Maxwell, D.S.: Comparative fine structure of vertebrate neuroglia: teleosts and reptiles. J. Comp. Neurol. **129**, 115–142 (1967)

KUCHARCZYK, J., ASSAFAND, S.Y., MOGENSON, G.J.: Differential effects of brain lesions on thirst induced by the administration of angiotensin II to the preoptic region, subfornical organ and anterior third ventricle. Brain Res. **108**, 327–337 (1976)

KUHLENBECK, H.: The human diencephalon. Basel, New York: Karger 1954

KUHLENBECK, H.: Further observations on the lamination pattern in the supraoptic crest of man. Anat. Rec. **160**, 480 (1968)

KULENKAMPFF, H.: Ependymreaktionen. Anat. Anz. **104**, Erg.-H., 138–141 (1957)

KULENKAMPFF, H.: Untersuchungen zur Frage der Funktion des Ependyms im Zentralkanal des Rückenmarks der erwachsenen weißen Maus. Z. Anat. Entwickl. Gesch. **120**, 235–246 (1958)

KULENKAMPFF, H.: Die Tageszeit von Tierversuchen und ihre Bedeutung für karyometrische Untersuchungen. Z. Anat. Entwickl. Gesch. **122**, 121–136 (1960)

KULENKAMPFF, H.: Der 24-Stunden-Mitosenrhythmus im Spinalependym der weißen Maus und seine experimentelle Beeinflussung. Z. Anat. Entwickl. Gesch. **122**, 518–533 (1961)

KULENKAMPFF, H.: Mitosen im Spinalependym und die Beeinflußbarkeit ihres Auftretens durch körperliche Arbeit. Anat. Anz. **111**, Erg.-H., 230–234 (1962)

KULENKAMPFF, H., KÖHLER, G.: Über geschlechtsabhängige Kerngrößenunterschiede somatischer Zellen der weißen Maus und ihre statistische Sicherung. Z. Anat. Entwickl. Gesch. **122**, 534–538 (1961)

KULENKAMPFF, H., KOLB, W.: Mitosen im Ependym der erwachsenen weißen Maus. Naturwissenschaften **44**, 241 (1957)

KULENKAMPFF, H., KOLB, W.: Die Tageszeit von Tierversuchen und ihre Bedeutung für karyometrische Untersuchungen. Z. Anat. Entwickl. Gesch. **122**, 121–136 (1960)

KULENKAMPFF, H., KRBEK, F.: Morphologische Untersuchungen an Glia und Ependym des Mäuserückenmarkes. Z. Anat. Entwickl. Gesch. **121**, 165–178 (1959/60)

KULENKAMPFF, H., STEFFEN, J.-G.: Altersveränderungen am Spinalependym der weißen Maus. Z. Anat. Entwickl. Gesch. **124**, 108–113 (1964)

KULSHRESHTHA, A., DOMINIC, C.J.: Mast cells in ·the hypothalamus und the pituitary gland of the musk shrew, *Suncus murinus* L. (Insectivora). J. Anim. Morphol. Physiol. (Baroda) **19**, 23–27 (1972)

KUMAR, K., ANAND KUMAR, T.C.: The habenular ependyma: A neuroendocrine component of the epithalamus in the rhesus monkey. In: Anatomical neuroendocrinology. Int. Conf. Neurobiology of CNS-Hormone Interactions, Chapel Hill 1974, Stumpf, W.E., Grant, L.D. (eds.), pp. 40–51. Basel: Karger 1975

KUMMER-TROST, E.: Die Bildungen des Zwischenhirndaches der Agamidae, nebst Bemerkungen über die Lagebeziehungen des Vorderhirns. Gegenbaurs Morph. Jahrb. **97**, 143–191 (1956)

KUROSUMI, K., KAWABATA, I.: Electron microscopic studies on the fine structure of pineal glands in normal and experimental rats. In: Electron microscopy. Vol. II, pp. 519–520. Tokyo: Maruzen 1966

KUROSUMI, K., MATSUZAWA, T., KOBAYASHI, Y., SATO, S.: On the relations between the release of neurosecretory substance and lipid granules of pituicytes in the rat neurohypophysis. Gunma Symposia on Endocrinology **1**, 87–118 (1964)

KUROSUMI, K., MATSUZAWA, T., SHIBASAKI, S.: Electron microscope studies on the fine structure of the pars nervosa and pars intermedia, and their morphological interrelation in the normal rat hypophysis. Gen. Comp. Endocrinol. **1**, 433–452 (1961)

KUROTAKI, M.: The submicroscopic structure of the epithelium of saccus vasculosus in two teleosts. Acta Anat. Nippon. **6**, 277–288 (1961)

KUROTSU, T.: Über den Nucleus magnocellularis periventricularis bei Reptilien und Vögeln. Proc. Kon. Ned. Akad. Wetensch. **38**, 784–797 (1935)

KURUMADO, K., MORI, W.: Synaptic ribbon in the human pinealocyte. Acta Pathol. Jpn. **26**, 381–384 (1976)

KUSCHE, P.: Über Ependym und Gliafasern in der Epiphyse der erwachsenen Katze. Z. Zellforsch. **71**, 405–414 (1966)

LAATSCH, R.H.: Electron microscopy of the rat subcommissural organ. Anat. Rec. **141**, 303–304 (1964)

LACANILAO, F., BERN, H.A.: The urophysial hydrosmotic factor of fishes. III. Survey of fish caudal spinal cord regions for hydrosmotic activity. Proc. Soc. Exp. Biol. Med. **140**, 1252–1253 (1972)

Ladman, A.J., Roth, W.D.: Light and electron microscopic observations of the choroid plexus of the lamprey, *Petromyzon marinus*. Anat. Rec. **130**, 423 (1958)

Lagios, M.D.: The median eminence of the bowfin, *Amia calva* L. Gen. Comp. Endocrinol. **15**, 453–463 (1970)

Laguzzi, R., Petitjean, F., Pujol, J.F., Jouvet, M.: Effets de l'injection intraventriculaire de 6-hydroxy-dopamine. II. sur le cycle veille-sommeil du chat. Brain Res. **48**, 295–310 (1972)

Lakomy, M.: The subependymal plate in newborn pigs. Folia Morphol. (Warsz.) **33**, 449–458 (1974)

Lametschwandtner, A., Simonsberger, P.: Light and scanning electron microscopical studies of the hypothalamo-adenohypophyseal portal vessels of the toad, *Bufo bufo* (L.). Cell Tissue Res. **162**, 131–139 (1975)

Lametschwandtner, A., Simonsberger, P., Adam, H.: The vascularization of the neural stalk and the pars nervosa of the hypophysis in the toad, *Bufo bufo* (L.) (Amphibia, Anura). A comparative light microscopical and scanning electron microscopical study. Cell Tissue Res. **180**, 433–442 (1977)

Lampert, P., Garrett, R., Lampert, A.: Ferritin immune complex deposits in the choroid plexus. Acta Neuropathol. (Berl.) **38**, 83–86 (1977)

Landau, E.: L'organe sous-commissural. Acta Anat. (Basel) **41**, 156–160 (1960)

Landolt-Weber, U.M.: Ultrastructur einer Kolloidcyste des dritten Ventrikels. Acta Neuropathol. (Berl.) **26**, 59–70 (1978)

Landsmeer, L.M.F.: A survey of the analysis of hypophyseal vascularity. In: Advances in neuroendocrinology. Nalbandov, A.V. (ed.), pp. 29–57. Urbana, Ill.: Univ. Illinois Press 1963

Lang, J., Schäfer, K.: Über Form, Größe und Variabilität des Plexus chorioideus ventriculi IV. Gegenbaurs Morphol. Jahrb. **123** (5), 727–741 (1977)

Langevoort, H.L.: The roof of the IVth ventricle as a passage-way for cerebrospinal fluid. In: Progress in Neurobiology. Proceedings of the first International Meeting of Neurobiologists. Ariëns Kappers, J. (ed.), pp. 159–163. Amsterdam, London, New York, Princeton: Elsevier 1956

Langevoort, H.L.: The embryonic development of the cerebral meninges in the chick (Dutch, with English summary). *Thesis*, Groningen 1954

Lanzing, W.J.R., van Lennep, E.W.: Ultrastructure of the saccus vasculosus of teleost fishes. I. The coronet cell. Aust. J. Zool. **18**, 353–371 (1970)

Laryelle, L.: Le système végétatif méso-diencéphalique. I. Partie anatomique. Rev. Neurol. (Paris) **41**, 809–888 (1934)

Lascar, G., Bouchaud, C.: Étude histochimique de la diffusion de la β-phénylisopropylhydrazine (PIH) et de la péroxydase du raifort injectées dans le cerveau du rat par voie intraventriculaire. Arch. Anat. Microsc. **61** (4), 339–356 (1972)

Last, R.J., Tompsett, D.H.: Casts of cerebral ventricles. Br. J. Surg. **40**, 525–543 (1953)

Lawson, R.F., Raimondi, A.J.: Hydrocephalus-3, a murine mutant: I. Alterations in fine structure of choroid plexus and ependyma. Surg. Neurol. **1**, 115–128 (1973)

Leatherland, J.F., Dodd, J.M.: Studies on the structure, ultrastructure and function of the subcommissural organ–Reissner's fibre complex of the European eel, *Anguilla anguilla* L. Z. Zellforsch. **89**, 533–549 (1968)

Le Beux, Y.J.: An unusual ultrastructural association of smooth membranes and glycogen particles: The glycogen body. Z. Zellforsch. **101**, 443–447 (1969)

Le Beux, Y.J.: An ultrastructural study of the neurosecretory cells of the medial vascular prechiasmatic gland, the preoptic recess and the anterior part of the suprachiasmatic area. I. Cytoplasmic inclusions resembling nucleoli. Z. Zellforsch. **114**, 404–440 (1971)

Le Beux, Y.J.: An ultrastructural study of the neurosecretory cells of the medial vascular prechiasmatic gland. II. Nerve endings. Z. Zellforsch. **127**, 439–461 (1972)

Leblond, C.P., Imamoto, K.: Origin of microglia, as shown by radioautography of the corpus callosum in 5-day old rats given ^{3}H-thymidine. Anat. Rec. **187**, 635–636 (1977)

Lederis, K.: An electron microscopical study of the human neurohypophysis. Z. Zellforsch. **65**, 847–868 (1965)

Lederis, K.: Recent progress in research on the urophysis. Gen. Comp. Endocrinol. [Suppl] **3**, 339–344 (1972)

LEDERIS, K.: Current studies on urotensins. Am. Zool. **13**, 771–773 (1973)

LEDERIS, K., BERN, H.A., MEDAKOVIC, M., CHAN, D.K.O., NISHIOKA, R.S., LETTER, A., SWANSON, D., GUNTHER, R., TESANOVIC, M., HORNE, B.: Recent functional studies on the caudal neurosecretory system of teleost fishes. In: Neurosecretion – the final neuroendocrine pathway. Knowles, F., Vollrath, L. (eds.), pp. 94–103. Berlin, Heidelberg, New York: Springer 1974

LEDERIS, K., BERN, H.A., NISHIOKA, R.S., GESCHWIND, I.I.: Some observations on biological and chemical properties and subcellular localization of urophysial active principles. Mem. Soc. Endocrinol. **19**, 413–433 (1971)

LEDERIS, K., COOPER, K.E. (eds.): Recent studies of hypothalamic function. Proceedings of the International Symposium on Recent Studies of Hypothalamic Function. Calgary, 1973. Basel: Karger 1974

LEDUC, E.H., WISLOCKI, G.B.: The histochemical localization of acid and alkaline phosphatases, non-specific esterase and succinic dehydrogenase in the structures comprising the hematoencephalic barrier of the rat. J. Comp. Neurol. **97**, 241–280 (1952)

LEE, J.C.: Evolution in the concept of the blood-brain barrier phenomenon. Prog. Neuropathol. **1**, 84–145 (1971)

LEGAIT, E.: Les organes épendymaires du troisième ventricule. L'organe sous-commissural. L'organe sub-fornical. L'organe para-ventriculaire. Thèse Med., Nancy 1942

LEGAIT, E.: L'organe sous-commissural chez la grenouille normale et hypophysoprivée. C. R. Soc. Biol. (Paris) **140**, 543–544 (1946)

LEGAIT, E.: Le rôle de l'épendyme dans les phénomènes endocrines du diencéphale. Bull. Soc. Sci. Nancy **1**, 1–12 (1949)

LEGAIT, E., LEGAIT, H.: Recherches sur le sac vasculaire des poissons. C. R. Soc. Biol. (Paris) **158**, 135–137 (1964)

LEGAIT, E., LEGAIT, H., GRIGNON, G.: Existe-t-il chez les oiseaux l'homologue de l'organe subfornical du troisième ventricule des mammifères? C. R. Assoc. Anat. **43**, 509–513 (1956)

LEGAIT, H., BAUCHOT, R., STEPHAN, H., CONTET-AUDONNEAU, J.L.: Étude des corrélations liant le volume de l'épiphyse aux poids somatique et encéphalique chez les rongeurs, les insectivores, les chiroptères, les prosimiens et les simiens. Mammalia **40**, 327–337 (1976)

LEGAIT, H., LEGAIT, E.: A propos de la structure et de l'innervation des organes épendymaires du 3e ventricule chez les batraciens et les reptiles. C. R. Soc. Biol. (Paris) **150**, 1982–1984 (1956)

LEGAIT, H., LEGAIT, E., CONTET-AUDONNEAU, J.L.: Données morphométriques de l'épiphyse, de l'organ subfornical et du noyau supra-optique du muscardin au cours du cycle annuel comparées à celle du loir et du lérot. C. R. Soc. Biol. (Paris) **168**, 834–837 (1974)

LENYS, R.: Contribution à l'étude de la structure et du rôle de l'organe sous-commissural. Thèse, Université de Nancy 1965

LEÓN, G.A. DE, GIRLIN, D.J.: Cystic degeneration of the telencephalic subependymal germinal layer in newborn infants. J. Neurol. Neurosurg. Psychiatry **38**, 265–271 (1975)

LEONHARDT, H.: Untersuchungen über die Einwirkung von Ultraschall auf das Gehirn. Med. Klin. **44**, 1162–1163 (1949)

LEONHARDT, H.: Befunde am Plexus chorioideus. Anat. Anz. **99**, Erg. H., 260–262 (1952a)

LEONHARDT, H.: Geigyblau 536 med., ein neuer Vitalfarbstoff zum Nachweis der Blut-Gehirnschranke. Z. Wiss. Mikrosk. **61**, 137–141 (1952b)

LEONHARDT, H.: Untersuchungen über die Blut-Gehirnschranke. Die Wirkung fraktionierter Gaben von Pentamethylentetrazol („Cardiazol") auf die Blut-Gehirnschranke und über die Eigenschaft des Butyl-β-bromallylbarbitursauren Natriums („Pernocton"), die Cardiazol-Schrankenwirkung aufzuheben. Ärztl. Forsch. **11** (1), 352–355 (1957a)

LEONHARDT, H.: Pikrotoxin und Blut-Gehirnschranke. Arch. Psychiatr. **195**, 568–576 (1957b)

LEONHARDT, H.: Morphologische Grundlagen der Blut-Hirn-Schranke. Grundzüge der Entwicklung des Problems bis heute. Med. Monatsschr. **19**, 438–441 (1965)

LEONHARDT, H.: Interzelluläres perivaskuläres Gehirnödem nach Pentamethylentetrazol („Cardiazol")-Krampf. Naturwissenschaften **53**, 481 (1966a)

LEONHARDT, H.: Charakteristische Anordnung von Mitochondrien und Lamellen in der Kaninchenepiphyse. Naturwissenschaften **53**, 556–557 (1966b)

LEONHARDT, H.: Über ependymale Tanycyten des III. Ventrikels beim Kaninchen in elektronenmikroskopischer Betrachtung. Z. Zellforsch. **74**, 1–11 (1966c)

Leonhardt, H.: Über die Blutkapillaren und perivaskulären Strukturen der Area postrema des Kaninchens und über ihr Verhalten im Pentamethylentetrazol-(„Cardiazol")-Krampf. Z. Zellforsch. **76**, 511–524 (1967a)

Leonhardt, H.: Zur Frage einer intraventrikulären Neurosekretion. Eine bisher unbekannte nervöse Struktur im IV. Ventrikel des Kaninchens. Z. Zellforsch. **79**, 172–184 (1967b)

Leonhardt, H.: Über axonähnliche Fortsätze, Sekretbildung und Extrusion der hellen Pinealozyten des Kaninchens. Z. Zellforsch. **82**, 307–320 (1967c)

Leonhardt, H.: Intraventrikuläre markhaltige Nervenfasern nahe der Apertura lateralis ventriculi quarti des Kaninchengehirns. Z. Zellforsch. **84**, 1–8 (1968a)

Leonhardt, H.: Über Hirnödem bei unterschiedlichen perikapillären Strukturen verschiedener Grisea des Kaninchens, hervorgerufen durch Pentamethylentetrazol (Cardiazol). Z. Zellforsch. **84**, 199–218 (1968b)

Leonhardt, H.: Bukettförmige Strukturen im Ependym der Regio hypothalamica des III. Ventrikels beim Kaninchen. Zur Neurosekretions- und Rezeptorenfrage. Z. Zellforsch. **88**, 297–317 (1968c)

Leonhardt, H.: Neurosekretorische Strukturen im IV. Ventrikel und Zentralkanal beim Kaninchen. Anat. Anz. **121**, Erg. H., 95–102 (1968d)

Leonhardt, H.: Ependym. In: Zircumventriculäre Organe und Liquor. Int. Symp., Schloß Reinhardsbrunn, 1968. Sterba, G. (Hrsg.), S. 177–190. Jena: Fischer 1969a

Leonhardt, H.: Sekretorische Strukturen im Ependym des III. Ventrikels (Regio hypothalamica) beim Kaninchen. Anat. Anz. **125**, Erg.-H., 471–478 (1969b)

Leonhardt, H.: Myelinisierte Oligodendrozyten in der Wand der Eminentia mediana des Kaninchens. Z. Zellforsch. **103**, 420–428 (1970a)

Leonhardt, H.: Subependymale Basalmembranlabyrinthe im Hinterhorn des Seitenventrikels des Kaninchengehirns. Zur Frage des Liquorabflusses. Z. Zellforsch. **105**, 595–604 (1970b)

Leonhardt, H.: Synapsenförmige Kontakte am apikalen Ependymplasmalemm. Anat. Anz. **126** (Erg.-H.), 589–590 (1970c)

Leonhardt, H.: Über Plasmazellen im Nervengewebe (Eminentia mediana des Kaninchens). Acta Neuropathol. (Berl.) **16**, 148–153 (1970d)

Leonhardt, H.: Zur Frage der ventrikulären „gomoripositiven" Neurosekretion. In: Aspects of neuroendocrinology. Bargmann, W., Scharrer, B. (Hrsg.), S. 338–348. Berlin, Heidelberg, New York: Springer 1970

Leonhardt, H.: Über die topographische Verteilung der subependymalen Basalmembranlabyrinthe im Ventrikelsystem des Kaninchengehirns. Z. Zellforsch. **127**, 392–406 (1972a)

Leonhardt, H.: Über Hirnhautkörperchen des Kaninchens. Z. Zellforsch. **131**, 463–480 (1972b)

Leonhardt, H.: Elektronenmikroskopische Untersuchung der postembryonalen ventralen Matrixzone des Kaninchengehirns. Z. Mikrosk. Anat. Forsch. **85**, 161–175 (1972c)

Leonhardt, H.: Über elektronenmikroskopische Unterschiede zwischen den subependymalen Basalmembranlabyrinthen von Mensch, Ratte und Kaninchen. Anat. Anz. **135**, 605–607 (1973)

Leonhardt, H.: Ependymstrukturen im Dienst des Stofftransportes zwischen Ventrikelliquor und Hirnsubstanz. In: Ependyma and neurohormonal regulation. Mitro, A. (Hrsg.), S. 29–75. Bratislava: Veda 1974

Leonhardt, H.: Die Liquorkontaktfortsätze im Zentralkanal des Rückenmarkes. Eine raster- und transmissionselektronenmikroskopische Untersuchung am Kaninchen. Z. Mikrosk. Anat. Forsch. **90**, 1–15 (1976)

Leonhardt, H.: Ependym, Erkenntnisse und Probleme. In: Circumventriculäre Organe. Leopoldina-Symp., Schloß Reinhardsbrunn 1975. Sterba, G., Bargmann, W. (Hrsg.). Nova Acta Leopoldina, Suppl. 9, S. 11–37. Halle: Deutsche Akademie der Naturforscher 1977

Leonhardt, H., Backhus-Roth, A.: Synapsenartige Kontakte zwischen intraventrikulären Axonendigungen und freien Oberflächen von Ependymzellen des Kaninchengehirns. Z. Zellforsch. **97**, 369–376 (1969)

Leonhardt, H., Desaga, U.: Recent observations on ependyma and subependymal basement membranes. Acta Neurochir. (Wien) **31**, 153–159 (1975)

Leonhardt, H., Eberhardt, H.G.: Dye transport from the median eminence to the hypothalamic wall. A model. In: Brain-endocrine interaction. Median eminence: Structure and function. Int. Symp., Munich 1971. Knigge, K.M., Scott, D.E., Weindl, A. (eds.). Basel: Karger 1972

LEONHARDT, H., KRISCH, B.: Elektronenmikroskopische Befunde an den inneren Liquor-Grenzflächen. In: Die Cerebrospinalflüssigkeit–CSF. Dommasch, D., Mertens, H.G. (Hrsg.). Stuttgart: Thieme 1979

LEONHARDT, H., LINDEMANN, B.: Über ein supraependymales Nervenzell-, Axon- und Gliazellsystem. Eine raster- und transmissionselektronenmikroskopische Untersuchung am IV. Ventrikel (Apertura lateralis) des Kaninchengehirns. Z. Zellforsch. **139**, 285–302 (1973 a)

LEONHARDT, H., LINDEMANN, B.: Surface morphology of the subfornical organ in the rabbit's brain. Z. Zellforsch. **146**, 243–260 (1973 b)

LEONHARDT, H., LINDNER, E.: Marklose Nervenfasern im III. und IV. Ventrikel des Kaninchen- und Katzengehirns. Z. Zellforsch. **78**, 1–18 (1967)

LEONHARDT, H., PRIEN, H.: Eine weitere Art intraventrikulärer kolbenförmiger Axonenendigungen aus dem IV. Ventrikel des Kaninchengehirns. Z. Zellforsch. **92**, 394–399 (1968)

LEONHARDT, H., SCHULZ, L., ZUTHER-WITZSCH, H.: Die ventrikuläre Oberfläche der Area postrema und der angrenzenden Area subpostrema des Kaninchengehirnes. Eine raster- und transmissionselektronenmikroskopische sowie lichtmikroskopische Untersuchung. Z. Mikrosk. Anat. Forsch. **89**, 264–284 (1975)

LEONHARDT, H., WITZSCH, H.: Plasmazellen in der Wand der Eminentia mediana des Kaninchens. Z. Zellforsch. **101**, 388–393 (1969)

LEONIENI, J.: Morphochemical comparative studies of the subcommissural organ in some laboratory animals. Folia Histochem. Cytochem. (Krakow) **6**, 485–498 (1968)

LEONIENI, J., RECHARD, L.: The effect of dehydration on the ultrastructure and cholinesterase activity of the subcommissural organ in the rat. Z. Zellforsch. **133**, 377–387 (1972)

LÉRANTH, C., SCHIEBLER, T.H.: Über die Aufnahme von Peroxidase aus dem 3. Ventrikel der Ratte. Elektronenmikroskopische Untersuchungen. Brain Res. **67**, 1–11 (1974)

LERVOLD, A.M., SZEPSENWOL, J.: Glycogenolysis in aliquots of glycogen bodies of the chick under the influence of various tissues. Fed. Proc. **20**, 77 (1961)

LEVEQUE, T.F.: In: Advances in neuroendocrinology. Nalbandov, A.V. (ed.), pp. 314–328. Urbana: Illinois University Press 1963

LEVEQUE, T.F.: The medial prechiasmatic area in the rat and LH secretion. In: Brain-endocrine interaction. Median eminence: structure and function. Int. Symp. Munich 1971. Knigge, K.M., Scott, D.E., Weindl, A. (eds.), pp. 298–305. Basel: Karger 1972

LEVEQUE, T.F., HOFKIN, G.A.: A periventricular PAS reactive substance in the rat hypothalamus. Anat. Rec. **135**, 2 (1960)

LEVEQUE, T.F., HOFKIN, G.A.: Demonstration of an alcohol-chloroform insoluble period acid-Schiff reactive substance in the hypothalamus of the rat. Z. Zellforsch. **53**, 185–191 (1961)

LEVEQUE, T.F., HOFKIN, G.A.: Hypothalamic periventricular PAS substance and neuroendocrine mechanisms. Anat. Rec. **142**, 252 (1962)

LEVEQUE, T.F., STERN, J.I.: A periventricular PAS reactive site in the frog hypothalamus. Anat. Rec. **148**, 306 (1964)

LEVEQUE, T.F., STUTINSKY, F., PORTE, A., STOECKEL, M.E.: Caractères ultrastructuraux des cellules PAS-positives périventriculaires de l'éminence médiane du rat. C. R. Soc. Biol. (Paris) **159**, 751–752 (1965a)

LEVEQUE, T.F., STUTINSKY, A., PORTE, A., STOECKEL, M.E.: Morphologie fine d'une différenciation glandulaire du récessus infundibulaire chez le rat. Z. Zellforsch. **69**, 381–394 (1966)

LEVEQUE, T.F., STUTINSKY, F., STOECKEL, M.-E., PORTE, A.: Sur les éléments ultrastructuraux d'une formation glandulaire périventriculaire dans l'éminence médiane du rat. C. R. Acad. Sci. [D] (Paris) **206**, 4621–4623 (1965b)

LEVIN, E., SISSON, W.B.: The penetration of radiolabeled substances into rabbit brain from subarachnoid space. Brain Res. **41**, 145–153 (1972)

LEVIN, E., ARIEFF, A., KLEEMAN, C.R.: Evidence of different compartments in the brain for extracellular markers. Am. J. Physiol. **221**, 1319–1325 (1971)

LEVINGER, I.M.: The cerebral ventricles of the rat. J. Anat. **108**, 442–451 (1971 a)

LEVINGER, I.M.: Special features of the rabbit cerebroventricular system, studied by the casting method. J. Anat. **109**, 527–533 (1971 b)

LEVINGER, I.M., EDERY, H.: Casts of cat cerebro-ventricular system. Brain Res. **11**, 294–304 (1968)

LEVINGER, I.M., KEDEM, J.: A method for the evaluation of the surface area of cerebral ventricles in animals. J. Anat. **117**, 481–485 (1974)

LEWIS, P.D.: A quantitative study of cell proliferation in the subependymal layer of the adult rat brain. Exp. Neurol. **20**, 203–207 (1968a)

LEWIS, P.D.: The fate of the subependymal cell in the adult rat brain, with a note on the origin of microglia. Brain **91**, 721–738 (1968b)

LEWIS, P.D.: Mitotic activity in the primate subependymal layer and the genesis of gliomas. Nature **217**, 974–975 (1968c)

LEWIS, P.D.: Radiosensitivity of the subependymal cell layer of the adult rat brain. Exp. Neurol. **20**, 208–214 (1968d)

LEWIS, P.R., SHUTE, C.C.D.: The cholinergic limbic system: projections to hippocampal formation, medial cortex, nuclei of the ascending cholinergic reticular system, and the subfornical organ and supraoptic crest. Brain **90**, 521–540 (1967)

LEYDIG, F.: Kleinere Mitteilungen zur thierischen Gewebelehre. Arch. Anat. Physiol. Wiss. Med. (zit. nach Watterson, 1949) **21**, 296–348 (1854)

LICHTENSTEIGER, W.: Monoamines in the subfornical organ. Brain Res. **4**, 52–59 (1967)

LICHTENSTEIGER, W., LIENHART, R.: Response of mesencephalic and hypothalamic dopamine neurons to α-MSH: mediated by the area postrema? Nature **266**, 635–637 (1977)

LICHTENSTEIGER, W., RICHARDS, J.G.: Tuberal DA neurons and tanycytes: response to electrical stimulation and nicotine. Experientia **31**, 742 (1975)

LICHTENSTEIGER, W., RICHARDS, J.G., KOPP, H.G.: Changes in the distribution of non-neuronal elements in rat median eminence and in anterior pituitary hormone secretion after activation of tuberoinfundibular dopamine neurones by brain stimulation or nicotine: Brain Res. **157**, 73–88, (1978)

LIERSE, W.: Die Gefäßversorgung der Epiphyse und Paraphyse bei Reptilien. In: Structure and function of the epiphysis cerebri. Ariëns Kappers, J., Schadé, J.P. (eds.). Prog. Brain Res. **10**, 185–192 (1965)

LIN, H.-S.: Peculiar configuration of agranular reticulum (canaliculate lamellar body) in the rat pinealocyte. J. Cell Biol. **33**, 15–25 (1967)

LIN, H.-S., CHEN, I-LI.: Development of the ciliary complex and microtubules in the cells of rat subcommissural organ. Z. Zellforsch. **96**, 186–205 (1969)

LIN, H.-S., DUNCAN, D.: An electron microscope study of the subcommissural organ in rat and guinea pig. Anat. Rec. **139**, 313 (1961)

LIN, H.-S., HWANG, B.-H., TSENG, C.-Y.: Fine structural changes in the hamster pineal gland after blinding and superior cervical ganglionectomy. Cell Tissue Res. **158**, 285–299 (1975)

LINDBERG, L.-A., TALANTI, S.: The surface fine structure of the bovine subcommissural organ. Cell Tissue Res. **163**, 125–132 (1975)

LINDBERG, L.-A., VASENIUS, L., TALANTI, S.: The surface fine structure of the ependymal lining of the lateral ventricle in rats with hereditary hydrocephalus. Cell Tissue Res. **179**, 121–129 (1977)

LINDEMANN, B., LEONHARDT, H.: Supraependymale Neuriten, Gliazellen und Mitochondrienkolben im caudalen Abschnitt des Bodens der Rautengrube. Z. Zellforsch. **140**, 401–412 (1973)

LINDNER, E., LEONHARDT, H.: Cytosomen mit Zylindroiden und fünfschichtigen Membranen. Untersuchungen an den Nerven- und Gliazellen der Area postrema im Kaninchengehirn. Z. Zellforsch. **86**, 453–474 (1968)

LINDSTROM, P.A., BRIZZEE, K.R.: Relief of intractible vomiting from surgical lesions in the area postrema. J. Neurosurg. **19**, 228–236 (1962)

LINDVALL, M., EDVINSSON, L., OWMAN, C.: Histochemical, ultrastructural and functional evidence for a neurogenic control of cerebrospinal fluid production from the choroid plexus. Acta Physiol. Scand. [Suppl.] **452**, 77–86 (1977)

LINDVALL, M., EDVINSSON, L., OWMAN, C.: Sympathetic nervous control of cerebrospinal fluid production from the choroid plexus. Science **201**, 176–178 (1978)

LINDVALL, M., OWMAN, C.: Early development of noradrenaline-containing sympathetic nerves in the choroid plexus system of the rabbit. Cell Tissue Res. **192**, 195–203 (1978)

LINDVALL, O., BJÖRKLUND, A., HÖKFELT, T., LJUNGDAHL, A.: Application of the glyoxylic acid method to vibratome sections for the improved visualization of central catecholamine neurons. Histochemie **35**, 31–38 (1973)

LINFOOT, J.A., GARCIA, J.F., WEI, W., FINK, R., SARIN, R., BORN, J.L., LAWRENCE, J.H.:

Human growth hormone levels in cerebrospinal fluid. J. Clin. Endocrinol. **31**, 230–232 (1970)

LING, E.A.: Evidence for a haematogenous origin of some of the macrophages appearing in the spinal cord of the rat after dorsal rhizotomy. J. Anat. **128**, 1, 143–154

LING, E.A.: The subependyma of the primate, slow loris (*Nycticebus coucang coucang*). Tissue Cell **6** (2), 371–380 (1974)

LING, E.A.: Some aspects of amoeboid microglia in the corpus callosum and neighbouring regions of neonatal rats. J. Anat. **121**, 29–45 (1976)

LING, E.A.: Light and electron microscopic demonstration of some lysosomal enzymes in the amoeboid microglia in neonatal rat brain. J. Anat. **123** (3), 637–648 (1977)

LING, E.A., MUMTAZUDDIN AHMED, M.: Neuroglia in the corpus callosum of the primate, slow loris (*Nycticebus coucang coucang*). Tissue Cell **6** (2), 361–370 (1974)

LIVINGSTON, A.: Morphology of the perivascular regions of the rat neural lobe in relation to hormone release. Cell Tissue Res. **159**, 551–561 (1975)

LIVINGSTON, A., WILKS, P.N.: Perivascular regions of the rat neural lobe. Cell Tissue Res. **174**, 273–280 (1976)

LOB, G.: Untersuchungen am Huhn über die Blutgefäße von Rückenmark und Corpus gelatinosum. Gegenbaurs Morphol. Jahrb. **110**, 316–358 (1967)

LÖFGREN, F.: New aspects of the hypothalamic control of the adenohypophysis. Acta Morphol. Neerl. Scand. **2**, 220–229 (1959a)

LÖFGREN, F.: The infundibular recess, a component in the hypothalamo-adenohypophyseal system. Acta Morphol. Neerl. Scand. **3**, 55–78 (1959b)

LÖFGREN, F.: The glial-vascular apparatus in the floor of the infundibular cavity. Lunds Univ. Arsskr. N. F. **57**, 1–18 (1961)

LOGIN, S., MACLEOD, R.M.: Prolactin in human and rat serum and cerebrospinal fluid. Brain Res. **132**, 477–483 (1977)

LONG, D.M., BODENHEIMER, T.S., HARTMANN, J.F., KLATZO, J.: Ultrastructural features of the shark brain. Am. J. Anat. **122**, 209–236 (1968)

LONG, M. DE, BALOGH, K.J.: Glucose-6-phosphate dehydrogenase activity in the subcommissural organ of rats. A histochemical study. Endocrinology **76**, 996–998 (1965)

LORENZO, A.V.: The uptake and metabolism of D-[U-^{14}C]glucose by the choroid plexus. Brain Res. **112**, 435–441 (1976)

LORENZO, A.V., SNODGRASS, S.R.: Leucine transport from the ventricles and the cranial subarachnoid space in the cat. J. Neurochem., **19**, 1287–1298 (1972)

LORES ARNAIZ, G.R. DE, PELLEGRINO DE IRALDI, A.: Cholinesterase in cholinergic and adrenergic nerves: A study of the superior cervical ganglia and the pineal gland of the rat. Brain Res. **42**, 230–233 (1972)

LOREZ, H.P., PIERI, L., RICHARDS, J.G.: Disappearance of supraependymal 5-HT axons in the rat forebrain after electrolytic and 5,6-DHT-induced lesions of the medial forebrain bundle. Brain Res. **100**, 1–12 (1975)

LOREZ, H.P., RICHARDS, J.G.: Distribution of indolealkylamine nerve terminals in the ventricles of the rat brain. Z. Zellforsch. **144**, 511–522 (1973)

LOREZ, H.P., RICHARDS, J.G.: 5-HT nerve terminals in the fourth ventricle of the rat brain: Their identification and distribution studied by fluorescence histochemistry and electron microscopy. Cell Tissue Res. **165**, 37–48 (1975a)

LOREZ, H.P., RICHARDS, J.G.: Distribution of indolalkylamine nerve terminals in the cerebral ventricles. Brain Res. **88**, 221–231 (1975b)

LOREZ, H.P., RICHARDS, J.G.: Effects of intracerebroventricular injection of 5,6-dihydroxytryptamine and 6-hydroxydopamine on supra-ependymal nerves. Brain Res. **116**, 165–171 (1976)

LUDWIN, S.K., KOSEK, J.G., ENG, L.F.: The topographical distribution of S-100 and GFA proteins in the adult rat brain: An immunohistochemical study using horseradish peroxidase-labelled antibodies. J. Comp. Neurol. **165**, 197–208 (1976)

LÜLLMANN-RAUCH, R.: Lipidosis-like alterations in hypothalamic neurosecretory cells of rats treated with chlorphentermine or iprindole. Cell Tissue Res. **149**, 587–590 (1974)

LÜLLMANN-RAUCH, R.: Lipidosis-like renal changes in rats treated with chlorphentermine or with tricyclic antidepressants. Virchows Arch. [Cell Pathol.] **18**, 51–60 (1975)

Lüllmann-Rauch, R.: Alterations in the neurohypophysis of rats treated with chlorphentermine or tricyclic antidepressants. Cell Tissue Res. **169**, 501–514 (1976)

Lues, G.: Die Feinstruktur der Zirbeldrüse normaler, trächtiger und experimentell beeinflußter Meerschweinchen. Z. Zellforsch. **114**, 38–60 (1971)

Lukaszyk, A., Reiter, R.J.: Histophysiological evidence for the secretion of polypeptides by the pineal gland. Am. J. Anat. **143**, 451–464 (1975)

Lumsden, C.E.: Observations on the choroid plexus maintained as an organ in tissue culture. In: The cerebrospinal fluid. Production, circulation and absorption. Ciba Foundation Symp., 1957. Wolstenholme, G.E.W., O'Connor, C.M. (eds.), pp. 56–76. Boston: Little, Brown 1958

Luppa, H., Feustel, G.: Histoenzymologische Untersuchungen am caudalen neurosekretorischen System von Cyprinus carpio L. Acta Histochem. (Jena) **25**, 159–182 (1966)

Luppa, H., Feustel, G.: Zur Kennzeichnung der Esteraseaktivität in den Tanycyten des Recessus infundibuli der Ratte. Acta Histochem. (Jena) **35**, 198–199 (1970a)

Luppa, H., Feustel, G.: Histoenzymologische Differenzierung der Ependymauskleidung des III. Ventrikels von Albinoratten unter normalen und experimentellen Bedingungen. Ergeb. Exp. Med. **3**, 367–376 (1970b)

Luppa, H., Feustel, G.: Location and characterization of the hydrolytic enzymes on the IIIrd ventricle lining in the region of the recessus infundibularis of the rat. A study on the function of the ependyma. Brain Res. **29**, 253–270 (1971)

Luppa, H., Feustel, G., Weiss, J.: Vorkommen von Nucleotidphosphatasen im Ependym des III. Ventrikels der Ratte. Acta Histochem. (Jena) **50**, 131–134 (1974)

Luppa, H., Feustel, G., Weiss, J., Luppa, D.: Localization of ATPase activity in IIIrd ventricle ependyma of the rat. A contribution to the function of ependyma. Brain Res. **83**, 15–26 (1975)

Luppa, H., Weiss, J., Bernstein, H.G.: Remarkable electron-microscopic localization of thiamine diphosphate phosphohydrolase (TDPase) in the tanycytes of the rat. Histochemistry **49**, 309–313 (1976)

Luppa, H., Weiss, J., Feustel, G.: Histochemische Untersuchungen zur Lokalisation von Acetylcholinesterase, Monoaminooxydase und Monoaminen im caudalen neurosekretorischen System von Cyprinus carpio. Z. Zellforsch. **89**, 499–508 (1968)

Luppa, H., Weiss, J., Feustel, G., Andrä, J.: Histochemie der Tanycyten des III. Ventrikels der Ratte. In: Circumventriculäre Organe. Leopoldina-Symp., Schloß Reinhardsbrunn 1975. Sterba, G., Bargmann, W. (Hrsg). Nova Acta Leopoldina, Suppl. 9, S. 59–64. Halle: Deutsche Akademie der Naturforscher 1977

Luschka, H.: Die Adergeflechte des menschlichen Gehirnes. Berlin: Reiner 1855

Luse, S.A.: Electron microscopic observations of the central nervous system. J. Biophys. Biochem. Cytol. **2**, 531–542 (1956)

Luttge, W.G., Wallis, C.G.: In vitro accumulation and saturation of ^{3}H-progestins in selective brain regions and in the adenohypophysis, uterus and pineal of female rat. Steroids **22**, 493–502 (1973)

Lutz, H., Collin, J.P.: Sur la régression des cellules photoréceptrices épiphysaires chez la tortue terrestre: *Testudo hermanni* (Gmelin) et la phylogénie des photorécepteurs épiphysaires chez les vertébrés. Bull. Soc. Zool. Fr. **92**, 797–808 (1967)

Lyser, K.M.: The fine structure of the glycogen body of the chicken. Acta Anat. (Basel) **85**, 533–549 (1973)

Machado, A.B.M., Faleiro, L.C.M., Dias Da Silva, W.: Study of mast cell and histamine contents of the pineal body. Z. Zellforsch. **65**, 521–529 (1965)

Machado, A.B.M., Lemos, V.P.J.: Histochemical evidence for a cholinergic sympathetic innervation in the rat pineal body. J. Neuro-Visc. Rel. **32**, 104–111 (1971)

Machado, C.R.S., Wragg, L.E., Machado, A.B.M.: A histochemical study of sympathetic innervation and 5-hydroxytryptamine in the developing pineal body of the rat. Brain Res. **8**, 310–318 (1968)

Machado-Salas, J., Scheibel, M.E., Scheibel, A.B.: Morphologic changes in the hypothalamus of the old mouse. Exp. Neurol. **57**, 102–111 (1977)

Magari, S., Akashi, Y., Asano, S.: Über die feinstrukturellen Veränderungen im Ependym des III. Ventrikels des Kaninchens bei experimenteller Blockade des zervikalen Lymphsystems. Acta Anat. (Basel) **85**, 232–247 (1973)

MAGENDIE, F.: Second mémoire sur le liquide que se trouve dans le crâne et l'épine de l'homme et des animaux vertébrés. J. Physiol. Exp. Pathol. 7, 1–29 (1827)

MAGYAR, P., PALKOVITS, M., MÉSZÁROS, L.T.: Karyometrische Untersuchungen an der Area postrema und am Tanycytenependym. In: Zirkumventrikuläre Organe und Liquor. Int. Symp., Schloß Reinhardsbrunn 1968. Sterba, G. (Hrsg.), S. 127–130. Jena: Fischer 1969

MALINSKY, J., BRICHOVA, H.: Fine structure of ependyma in spinal cord of human embryos. Folia Morphol. Praha 15, 68–78 (1967)

MANTHORPE, C.M., WILKIN, G.P., WILSON, J.E.: Purification of viable ciliated cuboidal ependymal cells from rat brain. Brain Res. 134, 407–415 (1977)

MARBURG, O.: Neue Studien über die Zirbeldrüse. Arbeit. Neurol. Instit. Wien. Univers. 23, 3–37 (1920–1922)

MARÍN GIRÓN, F., CARRATO, A.: Electron-microscopic pattern of basal membranes at the level of some neurohypophyseal vessels, p. 249. Fourth European Regional Conference on Electron Microscopy, Rome 1968

MARINI, M.: L'organo sottocommissurale degli anfibi. Riv. Neurobiol. 12, 458–509 (1966)

MARKS, B.H., WU, T.K., GOLDMAN, H.: Soluble estrogen binding protein in the rat pineal gland. Res. Commun. Chem. Pathol. Pharmacol. 3, 596–600 (1972)

MARMO, F., CASTALDO, L.: On the presence of glycogen in the rhombencephalon of chick embryos during development. Experientia 29, 854–856 (1973)

MARQUET, E., SOBEL, H.J., SCHWARZ, R., WEISS, M.: Secretion by ependymal cells of the neurohypophysis and saccus vasculosus of Polypterus ornatipinnis (Osteichthyes). J. Morphol. 137, 111–130 (1972)

MARTINEZ, P.F.A.M.: Scanning electron microscopy of the infundibular wall in the rat, p. 260. 10th Int. Cong. Anat., Tokyo 1975

MARTÍNEZ MARTÍNEZ, P., DE WEERD, H.: The fine structure of the ependymal surface of the recessus infundibularis in the rat. Anat. Embryol. (Berl.) 151, 241–265 (1977)

MARTINI, L., GANONG, W.F. (eds): Frontiers in neuroendocrinology, Vol. IV. New York: Raven Press 1976

MARTINI, L. FRASCHINI, F., MOTTA, M.: Neural control of anterior pituitary functions. In: Recent progress in hormone research. Vol. 5. Peptide hormones. Astwood, E.D. (ed.), pp. 439–496. New York: Academic Press 1968

MARTINI, L., MOTTA, M., FRASCHINI, F. (eds.): The hypothalamus. New York: Academic Press 1970

MARTINS, A.N., RAMIREZ, A., DOYLE, T.F.: Comparison of radio-iodinated serum albumin and blue dextran as indicators to measure rate of formation of cerbrospinal fluid. Exp. Neurol. 47, 249–256 (1975)

MARUYAMA, S., D'AGOSTINO, A.N.: Cell necrosis in the central nervous system of normal rat fetuses. An electron microscopic study. Neurology (Minneap.) 17, 550–558 (1967)

MASAI, H.: „Receptor" im Hypothalamus. Med. J. Osaka Univ. 2, 185–188 (1951)

MASLAND, W.S., YAMAMOTO, W.S.: Abolition of ventilatory response to inhaled CO_2 by neurological lesions. Am. J. Physiol. 203, 789–795 (1971)

MATHIOS, A.J., NIELSEN, S.L., BARRETT, D., KING, E.B.: Cerebrospinal fluid cytomorphology identification of benign cells orginating in the central nervous system. Acta Cytol. (Baltimore) 21, 403–412 (1977)

MATSUI, T.: Fine structure of the posterior median eminence of the pigeon, Columba livia domestica. J. Fac. Sci. Tokyo Univ. [Sect. 4] 11, 49–70 (1966a)

MATSUI, T.: Fine structure of the median eminence of the rat. J. Fac. Sci. Tokyo Univ. [Sect. 4] 11, 71–96 (1966b)

MATSUI, T., KOBAYASHI, H.: Surface protrusions from the ependymal cells of the median eminence. Arch. Anat. 51, 429–436 (1968)

MATSUSHIMA, S.: Electron microscopic studies on the innervation of the pineal gland of the group squirrel (Citellus tridecemlineatus), p. 245. 10th Int. Cong. Anat., Tokyo 1975

MATSUSHIMA, S., ITO, T.: Diurnal changes in sympathetic nerve endings in the mouse pineal: Semiquantitative electron microscopic observations. J. Neural Transm. 33, 275–288 (1972)

MATSUSHIMA, S., MORISAWA, Y.: Effects of acute cold exposure on the ultrastructure of the mouse pinealocyte. Cell Tissue Res. 195, 461–469 (1978)

MATSUSHIMA, S., REITER, R.J.: Comparative ultrastructural studies of the pineal gland of rodents.

In: Electron microscopic concepts of secretion: ultrastructure of endocrine and reproductive organs. Melvin, H. (ed.). New York: John Wiley 1975

Matsushima, S., Reiter, R.J.: Fine structural features of adrenergic nerve fibers and endings in the pineal gland of the rat, ground squirrel and chinchilla. Am. J. Anat. **148**, 463–478 (1977)

Mattanza, G.G.: Zur Bedeutung des embryonalen Zelluntergangs im Vorderhirn. I. Untersuchungen am Menschen und bei der Maus. Acta Anat. (Basel) **85**, 96–107 (1973 a)

Mattanza, G.G.: Zur Bedeutung des embryonalen Zelluntergangs im Vorderhirn. II. Histochemische Untersuchungen bei der Maus. Acta Anat. (Basel) **85**, 206–215 (1973 b)

Matthews, M.A.: Microglia and reactive "M" cells of degenerating central nervous system. Does similar morphology and function imply a common origin? Cell Tissue Res. **148**, 477–491 (1974)

Matthews, M.A., Kruger, L.: Electron microscopy of non-neuronal cellular changes accompanying neural degeneration in thalamic nuclei of the rabbit. II. Reactive elements within the neuropil. J. Comp. Neurol. **148**, 313–346 (1973)

Matthews, M.A., Onge, M.F.St., Faciane, C.L.: An electron microscopic analysis of abnormal ependymal cell proliferation and envelopment of sprouting axons following spinal cord transection in the rat. Acta Neuropathol. (Berl.) **45**, 27–36 (1979)

Matulionis, D.H.: Analysis of the developing avian glycogen body. I. Ultrastructural morphology. J. Morphol. **137**, 463–482 (1972)

Maurer, D.: Über postnatale Veränderungen in den ventrikelnahen Bereichen des Telencephalon der Katze. Z. Mikrosk. Anat. Forsch. (im Druck)

Mautner, W.: Das räumliche Bild des neurosekretorischen Zwischenhirnsystems und der portalen Hypophysengefäße von *Rana temporaria* und einigen anderen Anuren. Z. Zellforsch. **64**, 813–826 (1964)

Mautner, W.: Studien an der Epiphysis cerebri und am Subcommissuralorgan der Frösche. Mit Lebendbeobachtung des Epiphysenkreislaufs, Totalfärbung des Subcommissuralorgans und Durchtrennung des Reissnerschen Fadens. Z. Zellforsch. **67**, 234–270 (1965)

Maxwell, D.S., Kruger, L.: The fine structure of astrocytes in the cerebral cortex and their response to focal injury produced by heavy ionizing particles. J. Cell Biol. **25**, 141–157 (1965)

Maxwell, D.S., Pease, D.C.: The electron microscopy of the choroid plexus. J. Biophys. Biochem. Cytol. **3**, 467–474 (1956)

Maynard, E.A., Schultz, R.L., Pease, D.C.: Electron microscopy of the vascular bed of rat cerebral cortex. Am. J. Anat. **100**, 409–433 (1957)

Mazzi, V.: Caratteri secretori nelle cellule dell'organo sottocommissurale dei vertebrati inferiori. Arch. Zool. Ital. **37**, 445–464 (1952)

Mazzi, V.: Prime osservazioni sui mastociti nell'encefalo di alcuni bassi vertebrati. Monit. Zool. Ital. **62**, 56–66 (1954 a)

Mazzi, V.: Alcune osservazioni intorno al sistema neurosecretorio ipotalamo-ipofisario e all'organo sottocommissurale nell'ontogenesi di *Rana agilis*. Monit. Zool. Ital. **62**, 78–82 (1954 b)

Mazzi, V., Franzoni, M.F., Fasolo, A.: A Golgi study of the hypothalamus of Actinopterygii. I. The preoptic area. Cell Tissue Res. **186**, 475–490 (1978)

Mazzuca, M.: Structure fine de l'éminence mediane du cobaye. J. Microsc. **4**, 225–238 (1965)

McArthur, N.H., Ives, P.J.: Transmission and scanning electron microscopy of the proximal neurohypophysis (PN) of the armadillo (*Dasypus novemcinctus* L.). Anat. Rec. **187**, 648 (1977)

McCann, S.M., Porter, J.C.: Hypothalamic pituitary stimulating and inhibiting hormones. Physiol. Rev. **49**, 240–284 (1969)

McCarthy, L.E., Borison, H.L.: Volumetric compartmentalization of the cranial cerebrospinal fluid system determined radiographically in the cat. Anat. Rec. **155**, 305–314 (1966)

McFarland, W.L., Morgane, P.J., Jacobs, M.S.: Ventricular system of the brain of the dolphin, *Tursiops truncatus*, with comparative anatomical observations and relations to brain specializations. J. Comp. Neurol. **135**, 275–368 (1969)

McKenna, O., Arnold, G., Holtzman, E.: Microperoxisome distribution in the central nervous system of the rat. Brain Res. **117**, 181–194 (1976)

McKenna, O.C., Pinner-Poole, B., Rosenbluth, J.: Golgi impregnation study of a new catecholamine-containing cell type in the toad hypothalamus. Anat. Rec. **117**, 1–14 (1973)

McKenna, O.C., Rosenbluth, J.: Characterization of an unusual catecholamine-containing cell type in the toad hypothalamus. A correlated ultrastructural and fluorescence histochemical study. J. Cell Biol. **48**, 650–672 (1971)

McKenna, O.C., Rosenbluth, J.: Cytological evidence for catecholamine-containing sensory cells bordering the ventricle of the toad hypothalamus. J. Comp. Neurol. **154**, 133–148 (1974a)

McKenna, O.C., Rosenbluth, J.: Sensory and secretory catecholamine-containing cells bordering the third ventricle of the toad brain. In: Neurosecretion – The final neuroendocrine pathway. Sir Knowles, F., Vollrath, L. (eds.), pp. 260–265. Berlin, Heidelberg, New York: Springer 1974b

McKenna, O.C., Rosenbluth, J.: Golgi impregnation study of a receptor cell in the toad hypothalamus. In: Brain-endocrine interaction II. The ventricular system in neuroendocrine mechanisms. Int. Symp. Shizuoka 1974. Knigge, K.M., Scott, D.E., Kobayashi, H., Ishii, H. (eds.), pp. 19–28. Basel: Karger 1975

McKinley, M.J., Blaine, E.H., Denton, D.A.: Brain osmoreceptors, cerebrospinal fluid electrolyte composition and thirst. Brain Res. **70**, 532–537 (1974)

McKinley, M.J., Denton, D.A., Weisinger, R.S.: Sensors for antidiuresis and thirst–osmoreceptors or CSF sodium detectors? Brain Res. **141**, 89–103 (1978)

McNeill, M.E.: An unusual organelle in the pineal gland of the rat. Cell Tissue Res. **184**, 133–137 (1977a)

McNeill, M.E.: Descriptive anatomy of the in-situ rat pineal gland and stalk. Anat. Rec. **187**, 652 (1977b)

McNulty, J.A.: A comparative study of the pineal complex in the deep-sea fishes *Bathylagus wesethi* and *Nezumia liolepis*. Cell Tissue Res. **172**, 205–225 (1976)

McNulty, J.A.: Morphology of the pineal complex in a deep-sea and subterranean fish. Anat. Rec. **187**, 652–653 (1977)

McNulty, J.A.: Fine structure of the pineal organ in the troglobytic fish, *Typhlichthyes subterraneous* (Pisces: Amblyopsidae). Cell Tissue Res. **195**, 535–545 (1978)

McNutt, N.S.: A thin-section and freeze-fracture study of microfilament-membrane attachments in choroid plexus and intestinal microvilli. J. Cell Biol. **79**, 774–787 (1978)

Mecklenburg, C. von: Ultrastructural changes in the coronet cells of the saccus vasculosus from rainbow trout, *Salmo gairdneri* (Richardson), kept in sea water. Z. Zellforsch. **139**, 271–284 (1973)

Mecklenburg, C. von, Håkansson, C.H., Lindgren, M.: Effects of irradiation on the cilia of the Sylvian aqueduct. A scanning electron microscopic investigation. Acta Radiol. [Ther.] (Stockh.) **13**, 232–240 (1974)

Medakovic, M., Chan, D.K.O., Lederis, K.: Pharmacological effects of urotensins. I. Regional vascular effects of urotensins I and II in the rat. Pharmacology **13**, 409–418 (1975a)

Medakovic, M., Chan, D.K.O., Lederis, K.: Pharmacological effects of urotensins. II. Renal effects of urotensin I in the rat. Pharmacology **13**, 419–426 (1975b)

Medda, J.N., Das, A.K.: A histochemical study of glycogen in differentiating central nervous system of chick. Acta Histochem. (Jena) **43**, 115–118 (1972)

Mehring, G. von: Licht- und elektronenmikroskopische Untersuchung des Pinealorgans von *Testudo hermanni*. Anat. Anz. **131**, 184–203 (1972)

Meinel, A.: Lage-, Form- und Strukturentwicklung des Subkommissuralorgans der weißen Ratte. Inaug.-Diss. München 1967

Meinel, A.: Etude préliminaire de l'organe parapinéal de l'ammocète de *Lampetra planeri*. Arch. Anat. Microsc. Morphol. Exp. **58**, 219–237 (1969a)

Meinel, A.: Cellules de type photorécepteur dans la rétine dorsale de l'organe parapinéal d'ammocète de *Lampetra planeri*. C. R. Acad. Sci. [D] (Paris) **268**, 2265–2268 (1969b)

Meinel, A.: L'organe parapinéal de l'ammocète de *Lampetra planeri*: Etudes cytophysiologiques. Thèse de 3ème cycle, Clermont-Ferrand 1970

Meinel, A.: Etude cytophysiologique de l'organe parapinéal de *Lampetra planeri*. J. Neuro-Visc. Rel. **32**, 157–199 (1971)

Meinel, A., Collin, J.P., Roux, M.: Pinéale et 3ème oeil de l'embryon de *Lacerta vivipara*: Étude qualitative et quantitative, en microscopie photonique, de l'incorporation de 5-hydroxytryptophane-³H, au cours de l'ontogénèse. J. Neural Transm. **36**, 249–279 (1975)

Meller, K., Breipohl, W., Glees, P.: Early cytological differentiation in the cerebral hemisphere of mice. An electronmicroscopical study. Z. Zellforsch. **72**, 525–533 (1966)

Meller, K., Haupt, R.: Die Feinstruktur der Neuro-, Glio- und Ependymoblasten von Hühnerembryonen in der Gewebekultur. Z. Zellforsch. **76**, 260–277 (1967)

Meller, K., Tetzlaff, W.: Neuronal migration during the early development of the cerebral cortex: a scanning electron microscopic study. Cell Tissue Res. **163**, 313–325 (1975)

Meller, K., Wagner, H.H.: Die Feinstruktur des Plexus chorioideus in Gewebekulturen. Z. Zellforsch. **86**, 98–110 (1968 a)

Meller, K., Wagner, H.H.: Vergleichende elektronenmikroskopische Untersuchungen des Plexus chorioideus der Maus in vivo und in vitro. Z. Zellforsch. **91**, 507–518 (1968 b)

Meller, K., Wagner, H.H., Breipohl, W.: Das Verhalten trypsinierter Plexus chorioideus-Zellen in Gewebekulturen. Eine elektronenmikroskopische Untersuchung. Z. Zellforsch. **97**, 392–402 (1969)

Meller, K., Wechsler, W.: Elektronenmikroskopische Befunde am Ependym des sich entwickelnden Gehirns von Hühnerembryonen. Acta Neuropathol. (Berl.) **3**, 609–626 (1964)

Meller, K., Wechsler, W.: Elektronenmikroskopische Untersuchung der Entwicklung der telencephalen Plexus chorioides des Huhnes. Z. Zellforsch. **65**, 420–444 (1965)

Mellinger, J.C.A.: Contribution à l'étude de la vascularisation et du développement de la région hypophysaire d'un sélacien, *Scylliorhinus caniculus* (L.). Bull. Soc. Zool. Fr. **85** (No 1), 123–139 (1960)

Mellinger, J.C.A.: Particularités de la vascularisation du sac vasculaire des Téléostéens. Essai d'interprétation. Anat. Anz. **109**, 539–550 (1962)

Mellinger, J.C.A.: Les relations neuro-vasculo-glandulaires dans l'appareil hypophysaire de la rousette, *Scylliorhinus caniculus*. Thèse, Fac. Sci., Univ. Strasbourg (No 238, Sér. E) 1963

Menaker, M., Oksche, A.: The avian pineal organ. In: Avian biology. Farner, D.S., King, J.R. (eds.), Vol. IV, pp. 79–118. New York: Academic Press 1974

Menaker, M., Zimmerman, N.: Role of the pineal in the circadian system of birds. Am. Zool. **16**, 45–55 (1976)

Mergner, H.: Untersuchungen am Organon vasculosum laminae terminalis (Crista supraoptica) im Gehirn einiger Nagetiere. Zool. Jahrb. [Abt. Anat.] **77**, 290–356 (1959)

Mergner, H.: Die Blutversorgung der Lamina terminalis bei einigen Affen. Z. Wiss. Zool. **165**, 140–185 (1961)

Merker, G.: Licht- und elektronenmikroskopische Studien über die Fasergliastruktur der Epiphysen-Subcommissuralregion der Primaten. Z. Zellforsch. **92**, 232–255 (1968)

Merker, G.: Fasergliastruktur der dorsalen Wand des Aquaeductus cerebri bei einigen Primaten. Z. Zellforsch. **107**, 564–585 (1970)

Merker, G.: Einige Feinstrukturbefunde an den Plexus chorioidei von Affen. Z. Zellforsch. **134**, 565–584 (1972)

Merker, G.: Feinstrukturstudien an den Plexus chorioidei und am Ependym von Affen (mit Bemerkungen zur Funktion). Anat. Anz. **134**, Erg.H., 423–426 (1973)

Merker, G.: Gefäße mit bindegewebsreichen Perivasculärräumen im Gehirn von *Lepidosteus*. Anat. Anz. **126**, 345–348 (1974)

Merker, G., Oksche, A., Hofer, H.O.: Blood vessels surrounded by connective tissue (perivascular space) in the brain of *Lepidosteus* (Ganoidei) and some teleost fishes. Cell Tissue Res. **153**, 435–448 (1974)

Merl, F., Goller, H.: Feinstruktur und Histochemie des Ependyms im III. Ventrikel der Hauswiederkäuer. Anat. Anz. **137**, 21–34 (1975)

Mess, B.: Endocrine and neurochemical aspects of pineal function. In: International review of neurobiology. Pfeiffer, C.C., Smythies, J.R. (eds.), Vol. XI. New York: Academic Press 1968

Mess, B., Heizer, A., Tóth, A., Tima, L.: Luteinization induced by pinealectomy in the polyfollicular ovaries of rats bearing anterior hypothalamic lesions. In: The pineal gland. Wolstenholme, Knight (eds.), pp. 229–240. London: Churchill 1971

Mess, B., Tima, L., Trentini, G.P.: The role of pineal principles in ovulation. In: Drug effects on neuroendocrine regulation. Zimmermann, E., Gispen, W.H., Marks, B.H., de Wied, D. (eds.). Prog. Brain Res. **39**, 251–259 (1973)

Mess, B., Trentini, G.P., Kovács, L., De Gaetani, C.F.: Melatonin, cerebrospinal fluid, pineal gland interrelationships. In: Brain-endocrine interaction II. The ventricular system in neuroendocrine mechanisms. Int. Symp. Shizuoka 1974. Knigge, K.M., Scott, D.E., Kobayashi, H., Ishii, S. (eds.), pp. 355–364. Basel: Karger, 1975

Mestres, P.: The supraependymal cells of the rat hypothalamus: Changes in their morphology and cell number during the ovarian cycle. Experientia **32**, 1329–1331 (1976)

MESTRES, P.: Development of supraependymal structures in the rat hypothalamus. In: Scanning electron microscopy, 1978, Vol. II. R.P. Becker, O. Johari (eds.), pp. 549–554. Chicago: IIT Research Institute 1978

MESTRES, P.: Old and new concepts about circumventricular organs: An overview In: Scanning electron microscopy, 1978, Vol. II. R.P. Becker, O. Johari (eds.), pp. 137–143. Chicago: IIT Research Institute 1978

MESTRES, P., BREIPOHL, W.: Morphology and distribution of supraependymal cells in the third ventricle of the albino rat. Cell Tissue Res. **168**, 303–314 (1976)

MESTRES, P., BREIPOHL, W., BIJVANK, G.J.: The ependymal surface of the third ventricle of rat hypothalamic area. Proc. 7th SEM Symp. 1974 (Part III) Corvin, I., Johari, O. (eds.), pp. 783–790. Chicago: IIT Research Institute 1974

MESTRES, P., HAFEZ, E.S.: Regional differences in the surface ultrastructure of the hypothalamic ependyma of the crab eating monkey (*Macaca fascicularis*). In: Scanning electron microscopy, 1976, Vol. III. Johari, O., Becker, R.P. (eds.), pp. 437 444. Chicago: IIT Research Institute 1976

MESTRES, P., JAESCHKE, H.: Structural changes in the ependymal surface of the rat hypothalamus during the ovarial cycle. In: Scanning electron microscopy, 1977, Vol. II. O. Johari, R.P. Becker (eds.), pp. 567–574. Chicago: IIT Research Institute 1977

MESTRES, P., RASCHER, K.: Some aspects of the early development of the rat hypothalamus: A scanning electron microscopic (SEM) study. In: Scanning electron microscopy, 1977, Vol. II. O. Johari, R.P. Becker (eds.), pp. 381–386. Chicago: IIT Research Institute 1977

MÉSZÁROS, T., LÉRÁNTH, C., PALKOVITS, M., HÁZAS, J.: Secretory and esterase activity of the circumventricular organs with special reference to the infundibular ependyma. In: Zirkumventrikuläre Organe und Liquor. Int. Symp., Schloß Reinhardsbrunn 1968. Sterba, G. (Hrsg.), pp. 131–134. Jena: G. Fischer 1969

MIKAMI, S.-I.: A correlative ultrastructural analysis of the ependymal cells of the third ventricle of Japanese quail, *Coturnix coturnix japonica*. In: Brain-endocrine interaction II. The ventricular system in neuroendocrine mechanisms. Int. Symp. Shizuoka 1974. Knigge, K.M., Scott, D.E., Kobayashi, H., Ishii, S. (eds.), pp. 80–93. Basel: Karger 1975a

MIKAMI, S.-I.: Ultrastructure of the organum vasculosum of the laminae terminalis of the Japanese quail. 10th Int. Cong. Anat., Tokyo 1975b

MIKAMI, S.-I.: Ultrastructure of the organum vasculosum of the lamina terminalis of the Japanese quail, *Coturnix coturnix japonica*. Cell Tissue Res. **172**, 227–243 (1976)

MIKAMI, S.-I., ASARI, M.: Ultrastructure of the subfornical organ of the japanese quail, *Coturnix coturnix*. Cell Tissue Res. **188**, 19–33 (1978)

MIKAMI, S.-I., KAWAMURA, K., OKSCHE, A., FARNER, D.S.: The fine structure of the hypothalamic secretory neurons of the white-crowned sparrow, *Zonotrichia leucophrys gambelii* (Passeriformes: Fringillidae). II. Magnocellular and parvocellular nuclei of the rostral hypothalamus. Cell Tissue Res. **165**, 415–434 (1976)

MIKAMI, S.-I., OKSCHE, A., FARNER, S., VITUMS, A.: Fine structure of the vessels of the hypophysial portal system of the white-crowned sparrow, *Zonotrichia leucophrys gambelii*. Z. Zellforsch. **106**, 155–174 (1970)

MIKAMI, S.-I., OKSCHE, A., FARNER, D.S., YOKOYAMA, K.: The fine structure of the hypothalamic secretory neurons of the white-crowned sparrow, *Zonotrichia leucophrys gambelii* (Passeriformes: fringillidae). I. Parvocellular tuberal nuclei. Cell Tissue Res. **162**, 419–438 (1975)

MILCU, S.M., PAVEL, S., NEACSU, C.: Biological and chromatographic characterization of a polypeptide with pressor and oxytocic activities isolated from bovine pineal gland. Endocrinology **72**, 563–566 (1963)

MILCU, S.M., DAMIAN, E., IANAS, O., BADESCU, I., OPRESCU, M.: Decrease in serum and testicular testosterone after administration of pineal polypeptides to rats. Endocrinol. Exp. (Bratisl.) **9**, 259–262 (1975)

MILHAUD, M., PAPPAS, G.D.: Cilia formation in the adult cat brain after pargyline treatment. J. Cell Biol. **37**, 599–609 (1968)

MILHORAT, T.H.: Choroid plexus and cerebrospinal fluid production. Science **166**, 1514–1516 (1969)

MILHORAT, T.H.: The third circulation revisited. J. Neurosurg. **42**, 628–645 (1975a)

MILHORAT, T.H.: Formation and flow of the cerebrospinal fluid. In: Brain-endocrine interaction II. The ventricular system in neuroendocrine mechanisms. Int. Symp. Shizuoka 1974. Knigge, K.M., Scott, D.E., Kobayashi, H., Ishii, S. (eds.), pp. 270–281. Basel: Karger 1975b

Milhorat, T.H.: Structure and function of the choroid plexus and other sites of cerebrospinal fluid formation. Int. Rev. Cytol. **47**, 225–288 (1976)

Milhorat, T.H., Clark, G., Hammock, M., McGrath, Ph.P.: Structural, ultrastructural, and permeabilty changes in the ependyma and surrounding brain favoring equilibration in progressive hydrocephalus. Arch. Neurol. **22**, 397–407 (1970)

Milhorat, T.H., Davis, D.A., Hammock, M.K.: Experimental intracerebral movement of electron microscopic tracers of various molecular sizes. J. Neurosurg. **42**, 315–329 (1975a)

Milhorat, T.H., Davis, D.A., Hammock, M.K.: Localization of ouabain-sensitive Na-K-ATPase in frog, rabbit and rat choroid plexus. Brain Res. **99**, 170–174 (1975b)

Milhorat, T.H., Davis, D.A., Loyd, B.J., Jr.: Two morphological distinct blood-brain barriers preventing entry of cytochrome into cerebrospinal fluid. Science **180**, 76–78 (1973)

Milhorat, T.H., Hammock, M.K., Fenstermacher, J.D., Rall, D.P., Levin, V.A.: Cerebrospinal fluid production by the choroid plexus and brain. Science **173**, 330–332 (1971)

Miline, R.: Influence of cold, profound hypothermia and immobilization upon histophysiology of subcommissural organ. In: Ependyma and neurohormonal regulation, Mitro, A. (ed.), pp. 77–103. Bratislava: Veda 1974

Miline, R., Devečerski, V.: Behaviour of the subcommissural organ under the influence of cold. In: Circumventriculäre Organe. Leopoldina-Symp., Schloß Reinhardsbrunn 1975. Sterba, G., Bargmann, W., (Hrsg.). Nova Acta Leopoldina, Suppl. 9, S. 121–125. Halle: Deutsche Akademie der Naturforscher 1977

Miline, R., Krstić, R.: Sur l'histophysiologie corrélative de la glande pinéale et des glandes parathyroides. Z. Zellforsch. **69**, 428–437 (1966)

Miline, R., Krstić, R., Devečerski, V.: Sur le comportement de la glande pinéale dans les conditions de stress. Acta Anat. (Basel) **71**, 352–402 (1968)

Miline, R., Krstić, R., Devečerski, V.: Das Subkommissuralorgan unter Stressbedingungen. In: Zirkumventrikuläre Organe und Liquor. Int. Symp. Schloss Reinhardsbrunn 1968. Sterba, G. (Hrsg.), S. 53–57. Jena: Fischer 1969

Millen, J.W., Rogers, G.E.: An electron microscopic study of the choroid plexus in the rabbit. J. Biophys. Biochem. Cytol. **2**, 407–416 (1956)

Millen, J.W., Woollam, D.H.M.: The anatomy of the cerebrospinal fluid. London: Oxford University Press 1962

Miller, C.A.: The ultrastructure of the conus medullaris and filum terminale. J. Comp. Neurol. **132**, 547–566 (1968)

Miller, C.A., Torack, R.M.: Secretory ependymoma of the filum terminale. Acta Neuropathol. (Berl.) **15**, 240–250 (1969)

Miller, W.H., Wolbarsct, M.L.: Neural activity in the parietal eye of a lizard. Science **135**, 316–317 (1962)

Millhouse, O.E.: A Golgi study of third ventricle tanycytes in the adult rodent brain. Z. Zellforsch. **121**, 1–13 (1971)

Millhouse, O.E.: Light and electron microscopic studies of the ventricular wall. Z. Zellforsch. **127**, 149–174 (1972)

Millhouse, O.E.: Lining of the third ventricle in the rat. In: Brain-endocrine interaction II. The ventricular system in neuroendocrine mechanisms. Int. Symp. Shizuoka 1974. Knigge, K.M., Scott, D.E., Kobayashi, H., Ishii, S. (eds.), pp. 3–18. Basel: Karger 1975

Milofsky, A.: The fine structure of the pineal in the rat, with special reference to the parenchyma. Anat. Rec. **127**, 435–436 (1957)

Mitro, A.: Über ein spezielles Ependym im 3. Ventrikel der Ratte. Experientia **25**, 287 (1969)

Mitro, A.: Ependým mozgových komôr potkana bieleho. (The ependyma of the rat brain ventricles). Lek. Pr. (Bratislava) **13** (1), 1–145 (1976)

Mitro, A., Kiss, A.: Histological observations on the ependyma of the ventriculus mesencephali in the guinea pig. Acta Anat. (Basel) **97**, 248–256 (1977)

Mitro, A., Schiebler, T.H.: Über die Entwicklung regionaler Unterschiede im Ependym des 3. Ventrikels der Ratte. Anat. Anz. **132**, 1–9 (1972)

Möller, W.: Über das Verhalten epithelialer und epitheloider Elemente (Plexus chorioideus, Glykogenkörper) aus dem Zentralnervensystem des Hühnchens in der Gewebekultur. Anat. Anz. **130** (Erg. H. 130), 319–320 (1971)

MÖLLER, W.: Zur Frage unterschiedlicher Oberflächenreaktionen der Plexus chorioidei I–IV des Huhns in vitro. Verh. Anat. Ges. **68**, 335–341 (1974)

MÖLLER, W.: Circumventriculäre Organe in der Gewebekultur. Adv. Anat. Embryol. Cell Biol. **54/1**, 1–95 (1978)

MOGENSON, G.J., MORGAN, C.W.: Effects of induced drinking on self-stimulation of the lateral hypothalamus. Exp. Brain Res. **3**, 111–116 (1967)

MOGENSON, G.J., STEVENSON, J.A.F.: Drinking and self-stimulation with electrical stimulation of the lateral hypothalamus. Physiol. Behav. **1**, 251–254 (1966)

MOLL, J.: Regeneration of the supraoptico-hypophysial and paraventriculo-hypophysial tracts in the hypophysectomized rat. Z. Zellforsch. **46**, 686–709 (1957)

MOLL, J., HILVERING, C.: Het morphologische karakter van de area postrema. Ned. Tijdschr. Geneeskd. **96**, 1036–1037 (1951a)

MOLL, J., HILVERING, C.: An area postrema in birds? Proc. Kon. Ned. Akad. Wet. [Ser. C] **54**, 301–307 (1951b)

MØLLER, M.: The ultrastructure of the human fetal pineal gland. I. Cell types and blood vessels. Cell Tissue Res. **152**, 13–30 (1974)

MØLLER, M.: The ultrastructure of the human fetal pineal gland. II. Innervation and cell junctions. Cell Tissue Res. **169**, 7–21 (1976)

MØLLER, M.: Research reports. Presence of a pineal nerve (nervus pinealis) in the human fetus; a light and electron microscopical study of the innervation of the pineal gland. Brain Res. **154**, 1–12 (1978)

MØLLER, M., DEURS, B. VAN, WESTERGAARD, E.: Vascular permeability to proteins and peptides in the mouse pineal gland. Cell Tissue Res. **195**, 1–15 (1978)

MØLLER, M., INGILD, A., BOCK, E.: Immunohistochemical demonstration of S-100 protein and GFA protein in interstitial cells of rat pineal gland. Brain Res. **140**, 1–13 (1978)

MØLLER, M., MØLLGÅRD, K., KIMBLE, J.E.: Presence of a pineal nerve in sheep and rabbit fetuses. Cell Tissue Res. **158**, 451–459 (1975)

MØLLER, M., MØLLGÅRD, K., LUND-ANDERSEN, H., HERTZ, L.: Concordance between morphological and biochemical estimates of fluid spaces in rat brain cortex slices. Exp. Brain Res. **21**, 299–314 (1974)

MØLLGÅRD, K.: Histochemical investigations on the human foetal subcommissural organ. I. Carbohydrates and mucosubstances, proteins and nucleoproteins, esterase, acid and alkaline phosphatase. Histochemie **32**, 31–48 (1972)

MØLLGÅRD, K., MØLLER, M.: On the innervation of the human fetal pineal gland. Brain Res. **52**, 428–432 (1973)

MØLLGÅRD, K., SAUNDERS, N.R.: A possible transepithelial pathway via endoplasmic reticulum in foetal sheep choroid plexus. Proc. R. Soc. Lond. (Biol) **199**, 321–326 (1977)

MØLLGÅRD, K., SØRENSEN, S.C.: The permeability of cerebral capillaries to a tracer molecule, Alcian blue, with a molecular weight of 1390. In: The pathology of cerebral microcirculation. Cervós-Navarro (ed.), pp. 119–121. Berlin: Walter de Gruyter 1974

MONROE, B.G.: Comparison of the fine structure of median eminence and neural stem with that of the neural lobe of the hypophysis of the rat. Anat. Rec. **151**, 389 (1965)

MONROE, B.G.: A comparative study of the ultrastructure of the median eminence, infundibular stem and neural lobe of the hypophysis of the rat. Z. Zellforsch. **76**, 405–432 (1967)

MONROE, B.G., NEWMAN, B.L., SCHAPIRO, S.: Ultrastructure of the median eminence of neonatal and adult rats. In: Brain-endocrine interaction. Median eminence: structure and function. Int. Symp. Munich 1971. Knigge, K.M., Scott, D.E., Weindl, A. (eds.), pp. 7–26. Basel: Karger 1972

MONROE, B.G., PAULL, W.K.: Ultrastructural changes in the hypothalamus during development and hypothalamic activity: the median eminence. In: Integrative hypothalamic activity. Swaab, D.F., Schadé, J.P. (eds.). Prog. Brain Res. **41**, 185–208 (1974)

MOORE, R.Y.: Organum vasculosum laminae terminalis: innervation by serotonin neurons of the midbrain raphe. Neurosci. Lett. **5**, 297–302 (1977)

MOORE, R.Y., HELLER, A., BHATNAGER, R.K., WURTMAN, R.J., AXELROD, J.: Central control of the pineal gland: visual pathways. Arch. Neurol. **18**, 208–218 (1968)

MORATO, M.J.X.: Sur la structure et la signification fonctionelle de l'area postrema. Arch. Portug. Sci. Biol. **11**, 50–70 (1954)

Morato, M.T.X., Teixeira, I., Teixeira-Pinto, A.A.: Nouvelles recherches sur les aspects morphologiques de l'area postrema chez les oiseaux et les mammifères. C.R. Assoc. Anat. (Paris) **45**, 575–580 (1958)

Moreau, M.H., Cohen, A.L.: Calcificacion precoz de la glandula pineal e hipogenitalismo (un caso). Rev. Asoc. méd. Argent. **79**, 226–229 (1965)

Moreau, N.: Contribution à l'étude de certaines corrélations endocriniennes de l'épiphyse. Ann. Sci. Univ. Bésançon Méd. **10**, 5–189 (1964)

Morest, D.K.: A study of the structure of the area postrema with Golgi methods. Am. J. Anat. **107**, 291–303 (1960)

Morest, D.K.: Experimental study of the projections of the nucleus of the tractus solitarius and the area postrema in the cat. J. Comp. Neurol. **130**, 277–300 (1967)

Mori, S., Leblond, C.P.: Identification of microglia in light and electron microscopy. J. Comp. Neurol. **135**, 57–80 (1969)

Morita, Y.: Absence of electric activity of the pigeon's pineal organ in response to light. Experientia **22**, 402 (1966)

Morita, Y.: Direct photosensory activity of the pineal. In: Brain-endocrine interaction II. The ventricular system in neuroendocrine mechanisms. Int. Symp. Shizuoka 1974. Knigge, K.M., Scott, D.E., Kobayashi, H., Ishii, S. (eds.), pp. 376–387. Basel: Karger, 1975

Morita, Y., Bergmann, G.: Physiologische Untersuchungen und weitere Bemerkungen zur Struktur des lichtempfindlichen Pinealorgans von *Pterophyllum scalare* Cuv. et Val. (Cichlidae, Teleostei). Z. Zellforsch. **119**, 289–294 (1971)

Morita, Y., Dodt, E.: Nervous activity of the frog's epiphysis cerebri in relation to illumination. Experientia **21**, 221–222 (1965)

Morris, M., Knigge, K.M.: The effects of pentobarbital and ether anesthesia on hypothalamic LH-RH in the rat. Neuroendocrinology **20**, 193–200 (1976)

Moss, C.A.: Glycosaminglycans of disaggregated foetal mouse brain tissue cultures. Histochem. J. **5**, 547–556 (1973)

Mossakowski, M.J., Long, D.M., Myers, R.E., de Curet, H.R., Klatzo, I.: Early histochemical and ultrastructural changes in perinatal asphyxia. J. Neuropathol. Exp. Neurol. **27**, 500–516 (1968)

Moszkowska, A.: Contribution à l'étude du mécanisme de l'antagonisme épiphyso-hypophysaire. In: Structure and function of the epiphysis cerebri. Ariëns Kappers, J., Schadé, J.P. (eds.). Prog. Brain Res. **10**, 564–576 (1965)

Motavkin, P.A., Bakhtinov, A.P.: Postnatal development of human spinal cord ependymal innervation. Arkh. Anat. Gistol. Embriol. **62**, 26–32 (1972)

Motta, M., Fraschini, F., Martini, L.: "Short" feedback mechanisms in the control of anterior pituitary function. In: Frontiers in neuroendocrinology. Ganong, W.F., Martini, L. (eds.), pp. 211–253. New York: Oxford University Press 1969

Motte, I. de la: Untersuchungen zur vergleichenden Physiologie der Lichtempfindlichkeit geblendeter Fische. Z. Vergl. Physiol. **49**, 58–90 (1964)

Müller, H.: Bildung, Transport und Ausleitung des Sekrets im Subkommissuralorgan niederer Wirbeltiere. Wiss. Z. Karl-Marx-Univ. Leipzig Math. Nat. Reihe **22**, 337–379 (1973)

Müller, H.: Ultrahistochemical studies on formation and extrusion of the secretory material of the subcommissural organ in *Rana esculenta*. In: Circumventriculäre Organe. Leopoldina-Symp. Schloß Reinhardsbrunn 1975. Sterba, G., Bargmann, W., (Hrsg.). Nova Acta Leopoldina, Suppl. 9, S. 127–131. Halle: Deutsche Akademie der Naturforscher 1977

Müller, H., Sterba, G.: Elektronenmikroskopische Untersuchungen des Subkommissuralorganes von *Lampetra planeri* (Bloch). Verh. Dtsch. Zool. Ges. Jena, Zool. Anz. Suppl. **23**, 441–453 (1965)

Müller, H., Weiss, J., Sterba, G., Hoheisel, G.: To the relations between cerebrospinal fluid and liquor-contact neurons. In: Ependyma and neurohormonal regulation. Mitro, A. (ed.), pp. 195–204. Bratislava: Veda 1974

Mugnaini, E., Walberg, G.: The perivascular elements in the central nervous system. An electron microscopical study. Acta Neurol. Scand. **41**, 629–636 (1965)

Murakami, M.: Über die Feinstruktur des Subkommissuralorgans von *Gecko japonicus*. Arch. Histol. Jpn. **17**, 411–427 (1959)

Murakami, M., Ban, F., Aiura, S.: Über die histologische Studie des Subkommissuralorgans des *Gecko japonicus*. Kurume Med. J. **4**, 8–17 (1957)

MURAKAMI, M., KUSABA, K., YAMAKAWA, K.: Feinstruktur des Subkommissuralorgans des Histamininjizierten *Gecko japonicus*. Arch. Histol. Jpn. **22**, 465–475 (1962)

MURAKAMI, M., NAKAYAMA, Y., HASHIMOTO, J.: Elektronenmikroskopische Untersuchungen über das Verhalten des supraoptico-hypophysären Systems in der hypophysektomierten Ratte. Endokrinologie **54**, 300–315 (1969a)

MURAKAMI, M., NAKAYAMA, Y., SHIMADA, T., AMAGASE, N.: The fine structure of the subcommissural organ of the human fetus. Arch. Histol. Jpn. **31**, 529–540 (1970)

MURAKAMI, M., NAKAYAMA, Y., TANAKA, H.: Fine structure of the perivascular space of the *Gecko japonicus* sucommissural organ. Experientia **25**, 252–253 (1969b)

MURAKAMI, M., SHIMADA, T., ORIBE, T., HIRAKI, T.: An electron microscopic study on the subcommissural organ of the monkey, *Macacus fuscatus*. Arch. Histol. Jpn. **34**, 61–72 (1972)

MURAKAMI, M., TANIZAKI, T.: An electron microscopic study on the toad subcommissural organ. Arch. Histol. Jpn. **23**, 337–358 (1963)

MURAKAMI, M., TANIZAKI, T.: Feinstruktur des Subkommissuralorgans von Kugelfisch, *Spheroides niphobles*. Arch. Histol. Jpn. **27**, 327–343 (1966)

MURAKAMI, M., YOSHIDA, T.: Elektronenmikroskopische Beobachtungen am Saccus vasculosus des Kugelfisches *(Spheroides niphobles)* Arch. Hist. Jpn. **28**(3), 265–284 (1967)

MURPHY, G.D., WOOD, J.G.: Functional and microscopic studies of the subcommissural organ in the cat. Tex. Rep. Biol. Med. **24**, 729–735 (1966)

MURRAY, M., JONES, H., CSERR, H.F., RALL, D.P.: The blood-brain barrier and ventricular system of *Myxine glutinosa*. Brain Res. **99**, 17–33 (1975)

NABESHIMA, S., REESE, T.S., LANDIS, D.M.D., BRIGHTMAN, M.W.: Junctions in the meninges and marginal glia. J. Comp. Neurol. **164**, 127–170 (1975)

NAGLE, C.A., CARDINALI, D.P., ROSNER, J.M.: Uptake of estradiol by the rat pineal organ. Effects of cervical sympathectomy, stage of estrous cycle and estradiol treatment. Life Sci. **13**, 1089–1103 (1973)

NAGLE, C.A., CARDINALI, D.P., ROSNER, J.M.: Diurnal rhythms in tissue radioactivity uptake after ^{3}H-estradiol and ^{3}H-testosterone administration to castrated rats. Steroids Lipids Res. **5**, 107–112 (1974)

NAGLE, C.A., NEUSPILLER, N.R., CARDINALI, D.P., ROSNER, J.M.: Uptake and effects of 17β-estradiol on pineal hydroxyindole-O-methyl transferase. Life Sci **11**, 1109–1115 (1972)

NAIK, D.V.: Influence of neurosecretion on the activity of median eminence and pars intermedia in hereditary nephrogenic diabetes insipidus mice with bilateral supraoptic lesions. Z. Zellforsch. **125**, 460–479 (1972)

NAIK, D.V.: Immunoreactive LH-RH neurons in the hypothalamus identified by light and fluorescent microscopy. Cell Tissue Res. **157**, 423–436 (1975a)

NAIK, D.V.: Immuno-electron microscopic localization of luteinizing hormone-releasing hormone in the arcuate nuclei and median eminence of the rat. Cell Tissue Res. **157**, 437–455 (1975b)

NAIK, D.V.: Immunohistochemical localization of LH-RH neurons in the mammalian hypothalamus. In: Neuroendocrine regulation of fertility. Int. Symp. Simla 1974. Anand Kumar, T.C. (ed.), pp. 80–91. Basel: Karger 1976a

NAIK, D.V.: Immuno-histochemical localization of LH-RH during different phases of estrus cycle of rat, with reference to the preoptic and arcuate neurons, and the ependymal cells. Cell Tissue Res. **173**, 143–166 (1976b)

NAKAI, Y.: Electron microscopic observations on synapse-like contacts between pituicytes and different types of nerve fibres in the anuran pars nervosa. Z. Zellforsch. **110**, 27–39 (1970)

NAKAI, Y.: Fine structure and its functional properties of the ependymal cell in the frog median eminence. Z. Zellforsch. **122**, 15–25 (1971)

NAKAI, Y., NAITO, N.: Endocytotic uptake and transport of intravascularly injected peroxidase by ependymal cells of the frog median eminence. J. Electron Microsc. (Tokyo) **23**, 19–32 (1974)

NAKAI, Y., NAITO, N.: Uptake and bidirectional transport of peroxidase injected into the blood and cerebrospinal fluid by ependymal cells of the median eminence. In: Brain-endocrine interaction II. The ventricular system in neuroendocrine mechanisms. Int. Symp. Shizuoka 1974. Knigge, K.M., Scott, D.E., Kobayashi, H., Ishii, S. (eds.), pp. 94–108. Basel: Karger 1975

NAKAI, Y., OCHIAI, H., SHIODA, S., OCHI, I.: Cytological evidence for different types of cerebrospinal fluid-contacting subependymal cells in the preoptic and infundibular recesses of the frog. Cell Tissue Res. **176**, 317–334 (1977a)

NAKAI, Y., OCHIAI, H., UCHIDA, M.: Freeze-etch observations on arachnoid and ependyma in the median eminence, p. 261. 10th Int. Congr. Anat., Tokyo 1975

NAKAI, Y., OCHIAI, H., UCHIDA, M.: Fine structure of ependymal cells in the median eminence of the frog and the mouse revealed by freeze-etching. Cell Tissue Res. **181**, 311–318 (1977b)

NAKAJIMA, Y., SHANTHA, T.R., BOURNE, G.H.: Histological and histochemical studies on the subfornical organ of the squirrel monkey. Histochemie **13**, 331–345 (1968)

NAKAMURA, S., MILHORAT, T.H.: Nerve endings in the choroid plexus of the fourth ventricle of the rat: Electron microscopic study. Brain Res. **153**, 285–293 (1978)

NAKAYAMA, Y.: The openings of the central canal in the filum terminale internum of some mammals. J. Neurocytol. **5**, 531–544 (1976)

NAKAYAMA, Y., KOHNO, K.: Number and polarity of the ependymal cilia in the central canal of some vertebrates. J. Neurocytol. **3**, 449–458 (1974)

NANDY, K., BOURNE, G.H.: Histochemical studies on the ependyma lining the lateral ventricle of the rat with a note on its possible functional significance. Ann. Histochim. **9**, 305–314 (1964)

NANDY, K., BOURNE, G.H.: Histochemical studies on the ependyma lining the central canal of the spinal cord in the rat with a note on its functional significance. Acta Anat. (Basel) **60**, 539–550 (1965)

NAUMANN, R.A.: An unique intercellular material in the brain. Anat. Rec. **145**, 266 (1963)

NAUMANN, W.: Histochemische Untersuchungen am Subkommissuralorgan und am Reissnerschen Faden von *Lampetra planeri* (Bloch). Z. Zellforsch. **87**, 571–591 (1968)

NAUMANN, W., STERBA, G.: Untersuchungen über eine Area postrema bei Neunaugen. In: Circumventriculäre Organe. Leopoldina-Symp., Schloß Reinhardsbrunn 1975. Sterba, G., Bargmann, W. (Hrsg.), Nova Acta Leopoldina, Suppl. 9, S. 191–193. Deutsche Akademie der Naturforscher Leopoldina 1977

NAVARATNAM, V.: Observations on the area subpostrema in the cat hindbrain, p. 157. 10th. Int. Congr. Anat. Tokyo 1975

NEGM, I.M.: The blood supply of the mouse hypophysis cerebri. Acta Anat. (Basel) **80**, 377–387 (1971a)

NEGM, I.M.: The vascular blood supply of the pituitary and its development. Acta Anat. (Basel) **80**, 604–619 (1971b)

NELSON, D.J., WRIGHT, E.M.: The distribution, activity, and function of the cilia in the frog brain. J. Physiol. (Lond.) **243**, 63–78 (1974)

NEMETSCHEK-GANSLER, H.: Zur Ultrastruktur des Hypophysen-Zwischenhirnsystems der Ratte. Z. Zellforsch. **67**, 844–862 (1965)

NETSKY, M.G., SHUANGSHOTI, S.: Studies on the choroid plexus. In: Neurosciences research. Ehrenpreis, S., Solnitsky, O.C. (eds.), Vol. III, pp. 131–173. New York, London: Academic Press 1970

NICHOL, J., GIRLING, F., JERRAD, W., CLAXTON, E.B., BURTON, A.C.: Fundamental instability of the small blood vessels and critical closing pressures in vascular beds. Am. J. Physiol. **164**, 330–344 (1951)

NICHOLLS, G.E.: Reissner's fibre in the frog. Nature **77**, 344 (1908)

NICHOLLS, G.E.: The function of Reissner's fibre and the ependymal–groove. Nature **82**, 217–218 (1909)

NICHOLLS, G.E.: The structure and development of Reissner's fibre and the subcommissural organ. Part 1. Q. J. Microsc. Sci. **58**, 1–116 (1912a)

NICHOLLS, G.E.: An experimental investigation on the function of Reissner's fibre. Anat. Anz. **40**, 409–432 (1912b)

NICHOLLS, G.E.: Some experiments on the nature and function of Reissner's fibre. J. Comp. Neurol. **27**, 117–118 (1917)

NICOLAI, T.G.I.: Über das Rückenmark der Vögel und die Bildung desselben im bebrüteten Ei. Arch. Physiol. **11**, 156–219 (1812)

NIELSEN, J.T., MØLLER, M.: Nervous connection between the brain and the pineal in the cat (*Felis catus*) and the monkey (*Ceropithecus aethiops*). Cell Tissue Res. **161**, 293–301 (1975)

NIELSEN, J.T., MØLLER, M.: Innervation of the pineal gland in the Mongolian gerbil (*Meriones unguiculatus*). A fluorescence microscopical study. Cell Tissue Res. **187**, 235–250 (1978)

NIELSEN, S.L., GAUGER, G.E.: Experimental hydrocephalus: surface alterations of the lateral ventricle. Lab. Invest. **30**, 618–625 (1974)

NIEMI, M., IKONEN, M.: Histochemical evidence of amino peptidase activity in rat pineal gland. Nature (Lond.) **185**, 928 (1960)

NIR, I., HIRSCHMANN, N., MISHKINSKY, J., SULMAN, F.G.: The effect of light and darkness on nuclei acids and protein metabolism of the pineal gland. Life Sci. **8**, (P. II), 279–287 (1969)

NISHIOKA, R.S., BERN, H.A.: Secretion masses in the nuclei of the caudal neurosecretory cells of the teleost *Albula vulpes*. Nature (Lond.) **203**, 1191–1192 (1964)

NISHIOKA, R.S., BERN, H.A., MEWALDT, L.R.: Ultrastructural aspects of the neurohypophysis of the white-crowned sparrow (*Zonotrichia leucophrys gambelii*) with special reference to the relation of neurosecretory axons to ependyma in the pars nervosa. Gen. Comp. Endocrinol. **4**, 304–313 (1964)

NISHIYAMA, H., MIKAMI, S.: Cytodifferentiation of the pineal body of the domestic fowl. J. Fac. Agr. Iwate Univ. **12**, 107–131 (1974)

NIXON, R.A., KARNOVSKY, M.L.: Uptake and metabolism of intraventricularly administered piperidine and its effects on sleep and wakefulness in the rat. Brain Res. **134**, 501–511 (1977)

NOACK, W., WOLFF, J.R.: Über neuritenähnliche intraventrikuläre Fortsätze und ihre Kontakte mit dem Ependym der Seitenventrikel der Katze. Z. Zellforsch. **111**, 572–585 (1970)

NOACK, W., DUMITRESCU, L., SCHWEICHEL, J.U.: Scanning and electron microscopical investigations of the surface of the lateral ventricles in the cat. Brain Res. **46**, 121–129 (1972)

NODA, H., SANO, Y., NAKAGAWA, Y.: Über das Wesen der Grevingschen Inseln im Hypophysentrichter. Arch. Hist. Jpn. **8**, 373–379 (1955b)

NODA, H., SANO, Y., NAKAMOTO, T.: Über den Eintritt des hypothalamischen Neurosekrets in den dritten Ventrikel. Arch. Histol. Jpn. **8**, 355–359 (1955a)

NOETZEL, H., ROX, J.: Autoradiographische Untersuchungen über Zellteilung und Zellentwicklung im Gehirn der erwachsenen Maus und des erwachsenen Rhesus-Affen nach Injektion von radioaktivem Thymidin. Acta Neuropathol. (Berl.) **8**, 326–342 (1964)

Nomina anatomica: 2nd Ed. The international anatomical nomenclature committee. Amsterdam, London, Milan, New York: Excerpta Medica Foundation 1961

NORDLANDER, R.H., SINGER, M.: The role of ependyma in regeneration of the spinal cord in the urodele amphibian tail. J. Comp. Neurol. **180**, 349–374 (1978)

NOWAKOWSKI, H.: Infundibulum und Tuber cinereum der Katze. Dtsch. Z. Nervenheilkd. **165**, 261–339 (1951)

NOZAKI, M.: Tanycyte absorption affected by the hypothalamic deafferentiation in Japanese quail, *Coturnix coturnix japonica*. Cell Tissue Res. **163**, 433–443 (1975)

NOZAKI, M., FERNHOLM, B., KOBAYASHI, H.: Ependymal absorption of peroxidase injected into the third ventricle of the hagfish *Eptatretus burgeri* (Girard). Acta Zool. (Stockh.) **56**, 265–269 (1975a)

NOZAKI, M., KOBAYASHI, H., ICHIKAWA, T., UEMURA, H.: Monoaminergic regulation of tanycyte absorption of peroxidase injected into the third ventricle in the median eminence, p. 250. 10th Int. Congr. Anat. Tokyo 1975

OBERMÜLLER-WILÉN, H.: Feinstruktur des Saccus dorsalis bei den Plötzen *Leuciscus rutilus*. Acta zool., Stockh. **52**, 103–115 (1971)

OBERMÜLLER-WILÉN, H.: Uptake of peroxidase and lanthanum by the teleost choroid plexuses. Acta Zool. **53**, 219–228 (1972)

OCHI, J.: Über die Chemodifferenzierung des Bulbus olfactorius von Ratte und Meerschweinchen. Histochemie **6**, 50–84 (1966)

OCHI, J., HOSOYA, Y.: Fluorescence microscopic differentiation of monoamines in the hypothalamus and spinal cord of the lamprey, using a new filter system. Histochemie **40**, 263–266 (1974)

OEHMICHEN, M.: Mononuclear phagocytes in the central nervous system. Origin, mode of distribution, and function of progressive microglia, perivascular cells of intracerebral vessels, free subarachnoidal cells, and epiplexus cells. Schriftenreihe Neurologie/Neurology Series No. 21. H.J. Bauer, G. Baumgarten, A.N. Davison, H. Gänshirt, P. Vogel (eds.), pp 1–167. Berlin, Heidelberg, New York: Springer 1978

OEHMICHEN, M., GRÜNINGER, H.: Cytokinetic studies on the origin of cells of the cerebrospinal fluid with a contribution to the cytogenesis of the leptomeningeal mesenchyme. J. Neurol. Sci. **22**, 165–176 (1974)

Oehmke, H.J.: Weitere Untersuchungen an den portalen Hypophysengefäßen von *Zonotrichia leucophrys gambelii*. Z. Zellforsch. **106**, 175–188 (1970)

Öztan, N.: Neurosecretory processes projecting from the preoptic nucleus into the third ventricle of *Zoarces viviparus* L. Z. Zellforsch. **80**, 458–460 (1967)

Ogata, J., Hochwald, G.M., Cravioto, H., Ransohoff, J.: Light and electron microscopic studies of experimental hydrocephalus. Ependymal and subependymal areas. Acta Neuropathol. (Berl.) **21**, 213–223 (1972)

Oguri, M., Omura, Y., Hibiya, T.: Uptake of ^{14}C-labelled 5-hydroxytryptophan into the pineal organ of rainbow trout. Bull. Jpn. Soc. Sci. Fish. **34**, 687–690 (1968)

Ohanian, C.: Histochemical studies on phosphorylase activity in the tissues of the albino rat under normal and experimental conditions. II. Normal distribution. Acta Histochem. (Jena) **44**, 244–263 (1972)

Ohtsuki, K.: Scanning electron microscopic studies on rabbit's spinal cord by resin cracking method. Arch. Histol. Jpn. **34**, 405–415 (1972)

Okada, M., Nakai, A., Kushima, S.: On the secretory pathway of the subcommissural organ. Arch. Histol. Jpn. **2**, 199–204 (1955)

Okamoto, S.: Neurosecretory pathways in the hypothalamo-hypophyseal system. Arch. Histol. Jap. **11**, 165–183 (1957)

Okamoto, S., Ihara, Y.: Neural and neurovascular connections between the hypothalamic neurosecretory centre and the adenohypophysis. Anat. Rec. **137**, 485–500 (1960)

Okon, E., Koch, Y.: Localisation of gonadotropin-releasing hormone in the circumventricular organs of human brain. Nature (Lond.) **268**, 445–447 (1977)

Oksche, A.: Der Feinbau des Organon frontale bei *Rana temporaria* und seine funktionelle Bedeutung. Gegenbaurs Morphol. Jahrb. **92**, 123–167 (1952)

Oksche, A.: Über die Art und Bedeutung sekretorischer Zelltätigkeit in der Zirbel und im Subkommissuralorgan. Anat. Anz. **101**, [Erg.-H.], 88–96 (1954)

Oksche, A.: Untersuchungen über die Nervenzellen und Nervenverbindungen des Stirnorgans, der Epiphyse und des Subkommissuralorgans bei anuren Amphibien. Gegenbaurs Morphol. Jahrb. **95**, 393–425 (1955)

Oksche, A.: Funktionelle histologische Untersuchungen über die Organe des Zwischenhirndaches der Chordaten. Anat. Anz. **102**, 204–419 (1956)

Oksche, A.: Die Bedeutung des Ependyms für den Stoffaustausch zwischen Liquor und Gehirn. Anat. Anz. **103**, Erg.-H., 162–172 (1957)

Oksche, A.: Histologische Untersuchungen über die Bedeutung des Ependyms, der Glia und der Plexus chorioidei für den Kohlenhydratstoffwechsel des ZNS. Z. Zellforsch. **48**, 74–129 (1958)

Oksche, A.: Studien am Subkommissuralorgan. Anat. Anz. **106/107**, Erg.-H., 392–404 (1959/60)

Oksche, A.: Optico-vegetative regulatory mechanisms of the diencephalon. Anat. Anz. **108**, 320–329 (1960)

Oksche, A.: Der histochemisch nachweisbare Glykogenaufbau und -abbau in den Astrocyten und Ependymzellen als Beispiel einer funktionsabhängigen Stoffwechselaktivität der Neuroglia. Z. Zellforsch. **54**, 307–361 (1961a)

Oksche, A.: Vergleichende Untersuchungen über die sekretorische Aktivität des Subkommissuralorgans und den Gliacharakter seiner Zellen. Z. Zellforsch. **54**, 549–612 (1961b)

Oksche, A.: Histologische, histochemische und experimentelle Studien am Subkommissuralorgan von Anuren (mit Hinweisen auf den Epiphysenkomplex). Z. Zellforsch. **57**, 240–326 (1962a)

Oksche, A.: The fine nervous, neurosecretory, and glial structure of the median eminence in the white-crowned sparrow. In: Neurosecretion. Int. Symp. Bristol 1961. Heller, H., Clark, R.B. (eds.), pp. 199–208. London, New York: Academic Press 1962

Oksche, A.: Das Subkommissuralorgan des Menschen. Anat. Anz. **112**, Erg.-H., 373–383 (1964)

Oksche, A.: Survey of the development and comparative morphology of the pineal organ. In: Structure and function of the epiphysis cerebri. Ariëns Kappers, J., Schadé, J.P. (eds.). Prog. Brain Res. **10**, 3–29 (1965)

Oksche, A.: Die pränatale und vergleichende Entwicklungsgeschichte der Neuroglia. Acta Neuropathol. (Berl.) [Suppl.] **4**, 4–19 (1968a)

Oksche, A.: Zur Frage extraretinaler Photorezeptoren im Pinealorgan der Vögel. Arch. Anat. Histol. Embryol. (Strasb.) **51**, 497–507 (1968b)

Oksche, A.: The subcommissural organ. J. Neuro-Visc. Relat. [Suppl.] **9**, 111–139 (1969a)

OKSCHE, A.: Ultrastruktur der Plexus choriodei des Menschen (Silberkörper von Biondi im Biopsie-material). Zentralbl. Neurol. **197**, 330 (1969 b)

OKSCHE, A.: Zur Differenzierung sensorischer und sekretorischer Strukturelemente im Zentralner-vensystem. Verh. Dtsch. Zool. Ges. 64. Tag. S. 72–79. Stuttgart: Fischer 1970

OKSCHE, A.: Sensory and glandular elements of the pineal organ. In: The pineal gland. Ciba-Foundation Symp. 1970. Wolstenholme, G.E.W., Knight, J. (eds.), pp. 127–146. Edinburgh, Lon-don: Churchill, Livingstone 1971

OKSCHE, A.: Circumventricular structures and pituitary functions. Proceedings of the Fourth Interna-tional Congress of Endocrinology, Washington D.C. 1972 pp. 73–79. Amsterdam: Excerpta Medica 1973

OKSCHE, A.: Concluding remarks. In: Brain-endocrine interaction II. The ventricular system in neuroendocrine mechanisms. Int. Symp., Shizoka 1974. Knigge, K.M., Scott, D.E., Kobayashi, H., Ishii, S. (eds.), pp. 388–392. Basel: Karger 1975

OKSCHE, A.: The neuroanatomical basis of comparative neuroendocrinology. Gen. Comp. Endocri-nol. **29**, 225–239 (1976)

OKSCHE, A.: Altersveränderungen der Plexus chorioidei. In: Circumventriculäre Organe. Leopoldina-Symp., Schloß Reinhardsbrunn 1975. Sterba, G., Bargmann, W. (Hrsg.). Nova Acta Leopoldina, Suppl. 9, S. 183–190. Halle: Deutsche Akademie der Naturforscher 1977

OKSCHE, A.: Pattern of neuroendocrine cell complexes (subunits) in hypothalamic nuclei: neuro-biological and phylogenetic concepts. In: Neurosecretion and neuroendocrine activity: Evolution, structure and function. Int. Symp. Leningrad 1976. Bargmann, W., Oksche, A., Polenov, A., Scharrer, B. (eds.), pp. 64–71. Berlin, Heidelberg, New York: Springer 1978

OKSCHE, A., FARNER, D.S.: Neurohistological studies of the hypothalamo-hypophysial system of *Zonotrichia leucophrys gambelii* (Aves, Passeriformes). With special attention to its role in the control of reproduction. Adv. Anat. Embryol. Cell Biol. **48**(4), 1–136 (1974)

OKSCHE, A., FARNER, D.S., SERVENTY, D.L., WOLFF, F., NICHOLLS, C.A.: The hypothalamo-hy-pophysial neurosecretory system of the Zebra Finch (*Taeniopygia castanotis*). Z. Zellforsch. **58**, 846–914 (1963)

OKSCHE, A., VON HARNACK, M.: Elektronenmikroskopische Untersuchungen am Stirnorgan (Frontalorgan, Epiphysenendblase) von *Rana temporaria* und *Rana esculenta*. Naturwissenschaf-ten **49**, 429–430 (1962)

OKSCHE, A., VON HARNACK, M.: Elektronenmikroskopische Untersuchungen am Stirnorgan von Anuren. (Zur Frage der Lichtrezeptoren). Z. Zellforsch. **59**, 239–288 (1963)

OKSCHE, A., VON HARNACK, M.: Die elektronenmikroskopische Feinstruktur des Stirnorgans (Epi-physenendblase) der Anuren. In: Lectures on the diencephalon. Bargmann, W., Schadé, J.P. (eds.). Prog. Brain Res. **5**, 209–222 (1964)

OKSCHE, A., HARTWIG, H.G.: Photoneuroendocrine systems and the third ventricle. In: Brain-endocrine interaction II. The ventricular system in neuroendocrine mechanisms. Int. Symp. Shi-zuoka 1974. Knigge, K.M., Scott, D.E., Kobayashi, H., Ishii, S. (eds.), pp. 40–53. Basel: Karger 1975

OKSCHE, A., KIRSCHSTEIN, H.: Elektronenmikroskopische Feinstruktur der Sinneszellen im Pinealor-gan von *Phoxinus laevis* L. (Pisces, Teleostei, Cyprinidae). (Mit vergleichenden Bemerkungen). Naturwissenschaften **53**, 591 (1966 a)

OKSCHE, A., KIRSCHSTEIN, H.: Zur Frage der Sinneszellen im Pinealorgan der Reptilien. Naturwissen-schaften **53**, 46 (1966 b)

OKSCHE, A., KIRSCHSTEIN, H.: Die Ultrastruktur der Sinneszellen im Pinealorgan von *Phoxinus laevis* L. Z. Zellforsch. **78**, 151–166 (1967)

OKSCHE, A., KIRSCHSTEIN, H.: Unterschiedlicher elektronenmikroskopischer Feinbau der Sinneszel-len im Parietalauge und im Pinealorgan (Epiphysis cerebri) der Lacertilia. Ein Beitrag zum Epiphysenproblem. Z. Zellforsch. **87**, 159–192 (1968)

OKSCHE, A., KIRSCHSTEIN, H.: Elektronenmikroskopische Untersuchungen am Pinealorgan von *Passer domesticus*. Z. Zellforsch. **102**, 214–241 (1969)

OKSCHE, A., KIRSCHSTEIN, H.: Weitere elektronenmikroskopische Untersuchungen am Pinealorgan von *Phoxinus laevis* (Teleostei, Cyprinidae). Z. Zellforsch. **112**, 572–588 (1971)

OKSCHE, A., KIRSCHSTEIN, H.: Entstehung und Ultrastruktur der Biondi-Körper in den Plexus chorioidei des Menschen (Biopsiematerial). Z. Zellforsch. **124**, 320–341 (1972)

OKSCHE, A., KIRSCHSTEIN, H., KOBAYASHI, H., FARNER, D.S.: Electron microscopic and experimental studies of the pineal organ in White-crowned Sparrow, *Zonotrichia leucophrys gambelii*. Z. Zellforsch. **124**, 247–274 (1972a)

Oksche, A., Kirschstein, H., Vaupel-von Harnack, M.: Vergleichende Ultrastrukturstudien an glykogenreichen Plexus chorioidei (Embryonalzustand, Winterschlaf). Z. Zellforsch. **94**, 232–251 (1969a)

Oksche, A., Laws, D.F., Kamemoto, F.I., Farner, D.S.: The hypothalamo-hypophysial neurosecretory system of the White-crowned Sparrow, *Zonotrichia leucophrys gambelii*. Z. Zellforsch. **51**, 1–42 (1959)

Oksche, A., Möller, W.: Zytobiologie der Plexus chorioidei als Grenzfläche zwischen der Blutbahn und dem Liquor cerebrospinalis. (Eine Übersicht.) Anat. Anz. **131**, 433–447 (1972)

Oksche, A., Möller, G., Langbein, M.: Nervenbahnen und neurohämale Kontaktflächen des Zwischenhirn-Hypophysensystems von *Zonotrichia leucophrys gambelii*. Anat. Anz. **126**, Erg.-H., 593–595 (1970)

Oksche, A., Morita, Y., Vaupel-von Harnack, M.: Zur Feinstruktur und Funktion des Pinealorgans der Taube (*Columba livia*). Z. Zellforsch. **102**, 1–30 (1969b)

Oksche, A., Oehmke, H.J.: Weitere Aspekte der Lokalisation, Ultrastruktur und Funktion der „Sexualzentren" des Hypothalamus. J. Neuro-Visc. Relat. [Suppl.] **10**, 15–21 (1971)

Oksche, A., Oehmke, H.J., Hartwig, H.G.: A concept of neuroendocrine cell complexes. In: Neurosecretion – The final neuroendocrine pathway. Int. Symp. London 1973. Knowles, F., Vollrath, L. (eds.), pp. 154–164. Berlin, Heidelberg, New York: Springer 1974

Oksche, A., Ueck, M., Rüdeberg, C.: Comparative ultrastructural studies of sensory and secretory elements in pineal organs. In: Subcellular organization and function in endocrine tissues. Heller, H., Lederis, K. (eds.), Memoirs of the Society for Endocrinology, Vol. XIX, pp. 7–26. Cambridge: University Press 1971

Oksche, A., Vaupel-von Harnack, M.: Elektronenmikroskopische Untersuchungen an der Epiphysis cerebri von *Rana esculenta* L. Z. Zellforsch. **59**, 582–614 (1963)

Oksche, A., Vaupel-von Harnack, M.: Über rudimentäre Sinneszellstrukturen im Pinealorgan des Hühnchens. Naturwissenschaften **52**, 662–663 (1965a)

Oksche, A., Vaupel-von Harnack, M.: Vergleichende elektronenmikroskopische Studien am Pinealorgan. In: Structure and function of the epiphysis cerebri. Ariëns Kappers, J., Schadé, J.P. (eds.). Prog. Brain Res. **10**, 237–258 (1965b)

Oksche, A., Vaupel-von Harnack, M.: Elektronenmikroskopische Untersuchungen an den Nervenbahnen des Pinealkomplexes von *Rana esculenta* L. Z. Zellforsch. **68**, 389–426 (1965c)

Oksche, A., Vaupel-von Harnack, M.: Elektronenmikroskopische Untersuchungen zur Frage der Sinneszellen im Pinealorgan der Vögel. Z. Zellforsch. **69**, 41–60 (1966)

Oksche, A., Vaupel-von Harnack, M.: Elektronenmikroskopische Studien über Altersveränderungen (Filamente) der Plexus chorioidei des Menschen (Biopsiematerial). Z. Zellforsch. **93**, 1–29 (1969)

Oksche, A., Wilson, W.O., Farner, D.S.: The hypothalamic neurosecretory system of *Coturnix coturnix japonica*. Z. Zellforsch. **61**, 688–709 (1964)

Oksche, A., Zimmermann, P., Oehmke, H.-J.: Morphometric studies of tubero-eminential systems controlling reproductive functions. In: Brain-endocrine interaction. Median eminence: structure and function. Int. Symp. Munich 1971. Knigge, K.M., Scott, D.E., Weindl, A. (eds.), pp. 142–153. Basel: Karger 1972b

Oldendorf, W.H.: Cerebrospinal fluid formation and circulation. Prog. Nucl. Med. **1**, 336–358 (1972)

Oldendorf, W.H.: The blood-brain barrier. Exp. Eye Res. [Suppl.] **25**, 177–190 (1977)

Oldendorf, W.H., Davson, H.: Brain extracellular space and the sink action of cerebrospinal fluid. Arch. Neurol. **17**, 196–205 (1967)

Olds, M.E.: Effects of intraventricular 6-hydroxydopamine and replacement therapy with norepinephrine, dopamine, and serotonin on self-stimulation in diencephalic and mesencephalic regions in the rat. Brain Res. **98**, 327–342 (1975)

Oliver, C., Charvet, J.L., Codaccioni, J.L., Vague, J., Porter, J.C.: TRH in human CSF. Lancet 1974 I, 873

Oliver, C., Ben-Jonathan, N., Mical, R.S., Porter, J.C.: Transport of thyrotropin-releasing hormone from cerebrospinal fluid to hypophysial portal blood and the release of thyrotropin. Endocrinology **97**, 1138–1143 (1975)

OLIVIERI-SANGIACOMO, C.: Degenerating pituicytes in the neural lobe of osmotically stressed rats. Experientia **28**, 1362–1363 (1972)

OLIVIERI-SANGIACOMO, C.: Ultrastructural features of pituicytes in the neural lobe of adult rats. Experientia **29**, 1119–1120 (1973)

OLIVIERI-SANGIACOMO, C., CORRER, S.: Fine features of pituicytes in the adult mice neural lobe, p. 264. 10th Int. Congr. Anat., Tokyo 1975

OLIVIERI-SANGIACOMO, C., GANGITANO, C.: Pituicytes and pituicyte-like cells in the hypothalamo-neuro-hypophysial system, p. 263. 10th Int. Congr. Anat., Tokyo 1975

OLNEY, J.W., RHEE, V.S., DE GUBAREFF, T.: Neurotoxic effects of glutamate on mouse area postrema. Brain Res. **120**, 151–157 (1977)

OLSSON, R.: Structure and development of Reissner's fibre in the caudal end of *Amphioxus* and some lower vertebrates. Acta Zool. (Stockh.) **36**, 167–198 (1955)

OLSSON, R.: The development of Reissner's fibre in the brain of the salmon. Acta Zool. (Stockh.) **37**, 235–250 (1956)

OLSSON, R.: Studies on the subcommissural organ. Acta Zool. (Stockh.) **39**, 71–102 (1958a)

OLSSON, R.: The subcommissural organ. Stockholm: Handström 1958b

OLSSON, R.: Subcommissural ependyma and pineal organ development in human fetuses. Gen. Comp. Endocrinol. **1**, 117–123 (1961)

OLSSON, R.: The infundibular cells of *Amphioxus* and the question of fibre-forming secretions. Arkiv. Zool. **15**, 347–35 (1962)

OLSSON, R.: Phylogeny of the ventricle system. In: Zirkumventrikuläre Organe und Liquor. Int. Symp. Schloß Reinhardsbrunn 1968. Sterba, G. (Hrsg.), S. 291–305. Jena: Fischer 1969

OLSSON, R., WINGSTRAND, K.G.: Reissner's fibre and the infundibular organ in *Amphioxus*, results obtained with Gomori's chrome alum haematoxylin. Univ. Bergen Årb. Med. R. (Publ. Biol. Stat.) **14**, 1–7 (1954)

OMURA, Y.: Influence of light and darkness on the ultrastructure of the pineal organ in the blind cave fish, *Astyanax mexicanus*. Cell Tissue Res. **160**, 99–112 (1975)

OMURA, Y.: Ultrastructural study of embryonic and post-hatching development in the pineal organ of the chicken (brown leghorn, *Gallus domesticus*). Cell Tissue Res. **183**, 255–271 (1977)

OMURA, Y., KITOH, J., OGURI, M.: The photoreceptor cell of the pineal organ of ayu, *Plecoglossus altivelis*. Bull Jpn. Soc. Sci. Fish. **35**, 1067–1071 (1969)

OMURA, Y., OGURI, M.: The development and degeneration of photoreceptor outer segment of the fish pineal organ. Bull. Jpn. Soc. Sci. Fish. **37**, 851–860 (1971)

ONDO, J.G., ESKAY, R.L., MICAL, R.S., PORTER, J.C.: Release of LH by LRF injected into the CSF: a transport role for the median eminence. Endocrinology **93**, 231–237 (1973)

OOTA, Y.: Fine structure of the caudal neurosecretory system of the carp, *Cyprinus carpio*. J. Fac. Sci. Univ. Tokyo [Sec. IV] **10**, 129–141 (1963a)

OOTA, Y.: Fine structure of the median eminence and the pars nervosa of the mouse. J. Fac. Sci. Tokyo Univ. [Sect. 4] **10**, 155–168 (1963b)

OOTA, Y., KOBAYASHI, H.: Fine structures of the median eminence and pars nervosa of the pigeon. Annot. Zool. Jpn. **35**, 128–138 (1962)

OOTA, Y., KOBAYASHI, H.: Fine structure of the median eminence and the pars nervosa of the bullfrog, *Rana catesbeiana*. Z. Zellforsch. **60**, 667–687 (1963)

OOTA, Y., KOBAYASHI, H., NISHIOKA, R.S., BERN, H.A.: Relationship between neurosecretory axon and ependymal terminals on capillary walls in the median eminence of several vertebrates. Neuroendocrinology **16**, 127–136 (1974)

OPALSKI, A.: Über lokale Unterschiede im Bau der Ventrikelwände beim Menschen. Z. Ges. Neurol. Psychiatr. **149**, 221–254 (1934)

ORTMANN, R.: Über experimentelle Veränderungen der Morphologie des Hypophysen-Zwischenhirn-systems und die Beziehung der sog. „Gomorisubstanz" zum Adiuretin. Z. Zellforsch. **36**, 92–140 (1951)

OWMAN, C.: Secretory activity of the fetal pineal gland of the rat. Acta Morphol. Neer. Scand. **3**, 367–394 (1961)

OWMAN, C.: Sympathetic nerves probably storing two types of monoamines in the rat pineal gland. Int. J. Neuropharmacol. **3**, 105–112 (1964)

OWMAN, C.: Localization of neuronal and parenchymal monoamines under normal and experimental conditions in the mammalian pineal gland. In: Structure and function of the epiphysis cerebri. Ariëns Kappers, J., Schadé, J.P. (eds.). Prog. Brain Res. **10**, 423–453 (1965)

Owman, C.: On the significance of the 5-hydroxytryptamine stores in pineal gland. Adv. Pharmacol. **6** (A), 167–169 (1968)

Owman, C., Rüdeberg, C.: Light, fluorescence and electron microscopic studies on the pineal organ of the pike, *Esox lucius* L. with special regard to 5-hydroxytryptamine. Z. Zellforsch. **107**, 522–550 (1970)

Owman, C., Rüdeberg, C., Ueck, M.: Fluoreszenzmikroskopischer Nachweis biogener Amine in der Epiphysis cerebri von *Rana esculenta* und *Rana pipiens*. Z. Zellforsch. **111**, 550–558 (1970)

Owman, C., Unsicker, K., Leonhardt, H., Gröschel-Stewart, U.: Myosin und Aktin in Kapillaren und Astrocyten im Zwischenhirn von Ratte und Katze. Anat. Anz. **144**, Erg.-H., 271–273 (1978)

Owsley, P.A., Dellmann, H.-D.: Ultrastructure of the zona externa of the bovine infundibulum. Anat. Rec. **160**, 404 (1968)

Page, R.B.: Scanning electron microscopy of the ventricular system in normal and hydrocephalic rabbits. J. Neurosurg. **42**, 646–664 (1975)

Page, R.B., Bergland, R.M.: The neurohypophyseal capillary bed. I. Anatomy and arterial supply. Am. J. Anat. **148**, 345–358 (1977)

Page, R.B., Munger, B.L., Bergland, R.M.: Scanning microscopy of pituitary vascular casts. Am. J. Anat. **146**, 273–302 (1976)

Palay, S.L.: An electron microscope study of the neurohypophysis in normal, hydrated and dehydrated rats. Anat. Rec. **121**, 348 (1955)

Palay, S.L.: The fine structure of the neurohypophysis. In: Ultrastructure and cellular chemistry of neural tissue. Prog. Neurobiol. **2**, 31 (1957)

Palazzo, M.C.: Physiological and ultrastructural observations following systemically administered 6-hydroxydopamine in the area postrema in dogs. Anat. Rec. **187**, 674–675 (1977)

Palazzo, M.C., Brizzee, K.R., Hofer, H., Mehler, W.R.: Effects of systemic administration of 6-hydroxydopamine on the circumventricular organs in nonhuman primates. II. Subfornical organ. Cell Tissue Res. **191**, 141–150 (1978)

Palenschat, D.: Beitrag zur lokomotorischen Aktivität der Blindschleiche (*Anguis fragilis* L.) unter besonderer Berücksichtigung des Parietalorgans. Diss., Math.-Nat., Georg-August-Universität Göttingen 1964

Palkovits, M.: Zwei karyometrisch unterscheidbare Zelltypen im Subcommissuralorgan der Ratte. Z. Zellforsch. **55**, 845–848 (1961)

Palkovits, M.: Morphology and function of the subcommissural organ. Stud. Biol. Hung. **4**, 1–105 (1965a)

Palkovits, M.: Participation of the epithalamo-epiphyseal system in the regulation of water and electrolytes metabolism. In: Structure and function of the epiphysis cerebri. Ariëns Kappers, J., Schadé, J.P. (eds.). Prog. Brain Res. **10**, 627–634 (1965)

Palkovits, M.: The role of the subfornical organ in the salt and water balance. Naturwissenschaften **53**, 336 (1966)

Palkovits, M.: Karyometrische Untersuchungen zur Klärung der osmo- bzw. volumregulatorischen Rolle des Subcommissuralorganes und seiner funktionellen Verbindung mit der Nebennierenrinde. Z. Zellforsch. **84**, 59–71 (1968)

Palkovits, M.: Über die funktionelle Bedeutung des Subfornikalorgans. In: Zirkumventrikuläre Organe und Liquor. Int. Symp. Schloß Reinhardsbrunn 1968. Sterba, G. (Hrsg.), S. 95–98. Jena: Fischer 1969

Palkovits, M., Arimura, A., Brownstein, M., Schally, A.V., Saavedra, J.M.: Luteinizing hormone-releasing hormone (LH-RH) content of the hypothalamic nuclei in rat. Endocrinology **95**, 554 (1974)

Palkovits, M., Brownstein, M.J., Arimura, A., Sato, H., Schally, A.V., Kizer, J.S.: Somatostatin content of the hypothalamic ventromedial and arcuate nuclei and the circumventricular organs in the rat. Brain Res. **109**, 430–434 (1976)

Palkovits, M., Földvári, I.P.: Über die antidiuretische Wirkung des Organon subcommissurale. Acta Biol. Acad. Sci. Hung. **11**, 91–102 (1960)

Palkovits, M., Földvári, I.P.: Effect of the subcommissural organ and the pineal body on the adrenal cortex. Endocrinology **72**, 28–32 (1963)

Palkovits, M., Inke, G., Lukács, G.: Topographische Beziehungen des menschlichen Subcommissuralorgans zur Epiphyse und ihre funktionelle Bedeutung. Endokrinologie **42**, 194–202 (1962a)

PALKOVITS, M., INKE, G., LUKÁCS, G.: Der Subkommissuralkomplex (Subcommissuralorgan mit seinen Komponenten und Nachbargebilden) des Menschen während der postnatalen Lebensperioden. Z. Mikrosk. Anat. Forsch. **69**, 88 (1962b)

PALKOVITS, M., MONOS, E., FACHET, J.: The effect of subcommissuralorgan lesions on aldosterone production in the rat. Acta Endocrinol. (Kbh.) **48**, 169–176 (1965)

PALKOVITS, M., WETZIG, H.: Untersuchungen über das Subcommissuralorgan und den Recessus mesocoelicus bei der Sturmmöve *Larus canus* L. Z. Mikrosk. Anat. Forsch. **68**, 612–626 (1962)

PALLADINI, G., ALFEI, L., APPICCIUTOLI, L.: Osservazioni istochimiche sui corpora arenacea dell'epifisi umana. Arch. Ital. Anat. Embriol. **70**, 253 –270 (1965)

PANDALAI, K.R.: The subcommissural organ in the garden lizard *Calotes versicolor*. Curr. Sci. **27**, 173–174 (1958)

PANG, P.K.T.: Light sensitivity of the pineal gland in blinded *Fundulus heteroclitus*. Am. Zool. **5** (254), 682 (1965)

PANG, S.F., RALPH, C.L., REILLY, D.P.: Melatonin in the chicken brain: its origin, diurnal variation and regional distribution. Gen. Comp. Endocrinol. **22**, 499–506 (1974)

PANNESE, E.: L'organizzazione strutturale delle lamine gliali periventricolari dell'uomo in condizioni normali e patologiche. Z. Zellforsch. **45**, 137–151 (1956)

PAPACHARALAMPOUS, N.X., SCHWINK, A., WETZSTEIN, R.: Elektronenmikroskopische Untersuchungen am Subcommissuralorgan des Meerschweinchens. Z. Zellforsch. **90**, 202–229 (1968)

PAPESCHI, R., SOURKES, T.L., POIRIER, L.J., BOUCHER, R.: On the intracerebral origin of homovanillic acid of the cerebrospinal fluid of experimental animals. Brain Res. **28**, 527–533 (1971)

PAPILE, L.A., BURSTEIN, J., BURSTEIN, R., KOFFLER, H.: Incidence and evolution of subependymal and intraventricular hemorrhage: A study of infants with birth weights less than 1.500 gm. J. Pediatr. **92**, 529–534 (1978)

PAPO, I., PAQUINI, S., SALVOLINI, U.: Subependymal brainstem hematomas: a report of two cases. Neuroradiology **11**, 279–282 (1976)

PAPPAS, G.D., TENNYSON, V.M.: An electron microscopic study of the passage of colloidal particles from the blood vessels of the ciliary processes and choroid plexus of the rabbit. J. Cell Biol. **15**, 227–239 (1962)

PAPPENHEIMER, J.R., HEISEY, S.R., JORDAN, E.F.: Active transport of diodrast and phenolsulfonphthalein from cerebrospinal fluid to blood. Am. J. Physiol. **200**, 1 (1961)

PAPPENHEIMER, J.R., KOSKI, G., FENCL, V., KARNOVSKY, M.L., KRUEGER, J.: Extraction of sleep-promoting factors from cerebrospinal fluid and from brains of sleep-deprived animals. J. Neurophysiol. **38**, 1299–1311 (1975a)

PAPPENHEIMER, J.R., KOSKI, G., FENCL, V.: Peptides in cerebrospinal fluid; purification of factors affecting sleep and activity. In: Fluid environment of the brain. Cserr, H.F., Fenstermacher, J.D., Fencl, V. (eds.), pp. 277–284. NewYork, San Francisco, London: Academic Press 1975b

PARDRIGDE, W.M., CONNOR, J.D., CRAWFORD, I.L.: Permeability changes in the blood-brain barrier: causes and consequences. Crc. Crit. Rev. Toxicol. **3**, 159–199 (1975)

PARENT, A., POITRAS, D.: Morphological organization of monoamine containing neurons in the hypothalamus of the painted turtle *(Chysemys picta)*. J. Comp. Neurol. **154**, 379–394 (1974)

PARFITT, A.G., KLEIN, D.C.: Sympathetic nerve endings in the pineal gland protect against acute stress-induced increase in N-acetyltransferase (EC 2.3.1.5) activity. Endocrinology **99**, 840–851 (1976)

PASSIA, D., GOSLAR, H.G., BITSCH, I.: Das enzymhistochemische Verhalten des Tanycytenependyms im III. Ventrikel der Ratte bei Thiaminmangelernährung. Acta Histochem. (Jena) **61**, 72–83 (1978)

PATERSON, J.A., LEBLOND, C.P.: Increased proliferation of neuroglia and endothelial cells in the supraoptic nucleus and hypophysial neural lobe of young rats drinking hypertonic sodium chloride solution. J. Comp. Neurol. **175**, 373–390 (1977)

PATERSON, J.A., PRIVAT, A., LING, E.A., LEBLOND, C.P.: Investigation of glial cells in semithin sections. III. Transformation of subependymal cells into glial cells, as shown by radioautography after ^{3}H-thymidine injection into the lateral ventricle of the brain of young rats. J. Comp. Neurol. **149**, 83–102 (1973)

PAUL, E.: Über die Typen der Ependymzellen und ihre regionale Verteilung bei *Rana temporaria* L. Mit Bemerkungen über die Tanycytenglia, Z. Zellforsch. **80**, 461–487 (1967)

Paul, E.: Histochemische, elektronenmikroskopische und quantitative Studien über den Glykogen-vorrat der Plexus chorioidei von *Rana temporaria* L. Z. Zellforsch. **88**, 511–536 (1968a)

Paul, E.: Histochemische Studien an den Plexus chorioidei, an der Paraphyse und am Ependym von *Rana temporaria* L. Z. Zellforsch. **91**, 519–546 (1968b)

Paul, E.: Lipidkugeln im Plexusepithel von *Rana temporaria* L. Z. Zellforsch. **106**, 539–549 (1970)

Paul, E.: Neurohistologische und fluoreszenzmikroskopische Untersuchungen über die Innervation des Glykogenkörpers der Vögel. Z. Zellforsch. **112**, 516–525 (1971)

Paul, E.: Innervation und zentralnervöse Verbindungen des Frontalorgans von *Rana temporaria* und *Rana esculenta*. Faserdegeneration nach operativer Unterbrechung des Nervus pinealis. Z. Zellforsch. **128**, 504–511 (1972a)

Paul, E.: Weitere enzymhistochemische und fluoreszenzmikroskopische Studien an den Plexus chorioidei und an der Paraphyse von *Rana temporaria* L. Z. Zellforsch. **129**, 76–91 (1972b)

Paul, E.: Experimentell-morphologische Studien am Glykogenkörper des Lumbalmarks und an anderen glykogenreichen zirkumventrikulären Strukturen. Anat. Anz. **130**, Erg.-H., 357–361 (1972c)

Paul, E.: Histologische und quantitative Studien am lumbalen Glykogenkörper der Vögel. Z. Zellforsch. **145**, 89–101 (1973)

Paul, E., Hartwig, H.G., Oksche, A.: Neurone und zentralnervöse Verbindungen des Pinealorgans der Anuren. Z. Zellforsch. **112**, 466–493 (1971)

Paull, W.K.: A light and electron microscopic study of the development of the neurohypophysis of the fetal rat. Anat. Rec. **175**, 407–408 (1973)

Paull, W.K., Martin, H., Scott, D.E.: Scanning electron microscopy of the third ventricular floor of the rat. J. Comp. Neurol. **175**, 301–310 (1977)

Paull, W.K., Martin, H., Scott, D.E.: Third ventricular floor surface alteration following the intraventricular administration of dopamine. In: Scanning electron microscopy, 1978, Vol. II. R.P. Becker, O. Johari (eds.), pp. 817–822. Chicago: IIT Research Institute 1978

Paull, W.K., Scott, D.E.: Perinatal development of the mammalian neurohypophyseal system. In: Sexual maturity. Hafez, E.S., Peluso, J.J., (eds.), pp. 3–35. Ann Arbor: Ann Arbor Science 1976

Paull, W.K., Scott, D.E., Boldosser, W.G.: A cluster of supraependymal neurons located within the infundibular recess of the rat third ventricle. Am. J. Anat. **140**, 129–133 (1974)

Pavel, S.: Tentative identification of arginine vasotocin in human cerebrospinal fluid. J. Clin. Endocrin. **31**, 369–371 (1970)

Pavel, S.: Evidence for the ependymal origin of arginine vasotocin in the bovine pineal gland. Endocrinology **89**, 613–614 (1971)

Pavel, S.: Arginine vasotocin release into cerebrospinal fluid of cats induced by melatonin. Nature (Lond.) **246**, 183–184 (1973)

Pavel, S.: Opposite effects of vasotocin injected intrapituitarly and intraventricularly on corti-cotropin release in mice. Experientia **31**, 1469–1470 (1975)

Pavel, S., Dumitru, I., Klepsch, I.: A gonadotropin inhibiting principle in the pineal of human fetuses. Evidence for its identity with arginine vasotocin. Neuroendocrinology **13**, 41–46 (1973b)

Pavel, S., Goldstein, R., Ghinea, E., Calb, M.: Chromatographic evidence for vasotocin biosyn-thesis by cultured pineal ependymal cells from rat fetuses. Endocrinology **100**, 205–208 (1977)

Pavel, S., Petrescu, S.: Inhibition of gonadotropin by a highly purified pineal peptide and by synthetic arginine vasotocin. Nature (Lond.) **212**, 1054–1055 (1966)

Pavel, S., Petrescu, M., Vicoleanu, N.: Evidence of central gonadotropin inhibiting activity of arginine vasotocin in the female mouse. Neuroendocrinology **11**, 370–374 (1973a)

Pearse, A.G.E.: Histochemistry, theoretical and aplied. London: Churchill 1960

Pearson, A.A., Sauter, R.W.: Observations on the caudal end of the spinal cord. Am. J. Anat. **131**, 463–470 (1971)

Péczely, P.: Die Rolle der Eminentia mediana in der zentralen Regelung der Nebenniere der Vögel. Allat. Közlem. **54**, 121–128 (1967) (Ungarisch)

Péczely, P., Calas, A.: Ultrastructure de l'éminence médiane du pigeon (*Columba livia domestica*) dans diverses conditions expérimentales. Z. Zellforsch. **111**, 316–345 (1970)

Pehlemann, F.-W.: Zilientragende Nervenendigungen im Bereich des dritten Ventrikels von Anuren. In: Zirkumventrikuläre Organe und Liquor. Int. Symp. Schloß Reinhardsbrunn 1968. Sterba, G. (Hrsg.), S. 135–138. Jena: Fischer 1969

PELLEGRINO DE IRALDI, A.: Granular vesicles in the pinealocytes of the hamster. Anat. Rec. **154,** 48 (1966)

PELLEGRINO DE IRALDI, A.: Granulated vesicles in the pineal gland of the mouse. Z. Zellforsch. **101,** 408–418 (1969)

PELLEGRINO DE IRALDI, A., GUEUDET, R.: Action of reserpine on the osmium tetroxide zinc iodide reactive site of synaptic vesicles in the pineal nerves of the rat. Z. Zellforsch. **91,** 178–185 (1968)

PELLEGRINO DE IRALDI, A., GUEUDET, R.: Catecholamine and serotonin in granulated vesicles of nerve endings in the pineal gland of the rat. Int. J. Neuropharmacol. **8,** 9–14 (1969)

PELLEGRINO DE IRALDI, A., DE ROBERTIS, E.: Action of reserpine, on the submicroscopic morphology of the pineal gland. Experientia **17,** 122–123 (1961)

PELLEGRINO DE IRALDI, A., DE ROBERTIS, E.: Action of reserpine, iproniazid and pyrogallol on nerve endings of the pineal gland. Int. J. Neuropharmacol. **2,** 231–239 (1963)

PELLEGRINO DE IRALDI, A., SUBURO, A.M.: Two compartments in the granulated vesicles of the pineal nerves. In: The pineal gland. Wolstenholme, G.E.W., Knight, J. (eds.), pp. 177–191. Edinburgh, London, Livingstone 1971

PELLEGRINO DE IRALDI, A., ZIEHER, L.M.: Noradrenaline and dopamine content of normal, decentralized and denervated pineal gland in rat. Life Sci. **5,** 149–154 (1966)

PELLEGRINO DE IRALDI, A., ZIEHER, L.M., DE ROBERTIS, E.: Ultrastructure and pharmacological studies of nerve endings in the pineal organ. In: Structure and function of the epiphysis cerebri. Ariëns Kappers, J., Schadé, J.P. (eds.). Prog. Brain Res. **10,** 389–422 (1965)

PELLETIER, G., DUPONT, A., PUVIANI, R.: Ultrastructural study of the uptake of peroxidase by the rat median eminence. Cell Tissue Res. **156,** 521–532 (1975a)

PELLETIER, G., LABRIE, F., PUVIANI, R., ARIMURA, A., SCHALLY, A.V.: Immunohistochemical localization of luteinizing hormone-releasing hormone in the rat median eminence. Endocrinology **95,** 314–317 (1974)

PELLETIER, G., LECLERC, R., DUBÉ, D.: Immunohistochemical localization of hypothalamic hormones. J. Histochem. Cytochem. **24,** 864–871 (1976)

PELLETIER, G., LECLERC, R., DUBÉ, D., LABRIE, F., PUVIANI, R., ARIMURA, A., SCHALLY, A.V.: Localization of growth hormone-release-inhibiting hormone somatostatin in the rat brain. Am. J. Anat. **142,** 387–400 (1975b)

PÉREZ, P.R.: Nuevos datos morfologicos acerca de la inervacion de algunos territorios ependimerios y de la actividad secretora de suo celulas. Trab. Inst. Cajal invest. Biol. **56,** 51–61 (1964)

PERRELET, A., ORCHIL, L., ROUILLER, C.: Clarification of the osmiophilic granules of the rat pinealocytes by p-chlorophenylalanine. Experientia **24,** 1047–1049 (1968)

PESCHKE, E.: Zur Bedeutung der Epiphysis cerebri für den Schilddrüsenregelkreis. Anat. Anz. **142,** Erg.-H., 1089–1095 (1977)

PESETSKY, I.: Thyroxine-dependent differentiation of secretory ependyma in larval anurans. Anat. Rec. **151,** 470 (1965)

PESETSKY, I.: Carbonic anhydrase activity in ependymoglial cells of lower vertebrates. Histochemie **19,** 281–287 (1969)

PESONEN, N.: Über das Subkommissuralorgan beim Menschen. Acta Soc. Med. Fenn. „Duodecim" **22 A,** 79–114 (1940a)

PESONEN, N.: Über das Subkommissuralorgan beim Meerschweinchen. Acta Soc. Med. Fenn. „Duodecim" **22A,** 53–78 (1940b)

PESONEN, N.: Über die intraependymalen Nervenelemente. Anat. Anz. **90,** 193–223 (1940c)

PESSACQ, T.P.: Un organe paraventriculaire situé dans l'angle inférieur du quatrième ventricule des oiseaux. C.R. Soc. Biol. (Paris) **161,** 229–230 (1967)

PESSACQ, T.R., REISSENWEBER, N.J.: Structural aspects of vasculogenesis in the central nervous system. II. Histogenesis of blood vessels in periventricular regions of the brain. Acta Anat. (Basel) **81,** 439–447 (1972a)

PESSACQ, T.P., REISSENWEBER, N.J.: Structural aspects of vasculogenesis in the central nervous system III. Morphology of glial cells in the course of blood vessel formation. Acta Anat. (Basel) **81,** 556–569 (1972b)

PETER, R.E., BILLARD, R.: Effects of third ventricle injection of prostaglandins on gonadotropin secretion in goldfish, *Carassius auratus*. Gen. Comp. Endocrinol. **30,** 451–456 (1976)

Peters, A.: The surface fine structure of the choroid plexus and ependymal lining of the rat lateral ventricle. J. Neurocytol. **3**, 99–108 (1974)

Peters, A., Palay, S.L., Webster, H. de F.: The fine structure of the nervous system. The cells and their processes, pp. 1–198. New York: Harper and Row 1970

Petit, A.: Ultrastructure de la rétine de l'oeil pariétal d'un lacertilien, *Anguis fragilis*. Z. Zellforsch. **92**, 70–93 (1968)

Petit, A.: Ultrastructure, innervation et fonction de l'épiphyse de l'orvet (*Anguis fragilis* L.). Z. Zellforsch. **96**, 437–465 (1969)

Petito, C.K., Schaefer, J.A., Plum, F.: Ultrastructural characteristics of the brain and blood-brain barrier in experimental seizures. Brain Res. **127**, 251–267 (1977)

Pevet, P.: Etude ultrastructurale de l'épiphyse du hérisson mâle. Evolution en fonction du cycle sexuel. Thèse III cycle, Université de Poitiers 1972

Pevet, P.: The pineal gland of the mole (*Talpa europaea* L.). I. The fine structure of the pinealocytes. Cell Tissue Res. **153**, 277–292 (1974)

Pevet, P.: Correlations between pineal gland and sexual cycle. An electron microscopical and histochemical investigation on the pineal gland of the hedgehog, mole, mole-rat and white rat. Thesis, Amsterdam 1976

Pevet, P.: The pineal gland of the mole (*Talpa europaea* L.). IV. Effect of pronase on material present in cisternae of the granular endoplasmic reticulum of pinealocytes. Cell Tissue Res. **182**, 215–219 (1977a)

Pevet, P.: On the presence of different populations of pinealocytes in the mammalian pineal gland. J. Neural Transm. **40**, 289–304 (1977)

Pevet, P., Ariëns Kappers, J., Nevo, E.: The pineal gland of the mole-rat (*Spalax ehrenbergi, Nehring*). I. The fine structure of pinealocytes. Cell Tissue Res. **174** 1–24 (1976)

Pevet, P., Ariëns Kappers, J., Voûte, A.M.: Morphologic evidence for differentiation of pinealocytes from photoreceptor cells in the adult noctule bat (*Nyctalus noctula,* Schreber). Cell Tissue Res. **182**, 99–109 (1977)

Pevet, P., Collin, J.P.: Les pinéalocytes des mammifères: Diversité, homologies, origine. J. Ultrastruct. Res. **57**, 22–31 (1976)

Pevet, P., Kuyper, M.A.: The ultrastructure of pinealocytes in the golden mole (*Amblysomus hottentotus*) with special reference to the granular vesicles. Cell Tissue Res. **191**, 39–56 (1978)

Pevet, P., Saboureau, M.: L'épiphyse du hérisson (*Erinaceus europaeus* L.) mâle. 1. Les pinéalocytes et leurs variations ultrastructurales considerées au cours de cycle sexuel. Z. Zellforsch. **143**, 367–385 (1973)

Pevet, P., Smith, A.R.: The pineal gland of the mole (*Talpa europaea* L.). II. Ultrastructural variations observed in the pinealocytes during different parts of the sexual cycle. J. Neural Transm. **36**, 227–248 (1975)

Pfeifer, R.A.: Die angioarchitektonische areale Gliederung der Großhirnrinde. Leipzig: Thieme 1940

Pfenninger, K.: Subfornikalorgan und Liquor cerebrospinalis. In: Zirkumventrikuläre Organe und Liquor. Int. Symp., Schloß Reinhardsbrunn 1968. G. Sterba (ed.), S. 103–106. Jena: G. Fischer 1969

Pfenninger, K., Akert, K., Sandri, C., Bruppacher, H.: Die Feinstruktur der Parenchymzellen im Subfornikalorgan der Katze. Schweiz. Arch. Neurol. Neurochir. Psychiat. **100**, 232–254 (1967)

Pfister, C.: Elektive Darstellung postembryonaler Matrixzonen im Gehirn von *Lampetra planeri* (Bloch) (Cyclostomata) und *Salmo* (*trutta*) *irideus* (Teleostei) mit Pseudoisozyanin. Z. Mikrosk. Anat. Forsch. **84**, 286–292 (1971a)

Pfister, C.: Die Matrix im Gehirn von Neunaugenembryonen *Lampetra planeri* (Bloch 1784). Z. Mikrosk. Anat. Forsch. **84**, 485–492 (1971b)

Pfister, C.: Die Matrixentwicklung in Tel- und Diencephalon von *Lampetra planeri* (Bloch) (Cyclostomata) im Verlaufe des Individualzyklus. J. Hirnforsch. **13**, 363–375 (1972)

Pfister, C., Danner, H.: Untersuchungen zur Funktion subependymaler Cysten im Cerebellum von *Salmo irideus* (Gibbons 1855). Z. Mikrosk. Anat. Forsch. **88**, 479–490 (1974)

Phillips, M.I., Balhorn, L., Leavitt, M., Hoffman, W.: Scanning electron microscope study of the rat subfornical organ. Brain Res. **80**, 95–110 (1974)

Phillips, M.I., Deshmukh, P.P., Larsen, W.: Morphological comparisons of the ventricular wall of subfornical organ and organum vasculosum of the lamina terminalis. In: Scanning electron microscopy, 1978, Vol. II. R.P. Becker, O. Johari (eds.), pp. 349–356. Chicago: IIT Research Institute 1978

PHILLIPS, M.I., FELIX, D.: Specific angiotensin II receptive neurons in the cat subfornical organ. Brain Res. **109**, 531–540 (1976)

PICKARD, J.D., DURITY, F., WELSH, F.A., LANGFITT, T.W., HARPER, A.M., MACKENZIE, E.T.: Osmotic opening of the blood-brain barrier: value in pharmacological studies on the cerebral circulation. Brain Res. **122**, 170–176 (1977)

PIERCE, E.T., FOOTE, W.E., HOBSON, J.A.: The efferent connection of the nucleus raphe dorsalis. Brain Res. **107**, 137–144 (1976)

PIETZSCH-ROHRSCHNEIDER, I.: Zur Entwicklung supraependymaler Strukturen (SES) am Boden des IV. Ventrikels der Maus. Anat. Anz. **144**, Erg.-H., 337–338 (1978)

PIEZZI, R.S., GUTIÉRREZ, L.S.: Electron microscopic studies on the pineal organ of the antarctic penguin (*Pygoscelis papua*). Cell Tissue Res. **164**, 559–570 (1975)

PILGRIM, C.: Über die Entwicklung des Enzymmusters in den neurosekretorischen hypothalamischen Zentren der Ratte. Histochemie **10**, 44–65 (1967)

PILGRIM, C.: Histochemical differentiation of hypothalamic areas. In: Integrative hypothalamic activity. Swaab, D.F., Schadé, J.P. (eds.). Prog. Brain Res. **41**, 102–110 (1974)

PILGRIM, C.: Transport function of hypothalamic tanycyte ependyma: how good is the evidence? Neuroscience **3**, 277–283 (1978)

PILGRIM, C., WAGNER, H.-J.: Tracer-Untersuchungen am Hypothalamus der Ratte. Anat. Anz. **136**, Erg.-H., 849–850 (1974)

PILGRIM, C., WAGNER, H.-J.: Zur Frage der Transportfunktion des Tanycytenependyms. In: Circumventriculäre Organe. Leopoldina-Symp., Schloß Reinhardsbrunn 1975
Sterba, G., Bargmann, W. (Hrsg.). Nova Acta Leopoldina, Supplementum 9, S. 69–74. Halle: Deutsche Akademie der Naturforscher 1977

PINES, L.: Über ein bisher unbeachtetes Gebilde im Gehirn einiger Säugetiere: Das subfornikale Organ des 3. Ventrikels. J. Psychol. Neurol. **34**, 36–57 (1926)

PINES. L., SCHEFTEL, M.: Ist bei den niederen Vertebraten ein Homologon des subfornikalen Organs der Säugetiere festzustellen? Anat. Anz. **67**, 203–216 (1929)

PIVA, F., SCHIAFFINI, O., MOTTA, M., MARTINI, L.: The role of pineal principles in the control of ACTH secretion. In: Hormones and brain function. Lissák, K. (ed.), pp. 231–236. New York: Plenum Press 1973

POBERAI, M., KARCSU, S., CSILLIK, B.: Über das Verhältnis zwischen Glia-Sekretion und spezifischer Funktion in der Area postrema. Acta Histochem. (Jena) **39**, 1–11 (1971)

POLAK, M., AZCOAGA, J.E.: Morphology and distribution of the neuroglia in the hypothalamus and neurohypophysis. In: The hypothalamus. Haymaker, W., Anderson, E., Nauta, W.J.H. (eds.), pp. 251–275. Springfield, Illinois: Thomas 1969

POLENOV, A.L.: On the evolution of the median eminence, the proximal neurosecretory contact region, in some fishes (Elasmobranchii, Chondrosteoidei). Arch. Anat. (Strasb.) **51**, 551–561 (1968)

POLENOV, A.L., BELENKY, M.A., GARLOV, P.E., KONSTANTINOVA, M.S.: The hypothalamo-hypophysial system in Acipenseridae. VI. The proximal neurosecretory contact region. Cell Tissue Res. **170**, 129–144 (1976)

POLENOV, A.L., BELENKY, M.A., KONSTANTINOVA, M.S.: The hypothalamo-hypophysial system of the lamprey, *Lampetra fluviatilis* L. Cell Tissue Res. **150**, 505–519 (1974)

POLENOV, A.L., CHETVERUKHIN, V.K., JAKOVLEVA, I.V.: The role of the ependyma of the recessus praeopticus in formation and the physiological regeneration of the nucleus praeopticus in lower vertebrates. Z. Mikrosk. Anat. Forsch. **85**, 513–532 (1972a)

POLENOV, A.L., GARLOV, P.E., KONSTANTINOVA, M.S., BELENKY, M.A.: The hypothalamo-hypophysial system in Acipenseridae. II. Adrenergic structures of the hypophysial neuro-intermediate complex. Z. Zellforsch. **128**, 470–481 (1972b)

POLENOV, A.L., UGRUMOV, M.V., BELENKY, M.A.: On degeneration of peptidergic neurosecretory fibres in the albino rat. Cell Tissue Res. **160**, 113–123 (1975)

POLLACK, E.D.: Presumptive relationships between ventricular proliferation and development of the lateral motor columns in the spinal cord of *Rana pipiens* larvae. Am. J. Anat. **147**, 183–192 (1976)

POLLARD, H., BISCHOFF, S., LLORENS-CORTES, C., SCHWARTZ, J.C.: Histidine decarboxylase and histamine in discrete nuclei of rat hypothalamus and the evidence for mast cells in the median eminence. Brain Res. **118**, 509–513 (1976)

POLLAY, M.: Cerebrospinal fluid transport and the thiocyanate space of the brain. Am. J. Physiol. **210**, 275–279 (1966)

POLLAY, M.: Formation of cerebrospinal fluid. Relation of studies of isolated choroid plexus to the standing gradient hypothesis. J. Neurosurg. **42**, 665–673 (1975)

POLLAY, M., KAPLAN, R.J.: Diffusion of non-electrolytes in brain tissue. Brain Res. **17**, 407–416 (1970)

POLLERI, A., PERROTTET, E., AUDIBERT, A.: Sur quelques aspects récents du mode d'action des neurohormones sur le système nerveux central. Neuropsychobiology **4**, 26–35 (1978)

PORTE, A., KLEIN, M.J., STOECKEL M.E., STUTINSKY, F.: Sur la nature des espaces lacunaires subépendymaires observés dans l'éminence médiane du rat. C. R. Acad. Sci. [D] (Paris) **269**, 1084–1086 (1969)

PORTER, J.C., BEN-JONATHAN, N., OLIVER, C., ESKAY, R.L.: Secretion of releasing hormones and their transport from CSF to hypophysial portal blood. In: Brain-endocrine interaction II. The ventricular system in neuroendocrine mechanisms. Int. Symp. Shizuoka 1974. Knigge, K.M., Scott, D.E., Kobayashi, H., Tshii, S. (eds.), pp. 295–305. Basel: Karger 1975

PORTER, J.C., BEN-JONATHAN, N., OLIVER, C., ESKAY, R.L., WINTERS, A.J.: Interrelationship of CSF, hypophysial portal vessels, and hypothalamus and their role in the regulation of anterior pituitary function. In: Neuroendocrine regulation of fertility. Int. Symp. Simla 1974. Anand Kumar, T.C. (ed.), pp. 71–79. Basel: Karger 1976

PORTER, J.C., KAMBERI, I.A., GRAZIA, Y.R.: The hypophysial portal vasculature and its role in the transfer of hypophysiotropic substances. In: The regulation of mammalian reproduction. Segal, S.J., Crozier, R., Corfman, P.A., Condlife, P.G. (eds.), pp. 39–44. Springfield, Ill.: Thomas 1973

PORTER, J.C., KAMBERI, I.A., ONDO, J.G.: Role of biogenic amines and cerebrospinal fluid in the neurovascular transmittal of hypophysiotrophic substances. In: Brain-endocrine interaction. Median eminence: structure and function. Int. Symp. Munich 1971. Knigge, K.M., Scott, D.E., Weindl, A. (eds.), pp. 245–253. Basel: Karger 1972

POVLISHOCK, J.T., BECKER, D.P.: The transport of horseradish peroxidase across the brain stem vasculature of normal and mechanically brain injured cats. Anat. Rec. **187**, 868 (1977)

POVLISHOCK, J.T., KRIEBEL, R.M., SEIBEL, H.R.: A light and electron microscopic study of the pineal gland of the ground squirrel, *Citellus tridecemlineatus*. Am. J. Anat. **143**, 465–484 (1975)

POVLISHOCK, J.T., MARTINEZ, A.J., MOOSSY, J.: The fine structure of blood vessels of the telencephalic germinal matrix in the human fetus. Am. J. Anat. **149**, 439–452 (1977)

PRASADA RAO, P.D., HARTWIG, H.G.: Monoaminergic tracts of the diencephalon and innervation of the pars intermedia in *Rana temporaria*. A fluorescence and microspectrofluorimetric study. Cell Tissue Res. **151**, 1–26 (1974)

PRATHER, J.W., WRIGHT, E.M.: Molecular and kinetic parameters of sugar transport across the frog choroid plexus. J. Membr. Biol. **2**, 150–172 (1970)

PRIVAT, A.: Cellules riches en glycogène dans l'épendyme du ventricule latéral du cerveau de rat. Etude au microscope optique et électronique. Z. Zellforsch. **123**, 356–368 (1972)

PRIVAT, A.: The ependyma and subependymal layer of the young rat: a new contribution with freeze-fracture. Neuroscience **2**, 447–457 (1977)

PRIVAT, A., LEBLOND, C.P.: The subependymal layer and neighboring region in the brain of the young rat. J. Comp. Neurol. **146**, 277–302 (1972)

PROP, N.: Lipids in the pineal body of the rat. In: Structure and function of the epiphysis cerebri. Ariëns Kappers, J., Schadé, J.P. (eds.). Prog. Brain Res. **10**, 454–464 (1965)

PROP, N., EBELS, I.: Effects of sheep and young calf pineal extracts and continuous light on the pineal gland, the gonads and the oestrous cycle of the rat. Acta Endocrinol. (Kbh.) **57**, 585–594 (1968)

PROSENZ, P.: Über Veränderungen des Liquor-Aminosäurespektrums bei medikamentöser Belastung. Z. Nervenheilkd. (Wien) [Suppl.] **1**, 136–141 (1966)

PRUDY, J.L.: Blood-brain barrier: selective changes during maturation. Neuroscience **1**, 125–129 (1976)

PURKINJE, J.: Über Flimmerbewegungen im Gehirn. Müllers Arch. Anat. Physiol. **3**, 289–290 (1836)

Putnam, T.J.: The intercolumnar tubercle: an undetermined area in the anterior wall of the third ventricle. Bull. Johns Hopkins Hosp. **33**, 181–182 (1922)

Puusepp. L., Voss, H.E.V.: Studien über das Subcommissuralorgan. I. Das Subcommissuralorgan beim Menschen. Fol. Neuropathol. Eston. **2**, 13–21 (1924)

Pysh, J.J.: The postnatal development of the extracellular space in rat inferior colliculus: an electron microscopic study. Ph. D. Thesis, Northwestern University 1967

Quay, W.B.: Volumetric and cytologic variation in the pineal body of *Peromyscus leucopus* (Rodentia) with respect to sex, captivity, and day-length. J. Morphol. **98**, 471–495 (1956)

Quay, W.B.: Striated muscle in the mammalian pineal organ. Anat. Rec. **133**, 57–64 (1959)

Quay, W.B.: Photic modification of mammalian pineal weight and composition and its anatomical basis. Anat. Rec. **139**, 265–266 (1961)

Quay, W.B.: Circadian rhythm in rat pineal serotonin and its modifications by estrous cycle and photoperiod. Gen. Comp. Endocrinol. **3**, 473–479 (1963)

Quay, W.B.: Circadian and estrous rhythms in pineal melatonin and 5-hydroxyindole-3-acetic acid. Proc. Soc. Exp. Biol. Med. **115**, 710–713 (1964)

Quay, W.B.: Histological structure and cytology of the pineal organ in birds and mammals. In: Structure and function of the epiphysis cerebri. Ariëns Kappers, J., Schadé, J.P. (eds.). Prog. Brain. Res. **10**, 49–86 (1965)

Quay, W.B.: Retinal and pineal hydroxyindole-O-methyl transferase activity in vertebrates. Life Sci. **4**, 983–991 (1965b)

Quay, W.B.: Regional differences in metabolism and compositon of choroid plexus. Brain Res. **2**, 378–389 (1966a)

Quay, W.B.: Rhythmic and light-induced changes in levels of pineal 5-hydroxyindoles in the pigeon (*Columba livia*). Gen. Comp. Endocrinol. **6**, 371–377 (1966b)

Quay, W.B.: A mid-aqueductal ependymal organ in the brain of the hyrax (*Procavia capensis*). J. Comp. Neurol. **142**, 249–256 (1971)

Quay, W.B.: Retrograde perfusions of the pineal region and the question of pineal vascular routes to brain and choroid plexuses. Am. J. Anat. **137**, 387–402 (1973)

Quay, W.B.: Pineal canaliculi: demonstration, twenty-four hour rhythmicity and experimental modification. Am. J. Anat. **139**, 81–93 (1974a)

Quay, W.B.: Pineal chemistry. Springfield: Thomas 1974b

Quay, W.B.: Seasonal cycle and physiological correlates of pinealocyte nuclear and nucleolar diameters in the bats, *Myotis lucifugus* and *Myotis sodalis*. Gen. Comp. Endocrinol. **29**, 369–375 (1976)

Quay, W.B., Bagnara, J.T.: Relative potencies of indolic and related compounds in the body lightening reaction of larval *Xenopus*. Arch. Int. Pharmacodyn. **150**, 137–143 (1964)

Quay, W.B., Jongkind, J.F., Ariëns Kappers, J.: Localizations and experimental changes in monoamines of the reptilian pineal complex studied by fluorescence histochemistry. Anat. Rec. **157**, 304–305 (1967)

Quay, W.B., Renzoni, A., Eakin, R.M.: Pineal ultrastructure in *Melopsittacus undulatus* with particular regard to cell types and functions. Riv. Biol. **61**, 371–393 (1968)

Quinton, P.M., Wright, E.M., Tormey, J.McD.: Localization of sodium pumps in the choroid plexus epithelium. J. Cell Biol. **58**, 724–730 (1973)

Qureshi, M.A., Swarup, H., Qureshi, T.A.: Caudal neurosecretory system and the neurohemal organ of *Tor tor* (Ham.). Anat. Anz. **143**, 183–191 (1978)

Rabl, R.: Struktur und Reaktionen der Area postrema beim Menschen. Acta Neuroveg. (Wien) **27**, 241–260 (1965)

Rabl, R.: Das Subfornikalorgan des Menschen. J. Hirnforsch. **8**, 529–545 (1966)

Rabl-Rückart, H.: Zur onto- und phylogenetischen Entwicklung des Torus longitudinalis im Mittelhirn der Knochenfische. Anat. Anz. **2**, 549–551 (1887)

Rahmann, H.: Darstellung des intraneuronalen Proteintransports vom Auge in das Tectum opticum und die Cerebrospinalflüssigkeit von Teleosteern nach intraocularer Injektion von ^{3}H-Histidin. Naturwissenschaften **54**, 174–175 (1967)

Raimondi, A.J., Lawson, R.F., McLone, D.G.: Hydrocephalus 3, a murine mutant: Alterations in fine structure of choroid plexus and ependyma. Dev. Med. Child Neurol. **14** [Suppl. 27], 154–155 (1972)

Raisman, G.: Degeneration and regeneration of synapses. In: Structure and function of nervous tissue. Bourne G. (ed.), Vol. IV. New York: Academic Press 1972

RAISMAN, G.: Research reports. Electron microscopic studies of the development of new neurohaemal contacts in the median eminence of the rat after hypophysectomy. Brain Res. **55**, 245–261 (1973)

RAKIC, P.: Mesocoelic recess in the human brain. Neurology (Minneap.) **15**, 708–715 (1965)

RAKIC, P.: Mode of cell migration to the superficial layers of fetal monkey neocortex. J. Comp. Neurol. **145**, 61–84 (1972)

RAKIC, P., SIDMAN, R.L.: Subcommissural organ and adjacent ependyma: Autoradiographic study of their origin in the mouse brain. Am. J. Anat. **122**, 317–336 (1968)

RALL, D.P.: Transport through ependymal linings. In: Brain barrier systems. Lajtha, A., Ford, D.H. (eds.). Prog. Brain Res. **29**, 159–172 (1968)

RALL, D.P., OPPELT, W.W., PATLAK, C.S.: Extracellular space of the brain as determined by diffusion of inulin from the ventricular system. Life Sci. **2**, 43–48 (1962)

RALPH, C.L., DAWSON, D.C.: Failure of the pineal body of two species of birds *(Coturnix coturnix japonica* and *Passer domesticus)* to show electrical responses to illumination. Experientia **24**, 147–148 (1968)

RAMEY, B.A., BIRGE, W.J.: Development of cerebrospinal fluid and the blood-cerebrospinal fluid barrier in rabbits. Dev. Biol. **68**, 292–298 (1979)

RAMÓN Y CAJAL, S.: A quelle époque apparaissent les expansions des cellules nerveuses de la moëlle épinière du poulet? Anat. Anz. **5**, (1890) 609–613, 631–639.

RAMÓN Y CAJAL, S.: Histologie du système nerveux de l'homme et des vertébrés, Vol. II. Paris: Maloine 1911

RANSON, S.W., BILLINGSLEY, P.R.: Vasomotor reactions from stimulation of the floor of the fourth ventricle. Studies on the vasomotor reflex areas. Am. J. Physiol. **41**, 83–90 (1916)

RAPOPORT, S.I.: Blood-brain barrier in physiology and medicine. New York: Raven Press 1976a

RAPOPORT, S.I.: Opening of the blood-brain barrier by acute hypertension. Exp. Neurol. **52**, 467–479 (1976b)

RAPOPORT, S.I.: Osmotic opening of the blood-brain barrier. Ciba Found. Symp. **56**, 237–255 (1978)

RAPOPORT, S.I., OHNO, K., FREDERICKS, W.R., PETTIGREU, K.D.: Regional cerebrovascular permeability to [^{14}C]sucrose after osmotic opening of the blood-brain barrier. Brain Res. **150**, 653–657 (1978)

RAPRÄGER, E.J.: Fluoreszenzmikroskopische Untersuchungen über das Verhalten von DANS-markiertem Phenylalanin im Gehirn der Wistarratte nach intraventrikulärer Applikation. Z. Zellforsch. **141**, 123–144 (1973)

RAPRÄGER, E.J., RÖDER, B.: The fate of N-dansyl-L-phenylanine in the cerebrospinal fluid after intraventricular and intracisternal injection. Cell Tissue Res. **164**, 251–260 (1975)

RAUBER, A.: Die letzten spinalen Nerven und Ganglien. Gegenbaurs Morphol. Jahrb. **3**, 603–624 (1877)

RAVIOLA, E., RAVIOLA, G.: Histochemistry of the rat neurohypophyseal pituicyte lipid granules. Autoxidation of unsaturated fats during fixation. J. Histochem. Cytochem. **11**, 176–187 (1963)

REED, B.L.: The control of circadian pigment changes in the pencil fish: A porposed role for melatonin. Life Sci. **7**, 961–973 (1968)

REESE, T.S., BRIGHTMAN, M.W.: Similarity in structure and permeability to peroxidase of epithelia overlying fenestrated cerebral capillaries. Anat. Rec. **160**, 414 (1968)

REESE, T.S., KARNOVSKY, M.J.: Fine structural localisation of a blood-brain barrier to exogenous peroxidase. J. Cell Biol. **34**, 207–217 (1967)

REICHOLD, S.: Untersuchungen über die Morphologie des subfornikalen und des subkommissuralen Organs bei Säugetieren und Sauropsiden. Z. Mikrosk. Anat. Forsch. **52**, 455–479 (1942)

REID, I.A., RAMSAY, D.J.: The effects of intracerebroventricular administration of renin on drinking and blood pressure. Endocrinology **97**, 536–542 (1975)

REINHARDT, H.F., HENNING, L.C., ROHR, H.P.: Morphometrisch-ultrastrukturelle Untersuchungen am Hypophysenhinterlappen der Ratte nach Dehydration. Z. Zellforsch. **102**, 182–192 (1969)

REINHARZ, A.C., VALLOTTON, M.B.: Presence of two neurophysins in the human pineal gland. Endocrinology **100**, 994–1001 (1977)

REISSNER, E.: Beiträge zur Kenntnis vom Bau des Rückenmarks von *Petromyzon fluviatilis* L. Arch. Anat. Physiol. 1860, 545–588

REITER, R.J.: Morphological studies on the reproductive organs of blinded male hamsters and the effect of pinealectomy and superior cervical ganglionectomy. Anat. Rec. **160**, 13–24 (1968)

REITER, R.J.: Pineal function in long term blinded male and female golden hamsters. Gen. Comp. Endocrinol. **12**, 460–468 (1969)

REITER, R.J.: Evidence for refractoriness of the pituitary-gonadal axis to the pineal gland in golden hamsters and its possible implications in annual reproductive rhythms. Anat. Rec. **173**, 365–372 (1972)

REITER, R.J.: Comparative physiology: pineal gland. Ann. Rev. Physiol. **35**, 305–328 (1973a)

REITER, R.J.: Pineal control of a seasonal reproductive rhythm in male golden hamsters exposed to natural daylight and temperature. Endocrinology **92**, 423–430 (1973b)

REITER, R.J.: Involvement of pineal indoles and polypeptides with the neuroendocrine axis. In: Drug effects on neuroendocrine regulation. Zimmermann, E., Gispen, W.H., Marks, B.H., de Wied, D. (eds.). Prog. Brain Res. **39**, 281–287 (1973c)

REITER, R.J.: Pineal regulation of hypothalamic-pituitary axis: gonadotrophins. In: Handbook of physiology-endocrinology, Vol. IV, pp. 519–550. Washington: Am. Physiological Society 1974

REITER, R.J.: Regulation of pituitary gonadotropins by the mammalian pineal gland. In: Neuroendocrine regulation of fertility. Int. Symp. Simla 1974. Anand Kumar, T.C. (ed.), pp. 215–226. Basel: Karger 1976

REITER, R.J., BLASK, P.E., JOHNSON, L.Y., RUDEN, P.K., VAUGHAN, M.K., WARING, P.J.: Melatonin inhibiton of reproduction in the male hamster: its dependence on time of day of administration and on an intact and sympathetically innervated pineal gland. Neuroendocrinology **22**, 107–116 (1977)

REITER, R.J., BLASK, D.E., VAUGHAN, M.K.: A counter antigonadotropic effect of melatonin in male rats. Neuroendocrinology **19**, 72–80 (1975a)

REITER, R.J., HEDLUND, L.: Peripheral sympathetic innervation of the deep pineal gland of the golden hamster. Experientia **32**, 1071–1072 (1976)

REITER, R.J., HESTER, R.J.: Interrelationships of the pineal gland, the superior cervical ganglia and the photoperiod in the regulation of the endocrine systems of hamsters. Endocrinology **79**, 1168–1170 (1966)

REITER, R.J., JOHNSON, L.Y.: Depressant action of the pineal gland on pituitary luteinizing hormone and prolactin in male hamsters. Horm. Res. **5**, 311–320 (1974a)

REITER, R.J., JOHNSON, L.Y.: Elevated pituitary LH and depressed pituitary prolactin levels in female hamsters with pineal-induced gonadal atrophy and the effects of chronic treatment with synthetic LRF. Neuroendocrinology **14**, 310–320 (1974b)

REITER, R.J., LUKASZYK, A.J., VAUGHAN, M.K., BLASK, D.E.: New horizons in pineal research. Am. Zool. **16**, 93–101 (1976a)

REITER, R.J., SORRENTINO, S., JR.: Prevention of pineal-mediated reproductive responses in light-deprived hamsters by partial or total isolation of the medial basal hypothalamus. J. Neuro-Visc. Relat. **32**, 355–367 (1972)

REITER, R.J., SORRENTINO, S., JR., JARROW, E.L.: Central and peripheral pathways necessary for pineal function in the adult female rat. Neuroendocrinology **8**, 321–333 (1971)

REITER, R.J., VAUGHAN, M.K., BLASK, D.E.: Possible role of the cerebrospinal fluid in the transport of pineal hormones in mammals. In: Brain-endocrine interaction II. The ventricular system in neuroendocrine mechanisms. Int. Symp., Shizuoka 1974. Knigge, K.M., Scott, D.E., Kobayashi, H., Ishii, S. (eds.), pp. 337–354. Basel: Karger 1975b

REITER, R.J., VAUGHAN, M.K., BLASK, D.E., JOHNSON, L.Y.: Melatonin: its inhibition of pineal antigonadotrophic activity in male hamsters. Science **185**, 1169–1171 (1974)

REITER, R.J., VAUGHAN, M.K., BLASK, D.E., JOHNSON, L.Y.: Pineal methoxyindoles: new evidence concerning their function in the control of pineal-mediated changes in the reproductive physiology of male golden hamsters. Endocrinology **96**, 206–213 (1975c)

REITER, R.J., VAUGHAN, M.K., RUDEEN, P.K., PHILO, R.C.: Melatonin induction of testicular recrudescence in hamsters and its subsequent inhibitory action on the antigonadotrophic influence of darkness on the pituitary-gonadal axis. Am. J. Anat. **147**, 235–242 (1976c)

REITER, R.J., WELSH, M.G., VAUGHAN, M.K.: Age-related changes in the intact and sympathetically denervated gerbil pineal gland (1). Am. J. Anat. **146**, 427–432 (1976b)

RENNELS, E.G., DRAGER, G.A.: The relationship of pituicytes to neurosecretion. Anat. Rec. **122**, 193–204 (1955)

REPCIUC, E., NICOLESCU, P., MESTES, E.: Das elektronenoptische Bild der Spezialgefäße des Hypophysenstieles des Menschen. Anat Anz. **127**, 176–188 (1970)

Retzius, G.: Studien über Ependym und Neuroglia. Biol. Unters. (Stockh.) **5**, 9–26 (1893)

Reuck, J. de: The human periventricular arterial blood supply and the anatomy of cerebral infarctions. Eur. Neurol. **5**, 321–334 (1971)

Revel, J.P.: Electron microscopy of glycogen. J. Histochem. Cytochem. **12**, 104–114 (1964)

Revel, J.P., Napolitano, L.: The fine structure of the glycogen body. Anat. Rec. **136**, 264 (1960)

Revel, J.P., Napolitano, L., Fawcett, D.W.: Identification of glycogen in electron micrographs of thin tissue sections. J. Biophys. Biochem. Cytol. **8**, 575–589 (1960)

Revel, J.P., Yip, P., Chang, L.L.: Cell junctions in the early chick embryo – A freeze etch study. Dev. Biol. **35**, 302–317 (1973)

Reyners, H., de Reyners, E.G., Jadin, J.M., Maisin, J.R.: An ultrastructural quantitative method for the evaluation of the permeability to horseradish peroxidase of cerebral cortex endothelial cells of the rat. Cell Tissue Res. **157**, 93–99 (1975)

Ribas, J.L.: Morphological evidence for a possible functional role of supra-ependymal nerves on ependyma. Brain Res. **125**, 362–368 (1977a)

Ribas, J.L.: The rat epithalamus. I. Correlative scanning – transmission electron microscopy of supraependymal nerves. Cell Tissue Res. **182**, 1–16 (1977b)

Richards, J.G.: Autoradiographic evidence for the effects of specific uptake-inhibitors on the selective accumulation of (3H)-5-HT by supra-ependymal nerve terminals and for the localization of binding sites for (3H)-DLSD. Br. J. Pharmacol. **58**, 424P–425P (1976)

Richards, J.G.: Autoradiographic evidence for the selective accumulation of (3H)5-HT by supraependymal nerve terminals. Brain Res. **134**, 151–157 (1977)

Richards, J.G., Lorez, H.P., Pieri, L.: Supra-ependymal serotonergic nerve fibres in rat brain: selective demonstration, distribution and origin. Experientia **31**, 745 (1975)

Richards, J.G., Lorez, H.P., Tranzer, J.-P.: Indolealkylamine nerve terminals in cerebral ventricles: Identification by electron microscopy and fluorescence histochemistry. Brain Res. **57**, 277–288 (1973)

Richards, J.G., Tranzer, J.-P.: The ultrastructural localization of amine storage sites in the central nervous system with the aid of a specific marker, 5-hydroxydopamine. Brain Res. **17**, 463–469 (1970)

Richards, J.G., Tranzer, J.-P.: The characterization of monoaminergic nerve terminals in the brain by fine structural cytochemistry. In: Neurosecretion – The final neuroendocrine pathway. Int. Symp. London 1973. Knowles, F., Vollrath, L. (eds.), pp. 246–259. Berlin, Heidelberg, New York: Springer 1974a

Richards, J.G., Tranzer, J.-P.: Ultrastructural evidence for the localization of an indolealkylamine in the supraependymal nerve terminals from combined cytochemistry and pharmacology. Experientia **30**, 287–289 (1974b)

Richardson, J.S., Jacobowitz, D.M.: Depletion of brain norepinephrine by intraventricular injection of 6-hydroxydopa: a biochemical, histochemical and behavioral study in rats. Brain Res. **58**, 117–133 (1973)

Richter, W., Heinrich, D.: Über die postnatale mitotische Aktivität in einigen Matrixzonen des Diencephalons von *Lebistes reticulatus* (Teleostei) in Abhängigkeit vom Lebensalter. Z. Mikrosk. Anat. Forsch. **80**, 433–449 (1969)

Richter, W., Kranz, D.: Die Abhängigkeit der DNS-Synthese in den Matrixzonen des Mesencephalons vom Lebensalter der Versuchstiere (*Lebistes reticulatus* – Teleostei). Autoradiographische Untersuchungen. Z. Mikrosk. Anat. Forsch. **82**, 76–92 (1970)

Rinne, U.K.: Ultrastructure of the median eminence of the rat. Z. Zellforsch. **74**, 98–122 (1966)

Rinne, U.K., Kivalo, E.: Maturation of hypothalamic neurosecretion in rat, with special reference to the neurosecretory material passing into the hypophysial portal system. Acta Neuroveg. (Wien) **27**, 166–183 (1965)

Rioch, D. McK., Wislocki, G.B., O'Leary, J.L.: A précis of preoptic, hypothalamic and hypophysial terminology with atlas. Proc. Assoc. Res. Nerv. Ment. Dis. **20**, 3–30 (1940)

Río-Hortega, P. del: El "tercer elemento" de los centros nerviosos. Bol. Soc. Españ. Biol. **9**, 68–120 (1919)

Río-Hortega, P. del: Histogénesis y evolución normal; éxodo y distribución regional de la microglía. Arch. Neurobiol. (Madr.) **2**, 212–255 (1921)

Río Hortega, P. del: Constitución histológica de la glándula pineal. Arch. Neurol. **3**, 359–389 (1922)

Río Hortega, P. del: Microglia. In: Cytology and cellular pathology of the nervous system. Penfield, W. (ed.), pp. 481–534. New York: Hoeber 1932

Ritter, S., Stein, L.: Self-stimulation of the noradrenergic cell group (A6) in locus coeruleus of rats. J. Comp. Physiol. Psychol. **85**, 443–452 (1973)

Rivera-Pomar, J.M.: Die Ultrastruktur der Kapillaren in der Area postrema der Katze. Z. Zellforsch. **75**, 542–554 (1966)

Robert, A.M., Godeau, G.: Action of proteolytic and glycolytic enzymes on the permeability of the blood-brain barrier. Biomedicine **21**, 36–39 (1974)

Robertis, E. de, Pellegrino de Iraldi, A.: Plurivesicular secretory process and nerve endings in the pineal gland of the rat. J. Biophys. Biochem. Cytol. **10**, 361–372 (1961)

Roberts, A.: Neuronal growth cones in an amphibian embryo. Brain Res. **118**, 526–530 (1976)

Robertson, A., Kucharczyk, J., Mogenson, G.J.: Subfornical organ: a site of brain self-stimulation. Brain Res. **114**, 511–516 (1976)

Robinson, A.G., Zimmerman, E.A.: Cerebrospinal fluid and ependymal neurophysin. J. Clin. Invest. **52**, 1260–1267 (1973)

Rodin, A.E., Turner, R.A.: The relationship of intravesicular granules to the innervation of the pineal gland. Lab. Invest. **14**, 1644–1651 (1965)

Rodin, A.E., Turner, R.A.: The perivascular space of the pineal gland. Tex. Rep. Biol. Med. **24**, 153–163 (1966)

Rodríguez, E.M.: Neurosecretory system of the toad *Bufo arenarum* Hensel and its changes during inanition. Gen. Comp. Endocrinol. **4**, 684–695 (1964)

Rodríguez, E.M.: Differences between median eminence and neural lobe in amphibians. Z. Zellforsch. **74**, 308–316 (1966)

Rodríguez, E.M.: Light and electron microscopy of granules in the toad choroid plexus. Z. Zellforsch. **82**, 362–375 (1967)

Rodríguez, E.M.: Ultrastructure of the neurohaemal region of the toad median eminence. Z. Zellforsch. **93**, 182–212 (1969)

Rodríguez, E.M.: Ependymal specializations. I. Fine structure of the neural (internal) region of the toad median eminence, with particular reference to the connections between the ependymal cells and the subependymal capillary loops. Z. Zellforsch. **102**, 153–171 (1969)

Rodríguez, E.M.: Ependymal specializations. II. Ultrastructural aspects of the apical secretion of the toad subcommissural organ. Z. Zellforsch. **111**, 15–31 (1970a)

Rodríguez, E.M.: Ependymal specializations. III. Ultrastructural aspects of the basal secretion of the toad subcommissural organ. Z. Zellforsch. **111**, 32–50 (1970b)

Rodríguez, E.M.: Morphological and functional relationship between the hypothalamo-neurohypophysial system and cerebrospinal fluid. In: Aspects of neuroendocrinology. V. International Symposium on Neurosecretion, Kiel 1969. Bargmann, W., Scharrer, B. (eds.), pp. 352–365. Berlin, Heidelberg, New York: Springer 1970c

Rodríguez, E.M.: The comparative morphology of neural lobes of species with different neurohypophysial hormones. In: Subcellular organization and function in endocrine tissues. Heller, H., Lederis, K. (eds.), pp. 263–292. Memoirs of the Society for Endocrinology No. 19. Cambridge: University Press 1971

Rodríguez, E.M.: Comparative and functional morphology of the median eminence. In: Brain-endocrine interaction. Median eminence: structure and function. Int. Symp. Munich 1971. Knigge, K.M., Scott, D.E., Weindl, A. (eds.), pp. 319–334. Basel: Karger 1972

Rodríguez, E.M.: The cerebrospinal fluid as a pathway in neuroendocrine integration. J. Endocrinol. **71**, 407–443 (1976)

Rodríguez, E.M., Dellmann, H.D.: Hormonal content and ultrastructure of the disconnected neural lobe of the grass frog (*Rana pipiens*). Gen. Comp. Endocrinol. **15**, 272–288 (1970)

Rodríguez, E.M., Heller, H.: Antidiuretic activity and ultrastructure of the toad choroid plexus. J. Endocrinol. **46**, 83–91 (1970)

Rodríguez, E.M., la Pointe, L.: Histology and ultrastructure of the neural lobe of the lizard, *Klauberina riversiana*. Z. Zellforsch. **95**, 37–57 (1969)

Rodríguez, E.M., Larsson, L., Meurling, P.: Control of the pars intermedia of the lizard, *Anolis carolinensis*. I. Ultrastructure of the intact neural lobe. Cell Tissue Res. **186**, 241–258 (1978)

Rodriguez Perez, A.P.: Contribución al conocimiento de la inervación de las glándulas endocrinas. IV. Primeros resultados experimentales en torno a la inervación de la epifisis. Trab. Inst. Cajal Invest. Biol. **54**, 225–236 (1962)

Röhlich, P., Vigh, B., Teichmann, I., Aros, B.: Electron microscopy of the median eminence of the rat. Acta Biol. Acad. Sci. Hung. **15**, 431–457 (1965)

Röhlich, P., Wenger, T.: Elektronenmikroskopische Untersuchungen am Organon vasculosum laminae terminalis der Ratte. Z. Zellforsch. **102**, 483–506 (1969)

Roessmann, U., Friede, R.L.: Entry of labeled monocytic cells in the central nervous system. Acta Neuropathol. (Berl.) **10**, 359–362 (1968)

Rohen, J.W.: Das Auge und seine Hilfsorgane. In: Handbuch der mikroskopischen Anatomie des Menschen. Möllendorf, W. von, Bargmann, W., (Hrsg.), Bd. III/4. Berlin, Göttingen, Heidelberg, New York: Springer 1964

Rohr, V.U.: Zum Feinbau des Subfornikal-Organs der Katze. I. Der Gefäßapparat. Z. Zellforsch. **73**, 246–271 (1966a)

Rohr, V.U.: Zum Feinbau des Subfornikalorgans der Katze. II. Neurosekretorische Aktivität. Z. Zellforsch. **75**, 11–34 (1966b)

Rohrschneider, I., Schinko, I.: Elektronenmikroskopische Untersuchungen an der Area postrema der Maus. Anat. Anz. **128**, Erg.-H. 123–127 (1971)

Rohrschneider, I., Schinko, I., Wetzstein, E.: Der Feinbau der Area postrema der Maus. Z. Zellforsch. **123**, 251–276 (1972)

Romeis, B.: Innersekretorische Drüsen II. Hypophyse. In: Handbuch der mikroskopischen Anatomie des Menschen. Möllendorff, W. von (Hrsg.), Bd. VI/3. Berlin: Springer 1940

Romijn, H.J.: Structure and innervation of the pineal gland of the rabbit, *Oryctolagus cuniculus* (L.), with some functional considerations. Thesis, Amsterdam 1972

Romijn, H.J.: Structure and innervation of the pineal gland of the rabbit, *Oryctolagus cuniculus* (L.). I. A light microscopic investigation. Z. Zellforsch. **139**, 473–485 (1973)

Romijn, H.J.: Structure and innervation of the pineal gland of the rabbit, *Oryctolagus cuniculus* (L.). III. An electron microscopic investigation of the innervation. Cell Tissue Res. **157**, 25–51 (1975a)

Romijn, H.J.: The ultrastructure of the rabbit pineal gland after sympathectomy, parasympathectomy, continuous illumination, and continuous darkness. J. Neural Transm. **36**, 183–194 (1975b)

Romijn, H.J.: The influence of some sympathetic, parasympathetic and serotonin-synthesis-inhibiting agents on the ultrastructure of the rabbit pineal organ. Cell Tissue Res. **167**, 167–177 (1976)

Romijn, H.J., Gelsema, A.J.: Electron microscopy of the rabbit pineal organ in vitro. Evidence of norepinephrine-stimulated secretory activity of the Golgi apparatus. Cell Tissue Res. **172**, 365–377 (1976)

Romijn, H.J., Mud, M.T., Wolters, P.S.: A pharmacological and autoradiographic study on the ultrastructural localization of indoleamine synthesis in the rabbit pineal gland. Cell Tissue Res. **185**, 199–214 (1977)

Roofe, P.G.: The histology of the paraphysis of *Ambystoma*. J. Morphol. **59**, 1–10 (1936)

Rosenberg, G.A., Wolfson, L.I., Katzman, R.: Pressure-dependent bulk flow of cerebrospinal fluid into brain. Exp. Neurol. **60**, 267–276 (1978)

Rosengren, L., Persson, L., Johansson, B.: Enhanced blood-brain barrier leakage to evans blue-labelled albumin after air embolism in ethanol-intoxicated rats. Acta Neuropathol. (Berl.) **38**, 149–152 (1977)

Ross, C.A., Trulson, M.E., Jacobs, B.L.: Depletion of brain serotonin following intraventricular 5,7-dihydroxytryptamine fails to disrupt sleep in the rat. Brain Res. **114**, 517–523 (1976)

Ross, L., Snyder, J.T., Sutin, J.: Effect of lesions of the medulla oblongata on electrolyte and water metabolism in the rat. Exp. Neurol. **4**, 424–435 (1961)

Rossi, A., Palombi, F.: The saccus vasculosus of *Anguilla anguilla* (L.) from larva to adult. I. Ultrastructural modifications of the coronet cells. Cell Tissue Res. **167**, 11–21 (1976)

Roth, G.I., Yamamoto, W.S.: The microcirculation of the area postrema in the rat. J. Comp. Neurol. **133**, 329–340 (1968)

Roth, G.I., Walton, P.L., Yamamoto, W.S.: Area postrema: Abrupt EEG synchronization following close intra-arterial perfusion with serotonin. Brain Res. **23**, 223–233 (1970)

Roth, L.J., Schoolar, J.C., Barlow, C.F.: Sulfur-35 labelled acetazolamide in cat brain. J. Pharmacol. Exp. Ther. **125**, 128–136 (1959)

ROTH, L.M., LUSE, S.A.: Fine structure of the neurohypophysis of the opossum (*Didelphis virginiana*). J. Cell Biol. **20**, 459–472 (1964)

ROUBOS, E.W., VAN MINNEN, J., WIJDENES, J., MOORER-VAN DELFT, C.M.: An ultrastructural in vitro study on the regulation of neurosecretory activity in the freshwater snail *Lymnaea stagnalis* (L.) with particular reference to caudo-dorsal cells. Cell Tissue Res. **174**, 201–219 (1976)

ROUGEMONT, J. DE, AMES III, A., NESBETT, F.B., HOFMANN, H.F.: Fluid formed by choroid plexus. A technique for its collection and a comparison of its electrolyte composition with serum and cisternal fluids. J. Neurophysiol. **23**, 485–495 (1960)

ROUSSY, G., MOSINGER, M.: Traité de neuro-endocrinologie. Paris: Masson 1946

ROUTTENBERG, A., SIMPSON, J.B.: Carbachol-induced drinking at ventricular and subfornical organ sites of application. Life Sci. **10**, 481–490 (1971)

ROUX, M., RICHOUX, J.P.: Etude ultrastructurale de l'épiphyse de lérot (*Eliomys quercinus* L.) vivant dans des conditions normales et expérimentales. J. Microsc. Biol. Cell. **22**, 33a–34a (1975)

ROUX, M., RICHOUX, J.P., DUSSART, G.: Etude ultrastructurale de l'épiphyse du lérot (*Eliomys quercinus* L.). Bull. Assoc. Anat. (Nancy) **58**, 1–12 (1974)

ROWE, V., NEALE, E.A., AVINS, L., GUROFF, G., SCHRIER, B.K.: Pineal gland cells in culture. Morphology, biochemistry, differentiation, and co-culture with sympathetic neurons. Exp. Cell Res. **104**, 345–356 (1977)

ROY, B.B.: Histological and experimental observations on the caudal neurosecretory system of some Indian fishes. Proc. Natl. Acad. Sci. India **28**, 449–477 (1962)

ROY, S., HIRANO, A., ZIMMERMAN, M.: Ultrastructural demonstration of cilia in the adult human ependyma. Anat. Rec. **180**, 547–550 (1974)

ROYCE, G.J.: Morphology of neuroglia in the hypothalamus of the opossum (*Didelphis virginiana*), armadillo (*Dasypus novemcinctus mexicanus*) and cat (*Felis domestica*). J. Morphol. **134**, 141–180 (1971)

RUDERT, H.: Das Subfornikalorgan und seine Beziehungen zu dem neurosekretorischen System im Zwischenhirn des Frosches. Z. Zellforsch. **65**, 799–804 (1965)

RUDERT, H., SCHWINK, A., WETZSTEIN, R.: Die Feinstruktur des Subfornikalorgans beim Kaninchen. I. Die Blutgefäße. Z. Zellforsch. **74**, 252–270 (1966)

RUDERT, H., SCHWINK, A., WETZSTEIN, R.: Die Feinstruktur des Subfornikalorgans beim Kaninchen. II. Das neuronale und gliale Gewebe. Z. Zellforsch. **88**, 145–179 (1968)

RUDMAN, D., CHAWLA, R.K.: Antidiuretic peptide in mammalian choroid plexus. Am. J. Physiol. **230**, 50–55 (1976)

RUDOLPH, G., SOTELO, C.: Etude histochimique des enzymes non spécifiques et des deshydrogénases spécifiques dans les plexus choroïdes et l'épendyme chez le rat. Ann. Histochim. 7 (4), 57–64 (1962)

RUDY, T.A., WOLF, H.H.: Effect of intracerebral injection of carbamylcholine and acetylcholine on temperature regulation in the cat. Brain Res. **38**, 117–130 (1972)

RÜBBEN, H., KAHLMEYER, B., STURM, K.W.: Die Oberflächendifferenzierung der Hirnventrikel unter Einwirkung von Cytostatica und Steroidhormonen (Vortrag). 22. Jahrestagung der Deutschen Gesellschaft für Neuropathologie und Neuroanatomie, Tübingen 17.–19. Oktober 1977

RÜDEBERG, C.: Electron microscopical observations on the pineal organ of the teleosts *Mugil duratus* (Risso) and *Uranoscopus scaber* (Linné). Pubbl. Staz. Zool. Napoli **35**, 47–60 (1966)

RÜDEBERG, C.: Structure of the pineal organ of the sardine, *Sardina pilchardus sardina* (Risso) and some further remarks on the pineal organ of *Mugil* spp. Z. Zellforsch. **84**, 219–237 (1968a)

RÜDEBERG, C.: Receptor cells in the pineal organ of the dogfish *Scyliorhinus canicula* Linné. Z. Zellforsch. **85**, 521–526 (1968b)

RÜDEBERG, C.: Structure of the parapineal organ of the adult trout, *Salmo gairdneri* Richardson. Z. Zellforsch. **93**, 282–304 (1969a)

RÜDEBERG, C.: Light and electron microscopic studies on the pineal organ of the dogfish, *Scyliorhinus canicula* L. Z. Zellforsch. **96**, 548–581 (1969b)

RÜDEBERG, C.: Structure of the pineal organ of *Anguilla anguilla* L. and *Lebistes reticulatus* Peters (Teleostei). Z. Zellforsch. **122**, 227–243 (1971)

RÜHLE, H.J.: Anomalien im Wachstum der Achsenorgane nach experimenteller Ausschaltung des Komplexes Subcommissuralorgan-Reissnerscher Faden. Untersuchungen am Rippenmolch [*Pleurodeles waltli* Michah (1830)]. Acta Zool. **52**, 23–68 (1971)

Rühle, H.-J.: Anomalies in the normogenetic growth extension of the axial organs caused by the absence of the liquor fibre from the central canal of the spinal cord. In: Circumventriculäre Organe. Leopoldina-Symp., Schloß Reinhardsbrunn 1975. Sterba, G., Bargmann, W. (Hrsg.). Nova Acta Leopoldina, Suppl. 9, S. 130–144. Halle: Deutsche Akademie der Naturforscher 1977

Rufener, C.: Autophagy of secretory granules in the rat neurohypophysis. Neuroendocrinology 13, 314–320 (1974)

Saavedra, J.M., Brownstein, M.J., Kizer, J.S., Palkovits, M.: Biogenic amines and related enzymes in the circumventricular organs of the rat. Brain Res. 107, 412–417 (1976)

Sakumoto, T., Tohyama, M., Satoh, K., Itakura, T., Yamamoto, K., Kinulagsa, T., Tanizawa, O., Kurachi, K., Shimizu, N.: Fine structure of noradrenaline containing nerve fibers in the median eminence of female rat demonstrated by in situ fixation of potassium permanganate. J. Hirnforsch. 18, 521–530 (1977)

Saland, L.C., Evan, A.P., Demski, L.S.: Ultrastructure of ependymal cells of the shark median eminence. Anat. Rec. 178, 657–666 (1973)

Samarasinghe, D.D., Delahunt, B.: A unique supraependymal cell in the pineal recess of the brush-tailed possum, Trichosurus vulpecula. J. Anat. 124, 513–514 (1977)

Samuelsson, B., Fernholm, B., Fridberg, G.: Light microscopic studies on the nucleus lateralis tuberis and the pituitary of the roach, Leuciscus rutilus, with reference to the nucleus-pituitary relationship. Acta Zool. (Stockh.) 49, 141–153 (1968)

Sandri, C., Akert, I., Bennett, M.V.: Junctional complexes and variations in gap junctions between spinal cord ependymal cells of a teleost, Sternarchus albifrons (Gymnotoidei). Brain Res. 143, 27–41 (1978)

Sandri, C., van Buren, J.M., Akert, K.: Membrane morphology of the vertebrate nervous system. A study with freeze-etch technique. Prog. Brain Res. 46, 1–384 (1977)

Sanides, F.: Die Insulae terminales des Erwachsenengehirns des Menschen. J. Hirnforsch. 3, 243–273 (1957)

Sano, Y.: Über die Neurophysis (sog. Kaudalhypophyse, „Urohypophyse") des Teleostiers Tinca vulgaris. Z. Zellforsch. 47, 481–497 (1958a)

Sano, Y.: Weitere Untersuchungen über den Feinbau der Neurophysis spinalis caudalis. Z. Zellforsch. 48, 236–260 (1958b)

Sano, Y.: Das caudale neurosekretorische System bei Fischen. Ergeb. Biol. 24, 101–212 (1961)

Sano, Y., Hartmann, F.: Zur vergleichenden Histologie von Neurophysis spinalis caudalis und Neurohypophyse. Z. Zellforsch. 48, 538–547 (1958)

Sano, Y., Iida, T., Takemoto, S.: Weitere elektronenmikroskopische Untersuchungen am caudalen neurosekretorischen System von Fischen. Z. Zellforsch. 75, 328–338 (1966)

Sano, Y., Kawamoto, M.: Entwicklungsgeschichtliche Beobachtungen an der Neurophysis spinalis caudalis von Lebistes reticulatus Peters. Z. Zellforsch. 51, 56–64 (1959)

Sano, Y., Kawamoto, M.: Histologische Untersuchungen endozellulärer Kapillaren neurosekretorischer Zellen. Z. Zellforsch. 51, 152–156 (1960)

Sano, Y., Kawamoto, M., Hamana, K.: Entwicklungsgeschichtliche Untersuchungen am kaudalen neurosekretorischen System von Salmo irideus. Acta Anat. Nippon 37, 117–125 (1962)

Sano, Y., Knoop, A.: Elektronenmikroskopische Untersuchungen am kaudalen neurosekretorischen System von Tinca vulgaris. Z. Zellforsch. 49, 464–492 (1959)

Sano, Y., Mashimo, T.: Elektronenmikroskopische Untersuchungen an der Epiphysis cerebri beim Hund. Z. Zellforsch. 69, 129–139 (1966)

Sansone, F.M., Lebeda, F.J.: A brachial glycogen body in the spinal cord of the domestic chicken. J. Morphol. 148, 23–32 (1976)

Santolaya, P.C., Rodríguez-Echandía, E.L.: The surface of the choroid plexus cells under normal and experimental conditions. Z. Zellforsch. 92, 43–51 (1968)

Sargent, P.E.: The optic reflex apparatus of vertebrates for short-circuit transmission of motor reflexes through Reissner's fibre; its morphology, ontogeny, phylogeny, and function. – The fishlike vertebrates. Bull. Mus. Comp. Zool. Harvard 45, 129–258 (1904)

Sarnat, H.B., Campa, J.F., Lloyd, J.M.: Inverse prominence of ependyma and capillaries in the spinal cord of vertebrates: a comparative histochemical study. Am. J. Anat. 143, 439–450 (1975)

Sarrat, R.: Zur Chemodifferenzierung des Rückenmarks und der Spinalganglien der Ratte. Histochemie 24, 202–213 (1970)

SATHYANESAN, A.G.: Effect of hypophysectomy and light on the subcommissural organ in some teleosts. Neuroendocrinology **1**, 178–183 (1965/66)

SATHYANESAN, A.G.: Hypothalamo-hypophysial vascularization in a teleost fish with special reference to its tetrapodan features. Acta Anat. **81**, 349–366 (1972)

SATHYANESAN, A.G., DAS, R.C.: Hypothalamo-hypophysial vascularization of the teleost, *Puntius sophore* (Ham.) with special reference to its tetrapodan features. Anat. Anz. **143**, 110–119 (1978)

SATHYANESAN, A.G., HAIDER, S.: Structure of the neurohypophysis in an Indian freshwater catfish *Rita rita* with special reference to the pituicytes and ependymal elements. Anat. Anz. **128**, 481–488 (1971)

SATHYANESAN, A.G., JOY, K.P.: Monoamine oxidase localization in the ependyma and infundibular recess in the catfish *Clarias batrachus* and its probable significance. Experientia **32**, 943–944 (1976)

SATHYANESAN, A.G., JOY, K.P.: A micromorphological and histoenzymological study on the third ventricular ependyma of the teleost *Clarias batrachus* (L.). Z. Mikrosk. Anat. Forsch. **92**, 700–722 (1978)

SATO, M., KUROTAKI, M.: Notes on the saccus vasculosus of some Japanese fishes. Jpn. J. Ichthyol. **7**, 39–44 (1958)

SAUER, F.C.: Mitosis in the neural tube. J. Comp. Neurol. **62**, 377–405 (1935)

SAUNDERS, N.R.: Ontogeny of the blood-brain barrier. Exp. Eye Res. [Suppl.] **25**, 523–550 (1977)

SAWYER, C.H., RADFORD, H.M.: Effects of intraventricular injections of norepinephrine on brain-pituitary-ovarian function in the rabbit. Brain Res. **146**, 83–93 (1978)

SCHACHENMAYR, W.: Über die Entwicklung von Ependym und Plexus chorioideus der Ratte. Z. Zellforsch. **77**, 25–63 (1967)

SCHALLY, A.U., ARIMURA, A., BOWERS, C.Y., KASTIN, A.J., SAWAND, S., REDDING, T.W.: Hypothalamic neurohormones regulating anterior pituitary function. Recent Prog. Horm. Res. **24**, 497–599 (1968)

SCHALTENBRAND, G.: Plexus und Meningen. In: Handbuch der mikroskopischen Anatomie des Menschen. Bargmann, W. (Hrsg.), Bd. IV/2. S. 1–139. Berlin, Göttingen, Heidelberg: Springer 1955

SCHARENBERG, K., LISS, L.: The histologic structure of the human pineal body. In: Structure and function of the epiphysis cerebri. Ariëns Kappers, J., Schade, J.P. (eds.). Prog. Brain Res. **10**, 193–217 (1965)

SCHARRER, E.: Ein inkretorisches Organ im Hypothalamus der Erdkröte, *Bufo vulgaris* Laur. Z. Wiss. Zool. [Abt. A] **144**, 1–11 (1933)

SCHARRER, E.: Die Bildung von Meningocyten und der Abbau von Erythrocyten in der Paraphyse der Amphibien. Z. Zellforsch. **23**, 244–252 (1936)

SCHARRER, E.: Vergleichende Untersuchungen über die zentralen Anteile des vegetativen Systems. Z. Anat. Entwickl. Gesch. **106**, 169–192 (1937)

SCHARRER, E.: The blood vessels of the saccus vasculosus. Anat. Rec. [Suppl.] **100**, 756 (1948)

SCHARRER, E.: A technique for the demonstration of the blood vessels in the developing central nervous system. Anat. Rec. **107**, 319–328 (1950)

SCHARRER, E.: Neurosecretion X. A relationship between the paraphysis and the paraventricular nucleus in the garter snake (*Thamnophis* spec.). Biol. Bull. **101**, 106–113 (1951)

SCHARRER, E.: Das Hypophysen-Zwischenhirnsystem von *Scyllium stellare*. Z. Zellforsch. **37**, 196–204 (1952)

SCHARRER, E.: Das Hypophysen-Zwischenhirnsystem der Wirbeltiere. Anat. Anz. **100**, Erg. H., 5–29 (1953)

SCHARRER, E.: Brain function and the evolution of cerebral vascularization. James Arthur lecture on the evolution of the human brain. 1960, pp. 1–32. New York: The American Museum of Natural History 1962

SCHARRER, E.: Photo-neuro-endocrine systems: general concepts. Ann. N.Y. Acad. Sci. **117**, 13–22 (1964)

SCHARRER, E.: The final common path in neuroendocrine integration. Arch. Anat. Micr. Morphol. Exper. **54**, 359–370 (1965)

SCHARRER, E., SCHARRER, B.: Neurosecretion. In: Handbuch der mikroskopischen Anatomie des Menschen Möllendorf, W. v., Bargmann, W. (Hrsg.), Bd. VI/5, S. 953–1066. Berlin, Göttingen, Heidelberg: Springer 1954

Schechter, J., Weiner, R.: Ultrastructural changes in the ependymal lining of the median eminence following intraventricular administration of catecholamine. Anat. Rec. **172**, 643–650 (1972)

Schechter, J., Yancey, B., Weiner, R.: Response of tanycytes of rat median eminence to intraventricular administration of colchicine and vinblastine. Anat. Rec. **184**, 233–250 (1976)

Scherer, E., Dodt, E.: Wellenlängenspezifische Erregungen im Parietalorgan der Wieseneidechse, *Lacerta sicula campestris* (De Betta). Pflügers Arch. **294**, 52 (1967)

Schiebler, T.H., Hartmann, J.: Histologische und histochemische Untersuchungen am neurosekretorischen Zwischenhirn-Hypophysensystem von Teleostiern unter normalen und experimentellen Bedingungen. Z. Zellforsch. **60**, 89–146 (1963)

Schiebler, T.H., Léranth, C., Zaborszky, L., Bitsch, P., Rützel, H.: On the glia of the median eminence. In: Brain-endocrine interaction. III. Neural hormones and reproduction. Int. Symp. Würzburg 1977. Scott, D.E., Kozlowski, G.P., Weindl, A. (eds.). pp. 46–56. Basel: Karger 1978

Schiebler, T.H., Mitro, A.: Über die Entwicklung des Ependyms. In: Zirkumventrikuläre Organe und Liquor. Int. Symp. Schloß Reinhardsbrunn 1968. Sterba, G. (Hrsg.), S. 219–222. Jena: Fischer 1969

Schiebler, T.H., Zaborszky, L.: On the glia of the median eminence in rats. Folia Anat. Jugosl. **4**, 65–69 (1975)

Schiebler, T.H., Zaborszky, L.: Über das Ependym und die Glia der Eminentia mediana von Ratten. In: Circumventriculäre Organe. Leopoldina-Symp. Schloß Reinhardsbrunn 1975. Sterba, G., Bargmann, W. (Hrsg.). Nova Acta Leopoldina, Suppl. 9, S. 39–43. Halle: Deutsche Akademie der Naturforscher 1977

Schimrick, K.: Zur Struktur der Ventrikelwand des menschlichen Gehirns. Anat. Anz. **115**, Erg.-H., 105–106 (1965)

Schimrigk, K.: Über die Wandstruktur der Seitenventrikel und des dritten Ventrikels beim Menschen. Z. Zellforsch. **70**, 1–20 (1966)

Schinko, I., Weindl, A.: Scanning electron microscopy of Reissner's fiber. In: Circumventriculäre Organe. Leopoldina-Symp. Schloß Reinhardsbrunn 1975. Sterba, G., Bargmann, W. (Hrsg.). Nova Acta Leopoldina, Suppl. 9, S. 169–172. Halle: Deutsche Akademie der Naturforscher 1977

Schinko, L., Rohrschneider, I., Wetzstein, R.: Elektronenmikroskopische Untersuchungen am Subfornikalorgan der Maus. Z. Zellforsch. **123**, 277–294 (1972)

Schlecht, F.: Die postembryonale mitotische Aktivität in den Endhirnmatrixzonen von *Lebistes reticulatus* (Peters 1859) (Teleostei, Pisces). Z. Mikrosk. Anat. Forsch. **81**, 221–232 (1969)

Schmidt, W.R., D'Agostino, A.N.: The subcommissural organ of the adult rabbit. An electron microscopic study. Neurology (Mineap.) **16**, 373–379 (1966)

Schmitt, D.: Über glykoproteinhaltige amöboide Zellen im embryonalen Hühnergehirn. Z. Anat. Entwickl. Gesch. **142**, 341–358 (1973)

Schneider, E.: Autofluorescierende Granula im Ependym des Recessus inframamillaris der gelben Stachelmaus (*Acomys cahirinus dimidiatus*). Z. Anat. Entwickl. Gesch. **136**, 51–58 (1972)

Schneider, E.: Über das Auftreten autofluoreszierender Granula im Ependym des Recessus inframamillaris junger Stachelmäuse (*Acomys cahirinus dimidiatus*). Anat. Anz. **134**, Erg.-H., 419–421 (1973)

Schneider, E., Blömer, A., Bock, R., Brinkmann, H., Goslar, H.-H.: Verhalten „Gomori-positiver" Granula im Infundibulum verschiedener Säugerspecies nach Adrenalektomie; zugleich ein Beitrag zur speciesdifferenten Enzymausstattung von Neurohypophyse und Ependym des III. Ventrikels. Acta Histochem. (Jena) 48, 172–190 (1974)

Schneider, H.P.G., McCann, S.M.: Mono- and indolamines and control of LH-secretion. Endocrinology **86**, 1127–1133 (1970)

Schober, F., Sterba, G.: Histochemie und Feinstruktur des Liquorfadens vom Schwein. In: Circumventriculäre Organe. Leopoldina-Symp. Schloß Reinhardsbrunn 1975. Sterba, G., Bargmann, W. (Hrsg.). Nova Acta Leopoldina, Suppl. 9, S. 145–149. Halle: Deutsche Akademie der Naturforscher 1977

Schonbach, C.: The neuroglia in the spinal cord of the newt, *Triturus viridescens*. J. Comp. Neurol. **135**, 93–120 (1969)

Schubert, P., Ladisich, W.: Autoradiographic study of the distribution pattern of intracisternally injected ^{3}H-norepinephrine in untreated rats. Psychopharmacology **15**, 289–295 (1969)

SCHUBERT, P., TESCHEMACHER, H., KREUTZBERG, G.W., HERZ, A.: Intracerebral distribution pattern of radioactive morphine and morphine-like drugs after intraventricular and intrathecal injection. Histochemie **22**, 277–288 (1970)

SCHUBERTH, J., JENDEN, D.J.: Transport of choline from plasma to cerebrospinal fluid in the rabbit with reference to the origin of choline and to acetylcholine metabolism in brain. Brain Res. **84**, 245–256 (1975)

SCHÜTTE, B.: Enzymhistochemische Untersuchungen am Subfornical- und am Subcommissuralorgan sowie an der Area postrema der Wistarratte. Acta Histochem. (Jena) **41**, 210–228 (1971)

SCHULTZ, R., BERKOWITZ, E.C., PEASE, D.C.: The electron microscopy of the lamprey spinal cord. J. Morphol. **98**, 251–274 (1956)

SCHULTZ, R.L., KARLSSON, U.L.: Brain extracellular space and membrane morphology variations with preparative procedures. J. Cell Sci. **10**, 181–195 (1972)

SCHULTZ, W.J., BROWNFIELD, M.S., KOZLOWSKI, G.P.: The hypothalamo-choroidal tract. II. Ultrastructural response of the choroid plexus to vasopressin. Cell Tissue Res. **178**, 129–141 (1977)

SCHULZ, E.: Zur postnatalen Biomorphose des Ependyms im Telencephalon von *Lacerta agilis agilis* (L.). Z. Mikrosk. Anat. Forsch. **81**, 111–152 (1969)

SCHULZ, H., SCHWARZENBERG, H., UNGER, H.: The effect of intraventricularly applied oxytocin on seizures of rabbits induced by Na-glutamate. In: Ependyma and neurohormonal regulation. Mitro, A. (ed.), pp. 269–280. Bratislava: Veda 1974

SCHWANITZ, W.: Die topographische Verteilung supraependymaler Strukturen in den Ventrikeln und im Zentralkanal des Kaninchengehirns. Z. Zellforsch. **100**, 536–551 (1969)

SCHWARTZ, P.: Amyloidosis, cause and manifestation of senile deterioration. Springfield: Thomas 1970

SCHWARZBERG, H., MIEHLKE, B., SCHULZ, H., UNGER, H.: Der Einfluß von Narkose, Jahreszeit und Geburtsvorgang auf die Oxytocinaktivität des Liquor cerebrospinalis von Kaninchen. In: Circumventriculäre Organe. Leopoldina-Symp. Schloß Reinhardsbrunn 1975. Sterba, G., Bargmann, W. (Hrsg.). Nova Acta Leopoldina, Suppl. 9, S. 229–234. Halle: Deutsche Akademie der Naturforscher 1977

SCHWARZBERG, H., SCHULZ, H., UNGER, H.: Hirnventrikelsystem und Liquorströmung bei Kaninchen. Acta Biol. Med. Ger. **26**, 341–345 (1971)

SCHWARZE, E.W.: The orgin of (Kolmer's) epiplexus cells. A combined histomorphological and histochemical study. Histochemistry **44**, 103–104 (1975)

SCHWENDMANN, G.: Zur Ultrastruktur des Organon vasculosum laminae terminalis der Ratte mit besonderer Berücksichtigung der Gefäße. Adv. Anat. Embryol. Cell Biol. **47** (3), 1–72 (1973)

SCHWINK, A., HERRLINGER, H., WETZSTEIN, R.: Ungewöhnlich segmentierte Zellkerne im Subcommissuralorgan der Maus. Naturwissenschaften **54**, 545 (1967)

SCHWINK, A., STANKA, P., WETZSTEIN, R.: Stereologie periodisch strukturierter Körper in der Umgebung bestimmter Hirngefäße (Auswertung elektronenmikroskopischer Befunde). Berichte I. Int. Kongr. f. Stereologie, Beitrag 22/1–6. Wien: Med. Akad. 1963

SCHWINK, A., WETZSTEIN, R.: Die Kapillaren im Subcommissuralorgan der Ratte. Elektronenmikroskopische Untersuchungen an Tieren verschiedenen Lebensalters. Z. Zellforsch. **73**, 56–88 (1966)

SCOTT, D.E.: Fine structural features of the neural lobe of the hypophysis of the rat with homozygous diabetes insipidus (Brattleboro strain). Neuroendocrinology 3, 156–176 (1968)

SCOTT, D.E., KNIGGE, K.M.: Ultrastructural changes in the median eminence of the rat following deafferentation of the basal hypothalamus. Z. Zellforsch. **105**, 1–32 (1970)

SCOTT, D.E., KOZLOWSKI, G.P., KROBISCH-DUDLEY, G.: A comparative ultrastructural analysis of the third cerebral ventricle of the North American mink, *Mustela vison*. Anat. Rec. **175**, 159–168 (1973a)

SCOTT, D.E., KOZLOWSKI, G.P., PAULL, W.K., RAMALINGAM, S., KROBISCH-DUDLEY, G.: Scanning electron microscopy of the human cerebral ventricular system. II. The fourth ventricle. Z. Zellforsch. **139**, 61–68 (1973b)

SCOTT, D.E., KOZLOWSKI, G.P., SHERIDAN, M.N.: Scanning electron microscopy in the ultrastructural analysis of the mammalian cerebral ventricular system. Int. Rev. Cytol. **37**, 349–388 (1974e)

SCOTT, D.E., KROBISCH-DUDLEY, G.: Ultrastructural analysis of the mammalian median eminence. 1. Morphologic correlates of transependymal transport. In: Brain-endocrine interaction II. The ventricular system in neuroendocrine mechanisms. Int. Symp. Shizuoka 1974. Knigge, K.M., Scott, D.E., Kobayashi, H., Ishii, S. (eds.), pp. 29–39. Basel: Karger 1975

Scott, D.E., Krobisch-Dudley, G., Gibbs, G., Brown, G.: The mammalian median eminence: a comparative and experimental model. In: Brain-endocrine interaction. Median eminence: structure and function. Int. Symp. Munich 1971. Knigge, K.M., Scott, D.E., Weindl, A. (eds.), pp. 35–49. Basel: Karger 1972b

Scott, D.E., Krobisch-Dudley, G., Knigge, K.M.: The ventricular system in neuroendocrine mechanisms. II. In vivo monoamine transport of ependyma of the median eminence. Cell Tissue Res. **154**, 1–16 (1974c)

Scott, D.E., Krobisch-Dudley, G., Knigge, K.M., Kozlowski, G.P.: In vitro analysis of the cellular localization of luteinizing hormone releasing factor (LRF) in the basal hypothalamus of the rat. Cell Tissue Res. **149**, 371–378 (1974a)

Scott, D.E., Krobisch-Dudley, G., Paull, W.K., Kozlowski, G.P.: The ventricular system in neuroendocrine mechanisms. III. Supraependymal neuronal networks in the primate brain. Cell Tissue Res. **179**, 235–254 (1977a)

Scott, D.E., Krobisch-Dudley, G., Paull, W.K., Kozlowski, G.P., Ribas, J.: The primate median eminence. I. Correlative scanning-transmission electron microscopy. Cell Tissue Res. **162**, 61–73 (1975)

Scott, D.E., Kutyreff, N., Paull, W.K.: Correlative scanning-transmission electron microscopy of the primate infundibular recess. Microsc. Acta **80**, 57–60 (1977b)

Scott, D.E., Paull, W.K.: Correlative scanning-transmission electron microscopic examination of the perinatal rat brain. I. The third cerebral ventricle. Cell Tissue Res. **190**, 317–336 (1978)

Scott, D.E., Paull, W.K., Kozlowski, G.P., Dudley, G.K., Knigge, K.M.: Cellular localization of thyrotropic releasing factor (TRF) after intraventricular administration. In: Neurosecretion – The final neuroendocrine pathway. Knowles, F., Vollrath, L. (eds.), pp. 165–169. Berlin, Heidelberg, New York: Springer 1974d

Scott, D.E., Paull, W.K., Krobisch-Dudley, G.: A comparative scanning electron microscopic analysis of the human cerebral ventricular system. 1. The third ventricle. Z. Zellforsch. **132**, 203–215 (1972a)

Scott, D.E., Sladek, J.R., Kozlowski, G.P., McNiel, T.H., Paull, W.K., Krobisch-Dudley, G.: Ultrastructural correlates of circumventricular organ function. I. The median eminence as a neuroendocrine transducer. In: Neuroendocrine regulation of fertility. Int. Symp. Simla 1974. Anand Kumar, T.C. (ed.), pp. 57–70. Basel: Karger 1976

Scott, D.E., Van Dyke, D.H., Paull, W.K., Kozlowski, G.P.: Ultrastructural analysis of the human cerebral ventricular system. III. The choroid plexus. Cell Tissue Res. **150**, 389–397 (1974b)

Seite, R., Mei, N., Vuillet-Luciani, J.: Effect of electrical stimulation on nuclear microfilaments and microtubules of sympathetic neurons submittet to cycloheximide. Brain Res. **50**, 419–423 (1973)

Seite, R., Vuillet-Luciani, J., Vio, M., Cataldo, C.: Sur la présence d'inclusions nucléaires dans certains neurones du noyau caudé du rat: répartition, fréquence et organisation ultra-structurale. Biol. Cell. **30**, 73–76 (1977)

Selenka, E.: Das Stirnorgan der Wirbeltiere. Biol. Zentralbl. **10**, 323–326 (1890)

Senaldi, M.: L'organo subcommessurale in *Felis catus*. Biol. Lat. (Milano) **7**, 728–748 (1954)

Serres, E.R.A.: In: Anatomie comparée du cerveau dans les quatre classes des animaux vertébrés. Vol. II. p. 127. Paris: Gabon 1827

Sétáló, G., Vigh, S., Flerkó, B.: Immunohistochemical approach to investigation of functional correlation of LHRH neurons and LH cells. Anat. Rec. **187**, 709 (1977)

Sétáló, G., Vigh, S., Schally, A.V., Arimura, A., Flerkó, B.: LH-RH-containing neural elements in the rat hypothalamus. Endocrinology **96**, 135–142 (1975)

Seto, H., Funahashi, K.: Human ependyma as a sensory organ. Arch. Histol. Jpn. **9**, 7, 131–141 (1955)

Shapiro, B.: Über die Innervation des Plexus choroideus. Z. gesamte Neurol. Psychiat. **136**, 539–547 (1931)

Sharma, S.P., Manocha, S.L.: Experimental protein malnutrition as a causative factor in the histological and histochemical disruption of the ependymal cells of the third ventricle and cervical central canal of squirrel monkeys. Z. Mikrosk. Anat. Forsch. **91**, 312–320 (1977)

SHARMA, S., SHARMA, A.: A note on the caudal neurosecretory system and seasonal changes observed in the urophysis of *Rita rita*. Can. Z. Zool. **53**, 357–360 (1975)

SHARP, P.J.: Tanycyte and vascular patterns in the basal hypothalamus of coturnix quail with reference to their possible neuroendocrine significance. Z. Zellforsch. **127**, 552–569 (1972)

SHARP, P.J., FOLLETT, B.K.: The blood supply to the pituitary and basal hypothalamus in the Japanese quail (*Coturnix coturnix japonica*). J. Anat. **104**, 227–232 (1969)

SHEIN, H.M.: Control of melatonin synthesis by noradrenaline in rat pineal organ cultures. In: The pineal gland. Ciba Foundation Symp. 1970. Wolstenholme, G.E.W., Knight, J. (eds.), pp. 197–212. Edinburgh, London: Livingstone, Churchill 1971

SHERIDAN, M.N.: Fine structure of the hamster pineal gland. Anat. Rec. **157**, 320 (1967)

SHERIDAN, M.N.: Further observations of the fine structure of the hamster pineal gland. Anat. Rec. **163**, 262 (1969)

SHERIDAN, M.N.: Pineal gland fine structure. Dense-cored vesicles. In: Brain-endocrine interaction II. The ventricular system. Int. Symp. Shizuoka 1974. Knigge, K.M., Scott, D.E., Kobayashi, H., Ishii, S. (eds.), pp. 324–336. Basel: Karger 1975

SHERIDAN, M.N., REITER, R.J.: The fine structure of the hamster pineal gland. Am. J. Anat. **122**, 357–376 (1968)

SHERIDAN, M.N., REITER, R.J.: Observations on the pineal system in the hamster. I. Relations of the superficial and deep pineal to the epithalamus. J. Morphol. **131**, 153–162 (1970a)

SHERIDAN, M.N., REITER, R.J.: Observations on the pineal system in the hamster. II. Fine structure of the deep pineal. J. Morphol. **131**, 163–178 (1970b)

SHERIDAN, M.N., REITER, R.J.: The fine structure of the pineal gland of the pocket gopher (*Geomys bursarius*). Am. J. Anat. **136**, 363–382 (1973)

SHERIDAN, M.N., REITER, R.J., JACOBS, J.J.: An interesting anatomical relationship between the hamster pineal gland and the ventricular system of the brain. J. Endocrinol. **45**, 131–132 (1969)

SHIMADA, M.: Cytokinetics and histogenesis of early postnatal mouse brain as studied by ^{3}H-thymidine autoradiography. Arch. Histol. Jpn. **26**, 413–437 (1966)

SHIMADA, T.: Scanning electron microscopic study on the saccus vasculosus of the rainbow trout. Arch. Histol. Jpn. **39**, 283–294 (1976)

SHIMIZU, N.: Histochemical studies of glycogen of the area postrema and the allied structures of the mammalian brain. J. Comp. Neurol. **102**, 323–339 (1955)

SHIMIZU, N., ISHII, S.: Fine structure of the area postrema of the rabbit brain. Z. Zellforsch. **64**, 462–473 (1964)

SHIMIZU, N., KUMAMOTO, T.: Histochemical studies on the glycogen of the mammalian brain. Anat. Rec. **114**, 479–498 (1952)

SHIMIZU, N., MORIKAWA, N.: Histochemical studies of succinic dehydrogenase of the brain of mice, rats, guinea pigs and rabbits. J. Histochem. Cytochem. **5**, 334–345 (1957)

SHIMIZU, N., MORIKAWA, N., ISHI, Y.: Histochemical studies of succinic dehydrogenase and cytochrome oxidase of the rabbit brain, with special reference to the results in the paraventricular structures. J. Comp. Neurol. **108**, 1–14 (1957)

SHIMIZU, N., MORIKAWA, N., OKADA, M.: Histochemical studies of monoamine oxidase of the brain of rodents. Z. Zellforsch. **49**, 389–400 (1959)

SHIMODA, A.: Elektronenoptische Untersuchungen über den perivaskulären Aufbau des Gehirns unter Berücksichtigung der Veränderungen bei Hirnödem und Hirnschwellung. Dtsch. Z. Nervenheilkd. **183**, 78–98 (1961)

SHNITKA, T.K., SELIGMAN, A.: Ultrastructural localization of enzymes. Annu. Rev. Biochem. **40**, 375–396 (1971)

SHRYOCK, E.H., CASE, N.M.: Light and electron microscopy of the choroid plexus in dogs. Anat. Rec. **124**, 361 (1956)

SHUANGSHOTI, S., NETSKY, M.G.: Histogenesis of choroid plexus in man. Am. J. Anat. **118**, 283–316 (1966)

SHUANGSHOTI, S., ROBERTS, M.P., NETSKY, M.G.: Neuroepithelial (colloid) cysts: Pathogenesis and relation to choroid plexus and ependyma. Arch. Pathol. **80**, 214–224 (1965)

SHUTE, C.C.D., LEWIS, P.R.: Cholinergic and monoaminergic pathways in the hypothalamus. Br. Med. Bull. **22**, 221–226 (1966)

SIDMAN, R.L., RAKIC, P.: Neuronal migration in human brain development. In: Pre- and postnatal development of the human brain. Mod. Probl. Paediat., vol. 13, pp. 13–43. Basel: Karger 1974

Sidman, R.L., Rakic, P.: Neuronal migration, with special reference to developing human brain: A review. Brain Res. **62**, 1–25 (1973)

Silverman, A.J.: Ultrastructural studies on the localization of neurohypophysial hormones and their carrier proteins. J. Histochem. Cytochem. **24**, 816–827 (1976)

Silverman, A.J., Desnoyers, P.: Post-natal development of the median eminence of the guinea pig. Anat. Rec. **183**, 459–476 (1975)

Silverman, A.J., Knigge, K.M.: Transport capacity of median eminence. II. Thyroxine transport. Neuroendocrinology **10**, 71–82 (1972)

Silverman, A.J., Knigge, K.M., Peck, W.A.: Transport capacity of median eminence. I. Amino-acid transport. Neuroendocrinology **9**, 123–132 (1972)

Silverman, A.J., Knigge, K.M., Ribas, J.L., Sheridan, M.N.: Transport capacity of median eminence, III. Amino acid and thyroxine transport of the organ-cultured median eminence. Neuroendocrinology **11**, 107–118 (1973a)

Silverman, A.J., Krey, L.C.: The luteinizing hormone-releasing hormone (LH-RH) neuronal networks of the guinea pig brain. I. Intra- and extra-hypothalamic projections. Brain Res. **157**, 233–246 (1978)

Silverman, A.J., Vaala, S.S., Knigge, K.M.: Transport capacity of median eminence. IV. In vitro thyroxine transport. Neuroendocrinology **12**, 212–223 (1973b)

Silverman, A.J., Zimmerman, E.A.: Ultrastructural immunocytochemical localization of neurophysin and vasopressin in the median eminence and posterior pituitary of the guinea pig. Cell Tissue Res. **159**, 291–301 (1975)

Simon, N., Reinboth, R.: Adenohypophyse und Hypothalamus. Histophysiologische Untersuchungen bei *Lepomis* (Centrarchidae). Adv. Anat. Embryol. Cell Biol. **48** (6), 1–82 (1974)

Simpson, J.G.: Subfornical organ involvement in angiotensin-induced drinking. In: Control mechanisms of drinking. Peters, G., Fitzsimmons, J.T. (eds.). Berlin, Heidelberg, New York: Springer 1974

Simpson, J.B., Routtenberg, A.: The subfornical organ and carbachol-induced drinking. Brain Res. **45**, 135–152 (1972)

Simpson, J.B., Routtenberg, A.: Subfornical organ: site of drinking elicitation by angiotensin-II. Science **181**, 1172–1174 (1973)

Simpson, J.B., Routtenberg, A.: Subfornical organ: acetylcholine application elicits drinking. Brain Res. **79**, 157–164 (1974)

Simpson, J.B., Routtenberg, A.: Subfornical organ lesions reduce intravenous angiotensin-induced drinking. Brain Res. **86**, 154–161 (1975)

Singer, I., Goodman, S.J.: Mammalian ependyma: some physioco-chemical determinants of cilia activity. Exp. Cell Res. **43**, 367–380 (1966)

Singh, K.B., Dominic, C.J.: Anterior and posterior groups of portal vessels in the avian pituitary: incidence in forty nine species. Arch. Anat. Microsc. Morphol. Exp. **64**, 359–374 (1975)

Singh, R.M., Dominic, C.J.: Disposition of the portal vessels of the avian pituitary in relation to the median eminence and the pars distalis. Experientia **26**, 962 (1970)

Singh, T.P., Sathyanesan, A.G.: Studies on the structure of the saccus vasculosus in some freshwater fishes. Proc. Zool. Soc. Calcutta **17**, 169–175 (1964)

Sirett, N.E., McLean, A.S., Bray, J.J., Hubbard, J.I.: Distribution of angiotensin II receptors in rat brain. Brain Res. **122**, 299–312 (1977)

Sirjean, D.: Contribution à l'étude de la structure et du rôle de l'organe subfornical et des plexus choroïdes. Thèse, Nancy 1973

Sirjean, D., Legait, E.: Effets de lésions expérimentales de l'organe subfornical sur différentes structures encéphaliqués chez le rat blanc. Arch. Anat. Microsc. Morphol. Exp. **63**, 109–116 (1974)

Sisson, W.B.: Physiology of the choroid plexus and experimental studies of the cerebrospinal fluid: a review. Bull. Los Angeles Neurol. Soc. **34**, 256–266 (1969)

Sladek, J.R., Jr.: Catecholamine-containing subependymal cells in the rat brain. Brain Res. **142**, 165–173 (1978)

Sladek, J.R., Jr., Sladek, C.D.: Localization of serotonin within tanycytes of the rat median eminence. Cell Tissue Res. **186**, 465–474 (1978)

Smart, I.: The subependymal layer of the mouse brain and its cell production as shown by radioautography after thymidine-H^3 injection. J. Comp. Neurol. **116**, 325–347 (1961)

SMART, I.H.M.: Proliferative characteristics of the ependymal layer during the early development of the spinal cord in the mouse. J. Anat. **111**, 365–380 (1972a)

SMART, I.H.M.: Proliferative characteristics of the ependymal layer during the early development of the mouse diencephalon as revealed by recording the number, location, and plane of cleavage of mitotic figures. J. Anat. **113**, 109–129 (1972b)

SMART, I.H.M.: Proliferative characteristics of the ependymal layer during the early development of the mouse neocortex: a pilot study based on recording the number, location and plane of cleavage of mitotic figures. J. Anat. **116**, 67–91 (1973)

SMART, I.H.M.: Cortical histogenesis and the glial coordinate system of Nieuwenhuys. J. Anat. **126**, 419–420 (1978)

SMART, I.H.M., LEBLOND, C.P.: Evidence for division and transformations of neuroglia cells in the mouse brain as derived from radioautography after injection of thymidine-H^3. J. Comp. Neurol. **116**, 349–367 (1961)

SMIECHOWSKA, B., CZEWŹYK, T.: Tanycytic ependyma of the hypothalamus in rats with experimentally altered thyroid function. Folia Morphol. (Warsz.) **36**, 149–158 (1977)

SMITH, D.E., STREICHER, E., MILKOVIĆ, K., KLATZO, J.: Observations on the transport of proteins by the isolated choroid plexus. Acta Neuropathol. (Berl.) **3**, 373–386 (1964)

SMITH, G.C.: Ultrastructural studies on the median eminence of neonatal rats. J. Anat. **106**, 200 (1970)

SMITH, G.C., SIMPSON, R.W.: Monoamine fluorescence in the median eminence of foetal, neonatal and adult rats. Z. Zellforsch. **104**, 541–556 (1970)

SMITH, J.R., WEBER, L.J.: Acetylserotonine methyltransferase (ASMT) activity in the pineal gland and retina of rainbow trout. Proc. West. Pharmacol. Soc. **16**, 191 (1973)

SMITH, J.R., WEBER, L.J.: Diurnal fluctuations in acetylserotonine methyltransferase (ASMT) activity in the pineal gland of the steelhead trout (*Salmo gairdneri*). Proc. Soc. Exp. Biol. Med. **147**, 441–443 (1974)

SMITH, U.: Aspects of fine structure and function of the subcommissural organ of the embryonic chick. Tissue Cell **2**, 19–32 (1970)

SMITH-AGREDA, V.: Beitrag zum portalen hypophysären System. Anat. Anz. **118**, 469–474 (1966)

SMOLLER, C.G.: Neurosecretory processes extending into the third ventricle: secretory or sensory? Science **147**, 882–884 (1965)

SMOLLER, C.G.: Ultrastructural studies on the developing neurohypophysis of the pacific treefrog, *Hyla regilla*. Gen. Comp. Endocrinol. **7**, 44–73 (1966)

SNEDECOR, J.G., GHAREEB, G.E., KING, D.B.: In vitro studies of chick glycogen body. Am. Zool. **1**, 470 (1961)

SNEDECOR, J.G., HENRIKSON, R.C.: Effects of hormones on the glycogen content of the chick glycogen body. Anat. Rec. **134**, 641 (1959)

SNEDECOR, J.G., King, D.B., Henrikson, R.C.: Studies on the chick glycogen body: Effects of hormones and normal glycogen turnover. Gen. Comp. Endocinol. **3**, 176–183 (1963)

SOEMMERRING, S.T.: Hirn- und Nervenlehre. Umgearbeitet von G. Valentin. Leipzig: Voss 1841

SOMOSY, Z., CSUKA, O., SUGÁR, J.: Electron microscopic examination of nuclear inclusions induced by Vinca alkaloids. Exp. Cell Res. **101**, 429–434 (1976)

SOOD, P.P., MULCHANDANI, M.: A comparative study of histoenzymological mapping on the distribution of acid and alkaline phosphatases and succinic dehydrogenase in the spinal cord and medulla oblongata of mouse. Acta histochem. **60**, 180–203 (1977)

SOTELO, J.R., TRUJILLO-CENÓZ, O.: Electron microscope study on the development of ciliary components of the neural epithelium of the chick embryo. Z. Zellforsch. **49**, 1–12 (1958)

ŠPAČEK, J., PAŘIZEK, J.: Fine structure of the area postrema of the rat. Folia Morphol. (Praha) **16**, 226–232 (1968)

ŠPAČEK, J., PAŘIZEK, J.: The fine structure of the area postrema of the rat. Acta Morphol. Acad. Sci. Hung. **17**, 17–34 (1969)

SPATZ, H.: Die Bedeutung der vitalen Färbung für die Lehre vom Stoffaustausch zwischen dem Zentralnervensystem und dem übrigen Körper. Das morphologische Substrat der Stoffwechselschranken im Zentralorgan. Arch. Psychiatr. Nervenkr. **101**, 267–358 (1934)

SPATZ, H.: Neues über die Verknüpfung von Hypophyse und Hypothalamus. Mit besonderer Berücksichtigung der Regulation sexueller Leistungen. Acta Neuroveg. (Wien) **3**, 5–49 (1951)

Spatz, H., Diepen, R., Gaupp, V.: Zur Anatomie des Infudibulum und des Tuber cinereum beim Kaninchen. Dtsch. Z. Nervenheilkd. **159**, 229–268 (1948)

Spatz, M., Klatzo, I.: Pathological aspects of brain transport phenomena. Adv. Exp. Med. Biol. **69**, 479–495 (1976)

Specht, W.: Färben mit Aldehydthionin. Eine Methode für den topochemischen Nachweis von Sulfonsäuren und Aldehyden. 65. Vers. Anat. Ges. Würzburg 1970

Spector, R.: The specificity and sulfhydryl sensitivity of the inositol transport system of the central nervous system. J. Neurochem. **27**, 229–236 (1976)

Spector, R.: Identification of a folate binding macromolecule in rabbit choroid plexus. J. Biol. Chem. **252**, 3364–3370 (1977 a)

Spector, R.: The effect of pronase on choroid plexus transport. Brain Res. **134**, 573–576 (1977 b)

Spector, R., Lorenzo, A.V.: Ascorbic acid homeostasis in the central nervous system. Am. J. Physiol. **225**, 757–763 (1973)

Spector, R., Lorenzo, A.V.: Folate transport by the choroid plexus in vitro. Science **187**, 540–542 (1975)

Speidel, C.C.: Gland-cells of internal secretion in the spinal cord of the skates. Carnegie Inst. Wash. Publ. **13**, (281) 1–31 (1919)

Speidel, C.C.: Further comparative studies in other fishes of cells that are homologous to the large irregular glandular cells in the spinal cord of the skates. J. Comp. Neurol. **34**, 303–317 (1922)

Spiegel, E.A.: Das Ganglion psalterii. Anat. Anz. **51**, 454–462 (1918)

Spies, H.G., Norman, R.L.: Luteinizing hormone release and ovulation induced by the intraventricular infusion of prostaglandin E_1 into pentobarbital-blocked rats. Prostaglandins **4**, 131–141 (1973)

Spiroff, B.E.N.: Embryonic and posthatching development of the pineal body of the domestic fowl. Am. J. Anat. **103**, 375–401 (1958)

Spoerri, O.: Über die Gefäßversorgung des Subfornikalorganes der Ratte. Acta Anat. (Basel) **54**, 333–348 (1963)

Sprankel, H.: Zur Zytologie des subfornikalen Organes bei Affen. Verh. Dtsch. Zool. Ges. **51**, 444–451 (1958)

Sprankel, H.: Über die Beziehungen des Plexus des dritten Ventrikels zum subfornikalen Organ bei den Primaten. Naturwissenschaften **47**, 383–384 (1960)

Spuler, H.: Über das Tuber cinereum des Meerschweinchens und seine topographischen Beziehungen zum Infundibulum. Acta Anat. (Basel) **13**, 125–162 (1951)

Srebro, Z.: The ultrastructure of gliosomes in the brains of Amphibia. J. Cell. Biol. **26**, 313–322 (1965)

Srebro, Z.: Observations on the cytology of frog brain ependyma. Folia Biol. (Kraków) **15**, 265–274 (1967)

Srebro, Z.: Circumventricular organs: a self-regulating system. Folia Biol. (Kraków) **16**, 25–38 (1968)

Srebro, Z.: A comparative and experimental study of the Gomori positive glia. Folia Biol. (Kraków) **17**, 177–192 (1969)

Srebro, Z.: The ependyma, the cysteine-rich complex-containing periventricular glia, and the subfornical organ in normal and X-irradiated rats and mice. Folia Biol. (Kraków) **18**, 327–334 (1970)

Srebro, Z.: Periventricular Gomori-positive glia in brains of X-irradiated rats. Brain Res. **35**, 463–468 (1971 a)

Srebro, Z.: X-ray induced increase in number of cysteine-rich periventricular glial cells in the rat brain. Experientia **27** (8) 945–947 (1971 b)

Srebro, Z.: Ultrastructural localization of peroxidase activity in Gomori-positive glia. Acta Anat. (Basel) **83**, 388–397 (1972 a)

Srebro, Z.: Gomori positive glia and ependymosecretion in mammals. Folia Biol. (Kraków) **20**, 363–368 (1972 b)

Srebro, Z., Cichocki, T.: A system of periventricular glia in brain characterized by large peroxisome-like cell organelles. Acta Histochem. (Jena) **41**, 108–114 (1971)

Srebro, Z., Cichocki, T., Godula, J.: Peroxidase activity in glia and ependymocytes of the mouse brain. Acta Morphol. Acad. Sci. Hung. **19**, 389–395 (1971)

Srebro, Z., Lach, H.: X-ray- and UV-induced increase in number of cysteine-rich periventricular glial cells in the brains of rats and mice. Acta Biol. Acad. Sci. Hung. **23** (2), 145–151 (1972)

SREBRO, Z., MACIŃSKA, A.: Gomori-positive glial cells in vitro cultures of human foetal brain tissue. Acta Biol. (Kraków) [Ser. Zool.] **16**, 147–150 (1973)

SREBRO, Z., MAKSYMOWICZ, K.: Gomori-positive glia in the mouse: sex differences. Anat. Anz. **131**, 414–418 (1972)

SREBRO, Z., ŚLEBODZIŃSKI, A.: Periventricular Gomori-positive glia in the hypothalamus of the rabbit. Folia Biol. (Kraków) **14**, 391–395 (1966)

SREBRO, Z., STACHORA, J.: Gomori positive glia in magnesium-deficient rats. Acta Neuropathol. (Berl.) **21**, 258–262 (1972)

STAHL, A., LERAY, C.: The relationship between diencephalic neurosecretion and the adenohypophysis in teleost fishes. In: Neurosecretion. Heller, H., Clark, R.B. (eds.), pp. 149–163. London, New York: Academic Press 1962

STAHL, A., SEITE, R.: Contribution à l'étude histochimique du sac vasculaire des poissons téléostéens. Ann. Histochim. **5**, 113–120 (1960)

STANKA, P.: Über das Subcommissuralorgan bei Schwein und Ratte. Z. Mikrosk. Anat. Forsch. **69**, 395–409 (1963)

STANKA, P.: Untersuchungen über eine Innervation des Subkommissuralorgans der Ratte. Z. Mikrosk. Anat. Forsch. **71**, 1–9 (1964)

STANKA, P.: Über den Sekretionsvorgang im Subcommissuralorgan eines Knochenfisches (*Pristella riddlei* Meek). Z. Zellforsch. **77**, 404–415 (1967)

STANKA, P.: Morphologische Studie über den Reissnerschen Faden bei niederen Wirbeltieren. Z. Zellforsch. **85**, 67–77 (1968)

STANKA, P., SCHWINK, A., WETZSTEIN, R.: Elektronenmikroskopische Untersuchung des Subcommissuralorgans der Ratte. Z. Zellforsch. **63**, 277–301 (1964)

STARK, M., FRANZ, H.: Resorption und Verteilung von DANS-markiertem Tryptophan im Rattenhirn nach intraventrikulärer Injektion. Eine fluoreszenzmikroskopische Untersuchung. Z. Zellfosch. **126**, 536–564 (1972)

STAUDT, J., STÜBER, P., DÖRNER, G.: Morphologische Untersuchungen der Matrix bei der Ratte im Bereich des Hypothalamus in Abhängigkeit vom Lebensalter und unter experimentellen Bedingungen. Z. Mikrosk. Anat. Forsch. **87**, 678–700 (1973)

STAVROU, D.: Enzymhistochemische Befunde im subependymalen Glialager während der Entwicklung des Rattenhirns. Histochemistry **34**, 85–96 (1973)

STEBBINS, R.C., STEYN, W., PEERS, C.: Results of stirnorganectomy in tadpoles of the African ranid frog, *Pyxicephalus delalandi*. Herpetol. **16**, 261–275 (1960)

STENSAAS, L.J.: Pericytes and perivascular microglia cells in the basal forebrain of the neonatal rabbit. Cell Tissue Res. **158**, 517–541 (1975)

STENSAAS, L.J., GILSON, B.C.: Ependymal and subependymal cells of the caudato-pallial junction in the lateral ventricle of the neonatal rabbit. Z. Zellforsch. **132**, 297–322 (1972)

STENSAAS, L.J., REICHERT, W.H.: Round and amoeboid microglial cells in the neonatal rabbit brain. Z. Zellforsch. **119**, 147–163 (1971)

STENSAAS, L.J., STENSAAS, S.S.: Astrocytic neuroglial cells oligodendrocytes and microgliacytes in the spinal cord of the toad. II. Electron microscopy. Z. Zellforsch. **86**, 184–213 (1968)

STEPHAN, H.: Vergleichende metrische und morphologische Untersuchungen an den circumventriculären Organen bei Insektivoren und Primaten. In: Zirkumventrikuläre Organe und Liquor. Int. Symp. Schloß Reinhardsbrunn 1968. Sterba, G. (Hrsg.), S. 139–145. Jena: Fischer 1969

STERBA, G.: Fluoreszenzmikroskopische Untersuchungen über die Neurosekretion beim Bachneunauge (*Lampetra planeri* Bloch). Z. Zellforsch. **55**, 763–789 (1961)

STERBA, G.: Das Subcommissuralorgan von *Lampetra planeri* (BLOCH). Zool. Jahrb. Anat. **80**, 135–158 (1962)

STERBA, G.: Grundlagen des histochemischen und biochemischen Nachweises von Neurosekret (=Trägerprotein der Oxytozine) mit Pseudoisozyaninen. Acta Histochem. (Jena) **17**, 268–292 (1964)

STERBA, G.: Zur cerebrospinalen Neurocrinie der Wirbeltiere. Verh. deutsch. Zool. Ges. Jena 1965. Zool. Anz. [Suppl] **29**, 393–440 (1966)

STERBA, G.(Hrsg.): Zirkumventrikuläre Organe und Liquor. Bericht über das Symposium in Schloß Reinhardsbrunn, 13.–16. 5. 1968. Jena: Fischer 1969a

STERBA, G.: Morphologie und Funktion des Subcommissuralorgans. In: Zirkumventrikuläre Organe und Liquor. Int. Symp., Schloß Reinhardsbrunn 1968. Sterba, G. (Hrsg.), S. 17–32. Jena: Fischer 1969b

Sterba, G.: Subkommissuralorgan und Liquorregulation. Biol. Rundschau **10**, 309–324 (1972)

Sterba, G.: Cerebrospinal fluid and hormones. In: Ependyma and neurohormonal regulation. Mitro, A. (ed.), pp. 143–179. Bratislava: Veda 1974

Sterba, G.: Das Subkommissuralorgan. In: Circumventriculäre Organe. Leopoldina-Symp. Schloß Reinhardsbrunn 1975. Sterba, G., Bargmann, W. (Hrsg). Nova Acta Leopoldina, Suppl. 9, S. 103–114. Halle: Deutsche Akademie der Naturforscher 1977

Sterba, G., Brückner, G.: Zur Funktion der ependymalen Glia in der Neurohypophyse. Z. Zellforsch. **81**, 457–473 (1967)

Sterba, G., Brückner, G.: Elektronenmikroskopische Untersuchungen über die Reaktion der Pituicyten nach Hypophysenstieldurchtrennung bei *Rana esculenta*. Z. Zellforsch. **93**, 74–83 (1969)

Sterba, G., Luppa, H., Schuhmacher, U.: Untersuchungen zur Funktion des kaudalen neurosekretorischen Systems beim Karpfen. Endokrinologie **48**, 25–39 (1965)

Sterba, G., Müller, H., Naumann, W.: Fluoreszenz- und elektronenmikroskopische Untersuchungen über die Bildung des Reissnerschen Fadens bei *Lampetra planeri* (Bloch). Z. Zellforsch. **76**, 355–376 (1967a)

Sterba, G., Naumann, W.: Über Beziehungen zwischen Ependym und Reissnerschem Faden im Zentralkanal von *Lampetra planeri* (Bloch). Naturwissenschaften **52**, 625–626 (1965)

Sterba, G., Naumann, W.: Elektronenmikroskopische Untersuchungen über den Reissnerschen Faden und die Ependymzellen im Rückenmark von *Lampetra planeri* (Bloch). Z. Zellforsch. **72**, 516–524 (1966)

Sterba, G., Naumann, W.: Neural and glial secretion in the spinal cord of the lamprey (*Lampetra planeri*). Acta Zool. (Stockh.) **51**, 159–168 (1970)

Sterba, G., Weiss, J.: Beiträge zur Hydrencephalokrinie: I. Hypothalamische Hydrencephalokrinie der Bachforelle (*Salmo trutta fario*). J. Hirnforsch. **9**, 359–371 (1967)

Sterba, G., Weiss, J.: Beiträge zur Hydrencephalokrinie: II. Saisonale und altersbedingte Veränderungen der hypothalamischen Hydrencephalokrinie bei der Bachforelle (*Salmo trutta fario*). J. Hirnforsch. **10**, 49–54 (1968)

Sterba, G., Wolf, G.: Untersuchungen zur Löslichkeit des Reissnerschen Fadens. Biol. Rundschau **5**, 280 (1967)

Sterba, G., Wolf, G.: Vorkommen und Funktion der Sialinsäure im Reissnerschen Faden. Histochemie **17**, 57–63 (1969)

Sterba, G., Wolf, G.: Experimentelle Untersuchungen am Filum terminale der Ratte unter Berücksichtigung seiner postnatalen Entwicklung. Acta Zool. (Stockh.) **51**, 141–147 (1970)

Sterba, G., Wolf, G., Scheuner, G.: Polarisationsoptische Eigenschaften des Reissnerschen Fadens. Naturwissenschaften **54** (18), 495 (1967b)

Stern, J., Hochwald, G.M., Wald, A., Gandhi, M.: Visualization of brain interstitial fluid movement during osmotic disequilibrium. Exp. Eye Res. [Suppl.] **25**, 475–482 (1977)

Sterrett, P.R., Thompson, A.M., Chapman, A.L., Matzke, H.A.: The effects of hyperosmolarity on the blood-brain barrier. A morphological and physiological correlation. Brain Res. **77**, 281–295 (1974)

Steyn, W.: The pineal circulation in some lizards. S. Afr. J. Sci. **54**, 143–147 (1958)

Steyn, W.: Electron microscopic observations on the epiphysial sensory cells in lizards and the pineal sensory cell problem. Z. Zellforsch. **51**, 735–747 (1960)

Stober, B.: Über Bewegung und Drainage des Liquor cerebrospinalis beim Kaninchen. Untersuchungen mit einer standartisierten Methode. Z. Anat. Entwickl. Gesch. **135**, 307–316 (1972)

Stockem, W.: Morphologisch-cytologische Untersuchungen zur Ontogenese und Funktion der Paraphyse bei Amphibien und Vögeln. Math. Nat. Diss. Köln 1964

Stockem, W.: Zur Ontogenese und Funktion der Paraphyse der Amphibien. Z. Zellforsch. **67**, 427–460 (1965)

Stockem, W., Weber, W.: Zur vergleichenden Entwicklungsgeschichte der Paraphyse bei Vögeln. Z. Anat. Entwickl. Gesch. **125**, 101–118 (1966)

Stoeckart, R., Jansen, H.G., Kreike, A.J.: Quantitative data on the fine structural organization of the palisade zone of the median eminence. Z. Zellforsch. **136**, 111–120 (1973)

Stöhr, P.: Über die Innervation des Plexus chorioideus des Menschen. Z. gesamte Anat. **63**, 562–607 (1922)

STOKLASA, L.: Über die Flimmerbewegung in den nervösen Zentralorganen der Wirbeltiere. Anat. Anz. **69**, 525–531 (1930)

STREETER, G.L.: The development of the nervous system. In: Handbook of human embryology. Keibel, F. Mall, P.F. (eds.), Vol. II, pp. 59–61 and 80. Philadelphia: Lippincott 1912 S. 262

STRONG, L.H.: Primitive blood vessels of the spinal medulla of the rabbit, injected while alive. Anat. Rec. **97**, 58 (1947)

STRONG, L.H.: Early development of the ependyma and vascular pattern of the fourth ventricular choroid plexus in the rabbit. Am. J. Anat. **99**, 249–290 (1956)

STRONG, L.H.: The first appearance of vessels within the spinal cord of the mammal: their developing patterns as far as partial formation of the dorsal septum. Acta Anat. (Basel) **44**, 80–108 (1961)

STRONG, L.H.: The early embryonic pattern of internal vascularization of the mammalian cerebral cortex. J. Comp. Neutrol. **123**, 121–138 (1964)

STRONG, R.M., ALBAN, H.: The development of the lateral apertures of the fourth ventricle in the albino rat brain. Anat. Rec. [Suppl.] **52**, 39 (1932)

STUDER, R.K., WELCH, D.M., SIEGEL, B.A.: Transient alteration of the blood-brain barrier: effect of hypertonic solutions administered via carotid artery injection. Exp. Neurol. **44**, 266–273 (1974)

STUDNIČKA, F.K.: Sur les organes pariétaux de *Petromyzon planeri*. Sitzungsber. Ges. Wiss. (Prague) pp. 1–50, 1893

STUDNIČKA, F.K.: Der „Reissnersche Faden" aus dem Central-Kanal des Rückenmarkes und sein Verhalten in dem Ventriculus (Sinus) terminalis. Sitzungsber. Böhm. Ges. Wiss., Math. Naturwiss. Kl. **36**, 1 (1899)

STUDNIČKA, F.K.: Untersuchungen über den Bau des Ependyms der nervösen Centralorgane. Anat. Hefte Wiesbaden **15**, 303–430 (1900a)

STUDNIČKA, F.K.. Zur Kenntnis der Parietalorgane und der sog. Paraphyse der niederen Wirbeltiere. Anat. Anz. **18**, Erg.-H., 101–110 (1900b)

STUDNIČKA, F.K.: Die Parietalorgane. In: Oppels Lehrbuch der vergleichenden mikroskopischen Anatomie der Wirbeltiere, Bd. V. Jena: 1905

STUMPF, W.E.: Estrogen-neurons and estrogen-neuron systems in the periventricular brain. Am. J. Anat. **129**, 207–218 (1970)

STUMPF, W.E., BARBERO, M.G.: SEM studies of the ependyma of the fourth ventricle: collicular recess, sulcus medianus, recess of the locus ceruleus and lateral recess. In: Scanning electron microscopy, 1978, Vol. II. R.P. Becker, O. Johari (eds.), pp. 811–816. Chicago: IIT Research Institute 1978

STUMPF, W.E., GRANT, L.D. (eds.).: Anatomical neuroendocrinology. Basel: Karger 1975

STUMPF, W.E., HELLREICH, M.A., AUMÜLLER, G., LAMB, J.C., SAR, M.: The collicular recess organ: Evidence for structural and secretory specialization of the ventricular lining in the collicular recess. Cell Tissue Res. **184**, 29–44 (1977)

STUMPF, W.E., SAR, M.: Hormonal inputs to releasing factor cells, feedback sites. In: Drug effects on neuroendocrine regulation. Zimmermann, E., Gispen, W.H., Marks, B.H., de Wied, D. (eds.). Prog. Brain Res. **39**, 53–71 (1973)

STUMPF, W.E., SAR, M.: Hormone-architecture of the mouse brain with ³H-estradiol. In: Anatomical neuroendocrinology. Stumpf, W.E., and Grant, L.D. (eds.), pp. 82–103. Basel: Karger 1975

STUMPF, W.E., SAR, M., KEEFER, D.A., VARGAS, M.C.M.: The anatomical substrate of neuroendocrine regulation as defined by autoradiography with ³H-estradiol, ³H-testosterone, ³H-dihydrotestosterone and ³H-progesterone. In: Neuroendocrine regulation of fertility. Int. Symp. Simla 1974. Anand Kumar, T.C. (ed.), pp. 46–56. Basel: Karger 1976

STURROCK, R.R.: Cell production in the prenatal and postnatal mouse brain. J. Anat. **126**, 419 (1978)

STUTINSKY, F.: Colloïde, corps de Herring et substance Gomori positive de la neurohypophyse. C. R. Soc. Biol. (Paris) **144**, 1357–1360 (1950)

STUTINSKY, F.: La neurosécrétion chez l'anguille normale et hypophysectomisée. Z. Zellforsch. **39**, 276–297 (1953)

SUAREZ NAJERA, I., FERNANDEZ RUIZ, B., CARRATO IBAÑEZ, A.: The fine structure of ependyma in the hypothalamus of the hamster *(Cricetus cricetus)*. Anat. Anz. **143**, 466–477 (1978)

SULZMANN, R.: Zur Morphologie des Ependyms im Zentralkanal des Hundes. Anat. Anz. **109**, 351–357 (1961)

SUMMY-LONG, J.Y., CRAWFORD, I.L., SEVERS, W.B.: Effects of subfornical organ extracts on saltwalter balance in the rat. Brain Res. **113**, 499–516 (1976)

SUMMY-LONG, J.Y., KEIL, L.C., SEVERS, W.B.: Identification of vasopressin in the subfornical organ region: effects of dehydration. Brain Res. **140**, 241–250 (1978)

SUNDARARAJ, B.I., NARASIMHAN, P.V.: An autoradiographic study of the saccus vasculosus of *Notopterus* sp. (Teleostei) by administration of $Na_2S^{35}O_4$. Acta Anat. (Basel) **69** (2), 282–286 (1968)

SUNDARARAJ, B.I., PRASAD, M.R.N.: The histophysiology of the saccus vasculosus of *Notopterus chitala* (Teleostei). Q. J. Microsc. Sci. **104** (4), 465–469 (1963)

SUNDARARAJ, B.I., PRASAD, M.R.N.: The histochemistry of the saccus vasculosus of *Notopterus chitala* (Teleostei). Q. J. Microsc. Sci. **105**, 91–98 (1964)

SUNDWALL, J.: The choroid plexus with special reference to interstitial granular cells. Anat. Rec. **12**, 221–254 (1917)

SUZUKI, Y.: Beiträge zur Anatomie des Epithalamus, besonders der Epiphyse, bei den Primaten. Arb. Anat. Inst. Sendai **21**, 45 (1938)

SWAAB, D.F., SCHADÉ, J.P. (eds.): Integrate hypothalamic activity. Progr. Brain Res. **41**, 1–516 (1974)

SWAIN, R.: The pineal vascular system in *Lacerta muralis* with notes on the venous system of other lizards. J. Zool. **154**, 487–493 (1968)

SWANSON, D.D., NISHIOKA, R.S., BERN, H.A.: Aminergic innervation of the cranial and caudal neurosecretory systems in the teleost *Gillichthys mirabilis*. Acta Zool. (Stockh.) **56**, 225–237 (1975)

SYMINGTON, R.B., HAYES, M.M.M., KNIGHT, B.K., GRIZIC, A.: Histological studies of the ependymal cells of the human third ventricle. S. Afr. Med. J. **47**, 2273–2278 (1973)

SZENTÁGOTHAI, J., FLERKÓ, B., MESS, B., HALÁSZ, B.: Hypothalamic control of the anterior pituitary. An experimental-morphological study, 3rd ed. Budapest: Akadémiai Kiadó 1972

TAGUCHI, S., KOBAYASHI, H., FARNER, D.S.: Observations of the uptake of ^{35}Sulfur by the hypothalamo-hypophysial system of the white-crowned sparrow (*Zonotrichia leucophrys gambelii*) following intraventricular injection of ^{35}S DL-cysteine. Z. Zellforsch. **69**, 228–245 (1966)

TAKAHASHI, H.: Light and electron microscopic studies on the pineal organ of the goldfish, *Carassius auratus* L. Bull. Fac. Fish Hokkaido Univ. **20**, 143–157 (1969)

TAKAHASHI, H., KASUGA, S.: Fine structure of the pineal organ of the medaka, *Oryzias latipes*. Bull. Fac. Fish Hokkaido Univ. **22**, 1–10 (1971)

TAKASHIMA, S., TANAKA, K.: Microangiography and vascular permeability of the subependymal matrix in the premature infant. Can. J. Neurol. Sci. **5**, 45–50 (1978)

TAKEI, Y.: The role of the subfornical organ in drinking induced by angiotensin in the Japanese quail, *Coturnix coturnix japonica*. Cell Tissue Res. **185**, 175–181 (1977a)

TAKEI, Y.: Angiotensin and water intake in the Japanese quail (*Coturnix coturnix japonica*). Gen. Comp. Endocrinol. **31**, 364–372 (1977b)

TAKEI, Y., TSUNEKI, K., KOBAYASHI, H.: Surface fine structure of the subfornical organ in the Japanese quail, *Coturnix coturnix japonica*. Cell Tissue Res. **191**, 389–404 (1978)

TAKEICHI, M.: The fine structure of specialized ependymal cells in the third ventricle of suppon (*Amyda japonica*). J. Electron Microsc. (Tokyo) **14**, 137–138 (1965)

TAKEICHI, M.: The fine structure of ependymal cells. Part 1: The fine structure of ependymal cells in the kitten. Arch. Histol. Jpn. **26**, 483–505 (1966)

TAKEICHI, M.: The fine structure of ependymal cells. Part II: An electron microscopic study of the soft-shelled turtle paraventricular organ, with special reference to the fine structure of ependymal cells and so-called albuminous substance. Z. Zellforsch. **76**, 471–485 (1967)

TALANTI, S.: Studies on the subcommissural organ in some domestic animals with reference to secretory phenomena. Ann. Med. Exp. Biol. Fenn. **36** (Suppl. 9), 1–97 (1958)

TALANTI, S.: Studies on the subcommissural organ of the bovine fetus. Anat. Rec. **134**, 473–490 (1959)

TALANTI, S.: The subcommissural organ of the reindeer (*Rangifer tarandus*) with reference to secretory phenomena. Anat. Anz. **119**, 99–103 (1966)

TALANTI, S.: The effect of thiouracil, excess thyroxine and thyroidectomy on the ependymal cells with special reference to the subcommissural organ. Anat. Rec. **159**, 379–386 (1967)

TALANTI, S., KIVALO, E.: Studies on the subcommissural organ of some ruminants. Anat. Anz. **108**, 53–59 (1960)

TALANTI, S., KIVALO, E.: The infundibular recess in the brain of *Camelus dromedarius* with particular reference to its neurosecretory pathways into the third ventricle. Experientia **17**, 470–471 (1961)

TALANTI, S., KIVALO, E.: On rosette formations in the epithalamus of *Camelus dromedarius*. Acta Neuroveg. (Wien) **23**, 300–304 (1962)

TALANTI, S., KIVALO, E., RINNE, U.K.: The staining properties of the "secretory material" in the subcommissural organ. Ann. Med. Exp. Fenn. **40**, 241 (1962)

TAMARKIN, L., WESTROM, W.K., HAMILL, A.I., GOLDMAN, B.D.: Effects of melatonin on the reproductive systems of male and female syrian hamsters: a diurnal rhythm in sensitivity to melatonin. Endocrinology **99**, 1534–1541 (1976)

TANI, E., AMETANI, T.: Extracellular distribution of ruthenium red-positive substance in the cerebral cortex. J. Ultrastruct. Res. **34**, 1–14 (1971a)

TANI, E., AMETANI, T.: Sodium localization in the choroid plexus. Z. Zellforsch. **112**, 42–53 (1971b)

TANI, E., IKEDA, K., NISHIURA, M., HIGASHI, N.: Spezialized intercellular junctions and ciliary necklace in rat brain. Cell Tissue Res. **151**, 57–68 (1974)

TANI, E., YAMAGATA, S., ITO, Y.: Freeze-fracture of capillary endothelium in rat brain. Cell Tissue Res. **176**, 157–165 (1977)

TAXI, J.: Morphological and cytochemical studies on the synapses in the autonomic nervous system. In: Mechanisms of synaptic transmission. Akert, K., Waser, P.G. (eds.). Prog. Brain Res. **31**, 5–20 (1969)

TAXI, J., DROZ, B.: Étude de l'incorporation de noradrénaline-^{3}H(NA-^{3}H) et de 5-hydroxytryptophane-^{3}H (5-HTP-^{3}H) dans l'épiphyse et le ganglion supérieur. C. R. Acad. Sci. [D] (Paris). **263**, 1326–1329 (1966)

TAYLOR, A.E., GRANGER, H.J.: Interstitial fluid pressur-basic concepts. In: Head injuries. McLaurin, R.L. (ed.), pp. 265–270. New York: Grune & Stratton 1976

TAYLOR, A.N., FARRELL, G.: Effects of brain stem lesions on aldosterone and cortisol secretion. Endocrinology **70**, 556–566 (1962)

TAYLOR, D.H.: Extraoptic photoreception and compass orientation in larval and adult salamanders (*Ambystoma tigrinum*). Anim. Behav. **20**, 233–236 (1972)

TEICHMANN, I.: Études histochimiques de l'épendyme spéciale hypothalamique du rat blanc. Ann. Endocrinol. (Paris) [Suppl.] **25**, 133–135 (1964)

TEICHMANN, I.: Vergleichende histochemische Studien über die Gomori-positive Substanz des Ependyms und der hypendymalen Gliazellen im Frosch. Z. Mikrosk. Anat. Forsch. **76**, 12–25 (1967)

TEICHMANN, I., VIGH, B.: Histochemical investigation of the monoamine-containing neurons of the paraventricular organ and the preoptic recess in amphibians (*Rana esculenta, Ambystoma mexicanum*). Acta Biol. Acad. Sci. Hung. [Suppl.] **19**, 505 (1968)

TEICHMANN, I., VIGH, B., AROS, B., KORITSÁNSZKY, S.: Histochemical investigation of the periventricular Gomori-positive glial cells in the rat's hypothalamus. (Abstr.) Acta morph. hung. Suppl. **13**, 47 (1965)

TENNYSON, V.M.: Electron microscope studies in the developing telencephalic choroid plexus in normal and experimentally induced hydrocephalus. Thesis: New York, Columbia University 1960

TENNYSON, V.M.: The fine structure of the ependymal lining of the aqueduct in young rabbits. Anat. Rec. **139**, 279 (1961)

TENNYSON, V.M., PAPPAS, G.D.: Electron microscope studies of the developing telencephalic choroid plexus in normal and hydrocephalic rabbits. In: Disorders of the developing nervous system. Fields, W.S., Desmond, M.M. (eds.), pp. 267–325. Springfield, Ill.: Thomas 1961

TENNYSON, V.A., PAPPAS, G.D.: An electron microscope study of ependymal cells of the fetal, early postnatal and adult rabbit. Z. Zellforsch. **56**, 595–618 (1962)

TENNYSON, V.M., PAPPAS, G.D.: Fine structure of the developing telencephalic and myelencephalic choroid plexus in the rabbit. J. Comp. Neurol. **123**, 379–412 (1964)

TENNYSON, V.M., PAPPAS, G.D.: The fine structure of the choroid plexus: adult and developmental stages. In: Brain barrier systems. Lajtha, A., Ford, D.H. (eds.). Prog. Brain Res. **29**, 63–85 (1968)

EL TERASAWA, E., GOLDFOOT, D.A., DAVIS, G.A.: Pentobarbital inhibition of progesterone-induced behavioral estrus in ovariectomized guinea pigs. Brain Res. **107**, 375–383 (1976)

TERNAUX, J.P., BOIREAU, A., BOURGOIN, S., HAMON, M., HERY, F., GLOWINSKI, J.: In vivo release of 5 HT in the lateral ventricle of the rat: effects of 5 hydroxytryptophan and tryptophan. Brain Res. **101**, 533–548 (1976)

Ternaux, J.P., Hery, F., Hamon, M., Bourgoin, S., Glowinski, J.: 5-HT release from ependymal surface of the caudate nucleus in encéphale isolé cats. Brain Res. **132**, 575–579 (1977)

Terneby, U.K.: The development of the hypophysial vascular system in the rabbit, with particular regard to the primary plexus and portal vessels. J. Neuro-Visc. Relat. **32**, 311–346 (1972)

Terni, T.: Ricerche sulla cosidetta sostanza gelatinosa (corpo glicogenico) del midollo lombosacrale degli Uccelli. Arch. Ital. Anat. Embriol. **21**, 55–86 (1924)

Thomas, E., Pearse, A.G.E.: Dehydrogenases in the nervous system. Histochemie **2**, 266–283 (1961)

Thommes, R.C., Just, J.J.: A re-evaluation of the effects of "hypophysectomy" by surgical decapitation on the glycogen content of the glycogen body of the developing chick embryo. Endocrinology **70**, 1021–1022 (1966)

Thorpe, P.A., Herbert, J.: Studies on the duration of the breeding season and photorefractoriness in female ferrets pinealectomized or treated with melatonin. J. Endocrinol. **70**, 255–262 (1976)

Tigges, J.: Beitrag zur Kenntnis der Hirnventrikel bei Primaten. Zool. Jahrb. Anat. **80**, 1–48 (1962)

Tigges, M., Tigges, J.: Extracellular perivascular connective tissue space in the medial terminal nucleus of the accessory optic system in rats. Z. Zellforsch. **125**, 289–294 (1972)

Tilders, F.J.H., Ploem, J.S., Smelik, P.G.: Quantitative microfluorimetric studies on formaldehyde-induced fluorescence of 5-hydroxytryptamine in the pineal gland of the rat. J. Histochem. Cytochem. **22**, 967–975 (1974)

Tima, L., Flerkó, B.: Ovulation induced by the intraventricular infusion of norepinephrine in rats made anovulatory by neonatal administration of various doses of testosterone. Endokrinologie **66**, 218–220 (1975)

Tima, L., Trentini, G.P., Mess, B.: Effect of serotonin on ovulation induced by pinealectomy in anovulatory frontal-deafferented rats. Neuroendocrinology **12**, 149–152 (1973)

Tissot, R., Gaillard, J.M., Constantinidis, J., Geissbühler, P.: Quelques conséquences fonctionelles de la barrière hémato-encéphalique pour les catécholamines et leurs précurseus. Acta Physiol. Pol. **24**, 61–70 (1973)

Törk, I.: The distribution of carboxylic esterases in the area postrema of the guinea pig. Histochemie **22**, 67–78 (1970)

Törk, I., Wenger, T.: Comparative morphology of the area postrema in different mammals with special remarks on the Gomori positive glial cells. In: Zirkumventriculäre Organe. Int. Symp. Schloß Reinhardsbrunn 1968. Sterba, G. (Hrsg.), S. 155–160. Jena: Fischer 1969

Török, B.: Structure of the vascular connections of the hypothalamo-hypophysial region. Acta Anat. (Basel) **59**, 84–99 (1964)

Torack, R.M.: The penetration of sodium into the brain following a cisternal injection of sodium chloride with particular emphasis on the area postrema. Z. Zellforsch. **113**, 1–12 (1971)

Torack, R.M.: The role of norepinephrine in the function of the area postrema. Participation of nerve endings in altered uptake and release of tritiated norepinephrine. In: Brain-endocrine interaction II. The ventricular system. in neuroendocrine mechanisms. Int. Symp. Shizuoka 1974. Knigge, K.M., Scott, D.E., Kobayashi, H., Ishii, S. (eds.), pp. 204–216. Basel: Karger 1975

Torack, R.M., Finke, E.H.: Evidence for a sequestration of function within the area postrema based on scanning electron microscopy and the penetration of horseradish peroxidase. Z. Zellforsch. **118**, 85–96 (1971)

Torack, R.M., La Valle, M.: The role of norepinephrine in the function of the area postrema. II. In vitro incubation and stimulated release of tritiated norepinephrine. Brain Res. **61**, 253–265 (1973)

Torack, R.M., Stranahan, P., Hartman, B.N.: The role of norepinephrine in the function of the area postrema. I. Immunofluorescent localization of dopamine-betahydroxylase and electron microscopy. Brain Res. **61**, 235–252 (1973)

Torvik, A.: The relationship between microglia and brain macrophages. Acta Neuropathol. (Berl.) [Suppl.] **6**, 297–300 (1975)

Tóth, L., Karcsú, S.: Über die Lokalisation der Acetylcholinesterase in der Area postrema und Area subpostrema der Ratte. Licht- und elektronenmikroskopische Untersuchungen. Acta Histochem. (Jena) **56**, 245–260 (1970)

TRAMEZZANI, J.H., URANGA, J.: Substancia Gomori positiva y activadad antidiuretica del plexo coroideo del tracer ventriculo en los sapos. Rev. Soc. Argent. Biol. **31**, 207–211 (1955)

TRAMEZZANI, J.H., DE PAVIA, C.E.N., SESSO, A.: Oxytocic activity of the toad's brain. Acta Endocrinol. (Kbh.) **23**, 175–184 (1956)

TRANZER, J.P., THOENEN, H.: An electron microscopic study of selective acute degeneration of sympathetic nerve terminals after administration of 6-hydroxydopamine. Experientia **24**, 155–156 (1967)

TRENTINI, G.P., TIMA, L., MESS, B.: Effect of bilateral cervical sympathectomy on ovulation and fertility of rats bearing frontal hypothalamic deafferentation and anovulatory syndrome. Horm. Res. **4**, 349–356 (1973)

TRETJAKOFF, D.: Das Nervensystem von Ammocoetes. II. Das Gehirn. Arch. Microsc. Anat. **73**, 607–680 (1909)

TRETJAKOFF, D.: Die zentralen Sinnesorgane bei *Petromyzon*. Arch. Mikrosk. Anat. **83**, 68–117 (1913)

TRETJAKOFF, D.: Die Parietalorgane von *Petromyzon fluviatilis*. Z. Wiss. Zool. **113**, 1–112 (1915)

TROST, E.: Die Entwicklung, Histogenese und Histologie der Epiphyse, der Paraphyse, des Velum transversum, des Dorsalsackes und des Subcommissuralen Organes bei *Anguis fragilis*, *Chalcides ocellatus* und *Natrix natrix*. Acta Anat. (Basel) **18**, 326–342 (1953)

TRUEMAN, J., HERBERT, J.: Monoamines and acetylcholinesterase in the pineal gland and habenula of the ferret. Z. Zellforsch. **109**, 83–100 (1970)

TSAFRIRI, A., KOCH, Y., LINDNER, H.R.: Ovulation rate and serum LH levels in rats treated with indomethacin or prostaglandin E_2. Prostaglandins **3**, 461–467 (1973)

TSUKER, M.: Innervation of the choroid plexus. Arch. Neurol. **58**, 474–483 (1947)

TSUNEKI, K.: Ultrastructure of the neurohemal hypothalamic floor of the frog, *Rana catesbeiana*. Cell Tissue Res. **161**, 11–24 (1975)

TSUNEKI, K., GORBMAN, E.: Ultrastructure of the anterior neurohypophysis and the pars distalis of the lamprey, *Lampetra tridentata*. Gen. Comp. Endocrinol. **25**, 487–508 (1975)

TSUNEKI, K., TAKEI, Y., KOBAYASHI, H.: Parenchymal fine structure of the subfornical organ in the Japanese quail, *Coturnix coturnix japonica*. Cell Tissue Res. **191**, 405–419 (1978)

TSUSAKI, T., ERIGUCHI, K., KOJO, Y.: Über die basophil granulierten Zellen im Plexus chorioideus partis lateralis ventriculi telencephali. Yokohama Med. Bull. **2**, 110–117 (1951a)

TSUSAKI, T., YAMASAKI, Y., TANGE, Y., ERIGUCHI, K., EIDA, T.: Über die Lymphocyten im Plexus chorioideus partis lateralis ventriculi telencephali. Yokohama Med. Bull. **2**, 234–248 (1951b)

TULSI, R.S.: Scanning electron microscopy of the pineal recess of the adult *Trichosurus vulpecula*. J. Anat. **124**, 515 (1977)

TURKEWITSCH, N.: Die Entwicklung des subkommissuralen Organs beim Rind (*Bos taurus* L.). Morphol. Jahrb. **77**, 573–586 (1936)

TURKEWITSCH, N.: Eigentümlichkeiten der embryologischen Entwicklung des Epiphysengebietes des Schafes (*Ovis aries* L.). Gegenbaurs Morphol. Jahrb. **79**, 305–330 (1937a)

TURKEWITSCH, N.: Eigentümlichkeiten in der Entwicklung des Epiphysengebietes des Kaninchens (*Lepus cuniculus* L.). Gegenbaurs Morphol. Jahrb. **79**, 634–649 (1937b)

TURNER, J.E., SINGER, M.: Some morphological and ultrastructural changes in the ependyma of the amputation stump during early regeneration of the tail in the lizard, *Anolis carolinensis*. J. Morphol. **140**, 257–269 (1973)

TURNER, J.E., SINGER, M.: An electron microscopic study of the newt (*Triturus viridescens*) optic nerve. J. Comp. Neurol. **156**, 1–18 (1974)

TUROWSKI, A., DANNER, H.: Ependymstrukturen im Telencephalon von *Salmo irideus* (Teleostei). Z. Hirnforsch. **18**, 179–188 (1977)

TWEEDLE, C.D., HATTON, G.I.: Ultrastructural changes in rat hypothalamic neurosecretory cells and their associated glia during minimal dehydration and rehydration. Cell Tissue Res. **181**, 59–72 (1977)

UECK, M.: Granulierte marklose Nervenfasern in der Epiphysenregion von Anuren. Z. Zellforsch. **90**, 389–402 (1968a)

UECK, M.: Ultrastruktur des pinealen Sinnesapparates bei einigen Pipidae und Discoglossidae. Z. Zellforsch. **92**, 452–476 (1968b)

Ueck, M.: Ultrastrukturbesonderheiten der pinealen Sinneszellen von *Protopterus dolloi*. Z. Zellforsch. **100**, 560–580 (1969a)

Ueck, M.: Zur Ultrastruktur der Epiphysis cerebri der Vögel. Zool. Anz. [Suppl.] **33**, 509–518 (1969b)

Ueck, M.: Weitere Untersuchungen zur Feinstruktur und Innervation des Pinealorgans von *Passer domesticus* L. Z. Zellforsch. **105**, 276–302 (1970a)

Ueck, M.: Zur Ultrastruktur lichtempfindlicher pinealer Sinnesapparate. Anat. Anz. **126**, 321–323 (1970b)

Ueck, M.: Strukturbesonderheiten der Anurenepiphyse nach prolongierter Osmierung und Anwendung der Acetylcholinesterase-Reaktion. Z. Zellforsch. **112**, 526–541 (1971a)

Ueck, M.: Vergleichende Strukturstudien (Fluoreszenz- und Elektronenmikroskopie, Histochemie) am Pinealorgan der Vögel. Anat. Anz. **130**, Erg.-H., 235–238 (1971b)

Ueck, M.: Sensorische und sekretorische Strukturelemente in der Epiphysis cerebri der Vögel. Verh. Dtsch. Zool. Ges. Mainz 1972, 239–243 (1973a)

Ueck, M.: Fluoreszenzmikroskopische und elektronenmikroskopische Untersuchungen am Pinealorgan verschiedener Vogelarten. Z. Zellforsch. **137**, 37–62 (1973b)

Ueck, M.: Vergleichende Betrachtungen zur neuroendokrinen Aktivität des Pinealorgans. Fortschr. Zool. **22**, 167–203 (1974)

Ueck, M., Kobayashi, H.: Vergleichende Untersuchungen über Acetylcholinesterase-haltige Neurone im Pinealorgan der Vögel. Z. Zellforsch. **129**, 140–160 (1972)

Ueck, M., Ohnishi, R., Wake, K.: Photoreceptor-like outer segments in the pineal organ of the lovebird, *Uroloncha domestica* (Aves, Passeriformes). A scanning electron microscopic study. Cell Tissue Res. **182**, 139–143 (1977)

Ueck, M., Ohnishi, R., Wake, K.: The outer segments of photoreceptive pinealocytes in the pineal organ of the funa, *Carassius gibelio langsdorfi*. A scanning electron microscopic study. Cell Tissue Res. **186**, 259–268 (1978)

Ueck, M., Vaupel-von Harnack, M., Morita, Y.: Weitere experimentelle und neuroanatomische Untersuchungen an den Nervenbahnen des Pinealkomplex der Anuren. Z. Zellforsch. **116**, 250–274 (1971)

Ueck, M., Wake, K.: The pinealocyte-a paraneuron? A review. Arch. Histol. Jpn. [Suppl.] **40**, 261–278 (1977)

Uemura, H., Asai, T., Nozaki, M., Kobayashi, H.: Ependymal absorption of luteinizing hormone-releasing hormone injected into the third ventricle of the rat. Cell Tissue Res. **160**, 443–452 (1975)

Uemura, H., Kobayashi, H.: Effects on gonadal function by lesioning tanycytes in the median eminence of the rat and japanese quail. Cell Tissue Res. **178**, 143–153 (1977)

Unger, H., Schwarzberg, H.: Untersuchungen über Vorkommen und Bedeutung von Vasopressin und Oxytocin im Liquor cerebrospinalis und Blut für nervöse Funktionen. Acta Biol. Med. Ger. **25**, 267–280 (1970)

Unger, H., Schwarzberg, H., Schulz, H.: The vasopressin and oxytocin content in the cerebro spinal fluid of rabbits under changed conditions. In: Ependyma and neurohormonal regulation. Int. Symp. Smolenice 1972. Mitro, F. (ed.), pp. 251–259. Bratislava: Veda 1974

Unger, H., Schwarzberg, H., Schulz, H.: Vorläufige Ergebnisse über Beziehungen zwischen den Halbwertszeiten von Vasopressin und Oxytocin im Liquor cerebrospinalis und der Impulsaktivität des Nucleus paraventricularis und supraopticus bei Kaninchen. In: Circumventriculäre Organe. Leopoldina-Symp. Schloß Reinhardsbrunn 1975. Sterba, G., Bargmann, W. (Hrsg.). Nova Acta Leopoldina, Suppl. 9, S. 221–228. Halle: Deutsche Akademie der Naturforscher 1977

Upson, R.H., Benson, B.: Effects of blinding on the ultrastructure of mouse pinealocytes with particular emphasis on the dense-cored vesicles. Cell Tissue Res. **183**, 491–498 (1977)

Upson, R.H., Benson, B., Satterfield, V.: Quantitation of ultrastructural changes in the mouse pineal in response to continuous illumination. Anat. Rec. **184**, 311–323 (1976)

Urasaki, H.: Effect of pinealectomy on gonadal development in the Japanese killifish (medaka), *Oryzias latipes*. Annot. Zool. Jpn. **45**, 10–15 (1972a)

Urasaki, H.: Role of the pineal gland in gonadal development in the fish, *Oryzias latipes*. Annot. Zool. Jpn. **45**, 152–158 (1972b)

Urasaki, H.: Effect of pinealectomy and photoperiod on oviposition and gonadal development in the fish, *Oryzias latipes*. J. Exp. Zool. **185**, 241–246 (1973)

USUI, T.: Electron microscopic studies on the ependymal cells of the organon vasculosum laminae terminalis in the adult rat. Bull. Tokyo Med. Dent. Univ. **15**, 1–18 (1968)

D'UVA, V., CIARCIA, G.: The subcommissural organ of the lizard *Lacerta s. sicula* Raf. Ultrastructure during the winter. Experientia **23**, 1327–1329 (1976)

D'UVA, V., CIARCIA, G., CIARLETTA, A., ANGELINI, F.: The subcommissural organ (SCO) of *Lacerta s. sicula* Raf. under experimental conditions: effects of castration, p. 11. Ninth Conference of European Comparative Endocrinologists, Giessen, July 31-August 6, 1977

VALENTIN, G.: Repertorium für Anatomie und Physiologie. Kritische Darstellung fremder und Ergebnisse eigener Forschung. Bd.I, S. 148–159 und Bd. III, S. 277–281. Berlin: Veit 1837

VANĚČEK, J., ILLNEROVÁ, H.: The regulation of pineal serotonin N-acetyltransferase activity in newborn rats. Develop. Biol. **68**, 287–291 (1979)

VARANO, L., LAFORGIA, V.: Possible relationship between the activity of the adrenal gland and the subcommissural organ in the lizard *Lacerta s. sicula* Raf. Effects of ACTH administration during Winter. Cell Tissue Res. **192**, 53–65 (1978).

VARANO, L., LAFORGIA, V., D'UVA, V., CIARCIA, G., CIARLETTA, A.: Effect of ACTH administration on the acitivity of the subcommissural organ (SCO) of *Lacerta* in winter, p. 10. Ninth Conference of European Comparative Endocrinologists, Giessen, July 31-August 6, 1977

VAUGHAN, M.K., BLASK, D.E., VAUGHAN, G.M., REITER, R.J.: Dose-dependent prolactin releasing activity of arginine vasotocin in intact and pinealectomized estrogen-progesterone treated adult male rats. Endocrinology **99**, 1319–1322 (1976a)

VAUGHAN, M.K., REITER, R.J., MCKINNEY, T., VAUGHAN, G.M.: Inhibition of growth of gonadal dependent structures by arginine vasotocin and purified bovine pineal fractions in immature mice and hamsters. Int. J. Fertil. **19**, 103–106 (1974a)

VAUGHAN, M.K., VAUGHAN, G.M., KLEIN, D.C.: Arginine vasotocin: effects on development of reproductive organs. Science **186**, 838–939 (1974b)

VAUGHAN, M.K., VAUGHAN, G.M., REITER, R.J.: Inhibition of human chorionic gonadotrophin-induced hypertrophy of the ovaries and uterus in immature mice by some pineal indoles, 6-hydroxymelatonin and arginine vasotocin. J. Endocrinol. **68**, 397–400 (1976b)

VAUGHN, J.E., SKOFF, R.P.: Neuroglia in experimentally altered central nervous system. In: The structure and function of nervous tissue. Bourne, G.H. (ed.), Vol. V, pp. 39–72. S. 169. New York: Academic Press 1972

VAN VEEN, T., BRACKMANN, M., MOGHIMZADEH, E.: Post-natal development of the pineal organ in the hamsters *Phodopus sungorus* and *Mesocricetus auratus*. A fluorescence microscopic and microspectrofluorometric investigation. Cell Tissue Res. **189**, 241–250 (1978)

VAN DE VEERDONK, F.C.G.: Demonstration of melatonin in amphibians. Curr. Mod. Biol. **1**, 175–177 (1967)

VERNADAKIS, A., WOODBURY, D.M.: Electrolyte and amino acid changes in rat brain during maturation. Am. J. Physiol. **203**, 748–752 (1963)

VERNADAKIS, A., WOODBURY, D.M.: Cellular and extracellular spaces in developing rat brain. Arch. Neurol. **12**, 284–293 (1965)

VICK, N.A., LIN, M.J., BIGNER, D.D.: The role of the subependymal plate in glial tumorigenesis. Acta Neuropathol. (Berl.) **40**, 63–71 (1977)

VIGH, B.: Hypothalamische Ependymosekretion (ependymale Neurosekretion) der Ratte und ihre Beziehung zur Adenohypophyse. Gen. Comp. Endocrinol. **3**, 736–737 (1963)

VIGH, B.: Ependymosécrétion, sécrétion Gomori-positive de l'épendyme dans l'hypothalamus. Ann. endocrinol. (Paris) **25**, 140–144 (1964)

VIGH, B.: A double innervation of the paraventricular organ in various vertebrates. In: Neurosecretion. Stutinsky, F. (ed.), pp. 92–94. Berlin, Heidelberg, New York: Springer 1967

VIGH, B.: Das Paraventrikularorgan und das zirkumventrikuläre System. Studia Biologica Hungarica, Vol. X. Budapest: Akadémiai Kiadó 1971

VIGH, B., AROS, B., KORITSANSZKY, S., WENGER, T., TEICHMANN, I.: Ependymosecretion (ependymal neurosecretion). V. The correlation between glial cells containing Gomori-positive substance and ependymosecretion in different vertebrates. Acta Biol. Acad. Sci. Hung. **14**, 131–143 (1963a)

VIGH, B., AROS, B., WENGER, T., KORITSÁNSZKY, S., CEGLÉDI, G.: Ependymosecretion (ependymal neurosecretion). IV. The Gomori-positive secretion of the hypothalamic ependyma of various vertebrates and its relation to the anterior pituitary. Acta Biol. Acad. Sci. Hung. **13**, 407–419 (1963b)

Vigh, B., Aros, B., Zaránd, P., Törk, I., Wenger, T.: Ependymal neurosecretion. II. Gomoripositive secretion in the paraventricular organ and the ventricular ependyma of different vertebrates. Acta Morphol. Acad. Sci. Hung. **11**, 335–350 (1962)

Vigh, B., Röhlich, P., Teichmann, I., Aros, B.: Ependymosecretion (ependymal neurosecretion). VI. Light and electron microscopic examination of the subcommissural organ of the guinea pig. Acta Biol. Acad. Sci. Hung. **18**, 53–66 (1967)

Vigh, B., Teichmann, I.: Histologic and histochemical examination of the paraventricular organ in various vertebrates. Acta Morphol. Acad. Sci. Hung. **14**, 350 (1966)

Vigh, B., Teichmann, I., Aros, B.: Das Paraventrikularorgan und das Liquorkontakt-Neuronensystem. Anat. Anz. **125**, Erg.-H., 683–688 (1969)

Vigh, B., Vigh-Teichmann, I.: Structure of the medullo-spinal liquor contacting neuronal system. Acta Biol. Acad. Sci. Hung. **22**, 227–243 (1971)

Vigh, B., Vigh-Teichmann, I.: Comparative ultrastructure of the CSF contacting neurons. Int. Rev. Cytol. **35**, 189–251 (1973)

Vigh, B., Vigh-Teichmann, I.: Vergleich der Ultrastruktur der Liquorkontaktneurone und Pinealozyten. Anat. Anz. **136**, Erg.-H., 433–443 (1974)

Vigh, B., Vigh-Teichmann, I.: Vergleich der Ultrastruktur der Liquorkontaktneurone mit Pinealozyten der Säugetiere. Anat. Anz. **138**, Erg.-H., 453–461 (1975)

Vigh, B., Vigh-Teichmann, I.: Studies on the vascular sac and related structures. In: Circumventriculäre Organe. Leopoldina-Symp. Schloß Reinhardsbrunn 1975. Sterba, G., Bargmann, W. (Hrsg.). Nova Acta Leopoldina, Suppl. 9, S. 97–102. Halle: Deutsche Akademie der Naturforscher 1977a

Vigh, B., Vigh-Teichmann, I.: Axon terminals of neurosecretory type formed by cerebrospinal fluid /CSF/ contacting neurons of the central canal in various vertebrates, p. 6. Ninth Conference of European Comparative Endocrinologists, Giessen July31–August 6, 1977b

Vigh, B., Vigh-Teichmann, I., Aros, B.: Ultrastruktur der Liquorkontaktneurone des Zentralkanals des Rückenmarkes beim Karpfen (*Cyprinus carpio*). Z. Zellforsch. **122**, 301–309 (1971)

Vigh, B., Vigh-Teichmann, I., Aros, B.: Intraependymal cerebrospinal fluid contacting neurons and axon terminals on the external surface in the filum terminale of the carp (*Cyprinus carpio*). Cell Tissue Res. **148**, 359–370 (1974)

Vigh, B., Vigh-Teichmann, I., Aros, B.: Comparative ultrastructure of cerebrospinal fluid-contacting neurons and pinealocytes. Cell Tissue Res. **158**, 409–424 (1975)

Vigh, B., Vigh-Teichmann, I., Aros, B.: Special dendritic and axonal endings formed by the cerebrospinal fluid contacting neurons of the spinal cord. Cell Tissue Res. **183**, 541–552 (1977)

Vigh, B., Vigh-Teichmann, I., Aros, B., Varjassy, P.: Licht- und elektronenmikroskopische Untersuchungen des Saccus vasculosus und des Nervus und Tractus sacci vasculosi. Z. Zellforsch. **129**, 508–522 (1972)

Vigh, B., Vigh-Teichmann, I., Koritsánszky, S., Aros, B.: Ultrastruktur der Liquorkontaktneurone des Rückenmarkes von Reptilien. Z. Zellforsch. **109**, 180–194 (1970)

Vigh-Teichmann, I.: Hydrencephalocriny of neurosecretory material in Amphibia. In: Zirkumventrikuläre Organe und Liquor. Int. Symp., Schloß Reinhardsbrunn 1968. Sterba, G. (Hrsg.). S. 269–272. Jena: Fischer 1969

Vigh-Teichmann, I.: A periventricularis szürkeállomány és a liquor cerebrospinalis kapcsolatainak morphologiai vizsgálata (Morphologische Untersuchung über die Beziehung zwischen periventrikulärer grauer Substanz und Liquor cerebrospinalis). Thesis, Budapest 1971

Vigh-Teichmann, I.: Fiber connections of hypothalamic CSF contacting neurosecretory cells. In: Neurosecretion – The final neuroendocrine pathway. Int. Symp., London 1973. Knowles, F., Vollrath, L. (eds.), pp. 324–325. Berlin, Heidelberg, New York: Springer, 1974

Vigh-Teichmann, I., Vigh, B.: Liquor-contacting areas in the periventricular gray substance of the central nervous system. Gen. Comp. Endocrinol. **13**, 537 (1969a)

Vigh-Teichmann, I., Vigh, B.: The neurosecretory preoptic nucleus as a member of the liquor contacting neuronal system. Acta Morphol. Acad. Sci. Hung. **17**, 338 (1969b)

Vigh-Teichmann, I., Vigh, B.: The infundibular cerebrospinal fluid contacting neurons. Adv. Anat. Embryol. Cell Biol. **50/2**, 1–91 (1974a)

Vigh-Teichmann, I., Vigh, B.: Correlation of CSF contacting neuronal elements to neurosecretory and ependymosecretory structures. In: Ependyma and neurohormonal regulation. Mitro, A. (ed.), pp. 281–295. Bratislava: Veda 1974b

Vigh-Teichmann, I., Vigh, B.: Licht- und elektronenmikroskopische Untersuchungen am Paraventrikularorgan. In: Circumventriculäre Organe. Leopoldina-Symp. Schloß Reinhardsbrunn 1975. Sterba, G., Bargmann, W. (Hrsg.). Nova Acta Leopoldina, Suppl. 9, S. 195–202. Halle: Deutsche Adademie der Naturforscher 1977

Vigh-Teichmann, I., Vigh, B., Aros, B.: Fluorescence histochemical studies on the preoptic recess organ in various vertebrates. Acta Biol. Acad. Sci. Hung. 20, 425–438 (1969)

Vigh-Teichmann, I., Vigh, B., Aros, B.: Enzymhistochemische Studien am Nervensystem IV. Acetylcholinesteraseaktivität im Liquorkontakt-Neuronensystem verschiedener Vertebraten. Histochemie 21, 322–337 (1970 a)

Vigh-Teichmann, I., Vigh, B., Aros, B.: Liquorkontaktneurone im Nucleus infundibularis des Kükens. Z. Zellforsch. 112, 188–200 (1971)

Vigh-Teichmann, I., Vigh, B., Aros, B.: Cerebrospinal fluid-contacting neurons, ciliated perikarya and "peptidergic" synapses in the magnocellular preoptic nucleus of teleostean fishes. Cell Tissue Res. 165, 397–413 (1976)

Vigh-Teichmann, I., Vigh, B., Koritsánszky, S.: Liquorkontaktneurone im Nucleus paraventricularis. Z. Zellforsch. 103, 483–501 (1970 b)

Vigh-Teichmann, I., Vigh, B., Koritsánszky, S.: Liquorkontaktneurone im Nucleus lateralis tuberis von Fischen. Z. Zellforsch. 105, 325–338 (1970 c)

Vijayan, E., McCann, S.M.: The effects of intraventricular injection of γ-aminobutyric acid (GABA) on prolactin and gonadotropin release in conscious female rats. Brain Res. 155, 35–43 (1978 a)

Vijayan, E., McCann, S.M.: Effects of intraventricular injection of γ-aminobutyric acid (GABA) on plasma growth hormone and thyrotropin in conscious ovariectomized rats. Endocrinology 103, 1888–1893 (1978 b)

Vinnikov, Y.A.: The ultrastructural and cytochemical basis of the mechanism of function of the sense organ receptors. In: The structure and function of nervous tissue. Bourne, G.H. (ed.), Vol. II, pp. 265–392. New York: Academic Press 1969

Virgier, D.: L'area postrema: Ses relations avec le noyau du faisceau solitaire. Donnée neuroanatomiques et neurophysiologiques. Thèse Marseille 1976

Vitry, G., Picard, D.: Sur la présence de grains de neurosécrét dans les espaces conjonctifs péricapillaires de la neurohypophyse chez le rat. C.R. Acad. Sci. [D] (Paris) 272, 1286–1287 (1971)

Vitums, A., Mikami, S., Oksche, A., Farner, D.S.: Vascularization of the hypothalamo-hypophysial-complex in the White-crowned Sparrow. *Zonotrichia leucophrys gambelii.* Z. Zellforsch. 64, 541–569 (1964)

Vitums, A., Kazuyuki, O., Oksche, A., Farner, S., King, J.: The development of the hypophysial-portal system in the White-crowned Sparrow. *Zonotrichia leucophrys gambelii.* Z. Zellforsch. 73, 335–366, 1966.

Vivien, J.H.: Ultrastructure des constituants de l'épiphyse de *Tropidonotus natrix.* C.R. Acad. Sci. [D] (Paris) 258, 3370–3372 (1964 a)

Vivien, J.H.: Structure et ultrastructure de l'épiphyse d'un chélonien, *Pseudemys scripta elegans.* C. R. Acad. Sci. [D] (Paris) 259, 899–901 (1964 b)

Vivien, J.H., Roels, B.: Ultrastructure de l'épiphyse des chéloniens. Présence d'un «paraboloïde» et de structures de type photorécepteur dans l'épithélium sécrétoire de *Pseudemys scripta elegans.* C.R. Acad. Sci. [D] (Paris) 264, 1743–1746 (1967)

Vivien, J.H., Roels, B.: Ultrastructures synaptiques dans l'épiphyse des chéloniens. Présence de rubans synaptiques au niveau des articulations entre cellules pseudo-sensorielles et terminaisons nerveuses dans l'épiphyse de *Pseudemys scripta elegans* et *Pseudemys picta.* C. R. Acad. Sci. [D] (Paris) 266, 600–603 (1968)

Vivien-Roels, B.: Etude structurale et ultrastructurale de l'épiphyse d'un reptile: *Pseudemys scripta elegans.* Z. Zellforsch. 94, 352–390 (1969)

Vivien-Roels, B.: Ultrastructure, innervation et fonction de l'épiphyse chez les chéloniens. Z. Zellforsch. 104, 429–448 (1970)

Vivien-Roels, B., Humbert, W.: The lipopigments of the pineal gland of *Testudo hermanni* (reptile, chelonian): Microprobe analysis and physiological significance. J. Ultrastruct. Res. 61, 134–139 (1977)

Vlaming, V.L. de: Effects of pinealectomy on gonadal activity in the Cyprinid teleost, *Notemigonus crysoleucas.* Gen. Comp. Endocrinol. 26, 36–49 (1975)

656   H. Leonhardt: Ependym und Circumventriculäre Organe

Voelzkow, A.: Epiphysis und Paraphysis bei Krokodilen und Schildkröten. Abh. Senckenb. Natur-forsch. Ges. **27**, 165–177 (1905)

Voetmann, E.: On the structure and surface area of the human choroid plexuses. A quantitive anatomical study. Acta Anat. (Basel) **8**, [Suppl. 10], 1–116 (1949)

Voitkevich, A.A., Dedov, I.I.: Ultrastructural study of neurovascular contacts in the median eminence of the rat. Z. Zellforsch. **124**, 311–319 (1972)

Vollrath, L.: Synaptic ribbons of a mammalian pineal gland circadian changes. Z. Zellforsch. **145**, 171–183 (1973)

Vollrath, L., Boeckmann, D.: Comparative anatomy of the rodent pineal complex (Vortrag). Ninth Conference of European Comparative Endocrinologists, Giessen, July 31-August 6, 1977

Vollrath, L., Huss, H.: The synaptic ribbons of the guinea-pig pineal gland under normal and experimental conditions. Z. Zellforsch. **139**, 417–429 (1973)

Vonwiller, P., Wigodskaya, R.R.: Mikroskopische Beobachtung der Bewegung des Liquors im lebenden Gehirn. Z. Anat. Entwickl. Gesch. **102**, 290–297 (1934)

Vorherr, H., Bradbury, M.W.B., Hoghoughi, M., Kleeman, C.R.: Antidiuretic hormone in cerebrospinal fluid during endogenous and exogenous changes in its blood level. Endocrinology **83**, 246–250 (1968)

Vriend, J.: Regulatory effects of the pineal gland on free thyroxin index of male golden hamsters. Anat. Rec. **187**, 738–739 (1977)

Waele, G., De, Dierickx, K., Goossens, N.: Scanning electron microscopy of the wall of the third ventricle of the brain of *Rana temporaria*. I. Scanning electron microscopy of the ventricular surface of the paraventricular organ. Cell Tissue Res. **154**, 511–518 (1974)

Waggener, J.D., Beggs, J.: The membrane coverings of neural tissues: an electron microscopy study. J. Neuropathol. **26**, 412–426 (1967)

Wagner, H.-J., Pilgrim, C.: Extracellular and transcellular transport of horseradish peroxidase (HRP) through the hypothalamic tanycyte ependyma. Cell. Tissue Res. **152**, 477–491 (1974)

Wagner, H.-J., Pilgrim, C.: A microprobe analysis of Gomori-positive glial cells in the rat arcuate nucleus. Histochemistry **55**, 147–157 (1978)

Wagner, H.-J., Pilgrim, C. Brandl, J.: Penetration and removal of horseradish peroxidase injected into the cerebrospinal fluid: Role of cerebral perivascular spaces, endothelium and microglia. Acta Neuropathol. (Berl.) **27**, 299–315 (1974)

Wakahara, M.: Effects of light on the morphology of subcommissural organ (SCO) in *Xenopus laevis*. J. Fac. Sci. Hokkaido Univ. [Ser. VI, Zool.] **16**, 623–631 (1968)

Wake, K.: Acetylcholinesterase containing nerve cells and their organization in the pineal organ of the goldfish, *Carassius auratus*. Z. Zellforsch. **145**, 287–298 (1973)

Wake, K., Ueck, M., Oksche, A.: Acetylcholinesterase containing nerve cells in the pineal complex and subcommissural area of the frogs, *Rana ridibunda* and *Rana esculenta*. Cell Tissue Res. **154**, 423–442 (1974)

Wal, B. van der, Moll, J., Wied, D. de.: The effect of pinealectomy and of lesions in the subcommissural body on the rate of aldosterone secretion by rat adrenal glands in vitro. In: Structure and function of the epiphysis cerebri. Ariëns Kappers, J., Schadé, J.P. (eds.). Prog. Brain Res. **10**, 635–645 (1965)

Wald, A., Hochwald, G.M., Gandhi, M.: Evidence for the movement of fluid. Macromolecules and ions from the brain extracellular space to the CSF. Brain Res. **151**, 283–290 (1978)

Wald, A., Hochwald, G.M., Malhan, C.: Movement of sodium from blood and brain into the cerebral ventricles of cats during altered CSF volume flow rates. Exp. Neurol. **50**, 304–311 (1976a)

Wald, A., Hochwald, G.M., Malhan, C.: The effects of ventricular fluid osmolality on bulk flow of nascent fluid into the cerebral ventricles of cats. Exp. Brain Res. **25**, 157–167 (1976b)

Walsh, R.J., Brawer, J.R.: Early postnatal development of the ependymal tanycytes lining the third ventricle in rat. Anat. Rec. **187**, 740–741 (1977)

Walsh, R.J., Brawer, J.R., Lin, P.L.: Early postnatal development of ependyma in the third ventricle of male and female rats. Am. J. Anat. **151**, 377–407 (1978a)

Walsh, R.J., Brawer, J.R., Lin, P.S.: Supraependymal cells in the third ventricle of the neonatal rat. Anat. Rec. **190**, 257–269 (1978b)

Waltimo, O., Talanti, S.: Histochemical localization of β-glucuronidase in the rat brain. Nature **205**, 499–500 (1965)

WANG, S.C., BORISON, H.L.: The vomiting center: a critical experimental analysis. Arch. Neurol. Psychiat. **63**, 928–941 (1950)

WARBRITTON, J.D., III, STEWART, R.M., BALDESSARINI, R.J.: Decreased locomotor activity and attenuation of amphetamine hyperactivity with intraventricular infusion of serotonin in the rat. Brain Res. **143**, 373–382 (1978)

WARCHOL, J.B.: Concanavalin A binding sites on the luminal surface of ependymal cells of third ventricle. Histochemistry **58**, 139–143 (1978 a)

WARCHOL, J.B.: Intranuclear microfilament bundles in the ependymal cells of the third ventricle of the rat. Cell Tissue Res. **194**, 353–359 (1978 b)

WARE, R.A., CHANG, L.W., BURKHOLDER, P.M.: An ultrastructural study on the blood-brain-barrier dysfunction following mercury intoxication. Acta Neuropathol. (Berl.) **30**, 211–224 (1974)

WAREMBOURG, M.: Radioautographic study of the rat brain and pituitary after injection of ^{3}H dexamethasone. Cell Tissue Res. **161**, 183–191 (1975)

WARREN, J.: The development of the paraphysis and the pineal region in *Necturus maculatus*. Am. J. Anat. **5**, 1–27 (1905)

WARREN, J.: The development of the paraphysis and pineal region in Reptilia. Am. J. Anat. **11**, 313–392 (1911)

WARREN, J.: The development of the paraphysis and pineal region in Mammalia. J. Comp. Neurol. **27**, 75–135 (1917)

WARTENBERG, H.: Elektronenmikroskopische Untersuchungen an der Epiphysis cerebri der Katze. Anat. Anz. **115**, Erg.-H., 275–279 (1965)

WARTENBERG, H.: The mammalian pineal organ: electron microscopic studies on the fine structure of the pinealocytes, glial cells and on the perivascular compartments. Z. Zellforsch. **86**, 74–97 (1968 a)

WARTENBERG, H.: Elektronenmikroskopische Untersuchungen an der Area postrema von Katze und Affe. Anat. Anz. **121**, (Erg.-H.), 391–399 (1968 b)

WARTENBERG, H.: Vergleichende Untersuchungen über das Vorkommen von biogenen Aminen in den circumventriculären Organen von Reptilien und Säugern. In: Zirkumventrikuläre Organe und Liquor. Int. Symp. Schloß Reinhardsbrunn 1968. Sterba, G. (Hrsg.), S. 161–165. Jena: Fischer 1969

WARTENBERG, H., BAUMGARTEN, H.G.: Elektronenmikroskopische Untersuchungen zur Frage der photosensorischen und sekretorischen Funktion des Pinealorgans von *Lacerta virdis* und *L. muralis*. Z. Anat. Entwickl. Gesch. **127**, 99–120 (1968)

WARTENBERG, H., BAUMGARTEN, H.G.: Über die elektronenmikroskopische Identifizierung von noradrenergen Nervenfasern durch 5-Hydroxydopamin und 5-Hydroxydopa im Pinealorgan der Eidechse (*Lacerta muralis*). Z. Zellforsch. **94**, 252–260 (1969)

WARTENBERG, H., GUSEK, W.: Elektronenmikroskopische Untersuchungen über die Epiphysis cerebri des Kaninchens. Anat. Anz. **113**, Erg.-H., 173–181 (1964)

WARTENBERG, H., GUSEK, W.: Licht- und elektronenmikroskopische Beobachtungen über die Struktur der Epiphysis cerebri des Kaninchens. In: Structure and function of the epiphysis cerebri. Ariëns Kappers, J., Schadé, J.P. (eds.). Prog. Brain Res. **10**, 296–316 (1965)

WARTENBERG, H., SCHUBERT, W.: Pinealorgan und Hoden: Morphologische Untersuchungen zur Wirkung des Lichtentzuges auf die Spermatogenese des Goldhamsters. Anat. Anz. **140**, Erg.-H., 69–76 (1976)

WARTENBERG, H., HADZISELIMOVIĆ, F., SEGUCHI, H.: Experimentelle Untersuchungen über die Passage der Blut-Gewebs-Schranke in den zirkumventrikulären Organen des Meerschweinchengehirns. Anat. Anz. **130**, 345–355 (1973)

WARTMAN, S.A., BRANCH, B.J., GEORGE, R., NEWMAN TAYLOR, A.: Evidence for a cholinergic influence on pineal hydroxyindole-O-methyltransferase activity with changes in environmental lighting. Life Sci. **8**, 1263–1270 (1969)

WATANABE, A.: The saccus vasculosus of the ray (*Dasyatis akajei*). Arch. Histol. Jpn. **27**, 427–449 (1966)

WATERMANN, R.: Zur Morphologie des subfornikalen Organes, Med. Diss., Köln 1955

WATERMANN, R.: Die Entwicklung des subfornikalen Organes beim Menschen. Gegenbaurs Morphol. Jahrb. **97**, 545–553 (1956)

WATERMANN, R.: Beitrag zur Frage der Homologie von subfornikalem Organ und Paraphyse. Acta Anat. (Basel) **29**, 304–313 (1957)

Watermann, R.: Interventricularorgan und Trigonum supracommissurale. Anat. Anz. **117**, 261–279 (1965)

Watermann, R.: Histologisches und Experimentelles vom Interventrikularorgan des Menschen und einiger Säugetiere. J. Neuro-Visc. Relat. **31**, 195–221 (1969)

Watermann, R., Abdel-Messeih,ꞏG.: Ein Vergleich von Subfornikalorgan und Area postrema. Z. Morphol. Ökol. Tiere **45**, 603–615 (1957)

Watterson, R.L.: Storage and release of glycogen by the glycogenic body of the spinal cord of chick embryos. Anat. Rec. **99**, 631–632 (1947)

Watterson, R.L.: Development of the glycogen body of the chick spinal cord. I. Normal morphogenesis, vasculogenesis and anatomical relationships. J. Morphol. **85**, 337–389 (1949)

Watterson, R.L.: Paired primordia of the glycogen body of the chick neural tube as revealed by glycogen-specific stains. Anat. Rec. **106**, 315–316 (1950)

Watterson, R.L.: Mechanical separation and displacement of the paired primordia of the glycogen body of the chick spinal cord. Anat. Rec. **109**, 387 (1951)

Watterson, R.L.: Development of the glycogen body of the chick spinal cord. III. The paired primordia as revealed by glycogen-specific stains. Anat. Rec. **113**, 29–52 (1952)

Watterson, R.L.: Development of the glycogen body of the chick spinal cord. J. Exp. Zool. **125**, 285–330 (1954)

Watterson, R.L., Veneziano, P., Brown, D.A.: Development of the glycogen body of the chick spinal cord. V. Effects of hypophysectomy on its glycogen content. Physiol. Zool. **31**, 49–59 (1958)

Weatherhead, B.: Intra-ventricular ependymal processes in the pars nervosa of a chelonian, *Emys orbicularis*. Gen. Comp. Endocrinol. **13**, 539 (1969)

Weber, E.H.: Knoten und unpaarer Faden, mit dem sich das Rückenmark bei einigen Fischen endigt, namentlich beim *Cyprinus carpio*. Arch. Anat. Physiol. 1827, pp. 316–317

Wechsler, W.: Die Entwicklung der Gefäße und perivaskulären Gewebsräumen im Zentralnervensystem von Hühnern. Z. Anat. Entwickl. Gesch. **124**, 367–395 (1965)

Wechsler, W.: Die Feinstruktur des Neuralrohres und der neuroektodermalen Matrixzellen am Zentralnervensystem von Hühnerembryonen. Z. Zellforsch. **70**, 240–268 (1966a)

Wechsler, W.: Elektronenmikroskopischer Beitrag zur Differenzierung des Ependyms am Rückenmark von Hühnerembryonen. Z. Zellforsch. **74**, 423–442 (1966b)

Wechsler, W., Meller, K.: Electron microscopy of neuronal and glial differentiation in the developing brain of the chick. In: Development Neurology. Bernhard, C.G., Schadé, J.P. (eds.). Prog. Brain Res. **26**, 93–144 (1967)

Weed, L.H.: The development of the cerebro-spinal spaces in pig and man. In: Contributions to embryology, No. 14, Carnegie Institution of Washington, No. 225, pp. 1–111. 1917

Weindl, A.: Zur Morphologie und Histochemie von Subfornicalorgan, Organum vasculosum laminae terminalis und Area postrema bei Kaninchen und Ratte. Z. Zellforsch. **67**, 740–755 (1965)

Weindl, A.: Verhalten der zirkumventrikulären Organe des Kaninchens nach intravenöser Trypanblauzufuhr. Naturwissenschaften **54**, 342 (1967)

Weindl, A.: Electron microscopic observations on the organum vasculosum of the lamina terminalis (OVLT) after intravenous injection of horseradish peroxidase. Neurology (Minneap.) **19**, 295 (1969)

Weindl, A.: Electron-microscopic observations on the subfornical organ of the rabbit after intravenous injection of horseradish peroxidase. Neurology (Minneap.) **20**, 397 (1970)

Weindl, A.: Neuroendocrine aspects of circumventricular organs. In: Frontiers in neuroendocrinology. Ganong, W.F., Martini, L. (eds.), pp. 3–32. London: Oxford University Press 1973

Weindl, A.: Structural and functional investigations on the mammalian organum vasculosum of the lamina terminalis. Thesis, University of Rochester 1974

Weindl, A., Joynt, R.J.: The median eminence as a circumventricular organ. In: Brain-endocrine interaction. Median eminence: structure and function. Int. Symp. Munich, 1971. Knigge, K.M., Scott, D.E., Weindl, A. (eds.), pp. 280–297. Basel: Karger 1972a

Weindl, A., Joynt, R.J.: Ultrastructure of the ventricular walls. Arch. Neurol. **26**, 420–427 (1972b)

Weindl, A., Joynt, R.J.: Barrier properties of the subcommissural organ. Arch. Neurol. **29**, 16–22 (1973)

Weindl, A., Schinko, I.: Vascular and ventricular neurosecretion in the organum vasculosum of the lamina terminalis of the golden hamster. In: Brain-endocrine interaction II. The ventricular system in neuroendocrine mechanisms. Knigge, K.M., Scott, D.E., Kobayashi, H., Ishii, S. (eds.), pp. 190–200. Basel: Karger 1975a

WEINDL, A., SCHINKO, I.: Evidence by scanning electron microscopy for ependymal secretion into the cerebrospinal fluid and formation of Reissner's fiber by the subcommissural organ. Brain Res. **88**, 319–324 (1975b)

WEINDL, A., SCHINKO, I.: Scanning electron microscopy (SEM) of circumventricular organs (CVO). In: Scanning electron microscopy, 1977, Vol. II. Johari, O., Becker, R.P. (eds.), pp. 861–869. Chicago: IIT Research Institute 1977

WEINDL, A., SCHINKO, I.: The ventricular system of the opossum brain. In: Scanning electron microscopy, 1978, Vol. II. R.P. Becker, O. Johari (eds.), pp. 861–869. Chicago: IIT Research Institute 1978

WEINDL, A., SCHINKO, I., SOFRONIEW, M.V.: Ultrastructural, fluorescence- and immunohistochemical investigations of the organum vasculosum of the lamina terminalis. In: Circumventriculäre Organe. Leopoldina-Symp. Schloß Reinhardsbrunn 1975. Sterba, G., Bargmann, W. (Hrsg.). Nova Acta Leopoldina, Suppl. 9, S. 203–215. Halle: Deutsche Akademie der Naturforscher 1977

WEINDL, A., SCHINKO, I., WETZSTEIN, R., HERZ, A.: Die sphärischen Lipidkörper im Epithel des Plexus chorioideus beim Kaninchen. Z. Zellforsch. **100**, 300–315 (1969)

WEINDL, A., SCHWINK, A., WETZSTEIN, R.: Der Feinbau des Gefäßorgans der Lamina terminalis beim Kaninchen. I. Die Gefäße. Z. Zellforsch. **79**, 1–48 (1967a)

WEINDL, A., SCHWINK, A., WETZSTEIN, R.: Elektronenmikroskopische Untersuchungen am Gefäßorgan der Lamina terminalis des Kaninchens. Anat. Anz. **120**, Erg.-H., 189–190 (1967b)

WEINDL, A., SCHWINK, A., WETZSTEIN, R.: Intranucleäre Tubuli-Bündel im Gefäßorgan der Lamina terminalis. Naturwissenschaften **54**, 473 (1967c)

WEINDL, A., SCHWINK, A., WETZSTEIN, R.: Der Feinbau des Gefäßorgans der Lamina terminalis beim Kaninchen. II. Das neuronale und gliale Gewebe. Z. Zellforsch. **85**, 552–600 (1968)

WEINDL, A., SOFRONIEW, M.V.: Neurohormones and circumventricular organs. An immunohistochemical investigation. In: Brain-endocrine interaction III. Neural hormones and reproduction. Int. Symp. Würzburg 1977. Scott, D.E., Kozlowski, G.P., Weindl, A. (eds.), pp. 117–137. Basel: Karger 1978

WEINDL, A., SOFRONIEW, M.V., SCHINKO, I.: Psychotrope Wirkungen hypothalamischer Hormone: Immunhistochemische Identifikation extrahypophysärer Verbindungen neuroendokriner Neurone. Arzneim. Forsch. (Drug Res.) **26**, 1191–1194 (1976)

WEINDL, A., SOFRONIEW, M.V., SCHINKO, I.: The distribution of vasopressin, oxytocin, neurophysin, somatostatin, and luteinizing hormone releasing hormone producing neurons. In: Neurosecretion and neuroendocrine activity: Evolution, structure and function. Int. Symp., Leningrad 1976. Bargmann, W., Oksche, A., Polenov, A., Scharrer, B. (eds.), pp. 308–315. Heidelberg: Springer 1978

WEINDL, A., SOFRONIEW, M.V., SCHINKO, I., WETZSTEIN, R.: Immunohistochemistry of hypothalamic neurosecretory neurons. Exp. Brain Res. [Suppl.] **23**, 216 (1975)

WEINER, R.I., BLAKE, C.A., RUBINSTEIN, L., SAWYER, C.H.: Electrical activity of the hypothalamus: effects of intraventricular catecholamines. Science **171**, 411–412 (1971)

WEINER, R.I., PATTOU, E., KERDELHUÉ, B., KORDON, C.: Differential effects of hypothalamic deafferentation upon luteinizing hormone-releasing hormone in the median eminence and organum vasculosum of the lamina terminalis. Endocrinology **97**, 1597–1600 (1975)

WEINER, R.I., TERKEL, J., BLAKE, C.A., SCHALLY, A.V., SAWYER, C.A.: Changes in serum luteinizing hormone following intraventricular and intravenous injections of luteinizing hormone-releasing hormone in the rat. Neuroendocrinology **10**, 261–272 (1972)

WEISS, B., COSTA, E.: Adenyl cyclase in rat pineal gland: effects of chronic denervation and norepinephrine. Science **156**, 1750–1751 (1967)

WEISS, J.: Saisonale Veränderungen des Enzymmusters und des Neurosekretgehaltes sowie die Innervation des Nucleus praeopticus der Bachforelle (*Salmo trutta fario*) unter besonderer Berücksichtigung der hypothalamischen Hydrencephalokrinie. Gegenbaurs Morphol. Jahrb. **115**, 444–486 (1970)

WELCH, K.: Active transport of iodide by choroid plexus of the rabbit in vitro. Am. J. Physiol. **202**, 757–760 (1962a)

WELCH, K.: Concentration of thiocyanate by the choroid plexus of the rabbit in vitro. Proc. Soc. Exp. Biol. Med. **109**, 953–954 (1962b)

Welch, K.: The transport of materials by the choroid plexus. In: Cerebrospinal fluid and the regulation of ventilation. Brooks, Ch.McC., Kao, F.F., Lloyd, B.B. (eds.), pp. 413–421. Oxford: Blackwell 1965

Welch, K.: The secretion of cerebrospinal fluid by lamina epithelialis. Monogr. Surg. Sci., **4**, 155–192 (1967)

Weller, R.O., Mitchell, J., Griffin, R.L., Gardner, M.J.: The effects of hydrocephalus upon the developing brain. Histological and quantitative studies of the ependyma and subependyma in hydrocephalic rats. J. Neurol. Sci. **36**, 383–402 (1978)

Weller, R.O., Wiśniewski, H., Shulman, K., Terry, R.D.: Experimental hydrocephalus in young dogs: histological and ultrastructural study of the brain tissue damage. J. Neuropathol. Exp. Neurol. **30**, 613–626 (1971)

Welsch, U., Wächtler, K.: Zum Feinbau des Glykogenkörpers im Rückenmark der Taube. Z. Zellforsch. **97**, 160–168 (1969)

Welser, J.P., Hinsman, E.J., Stromberg, H.N.: Fine structure of the canine pinealocytes. Am. J. Vet. **29**, 587–599 (1968)

Welsh, H.: Effects of superior cervical ganglionectomy, constant light and blinding on the gerbil pineal gland: An ultrastructural analysis. Anat. Rec. **187**, 746 (1977)

Welsh, M.G., Reiter, R.J.: The pineal gland of the gerbil, *Meriones unguiculatus*. I. An ultrastructural study. Cell Tissue Res. **193**, 323–336 (1978)

Wendell-Smith, C.P., Blunt, N.J., Baldwin, F.: The ultrastructural characterization of macroglial cell types. J. Comp. Neurol. **127**, 219–240 (1966)

Wender, M., Kozik, M., Wojciechowski, T.: Enzymhistochemische Untersuchungen zur Entwicklung der Neuroglia des menschlichen Gehirns. Acta Histochem. (Jena) **36**, 32–43 (1970)

Wenger, T.: Ultrastructural changes in the vascular organ of the lamina terminalis following ovariectomy and hypophysectomy in the rat. Brain Res. **101**, 95–102 (1976)

Wenger, T.: The effect of ovariectomy on the ultrastructure of the organon vasculosum laminae terminalis in the rat. In: Circumventriculäre Organe. Leopoldina-Symp. Schloß Reinhardsbrunn, 1975. Sterba, G., Bargmann, W. (Hrsg.). Nova Acta Leopoldina, Suppl. 9, S. 217–220. Halle: Deutsche Akademie der Naturforscher 1977

Wenger, T., Gerendai, I., Halász, B.: Effect of hypophysectomy on the luteinizing hormone-releasing hormone content of the organum vasculosum of the lamina terminalis in female rat. Brain Res. **157**, 157–160 (1978)

Wenger, T., Klein, M.J., Stoeckel, M.E., Porte, A., Stutinsky, F.: Sur la structure fine de la fibre de Reissner et son mode de formation au niveau de l'organe sous-commissural. C.R. Soc. Biol. (Paris) **163**, 2436–2440 (1969)

Wenger, T., Röhlich, P.: Electron microscopical investigation of the organon vasculosum laminae terminalis in the rat and in the rhesus monkey. In: Zirkumventrikuläre Organe und Liquor. Int. Symp., Schloß Reinhardsbrunn 1968. Sterba, G. (Hrsg.), S. 167–171. Jena: Fischer 1969

Wenger, T., Törk, I., Vigh, B., Aros, B.: Studies on the organon vasculosum laminae terminalis. 1. Comparative examination in teleost fishes. Acta Biol. Acad. Sci. Hung. **18**, 207–220 (1967)

Wenger, T., Törö, I.: Studies on the organon vasculosum laminae terminalis IV. Fine structure of the organon vasculosum laminae terminalis in man. Acta Biol. Acad. Sci. Hung. **22**, 331–342 (1971)

Wenger, T., Vigh, B., Aros, B.: Mitotic activity in the hypothalamus of adult rats. Acta Morphol. Acad. Sci. Hung. [Suppl.] **13**, 47 (1964)

Wenger, T., Vigh, B., Aros, B.: Mitotic activity in the periventricular substance of the diencephalon of adult rats. Acta Biol. Acad. Sci. Hung. **17**, 175–183 (1966)

Wenzel, J., Bärlehner, E., Wenzel, M., Ilius, D.: Zur Regeneration des Cortex cerebri bei *Mus musculus*. I. Morphologische Befunde regenerativer Vorgänge nach Exstirpation eines Cortexabschnittes. Z. Mikrosk. Anat. Forsch. **81**, 1–31 (1969)

Wenzel, J., Kunde, D., David, E., Hecht, A.: Enzymhistochemische Befunde am Subkommissuralorgan, am Ependym und an den Plexus chorioidei des Meerschweinchengehirns (*Cavia porcellus* L.). Z. Mikrosk. Anat. Forsch. **82**, 243–263 (1970)

Westergaard, E.: Morphological changes in the lateral ventricles of the mouse brain during growth. Acta Anat. (Basel) **59**, 315–326 (1964)

Westergaard, E.: The cerebral ventricles of the guinea-pig during growth. Acta Anat. (Basel) **70**, 382–402 (1968)

WESTERGAARD, E.: The cerebral ventricles of the golden hamster during growth. Acta Anat. (Basel) **72**, 533–548 (1969a)

WESTERGAARD, E.: The cerebral ventricles of the rat during growth. Acta Anat. (Basel) **74**, 405–423 (1969b)

WESTERGAARD, E.: The lateral cerebral ventricles and the ventricular walls. An anatomical, histological and electron microscopic investigation on mice, rats, hamsters, guinea pigs and rabbits. Thesis Andelsbogtrykkeriet, Odense, 1970

WESTERGAARD, E.: The fine structure of nerve fibers and endings in the lateral cerebral ventricles of the rat. J. Comp. Neurol. **144**, 345–354 (1972)

WESTERGAARD, E.: The blood-brain barrier to horseradish peroxidase under normal and experimental conditions. Acta Neuropathol. (Berl.) **39**, 181–187 (1977)

WESTERGAARD, E., BRIGHTMAN, M.W.: Transport of proteins across normal cerebral arterioles. J. Comp. Neurol. **152**, 17–44 (1973)

WESTERGAARD, E., GO, G., KLATZO, I., SPATZ, M.: Increased permeability of cerebral vessels to horseradish peroxidase induced by ischemia in Mongolian gerbils. Acta Neuropathol. (Berl.) **35**, 307–325 (1976)

WESTERGAARD, E., HERTZ, M.M., BOLWIG, T.G.: Increased permeability to horseradish peroxidase across cerebral vessels, evoked by electrically induced seizures in the rat. Acta Neuropathol. (Berl.) **41**, 73–80 (1978)

WETZIG, H., PALKOVITS, M.: Die Entwicklung des Organon subfornicale bei der Sturmmöve *Larus canus* L. Z. Mikrosk. Anat. Forsch. **79**, 283–291 (1968)

WETZSTEIN, R., PAPACHARALAMPOUS, N.X., SCHWINK, A.: Kollagen in der Basalmembran subcommissuraler Kapillaren des Meerschweinchens. Naturwissenschaften **11**, 283 (1966)

WETZSTEIN, R., SCHWINK, A., STANKA, P.: Die periodisch strukturierten Körper im Subcommissuralorgan der Ratte. Z. Zellforsch. **61**, 493–523 (1963)

WEYNE, J., LEUSEN, I.: Lactate in CSF in relation to brain and blood. In: Fluid environment of the brain. Cserr, H.F., Fenstermacher, J.D., Fencl, V. (eds.), pp. 255–270. New York, San Francisco, London: Academic Press 1975

WHEATON, J.E., KRULICH, J., McCANN, S.M.: Localization of luteinizing hormone-releasing hormone in the preoptic area and hypothalamus of the rat using radioimmunoassay. Endocrinology **97**, 30–38 (1975)

WHITAKER, S., LA BELLA, F.S.: Electron microscopic histochemistry of cholinesterase in the posterior, intermediate and anterior lobe of the rat pituitary. Z. Zellforsch. **130**, 152–170 (1972)

WHITAKER, S., LA BELLA, F.S., SANWAL, M.: Electron microscopic histochemistry of lysosomes in neurosecretory nerve endings and pituicytes of rat posterior pituitary. Z. Zellforsch. **111**, 493–504 (1970)

WHITE, W.F., HEDLUND, M.T., WEBER, G.F., RIPPEL, R.H., JOHNSON, E.S., WILBER, J.F.: The pineal gland: a supplemental source of hypothalamic-releasing hormones. Endocrinology **94**, 1422–1426 (1974)

WIENER, H.: External chemical messengers. IV. Pineal gland. N. Y. State J. Med. **68**, 912–938 (1968a)

WIENER, H.: External chemical messengers. V. More functions of the pineal gland. N.Y. State J. Med. **68**, 1019–1038 (1968b)

WIGHT, P.A.L., MacKENZIE, G.M.: Dual innervation of the pineal of the fowl, *Gallus domesticus*. Nature (Lond.) **228**, 474–475 (1970)

WIKLUND, L.: Development of serotonin-containing cells and the sympathetic innervation of the habenular region in the rat brain. A fluorescence histochemical study. Cell Tissue Res. **155**, 231–243 (1975)

WILÉN, P.E., FRIDBERG, G.: Ultrastructural studies on the ontogenesis of the caudal neurosecretory system in the roach, *Leuciscus rutilus*. Z. Anat. Entwickl. Gesch. **139**, 207–216 (1973)

WILLEY, T.J., SCHULTZ, R.L.: Intranuclear inclusions in neurons of the cat primary olfactory system. Brain Res. **29**, 31–45 (1971)

WILLIAMS, D., GASCOIGNE, J.E., WILLIAMS, E.D.: A specific form of rat brain monoamine oxidase in circumventricular structures. Brain Res. **100**, 231–235 (1975)

WILLIAMS, V.: Intercellular relationships in the external glial limiting membrane of the neocortex of the cat and rat. Am. J. Anat. **144**, 421–432 (1975)

WILSON, J.T.: On the anatomy of the calamus region in the human bulb; with an account of a hitherto undescribed "nucleus postremus", I and II. J. Anat. Physiol. **40**, 210–241, 357–386 (1906)

WILSON, L.D., WEINBERG, J.A., BERN, H.A.: The hypothalamic neurosecretory system of the tree frog *Hyla regilla*. J. Comp. Neurol. **107**, 253–272 (1957)

WINGSTRAND, K.G.: Neurosecretion and antidiuretic activity in chick embryos with remarks on the subcommissural organ. Ark. Zool. (Stockh.) **6**, 41–67 (1953)

WINGSTRAND, K.G.: Attempts at a comparison between the neurohypophysial region in fishes and tetrapods with particular regards to amphibians. In: Comparative endocrinology. Gorbman, A. (ed.), pp. 393–403. New York: Wiley 1959

WINGSTRAND, K.G.: Comparative anatomy and evolution of the hypophysis. In: The pituitary gland. Harris, G.W., Donovan, B.T. (eds.), Vol. I, pp. 58–126. London: Butterworths 1966

WINKELMANN, E., WINKELMANN, A.: Experimentelle Untersuchungen zur Regeneration des Telencephalon von *Ambystoma mexicanum* nach Resektion beider Hemisphären. Z. Mikrosk. Anat. Forsch. **82**, 149–171 (1970)

WISE, B.L., GANONG, W.F.: The effect of ablation of the area postrema on water and elektrolyte metabolism in dogs. Acta Neuroveg. (Wien) **22**, 14–32 (1962)

WISE, B.L., GOLDFIEN, A., GANONG, W.F.: Endocrine function in dogs after ablation of the area postrema. Acta Neuroveg. (Wien) **22**, 1–13 (1962)

WISLOCKI, G.B., DEMPSEY, E.W.: The chemical histology and cytology of the pineal body and neurohypophysis. Endocrinology **42**, 56–72 (1948)

WISLOCKI, G.B., LADMAN, A.J.: The demonstration of a blood-ocular barrier in the albino rat by means of the intravitam deposition of silver. J. Biophys. Biochem. Cytol. **1**, 501–510 (1955)

WISLOCKI, G.B., LADMAN, A.J.: The fine structure of the mammalian choroid plexus. In: The cerebrospinal fluid. Production, circulation and absorption. Ciba-Foundation Symp. 1957. Wolstenholme, G.E.W., O'Connor, C.M. (eds.), pp. 55–59. London: Churchill 1958

WISLOCKI, G.B., LEDUC, E.H.: Vital staining of the hematoencephalic barrier by silver nitrate and trypan blue, and cytological comparisons of the neurohypophysis, pineal body, area postrema, intercolumnar tubercle and supraoptic crest. J. Comp. Neurol. **96**, 371–414 (1952a)

WISLOCKI, G.B., LEDUC, E.H.: The cytology and histochemistry of the subcommissural organ and Reissner's fiber in the rodents. J. Comp. Neurol. **97**, 515–544 (1952b)

WISLOCKI, G.B., LEDUC, E.H.: The cytology of the subcommissural organ, Reissner's fiber, periventricular glial cells and posterior collicular recess of the rat's brain. J. Comp. Neurol. **101**, 283–309 (1954)

WISLOCKI, G.B., LEDUC, E.H., MITCHELL, A.J.: On the ending of Reissner's fiber in the filum terminale of the spinal cord. J. Comp. Neurol. **104**, 493–517 (1956)

WISLOCKI, G.B., PUTNAM, T.J.: Note on the anatomy of the area postrema. Anat. Rec. **19**, 281–286 (1920)

WISLOCKI, G.B., ROTH, W.D.: Selective staining of the human subcommissural organ. Anat. Rec. **130**, 125–130 (1958)

WISNIEWSKI, H., OLSZEWSKI, J.: Vascular permeability in the area postrema and hypothalamus. A study using iodinated radioactive albumin. Neurology (Minneap.) **13**, 885–894 (1963)

WITTKOWSKI, W.: Kapillaren und perikapilläre Räume im Hypothalamus-Hypophysen-System und ihre Beziehungen zum Nervengewebe. Z. Zellforsch. **81**, 344–360 (1967a)

WITTKOWSKI, W.: Synaptische Strukturen und Elementargranula in der Neurohypophyse des Meerschweinchens. Z. Zellforsch. **82**, 434–458 (1967b)

WITTKOWSKI, W.: Zur Ultrastruktur der ependymalen Tanycyten und Pituicyten sowie ihre synaptische Verknüpfung in der Neurohypophyse des Meerschweinchens. Acta Anat. (Basel) **67**, 338–360 (1967c)

WITTKOWSKI, W.: Zur funktionellen Morphologie ependymaler und extraependymaler Glia im Rahmen der Neurosekretion. Elektronenmikroskopische Untersuchungen an der Neurohypophyse der Ratte. Z. Zellforsch. **86**, 111–128 (1968a)

WITTKOWSKI, W.: Elektronenmikroskopische Studien zur intraventrikulären Neurosekretion in den Recessus infundibularis der Maus. Z. Zellforsch. **92**, 207–216 (1968b)

WITTKOWSKI, W.: Ependymokrinie und Rezeptoren in der Wand des Recessus infundibularis der Maus und ihre Beziehung zum kleinzelligen Hypothalamus. Z. Zellforsch. **93**, 530–546 (1969)

WITTKOWSKI, W.: Nervenfasern mit ultrastrukturell verschiedenen Elementargranula im Hypophysenhinterlappen des Rhesusaffen. Z. Zellforsch. **107**, 499–507 (1970)

WITTKOWSKI, W.: Synapses and membrane junctions between neurosecretory neurons and pituicytes in the neurohypophysis of the rhesus monkey. J. Anat. **109**, 342 (1971)

WITTKOWSKI, W.: Zur Ultrastruktur der Gefäßfortsätze von Ependym- und Gliazellen im Infundibulum der Ratte. Z. Zellforsch. **130**, 58–69 (1972)

WITTKOWSKI, W.: Elektronenmikroskopische Untersuchungen zur funktionellen Morphologie des tubero-hypophysären Systems der Ratte. Z. Zellforsch. **139**, 101–148 (1973)

WITTKOWSKI, W., BOCK, R.: Electron microscopical studies of the median eminence following interference with the feedback system anterior pituitary – adrenal cortex. In: Brain-endocrine interaction. Median eminence: structure and function. Int. Symp. Munich 1971. Knigge, K.M., Scott, D.E., Weindl, A. (eds.), pp. 171–180. Basel: Karger 1972

WITTKOWSKI, W., BRINKMANN, H.: Changes of extent of neuro-vascular contacts and number of neuro-glial synaptoid contacts in the pituitary posterior lobe of dehydrated rats. Anat. Embryol. (Berl.) **146**, 157–165 (1974)

WITTKOWSKI, W., MÜLLER, K.: Untersuchungen am Infundibulum des Igels. Anat. Anz. **140**, 49–54 (1976)

WITTKOWSKI, W., SCHEUER, A.: Functional changes of the neuronal and glial elements at the surface of the external layer of the median eminence. Z. Anat. Entwickl. Gesch. **143**, 255–262 (1974)

WITZEL, E.W., HUNT, G.M.: The ultrastructure of the choroid plexus in hydrocephalic offspring from vitamin A deficient rabbits. J. Neuropathol. Exp. Neurol. **21**, 250–262 (1962)

WOLF, G.: Über die physikalischen und biochemischen Eigenschaften des Reissnerschen Fadens. In: Zirkumventrikuläre Organe und Liquor. Int. Symp. Schloß Reinhardsbrunn 1968. Sterba, G. (Hrsg.), S. 69–72. Jena: Fischer 1969

WOLF, G.: Immunohistological identification of neurophysin and neurophysin-like substances in different vertebrates. Endokrinologie **68**, 288–299 (1976)

WOLF, G., STERBA, G.: Zur stofflichen Charakteristik des Liquorfadens. In: Circumventriculäre Organe. Leopoldina-Symp. Schloß Reinhardsbrunn, 1975. Sterba, G., Bargmann, W. (Hrsg.). Nova Acta Leopoldina, Suppl. 9, S. 151–154. Halle: Deutsche Akademie der Naturforscher 1977

WOLFE, D.E.: Fine structure of neuroglial cells in the area postrema. Anat. Rec. **142**, 292 (1962)

WOLFE, D.E.: The epiphyseal cell: an electron-microscopic study of its intercellular relationships and intercellular morphology in the pineal body of the albino rat. In: Structure and function of the epiphysis cerebri. Ariëns Kappers, J., Schadé, J.P. (eds.). Prog. Brain Res. **10**, 332–386 (1965)

WOLFE, D.E., POTTER, L.T., RICHARDSON, K.C., AXELROD, J.: Localizing tritiated norepinephrine in sympathetic axons by electron microscope autoradiography. Science **138**, 440–442 (1962)

WOLFF, F.: Funktionell-histologische Studien am Plexus chorioideus von *Rana temporaria* L. (Unter besonderer Berücksichtigung der Sekretionsfrage.) Z. Zellforsch. **57**, 63–105 (1962)

WOLFF, H.: Das Glykogenverteilungsmuster in der Medulla oblongata und in einigen anderen Hirnabschnitten winterschlafender Igel. Z. Zellforsch. **107**, 284–310 (1970)

WOLFF, J.: Beiträge zur Ultrastruktur der Kapillaren in der normalen Großhirnrinde. Z. Zellforsch. **60**, 409–431 (1963)

WOLFF, J., NĚMEČEK, S.: Über kollagenhaltige perivaskuläre Räume an „Kapillaren" in der Medulla oblongata des Rhesusaffen. Experientia **24**, 930 (1968)

WOLFF, J.R.: Morphology of the extravascular space in brain in comparison to other tissues. Bibl. Anat. **15** (1), 210–212 (1977)

WOLFF, J.R., HOESLI, E., HOESLI, L.: Basement membrane material and glial cells in spinal cord cultures of newborn rats. Brain Res. **32**, 198–202 (1971)

WOLFF, J.R., SCHIEWECK, C., EMMENEGGER, H., MEIER-RUGE, W.: Cerebrovascular ultrastructural alterations after intra-arterial infusions of ouabain, scilla-glycosides, heparin and histamine. Acta Neuropathol. (Berl.) **31**, 45–58 (1975)

WOLFF, M.: Bemerkungen zur Morphologie und zur Genese des *Amphioxus* Rückenmarkes. Biol. Zentralbl. **27**, 186 (1907)

WOLINSKY, J.S., BARINGER, J.R., MARGOLIS, G., KILHAM, L.: Ultrastructure of mumps virus replication in newborn hamster central nervous system. Lab. Invest. **31**, 403–412 (1974)

WOLSTENHOLME, G.E.W., KNIGHT, J.: The pineal gland. Edinburgh, London: Churchill/Livingstone 1971

Wolstenholme, G.E.W., O'Connor, C.M. (eds.): The cerebrospinal fluid. Production, circulation and absorption. Ciba Foundation Symp. 1957. London: Churchill 1958

Wood, J.G.: The effects of niamid and reserpine on the nerve endings of the pineal gland. Z. Zellforsch. **145**, 151–166 (1973)

Woodward, D.L., Reed, D.J., Woodbury, D.M.: Extracellular space of rat cerebral cortex. Am. J. Physiol. **212**, 367–370 (1967)

Worthington, W.C., Cathcart, R.S.: Ciliary currents on ependymal surface. Ann. N.Y. Acad. Sci. **130**, 944–950 (1966)

Wright, E.M.: Ion transport across the frog posterior choroid plexus. Brain Res. **23**, 302–304 (1970)

Wright, E.M.: Accumulation and transport of amino acids by the frog choroid plexus. Brain Res. **44**, 207–219 (1972a)

Wright, E.M.: Mechanisms of ion transport across the choroid plexus. J. Physiol. (Lond.) **226**, 545–571 (1972b)

Wright, E.M.: Factors influencing the composition of the cerebrospinal fluid. In: Acid base homeostasis of the brain extracellular fluid and the respiratory control system. Loeschcke, H.H. (ed.), pp. 2–8. Stuttgart: Thieme 1976

Wright, E.M., Wiedner, G., Rumrich, G.: Fluid secretion by the frog choroid plexus. Exp. Eye Res. [Suppl.] 149–155 (1977)

Wurtman, R.J., Anton-Tay, F.: The mammalian pineal as a neuroendocrine transducer. Recent Prog. Horm. Res. **25**, 493–522 (1969)

Wurtman, R.J., Axelrod, J.: The pineal gland. Sci. Am. **213**, 50–60 (1965a)

Wurtman, R.J., Axelrod, J.: The formation, metabolism and physiologic effects of melatonin in mammals. In: Structure and function of the epiphysis cerebri. Ariëns Kappers, J., Schadé, J.P. (eds.). Prog. Brain Res. **10**, 520–529 (1965)

Wurtman, R.J., Axelrod, J.: A 24-hour rhythm in the content of norepinephrine in the pineal and salivary glands of the rat. Life Sci. **5**, 655–669 (1966)

Wurtman, R.J., Axelrod, J., Kelly, D.E.: The pineal. New York, San Francisco, London: Academic Press 1968

Wurtman, R.J., Shein, H.M., Larin, F.: Mediation by β-adrenergic receptors of effect of noreprinephrine on pineal synthesis of [^{14}C] serotonin and [^{14}C] melatonin. J. Neurochem. **18**, 1683–1687 (1971)

Wuttke, W., Gelato, M., Meites, J.: Effects of Na-pentobarbital on hypothalamic PIF, LRF and FSH-RF and on serum prolactin, LH and FSH. In: Brain-endocrine interaction. Median eminence: structure and function. Int. Symp. Munich 1971. Knigge, K.M., Scott, D.E., Weindl, A. (eds.), pp. 267–279. Basel: Karger 1972

Wystrychowski, A., Jarzab, B., Baldys, A., Skrzypek, J., Holak, H.: The effect of serotonin given into the lateral ventricle of the brain on serum TSH level in normal and thyroxine-blocked rats. Endokrinologie **70**, 321–325 (1977)

Yacob, A., Kunz, Y.W.: 'Disk shedding' in the cone outer segments of the teleost, *Poecilia reticulata* P. Cell Tissue Res. **181**, 487–492 (1977)

Yagi, K., Bern, H.A.: Electrophysiologic analysis of the response of the caudal neurosecretory system of *Tilapia mossambica* to osmotic manipulations. Gen. Comp. Endocrinol. **5**, 509–526 (1965)

Yamada, H., Ozawa, S., Kushima, S., Nakai, A.: Innervation of the pineal body and the subcommissural and supracommissural organs of the dog. Bull. Tokyo Med. Dent. Univ. **4**, 179–194 (1957)

Yamadori, T.: A scanning electron microscopic observation of the choroid plexus in rats. Arch. Histol. Jpn. **35**, 89–97 (1972)

Yamadori, T.: The directions of ciliary beat on the wall of the fourth ventricle in the mouse. Arch. Histol. Jpn. **40** (4), 283–296 (1977)

Yamadori, T.: Scanning electron microscopic studies of the ciliary beat on the wall of the brain ventricles and spherical structures on the wall of the central canal. In: Scanning electron microscopy, 1978, Vol. II. R.P. Becker, O. Johari (eds.), pp. 823–830. Chicago: IIT Research Institute 1978

Yamadori, T., Yagihashi, S.: A scanning and transmission electron microscopic observation of the fourth ventricular floor in the mouse. Arch. Histol. Jpn. **37** (5), 415–432 (1975)

YLITALO, P., KARPPANEN, H., PAASONEN, M.K.: Is the area postrema a control centre of blood pressure? Nature **247**, 58–59 (1974)

YLITALO, P., TAMMISTO, T., POHTO, P.: Effect of anesthesia on the behaviour of exogenous 5HT in the area postrema of rat and mouse brain studied by fluorescence microscopy. Ann. Med. exp. Fenn. **48**, 94–101 (1970)

YOKOH, Y.: The early development of the nervous system in man. Acta Anat. (Basel) **71**, 492–518 (1968)

YOKOYAMA, K., OKSCHE, A., DARDEN, T.R., FARNER, D.S.: The sites of encephalic photoreception in photoperiodic induction of the growth of the testes in the white-crowned sparrow, *Zonotrichia leucophrys gambelii.* Cell Tissue Res. **189**, 441–467 (1978)

YOUNG, R.W.: The renewal of photoreceptor cell outer segments. J. Cell Biol. **33**, 61–72 (1967)

ZÁBORSZKY, L., SCHIEBLER, T.H.: Quantitative Untersuchungen an Tanycyten und Pituizyten. Anat. Anz. **138**, Erg.-H., 697–699 (1975)

ZÁBORSZKY, L., SCHIEBLER, T.H.: Über die Glia der Eminentia mediana. Elektronenmikroskopische Untersuchungen an normalen, adrenalektomierten und kastrierten Ratten. Z. Mikrosk. Anat. Forsch. **92**, 781–799 (1978)

ZAMBRANO, D., DE ROBERTIS, E.: Ultrastructural changes of the neurohypophysis of the rat after castration. Z. Zellforsch. **86**, 14–25 (1968a)

ZAMBRANO, D., DE ROBERTIS, E.: The ultrastructural changes in the neurohypophysis after destruction of the paraventricular nuclei in normal and castrated rats. Z. Zellforsch. **88**, 496–510 (1968b)

ZAMORA, A.J.: The ependymal and glial configuration in the spinal cord of urodeles. Anat. Embryol. (Berl.) **154**, 67–82 (1978)

ZAMORA, A.J.: Pansegmental primordial glycogen body in the spinal cord of postmetamorphic *Pleurodeles waltlii* (Urodela). Anat. Embryol. (Berl.) **154**, 83–94 (1978b)

ZBORAY, G.: The effect of continuous light or darkness on the subcommissural organ and glomerular zone of adrenals of the white rat. Acta Biol. Acad. Sci. Hung. **15**, 337–341 (1965)

ZIEGELS, J.: Etude histochimique des plexus choroides, de l'épithélium épendymaire et de l'organe sous-commissural dans des conditions expérimentales. Acta Neurol. Belg. **75**, 24–30 (1975)

ZIEHEN, TH.: Centralnervensystem. In: Von Bardelebens Handbuch der Anatomie des Menschen. Bd. IV/1. Jena: Fischer 1899

ZIEHER, L.M., PELLEGRINO DE IRALDI, A.: Central control of noradrenaline content in rat pineal and submaxillary glands. Life Sci. **5**, 155–161 (1966)

ZILLES, K., SCHLEICHER, A., WINGERT, F.: Spontaner Neuronenuntergang im Nucl. tractus mesenceph. n. trigemini während der Perinatalzeit einer ontogenetischen Reihe von Albinomäusen. Gegenbaurs Morphol. Jahrb. **121**, 289–299 (1975)

ZIMMERMAN, B.L., TSO, M.O.M.: Morphologic evidence of photoreceptor differentiation of pinealocytes in the neonatal rat. J. Cell Biol. **66**, 60–75 (1975)

ZIMMERMAN, E.A.: Localization of hypothalamic hormones by immunocytochemical techniques. In: Frontiers in neuroendocrinology. Martini, L., Ganong, W.F. (eds.), pp. 25–62. New York: Raven Press 1976a

ZIMMERMAN, E.A., ANTUNES, J.L.: Organization of the hypothalamic-pituitary system: current concepts from immunohistochemical studies. J. Histochem. Cytochem. **24**, 807–815 (1976)

ZIMMERMAN, E.A., HSU, K.C., FERIN, M., KOZLOWSKI, G.P.: Localization of gonadotropin-releasing hormone (Gn-RH) in the hypothalamus of the mouse by immuno-peroxidase technique. Endocrinology **95**, 1–8 (1974)

ZIMMERMAN, E.A., KOZLOWSKI, G.P., SCOTT, D.E.: Axonal and ependymal pathways for the secretion of biologically active peptides into hypophysial portal blood. In: Brain-endocrine interaction II. The ventricular system in neuroendocrine mechanisms. Int. Symp. Shizuoka 1974. Knigge, K.M., Scott, D.E., Kobayashi, H., Ishii, S. (eds.), pp. 123–134. Basel: Karger 1975

ZIMMERMAN, N.: Organization within the circadian system of the house sparrow: hormonal coupling and the laction of a circadian oscillator. Ph. D. Thesis, University of Texas at Austin, 1976b

ZIMMERMANN, H.: Neuro-neuronal and neuro-glial contacts in the epithelium of the saccus vasculosus of *Perca fluviatilis* (Teleostei): a finestructural-cytochemical study. In: Topics in neuroendocrinology. Ariëns Kappers, J., Schadé, J.P. (eds.). Prog. Brain Res. **38**, 271–277 (1972a)

ZIMMERMANN, H.: Ultrastrukturelle und cytochemische Untersuchungen am Saccus vasculosus von Knochenfischen unter besonderer Berücksichtigung der Innervation. Z. Zellforsch. **126**, 240–260 (1972b)

Zimmermann, H., Altner, H.: Zur Charakterisierung neuronaler und gliöser Elemente im Epithel des Saccus vasculosus von Knochenfischen. Z. Zellforsch. **111**, 106–126 (1970)

Zimmermann, P., Paul, E.: Reaktionsmuster verschiedener Mittel- und Zwischenhirnzentren von *Rana temporaria* L. nach Unterbrechung der Nervenbahnen des Pinealkomplexes. Z. Zellforsch. **128**, 512–537 (1972)

Zwillenberg, L.O.: Histochemische Beobachtungen am Saccus vasculosus der Forelle. Z. Zellforsch. **54**, 437–442 (1961)

Zyo, K., Seki, M., Torii, M., Satonishi, A.: Cytological changes of the subcommissural organ induced by hypothalamic stimulation in rabbits, p. 187. 10th Int. Cong. Anat., Tokyo 1975

Zypen, E. van der: Vergleichende licht- und elektronenmikroskopische Untersuchungen über die morphologischen Grundlagen der Liquor- und Kammerwasserzirkulation. In: Altern und Entwicklung. Akad. Wiss. u. Lit. Mainz (Hrsg.), Bd. II. Stuttgart, New York: Schattauer 1971

D. Glia der Neurohypophyse[1]

Von W. Wittkowski, Bonn[2]

1. Einleitung

1.1. Vorbemerkungen

Dieser Beitrag versucht, einen Überblick über Morphologie und Funktion der Glia in der Neurohypophyse zu geben. Dabei findet vor allem die Literatur seit 1961 Berücksichtigung. Bezüglich der Arbeiten bis 1961 wird auf die in diesem Handbuch erschienenen Monographien von Romeis (1940) und Diepen (1962) verwiesen, in denen die Glia der Hypophyse und des Hypothalamus ausführlich behandelt wird.

Die hier zusammengestellten Befunde stützen sich fast ausschließlich auf Untersuchungen an *Nagern*, da über die Verhältnisse bei anderen Species, speziell *Primaten* und *Mensch*, nur wenige neuere Arbeiten vorliegen.

1.2. Allgemeine anatomische und funktionelle Vorbemerkungen

Während sich die Adenohypophyse aus einem epithelialen Fortsatz des Rachendaches entwickelt, entsteht die *Neurohypophyse* aus dem Infundibularfortsatz des Zwischenhirnbodens. So ist die Neurohypophyse topographisch gesehen zwar ein Teil der Hypophyse, entwicklungsgeschichtlich und funktionell muß sie jedoch zum Hypothalamus gerechnet werden.

Allgemein werden an der Neurohypophyse – mit einigen Differenzen in der Nomenklatur zwischen deutschen und angelsächsischen Autoren – drei Abschnitte unterschieden (Nowakowski, 1951; Diepen, 1962; Bargmann, 1967; Bloom u. Fawcett, 1968; Orthner, 1968; Haymaker et al., 1969):

Deutsche Nomenklatur		*Angelsächsische Nomenklatur*	
Neuro-hypophyse	Infundibulum (Eminentia mediana)	median eminence (infundibulum)	neural stalk
	Zwischenstück (Infundibularstamm)	infundibular stem	
	Hinterlappen (Lobus posterior)	infundibular process (pars nervosa, neural lobe)	

---

1 Literatur bis 1978.

2 Für die kritische Durchsicht des Manuskripts und zahlreiche Anregungen danke ich Herrn Prof. Dr. K. Fleischhauer (Bonn) und Herrn Prof. Dr. R. Bock (Homburg/Saar), für ihre Hilfe bei den Fotoarbeiten, der Anfertigung des Literaturverzeichnisses sowie für Schreiben und Korrekturlesen Frau Christa Franken, Frau Ulrike Bäcker, Frau Ria Thümmler und Herrn A.F. Gardner.

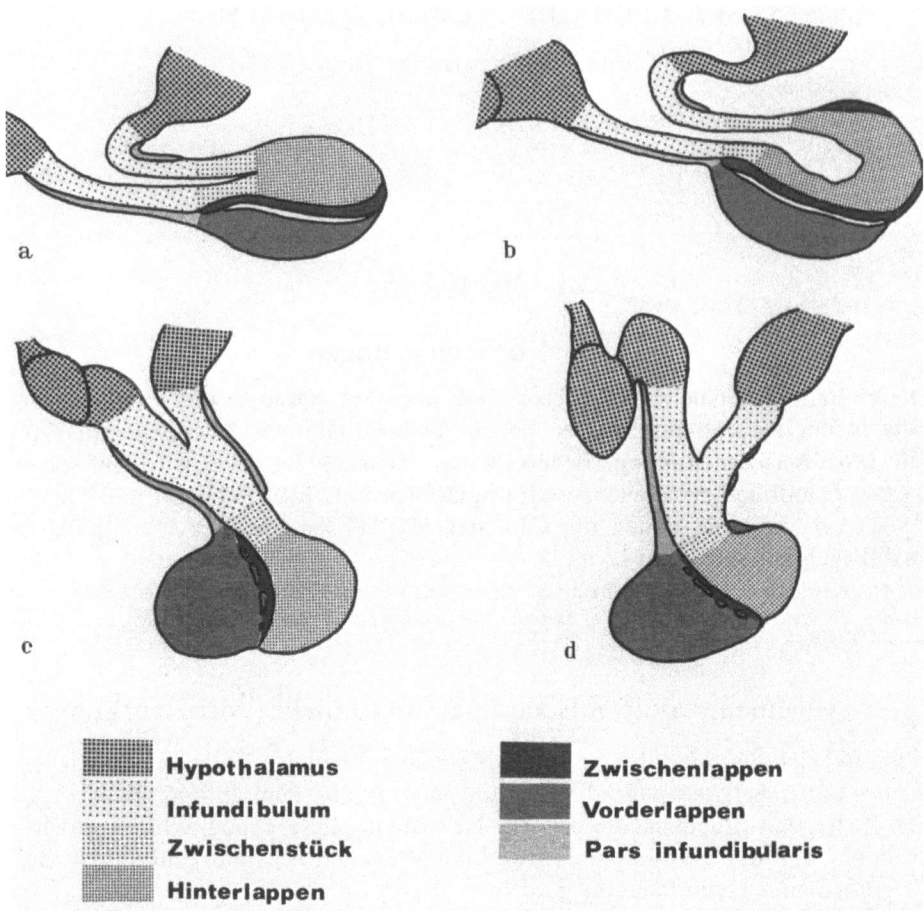

Abb. 1a–d. Topographische Lage und Gliederung der Hypophyse bei **a** *Igel* (nach DIEPEN, 1962), **b** *Katze* (nach NOWAKOWSKI, 1951), **c** *Rhesusaffe* (nach DIEPEN, 1962) und **d** *Mensch* (nach BARGMANN, 1954). (Recessus infundibuli vgl. Abb. 2)

Der Begriff *Hypophysenstiel* umfaßt Infundibulum, Zwischenstück und Pars infundibularis adenohypophyseos. Im englischen Sprachgebrauch versteht man unter „posterior lobe" Pars nervosa und Pars intermedia gemeinsam (HAYMAKER et al., 1969).

Das *Infundibulum* stellt den proximalen oder suprasellären Teil der Neurohypophyse dar (SPATZ, 1951, 1955). Es läßt sich bei vielen Säugern vom Tuber cinereum des Hypothalamus durch den Sulcus tubero-infundibularis abgrenzen. In diesem Übergangsbereich sind Infundibulum und Tuber cinereum miteinander verzahnt. NOWAKOWSKI (1951) bezeichnet ihn als Radix infundibuli, CLARA (1951) spricht von Zona interposita. Charakteristischerweise endet hier die Gliafaserschicht (Membrana limitans), welche die äußere Oberfläche des Tuber cinereum bildet. Dem gesamten Infundibulum fehlt damit eine Gliadeckschicht.

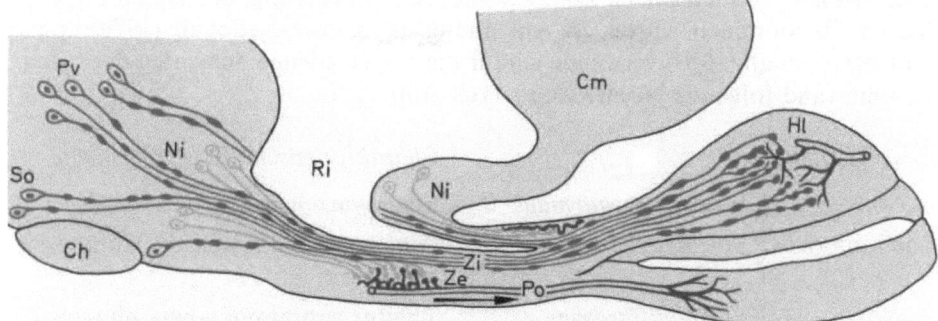

Abb. 2. Schematische Darstellung der sekretorischen Neuronensysteme im Hypothalamus und in der Hypophyse der Ratte. Supraoptico-hypophysäres System (*blau*) mit den Kerngebieten Nucl. supraopticus (*So*) und Nucl. paraventricularis (*Pv*), dem durch die Zona interna (*Zi*) des Infundibulum verlaufenden Tractus supraoptico-hypophyseus und den Nervenendigungen am Capillarsystem des Hinterlappens (*Hl*). Tubero-hypophysäres System (*grün*) mit dem Nucl. infundibularis (*Ni*) als einem der Ursprungskerne und dem Tractus tubero-hypophyseus, dessen Endigungen in der Zona externa (*Ze*) des Infundibulum liegen. Richtung des Blutstroms (↑) in den Portalgefäßen (*Po*). Chiasma opticum (*Ch*). Recessus infundibuli (*Ri*), Corpus mamillare (*Cm*).

Räumliche Anordnung, Form und Ausdehnung des Infundibulum zeigen innerhalb der Säugerreihe eine Vielzahl von Variationen (vgl. Abb. 1). Unterschiedlich ist auch die Ausdehnung des Recessus infundibuli des III. Ventrikels. Er kann, z.B. bei der *Katze* bis tief in den Hinterlappen hineinreichen, sich als schmaler Spalt bis zum Zwischenstück erstrecken *(Ratte)* oder auch – wie beim *Menschen* – schon in der Mitte des Infundibulum enden (Abb. 1).

Das Infundibulum enthält die Axone zweier verschiedener hypothalamischer Ganglienzellgruppen (Abb. 2):

1) Durch die zelldichte *Zona interna infundibuli* verlaufen die Axone des sog. supraoptico-hypophysären Systems als Tractus supraoptico-hypophyseus zum Hinterlappen. Sie entstammen dem Nucleus supraopticus und dem Nucleus paraventricularis, den sog. großzelligen Kerngebieten des Hypothalamus.

2) Die zellärmere *Zona externa infundibuli* enthält Fasern und Endigungen verschiedener sog. kleinzelliger Kerngebiete des mediobasalen Hypothalamus. Diese Neurone werden in ihrer Gesamtheit als tubero-hypophysäres System bezeichnet, ihre Faserzüge im Infundibulum als Tractus tubero-hypophyseus.

Licht- und elektronenmikroskopische Untersuchungen haben zu einer weitgehenden Zonengliederung des Infundibulum mit einer bei einigen Autoren recht unterschiedlichen Nomenklatur geführt. Häufig werden das *Stratum ependymale* und das *Stratum subependymale* von der *Zona interna* abgetrennt [DIEPEN (1962) spricht von einer „innersten Zone"]. MARTINEZ (1960, *Katze*) untergliedert das Infundibulum in folgende vier Schichten: *Zona ependymalis, Zona fibrillaris* (beide Zonen gemeinsam entsprechen der *Zona interna*), *Zona palisadica (= Zona externa)* und *Zona granulosa* (vgl. STOECKART et al., 1973). Das sich von innen nach außen verändernde Erscheinungsbild der *Zona externa* veranlaßte OKSCHE (1962, Fink, *Zonotrichia leucophrys gambelii*) sowie OKSCHE et al. (1963, Zebrafink, *Taeniopygia castanotis*) zur Unterscheidung eines *Stratum reticulare* und eines *Stratum palisadicum* der *Zona externa*, eine Gliederung, die auch für andere Spezies übernommen wurde. In Anlehnung an KOBAYASHI et al. (1970) sowie STOECKART et al. (1973) verwende ich für die verschiedenen Schichten der Infundibulumwand folgende Nomenklatur (vgl. Abb. 3, 4):

Zonengliederung		*Charakteristische Gewebselemente*
Zona interna	*Stratum ependymale*	Ependymzellen
	Stratum subependymale	Subependymale Zellen, Commissurenfasern
	Stratum fibrosum	Tractus supraoptico-hypophyseus
Zona externa	*Stratum reticulare*	Tractus tubero-hypophyseus, Gliazellen
	Stratum palisadicum	Tractus tubero-hypophyseus, Gefäßfortsätze von Ependym- und Gliazellen
	(Stratum granulosum[3])	Perivasculäre Räume mit Nervenendigungen und nervösen Degenerationserscheinungen; Capillaren des Mantelplexus

Die geschilderte Zonengliederung des Infundibulum, die vor allem durch den getrennten Verlauf und die unterschiedliche Anordnung von Nervenfasern bedingt ist, trifft für die meisten Säugetiere, darunter die *Ratte,* zu, ist jedoch bei *Primaten* und *Mensch* (abgesehen vom Fetalstadium) kaum noch festzustellen. Hier durchflechten sich die beiden Tractus auf komplizierte Weise. Die feineren Axone des Tractus tubero-hypophyseus enden an Capillarschlingen, die das Infundibulum durchsetzen („Spezialgefäße" nach NOWAKOWSKI, 1951). So entstehen im Querschnitt rundliche, von den dickeren Fasern des Tractus supraoptico-hypophyseus ausgesparte Areale, die meist als *Grevingsche Inseln* bezeichnet werden (GREVING, 1926).

Das in seiner Ausdehnung sehr variable *Zwischenstück* enthält als Übergangsabschnitt nur die parallel verlaufenden Axone des Tractus supraoptico-hypophyseus. Damit stellt es die Fortsetzung der *Zona interna* des Infundibulum dar. Es geht ohne scharfe Grenze in den *Hinterlappen,* den distalen Teil der Neurohypophyse, über. Hier enden die Fasern des Tractus supraoptico-hypophyseus an Blutgefäßen. Eine Zonengliederung wie im Infundibulum tritt nur selten in Erscheinung. Sie wird lediglich bei Tieren deutlich, bei denen der *Recessus infundibuli* bis in den Hinterlappen hineinreicht. Bei solchen Species enthält die ependymnahe (zentrale) Zona interna wie im Infundibulum die Nervenfaserzüge des Tractus supraoptico-hypophyseus und die periphere Zona externa vasculäre Endigungen der Nervenfasern dieses Tractus.

---

3 Der Begriff *Zona granulosa* bezeichnet nach HAGEN (1955, 1966) eine Zwischenschicht zwischen *Zona externa* und *Pars infundibularis.* Sie tritt nach Untersuchungen der Autorin besonders unter experimentellen Bedingungen in Erscheinung und besteht aus granulär zerfallenden nervösen Elementen, die sich um die Gefäße des Mantelplexus anhäufen.

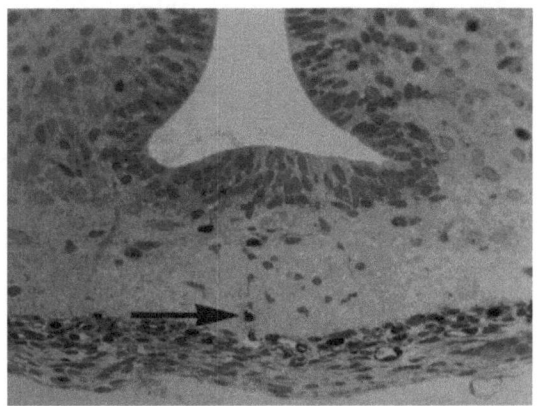

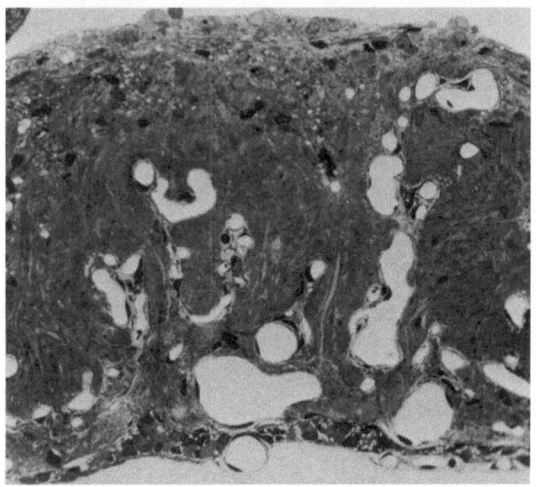

Abb. 3a u. b. Frontale Semidünnschnitte durch das *Ratten*infundibulum. **a** *Ratte* 5 Tage post partum. Deutliche Schichtung in zelldichte Zona interna und zellarme Zona externa; an der ventralen Oberfläche der Zona externa Capillarplexus, aus dem nur vereinzelt „looping"-Gefäße abzweigen, → Erythrocyt in einer „looping"-Capillare. **b** Erwachsene *Ratte.* Mittlerer Anteil des Infundibulum mit ausgeprägten, bis in das Stratum subependymale vordringenden Capillarschlingen. (Aus MONROE u. PAULL, 1974). × 200

Ausführliche Beschreibungen von Aufbau und Gliederung der Neurohypophyse von Vertebraten einschließlich *Mensch* geben ROMEIS (1940), BARGMANN (1954, 1958, 1967, 1968), DIEPEN (1962), WINGSTRAND (1966), ENGELHARDT (1968), HAYMAKER et al. (1969).

Funktionell betrachtet ist die Neurohypophyse Speicher- und Abgabeort hypothalamischer Hormone. Anders als bei der sonst im Nervensystem üblichen Erregungsübertragung über synaptische Kontakte von Neuronen und ihren Erfolgszellen erreichen die Wirkstoffe neurosekretorischer Neurone ihre Effectorzellen auf dem Weg über die Blutbahn. Dementsprechend zeigt die Neurohypophyse im Infundibulum wie im Hinterlappen ausgedehnte „neuro-hämale" Kon-

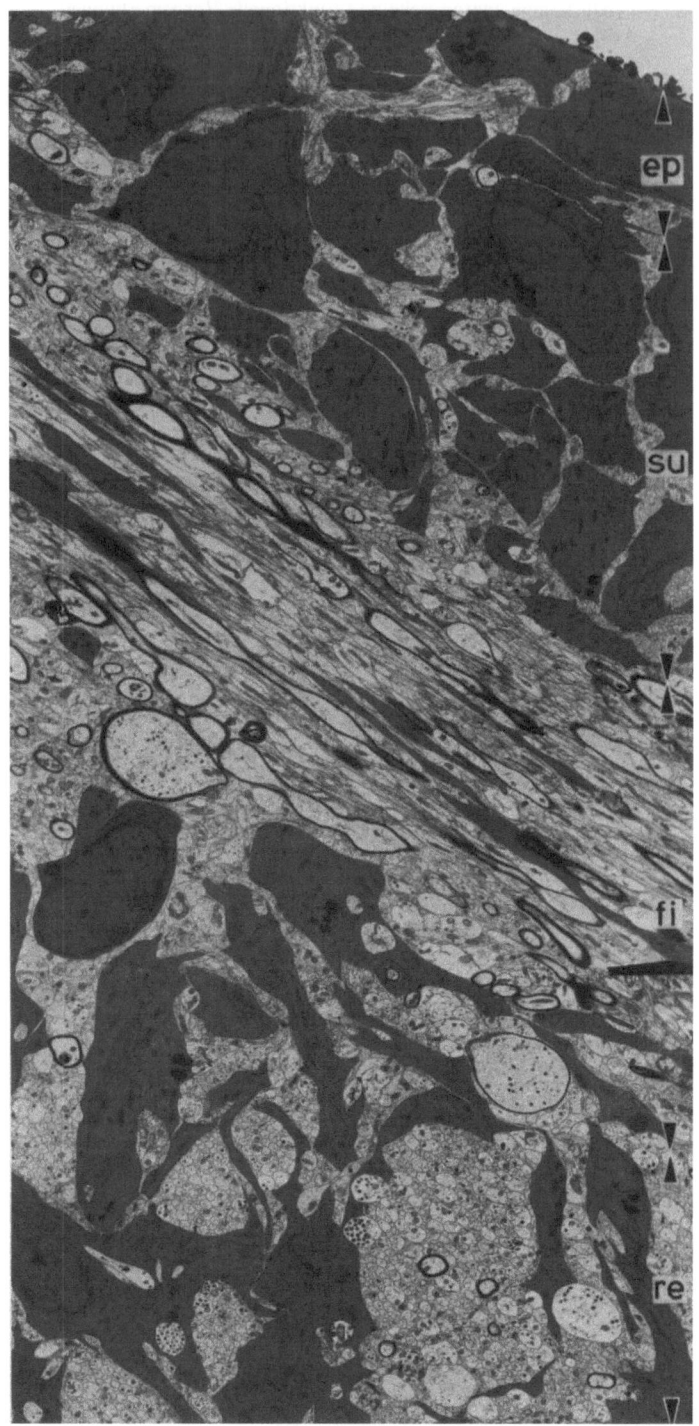

a

Abb. 4a u. b. Verteilung und Flächendichte von gliösen Zellelementen (grau getönt) auf frontalen Ultradünnschnitten des Infundibulum bei elektronenmikroskopischer Übersichtsvergrößerung. **a** Zona interna mit angrenzendem Teil der Zona externa; *ep* Stratum ependymale, *su* Stratum subepen-

b

dymale, *fi* Stratum fibrosum, *re* Stratum reticulare. ×2200. **b** Zona externa mit Stratum reticulare (*re*) und Stratum palisadicum (*pa*); *K* Capillaren des Portalplexus. ×2200

taktflächen (Knowles u. Carlisle, 1956), die eine Abgabe der Neurohormone von den Nervenendigungen an das Blut ermöglichen (Abb. 2).

Die beiden Neuronensysteme, deren Fasern in der Neurohypophyse enden, haben recht unterschiedliche Aufgaben:

Die Neurone des *paraventriculo-supraoptico-hypophysären Systems* produzieren die Oktapeptide Oxytocin und Vasopressin. Diese Hormone gelangen im Hinterlappen in den Körperkreislauf und erreichen Erfolgszellen in verschiedenen nicht endokrinen Organen wie Niere oder Brustdrüse (Lit. s. Harris u. Donovan, 1966; Haymaker et al., 1969).

Dagegen ist die Aktivität des *tubero-hypophysären Neuronensystems* ausschließlich auf die Steuerung adenohypophysärer Funktionen ausgerichtet. Seine Wirkstoffe, die „*releasing*" und „*release-inhibiting*" Hormone (ebenfalls Peptide) werden an der Oberfläche des Infundibulum in ein Capillarnetz freigesetzt, das sein Blut über ein Portalvenensystem an das Gefäßsystem der Adenohypophyse weiterleitet (Wislocki u. King, 1936; Green u. Harris, 1947; Harris, 1948; Hagen, 1966; Duvernoy, 1972; Porter et al., 1973; Scharrer, 1974a, b). So ist eine direkte und optimale Kontrollwirkung auf die endokrinen Drüsenzellen des Vorderlappens gewährleistet.

1.3. Historischer Überblick

Innerhalb der Glia des Zentralnervensystems nimmt die Glia der Neurohypophyse eine Sonderstellung ein. Diese Ansicht vertrat bereits Bucy, der 1930 (*Rind*) in Hortega-Präparaten besondere gestaltliche Merkmale der Glia im Hinterlappen gegenüber anderen Gliazellformen beobachtete. Er gab den Gliazellen des Hinterlappens den bis heute gebräuchlichen Namen *Pituicyten*.

Die Existenz von sternartig geformten und netzartig miteinander verbundenen Gliazellen im Hinterlappen war bereits aus Untersuchungen von Lothringer (1886), Retzius (1894), Cajal (1911), und Tello (1912) bekannt. Aber erst in den 30er und 40er Jahren rückten die Pituicyten in Untersuchungen am Hypophysenhinterlappen in den Mittelpunkt des Interesses. Denn Autoren wie Gersh (1938, 1939), Ranson et al. (1938), Ranson und Magoun (1939) u.a. kamen aufgrund experimentell-morphologischer Untersuchungen zu dem Schluß, die Pituicyten seien für die Bildung der Hinterlappenhormone zuständig. Dabei betonte Gersh (1939) nach Studien an der *Ratte* und anderen Säugern die Ähnlichkeit mit Drüsenzellen, eine Beobachtung, die auch in den eingehenden Untersuchungen von Romeis (1940) am Hinterlappen des Menschen betont wird. Romeis ordnete die Pituicyten nach ihrer unterschiedlichen histologischen Struktur in *Reticulopituicyten, Fibropituicyten, Mikropituicyten* und *Adenopituicyten*. Das Cytoplasma der verschiedenen Zelltypen enthält nach Beschreibung dieses Autors charakteristische Körnchen, Vacuolen oder Sekretblasen. Der drüsenzellartige Charakter ist jedoch besonders bei den Adenopituicyten ausgeprägt.

Bereits Cajal (1911) hatte auf das dichte Geflecht hypothalamischer *Nervenfasern* in der Neurohypophyse hingewiesen und als Ursprungsort ein Kerngebiet in der Gegend des Chiasma opticum gefunden. GERSH (1939), MAGOUN et al. (1939), RANSON und MAGOUN (1939) und andere Autoren bezogen diese Nervenfasern in ihre Vorstellungen von der Funktion der Pituicyten mit ein, indem sie ihnen eine sekretomotorische Innervation der Pituicyten zuschrieben.

Zwar wurde dieser Vorstellung schon bald widersprochen (RASMUSSEN, 1938; GAUPP, 1941; GREEN, 1948), doch erst die Darstellung des Neurosekrets mit Hilfe der Chromalaunhämatoxylin-Phloxin-Methode von Gomori wirkte bahnbrechend (BARGMANN, 1949). Von nun an festigte sich die These, daß das neurosekretorische Neuronensystem des *Nucl. supraopticus* und des *Nucl. paraventricularis* die Hinterlappenhormone selbst bilde, sie zum Hinterlappen transportiere, speichere und an die Blutbahn abgebe (BARGMANN, 1949, 1954; LEVÊQUE u. SCHARRER, 1953). In diesem Funktionszusammenhang erschien die Rolle der Pituicyten zunächst als nahezu bedeutungslos und blieb weithin unbeachtet. Verschiedene Autoren, vor allem HILD (1954), vertraten die Ansicht, man solle die Pituicyten nicht mehr als eine morphologisch oder funktionell besondere Gruppe von Gliazellen ansehen. Aufgrund des Verhaltens der Zellen in der Gewebekultur war HILD nämlich zu dem Schluß gelangt, daß sich die Gliazellen der Neurohypophyse wie protoplasmatische Astrocyten verhalten und keine Anhaltspunkte für eine sekretorische Tätigkeit bieten.

In die gleiche Richtung deuteten auch Befunde, die nach Hypophysenstieldurchtrennung erhoben wurden. Eine typische „gliöse Ersatzwucherung" sahen GAUPP und SPATZ (1955) in der Proliferation der Pituicyten distal der Durchschneidungsstelle. Die initiale Vermehrung der Pituicyten bei der Ausbildung des „Ersatzhinterlappens" im Bereich des proximalen Stumpfes faßten STUTINSKY (1954), BILLENSTIEN und LEVEQUE (1955) sowie MOLL (1957) als den Ausdruck einer ausgeprägt trophischen Funktion auf. Etliche Autoren hielten jedoch an einer besonderen Funktion der Pituicyten fest und postulierten eine Beteiligung dieser Zellen an der Freisetzung der Neurohormone im Sinne einer Entkopplung bzw. eines Einflusses auf die Sekretionsrate (ORTMANN, 1951; KRATZSCH, 1951; RENNELS u. DRAGER, 1955; LEVEQUE u. SMALL, 1959).

Wie das Infundibulum selbst so blieb auch die Glia des Infundibulum bis in jüngere Zeit hinein unbeachtet. Erst die Erkenntnis, daß auch das Infundibulum der Endigungsort eines neurosekretorischen Systems des Hypothalamus ist, dessen Neurohormone die Aktivität der Adenohypophyse steuern (GREEN u. HARRIS, 1947; HARRIS, 1948), hat mit einer gewissen Verzögerung das Interesse an der *Glia des Infundibulum* geweckt. Erste genauere morphologische Untersuchungen beschäftigten sich mit dem Ependym des Recessus infundibuli, wobei vor allem die Frage nach einer sekretorischen Tätigkeit gestellt wurde (WINGSTRAND, 1951; VAN DE KAMER u. VERHAGEN, 1955; LÖFGREN, 1960). Die ependymalen Gliazellen des Recessus infundibuli haben, wie bereits von CAJAL (1911) festgestellt, lange basale Ausläufer. Diese durchqueren die verschiedenen Zonen des Infundibulum und reichen bis an die Gefäße des Mantelplexus an seiner Oberfläche heran (LÖFGREN, 1959). Diese besondere Architektonik der Ependymzellen veranlaßte LÖFGREN (1959, 1960) zu der Hypothese, Liquor, Ependymzellen und infundibuläres Portalgefäßsystem stellten eine Transportkette („ependymal-glial-vascular chain") zwischen Hypothalamus und Adenohypophyse dar.

2. Zur Morphologie der Glia in der Neurohypophyse

Im folgenden werden die Gliaelemente in Infundibulum und Hinterlappen getrennt behandelt. Eine solche Gliederung empfiehlt sich aufgrund der Differenzen im Aufbau, in den topographischen Verhältnissen und der unterschiedlichen Funktion der beiden Anteile der Neurohypophyse.

2.1. Gliazellen im Hinterlappen und Zwischenstück

2.1.1. Lichtmikroskopische Ergebnisse

Sieht man von den Endothelzellen der Blutgefäße und den perivasculär gelegenen Bindegewebszellen ab, so sind Gliazellen die einzigen kernhaltigen Zellelemente in der Neurohypophyse. Lediglich im Verzahnungsgebiet von Infundibulum und Tuber cinereum finden sich Nervenzellen, die dem *Nucl. infundibularis (Nucl. arcuatus)* angehören.

Alle Neurogliazellen der Neurohypophyse entstammen den Spongioblasten, die embryonal den Recessus infundibuli säumen. Bei den meisten Säugerspecies enthält der Hinterlappen nur aus der Matrixzone ausgewanderte Pituicyten, die keine direkte Verbindung zum Ventrikel haben. Lediglich Tiere mit einem tiefen Recessus infundibuli besitzen auch *ependymale Gliazellen*, einen Zelltyp, der bei niederen Vertebraten mit einem dünnwandigen Hinterlappen sehr viel häufiger ist oder sogar allein vorkommt. Solche ependymalen Gliazellen durchsetzen mit langen Fortsätzen die gesamte Wand des Hinterlappens und beteiligen sich an der Bildung der äußeren Oberfläche. Nähere Details zur makro- und mikroskopischen Entwicklung der Neurohypophyse finden sich bei Romeis (1940), Shanklin (1940), Wingstrand (1951, 1966), Urasov (1959) und Diepen (1962).

Die lichtmikroskopische Darstellung der neurohypophysären Glia und ihre Differenzierung gegenüber den zahlreichen, perivasculären Bindegewebszellen bereitet Schwierigkeiten. Die besten Ergebnisse lassen sich mit Golgi-Imprägnationen erzielen. Sie sind auch die methodische Basis für die detailierten lichtmikroskopischen Beschreibungen der Pituicyten durch Christ (1966, *Rind*) sowie Polak und Azcoaga (1969, *Mensch*).

Wie Urasov (1959, *Katze*), Dellmann (1962, *Rind*) und Sathyanesan und Haider (1971, *Wels, Rita rita*) unterscheidet auch Christ (1966) zwei *Haupttypen von Pituicyten,* die „*fibre pituicytes*" und die „*protoplasmatic pituicytes*". Nach seinen Beobachtungen an der Neurohypophyse des *Rindes* haben faserige Pituicyten einen langen, ovalen, wechselnd chromatinreichen Kern und nur wenig Cytoplasma. Ihre Fortsätze können außerordentlich lang sein. Den protoplasmatischen, von Romeis (1940, *Mensch*) als Mikropituicyt bezeichneten Typ der Pituicyten charakterisiert Christ als recht unterschiedlich große, polymorphe Zelle mit mehreren Fortsätzen. Weitere Merkmale sind relativer Cytoplasmareichtum und ein runder bis ovaler, verschieden dichter Kern. Die Fortsätze beider Pituicytenarten enden auf gleiche Weise entweder an Bindegewebsstrukturen oder an Gefäßen (Romeis, 1940, *Mensch;* Hagen, 1949, *Mensch*). Während im Infundi-

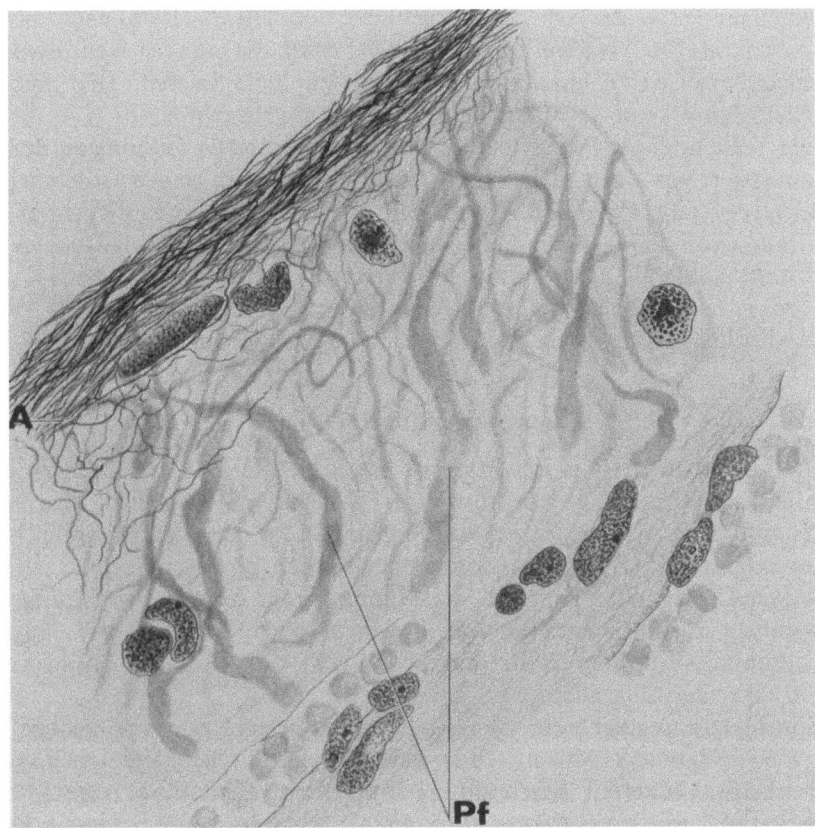

Abb. 5. Geflecht von Pituicytenfasern (*Pf*) an Gefäßen in der Grenzschicht zum Zwischenlappen. Hypophyse, *Mensch.* A Axone. (Aus HAGEN, 1949). × 1000

bulum viele Pituicyten mit ihren Fortsätzen an die Capillaren des Mantelplexus heranziehen, erreichen die Pituicytenfortsätze im Hinterlappen nicht nur Capillaren, sondern auch die oberflächliche Bindegewebskapsel sowie das Drüsenepithel des Zwischenlappens (Abb. 5). Einschränkend bemerkt CHRIST zur Klassifizierung der Pituicyten, es gebe viele Zwischenformen zwischen protoplasmatischen und faserigen Pituicyten sowie Zellen, die an embryonale Gliaelemente erinnerten. Bei dem vielfältigen Erscheinungsbild der neurohypophysären Glia ist es seiner Ansicht nach schwierig, Parallelen zu den exakt definierten Gliaformen des Gehirns herzustellen. Eine mögliche Ursache für die Sonderentwicklung der neurohypophysären Glia könne man vielleicht im Fehlen eines „inductive influence of a neural environment" sehen.

POLAK und AZCOAGA (1969, *Mensch*) finden neben astrocytenartigen Zellen mit einem oder mehreren Fortsätzen auch *Mikrogliazellen,* die teils im Gewebe, teils perivasculär liegen und nach VAZQUEZ-LOPEZ (1942, *Pferd*) in der Neurohypophyse ähnlich häufig vorkommen sollen wie in anderen Teilen des Zentralnervensystems. Eine weitere Gruppe von Zellen, deren Cytoplasma sich nicht imprägnieren ließ, halten die Autoren für *Oligodendrocyten.* Die Gegenüberstellung der voneinander so abweichenden Ergebnisse von CHRIST (1966) und von POLAK und AZCOAGA (1969) verdeutlicht, wie schwer es ist, die Glia der Neurohypophyse lichtmikroskopisch zu charakterisieren und zu klassifizieren. Hier haben die letzten 15 Jahre keine substantiellen Fortschritte gebracht.

Die Verteilung der Pituicyten im Gewebe und ihre Anordnung zu den Gefäßen analysiert vor allem STUTINSKY (1954, 1957a). Nach seinen Untersuchungen an *Ratte, Schwein, Pferd* und *Rind* liegen die Perikaryen der Pituicyten in einiger Entfernung von den Gefäßen in den sog. „Zwischenstreifen" (vgl. ROMEIS, 1940; BARGMANN, 1968). Ihre zahlreichen Fortsätze ziehen jedoch ebenso wie die neurosekretorischen Nervenfasern durch die „Verdichtungszonen" (ROMEIS, 1940) an die Gefäße heran und enden mit Füßchen am pericapillären Raum.

2.1.2. Elektronenmikroskopische Ergebnisse

Die Ultrastruktur der Neurohypophyse hat in den letzten 15 Jahren zwar viele Autoren beschäftigt, doch nur in wenigen Untersuchungen stehen Morphologie und Funktion der Gliazellen im Vordergrund. Das neurosekretorische Neuron ist der Brennpunkt des Interesses; daneben wirken Beschreibungen der Pituicyten – wenn vorhanden – meist wie Randnotizen. Solche Bemerkungen und die wenigen ausführlichen Beschreibungen ergeben, vielleicht mit Ausnahme der Verhältnisse bei der *Ratte,* ein noch recht unvollständiges Bild von der Feinstruktur der Gliazellen.

Eine Gliederung der Pituicyten des Hinterlappens in vier verschiedene Zelltypen, wie sie ROMEIS (1940) in seinen lichtmikroskopischen Untersuchungen an menschlichem Material beschreibt, konnte elektronenmikroskopisch bislang nicht bestätigt werden (LEDERIS, 1965, 1974). Ultrastrukturelle Klassifizierungsversuche sind eher mit den oben erläuterten lichtmikroskopischen Befunden von URASOV (1959, *Katze),* DELLMANN (1962, *Rind),* CHRIST (1966, *Rind)* sowie POLAK und AZCOAGA (1969, *Mensch)* zu vergleichen. So unterscheiden KUROSUMI et al. (1964), WITTKOWSKI (1968b) sowie ZAMBRANO und DE ROBERTIS (1968a, b), bei der *Ratte* analog zur Klassifizierung der Astrocyten (vgl. MUGNAINI u. WALBERG, 1964) zwischen *faserigen* und *protoplasmatischen Pituicyten,* räumen aber ein, daß es *Übergangsformen* zwischen beiden Typen gibt. Die *faserigen Pituicyten* sind danach durch lange, sich gabelnde Fortsätze mit parallel angeordneten Gliafilamenten charakterisiert. Demgegenüber zeigen die weitaus zahlreicheren *protoplasmatischen Gliazellen* einen mehr abgerundeten Zelleib mit reichhaltiger Organellenausstattung. Ihre Perikaryen und meist plumpen, filamentarmen Fortsätze enthalten oft eine große Zahl von osmiophilen Einschlüssen. Eine ähnliche Differenzierung wird auch aus einer Untersuchung von ROTH und LUSE (1964) am *Opossum* deutlich. Zwar beschreiben diese Autoren nur einen Pituicytentyp mit einem dichten, fibrillären Cytoplasma, erwähnen daneben jedoch „neurosecretory cells" mit ausgedehntem Ergastoplasma und filamentreichen Fortsätzen. Perikaryon und Fortsätze dieser Zellen enthalten Granula, die mit denen der Axone identisch sein sollen. Nach unserer Ansicht dürfte es sich um einen zweiten Typ von Pituicyten handeln, der ähnlich differenziert ist wie die protoplasmatischen Pituicyten. FUJITA und HARTMANN (1961) beschreiben beim *Kaninchen* sogar drei Zelltypen, zwei astrocytenartige Gliazellen sowie Mikrogliazellen. Letztere finden sich nach unseren Beobachtungen vereinzelt auch im Hinterlappen der *Ratte* (WITTKOWSKI u. BRINKMANN, unveröffentlichte Befunde).

Bei anderen Species ergeben sich Differenzierungsmerkmale aus der unterschiedlichen Dichte von Cytoplasmamatrix und Organellen. HOLMES und KIERNAN (1964) finden beim *Igel* helle und dunkle Pituicyten, stellen aber keine auffälligen Differenzen in Größe, Form und Fortsatzarchitektonik fest. Auch von niederen Vertebraten sind derartige Gliazelltypen bekannt (NAKAI, 1970, *Anura;* FASOLO et al., 1972, *Urodela;* JASINSKI, 1974, *Schlammpeitzger, Misgurnus fossilis*).

Bei anderen Autoren ist von nur einem Basistyp der Pituicyten die Rede, der allerdings bei ein und derselben Species funktionsabhängig recht unterschiedlich aussehen kann (BARER u. LEDERIS, 1966, *Kaninchen;* KRSULOVIC u. BRÜCKNER, 1969, *Ratte*).

Perikaryon der Pituicyten. In den verschiedenen Darstellungen der Ultrastruktur der Pituicyten wird ebenso wie in lichtmikroskopischen Studien die Ähnlichkeit mit Astrocyten betont (BARER u. LEDERIS, 1966). Gleichzeitig hebt die Mehrzahl der Autoren jedoch Zellstrukturen hervor, die nicht ganz in das Bild von Astrocyten passen. Ein besonders kennzeichnendes Merkmal speziell der protoplasmatischen Pituicyten ist der Gehalt an *osmiophilen Einschlüssen.* Solche „osmiophilic granules", „dense bodies", „lipid droplets" oder „fat inclusions" tauchen in unterschiedlicher Zahl in Perikaryon und in den Fortsätzen von Pituicyten auf (Abb. 6). Wegen ihrer Größe (0,5–2 μm) und Häufigkeit wurden sie von MONTRAM und CRAMER (1923, *Ratte*) schon sehr früh lichtmikroskopisch entdeckt. Diese Autoren hoben die Färbbarkeit mit Sudan und die Löslichkeit in Aceton und Alkohol hervor. Bei der *Ratte* sind derartige Einschlüsse besonders zahlreich und können als traubenartige Aggregate das ganze Cytoplasma ausfüllen (GERSH, 1939; PALAY, 1955; HARTMANN, 1958; NEMETSCHEK-GANSLER, 1965; MONTEMURRO, 1966; WITTKOWSKI, 1968b; KRSULOVIC u. BRÜCKNER, 1969); sie werden aber auch für andere Species der Säugerreihe beschrieben (URASOV, 1959, *Hund, Maus;* HOLMES u. KIERNAN, 1964, *Igel;* WITTKOWSKI, 1970, *Rhesusaffe*). Vergleichbare Einschlüsse finden BARGMANN et al. (1957) bei der *Ringelnatter (Tropidonotus natrix)* und KNOWLES und VOLLRATH (1965) beim *Aal (Anguilla vulgaris).* Zeitweise hielt man diese und andere Granulationen für den Ausdruck einer sekretorischen Leistung der Pituicyten und dachte dabei vor allem an eine Hormonbildung (GERSH, 1939, *Ratte;* ROMEIS, 1940, *Mensch;* URASOV, 1959, *Hund, Maus*). Die Menge osmiophiler Einschlüsse in den Pituicyten ist außerordentlich variabel. Experimente an der *Ratte,* die eine verstärkte Freisetzung von Hinterlappenhormonen zur Folge haben, führen zu einer Vermehrung dieser Einschlüsse (DEDOV, 1966; KRSULOVIC u. BRÜCKNER, 1969; REINHARDT et al., 1969). STERBA und BRÜCKNER (1969) denken deshalb an eine Entstehung im Zusammenhang mit der Phagocytose von Neurosekret (Abb. 36).

Histochemische und chemische Analysen der Einschlüsse haben folgende Ergebnisse erbracht: Nach RAVIOLA und RAVIOLA (1963) enthalten sie ungesättigte Neutralfette, wahrscheinlich Triglyceride, die nach Fixation mit Formalin auto-

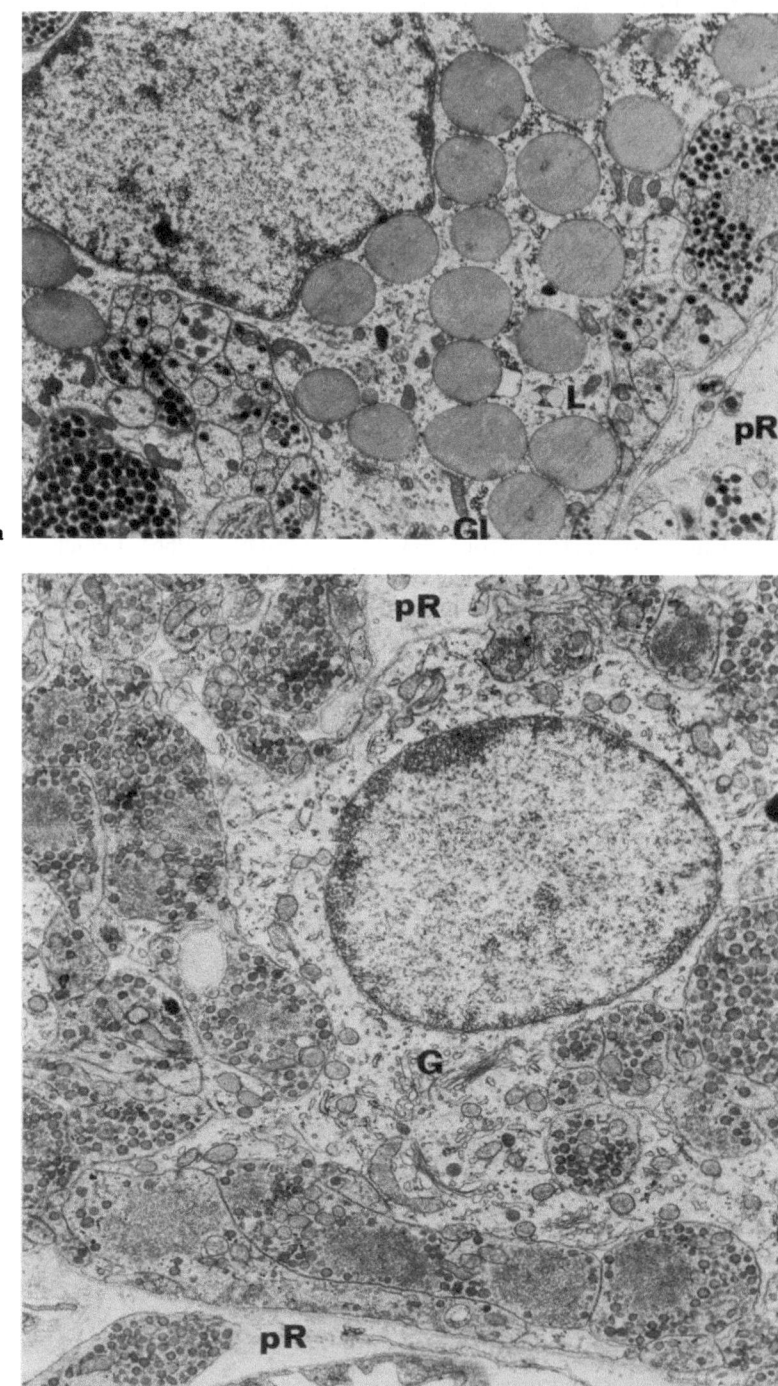

Abb. 6a u. b. Pituicyten im Hinterlappen der *Ratte*. **a** Perikaryon eines mit Lipideinschlüssen ausgefüllten Pituicyten. **b** Pituicyt mit mehreren Fortsätzen ohne auffällige cytoplasmatische Merkmale. *G* Golgi-Apparat, *L* Lysosom, *Gl* Glykogen, *pR* perivasculärer Raum. **a** ×7820, **b** ×11200

xidieren. KUROSUMI und MATSUZAWA (1961) stellten fest, es handle sich um Phospholipide und Lecithin als mögliche Endprodukte im Abbau von Membranen der neurosekretorischen Elementargranula; zu diesem Schluß kommt auch STREEFKERK (1967).

Als Charakteristikum der Pituicyten schlechthin lassen sich die osmiophilen Einschlüsse nicht bezeichnen, da sie bei anderen Species nicht oder nur vereinzelt vorkommen (FUJITA u. HARTMANN, 1961, *Kaninchen;* WITTKOWSKI, 1967c, *Meerschweinchen*).

Über weitere Zellbestandteile und cytoplasmatische Differenzierungen der Pituicyten gibt es in der Literatur nur wenige und ungenaue Angaben. Unter den Zellorganellen fällt vor allem der ausgedehnte Golgi-Apparat auf (WITTKOW-SKI, 1968b, *Ratte;* BOUDIER et al., 1970, *Ratte;* WITTKOWSKI, 1970, *Rhesusaffe*), der oft an mehreren Stellen des Perikaryon anzutreffen ist (Abb. 6b, 32). Aus ihm gehen bei *Ratte, Affe* (WITTKOWSKI, 1968b, 1970) und *Igel* (MÜLLER, 1980) vereinzelt Granula hervor, die an eine spezifische Sekretionsleistung der Pituicyten denken lassen (Abb. 7). Die Größe dieser Granula schwankt beim *Affen* zwischen 150 und 300 nm; ihre Innenstruktur ähnelt neurosekretorischen Elementargranula. Ein Zusammenhang mit Lipideinschlüssen oder Lysosomen scheint nicht gegeben. Beim *Kaninchen* sind nach BARER und LEDERIS (1966) die Golgi-Elemente nicht besonders auffällig.

Glattes endoplasmatisches Reticulum mit zahllosen Schläuchen, Vesikeln und Zisternen ist bei der *Ratte* über das Perikaryon verteilt. Dagegen ist *granuläres endoplasmatisches Reticulum* nur in Spuren vorhanden. Freie *Ribosomen* häufen sich zu Rosetten oder größeren Aggregaten (PALAY, 1955, *Ratte;* BARGMANN u. Knoop, 1957, *Hund, Katze;* BOUDIER et al., 1970, *Ratte*).

Mitochondrien vom Crista-Typ, ebenso *Lysosomen* und *multivesiculäre Körperchen* kommen in unterschiedlicher Zahl vor. Auch die Häufigkeit von *Tubuli* und *Filamenten* unterliegt großen Schwankungen. Im Gegensatz zur *Ratte* enhält das Cytoplasma der Pituicyten beim *Kaninchen* ein dichtes Flechtwerk feiner Filamente (BARER u. LEDERIS, 1966).

Erwähnenswerte Mengen von *Glykogen* treten in den Pituicyten offenbar nicht auf. Lediglich beim *Igel* enthalten sie größere Ansammlungen von Glykogen mit einer deutlichen Vermehrung während der Winterschlafperiode (MÜLLER, 1980).

ZAMBRANO und DE ROBERTIS (1968a) charakterisieren die *Pituicytenkerne* der *Ratte* als hell mit randständigem Chromatin und mit ovaler, leicht gebuchteter Form. Derartige Merkmale dürften, nach den Abbildungen in zahlreichen Arbeiten zu urteilen, auch für eine Reihe anderer Mammalia zutreffen. Stark zerklüftete Kerne mit erheblich wechselnder Chromatinverteilung finden sich nach BARGMANN und KNOOP (1957) in den Pituicyten von *Katze* und *Hund* und häufen sich beim *Igel* während des Winterschlafs (MÜLLER, 1980).

OLIVIERI-SANGIACOMO und CORRER (1973) beschreiben die Ultrastruktur von Pituicyten in der *Gewebekultur*. Danach gibt es bis auf die Kernform und die Zahl der „dense bodies" kaum Unterschiede zu nicht kultivierten Pituicyten.

Fortsätze der Pituicyten. Ein gutes Unterscheidungsmerkmal der langgezogenen Pituicytenfortsätze gegenüber Nervenfasern ist nach BARER und LEDERIS (1966, *Kaninchen*) der Reichtum an feinen *Filamenten* (vgl. BODIAN, 1963, *Opos-*

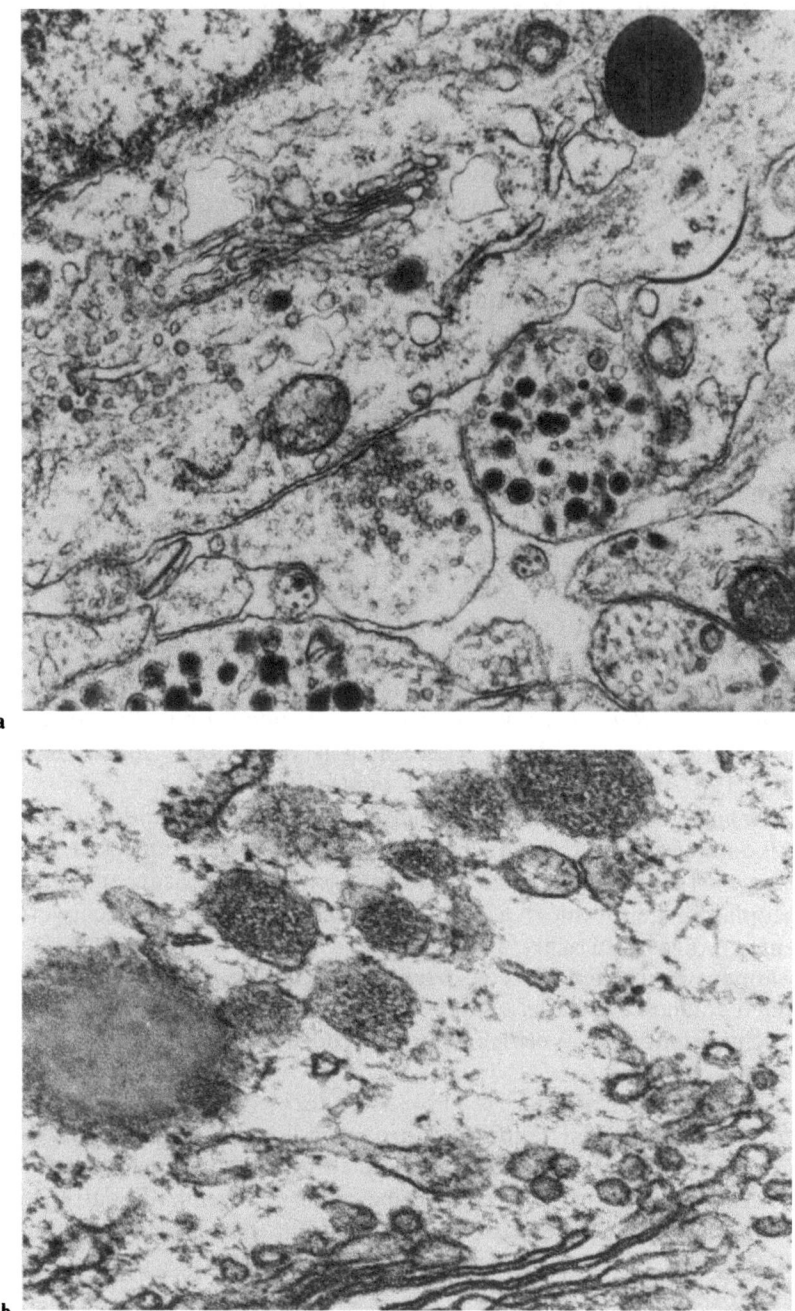

a

b

Abb. 7a u. b. Granuläre Einschlüsse, die aus dem Golgi-Komplex der Pituicyten hervorzugehen scheinen und teilweise Ähnlichkeit mit neurosekretorischen Elementargranula haben. **a** Hinterlappen, *Ratte.* (Aus Wittkowski, 1968a). × 10 500. **b** Hinterlappen, *Rhesusaffe.* (Aus Wittkowski, 1970). × 61 600

sum). Diese sind kaum mehr als 10 nm dick; ihre Länge ist schwer zu beurteilen. Daneben enthalten die Fortsätze langgestreckte *Mitochondrien,* vereinzelte Elemente des *endoplasmatischen Reticulum,* wenige *Ribosomen, Vesikel* oder *multivesiculäre Körperchen.* Diese Beschreibung trifft bei der *Ratte* jedoch nur auf den sog. „Fasertyp" der Pituicyten zu (WITTKOWSKI, 1968 b). In den Fortsätzen der zahlenmäßig eindeutig überwiegenden „protoplasmatischen" Pituicyten sind Filamente nur vereinzelt anzutreffen (Abb. 6 b). Dadurch ergibt sich ein ähnliches ultrastrukturelles Bild der Fortsätze wie im Perikaryon der Pituicyten. Eine besondere Flächendichte zeigen die Membranprofile des glatten endoplasmatischen Reticulum. Es kommen aber auch regelmäßig – vor allem dann, wenn es sich um größere Fortsätze handelt – langgestreckte Mitochondrien, osmiophile Einschlüsse, Lysosomen und Ribosomen sowie Mikrotubuli und einzelne Filamente vor (REINHARDT et al., 1969).

Die meisten Pituicyten haben mehrere Fortsätze, die vorzugsweise zu den Capillaren ziehen und meist mit stempelartigen Endigungen an der Basalmembran des perivasculären Raumes ansetzen (PALAY, 1955, *Ratte;* BELENKI u. POLENOV, 1963, *Maus;* vgl. Abb. 32). Im Kontaktbereich mit dem perivasculären Raum finden sich in den Fortsätzen „coated vesicles" („acanthosomes"), die etwas größer sind als ähnliche Strukturen in den Nervenendigungen. SANTOLAYA et al. (1972, *Ratte*) bringen sie mit einer Aufnahme (Mikropinocytose) von Nährstoffen, speziell Proteinen, in Zusammenhang. Die Pituicytenfortsätze im Hinterlappen des *Menschen* sind nach LEDERIS (1965) sehr lang (20 μm), verlaufen zwischen den Nervenfasern und enden an Gefäßen.

Oft haben benachbarte Pituicyten über die Perikaryen direkten Kontakt oder treten durch ihre Fortsätze miteinander in Verbindung. Auf diese Weise bilden sie ein lichtmikroskopisch bereits vielfach beschriebenes Flecht- und Maschenwerk (ROMEIS, 1940, *Mensch;* HAGEN, 1949, *Mensch*), das den Gedanken an eine mechanische Funktion nahelegt (BARER u. LEDERIS, 1966, *Kaninchen*). Die Fortsätze selbst haben ein unterschiedliches Kaliber und verlaufen teils gestreckt, teils gewunden zwischen den neurosekrethaltigen Nervenfasern. Dabei scheinen sie sich in ihrer Form grundsätzlich den Nervenfasern mit ihren neurosekrethaltigen Auftreibungen anzupassen. So sind zumindest bei protoplasmatischen Pituicyten mit ihren ziemlich plumpen Fortsätzen rundliche Einbuchtungen die Regel (Abb. 6, 32). Häufig umschließt das Cytoplasma der Pituicyten – in Perikaryon oder Fortsätzen – die Profile völlig intakt erscheinender, neurosekrethaltiger Nervenfasern, ohne daß Anzeichen einer Invagination zu erkennen sind (BODIAN, 1966, *Affe;* BARGMANN, 1967, *Katze*) (Abb. 8, 32). In diesen eingeschlossenen Nervenfasern (oder Nervenfaserbruchstücken?) sind die Elementargranula meist dichter gelagert als in umliegenden Axonen. *Degenerations- und Auflösungserscheinungen,* die durch das Auftreten von Lysosomen und Membranfiguren gekennzeichnet sind, lassen sich nur selten beobachten. Auch große Herring-Körper können von Pituicyten ganz umschlossen sein (WITTKOWSKI, 1968 b, *Ratte*).

Die Pituicyten und ihre Umgebung. Durch ihre Fortsätze dürften die meisten Pituicyten Verbindung zu den Capillaren bzw. den weiten perivasculären Räumen der Capillaren haben. Hier enden die Fortsätze mit füßchenartigen Verbreiterungen und bilden damit zusammen mit den neurosekretorischen Nervenendi-

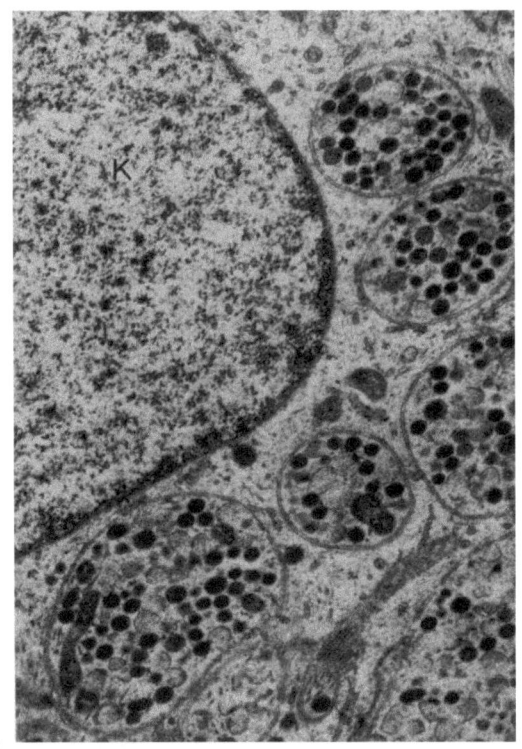

a

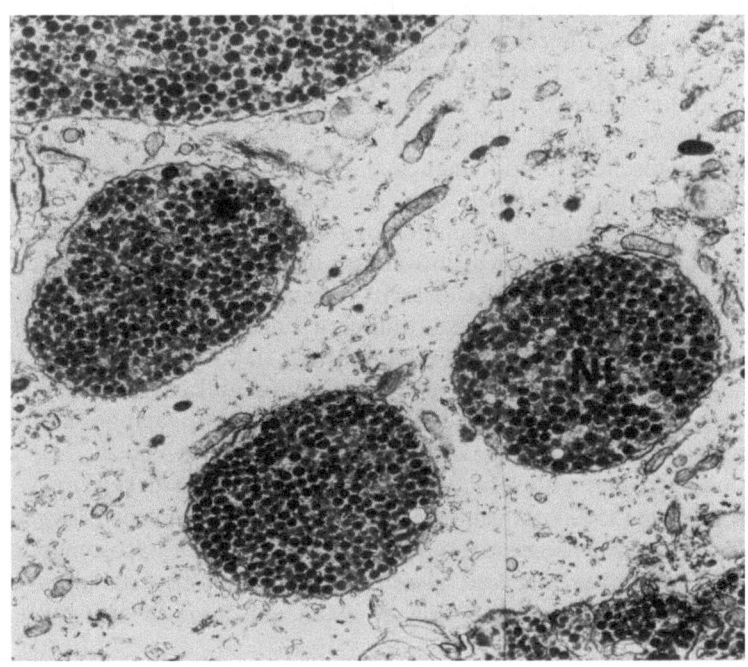

b

Abb. 8a u. b. Neurosekrethaltige Nervenfasern (*Nf*), die ohne Anzeichen einer Invagination in das Cytoplasma von Pituicyten eingeschlossen sind. **a** Perikaryon eines Pituicyten, Zellkern (*K*) Hinterlappen, *Katze*. (Aus Bargmann, 1968). × 13 600. **b** Pituicytenfortsatz. Hinterlappen, *Ratte*. × 10 850

gungen des supraoptico-hypophysären Systems die vasculäre Oberfläche des Hinterlappengewebes, die von einer Basallamina überzogen wird. Bei *Ratte, Igel* und *Meerschweinchen* (WITTKOWSKI, 1967a, 1973; MÜLLER, 1980) ist die Basallamina mitunter über längere Strecken unterbrochen, so daß Gliafortsätze und mehr noch Nervenfasern in den weiten pericapillären Raum hineinragen, der Fibroblasten, Makrophagen und Kollagenfilamente enthält (PALAY, 1957, *Ratte*).

Nach entwicklungsgeschichtlichen Studien von AJIKA (1969) und PAULL (1973) besteht der Hinterlappen der *Ratte* bis zum 17. Tag nur aus Pituicyten und wenigen Capillaren. Erst am 18. Tag wachsen Nervenfaserbündel des Tractus supraoptico-hypophyseus ein. Sie enthalten Granula und kleine Vesikel und stellen noch vor der Geburt (20. Tag) Kontakte zu den Capillaren her.

Messungen an der *vasculären Oberfläche des Hinterlappens* haben ergeben, daß sie bei der *Ratte* zu etwa gleichen Anteilen von Nervenendigungen (52% der Oberflächenstrecke) und von Gliafortsätzen (48%) gebildet wird (WITTKOWSKI u. BRINKMANN, 1974). Diese Zusammensetzung scheint zumindest bei normalen männlichen *Ratten* ziemlich konstant zu sein, verändert sich jedoch signifikant unter experimentellen Bedingungen wie Wasserentzug (vgl. 3.3.). Bei anderen Species trifft man mitunter auf eine ganz andere Verteilung. So beträgt bei *Igeln* der Anteil der Pituicytenfortsätze an der Oberflächenbegrenzung im Wachzustand (Juni) bereits ca. 89% und erhöht sich im Winterschlaf (Dezember) auf 94%; ein Maximum von 99% wurde vor Beginn des Winterschlafs (September) gemessen (MÜLLER, 1980).

Bei einigen Nichtsäugern dominiert die Glia noch deutlicher. Eine nahezu vollständige Lage von Glia- und Ependymfortsätzen zwischen Nervenendigungen und perivasculärem Raum, einen „glial cuff around the capillaries", beschrieben BERN et al. (1966) bei *Vögeln (Zonotrichia leucophrys gambelii)*. Noch lückenloser scheint die Gliamanschette bei der Echse *Klauberina riversiana* zu sein (RODRÍGUEZ und LA POINTE, 1969). Da Pituicyten bei diesem Tier fehlen, wird sie von den Gefäßfortsätzen der Ependymzellen gebildet. Nervenfasern haben auf diese Weise keinen Zugang zum Gefäßsystem. Damit stellt sich die Frage, ob es neben einem direkten „release" von Neurohormonen über neurovasculäre Kontakte auch einen indirekten Abgabeweg via Gefäßfortsätze der Glia gibt. Eine solche Hormonfreisetzung postulieren vor allem RODRÍGUEZ und LA POINTE (1969); diese Autoren beschreiben den Transport kleinster Partikel durch die Ependymfortsätze in Richtung auf die Basallamina.

Neben den flächenhaften Kontakten von Pituicyten (oder Ependymzellen) zum perivasculären Raum der Gefäße existieren noch weitere Zellverbindungen der Pituicyten, die besondere Aufmerksamkeit verdienen. Zunächst sind hier die *synaptoiden Kontakte* zwischen neurosekretorischen Nervenfasern und Pituicyten zu nennen. Solche neuro-gliösen Kontakte wurden bei zahlreichen Säugern gefunden (BODIAN, 1966, *Macaca irus;* WITTKOWSKI, 1967b, *Meerschweinchen,* 1968b, *Ratte,* 1970, *Rhesusaffe;* BOUDIER et al., 1970, *Ratte;* MÜLLER, *Igel,* 1980), sind jedoch auch bei anderen Vertebraten anzutreffen (NISHIOKA et al., 1964, *Fink, Zonotrichia leucophrys gambelii;* KNOWLES u. VOLLRATH, 1965, 1966, *Aal;* FOLLENIUS, 1967, *Teleostier;* NAKAI, 1970, *Frosch, Rana pipiens;* FASOLO et al., 1972, *Kammolch).* Sie sind in großer Zahl sowohl an den

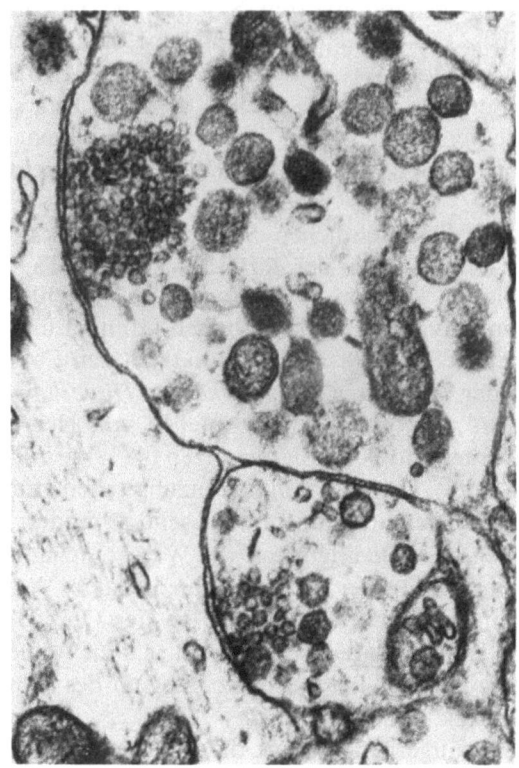

Abb. 9. Synaptoide Kontakte zwischen granulahaltigen Nervenfasern und dem Fortsatz eines Pituicyten. Hinterlappen, *Rhesusaffe*. × 48000

Perikaryen als auch an den Fortsätzen der Pituicyten nachweisbar, ohne jedoch gleichmäßig verteilt zu sein (WITTKOWSKI u. BRINKMANN, 1974, *Ratte*). Bei Betrachtung von Ultradünnschnitten wird man immer wieder feststellen, daß sich an der Oberfläche des einen Pituicyten oder Pituicytenfortsatzes synaptoide Kontakte mit neurosekretorischen Nervenfasern häufen – GÜLDNER (1973) errechnete, daß an Tanycyten des Infundibulum mehr als 100 solcher synaptoiden Kontakte vorkommen können – während ein anderer Pituicyt oder Fortsatz wenig oder gar nicht „innerviert" ist (Abb. 6, 7a, 9, 32). Dies ist bei der Angabe der Flächendichte neuro-gliöser Kontakte zu berücksichtigen. Sie beträgt im Hinterlappen von normalen männlichen *Ratten* 2,1 neuro-gliöse Kontakte pro 100 μm² Nervengewebe (WITTKOWSKI u. BRINKMANN, 1974) und kann sich unter experimentellen Bedingungen verändern (vgl. 3.3.). Neuro-gliöse Kontakte an Mikrogliazellen des Hinterlappens kommen nach bisherigen Beobachtungen nicht vor.

Für die neuro-gliösen Kontakte im Hinterlappen gelten ebenso wie für die des Infundibulum – nach den Beschreibungen von WITTKOWSKI (1968b), BOUDIER et al. (1970) sowie GÜLDNER und WOLFF (1973) – folgende Charakteristika (vgl. Abb. 9, 28, 29, 30):

1) Häufung von kleinen Vesikeln (Durchmesser ca. 40 nm) in den „präsynaptischen" Varikositäten, die meist auch neurosekretorische Elementargranula enthalten;
2) Anlagerung solcher Vesikel an die leicht verdichtete „präsynaptische Membran", an der häufig auch sog. „dense projections" zu beobachten sind;
3) 8–12 nm breiter „synaptischer Spalt", der oft elektronendichtes Material enthält, das vielfach in Form „intersynaptischer" Filamente oder Substanzbrücken angeordnet ist;
4) die nicht veränderte „postsynaptische" Gliazellmembran, die vielfach Membranvesikulation zeigt (weitere Angaben zur Ultrastruktur der neuro-gliösen Kontakte unter 2.2.).

In der Regel dürfte es sich bei den neuro-gliösen Kontakten um „en passant"-Synapsen (WITTKOWSKI, 1968 b, nach einem Vorschlag von DE ROBERTIS, 1962) handeln, die jedoch nicht auf einen Typ von Nervenfasern beschränkt sind. Klar voneinander unterscheidbare peptiderge Nervenfasertypen bilden nach unseren Beobachtungen im Hinterlappen des *Rhesusaffen* und des *Igels* Kontakte mit Pituicyten. Zu gleichartigen Ergebnissen kommt NAKAI (1970) bei *Rana pipiens*. BAUMGARTEN et al. (1972) diskutieren einen Einfluß der im Hinterlappen der *Ratte* nachgewiesenen dopaminergen Nervenfasern auf neurosekretorische Axone und Pituicyten über „close contacts".

Über die *funktionelle Bedeutung* der neuro-gliösen Kontakte herrscht noch immer Unklarheit. Nach KNOWLES und VOLLRATH (1965, *Aal*) könnten die synaptoiden Kontakte zwischen neurosekretorischen Nervenfasern und Pituicyten „either by conduction or secretion or both" eine Rolle im neurosekretorischen Prozeß spielen.

Neben diesen für das Nervensystem ungewöhnlichen Kontakten zwischen Axonen und Gliazellen gibt es noch besondere Kontakte der Pituicyten untereinander. Benachbarte Perikaryen und Fortsätze von Pituicyten können nach Befunden, die von DREIFUSS et al. (1975) unter anderem mit der Gefrierätztechnik bei der *Ratte* gewonnen wurden, durch ein ganzes Spektrum von Membrankontakten miteinander verbunden sein (Abb. 10). Neben „*tight junctions*" *(Zonulae occludentes),* kommen „*intermediate junctions*" *(Zonulae adhaerentes),* „*gap junctions*" und „*complex junctions*" vor. Von derartigen Zellverbindungen berichten auch OLIVIERI-SANGIACOMO (1973, *Ratte*) sowie BOUDIER und BOUDIER (1974, *Ratte*). DREIFUSS et al. (1975) betonen, daß solche Kontakte in der Regel sinusartige Räume zwischen fingerartigen Pituicytenprotrusionen begrenzen und neurosekretorische Nervenfasern zu diesen erweiterten Intercellularräumen Zugang haben. Durch „tight junctions" abgegrenzte intercelluläre Kanälchen zwischen Pituicyten beschreiben auch RODRÍGUEZ und DELLMANN (1970) nach Hypophysenstieldurchtrennung beim *Frosch*.

Nach Ansicht von DREIFUSS et al. (1975) könnten derartige Membrankontakte zwischen Pituicyten der Synchronisierung von Zelleistungen dienen, wobei mechanische, chemische, elektrische oder sekretorische Aktivitäten der Pituicyten in Frage kämen.

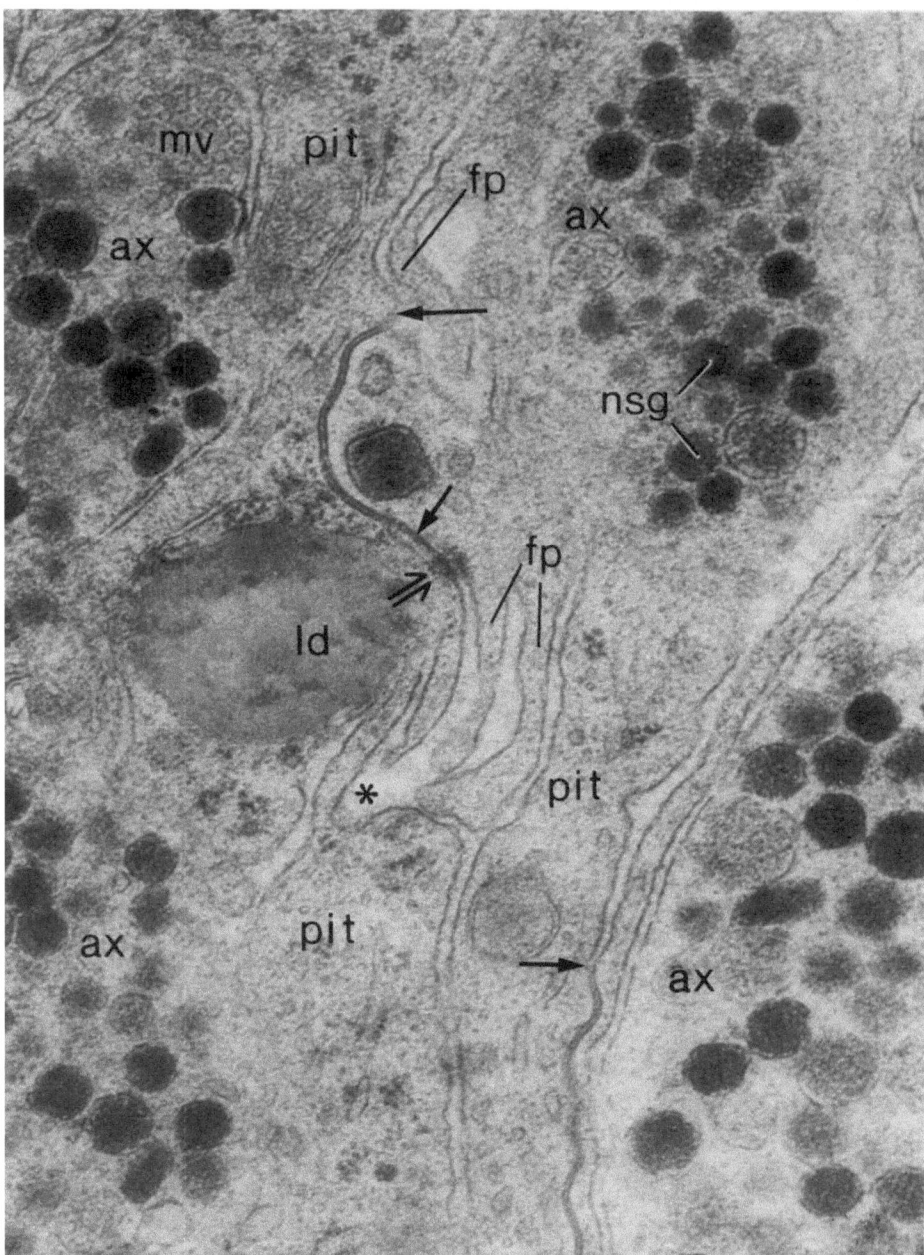

Abb. 10. Spezialisierte Membrankontakte und erweiterte Extracellularräume zwischen Pituicyten. Hinterlappen, *Ratte*. ⇑ „intermediate junction", ↑ Markierung der Grenzen von „gap junctions". (Möglicherweise handelt es sich auch um eine Kombination aus Zonulae occludentes und „gap junctions"). Pituicyt (*pit*) mit Lipidtropfen (*ld*); neurosekretorische Axone (*ax*) mit kleinen Vesikeln (*mv*) und Neurosekretgranula (*nsg*). * Erweiterte Extracellularräume zwischen fingerartigen Pituicytenfortsätzen (*fp*). (Aus Dreifuss et al., 1975). × 10000

2.1.3. Histochemische und biochemische Ergebnisse

Histochemische Untersuchungen von WHITAKER und Mitarbeitern (1970–1973) haben zu weiteren Informationen über die Pituicyten des Hinterlappens geführt. Danach enthalten bei der *Ratte* neben den „dense bodies" der Nervenendigungen auch Lysosomen und Golgi-Apparat der Pituicyten *saure Phosphatase*. Das Enzym fehlt hingegen in den größeren „lipid droplets" der Pituicyten (WHITAKER et al., 1970; DUCHÈSNE u. KNYIHAR, 1972). WHITAKER und LA BELLA (1972, 1973) versuchten auch die Frage zu klären, ob im Hinterlappen die echte oder die *Pseudocholinesterase* vorkomme. Ihre Befunde zeigen, daß es beträchtliche Speciesdifferenzen gibt. Während bei der *Katze* lediglich *Acetylcholinesterase*, bei *Rind* und *Ratte* nur *Butylcholinesterase* vorkommt, findet man beim *Kaninchen* beide Enzyme. Elektronenmikroskopisch zeigte sich übereinstimmend für alle Species, daß jeweils nur vereinzelte Pituicyten und Membrankontakte zwischen ihnen und neurosekretorischen Neuronen („pituicyte-neuron-junctions") Cholinesterase-positiv waren. Innerhalb der Pituicyten ist die Cholinesterase im endoplasmatischen Reticulum und an der Kernmembran lokalisiert. Cholinerge Neurone und Nervenendigungen fehlen nach diesen Untersuchungen im Hinterlappen, während *dopaminerge Nervenfasern* nachgewiesen wurden (BAUMGARTEN et al., 1972, *Ratte*).

Andere Autoren (DANILOVA, 1971; BRIDGES et al., 1973) weisen bei der *Ratte* im Gegensatz zu WHITAKER und LA BELLA (1972, 1973) auch die *Acetylcholinesterase* nach. Dieser Befund wird von WHITAKER (1973) mit dem Hinweis bezweifelt, die Pseudocholinesterase sei in diesen Untersuchungen nur unvollständig gehemmt worden. Für das Vorhandensein von Acetylcholinesterase sprechen andererseits auch Befunde von LEDERIS (1967a, b) und von LEDERIS und LIVINGSTON (1967, 1969), die das Vorhandensein von Acetylcholinesterase, Acetylcholin und Cholinacetylase im Hinterlappen von *Mensch, Rind, Ratte* und *Igel* biochemisch nachweisen. Nach BRIDGES et al. (1973) ist der Acetylcholingehalt im Hinterlappen der *Ratte* wesentlich höher als bei *Kaninchen* und *Schwein*.

Auch der Transmitter *γ-Aminobuttersäure* (GABA) wird mit den Pituicyten des Hinterlappens in Zusammenhang gebracht. MINCHIN und NORDMANN (1975, *Ratte*) beobachteten nämlich, daß markierte GABA, die von den Gliazellen des Hinterlappens aufgenommen wird, bei Elektrostimulation des Hypophysenstiels ebenso freigesetzt wird wie die Hinterlappenhormone. Nach Mitteilung dieser Autoren haben BEART et al. (in Vorbereitung) endogene GABA in den Pituicyten nachweisen können.

Über die Synthese eines *Arginin-Vasotocin-artigen Peptids* durch kultivierte Gliazellen der Neurohypophyse *menschlicher Feten* berichtet PAVEL (1974).

2.2. Gliazellen im Infundibulum

2.2.1. Lichtmikroskopische Ergebnisse

Unter topographischen Gesichtspunkten lassen sich im Infundibulum zwei Arten von Gliazellen unterscheiden, die ependymalen und die extraependymalen Gliazellen.

1) Die *ependymale Glia* besteht aus einem einschichtigen, mitunter lückenhaft erscheinenden Saum platter, unregelmäßig angeordneter Zellen. Während ein Teil dieser Ependymzellen lichtmikroskopisch Endothelzellen gleicht, fallen andere durch ihre langen basalen Fortsätze auf (CAJAL, 1911, *Maus;* DELLMANN, 1961, *Rind;* ANAND KUMAR u. KNOWLES, 1967, *Rhesusaffe;* COLMANT, 1967, *Ratte;* BRINKMANN, 1972, *Katze;* FLEISCHHAUER, 1972, *Katze;* u.a.). Bei diesem Ependymzelltyp, der im Infundibulum aller bislang untersuchten Säuger vorkommt, handelt es sich nach der Nomenklatur von HORSTMANN (1954) um ependymale „Tanycyten". Als „Tanycyt" bezeichnet HORSTMANN (1954) diejenigen Gliazellen, die wenige lange Fortsätze mit gestrecktem Verlauf besitzen. Ihre Perikaryen können im Ependym oder inmitten der Hirnsubstanz liegen.

Der an das Infundibulum angrenzende basale Hypothalamusabschnitt besitzt eine Ventrikelwand, die ausschließlich aus Tanycytenependym zu bestehen scheint (LEONHARDT, 1966, *Kaninchen;* COLMANT, 1967, *Ratte;* SCHACHENMAYR, 1967a, b, *Ratte;* KNOWLES u. ANAND KUMAR, 1969, *Rhesusaffe;* BOCK u. GOSLAR, 1969, *Ratte;* GOSLAR u. BOCK, 1970, 1971, *Ratte;* BLEIER, 1971, 1972, *Katze, Kaninchen, Ratte, Maus;* MILLHOUSE, 1971, 1972, *Ratte, Maus;* BRAWER, 1972, *Ratte;* FLEISCHHAUER, 1972, *Katze;* OKSCHE et al., 1974, *Maus*). Ähnliche Ependymdifferenzierungen in Infundibulum und Hypothalamus finden sich auch außerhalb der Säugerreihe (WINGSTRAND, 1951, *Vögel;* KOBAYASHI et al., 1970, *Reptilien, Vögel, Säuger;* SHARP, 1972, *Wachtel, Coturnix;* FASOLO u. FRANZONI, 1974, *Kammolch;* OKSCHE u. FARNER, 1974, *Zonotrichia leucophrys gambelii*).

Die Besonderheit der Tanycyten des Infundibulum besteht darin, daß ihre Fortsätze bis zur Oberfläche des Infundibulum ziehen und damit Kontakt zu den Gefäßen des Portalplexus gewinnen (NOWAKOWSKI, 1951, *Katze;* LÖFGREN, 1959, 1960, *Ratte;* DELLMANN, 1961, *Rind;* COLMANT, 1967, *Ratte;* WITTKOWSKI, 1967c, *Meerschweinchen;* FLEISCHHAUER, 1972, *Katze*). Diese charakteristische Architektonik wird in Abb. 11 demonstriert: Von zahlreichen Ependymzellen gehen dicke Fortsätze oder Fortsatzbündel aus, die in radiärem Verlauf die Zona interna durchsetzen, sich im Stratum reticulare der Zona externa vielfach verästeln, um schließlich mit Gefäßfüßchen an der Oberfläche der Zona externa zu enden (SCHACHENMAYR, 1967a, *Ratte;* BLEIER, 1971, *Maus, Ratte, Kaninchen, Katze;* BRINKMANN, 1972, *Katze;* FLEISCHHAUER, 1972, 1975, *Katze*). So stellen die Ependymzellen des Infundibulum eine morphologische Verbindung zwischen Liquor und Portalgefäßen her. Diese Feststellung hat die Tanycyten zu einem bevorzugten Objekt morphologischer, histochemischer und funktioneller Untersuchungen werden lassen und zu Arbeitshypothesen geführt, von denen im einzelnen noch die Rede sein wird (s. S. 723ff.).

Lichtmikroskopisch ist verschiedentlich eine Abgabe von Zellen (Nerven- oder Ependymzellen) aus dem Infundibulum an das Ventrikellumen beschrieben worden (s. FLEISCHHAUER, 1960, *Katze*).

2) Die *extraependymale Glia* umfaßt neben den zahlreichen subependymalen Gliazellen, die zumindest teilweise lange basale Fortsätze besitzen und damit auch Tanycyten sind, die Gliazellen von Stratum fibrosum, Stratum reticulare und Stratum palisadicum. Die extraependymalen Gliazellen des Infundibulum sind mit Ausnahme der subependymalen Zellen weniger dicht gelagert als die Pituicyten im Hinterlappen und werden möglicherweise deshalb in den lichtmi-

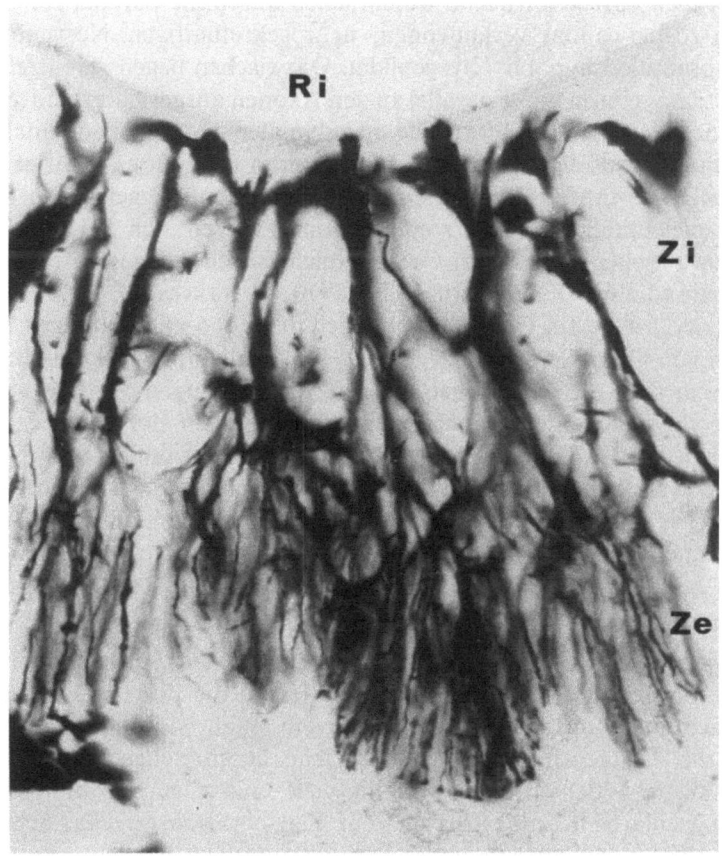

Abb. 11. Darstellung der Fortsatzarchitektonik infundibulärer Tanycyten durch Silberimprägnation an einem Frontalschnitt des Infundibulum (*Katze*). *Ri* Recessus infundibuli, *Zi* Zona interna, *Ze* Zona externa. (Aus FLEISCHHAUER, 1972). Etwa ×250

kroskopischen Beschreibungen der neurohypophysären Glia nur selten ausdrücklich erwähnt (DIEPEN, 1962; CHRIST, 1966, *Rind*; POLAK u. AZCOAGA, 1969, *Mensch*).

Bei der *Ratte* bilden die subependymal gelegenen Gliazellen nach unseren Beobachtungen (WITTKOWSKI, 1973) im rostralen Drittel des Infundibulum einen kompakten, häufig mehrschichtigen Zellverband. Weiter caudal ist die subependymale Schicht durch eine Abnahme der Zelldichte und eine auf Semidünnschnitten auffallende Erweiterung der Extracellularräume gekennzeichnet. Die Zellen sind unregelmäßig verteilt und bilden teilweise gemeinsam mit Ependymzellen Zellgruppen, deren basale Fortsätze jeweils zu einem Bündel von Gefäßfortsätzen zusammengefaßt werden. Eine abgrenzbare Schicht subependymaler Gliafasern, wie sie sich bei anderen Wandbezirken des Ventrikelsystems beobachten läßt, fehlt im Infundibulum (FLEISCHHAUER, 1960, 1972, *Katze*).

Das *Stratum fibrosum* wird im wesentlichen durch die parallel zur Ventrikeloberfläche rostro-caudal verlaufenden, neurosekrethaltigen Nervenfasern des Tractus supraoptico-hypophyseus gebildet. Dazwischen liegen vereinzelt Gliazellen, deren Längsachsen meist parallel zu den Axonen ausgerichtet sind. Senkrecht dazu durchqueren die Gefäßfortsätze ependymaler und subependymaler Zellen die Zona interna auf dem Wege zur Zona externa (vgl. KOBAYASHI et al., 1970, *Vertebraten*). Die in der *Zona externa* des Infundibulum gelegenen Gliazellen sind nicht gleichmäßig verteilt, sondern konzentrieren sich bei der Ratte auf das Stratum reticulare, bzw. den Grenzbereich zwischen Stratum reticulare und Stratum palisadicum (KOBAYASHI et al., 1970; WITTKOWSKI, 1973; SCHIEBLER u. ZABORSZKY, 1975). Im Oberflächenbereich der Zona externa liegen nur selten Perikaryen von Gliazellen. Kennzeichnend für das lichtmikroskopische Bild der Zona externa sind die zahlreichen Fortsatzverzweigungen von Ependymzellen und subependymalen Zellen aber auch von Gliazellen der Zona externa, die senkrecht auf die Gefäßoberfläche der Zona externa zulaufen und dort enden. Von dieser typischen palisadenartigen Fortsatzarchitektonik ist vor allem der äußere Bereich der Zona externa geprägt, der deshalb auch als *Stratum palisadicum* bezeichnet wird (vgl. MARTINEZ, 1960, *Katze;* OKSCHE et al., 1963, *Zebrafink;* KOBAYASHI et al., 1970, *Ratte*).

Die hier für die Ratte beschriebene Gliazelldichte und -verteilung gilt nicht für alle Species. SEITZ (1965) findet in der Zona externa des Schweins relativ viele Gliazellanschnitte; auch beim Rhesusaffen ist die Zona externa nach eigenen Beobachtungen ausgesprochen gliazellreich. Während bei den meisten Säugern nur die Zellfortsätze an die Oberfläche heranreichen, liegen beim *Igel* (WITTKOWSKI u. MÜLLER, 1976) auffällig viele Gliazellen mit ihren Perikaryen im neuro-vasculären Kontaktbereich. Zur Zeit des *Winterschlafs* scheint diese Anordnung besonders ausgeprägt zu sein.

Verschiedene Typen von extraependymalen Gliazellen findet DELLMANN (1961) im Infundibulum des *Rindes*. Der Autor beschreibt einen Zelltyp mit großem Kern und breitem, feingekörntem Cytoplasmasaum und einen zweiten Zelltyp mit kleinem Kern und einem kaum wahrnehmbaren Cytoplasma. Die ersteren Zellen nennt Dellmann „Parenchymzellen"; bei den letzteren könne es sich um Mikroglia- oder Plasmazellen handeln. Über die Gliazellen und ihre Architektonik im Infundibulum des *Menschen* liegen keine neueren Untersuchungen vor.

Die *Ontogenese* des Infundibulum wurde bei *Ratte* und *Maus* untersucht (KOBAYASHI et al., 1968; AJIKA, 1969; DAIKOKU et al., 1971; EURENIUS u. JARSKAR, 1971; FINK u. SMITH, 1971; MONROE et al., 1972; Halász et al., 1972; BEAUVILLAIN, 1973; PAULL, 1973; MONROE u. PAULL, 1974). Danach besitzt das Infundibulum in der Fetalzeit zunächst einen rein ependymalen Charakter mit einer Reihe von 6–10 übereinander geschichteten Zellagen. Als präsumptive Zona externa entsteht dann 5–6 Tage vor der Geburt *(Ratte, Maus)* eine schmale überaus zellarme Zone, die der ventralen Oberfläche und den sich hier entwickelnden Capillaren des Mantelplexus zugewandt ist (vgl. Abb. 3a). Diese Zone besteht aus plumpen Fortsätzen von Ependymzellen und kleinen Gruppen von einwachsenden Axonen des Tractus tubero-hypophyseus.

2.2.2. Elektronenmikroskopische Ergebnisse

Perikaryen der ependymalen Gliazellen des Infundibulum. Elektronenmikroskopische Beschreibungen der Glia im Infundibulum existieren nur von wenigen Species. Aus der Literatur läßt sich am besten ein Bild von der Glia der *Ratte* gewinnen, über die detaillierte Untersuchungen und Übersichtsartikel vorliegen (KOBAYASHI et al., 1970; SCOTT u. KNIGGE, 1970; WITTKOWSKI, 1973; KNIGGE u. SILVERMAN, 1974; MONROE u. PAULL, 1974; SCHIEBLER u. ZABORSZKY, 1975).

Die als *Tanycyten* bezeichneten Ependymzellen besitzen bei der *Ratte* eine charakteristische ventriculäre Oberfläche. *Kinocilien* fehlen fast vollständig. An ihrer Stelle falten sich zahlreiche *Mikrovilli* oder *Protrusionen* auf, die ganz unterschiedliche Formen annehmen können und in kugelartigen Verdickungen häufig den „lipid droplets" vergleichbare, elektronendichte Einschlüsse, Vacuolen oder eine größere Anzahl von Vesikeln enthalten (OOTA u. KOBAYASHI, 1963, *Rana catesbeiana;* RÖHLICH et al., 1965, *Ratte;* RINNE, 1966, *Ratte;* STREEFKERK, 1967, *Ratte;* SCOTT u. KNIGGE, 1970, *Ratte;* Abb. 12). Der mittlere Durchmesser von ependymalen Mikrovilli beträgt beim *Schaf* 0,1 µm, der Wert für bläschenartige Protrusionen liegt bei 0,5 µm (KOZLOWSKI et al., 1973). Die beschriebenen Oberflächendifferenzierungen finden sich auch bei anderen Säugern (LEONHARDT, 1966, *Kaninchen;* WITTKOWSKI, 1967c, *Meerschweinchen;* KNOWLES, 1969, *Rhesusaffe*). Nach rasterelektronenmikroskopischen Untersuchungen von SCOTT et al. (1972b) ist die Ventrikeloberfläche des Infundibulum auch beim *Menschen* durch zahlreiche zotten- oder bläschenartige Excrescenzen gekennzeichnet. Eine regional unterschiedliche Oberflächenstruktur am Boden des Recessus infundibuli beobachteten SCHECHTER und WEINER (1972) bei der *Ratte.* Danach nimmt die Dichte der Mikrovilli von medial nach lateral deutlich zu.

Zahlreiche Autoren betonen den glandulären Charakter wenigstens von Teilen des Ependyms und stützen diese Annahme auf lichtmikroskopisch nachweisbare *Sekretionsphänomene* an der Ependymoberfläche (LÖFGREN, 1960, *Ratte*), auf das Vorhandensein PAS-positiver Substanzen im Ependym (LEVEQUE et al., 1966, *Ratte*), auf kleine osmiophile Granula im Cytoplasma (SEITZ, 1965, *Schwein;* LEVEQUE et al., 1966, *Ratte*) oder die häufig beschriebenen Vacuolen oder Ansammlungen von Vesikeln in Ependymprotrusionen (WITTKOWSKI, 1967c, *Meerschweinchen,* 1969, *Maus;* KOBAYASHI et al., 1970, *Ratte,* Abb. 13). So wird aufgrund cytologischer Merkmale eine ventrikelwärts gerichtete Sekretions- oder Transportfunktion der Tanycyten diskutiert. Andererseits wird auch eine Absorptionstätigkeit der Ependymzellen immer wieder in Erwägung gezogen, zumal ihre Pinocytose-Aktivität besonders ausgeprägt erscheint (WITTKOWSKI, 1967c, *Meerschweinchen;* BRIGHTMAN u. REESE, 1969, *Maus;* KOZLOWSKI et al., 1973, *Schaf*).

Das *Cytoplasma* der ependymalen Tanycyten der *Ratte* ist folgendermaßen differenziert (WITTKOWSKI, 1973; MONROE u. PAULL, 1974; SCHIEBLER u. ZABORSZKY, 1975; Abb. 12, 13, 31): Es erscheint gewöhnlich substanzdicht und enthält neben zahlreichen, vorwiegend im basalen Teil der Zellen liegenden Mitochondrien einen ausgedehnten Golgi-Apparat und Ribosomen, die in großer Flächendichte vorhanden sein können und sich oft zu Rosetten (Polysomen)

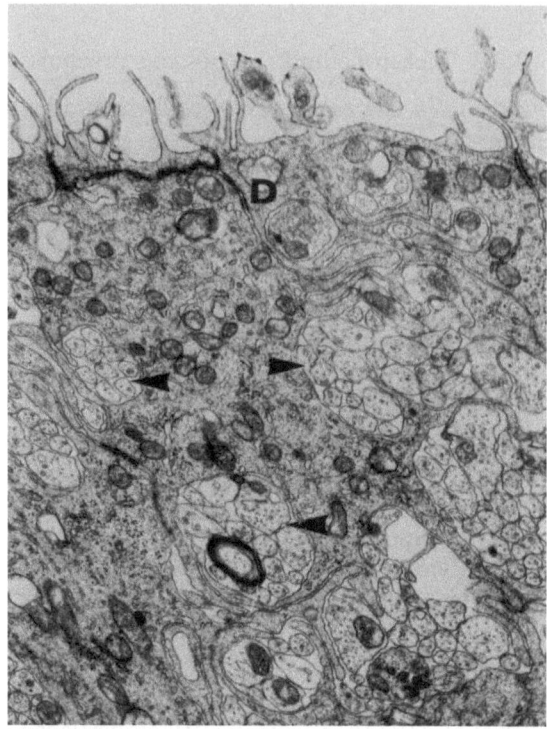

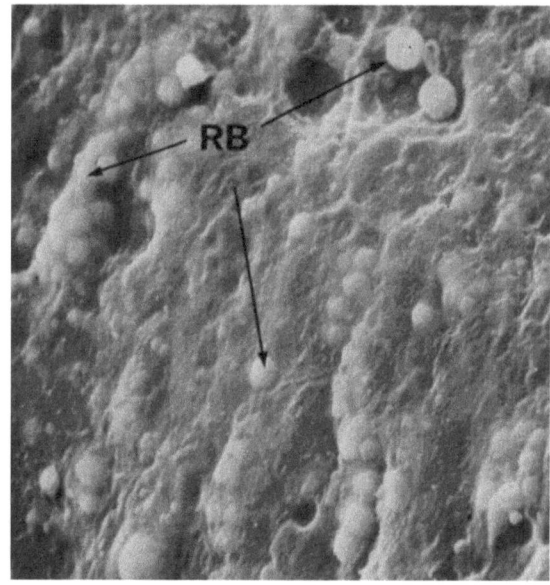

Abb. 12. a Ependymoberfläche im Bereich des Bodens des Recessus infundibuli (*Ratte*) mit charakteristischen Mikrovilli und Protrusionen. Zwischen den Ependymzellen weite Intercellularräume, die feine Bündel meist markloser Nervenfasern (↑) enthalten; *D* Desmosomen. In den Ependymzellen viele Mitochondrien, Ribosomen und endoplasmatisches Reticulum. (Aus WITTKOWSKI, 1973). × 13 800. **b** Rasterelektronenmikroskopisches Bild der Ependymoberfläche im Bereich des Bodens des III. Ventrikels der *Ratte*. Beachte charakteristische kugelartige Protrusionen (*RB* „round bodies"). (Aus KNIGGE u. SCOTT, 1970). × 1690

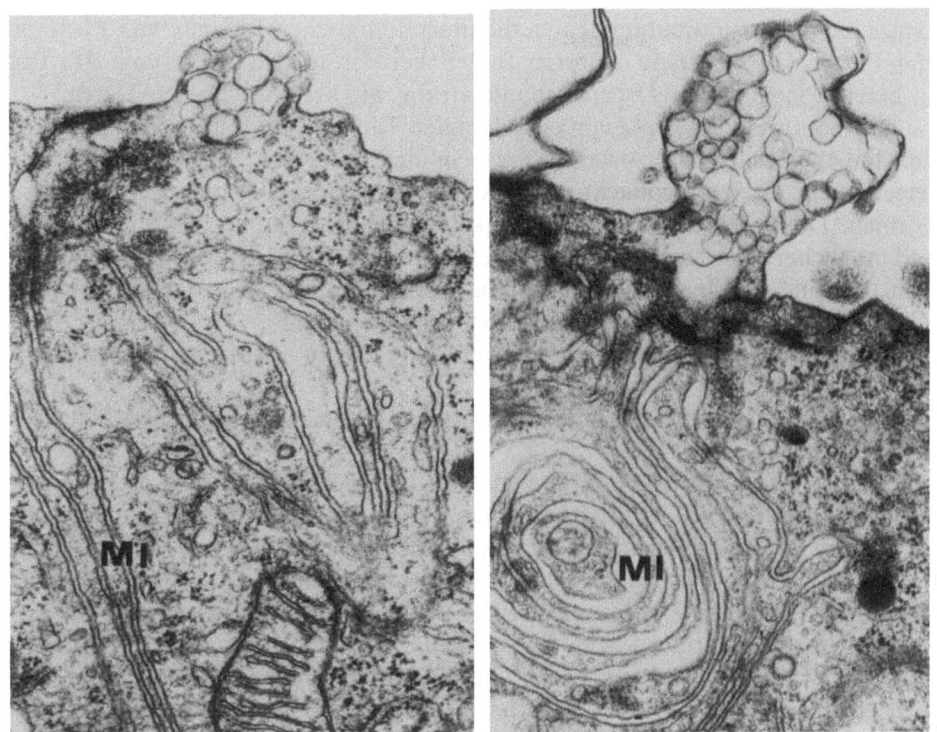

Abb. 13a u. b. Mit zahlreichen Vesikeln gefüllte Protrusionen an der ventriculären Zelloberfläche infundibulärer Tanycyten. Adrenalektomierte *Maus.* Membranlabyrinthe (*Ml*) innerhalb und zwischen benachbarten Ependymzellen. **a** Entstehungsphase, **b** Entleerungsphase. (Aus WITTKOWSKI, 1969). × 13 500

anordnen. Im Gegensatz zum rauhen endoplasmatischen Reticulum kommen vesiculäre und tubuläre Formationen des glatten endoplasmatischen Reticulum sehr häufig vor. Regelmäßig trifft man im apicalen Zellabschnitt auf osmiophile Einschlüsse („lipid droplets") und lysosomenähnliche Gebilde (*Ratte:* RÖHLICH et al., 1965; RINNE, 1966; STREEFKERK, 1967; WITTKOWSKI, 1968b), nur selten dagegen auf optisch leere oder mit flockigem Material unterschiedlicher Dichte gefüllte Einschlüsse bzw. Vacuolen, die Kerngröße erreichen können und von WITTKOWSKI (1968b) bei der *Ratte,* von SCOTT et al. (1972a) bei *Ratte, Katze* und *Totenkopfäffchen* gefunden wurden. Auch Filamente, Mikrotubuli, Glykogengranula, Pinocytosevesikel und multivesiculäre Körperchen wurden beobachtet. Die osmiophilen Einschlüsse treten nach KOBAYASHI et al. (1970) als „solid dense bodies" und „dense bodies" mit einer „electron lucid matrix" auf. Letztere kommen nach Befunden dieser Autoren bei normalen Ratten nur selten vor, sollen aber nach Ovariektomie vermehrt sein. Verschiedene Untersucher betonen, daß die Organellenausstattung und damit das Zellbild der Ependymzellen außerordentlich variiert (KOBAYASHI et al., 1970; WITTKOWSKI, 1973; MONROE u. PAULL, 1974; SCHIEBLER u. ZABORSZKY, 1975).

Auf eine ontogenetisch sehr frühzeitige funktionelle Vollwertigkeit der Ependymzellen des Infundibulum deuten die morphologischen Befunde von MONROE und PAULL (1974). Diese Autoren finden bei der fetalen *Ratte* vom 18. Tag an bereits eine ähnliche Organellenausstattung wie bei erwachsenen Tieren.

Die Konturen der *Kerne* von ependymalen Tanycyten, in denen das Chromatin ähnlich gleichmäßig verteilt ist wie in den Pituicyten des Hinterlappens, zeigen nach unseren Beobachtungen bei *Ratte* und *Igel* die unterschiedlichsten Formen. Dabei scheint eine Abhängigkeit von der Zellhöhe, der Lokalisation und möglicherweise auch von der Species vorzuliegen. Unterschiedliche Kernformen und andere Merkmale haben KOBAYASHI et al. (1970) veranlaßt, bei der *Ratte* zwei Typen von Ependymzellen zu differenzieren:
1) kleine, platte Zellen mit rundem Kern und einem relativ organellenarmen Cytoplasma;
2) große, zylindrische Zellen mit polymorphem Kern und zahlreichen Zellorganellen.

Da Intermediärformen vorkommen, könnte es sich nach Ansicht dieser Autoren um unterschiedliche Aktivitätsstadien der Ependymzellen handeln.

Eine andere Unterscheidung der Ependymzellen treffen SCOTT et al. (1972a). Bei *Ratte, Katze* und *Totenkopfäffchen* finden sie neben hellen, organellenarmen Ependymzellen dunkle, organellenreiche Zellen. Auch KNOWLES und ANAND KUMAR (1969) beschreiben beim *Rhesusaffen* zwei Ependymzelltypen, von denen sich einer cyclusabhängig verändert. Die nächstliegende Gruppierung der Ependymzellen trifft RODRÍGUEZ (1972) nach Untersuchungen an *Rind, Ratte* und *Kröte*. Er unterscheidet Ependymzellen ohne basale Fortsätze von solchen mit Fortsätzen (letztere entsprechen den ependymalen Tanycyten). Die Perikaryen der „short" wie der „elongated ependymal cells" sind mit Filamenten, tubulären und vesiculären Formationen sowie Mitochondrien angefüllt. (Erläuterungen zur Ultrastruktur der Fortsätze s. S. 701).

Benachbarte Ependymzellen sind häufig durch *Desmosomen (Zonulae adhaerentes)* miteinander verbunden (Abb. 12, 13). Darüber hinaus ist der Extracellularraum des Infundibulum gegenüber dem Ventrikel durch interependymale „*tight junctions" (Zonulae occludentes)* abgeschlossen (RINNE, 1966, *Ratte;* REESE u. BRIGHTMAN, 1968; BRIGHTMAN u. REESE, 1969, *Maus;* RODRÍGUEZ, 1972, *Ratte, Rind;* Abb. 24). Dadurch wird nach BRIGHTMAN und REESE (1969, *Maus*) sowie WEINDL und JOYNT (1972, *Kaninchen*) eine intercelluläre Verteilung zumindest hochmolekularer Substanzen aus dem Liquor in das Nervengewebe des Infundibulum verhindert (s. S. 724). Alternativ gewinnt damit für das Infundibulum ein zweiter Passageweg an Bedeutung, nämlich die aktive Stoffaufnahme durch Ependymzellen mittels Pinocytose. Derartige „tight junctions" sind nach BRIGHTMAN und REESE (1969) im Gehirn sonst nur am Ependym über der Area postrema, zwischen den Epithelzellen der Plexus chorioidei und den Capillarendothelien der Hirngefäße ausgebildet. Sonst sind die Intercellularspalten des Gehirns generell offen und erlauben eine Verteilung kolloidaler Stoffe. Die zahlreich vorhandenen „gap junctions" bilden dabei kein Hindernis.

Auch bei *Amphibien* (NAKAI, 1971, *Frosch;* FASOLO et al., 1973, *Kammolch*) werden „tight junctions" zwischen benachbarten Ependymzellen gefunden. NAKAI (1971, *Frosch*) beobachtet weiter bei Säugern nicht beschriebene, zu Kanäl

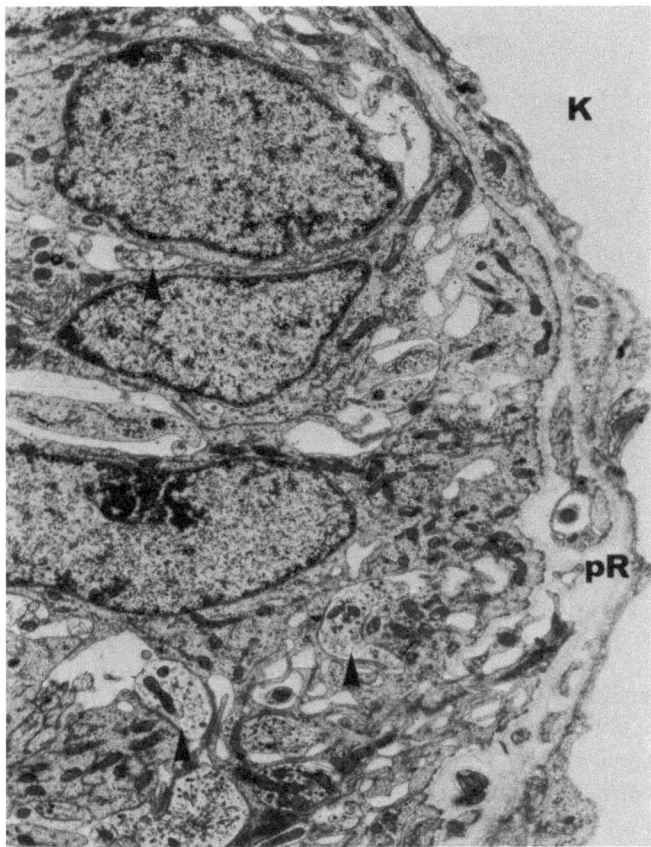

Abb. 14. Capillare (*K*) des Stratum subependymale (*Ratte*). Lückenlose Begrenzung des perivasculären Raumes (*pR*) durch kurze Fortsätze subependymaler Gliazellen. Zwischen Zellen und Fortsätzen zahlreiche erweiterte Intercellularspalten, in denen vereinzelte Axone (↑) liegen. × 7200

chen erweiterte Intercellularräume zwischen den Ependymzellen, die zwar zum III. Ventrikel Verbindung haben, aber gegen die Portalgefäße abgeschlossen sind. Solche Räume, die auch innerhalb von Ependymzellen vorkommen können, enthalten teilweise Mikrovilli, multivesiculäre Protrusionen oder vereinzelte Kinocilien.

Perikaryen der extraependymalen Gliazellen des Infundibulum. Abgesehen von ihrer anderen Lage unterscheiden sich die subependymalen Gliazellen der *Ratte* nicht grundsätzlich von den Ependymzellen (WITTKOWSKI, 1973; Abb. 4a, 14, 31). Sie ähneln einander in Kernform, Chromatinverteilung, in Dichte und Lokalisation der Zellorganellen und verschiedener Einschlüsse sowie in ihrer noch näher zu erläuternden Fortsatzarchitektonik, denn die subependymalen Zellen besitzen wie die Ependymzellen teilweise lange *Fortsätze* (s. S. 701). Mitunter umschließen subependymale Zellen große, optisch leere oder mit granulär-flockigem Präcipitat ausgefüllte Vacuolen (WITTKOWSKI, 1973, *Ratte*; vgl. OKSCHE et al., 1963, *Zebrafink*). Beim *Igel* finden sich subependymal auch einzelne *Zell-*

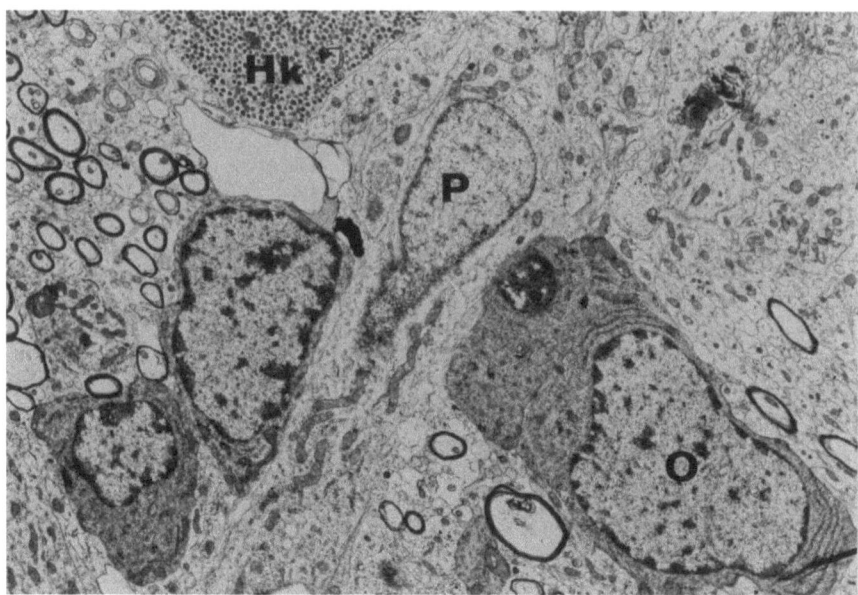

Abb. 15. Zona interna (Infundibulum der *Ratte*) mit einem Herring-Körper (*Hk*), marklosen und markhaltigen Nervenfasern, einer Gruppe von Oligodendrocyten (*O*) und einem Pituicyten (*P*). × 5200

follikel, die größere Intercellularräume umschließen, in die Cilien und Mikrovilli hineinragen. Subependymale *Basalmembranlabyrinthe,* wie sie von Leonhardt (1970a, *Kaninchen*) im Hinterhorn des Seitenventrikels gefunden wurden, scheinen im Infundibulum nicht vorzukommen.

Gliazellen im Stratum fibrosum. Das Gliazellbild des Stratum fibrosum ist bunt. Einmal finden sich auch hier Gliazellen mit denselben ultrastrukturellen Merkmalen, wie sie Ependymzellen und subependymale Zellen aufweisen. Einen ganz anderen Aspekt bieten jedoch Gliazellen, die mit den Axonbündeln des Tractus supraoptico-hypophyseus assoziiert sind. Sie sind oft im Verlauf der Nervenfasern ausgerichtet und zeigen die Charakteristika von Astrocyten oder Oligodendrogliazellen (Abb. 15, 16): Kern und Perikaryon der oligodendrogliaartigen Zellen sind bei der *Ratte* (Rinne, 1966) sehr substanzdicht. Neben größeren Mengen von Ergastoplasma und Ribosomen kommen Mitochondrien, Golgi-Apparat und lysosomenartige Gebilde vor, es fehlen jedoch *Filamente* (vgl. Ultrastruktur der Oligodendrocyten bei Mugnaini u. Walberg, 1964; Mori u. Leblond, 1970; Ling et al., 1973). Weiter wird das Cytoplasma nach Leonhardt (1970b, *Kaninchen*) von zahlreichen *Tubuli* mit zentralen Filamenten durchzogen. *Fortsätze* scheinen bei diesen Zellen selten zu sein, was bei der *Ratte* mit der geringen Zahl markhaltiger Nervenfasern in diesem Bereich zusammenhängen könnte. Im proximalen Teil des Infundibulum vom *Kaninchen* identifizierte Leonhardt (1970) in Gruppen oder Reihen angeordnete dunkle Gliazellen als *Oligodendrocyten.* Eigenartigerweise sind einzelne dieser Zellen ganz oder teilweise von einer Myelinscheide umgeben; dies wird vom Autor mit der generellen Neigung der Oligodendrocyten zur Membranbildung in Zusammenhang gebracht.

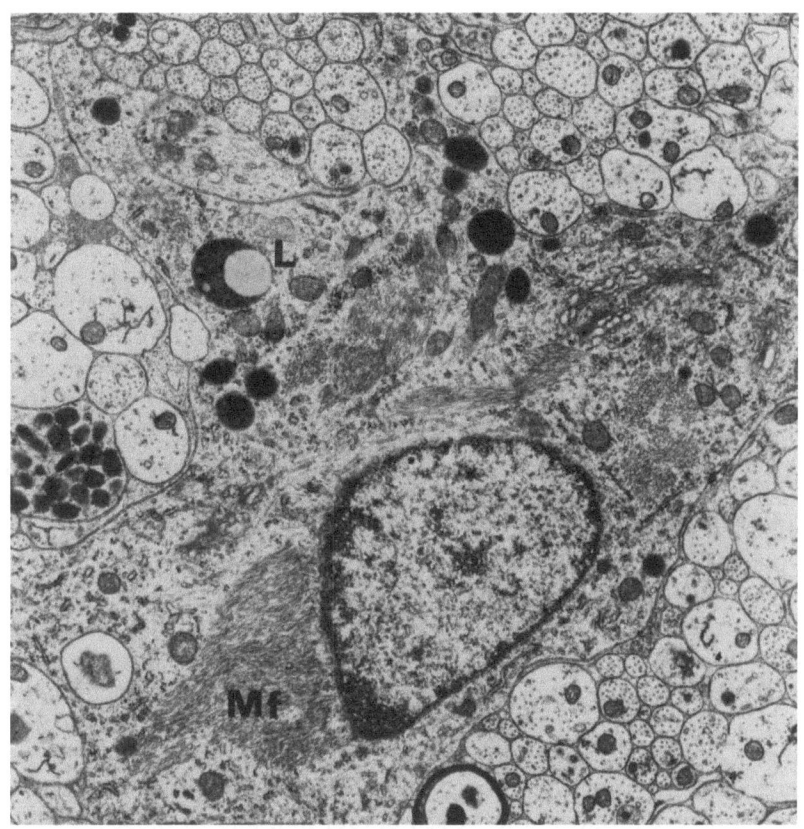

a

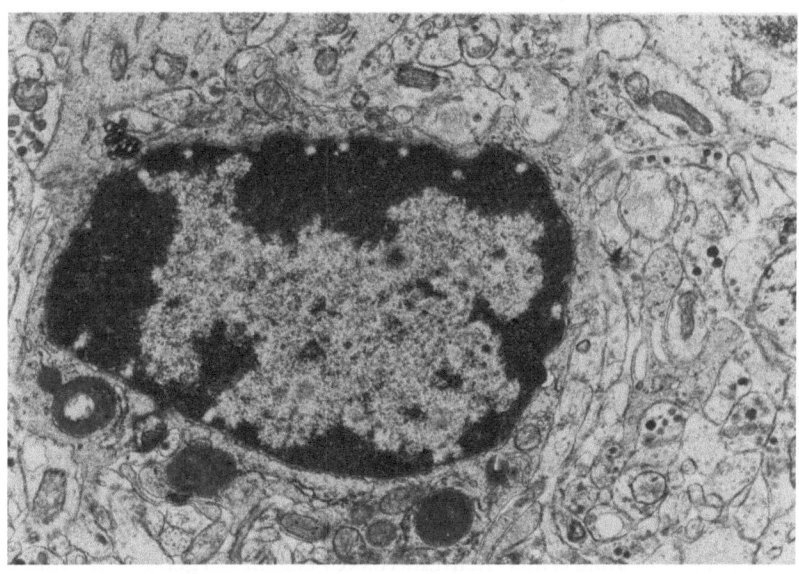

b

Abb. 16. a Astrocyt (Zona interna, Igel) mit charakteristischen Mikrofilamentbündeln (*Mf*); *L*
Lysosom. × 12000. **b** Mikrogliazelle (Zona interna, *Ratte*) mit chromatinreichem Kern und einem
schmalen perinucleären Cytoplasmasaum. Beachte lysosomenähnliche, elektronendichte Einschlüsse.
× 11 400

Dagegen besitzen die astrogliaartigen Zellen des Stratum fibrosum der *Ratte* zahlreiche lange, schmale *Fortsätze,* die sehr filamentreich sind und mit den Axonen des Tractus supraoptico-hypophyseus und des Tractus tubero-hypophyseus in rostro-caudaler Richtung verlaufen (Abb. 16a, 18). Ihr Perikaryon ist ausgedehnt, weist typische Filamentbündel vor allem im Ursprungsbereich der Fortsätze auf und enthält neben einem ausgeprägten Golgi-Apparat und vielen Mitochondrien wenige Ribosomen, Glykogen, Mikrotubuli und relativ häufig lysosomenartige Gebilde (SCHIEBLER u. ZABORSZKY, 1975, *Ratte;* vgl. Ultrastruktur der Astrocyten bei MUGNAINI u. WALBERG, 1964; MORI u. LEBLOND, 1969b; LING et al., 1973). Eine ähnliche Klassifizierung der Gliazellen in der Zona interna treffen auch SCHIEBLER und ZABORSZKY (1975, *Ratte*). Sie unterscheiden im subependymalen Bereich und im Stratum fibrosum zwischen Tanycyten, Astrocyten, Oligodendrocyten sowie anderen, nicht einzuordnenden Gliazellen.

Gliazellen der Zona externa. SCHIEBLER und ZABORSZKY (1975) haben den Flächenanteil der gesamten Glia in der Zona externa *(Ratte)* bestimmt und eine von rostral (31,54%) nach caudal (26,35%) fortschreitende Abnahme festgestellt. Die meisten Gliazellen in der Zona externa der *Ratte* gleichen in ihrer Kernstruktur und Organellenausstattung den ependymalen und subependymalen Tanycyten (WITTKOWSKI, 1973; Abb. 4b, 31). Nur ihre Gefäßfortsätze sind wesentlich kürzer. Verschiedentlich enthalten sie auch mehr osmiophile Einschlüsse. Während GÜLDNER und WOLFF (1973, *Ratte*) diese Gliazellen als Astrocyten einordnen, sprechen SCHIEBLER und ZABORSZKY (1975, *Ratte*) von „astrocytenartigen Tanycyten", weil sie sowohl Merkmale von Astrocyten als auch von Tanycyten finden. Sie weisen darauf hin, daß es fließende Übergänge zu typischen Astrocyten gibt.

Aus zwei Gründen wäre es meiner Ansicht nach richtiger, diese Zellgruppe, zu der nach SCHIEBLER und ZABORSZKY (1975) 25% der Gliazellen des Infundibulum zählen, als *Pituicyten* zu bezeichnen:

1) Hinsichtlich der Fortsatzarchitektonik und der Zelldifferenzierung besteht eine große Ähnlichkeit mit protoplasmatischen Pituicyten, lediglich die Art der Einschlüsse und die Flächendichte der Mikrofilamente sowie der Mikrotubuli differieren.

2) Der Begriff Tanycyt im Sinne der ursprünglichen Definition (s.o.) ist wegen der kurzen und oft zahlreichen Fortsätze problematisch (vgl. Abb. 4, 31).

Während die Pituicyten – um bei diesem Begriff zu bleiben – einen meist ovalen, hellen Kern mit gleichmäßiger Chromatinverteilung besitzen, fallen im Stratum reticulare vereinzelt kleine Gliazellen auf, deren Kerne klein, oval und außerordentlich chromatindicht sind. Lediglich das Kernzentrum zeigt unregelmäßige Aufhellungen (Abb. 16) Das Cytoplasma dieser Zellen ist auf einen schmalen perinucleären Saum beschränkt, der nur wenige Organellen oder Einschlüsse enthält. Fortsätze lassen sich bei diesen Zellen kaum finden. Es scheint sich bei diesem Zelltyp um *Mikroglia* zu handeln, eine Vermutung, die bereits DELLMANN (1961, *Rind*) aus lichtmikroskopischen Ergebnissen ableitet und GÜLDNER und WOLFF (1973, *Ratte*) sowie SCHIEBLER und ZABORSZKY (1975, *Ratte*) elektronenmikroskopisch bestätigen. Eine weitere Gruppe von Gliazellen der Zona interna wie der Zona externa (es handelt sich um etwa 5% der infundibulären Glia) ist nach Meinung von SCHIEBLER und ZABORSZKY (1975, *Ratte*) nicht klassifizierbar. Die Autoren bemerken an diesen Zellen Charakteristika sowohl von Astrocyten als auch von Oligodendrocyten. Ihre Fortsätze sind dunkel und umscheiden Axone, ohne jedoch an ihrer Myelinisierung teilzuhaben.

Beim *Igel* zeigen die Pituicyten der Zona externa, zumal während des *Winterschlafs*, eine so verschiedene Substanzdichte, daß man zwischen hellen und dunklen Zellen bzw. Fortsätzen unterscheiden kann (WITTKOWSKI u. MÜLLER, 1976; Abb. 19a). Das Cytoplasma dunkler Pituicyten ist außergewöhnlich filamentreich. Eine ähnliche Differenzierung der Gliazellen schildert RODRÍGUEZ (1969) für die *Kröte*.

Fortsätze ependymaler und extraependymaler Gliazellen. Die Fortsätze der ependymalen Tanycyten, der subependymalen Tanycyten und der Pituicyten der Zona externa (vgl. 2.2.1.) haben nicht nur die gleiche Verlaufsrichtung zur vasculären Kontaktfläche. Sie besitzen auch die gleiche Ultrastruktur, so daß etwa im Stratum palisadicum eine Zuordnung nur dann möglich ist, wenn sich die Fortsätze bis zum Perikaryon zurückverfolgen lassen (WITTKOWSKI, 1973, *Ratte*).

In der Anordnung der Fortsätze zueinander ist bereits auf Semidünnschnitten eine *Bündelung* festzustellen (vgl. 2.2.1.). Elektronenmikroskopisch wird diese Bündelstruktur der Fortsätze vor allem auf Horizontalschnitten durch die Zona interna deutlich (WITTKOWSKI, 1973, *Ratte;* Abb. 17). Zwischen 10 und 30 unregelmäßig geformte Fortsätze bilden jeweils rundliche Faszikel. Meist haben sie untereinander Membrankontakt, verschiedentlich sind aber auch Nervenfasern zwischen den benachbarten Fortsätzen anzutreffen, die in gleicher Richtung wie die Gliafortsätze verlaufen. Daneben gibt es auch einzeln verlaufende Fortsätze, darunter kurze zu den subependymal gelegenen Capillaren, die bei der *Ratte* von einer kontinuierlichen *Gliamanschette* umschlossen werden (WITTKOWSKI, 1973, *Ratte;* Abb. 14). Die Zahl der Ependymfortsätze und ihrer Endigungen ist in den medialen Anteilen des Infundibulum gering, nimmt jedoch nach lateral kontinuierlich zu (KNIGGE u. SCOTT, 1970, *Ratte;* WITTKOWSKI, 1972, 1973, *Ratte*).

Die Innenstruktur der Gliafortsätze vom Ependym bis zur Mitte der Zona externa ist durch einen erstaunlichen Reichtum an *Mikrotubuli* – nach RINNE (1966, *Ratte*) haben sie einen Durchmesser von 15–25 nm – und langgestreckte, im Querschnitt runde *Mitochondrien* gekennzeichnet (Abb. 17, 19b). Beide Organellen sind bei der *Ratte* meist regelmäßig über die Faserquerschnitte verteilt (SCOTT u. KNIGGE, 1970; WITTKOWSKI, 1973; KRISCH, 1975). Vereinzelt sind die tubulären Strukturen mit elektronendichtem Inhalt gefüllt (Abb. 17, 20, 28). Bei Anwendung der Zink-Jodid-Osmiumtetroxidmethode zeigt sich in den tubulären Formationen der Gefäßfortsätze eine positive Reaktion (RODRÍGUEZ, 1972, *Ratte, Rind, Kröte*). Daneben finden sich Lipideinschlüsse, Membranprofile des glatten endoplasmatischen Reticulum und auch Mikrofilamente.

In Capillarnähe, im Bereich des Stratum palisadicum verästeln sich die Gefäßfortsätze zwischen den zahlreichen Nervenfasern und erreichen ebenso wie diese die äußere Basallamina des perivaskulären Raumes (DUFFY u. MENEFEE, 1965, *Kaninchen;* RINNE, 1966, *Ratte;* MONROE, 1967, *Ratte;* STREEFKERK, 1967, *Ratte*). Dickere Fortsätze verbreitern sich in diesem Terminalbereich oft stempelartig (Abb. 22a). Nach MAZZUCA (1965, *Meerschweinchen*) können kleine Vor-

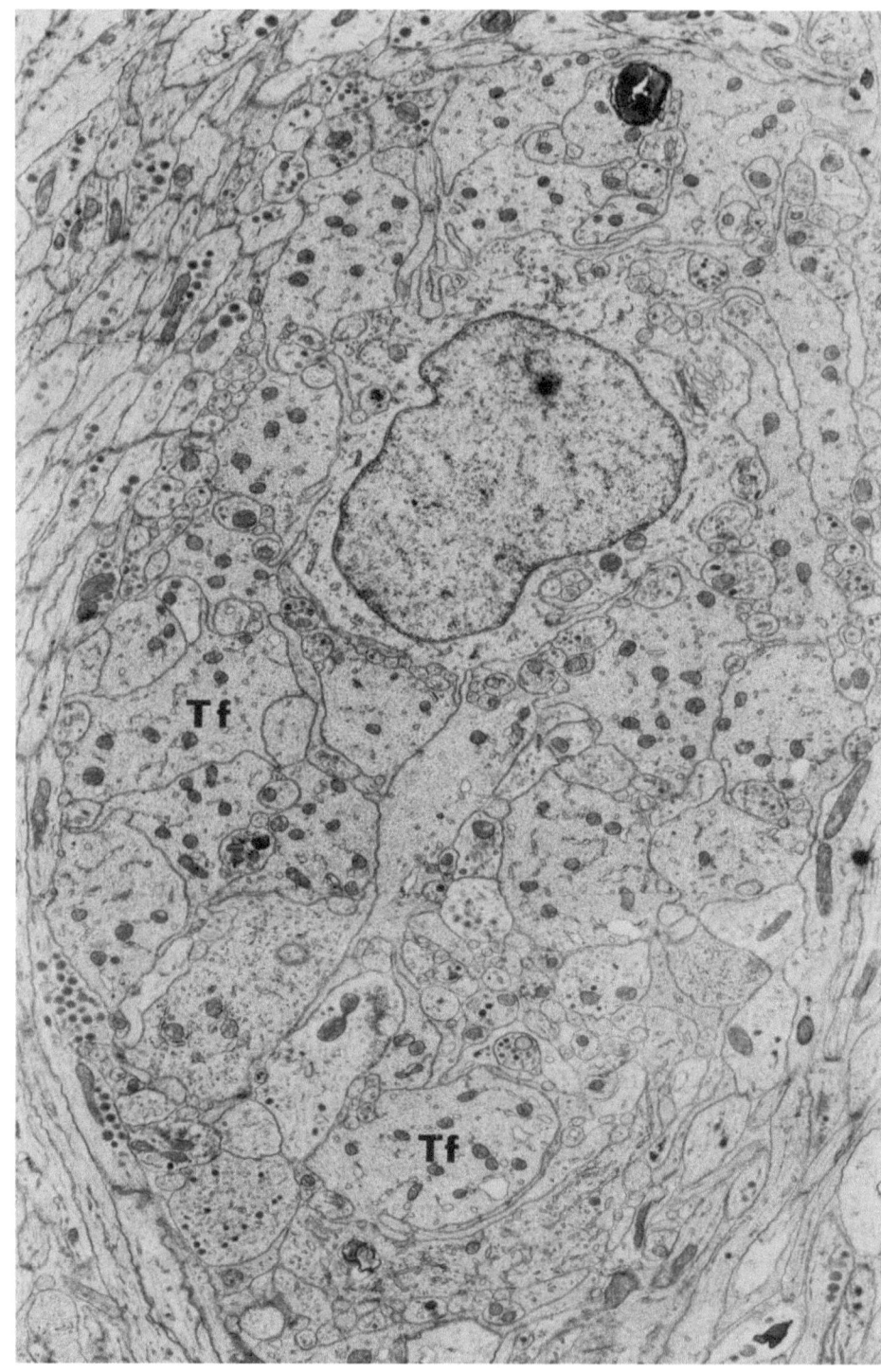

Abb. 17. Bündel quergetroffener Gefäßfortsätze der Tanycyten (*Tf*) mit begleitenden Nervenfasern, umgeben von neurosekrethaltigen Nervenfasern des Tractus supraoptico-hypophyseus. Horizontalschnitt, Stratum fibrosum, *Ratte*. ×9000

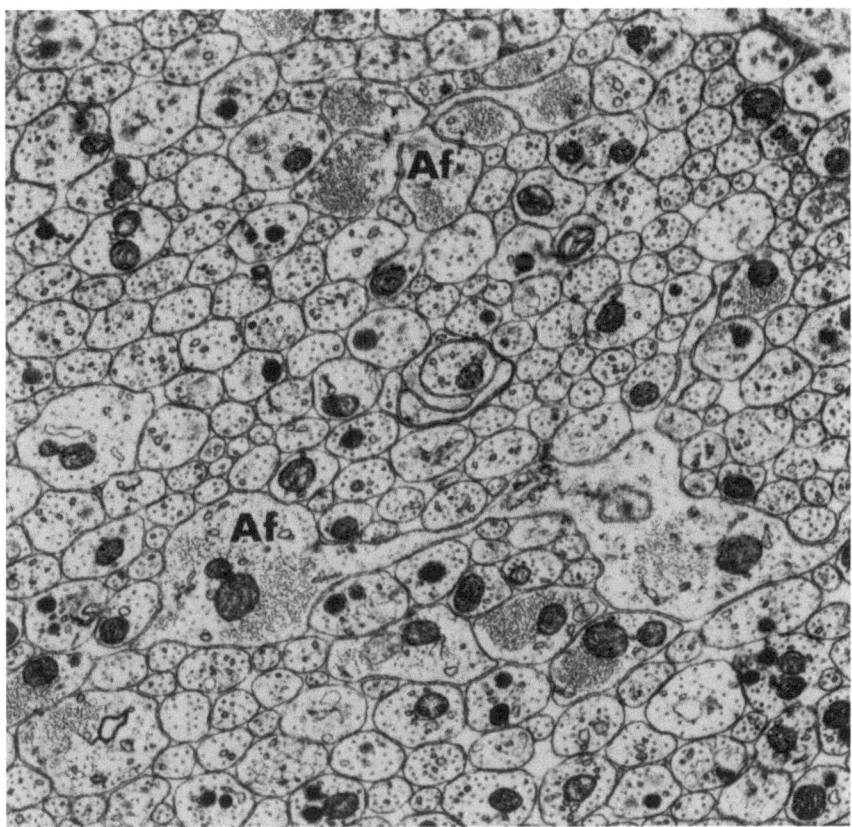

Abb. 18. Astrocytenfortsätze (*Af*) mit zahlreichen Mikrofilamenten zwischen Nervenfasern des Tractus tubero-hypophyseus im Stratum reticulare des Infundibulum (*Ratte*). (Aus WITTKOWSKI, 1973).
× 16 800

stülpungen von Gliazellfortsätzen unter Durchbrechung der Basallamina auch in den perivasculären Raum hineinragen. Die Verteilung der Gliazellfortsätze am perivasculären Raum zeigt folgendes charakteristische Muster (WITTKOWSKI, 1973, *Ratte*; Abb. 21): Die Oberfläche der Zona externa nimmt keinen geradlinigen Verlauf; in Richtung Ependym vordringende Capillarschlingen („capillary loops") buchten ihre Oberfläche tief ein, während andererseits die Zona externa große zotten- oder pilzartige Vorwölbungen bildet, die in das Capillargeflecht des Mantelplexus eingelagert sind und oft bis an die Drüsenzellen der Pars infundibularis heranreichen. Überall da, wo sich die Oberfläche der Zona externa einsenkt, wird sie überwiegend durch Gliafortsätze begrenzt, während im Bereich von Vorwölbungen und hier insbesondere im Kuppenbereich nur wenige Gliafortsätze, dafür um so mehr Nervenendigungen an der Oberflächenbildung beteiligt sind. Auffällig ist, daß die Gliafortsätze meist in der Achse der Vorwölbungen verlaufen.

BERN et al. (1966) schätzen daß bei dem Finken *Zonotrichia leucophrys gambelii* weniger als 10% der Axone des Infundibulum die Basalmembran berühren.

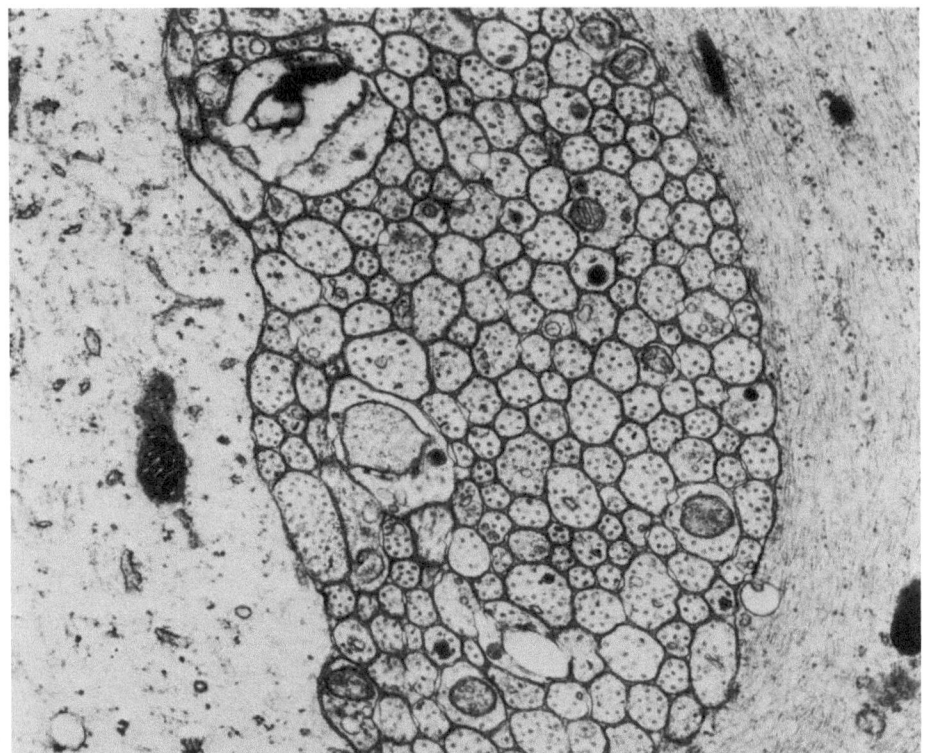

a

b

Abb. 19a u. b. Gliafortsätze im Infundibulum. **a** Nervenbündel im Stratum reticulare (*Igel*), flankiert von einem hellen Gefäßfortsatz (eines Tanycyten oder Pituicyten) mit wenigen Mikrotubuli-Profilen und endoplasmatischem Reticulum sowie einem dunklen Gefäßfortsatz (eines Tanycyten oder Pituicyten) mit zahlreichen, parallel verlaufenden Mikrofilamenten. ×25100. **b** Tanycytenfortsatz (*Tf*) mit zahlreichen Mikrotubuli, der einen mit Mikrofilamenten ausgefüllten Astrocytenfortsatz (*Af*) kreuzt. Zona interna, *Ratte*. ×26000

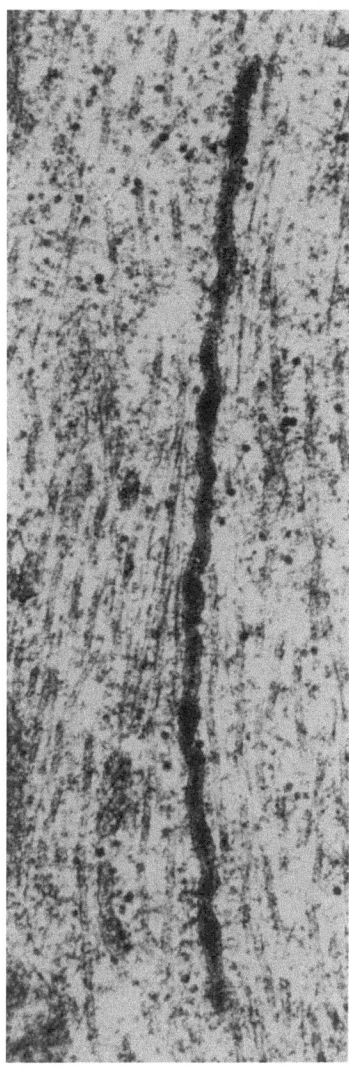

Abb. 20. Tubulus mit elektronendichtem Inhalt in einem Tanycytenfortsatz des Stratum palisadicum. Infundibulum, *Ratte.* (Aus KRISCH, 1975). × 56000

Die übrigen Nervenfasern enden nach Beobachtung dieser Autoren an Glia- und Ependymfortsätzen, die an den perivasculären Raum grenzen. Diese Feststellung läßt sich auch auf *Säuger* übertragen. Messungen an der Oberfläche der Zona externa ergaben, daß bei der *Ratte* Nervenendigungen nur rund 20% der Oberflächenbegrenzung bilden, während der Anteil der Gliafortsätze knapp 80% beträgt (WITTKOWSKI, 1973; WITTKOWSKI u. SCHEUER, 1974). Eine solche Verteilung gilt nur für Normaltiere. Experimentell können sich größere Verschiebungen ergeben (s. 3.4.). Auch ausgeprägte *Speciesunterschiede* können vorkommen (OOTA et al., 1974; KOBAYASHI, 1975, *Reptilien, Vögel, Säuger*). Beim *Igel* stellten WITTKOWSKI und MÜLLER (1976) jahresz. Schwankungen der Oberflächenzusammensetzung fest. Der Anteil der Nervenendigungen an der vasculären Oberfläche der Zona externa sinkt von 14% im September auf 7% im Dezember.

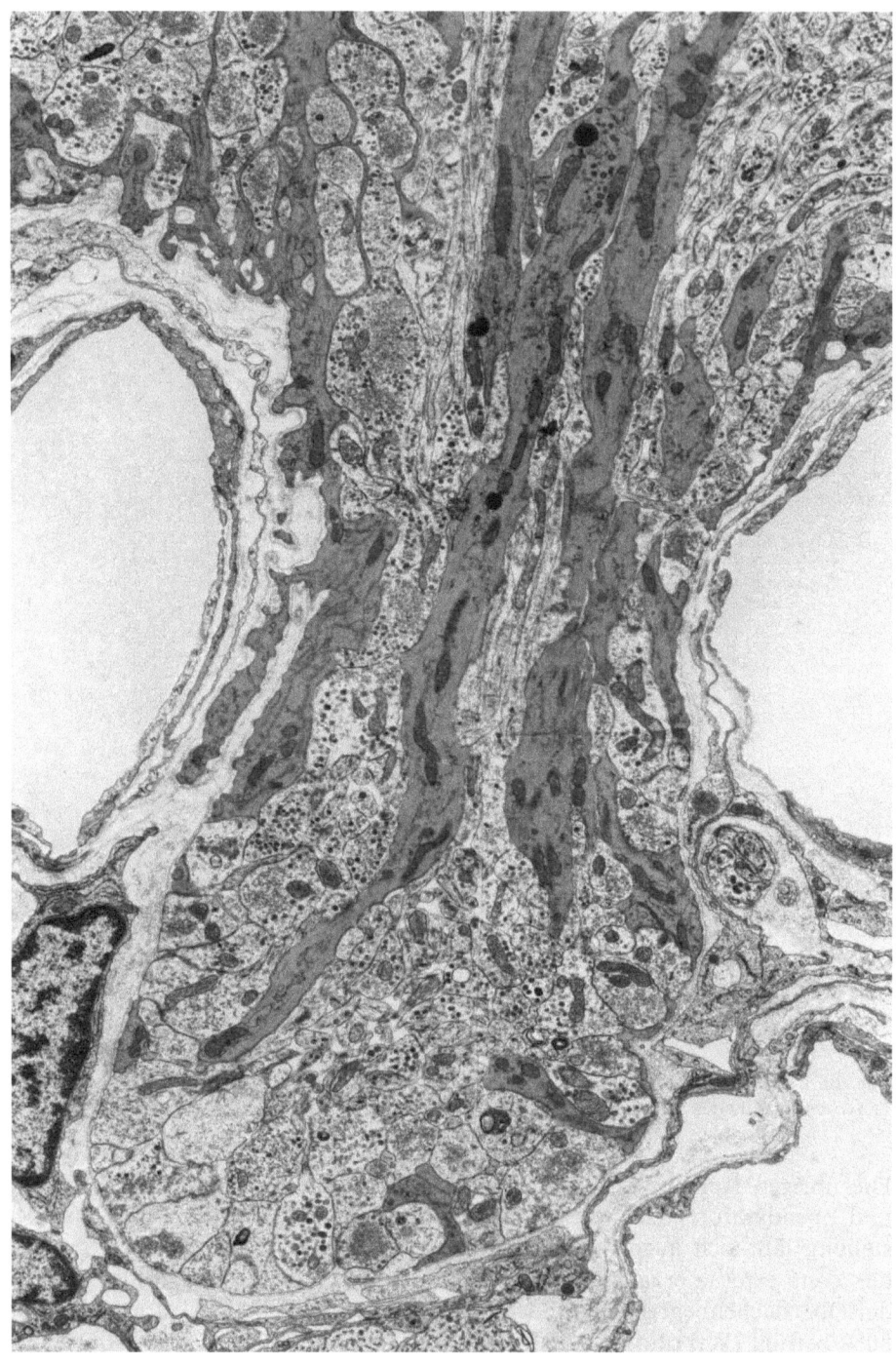

Abb. 21. Vorwölbung der Zona externa (*Ratte*) zwischen Capillaren des Portalplexus. Die grau getönten Gefäßfortsätze von Tanycyten oder Pituicyten verlaufen vorwiegend in der Achse der Protrusion und erreichen gemeinsam mit zahlreichen hellen Nervenfasern die Basallamina des perivasculären Raumes, der Bindegewebszellen (mit Fortsätzen) und Anschnitte von Nervenfasern enthält. (Aus WITTKOWSKI, 1973). × 7950

In der *Fetalzeit* wird nach FINK und SMITH (1971) sowie MONROE und PAULL (1974) die vasculäre Basallamina bei Ratte und Maus anfänglich noch von einer kontinuierlichen Manschette von Ependymfortsätzen bedeckt. Noch vor der Geburt bilden Nervenendigungen, die Vesikel und Granula enthalten, die ersten neuro-hämalen Kontakte aus. Ihre Zahl und ihr Anteil an der Oberfläche nimmt während der späten prä- und der frühen postnatalen Entwicklung kontinuierlich zu.

Die Innenstruktur der gefäßnahen Fortsatzabschnitte ist sehr unterschiedlich (WITTKOWSKI, 1972, 1973, *Ratte*). Es gibt strukturarme und strukturreiche Fortsätze, ohne daß eine scharfe Trennung zu vollziehen ist. Unter den Zellorganellen herrschen Mitochondrien, tubuläre und vesiculäre Profile des glatten endoplasmatischen Reticulum vor; Mikrotubuli sind selten, Mikrofilamente können mitunter recht zahlreich sein. Das besondere Merkmal der vasculären Endfüßchen bei der *Ratte* sind teilweise gehäuft vorkommende *Einschlüsse*. Sie lassen sich aufgrund ihrer unterschiedlichen Ultrastruktur in drei Typen gliedern (WITTKOWSKI, 1972), die nebeneinander in einem Fortsatz vorkommen können. In den meisten Fortsätzen wird jedoch nur eine Form dieser Einschlüsse angetroffen:

1) Runde, osmiophile Einschlüsse mit einem Durchmesser von 0,5–2 µm, die mit den „lipid droplets" identisch sind. Sie kommen auch in den Perikaryen der Gliazellen relativ häufig vor.

2) Polymorphe Vesikel mit unterschiedlich dichtem, fein- bis grobkörnigem Inhalt und einem Durchmesser von 50–200 nm. Bereits in der Fetalzeit sind sie in den Fortsatzendigungen von Ependymzellen vorhanden (MONROE u. PAULL, 1974). In den Perikaryen kommen diese Einschlüsse nur selten vor (KNIGGE u. SCOTT, 1970; SCOTT u. KNIGGE, 1970; MONROE et al., 1972; WAGNER u. PILGRIM, 1974; KRISCH, 1975). Nach SCOTT et al. (1972a), die pleomorphe Strukturen auch in den Ependymfortsätzen von *Katze* und *Totenkopfäffchen* fanden, reagieren sie mit E-PTA („ethanolic phosphotungstic acid") positiv. Ähnliche granuläre Einschlüsse beschreiben auch SCHWENDEMANN (1973) in vasculären Fortsatzendigungen von Tanycyten des Organum vasculosum laminae terminalis der *Ratte* sowie LIEBERMAN und TART (1971) in tanycytenähnlichen Ependymzellen von Cerebellum und Tectum opticum des *Frosches*.

3) Runde Vesikel (Durchmesser 120–160 nm) mit einem hellen Zentrum, das von einem ringartigen Wall aus dicht gelagerten körnigen Partikeln umgeben ist (Abb. 22). Auch diese Einschlüsse sind in den Perikaryen nur vereinzelt zu sehen.

Der letztgenannte Granulatyp scheint für die Gliazellen im Infundibulum der *Ratte* typisch zu sein. Die übrigen Einschlüsse sind auch im Hinterlappen der *Ratte* bzw. in der Neurohypophyse anderer Species beobachtet worden (WITTKOWSKI, 1972; Abb. 22c). An den Kontaktstellen zwischen Gliafortsätzen und der Basallamina sind vielfach Pinocytosevorgänge zu beobachten; auch Zeichen von Exocytose sind beschrieben worden (RODRÍGUEZ, 1969, *Kröte*; WITTKOWSKI, 1972, *Ratte*). Exocytoseerscheinungen bei einer Häufung granulärer Einschlüsse in den sich gefäßwärts erweiternden Fortsätzen legen den Gedanken an eine Sekretionsleistung der Gliazellen im Infundibulum nahe. Es ist jedoch schwer, die morphologisch so unterschiedlichen Einschlüsse mit einer

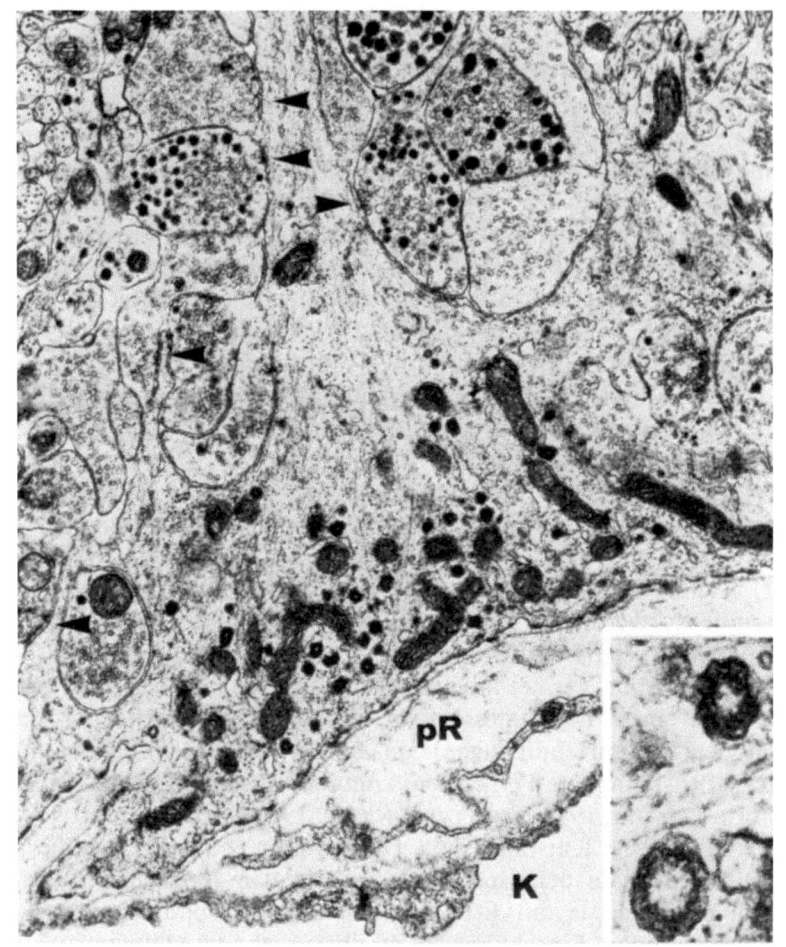

a

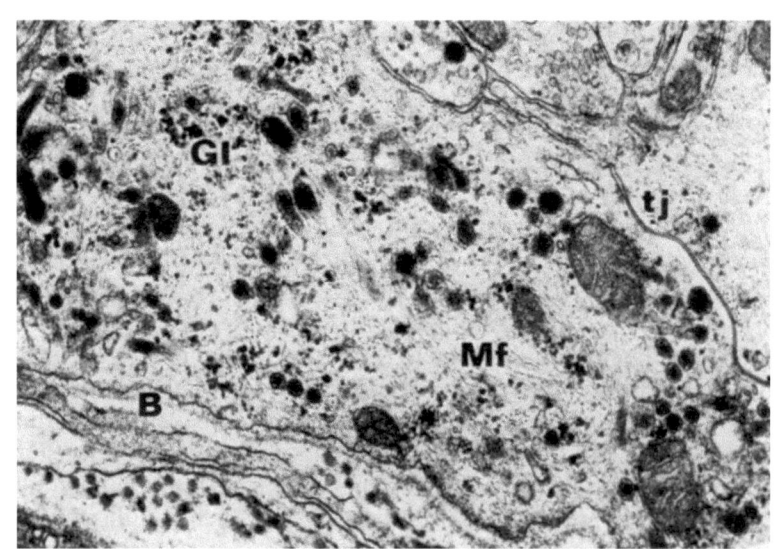

c

solchen Funktion in Einklang zu bringen. Die Vielfalt der Einschlüsse sollte – zumindest teilweise – einer besonderen Art der Speicherung und des Transports zellfremder Produkte zugeordnet werden (WITTKOWSKI, 1972, *Ratte*). Nach Ansicht von GÜLDNER (1973, *Ratte*) müssen solche Befunde mit Vorsicht interpretiert werden, denn ähnliche Einschlüsse träten auch in den Fortsätzen reaktiv veränderter Gliazellen sowie allgemein in Gebieten mit durchlässiger Blut-Hirn-Schranke auf.

Die vasculären Oberflächenmembranen der Gliafortsätze nehmen einen wechselnden Verlauf. Häufig bilden sich Oberflächenvergrößerungen in Form von trichter- oder schlauchartigen Einbuchtungen. Membranreiche Insertionen, wie sie LEONHARDT (1966, *Kaninchen*) für die Tanycyten beschreibt und wie sie im Infundibulum des *Meerschweinchens* vorkommen (WITTKOWSKI, 1967 c), sind bei der *Ratte* selten. Oberflächen- und Volumenänderungen (s.o.) von Tanycyten und Pituicyten im Infundibulum könnten mit meist rundlichen, konzentrisch angeordneten *Membranstapeln* in Zusammenhang stehen, die nach GÜLDNER (1973, *Ratte*) und WITTKOWSKI (1973, *Ratte*) in den Fortsätzen dieser Zellen vorkommen und mit der Zellmembran zusammenhängen können (Abb. 23 a). HAUG (1972, *Katze*) beobachtete derartige Lamellenstapel bei der Entwicklung der marginalen Glia und deutete sie als Membranreservoir für die Oberflächenvergrößerung dieser Zellen. Eine weitere Besonderheit der gliösen Gefäßfortsätze bei der Ratte ist das Vorkommen großer, bereits lichtmikroskopisch sichtbarer und beschriebener *Vacuolen*. Sie finden sich in den lateralen Anteilen bzw. den Rändern der Zona externa im rostralen Infundibulum, erreichen Zellgröße, enthalten geringe Mengen an fädigem oder körnigem Material und werden von einer Membran und einem meist schmalen Cytoplasmasaum umschlossen (MATSUI, 1966; SCOTT u. KNIGGE, 1970; WITTKOWSKI, 1973). Auffallend ähnliche Vacuolen kommen nach WEINDL (1965) im Subfornicalorgan und im Organum vasculosum laminae terminalis des *Kaninchens* vor. SCOTT und KNIGGE (1970) nehmen an, daß die zisternenartigen, häufig septierten Strukturen mit einer plasmaartigen Flüssigkeit gefüllt sind; nach einer für die Vacuolen des Subfornicalorgans und des Organum vasculosum aufgestellten Hypothese könnten sie als Osmoreceptoren angesehen werden.

OKSCHE (1961) und WOLFF (1968) beschreiben in den Gliastrukturen des Infundibulum von *Winterschläfern (Siebenschläfer, Igel)* eine bemerkenswert große Anhäufung von *Glykogen*. Insbesondere während des Winterschlafs fanden diese Autoren lichtmikroskopisch eine Akkumulation von Glykogen in den Fortsatzendigungen am perivasculären Raum. Aufwachen aus dem Winterschlaf oder Erwärmung führten zu einer deutlichen Verringerung des Glykogengehaltes.

Abb. 22 a–c. Anhäufung granulärer Einschlüsse in Endigungen der Gefäßfortsätze am perivasculären Raum. **a** Stempelartig verbreiterte Fortsatzendigung mit einer größeren Zahl von Mitochondrien sowie rundlichen Granula ($\varnothing$ 120–160 nm), die teilweise ein helleres Zentrum aufweisen. Zona externa, *Ratte*. ↑ Neuro-gliöse synapsenartige Kontakte, *K* Capillaren, *pR* perivasculärer Raum. (Aus WITTKOWSKI, 1972). × 20000. **b** Ausschnittvergrößerung der ringartigen Granula. × 88000. **c** Fortsatzendigung mit kleinen runden ($\varnothing$ 50–100 nm) und teilweise größeren länglichen ($\varnothing$ 100–200 nm), gleichmäßig elektronendichten Granula. Zona externa, *Igel*. *Gl* Glykogengranula, *Mf* Filamente, *B* Basallamina; Membranverbindung mit dem Nachbarfortsatz in Form einer „tight" oder „gap junction" (*tj*). × 30100

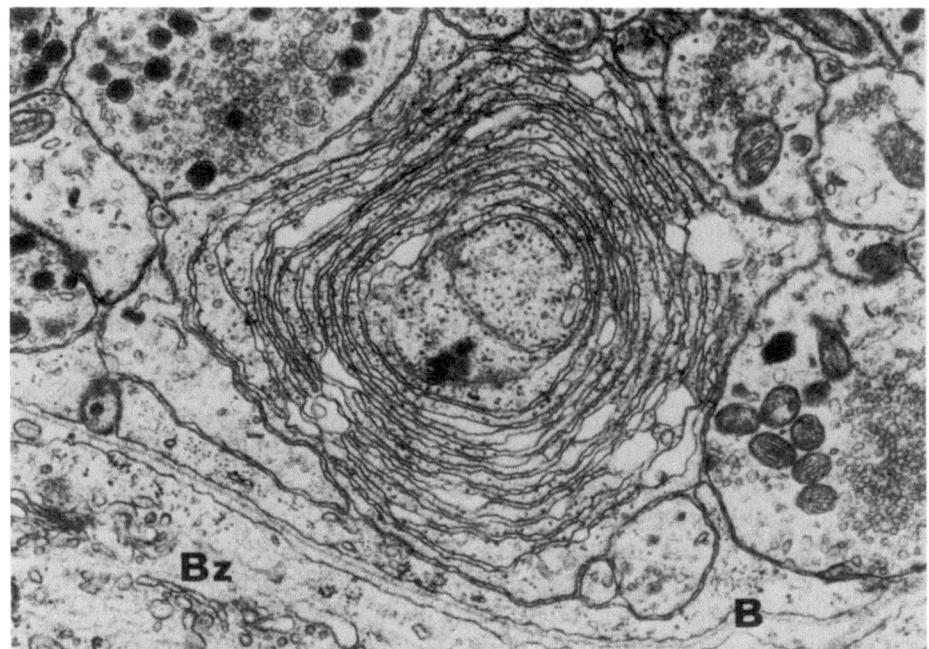

a

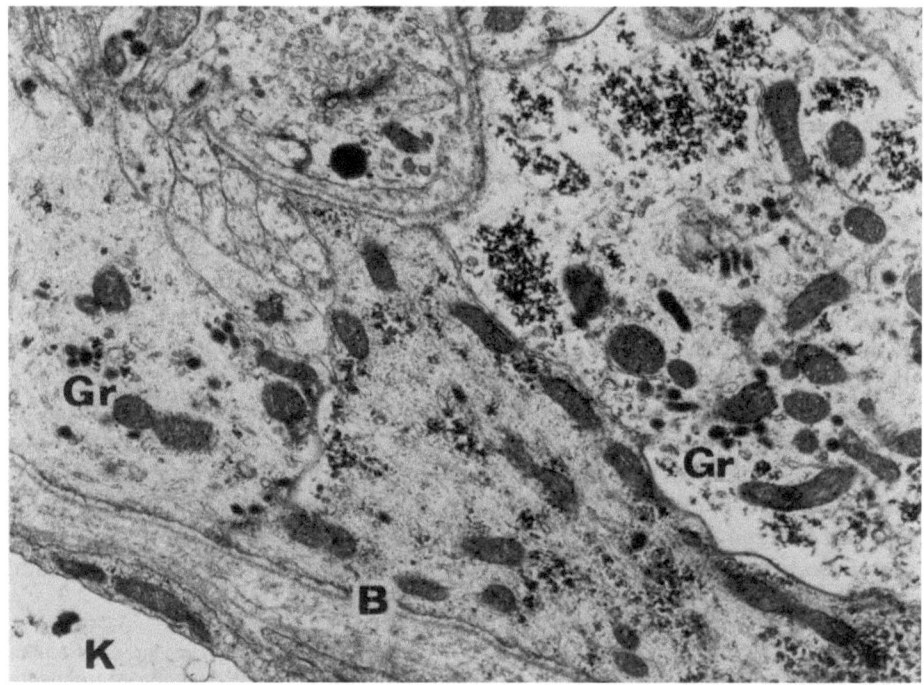

b

Abb. 23. a Membranstapel aus konzentrisch angeordneten Cytoplasmalamellen im Gefäßfortsatz nahe dem pericapillären Raum. Zona externa, *Ratte*; 4 Wochen nach Adrenalektomie. *B* Basallamina, *Bz* Bindegewebszelle. (Aus WITTKOWSKI, 1973). × 28 300. **b** Endigung eines filamentreichen und eines filamentarmen Gefäßfortsatzes am perivasculären Raum. Zona externa des *Igels* während der Winterschlafperiode. Charakteristisch für die Winterschlafsituation ist die Ansammlung von Glykogenpartikeln in den Fortsätzen; *Gr* granuläre Einschlüsse, *B* Basallamina, *K* Capillare. × 16 000

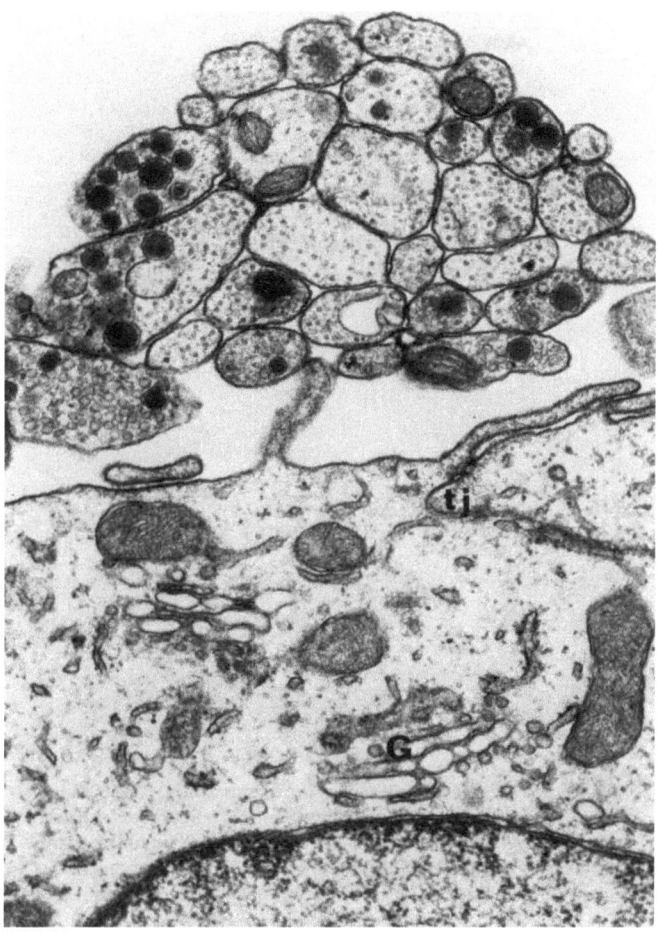

Abb. 24. Bündel von supraependymal im Recessus infundibuli verlaufenden Nervenfasern mit Elementargranula ($\varnothing$ 80–150 nm) und kleinen Vesikeln (*Igel*). Ependymzelle mit Golgi-Apparat (*G*); *tj* „tight junction" zwischen benachbarten Ependymzellen. × 28 800

Diese lichtmikroskopischen Ergebnisse konnten wir in elektronenmikroskopischen Untersuchungen am *Igel* bestätigen (WITTKOWSKI u. MÜLLER, 1976; Abb. 23b). Ähnliche Schwankungen im Glykogengehalt sind auch von bestimmten Kerngebieten, z.B. dem Nucl. supraopticus bekannt (OKSCHE, 1961; WOLFF, 1968).

DIE *Fortsätze von Astrocyten* (s.o.) sind nach unseren Beobachtungen auf die Zona interna und das Stratum reticulare der Zona externa beschränkt und verlaufen meist parallel mit den Axonen des Tractus supraoptico- und tuberohypophyseus. Sie sind durch ihr kleineres Kaliber und die große Zahl von Mikrofilamenten ohne Schwierigkeit von den Fortsätzen der infundibulären Tanycyten und Pituicyten zu unterscheiden (Abb. 18, 19b). Kontakte typischer Astrocytenfortsätze mit Gefäßen der Zona externa haben wir bei der *Ratte* nie gesehen.

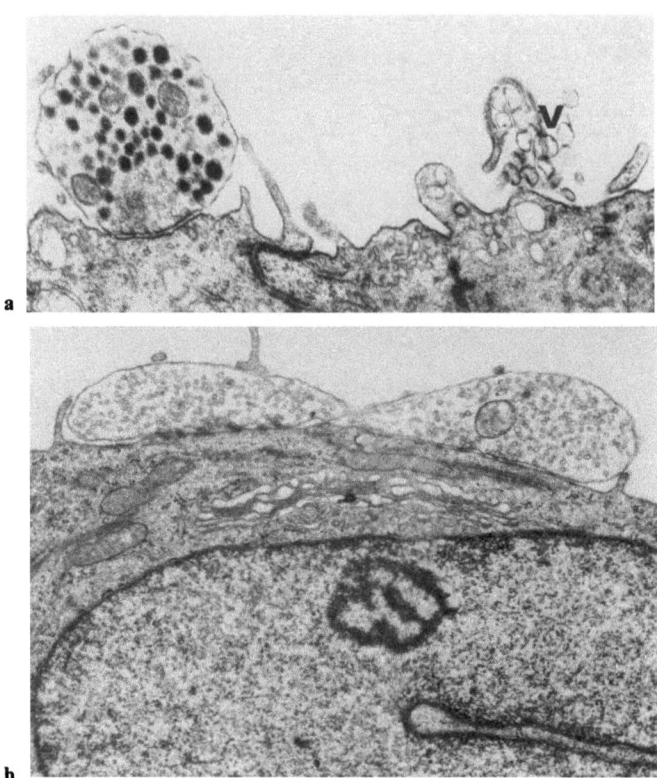

Abb. 25a u. b. Synaptoide Kontakte zwischen intraventriculär verlaufenden Nervenfasern und Ependymzellen. **a** Die kontaktbildende Nervenfaser enthält neurosekretorische Elementargranula (∅ 90–145 nm) und kleine Vesikel. Vesikel (*V*) als Zeichen einer Ependymocrinie. Ependym, Infundibulum, *Maus*. (Aus Wittkowski, 1968b). × 19100. **b** Kontakt zwischen einer Ependymzelle und einer Nervenfaser, die zahlreiche kleine Vesikel und vereinzelte kleine Granula (∅ 60–80 nm) enthält. Infundibulum, *Igel*. × 12800

Kontakte zwischen Neuronen und Gliazellen. Synapsenartige Kontakte zwischen Nervenfasern und Gliazellen wie im Hinterlappen sind in allen Zonen des Infundibulum verbreitet (Kobayashi et al., 1970). Auch am Ependym existieren solche neuro-gliösen Kontakte (Abb. 25, 31). Bei den daran beteiligten Nervenfasern handelt es sich einmal um freie *intraventriculäre Nervenfasern,* die bei verschiedenen Species gefunden wurden (Leonhardt u. Lindner, 1967, *Kaninchen, Katze;* Wittkowski, 1968b, *Ratte,* 1969, *Maus;* Scott u. Knigge, 1970, *Ratte;* Vigh-Teichmann u. Vigh, 1974, *Vertebraten*). Als Ursprungsort nehmen Vigh-Teichmann und Vigh Nervenzellen des Hypothalamus und/oder des Hirnstammes an. Diese Axone verlaufen supraependymal; ihre Varikositäten enthalten Vesikel und Granula und bilden synaptoide Kontakte mit der ventriculären Oberfläche von infundibulären Tanycyten (Abb. 24, 25).

Vigh-Teichmann und Vigh (1974) unterscheiden bei Säugern zwei Gruppen von Axonen; die einen enthalten zahlreiche große Granula mit einem Durchmesser von 170 nm oder mehr, die anderen Granula von lediglich 80 nm. Solche

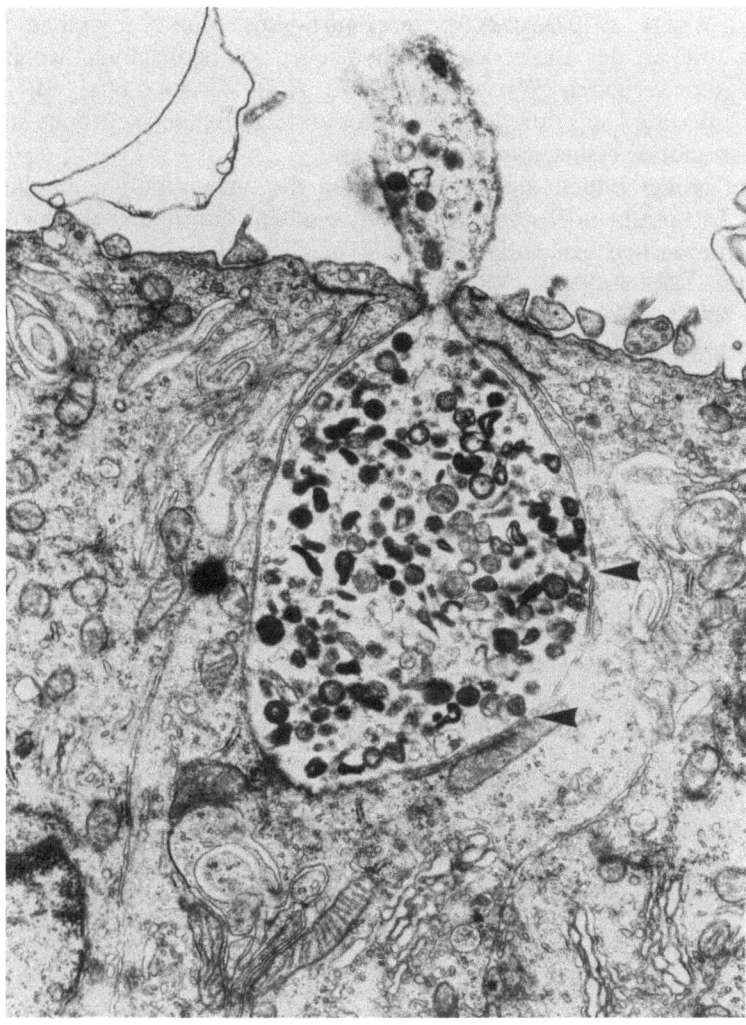

Abb. 26. Transependymale Diapedese eines Herring-Körpers in den Ventrikelraum. Infundibulum, *Maus.* Im Herring-Körper zahlreiche multilamelläre Membranbildungen und polymorphe elektronendichte Strukturen. Porenartige Membranunterbrechungen zwischen Herring-Körper und Ependymzelle (↑). (Aus WITTKOWSKI, 1968b). × 15730

„CSF-contacting neuronal elements" sind nach Beobachtungen dieser Autoren in der Infundibularregion aller Vertebraten zu beobachten. Synapsenartige neuro-ependymale Kontakte sind auch in anderen Regionen des Ventrikelsystems anzutreffen (LEONHARDT u. BACKUS-ROTH, 1969, III. und IV. Ventrikel des *Kaninchens;* NOACK u. WOLFF, 1970, Seitenventrikel der *Katze;* RICHARDS u. TRANZER, 1974, Seitenventrikel und III. Ventrikel der *Ratte).* Verschiedentlich sind die kontaktbildenden Nervenfasern korbartig von Mikrovilli umgeben

(LEONHARDT u. LINDNER, 1967, *Kaninchen, Katze;* WITTKOWSKI, 1969, *Maus;* NOACK u. WOLFF, 1970, *Katze*). Weitere neuro-gliöse Kontakte sind am seitlichen Umfang und an der Basis der Ependymzellen zu beobachten, wo zahlreiche Nervenfasern verlaufen (WITTKOWSKI, 1973, *Ratte;* FASOLO et al., 1972, *Kammmolch*). Über die Funktion derartiger Kontakte zwischen Neuronen und Ependymzellen gibt es bisher nur Vermutungen.

Nicht immer bilden die Ependymzellen des Infundibulum ein lückenloses Gefüge. Es kommt vor, wenngleich relativ selten, daß neurosekretorische Nervenfasern zwischen benachbarten Ependymzellen hindurch in den Ventrikel ragen (VIGH-TEICHMANN u. VIGH, 1974, *Vertebraten*). WITTKOWSKI (1968) beschreibt bei der *Maus* auch den Durchtritt von Herring-Körpern in den Ventrikel (Abb. 26). Diese Befunde unterstreichen die schon auf lichtmikroskopischen Ergebnissen fußende These einer „Hydrencephalocrinie" (COLLIN, 1953, 1956), die, wie auch jüngst durch KRISCH (1975, *Ratte*) bestätigt, in einer Abgabe neuronaler Abbauprodukte oder von Neurosekret bestehen dürfte. Ebenso kann eine Extrusion von Herring-Körpern oder kleineren, apokrin abgestoßenen Nervenfaserbruchstücken in den perivasculären Raum von Gefäßen in Infundibulum und Hinterlappen erfolgen (BODIAN, 1966, *Affe;* WITTKOWSKI, 1967a, *Meerschweinchen,* 1973, *Ratte*). Beim *Igel* finden sich nach VIGH-TEICHMANN und VIGH (1974) auch *freie Nervenzellen* im Recessus infundibuli.

In anderen Abschnitten des Ventrikelsystems kommen intraventriculäre Nervenelemente vor, die morphologisch z.T. erheblich von denen im Bereich des Bodens des Recessus infundibuli abweichen. So beschreibt z.B. LEONHARDT (1968, *Kaninchen*) in der Regio hypothalamica „bukettförmige Strukturen" und dendritenartige Nervenendigungen.

Sehr viel häufiger als an den Perikaryen der Ependymzellen sind die synaptoiden Kontakte an den *subependymalen Zellen* und den *Fortsätzen* der ependymalen wie der subependymalen Tanycyten zu finden (KOBAYASHI et al., 1970). Subependymal liegen die kontaktbildenden Nervenfasern oft zwischen benachbarten Gliazellen in kanalartig erweiterten Intercellularräumen und verlaufen in rostro-caudaler Richtung (WITTKOWSKI, 1973, *Ratte;* Abb. 27). Einige Beziehungen bestehen auch zwischen den Bündeln von Gefäßfortsätzen und marklosen Nervenfasern, denn zahlreiche Nervenfasern aus dem subependymalen Bereich – hier verlaufen Bündel von Commissurenfasern – schließen sich offenbar den Gliafortsätzen an und verlaufen mit ihnen zur Zona externa. Die häufig vorkommenden neuro-gliösen Kontakte gehen von spindeligen Varikositäten aus, die Vesikel (~ 40 nm) und Granula (60–100 nm) enthalten (Abb. 28). Hier wird besonders deutlich, daß die Axone nicht an den Gliazellen enden. Es dürfte sich vielmehr in der Regel um „en passant"-Synapsen handeln, die relativ schnell entstehen und wieder verschwinden können (GÜLDNER, 1973, *Ratte;* WITTKOWSKI, 1968b, 1973, *Ratte;* WITTKOWSKI u. BRINKMANN, 1974, *Ratte;* vgl. auch KNOWLES u. VOLLRATH, 1965, *Aal;* SMOLLER, 1966, *Hyla regilla;* SCHARRER u. KATER, 1969, *Periplaneta americana*). Zumindest ein Teil der Axone, welche die Gliazellen „innervieren", erreicht mit seinen Endigungen die Oberfläche des Infundibulum und bildet sog. „neuro-vasculäre Kontakte", deren präsynaptischer Anteil die gleiche Struktur wie jener der neuro-gliösen Kontakte aufweist (WITTKOWSKI, 1973, *Ratte*).

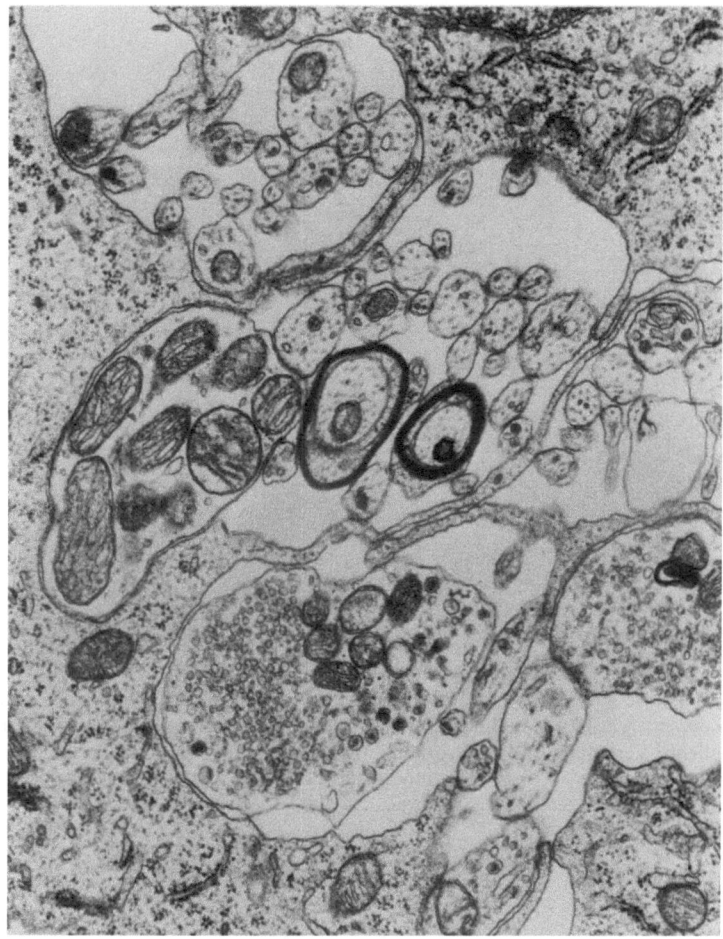

Abb. 27. Weite, durch lacunenartige Einbuchtungen zweier benachbarter Subependymalzellen gebildete Extracellularräume, in denen Nervenfasern verlaufen, die kleine Vesikel und Granula enthalten können (*Ratte*). (Aus WITTKOWSKI, 1973). × 24000

Auch nach Aufsplitterung der Bündelformation im gefäßnahen Bereich der *Zona externa* sind neuro-gliöse Kontakte vorhanden, meist sogar zahlreicher als in der *Zona interna* des Infundibulum (WITTKOWSKI, 1973; KRISCH, 1975, *Ratte*). Wie für den Hinterlappen gilt aber auch hier die Einschränkung, daß die synaptoiden Kontakte nicht gleichmäßig verteilt sind. Während sie an einer Gliazelle oder einem Fortsatz gehäuft vorkommen, fehlen sie an anderen völlig. Die Beobachtung von GÜLDNER (1973, *Ratte*), daß an der gesamten Oberfläche eines infundibulären Tanycyten rund 100 synaptoide Kontakte vorkommen können, gilt somit nur für einen Teil der ependymalen und extraependymalen Gliazellen. Bei fetalen und neugeborenen *Ratten* sind neuro-gliöse Kontakte noch selten und nicht so typisch wie bei erwachsenen Tieren ausgeprägt (MONROE u. PAULL, 1974).

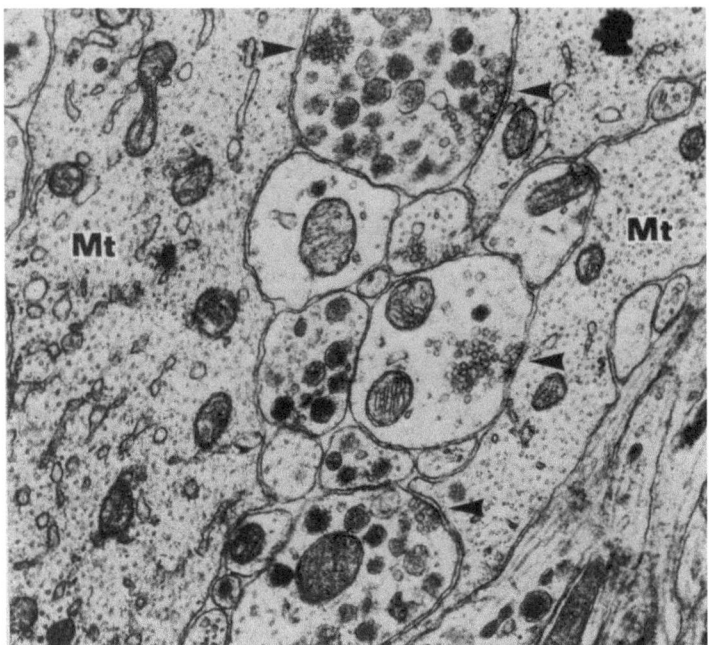

Abb. 28. Neuro-gliöse Kontakte (↑) zwischen parallel verlaufenden Gefäßfortsätzen und Nervenfasern in der Zona interna, Horizontalschnitt. Die gliösen Gefäßfortsätze sind durch eine regelmäßige und flächendichte Verteilung von Mikrotubuli (*Mt*) gekennzeichnet (*Ratte*). (Aus Wittkowski, 1973; modifiziert). × 25600

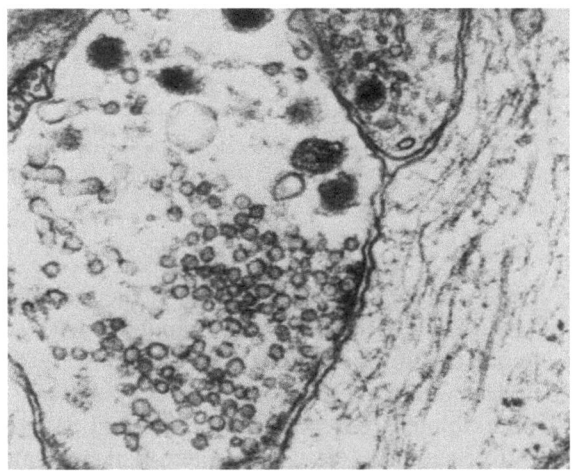

Abb. 29. Neuro-gliöser synaptoider Kontakt in der Zona externa (*Rhesusaffe*). × 47000

Die morphologische Zuordnung von Nervenfaseranschwellungen und Gliazellen bzw. ihren Gefäßfortsätzen wird besonders im *Stratum reticulare* deutlich. Hier sind präterminale Varikositäten von Nervenfasern mit granulärem oder vesiculärem Inhalt fast nur in unmittelbarer Nachbarschaft von Gliazellen zu

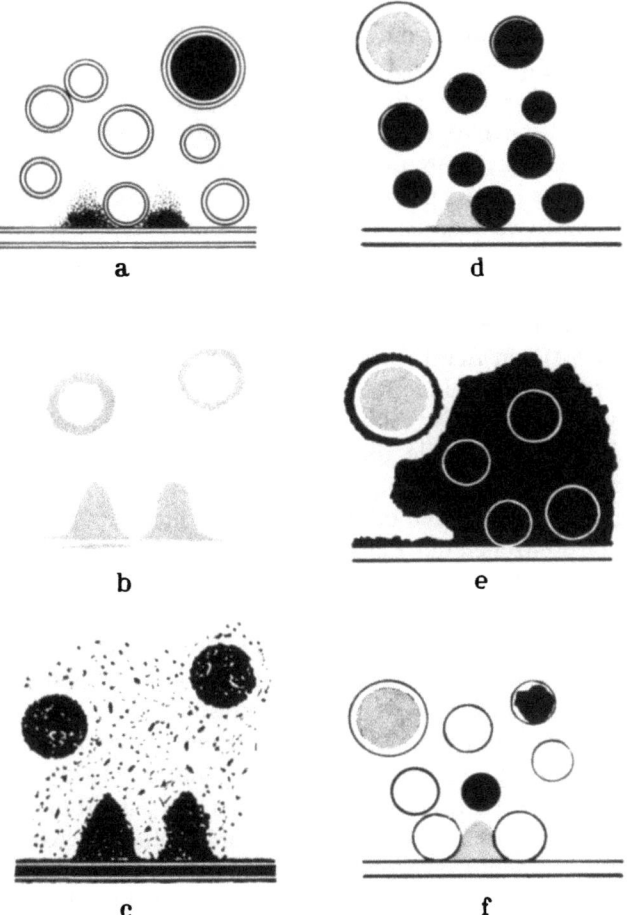

Abb. 30a–f. Neuro-gliöse synaptoide Kontakte nach Behandlung mit verschiedenen Färbemethoden. **a** Konventionelle Aldehyd-Osmium-Fixierung, Nachkontrastierung mit Uranylacetat und Bleicitrat. **b** E-PTA-Methode (ethanolic phosphotungstic acid). **c** E-PTAUL- und BIUL-Methode (BI = bismuth iodide. U = uranyl acetate, L = lead citrate). **d–f** Verschiedene Modifikationen der Imprägnation mit dem ZIO-Verfahren (zinc iodide-osmium). (Aus GÜLDNER u. WOLFF, 1973)

finden. Entfernter liegende Axone sind kleiner und enthalten meist nur Mikrotubuli und Mikrofilamente.

Synaptoide Kontakte zwischen Nervenfasern und Gliazellen des *Infundibulum,* die als Astrocyten, Oligodendrocyten oder Mikrogliazellen identifiziert wurden (s. 2.3.), existieren nach unseren Beobachtungen nicht. GÜLDNER und WOLFF (1973, *Ratte*) fanden lediglich einen Kontakt mit einer mutmaßlichen Mikrogliazelle.

Die neuro-gliösen Kontakte des Infundibulum unterscheiden sich strukturell nicht grundsätzlich von den Kontakten des Hinterlappens (vgl. 2.1.; Abb. 28, 29). Lediglich die Größe der Granula in den kontaktbildenden Nervenfasern ist geringer (60–130 nm; GÜLDNER u. WOLFF, 1973, *Ratte;* WITTKOWSKI, 1973,

Ratte). GÜLDNER und WOLFF (1973) haben am Infundibulum der *Ratte* neuro-gliöse synaptoide Kontakte rekonstruiert und ihr färberisches Verhalten mit denen anderer Synapsen des Zentralnervensystems verglichen. Die Autoren stellen fest, daß sie sich lediglich durch das Fehlen postsynaptischer Verdichtungen von den interneuronalen Synapsen unterscheiden. Vor allem Gestalt und Kontrastierungsverhalten der „dense projections" gleichen denen der neuro-neuronalen Synapsen. Ähnliche „dense projections" existieren nach Darstellung der Autoren auch an den neuro-vasculären synaptoiden Kontakten. Bei neuro-gliösen wie auch neuro-vasculären Kontakten häufen sich an den „dense projections" kleine Vesikel und Granula. So besteht in charakteristischen morphologischen Merkmalen Identität mit interneuronalen Synapsen, was nach Ansicht von GÜLDNER und WOLFF (1973) den Begriff „präsynaptisches Element" rechtfertigt. Der synaptische Spalt gleicht in seinen Kontrastierungseigenschaften dem von Synapsen des Typs II von GRAY (1959; Abb. 30). Allein die postsynaptische Gliazellmembran zeigt nicht die Merkmale, die man von interneuronalen Synapsen erwartet. Betrachtet man das „postsynaptische Element", so erscheint eher ein Vergleich mit Synapsen an Drüsenzellen oder glatten Muskelzellen angebracht (vgl. LEGG, 1967, *Katze*, Drüsenzellen der Langerhans-Inseln; UNSICKER, 1969, *Goldhamster*, Drüsenzellen der Nebennierenrinde; s. auch SCHARRER, 1968, 1974b). So bestätigen diese Befunde zwar nachdrücklich die Annahme einer Innervation der Gliazellen der Neurohypophyse, doch bleibt die Frage nach der Bedeutung dieses Phänomens nach wie vor unbeantwortet, zumal immer noch unklar ist, welche Funktionen die Gliazellen der Neurohypophyse haben könnten. Zunächst denken die meisten Autoren bei dieser Frage an eine Transportfunktion oder eine sekretorische Leistung. Neuerdings ist von GÜLDNER (1973, *Ratte*) die Ansicht vertreten worden, die Gliazellfortsätze könnten den Zutritt der Axone zur Basalmembran durch periodische Oberflächen- und Volumenschwankungen verhindern, einschränken oder freigeben, Vorgänge, die möglicherweise über die neuro-gliösen Synapsen gesteuert werden (vgl. hierzu NOZAKI, 1975).

2.2.3. Histochemische Ergebnisse

Histochemisch besteht zwischen Gliazellen des Infundibulum und des Hypophysenhinterlappens große Ähnlichkeit. Nach BOCK und GOSLAR (1969) sowie GOSLAR und BOCK (1970) besitzen beide Zellgruppen bei der *Ratte* dieselbe Enzymausstattung. Perikaryen und Fortsätze der Tanycyten und Pituicyten enthalten NADH-Cytochrom C-Reductase, LDH und Glucose-6-phosphat-dehydrogenase sowie unspezifische Esterasen. Acetylcholinesteraseaktivität konnten diese Autoren ebenso wie DANILOVA (1971, *Ratte*) im Gegensatz zu KOBAYASHI et al. (1970, *Ratte*) im Infundibulum nicht feststellen. COLMANT (1967) fand bei der *Ratte* keine Aliesteraseaktivität, doch fiel der TPN- und DPN-Diaphorase-Nachweis positiv aus. Auch die DPN- und TPN-abhängigen Dehydrogenasen gehören nach diesen Befunden zum Enzymmuster der infundibulären Gliazellen. Funktionell betrachtet wären solche Ergebnisse mit einer Transportfunktion der Gliazellen, speziell der Tanycyten (vgl. FIRTH u. BOCK, 1976, *Ratte*) oder mit Abbauvorgängen im Zusammenhang mit der Freisetzung von Neurohormonen durchaus vereinbar (COLMANT, 1967, *Ratte;* BOCK u. GOSLAR, 1969, *Ratte*). Da jedoch in neueren Untersuchungen über die Enzymausstattung bei verschiedenen Species *(Nager, Hund)* große quantitative und qualitative Unterschiede deutlich wurden, ist ein solches Konzept sehr in Frage zu stellen (SCHNEIDER et al., 1974). Bei einigen Species fehlen z.B. die unspezifischen Esterasen.

Weitere histochemische Untersuchungen beschäftigen sich vor allem mit der unterschiedlichen Enzymausstattung von *Wimpernependym* und *Tanycytenependym* (PILGRIM, 1967, *Ratte;* SCHACHENMAYR, 1967b, *Ratte;* SCHNEIDER et al., 1974, *Nager, Hund)* und mit der enzymhistochemischen Differenzierung verschiedener Tanycytentypen im ventralen Abschnitt des III. Ventrikels (LUPPA u. FEUSTEL, 1971, *Ratte;* AKMAYEV et al., 1973, *Ratte;* FIRTH u. BOCK, 1976, *Ratte;* vgl. PILGRIM, 1974, *Ratte).*

2.3. Versuch einer Definition und einer Klassifizierung der Glia in der Neurohypophyse

Aus den vorangegangenen Beschreibungen der Glia in den verschiedenen Anteilen der Neurohypophyse wird deutlich (vgl. 2.1. u. 2.2.), daß eine Gliederung in ependymale und extraependymale Glia oder in Tanycyten und Pituicyten zu allgemein ist und den verschiedenartigen Gliazellformen nicht gerecht wird.

Der folgende Versuch einer anderen und weitergehenden Untergliederung der Glia der Neurohypophyse der *Ratte* geht vom Verhalten der Gliazellen zu den neurosekretorischen Neuronen und von ihrer Beziehung zu den Blutgefäßen aus. Wesentliche Voraussetzung ist dabei die gute Unterscheidbarkeit der Fortsätze von Tanycyten und Pituicyten gegenüber den Fortsätzen von typischen Astrocyten (s.o.). *Tanycyten* und *Pituicyten* des *Infundibulum* enthalten nämlich ungewöhnliche Mengen von *Mikrotubuli* sowie charakteristische *osmiophile Einschlüsse.* Dies ermöglicht eine Zuordnung der Fortsätze, auch wenn der Zusammenhang mit den Perikaryen nicht erkennbar ist. Unter den genannten Gesichtspunkten lassen sich zunächst zwei Zellgruppen unterscheiden:

1) Gliazellen, deren Perikaryon oder Fortsätze *Kontakt mit den Capillaren* im neuro-hämalen Kontaktgebiet von Infundibulum oder Hinterlappen haben, wo sie gemeinsam mit neurosekretorischen Nervenfasern die vasculäre Oberfläche bilden. Nur diese Gruppe von Gliazellen wird von den präterminalen und terminalen Varikositäten in der Neurohypophyse endender Neurone „innerviert". Ein funktioneller Zusammenhang mit der Freisetzung der Neurohormone wird angenommen.

2) Gliazellen, die innerhalb der hypothalamo-hypophysären Tractus liegen, jedoch nicht bis an die neuro-hämalen Kontaktzonen heranreichen. Neuro-gliöse Kontakte sind bei diesen Gliazellen nicht zu beobachten, und eine Beteiligung an neuroendokrinen Vorgängen ist unwahrscheinlich.

Beide Zellgruppen bieten ein buntes Zellbild, das eine weitergehende Gliederung erforderlich macht.

Zu 1). Gliazellen mit Kontakt zu Blutgefäßen (von Zona externa und Hinterlappen) und einer „Innervation" durch neurosekretorische Nervenfasern:

    a) *Tanycyten;*
    b) *Pituicyten.*

Zu 2). Gliazellen ohne Kontakt zu Capillaren und Nervenendigungen:

    a) *Astrocyten;*

    b) *Oligodendrocyten;*

    c) *nicht klassifizierbare Zellen;*

    d) *[Mikrogliazellen].*

    1a) *Tanycyten* (vgl. 2.2.): Diese Gliazellen haben als Ependymzellen Kontakt mit dem Ventrikelliquor und erreichen mit ihren Fortsätzen die Capillaren an der Oberfläche der Zona externa. Diese topographischen Beziehungen gelten ebenfalls zumindest für einen Teil der subependymalen Tanycyten, die mit apicalen Fortsätzen den Recessus infundibuli erreichen. An cytologischen Merkmalen sind bei den infundibulären Tanycyten besonders hervorzuheben: die mit Mikrovilli und Protrusionen besetzte Oberfläche, Golgi-Apparat und glattes endoplasmatisches Reticulum, die große Dichte an Mikrotubuli in den Fortsätzen und die Vielzahl von granulären Einschlüssen, die sich speziell bei *Ratte* und *Igel* in den vasculären Fortsatzendigungen sammeln (vgl. Abb. 31). Im Unterschied zu den im übrigen ähnlich differenzierten Tanycyten des medio-basalen Hypothalamus (vgl. KNOWLES, 1969, *Rhesusaffe;* LEONHARDT, 1966, *Kaninchen;* BRAWER, 1972, *Ratte;* MILLHOUSE, 1972, *Nager;* u.a.) finden sich an Perikaryen und Fortsätzen der infundibulären Tanycyten zahlreiche neuro-gliöse Kontakte. Auch im Enzymmuster gibt es Differenzen zwischen den infundibulären Tanycyten und den Tanycyten anderer Lokalisation (vgl. 2.2.3. sowie PILGRIM, 1974).

    1b) *Pituicyten:* Während die Perikaryen der Tanycyten bei der *Ratte* im Stratum ependymale und im Stratum subependymale des Infundibulum lokalisiert sind, finden sich die Perikaryen und Fortsätze der Pituicyten in den neurohämalen Kontaktgebieten von Infundibulum und Hinterlappen (vgl. Abb. 31, 32). Andere Autoren bezeichnen die infundibulären Pituicyten als „Astrocyten" (GÜLDNER u. WOLFF, 1973) oder als „astrocytenartige Tanycyten" (SCHIEBLER u. ZABORSZKY, 1975) und bringen dadurch die Ähnlichkeit mit Astrocyten bzw. Tanycyten zum Ausdruck (vgl. 2.2.2.). Auffälliger ist nach unseren Beobachtungen die Ähnlichkeit mit den Pituicyten des Hinterlappens. In der Zelldifferenzierung, der Fortsatzarchitektonik und der Enzymausstattung ergeben sich zahlreiche Gemeinsamkeiten. In beiden Anteilen der Neurohypophyse lassen sich bei verschiedenen Species, allerdings mit unterschiedlicher Deutlichkeit, protoplasmatische und faserige (auch helle und dunkle) Pituicyten unterscheiden. Dabei dominieren meistens die protoplasmatischen Pituicyten (Abb. 32).

    Aber auch Unterschiede müssen festgehalten werden: So erscheinen die Pituicyten des Hinterlappens gegenüber denen des Infundibulum meist sehr einförmig. In den Fortsätzen der infundibulären Pituicyten häufen sich ebenso wie in den Tanycytenfortsätzen die unterschiedlichsten Einschlüsse, während in den Pituicyten des Hinterlappens meist nur osmiophile Einschlüsse vorkommen. Auch die Unterschiede in der „Innervation" sollten betont werden. Den Pituicyten des

Abb. 31. Graphische Darstellung eines für das *Ratten*-Infundibulum typischen ependymalen Tanycyten (*eT*), eines subependymalen Tanycyten (*sT*) und eines Pituicyten (*P*) mit den jeweils charakteristischen Zellstrukturen, der Fortsatzarchitektonik und den typischen Kontakten zu Nerven und Gefäßen. *ep* Stratum ependymale, *su* Stratum subependymale, *re* Stratum reticulare, *pa* Stratum palisadicum, *K* Capillaren, ↑ neuro-gliöse Kontakte

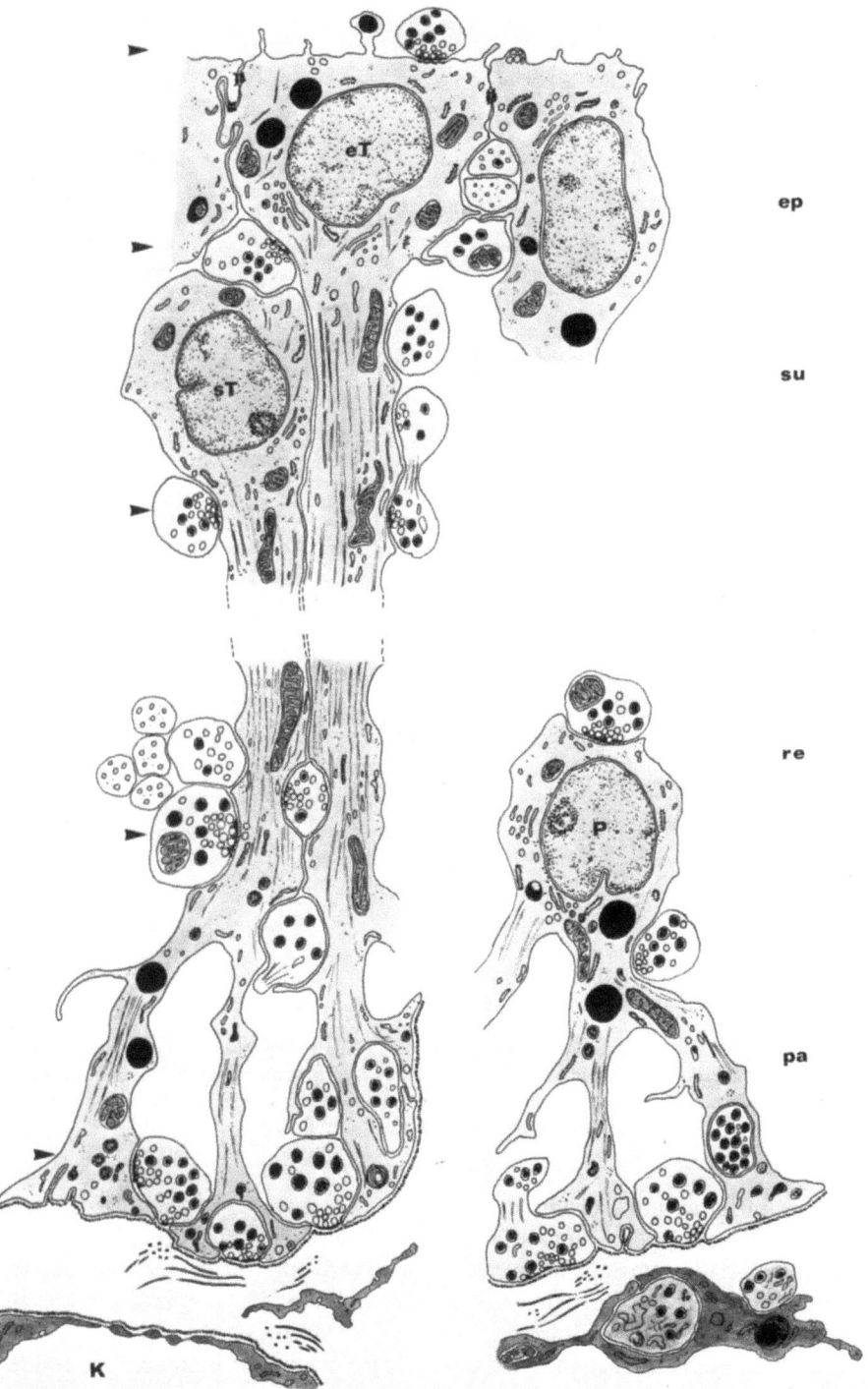

Abb. 31

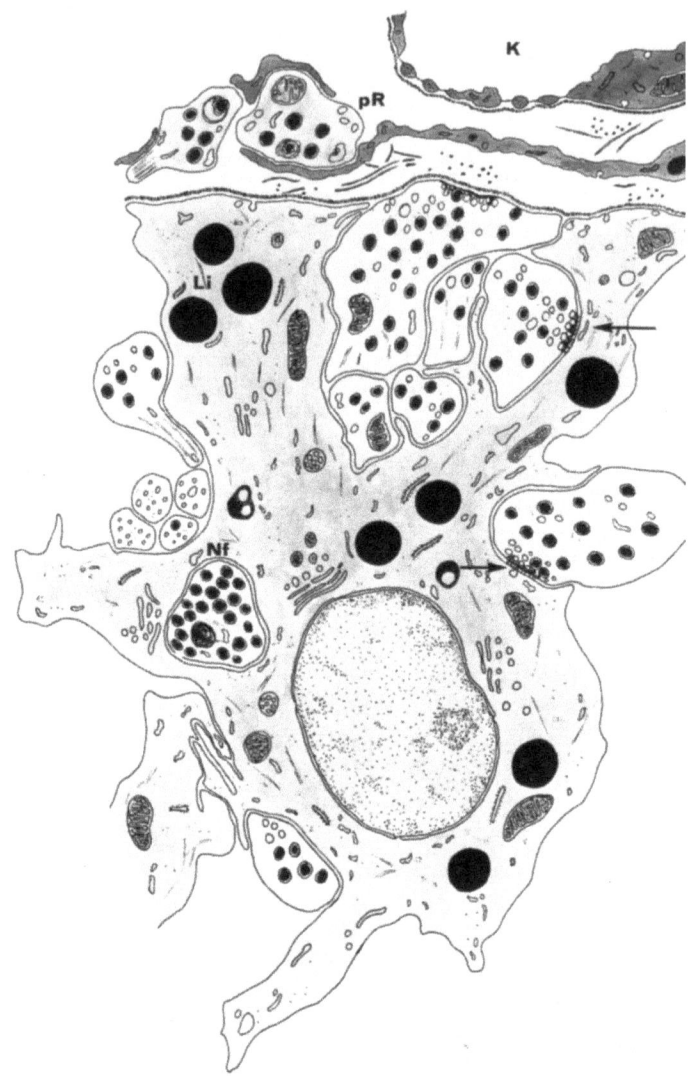

Abb. 32. Charakteristische Form, Innenstruktur und Nachbarschaftsbeziehungen eines Pituicyten im Hinterlappen der *Ratte*. *Li* Lipideinschlüsse, *Nf* in das Cytoplasma eingeschlossene Nervenfasern oder Nervenfaserbruchstücke, ↑ neuro-gliöse Kontakte, *pR* perivasculärer Raum mit degenerierenden Nervenfaserfragmenten, *K* Capillare

Infundibulum sind nur Axone des Tractus tubero-hypophyseus zuzuordnen, denen des Hinterlappens Nervenfasern des Tractus supraoptico-hypophyseus. Vergleicht man die Morphologie von Astrocyten und Pituicyten miteinander, so finden sich zwar viele Gemeinsamkeiten, doch bleibt die *Ausbildung neuro-gliöser Kontakte* ein unverwechselbares Merkmal der Pituicyten.

2) Die Zahl der Gliazellen ohne Beziehung zum neuro-hämalen Kontaktbereich ist gering und scheint von rostral nach caudal abzunehmen. Im Hinterlap-

pen sind aus dieser Zellgruppe bislang nur *Mikrogliazellen* elektronenmikroskopisch nachgewiesen worden.

2 a) *Astrocyten* sind vorwiegend im Verlauf des Tractus supraoptico-hypophyseus (in Zona interna und Zwischenstück) anzutreffen. Charakteristisch für diese Zellen sind Bündel von Mikrofilamenten, die Perikaryon und Fortsätze durchziehen. Die „dense bodies" der Astrocyten haben in der Regel keine Ähnlichkeit mit den granulären Einschlüssen in den Fortsätzen von Pituicyten und Tanycyten (Abb. 16a).

2b) *Oligodendrocyten* finden sich in gleicher Lokalisation wie Astrocyten. Sie liegen oft hintereinandergereiht zwischen Nervenfasern des Tractus supraoptico-hypophyseus und fallen durch ihr elektronendichtes Cytoplasma, ihren Reichtum an granulärem endoplasmatischem Reticulum und die Nachbarschaft zu markhaltigen Nervenfasern auf (Abb. 15).

2c) *Nicht klassifizierbare Gliazellen* haben nach SCHIEBLER und ZABORSZKY (1975) Ähnlichkeit mit Astrocytenvorstufen wie mit Oligodendrogliazellen. Sie besitzen viele Ribosomen, ein ausgeprägtes Ergastoplasma, einen Golgi-Apparat, Lipoproteingranula und zahlreiche Mikrotubuli.

2d) *Mikrogliazellen* kommen in Infundibulum und Hinterlappen nur vereinzelt vor und liegen mit einigen Ausnahmen gefäßfern. Die chromatinreichen Kerne sind von einem schmalen Perikaryon umgeben, das lysosomenartige Einschlüsse aufweist (Abb. 16b).

3. Die Glia der Neurohypophyse im Experiment

3.1. Beobachtungen bei Markierungen und Transportversuchen

Die seit den Farbstoffexperimenten von GOLDMANN (1913/14) herrschende Ansicht, daß Substanzen aus dem Liquor passiv in das Hirngewebe diffundieren und dabei keine Unterschiede zwischen verschiedenen Hirnregionen auftreten, wurde vor allem durch Untersuchungen von FELDBERG u. FLEISCHHAUER (1960, *Katze*) mit Bromphenolblau und FLEISCHHAUER (1964, *Katze*) mit 3,6-Diaminoacridintrihydrochlorid widerlegt. Dabei zeigte sich nämlich, daß die Farbstoffe unterschiedlich tief und in verschiedener Menge in die an die Ventrikelräume grenzende Hirnsubstanz eindringen. So nimmt etwa der Hinterlappen keinen Farbstoff auf, während andererseits die Epiphyse ganz angefärbt ist. Dies läßt den Schluß zu, daß es sich um einen *aktiven*, an Zellen gebundenen *Transport* handelt, der unter anderem auf die regional unterschiedliche Ausprägung von Ependym und subependymaler Gliafaserschicht zurückzuführen ist (FLEISCHHAUER, 1960, 1964, *Katze*).

Die intraventriculäre Injektion bestimmter Substanzen und die Beobachtung ihres Eindringens bzw. Transports in das Gehirngewebe bildet auch die experimentelle Grundlage für Studien, in denen es um die für die infundibulären Tanycyten postulierten Absorptions-Transport- und Speichereigenschaften geht. Die Ergebnisse dieser Experimente sind z.T. widersprüchlich und zeigen, daß man Resultate von Transportversuchen mit bestimmten exogen zugeführten Substanzen nicht verallgemeinern kann und ein Rückschluß auf tatsächliche Zellfunktionen zumindest problematisch ist. Dies gilt vor allem für Substanzen, die normalerweise nicht oder in viel geringerer Konzentration im Liquor vorkommen.

Mehrere Arbeitsgruppen haben sich in licht- und elektronenmikroskopischen Untersuchungen mit der Aufnahme und Verteilung von intraventriculär, subarachnoidal oder intravasculär applizierter Peroxidase befaßt (REESE u. BRIGHTMAN, 1968, *Maus;* KOBAYASHI et al., 1972, *Ratte, Maus;* RODRÍGUEZ, 1972, *Kröte;* WEINDL u. JOYNT, 1972, *Kaninchen;* LÉRANTH u. SCHIEBLER, 1974, *Ratte;* PELLETIER et al., 1975, *Ratte*). Zunächst stellten REESE und BRIGHTMAN (1968) an der *Maus* fest, daß intraventriculär injizierte *Peroxidase* das Ependym über dem Infundibulum und der Area postrema nicht penetriert, bei intravasculärer Gabe jedoch in diese Regionen eindringt. Ursache für die Blockierung der intercellulären Passage sind nach Meinung der Autoren die „tight junctions" zwischen benachbarten Ependymzellen. Auch WEINDL und JOYNT (1972, *Kaninchen*) beobachten zwar eine Diffusion des Enzyms in die periventriculären Kerngebiete, vermissen aber eine Reaktion im Infundibulum. Andererseits berichten KOBAYASHI et al. (1972) von der lichtmikroskopisch festgestellten Markierung relativ weniger Ependymzellen mit ihren Fortsätzen im Infundibulum von *Ratte* und *Maus*. Nach Deafferentierung des Hypothalamus verzeichnet NOZAKI (1975) bei der *Wachtel* (*Coturnix coturnix japonica*) eine verstärkte Peroxydaseaufnahme durch die infundibulären Tanycyten.

Die licht- und elektronenmikroskopischen Befunde von WAGNER und PILGRIM (1974) sowie PELLETIER et al. (1975) über die Peroxidaseaufnahme im Infundibularbereich (*Ratte*) stammen aus einer Reihe von Kurz- und Langzeitexperimenten. Nach PELLETIER et al. sind bereits 2 min nach intraventriculärer Gabe die Intercellularspalten zwischen Tanycyten und subependymalen Zellen mit dem Tracer ausgefüllt (Abb. 33). Nach 5 min ist die Peroxidase bereits durch alle Schichten des Infundibulum penetriert. Der Transport erfolgt in diesem Zeitraum nur oder hauptsächlich über den *Extracellularraum* (vgl. WAGNER u. PILGRIM, 1974, *Ratte;* LÉRANTH u. SCHIEBLER, 1974, *Ratte*). Nach längerem Intervall (20 min) hat die Peroxidase auch die Portalgefäße erreicht und ist gleichzeitig in die *Intercellularräume* von Hinterlappen und Zwischenlappen diffundiert, während der Vorderlappen peroxidasefrei bleibt. Zeichen einer intracellulären Aufnahme und eines Transports in den Ependymzellen sind bei kurzen Intervallen noch selten, im Zeitraum von 1–4 Stunden, auch noch nach 12 und mehr Stunden finden sich dagegen Peroxidase-positive Vesikel und lysosomenähnliche Strukturen in Gliazellen wie in Nervenfasern. WAGNER und PILGRIM diskutieren eine Entstehung der typischen Lipideinschlüsse als Residualkörper von Lysosomen. In den Fortsätzen, insbesondere in den vasculären Endigungen der Tanycyten konzentriert sich das Reaktionsprodukt auf tubuläre Strukturen und polymorphe Granula, wie sie von WITTKOWSKI (1972) beschrieben wurden (Abb. 34).

Die zuletzt dargestellten Ergebnisse verdeutlichen, daß Substanzen aus dem III. Ventrikel außerordentlich schnell in die Intercellularräume des Infundibulum eindringen können. Unklar ist der Passageweg der *Peroxidase*. Zwar ist es denk-

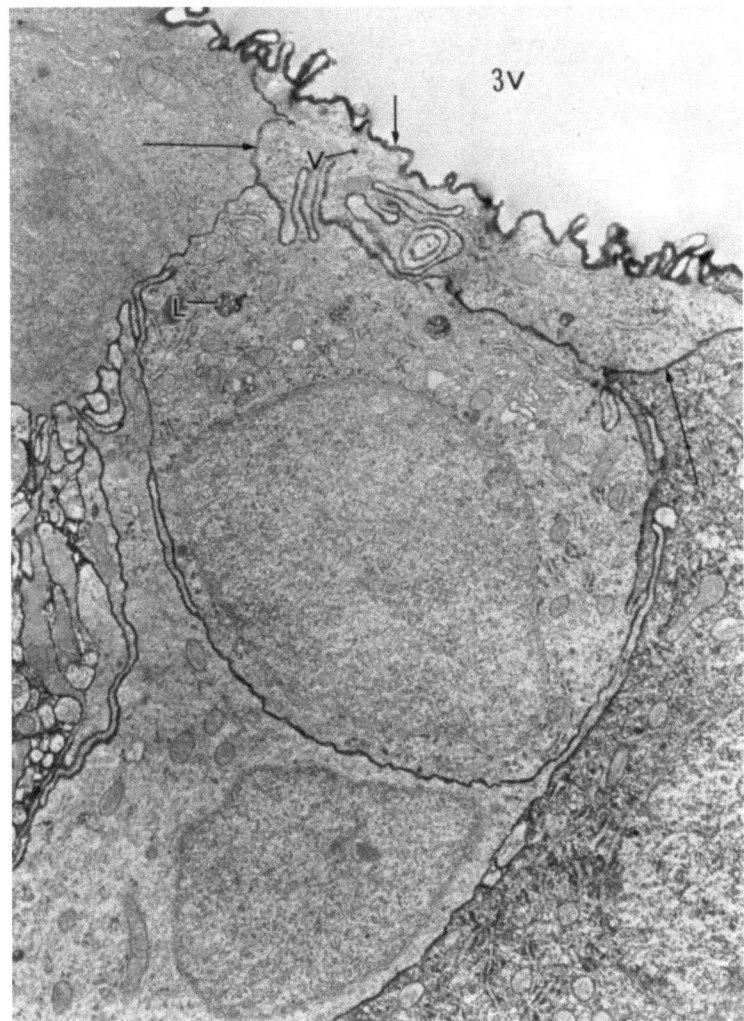

Abb. 33. Ependym des Infundibulum (*Ratte*) 5 min nach intraventriculärer Injektion von Peroxidase. Das Reaktionsprodukt lagert auf der freien Oberfläche der Ependymzellen (*kurze Pfeile*), füllt die Intercellularspalten zwischen benachbarten Ependymzellen, subependymalen Zellen und Axonen aus (*lange Pfeile*) und läßt sich auch intracellulär in einigen Vesikeln (*V*) und Lysosomen (*L*) nachweisen. *3V* III. Ventrikel. (Aus PELLETIER et al., 1975). × 12 200

bar, daß die „tight junctions" umgangen werden, indem Peroxidase in Pinocytosevesikeln aufgenommen und seitlich wieder an den Extracellularraum abgegeben wird. Doch ist es unwahrscheinlich, daß in so kurzer Zeit (2 min) größere Mengen des Enzyms transcellulär in den Extracellularraum des Infundibulum gelangen. Naheliegend ist die Annahme, daß zumindest bei der *Ratte* nicht alle Ependymzellen durch „tight junctions" verbunden sind, so daß der Tracer ungehindert in das Infundibulum gelangen kann. Der celluläre Transport vom Liquor

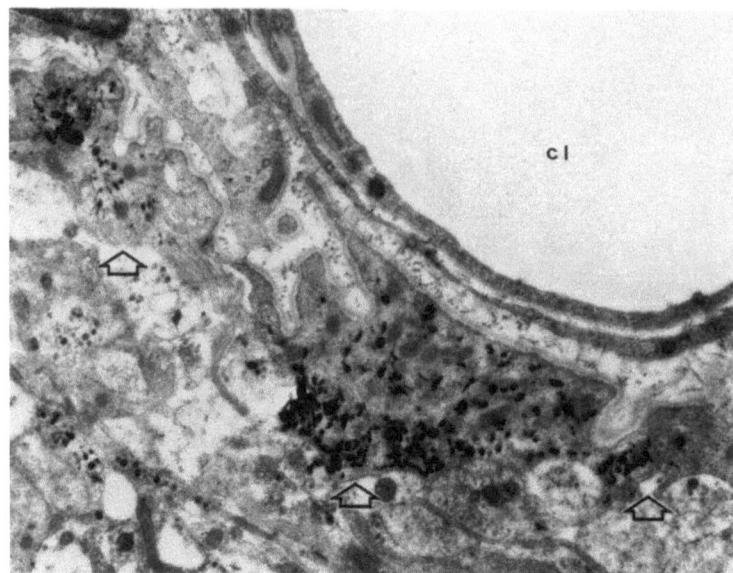

Abb. 34. Perivasculäre Endfüßchen der Tanycyten (↑) mit zahlreichen Peroxidase-positiven, polymorphen Einschlüssen. Infundibulum, *Ratte*, *cl* Capillarschlinge („capillary loop"). (Aus WAGNER u. PILGRIM, 1974). × 1200

zu den Gefäßen des Portalplexus scheint wesentlich langsamer zu sein. Dabei dürfte, wie auch von RODRÍGUEZ (1972, *Ratte, Rind, Kröte*) betont, tubulären Formationen des glatten endoplasmatischen Reticulum eine besondere Bedeutung zufallen. WAGNER und PILGRIM (1974) bezweifeln, daß den Substanzen, die physiologischerweise von den Tanycyten aufgenommen und transportiert werden, eine endokrine Bedeutung zukommt. Sie diskutieren einen Zusammenhang zwischen der Tanycytenfunktion und der in dieser Region fehlenden Blut-Hirn-Schranke. Die Tanycyten könnten Substanzen aus dem Extracellulärraum kontinuierlich aufnehmen und damit eine Schutzaufgabe erfüllen.

Das Vorhandensein von *Hormonen* im Liquor – wie Vasopressin, Wachstumshormon und anderen bioaktiven Substanzen, z.B. 5-Hydroxytryptamin und Prostaglandinen – darf nach Untersuchungen von FELDBERG und MYERS (1966, *Katze*), HELLER et al. (1968, *Kaninchen*), VORHERR et al. (1968, *Hund, Kaninchen*), HELLER (1969, *Kaninchen*) und LINFOOT et al. (1970, *Mensch*) als sicher angenommen werden. Auch das Releasing-Hormon für TSH ist im III. Ventrikel nachweisbar (KNIGGE u. JOSEPH, 1974). Auf eine physiologische Transportfunktion der Tanycyten des Infundibulum für Hormone weisen Experimente von KENDALL et al. (1972, *Ratte*) hin, in denen nachgewiesen wurde, daß es unmittelbar nach intraventriculärer Injektion von radioaktiv markierten Hormonen (z.B. TSH-Releasing Hormon, ACTH, Thyroxin, Corticosteron) im Infundibulum und im Hinterlappen zu einer starken Radioaktivität kommt. Markierte Substanzen wie Na-^{131}J, Corticosteron-4-^{14}C, LH-^{131}J, Prolactin-^{131}J oder Hämoglobin-^{131}J erreichen nach Befunden von ONDO et al. (1972, *Ratte*) vom Ventrikelsystem aus auch die Portalgefäße. Die Autoren konnten dabei zeigen, daß die Passagegeschwindigkeit von Na und LH besonders groß ist und innerhalb von 30 min nur Na, LH und Corticosteron in signifikanten Mengen im Portalblut nachweisbar sind. Auch ROBINSON und ZIMMERMAN (1973, *Mensch, Affe*) dikutieren einen solchen Transportweg und stützen sich dabei auf den immunologischen Nachweis von *Neurophysin* in den Tanycyten sowie sein Vorkommen im Liquor. Dabei wird die Hypothese zugrunde gelegt, Neurophysine könnten auch unspezifische Trägerproteine für Releasing-Hormone sein, etwa für das Releasing-Hormon für TSH, das physiologischerweise im Liquor vorhanden ist und bei Markierungsversuchen in den Tanycyten des Infundibulum gefunden wurde (JOSEPH et al., 1973; KNIGGE u. JOSEPH, 1974, *Ratte*). Damit verdichtet sich die Hypothese, daß die Glia und speziell die Tanycyten des Infundibulum mit Hilfe spezifischer Transport- und Speichermechanismen aktiven Anteil an der neuroendokrinen Regulation haben, obwohl analog zur Diffusion von Peroxidase (vgl. PELLETIER et al., 1975) primär an eine Verteilung über den Extracellularraum gedacht werden muß.

Auch eine *Aufnahme von Substanzen aus dem Portalblut* und ein Transport in Richtung Liquor könnten zu den Aufgaben der Tanycyten gehören. Darauf weisen Farbstoffversuche von LEONHARDT und EBERHARDT (1972, *Ratte*) hin. Weiter stellten KNIGGE und SILVERMAN (1972) bei In-vivo- und In-vitro-Versuchen an *Ratte* und *Nerz* fest, daß das Infundibulum in einem teilweise aktiven, energiefordernden Transportprozeß, an dem eine Na-K-abhängige ATPase beteiligt ist, *Thyroxin* aus dem Portalblut aufnehmen und auch wieder unverändert an dieses abgeben kann. Damit scheint das Infundibulum über einen Mechanismus zur Regulation des Thyroxinspiegels im Portalblut zu verfügen, der für den Regelkreis Hypothalamus-Hypophyse-Schilddrüse von Bedeutung ist. Tanycyten und Pituicyten des Infundibulum könnten als Träger einer solchen Funktion in Betracht kommen.

Verschiedene Autoren haben auch das Verhalten der infundibulären Glia auf *intraventriculäre Gabe von Transmittersubstanzen* untersucht. Morphologische Veränderungen finden SCHECHTER und WEINER (1972, *Ratte*). Sie registrieren 5 min nach intraventriculärer Injektion von Adrenalin und Dopamin eine erhöhte Zahl von bläschenförmigen Protrusionen an der Oberfläche der Ependymzellen am Boden des Recessus infundibuli. Diese nur wenige Minuten anhaltende Veränderung bringen die Autoren mit der nach ihrer Ansicht vorwiegend sekretorischen Eigenschaft dieser Ependymregion in Zusammenhang. Auch die vasculäre Oberfläche des Infundibulum scheint sich bei Dopamininjektionen in das Ventrikelsystem zu verändern. HÖKFELT (1973, *Ratte*) beschreibt eine nachfolgende Verringerung neuro-hämaler Kontakte an der Oberfläche der Zona externa (lateraler Bereich) mit einer kompensatorischen Ausweitung der gliovasculären Kontakte.

Untersuchungen mit *radioaktiv markierten Transmittern* geben weiteren Aufschluß. Nach SCOTT et al. (1974, *Ratte*) wird ^{3}H-Dopamin 5 min nach intraventriculärer Injektion von den Tanycyten aufgenommen und gelangt bis zur neurohämalen Kontaktzone. Außerdem nehmen einzelne Axone im ependymalen und subependymalen Bereich sowie in der Zona externa – wahrscheinlich auf dem Weg über die Ependymzellen – selektiv das markierte Dopamin auf (Abb. 35). Damit glauben die Autoren den Nachweis erbracht zu haben, daß biologisch

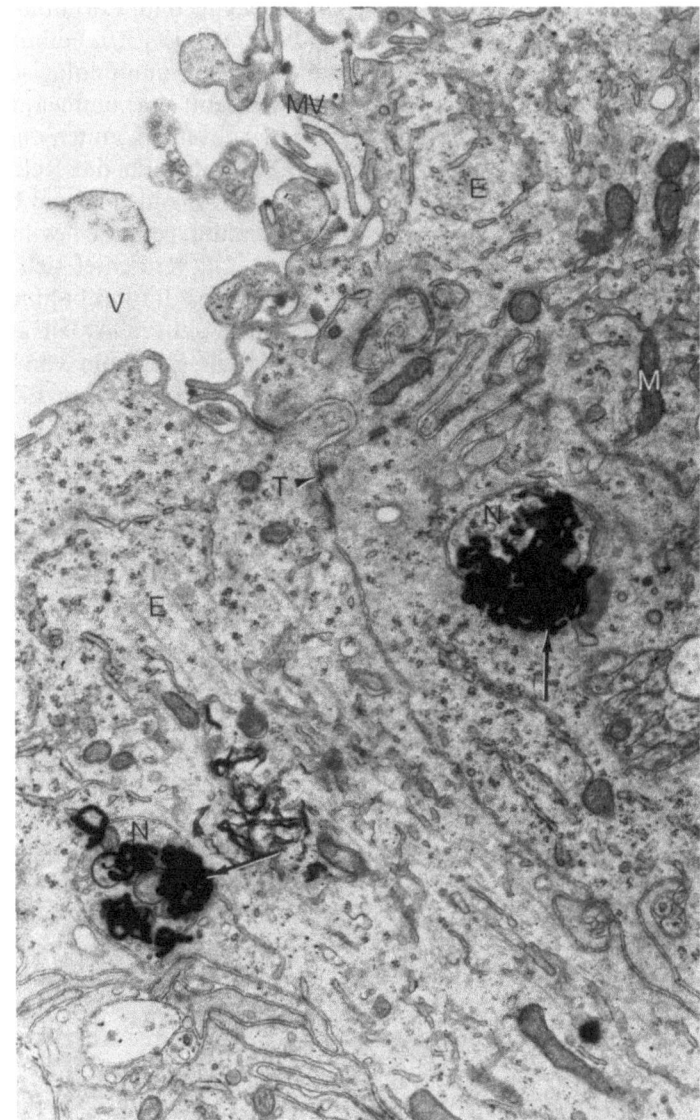

Abb. 35. Autoradiographische Markierung des Stratum ependymale im Bereich des Bodens des III. Ventrikels 5 min nach intraventriculärer Infusion von ^{3}H-Dopamin. Auffällig die Anreicherung von markiertem Dopamin über Nervenfasern (*N*) zwischen benachbarten Ependymzellen (*E*). *M* Mitochondrien, *MV* Mikrovilli, *T* „tight junction", *V* III. Ventrikel. (Aus SCOTT et al., 1974). × 15400

aktive Moleküle durch transependymalen Transport außerordentlich schnell aus dem Liquor über die Tanycyten in das Infundibulum gelangen und die Portalge-fäße erreichen. Die Markierung von Nervenfasern in der Nachbarschaft von Ependymzellen spreche für einen Übertragungsmechanismus für Dopamin an neuro-gliösen Kontaktstellen. In einer anderen Studie berichten SCOTT et al. (1974, *Ratte*) auch von einer selektiven Markierung der Tanycyten mit ^{3}H-LHRH. In diese Beobachtungen fügen sich Befunde von KAMBERI et al. (1970, *Ratte*) sowie SCHNEIDER und MCCANN (1970, *Ratte*) ein, wonach intraventriculäre Dopamingabe zu einer Erhöhung des LHRH-Spiegels im Portalblut und damit indirekt zu einem Anstieg der LH-Sekretion führt, während eine Infusion von Dopamin in das Portalgefäßsystem keine Wirkung hat. Eine Implantation von Dopamin in das Infundibulum hat nach UEMURA und KOBAYASHI (1971, *Ratte*) Cyclusveränderungen zur Folge (vgl. hierzu NOZAKI, 1975; UEMURA u. KOBAYASHI, 1977). WEINER et al. (1971, *Ratte*) untersuchten die *elektrophysiologischen Veränderungen im Infundibulum* nach Transmittergabe. Danach bewirken intraventriculäre Gaben von Adrenalin und Noradrenalin biphasische Schwankungen der „multiple unit activity", während Dopamin kaum eine Wirkung hat. Auch hier ist an eine Beteiligung der infundibulären Glia im Sinne eines Transports zu denken.

3.2. Beobachtungen bei Läsionsversuchen

STERBA und BRÜCKNER (1967, 1969) stellten nach Hypophysenstieldurchtrennung beim *Bachneunauge* (*Lampetra planeri*) und beim *Frosch* (*Rana esculenta*) fest, daß Ependymzellen und Pituicyten der Neurohypophyse Axonfragmente und freie Neurosekretgranula phagocytieren und abbauen. Der anfangs noch unveränderte Inhalt der Axonteile (STERBA u. BRÜCKNER, 1969) verdichtet sich zunehmend, wird wabenartig und geht in osmiophile Lamellenkörperchen über, die teilweise lysosomal verdaut werden (Abb. 36). Dabei wird saure Phosphatase in die Phagosomen eingelagert (BRÜCKNER, 1972, *Rana esculenta*). Diese Vorgänge werden von einer Größenzunahme des Perikaryon der Pituicyten, einem Schwund der Fortsätze und einer mitotischen Vermehrungsphase begleitet, die zur Bildung von Zellnestern führt. Beim *Bachneunauge* (STERBA u. BRÜCKNER, 1967) geht der Phagocytose eine Degeneration der Axonfragmente mit einer Auflösung des Axolemms, der Mitochondrien und vesikulären Strukturen voraus. Nur die neurosekretorischen Elementargranula bleiben unverändert. Sie werden in Gruppen durch die Ependymzellen phagocytiert und abgebaut. Nachfolgend werden die Abbauprodukte an den Liquor cerebrospinalis abgestoßen. Die Autoren betonen, daß die Pituicyten und Tanycyten wie andere Gliaelemente die *Fähigkeit zur Phagocytose* besitzen und äußern die Vermutung, es handle sich dabei um eine gesteigerte Grundfunktion. Diese könne in einer Aufnahme und Verarbeitung anfallender axonaler Abfallstoffe bestehen.

Die von STERBA und BRÜCKNER an der Glia von *Lampetra planeri* und *Rana esculenta* beschriebenen Veränderungen haben Modellcharakter für die Glia der Neurohypophyse von *Säugern,* bei denen nach Durchschneidungsexperimenten oder Läsionen im Hypophysenbereich ähnliche Gliareaktionen licht- und elektronenmikroskopisch gefunden wurden (CAMPBELL u. HARRIS, 1957, *Kaninchen;* STUTINSKY, 1957b, *Ratte, Hund;* SHEEHAN u. WHITEHEAD, 1963, *Mensch;* DELLMANN, 1973, *Ratte*). Nach DELLMANN et al. (1973, *Ratte*) und DELLMANN (1973, *Ratte*) nimmt die Zahl der Gliazellen nicht zu und die Phagocytoseaktivi-

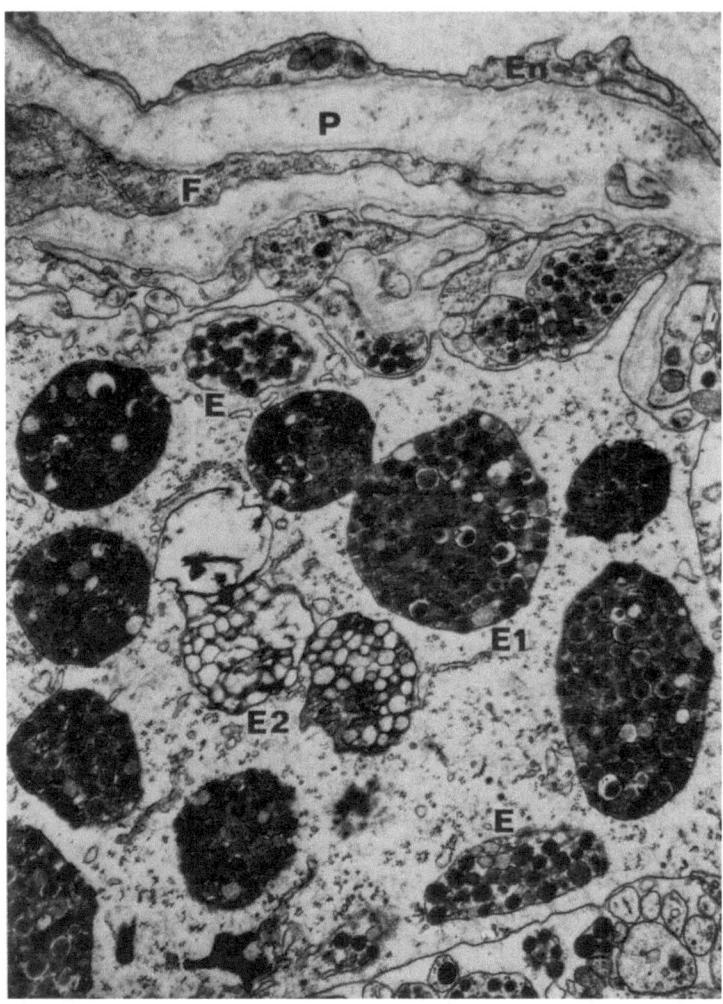

Abb. 36. Verschiedene Abbaustufen (*E, E1, E2*) von phagocytierenden, neurosekrethaltigen Nervenfaserfragmenten im Cytoplasma eines Pituicyten, Neurohypophyse, *Frosch,* 6 Tage nach Stieldurchtrennung. *En* Endothel, *F* Fibroblast, *P* perivasculärer Raum. (Aus Sterba u. Brückner, 1969). × 16500

tät endet am 8.–10. Tag nach Durschschneidung des Hypophysenstiels. Zu diesem Zeitpunkt findet man im Cytoplasma der Pituicyten nur noch vereinzelt Lipofuscin-Granula, aber keine Lysosomen (Dellmann, 1973, *Frosch, Ratte;* vgl. Whitaker et al., 1970, *Ratte*). Die Zellen sind nach Dellmann (1973) durch fingerartige Fortsätze miteinander verzahnt und zeigen, nach Differenzierung und Zahl der Zellorganellen zu urteilen, keine verminderte Aktivität.

Die nach Ende der Phagocytosephase zunehmende Ausdehnung des *Golgi-Apparats* (*Frosch, Ratte*) und aus dem Golgi-Apparat hervorgehende Vesikel beschäftigen Dellmann (1973). Bei diesen Anzeichen einer Sekretionsleistung könnte es sich um die Steigerung einer Grundfunktion handeln, die bereits verschiedentlich für das Normaltier diskutiert wurde (WITTKOWSKI, 1968 b, *Ratte*, 1970, *Affe*; WHITAKER und LA BELLA, 1972, *Ratte*). Dazu beobachtete DELLMANN (1973) beim *Frosch* nach Stieldurchtrennung in den Gliazellen noch erweiterte Zisternen des rauhen endoplasmatischen Reticulum, gefüllt mit granulärem elektronendichtem Inhalt. DELLMANN et al. (1973, *Frosch, Ratte*) nehmen an, daß die Pituicyten nicht in der Lage sind, phagocytierte Fragmente neurosekretorischer Nervenfasern wieder zu eliminieren, wie dies von STERBA und BRÜCKNER (1967, *Lampetra planeri*) für Ependymzellen beschrieben wird, die lysosomale Endprodukte an den Liquor abgeben.

Beim Abbau der Axonfragmente und der Neurosekretgranula in den Gliazellen scheinen auch *autophagische Prozesse* eine Rolle zu spielen. Innerhalb von degenerierenden Nervenfaserteilen bilden sich häufig lysosomenartige Strukturen, was auf eine intraaxonale lysosomale Aktivität hinweist (RAISMAN, 1972, *Ratte;* DELLMANN u. OWSLEY, 1969, *Frosch;* DELLMANN, 1973, *Frosch, Ratte;* WITTKOWSKI, 1973, *Ratte;* vgl. auch HOLTZMAN u. NOVIKOFF, 1965, Degenerationserscheinungen am N. ischiadicus, Ratte). So beobachtet RAISMAN (1972) nach Läsionen des Nucl. arcuatus der *Ratte* zunächst ein Auftreten von „dense bodies" in den degenerierenden Nervenfasern des Infundibulum und eine Zunahme ihrer Substanzdichte. Ähnlich wie nach Stieldurchtrennung folgt eine Umhüllung durch das Cytoplasma von Tanycyten oder Pituicyten und daraufhin stellen sich typische Bilder einer Phagocytose ein, bis der Inhalt nicht mehr erkennbar ist und die degenerierenden Fragmente ohne Membranbegrenzung im umgebenden Cytoplasma liegen.

Näher zu klären bleibt offensichtlich noch die Rolle *perivasculärer Bindegewebszellen* bei der Beseitigung von nervösem Material. Nach bilateraler Zerstörung des Nucl. paraventricularis finden nämlich ZAMBRANO und DE ROBERTIS (1968 b, *Ratte*) an protoplasmatischen und faserigen Pituicyten des Hinterlappens kaum Veränderungen, während perivasculäre, als *Mikroglia* identifizierte Zellen zahlenmäßig zunehmen und sich durch extracelluläre Verdauung und Phagocytose maßgeblich an der Beseitigung degenerierender Axone beteiligen. Diese Zellen entsprechen den von BODIAN (1966, Neurohypophyse, *Affe*), OLIVIERI-SANGIOCOMO (1972, Hinterlappen, *Ratte*) und WITTKOWSKI (1973, Infundibulum, *Ratte*) erwähnten perivasculären Bindegewebszellen, die auch bei Normaltieren zahlreiche Axonfragmente phagocytieren (vgl. BUDTZ, 1970, *Kröte, Bufo bufo*).

Colchicin-Behandlung des supraoptico-hypophysären Systems führt bei den *Pituicyten* zu ähnlichen Reaktionen wie bei *Astrocyten* (HANSSON u. NORSTRÖM, 1971, *Ratte*). Golgi-Apparat und Mitochondrien vergrößern sich, die Zunahme von Ribosomen, endoplasmatischem Reticulum, Filamenten und Tubuli ist variabel. Zu auffallenden Veränderungen führt das Experiment bei den *Mikrogliazellen*, die bei Kontrolltieren kaum in Erscheinung treten. Ihr Cytoplasma enthält große Lysosomen, „dense bodies", lange Profile von Ergastoplasma, dazu Vesikel, Filamente und Tubuli.

Auch die *Degenerations- und Regenerationserscheinungen proximal der Durchschneidungsstelle,* die gewöhnlich zur Ausbildung eines Ersatzhinterlappens führen, sind von Gliaveränderungen begleitet. Vor allem wird auf *Mitosen,* eine Zunahme der Zellzahl, *Zellhypertrophie* und eine Volumenvergrößerung des

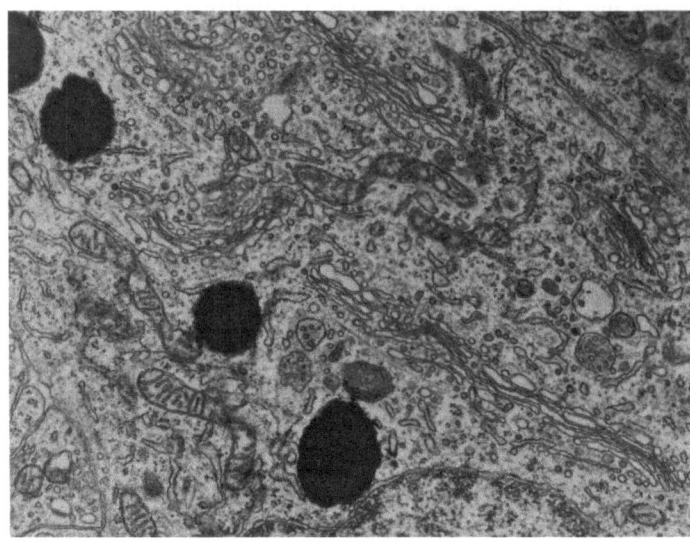

Abb. 37. Reaktive Gliazelle mit besonders ausgeprägtem Golgi-Apparat im proximalen Stumpf 6 Tage nach Hypophysektomie (*Ratte*). (Aus DELLMANN, 1973). × 13640

Infundibulum hingewiesen (BILLENSTIEN u. LEVEQUE, 1955, *Ratte;* STUTINSKY, 1957b, *Ratte, Hund;* JÖRGENSEN et al., 1956, *Kröte, Bufo bufo;* CAMPBELL u. HARRIS, 1957, *Kaninchen;* SHIOZAKI, 1958, *Ratte;* MOLL u. DE WIED, 1962, *Ratte;* MURAKAMI et al., 1968, 1969, *Ratte;* FENDLER, 1970, *Ratte*).

Elektronenmikroskopisch reagieren die Gliazellen mit einer Phagocytose von degenerierenden Axonen, einer Vermehrung von Lysosomen und Lipideinschlüssen (MURAKAMI et al., 1968, 1969, *Ratte*) sowie einer Zunahme von granulärem endoplasmatischem Reticulum und – insbesondere – Golgi-Strukturen (DELLMANN, 1973, *Ratte;* Abb. 37).

Zehn Tage nach *Hypophysektomie* findet DELLMANN (1973) bei der Ratte eine vergrößerte Zahl von Gliazellen mit dichtem Cytoplasma, in dem Polyribosomen, Lipideinschlüsse und Mitochondrien besonders auffallen. Die Zellen umschließen einzelne oder mehrere regenerierende Axone (vgl. MURAKAMI et al., 1968, 1969, *Ratte*). Am 30. Tag sind im Cytoplasma der Gliazellen keine Spuren von degenerierenden Axonteilen mehr vorhanden. Die Bedeutung der Zellvermehrung im proximalen Stumpf ist nach DELLMANN (1973) unklar. Der Autor bemerkt dazu: "Possibly the increase represents a gliosis, a reaction to the beginning degeneration of neurosecretory nerve fibres in the proximal stump. It may also be a reaction to the regeneration that starts immediately after interruption of the tract. The most probable explanation may be that both events are responsible for the multiplication of the glial cells".

Die *Regeneration* der neurosekretorischen Axone muß nicht auf den proximalen Stumpf und auf die Ausbildung eines Ersatzhinterlappens beschränkt bleiben. Die durchtrennten Nervenfasern können auch in den distalen Stumpf (Hinterlappen) einsprossen und dort erneut neuro-hämale Kontakte herstellen. Nach Stieldurchtrennung kommt es jedoch nur dann zu einem proximo-distalen Auswachsen der Axone und damit zu einer Reinnervation des Hinterlappens, wenn der abgetrennte Hinterlappen postoperativ in situ verbleibt und nicht atrophiert (SCHARRER u. WITTENSTEIN, 1952, *Hund;* ADAMS et al., 1969, *Frettchen;* KIERNAN, 1970, 1971, *Ratte*). Ein von KIERNAN (1971) bei der *Ratte* nach Durchschneidung vorgenommener Ersatz des Hinterlappengewebes durch ein Stück eines peripheren Nervs führt ebensowenig zu einer orthotopen Regeneration wie eine Implantation von weißer Substanz des Gehirns in die Sella turcica. Hypothalamo-neurohypophysäre Neurone regenerieren nach diesen Befunden also nur in unmittelbarer Umgebung von *Pituicyten;* andererseits sind nicht-neurosekretorische Neurone des zentralen oder peripheren Nervensystems auch nicht in der Lage, zwischen Pituicyten zu regenerieren (KIERNAN, 1971). Der Autor führt dazu aus: "It seems likely that axons require specific encouragement from the cellular micro-environment through which they are required to regenerate. Such encouragement is effective in allowing regeneration in peripheral nerves and in the neurohypophysis, but is lacking in the brain and spinal cord".

3.3. Beobachtungen bei Eingriffen in den Wasser- und Salzhaushalt

Durch zahlreiche Arbeiten ist bekannt, daß Wasserentzug oder Kochsalzbelastung im Tierexperiment zu einer verstärkten Sekretion von Vasopressin führen. Damit ist eine Reihe licht- und elektronenmikroskopischer Veränderungen im supraoptico-hypophysären neurosekretorischen System verbunden. Die lichtmikroskopisch auffälligste Folge der Dehydration ist der Verlust an färbbarem neurosekretorischem Material in den Nervenfaserendigungen des Hinterlappens (KRATZSCH, 1951, *Ratte;* ORTMANN, 1951, *Ratte;* EICHNER, 1954, *Goldhamster;* BRINKMANN u. BOCK, 1970, *Ratte;* vgl. DIEPEN, 1962). Ultrastrukturelles Korrelat dieser färberischen Veränderung ist die rasche Verminderung der Zahl neurosekretorischer Elementargranula in den Nervenendigungen am perivasculären Raum durch Abgabe des Neurohormons (PALAY, 1957, *Ratte;* BARER u. LEDERIS, 1966, *Kaninchen;* STREEFKERK, 1967, *Ratte;* REINHARDT et al., 1969, *Ratte;* BOUDIER et al., 1970, *Ratte;* Abb. 38).

Weniger auffällig sind demgegenüber *Veränderungen der Glia* bei solchen Experimenten. ORTMANN (1951, *Ratte*), STUTINSKY (1957b, *Ratte*), LEVEQUE und SMALL (1959, *Ratte*) sowie DUCHEN (1962, *Ratte*) beschreiben lichtmikroskopisch eine *Hypertrophie* und höhere *mitotische Aktivität* der Pituicyten. Darin scheint die Ursache für die von EICHNER (1965, *Ratte*) gemessene echte Größenzunahme des Hinterlappens nach Kochsalzbelastung zu liegen. Nach Injektion von ^{3}H-Thymidin fand MURRAY (1968) bei dehydrierten *Ratten* nicht nur im Hinterlappen, sondern auch im Bereich des Nucl. supraopticus eine signifikante *Steigerung der Zahl markierter Gliazellen.* Die durch Reize wie Wasserentzug oder Kochsalzbelastung induzierte Aktivierung der Pituicyten äußert sich auch in einer verminderten In-vitro-Aufnahme von ^{3}H-Uridin (SUNDE et al., 1972, *Ratte*).

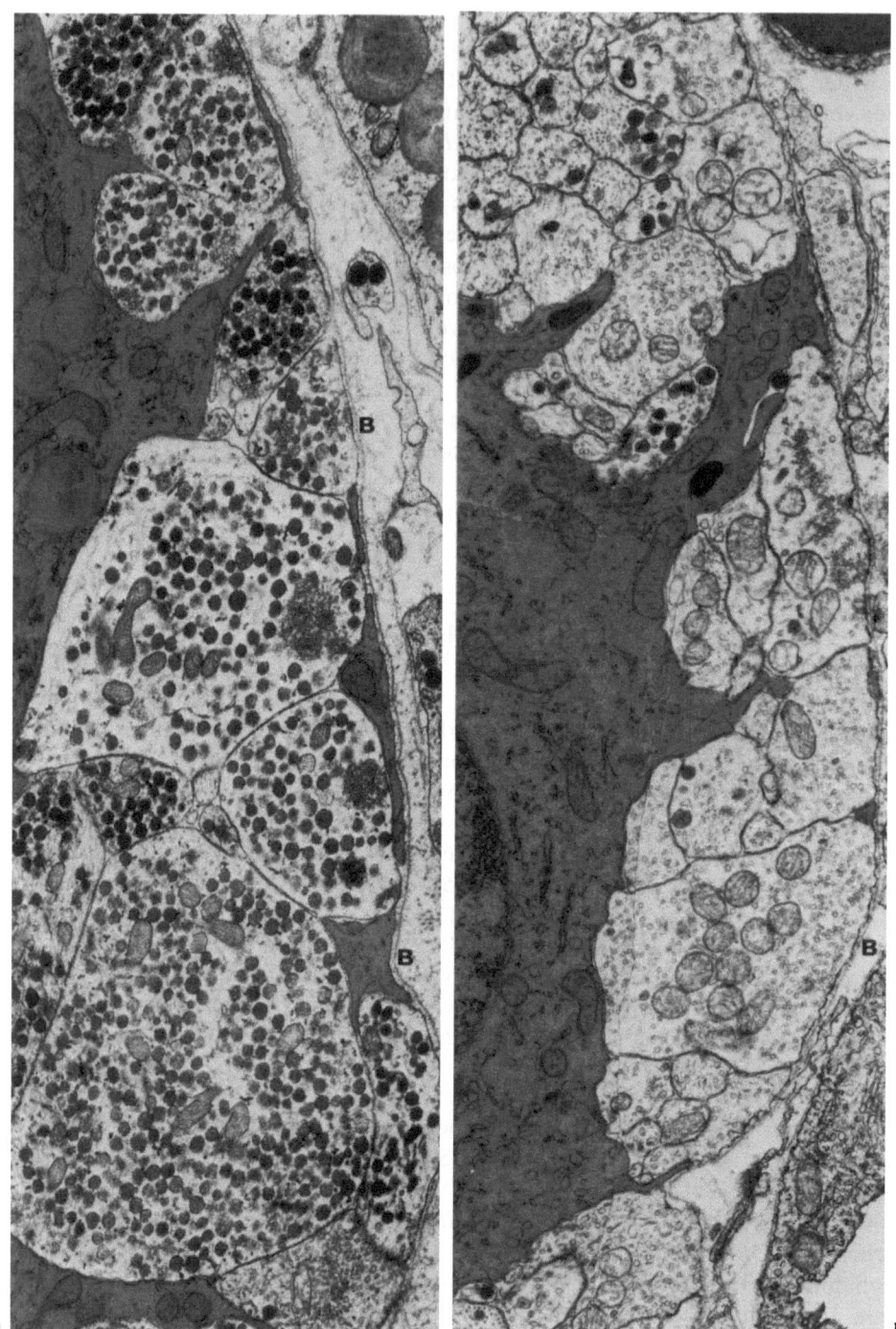

Abb. 38a u. b. Neuro-hämale Kontaktzonen im Hinterlappen **a** einer unbehandelten *Ratte* und **b** einer *Ratte* nach 3tägigem Wasserentzug. Gliaelemente grau getönt. Beim Dursttier sind die Nervenendigungen charakteristischerweise degranuliert und haben einen größeren Anteil an der vasculären Oberfläche. *B* Basallamina des perivasculären Raumes. (Aus WITTKOWSKI u. BRINKMANN, 1974). × 12800

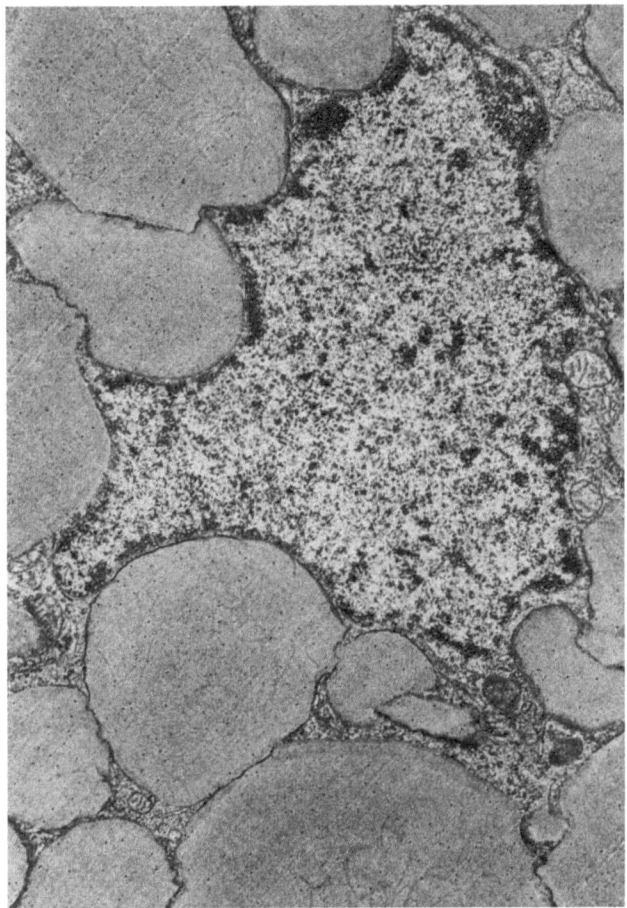

Abb. 39. Degenerativ veränderter Pituicyt mit deformiertem Kern und einer Anhäufung von großen, hellen Einschlüssen, in denen fädiges oder granuläres Material auffällt. Hinterlappen der *Ratte* nach mehrtägigem Wasserentzug. (Aus Krsulovic u. Brückner, 1969). × 14700

In elektronenmikroskopischen Untersuchungen bei der *Ratte* bestätigen Krsulovic und Brückner (1969) die lichtmikroskopischen Beobachtungen einer *Zellhypertrophie*. In der Zeit vom 3.–8. Tag des Durstexperiments erhöht sich danach das Volumen von Kern und Perikaryon. Das Cytoplasma wird zunehmend von runden osmiophilen Einschlüssen ausgefüllt (Abb. 39). Allmählich kommt es dann zu einer degenerativen Veränderung der Pituicyten. Ihr Kern wird verformt und pyknotisch, die Größe der osmiophilen Granula nimmt zu (2–4 µm). Die Entleerungsphase der Nervenendigungen geht diesen Gliazellveränderungen in der Regel voraus.

Reinhardt et al. (1969, *Ratte*) stellten in morphometrischen Untersuchungen am Hinterlappen von Dursttieren bereits nach 36 Stunden einen signifikanten Anstieg der Lipideinschlüsse in den Pituicyten fest und interpretieren diese als

Endprodukte einer lysosomalen Verdauung von Membranresten bzw. der Trägersubstanz der Neurohormone (vgl. 3.2.).

Auch andere morphologische Reaktionen der Pituicyten sind bereits in den ersten Tagen des Durstexperiments festzustellen (Abb. 38). In morphometrischen Untersuchungen an normalen *Ratten* und *Ratten* mit einer Durstzeit von 3 Tagen konnten Wittkowski und Brinkmann (1974) nachweisen, daß der relative Anteil der Gefäßfortsätze von Pituicyten an der Oberflächenbegrenzung der perivasculären Räume unter Durstbelastung deutlich zurückgeht. Er vermindert sich von 48% auf 33% der Oberflächenstrecke, während andererseits der Streckenanteil neuro-vasculärer Kontakte um denselben Prozentsatz zunimmt. Weitergehende Analysen ergaben, daß die Zahl der Gliafortsätze, die den perivasculären Raum erreichen, zurückgeht. Diese Ergebnisse sprechen für eine *funktionsabhängige Motilität von Gliazellen und Nervenfasern.*

Weiter führt ein dreitägiger Wasserentzug zu einer Vermehrung der *neurogliösen synaptoiden Kontakte* von $\bar{x} = 2,1$ ($\pm 0,3$) auf $\bar{x} = 3,1$ ($\pm 0,4$) pro Flächeneinheit (Wittkowski u. Brinkmann, 1974). Damit scheint zwischen der sekretorischen Aktivität der Neurone und der Zahl neuro-gliöser synaptoider Kontakte ein Zusammenhang zu bestehen.

Durstexperimente über einen Zeitraum von 10–15 Tagen führen nach Olivieri-Sangiacomo (1972, *Ratte*) zu fortschreitenden Degenerationserscheinungen der Pituicyten bis hin zum Zelltod.

Bei *Diabetes-insipidus-Ratten* ist die Zahl der Pituicyten deutlich höher als bei Normaltieren und auch die Lipideinschlüsse scheinen vermehrt (Scott, 1968). Legait et al. (1966, *Eliomys quercinus*) beobachteten eine durch den *Winterschlaf* bedingte Veränderung der Pituicyten. In dieser Zeit kommt es zu einer Vergrößerung und Vacuolisierung bei einer gleichzeitigen Zunahme von Neurosekret. Auch die Aktivität der *sauren Phosphatase* und der *Acetylcholinesterase* nimmt während des Winterschlafs zu.

3.4. Beobachtungen bei Aktivitätsänderungen des Hypothalamus-Hypophysenvorderlappen-Systems

Eine *Beteiligung der Glia an der neuroendokrinen Kontrolle* wird auch aus experimentell-morphologischen Untersuchungen am Infundibulum wahrscheinlich. Nach *Kastration* stellten verschiedene Autoren (Knowles u. Anand Kumar, 1969, *Rhesusaffe*; Kobayashi et al., 1970, *Ratte*; Oksche et al., 1972, *Maus*) fest, daß sich das morphologische Bild der *Tanycyten* im Bereich des Nucl. infundibularis und im Infundibulum verändert, wobei Oksche et al. (1972) auf die zeitlich dissoziierte Reaktion der Tanycyten des Infundibulum (Eminentia mediana) und der Kerngebiete bei der *Maus* hinweisen. Im einzelnen beschreiben Kobayashi et al. (1970, *Ratte*) sowie Oksche et al. (1972, *Maus*) nach Ovarektomie eine Volumenzunahme von Kern und Perikaryon der infundibulären Tanycyten. Dabei wächst nach Kobayashi et al. (1970) die Ausdehnung des Golgi-Apparats und die Zahl der Vesikel des endoplasmatischen Reticulum, der Ribosomen, der Glykogengranula und der Pinocytosevesikel an der ventriculären

Oberfläche der Ependymzellen. In den vasculären Fortsatzendigungen sammeln sich „electron dense bodies with an electron lucid matrix", die nach Ansicht der Autoren aus dem Golgi-Apparat entstehen. Ähnliche Effekte beobachten sie auch nach *Oestrogenbehandlung* bei ovarektomierten *Ratten*. Dabei finden sie zusätzlich eine Vermehrung von Mikrovilli und bulbösen Protrusionen sowie eine dichtere Ansammlung von Organellen und elektronendichten Einschlüssen in den Fortsatzendigungen (vgl. ANAND KUMAR u. KNOWLES, 1967, *Rhesusaffe*).

Diese morphologischen Befunde sprechen nach KOBAYASHI et al. (1970) für eine intensivierte Absorption aus dem Ventrikel und eine entsprechend verstärkte Sekretion in die Portalgefäße. Andererseits ziehen UEMURA und KOBAYASHI (1977) aus Läsionsexperimenten (chemische und elektrische Verödung) am Ependym des Infundibulum (*Ratte, Wachtel*) den Schluß, die Transportaktivität der Tanycyten sei für die gonadotropen Partialfunktionen der Adenohypophyse nicht unbedingt erforderlich.

Nach Angaben von ZAMBRANO und DE ROBERTIS (1968a) führt *Kastration* mit zunehmender Überlebensdauer (vor allem im Zeitraum zwischen 1 und 6 Monaten) bei der *Ratte* auch zu erheblichen *Veränderungen in den Pituicyten des Hinterlappens*. Bei männlichen wie weiblichen Tieren kommt es zu einer Hypertrophie der protoplasmatischen Pituicyten und zu einer Anhäufung von Lipidgranula in ihnen. Die Autoren vermuten deshalb einen Einfluß der Sexualhormone auf den Lipidstoffwechsel der Pituicyten. Auch während der *Schwangerschaft* soll es nach STUTINSKY (1957b, *Ratte*) zu einer Hypertrophie der Pituicyten kommen.

Zusätzlich scheinen *Gliazellen des Hypothalamus* am Steuerungsmechanismus gonadotroper Funktionen beteiligt zu sein. ANAND KUMAR (1968a, b) beobachtete nämlich beim *Rhesusaffen* Geschlechtsunterschiede im Bau des Ependyms des III. Ventrikels im Bereich des vorderen Hypothalamus und stellte bei weiblichen Tieren cyclische Veränderungen fest. Eine unterschiedliche Oberflächendifferenzierung des Ependyms mit einer wechselnden Zahl von Mikrovilli in Abhängigkeit von Jahreszeit und Geschlechtscyclus zeigt sich beim *Stinktier* (*Mephitis mephitis nigra*) an einem nicht näher bezeichneten Wandabschnitt des III. Ventrikels.

Andere Ergebnisse beziehen sich auf die *Gefäßfortsätze von Tanycyten und Pituicyten des Infundibulum*. Wie im Hinterlappen unter Durstbedingungen ergeben sich auch im Infundibulum bei verschiedenen funktionellen Zuständen des tubero-hypophysären Systems Veränderungen im neuro-hämalen Kontaktbereich. Nach Untersuchungen von WITTKOWSKI (1973, *Ratte*) und WITTKOWSKI und SCHEUER (1974, *Ratte*) verändert sich die Zusammensetzung der Oberfläche der Zona externa (Abb. 40). Neben anderen morphologischen und histochemischen Ergebnissen im Infundibulum steigt nämlich 4 Wochen nach Adrenalektomie der Anteil der Nervenendigungen an der Oberflächenbegrenzung von normal 20% auf etwa 40%. Die sezernierende Oberfläche hat sich damit erheblich vergrößert. Umgekehrt führt eine Inaktivierung des tubero-hypophysären Systems durch zwölftägige Zufuhr von SME(Stalk-median-eminence)-Extrakt zu einer relativen Abnahme der neuro-vasculären Kontaktstrecke auf 15%. Jeweils entgegengesetzt erhöht bzw. verringert sich der Anteil der Gliafortsätze an der neuro-hämalen Kontaktstrecke.

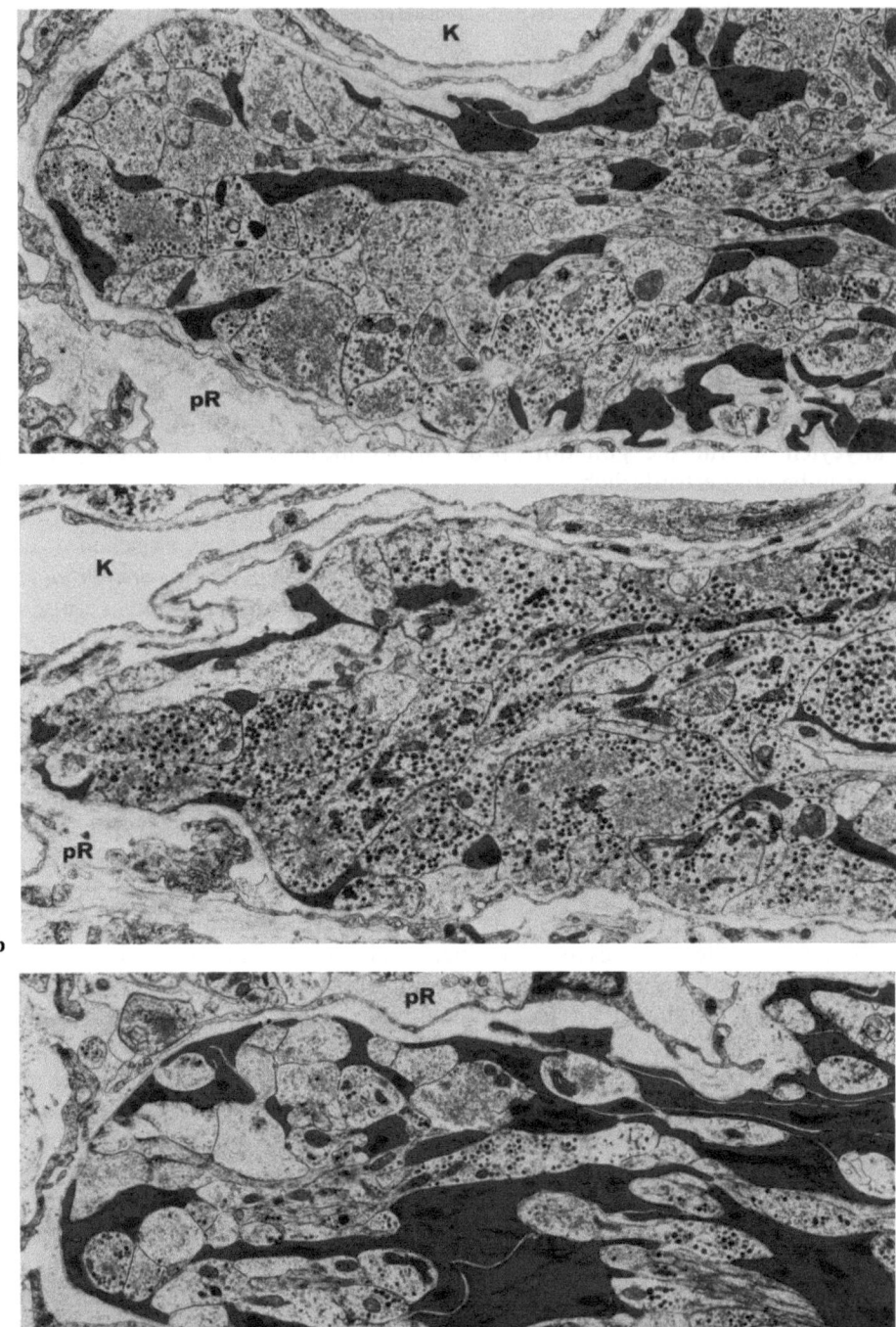

Abb. 40a–c. Fingerartige Ausstülpungen der Zona externa des Infundibulum mit charakteristischer Verteilung von Nervenfasern und Gliafortsätzen (dunkelgrau getönt) **a** bei einer unbehandelten *Ratte*, **b** einer adrenalektomierten *Ratte* und **c** einer *Ratte*, die mit „stalk-median-eminence"-Extrakt behandelt wurde. Beachte die unterschiedliche Ausdehnung der Nervenendigungen an der Oberfläche der Protrusionen. *pR* Perivasculärer Raum, *K* Capillaren des Mantelplexus. (Aus WITTKOWSKI u. SCHEUER, 1974). ×4100

Diese Resultate stützen den Gedanken einer *Motilität nervöser und/oder gliöser Elemente* im Rahmen neuroendokriner Steuerungsmechanismen. Dabei ist ungeklärt, ob Wachstum und Volumenänderung von Nervenfasern eine ausschlaggebende Rolle bei diesen räumlichen Veränderungen spielen (WITTKOWSKI, 1973, *Ratte*) oder ob Tanycyten und Pituicyten über Oberflächen- und Volumenänderungen eine Barrierenfunktion ausüben (GÜLDNER, 1973, *Ratte*). Funktionell betrachtet scheint die Zu- und Abnahme der relativen Ausdehnung der neuro-vasculären Kontakte das Korrelat einer erhöhten oder verringerten Speicherung und Freisetzung von Neurohormonen zu sein.

Derartige Messungen an der Oberfläche des Infundibulum sind auch von HÖKFELT (1973, *Ratte*) vorgenommen worden. Nach intraventriculärer Injektion von Dopamin findet er gegenüber den Kontrolltieren eine nahezu lückenlose Oberfläche aus Gliafortsätzen. Nur wenige Nervenendigungen gelangen zwischen ihnen in „Sekretionsposition". Daraus leitet HÖKFELT einen möglichen *Dopamineffekt* auf die Gliazellen des Infundibulum ab, mit einer Folgewirkung auf das Sekretionsmuster der Neurohormone. Die Kontrolle der Gonadotropinfreisetzung durch ein tubero-infundibuläres Dopamin-System würde auf diese Weise verständlich.

Nicht nur experimentell hervorgerufene Aktivitätsänderungen führen zu Oberflächenänderungen in den neuro-hämalen Kontaktgebieten. Auch die *jahreszeitliche Rhythmik* des endokrinen Systems bei *Winterschläfern* (*Igel*) zeigt sich in einer unterschiedlichen Zusammensetzung der vasculären Oberfläche der *Zona externa*. Zahl und Ausdehnung der neuro-vasculären Kontakte sind nach WITTKOWSKI und MÜLLER (1976) im September doppelt so hoch wie im Dezember. Zusätzlich verringert sich auch die Flächendichte der *synaptoiden neuro-gliösen Kontakte* um die Hälfte, während sich der *Glykogengehalt* vor allem in den Gliaelementen der Zona externa erhöht.

In *enzymhistochemischen Untersuchungen* kamen AKMAYEV und FIDELINA (1974, *Ratte*) zu dem Ergebnis, Adrenalektomie führe zu einer generell verringerten Enzymaktivität der Tanycyten (Oxydoreduktasen), Dexamethasongaben hingegen zu einer teilweisen Erhöhung. Damit bestehe eine negative Korrelation zwischen Tanycytenstoffwechsel und der adrenocorticotropen Funktion der Hypophyse. In früheren Mitteilungen hatten bereits BOCK und GOSLAR (1969) sowie GOSLAR und BOCK (1970) von einer Verringerung der Aktivität unspezifischer Esterasen in Tanycyten und Pituicyten des Infundibulum adrenalektomierter *Ratten* berichtet.

4. Zur Funktion der neurohypophysären Glia

Die bisherigen Vorstellungen von der Funktion der neurohypophysären Glia sind weitgehend hypothetisch und fußen im wesentlichen auf morphologischen Beobachtungen. Die folgende Diskussion soll zur Standortbestimmung und Formulierung neuer Fragestellungen beitragen. Dabei sollen hier nur die *Tanycyten* und *Pituicyten* der Neurohypophyse besprochen werden, nicht die Astrocyten, Oligodendrocyten und Mikrogliazellen, die ebenfalls in der Neurohypophyse vorkommen (vgl. 2.3.).

Es kann als sicher angenommen werden, daß Tanycyten und Pituicyten der Neurohypophyse grundsätzlich die gleichen Funktionen (trophischer Art) ausüben wie Gliazellen in anderen Teilen des Zentralnervensystems. Hierin dürften sie vor allem mit Astrocyten und mit Tanycyten anderer Lokalisation zu vergleichen sein. Andererseits weist schon das morphologische Bild recht deutlich auf funktionelle Besonderheiten der neurohypophysären gegenüber der „normalen" Glia hin. Es zeigt nämlich quantitative und qualitative Unterschiede zu anderen Gliazelltypen: Tanycyten und Pituicyten der Neurohypophyse kommen *nur im Endigungsbereich neurosekretorischer Neurone* vor und stehen ebenso wie diese in Kontakt mit den Capillarsystemen, welche die Neurohormone aufnehmen. Sie sind außerdem durch synapsenartige Kontakte mit Nervenfasern verknüpft.

Aufgrund der Verflechtung mit neurosekretorischen Neuronen behandeln nahezu alle Diskussionen zur Funktion der spezifischen neurohypophysären Glia in irgendeiner Weise die Kardinalfrage: Welche Rolle spielen die Tanycyten und Pituicyten im Rahmen der Neurosekretion? Dabei ist keine Neigung zu verspüren, extreme frühere Vorstellungen zu übernehmen, nach denen die Pituicyten selbst als Hormonbildner angesehen wurden. Auch von der gegensätzlichen Auffassung, die Gliazellen der Neurohypophyse unterschieden sich in ihrem Funktionsspektrum nicht von anderen Gliazellen, ist wenig die Rede.

Auf der Suche nach der tatsächlichen Leistung dieser Zellen haben einige Hypothesen durch Arbeiten der letzten Jahre an Wahrscheinlichkeit gewonnen. Sie beziehen sich auf folgende Zelleigenschaften:
1) Transport- und Speicherfunktion;
2) metabolische Funktion;
3) mechanische Funktion;
4) Sekretionsleistung.

Zu 1). *Zur Frage einer Transport- und Speicherfunktion der neurohypophysären Glia.* Eine Transportfunktion wird zunächst und vor allem für die *Tanycyten des Infundibulum* postuliert. Sie könnten aufgrund ihrer Lokalisation aktiv Substanzen aus dem Liquor aufnehmen und zu den Portalgefäßen transportieren oder umgekehrt Substanzen aus dem Portalblut zum Liquor leiten (vgl. Löfgren, 1959; Wittkowski, 1967c, 1969; Kobayashi et al., 1970; Knigge u. Silverman, 1974; Knowles, 1974 u.a.). Beide Transportwege ließen sich mit einer Speicherung der resorbierten Stoffe vereinbaren.

Solche Gedanken stützen sich einmal auf cytologische Merkmale, wie Mikrovilli und Pinocytosevesikel an der ventriculären Oberfläche (Rinne, 1966; Brightman u. Reese, 1969 u.a.), Pinocytosevesikel und Anzeichen von Exocytose an der vasculären Oberfläche (Wittkowski, 1972 u.a.), auf die zahlreichen Mikrotubuli im Verlauf der Fortsätze, tubuläre Formationen des endoplasmatischen Reticulum und die vielen unterschiedlich geformten und verschieden elektronendichten Einschlüsse, die sich in den vasculären Fortsatzendigungen sammeln (Rinne, 1966; Wittkowski, 1972; Krisch, 1975).

Weiter werden als Argumente die Ergebnisse zahlreicher *Transportversuche* angeführt, bei denen Substanzen in den Liquor injiziert und ihre Aufnahme und der Transport im Infundibulum untersucht wurden (vgl. 3.1). So wurde z.B. festgestellt, daß Aufnahme und Verteilung von intraventriculärer Peroxidase zumindest teilweise intracellulär durch Leistung der Tanycyten erfolgt. Intracellulär findet sich der Tracer in Pinocytosevesikeln, in tubulären und vesiculären Formationen und in besonderer Konzentration in den polymorphen Granula in den vasculären Endigungen (WAGNER u. PILGRIM, 1974; PELLETIER et al., 1975). Auch Experimente mit radioaktiv markierten Hormonen, die nach intraventriculärer Gabe in Infundibulum, Portalblut und Hinterlappen angereichert werden (KENDALL et al., 1972; ONDO et al., 1972; PORTER et al., 1973), sprechen für eine Transportfunktion, desgleichen Untersuchungen von SCOTT et al. (1974) mit ^{3}H-Dopamin, das von den Tanycyten des Infundibulum aus dem Liquor aufgenommen und transportiert wird. Einen umgekehrten Transportweg diskutieren nach Farbstoffversuchen LEONHARDT und EBERHARDT (1972) sowie KNIGGE und SILVERMAN (1972), die eine Thyroxin-Aufnahme aus dem Portalblut durch das Infundibulum feststellten und diese den Tanycyten und Pituicyten zuordnen. Zur Frage einer Doppelläufigkeit des Transportweges (gefäßwärts und liquorwärts gerichtet) s. NAKAI u. NAITO (1975).

Folgende physiologische Konsequenzen einer Transportfunktion der Tanycyten wurden von KENDALL et al. (1972) in Erwägung gezogen:

a) Periphere Hormone, die über den Plexus choroideus in den Liquor gelangen, könnten über eine Aufnahme in das Infundibulum einen Feedback-Effekt ausüben (vgl. KNIGGE u. SILVERMAN, 1974).

b) In ähnlicher Weise könnten Ventrikelliquor und Tanycyten des Infundibulum auch als Transportorgane für hypophysiotrope Hormone des Hypothalamus in Frage kommen, die in den Ventrikel sezerniert werden.

c) Auch ein Transport von Melatonin auf dem Wege von der Epiphyse über Liquor und Infundibulum zum Hypophysenvorderlappen wird diskutiert (WURTMAN, 1971).

An eine Transportfunktion für Neurohormone wird nicht nur bei Tanycyten, sondern auch bei *Pituicyten* in Infundibulum und Hinterlappen gedacht. Sie ergibt sich beinahe zwingend aus Befunden an der *Eidechse* (RODRÍGUEZ u. LA POINTE, 1969), deren vasculäre Kontaktflächen ausschließlich von Gefäßfortsätzen von Ependymzellen gebildet werden, so daß neurosekretorische Axone keinen direkten Zugang zu Gefäßen haben. Eine solche indirekte Freisetzung könnte auch bei *Säugern* eine Rolle spielen, wenngleich hier in der Regel eine große Zahl neuro-vasculärer synaptoider Kontakte existiert. Das morphologische Bild neuro-gliöser Kontakte, das demjenigen neuro-vasculärer Kontakte gleicht, läßt es denkbar erscheinen, daß neuronale Substanzen in die Gliazellen übertreten, von ihnen gespeichert und an Gefäße abgegeben werden (WITTKOWSKI, 1972). Zwei grundsätzlich verschiedene Transportsysteme für Neurohormone diskutiert auch GIESING (1971) aufgrund *biochemischer Untersuchungsergebnisse*. Ausgehend von dem Befund, daß osmiophile Gliagrana bei der *Ratte* Oxytocin und Vasopressin enthalten, meint der Autor, Neurohormone könnten in den Gliazellen durch Kopplung an Lipide „plasmafähig" gemacht werden und seien dann in besonderem Maße zur Depotwirkung geeignet.

Alle oben aufgeführten Ergebnisse können jedoch nicht darüber hinwegtäuschen, daß die Transporthypothese bislang nicht überzeugend ist. Nach den Befunden der Peroxidaseversuche (WAGNER u. PILGRIM, 1974; PELLETIER et al., 1975) sollte der Gedanke einer extracellulären Diffusion von Substanzen unter dem modulierenden Einfluß der infundibulären Glia (Bindung von Wasser und Kationen, Aufnahme bestimmter Substanzen) vermehrt berücksichtigt werden (s. PILGRIM, 1978).

Zu 2). *Zur Frage einer metabolischen Funktion der neurohypophysären Glia.* Die Annahme einer metabolischen Funktion basiert zunächst auf Beobachtungen einer *Phagocytose* und eines *Abbaus von Axonbruchstücken* oder einzelnen *Neurosekretgranula* degenerierender Nervenfasern bei Stieldurchtrennung (STERBA u. BRÜCKNER, 1967, 1969; DELLMANN, 1973), bei Läsionen im Hypothalamus (RAISMAN, 1972), bei bilateraler Adrenalektomie und vereinzelt auch bei Normaltieren (WITTKOWSKI, 1973). Derartige Reaktionen, so wird argumentiert, könnten Ausdruck einer gesteigerten Grundfunktion sein, die in einer Aufnahme und Verarbeitung anfallender axonaler Abfallstoffe bestehe. Auch die Hypertrophie der Pituicyten nach osmotischer Belastung läßt sich in das Konzept einer metabolischen Funktion einfügen. REINHARDT et al. (1969) halten speziell die im Durstversuch vermehrten osmiophilen Einschlüsse für Endprodukte einer lysosomalen Verdauung von Membranresten bzw. der Trägersubstanz von Neurohormonen. Auch WAGNER und PILGRIM (1974) diskutieren in ihren Peroxidaseversuchen die Entstehung von typischen Lipideinschlüssen aus Lysosomen und schließen damit eine Abbaufunktion der Glia ein.

Nach Befunden von WITTKOWSKI (1973) ist es allerdings wahrscheinlicher, daß die im Endabschnitt neurosekretorischer Neurone anfallenden Abfallstoffe weniger von Pituicyten als von *perivasculären Bindegewebszellen* aufgenommen und verarbeitet werden. In Zona externa und Hinterlappen läßt sich nämlich, zumal unter den Bedingungen einer verstärkten Hormonabgabe, beobachten, daß mit Membrankörperchen, Lysosomen, aber auch Vesikeln und Granula beladene Axonauftreibungen nach Art einer apokrinen Sekretion abgeschnürt und in den perivasculären Raum abgestoßen werden, wo sie von Bindegewebszellen phagocytiert werden (WITTKOWSKI, 1967a, 1973, OLIVIERI-SANGIACOMO, 1972). Die Gliazellen scheinen dann eher für die Regeneration von Axonendigungen und neuro-vasculären Kontakten wichtig zu sein, wie auch aus Untersuchungen über den Einfluß von Gliazellen verschiedener Herkunft auf regenerierende neurosekretorische Neurone hervorgeht (KIERNAN, 1971, vgl. 3.2.).

Ein Abbau der Trägerproteine im Endigungsbereich neurosekretorischer Neurone ist nach neueren biochemischen Ergebnissen nicht erforderlich, da diese mit den Hormonen in die Blutbahn freigesetzt werden (HOPE u. PICKUP, 1974).

Zu 3). *Zur Frage einer mechanischen Funktion der neurohypophysären Glia.* Die Frage einer aktiven oder passiven *Volumenänderung* bzw. einer *Bewegung der Gliazellen* und einer daraus folgenden Änderung der Sekretionsbedingungen wurde von GÜLDNER (1973) und WITTKOWSKI (1973) aufgeworfen. HÖKFELT (1973), WITTKOWSKI (1973), WITTKOWSKI und BRINKMANN (1974), WITTKOWSKI und SCHEUER (1974) sowie WITTKOWSKI und MÜLLER (1976) stellten fest, daß sich die Zusammensetzung der vasculären Oberfläche von Infundibulum und Hinterlappen unter physiologischen (*Winterschlaf*) und experimentellen Bedingungen (bilaterale Adrenalektomie, Gabe von SME-Extrakt, Dopamingabe, Durst) verändern kann. Unter normalen Umständen sind die Flächenanteile für Nervenfasern und Gliazellen konstant. Eine Aktivierung des tubero-hypophysären oder des supraoptico-hypophysären Systems führt zu einer Verminderung des Anteils von Gliafortsätzen an der Grenzfläche zu den Gefäßen, eine Inaktivierung zu einer Erhöhung. Entsprechend verändert sich auch die Ausdehnung von Kontakten zwischen Nervenendigungen und perivasculärem Raum, die neuro-vasculäre „Sekretions"-Fläche.

Einen intravitalen Formwandel und Oberflächenanpassungen sieht WOLFF (1965) als wesentliches Charakteristikum von Astrocyten an. Für die Neurohypophyse stellt sich im Anschluß an die erwähnten Befunde die Frage, ob derartige Verschiebungen der vasculären Kontaktfläche von Tanycyten und Pituicyten aktive Zelleistungen sind (GÜLDNER, 1973). In diesem Falle wäre an eine Steuerung der Bewegungen durch neuro-gliöse Synapsen zu denken, deren Flächendichte ähnlich schwankt wie die Zusammensetzung der vasculären Oberfläche. So erhöht sich die Zahl der neuro-gliösen Kontakte bei Durst und erniedrigt sich im Winterschlaf (WITTKOWSKI u. BRINKMANN, 1974; WITTKOWSKI u. MÜLLER, 1976). Oberflächenschwankungen der Glia könnten aber auch passive Folge einer Volumenänderung oder eines Wachstums neurosekretorischer Neurone sein (WITTKOWSKI, 1973).

Zu 4). *Zur Frage einer sekretorischen Leistung der neurohypophysären Glia.* Für eine solche Eigenschaft sprechen cytologische Merkmale, wie der in der Regel stark ausgeprägte Golgi-Apparat, aus dem im Hinterlappen vereinzelt, im Infundibulum häufiger sekretorische Einschlüsse hervorzugehen scheinen, oder die verschiedentlich beschriebenen Phänomene einer Ependymsekretion (LÖFGREN, 1960; LEVEQUE et al., 1966; WITTKOWSKI, 1969). DELLMANN (1973) beschreibt nach Stieldurchtrennung eine auf die Phagocytosephase folgende Zunahme von Golgi-Komplexen und daraus hervorgehenden Vesikeln und stellt die Frage, ob die Sekretion eine Grundfunktion der Pituicyten sei, die durch den Einfluß hypothalamischer Neurone möglicherweise über neuro-gliöse Kontakte gehemmt werde. Dabei ist zu beachten, daß – wie im Zwischenlappen (BARGMANN et al., 1967) – Nervenfasern mit unterschiedlichem Hormon- und Transmittergehalt synaptoide Kontakte zu Gliazellen von Infundibulum und Hinterlappen ausbilden. Als Einzelbefund ist zunächst das Ergebnis von PAVEL (1974) zu werten, der in kultivierten Ependymzellen der Neurohypophyse *menschlicher* Feten die Synthese eines Arginin-Vasotocin-artigen Peptids nachgewiesen hat.

Damit ergibt sich aus einer Vielzahl von Ergebnissen und Hypothesen ein so schillerndes und zugleich unklares Bild der neurohypophysären Glia, daß eindeutige Schlußfolgerungen auf die Funktion derzeit nicht möglich sind. Es scheint jedoch festzustehen, daß sekretorische Neurone in den neuro-hämalen Kontaktbereichen einen Hilfsapparat benötigen, der in Form spezialisierter Gliazellen auftritt und mit besonderen Eigenschaften ausgestattet ist.

Literaturverzeichnis

ADAMS, J.H., DANIEL, P.M., PRICHARD, M.M.L.: Degeneration and regeneration of hypothalamic nerve fibres in the neurohypophysis after pituitary stalk section in the ferret. J. Comp. Neurol. **135**, 121–144 (1969)

AJIKA, K.: Ultrafine structure of the developing median eminence and pars nervosa of the rat. Acta Obstet. Gynecol. Jap. **16**, 143–155 (1969)

AKMAYEV, J.G., FIDELINA, O.V.: Morphological aspects of the hypothalamic-hypophyseal system. V. The tanycytes: Their relation to the hypophyseal adrenocorticotrophic function. An enzymehistochemical study. Cell Tissue Res. **152**, 403–410 (1974)

AKMAYEV, J.G., FIDELINA, O.V., KABOLOVA, Z.A., POPOV, A.P., SCHITKOVA, T.A.: Morphological aspects of the hypothalamic-hypophyseal system. IV. Medial basal hypothalamus. An experimental morphological study. Z. Zellforsch. **137**, 493–512 (1973)

ANAND KUMAR, T.C.: Modified ependymal cells in the ventral hypothalamus of the rhesus monkey and their possible role in the hypothalamic regulation of the anterior pituitary function. J. Endocrinol. **41**, 17–18 (1968a)

ANAND KUMAR, T.C.: Sexual differences in the ependyma lining the third ventricle in the area of the anterior hypothalamus of adult rhesus monkeys. Z. Zellforsch. **90**, 28–36 (1968b)

ANAND KUMAR, T.C., KNOWLES, F.G.W.: A system linking the third ventricle with the pars tuberalis of the rhesus monkey. Nature **215**, 54–55 (1967)

BARER, R., LEDERIS, K.: Ultrastructure of the rabbit neurohypophysis with special reference to the release of hormones. Z. Zellforsch. **75**, 201–239 (1966)

BARGMANN, W.: Über die neurosekretorische Verknüpfung von Hypothalamus und Neurohypophyse. Z. Zellforsch. **34**, 610–634 (1949)

BARGMANN, W.: Das Zwischenhirn-Hypophysensystem. Berlin, Göttingen, Heidelberg: Springer 1954

BARGMANN, W.: Die endokrine Tätigkeit des Zwischenhirns und seine Beziehungen zu anderen endokrinen Drüsen. In: Pathophysiologia diencephalica. CURRI, S.B., MARTINI, L. (Hrsg.), S. 21. Wien: Springer 1958

BARGMANN, W.: Histologie und mikroskopische Anatomie des Menschen, 6. Aufl. Stuttgart: Thieme 1967

BARGMANN, W.: Neurohypophysis. Structure and function. In: Handbuch der experimentellen Pharmakologie. Bd. XXIII: Neurohypophysial hormones and similar polypeptides. BERDE, B. (Hrsg.), S. 1–39. Berlin, Heidelberg, New York: Springer 1968

BARGMANN, W., KNOOP, A.: Elektronenmikroskopische Beobachtungen an der Neurohypophyse. Z. Zellforsch. **46**, 242–251 (1957)

BARGMANN, W., KNOOP, A., THIEL, A.: Elektronenmikroskopische Studie an der Neurohypophyse von *Tropidonotus natrix*. Z. Zellforsch. **47**, 114–126 (1957)

BARGMANN, W., LINDNER, E., ANDRES, K.H.: Über Synapsen an endokrinen Epithelzellen und die Definition sekretorischer Neurone. Untersuchungen am Zwischenlappen der Katzenhypophyse. Z. Zellforsch. **77**, 282–298 (1967)

BAUMGARTEN, H.G., BJÖRKLUND, A., HOLSTEIN, A.F., NOBIN, A.: Organisation and ultrastructural identification of the catecholamine nerve terminals in the neural lobe and pars intermedia of the rat pituitary. Z. Zellforsch. **126**, 483–517 (1972)

BELENKI, I., POLENOV, A.L.: Elektronnomikroskopicheskoe issledovanie pituitsitov i ikh vzaimootnosheniia s neirosekretornymi 'elementami zadne i doli gipofiza belykh myshe. (Electron microscope study of pituicytes and their interaction with neurosecretory elements of the posterior lobe of the hypophysis in white mice.) Tsitologiia 651–653 (1963)

BEAUVILLAIN, J.-C.: Structure fine de l'eminence médiane de souris au cours de son ontogenese. Z. Zellforsch. **139**, 201–215 (1973)

BERN, H.A., NISHIOKA, R.S., MEWALDT, L.R., FARNER, D.S.: Photoperiodic and osmotic influences on the ultrastructure of the hypothalamic neurosecretory system of the White-crowned Sparrow, *Zonotrichia leucophrys gambelii*. Z. Zellforsch. **69**, 198–227 (1966)

BILLENSTIEN, D.C., LEVEQUE, T.F.: The reorganization of the neurohypophysial stalk following hypophysectomy in the rat. Endocrinology **56**, 704–717 (1955)

BLEIER, R.: The relations of ependyma to neurons and capillaries in the hypothalamus: A Golgi-Cox study. J. Comp. Neurol. **142**, 439–463 (1971)

BLEIER, R.: Structural relationship of ependymal cells and their processes within the hypothalamus. In: Brain-endocrine interaction. Median eminence: structure and function. KNIGGE, K.M., SCOTT, D.E., WEINDL, A. (eds.), pp. 306–318. Basel: Karger 1972

BLOOM, W., FAWCETT, D.W.: A textbook of histology. Philadelphia, London, Toronto: Saunders 1968

BOCK, R., GOSLAR, H.-G.: Enzymhistochemische Untersuchungen an Infundibulum und Hypophysenhinterlappen der normalen und beidseitig adrenalektomierten Ratte. Z. Zellforsch. **95**, 415–428 (1969)

BODIAN, D.: Cytological aspects of neurosecretion in opossum neurohypophysis. Bull. Johns Hopk. Hosp. **113**, 57–93 (1963)

BODIAN, D.: Herring bodies and neuro-apocrine secretion in the monkey. An electron microscopic study of the fate of the neurosecretory product. Bull. Johns Hopk. Hosp. **118**, 282–326 (1966)

BOUDIER, J.L., BOUDIER, J.A.: Jonctions entre pituicytes dans la neurohypophyse du rat. J. Microsc. **20**, 27a (1974)

BOUDIER, J.L., BOUDIER, J.A., PICARD, D.: Ultrastructure du lobe postérieur de l'hypophyse du rat et ses modifications au cours de l'excrétion de vasopressine. Z. Zellforsch. **108**, 357–379 (1970)

BRAWER, J.R.: The fine structure of the ependymal tanycytes at the level of the arcuate nucleus. J. Comp. Neurol. **145**, 25–41 (1972)

BRIDGES, T.E., FISCHER, A.W., GOSBEE, J.L., LEDERIS, K., SANTOLAYA, R.C.: Acetylcholine and cholinesterases (assays and light- and electron microscopical histochemistry) in different parts of the pituitary of rat, rabbit and domestic pig. Z. Zellforsch. **136**, 1–18 (1973)

BRIGHTMAN, M.W., REESE, T.S.: Junctions between intimately apposed cell membranes in the vertebrate brain. J. Cell Biol. **40**, 648–677 (1969)

BRINKMANN, H.: Über die postnatale Entwicklung von Ependym und subependymalen Strukturen im Bereich des III. Ventrikels der Katze. Inaugural-Dissertation. Bonn 1972

BRINKMANN, H., BOCK, R.: Quantitative Veränderungen „Gomori-positiver" Substanzen im Infundibulum und Hypophysenhinterlappen der Ratte nach Adrenalektomie und Kochsalz- oder Durstbelastung. J. Neuro-visc. Relat. **32**, 48–64 (1970)

BRÜCKNER, G.: Funktionelle Morphologie der hypophysären Glia nach Durchtrennung des Hypophysenstiels bei *Rana esculenta*. Gegenbaurs Morphol. Jahrb. **118**, 52–80 (1972)

BUCY, P.C.: The pars nervosa of the bovine hypophysis. J. Comp. Neurol. **50**, 505–520 (1930)

BUDTZ, P.E.: Effect of transection at different levels of hypothalamus on the hypothalamo-hypophysial system of the toad, *Bufo bufo*, with particular reference to the ultrastructure of the zona externa of the median eminence. Z. Zellforsch. **107**, 210–233 (1970)

CAJAL, S.R.: Histologie du système nerveux de l'homme et des vertébrés. Vol. II. Paris: Maloine 1911

CAMPBELL, H.J., HARRIS, G.W.: The volume of the pituitary and median eminence in stalk-sectioned rabbits. J. Physiol. (Lond.) **136**, 333–343 (1957)

CHRIST, J.F.: Nerve supply, blood supply and cytology of the neurohypophysis. In: The pituitary gland. HARRIS, G.W., DONOVAN, B.T. (eds.), Vol. 3, pp. 62–130. Oxford: Butterworths 1966

CLARA, M.: Zur Morphologie der Grenzschichten im nervösen Zentralorgan. Dtsch. Z. Nervenheilkd. **166**, 166–176 (1951)

COLLIN, R.: Neurosécrétion hypothalamique et hydrencéphalocrinie. C.R. Soc. Biol. (Nancy) Avril (1953)

COLLIN, R.: Die äußeren und inneren Wechselbeziehungen des Hypophysenorgans. In: Ergebnisse der medizinischen Grundlagenforschung. BAUER, K.F. (Hrsg.), S. 622–666. Stuttgart: Thieme 1956

COLMANT, H.J.: Über die Wandstruktur des dritten Ventrikels der Albinoratte. Histochemistry **11**, 40–61 (1967)

DAIKOKU, S., KOTSU, T., HASHIMOTO, M.: Electron microscopic observations on the development of the median eminence in perinatal rats. Anat. Embryol. **134**, 311–327 (1971)

DANILOVA, O.A.: Cholinesterase activity of the hypothalamo-hypophysial neurosecretory system in rats during the ontogenetic development. Histochemistry **28**, 255–264 (1971)

DEDOV, I.: Electronmicroscopic and histochemical changes of the neurohypophysis at various functional states. In: VIth Int. Congr. Electron Microscopy, Kyoto 1966, pp. 525–526. Tokyo: Maruzen 1966

DELLMANN, H.D.: Histologische Untersuchungen über den Feinbau der Zona interna des Infundibulum beim Rind. Acta Morphol. Neerl. Scand. **4**, 1–30 (1961)

DELLMANN, H.D.: Neurohistologische Untersuchungen über die Verknüpfung von Hypothalamus und Hypophyse (unter besonderer Berücksichtigung der Verhältnisse beim Rind). Ein Beitrag zum Problem der Neurosekretion und der hypothalamischen Beeinflussung der Adenohypophyse. J. Hirnforsch. **5**, 249–344 (1962)

Dellmann, H.D.: Degeneration and regeneration of neurosecretory systems. Int. Rev. Cytol. **36**, 215–315 (1973)

Dellmann, H.D., Owsley, P.A.: Investigations on the hypothalamo-neurohypophysial neurosecretory system of the grass frog (*Rana pipiens*) after transection of the proximal neurohypophysis. II. Light- and electron-microscopic findings in the disconnected distal neurohypophysis with special emphasis on the pituicytes. Z. Zellforsch. **94**, 325–336 (1969)

Dellmann, H.D., Stoeckel, M.E., Porte, A., Stutinsky, F., Klein, M.J., Chang, N., Adldinger, H.K.: Ultrastructure of the rat neural lobe following interruption of the hypophysial stalk. Anat. Rec. **175**, 305 (1973)

Diepen, R.: Der Hypothalamus. In: Handbuch der mikroskopischen Anatomie des Menschen. Möllendorff, W.v. (Hrsg.), Bd. IV/7. Berlin, Göttingen, Heidelberg: Springer 1962

Dreifuss, J.J., Sandri, C., Akert, K., Moor, H.: Ultrastructural evidence for sinusoid spaces and coupling between pituicytes. Cell Tissue Res. **161**, 33–45 (1975)

Duchen, L.W.: The effects of ingestion of hypertonic saline on pituitary gland in the rat: A morphological study of the pars intermedia and posterior lobe. J. Endocrinol. **25**, 161–168 (1962)

Duchèsne, P.Y., Knyihar, E.: Localisation ultrastructurale de la phosphatase acide dans la neurohypophyse du rat. Acta Neurol. Belg. **72**, 146–157 (1972)

Duffy, P.E., Menefee, M.: Electron microscopic observations of neurosecretory granules, nerve and glial fibers, and blood vessels in the median eminence of the rabbit. Am. J. Anat. **117**, 251–286 (1965)

Duvernoy, H.: The vascular architecture of the median eminence. In: Brain-endocrine interaction. Median eminence: structure and function. Knigge, K.M., Scott, D.E., Weindl, A. (eds.), pp. 79–108. Basel: Karger 1972

Eichner, D.: Zur Morphologie des neurosekretorischen hypothalamisch-hypophysären Systems beim Goldhamster (*Cricetus auratus*) unter normalen und experimentellen Bedingungen. Z. Zellforsch. **40**, 151–161 (1954)

Eichner, D.: Quantitative histologische Untersuchungen an Pars intermedia und Pars neuralis der Rattenhypophyse. Z. mikr.-anat. Forsch. **72**, 410–416 (1965)

Engelhardt, F.: Morphologische Grundlagen der Beziehungen zwischen Hypophyse und Hypothalamus. In: Handbuch der Neurochirurgie. Krenkel, W., Olivecrona, H., Tönnis, W. (Hrsg.), Bd. I/2, S. 1–212. Berlin, Heidelberg, New York: Springer 1968

Eurenius, L., Jarskär, R.: Electron microscope studies on the development of the external zone of the mouse median eminence. Z. Zellforsch. **122**, 488–502 (1971)

Fasolo, A., Franzoni, M.F.: A Golgi study on tanycytes and liquor-contacting cells in the posterior hypothalamus of the newt. Cell Tissue Res. **154**, 151–166 (1974)

Fasolo, A., Franzoni, M.F., Mazzi, V.: The neurohypophysis of the crested newt. II. Fine structure of the pars nervosa with special reference to ependymal cells. Z. Zellforsch. **134**, 367–382 (1972)

Fasolo, A., Franzoni, M.F., Mazzi, V.: The neurohypophysis of the crested newt. III. Fine structure of the median eminence. Z. Zellforsch. **141**, 203–221 (1973)

Feldberg, W., Fleischhauer, K.: Penetration of bromophenol blue from the perfused cerebral ventricles into the brain tissue. J. Physiol. (Lond.) **150**, 451–462 (1960)

Feldberg, W., Myers, R.D.: Appearance of 5-hydroxytryptamine and an unidentified pharmacologically active lipid acid in effluent from perfused cerebral ventricles. J. Physiol. (Lond.) **184**, 837–855 (1966)

Fendler, K.: Effect of hormone administration on the hypothalamic neurosecretory system of rats after pituitary stalk section. Acta Physiol. Acad. Sci. Hung. **37**, 83–97 (1970)

Fink, G., Smith, G.C.: Ultrastructural features of the developing hypothalamo-hypophysial axis in the rat. Z. Zellforsch. **119**, 208–226 (1971)

Firth, J.A., Bock, R.: Distribution and properties of an adenosine triphosphatase in the tanycyte ependyma of the third ventricle of the rat. Histochemistry **47**, 145–157 (1976)

Fleischhauer, K.: Fluoreszenzmikroskopische Untersuchungen über den Stofftransport zwischen Ventrikelliquor und Gehirn. Z. Zellforsch. **62**, 639–654 (1964)

Fleischhauer, K.: Über die postnatale Entwicklung der subependymalen und marginalen Gliafaserschichten im Gehirn der Katze. Z. Zellforsch. **75**, 96–108 (1966)

Fleischhauer, K.: Ependyma and subependymal layer. In: The structure and function of nervous tissue. Bourne, G.H. (ed.), Vol.VI, pp. 1–46. New York, London: Academic Press 1972

FLEISCHHAUER, K.: Some basic facts concerning the morphology of the hypothalamus and its constituent elements. In: Schering Workshop on central actions of estrogenic hormones, Berlin 1974. RASPÉ, G. (ed.), pp. 9–24. Oxford, Braunschweig: Pergamon Press, Vieweg 1975

FOLLENIUS, E.: Cytologie des systèmes neurosécréteurs hypothalamo-hypophysaires des poissons téléostéens. In: Neurosecretion. IVth Int. Symp. Neurosecretion, Strasbourg 1966. STUTINSKY, F. (ed.), pp. 42–56. Berlin, Heidelberg, New York: Springer 1967

FUJITA, H., HARTMANN, J.F.: Electron microscopy of neurohypophysis in normal adrenalin treated and pilocarpine treated rabbits. Z. Zellforsch. 54, 734–763 (1961)

GAUPP, R.: Die Beziehungen von Zwischenhirn und Hypophyse in der morphologischen und experimentellen Forschung. Fortschr. Neurol. Psychiatr. 13, 4, 257–280 (1941)

GAUPP, V., SPATZ, H.: Hypophysenstieldurchtrennung und Geschlechtsreifung. Über Regenerationserscheinungen an der suprasellären Hypophyse. Acta neuroveg. (Wien) 12, 285–328 (1955)

GERSH, I.: Relation of histological structure to the active substances extracted from the posterior lobe of the hypophysis. Res. Publ. Assoc. Res. Nerv. Ment. Dis. 17, 433–436 (1938)

GERSH, I.: The structure and function of the parenchymatous glandular cells in the neurohypophysis of the rat. Am. J. Anat. 64, 407–443 (1939)

GIESING, M.: Biochemie der neurosekretorischen Elementargranula und der lipidreichen Grana der Neurohypophyse von Ratten. Med. Dissertation. Bonn 1971

GOLDMANN, E.: Vitalfärbung am Zentralnervensystem. Abh. preuss. Akad. Wiss. 1, 1–60 (1913/14)

GOSLAR, H.G., BOCK, R.: Zur Spaltbarkeit verschiedener Naphthol-Carbonsäureester durch Esterasen im Tanycytenependym des III. Ventrikels der Wistarratte. Histochemistry 21, 353–365 (1970)

GOSLAR, H.G., BOCK, R.: Histochemische Eigenschaften der unspezifischen Esterasen im Tanycytenependym des III. Ventrikels, im Subfornicalorgan und im Subcommissuralorgan der Wistarratte. Histochemistry 28, 170–182 (1971)

GRAY, E.G.: Axo-somatic and axo-dendritic synapses of the cerebral cortex. J. Anat. 93, 420–432 (1959)

GREEN, J.D.: The histology of the hypophysial stalk and median eminence in man with special reference to blood vessels, nerve fibers and a peculiar neurovascular zone in this region. Anat. Rec. 100, 273–296 (1948)

GREEN, J.D., HARRIS, G.W.: The neurovascular link between the neurohypophysis and adenohypophysis. J. Endocrinol. 5, 136–146 (1947)

GREVING, R.: Beiträge zur Anatomie der Hypophyse und ihrer Funktion. I. Eine Faserbildung zwischen Hypophyse und Zwischenhirnbasis (Tractus supraoptico-hypophyseus). Dtsch. Z. Nervenheilkd. 89, 179–195 (1926)

GÜLDNER, F.H.: Charakteristika der neuro-gliösen synapsenähnlichen Kontakte in der Eminentia mediana der Ratte. Anat. Anz. (Erg.-H.) 134, 279–283 (1973)

GÜLDNER, F.H., WOLFF, J.R.: Neurono-glial synaptoid contacts in the median eminence of the rat: Ultrastructure, staining properties and distribution. Brain Res. 61, 217–234 (1973)

HAGEN, E.: Neurohistologische Untersuchungen an der menschlichen Hypophyse. Z. Anat. Entwickl.-Gesch. 114, 640–679 (1949)

HAGEN, E.: Über die feinere Histologie einiger Abschnitte des Zwischenhirns und der Neurohypophyse. II. Morphologische Veränderungen im Zwischenhirn des Hundes nach Pankreatektomie. Acta Anat. (Basel) 25, 1–33 (1955)

HAGEN, E.: Über das Vorkommen besonderer afferenter Nervenstrukturen an der Grenzfläche von Adeno- und Neurohypophyse. Acta neuroveg. (Wien) 28, 532–545 (1966)

HALÁSZ, B., KOSARAS, B., LENGVÁRI, J.: Ontogenesis of the neurovascular link between the hypothalamus and the anterior pituitary in the rat. In: Brain-endocrine interaction. Median eminence: structure and function. KNIGGE, K.M., SCOTT, D.E., WEINDL, A. (Hrsg.), S. 27–34. Basel: Karger 1972

HANSSON, H.A., NORSTRÖM, A.: Glial reactions induced by colchicine-treatment of the hypothalamic-neurohypophysial system. Z. Zellforsch. 113, 294–310 (1971)

HARRIS, G.W.: Neural control of the pituitary gland. Physiol. Rev. 28, 139–179 (1948)

HARRIS, G.W., DONOVAN, B.T. (eds.): Pars intermedia and neurohypophysis. In: The pituitary gland. Vol. 3, London: Butterworths 1966

HARTMANN, J.F.: Electron microscopy of the neurohypophysis in normal and histamine-treated rats. Z. Zellforsch. 48, 291–308 (1958)

HAUG, H.: Die postnatale Entwicklung der Gliadeckschicht der Sehrinde der Katze. Eine elektronen-mikroskopische Studie über die Ausbreitung von Lamellenstapeln. Z. Zellforsch. **123**, 544–565 (1972)

HAYMAKER, W., ANDERSON, E., NAUTA, W. (eds.): The hypothalamus. Springfield, Ill.: Thomas 1969

HELLER, H.: Neurohypophysial hormones in the cerebrospinal fluid. In: Zirkumventrikuläre Organe und Liquor. STERBA, G. (Hrsg.), S. 235–242. Jena: Fischer 1969

HELLER, H., HASAN, S.H., SAIFI, A.Q.: Antidiuretic activity in the cerebrospinal fluid. J. Endocrinol. **41**, 273–280 (1968)

HILD, W.: Das morphologische, kinetische und endokrinologische Verhalten von hypothalamischem und neurohypophysärem Gewebe in vitro. Z. Zellforsch. **40**, 257–312 (1954)

HÖKFELT, T.: Possible site of action of dopamine in the hypothalamic pituitary control. Acta Physiol. Scand. **89**, 606–608 (1973)

HOLMES, R.L., KIERNAN, J.A.: The fine structure of the infundibular process of the hedgehog. Z. Zellforsch. **61**, 894–912 (1964)

HOLTZMAN, E., NOVIKOFF, A.B.: Lysosomes in the rat sciatic nerve following crush. J. Cell Biol. **27**, 651–669 (1965)

HOPE, D.B., PICKUP, J.C.: Neurophysins. In: Handbook of Physiology. Vol. IV/1, Sect. 7: Endocrinology, SAWYER, W.H., KNOBIL, E. (eds.), pp. 173–190. Washington: American Physiological Society 1974

HORSTMANN, E.: Die Faserglia des Selachiergehirns. Z. Zellforsch. **39**, 588–617 (1954)

JASINSKI, A.: Fine structure of the anterior neurohypophysis of the pond-loach, *Misgurnus fossilis* L., with reference to the neurosecretory innervation of intrinsic cells of the pars distalis. Acta Anat. (Basel) **87**, 193–208 (1974)

JÖRGENSEN, C.B., WINGSTRAND, K.G., ROSENKILDE, P.: Neurohypophysis and water metabolism in the toad, *Bufo bufo* (L.). Endocrinology **59**, 601–610 (1956)

JOSEPH, S.A., SCOTT, D.E., VAALA, S.S., KNIGGE, K.M., KROBISCH-DUDLEY, G.: Localization and content of thyrotropin releasing factor (TRF) in median eminence of hypothalamus. Acta Endocrinol. (Kbh.) **74**, 215–225 (1973)

KAMBERI, I.A., MICAL, R.S., PORTER, J.C.: Effect of anterior pituitary perfusion and intraventricular injection of catecholamines and indoleamines on LH release. Endocrinology **87**, 1–12 (1970)

KAMER, J.C. VAN DE, VERHAGEN, T.G.: A cytological study of the neurohypophysis of *Scylliorhinus caniculus*. Z. Zellforsch. **42**, 229–246 (1955)

KENDALL, J.W., JAKOBS, J.J., KRAMER, M.R.: Studies on the transport of hormones from the cerebrospinal fluid to hypothalamus and pituitary. In: Brain-endocrine interaction. Median eminence: structure and function. KNIGGE, K.M., SCOTT, D.E., WEINDL, A. (eds.), pp. 342–349. Basel: Karger 1972

KIERNAN, J.A.: Two types of axonal regeneration in the neurohypophysis of the rat. J. Anat. **107**, 187 (1970)

KIERNAN, J.A.: Pituicytes and the regenerative properties of neurosecretory and other axons in the rat. J. Anat. **109**, 97–114 (1971)

KNIGGE, K.M., JOSEPH, S.A.: Thyrotropin releasing factor (TRF) in CSF of third ventricle of rat brain. Acta Endocrinol. (Kbh.) **76**, 209–213 (1974)

KNIGGE, K.M., SCOTT, D.E.: Structure and function of the median eminence. Am. J. Anat. **129**, 223–244 (1970)

KNIGGE, K.M., SILVERMAN, A.J.: Transport capacity of the median eminence. In: Brain-endocrine interaction. Median eminence: structure and function. KNIGGE, K.M., SCOTT, D.E., WEINDL, A. (eds.), pp. 350–363. Basel: Karger 1972

KNIGGE, K.M., SILVERMAN, A.J.: Anatomy of the endocrine hypothalamus. In: Handbook of Physiology. Vol. IV/1, SAWYER, W.H. u. KNOBIL, E. (eds.), Sect. 7: Endocrinology, pp. 1–32. Washington: American Physiological Society 1974

KNOWLES, F.: Ependymal secretion, especially in the hypothalamic region. J. Neuro-visc. Relat. [Suppl.] **9**, 97–110 (1969)

KNOWLES, F.: Endocrine activity in the central nervous system. In: Essays on the central nervous system. BELLAIRS, R., GRAY, E.G. (eds.), pp. 431–450. Oxford: Clarendon Press 1974

KNOWLES, F., ANAND KUMAR, T.C.: Structural changes related to reproduction in the hypothalamus and in the pars tuberalis of the rhesus monkey. Part I. The hypothalamus. Part II. The pars tuberalis. Philos. Trans. R. Soc. (Biol.) **256**, 357–375 (1969)

KNOWLES, F., CARLISLE, D.B.: Endocrine control in crustacea. Biol. Rev. **31**, 396–473 (1956)

KNOWLES, F., VOLLRATH, L.: Synaptic contacts between neurosecretory fibres and pituicytes in the pituitary of the eel. Nature **206**, 1168–1169 (1965)

KNOWLES, F., VOLLRATH, L.: A functional relationship between neurosecretory fibres and pituicytes in the eel. Nature **208**, 1343 (1966)

KOBAYASHI, H.: Absorption of cerebrospinal fluid by ependymal cells of the median eminence. In: Brain-endocrine interaction II: The ventricular system. KNIGGE, K.M., SCOTT, D.E., KOBAYASHI, H., ISHII, S. (eds.), pp. 109–122. Basel: Karger 1975

KOBAYASHI, T., KOBAYASHI, T., YAMAMOTO, K., KAIBARA, M., AJIKA, K.: Electron microscopic observations on the hypothalamo-hypophyseal system in rats: IV. Ultrafine structure of the developing median eminence. Endocrinol. Jpn. **15**, 337–363 (1968)

KOBAYASHI, H., MATSUI, T., ISHII, S.: Functional electron microscopy of the hypothalamic median eminence. In: Int. Review of Cytology. BOURNE, G.H., DANIELLI, J.T., Vol. 29, pp. 282–381. New York: Academic Press 1970

KOBAYASHI, H., WADA, M., UEMURA, H., UECK, M.: Uptake of peroxidase from the third ventricle by ependymal cells of the median eminence. Z. Zellforsch. **127**, 545–551 (1972)

KOZLOWSKI, G.P., SCOTT, D.E., KROBISCH DUDLEY, G.: Scanning electron microscopy of the third ventricle of sheep. Z. Zellforsch. **136**, 169–176 (1973)

KRATZSCH, E.: Experimentell-morphologische Untersuchungen am Zwischenhirn-Hypophysensystem der Ratte bei Polyurie infolge Alloxanvergiftung (mit besonderer Berücksichtigung der Pituicyten). Z. Zellforsch. **36**, 371–380 (1951)

KRISCH, B.: Different populations of granules and their distribution in the hypothalamo-neurohypophysial tract of the rat under various experimental conditions. Cell Tissue Res. **160**, 231–261 (1975)

KRSULOVIC, J., BRÜCKNER, G.: Morphological characteristics of pituicytes in different functional stages. Z. Zellforsch. **99**, 210–220 (1969)

KUROSUMI, K., MATSUZAWA, T.: On the lipid granules in the rat neurohypophysis. Arch. Histol. Jpn. **22**, 82–83 (1961)

KUROSUMI, K., MATSUZAWA, T., KOBAYASHI, Y., SATO, S.: On the relations between the release of neurosecretory substance and lipid granules of pituicytes in the rat neurohypophysis. Gunma Symposia on Endocrinology **1**, 87–118 (1964)

LEDERIS, K.: An electron microscopical study of the human neurohypophysis. Z. Zellforsch. **65**, 847–868 (1965)

LEDERIS, K.: Beziehung zwischen der Ultrastruktur der Neurohypophyse und der subcellulären Verteilung von biologisch aktiven Substanzen. Naunyn Schmiedebergs Arch. Pharmacol. **257**, 83–93 (1967a)

LEDERIS, K.: Ultrastructural and biological evidence for the presence and likely functions of acetylcholine in the hypothalamo-neurohypophysial system. In: Neurosecretion. STUTINSKY, F., pp. 155–164. Berlin, Heidelberg, New York: Springer 1967b

LEDERIS, K.: Neurosecretion and the functional structure of the neurohypophysis. In: Handbook of Physiology. Vol. IV/1, Sect. 7: Endocrinology, pp. 81–102. Washington: American Physiological Society 1974

LEDERIS, K., LIVINGSTON, A.: „Non neurosecretory" nerve endings in the mammalian neurohypophysis. Acta Endocrinol. [Suppl.] (Kbh.) **119**, 98 (1967)

LEDERIS, K., LIVINGSTON, A.: Acetylcholine and related enzymes in the neural lobe and anterior hypothalamus of the rabbit. J. Physiol. (Lond.) **201**, 695–709 (1969)

LEGAIT, H., LEGAIT, E., BURLET, C., BURLET, A.: Recherches histo-enzymologiques sur le système hypothalamo-neurohypophysaire de lérot (*Eliomys quercinus* L.). Bull. Assoc. Anat. 51. Reiun. Marseille (1966)

LEGG, P.G.: The fine structure and innervation of the beta and delta cells in the islet of Langerhans of the cat. Z. Zellforsch. **80**, 307–321 (1967)

LEONHARDT, H.: Über ependymale Tanycyten des III. Ventrikels beim Kaninchen in elektronenmikroskopischer Betrachtung. Z. Zellforsch. **74**, 1–11 (1966)

LEONHARDT, H.: Bukettförmige Strukturen im Ependym der Regio hypothalamica des III. Ventrikels beim Kaninchen. Z. Zellforsch. **88**, 297–317 (1968)

LEONHARDT, H.: Subependymale Basalmembranlabyrinthe im Hinterhorn des Seitenventrikels des Kaninchengehirns. Zur Frage des Liquorabflusses. Z. Zellforsch. **105**, 595–604 (1970 a)

LEONHARDT, H.: Myelinisierte Oligodendrozyten in der Wand der Eminentia mediana des Kaninchens. Z. Zellforsch. **103**, 420–428 (1970 b)

LEONHARDT, H., BACKUS-ROTH, A.: Synapsenartige Kontakte zwischen intraventrikulären Axonendigungen und freien Oberflächen von Ependymzellen des Kaninchengehirns. Z. Zellforsch. **97**, 369–376 (1969)

LEONHARDT, H., EBERHARDT, H.G.: Dye transport from the median eminence to the hypothalamic wall. In: Brain-endocrine interaction. Median eminence: structure and function. KNIGGE, K.M., SCOTT, D.E., WEINDL, A. (eds.), pp. 335–341, Basel: Karger 1972

LEONHARDT, H., LINDNER, E.: Marklose Nervenfasern im III. und IV. Ventrikel des Kaninchen- und Katzengehirns. Z. Zellforsch. **78**, 1–18 (1967)

LÉRANTH, C., SCHIEBLER, T.H.: Über die Aufnahme von Peroxidase aus dem 3. Ventrikel der Ratte. Elektronenmikroskopische Untersuchungen. Brain Res. **67**, 1–11 (1974)

LEVEQUE, T.F., SCHARRER, E.: Pituicytes and the origin of the antidiuretic hormone. Endocrinology **52**, 436–447 (1953)

LEVEQUE, T.F., SMALL, H.: The relationship of the pituicyte to the posterior lobe hormones. Endocrinology **65**, 909–915 (1959)

LEVEQUE, T.F., STUTINSKY, F., PORTE, A., STOECKEL, M.E.: Morphologie fine d'une differenciation glandulaire du recessus infundibulaire chez le rat. Z. Zellforsch. **69**, 381–394 (1966)

LIEBERMAN, A.R., TART, C.J.: Ependymoglial cells in the frog's brain. J. Anat. **109**, 366–367 (1971)

LINFOOT, J.A., GARCIA, J.F., WEI, W., FINK, R., SARIN, R., BORN, J.L., LAWRENCE, J.H.: Human growth hormone levels in cerebrospinal fluid. J. Clin. Endocrinol. Metab. **31**, 230–232 (1970)

LING, E.A., PATERSON, J.A., PRIVAT, A., MORI, S., LEBLOND, C.P.: Investigation of glial cells in semithin sections. I. Identification of glial cells in the brain of young rats. J. Comp. Neurol. **149**, 43–72 (1973)

LÖFGREN, F.: New aspects of the hypothalamic control of the adenohypophysis. Acta Morphol. Neerl. Scand. **2**, 220–229 (1959)

LÖFGREN, F.: The infundibular recess, a component in the hypothalamo-adenohypophysial system. Acta Morphol. Neerl. Scand. **3**, 55–78 (1960)

LOTHRINGER, S.: Untersuchungen an der Hypophyse einiger Säugetiere und des Menschen. Arch. Mikr. Anat. **28**, 257–292 (1886)

LUPPA, H., FEUSTEL, G.: Location and characterization of hydrolytic enzymes of the IIIrd ventricle lining in the region of the recessus infundibularis of the rat. A study on the function of the ependyma. Brain Res. **29**, 253–270 (1971)

MAGOUN, H.W., FISHER, C., RANSON, S.W.: The neurohypophysis and water exchange in the monkey. Endocrinology **25**, 161–174 (1939)

MARTINEZ, P.M.: The structure of the pituitary stalk and the innervation of the neurohypophysis of the cat. Dissertation. Leiden 1960

MATSUI, T.: Fine structure of the median eminence of the rat. J. Fac. Sci. Univ. Tokyo **11**, 71–96 (1966)

MAZZUCA, M.: Structure fine de l'eminence mediane du cobaye. J. Microsc. **4**, 225–238 (1965)

MILLHOUSE, O.E.: A Golgi study of third ventricle tanycytes in the adult rodent brain. Z. Zellforsch. **121**, 1–13 (1971)

MILLHOUSE, O.E.: Light and electron microscopic studies of the ventricular wall. Z. Zellforsch. **127**, 149–174 (1972)

MINCHIN, M.C.W., NORDMANN, J.J.: The release of (^{3}H) gamma aminobutyric acid and neurophysin from the isolated rat posterior pituitary. Brain Res. **90**, 75–84 (1975)

MOLL, J.: Regeneration of the supraoptico-hypophysial and paraventriculo-hypophysial tracts in the hypophysectomized rat. Z. Zellforsch. **46**, 686–709 (1957)

MOLL, J., WIED, D. DE: Observations on the hypothalamo-posthypophyseal system of the posterior lobectomized rat. Gen. Comp. Endocrinol. **2**, 215–228 (1962)

MONROE, B.G.: A comparative study of the ultrastructure of the median eminence, infundibular stem and neural lobe of the hypophysis of the rat. Z. Zellforsch. **76**, 405–432 (1967)

MONROE, B.G., PAULL, W.K.: Ultrastructural changes in the hypothalamus during development and hypothalamic activity: the median eminence. Prog. Brain Res. **41**, 185–208 (1974)

MONROE, B.G., NEWMAN, B.L., SCHAPIRO, S.: Ultrastructure of the median eminence of neonatal and adult rats. In: Brain-endocrine interaction. Median eminence: structure and function. KNIGGE, K.M., SCOTT, D.E., WEINDL, A. (eds.), pp. 7–26. Basel: Karger 1972

MONTEMURRO, D.G.: Light microscopic observations of the hypothalamus and pituitary gland of the rat, fixed in osmium tetroxide. J. Endocrinol. **35**, 271–279 (1966)

MONTRAM, J.C., CRAMER, W.: On the general effects of exposure to radium on metabolism and tumor growth in the rat and the special effects on testis and pituitary. Q. J. Exp. Physiol. **13**, 209–226 (1923)

MORI, S., LEBLOND, C.P.: Electron microscopic identification of three classes of oligodendrocytes and a preliminary study of their proliferative activity in the corpus callosum of young rats. J. Comp. Neurol. **139**, 1–30 (1970)

MÜLLER, K.: Jahreszeitliche ultrastrukturelle Veränderungen am Hypophysenhinterlappen des Igels. Diss. Bonn 1980

MUGNAINI, E., WALBERG, F.: Ultrastructure of neuroglia. Ergebn. Anat. Entwickl.-Gesch. **37**, 194–236 (1964)

MURAKAMI, M., NAKAYAMA, Y., HASHIMOTO, J.: Ultrastrukturelle Aspekte des supraoptikohypophysären Systems in der hypophysektomierten Ratte. Experientia **24**, 713–715 (1968)

MURAKAMI, M., NAKAYAMA, Y., HASHIMOTO, J.: Elektronenmikroskopische Untersuchungen über das Verhalten des supraoptico-hypophysären Systems in der hypophysektomierten Ratte. Endokrinologie **54**, 300–315 (1969)

MURRAY, M.: Effects of dehydration on the rate of proliferation of hypothalamic neuroglia cells. Exp. Neurol. **20**, 460–468 (1968)

NAKAI, Y.: Electron microscopic observations on synapse-like contacts between pituicytes and different types of nerve fibers in the anuran pars nervosa. Z. Zellforsch. **110**, 27–39 (1970)

NAKAI, Y.: Fine structure and its functional properties of the ependymal cell in the frog median eminence. Z. Zellforsch. **122**, 15–25 (1971)

NAKAI, Y., NAITO, N.: Uptake and bidirectional transport of peroxidase injected into the blood and cerebrospinal fluid by ependymal cells of the median eminence. In: Brain-endocrine interaction II. The ventricular system. KNIGGE, K.M., SCOTT, D.E., KOBAYASHI, H., ISHII, S. (eds.), pp. 94–108. Basel: Karger 1975

NEMETSCHEK-GANSLER, H.: Zur Ultrastruktur des Hypophysen-Zwischenhirnsystems der Ratte. Z. Zellforsch. **67**, 844–862 (1965)

NISHIOKA, R.S., BERN, H.A., MEWALDT, L.R.: Ultrastructural aspects of the neurohypophysis of the white-crowned sparrow (*Zonotrichia leucophrys gambelii*) with special reference to the relation of neurosecretory axons to ependyma in the pars nervosa. Gen. Comp. Endocrinol. **4**, 304–313 (1964)

NOACK, W., WOLFF, J.R.: Über neuritenähnliche intraventrikuläre Fortsätze und ihre Kontakte mit dem Ependym der Seitenventrikel der Katze. Z. Zellforsch. **111**, 572–585 (1970)

NOWAKOWSKI, H.: Infundibulum und Tuber cinereum der Katze. Dtsch. Z. Nervenheilkd. **165**, 261–339 (1951)

NOZAKI, M.: Tanycyte absorption affected by the hypothalamic deafferentation in the Japanese quail, *Coturnix coturnix japonica*. Cell Tissue Res. **163**, 433–443 (1975)

OKSCHE, A.: Der histochemisch nachweisbare Glykogenaufbau und -abbau in den Astrocyten und Ependymzellen als Beispiel einer funktionsabhängigen Stoffwechselaktivität der Neuroglia. Z. Zellforsch. **54**, 307–361 (1961)

OKSCHE, A.: The fine nervous, neurosecretory, and glial structure of the median eminence in the White-crowned Sparrow. In: Memoirs of the Society for Endocrinology No. 12: Neurosecretion. HELLER, H., CLARK, R.B. (eds.), pp. 199–208. London, New York: Academic Press 1962

OKSCHE, A., FARNER, D.S.: Neurohistological studies of the hypothalamo-hypophysial system of *Zonotrichia leucophrys gambelii*. With special attention to its role in the control of reproduction. Ergebn. Anat. Entwickl.-Gesch. **48/4**, 1–136 (1974)

OKSCHE, A., FARNER, D.S., SERVENTY, D.L., WOLFF, F., NICHOLLS, C.A.: The hypothalamo-hypophysial neurosecretory system of the Zebra Finch (*Taeniopygia castanotis*). Z. Zellforsch. **58**, 846–914 (1963)

OKSCHE, A., ZIMMERMANN, P., OEHMKE, H.J.: Morphometric studies of tubero-eminential systems controlling reproductive functions. In: Brain-endocrine interaction. Median eminence: structure and function. KNIGGE, K.M., SCOTT, D.E., WEINDL, A. (eds.), pp. 142–153. Basel: Karger 1972

OKSCHE, A., OEHMKE, H.J., HARTWIG, H.G.: A concept of neuroendocrine cell complexes. In: Neurosecretion – the final endocrine pathway. VIth Int. Symp. on Neurosecretion, London 1973. KNOWLES, F., VOLLRATH, L. (eds.), pp. 154–164. Berlin, Heidelberg, New York: Springer 1974

OLIVIERI-SANGIACOMO, C.: Degenerating pituicytes in the neural lobe of osmotically stressed rats. Experientia **28**, 1362–1363 (1972)

OLIVIERI-SANGIACOMO, C.: Ultrastructural features of pituicytes in the neural lobe of adult rats. Experientia **29**, 1119–1120 (1973)

OLIVIERI-SANGIACOMO, C., CORRER, S.: Ultrastructural features of rat pituicytes in organotypic culture. Z. Zellforsch. **143**, 107–116 (1973)

ONDO, J.G., MICAL, R.S., PORTER, J.C.: Passage of radioactive substances from CSF to hypophysial portal blood. Endocrinology **91**, 1239–1246 (1972)

OOTA, Y., KOBAYASHI, H.: Fine structure of the median eminence and the pars nervosa of the bullfrog, *Rana catesbeiana*. Z. Zellforsch. **60**, 667–687 (1963)

OOTA, Y., KOBAYASHI, H., NISHIOKA, R.S., BERN, H.A.: Relationship between neurosecretory axon and ependymal terminals on capillary walls in the median eminence of several vertebrates. Neuroendocrinology **16**, 127–136 (1974)

ORTHNER, H.: Anatomie und Physiologie der Steuerungsorgane der Sexualität. In: Handbuch der med. Sexualforschung. GIESE, H. (Hrsg.), S. 446–545. Stuttgart: F. Enke Verlag 1968

ORTMANN, R.: Über experimentelle Veränderungen der Morphologie des Hypophysen-Zwischenhirn-systems und die Beziehung der sog. „Gomorisubstanz" zum Adiuretin. Z. Zellforsch. **36**, 92–140 (1951)

PALAY, S.L.: An electron microscope study of the neurohypophysis in normal, hydrated and dehydrated rats. Anat. Rec. **121**, 348 (1955)

PALAY, S.L.: The fine structure of the neurohypophysis. In: Progress in neurobiology, Vol. 2: Ultrastructure and cellular chemistry of neural tissue. WAELSCH, H. (ed.), p. 31. New York: Harper 1957

PAULL, W.K.: A light and electron microscopic study of the development of the neurohypophysis of the fetal rat. Anat. Rec. **175**, 407–408 (1973)

PAVEL, S.: Ependymal origin of arginine vasotocin. In: Neurosecretion – the final endocrine pathway. VIth Int. Symp. on Neurosecretion, London 1973. KNOWLES, F., VOLLRATH, L. (eds.), p. 316, Berlin, Heidelberg, New York: Springer 1974

PELLETIER, G., DUPONT, A., PUVIANI, R.: Ultrastructural study of the uptake of peroxidase by the rat median eminence. Cell Tissue Res. **156**, 521–532 (1975)

PILGRIM, C.: Über die Entwicklung des Enzymmusters in den neurosekretorischen hypothalamischen Zentren der Ratte. Histochemistry **10**, 44–65 (1967)

PILGRIM, C.: Histochemical differentiation of hypothalamic areas. Prog. Brain Res. **41**, 97–110 (1974)

PILGRIM, CH.: Transport function of hypothalamic tanycyte ependyma: How good is the evidence? Neuroscience 3, 277–283 (1978)

POLAK, M., AZCOAGA, J.E.: Morphology and distribution of the neuroglia in the hypothalamus and neurohypophysis. In: The hypothalamus. HAYMAKER, W., ANDERSON, E., NAUTA, W.J.H. (eds.), pp. 251–275. Springfield, Ill.: Thomas 1969

PORTER, J.C., MICAL, R.S., BEN-JONATHAN, N., ONDO, J.G.: Neurovascular regulation of the anterior hypophysis. Recent Prog. Horm. Res. **29**, 161–196 (1973)

RAISMAN, G.: A second look at the parvicellular neurosecretory system. In: Brain-endocrine interaction. Median eminence: structure and function. KNIGGE, K.M., SCOTT, D.E., WEINDL, A. (eds.), pp. 109–118. Basel: Karger 1972

RANSON, S.W., MAGOUN, H.W.: The hypothalamus. Ergebn. Physiol. **41**, 56–163 (1939)

RANSON, S.W., FISHER, C., INGRAM, W.R.: The hypothalamo-hypophysial mechanism in diabetes insipidus. Res. Publ. Assoc. Res. Nerv. Ment. Dis. **17**, 410–432 (1938)

RASMUSSEN, A.T.: Innervation of the hypophysis. Endocrinology **23**, 263–278 (1938)

RAVIOLA, E., RAVIOLA, G.: Histochemistry of the rat neurohypophysial pituicyte lipid granules. Autoxidation of unsaturated fats during fixation. J. Histochem. Cytochem. **11**, 176–187 (1963)

REESE, T.S., BRIGHTMAN, M.W.: Similarity in structure and permeability to peroxidase of epithelia overlying fenestrated cerebral capillaries. Anat. Rec. **160**, 414 (1968)

REINHARDT, H.F., HENNING, L.C., ROHR, H.P.: Morphometrisch-ultrastrukturelle Untersuchungen am Hypophysenhinterlappen der Ratte nach Dehydration. Z. Zellforsch. **102**, 182–192 (1969)

RENNELS, E.G., DRAGER, G.A.: The relationship of pituicytes to neurosecretion. Anat. Rec. **122**, 193–204 (1955)

RETZIUS, G.: Die Neuroglia des Gehirns beim Menschen und bei Säugetieren. Biol. Unters. (N.F.) **6**, 1–28 (1894)

RICHARDS, J.G., TRANZER, J.P.: The characterization of monoaminergic nerve terminals in the brain by fine structural cytochemistry. In: Neurosecretion – the final neuroendocrine pathway. VIth Int. Symp. on Neurosecretion, London 1973. KNOWLES, F., VOLLRATH, L. (eds.), pp. 246–259. Berlin, Heidelberg, New York: Springer 1974

RINNE, U.K.: Ultrastructure of the median eminence of the rat. Z. Zellforsch. **74**, 98–122 (1966)

ROBERTIS, E. DE: Ultrastructure and function in some neurosecretory systems. In: Memoirs of the Society for Endocrinology No. 12: Neurosecretion. HELLER, H., CLARK, R.B. (eds.), pp. 3–20. London, New York: Academic Press 1962

ROBINSON, A.G., ZIMMERMAN, E.A.: Cerebrospinal fluid and ependymal neurophysin. J. Clin. Invest. **52**, 1260–1267 (1973)

RODRÍGUEZ, E.M.: Ultrastructure of the neurohaemal region of the toad median eminence. Z. Zellforsch. **93**, 182–212 (1969)

RODRÍGUEZ, E.M.: Comparative and functional morphology of the median eminence. In: Brain-endocrine interaction. Median eminence: structure and function. KNIGGE, K.M., SCOTT, D.E., WEINDL, A. (eds.), pp. 319–334. Basel: Karger 1972

RODRÍGUEZ, E.M., DELLMANN, H.D.: Hormonal content and ultrastructure of the disconnected neural lobe of the grass frog (*Rana pipiens*). Gen. Comp. Endocrinol. **15**, 272–288 (1970)

RODRÍGUEZ, E.M., POINTE, J. LA: Histology and ultrastructure of the neural lobe of the lizard, *Klauberina riversiana*. Z. Zellforsch. **95**, 37–57 (1969)

RÖHLICH, P., VIGH, B., TEICHMANN, I., AROS, G.: Electron microscopy of the median eminence of the rat. Acta Biol. Acad. Sci. Hung. **15**, 431–457 (1965)

ROMEIS, B.: Innersekretorische Drüsen II: Hypophyse. In: Handbuch der mikroskopischen Anatomie des Menschen. MÖLLENDORFF, W.V. (Hrsg.), Bd. IV/3. Berlin: Springer 1940

ROTH, L.M., LUSE, S.A.: Fine structure of the neurohypophysis of the opossum (*Didelphys virginiana*). J. Cell Biol. **20**, 459–472 (1964)

SANTOLAYA, R.C., BRIDGES, T.E., LEDERIS, K.: Elementary granules, small vesicles and exocytosis in the rat neurohypophysis after acute haemorrhage. Z. Zellforsch. **125**, 277–288 (1972)

SATHYANESAN, A.G., HAIDER, S.: Structure of the neurohypophysis in an Indian freshwater catfish *Rita rita* with special reference to the pituicytes and ependymal elements. Anat. Anz. **128**, 481–488 (1971)

SCHACHENMAYR, W.: Über die Entwicklung von Ependym und Plexus chorioideus der Ratte. Z. Zellforsch. **77**, 25–63 (1967a)

SCHACHENMAYR, W.: Über die Chemodifferenzierung des Ventrikelependyms der Ratte. Anat. Anz. (Erg.-H.) **120**, 361–368 (1967b)

SCHARRER, B.: Neurosecretion. XIV. Ultrastructural study of sites of release of neurosecretory material in blattarian insects. Z. Zellforsch. **89**, 1–16 (1968)

SCHARRER, B.: The concept of neurosecretion past and present. In: Recent studies of hypothalamic function. Int. Symp. Calgary 1973, pp. 1–7, Basel: S. Karger 1974a

SCHARRER, B.: The spectrum of neuroendocrine communication. In: Recent studies of hypothalamic function. Int. Symp. Calgary 1973, pp. 8–16. Basel: Karger 1974b

SCHARRER, B., KATER, S.B.: Neurosecretion. XV. An electron microscopic study of the corpora cardiaca of *Periplaneta americana* after experimentally induced hormone release. Z. Zellforsch. **95**, 177–186 (1969)

SCHARRER, E.A., WITTENSTEIN, G.J.: The effect of the interruption of the hypothalamo-hypophysial neurosecretory pathway in the dog. Anat. Rec. **112**, 387 (1952)

SCHECHTER, J., WEINER, R.: Ultrastructural changes in the ependymal lining of the median eminence following the intraventricular administration of catecholamine. Anat. Rec. **172**, 643–650 (1972)

SCHIEBLER, H., ZABORSZKY, L.: On the glia of the median eminence in rats. Folia Anat. Jugosl. **4**, 65–69 (1975)

SCHNEIDER, H.P.G., McCANN, S.M.: Luteinizing hormone-releasing factor discharged by dopamine in rats. J. Endocrinol. **46**, 401–402 (1970)

SCHNEIDER, E., BLÖMER, A., BOCK, R., BRINKMANN, H., GOSLAR, H.G.: Verhalten „Gomori-positiver" Granula im Infundibulum verschiedener Säugerspecies nach Adrenalektomie; zugleich ein

Beitrag zur speciesdifferenten Enzymausstattung von Neurohypophyse und Ependym des III. Ventrikels. Acta Histochem. (Jena) **48**, 172–190 (1974)

Schwendemann, G.: Zur Ultrastruktur des Organon vasculosum laminae terminalis der Ratte mit besonderer Berücksichtigung der Gefäße. Adv. Anat. Embryol. Cell Biol. **47**, 1–72 (1973)

Scott, D.E.: Fine structural features of the neural lobe of the hypophysis of the rat with homozygous diabetes insipidus (Brattleboro strain). Neuroendocrinology **3**, 156–176 (1968)

Scott, D.E., Knigge, K.M.: Ultrastructural changes in the median eminence of the rat following deafferentation of the basal hypothalamus. Z. Zellforsch. **105**, 1–32 (1970)

Scott, D.E., Krobisch Dudley, G., Gibbs, F.P., Brown, G.H.: The mammalian median eminence. In: Brain-endocrine interaction. Median eminence: structure and function. Knigge, K.M., Scott, D.E., Weindl, A. (eds.), pp. 35–49. Basel: Karger 1972a

Scott, D.E., Paull, W.K., Krobisch Dudley, G.: A comparative scanning electron microscopic analysis of the human cerebral ventricular system. 1. The third ventricle. Z. Zellforsch. **132**, 203–215 (1972b)

Scott, D.E., Krobisch-Dudley, G., Knigge, K.M.: The ventricular system in neuroendocrine mechanisms. II. In vivo monoamine transport by ependyma of the median eminence. Cell Tissue Res. **154**, 1–16 (1974)

Seitz, H.M.: Zur elektronenmikroskopischen Morphologie des Neurosekrets im Hypophysenstiel des Schweins. Z. Zellforsch. **67**, 351–366 (1965)

Shanklin, W.M.: Differentiation of pituicytes in the human foetus. J. Anat. **74**, 459–463 (1940)

Sharp, P.J.: Tanycyte and vascular patterns in the basal hypothalamus of *Coturnix* quail with reference to their possible neuroendocrine significance. Z. Zellforsch. **127**, 552–569 (1972)

Sheehan, H.L., Whitehead, R.: The neurohypophysis in post-partum hypopituitarism. J. Pathol. **85**, 145–169 (1963)

Shiozaki, N.: Reorganization of rat's neurohypophysis after total hypophysectomy. Gunma J. Med. Sci. **7**, 199–206 (1958)

Smoller, C.G.: Ultrastructural studies on the developing neurohypophysis of the pacific treefrog (*Hyla regilla*). Gen. Comp. Endocrinol. **7**, 44–73 (1966)

Spatz, H.: Neues über die Verknüpfung von Hypophyse und Hypothalamus. Mit besonderer Berücksichtigung der Regulation sexueller Leistungen. Acta neuroveg. (Wien) **3**, 5–49 (1951)

Spatz, H.: Das Hypophysen-Hypothalamus-System in Hinsicht auf die zentrale Steuerung der Sexualfunktionen. Anatomische Grundlagen. Symp. Dtsch. Ges. Endokrinologie **1**, 1–44 (1955)

Sterba, G., Brückner, G.: Zur Funktion der ependymalen Glia in der Neurohypophyse. Z. Zellforsch. **81**, 457–473 (1967)

Sterba, G., Brückner, G.: Elektronenmikroskopische Untersuchungen über die Reaktion der Pituicyten nach Hypophysenstieldurchtrennung bei *Rana esculenta*. Z. Zellforsch. **93**, 74–83 (1969)

Stoeckart, R., Kreike, A.J., Jansen, H.G.: Sizes of granular vesicles in the rat median eminence, with special reference to the zona granulosa. Z. Zellforsch. **146**, 501–515 (1973)

Streefkerk, J.G.: Functional changes in the morphological appearance of the hypothalamo-hypophyseal neurosecretory and catecholaminergic neural system and in the adenohypophysis of the rat. Academisch Proefschrift. Vrije Universiteit te Amsterdam 1967

Stutinsky, F.: Sur la signification des pituicytes. C.R. Ass. Anat. **41**, 367 (1954)

Stutinsky, F.: Recherches morphologiques sur le complexe hypothalamo-neurohypophysaire. Bull. Micr. Appl. Mém. hors Série No. 2 (1957a)

Stutinsky, F.: Recherches expérimentales sur le complexe hypothalamo-neurohypophysaire. Arch. Anat. Microsc. Morphol. Exp. **46**, 93–158 (1957b)

Sunde, D., Osinchak, J., Sachs, H.: Nucleic acid metabolism of the neuroglial cells of the rat neural lobe. Brain Res. **47**, 195–216 (1972)

Tello, J.F.: Algunas observaciones sobre la histologia de la hipofisis humana. Trab. Lab. Invest. Biol. Univ. Madr. **10**, 145–184 (1912)

Uemura, H., Kobayashi, H.: Effects of dopamine implanted in the median eminence on the estrous cycle of the rat. Endocrinol. Jpn. **18**, 91–100 (1971)

Uemura, H., Kobayashi, H.: Effect on gonadal function by lesioning tanycytes in the median eminence of the rat and Japanese quail. Cell Tissue Res. **178**, 143–153 (1977)

Unsicker, K.: Zur Innervation der Nebennierenrinde vom Goldhamster. Eine fluoreszenz- und elektronenmikroskopische Studie. Z. Zellforsch. **95**, 608–619 (1969)

URASOV, I.: Besonderheiten des Baues der Neuroglia der Hypophyse bei Säugetieren. Z. mikr.-anat. Forsch. **65**, 98–112 (1959)

VASQUEZ-LOPEZ, E.: The existence of microglia in the neurohypophysis. J. Anat. **76**, 178–186 (1942)

VIGH-TEICHMANN, J., VIGH, B.: The infundibular cerebrospinal-fluid contacting neurons. Ergebn. Anat. Entw.-Gesch. **50**/2 (1974)

VORHERR, H., BRADBURY, M.W.B., HOGHOUGHI, M., KLEEMAN, C.R.: Antidiuretic hormone in cerebrospinal fluid during endogenous and exogenous changes in its blood level. Endocrinology **83**, 246–250 (1968)

WAGNER, H.J., PILGRIM, C.: Extracellular and transcellular transport of horseradish peroxidase (HRP) through the hypothalamic tanycyte ependyma. Cell Tissue Res. **152**, 477–491 (1974)

WEINDL, A.: Zur Morphologie und Histochemie von Subfornicalorgan, Organum vasculosum laminae terminalis und Area postrema bei Kaninchen und Ratte. Z. Zellforsch. **67**, 740–775 (1965)

WEINDL, A., JOYNT, R.J.: The median eminence as a circumventricular organ. In: Brain-endocrine interaction. Median eminence: Structure and function. KNIGGE, K.M., SCOTT, D.E., WEINDL, A. (eds.), pp. 280–297. Basel: Karger 1972

WEINER, R.J., BLAKE, C.A., RUBINSTEIN, L., SAWYER, C.H.: Electrical activity of the hypothalamus: effects of intraventricular catecholamines. Science **171**, 411–412 (1971)

WHITAKER, S., BELLA, F.S. LA: Electron microscopic histochemistry of cholinesterase in the posterior, intermediate and anterior lobe of the rat pituitary. Z. Zellforsch. **130**, 152–170 (1972)

WHITAKER, S., BELLA, F.S. LA: Cholinesterase in the posterior and intermediate lobes of the pituitary. Species differences as determined by light and electron microscopic histochemistry. Z. Zellforsch. **142**, 69–88 (1973)

WHITAKER, S., BELLA, F.S. LA, SANWAL, M.: Electron microscopic histochemistry of lysosomes in neurosecretory nerve endings and pituicytes of rat posterior pituitary. Z. Zellforsch. **111**, 493–504 (1970)

WINGSTRAND, K.G.: The structure and development of the avian pituitary. Lund: Gleerup 1951

WINGSTRAND, K.G.: Comparative anatomy and evolution of the hypophysis. In: The pituitary gland. HARRIS, G.W., DONOVAN, B.T. (eds.), Vol. 1, pp. 58–126. London: Butterworths 1966

WISLOCKI, G.B., KING, L.S.: The permeability of the hypophysis and hypothalamus to vital dyes, with a study of the hypophysial vascular supply. Am. J. Anat. **58**, 421–472 (1936)

WITTKOWSKI, W.: Kapillaren und perikapilläre Räume im Hypothalamus-Hypophysen-System und ihre Beziehungen zum Nervengewebe. Z. Zellforsch. **81**, 344–360 (1967a)

WITTKOWSKI, W.: Synaptische Strukturen und Elementargranula in der Neurohypophyse des Meerschweinchens. Z. Zellforsch. **82**, 434–458 (1967b)

WITTKOWSKI, W.: Zur Ultrastruktur der ependymalen Tanycyten und Pituicyten sowie ihre synaptische Verknüpfung in der Neurohypophyse des Meerschweinchens. Acta Anat. (Basel) **67**, 338–360 (1967c)

WITTKOWSKI, W.: Elektronenmikroskopische Studien zur intraventrikulären Neurosekretion in den Recessus infundibularis der Maus. Z. Zellforsch. **92**, 207–216 (1968a)

WITTKOWSKI, W.: Zur funktionellen Morphologie ependymaler und extraependymaler Glia im Rahmen der Neurosekretion. Elektronenmikroskopische Untersuchungen an der Neurohypophyse der Ratte. Z. Zellforsch. **86**, 111–128 (1968b)

WITTKOWSKI, W.: Ependymokrinie und Rezeptoren in der Wand des Recessus infundibularis der Maus und ihre Beziehung zum kleinzelligen Hypothalamus. Z. Zellforsch. **93**, 530–546 (1969)

WITTKOWSKI, W.: Nervenfasern mit ultrastrukturell verschiedenen Elementargranula im Hypophysenhinterlappen des Rhesusaffen. Z. Zellforsch. **107**, 499–507 (1970)

WITTKOWSKI, W.: Zur Ultrastruktur der Gefäßfortsätze von Ependym- und Gliazellen im Infundibulum der Ratte. Z. Zellforsch. **130**, 58–69 (1972)

WITTKOWSKI, W.: Elektronenmikroskopische Untersuchungen zur funktionellen Morphologie des tubero-hypophysären Systems der Ratte. Z. Zellforsch. **139**, 101–148 (1973)

WITTKOWSKI, W., BRINKMANN, H.: Changes of extent of neuro-vascular contacts and number of neuro-glial synaptoid contacts in the pituitary posterior lobe of dehydrated rats. Anat. Embryol. (Berlin) **146**, 157–165 (1974)

WITTKOWSKI, W., MÜLLER, K.: Untersuchungen am Infundibulum des Igels. Anat. Anz. (Erg.-H.) **140**, 49–54 (1976)

WITTKOWSKI, W., SCHEUER, A.: Functional changes of the neuronal and glial elements at the surface of the external layer of the median eminence. Z. Anat. Entwickl.-Gesch. **143**, 255–262 (1974)

WOLFF, H.: Histochemische und elektronenmikroskopische Beobachtungen über die Glykogenverteilung im Hypothalamus einiger Winterschläfer (mit quantitativen Bemerkungen). Z. Zellforsch. **88**, 228–261 (1968)

WOLFF, J.: Elektronenmikroskopische Untersuchungen über Struktur und Gestalt von Astrozytenfortsätzen. Z. Zellforsch. **66**, 811–828 (1965)

WURTMAN, R.J.: Brain monoamines and endocrine function. Neurosci. Res. Program Bull. **9**, 172–297 (1971)

ZAMBRANO, D., ROBERTIS, E. De: Ultrastructural changes of the neurohypophysis of the rat after castration. Z. Zellforsch. **86**, 14–25 (1968a)

ZAMBRANO, D., ROBERTIS, E. De: The ultrastructural changes in the neurohypophysis after destruction of the paraventricular nuclei in normal and castrated rats. Z. Zellforsch. **88**, 496–510 (1968b)

Namenverzeichnis

Kursiv gedruckte Seitenzahlen beziehen sich auf die Literatur

Sachverzeichnis

Handbuch der mikroskopischen Anatomie des Menschen

Begründet von
W. v. Möllendorff
Fortgeführt von W. Bargmann
Herausgegeben von A. Oksche,
L. Vollrath

Gesamtübersicht:

Band 1
Die lebendige Masse

Teil 1
**Allgemeine mikroskopische
Anatomie und Organisation
der lebendigen Masse**
Bearbeiter: G. Hertwig,
F. K. Studnicka, E. Tschopp
Reprint der Erstauflage
Berlin 1929
1978. 453 zum Teil farbige
Abbildungen. (4) XII, 626 Seiten
Gebunden DM 390,–;
approx. US $ 214.50
ISBN 3-540-07843-6

Teil 2
**Wachstum und Vermehrung
der lebendigen Masse**
1929. 464 zum Teil farbige
Abbildungen. X, 807 Seiten
DM 369,–; approx. US $ 198.00
ISBN 3-540-01094-7

Teil 3
Chromosomes
in Mitosis and Interphase
By H. G. Schwarzacher
1976. 116 figures, 3 tables.
VIII, 182 pages
Cloth DM 136,–;
approx. US $ 74.80
ISBN 3-540-07456-2

Band 2
Die Gewebe

Teil 1
**Epithel- und Drüsengewebe,
Bindegewebe, Blut**
Reprint der Erstauflage
Berlin 1929
1978. 305 zum Teil farbige Abbil-
dungen, 1 Tafel. (4) X, 704 Seiten
Gebunden DM 420,–;
approx. US $ 231.00
ISBN 3-540-07844-4

Teil 2
**Stützgewebe. Knochengewebe,
Skeletsystem**
1930. 521 zum Teil farbige
Abbildungen. VIII, 699 Seiten
DM 340,–; approx. US $ 187.00
ISBN 3-540-01117-X

Teil 3
**Gewebe und Systeme der
Muskulatur**
1931. 137 zum Teil farbige
Abbildungen. VI, 247 Seiten
DM 170,:; approx. US $ 93.50
ISBN 3-540-01145-5

Teil 4
**Gewebe und Systeme der
Muskulatur**
(Ergänzungsband zu Band 2/3)
1956. 40 Abbildungen.
VIII, 119 Seiten
DM 85,–; approx. US $ 46.80
ISBN 3-540-02031-4
Einbanddecke DM 19,80;
approx. US $ 10.90
ISBN 3-540-02032-2

Teil 5
K. H. Knese
Stützgewebe und Skelettsystem
1979. 299 Abbildungen in 677
Einzeldarstellungen. 24 Tabel-
len. XI, 938 Seiten
Gebunden DM 580,–;
approx. US $ 319.00
ISBN 3-540-08807-5

Band 3
Haut- und Sinnesorgane

Teil 1
**Haut, Milchdrüse, Geruchs-
organ, Geschmacksorgan,
Gehörorgan**
Reprint der Erstauflage
Berlin 1927
1978. 321 zum Teil farbige Abbil-
dungen. (4) VIII, 506 Seiten
Gebunden DM 330,–;
approx. US $ 181.50
ISBN 3-540-07845-2

Teil 2
Auge
1936. 475 zum Teil farbige
Abbildungen. VIII, 782 Seiten
DM 300,–; approx. US $ 165.00
ISBN 3-540-01226-5

Teil 3
Die Haut. Die Milchdrüse
(Ergänzung zu Band 3/1)
1957. 359 zum Teil farbige
Abbildungen. VIII, 524 Seiten
Gebunden DM 390.–;
approx. US $ 214.50
ISBn 3-540-02160-4

Teil 4
Das Auge und seine Hilfsorgane
(Ergänzung zu Band 3/2)
1964. 227 zum Teil farbige Abbil-
dungen. XII, 662 Seiten
Gebunden DM 490,–;
approx. US $ 269.50
ISBN 3-540-03152-9

Band 4
Nervensystem

Teil 1
**Nervengewebe, das periphe-
rische Nervensystem, das
Zentralnervensystem**
Bearbeiter: M. Bielschowsky,
S. T. Bok, R. Greving, A. Jakob,
G. Mingazzini, P. Stöhr, C. Vogt,
O. Vogt
Reprint der Erstauflage
Berlin 1928
1978. 880 zum Teil farbige
Abbildungen. (4) X, 1094 Seiten
Gebunden DM 490,–;
approx. US $ 269.50
ISBn 3-540-07846-0

Teil 2
**Plexus und Meningen.
Saccus vasculosus**
1955. 176 zum Teil farbige
Abbildungen. VI, 195 Seiten
DM 130,:; approx. US $ 71.50
ISBN 3-540-01912-X
Einbanddecke D? 19,80;
approx. US $ 10.90
ISBN 3-540-01913-8

Teil 3
Sensible Ganglien
(Ergänzung zu Band 4/1)
1958. 298 zum Teil farbige
Abbildungen. VIII, 485 Seiten
Gebunden DM 360,–;
approx. US $ 198.00
ISBN 3-540-02282-1

Teil 4
**Das Neuron. Die Nervenzelle.
Die Nervenfaser**
(Ergänzung zu Band 4/1)
1959. 374 zum Teil farbige
Abbildungen. XII, 763 Seiten
Gebunden DM 580,–;
approx. US $ 319.00
ISBN 3-540-02406-9

Teil 5
**Mikroskopische Anatomie des
vegetativen Nervensystems**
(Ergänzung zu Band 4/1)
1957. 501 zum Teil farbige
Abbildungen. XII, 678 Seiten
Gebunden DM 460,–;
approx. US $ 253.00
ISBN 3-540-02161-2

Teil 7
Hypothalamus
(Ergänzung zu Band 4/1)
1962. 287 zum Teil farbige
Abbildungen. XII, 525 Seiten
Gebunden DM 495,–;
approx. US $ 272.30
ISBN 3-540-02837-4

Teil 8
Das Kleinhirn
(Ergänzung zu Band 4/1)
1958. 197 zum Teil farbige
Abbildungen. VIII, 323 Seiten
Gebunden DM 240,–;
approx. US 132.000
ISBN 3-540-02283-X

Teil 9
Allocortex
Bearbeitet von H. Stephan
1975. 465 zum Teil farbige
Abbildungen. X, 998 Seiten
Gebunden DM 680,–;
approx. US $ 374.00
ISBN 3-540-07037-0

Band 5
**Verdauungsapparat
Atmungsapparat**

Teil 1
**Mundhöhle, Speicheldrüsen,
Tonsillen, Rachen, Speiseröhre,
Serosa**
Reprint der Erstauflage
Berlin 1927
1978. 276 zum Teil farbige
Abbildungen. (4) VII, 374 Seiten
Gebunden DM 380,–;
approx. US $ 209.00
ISBN 3-540-07847-9

Teil 2
Magen, Leber, Gallenwege
1932. 254 zum Teil farbige
Abbildungen. X, 489 Seiten
DM 280,–; approx. US $ 154.00
ISBN 3-540-01169-2

Teil 3
Zähne. Darm. Atmungsapparat
1936. 426 zum Teil farbige
Abbildungen. XVI, 908 Seiten
Gebunden DM 400,–;
approx. US $ 220.00
ISBN 3-540-01227-3

Teil 4
**Die leber-Gallengangsysteme,
Gallenblase und Galle**
(Ergänzung zu Band 5/2)
Bearbeitet von J. Wallraff
1969. 183 zum Teil farbige
Abbildungen. VII, 384 Seiten
Gebunden DM 290,–;
approx. US $ 159.50
ISBN 3-540-04530-9

Band 6
**Blutgefäß- und Lymphgefäß-
apparat. Innersekretorische
Drüsen**

Teil 1
**Blutgefäße und Herz, Lymph-
gefäße und lymphatische
Organe. Milz**
1930. 299 zum großen Teil far-
bige Abbildungen.
VIII, 584 Seiten
DM 280,–; approx. US $ 154.00
ISBN 3-540-01118-8

Teil 2
**Innersekretorische Drüsen I:
Schilddrüse, Epithelkörper-
chen. Langerhanssche Inseln**
1939. 152 zum Teil farbige Abbil-
dungen. VIII, 306 Seiten
DM 160,–; approx. US $ 88.00
ISBN 3-540-01269-9

Teil 3
**Innersekretorische Drüsen II:
Hypophyse**
1940. 339 zum großen Teil far-
bige Abbildungen.
VIII, 625 Seiten
DM 320,–; approx. US $ 176.00
ISBN 3-540-01284-2

Teil 4
**Innersekretorische Drüsen III:
Thymus, Paraganglien.
Epiphyse. Lymphgefäßapparat**
(Ergänzung zu Band 6/1)
1943. 236 zum Teil farbige
Abbildungen. X, 535 Seiten
DM 300,–; approx. US $ 165.00
ISBN 3-540-01294-X

Teil 5
**Die Nebenniere. Neuro-
sekretion**
1954. 336 zum Teil farbige Abbildungen. XVI, 1199 Seiten
Gebunden DM 640,–;
approx. US $ 352.00
ISBN 3-540-01811-5

Teil 6
Die Milz
Bearbeiter: F. Kischendorf
1969. 325 zum Teil farbige
Abbildungen. VIII, 968 Seiten
Gebunden DM 640,–;
approx. US $ 352.00
ISBN 3-540-04531-7

Band 7
Harn- und Geschlechtsapparat

Teil 1
**Exkretionsapparat und weib-
liche Genitalorgane**
1930. 422 zum großen Teil far-
bige Abbildungen.
VIII, 574 Seiten
DM 300,–; approx. US $ 165.0
ISBN 3-540-01119-6

Teil 2
Männliche Genitalorgane
1930. 245 zum Teil farbige
Abbildungen. VIII. 399 Seiten
DM 280,–; approx. US $ 154.0
ISBN 3-540-01120-X

Teil 3
**Weibliche Genitalorgane.
Das Ovarium**
(Ergänzung zu Band 7/1)
1957. 120 zum Teil farbige
Abbildungen. VI, 178 Seiten
DM 130,–; approx. US $ 71.50
ISBN 3-540-02162-0
Einbanddecke DM 19,80;
approx. US $ 10.90
ISBN 3-540-02163-9

Teil 4
**Tube, Vagina und äußere weib
liche Genitalorgane**
(Ergänzung zu Band 7/1)
1066. 121 zum Teil farbige
Abbildungen. VI, 178 Seiten
Gebunden DM 295,–;
approx. US $ 162.30
ISBN 3-540-03546-X

Teil 5
W. Bargmann
Niere und ableitende Harnweg
1978. 181 zum Teil farbige
Abbildungen in 255 Teilbildern
12 Tabellen. VIII, 444 Seiten
Gebunden DM 290,--
approx. US $ 159.90
ISBN 3-540-08568-8

Teil 6
G. Aumüller
**Prostate Gland and Seminal
Vesides**
1979. 142 figures (some in colo
in 181 separate illustrations.
X, 380 pages
Cloth DM 280,–;
approx. US $ 154.00
ISBN 3-540-09191-2

Springer-Verla
Berlin
Heidelberg
New York